1 MONTH OF
FREE
READING

at
www.ForgottenBooks.com

By purchasing this book you are
eligible for one month membership to
ForgottenBooks.com, giving you
unlimited access to our entire
collection of over 1,000,000 titles via
our web site and mobile apps.

To claim your free month visit:
www.forgottenbooks.com/free1054393

ISBN 978-0-365-75765-8
PIBN 11054393

Botanisches Centralblatt.

Referirendes Organ

für das

Gesammtgebiet der Botanik des In- und Auslandes.

Zugleich Organ

des

Botanischen Vereins in München, der Botaniska Sällskapet in Stockholm, der botanischen Section des
naturwissenschaftlichen Vereins zu Hamburg, der botanischen Section der Schlesischen Gesellschaft für
Vaterländische Cultur zu Breslau, der Botaniska Sektionen af Naturvetenskapliga Studentsällskapet
in Upsala, der k. k. zoologisch-botanischen Gesellschaft in Wien, des Botanischen Vereins in Lund
und der Societas pro Fauna et Flora Fennica in Helsingfors.

Herausgegeben

unter Mitwirkung zahlreicher Gelehrten

von

Dr. Oscar Uhlworm   und   Dr. F. G. Kohl
in Cassel   in Marburg.

Zwölfter Jahrgang. 1891.
III. Quartal.

XLVII. Band.
Mit 2 Tafeln.

———————

CASSEL.
Verlag von Gebrüder Gotthelft.
1891.

Systematisches Inhaltsverzeichniss.

*) Die auf die Beihefte bezüglichen Zahlen sind mit B versehen.

VI. Pilze:

VII. Flechten:

VIII. Muscineen:

IX. Gefässkryptogamen:

X. Physiologie, Biologie, Anatomie u. Morphologie:

XI. Systematik und Pflanzengeographie:

XV. Medicinisch-pharmaceutische Botanik:

XVI. Techn., Handels-, Forst-, ökonom. und gärtnerische Botanik:

XVII. Neue Litteratur:

Vergl. p. 28, 91, 157, 187, 219, 250, 283, 315, 348, 379, 397.

XVIII. Wissenschaftliche Original-Mittheilungen:

XIX. Botanische Gärten und Institute:

XX. Sammlungen:

XXI. Instrumente, Präparations- und Conservationsmethoden etc.:

XXII. Originalberichte gelehrter Gesellschaften:

XXIII. Personalnachrichten:

XXIV. Ausgeschriebene Preise.

Vergl. p. 351.

XXV. Corrigenda.

 Vergl. p. 191, 205.

Autoren-Verzeichniss :*)

*) Die mit * versehenen Zahlen beziehen sich auf die Beihefte.

Band XLVII. No. 1.   XII. Jahrgang.

Botanisches Centralblatt.

REFERIRENDES ORGAN

für das Gesammtgebiet der Botanik des In- und Auslandes.

Herausgegeben

unter Mitwirkung zahlreicher Gelehrten

von

Dr. Oscar Uhlworm und Dr. F. G. Kohl
in Cassel.   ——   in Marburg.

Zugleich Organ
des

**Botanischen Vereins in München, der Botaniska Sällskapet i Stockholm,
der botanischen Section des naturwissenschaftlichen Vereins zu Hamburg,
der botanischen Section der Schlesischen Gesellschaft für vaterländische
Cultur zu Breslau, der Botaniska Sektionen af Naturvetenskapliga Student-
sällskapet i Upsala, der k. k. zoologisch-botanischen Gesellschaft in
Wien, des Botanischen Vereins in Lund und der Societas pro Fauna et
Flora Fennica in Helsingfors.**

| Nr. 27. | Abonnement für das halbe Jahr (2 Bände) mit 14 M. durch alle Buchhandlungen und Postanstalten. | 1891. |

Wissenschaftliche Original-Mittheilungen.

Ueber den Blattbau einiger xerophilen Liliifloren.

Von
Carl Schmidt
aus Brandenburg a. H.

Im anatomischen Bau der Pflanzen spricht sich stets in höherem
oder geringerem Maasse der wechselnde Einfluss zweier Faktoren
aus. Einerseits macht sich in demselben mehr oder weniger der
Grad der Verwandtschaft geltend, andererseits drücken auch Klima
und Standort demselben ihren eigenthümlichen Stempel auf. In
auffälligster Weise zeigt sich namentlich an den xerophilen Gewächsen das Hervortreten des letzteren Faktors, da diese unter
den extremsten Verhältnissen leben, also auch die durch dieselben
veranlassten anatomischen Eigenthümlichkeiten am klarsten zur
Ausbildung gelangen lassen. Im Auftreten der letzteren, der eph-
harmonischen Merkmale kommt die überaus reiche und mannig-
faltige Bildungsfähigkeit der Pflanzenformen auch in anatomischer
Hinsicht deutlich zum Ausdruck; sowohl bei den Angehörigen verschiedener Familien, als auch bei denen derselben Familie finden

wir die verschiedensten Schutzeinrichtungen. Dieses Verhalten beobachten wir nicht nur bei Pflanzen, die zwar in getrennten Florengebieten, sonst aber unter sehr ähnlichen Verhältnissen leben, wie es
Pfitzer*) für die *Restiaceen* Australiens und des Caplandes hervorgehoben hat, sondern sogar bei den Gliedern derselben Flora,
die doch von den nämlichen klimatischen Verhältnissen abhängig
sind. Das vorgesteckte Ziel wird auf den verschiedensten Wegen
erreicht.

Wie schon erwähnt wurde, treten die Anpassungsmerkmale am
klarsten bei jenen Pflanzen in die Erscheinung, die infolge der
äusserst ungünstigen Beschaffenheit des Klimas oder Standortes oder
beider zugleich auf einen wirksamen Schutz hiergegen angewiesen
sind. Deshalb besitzen auch, wie Tschirch**) hervorhebt, die
Bewohner der dürren Wüsten Australiens die meisten und mannigfaltigsten Schutzeinrichtungen. Eingehend hat der genannte Autor
daraufhin die Gattung *Kingia***) untersucht; in derselben Arbeit
erwähnt er dann die mit dieser Form zusammen vorkommenden
Xanthorrhoea-, *Xerotes-* und *Dasypogon*-Arten. Bei näherer Untersuchung der letzteren fand ich in ihrem anatomischen Bau ebenfalls, wenn auch zuweilen nicht in so ausgeprägtem Maasse wie bei
Kingia, das Bestreben, den Pflanzen die Existenz in dem extremen
australischen Klima zu ermöglichen. In den Kreis der Untersuchungen sind dann noch die mit den *Xerotideen* in Australien
vergesellschaftet auftretenden Formen der *Haemodoraceen* gezogen
worden. Zur Orientirung führe ich im Folgenden die Namen der
von mir untersuchten Gattungen an:

*Xerotideen: Xerotes, Chamaexeros, Acanthocarpus, Xanthorrhoea,
Dasypogon, Kingia* und *Calectasia,*

*Haemodoraceen: Conostylis, Blancoa, Anigozanthes, Tribonanthes,
Haemodorum, Phlebocarya, Ophiopogon, Lanaria, Sansevieria* und
Cyanella, von denen die drei letzteren den Wüsten Süd-Afrikas,
Ophiopogon der Flora Japans angehören; alle übrigen sind austra-
lische Formen.

Was die systematische Stellung der oben erwähnten Familien
betrifft, so findet sich bei den einzelnen Autoren eine grosse Verschiedenheit sowohl in Bezug auf Stellung, als auch Abgrenzung
derselben. Von Bentham und Hooker, nach deren System die
obige Aufzählung gegeben ist, sind die *Haemodoraceen* neben die
Iridaceen gestellt worden, mit denen sie, wenigstens in der Mehrzahl ihrer Vertreter, eine Aehnlichkeit im äusseren Aufbau ihrer
vegetativen Organe aufweisen, der durch ein unterirdisches
Rhizom und reitende, grasartige Blätter charakterisirt ist. Die
Xerotideen-Gattungen werden nach denselben Autoren in die
drei Unterfamilien der *Xeroteae, Xanthorrhoeae* und *Calectasieae*

---

*) Pringsh. Jahrb. für wissensch. Botanik, Bd. VII.
**) Tschirch: Ueber einige Beziehungen des anatomischen Baues der Assi-
milationsorgane zu Klima und Standort, Linnaea IX, 1880—82.
***) Tschirch: Der anatomische Bau des Blattes von *Kingia australis*, Ver-
handl. des Botan. Vereins der Prov. Brandenburg, 1881.

getheilt, welche mit den hauptsächlich die Gattungen *Juncus*
und *Luzula* umfassenden *Eujunceae* zu der Familie der *Juncaceae* vereinigt worden sind, sich jedoch von diesen wesentlich
durch das Fehlen einer echten Schutzscheide unterscheiden,
wie sie bei *Juncus* und *Luzula*, auch in den oberirdischen
Organen, immer vorkommt. Was die äussere Erscheinung anbetrifft, so herrscht hier im Gegensatz zu den *Haemodoraceen* eine
grosse Mannigfaltigkeit. Während in einigen Fällen ein Rasen
aus langen, starren Blättern den Boden bedeckt, erblicken wir bei
anderen Formen mehrere holzige Stengel; diese sind meist einfach
und nur im unteren Theile mit bescheideten Blättern versehen;
selten sind die letzteren nur als functionslose Schuppen ausgebildet
wie bei *Xerotes spartea* Endl. und *X. juncea* F. Muell., in diesem
Falle übernimmt dann der Stengel die assimilatorische Function
der Blätter, ein Umstand, der, wie wir später sehen werden, auch
im anatomischen Bau zum Ausdruck kommt. Nur bei wenigen
Arten ist der dünne Stengel reich verzweigt und in seiner ganzen
Ausdehnung mit Blättern besetzt, wie bei *Xerotes pauciflora* R. Br.,
Xer. flexifolia R. Br., *Acanthocarpus Preissii* Lehm. und den
Calectasia-Arten. Ganz abweichend ist der Bau jener merk-
würdigen Grasbäume Australiens, die auf einem mehrere Fuss
hohen, unverzweigten Stamme ein mächtiges Büschel langer
Blätter tragen, es sind dies *Dasypogon Hookeri* Drumm., *Kingia
australis* R. Br. und mehrere *Xanthorrhoea*-Arten.

Ehe ich zum eigentlichen Thema der vorliegenden Arbeit,
der Anatomie der Assimilationsorgane, übergehe, erübrigt es noch,
einige Worte über die Form derselben vorauszuschicken. Schon
in der äusseren Erscheinung der Blätter spricht sich in deutlichster
Weise die Thatsache aus, dass die Pflanzen darauf angewiesen
sind, in einem heissen und trockenen Klima ihr Dasein zu fristen.
Mit Ausnahme der *Sansevieria*-Arten, die dem Succulententypus
angehören, zeichnen sich die betreffenden Organe durch eine
besondere Starrheit aus. Ferner macht sich überall das Bestreben
geltend, bei dem vorhandenen Material eine möglichste Reduktion
der verdunstenden Oberfläche herbeizuführen. Breite, dünne
Lamina finden sich daher in keinem Falle, immer behält das
ziemlich schmale Blatt noch eine ansehnliche Stärke. In den
extremsten Fällen zeigt sich eine Annäherung der Querschnittsform an den Rhombus (*Xanthorrhoea*, *Kingia*, *Calectasia* und
Conostylis involucrata Endl.) oder an den Kreis, wo dann bei
einem gegebenen Material die kleinstmögliche Oberfläche erzielt
ist; das letztere tritt ein bei *Xerotes turbinata* Endl., *X. spartea*
Endl., *Chamaexeros fimbriata* Benth., *Conostylis filifolia* F. Muell.,
C. vaginata Endl., *C. Androstemma* F. Muell., *Haemodorum
paniculatum* Lindl. und *Tribonanthes odora* Endl. Bei *Lanaria
plumosa* wird eine Verringerung der Verdunstungsfläche dadurch
bewirkt, dass sich bei eintretendem Wassermangel die beiden
Hälften der Blattoberseite aneinanderlegen.

Bei diesem offenbaren Bestreben nach Verkleinerung der
Oberfläche muss es sonderbar erscheinen, dass die Pflanzen den

dadurch erreichten Vortheil in manchen Fällen durch eine bedeutende Länge der Organe wieder aufzuheben scheinen; doch
tritt dieses Verhalten nur dann ein, wenn sich die Blätter
zusammengedrängt am Gipfel des Stammes befinden oder in
dichtem Rasen den Boden bedecken, in welcher Stellung also die
direkte Insolation infolge der gegenseitigen Beschattung dennoch
nur eine kleine Oberfläche trifft*); in solchen Fällen beträgt die
Länge oft 1¹/₂ bis 2 Meter wie bei *Kingia* und *Xanthorrhoea*;
auch die grundständigen Blätter der *Xerotes*-Arten sind noch
immer gegen 1 Meter lang. Stehen aber die Assimilationsorgane
auf dem ganzen Stengel zerstreut, so sind sie bedeutend kürzer
und nehmen ericoide Form an; bei *Calectasia* und *Acanthocarpus
Preissii* Lehm. z. B. erreichen sie höchstens eine Länge von
1 bis 1¹/₂ cm. bei einer Breite von 1—2 mm.

Was nun den anatomischen Bau der Blätter betrifft, so lässt
sich wohl voraussetzen, dass hierin ebenso wie in der äusseren
Erscheinung der Organe das Bestreben nach einer weitgehenden
Anpassung an Klima und Standort zum Ausdruck kommt. Dies
ist um so mehr zu erwarten, da die meisten Vertreter der untersuchten Gattungen, so z. B. fast alle *Xerotes*- und *Conostylis*-Arten,
die Gegenden des Swan-river und King George's Sound in
Westaustralien bewohnen, die wohl mit Recht als die heissesten
und trockensten Regionen des an und für sich schon als regenarm
bekannten Festlandes von Australien anzusehen sind. Denn nach
Grisebach**) dörren sogar im Winter, der doch verhältnissmässig
feuchten Jahreszeit, die aus dem Innern wehenden Wüstenwinde
den Boden jener Gegenden aus; ja zuweilen tritt die Regenzeit
überhaupt nicht ein, und es können Jahre ohne Niederschläge
hingehen. Ausserdem ist der Standort der Pflanzen meist ein
steiniger oder sandiger, wie aus den Angaben in *Plantae Preissianae*
von Lehmann zu ersehen ist, also ein solcher, der die erlangte
Feuchtigkeit nur sehr kurze Zeit zurückzuhalten vermag. In der
That findet sich denn auch in allen Gewebesystemen das Bestreben,
entweder die durch die eminente Lufttrockenheit ausserordentlich
gesteigerte Verdunstung möglichst herabzumindern, oder die
zarteren Gewebe gegen die durch Wasserverlust verursachten
schädlichen Einwirkungen zu schützen.

Gehen wir nun zur Betrachtung der einzelnen Gewebesysteme über.

Epidermis.

Entsprechend dem isolateralen Bau der Organe, wie er sich
bei Bewohnern heisser, sonniger Klimate als Regel findet, ist auch
im vorliegenden Falle das Hautgewebe auf Ober- und Unterseite,
bei prismatischen und cylindrischen Organen ringsherum gleichmässig ausgebildet. Eine Ausnahme machen nur die *Dasypogon*-

---

*) Volkens: Flora der ägyptisch-arabischen Wüste, p. 42.
**) Griesebach: Die Vegetation der Erde, II, p. 206, Leipzig 1872.

Arten, deren Blätter dorsiventral angelegt sind. Da auch im Uebrigen der Bau der Epidermis dieser Gattung Abweichungen von dem der anderen aufweist, so sei es gestattet, diesen gesondert zu besprechen.

Die Zellen sowohl der oberen wie der unteren Seite zeigen zwar eine gut ausgebildete, jedoch nur dünne Cuticula, besitzen aber, was bei Pflanzen eines so extremen Klimas auffallend erscheinen muss, auf der Oberseite keine (Fig. 4), auf der Unterseite nur geringe (Fig. 1) Verdickung der Aussenwände; Radial- und Innenwände sind beiderseits zart und sehr porös. Was die Form der Zellen anbetrifft, so sind sie auf der Unterseite höher als breit und auf dem Flächenschnitt nicht, wie es sonst bei Organen von so bedeutender Länge der Fall zu sein pflegt, im gleichen Sinne gestreckt, sondern von fast quadratischer Gestalt; die obere Epidermis dagegen besitzt mehr tafelförmige Zellen, die in der Längsrichtung des Organes etwas gestreckt sind, von der Fläche gesehen also einem Rechteck gleichen. Dieser für Steppenpflanzen ziemlich zarte Bau der Hautgewebezellen deutet wohl darauf hin, dass hier die Epidermis die Function des Schutzes nicht in dem gebräuchlichen Sinne, sondern, wie es Westermaier*) klargelegt hat, als Wassergewebemantel übernimmt. Unterstützt wird sie hierin noch durch ein gut ausgebildetes inneres Speicherungsgewebe, das aus dem grössten Theile des Blattmesophylls besteht. Da ein solches sich bei mehreren anderen Arten ebenfalls findet, so soll es im Zusammenhang in einem besonderen Kapitel besprochen werden.

Am engsten schliessen sich an *Dasypogon* in Bezug auf den Bau der Epidermis die *Haemodorum*-Arten und *Tribonanthes odora* Endl. an, die ringsherum ein Hautgewebe besitzen, wie es sich bei *Dasypogon* auf der Unterseite findet. Zu erwähnen ist noch, dass bei *Haemodorum planifolium* R. Br. jene Eigenthümlichkeit auftritt, wie sie von Westermaier in der oben angeführten Arbeit für *Ephedra* beschrieben worden ist; die Epidermiszellen erreichen nämlich gerade über den Bastrippen eine ganz ungewöhnliche Höhe, eine Einrichtung, die wohl bezweckt, ein vollständiges Zusammensinken bei Wasserabgabe zu verhindern, da sonst der für die betreffende Function so nothwendige Verkehr zwischen den einzelnen Zellen aufgehoben würde. Leider war es nicht möglich, eingehende experimentelle Untersuchungen über diesen Punkt anzustellen, da mir nur Herbarmaterial zur Verfügung stand.

In geringerem Grade dient auch wohl bei *Cyanella capensis*, *Calectasia*, *Phlebocarya* und *Sansevieria* die Epidermis zur Wasserspeicherung, was man aus der Bildung der Radialwände schliessen kann, da diese noch ziemlich zart und sehr porös sind; doch tritt der mechanische Schutz in den Vordergrund, worauf die äusserst starke Cuticula und die bedeutende Verdickung der Aussenwand hindeuten. Hierzu kommt bei *Sansevieria* (Fig. 17), wie es oft

---

*) Westermaier: Ueber Bau und Funktion des pflanzlichen Hautgewebesystems. Pringsheims Jahrb. f. wiss. Bot., Bd. XIV.

bei Succulenten beobachtet wird, eine Einlagerung zahlreicher
kleiner Kalk-Oxalatkrystalle in die Aussenmembran.

Bei allen übrigen Arten hat die Oberhaut die Hauptfunction
des Schutzes gegen Wasserverlust in einem mehr oder minder
wirksamen Maasse übernommen. Durch Ausbildung einer starken
Cuticula und weitgehende Cuticularisirung besonders der Aussenwand ist sie in den Stand gesetzt, die Verdunstung in hohem Grade
herabzumindern. Durch eine derartige Beschaffenheit des Haut-
gewebes wird auch gleichzeitig der mechanischen Function desselben Rechnung getragen, da infolge der Steifheit der Epidermis
ein Einsinken derselben verhindert, die Querschnittsform erhalten
und so das darunter liegende zarte Assimilationsgewebe gegen die
durch Wasserverlust hervorgerufenen Zerrungen und Pressungen
einigermaassen geschützt wird. Wenn wir zur speciellen Betrachtung
der das Hautgewebe zusammensetzenden Zellen übergehen, so ist
es wohl zweckmässig, die zu beschreibenden Arten in zwei Gruppen
zu theilen, und zwar hängt die Abgrenzung davon ab, ob die an
die Gefässbündel anschliessenden mechanischen Elemente mit breiter
Fläche an die Epidermis stossen oder nur mit wenigen Zellen oder
gar nicht bis zu dieser heranreichen. Bei den Vertretern der
letzten Gruppe besteht das Hautgewebe aus nur gleichgebildeten
Zellen, während bei der erstgenannten, wie meist in solchen Fällen,
die Zellen über dem Bast anders gestaltet sind, als über dem
grünen Gewebe.

(Fortsetzung folgt.)

Nachträge zu meiner Abhandlung „Ueber die aërophytischen Arten der Gattung *Hormidium* Ktz., *Schizogonium* Ktz. und *Hormiscia* (Fries) Aresch. [*Ulothrix* Ktz.],"[*]) nebst Bemerkungen über F. Gay's „Recherches sur le développement et la classification de quelques algues vertes."[**])

Von

Prof. Dr. Anton Hansgirg.

In meiner in der Ueberschrift citirten Abhandlung habe ich
bei Besprechung des genetischen Zusammenhanges der *Prasiola*-
Form mit den *Schizogonium*- und *Hormidium*-Formen, über welchen
Nexus vor mir schon Unger, Meyen, Areschoug, Kützing,
Itzigsohn, Hicks, P. Reinsch, Lagerstedt u. A. mehr
oder weniger ausführlich abgehandelt haben, bemerkt, dass ich

[*]) Flora. 1888. No. 17.
[**]) Erschienen in Paris 1891.

mir noch vorbehalte, an einem anderen Orte die Uncorrectheit der Ansicht Gay's, welcher den genetischen Zusammenhang der vorher genannten *Chlorophyceen* in Abrede stellt, nachzuweisen.

Die von mir im Jahre 1889 zu diesem Zweck angestellten Untersuchungen über die Entwickelung von *Prasiola crispa* etc. habe ich nach Veröffentlichung der bekannten Arbeit Imhäuser's „Entwickelungsgeschichte und Formenkreis von *Prasiola*" [1]) eingestellt und deren Resultate, weil sie grösstentheils mit den von Imhäuser publicirten übereinstimmten, bisher nicht veröffentlicht. [2])

Da in der vorerwähnten, ausführlichen Abhandlung Imhäuser's der von den oben genannten Algologen, zu welchen sich auch Hennings [3]) und Borzi [4]) gesellt, constatirte genetische Zusammenhang von *Hormidium, Schizogonium* und *Prasiola* so klar nachgewiesen wurde, dass, mit Ausnahme des Herr Gay sich wohl kaum noch ein Botaniker finden wird, welcher den Uebergang der *Hormidium*-Formen durch *Schizogonium* in *Prasiola*, resp. das Vorhandensein von Uebergangsformen von *Hormidium* in *Schizogonium* und von *Schizogonium* in *Prasiola* bezweifeln würde, so will ich hier, indem ich auf die über dieses Thema abhandelnde neuere Litteratur [5]) verweise, kein Wort mehr darüber verlieren.

In der in der Ueberschrift citirten Abhandlung Gay's, in welcher dieser Autor wiederholt behauptet, dass die von ihm besprochenen chlorophyllgrünen Algen (*Hormidium, Schizogonium* etc.) nicht polymorph sind, ist derselbe durch unwiderlegbare Thatsachen doch gezwungen, wie auch aus Nachfolgendem zu ersehen ist, indirect anzuerkennen, dass *Prasiola, Schizogonium* und *Hormidium* dem Kreise einer einzigen Gattung, bezw. einer einzigen Species angehörende Formen sind, die in einander übergehen.

Indem nämlich Gay in seiner jüngsten Arbeit, welche am besten zeigt, wohin ein Naturforscher kommen kann, wenn er, wie H. Gay, von dem Dogma „jurare in verba magistri" befangen, jede gegen seine Voreingenommenheit und die ihm eingeimpften Ansichten gerichtete Beweisführung principiell zu bekämpfen sucht, auch gegen die ihm bekannten Anhänger [6]) der sog. polymorphen Entwickelung der chlorophyllgrünen Algen polemisirt, begeht er die Inconsequenz, dass er durch seine Deductionen etc. selbst Beweise von dem Vorhandensein des Polymorphismus unter den *Chlorophyceen* liefert.

Nach Gay soll nun die von ihm beschriebene Gattung *Schizogonium* Gay non Ktz. Arten aus den Gattungen *Prasiola*,

---

[1]) Flora. 1889.

[2]) Einige Ergebnisse dieser Untersuchungen werden in den Nachträgen zu meinem „Prodromus der Algenflora von Böhmen" publicirt werden.

[3]) Verhandlungen des botanischen Vereins der Provinz Brandenburg. 1883. p. 45.

[4]) La nuova Notarisia. 1891. p. 381 in Anmerk.

[5]) Vergl. meine Abhandlung in Flora. 1888. No. 17 im Separ.-Abdruck, p. 2, auch J. G. Agardh's „Till algernes Systematik". 1882. p. 83.

[6]) Von Imhäuser's Arbeit, sowie von einigen anderen gegen seine Ansichten gerichteten Abhandlungen hat Gay keine Notiz genommen.

Schizogonium und *Hormidium* umfassen; so ist z. B. *Schizogonium crispum* Gay = *Prasiola crispa* (Lightf.) Menegh. + *Hormidium murale* Ktz. + *Schizogonium*-Form des *Hormidium murale* Ktz., *Schizogonium murale* (Ktz.) Gay = *Hormidium*- und *Schizogonium*-Arten Ktz., *S. crenulatum* Gay = *Schizogonium Neesii* Ktz. + *Hormidium crenulatum* Ktz. etc. Die von Gay gleichfalls neu beschriebene Gattung *Stichococcus* Gay non Näg. umfasst neben den *Stichococcus*- Näg. Arten auch die mit diesen im genetischen Zusammenhange stehenden *Hormiscia*- (*Ulothrix*)-Arten; so ist z. B. *Stichococcus flaccidus* Gay = *Hormiscia* (*Ulothrix*) *flaccida* + *Stichococcus*- Näg.-Arten etc.

Gay vereinigt also verschiedene im genetischen Zusammenhange stehende Algenformen zu einer einzigen Art (Collectiv-species!) und Gattung (Collectivgattung!), weil er trotz seiner widersprechenden Behauptungen durch die Thatsachen selbst unbewusst gezwungen ist, anzuerkennen, dass es Algenformen (bisherige Algenspecies und Algengattungen) gibt, die in einander übergehen und dass solche im genetischen Zusammenhange stehende, im bisherigen Algensysteme in verschiedenen Gattungen angeführte Formen (Arten) den Species höherer Pflanzen nicht gleich kommen.

Da es nicht in meiner Absicht liegt, mit den in H. Gay's vorher genannten Abhandlung enthaltenen Widersprüchen, Artenverwechselungen etc. mich hier näher zu befassen, so will ich am Schlusse dieser kurzen Bemerkungen über die oben citirten „Recherches" des H. Gay, in welchen dieser ausgesprochene Gegner des Polymorphismus der chlorophyllgrünen Algen weiter noch behauptet, dass die unter dem Namen *Hormospora* beschriebenen Algenarten bloss gewisse Entwickelungszustände der im Wasser lebenden *Ulothrix*-Arten sind, sowie dass die *Stigeorlonium*-Arten in palmella- etc. -artige Zustände übergehen, von welchen einige auch als Algenarten beschrieben wurden und als solche noch jetzt im Systeme der *Chlorophyceen* angeführt werden etc., nur noch bemerken, dass H. Gay bei seinem Versuche, die bisherige Algensystematik in dem Sinne zu reformiren, wie es Kützing und andere Algologen, welche sich für die Lehre von dem sog. Polymorphismus der Algen erklärten, angestrebt haben, den Lapsus beging, dass er zur Bezeichnung seiner Collectivgattungen bald den Namen der älteren Entwickelungsform (*Schizogonium*), bald der jüngeren (*Stichococcus*) gewählt hat.

Ausserdem hat H. Gay in der am Ende seiner Arbeit von ihm vorgeschlagenen Classification der Familie *Pleurococcaceen* zu einer natürlichen Gruppe *Pleurococceae* Gay folgende, bisher im Systeme der chlorophyllgrünen Algen weit von einander getrennte, Gattungen ein- und mehrzelliger *Chlorophyceen* vereinigt: *Prasiola*, *Schizogonium*, *Stichococcus*, *Pleurococcus*, und glaubt, dass die Gattung *Pleurococcus* und die in ihr enthaltenen Arten (*P. vulgaris* etc.) „autonom" sind.

Was andere Algologen über die in der Gattung *Pleurococcus* und a. beschriebenen Algenformen meinen, habe ich an einem

anderen Orte [1]) gesagt, und bemerke, dass wieder in neuester Zeit
B o r z i nicht blos *Pleurococcus vulgaris* für einen Entwickelungs-
zustand von *Prasiola*, sondern auch die ganze Familie der
Pleurococcaceen für „nicht autonom" erklärt hat. [2])

Originalberichte gelehrter Gesellschaften.

Societas pro Fauna et Flora Fennica in Helsingfors.

Sitzung am 2. Februar 1889.

Weiter sprach Herr Dr. Osw. Kihlman:

U e b e r *Carex helvola* Bl. u n d e i n i g e n a h e s t e h e n d e *Carex-*
F o r m e n.

(Schluss).

Das Studium der natürlichen Hybriden, seit mehr als dreissig
Jahren mit stets wachsender Intensität getrieben, hat nicht nur zur
Lösung zahlreicher specieller Fragen bezüglich der Systematik einzelner
Gruppen den Schlüssel geliefert, sondern auch auf Fragen weit-
gehenderer Natur eine grelle Beleuchtung geworfen.   Die Bedeutung
der spontanen Kreuzung für die richtige Auffassung der Entwickelungsgeschichte der Pflanzenformen ist zu wiederholten Malen hervorgehoben worden, zuletzt durch F o c k e und A. K e r n e r v o n M a r i -
l a u n. In dieser Hinsicht scheinen derartige prägnante Fälle wie *Carex
pseudohelvola* eine ganz besondere Aufmerksamkeit zu verdienen.

Ein Umstand, welcher scheinbar meiner Auffassung wider-
spricht, ist das Auftreten von *C. helvola* in Gegenden, wo die eine
der Stammarten, *C. Norvegica*, ganz vermisst wird. Beim Durch-
mustern hierher gehöriger Angaben sind natürlich B l y t t's Original-
notizen in „Norges Flora" besonders berücksichtigt worden. Verschiedene Umstände scheinen jedoch darzulegen, dass B l y t t's *C.
helvola* keine systematische Einheit ist, sondern wenigstens zwei
genetisch verschiedene Formen umfasst. B l y t t's erste Funde, ebenso
wie die Mehrzahl der Angaben in „Norges Flora" und das Citat
vom Herbarium normale beziehen sich auf eine alpine *Carex*-Form.
Erst später wurde (am Kristiania-fjord ect.) die litorale Pflanze
entdeckt, welche von B l y t t mit der ersteren identificirt wurde und
aller Wahrscheinlichkeit nach mit unserer finnischen Form identisch
ist. — Von seiner Reise an der Murmanschen Küste, 1887, brachte
Hr. Dr. B r o t h e r u s eine eigenthümliche sterile *Carex* mit, welche

---

[1]) Siehe meine Abhandlung „Ueber den Polymorphismus der Algen."
[2]) ln La nuova Notarisia. 1891. p. 381 in Anmerk. bemerkt B o r z i, dass
„il *Pleurococcus vulgaris* non è che una forma locale evolutiva vegetativa di
Prasiola" und dass „la famiglia delle *Pleurococcaceae* non ha ragioni d'essere;
essa include stadi normali metagenici e stadi anamorfici di varie Cloroficee".

in vielen Beziehungen an unsere sogenannte *C. helvola* erinnert und
auch vollständig innerhalb der Artbeschreibung von B l y t t einge-
räumt werden kann, sich jedoch von *C. pseudohelvola* u. a. durch
zartere dichtstöckigere Wachsthumsart, wenigere, schmalere und steifere
Blätter, wenigere Aehrchen unterscheidet. Auf Grund einer Vergleichung auch des anatomischen Baues der vegetativen Organe bin ich geneigt, in dieser Pflanze die Hybride *C. canescens* × *lagopina* zu sehen.
Da B l y t t mit seiner ursprünglichen *C. helvola* vermuthlich gerade
diese alpine Form gemeint hat (vgl. d. Ex. i. Herb. norm.), scheint
es am richtigsten, für dieselbe die Benennung *C. helvola* Bl. beizubehalten, wogegen die litorale *C. canescens* × *Norvegica* passend
C. pseudohelvola genannt werden könnte, wie hier oben geschehen ist.
Ausser von den russischen Lappmarken habe ich die echte *C. helvola*
im Herb. norm. und von Utsjoki in Lappland gesehen, auch ein
grönländisches Exemplar, welches mir Prof. J. L a n g e gütig mitgetheilt hat, ist unzweifelhaft eine Hybride von *C. lagopina.*

Eine Art, welche in Floren und Handbüchern gewöhnlich *C.
helvola* am nächsten gestellt wird und ohne Zweifel mit derselben
recht grosse äussere Aehnlichkeit hat, ist *C. microstachya* Ehrh.
Auch diese ist, soweit ich an mir zugängigen Exemplaren beurtheilen kann, steril. Eine, allerdings flüchtige, Untersuchung hat
gezeigt, dass dieselbe zwischen *C. canescens* und *C. dioica* vollständig
intermediär ist. An die letztere erinnern u. a. die lang ausgezogene
endständige Aehre, die dicken und steifen Blätter, die Epidermiszellen der oberen Blattseite, welche bedeutend grösser, als diejenigen
der unteren Seite sind, bei *C. canescens* sind die Epidermiszellen der
beiden Blattseiten ziemlich gleich gross, während der Unterschied
bei *C. dioica* höchst bedeutend ist. Die untersuchten Exemplare
sind in Ingermanland von M e i n s h a u s e n genommen, und meine Aus-
sage bezieht sich nur auf sie. Die im finnischen Museum befindlichen
Exemplare von *C. microstachya* zeigen jedoch eine so grosse äussere
Aehnlichkeit mit den ingermanländischen, dass eine genauere Untersuchung derselben wahrscheinlich nur ihre Identität bestätigen wird.
Es ist andererseits möglich oder sogar wahrscheinlich, dass auch
andere hybride Combinationen unter den *Carices homostachyae* vorkommen, welche von Floristen vielleicht entweder zu *C. helvola* oder
C. microstachya gezählt worden sind. Besonders liegt Grund vor,
zu vermuthen, dass auch *C. Persoonii* mit nahe stehenden Arten
Hybriden bilden, welche wohl mit denjenigen, die von *C. canescens*
ihren Ursprung ableiten, grosse habituelle Aehnlichkeit zeigen
werden. Was die von mir untersuchten Exemplare von *C. helvola*,
pseudohelvola und *microstachya* betrifft, so bin ich sicher, dass sie nicht
von *Carex Personii* herstammen, welche in anatomischer Hinsicht
von *C. canescens* bedeutend abweicht.
Vom Studium dieser Formen lebhaft interessirt, wäre ich sehr
dankbar, wenn ich von verschiedenen floristischen Gebieten Untersuchungsmaterial bekommen könnte, gute und reichliche, nicht zu

stark gepresste Herbarium-Exemplare liefern, auch bei anatomischer
Untersuchung, befriedigende Resultate.

Zuletzt demonstrirte **Dr. Kihlman:**

Eine Sammlung typischer Früchte von *Rumex crispus* und
domesticus sowie verschiedener Mittelformen,

durch welche das Vorkommen von Bastarden zwischen diesen Arten
in der Umgegend von Helsingfors erwiesen wird. — Ausserdem sind
solche in den Kirchspielen Porpos bei Abo (Arrhenius 1885) und
Hottula, Tavastland (Vortr.), sowie auch in Nord- und Ost-Osterbotten
(Lourén und Zixbäck) gefunden.

Instrumente, Präparations- und Conservations-Methoden etc.

Davis, Bradley M., A method of studying the growth of tubers. (The Botanical
Gazette. Vol. XVI. 1891. p. 149.)

Pfeffer, W., Ein neuer heizbarer Objecttisch nebst Bemerkungen über einige
Heizvorrichtungen. (Zeitschrift für wissenschaftliche Mikroskopie. Band VII.
1891. p. 433.)

Schiefferdecker, P., Die Kochs-Wolzsche Mikroskopirlampe. (l. c. p. 450.)

Suchannek, H., Notiz über die Verwendung des venetianischen Terpentins
(Fischer-Vosseler), sowie über die beste Methode zum Aufkleben von Serien-
schnitten. (l. c. p. 463.)

Vosseler, J., Einige Winke für die Herstellung von Dauerpräparaten. (l. c.
p. 457.)

Referate.

Waeber, R., Lehrbuch für den Unterricht in der Botanik,
mit besonderer Berücksichtigung der Culturpflanzen.
3. Auflage. 8⁰. 315 pp. Mit 240 Abbildungen im Text und
24 Tafeln in Farbendruck. Breslau (F. Hirt) 1891.

Da die beiden ersten Auflagen des vorliegenden Lehrbuchs in
dieser Zeitschrift*) schon ziemlich eingehend besprochen wurden,
so sei nur auf die Aenderungen in der neuen Ausgabe aufmerksam
gemacht. Dieselben bestehen zunächst in der Einführung eines
deutlicheren Druckes durch grössere Typen, dann in der Hinzufügung von Erklärungen der fremdländischen Namen in Form von
Anmerkungen und in einigen Textberichtigungen. Bei dem vielen
Guten, was das Buch bietet, ist ihm ein grosser Erfolg und somit
wieder eine baldige neue Auflage zu wünschen. Für diese seien
noch folgende Verbesserungen empfohlen: Erstens nochmals der
Vorschlag des Ref. der 2. Auflage, bei den Einzelbeschreibungen
im 1. Theil anzugeben, welche Stellung im System die beschriebene
Pflanze einnimmt. Zweitens eine richtigere Darstellung der Nahrungs-

---

*) Bd. XXVI p. 97 und Bd. XXXVI. p. 83.

aufnahme durch die Wurzeln, denn weder nimmt die Wurzelhaube
die Bodenlösung auf, noch findet sich dieselbe an den Wurzelhaaren.
Schliesslich sei wiederholt darauf aufmerksam gemacht, dass Fig. 21,
p. 47 unmöglich die Keimpflanze von *Trapa natans* sein kann, wie
die Unterschrift sagt.

Möbius (Heidelberg).

Tempère, J. et Perragallo, H., Les *Diatomées* de France.
Série I—XXX. Paris (Rue S. Antoine 168) 1890.

Diese Sammlung enthält die Mehrzahl der französischen *Diatomeen* und erscheint in monatlich einer Serie à 12 Präparate zu
10 Francs per Serie, welcher Preis in Anbetracht der instructiven,
meist gelegten Einzelpräparate ein mässiger zu nennen ist. — Die
Bestimmung der einzelnen Nummern geschieht durch H. Perragallo.
Die bis heute edirten Arten sind folgende:

Series I.

Amphitetras antediluviana var. β. Sm., *Amphiprora alata* E., *Amphora
commutata* Grun., *Coscinodiscus nitidus* Grev., *C. Boulei* H. Perag. n. s., *Navicula
carinifera* Grun., *N. separabilis* A. Schm., *N. spectabilis* Greg. var., *Mastogloia
quinquecostata* Grun., *Melorica tenuis* Kg., *Surirella fastuosa* E. var., *S. hybrida*
Grun.

Series II.

Campylodiscus Thuretii Bréb., *Chaetoceros armatum* West., *Climacosphaenia
moniligera* E., *Eupodiscus Argus* E., *Isthmia enervis* E., *Odontidium mesodon* E.,
Navicula divergens Sm., *N. cardinalis* E., *Surirella biseriata* var. *elliptica* Pet.,
S. robusta E., *Triceratium arcticum* Brightw., *T. favus* E.

Series III.

Amphiprora mediterranea Grun., *Auliscus coelatus* Bail., *Cerataulus turgidus*
E. var., *Coscinodiscus centralis* E., *Navicula clavata* Greg., *Nitzschia marilenta* Sm.,
N. notabilis Grun., *Pleurosigma Vandsboeckii* Donk., *Striatella unipunctata* Ag.,
Surirella gemma E., *Synedra Gaillonii* E., *Triceratium fimbriatum* Wall.

Series IV.

Campylodiscus horologium Grun., *Epithemia gibba* Kg., *Navicula praetexta* E.,
N. Trevelyana Donk., *N. Veneta* Kg., *N. viridula* Kg. et *Pleurosigma Spencerii* Sm.,
Rhizosolenia Shrubsolii Cleve, *Schizonema ramosissimum* Ag., *Surirella elegans* E.,
S. lata Sm., *S. spiralis* Kg., *Triceratium parallelum* Grev.

Series V.

Biddulphia ballaena Brght., *Campylodiscus Adriaticus* Grun. var. *Massiliensis*,
Cymbella affinis Kg. var., *Grammatophora marina* Kg., *Navicula diplosticta* Grun.,
N. nebulosa Greg., *Pleurosigma strigile* Sm. var., *Podocystis Adriatica* Pritch.,
Surirella Helvetica Brun., *Tetracyclus lacustris* Ralf, *Triceratium Balearicum* Cleve
Grun., *T. quinquelobatum* Grev.

Series VI.

Amphiprora decussata Grun., *Amphitetras antediluviana* E., *Amphora ovalis*
Kg., *Campylodiscus decorus*, *C. eximius* Greg., *C. limbatus* Bréb., *Epithemia Sorex*
Kg., *Eucampia Zodiacus* E., *Navicula granulata* Bréb., *Nitzschia scalaris* Sm., *N.
thermalis* Grun., *Pleurosigma Balticum* Sm.

Series VII.

Amphora crassa Greg., *A. obtusa* Greg., *Amphiprora maxima* Grun., *Aula-
codiscus Johnsonii* Arnott., *Leptocylindrus Danicus* Cleve, *Navicula humerosa* Bréb.,
N. Powellii Lewis forma, *Nitzschia sigma* var. *sigmatella* Grun., *Sceptroneis cuneata*
Grun., *Triceratium sculptum* Shab., *Navicula maxima* Greg. var. *bicuneata*, *N.
Powellii* Lewis (*N. Vidovichii* Grun.! Ref.), *N. Powellii* Lew. *diversa* spec.

Series VIII.

Asterionella formosa H., *Berkeleya Dilvinii* Grun., *B. micans* Lyng., *Cylindro-
theca gracilis* Grun., *Epithemia Zebra* E., *Euodia Atlantica* Pet., *Homoeocladia*

Vidovichii Grun., *Licmophora flabellata* Ag., *Pleurosigma affine* Grun., *P. curvulum* Grun., *Rhizosolenia robusta* Norm. in duplo!

Series IX.

Achnanthes brevipes Ag·, *Amphora cingulata* Cleve, *Climacosphaenia elongata* Bail., *Cocconeis pediculus* E., *Coscinodiscus lacustris* Grun., *Epithemia musculus* Kg., *Eunotia diadema* E., *Gomphonema olivaceum* E., *Homoeocladia Martiana* Kg., *Melosira Borreri* Grev., *Nitzschia Brebissonii* Sm., *Terpsinoë musica* E.

Series X.

Cymbella cuspidata Kg., *Melosira Westii* Sm., *Navicula abrupta* (Greg.) Douk., *N. dilatata* E., *N. Smithii* Bréb. var., *Nitzschia spatulifera* Grun., *Rhaphoneis nitida* Greg., *Rhizosolenia alata* B., *Rh. styliformis* B., *Stenopterotia elongata* Bréb., *Synedra affinis* Kg. var., *Triblionella Handzschiana* Grun.

Series XI.

Asterolampra Marylandica E., *Biddulphia Regina* Sm., *Epithemia turgida* Kg., *Navicula Henedyi* Sm. var. *manca* A. Schm., *N. Henedyi* var., *N. Liburnica* Grun., *N. marina* Ralf, *Podosira dubia* Grun., *Rhoicosphaenia curvata* var. *marina* Kg., *Schizonema Grevillei*, *Surirella Baldjickii* Norm., *S. fastuosa* E. var.

Series XII.

Amphitetras antediluviana E. var. *pentagonalis*, *Cymbella tumida* Breb., *Gomphonema insigne* Greg., *Licmophora Dalmatica* Kg., *Mastogloia Braunii* Grun., *M. Dansei* Thw., *Navicula Henedeyi* Sm. var. *granulata*, *N. macilenta* A. Schm., *Nitzschia acuminata* Grun., *Pleurosigma formosum* Sm. var. *Adriaticum* Grun., *Rhizosolenia Temperei* Perag., *Rh. Castracanei* Perag., *Rhoicosphaenia curvatum* var. *marinum* Grun., *Triblionella punctata* Sm.

Series XIII.

Actinocyclus Ehrenbergii Ralf, *Biddulphia obtusa* Ralf, *Chaetoceros cellulosa* Laud., *Lauderia Moseleyana* Castr., *Chaetoceros pellagicum* Clev., *Melosira varians* Kg., *Navicula alpina*, *N. brevis* Greg., *N. cyprinus* Sm., *N. lata* Bréb., *N. minima* Grun., *N. scopulorum* Bréb., *Pleurosigma aestuarii* Sm.

Series XIV.

Bacteriastrum varians Land., *Campylodiscus echineis* E., *Cocconema cistula* Nees, *Coscinodiscus concinnus* Sm., *Navicula bombus* E., *Nitzschia lamprocarpa* Hauck *Pleurosigma angulatum* Sm., *Podosira Montagnei* Kg., *Rhabdonema Adriaticum* Kg., *Rh. minutum* Kg., *Synedra Danica* Kg., *S. fulgens* Sm.

Series XV.

Amphiprora lepidoptera Grev., *Campylodiscus Fluminensis* Grun., *Gomphonema acuminatum* E., *Mastogloia apiculata* Thw., *Navicula Beyrichiana* A. Schm., *N. Crabro* E. var. *multicostata* Grun., *N. pristiophora* Janisch, *N. Sandriana* Grun., *Nitzschia valida* Cleve, *Pleurosigma decorum* Sm. var. *Dalmaticum* Grun., *Surirella fastuosa* E. var. *opulenta* Grun., *S. Norvegica* Eul.

Series XVI.

Auliscus sculptus R., *Campylodiscus Clypeus* E., *Ceratoneis Arcus* E., *Cyclotella Bodanica* Eul., *Isthmia nervosa* Kg., *Melosira arenaria* Moor., *Navicula fusca* Greg., *Nitzschia amphioxys* Sm., *N. marina* Grun., *Pleurosigma attenuatum* Sm., *Surirella biseriata* Bréb., *Triceratium pentacrinum* Wall.

Series XVII.

Actinocyclus crassus Sm., *Amphiprora elegans* Sm., *Amphora proteus* Greg., *Campylodiscus costatus* Sm., *Cocconeis excentrica* Donk., *Cymatopleura elliptica* Sm., *C. Solea* Sm., *Navicula cuspidata* Kg., *N. Lyra* E. typ., *Nitzschia circumsuta* Bail., *Pleurosigma rigidum* Sm., *Stauroneis acuta* Sm.

Series XVIII.

Amphora crassa Greg., *A. robusta* Greg., *Cocconeis fimbriata* Brght., *C. scutellum* E., *Gaillonella numuloides* Bory, *Navicula nobilis* Kg., *N. Reinhardtii* Grun., *Pleurosigma quadratum* Sm. et *Surirella gemma*, *P. strigonum* Sm. et *Nitzschia sigma*, *Scoliopleura latestriata* Bréb., *Synedra affinis* Kg., *S. Dalmatica* Kg.

Series XIX.

Amphora Mexicana Schm., *Cocconeis placentula* E., *Diatoma vulgare* typ. Bail., *Epithemia succincta* Bréb., *Fragillaria mutabilis* var. *elliptica* Sm., *Gomphonema acuminatum* E. var., *Mastogloia reticulata* Grun., *Meridion circulare* Ag.,

M. constrictum Ralfs, *Navicula bomboides* Schm., *N. Chersonensis* Grun. var., *N. gemmata* Grev. var.

Series XX.
Actinocyclus Ralfsii Sm., *Biddulphia aurita* Bréb., *Coscinodiscus concavus* Greg., Diatom de surface (Le Cornica), *Himantidium pectinale* Kg., *H. Soleirolii* Kg., *Navicula dactylus* Kg., *Pleurosigma decorum* Sm., *Pl. formosum* Sm., *Rhabdonema arcuatum* Kg., *Surirella fastuosa* E. forma, *S. striatula* Turp.

Series XXI.
Achnanthes longipes E., *A. subsessilis* Kg., *Biddulphia Tuomeyi* Prtch., *Diatoma elongatum* Ag., *D. vulgare* Bory, *Encyonema caespitosum* Kg. et *Denticula inflata* Sm., *Epithemia argus* Kg., *Gaillonella subflexilis* Kg., *Navicula Apis* Donk., *N. peregrina* Kg., *Surirella ovata* Kg., *Synedra Crotonensis* H. L. Sm.

Series XXII.
Amphipleura pellucida Kg., *Biddulphia pulchella* Grg., *Coscinodiscus radiatus* E., *Cymbella Ehrenbergii* Kg., *Grammatophora serpentina* E., *Navicula Clepsydra* Donk., *N. crassinervia* Bréb., *N. oblonga* Kg., *Stauroneis aspera* Kg., *Surirella Capronii* Kitt., *S. fastuosa* E., *Triblionella marginata* Sm.

Series XXIII.
Asterionella formosa Hass., *Cocconeis cribrosa* Grun., *Cymatopleura Hibernica* Sm., *Homoeocladia penicillata* Kg., *Navicula amphysbaena* Bory, *N. fusca* Greg. forma (ist *N. Smithii!*), *N. viridis* E., *Nitzschia panduriformis* Greg., *Stauroneis phoenicenteron* E., *Triceratium orbiculatum* Sh., *T. pentacrinus* var. *quadrata* Wall., *T. spinosum* Bail.

Series XXIV.
Actinoptychus Adriaticus v. *Balearica* Grun., *Amphora spectabilis* var. Greg., *Biddulphia Mobiliensis* Grun., *Campylodiscus Samoensis* Grun., *Cocconema cymbiforme* E. forma *parvum*, *Doryphora amphiceros* Grun., *Navicula firma* Kg., *N. limosa* Grun., *Odontidium hyemale* Lyng. forma, *Surirella salina* Sm., *Triceratium alternans* Bail., *T. elongatum* Grun.

Series XXV.
Achnathidium flexellum Bréb., *Cocconeis scutellum* E. forma, *Cymbella turgida* Greg., *Fragillaria virescens* R., *Gomphonema capitatum* E., *G. constrictum* E., *Grammatophora macilenta* v. *subtilis* Grun., *Lycmophora Lyngbyei* Kg., *Navicula gibba* Kg. var., *N. longa* Greg., *Nitzschia linearis* Sm., *Surirella crumena* Bréb.

Series XXVI.
Actinosphaenia splendens Sh., *Biddulphia radiata* Rop., *B. rhombus* Sm., *Campylodiscus Noricus* E., *Cerataulus turgidus* E., *Cocconeis splendida* Kg., *Eunotia monodon* E., *Navicula crabro* E., *Nitzschia sigmoidea* var. *undulata* Petit, *Synedra robusta* Ralfs, *Surirella splendida* Kg., *Triceratium biddulphia* Hub.

Series XXVII.
Actinoptychus undulatus E., *Cocconeis pellucida* Huts., *C. Grevillei* Sm., *Coscinodiscus excentricus* E., *Eupodiscus Roperii* Ralfs, *Hyalodiscus Scoticus* Grun., *Navicula liber* Sm., *N. Lyra* E. forma *elliptica*, *N. maxima* Greg., *Scoliopleura tumida*, *Synedra baculus* Greg., *S. undulata* E.

Series XXVIII.
Campylodiscus oceanicus Castr., *Cocconema lanceolatum* E., *Epithemia Hyndmanii* Sm., *Eunotia gracilis* Rab., *Navicula elliptica* Kg., *Nitzschia dubia* Sm., *N. sigmoidea* Sm., *Surirella fastuosa* E. var. *abludens* Grev., *S. Neumayerii* Jan., *Tabellaria flocculosa* Kg., *Terpsinoë Americana* forma *trigona* Gr. Pant., *Tetracyclus emarginatus* Grun.

Series XXIX.
Gomphonema subclavatum Grun., *Navicula Hitchockii* E., *N. legumen* E., *N. rostellata* Kg. — *Amphora sulcata* Bréb. — *Navicula serians* E., *N. rhomboides* E., *N. tabellaria* E. var., *Pleurosigma fasciola* W. Sm., *Pl. strigorum* Sm., *Stauroneis phoenicenteron* E. var., *Stephanodiscus astrea* Grun., *Achnanthes Hungarica* Grun., *Nitzschia palea*, *Navicula trinodis* Sm.

Series XXX.
Aulacodiscus Petersii E., *Biddulphia Mobiliensis* Grun., *Coscinodiscus leptopus* Grun., *C. subtilis* E. var., *Cyclotella comta* E. var. *radiosa*, *Eunotia bicapitata* Gr., *Leptocylindrus Danicus* Clev., *Licmophora Ehrenbergii* Kg., *Navicula trinodis* Sm., *Nitzschia bilobata* Sm., *Pyxidicula Adriatica* Kg., *Triceratium Brightwellii* W.

Series XXXI.

Campylodiscus biangulatus Gr. var., *Coscinodiscus nodulifer* var. *apiculata*, *C. symbolophorus* Grun. var., *fossilis*, *Eucampia Jodiacus* E., *tragillaria construens* Grun., *Melosica crenulata* Kg., *M. Jürgensii* Ag., *M. sulcata* var. *biseriata* Grun., *Nitzschia linearis* forma *brevior*, *Pleurosigma formosum* var., *Synedra capitata* E. var., *Triceratium spinosum* Bail. var. *fossilis*.

Pantocsek (Tavarnok).

Saccardo, P. A., Fungi aliquot australienses a cl. O. Tepper lecti et a cl. Prof. F. Ludwig communicati. Series tertia. (Hedwigia. Band XXIX. 1890. Heft 3. p. 151—156.) Verzeichniss von 18 Pilzarten aus Australien, wovon die folgenden neu sind:

n. 5. *Calocera nutans* auf abgerindeten Stämmen — Sporen elliptisch — oblong, 7=3,5, farblos, falsch einseptirt.

n. 8. *Sclerospora macrospora* auf den unteren, noch lebenden Blättern von *Alopecurus*. — Oosporen kugelig, 60—65 μ Durchm., glatt, hellbräunlich.

n. 9. *Trichopeziza Sphaerula* auf der abgestorbenen Rinde von *Casuarina*. Schläuche cylindrisch, 8sporig, kurz gestielt, 80—90=6—7,5; Sporidien schief-einreihig, elliptisch-länglich, an beiden Enden abgerundet, 10=3,5, farblos.

n. 10. *Bagnisiella endopyria* auf noch lebenden Blättern von *Myoporus platycarpus*. — Schläuche keulenfg., kurz gestielt, 8sporig (?), 45=9—10; Sporidien (unreif) fast 2reihig, eiförmig-länglich, farblos.

n. 11. *Phyllachora anceps* auf den noch lebenden Halmen von *Scirpus nodosus*. — Schläuche sehr lang, 8sporig, cylindrisch, fast ungestielt, 195=8; Sporidien einreihig, länglich-nachenfg., 20—22=6, farblos.

n. 12. *Rhamphoria tenella* auf dem faulenden Holze von *Eucalyptus viminalis*. — Schläuche cylindrisch-keulenfg., kurz gestielt, 8sporig., sporf. Theil 100—120=9—12, Stiel 15=2—3; Sporidien schief einreihig, länglich-spindelfg., an den Enden zugespitzt, 24—26=6,5—7,5, farblos, 9—11septirt, mauerfg.

n. 13. *Septoria phyllodiorum* auf den lebenden Phyllodien von *Acacia*. — Sporulen eng spindelfg., an beiden Enden zugespitzt, 15—16=2, farblos, 1 septirt.

n. 15 *Phyllosticta phyllodiorum* auf den lebenden Phyllodien von *Acacia*. — Sporulen würstelfg., 4—5 μ lang, farblos.

n. 16. *Septoria Hardenbergiae* auf noch lebenden Blättern von *Hardenbergia monophylla*. — Sporulen spindel-sichelfg., 15—18=1,5, farblos, in der Mitte mit 2 Tröpfchen versehen. J. B. de Toni (Selva von Volpago).

Ueber die Fortschritte der Kenntnisse von den Rostpilzen in den letzten zehn Jahren.

Von
P. Dietel.

Vor nunmehr zehn Jahren erschien in der Rabenhorst'schen Kryptogamenflora von Deutschland, Oesterreich und der Schweiz die Neubearbeitung der *Uredineen* dieses Gebietes durch G. Winter. Diese Bearbeitung hat fast allen den zahlreichen seitdem erschienenen Publicationen auf diesem Gebiete der Pilzkunde, insonderheit auch den aussereuropäischen, als Grundlage gedient und insofern wenigstens zum Theil die Fortschritte ermöglicht, welche unsere Kenntnisse von den *Uredineen* im Laufe dieses Zeitabschnittes gemacht haben. Im Folgenden sollen dieselben in Kürze zusammengestellt werden:

In morphologischer Hinsicht liegen nur wenig neue Beobachtungen vor, es ist aber eine wesentlich andere Auffassung über den morphologischen Werth der verschiedenen Sporengenerationen durch Brefeld[1]) geltend gemacht worden. Danach sind die Aecidio-, Uredo- und Teleutosporen nicht als Conidien, sondern als Chlamydosporen zu betrachten; die Conidienfructification wird von dem Promycel und den von ihm erzeugten Sporidien dargestellt. Es sind sonach Aecidien, Uredo- und Teleutosporen morphologisch gleichwerthige Gebilde, und es wird u. a. durch diese Deutung die Kluft überbrückt, welche die Gattung *Endophyllum* von den übrigen Gattungen bisher trennte. — Die Gattung *Ravenelia*, speciell *Ravenelia glandulaeformis* B. et C., wurde durch Parker[2]) einem genauen Studium unterworfen. Dabei hat sich ergeben, dass die Teleutosporenkörper von *Ravenelia* dadurch entstehen, dass eine Anzahl *Puccinia*-ähnlicher Sporenlagen seitlich mit ihren Stielen und den eigentlichen Sporen verschmelzen. — Zu den bisher bekannten Gattungen sind als neu die folgenden hinzugekommen: *Diorchidium* Kalchbrenner[3]) mit *Puccinia*-gleichen Teleutosporen, deren Scheidewand jedoch nicht senkrecht zur Stielrichtung steht, sondern in der Verlängerung derselben liegt; *Rostrupia* Lagerheim[4]) ebenfalls *Puccinia*-ähnlich, aber die Teleutosporen aus mehr als zwei Zellen aufgebaut; *Coleopuccinia* Patouillard[5]), eine *Puccinia*, deren einzelne Sporen sammt dem Stiele von seitlich mit einander verschmelzenden Gallertscheiden umgeben sind; *Monosporidium* Barclay[6]), ein *Aecidium*, dessen Sporen bei der Keimung erst eine secundäre Spore bilden; *Barclayella* Dietel[7]) mit *Chrysomyxa*-ähnlichen Teleutosporen, deren Promycelien aber direct in vier Sporidien zerfallen; *Puccinidia* Mayr[8]) mit 1- bis 4-zelligen Dauersporen, schwarzen Uredosporen und weissen Aecidiosporen. Die Zugehörigkeit dieses Pilzes zu den *Uredineen* ist wohl nicht ganz unzweifelhaft.

Auch über den Pleomorphismus der *Uredineen* liegen einige neue Beobachtungen vor. *Ravenelia sessilis* Berk. bildet nach Cunningham[9]) zweierlei verschiedene Teleutosporen und Uredosporen. Die neu beschriebene Teleutosporenform, die aus nur wenigen Zellen aufgebaut ist und ankerähnliche Anhängsel trägt, ist vielleicht der Verbreitung durch Thiere angepasst. In zwei verschiedenen Formen wird ferner die Uredo der *Gramineen*-bewohnenden *Puccinia vexans* Farl. in Nordamerika und der portugiesischen *Puccinia biformis* Lagerh. auf *Rumex bucephalophorus* ausgebildet. Diese Arten besitzen je eine braungelb und eine (bei *P. vexans* mit festem Stiele versehene) dunkel kastanienbraun gefärbte Uredosporenform, von denen letztere offenbar erst nach der Ueberwinterung keimt. Für eine heteröcische Art, wie es *P. vexans* offenbar ist, ist der Vortheil, den diese Einrichtung dem Pilze bietet, leicht er-

---

[1]) Untersuchungen aus dem Gesammtgebiet der Mykologie. [Referat.] (Botan. Centralbl. Bd. XLI. p. 96.)
[2]) S. Botan. Centralbl. Bd. XXIX. p. 196.
[3]) Grevillea. Bd. XI. p. 26.
[4]) Journal de Botanique. 1889. 1. Juni.
[5]) Revue mycologique. 1889. p. 35.
[6]) Journal of the Asiatic Soc. of Bengal. Vol. LVI. Part II. p. 864.
[7]) Hedwigia. 1890. p. 266.
[8]) Mayr, H., Die Waldungen von Nordamerika. p. 433.
[9]) S. Botan. Centralbl. Bd. XL. p. 75.

sichtlich, weniger dagegen für eine Art, die vermuthlich nicht wirthswechselnd ist, wie *P. biformis.*

Mit diesen Bemerkungen sind wir aber bereits auf das Gebiet der Biologie hinübergetreten, auf dem so manche der zahlreich vorhandenen Lücken ausgefüllt worden ist. Die folgende Liste enthält die heteröcischen Arten, deren Generationswechsel durch Culturversuche festgestellt worden ist. Wir verzeichnen die Teleutosporen-Nährpflanzen nur bei den ausländischen und den seit Winter's Bearbeitung neu aufgestellten Arten. Es gehört zu

Uromyces striatus Schröt.	*Aecidium Cyparissias* DC. p. p.	(nach Schröter).
„ *lineolatus* Desm.	*Aec. Sii latifolii* (Fiedler) und	
	Aec. Hippuridis Kze.	(Dietel).
Puccinia obscura Schröt.	*Aec. Bellidis* (Thüm.)	(Plowright).
P. Scirpi DC.	*Aec. Nymphoidis* DC.	(Chodat).
P. Eriophori Thüm.	*Aec. Cinerariae* Rostr.	(Rostrup).
P. Schoeleriana Plowr. et Magn.		
auf *Carex avenaria*	*Aec. Jacobaeae* Grev.	(Plowright).
P. arenariicola Plowright auf		
Carex arenaria	*Aec. Centaureae* DC.	(Plowright).
P. tenuistipes Rostr. auf *Carex*		
muricata	*Aec. Centaureae* DC.	(Schröter).
P. Vulpinae Schröt.	*Aec. Tanaceti*	(Schröter).
P. dioicae Magn.	*Aec. Cirsii* DC.	(Rostrup).
P. paludosa Plowr. auf *Carex*		
vulgaris u. a.	*Aec. Pedicularis* Libosch	(Plowright).
P. extensicola Plowr. auf *Carex*		
extensa	*Aec. Asteris*	(Plowright).
P. perplexans Plowr. auf *Alo-*		
pecurus pratensis	*Aec. Ranunculacearum* DC. p. p.	(Plowright).
P. persistens Plowr. auf *Triti-*	*Aec. Ranunculac.* var. *Thalictri*	
cum repens	*flavi* DC.	(Plowright).
P. Traitii Plowr. auf *Phrag-*		
mites communis	*Aec. rubellum* Pers. p. p.	(Plowright).
P. Phalaridis Plowr.	*Aec. Ari* Desm.	(Plowright).
P. Digraphidis Soppitt [1])	*Aec. Convallariae* Schum.	(Soppitt).
P. Polliniae Barcl. auf *Pollinia*		
nuda	*Aec. Strobilanthis* Barcl.	(Barclay).
P. Chrysopogi Barcl. auf *Chryso-*		
pogon griyllus	*Aec. Jasmini* Barcl.	(Barclay).
Melampsora Salicis capreae		
(Pers.)	*Caeoma Evonymi* (Gmel.)	(Rostrup).
M. Hartigii (Thüm.)	*C. Ribesii* Lk.	(Rostrup).
M. accidioides (DC.)	*C. Mercurialis* (Pers.)	(Plowright).
M. Tremulae Tul.	*C. Mercurialis* (Pers.) *C. pinitorquum* A. Br.	(Rostrup).

[1]) Bei dieser Gelegenheit möchten wir auf die Confusion hinweisen, welche hinsichtlich der Bezeichnung der drei auf *Digraphis arundinacea* vorkommenden Puccinien (*P. sessilis, P. Phalaridis, P. Digraphidis*) herrscht. Da nach Schröter's Angabe an den Stellen, wo in Schlesien *P. sessilis* vorkommt, *Allium ursinum* fehlt, *Aecidium Allii ursini* in Schlesien überhaupt noch nicht gefunden worden ist und der Beschreibung der *P. sessilis* Schneid. schlesische Exemplare zu Grunde lagen; da hingegen *Aec. Convallariae* auf verschiedenen Nährpflanzen an mehreren Stellen gefunden worden ist, so gehört — die Verschiedenheit der genannten Arten vorausgesetzt — *P. sessilis* allem Anscheine nach zu *Aec. Convallariae.* *P. Digraphidis* wäre sonach mit *P. sessilis* synonym. Die zu *Aec. Allii ursini* gehörige Puccinia, die bisher als *P. sessilis* angesehen wurde, müsste einen anderen Namen erhalten, und nur die dritte Art könnte ihre Bezeichnung in bisheriger Bedeutung beibehalten.

M. Tremulae Tul.	*C. Laricis* (Westd.)	(Hartig).
M. Populina Jacq.	*C. Laricis* (Westd.)	(Hartig).
Gymnosporangium biseptatum Ell. auf *Cupressus thycides*	*Roestelia botryapites* Schw.	(Farlow).
G. clavipes Cke. et Pk. aut *Juniperus virginiana phoenicea*	*R. aurantiaca* Pk.	(Thaxter).
G. macropus Lk. auf *Juniprus virginiana*	*R. pyrata* Sch.	(Thaxter).
G. globosum Farl. auf *Juniperus virginiana*	*R.* auf *Pyrus, Crataegus*	(Thaxter).
G. nidus-avis Thaxt. aut *Juniperus virginiana*	*R.* auf *Amelanch. canadensis*	(Thaxter).
G. confusum Plowr. aut *Juniperus Sabina*	*Aecidium Mespili* DC.	(Plowright).
G. Cunninghamianum Barcl. auf *Cupressus torulosa*	*Aec.* auf *Pyrus Pashia*	(Barclay).
Cronartium asclepiadeum(Willd.)	*Periderm. Pini* (Willd.)	(Cornu).
Cr. ribicolum Dietr.	*P. Strobi* Kleb.	(Klebahn).

Die Versuche mit den auf *Populus* vorkommenden Melampsoren haben, wie obige Zusammenstellung zeigt, wenig übereinstimmende Resultate geliefert. Wir weisen dabei noch besonders darauf hin, dass Hartig durch Aussaat der Melampsoren auf *Populus nigra* und *P. tremula* das *Caeoma Laricis* erhielt, dass aber das von der Infection mit dem Roste der Schwarzpappel herrührende *Caeoma* auf *P. tremula* die *Melampsora* nicht hervorbrachte.[1]) Es legt dies die Vermuthung nahe, dass die bisherigen Ansichten über den heteröcischen Generationswechsel für die Gattung *Melampsora* vielleicht gewisser Modificationen und Ergänzungen bedürfen. Eine solche Ergänzung enthält auch der vom Verf. erbrachte Nachweis, dass *Uromyces lineolatus* sowohl auf *Sium* als auf *Hippuris*, also auf Nährpflanzen aus zwei ganz verschiedenen Phanerogamenfamilien eine Aecidienentwicklung hervorzubringen im Stande ist.[2]) — Bei Culturversuchen mit *Gymnosporangium* hat v. Tubeuf[3]) die Erfahrung gemacht, dass die *Roestelia*-Arten ihrer äusseren Form nach nicht streng von einander geschieden sind (dass z. B. *R. lacerata* unter Umständen der *R. cornuta* äusserlich fast gleich wird) und daher vorgeschlagen, die Bezeichnungen der Roestelien überhaupt zu cassiren. Dieser Vorschlag ist wohl zu radical, da jene Formen nicht nur durch ihre äussere Gestalt, der allerdings die Benennung entlehnt ist, sondern auch durch den mikroskopischen Bau der Sporen und besonders der Peridie von einander unterscheidbar sind.

Dass auch die Umgrenzung der meist heteröcischen Arten auf Grund von Versuchen und biologischen Beobachtungen mehrfach eine andere geworden ist, sei an dieser Stelle nur erwähnt. Man findet die Mehrzahl dieser Abweichungen in der Bearbeitung der Pilze Schlesiens von Schröter und den „British *Uredineae* and *Ustilagineae*" von Plowright begründet.

Endlich verdienen einige Angaben über die Essbarkeit gewisser Arten Erwähnung. Wie nämlich in Schweden die von *Aecidium corruscans* befallenen jungen Fichtentriebe, so werden im Himalaya

---

[1]) S. Botan. Centralbl. Bd. XL. No. 10.
[2]) Hedwigia. 1890. p. 149—152.
[3]) Centralblatt für Bakteriologie und Parasitenkunde. Bd. IX. 1890. p. 89 ff.

von armen Leuten die durch *Aecidium Urticae* var. *Himalayense* stark hypertrophirten Stengeltheile von *Urtica parviflora* roh gegessen. Ferner wird aus dem dem *Aec. ornamentale* Kalchbr. anscheinend sehr ähnlichen *Aec. esculentum* Barcl., das auf *Acacia eburnea* in Indien vorkommt, eine gerne gegessene Speise hergerichtet, also in diesem Falle der Pilz selbst gegessen.

Weitaus die Mehrzahl der Arbeiten ist nun aber rein systematischen Inhaltes und es haben dadurch unsere Kenntnisse von der geographischen Verbreitung der *Uredineen* erheblich an Umfang gewonnen. Ueber die Mehrzahl dieser Abhandlungen ist im Botan. Centralblatte bereits referirt, wir können es daher wohl unterlassen, dieselben einzeln zu citiren, und beschränken uns einfach auf die Angabe der betreffenden Länder oder Gebiete und ihrer Erforscher. Als Länder, aus denen *Uredineen* bisher überhaupt nicht oder nur in geringer Anzahl bekannt waren und aus denen nunmehr zahlreiche, meist neue Arten bekannt geworden sind, haben wir zu nennen: Argentinien, Paraguay, Patagonien, Feuerland (Spegazzini); Brasilien (Winter); Cap der guten Hoffnung (Cooke, v. Thümen, Winter); westlicher Himalaya (Barclay). Vereinzelte Arten wurden aus Australien beschrieben (Cooke, Ludwig). Die durch v. Schweinitz und Peck bereits zum Theil bekannte *Uredineen*-Flora von Nord-Amerika wurde weiter erforscht durch Arthur, Burrill, Ellis, Everhart, Farlow, Harkness, Holway, Seymour, Trelease u. A. Unter den Pilzen aus dem westlichen Sibirien hat v. Thümen auch zahlreiche, mit europäischen Arten grossentheils identische *Uredineen* beschrieben. Angaben über *Uredineen* des Nordens sind enthalten in Arbeiten von Schröter (Norwegen), Johanson (Theile von Schweden, Island), Rostrup (Island, Grönland), Karsten (Finland). Die von ihm aufgefundenen *Uredineen* des Gouvernements Kasan hat Korzschinsky zusammengestellt, diejenigen der Umgegend von Verona Massalongo, diejenigen der Niederlande Calkoen. *Uredineen* aus Serbien hat Schröter beschrieben, aus Portugal v. Lagerheim. Ausführlich und für die betreffenden Gebiete mehr oder weniger erschöpfend sind die Angaben über Rostpilze in den Pilzverzeichnissen für Krain von Voss, Steiermark von v. Wettstein, Niederösterreich von v. Beck und v. Wettstein, Graubünden von Magnus. Die Bearbeitung der schlesischen *Uredineen* durch Schröter und der britischen durch Plowright ist bereits oben erwähnt. Von der Aufzählung haben wir die Localfloren innerhalb Deutschlands ausgeschlossen, sowie Arbeiten, welche ein Verzeichniss derjenigen Arten geben, die in dem betreffenden Lande, gemäss der Verbreitung der Wirthspflanzen, vorkommen könnten, die aber nicht auf die wirklich beobachteten Arten zurückgehen.

Lotsy, J., P., Beiträge zur Biologie der Flechtenflora
des Hainberges bei Göttingen. Inaugural-Dissertation,
Göttingen, 1890, gr. 8°, 46 S.

Endlich liegt hiermit einmal eine die Biologie der Flechten behandelnde Dissertation vor, welche sich der verhältnissmässig grossen
Zahl der auf dem Boden des Schwendenerismus und zu dessen
Unterstützung erstandenen gegenüber durch Bescheidenheit neben
wirklichem Fleisse auszeichnet. Freilich ist es auch dem Verf. im
Jugenddrange ergangen, dass er nicht bloss biologische, sondern
auch anatomische Anschauungen bezw. Thatsachen der Wissenschaft als selbstgewonnene Besonderheiten oder gar Neuheiten vor-
trägt, jedoch bleibt er hinter den meisten anderseitigen Jugend-
leistungen zurück, welche scheinbare Ergebnisse als unumstössliche
Wahrheit, zu deren Gewinnung nicht das lange Leben eines tüchtigen
Lichenologen genügen würde, ausposaunen. Offenbar fehlten dem
Verf. die dazu nothwendigen Hintermänner, leider aber auch nach
der anderen Seite hin die sachkundigen Rathgeber in Gestalt er-
fahrener Lichenologen.

Dass Verf. bei allem Fleisse nicht zu wirklichen Ergebnissen
gelangte, ist zu einem Theile eigene Schuld. Er studirte erst nach
dem Abschlusse seiner Beobachtungen G. F. W. Meyer's bekannte Arbeit (1825) und wahrscheinlich auch die Arbeiten der
übrigen citirten Autoren. Allein da er wichtige Schlüsse selbst-
ständig gezogen zu haben glaubt, die schon vor ihm vorbereitet
oder gar schon gezogen worden waren, ist Ref. berechtigt zu dem
Urtheile, dass er die gebrauchte Literatur nur flüchtig gelesen habe.
Zum anderen Theile fällt die Schuld auf de Bary, durch dessen
einschlägiges Literatur-Verzeichniss (1884) Verf. verleitet wurde,
eben nur diese Literatur zu Rathe zu ziehen. Nun fand aber nicht
jeder Lichenologe in den Augen de Bary's Gnade. Vor allen
gilt dies von Wallroth und dem Ref. Bekanntlich begründete
de Bary die Beiseiteschiebung Wallroth's, des bedeutendsten Be-
obachters des Flechtenlebens, mit der Erklärung, dass dessen
„Naturgeschichte der Flechten" bei allem Verdienste einen argen
Hemmschuh für die Lichenologie abgegeben habe. Weil nun aber
thatsächlich die Lichenologen, ausser dem Ref., sich ebenso, wie
de Bary, verhältnissmässig recht wenig um Wallroth gekümmert
haben, fehlt jener Erklärung die historische Begründung, und wir
nähern uns demgegenüber immer mehr der Zeit, da man einsehen
wird, dass de Bary es gewesen ist, welcher der Lichenologie einen
recht argen Hemmschuh angelegt hat.

Nur in Erwägung der obigen Vorzüge der Dissertation und der
in Aussicht gestellten Fortsetzung der Untersuchungen sieht sich
Ref. bei Ermangelung der Gelegenheit zu einem eigentlichen Berichte veranlasst, die Hoffnung, dass Verf. das Versäumte nach-
holen werde, auszusprechen. Er wird auch einsehen, dass man zur
Beurtheilung der biologischen Verhältnisse einer örtlich so sehr
beschränkten Flechtenvegetation nur durch Beobachtung der gesammten Flechtennatur und vor allem unterstützt durch meteorologische Kenntnisse befähigt werden kann, und dass man aus den

an solchen Oertlichkeiten gemachten Beobachtungen nicht in Betreff
des gesammten Flechtenlebens verallgemeinernde Schlüsse herleiten
darf. Er wird ferner die Unterlage als solche mit allen physikalischen (Ref. 1876) Eigenschaften, im Besonderen den Baum
als solchen, nicht aber bloss dessen Rinde im Auge zu behalten
lernen müssen. Mehr und mehr wird Verf. sich der Wahrheit der
alten Anschauung von der Flechte als „Luftalge" zu erschliessen
haben. Und endlich wird Verf. gut thun, wenn er wenigstens die
der lichenologischen Literatur angehörigen Flechten als solche betrachtet, noch besser aber, wenn er auch die der mycologischen angehörigen berücksichtigt.

Minks (Stettin).

Büsgen, M., Untersuchungen über normale und abnorme
Marsilienfrüchte. (Flora 1890. p. 169—182.)

Verf. hat im botanischen Garten zu Jena einige Blüten
von *Marsilia hirsuta* beobachtet, deren Spreitentheile in verschiedenem
Grade in Früchte umgewandelt waren, welche endogen entwickelte
Sporangien führten. Diese Missbildungen, welche geeignet scheinen
könnten, die von Goebel auf Grund entwicklungsgeschichtlicher
Untersuchung gewonnene Anschauung, dass bei den *Marsiliaceen*
die Placenten ebenso wie bei den homosporen Farnen aus Oberflächenzellen hervorgehen, geben dem Verf. Anlass, die Entwickelung der normalen *Marsilien*-Früchte eingehend zu untersuchen.
Hauptsächlich wurde für diese Untersuchung Material von *Marsilia
macra* Al. Br. benutzt, indess wurde gelegentlich constatirt, dass
bei anderen Arten die Verhältnisse im Wesentlichen ähnlich sind.
Verf. zeigt zunächst, dass die Früchte von *Marsilia macra* Aus-
zweigungen der Blätter sind, und als dem gesammten sterilen
Blatte äquivalente Blatttheile aufgefasst werden müssen. Sorgfältige
Untersuchung der Entwickelungs- und Zelltheilungsfolge in der
Fruchtanlage lehrt, dass in der That, die Sorusmutterzellen Oberflächenzellen sind, welche im Laufe der Fruchtentwickelung von
den umgebenden Zellcomplexen überwallt werden. Verf. findet die
Auffassung Goebels, dass die *Marsiliaceen*-Früchte einfache Blattabschnitte sind, in welchen die Sori in Gruben auftreten, die später
durch Wucherung ihrer Ränder geschlossen werden, durch seine
eingehende Untersuchung vollkommen bestätigt.

Was nun die beobachteten Missbildungen an *Marsilia hirsuta*
anbetrifft, so schliessen sich dieselben im allgemeinen dem bei
anderen Farnen gelegentlich beobachteten Fertilwerden sonst steriler
Blattabschnitte an. In einem Falle fand sich statt der Blattflächen
auf einem Stiele von normaler Länge ein rundliches Gebilde, welches
aus 4 Theilen bestand. Statt des unteren Blättchenpaares waren
zwei eiförmige Körper vorhanden, an Stelle des oberen zwei muschelförmige Gebilde, welche die mehrfache Dicke normaler Blättchen
besassen. In ihrem anatomischen Bau zeigten diese Körper grosse
Aehnlichkeit mit dem Bau normaler Früchte. Im Inneren der
Gebilde waren durch Septen in Querfächer getheilte Hohlräume

vorhanden, in welche über den Gefässbündeln entspringende Sporangienhäufchen hineinragten. Im zweiten Falle hatte das abnorm umgebildete Blatt eine ähnliche Zusammensetzung, nur wurden die beiden oberen Theilblättchen durch einen einzigen muschelförmigen Körper vertreten. Im dritten Falle endlich waren statt der unteren Theilblättchen muschelförmige Körper aufgetreten, die beiden oberen Blättchen besassen nur an ihren Vorderrändern eine Einkrümmung. Der anatomische Bau der muschelförmigen Körper stimmte mit demjenigen der Abnormitäten 1 und 2 überein, nur enthielt ihr Innenraum keine Sporangien führende Lücken. Auch die eingekrümmten Theile der oberen Blättchen zeigten in Bau und Anordnung der Zellen Aehnlichkeit mit den muschelförmigen Körpern, Sporangien waren auch hier nicht vorhanden. Die halbumgewandelten Blätter der letzten Abnormität ermöglichen es, die Theile der sämmtlichen Metamorphosen mit denen normaler Blätter in Beziehung zu setzen. Man könnte nun versucht sein, weiter zu gehen und aus der Uebereinstimmung des anatomischen Baues der Missbildungen und der normalen *Marsilia*-Früchte einen Schluss auf die morphologische Bedeutung der letzteren zu ziehen. Dass aber eine solche Verwerthung der Teratologie in morphologischen Fragen nicht statthaft ist und zu Trugschlüssen führen muss, zeigt sich hier aufs Deutlichste: Bei den beobachteten Missbildungen werden die Sporangien endogen angelegt, während dieselben, wie gezeigt wurde, bei normalen Früchten aus Oberflächenzellen hervorgehen.

Giesenhagen (Marburg).

Fischer, A., B e i t r ä g e z u r P h y s i o l o g i e d e r H o l z g e w ä c h s e. (P r i n g s h e i m's Jahrbücher für wissenschaftliche Botanik, Bd. XXII, Heft I, p. 73—160.)

Die interessanten Untersuchungen des Verf. behandeln: 1) den Glycosegehalt des Holzes, 2) die Stärke im Stoffwechsel der Laubhölzer und 3) die Bedeutung der Gefässglycose und die Wanderungsbahnen der Kohlehydrate.

Es wurden im Wesentlichen die folgenden Resultate erhalten:

In den Gefässen vieler Laubhölzer und in den Tracheïden der untersuchten Coniferen entsteht im Sommer eine sehr kräftige Glycosereaction. Zu diesen Hölzern, welche als glycosereich bezeichnet werden können, gehören 50 % der untersuchten Laubhölzer, während die anderen 50% nur wenig Glycose enthalten und dementsprehend nur sehr schwache Niederschläge von Kupferoxydul geben; bei *Fraxinus* und *Juglans* wurden überhaupt keine erhalten.

Die Glycose ist meist nur in den Gefässen enthalten, fehlt den Holzfasern oder kommt hier nur in geringeren Mengen vor.

Die zwei- bis zehnjährigen Aeste und die ebenso alten Wurzeln enthalten immer die entsprechend gleichen Glycosemengen. 25jährige Aeste verhalten sich wie jüngere, während alte Stämme mit Kernholz bezüglich dieser Frage erst noch (eingehender) untersucht werden müssen.

Zwergsträucher und Kräuter enthalten keine Glycose in den Gefässen ihrer Stengel, Wurzeln, Blattstiele und Nerven. In den Blattstielen und Nerven der glycosereichen Laubhölzer wird keine Glycose in den Gefässen angetroffen. Im n··uen Triebe tritt sie erst später im Sommer in dieselben ein. Der Glycosegehalt der Gefässe bleibt zu verschiedenen Tageszeiten schätzungsweise derselbe.

Die glycosearmen Hölzer sind im Winter gleichfalls glycosearm; bei den glycosereichen ist eine mehr oder weniger grosse Abnahme der Glycose zu bemerken, welche am weitesten bei *Prunus avium* zurückgeht.

Eine starke Zunahme der Gefässglycose findet im Frühling während der Blutungsperiode statt, der eine weitere Vermehrung folgt, wenn Anfang Mai die Reservestärke gelöst wird; dann sind die Gefässe am glycosereichsten.

Im Laufe des Sommers tritt eine weitere Zunahme der Gefässglycose nicht ein; dieselbe nimmt vielmehr nach dem Ende der Reservestofflösung wieder etwas ab. —

Die Stärke ist im Baumkörper mehrfachen Wandelungen unterworfen, welche zum grössten Theile in die Zeit der äusseren Vegetationsruhe fallen. Es lassen sich folgende acht Phasen unterscheiden:

1. Das Stärkemaximum im Herbst; vom Blattfall bis Ende October oder Anfang November.
2. Die Stärkelösung im Spätherbst; Ende Oktober bis Ende November.
3. Das Stärkeminimum im Winter; December, Januar, Februar.
4. Die Stärkeregeneration im Frühjahr; Anfang März bis Anfang April.
5. Das Stärkemaximum im Frühjahr; April.
6. Die Stärkelösung im Frühjahr; Anfang Mai.
7. Das Stärkeminium im Frühjahr; Mitte bis Ende Mai.
8. Die Stärkespeicherung im Sommer. Ende Mai bis zum Laubfall.

Unter den Laubhölzern lassen sich Stärkebäume und Fettbäume unterscheiden, zu den letzteren gehören unter anderen die Coniferen. Bei den Stärkebäumen bleibt die Reservestärke im Holz und Mark vom Herbst bis zum Mai unverändert, abgesehen von sehr geringen Schwankungen; nur die Rindenstärke wird im Spätherbst gelöst und erscheint im Frühjahr wieder. Zu den Stärkebäumen gehören die meisten, besonders alle hartholzigen Laubbäume.

Bei den Fettbäumen betreffen die Veränderungen im Winter und Frühjahr die gesammte Stärke in Mark, Holz und Rinde. Besonders weichholzige Bäume gehören hierher und es kommt entweder zu einer totalen Umwandlung der Holzstärke (*Tilia*, *Betula*, *Pinus silvestis*) oder es bleibt ein kleiner Theil davon übrig (*Evonymus*).

Bei den Fettbäumen geht die Stärke in fettes Oel über, ein Theil in der Rinde auch in Glycose. Bei den Stärkebäumen entsteht wenig Fett; neben der Glycose kommt hier vielleicht noch ein unbekannter Körper vor.

Zur Zeit des Winterminimums bilden Aeste, Rindenstücke und selbst mikroscopische Schnitte in der Wärme in kurzer Zeit Stärke. und zwar um so mehr und schneller, je höher die Temperatur ist. Bei 20° C. erscheint schon nach zwei Stunden die erste Stärke. Bei den Fettbäumen erfolgt die Regeneration in der Markgrenze, im Holz und in der Rinde, bei den Stärkebäumen natürlich nur in der Rinde.

Bei 5° C. tritt erst nach 48 Stunden eine bemerkbare Stärkebildung ein.

Das Material, aus welchem die erste neue Stärke in der Rinde entsteht, ist die Glycose, und zwar ist dieselbe schon in den Zellen enthalten, in welchen die Regeneration erfolgt.

Die Stärkelösung im Herbst, die Regeneration im Frühjahr ist nicht allein von der Temperatur abhängig, sondern beruht auf einer erblichen Periodicität gewisser Eigenschaften des Protoplasmas.

Da während des Winters, besonders von Ende Januar ab tageweise auch im Freien die Temperatur bis über das Regenerationsminimum (+ 5°) sich erhebt, so kann sich eine kleine Menge Stärke schon um diese Zeit regeneriren.

Die Stärkeregeneration erfolgt auch im Finstern, unterbleibt aber im sauerstofffreiem Raume.

Auch in den Knospen der Bäume finden im Winter wichtige Veränderungen der Reservestärke statt. Ein Theil derselben wandert in die Anfangs stärkefreien embryonalen Organe, ein anderer erleidet andere unbekannte Umsetzungen. Durch höhere Temperaturen erfolgt auch in dem Knospengrund eine kräftige Stärkeregeneration. Die Knospen können erst dann im Winter durch Wärme ausgetrieben werden, wenn in ihnen die Stärkewandelungen einen gewissen Umfang erreicht haben und das Stärkeminimum in den Aesten nahezu erreicht ist. d. h. von Ende November ab.

Die genannten Stärkewandelungen, mit denen die Bildung von Glycose verbunden ist, liefern in derselben eine grössere Menge leicht verathembares und damit Triebkraft spendendes Material, welches zur Knospenentfaltung erforderlich, im Oktober aber nicht vorhanden ist. Hieraus erklären sich die Misserfolge des Frühtreibens vor dem Stärkeminimum.

Die in den Blättern erzeugten Kohlehydrate wandern nur in der Rinde nach abwärts; sie können in geringelten Aesten auch nicht aushilfsweise das Mark oder das Holzparenchym mit seinen Markstrahlverkettungen benutzen. Die gesammte im Holzkörper und im Mark während des Sommers sich ablagernde Reservestärke wandert in der Rinde herab und aus dieser nach den Speicherzellen ins Innere der Aeste.

Man darf nicht ohne Weiteres stärkehaltige Gewebe auch als Wanderungsbahnen der Kohlehydrate auffassen.

Die Lösungsproducte (Glycose) der im Mark, der Markgrenze und dem Holzkörper abgelagerten Reservestärke können im Frühjahr nur mit dem Transpirationsstrom also in den Gefässen und Tracheïden emporsteigen. In der Rinde findet keine Emporwanderung gelöster Kohlehydrate statt; der eine Theil der Rindenstärke wird an Ort und Stelle verbraucht, der andere gelangt wahrscheinlich durch die Markstrahlen gleichfalls in den Holzkörper und steigt mit dem Wasserstrom empor. Mark und Holzparenchym haben an der Emporleitung der stickstofffreien Reservematerialien keinen Antheil.

Otto (Berlin).

Waage, Theodor, Die Beziehungen der Gerbstoffe zur Pflanzenchemie. (Pharmaceutische Centralhalle. 1891. S. 18.)

Gegenüber dem Standpunkt von Reinitzer, welcher den Gerbstoffbegriff ganz aus der Botanik verbannt wissen will (vergl. Centralblatt 39. S. 226 und Lotos 1891), vertritt Waage die entgegengesetzte Ansicht. Dem Vorschlage des Ref., statt des nicht genau definirbaren Gerbstoffbegriffs den genau definirbaren, aber um etliches weiteren Begriff der oxyaromatischen Verbindungen zu verwenden stimmt Waage nicht bei. Im Weiteren wendet sich Waage gegen die von v. Wagner veranlasste Eintheilung der Gerbstoffe in physiologische und pathologische, dagegen erklärt er sich einverstanden mit der von Ref. vorgeschlagenen Unterscheidung in Gerbstoffe symmetrischer und nicht symmetrischer Herkunft. Vergl. Centralbl. Bd. 45. S. 394. 1891. 1. April. Aus den Versuchen mit Theeblättern und aus anderen Gründen lässt sich schliessen, dass in den Pflanzen mindestens zwei verschiedene Gerbstoffe gleichzeitig vorkommen.

Zum Schluss erörtert Waage die Beziehungen der Gerbstoffe zu den Glucosiden und schliesst auf Grund seiner bekannten Untersuchungen über das Phloroglucin, dass die Gerbstoffe Nebenproducte des Stoffwechsel sind.

Nickel (Berlin).

Phipson, T. L., Sur l'hématine végétale. (Comptes rendus de l'Académie des sciences de Paris. Tome CXII. 1891. p. 666 u. 67.)

1879 hatte Verf. nachgewiesen, dass das Palmellin, ein Auszug aus der Alge *Palmella cruenta,* Eisen enthalte und ein ganz ähnliches Absorptionsspectrum wie das Blut gebe (einen mit dem Palmellin identischen Farbstoff gewann auch Linossier [Sur une hématine vegetale — Comptes rendus, 2. mars 1891 —] aus den Sporen von *Aspergillus niger*). In gegenwärtiger Note macht er darauf aufmerksam, dass die genannte Alge in der Umgebung Londons anfangs grün sei und erst gegen den Abschluss ihrer Vegetation hin blutroth werde, und dass das Absorptionsspectrum des Chlorophylls dem des ebenfalls grün gefärbten Biliverdins, eines Derivates vom Blute, sehr ähnlich sei.

Zimmermann (Chemnitz).

Pirotta, R., Sulla struttura anatomica della Keteleeria. Fortunei (Murr.) Carr. (Annuario del R. Istituto botanico di Roma. Vol. IV. pag. 200—203.)

Verf., welcher eine monographische Bearbeitung dieser interessanten monotypischen Conifere in Aussicht stellt, beschäftigt sich in dieser vorläufigen Mittheilung mit dem anatomischen Bau der Vegetationsorgane.

Die primäre Wurzel hat ein diarches Gefässbündel; das Mark ist sehr gross und in dem Mittelpunkte desselben befindet sich ein grosser Harzgang. Ausserdem treten Harzgänge unregelmässig vertheilt im secundären Holze auf. Schleimführende Zellen finden sich in der secundären Rinde.

Der Stamm ist besonders dadurch ausgezeichnet, dass Harzgänge und Schleimzellen in der primären Rinde und Holze auftreten, während sie in den secundären Geweben fehlen.

Die Blätter sind bilateral. Im Mesophyll lassen sich drei Zonen unterscheiden: die Pallisadenzellen, das Schwammparenchym und die um die Gefässbündel herum geordneten Ableitungszellen. In der Nähe des Blattrandes verläuft auf beiden Seiten je ein Harzgang und am äusseren Rande der Ableitungszellen treten zerstreut grosse Schleimzellen auf.

Ross (Palermo).

Lanza, D., La struttura delle foglie nelle Aloineae ed i suoi rapporti con la sistematica. (Malpighia, anno IV, pag. 145—167. Con 1 tav.)

Verf. beschreibt eingehend den anatomischen Bau der einzelnen Gewebe der Blätter der *Aloineen.* Besonders hervorzuheben sind einige biologisch interessante Thatsachen. Bei einigen *Haworthia-*Arten, am ausgesprochensten bei *H. retusa,* stehen die dreikantigen, vorne oben abgeflachten Blätter so dicht, dass sie sich fast gegenseitig berühren. Licht kann von den Seiten her also nur in sehr geringen Mengen zu dem Assimilationsgewebe gelangen. Das Chlorophyllparenchym auf der abgeflachten Oberseite fehlt dagegen gänzlich mit Ausnahme der über den Gefässbündeln gelegenen Parthien, dergestalt, dass das Licht von oben her wie durch einen Lichthof in das Blatt eindringt. Das Chlorophyllparenchym zeigt dementsprechend deutlich eine Anordnung in der Richtung der Lichtquelle. Ueber den für Licht undurchlässigen Gefässbündeln findet sich chlorophyllhaltiges Gewebe. Diese Thatsachen sprechen deutlich dafür, dass der eigenthümliche Bau dieser Blätter zu der Beleuchtung in Beziehung steht.

Die Blätter mehrerer *Haworthia-* und *Gasteria-*Arten sind durch warzen- oder wallartige Emergenzen ausgezeichnet, deren weissglänzende Farbe von dem Fehlen des Chlorophylls und von der reichlicheren Ausbildung der luftführenden Intercellularräume herrührt, ausserdem ist hier die sonst mehr oder minder unebene Oberfläche des Blattes gänzlich eben und glatt. Verf. vermuthet, dass diese Emergenzen das Blatt gegen zu intensive Beleuchtung schützen, indem sie einen Theil des Chlorophyllparenchyms beschatten und gleichzeitig infolge ihres eigenartigen Baues das Licht reflektiren. Bei *Haworthia fasciata*, welche die in Rede stehenden weissen Emergenzen sehr reichlich, aber ausschliesslich auf der Blattunterseite führt, konnte Verf. im botanischen Garten in Palermo beobachten, sowie auch experimentell feststellen, dass die normal sparrig abstehenden Blätter sich im Hochsommer bei Wassermangel nach oben zusammenbiegen, so dass dann die Unterseite der Blätter direkt den Sonnenstrahlen ausgesetzt ist, wodurch sich das Vorhandensein der reflektirenden Emergenzen gerade dort sehr gut verstehen lässt.

Die Untersuchungen, welche sich auf siebzig Arten erstrecken, haben ergeben, dass keinerlei systematisch verwendbare Unterschiede in Uebereinstimmung mit der allgemein üblichen Eintheilung dieser Gruppe in vier Gattungen (*Aloe, Haworthia, Gasteria, Apicra*) vorhanden sind. Die wichtigste anatomische Eigenthümlichkeit, die aloeführenden Zellen am Aussenrande der Gefässbündel, findet sich bei allen Gattungen, aber nicht bei allen Arten; dieselbe ist ausserdem nicht auf die *Aloineen* beschränkt, sondern aloeführende Zellen existiren z. B. auch in den Blättern der in Sicilien einheimischen *Asphodelus*-Arten. Bei einigen Arten werden die aloeführenden Zellen durch mechanische Zellen ersetzt, bei andern fehlen die einen wie die anderen gänzlich. Ebenso verhalten sich die anderen anatomischen Charaktere, welche im Allgemeinen nur bei den Arten constant bleiben.

Eine eingehende Vergleichung der blütenmorphologischen Charaktere, welche zur Unterscheidung der vier Gattungen dienen, ergab dann ebenfalls eine grosse Unbeständigkeit und alle nur möglichen Uebergänge, so dass dieselben thatsächlich besonders durch den Habitus charakterisirt werden.

Die Tafel bringt besonders die biologisch interessanten Eigenthümlichkeiten von *Haworthia retusa* und *fasciata* zur Darstellung.

Ross (Palermo).

Krause, Die fremden Bäume und Gesträuche der Rostocker Anlagen. (Archiv des Vereins der Freunde der Naturgeschichte in Mecklenburg. XLIII. p. 197—240. Güstrow 1890).

Verf. giebt ein nach Koch's Dendrologie geordnetes Verzeichniss der in den Rostocker Anlagen befindlichen fremden und — was der Titel nicht sagt — einheimischen Gehölze. Er beginnt mit folgenden Worten, die allerorts gültig sind und beherzigt werden möchten: „Eine Angabe unserer fremden Bäume wird einer Rechtfertigung nicht bedürfen: hat sie auch zunächst ein grösseres Interesse für die Ortsbewohner und im weiteren Sinne für die immer mehr zuströmenden Besucher Rostocks, so ist sie der wissenschaftlichen Bedeutung doch auch nicht vollständig bar. insofern ein Gedeihen oder Nichtgedeihen in unserem Klima daraus hervorgeht, was dann wiederum mannigfaltiges Weiterschliessen gestattet".

Einleitend wird einiges Geschichtliche und Topographische über
die in Betracht kommenden Anlagen mitgetheilt; darauf folgt die
Aufzählung der angepflanzten Gehölze, der mannigfache Bemerkungen
beigefügt werden. Dieselben beziehen sich auf das Vaterland der
einzelnen Arten, auf ihr Gedeihen und Wachsthum am speziellen
Standort, auf den Einfluss der Witterung, auf systematische,
historische und selbst linguistische Dinge. Was diese Zusätze aber
auch behandeln mögen, so zeugen sie von eingehender Sach-
kenntniss des Verf. und einem weitgehenden Verständniss für das,
was den Benutzern seines Verzeichnisses von Interesse und Nutzen
sein kann.

Jännicke (Frankfurt a. M.).

Neue Litteratur.[*]

Allgemeines, Lehr- und Handbücher, Atlanten etc.:

Schilling, S., Grundriss der Naturgeschichte. Theil II. Das Pflanzenreich.
Ausgabe B. Anordnung nach dem natürlichen System. 15. Bearbeitung besorgt von **F. C. Noll.** 8°. 292 pp. Breslau (Hirt) 1891.   M. 3.30.

Kryptogamen im Allgemeinen:

Zahlbruckner, A., Zur Kryptogamenflora Oberösterreichs. [Schluss.] (Oesterr.
botanische Zeitschrift. 1891. p. 199.)

Algen:

Gibson, R. J. Harvey, On the development of the sporangia in Rhodochaeton
Rothii Näg., and R. floridulum Näg., and on a new species of that genus.
(Extract from the Linnean Societys of London Journal. Botany. Vol. XXVIII.
1891.) 8°. 5 pp. 1 Tafel. London 1891.

Pilze:

Hennings, P., Note micologiche. (Malpighia. Vol. V. 1891. p. 89.)
Hoffa, A., Weitere Beiträge zur Kenntniss der Fäulnissbakterien. (Münchener
medicinische Wochenschrift. 1891. No. 14. p. 247—248.)
Kockel, Ueber einen dem Friedländer'schen verwandten Kapselbacillus. (Fort-
schritte der Medicin. 1891. No. 8. p. 331—340.)
Loew, O., Die chemischen Verhältnisse des Bakterienlebens. [Fortsetzung.]
(Centralblatt für Bakteriologie und Parasitenkunde. Bd. IX. 1891. No. 20.
p. 659—663. No. 22. p. 722—726. No. 23. p. 757—760.)
Lagerheim, G. von, Zur Kenntniss des Moschuspilzes, Fusarium aquaeductuum
Lagerheim (Selenosporium aquaeductuum Rabenhorst et Radlkofer, Fusisporium
moschatum Kitasato). (Centralblatt für Bakteriologie und Parasitenkunde.
Bd. IX. 1891. No. 20. p. 655—659. Mit 6 Figuren.)
Mangin, L., Sur la désarticulation des conidies chez les Péronosporées. (Bulletin
de la Société botanique de France. T. XXXVIII. 1891. p. 176.)

---

[*] Der ergebenst Unterzeichnete bittet dringend die Herren Autoren um
gefällige Uebersendung von Separat-Abdrücken oder wenigstens um Angabe
der Titel ihrer neuen Veröffentlichungen, damit in der „Neuen Litteratur" möglichste
Vollständigkeit erreicht wird. Die Redactionen anderer Zeitschriften werden
ersucht, den Inhalt jeder einzelnen Nummer gefälligst mittheilen zu wollen,
damit derselbe ebenfalls schnell berücksichtigt werden kann.

Dr. Uhlworm,
Terrasse Nr. 7.

Massee, George, Mycological notes. II. (Journal of Mycology. Vol. VI. 1891. p. 178.)

Morl, A., Di alcuni micromiceti nuovi. (Atti della Società dei Naturalisti di Modena. 1891. p. 78.)

Romell, L., Observationes mycologicae. I. De genere Russula. (Öfversigt af Kgl. Vetenskaps-Akademiens af Stockholm Förhandlingar. 1891. No. 3. p. 163 —184.)

Schwalb, K., Das Buch der Pilze. Beschreibung der wichtigsten Basidien- und Schlauchpilze mit besonderer Berücksichtigung der essbaren und giftigen Arten. 8°. VII, 218 pp. 18 col. Tafeln. Wien (Pichler) 1891. M. 5.—

Setchell, William Albert, Preliminary notes on the species of Doassansia Corn. (Sep.-Abdr. aus Proceedings of the American Academy of Arts and Sciences. Vol. XXVI. 1891. p. 13—19.)

Flechten:

Arnold, F., Lichenologische Fragmente. XXX. (Oesterreichische botanische Zeitschrift. 1891. p. 189. Mit 1 Tafel.)

Krabbe, G., Entwicklungsgeschichte und Morphologie der polymorphen Flechten-gattung Cladonia. Ein Beitrag zur Kenntniss der Ascomyceten. 4°. 160 pp. 12 Tafeln. Leipzig (Felix) 1891.

Muscineen:

Brizi, Ugo, Appunti di Briologia Romana. (Malpighia. Vol. V. 1891. p. 83.)

Jeanpert, Edouard, Localitées nouvelles de mousses des environs de Paris. (Bulletin de la Société botanique de France. T. XXXVIII. 1891. p. 162.)

Physiologie, Biologie, Anatomie und Morphologie:

Acqua, C., Contribuzione alla conoscenza della cellula vegetale. (Malpighia. Vol. V. 1891. p. 3. Con 2 tav.)

Balsamo, F., Sull' assorbimento delle radiazioni nelle piante. Nota preliminare. (Bullettino della Società d. Naturalisti di Napoli. Ser. I. Vol. V. 1891. p. 61.)

Buscalioni, L., Sull' accrescimento della membrana cellulare. (Giornale della Reale Accademia Medica di Torino. Vol. LIV. 1891. No. 1/2.)

Loew, O., Ueber die physiologischen Functionen der Phosphorsäure. (Sep.-Abdr. aus Biologisches Centralblatt. Bd. XI. 1891. No. 9/10.)

Thouvenin, M., Sur la présence de laticifères dans une Oleacée, le Cardiopteris lobata. (Bulletin de la Société botanique de France. Tome XXXVIII. 1891. p. 129.)

Vogt, J. S., Das Empfindungsprincip und das Protoplasma auf Grund eines einheitlichen Substanzbegriffes. I—IV. 8°. 208 pp. Leipzig (E. Wiest) 1891. à M. 1.—

Vuillemin, Paul, Sur l'évolution de l'appareil sécréteur des Papilionacées. (Bulletin de la Société botanique de France. T. XXXVIII. 1891. p. 193.)

Systematik und Pflanzengeographie:

Baldacci, A., Nel Montenegro. Una parte delle mie raccolte. (Malpighia. Vol. V. 1891. p. 62.)

Belson, P., Di un raro Narcisso esistente nel Veneto. (Rivista Italiana delle scienze naturali di Siena. Vol. XI. 1891. p. 39.)

— —, Appunti sulla flora dell' Elba (l. c. p. 63.)

Camus, E. G., Hybrides d'Orchidées. (Bulletin de la Société botanique de France. T. XXXVIII. 1891. p. 157.)

— —, Note sur l'Ophrys arachnitiformis et sur des formes de Salix undulata. (l. c. p. 201.)

Damanti, P., Sulla Brassica macrocarpa Guss. e sua varietà del Monte Erice. (Naturalista Siciliano. Vol. X. 1891. No. 4.)

Degen, A. von, Bemerkungen über einige orientalische Pflanzenarten. (Oesterr. botanische Zeitschrift. 1891. p. 194.)

Ketula, P., Distributio plantarum vasculosarum in montibus Tatricis. 8°. VII, 512 pp. Krakau 1891. M. 10.—

Le Grand, A., Relevés numériques des quelques flores locales ou régionales de France. (Bulletin de la Société botanique de France. T. XXXVIII. 1891. p. 190.)

Legué, L., Note sur trois plantes de la Sarthe. (l. c. p. 202.)
Leveillé, H., Note sur l'Oenothera tetraptera Cavan. (l. c. p. 200.)
Lombard-Dumas, A. et Martin, B., Florule des causses de Blandas, Rogues et Montdardier (Gar) et des pentes qui les relient aux vallées adjacentes de la Vis, de l'Arre et de l'Hérault. [Fin.] (l. c. p. 142.)
Mattei, E., Sulla disseminazione di alcune Ciperacee. (Rivista italiana di Scienze naturali di Siena. Vol. XI. 1891. p. 37.)
Polák, Karl, Zur Flora von Bulgarien. [Schluss.] (Oesterreichische botanische Zeitschrift. 1891. p. 202.)
Rony, G., Additions aux Plantae Europaeae de M. Karl Richter. (Bulletin de la Société botanique de France. T. XXXVIII. 1891. p. 130.)
Van Tieghem, Ph., Structure et affinités des Stachycarpus, genre nouveau de la famille des Conifères. (l. c. p. 162.)
— —, Structure et affinités des Cephalotaxus. (l. c. p. 184.)
Woolls, W., Plants indigenous and naturalised in the neighbourhood of Sydney, arranged according to the system of Baron F. von Müller. 8°. 71 pp. Sydney (G. S. Chapman) 1891.   1 s. 6 d.

Phaenologie:

Voelcker, Karl, Untersuchungen über das Intervall zwischen der Blüte und Fruchtreife von Aesculus Hippocastanum und Lonicera tartarica. 8°. 43 pp. 2 Karten. Giessen 1891.

Teratologie und Pflanzenkrankheiten:

Atkinson, Geo. F., Anthracnose of cotton. (Journal of Mycology. Vol. VI. 1891. p. 173.)
Galloway, B. T. and Fairchild, D. C., Experiments in the treatment of plant diseases. II. Treatment of pear leaf-blight and scab in the orchard. (l. c. p. 137.)
— —, Treatment of nursery stock for leaf-blight and powdery mildew. (U. S. Department of Agricultural Division of Veget. Pathology. 1891. Circular No. 10.) 8°. 8 pp. Washington 1891.
Hofmann, Insectentödtende Pilze mit besonderer Berücksichtigung der „Nonne". 2. Auflage. 8°. 15 pp. mit 14 Figuren. Frankfurt a. M. (P. Weber) 1891.
                                                                     M. 0.40.
Hua, Henri, Sur un Cyclamen double. (Bulletin de la Société botanique de France. T. XXXVIII. 1891. p. 158.)
Pierce, Newton B., Tuberculosis of the olive. (Journal of Mycology. Vol. VI. 1891. p. 148.)
Smith, Erwin F., The peach rosette. (l. c. p. 143.)
Southworth, E. A., Ripe rot of grasses and apples. (l. c. p. 164.)

Medicinisch-pharmaceutische Botanik:

Abelous, Action des antiseptiques sur le ferment saccharifiant du pancréas. Doses antiseptiques et antizymotiques. (Comptes rendus de la Société de biologie. 1891. No. 11. p. 215—217.)
Babes, V., Ueber Bacillen der hämorrhagischen Infection des Menschen. (Centralblatt für Bakteriologie und Parasitenkunde. Bd. IX. 1891. No. 22. p. 719—722. No. 23. p. 752—756.)
Boulloche, P., Note sur un cas de polyarthrite suppurée et de myosites déterminées par le pneumocoque. (Archives de méd. expérim. 1891. No. 2. p. 252 —256.)
Broes van Dort, T., Gonococcen-infectie bij een tweejarig meisje. (Nederlandsch Tijdschrift van Geneeskunde. 1891. No. 11. p. 291—292.)
Bruce, A. et Loir, A., Les maladies du bétail en Australie. (Annales de l'Institut Pasteur. 1891. No. 3. p. 177—183.)
Charrin et Roger, Angiocholites microbiennes expérimentales. (Comptes rend. de la Société de biologie. 1891. No. 7. p. 187—143.)
Enderlen, E., Versuche über die bakterienfeindliche Wirkung normalen und pathologischen Blutes. (Münchener medicinische Wochenschrift. 1891. No. 13. p. 235—236.)
Finkelnburg, Ueber einen Befund von Typhusbacillen im Brunnenwasser. (Centralblatt für allgem. Gesundheitspflege. 1891. No. 2/8. p. 92—93.)

Fischel, F., Ein für Warmblüter pathogener Mikroorganismus aus der Leber von Kröten gezüchtet. (Fortschritte der Medicin. 1891. No. 8. p. 340—344.)

de Fischer, O., Un caso di actinomicosi umana. (Bollettino d. clin. 1890. p. 341—344.)

Fränkel, B., Die Gabbet'sche Färbung der Tuberkelbacillen, eine unwesentliche Modification meiner Methode. (Deutsche medic. Wochenschrift. 1891. No. 15. p. 552.)

Frank, L. F., Favus. (Monatshefte für praktische Dermatologie. Bd. XII. 1891. Heft 6. p. 254—266.)

Gamaléïa, N., Sur la lésion locale dans les maladies microbiennes. (Archives de méd. expérim. 1891. No. 2. p. 277—283.)

Gottstein, A., Zusammenfassende Uebersicht über die bakterienvernichtende Eigenschaft des Blutserums. (Therapeut. Monatshefte. 1891. No. 4. p. 235—238.)

Hatch, J. L., History of bacteriology. (Med. and Surg. Reporter. 1891. No. 13. p. 354—357.)

Hess, W., Die thierischen Parasiten der Pflanzen. (Prometheus. 1891. No. 81, 83. p. 457—460, 487—491.)

Immerwahr, R., Nochmals die Gabbet'sche Färbung der Tuberkelbacillen. (Deutsche medic. Wochenschrift. 1891. No. 18. p. 640.)

Koch, C., Drei Fälle von Actinomycosis hominis. (Münchener medic. Wochenschrift. 1891. No. 12, 13. p. 216—219, 236—239.)

Levi, L., Sul valore etiologico del gonococco di Neisser nella blennorragia. (Giornale italiano d. malattie veneree. 1890. p. 141—144.)

Linossier, Action de l'acide sulfureux sur quelques champignons inférieurs et en particulier sur les levures alcooliques. (Annales de l'Institut Pasteur. 1891. No. 3. p. 171—176.)

Loriga, G. e Pensuti, V., Pleurite da bacillo del tifo. (Riforma med. 1890. p. 1232.)

Lyon, G., La pleurésie purulente à streptocoques. (Annales de méd. scientif. et pratique. 1891. No. 11, 12. p. 81—82, 89—91.)

Ménétrier et Thiroloix, Infection hépatique secondaire à streptocoques chez un phthisique. (Bulletin de la Société anatomique de Paris. 1891. No. 4. p. 84 —87.)

Méry, H. et Boulloche, P., Recherches bactériologiques sur la salive des enfants atteints de rougeole. (Rev. mens. d. malad. de l'enfance. 1891. Avril. p. 154—168.)

Mibelli, V., Eine neue Färbungsmethode der Rhinosklerombacillen. (Monatsh. für praktische Dermatologie. Bd. XII. 1891. Heft 7. p. 293—295.)

Nemicic, E., Die Encyme in ihrer Wirkung auf pathogene Pflanzenzellen (virulente Bakterien). (Allgemeine Wiener medicinische Zeitung. 1891. No. 15, 16. p. 169—170, 181.)

Pellizzari, C., Il diplococco di Neisser negli ascessi blenorragici peri-uretrali. (Giornale italiano d. malattie veneree. 1890. p. 134—140.)

Prillieux, Ed., Le seigle enivrant. (Bulletin de la Société botanique de France. T. XXXVIII. 1891. p. 205.)

Ransome, A., On certain conditions that modify the virulence of the bacillus of tubercle. (British Medical Journal. No. 1580. 1891. p. 796—798.)

Sanarelli, G., Un nuovo microrganismo delle acque, patogeno per gli animali a temperatura variabile e a temperatura costante. (Atti della Reale Accad. d. fisiocritici in Siena. Ser. IV. 1891. Vol. III. No. 1. p. 37—53.)

Schrötter, H. von und Winkler, F., Ueber Reinculturen der Gonokokken. (Mittheilungen aus dem embryologischen Institut der K. K. Universität Wien. 1890. p. 29—34.)

Technische, Forst-, ökonomische und gärtnerische Botanik:

Adelmann, H. Graf, Kurze practische Anleitung zum Obstbau für den Landmann und Obstzüchter. 5. Aufl. 8°. V, 17 pp. mit Abbild. Stuttgart (Metzler) 1891.   M. 0.20.

Conn, H. W., Ueber einen bittere Milch erzeugenden Micrococcus. (Centralblatt für Bakteriologie und Parasitenkunde. Bd. IX. 1891. No. 20. p. 653—655.)

De Toni, G. B., Note di merceologia. I—V. (Estr. di Rivista italiana di scienze nat. e Bollettino del Naturalista di Siena. Vol. XI. 1891. Fasc. 5/6.)

Jäger, Th., Praktische Anleitung zur Obstcultur. 2. Aufl. 8⁰. VI, 70 pp. mit
31 Illustr., 4 Tab. und 1 Tafel. Giessen (E. Roth) 1891.   M. 0.80.
Pichi, P., Sopra l'azione dei sali di rame nel mosto d'uva sul Saccharomyces
ellipsoideus.   (Nuova Rassegna Viticoltura Enologia Conegliano. 1891. Fasc. 5.)
Scherk, C., Anleitung zur Bestimmung des wirksamen Gerbstoffgehaltes in den
Naturgerbstoffen. 8⁰. VIII, 70 pp. Wien (Hartleben) 1891.   M. 2.—
Schubert, K., Ueber Werthschätzung der Gerste. Vorsichten beim Gersten-
einkauf, für Brauer und Landwirthe zusammengestellt. 8⁰. 30 pp. Worms
(H. Kräuter) 1891.   M. 1.50.
Sestini, F., Esperimenti di vegetazione del frumento con sostituzione della
glucina alla magnesia. (Stazione sperimentali agrarie italiana. Vol. XX. 1891.
p. 256.)
Stutzer, A., Die Düngung der wichtigsten tropischen Culturpflanzen. Eine kurze
Düngerlehre. 8⁰. IV, 111 pp. Bonn (F. Cohen) 1891.   M. 3.—

Personalnachrichten.

Die Accademia dei Lincei in Rom hat den grossen Kgl. Preis
für Leistungen auf dem Gebiete der Morphologie (10,000 Fr.) dem
Professor Dr. **P. A. Saccardo** in Padua für seine grossartigen
mykologischen Arbeiten zugesprochen.

Inhalt:

Ausgegeben: 2. Juli 1891.

Druck und Verlag von Gebr. Gotthelft in Cassel.

Band XLVII. No. 2/3.   XII. Jahrgang.

Botanisches Centralblatt.

REFERIRENDES ORGAN
für das Gesammtgebiet der Botanik des In- und Auslandes.

Herausgegeben

unter Mitwirkung zahlreicher Gelehrten

von

Dr. Oscar Uhlworm und Dr. F. G. Kohl
in Cassel.   in Marburg.

Zugleich Organ
des

Botanischen Vereins in München, der **Botaniska Sällskapet i Stockholm,**
der botanischen Section des naturwissenschaftlichen Vereins zu Hamburg,
der botanischen Section der Schlesischen Gesellschaft für vaterländische
Cultur zu Breslau, der Botaniska Sektionen af Naturvetenskapliga Student-
sällskapet i Upsala, der k. k. zoologisch-botanischen Gesellschaft in
Wien, des Botanischen Vereins in Lund und der Societas pro Fauna et
Flora Fennica in Helsingfors.

Nr. 28/29.	Abonnement für das halbe Jahr (2 Bände) mit 14 M. durch alle Buchhandlungen und Postanstalten.	1891.

Wissenschaftliche Original-Mittheilungen.

Ueber den Blattbau einiger xerophilen Liliifloren.

Von

Carl Schmidt
aus Brandenburg a. H.

(Fortsetzung.)

Das letztere Verhalten zeigt sich besonders deutlich bei *Blancoa canescens* Lindl., *Lanaria plumosa*, *Acanthocarpus Preisii* Lehm. und bei den *Xanthorrhoea*- und *Xerotes*-Arten; auch die Gattung *Ophiopogon* gehört hierher, und zwar wird die Verschiedenheit in diesem Falle veranlasst durch das Fehlen resp. Vorhandensein einer oder mehrerer Verstärkungsschichten unter der Epidermis. Die Zellen über dem mechanischen Gewebe sind meist von prismatischer Gestalt und in der Längsrichtung des Organes bedeutend gestreckt, so dass ihre Länge die Breite um das Sieben- bis Achtfache übertrifft. Am ausgeprägtesten tritt diese fast genau rechteckige Form bei *Xerotes longifolia* R. Br. und *X. rigida* R. Br. auf, die unter den *Xerotes*-Arten die längsten Blätter aufweisen. Die Zellen über dem Assimilationsgewebe bieten von der Fläche gesehen das Bild eines unregelmässigen Sechsecks; auch sie sind noch immer zwei- bis dreimal so lang als breit. Ausser durch ihre relativ grosse Länge unterscheiden sich die Zellen über dem Bast von denen über dem grünen Gewebe auch noch durch die Art und Weise ihrer Verdickung. Diese tritt an allen Membranen, besonders stark aber an den Aussenwänden auf, so dass das Lumen nur als ein mehr oder minder breiter Streifen zurückbleibt; bei *Xerotes fragrans* F. Muell. und *X. filiformis* R. Br. erstreckt sie sich auch in solchem Maasse auf Radial- und Innenwände, dass ein fast vollständiges Verschwinden des Lumens herbeigeführt wird. Im Querschnitt unterscheiden sich diese Zellen von den darunter liegenden, eben- falls immens verdickten Bastzellen nur durch ihre relative Kleinheit. Ein ähnliches Verhalten findet sich bei *Xerotes spartea* Endl. (Fig. 2), wo jedoch immer nur einige Zellen derartige bedeutende Membran- verdickungen erleiden. Man darf wohl annehmen, dass diese so ausserordentlich dickwandigen Oberhautzellen auch dem mechanischen Princip dienstbar sind, indem sie eine Verstärkung der anstossenden Bastrippen bilden. Die Hautgewebezellen über dem grünen Par- enchym dagegen erleiden nur eine mässige Verdickung ihrer Wandungen, so dass das Lumen immer noch eine rundliche Form behält. Die Radial- und Innenwände besitzen dieselbe Stärke wie die Aussenwände und sind mit zahlreichen Poren versehen, um den Verkehr untereinander und mit dem Assimilationsgewebe auf- recht zu erhalten.

Einen Uebergang zu den Formen mit nur gleichgearteten Epidermiszellen bilden einige *Conostylis*-Arten. Obgleich auch bei dieser Gattung in vielen Fällen die Bastrippen an die Oberhaut ansetzen, so findet sich doch nur dann ein Unterschied in der Ausbildung der Epidermiszellen, wenn Rillen vorhanden sind, um die das Assimilationsgewebe gruppirt ist, wie bei *Conostylis Preissii* Endl., *C. dealbata* Lindl., *C. bromelioides* Endl., *C. bracteata* Lindl. und *C. filifolia* F. Muell.; doch ist dieser Unterschied hier nicht ein so weitgehender, wie bei den erwähnten *Xerotideen*, da die Epidermiszellen in den Rillen auch in ihren Radial- und Innen- wänden und nicht nur in den Aussenwandungen ziemlich starke Verdickungen aufweisen.

Zu der zweiten Gruppe, die durch nur gleichgebildete Epi- dermiszellen charakterisirt ist, gehören zuerst jene *Conostylis*-Arten, die zwar mit durchgehenden Rippen, aber nicht mit Furchen aus- gestattet sind (*C. graminea* Endl., *C. aculeata* R. Br., *C. occulta* Endl., *C. involucrata* Endl., *C. Androstemma* F. Muell.), ferner alle jene Formen, deren Assimilationsgewebe einen zusammenhängenden Mantel unter der Oberhaut bildet (*Conostylis misera* Endl., *C. vagi- nata* Endl., *C. setosa* Lindl., *C. propinqua* Endl., *C. setigera* R. Br., *C. pusilla* Endl., *Anigozanthes flavida* Red., *A. Manglesii* Don., *Kingia australis*, *Chamaexeros fimbriata* Benth., *Ch. Serra* Benth.). Alle diese Pflanzen besitzen das Gemeinsame, dass stets eine äusserst starke Verdickung aller Epidermiszellwände eintirt, die sogar, mit Ausnahme von *Kingia* und den *Anigozanthes*-Arten, so weit

führt, dass das Lumen nur noch als kleiner Punkt übrigbleibt
(Fig. 5). Im Allgemeinen sind die Zellen auch in der Längsrichtung bedeutend gestreckt, wobei die Länge z. B. bei einigen
Conostylis-Arten die Breite um das Zehn- bis Fünfzehnfache übertrifft. Eine Ausnahme machen nur *Kingia* und *Chamaexeros*, bei
denen die Zellen eine fast kubische Gestalt besitzen; dies muss um
so mehr auffallen, da die Blätter gerade dieser Pflanzen, wie schon
oben erwähnt wurde, eine bedeutende Länge erreichen.

Es sind nun einige hier und da vorkommende Bildungen zu
beschreiben, von denen man wohl annehmen kann, dass sie dazu
dienen, die durch die starke Verdickung erlangte Functions-
tüchtigkeit der Epidermis noch zu erhöhen.

Eine auch sonst ziemlich häufig auftretende Einrichtung, die
bezweckt, den festen Zusammenhang der oft auf Zug in Anspruch
genommenen Epidermiszellen zu erhöhen, nämlich die Wellung der
Radialwände, wurde in unserem Falle nur bei *Blancoa canescens*
Lindl. beobachtet, womit dann zugleich die Bildung von Poren in
den Aussenwänden verknüpft ist.[*)

Im Anschluss hieran will ich eine Eigenthümlichkeit erwähnen,
die die Oberhautzellen von *Blancoa canescens* und aller *Conostylis*-
Arten aufweisen. Die in der Längsrichtung eingeschalteten Scheidewände sind nicht wie gewöhnlich senkrecht zu Aussen- und Innen-
wandungen gestellt, sondern treffen diese unter einem mehr oder
minder spitzen Winkel (Fig. 6), wodurch natürlich eine Vergrösserung der Berührungsfläche und somit eine Festigung des
Zusammenhanges der einzelnen Zellen herbeigeführt wird. In den
extremsten Fällen, wie sie uns *Conostylis aculeata* R. Br. und
C. filifolia F. Muell. (Fig. 7) darbieten, tritt eine Abrundung resp.
Zuspitzung der Zellenden ein und jede Zelle greift fast bis zur
Hälfte über die folgende hinüber, so dass sie einander dachziegel-
artig decken. Auf diese Weise wird sowohl die bei einer einzigen
Zellschicht grösstmögliche Verwachsungsfläche, als auch der Vortheil
einer zweischichtigen Epidermis erzielt. Die freien, nach aussen
liegenden Enden der Zellen sind meist papillös ausgezogen und
hakenartig zurückgekrümmt. Durch die Art der Verwachsung
erklärt sich auch das Bild, das man auf dem Querschnitt durch
ein *Conostylis*blatt erhält. Die Epidermis besteht hier nämlich
scheinbar aus zweierlei Zellen, grösseren und kleineren (Fig. 5),
von denen die letzteren immer paarweise radial angeordnet sind;
an dieser Stelle ging der Schnitt eben durch die zugespitzten und
übereinander liegenden Zellenden.

Eine Verstärkung der Oberhaut durch eine zweite Schicht
findet sich bei *Kingia* und *Xanthorrhoea* im ganzen Umfange des
Blattes, bei *Ophiopogon* dagegen nur an den Stellen, denen die
Gefässbündel gegenüberliegen; immer besteht diese Schicht aus
sehr verdickten porösen Zellen, die im Sinne der Organe mehr
oder weniger gestreckt sind.

---

*) A m b r o n n : Ueber Poren in den Aussenwänden von Epidermis-
zellen. Pringsh. Jahrb. für wiss. Bot. Bd. XIV.

Während man bei verschiedenen Pflanzen beobachtet hat, dass Leisten der Cuticularschichten mehr oder weniger tief in die Seitenwandungen der Epidermiszellen eindringen und so die Steifheit der Oberhaut erhöhen,[*] ist bei *Xerotes turbinata* Endl. gewissermassen das Umgekehrte der Fall. Auf dem Querschnitt sieht man nämlich, dass sich in der Verlängerung der Seitenwandungen spitz zulaufende Celluloseleisten in die hier mächtig entwickelten Cuticularschichten hinein erstrecken (Fig. 8); sie reichen in manchen Fällen bis dicht an die Cuticula heran. Jedoch entsprechen die Maschen dieses Leistennetzes nicht den Umrissen der längsgestreckten Epidermiszellen, sondern es gehen zwei bis drei solcher Leisten auch im Längsverlauf der Zellen von der Aussenwand aus, so dass auf einem günstigen Flächenschnitte die Celluloseleisten ein Netz mit rundlichen Maschen bilden, welche letzteren von den Cuticularschichten ausgefüllt werden, ein Bild, das nach der Behandlung der Präparate mit Chlorzinkjod besonders deutlich hervortritt.

Anhangsgebilde der Epidermis, Trichome, finden sich nur in wenigen Fällen; meist ist die Oberfläche der Organe vollständig glatt. Treten Haare auf, so geschieht dies bei den durch Rillenbildung ausgezeichneten Blättern, wo sie entweder nur den Rand der Einsenkungen überwölben, wie bei *Acanthocarpus Preissii*, *Conostylis aculeata* R. Br. und *C. filifolia* F. Muell., oder aber die ganze Höhlung derselben mit einem dichten Geflecht ausfüllen (*Xerotes ammophila* F. Muell., *X. fragrans* F. Muell., *X. leucocephala* R. Br., *Conostylis dealbata* Lindl., *C. propinqua* Endl., *Blancoa canescens* Lindl.). Eine besondere Form nehmen diese Haargebilde nur bei den drei letztgenannten Arten an (Fig. 3). Hier erhebt sich vom Grunde oder von den Böschungen der Rillen ein Fussstück, dessen unterer Theil aus kleinen, stark verdickten Zellen besteht; die darüber liegenden Elemente dagegen sind dünnwandig und zu äusserst langen luftführenden Haaren ausgewachsen, die nicht nur die Rillen ausfüllen, sondern auch die übrigen Theile der Blattoberfläche mit einer dichten Filzdecke überziehen, wodurch die Assimilationsorgane die für so viele Wüstenpflanzen bezeichnende grau-weisse Farbe erhalten. In allen übrigen Fällen sind die Haare einfache Ausstülpungen einzelner Epidermiszellen, die fast nie eine bedeutende Länge erreichen. Bei einer einzigen Art, *Xerotes leucocephala* R. Br., treten Haarbildungen nicht nur in den Furchen, sondern auf der ganzen Oberfläche, also auch über den Bastrippen auf; diese Haare sind ihrer Ausbildung nach zu den letztgenannten einfachen Formen zu zählen, jedoch erfahren sie in diesem Falle eine ansehnliche Streckung.

Während es unzweifelhaft ist, dass alle diese Bildungen eine Herabminderung der Verdunstung herbeiführen, habe ich für folgende anatomische Eigenthümlichkeit eine Erklärung nicht finden können. Es weisen nämlich bei *Xerotes multiflora* R. Br. auf Ober- und Unterseite, bei *X. filiformis* R. Br. nur auf der letzteren die stark verdickten Epidermiszellen über dem Bast kurze haarförmige

---

[*] Haberlandt: Physiologische Pflanzenanatomie p. 66.

Ausstülpungen auf, in die sich nur ein ganz schmaler Streifen des Lumens hineinerstreckt. Das Sonderbarste ist, dass diese Gebilde nicht einzeln auftreten, sondern sich immer in einer Reihe neben-einander bei allen Zellen über einer Bastrippe finden. Auf dem Querschnitt macht sich diese Anordnung folgendermaassen geltend; während über einigen Bastrippen die Epidermis aus gewöhnlichen, ebenso hohen wie breiten Zellen besteht, scheint sie über anderen von aussergewöhnlich hohen Elementen gebildet zu sein. Im letzteren Falle traf der Schnitt gerade einen Kamm jener Aus-stülpungen, die, was noch erwähnt werden mag, hakenförmig zurückgekrümmt sind und zwar die zu derselben Reihe gehörigen immer nach derselben Richtung, doch ist die letztere nicht bei allen Reihen dieselbe.

Anführen möchte ich noch die bei den beiden untersuchten Chamaexeros-Arten beobachteten Anhangsgebilde, die von Bentham[*]) als a narrow, scarious margin broken up into reflexed serratures beschrieben und von dem betreffenden Autor auch noch für ver-schiedene Xerotes-Arten erwähnt werden, hier aber an dem mir zugänglichen Material nicht zu erkennen gewesen sind. Diese Gebilde, die beiderseits den Blattrand begleiten, bestehen an ihrer Ansatzstelle aus zwei Lagen kurzer, ziemlich dickwandiger Zellen (Fig. 9), welche man wohl als Fortsetzung der Epidermis betrachten kann, die sich hier nach aussen übereinander geschoben haben. Weiterhin ist nur noch eine Schicht vorhanden, deren zwei äusserste Zellen (nur) schwache Verdickung ihrer Membranen, aber eine bedeutende Streckung erfahren, so dass die Länge der letzten ihre Breite fast um das Dreissigfache übertrifft. Die spitz ausgezogenen Enden dieser äussersten Zellen sind nun nicht mehr mit einander verwachsen, sondern frei und mannigfach gebogen, wodurch der Rand dieser Anhangsgebilde zerschlitzt erscheint. Zu bemerken ist noch, dass in der Nähe der Ansatzstelle die sonst fast bis zum Verschwinden des Lumens verdickte Epidermis dünnwandiger wird, und dass bei Chamaexeros Serra Benth. das farblose Grundgewebe an dieser Stelle den sonst geschlossenen Mantel des Assimilations-systems durchbricht und bis zur Epidermis heranreicht.

Schliesslich will ich dann noch die Stacheln erwähnen, die den Blattrand der mit flachen Organen ausgestatteten Conostylis-Arten begleiten. Sie sind immer steil nach oben gerichtet und erreichen zuweilen, z. B. bei Conostylis bromelioides Endl., eine Länge von 5—10 mm. Gebildet sind sie aus Bastzellen, die von den den Blattrand schützenden Bündeln ausgehen.

Was den Inhalt der Epidermiszellen angeht, so ist es mir nicht möglich, Genaueres darüber anzugeben, da mir nur getrocknetes Material für meine Untersuchungen zur Verfügung stand. Bei den Conostylis-Arten fand sich z. B. in den weniger verdickten Zellen meist eine braune Masse, deren chemische Zusammensetzung nicht nachzuweisen war; in Aether, Alkohol und Benzol erwies sie sich als vollkommen unlöslich; auch eine Prüfung auf Gerbstoff führte

---

[*]) Bentham: Flora australiensis, Bd. VII, pag. 111.

zu keinem Resultat. Die *Sansevieria*-Arten, die ich frisch untersuchte, führen gleich den übrigen Succulenten in der Epidermis
einen zähflüssigen Inhalt, der übrigens in den Elementen der
anderen Gewebe wiederkehrt. Grosse Einzelkrystalle beobachtete
ich über den Bastrippen in manchen Epidermiszellen von *Xanthorrhoea* und *Xerotes purpurea*, *X. fragrans*, *X. filiformis*, *X. suaveolens*,
und zwar waren die betreffenden Zellen dann weniger verdickt,
aber in ihrem ganzen Lumen von den Krystallen ausgefüllt.

Mechanisches System.

Wie fast bei allen *Xerophilen*, so tritt auch bei den hier untersuchten Arten das mechanische System in besonders ausgeprägtem
Maasse in die Erscheinung. Gebildet wird es aus typischen Bastzellen, die fast durchweg eine äusserst starke Verdickung ihrer
Wandungen erfahren; verhältnissmässig dünnwandig ist der Bast
nur bei der Gattung *Sansevieria*, die sich auch noch dadurch von
den übrigen Formen unterscheidet, dass bei ihr eine Kammerung
der mechanischen Zellen eintritt. Nach der Vertheilung der Baststränge im Blattquerschnitt und nach der Art und Weise ihrer
Verbindung mit dem Mestom lassen sich zwei Hauptgruppen aufstellen.

Zu der ersten Gruppe rechne ich alle diejenigen Arten, bei
denen ausser den sichelförmigen Belegen der Bündel noch besondere
mechanische Elemente vorhanden sind, die die Hauptfunction haben,
die nöthige Biegungsfestigkeit der Organe herzustellen. Fast durchgehend lehnen sich an diese Bastgruppen die Gefässbündel an.
Die einzige Ausnahme bildet die Gattung *Xanthorrhoea*, wo die
Bündel auf dem ganzen Blattquerschnitt zerstreut liegen und nur
schwache, dem lokalen Schutz dienende Bastbelege aufweisen,
während die zur Herstellung der erforderlichen Biegungsfestigkeit
für die sehr langen und dabei dünnen Blattorgane nothwendigen
Elemente sich in peripherischen, leitbündelfreien Strängen anordnen,
in welcher Lage sie am besten ihre Function zu erfüllen im Stande
sind. Auf dem Querschnitt zeigen diese Bastbündel die Form
eines Dreiecks, das mit der Spitze an das Mark, mit der ziemlich
breiten Basis an die Epidermis stösst. In allen übrigen, in dieser
Gruppe zu besprechenden Fällen sind die Subepidermalrippen
durch die ebenfalls aus sehr starkwandigen Zellen bestehenden
Bündelbelege verstärkt, die entweder vollständig mit ihnen verschmelzen wie bei den *Xerotideen* (Fig. 13), oder durch die mehr
oder weniger verdickten Zellen der Parenchymscheide getrennt
werden (Fig. 10), was in der Familie der *Haemodoraceen* hauptsächlich der Fall ist.

Da die prismatischen und cylindrischen Organe, wie sie *Xerotes
turbinata* Endl., *Conostylis filifolia* F. Muell., *C. involucrata* Endl.,
C. Androstemma F. Muell., *Haemodorum paniculatum* Lindl. aufweisen, allseitig auf Biegungsfestigkeit in Anspruch genommen
werden, so findet sich dementsprechend bei ihnen ein peripherischer
Kreis von Trägern; die äusseren Gurtungen derselben werden von

den an die Epidermis stossenden Bastrippen, die inneren von den sichelförmigen Hadrombelegen gebildet; die Füllung besteht aus je einem Gefässbündel. Wir erhalten also auf dem Querschnitt dasselbe Bild, wie es die Hauptträger von *Scirpus caespitosus* bieten. Eine besonders mächtige Entwicklung der mechanischen Elemente zeigt sich bei *Xerotes spartea* Endl., wo der Bast ungefähr die Hälfte des ganzen Querschnittes einnimmt (Fig. 14). Es sind hier erstens zwischen den Hauptträgern noch 1—2 isolirte Bastrippen eingeschoben, dann aber erstrecken sich durch das Mark hindurch starke Bastbrücken, die die einzelnen Träger mit einander verbinden, ein Vorkommen, das bei cylindrischen Organen selten ist, wegen seiner mechanisch ungünstigen Anlage auch trotz des grossen Aufwandes von Material die Leistung des mechanischen Systems nicht wesentlich erhöhen kann.

Bei den mehr breiten, bandförmigen Organen sind die Stereomtheile der anders gestalteten Inanspruchnahme entsprechend reihenförmig nebeneinander gelagert. *Lanaria plumosa, Phlebocarya ciliata* und die *Xerotes*-Arten besitzen auf beiden Blattseiten genau gegenüberliegende obere und untere Gurtungen, die durch je ein Mestombündel zu einem System von parallelen, durchgehenden I-förmigen Trägern verbunden sind (Fig. 13); die Gefässbündel liegen hier in der neutralen Mittelzone des Blattes, nehmen also den geschütztesten Platz ein. Eine fast gleiche Anlage des mechanischen Systems findet sich bei den Gattungen *Chamaexeros* und *Kingia;* der Unterschied besteht darin, dass die äusseren Gurtungen durch das Assimilationsgewebe von der Epidermis getrennt sind. Bei einigen *Xerotes*-Arten (*X. purpurea, X. longifolia, X. multiflora, X. filiformis, X. glauca, X. rigida, X. micrantha*) ist das soeben beschriebene System auf der auf Druck in Anspruch genommenen Seite, also auf der Unterseite, durch zwischen die Hauptträger eingeschobene Bastrippen verstärkt; diese sind schwächer als die Hauptgurtungen und treten fast nie mit einem Mestombündel in Verbindung. Eine derartige Verstärkung des mechanischen Systems auf beiden Seiten des Blattes beobachten wir bei *Xerotes Sonderi* und *Phlebocarya ciliata.*

Durchgehende I-förmige Träger finden sich ferner bei *Conostylis aculeata, C. Preissii, C. bracteata;* doch erfolgt hier die Verbindung der beiden Gurtungen auf andere Weise wie bei *Xerotes;* an jede derselben schliesst sich nämlich ein Mestombündel an, zwischen denen dann durch Verschmelzung der inneren Bastbelege eine Brücke hergestellt wird (Fig. 10). Eine geringe Unterbrechung erleiden die ebenso gestalteten Träger von *Conostylis dealbata* und *C. occulta* dadurch, dass zwischen den inneren Bündelbelegen die Zellen der das Mestom sammt Belegen umgebenden Parenchymscheide hindurch gehen, was jedoch die Leistungsfähigkeit des Systems nicht beeinflussen kann. Jeder Zusammenhang zwischen den Rippen und dem damit verbundenen Mestom der oberen und dem gleichnamigen Gewebe der unteren Seite fehlt bei *Conostylis graminea* (Fig. 11), *Blancoa canescens* und *Haemodorum planifolium;* es treten hier in bilateraler Anordnung jene zusammengesetzten subepidermalen Träger auf, wie wir sie vorher bei den cylindrischen Organen gefunden haben. Zur Kennzeichnung der mechanischen Leistungsfähigkeit des soeben besprochenen Systems will ich aus Tschirch's schon erwähnter Abhandlung eine Stelle anführen, die sich dort zwar nur auf *Kingia australis* bezieht, aber auch für alle oben beschriebenen Arten ihre Gültigkeit behält: „In dem I-Träger, der von Epidermis zu Epidermis reicht,*) sehen wir diejenige Construction, die so sehr wie keine andere die Biegungsfestigkeit eines Organes erhöht. Ein ausreichender Grund für die Anwendung dieser festesten Construction liegt in der Länge des Organs und seinem geringen Querschnitt."

Wir kommen nun zur Besprechung der zweiten Gruppe, die diejenigen Formen umfasst, bei denen die mechanischen Elemente nur in den sichelförmigen, zuweilen allerdings sehr starken Belegen der Mestombündel auftreten (Fig. 12), wo sie also mit der Herstellung der Biegungsfestigkeit zugleich die Function des lokalen Schutzes übernehmen. Da in diesem Falle die Bastgruppen ihre peripherische Lage aufgeben und mehr nach innen in die Zone der Bündel rücken, so ist nach den Gesetzen der Mechanik klar, dass ihre Leistungsfähigkeit eine bedeutend geringere ist, als in den bisher geschilderten Fällen. Dies Vorkommen findet sich demgemäss auch zuerst einmal bei Formen, die nur eine geringe Länge der Organe aufweisen (*Calectasia, Conostylis pusilla* Endl.), wo also auch weniger Ansprüche an das mechanische System gestellt werden. Sind die Blätter länger, wie z. B. bei *Conostylis setigera, C. propinqua, C. setosa, C. vaginata, C. misera,* so trägt zur Gewinnung der nöthigen Biegungsfestigkeit das, wie vorher beschrieben worden ist, so ausserordentlich feste Hautgewebe gerade dieser Arten bei, welches hier sicherlich dem mechanischen Princip dienstbar ist. Ferner tritt eine quantitativ mässige Ausbildung des Stereoms aber auch in einigen Fällen auf, wo das Blatt eine ganz bedeutende Länge besitzt; jedoch hat sich dann stets im Innern ein umfangreiches Wasserspeicherungsgewebe ausgebildet, so dass man wohl annehmen darf, dass das letztere das Auftreten zahlreicher mechanischer Elemente einigermaassen entbehrlich machen kann; als Beispiele seien hier *Cyanella capensis,* die Gattungen *Dasypogon* und *Anigozanthes* angeführt.

Eine isolirte Stellung nehmen die succulenten *Sansevieria*-Arten ein; hier treten auf dem Querschnitt des Blattes zerstreut sehr zahlreiche und starke Baststränge auf, an die sich in den äusseren Lagen nur in einzelnen Fällen, nach dem Innern zu ziemlich regelmässig Mestombündel anlegen.

Am Schlusse dieses Kapitels seien noch jene Einrichtungen erwähnt, die besonders bei den mehr flächenförmigen Organen zum Schutze und zur Festigung des Blattrandes dienen. Im einfachsten Falle bestehen diese Einrichtungen nur in den verhältnissmässig

---

*) Für *Kingia* ist diese Bezeichnung nicht ganz correct, da bei dieser Pflanze die Träger durch einen Streifen grünen Gewebes von der Epidermis getrennt sind.

stärkeren Wänden der dort befindlichen Epidermiszellen, wie wir es bei *Dasypogon* beobachten. Die *Ophiopogon*-Arten erreichen den obigen Zweck in einem höheren Maasse dadurch, dass die Epidermis an den Rändern zwei- bis dreischichtig wird und hier aus besonders hohen, ringsum stark verdickten Zellen gebildet ist. Den verhältnissmässig stärksten Schutz besitzen die *Xerotes*- und *Conostylis*-Arten, da hier starke Bastbündel von meist halbmond- oder sichelförmiger Gestalt sich an die Epidermis des Blattrandes anlegen; in einigen Fällen stehen diese Bastgruppen seitlich mit Mestombündeln in Verbindung.

Assimilationssystem.

Wie sich erwarten lässt, macht sich in hohem Grade der Einfluss des intensiven Lichtes auf die Ausbildung des Assimilationsgewebes geltend; dasselbe besteht demgemäss aus den für die Bewohner heisser, sonniger Klimate typischen Assimilationszellen, den Pallisaden; und zwar treten solche, in ihrer verschiedenen Ausbildung, ausschliesslich auf; ein ausgeprägtes Schwammparenchym findet sich bei keiner der untersuchten Pflanzen. Das Verhältniss der Länge der Zellen zu ihrer Breite ist ein bei den verschiedenen Arten sehr wechselndes; es finden sich alle Uebergänge von Zellen, die 5—6 Mal so lang als breit sind, zu solchen von fast isodiametrischer Gestalt; gemeinsam ist aber allen, dass sie auf dem Querschnitt fast lückenlos aneinanderschliessen und nicht die grossen Lufträume zwischen sich bilden, wie sie das Schwammparenchym charakterisiren.

Was die Lagerung des grünen Gewebes betrifft, so kommt, da die Beleuchtungsverhältnisse für beide Blattseiten gleich vortheilhaft sind, der isolaterale Bau der Blattorgane auch hierin zur Ausbildung. Eine Ausnahme machen nur die *Dasypogon*-Arten. Bei ihnen tritt dasselbe Verhalten ein, wie es von Haberlandt für die *Bromeliacee Hohenbergia strobilacea* beschrieben ist.*) Das aus 3—4 Schichten sehr schmaler langgestreckter Pallisadenzellen gebildete Assimilationssystem ist von dem mächtig entwickelten Wassergewebe ganz gegen die Unterseite des Blattes gedrängt worden, so dass es hier einen sichelförmigen Belag der Epidermis bildet. Die zur Verwendung kommenden Zellen sind die längsten und dabei schmalsten, die überhaupt in den untersuchten Familien auftreten; es scheint fast, als wollte die Pflanze den Nachtheil, den sie durch nur einseitige Ausbildung des Assimilationsgewebes erleidet, dadurch ausgleichen, dass sie recht viele radiale Wände einschaltet, um Raum für die Placirung einer möglichst grossen Anzahl von Chlorophyllkörnern zu gewinnen.

In allen übrigen Gattungen beobachten wir, wie schon angedeutet wurde, auf Ober- und Unterseite, bei cylindrischen Organen auf dem gesammten Umfang eine vollständig gleichmässige Lagerung und Zusammensetzung des Assimilationssystems. In den-

---

*) Physiologische Pflanzenanatomie p. 271.

jenigen Fällen, wo das mechanische System von der Peripherie der
Organe nach dem Innern gedrängt worden ist, kann natürlich das
grüne Gewebe den in Folge der besseren Durchleuchtung für seine
Wirksamkeit günstigsten Platz erhalten; es bildet hier im ganzen
Umfange des Blattes eine zusammenhängende Zone unter der
Epidermis. Wo die Bastgruppen zur Erlangung der nöthigen
Leistungsfähigkeit diesen Raum theilweise selbst eingenommen
haben, finden wir das assimilirende Gewebe, in einzelne Partieen
gegliedert, zwischen die Theile des mechanischen Systems ein-
gelagert. Nach der Form der verwendeten Zellen lassen sich drei
Typen unterscheiden.

Der erste Typus umfasst alle diejenigen Formen, in denen nur
Pallisadenzellen von bedeutender Länge zur Bildung des grünen
Gewebes verwendet sind. Die Hauptvertreter für diese Gruppe
sind besonders diejenigen Pflanzen, deren Assimilationssystem einen
vollständigen Mantel unter der Epidermis bildet, wie z. B. *Chamaexeros fimbriata* Benth., *Calectasia*, *Conostylis vaginata* Endl. und
andere. Die Länge der Zellen nimmt in den einzelnen Schichten,
von denen meist drei, bei *Calectasia* nur zwei auftreten, nach innen
zu etwas ab, doch zeigt sich noch immer ein Uebergewicht des
Längen- über den Querdurchmesser.

Zu dem zweiten Typus zählen wir diejenigen Formen, bei
denen das grüne Gewebe nur aus isodiametrischen Zellen besteht,
was vor Allem bei *Acanthocarpus Preissii* Lehm., *Tribonanthes odora*
Endl., *Sansevieria*, *Lanaria*, *Anigozanthes* und einem Theil der
Xerotes-Arten der Fall ist, und zwar bei denen, deren Blätter sich
durch ihre Länge auszeichnen, wie z. B. *Xerotes longifolia* R. Br.,
X. purpurea Endl., *X. rigida* R. Br. etc. Nach dem Blattinnern
zu werden die Zellen meist bedeutend grösser, aber auch ärmer
an Chlorophyll und gehen allmählich in ein farbloses Grundgewebe über.

Der dritte Typus bildet eine Verbindung des ersten mit dem
zweiten; es finden sich nach aussen meist ein bis zwei, auch drei
Etagen langgestreckter Pallisadenzellen, denen sich nach innen zu
solche von isodiametrischer Form anschliessen; die Mitte des Blattes
nimmt auch hier meist ein farbloses Gewebe ein. Als Vertreter
dieses dritten Typus nenne ich unter anderen *Haemodorum planifolium* R. Br., *H. paniculatum* Lindl., *Phlebocarya ciliata* R. Br.,
die Mehrzahl der *Conostylis*- und den anderen Theil der *Xerotes*-
Arten.

Es ist natürlich, dass sich diese drei Gruppen nicht immer
scharf von einander trennen lassen, sondern dass Uebergänge
zwischen denselben zu Stande kommen.

(Fortsetzung folgt.)

Originalberichte gelehrter Gesellschaften.

K. K. zoologisch-botanische Gesellschaft in Wien.

Monats-Versammlung am 3. December 1890.

Herr Prof. **C. Grobben** trug die Resultate der Bütschli-schen Untersuchungen

über den Zellkern der Bakterien

und verwandter Formen vor und die sich aus diesen Funden, so-wie aus der Erwägung über die in neuerer Zeit dem Kern zu-geschriebene Bedeutung ergebende Schlussfolgerung, dass die Ur-organismen nicht kernlos gewesen sein dürften. Es erscheint die Annahme begründeter, dass gerade umgekehrt der Körper der Ur-organismen — vielleicht ausschliesslich — aus Kernsubstanz be-standen und der Plasmaleib erst unter dem Einflusse des Zellkerns sich gebildet habe.

Herr Dr. **R. v. Wettstein** hielt einen Vortrag:

„Ueber *Picea Omorica* Panč. und deren Bedeutung für die Geschichte der Pflanzenwelt".

Ausgehend von der Nothwendigkeit, der Erforschung der Geschichte unserer Pflanzenwelt grössere Aufmerksamkeit zuzu-wenden, hat der Vortragende die im Titel genannte Pflanze, welche einige nicht unwichtige Aufklärungen in dieser Hinsicht versprach, zum Gegenstande seiner Untersuchungen gemacht. Er suchte sie im vergangenen Sommer in Ostbosnien auf, setzte das Verbreitungs-gebiet in Bosnien fest und stellte Beobachtungen an Ort und Stelle und an mitgebrachtem Materiale an. Eine monographische Be-arbeitung seiner Resultate gedenkt der Vortragende der kaiserlichen Akademie der Wissenschaften in Wien zu überreichen. Als die Resultate derselben mag Folgendes hervorgehoben werden: *Picea Omorica* ist auf zwei kleine Verbreitungsgebiete beschränkt, das eine davon liegt an der Grenze von Bosnien und Serbien, das zweite im Rhodope-Gebirge in Bulgarien. Was die systematische Stellung der Art anbelangt, so lehrt der morphologische und anatomische Bau, dass sie am nächsten verwandt ist mit der ostasiatischen *Picea Ajanensis*, *Picea Glehnii* und der nord-amerikanischen *Picea Sitkaensis*. Andererseits zeigten sich deutlich verwandtschaftliche Beziehungen zu *Picea excelsa*. Durch ihre systematische Stellung weist die *Omorica*-Fichte auf ein Florengebiet hin, dessen Elemente in der europäischen Tertiärflora deutlich ver-treten waren. Fossil ist eine der *Picea Omorica* sehr nahe stehende Form in der *Picea Engleri* Conw. aus dem Bernsteine des Sam-landes erhalten. Zahlreiche mit *Picea Omorica* vorkommende Arten weisen ähnliche verwandtschaftliche Beziehungen auf. Auf Grund dieser und anderer Thatsachen sieht der Vortragende in der *Omorica*-Fichte einen Relict der Tertiärzeit, der in den östlich der Alpen gelegenen, von der Vergletscherung der Eiszeit nicht betroffenen Gebirgen erhalten blieb und jenen Typus repräsentirt, aus dem wahrscheinlich unsere Fichte sich herausbildete. Eine analoge Geschichte lässt sich für zahlreiche jener Pflanzen nachweisen, welche die Flora der Ostalpen und der angrenzenden Gebirge charakterisiren.

Botanischer Discussionsabend am 19. December 1890,

Herr Dr. **Moriz Kronfeld** sprach:

„Ueber *Viscum album*".

Ferner berichtete Herr **Ignaz Dörfler** über seine Reise nach Albanien im Sommer 1890.

Derselbe hatte sich von Leskowatz in Südserbien aus nach Uesküb in Albanien begeben und von dort aus neben kleineren Ausflügen zwei grosse Excursionen in das seit Grisebach's Reise (1839) nicht mehr von einem Botaniker besuchte Gebiet des Sar-Dagh. Die wissenschaftliche Bearbeitung der Ausbeute hat Wettstein übernommen, der schon jetzt eine Reihe von neuen Arten und Formen constatirt hat, obwohl nur ein Theil des Materials bisher bewältigt werden konnte.

Botanischer Discussionsabend am 23. Januar 1891.

Herr Dr. **Karl Bauer** sprach:

„Ueber eine Missbildung der weiblichen Inflorescenzen des Hopfens".

Hierauf demonstrirte Herr Dr. **F. Krasser** unter den nöthigen Erläuterungen einige interessante, auf

die Entstehung des Bernsteins

Bezug habende Objecte, sowie Dünnschliffe von *Pinites succinifer*. Die vorgezeigten Stücke hatte Herr Prof. Wiesner, welcher in liebenswürdigster Weise dem Vortragenden die erwähnten Objecte behufs Demonstration überlassen hatte, von Herrn Director Conwentz in Danzig erhalten.

Vortragender gab schliesslich eine Uebersicht über das Verbreitungsgebiet des Succinits und gedachte auch, unter Vorlage einiger Handstücke, des im Wiener Flyschgebiete vorkommenden fälschlich „Bernstein" genannten fossilen Harzes, dessen Stammpflanze nach seinen erst zu publicirenden Untersuchungen gleichfalls eine *Abietinee* sei.

Herr **Ignaz Dörfler** theilte mit, dass

die für die Flora von Siebenbürgen zweifelhafte
Mandragora officinarum L.

offenbar niemals dort vorkam, da die Angabe Lerchenfeld's, auf welcher alle anderen Literaturangaben beruhen, sich nach einem in Wien befindlichen Original-Exemplar auf *Solanum Molongena* L. bezieht, welches jedenfalls auch dort cultivirt wird.

Botanischer Discussionsabend am 20. Februar 1891.

Herr Dr. **A. Zahlbruckner** besprach die Resultate der neueren lichenologischen Arbeiten Möller's, Bonnier's, Lindau's und

Johow's, legte auf Grundlage derselben den heutigen Stand der Flechtenfrage klar und sprach sich entschieden für die Richtigkeit: der Lehre von der Doppelnatur der Flechten aus.

Herr Dr. C. **Richter** zeigte

einige neue und interessante Pflanzen

seines Herbars vor und knüpfte hieran erläuternde Bemerkungen.

Die wichtigsten demonstrirten Formen sind:

Viola Ruprechtiana Borb. (*epipsila* $\times$ *palustris*) von Königsberg; *Viola Uechtritziana* Borb. (*mirabilis* $\times$ *Riviniana*) aus Thüringen; *Viola heterocarpa* Borb. (*mirabilis* $\times$ *rupestris*) aus Schweden; *Viola anceps* Richt. (*arenaria* $\times$ *canina*) aus Schweden, Königsberg, Tirol; *Viola Neumanniana* Richt. (*montana* $\times$ *Riviniana*) aus Schweden und Ostgalizien; *Viola magna* Richt. (*Wettsteinii* $\times$ *Riviniana*), *Viola tenuis* Richt. (*canina* $\times$ *pratensis*) aus Schweden; *Medicago mixta* Sennh. (*falcata* $\times$ *prostrata*) vom Karst; *Ervum nemorale* Gaud. von Pola; *Epilobium Halleri* Richt. (*anagallidifolium* $\times$ *alsinefolium*) von der Raxalpe; *Thymus bracteosus* Vis. von Triest; *Salix combinata* Huter ♀ (*arbuscula* $\times$ *hastata*) vom Brenner; *Salix Indebetoui* Richt. (*arbuscula* $\times$ *polaris*) aus Schweden; *Salix Eichenfeldii* Gander ♀ (*reticulata* $\times$ *retusa*) aus dem Pusterthale; *Salix Ganderi* Huter ♀ (*arbuscula* $\times$ *reticulata*)· aus dem Pusterthale.

Herr **Siegfried Stockmayer** besprach unter Demonstration· der entsprechenden mikroskopischen Präparate

die Algengattung *Gloeotaenium*.

Der Vortragende gab zunächst eine ausführliche Beschreibung· des *Gloeotaenium Loitlesbergerianum* Hansg., welches bisher aus Ober- und Niederösterreich, Kärnten und Krain bekannt ist. Hierauf besprach er die systematische Stellung der Gattung *Gloeotaenium* und kam zu folgendem Schlusse:

Gloeotaenium hat die gleiche äussere Vermehrung und auch eine ähnliche Form der Familien wie *Oocystis* Näg. und *Nephrocytium*; die Chromatophoren sind ebenso gebaut wie bei letzterer Gattung. Es wird also *Gloeotaenium* mit den beiden genannten Gattungen in einer Familie zu vereinigen sein, d. i., je nachdem man sich De Toni (Sylloge Algarum, (in Engler und Prantl, Natürl. Pflanzenfam.) oder Wille anschliesst, die Gruppe der *Nephrocytieen* oder die der *Pleurococcaceen*. Der Incrustatgürtel ist zwar ein interessantes Object für physiologische Studien, aber eine solche morphologische Bedeutung, dass er die Aufstellung einer neuen Familie rechtfertige, hat er wohl nicht.

Zum Schlusse demonstrirte Herr Dr. **Richard R. von Wettstein** ein keimendes Exemplar von *Lodoicea Seychellarum* und sprach über die sogenannten „springenden Früchte".

Monats-Versammlung am 4. März 1891.

Herr Custos **Dr. Günther Ritter v. Beck** hielt einen Vortrag·

„Ueber Fruchtsysteme"

und überreichte ein diesbezügliches Manuscript unter dem Titel:·

„Versuch einer neuen Classification der Früchte".
(Siehe Abhandlungen, Band XLI, S. 307.)

Ausserdem enthält das I. Heft der „Verhandlungen" eine umfangreiche Abhandlung: „Oesterreichische Brombeeren" von Dr. E. v. Halácsy (S. 197) und einen „Nachruf an C. J. w. Maximowicz" von J. A. Knapp (S. 313).

Botanische Gärten und Institute.

Berichte der Versuchsstation für Zuckerrohr in West-Java, Kagok-Tegal (Java). Herausgeg. von W. Krüger. Heft I. 8°. 179 pp. 11 z. Th. col. Tafeln. Dresden (G. Schönfeld) 1890.

Die Berichte enthalten folgende Abhandlungen:

I. H. Winter. Untersuchungsmethoden auf dem Gebiete der Rohrzuckerindustrie.

1. Die Bestimmung der Glycose in Zuckersäften (p. 1—15). Das ausgeschiedene Kupferoxydul wird alkalimetrisch bestimmt.

2. Die Bestimmung des Zuckers im Zuckerrohr (p. 15—20). Sie wird vorgenommen nach der von Scheibler für die Zuckerrübe angegebenen Extractionsmethode, nachdem das Rohr auf einer Schnitzelmühle zerkleinert ist. Die Ableitung des Zuckergehaltes im Rohr aus der Untersuchung des ausgepressten Saftes steht stets etwas hinter der directen Bestimmung zurück.

3. Ziehung und Untersuchung der Mittelprobe bei Feldculturversuchen (p. 20—25). Um den Werth einer Parzelle (ca. 30 Quadrat-Ruthen) zu bestimmen, genügt es, wenn man 30 Stöcke von mittlerer Beschaffenheit analysirt; jedoch müssen diese in frischem Zustand untersucht werden, weil beim Trocknen der Zuckergehalt sich beträchtlich vermindert (bei Schnitzeln von 56,8 % der Trockensubstanz auf 39,8 %).

II. H. Winter. Die chemische Zusammensetzung des Zuckerrohrs.

1. Die Vertheilung des Zuckers im Zuckerrohr (p. 26—30). Die Knoten enthalten weniger Zucker als die Internodien, in letzteren die Schale weniger als Rand und Kern, die sich ungefähr gleich stehen, die Gefässbündel enthalten weniger als die Parenchymzellen.

2. Zur Kenntniss der chemischen Bestandtheile des Zuckerrohres (p. 31—39). Von Zuckern finden sich nur Rohrzucker und Dextrose (also keine Lävulose), von Säuren Aepfelsäure und Bernsteinsäure, sowie Spuren von Glucin- und Apoglucinsäure, von andern Körpern wurden noch Pectin und Metapectin nachgewiesen.

III. H. Winter. Zur Gewinnung des Rohrzuckers aus Zuckerrohr (p. 40—49). Von rein chemischem Interesse.

IV. W. Krüger. Ueber Krankheiten und Feinde des Zuckerrohres (p. 50—179).

Verf. gibt zunächst eine Uebersicht der Krankheiten und Feinde des Zuckerrohres, an welche wir uns auch im Referat über die folgenden Beschreibungen der einzelnen Krankheiten halten. Von Thieren sind natürlich neben Säugethieren, Vögeln, Amphibien, Würmern besonders die Jnsecten zahlreich als Schädiger der Pflanze vertreten. Sie erzeugen eine Reihe von Krankheiten, von denen die Bohrerkrankheit zunächst beschrieben wird, durch Schmetterlingsraupen veranlasst. Der weisse Bohrer (*Scirpophaga intacta* Snell. nov. spec.) dringt von oben her durch die jungen aufgerollten Blätter in einiger Höhe über der Erde in die Endknospe ein, zerstört diese und veranlasst dadurch die seitlichen Augen auszuwachsen, setzt aber im Innern der Stengelspitze seinen Frass fort. Der graue Bohrer (*Grapholitha schistaceana* Snell. nov. spec.) dagegen dringt von unten in den Stengel ein und zerstört ebenfalls die Triebspitze; während der gelbe Bohrer (*Chilo infuscatellus* Snell. nov. spec.) in der Höhe der Terminalknospe die Blattscheiden durchbohrt. Der gestreifte Bohrer (*Diatraea striatilis* Snell.) veranlasst die Stengelbohrerkrankheit, welche nicht in der Spitze, sondern in den unteren und mittleren, meist schon von den Blättern und Blattscheiden befreiten Internodien auftritt; dadurch kann das Rohr leicht an der betreffenden Stelle vom Winde gebrochen werden. Die Insecten und ihre Frasswirkungen sind auf den ersten 3 Tafeln dargestellt. Bekämpft wird die Krankheit am besten durch Vernichtung der Raupen, eventuell Ausschneiden derselben aus dem befallenen Rohr.

2. Die Rohrblattkrankheit durch *Physopoden* kennzeichnet sich durch das Zusammenrollen und Eintrocknen der Blattspitzen, besonders an jungen Blättern; „die Folge davon ist, dass die einander umschliessenden jungen Herzblätter an ihrer Spitze mehr oder weniger fest in einander sitzen bleiben und selbst beim Weiterwachsen sich nur schwer von einander trennen und daher theilweise umgebogen werden. Verursacht wird diese in den jungen Zuckerrohranpflanzungen beobachtete Krankheit durch *Thrips sacchari* n. sp. und *Phloeothrips Lucasseni* n. sp., die schabend in den noch eingerollten Blättern, besonders an den Spitzen leben. Anwendung specifischer Mittel ist nicht zu empfehlen. (Die Insecten sind abgebildet.) Taf. IV stellt *Tylenchus sacchari* Soltwedel dar, der die zarten Wurzeln zerstört und gallenartige Anschwellungen an den Wurzeln hervorruft.

Von Krankheiten, die durch pflanzliche Parasiten verursacht werden, sind folgende beschrieben: 1. Der Staubbrand des Zuckerrohres (*Ustilago sacchari* Rabenh.?). Das Mycelium wuchert meist durch die ganze Pflanze und bewirkt ihre anormale Ausbildung. Die Fructification erfolgt an der sprossenden Stengelspitze oder den seitlichen Ausläufern mit den noch aufgerollten jungen Blättern und in Blüthenständen. Uebertragung durch Stecklinge von kranken Pflanzen und direct durch die Sporen von kranken auf gesunde Pflanzen. Da die Krankheit nicht sehr ausgebreitet ist, so ist der Schaden vorläufig nicht bedeutend. Bekämpfung durch Auswahl gesunder Stecklinge empfohlen (Taf. VII, VIII A.).

2. Die Rothfleckenkrankheit der Blätter. *Cercospora Köpkei* n. sp. bildet auf der Unterseite der Zuckerrohrblätter erst gelblich-nussfarbige runde, sich ausbreitende und dadurch ineinander über-gehende Flecke, die später schön roth werden und auch auf der Oberseite wahrnehmbar sind. Das auf der Unterseite sich hin-ziehende Mycel treibt büschelweise oder einzelne sporentragende Aeste, welche die weissen mehrzelligen Sporen erzeugen (Taf. VI u. VIII B.). Die Krankheit ist auf Java ziemlich allgemein und der Schaden nicht unbedeutend. Bekämpfung durch Wegnehmen der trockenen Blätter und Vernichtung derselben mit den Sporen.

3. Die Rostkrankheit; *Uromyces Kühnii* n. sp. bildet längliche orangefarbige Sporenlager an der Unterseite der Blätter, besonders auf weichen und zarten Blättern und in feuchten Gegenden; über ganz Java verbreitet. Bis jetzt sind nur die Uredosporen bekannt. Bekämpfung wie bei 2 und Vermeidung starker Stickstoffdüngungen Taf. IX).

4. Sclerotienkrankheit der Rohrblätter (Taf. V). Die Krank-heit erscheint in Form eigenartig bandförmiger, rothgeränderter Zonen, seltener (bei Trockenheit) unregelmässiger Flecken. Auf der Unterseite findet man ein silberweisses, epiphytes, mit Hau-storien befestigtes Mycelium, das später (auf den abgestorbenen Blatttheilen) ca. senfkorngrosse, gelblichbraune, unten concave Scle-rotien hervorbringt; weitere Entwickelung des Pilzes ist unbekannt. Die befallenen Theile des Blattes sterben schnell ab, sich erst dunkel-schmutzig-grün, später gelb färbend, wobei die einzelnen Zonen als solche kenntlich bleiben. Wegnehmen und Verbrennen der befallenen Blätter gilt als bestes Gegenmittel. Die Krankheit kommt in den Anpflanzungen West-Javas, besonders auf den dem Boden nächsten Blättern vor, eine Verbreitung durch die Luft hin-durch findet nicht statt.

Folgende Krankheiten werden in der Uebersicht nur kurz be-schrieben, weil sie später ausführlich behandelt werden sollen: Die Rothfleckenkrankheit der Blätter durch *Cercospora vaginae* n. sp. verursacht und auf Java weitverbreitet, — die Röthe oder Rothfäule, eine Sclerotienkrankheit der Blattscheiden und des Stengels, bei der ein schleimiges Mycel die Blätter überzieht, einzelne oder seltener mit einander verwachsene stecknadelkopfgrosse Dauer-mycelien und eine weisse Haut bildet, — eine wahrscheinlich durch eine *Pythium*-Art hervorgerufene Infectionskrankheit serehkranker Pflanzen, — eine vermuthlich durch einen Köpfchenschimmel ver-ursachte Blattfleckenkrankheit.

Zu den Krankheiten, deren Ursachen noch unbekannt, doch vermuthlich pflanzlicher Natur sind, gehört die Ringflecken- und Gelbfleckenkrankheit der Rohrblätter, die Stengelstreifenkrankheit des Zuckerrohrs und vor Allem die Serehkrankheit. Ueber letztere findet sich wieder eine lange vorläufige Mittheilung (p. 126—179). Das Wesen und die Merkmale der Krankheit geben sich zu er-kennen in dem Absterben der Wurzeln im Boden, welche mit Parasiten reichlich inficirt sind, Häufung der Blätter an den kurz-bleibenden Internodien, Austreiben der Augen und Wurzeln am

Stengel, anormales Absterben der Blätter, Desorganisation des Stengelgewebes, in welchem die Zellinhalte abgestorben, die Membranen gequollen oder selbst zerstört und, besonders in den Gefässbündeln, mit einem rothen, durch Alkohol ausziehbaren Farbstoff imprägnirt sind. Diese anatomischen Merkmale hält Verf. für die charakteristischsten. Die Krankheit hat sich vom Westen Javas aus ausgebreitet, besonders seit dem Anfang der 80er Jahre, sie verbreitet sich besonders durch die Stecklinge, es ist aber nicht ausgeschlossen, dass auch eine Uebertragung durch die Luft stattfindet. Was die Ursachen anbetrifft, so gilt es zunächst nachzuweisen, dass eine Reihe von Umständen, die als solche angeführt werden, in Wahrheit nicht dafür zu halten sind. Verf. weist als irrthümlich die Ansichten zurück, welche folgende Krankheitsursachen angeben: Bodenerschöpfung und fehlerhafte Bearbeitung des Bodens, Degeneration (und Atavismus) des Rohres durch andauernde, ungeschlechtliche Vermehrung oder schlechte Wahl der Stecklinge, anormale Witterungsverhältnisse, besonders grosse Trockenheit oder zu viel Regen und übermässige Nässe durch mangelhaften Abzug des Wassers, verkehrte Düngung, besonders mit Erdnusskuchen, tiefes Pflanzen — zu hohes Anerden, zu frühes oder zu spätes Pflanzen. Der einzig wahre Grund also kann in der Wirkung von Parasiten zu suchen sein. Da regelmässig in den, wie oben geschildert, veränderten Gefässen der kranken Pflanzen kleine Organismen getroffen wurden, „die dem *Bacterium Termo* Duj. wenn nicht gleich sind, so doch ziemlich nahe stehen“, so wird vermuthet, dass diese Bakterien nicht secundärer Natur sind, „sondern recht gut die Ursache zu tief eingreifenden Veränderungen bilden können“. Die übrigen Erscheinungen der Krankheit stehen mit der Annahme, dass sie durch Bacterien hervorgerufen werde, in Einklang, der Beweis ihrer Richtigkeit wird durch Infectionen und Desinfectionen zu bringen sein. Es handelt sich ferner darum, die Berechtigung der andern Annahme, wonach die Sereh durch Anguillulen (besonders *Tylenchus Sacchari* Soltwedel) hervorgerufen werde, zu prüfen. Verf. wägt die dafür und dawider sprechenden Gründe ab, kommt aber zu der Ansicht, dass die Anguillulen zwar unzweifelhafte und sehr schädliche Feinde des Zuckerrohrs sind und nebst *Pythium*, sowie andern Parasiten durch ihr Auftreten den krankhaften Zustand serehkranken Rohres bedeutend verschlimmern können, dass sie aber mit der Sereh an sich nichts zu thun haben. Schliesslich werden noch die Bekämpfungsmittel besprochen. Von diesen hat sich als einzig wirksames erwiesen die Beschaffung gesunden Pflanzenmaterials durch Einfuhr aus gesunden Gegenden. Auch einzelne Rohrvarietäten scheinen der Krankheit grösseren Widerstand zu bieten als andere, z. B. Cheribonrohr. Es sind also verschiedene Varietäten darauf hin zu prüfen und nebenbei sind Versuche mit Desinfection der Stecklinge fortzusetzen.

Von nicht parasitären Krankheiten wird noch angeführt die Chlorose der Herzblätter; die Ursache scheint hauptsächlich in noch nicht erklärten Wachsthumsstörungen und -differenzen gesucht werden zu müssen, wozu allerdings Bohrer den Anstoss gegeben haben können.

Möbius (Heidelberg).

Sammlungen.

Arnold, F., Lichenes exsiccati. No. 1484—1514. München 1890.

Unter den Exsiccaten befinden sich 3 neue Arten:

Acarospora cinerascens Steiner, *Buellia* (*Karschia*) *tegularum* Arn. und *Tichothecium Dannenbergii* Stein.

Nach den Florengebieten vertheilen sich die gebotenen Flechten folgendermaassen:

Oldenburg (leg. H. Sandstede):

1499. *Cladonia glauca* Flör. c. ap., 1504. *Biatorella improvisa* (Nyl.), 1509 a. *Acrocordia polycarpa* Fl. f. *dealbata* Lahm, 1509 b. *Opegrapha viridis* Pers., 1510. *Leptorrhaphis quercus* Beltr, 1513. *Rinodina exigua* Ach. v. *subrufescens* Nyl.

Cuxhafen (leg. H. Sandstede):

1501, 1506. *Lecanora prosechoides* Nyl.

Rhön (leg. Dannenberg):

1514. *Tichothecium Dannenbergii* Stein.

München (leg. Arnold und Gmelch):

1511. *Thelocarpon superellum* Nyl. v. *turficolum* Arn., 1512. *Buellia tegularum* Arn.

Würtemberg (leg. Fünfstück):

1019 b. *Evernia prunastri* (L.) c. ap.

Tirol (leg. Arnold oder Steiner):

213 c. *Manzonia Cantiana* Garov., 431 c. *Callopisma rubellianum* Ach., 581 e. *Imbricaria asperatula* Nyl., 686. *Verrucaria chlorotica* (Ach.?), 1500. *Acarospora cinerascens* Steiner, 1502. *Lecania Rabenhorstii* Hepp., 1508. *Polyblastia robusta* Arn.

Kärnthen (leg. Steiner):

887 c. *Pertusaria protuberans* (Sommf.), 1170 b. *Gyalecta piceicola* (Nyl.), 1446 b. *Leprantha caesia* Flot., 1505. *Buellia badia* Fr.

Krain (leg. Steiner):

534 b. *Pannaria craspedia* Körb., 728 b. *Tomasellia Leightonii* Mass.

Södermanland (leg. O. G. Blomberg):

1497. *Usnea barbata* L. f. *plicata* Schrad.

Frankreich, Dép. Manche und Calvados (leg. Hue):

479 b. *Nephromium lusitanicum* (Schaer.), 1498. *Leprocaulon nanum* (Ach.).

Frankreich, Vendée (leg. Viaud Grand Marais):

1503. *Aspicilia calcarea* (L.), 1517. *Verrucaria maura* Wahlb.

No. 1484—1492 sind Bilder (Heliotypie) von *Cladonien* des Herbarium Floerke in Rostock, No. 1493—1496 solche von *Cladonien* der Flora von München. Letztere sind auch in H. Rehm, Cladoniae exsiccatae unter No. 383, 395, 402, 404 und 405 herausgegeben.

Minks (Stettin).

Arnold, F., Lichenes Monacenses exsiccati. No. 78—142. München 1890.

In dieser ersten Fortsetzung der Flechten der Flora von München werden folgende herausgegeben:

78. *Usnea barbata* f. *plicata* Schrad., 79. *U. longissima* Ach., 80. *Alectoria bicolor* Ehrh., 81. *A. cana* Ach., 82. *Imbricaria perlata* (L.), 83. *I. conspersa* (Ehrh.), 84. *I. verruculifera* (Nyl.), 85. *I. exasperatula* (Nyl.), 86. *I. sorediata* (Ach.), 87, 88. *Parmelia caesia* Hoffm., 89. *P. grisea* Lam., 90. *Nephroma resupinatum* (L.), 91. *Peltigera pusilla* Fr., 92. *Heppia virescens* Despr, 93. *Pannaria tryptophylla* Ach., 94. *Callopisma aurantiacum* (Lightf.), 95. *Gyalolechia lactea* Mass., 96. *G. aurella* (Hoffm.), 97. *Acarospora fuscata* (Schrad.), 98. *Rinodina subconfragosa* (Nyl.), 99. *R. colobina* (Ach.), 100. *R. Bischofii* v. *immersa* Körb., 101. *R. exigua* (Ach., 102. *Lecanora varia* Ehrh., 103. *Urceolaria scruposa* (L.), 104. *Gyalecta piesicola* (Nyl.), 105. *Biatora rupestris* Scop. f. *irrubata*, 106. *B. incrustans* DC., 107, 108. *B. exsequens*, 109. *B. symmictella* Nyl., 110 eadem 111. *B. flexuosa* Fr., 112. *Lecidea fumosa* Hoffm., 113. *L. latypea* Ach., 114. *L. atomaria* Th. Fr., 115, 116. *Bilimbia cinerea* (Schaer.), 117. *B. leucoblephara* (Nyl.), 118. *B. trisepta* (Naeg.), 119. *Rhizocarpon obscuratum* Ach., 120, 121. *Rh. coniopsoideum* (Hepp.), 122. *Rh. concentricum* (Dav.), 123, 124. *Rh. excentricum* Ach., 125. *Lecanactis byssacea* (Weig.), 126. *L. amylacea* Ehrh., 127. *Xylographa parallela* Ach., 128. *Cyphelium trichiale* Ach., 129. *Verrucaria aethiobola* (Wahlb.) f. *calcarea*, 130. *V. papillosa* Fl., 131. *Amphoridium Hochstetteri* Fr., 132. *Thelidium Zwackhii* (Hepp.), 133. *Th. acrotellum* Arn., 134. *Staurothele succedens* (Rehm.), 135. *Arthopyrenia rhyponta* Ach., 136. *Thelocarpon prasinellum* Nyl., 137. *Leptogium atrocoeruleum* Hall., 138. idem v. *pulvinatum* Hoffm., 139. *Lecidea vitellinaria* Nyl., 140. *Imbricaria perforata* (Jacq.), 141. *I. exasperatula* (Nyl.), 142. *Lecanora albescens* Hoffm.

Minks (Stettin).

Referate.

Istvánffi, Julius, A meteorpapírról. [Ueber Meteorpapier.] (Editio separata e „Természetrajzi Füzetek". Vol. XIII. parte 4.)

Nach einen historischen Rückblick, gestützt auf die im Jahre 1839 erschienenen Untersuchungen Ehrenberg's, wie auf jene der Algenfloren Rabenhorst's, Kirchner's und Hansgirg's gibt Verf. die mikroskopischen Analysen verschiedener Meteorpapiere, welchen er in Ungarn und Deutschland begegnete.

Das erst besprochene Meteorpapier, aus der nächsten Umgebung Budapests, wurde aus *Cladophora fracta* (Vahl) Ktz. e. *viadrina* Ktz. gebildet, zwischen deren Fäden folgende Arten zum Vorschein kamen: *Oscillaria tenuis* Agardh., *c. sordida* Ktz., *Chlamydomonas pulviusculus* (Müll.) E., *Herposteiron repens* (A. Braun) Wittr., *Oedogonium longatum* Ktz., *Hantzschia Amphioxys* Grun. Das zweite, in der Hohen-Tátra (Csorbaer-See) gesammelte, einige Meter umfassende Meteorpapier bildete sich aus dem Geflecht der *Lyngbya turfosa* (Carm.) Cooke, zwischen welchem Verf. 9 Arten von einzelligen Algen constatirte.

Ausserdem sammelte und untersuchte Verf. 3 verschiedene Sorten aus Deutschland. Zwei aus den Moorsümpfen der Kattenvenn'schen Heide bei Münster, wovon das eine wahrscheinlich aus dem Geflecht des *Oedogonium tenellum* Ktz., das andere aber aus

4*

einem lockeren Geflecht von einer der Ruheperiode sich nähernden*
Conferva-species besteht; die dritte Sorte stammt ebenfalls aus der
Umgebung von Münster und wurde aus den Fäden von *Microspora·
floccosa* (Vaucher) Thuret gebildet, spärlich kamen noch die Faden--
algen *Oscillaria tenuis Agardh* und *Ulothrix subtilis* Ktz. var. *tener-
rima* Ktz. vor, ausserdem 21 *Bacillariaceen*, 3 *Desmidiaceen*, 1 *Pleurococcaceae.*

Schilberszky (Budapest).

Börgesen, F., *Desmidieae.* (Symbolae ad floram Brasiliae centr..
cognosc. **Ed. Warming.** — Videnskab. Meddelelser frå den·
naturhist. Forening i Kjøbenhavn. 1890. p. 24—53. Mit·
4 Tafeln.)

   In einigen Gläsern mit Wasserpflanzen, von Glaziou in Brasilien·
gesammelt, fand Verf. ungefähr 130 Arten und Varietäten, von denen·
fast die Hälfte neu sind. So werden von neuen Arten von der
Gattung *Closterium* 1, von *Euastrum* 9, von *Cosmarium* 5 (und 3·
subspec.), von *Staurastrum* 7 beschrieben. Sämmtliche beschriebene·
neue Arten und Varietäten sind auf den Tafeln abgebildet.

Rosenvinge (Kopenhagen).

Chatin, Ad., Contribution à l'histoire naturelle de la·
Truffe. (Comptes rendus de l'Académie des sciences de Paris..
Tome CXI. 1890. p. 947 ff.)

   Unter den zahlreichen *Tuberaceen,* welche in Frankreich in·
Gesellschaft der Perigord - Truffel (*Tuber melanospermum* v. *T.
cibarium*) gefunden werden, nehmen besonders vier ein grösseres·
Interesse in Anspruch, einmal, weil sie jener überall hinfolgen: in
die Dauphiné, Provence, das Angoumois und Poitou und dann,
weil sie vermischt mit ihr in der Ernte und bezw. im Handel einen
wirklichen Werth besitzen und deshalb in manchen Gegenden auf-
gesucht werden, wo sie zuweilen ganz allein vorkommen.

   1. *Tuber uncinatum.* Die Trüffel der Bourgogne - Champagne,
genannt Truffe de Dijon, Truffe de Chaumont, weil da ihre hauptsächlichsten Märkte sind, trotzdem sie dort nicht Culturobject ist,
wie in den Basses - Alpes, in Vaucluse, la Drôme, la Vienne, la
Dordogne und le Lot. Die Ernte dieser Trüffel, welche wegen·
ihrer frühen Reife im Verhältniss zur Perigordtrüffel den Markt·
vom Oktober bis Dezember beherrscht, bleibt stationär, ihr Ertrag
(in erster Hand) erreicht nicht 2 Millionen francs, während die·
Perigordtrüffel in den Jahren 1869—1889 zwischen 16 und 20·
Millionen Francs Ertrag gegeben hat, wenn man den Werth eines
Kilogramms auf 10 frcs veranschlagt, dagegen 30 Millionen, wenn
man die mittleren Preise einstellt, die sich in den letzten 20 Jahren
trotz der Vermehrung der Production auf 10—15 frcs beliefen. Die·
Fläche, welche die Trüffel der Bourgogne besetzt hält, ist sehr·
ausgedehnt. Man kann sich einen Begriff davon machen, wenn man
in Betracht zieht, dass sie die Perigordtrüffel allenthalben begleitet,.

in geringerem Maasse im Süden und Südwest, in höherem im Centrum und Südosten, und dass sie ausserdem in den Departements des Ostens und Nordostens auftritt, wo jene fehlt. Den grössten Theil der Fundplätze, welche man dem *Tuber mesentericum*, einer Sommer-Art wie la Marienque beigelegt hat, muss der Trüffel von Bourgogne-Champagne beigelegt werden. Sie ist von angenehmem Geruch und Geschmack und hat ein graubraunes, niemals schwarzes Fleisch, selbst nicht nach dem Kochen, was sie besonders von der Perigord-trüffel unterscheidet. Aeusserlich sehen sich beide Arten sehr ähnlich; beide haben ein schwarzes Peridium, nur hat das der ersteren dickere Warzen. In zweifelhaften Fällen giebt die Untersuchung der Sporen sehr bald Klarheit. Bei *uncinatum* ist die Oberfläche derselben netzförmig und mit hakenförmigen Papillen besetzt, bei *melano-spermum* ohne Netz und mit geraden und spitzen Papillen versehen.

Die Ansicht, dass die Trüffel von Bourgogne nur die Winter-form der weissen Sommertrüffel (*T. aestivum*) sei, ist gar nicht discu-tabel, da Sporen etc. zu grosse Differenzen zeigen. Die einzige Aehnlichkeit würden die dicken Warzen des Periderms bilden.

2. *Tuber hiemalbum*. Die weisse Wintertrüffel, deren Werth als Art ebenfalls bestritten wird, ist von einem ganz charakteristischen Peridium umgeben, und zwar charakteristisch 1) durch die aus-gesprochenen niedergedrückten Warzen, 2) durch seine ausser-ordentliche Zerbrechlichkeit, die so gross ist, dass selbst die leichteste Reibung, der geringste Stoss bewirken, dass sich Stücken ablösen und das weisse Fleisch bloss legen. Ueberdies sind die Sporen merklich kleiner und ihre Papillen feiner, als bei der Perigordtrüffel. Der Geruch ist etwas weniger moschusartig und schwach, aber deutlich genug, um Schweine und Hunde anzulocken, die so klug sind, dass sie die Perigordtrüffel, für welche manche Mykologen die weisse Wintertrüffel halten, nicht herauswühlen, so lange sie noch nicht reif ist und so weisses Fleisch wie die letztere hat. Ausserdem ist die Reifezeit der weissen Wintertrüffel nicht Anfang, sondern Ende Winters. Andere, welche die weisse Wintertrüffel zu *Tuber aestivum* ziehen, deren Erntezeit sich vom Juni bis zum April hinausschiebt, vergessen, dass die Sporen nicht netzartig sind und nur feine Papillen tragen. Noch andere glaubten in der Wintertrüffel die *Picoa Juniperi* Italiens und Algiers (bisher in Frankreich noch nicht beobachtet) zu finden, eine Knolle mit starkem, unangenehmem Geruch, fleischig-warzigem Peridium, das fest an dem körnigen, zerreiblichen Fleische haftet und dicken, im Sporangium in lange Streifen vereinigten Sporen, welche ausserdem noch im Sommer reift. Wären diese Meinungen richtig, so müsste die weisse Wintertrüffel eine Reihe von Metamorphosen durchlaufen, 1. indem sie bis December fort vegetirt, müsste sie durch Bräunung des Fleisches und eine Metamorphose ihrer grob netzförmigen, mit kurzen, geraden Papillen versehenen Sporen in fein genetzte, haken-förmig umgebogene (die beträchtliche Reduction des Volumens der Warzen dabei ausser Spiel gelassen) zur Trüffel der Bourgogne werden, 2. indem sie innen weiss bliebe, das Volumen der Warzen

verringerte, das netzförmige Aussehen der mit langen feinen Papillen besetzten Sporen verlöre und die Reife vom Winter auf den Sommer verlegte, müsste sie zur weissen Sommertrüffel werden. Derartigen Anschauungen kann aber ein Botaniker, der mit der Reifezeit und der Beständigkeit der Artcharaktere rechnet, nicht beipflichten. Uebrigens bilden *Tuber hiemalbum* mit *brumale* und *montanum*, von denen weiter unten die Rede sein wird, und *melanospermum* eine natürliche Gruppe, welche durch längliche, niemals netzförmige, aber stets mit feinen, geraden Papillen besetzte Sporen gekennzeichnet ist.

3. *Tuber brumale.* Die vor der Reife kupferfarbig aussehende Knolle dieser Trüffel, in einigen Gegenden Rougeotte, Truffe-Fourmi genannt, ist trotz der Beinamen „*punaise*" oder „*pudendo*" die man ihr zuweilen giebt, nächst der Trüffel von Perigord (und von Corps), der sie überall hin folgt und die sie zuweilen mehr oder weniger vollständig ersetzt, die beste. Es ist die Trüffel von Norcia oder die schwarze Trüffel der Italiener, welche sie ebenso hoch schätzen, als die weisse Knoblauchtrüffel (*T. magnatum*), ferner die rothe Trüffel von Dijon, wo sie, obwohl ziemlich selten, der grauen Trüffel (*T. uncinatum*) vorgezogen wird. Sie findet sich ziemlich häufig bei Verdun, an den sonnigen Hügeln von Châtillon-les-Côtes, Monzeville und Sommediches. Die Sporen, welche denen der Perigordtrüffel ähneln, unterscheiden sich von jenen durch ihre etwas längeren und zuweilen gebogenen Papillen. Der angenehme Geruch erinnert etwas an Aether und Pfeffer. In der Bourgogne-Champagne und besonders der Lorraine, wo auch *Tuber uncinatum* wächst, kommt sie gemeinschaftlich mit der Perigord-Trüffel vor und zwar in den Gegenden, wo jene den Mittelpunkt ihres Verbreitungsgebietes hat.

4. *Tuber montanum.* Als Verf. hörte, dass die Perigordtrüffel auch in der Umgebung von Corps gefunden werde, an den Abhängen der Berge, welche an die Departements der Isère und der Hautes-Alpes grenzen, liess er sich von dort Exemplare kommen. Die Sendung bestand aus 4 Trüffeln: No. 1 und 2 in Corps und Quet-en-Beaumont, No. 3 und 4 zu Pelaffol und Pont-du-Loup, in einer Höhe von ungefähr 900 m geerntet. Die beiden ersten gehörten unzweifelhaft zur Perigord-Trüffel, No. 3 und 4, unter sich gleichartig, waren aber durch nachstehende Charaktere von ihr verschieden: Die Warzen sind etwas flacher und merklich dicker, als bei der Perigordtrüffel, ohne aber die Grösse derer bei *Tuber uncinatum* und besonders *T. aestivum* zu erreichen, das Fleisch ist bleicher, mehr grau, weniger braunpurpurn oder chokoladenfarben, durchsetzt von mehr wurmförmigen Adern, welche an die von *T. mesentericum* erinnern, aber dunkler und weniger durchscheinend, als bei der Perigordtrüffel sind. Die Adern werden auch nicht wie bei der letzteren von 3 Linien (eine weisse Mittellinie, die von zwei durchsichtigen braunen Linien eingefasst wird) gebildet, sondern von 5 (eine sehr feine weisse Mittellinie, dann zwei bräunliche Linien, und endlich zwei breite weisse Linien bezw. Streifen, welche die braunen einrahmen). Die Sporen, welche durch ihre längliche Form, ihren Durchmesser und ihre Papillen denen der Perigordtrüffel ähneln,

sind weniger dunkel. Die beschriebene Trüffel wird nach den
aufgezählten, von den übrigen Arten abweichenden Merkmalen als
eine selbstständige Art bezeichnet und erhält den Namen *T. montanum*. Da die letzterwähnte, in verhältnissmässig schon bedeutender Höhe noch vorkommende Trüffel weit weniger Arom als die
Perigordtrüffel besitzt, erklärt sich nach Verf. die Ansicht der
Trüffelsucher (rabassiers), dass die Perigordtrüffel ihre vorzüglichen
Eigenschaften um so mehr verliere, je höher sie aufsteige.

Zimmermann (Chemnitz).

Chatin, Ad., Contribution à l'histoire botanique de la
Truffe. Deuxième Note: Terfâs ou Truffes d'Afrique
(et d'Arabie), genres Terfezia et Tirmania. (Comptes
rendus de l'Académie des sciences de Paris. Tome CXII. 1891.
p. 136—141.)

In Algier, Tunis und Marokko, besonders in der Sahara-Region,
kommt sehr häufig eine unterirdische trüffelähnliche Knolle vor,
welche unter dem Namen Terfâs den Karawanen oft monatelang als
Nahrungsmittel dient. Aehnliche Knollen erhielt Verf. durch Vermittelung von Karawanen auch im Libanon aus dem Nordwesten
Arabiens. Zweifellos ist die Terfâs dasselbe Product, welches
Plinius mit Mizy, Mison bezeichnet, das die Römer aus Carthago
und Lybien bezogen und das von Desfontaines *Tuber niveum*,
von Tulasne anfangs *Choeromyces*, später *Terfezia Leonis* genannt
wurde.

Bis heute hat man angenommen, dass die Terfâs stets zu
Terfezia Leonis gehört. Das scheint aber nicht der Fall zu sein.
Um Klarheit darüber zu schaffen und die Terfâs einer ebenso
gründlichen chemischen und botanischen Untersuchung zu unter-
ziehen wie die französischen Trüffeln, wandte sich Verf. an den
Generalgouverneur von Algier, einen gewissen Herrn Tirmann, mit
der Bitte, ihm zu dem betreffenden Zwecke eine Anzahl Terfâs zur
Verfügung zu stellen. Infolgedessen empfing er aus verschiedenen
Gegenden Algiers Sendungen. Die aus Barika in der Hodna enthielten 1) kleine Terfâs von rundlicher, eiförmiger Gestalt, mit glatter
Oberfläche, die die gleiche gelbblasse Färbung wie das Fleisch
zeigten und durch Ausstrocknung braun wurden. Von der *Terfezia
leonis* unterschieden sie sich durch die Sporen, welche, obwohl ebenfalls rund und zu je 8 in einem Sporangium enthalten, auf der Oberfläche kleine unregelmässige Netze zeigen, indem dieselbe nur von
kurzen Windungen überragt sind anstatt der dicken Anhängsel in
Form von ineinander greifenden Zähnen, wie sie Tulasne von *Terfezia
leonis* zeichnet; 2) grosse weisse Terfâs, welche eine der Sendungen
von Biskra bildeten und auch in 2 Exemplaren unter der Sendung
aus Barika enthalten waren. Die in mehrere Stücke zerschnittenen
(gewöhnlich 4—8) Knollen mochten wohl die Grösse einer Orange
erreicht haben. Ihre Form muss rundlich oder eiförmig gewesen
sein und auf der Oberfläche traten mehrere Buckel und Vertiefungen
hervor. Das warzenlose glatte Peridium ist kaum gelb gefärbt, (es
unterscheidet sich dadurch scharf von dem der kleinen Terfâs, das

durch Trocknen braun wird), sondern ebenso wie das Fleisch beinahe farblos. Die Sporangien, welche weniger abgerundet erscheinen wie die bei *Terfezia* und *Tuber* zeigen die Gestalt einer Birne mit sehr starkem Fortsatze gegen den Stiel hin und erinnern dadurch an die von *Balsamia* und *Pachyphloeus*. Die 8 Sporen, welche wie bei *Terfezia* jedes Sporangium einschliesst, unterscheiden sich besonders durch 2 wichtige Charaktere: sie sind nicht rund, sondern länglich und farblos, selbst nach dem Austrocknen und haben eine ebene und glatte, niemals netzförmige und warzige Oberfläche wie bei *Terfezia*. 3. Die arabischen Terfâs, welche im Norden Arabiens, gegen das Land der Wahabiten hin gesammelt worden waren und die oft auf den Märkten Kleinasiens feilgeboten werden, zeigten folgende Merkmale: Die bräunliche Knolle hat die Grösse eines kleinen Eies und gleicht im Aussehen ganz den kleinen afrikanischen Terfâs. Die Sporangien waren infolge Alters oder lange nach der Reife geschehener Ernte offen und in Trümmer zerfallen, die Sporen rund unmerklich mehr als die der Terfâs von Barika gefärbt, ein wenig grösser und durch zahlreiche warzige, aneinander gedrängte, weiter hervorspringende und an der Spitze viereckig zugeschnittene, anstatt zu Windungen abgerundete Vorsprünge verschieden. Infolge der Gesammtheit ihrer Merkmale gehört die Terfâs Arabiens zum Genus *Terfezia* und ist nicht specifisch von der kleinen Terfâs Afrikas verschieden, muss jedoch als Varietät derselben angesehen werden. Die bis jetzt bekannt gewordenen *Tuberaceen* Afrikas bez. Arabiens sind demnach:

1. *Terfezia leonis* Tulasne.
2. *Terfezia Boudieri*, welchen Namen Verf. zu Ehren Emile Boudiers den kleinen Knollen von Barika und Biskra beilegt.
3. *Terfezia Boudieri* var., die aus Arabien stammende Terfâs.
4. *Tirmania Africana*, die grossen weissen Terfâs mit den länglichen, glatten Sporen. Den Genusnamen bildete Verf. aus dem Namen des Generalgouverneurs von Algier, der ihn in liebenswürdiger Weise unterstützte, den Speciusnamen nach dem Erdtheil, den die *Tirmania* bewohnt.

Ohne Zweifel wird man, abgesehen von den sehr kleinen *Terfezien* (*T. berberidiodora, leptoderma, olbiensis, oligosperma*), welche im Süden von Frankreich und Italien beobachtet worden sind, in Afrika und im Nordwesten von Asien noch andere essbare Knollen finden, die zur Zeit von den Arabern dieser beiden Gegenden mit genannten verwechselt werden. Vorbehältlich genauerer Bestimmungen erwähnt Verf., dass man die *Terfezia Leonis* aus dem Süden und Südwesten von Frankreich, aus Spanien, Italien bei Terracino (wo sie den Namen Tartufo bianco führt), aus Sicilien, Sardinien (Tuvara de arena) beschrieben hat. Wegen ihrer Färbung und Grösse wird sie freilich manchmal mit der grossen weissen Trüffel Piemonts (*Tuber magnatum*) oder auch mit *Tuber Borchii* verwechselt werden.

Die Verbreitungsgebiete der Terfâs sind im nördlichen Afrika die Gegend von Biskra bis Tougourt, das M'zab, der Süden von El Golea, die Hodna etc., Tunis und Marokko, ferner das nord-

westliche Arabien. In diesen Gegenden spielen sie zugleich eine
wichtige Rolle als Nahrungsmittel. Als Nährpflanzen dienen
ihnen nicht grosse Bäume, wie Eichen und dergl. den Trüffeln,
sondern niedrige Sträucher von *Cistus* und *Helianthemum*, bes.
Cistus halimifolius, ladaniferus var. *halimioides, salicifolius, mont-
pelliensis* und *salvifolius,* von denen die beiden letzteren in Algier,
Tunis, Marokko wie im ganzen südlichen Europa am verbreitesten
sind. Diese *Cistineen* werden von den Arabern mit den Namen
Touzzal, Touzzalla, Haleb, von den Kabylen als *As·r'ar* bezeichnet.
Als Nahrungsmittel empfehlen sich die Terfâs durch ihren angenehmen
Geschmack und lieblichen Geruch, sie ähneln darin dem *Mousseron,*
einem der bessten Pilze. Wie Frankreich falsche Trüffeln, hat
Afrika auch falsche Terfâs. So hat Professor T r a b u t in einem
Cedernwäldchen zu Sidi-Abdelkader oberhalb Blidah einen *Hymeno-
gaster* gesammelt, eine *Tuberacee* von der Grösse eines Taubeneies,
die durch kleinere, in Längsreihen angeordnete Sporenwärzchen
scharf charakterisirt ist. Verf. schlägt dafür den Namen *Hymeno-
gaster Trabuti* vor.

Zimmermann (Chemnitz).

Behr, P., U e b e r e i n e n i c h t m e h r f a r b s t o f f b i l d e n d e
R a c e d e s B a c i l l u s d e r b l a u e n M i l c h. (Centralblatt für
Bakteriologie u. Parasitenkunde Bd. VIII. No. 16. p. 485—87.)

B. beobachtete unter 4 Racen des Bacillus der blauen Milch
eine (α), welche im April 1887 als kräftig farbstoffbildend aus
dem hygienischen Institut zu Berlin erhalten wurde und seitdem
selten abgeimpft auf Agar gezüchtet wurde, seit Februar 1889 auf
Agar und Gelatine selbst in ganz alten Culturen farblos blieb. Es
galt nun, zu untersuchen, ob wirklich noch ein *Bacillus cyanogenus*
vorliege. Culturreihen liessen erkennen, dass ein Unterschied zwischen
α und den übrigen Varietäten nicht existire, das gleichmässige Aussehen der einzelnen Colonien von α unter einander bürgte für die
Reinheit der Stammkultur, auch mikroskopisch liessen sich Gestalt-
unterschiede der Individuen nicht finden. Die Beweglichkeit im
hingenden Tropfen war durchaus gleichartig, die Geisselfärbung
hatte denselben Erfolg. Es ist demnach in α noch eine Reincultur
vom *Bacillus cyanogenus* vorhanden. Der nicht mehr pigment-
bildende Bacillus wäre demnach ein Seitenstück zu einem dauernd
nicht mehr virulenten Milzbrand oder nicht mehr zymogenen Milch-
säurebacillus. Da α auf Kartoffel noch Farbstoff erzeugte, machte
B. den Versuch, durch Weiterzüchtung auf diesem Substrat die
frühere Fähigkeit der Pigmentbildung auf Gelatine und Agar wieder
hervorzurufen; allein von der 4. Generation wurde Milch noch
nicht wieder blau, ebenso wenig saure Gelatine und saurer Agar.
Eine andere Varietät β blieb plötzlich 2 Generationen hindurch
farblos, um dann ebenso plötzlich wieder Farbstoff mit gleicher
Intensität zu erzeugen.

Kohl (Marburg).

Staes, G., De Korstmossen (Lichenes). (Botan. Jaarb. uit-
gegeven door het Kruitk. genootsch. Dodonaea te Gent. Jaarg. II.
1890. p. 255—304. Plaat VII—IX.)

Zu bedauern ist, dass diese Arbeit wegen der Sprache nur
einem sehr kleinen Leserkreise zugänglich ist. Immerhin möge
wenigstens jeder des Niederdeutschen mächtige und jeder skandinavische Botaniker, der sich überzeugen will, wie weit die
Behandlung der Frage des Wesens der Flechten gediehen ist,
diese Arbeit beachten. Die Arbeit soll offenbar einen Ueberblick über die Flechten ihrem Aeusseren und Inneren nach geben.
Nach der Dürftigkeit der lichenologischen Kenntnisse und den un-
wissenschaftlichen Darstellungen der Tafeln könnte man annehmen,
dass hiermit eine populäre Behandlung der genannten Aufgabe
geliefert werden sollte, umso mehr als auf „Leunis, Synopsis der drei
Naturreiche" als Quelle weiterer Belehrung, aus welcher allein oder
wenigstens vorwiegend Verf. selbst geschöpft haben dürfte, verwiesen wird. Nur der Ort der Veröffentlichung lässt den Gedanken
aufkommen, dass hiermit den Studenten, Botanikern u. s. w. Hollands
ein Leitfaden übergeben werden soll.

Der wahre Zweck der Arbeit aber, der hier deutlicher, als
bei allen ähnlichen Versuchen, hervortritt, ist sicherlich der, die
Bedeutung des Schwendenerismus im glänzendsten Lichte zu zeigen.
Von einem Studium des Schwendenerismus von dem ersten Anfange
an bis zum heutigen Stande kann bei dem Verf. keine Rede sein.
Daher ahnt Verf. ebensowenig, wie seine Vorbilder, wohin diese
Lehre gerathen ist. In dem stattlichen Verzeichnisse der Litteratur,
welches den Schluss der Arbeit bildet, ist neben den vor dem
Schwendenerismus liegenden Leistungen fast jede irgend nennenswerthe auf dem Boden dieser Lehre und zu deren Förderung
dienende aufgeführt, dagegen von den Leistungen der Gegner
derselben sind nur einige der bescheidensten genannt. Allein nicht
einmal diese sind in der eigentlichen Abhandlung berücksichtigt.
Es fällt aber ausserdem nicht schwer, nachzuweisen, dass Verf. die
vor dem Schwendenerismus entstandene Litteratur seines eignen Verzeichnisses theils gar nicht, theils ungenügend studirt hat. Somit liegt
hier wieder ein Fall vor, in welchem das Litteraturverzeichniss
lediglich als Abschrift zu decorativen Zwecken dasteht. Dieses
Gesammt-Urtheil als unwiderleglich richtiges hinzustellen vermag
Ref. schon durch den einfachen Hinweiss, dass von allen seinen
Arbeiten nur die Erstlingsarbeit aufgeführt wird, welche weder mit
dem Schwendenerismus, noch mit dem Wesen der Flechten sich
befasst, sondern nur eine kleine, immerhin aber anziehende Aufgabe der Lichenographie einer Behandlung unterzog, von welcher
eine Spur in der Abhandlung zu finden aber ein vergebliches Bemühen war.

Minks (Stettin).

————

Rabenhorst, L., Kryptogamen-Flora von Deutschland,
Oesterreich und der Schweiz. Bd. IV. Abth. II. Die

Laubmoose. Von **K. Gustav Limpricht.** Lief. 15. *Ortho-trichaceae, Encalyptaceae, Georgiaceae.* 8⁰. 64 pp. Leipzig (Eduard Kummer) 1891. M. 2.40.

Diese Lieferung, die Gattung Orthotrichum zu Ende führend, beginnt mit der Beschreibung des O. microcarpum De Not. Für diese Art ist nur der Originalstandort (Intrasca-Thal am Lago maggiore) angegeben, während die Pflanze, welche Venturi in Husnot, Muscolog. gall. p. 180 nach Exemplaren aus der Rhön hierherzieht, nach des Verfs. Ansicht zu den kleinsten Formen von O. pallens gehört.

Orthotrich. Arnellii Grönv. (1885), eine kleine Art von der Tracht des O. Braunii und O. pumilum, wurde im Gebiete nur in Tirol beobachtet (Innervillgraten und Rabbithal). Als Synonyme zieht Verf. hierher: O. latifolium Grönv. und O. rufescens Grönv. — Für O. fallax Schimp. Syn. erhält der ältere Name, O. Schimperi Hammar, den Vorzug. — O. appendiculatum Schimp. und O. neglectum Schimp. werden als Varietäten dem O. fastigiatum Bruth., O. aetnense De Not. dem O. rupestre untergeordnet. Auch O. Franzonianum De Not., von Schimper mit O. Shawii Wils. identificirt, beschreibt Verf. als Varietät des O. rupestre, während für das echte O. Shawii im Gebiete nur Bärwalde in der Mark Brandenburg angegeben ist, wo diese seltene Art von Ruthe an Pyramidenpappeln 1870 gesammelt wurde. — Ueber O. erythrostomum Grönv. aus Schweden bemerkt Verf., dass es habituell zwischen O. speciosum und O. leiocarpum stehe, an ersteres erinnern die 8 Cilien, an letzteres die gelbröthlichen, trocken zurückgerollten 16 Peristomzähne. — O. acuminatum Philib. (in Revue bryol. 1881. p. 28), eine ausgezeichnete Art, findet sich im Gebiete nur bei Trient, 1881 von Venturi an Weidenstämmen entdeckt. — Lassen wir zum Schluss die Uebersicht der Arten dieser wichtigen Gattung folgen, wie sie Verf. in der vorigen Lieferung zusammengestellt hat.

I. Cilien (8) an der Spitze bleibend kuppelartig vereinigt. *Orthotrichum callistomum.*
II. Cilien frei, selten fehlend.
  1. Spaltöffnungen cryptopor. Blüten einhäusig; ♂ Blüten gipfelständig.
    A. Blätter haartragend. Vorperistom fehlend. Cilien zu 16. *O. diaphanum.*
    B. Blätter ohne Haar.
      a. Vorperistom mehr oder minder entwickelt. Peristomzähne aussen mit Streifungen. Felsmoose.
        α. Kapsel emporgehoben. Scheidchen nackt. Haube wenig behaart oder nackt.
          † Peristom einfach, 16 zähnig. *O. anomalum.*
          †† Peristom doppelt: 8 Paarzähne, Cilien zu 8. *O. saxatile.*
          Peristom doppelt: 16 Einzelzähne, Cilien zu 8 und 16. *O. nudum.*
        β. Kapsel eingesenkt. Haube behaart.
          † Scheidchen nackt. Peristom einfach. *O. cupulatum.*
          Scheidchen nackt. Peristom doppelt; Cilien zu 16. *O. perforatum.*
          †† Scheidchen behaart. Peristom einfach. *O. Sardagnanum.*
          Scheidchen behaart. Peristom doppelt; Cilien zu 16. *O. urnigerum.*
          * Vorperistom deutlich entwickelt. *O. Schubartianum.*
          ** Vorperistom nicht über den Mündungsrand vortretend.
      b. Vorperistom fehlend. Peristom doppelt, Zähne aussen papillös. Meist Rindenmoose.
        α. Cilien zu 16, so lang als die Zähne. Haube und Scheidchen nackt. Zuletzt 16 Einzelzähne.

† Kapsel emporgehoben. Peristom weisslich.   *O. Winteri.*
Kapsel emporgehoben. Peristom orange.   *O. pulchellum.*
†† Kapsel ganz oder zur Hälfte eingesenkt.
    * Blätter zungenförmig, an der abgerundeten Spitze gezähnt.
    An berieselten Orten.   *O. rivulare.*
    ** Blätter breit gespitzt, an der Spitze etwas gezähnt.
    § Haube weisslich. Kapselstreifen schmal. Vorhof sehr
    eng. Rindenmoos.   *O. leucomitrium.*
    §§ Haube gelb. Kapselstreifen breit. Vorhof weit. Stein-
    moos.   *O. paradoxum.*
β. Cilien zu 16, abwechselnd längere und kürzere (letztere auch
rudimentär). 8 Paarzähne. Rindenmoose.
    † Scheidchen und Haube nackt.
    * Blätter kurz und stumpflich zugespitzt, am Rande um-
    gerollt.   *O. pallens.*
    ** Blätter zungenförmig, abgerundet, flachrandig. Kleinste
    Art.   *O. microcarpum.*
†† Scheidchen langhaarig, Haube wenig behaart. *O. stramineum.*
γ. Cilien zu 8; äusseres Peristom zu 8 Paarzähnen.
    † Scheidchen und Haube behaart. Vorhof eng.
    * Blätter durch längere Papillen fast igelstachelig. Peristom-
    zähne oben längsstreifig. Steinmoos.   *O. alpestre.*
    ** Blätter papillös. Peristomzähne auch oben papillös. Haube
    spärlich behaart. Rindenmoose.
    § Kapselstreifen schmal. Scheidchen mit einzelnen Haaren.
    O. patens.
    §§ Kapselstreifen breit. Scheidchen mit Paraphysen.
    O. Braunii.
†† Scheidchen und Haube nackt.
    * Haube mit kleinen Papillen. Vorhof weit. Peristom ober-
    wärts mit wurmförmigen Linien. Steinmoos. *O. Arnellii.*
    ** Haube nicht papillös. Peristom gleichmässig papillös.
    Rindenmoose.
    § Hals kurz, abgerundet. Vorhof weit.   *O. Schimperi.*
    §§ Hals lang, allmählich verschmälert.
       ✕ Blätter lang zugespitzt. Vorhof weit. Peristom
       röthlich-gelb.   *O. pumilum.*
       ✕✕ Blattspitze breit, abgerundet oder stumpf. Spalt-
       öffnungen im Halstheile; Vorhof sehr eng.
       ⊙ Peristom bleich. Haube lang und schmal.
       O. tenellum.
       ⊙⊙ Peristom röthlich-gelb. Haube glockenförmig,
       kurz. Sporen gross.   *O. Rogeri.*

Spaltöffnungen phaneropor, stets im Urnentheile angelegt.
A. Einhäusig. Peristom niemals fehlend, meist doppelt; ♂ Blüten oft axillär.
a. Cilien zu 16, breit. Kapsel ohne Streifen, glatt. Rindenmoose.
    α. Aeusseres Peristom ausgebildet, 16-zähnig. ♂ gipfelständig.
    O. leiocarpum.
    β. Aeusseres Peristom rudimentär. ♂ axillär.   *O. acuminatum.*
b. Cilien zu 8. Kapsel meist 8 (16) streifig und gefurcht. Haube mehr
oder minder behaart.
    α. Peristomzähne mit wurmförmigen Linien. Rindenmoos.
    O. fastigiatum.
    β. Peristomzähne papillös, ohne wurmförmige Linien.
    † Kapsel deutlich gestreift und gefurcht. Rindenmoos. *O. affine.*
    †† Seta länger am Grunde meist röthlich.
    * Kapsel undeutlich gestreift. Stattliches Rindenmoos.
    O. speciosum.
    ** Kapsel ohne Streifen und Furchen. Alpines Felsmoos.
    O. Killiasii.
††† Kapsel eingesenkt, Seta kurz. Kapselstreifen kurz. Fels-
moose.

* Blätter einschichtig. Hals verengt. Cilien vollständig.
            O. rupestre.
** Blattspitze zweischichtig. Hals kurz. Cilien rudimentär
 bis fehlend.   *O. Sturmii.*
 c. Inneres Peristom fehlend. Kapsel ohne Streifen, nicht gefurcht.
             O. Shawii.
B. Zweihäusig; ♂ gipfelständig. Peristom doppelt oder fehlend.
 a. Blätter lang zugespitzt. Cilien (16) gelbroth, kräftig. Stattliches
  Rindenmoos.   *O. Lyellii.*
 b. Blätter abgerundet.
  a. Peristom doppelt, gelbroth; Cilien zu 8.   *O. obtusifolium.*
  β. Peristom fehlend.   *O. gymnostomum.*

  Es folgt die Familie der Encalyptaceae, mit den Gattungen
Encalypta und Merceya. Von Encalypta werden für das Gebiet
8 Arten beschrieben, darunter die von Juratzka für die österreichische
Flora zuerst nachgewiesene E. spathulata C. Müll. aus Siebenbürgen,
Tirol und Steiermark. Encalypta leptodon Bruch, von Schimper
als var. elongata der E. vulgaris zugerechnet, wird als var. leptodon
der E. rhabdocarpa untergeordnet; diese Art wird noch durch zwei
Varietäten erweitert, var. *β.* pilifera Funck (E. pilifera Funck in
„Flora" 1818) und var. *γ.* microstoma Breidler aus Steiermark. Da-
gegen bleibt E. microstoma Bals. & De Not., wie in Schimper's
Synopsis, als Varietät bei E. ciliata. Encalypta microphylla
Bryol. germ., von Funck 1825 in Tirol entdeckt, ist dem Verf., aus
Mangel an Original-Exemplaren, noch eine räthselhafte Pflanze, die, nach
Hübener, am nächsten mit E. commutata verwandt, nach C. Müller
der E. spathulata sehr nahe stehend sein soll. E. streptocarpa
erhält den älteren Namen E. contorta (Wulf.) Lindb.

  Die kleine Familie der Georgiaceae (Tetraphideae in Schimper's
Synopsis), mit den Gattungen Georgia und Tetrodontium, beschliesst
diese Lieferung. Der Ehrhart'sche Name Georgia, zu Ehren Georg III.,
Königs von England, aufgestellt, welchem Ehrhart seine Berufung als
Botaniker an den Garten von Herrenhausen verdankte, ist dem um zwei
Jahre jüngeren Hedwig'schen Namen Tetraphis vorgezogen worden.
               Geheeb (Geisa).

Aubert, E., Note sur le dégagement simultané d'oxygène et d'acide carbonique chez les Cactées. (Comptes-
rendus de l'Académie des sciences de Paris. Tome CXII. 1891.
p. 674 ff.)

  Anschliessend an die Beobachtung Saussures, dass *Cactus
Opuntia* im Lichte eine beträchtliche Menge Sauerstoff ausscheide
und ferner an den Nachweis Meyer's, dass dieser Sauerstoff aus der
Zersetzung der Apfelsäure hervorgehe, theilt Verf. zwei an *Opuntia
tomentosa* und *Mamillaria elephantidens* angestellte Versuchsreihen
mit, aus denen erhellt, dass die *Cacteen* bei mittlerer Lichtintensität und höherer Temperatur (35°) gleichzeitig Sauerstoff und Kohlensäure abgeben. Die Ursache dieser doppelten Abgabe liegt nahe. *Opuntia
maxima* enthält auf jedes Gramm Gewicht 0,002 gr Apfelsäure. Bei den
Cacteen findet man ein tiefgehendes farbloses Parenchym und ein
oberflächliches chlorophyllhaltiges Gewebe. Beide Lagen athmen
Tag und Nacht und geben eine ziemliche Menge Kohlensäure ab,

welche das oberflächliche Gewebe nicht gänzlich zu assimiliren vermag. Daher kommt die Abgabe von Kohlensäure (die man nicht mehr konstatirt, wenn die Athmungsenergie durch Herabsetzung der Temperatur auf 10—15⁰ gemindert wird, oder wenn die Lichtintensität eine Steigerung erfahren hat). Der freigewordene Sauerstoff geht möglicherweise aus der im Lichte zerstörten Apfelsäure hervor. Da die Cacteen unter solchen Bedingungen am Tage gleichzeitig Kohlenstoff und Sauerstoff, des Nachts Kohlenstoff allein verlieren, müssen sie während der rauhen Jahreszeit in unseren Breiten untergehen, wenn wir sie nicht in Häusern bei einer Temperatur von 10—15⁰ halten wollten. In den dem Aequator naheliegenden Gegenden führt das intensive Licht eine Reduction der am Tage gebildeten Kohlensäure herbei, so dass sie dort nur Nachts Kohlenstoff verlieren.

Zimmermann (Chemnitz).

Die Assimilation des freien atmosphärischen Stickstoffes durch die Pflanze.

(Zusammenfassendes Referat über die wichtigsten, diesen Gegenstand betreffenden Arbeiten.)

Von

Dr. R. Otto

in Berlin.

(Fortsetzung.)

Weitere Untersuchungen betreffs unserer Frage liegen von Lawes und Gilbert[*] vor. Diese Forscher prüften sowohl den Stickstoffgehalt eines lange cultivirten, als auch den eines jungfräulichen Bodens (Prairieboden aus Manitoba in Amerika) und fanden, dass der jährliche Ertrag an Stickstoff pro Acre bei verschiedenen Feldfrüchten, die Jahre lang hinter einander ohne Dünger auf demselben Boden gewachsen waren, ein viel grösserer war, und in gar keinem Verhältnisse zu der geringen Menge an gebundenem Stickstoff stand, welcher im Regen niederkommt. Auch liess sich der Ertrag des durch Hülsenfrüchte und Wurzelgewächse gelieferten Stickstoffes durch Zugabe von Mineraldünger noch erheblich vermehren, was bei dem Getreide nur in geringem Grade der Fall war. Doch meinen die Verfasser, dass freier Stickstoff von der Pflanze nicht assimilirt werden könne, denn es nahm bei den unter den obigen Bedingungen cultivirten Feldfrüchten der Ertrag und Gehalt an Stickstoff in aufeinanderfolgenden Jahren ab, ebenso auch der Stickstoffgehalt des Bodens, auf dem dieselben wuchsen, und zwar in beiden Fällen auch dann, wenn der erforderliche nicht stickstoffhaltige Dünger angewendet wurde. Da nun eine solche Abnahme im Boden sich besonders bei der Salpetersäure zeigte, so halten Lawes und Gilbert die Stickstoffaufnahme

---

*) Journ. of the chem. Soc. trans. Vol. XLVII. p. 380.

seitens der Pflanzen in Form von salpetersauren Salzen für sehr wahrscheinlich, während nach ihren Untersuchungen Stickstoff in organischen Verbindungen von den in Betracht kommenden Pflanzen nicht aufgenommen zu werden scheint.

Andererseits glaubt N e r g e r*) aus der Beobachtung der Aufnahme von Ammoniak durch die Blätter, wenn dieselben mit verdünnter Ammoniaklösung benetzt wurden, die stickstoffbereichernde Wirkung der Blattpflanzen wesentlich auf die Ammoniakaufnahme aus dem Thau zurückführen zu müssen. Und zwar finde dieselbe nur während des Wachsthums der Blätter statt und seien letztere auch nicht im Stande, Salpetersäure, welche geradezu schädlich wirke, aufzunehmen.

Weitere Untersuchungen über die Aufnahme von atmosphärischem Stickstoff durch die Pflanze liegen von A t w a t e r**) vor, welcher auf Grund seiner eigenen Untersuchungen als auch derjenigen von anderen Autoren zu der Ansicht gelangt, dass die Aufnahme von freiem atmosphärischen Stickstoff durch die Pflanze, besonders aber durch die Leguminosen, sehr wahrscheinlich sei.

H e l l r i e g e l hat dann auch in der That später durch Versuche, die er zum Theil in Gemeinschaft mit W i l f a r t h***) angestellt hatte, bewiesen, dass die *Papilionaceen* i h r e n g a n z e n S t i c k s t o f f b e d a r f d e r L u f t e n t n e h m e n k ö n n e n. Wenn nämlich Hafer, Buchweizen, Rübsen, Erbsen, Seradella und Lupinen in reinem Sande mit einer Bodenlösung cultivirt wurden, so zeigten nur die *Papilionaceen* eine normale Entwicklung, während die anderen Pflanzen, sobald die Reservestoffe des Samens aufgezehrt waren, im Stickstoffhunger verharrten. Beim Sterilisiren entwickelten sich aber auch die *Papilionaceen* nicht. Es liess sich allerdings noch nicht mit Sicherheit feststellen, auf welche Weise die Bodenlösung bei der Stickstoffassimilation der *Papilionaceen* mitwirkte; doch konnte unzweifelhaft nachgewiesen werden, dass die *Papilionaceen* w i r k l i c h d e n f r e i e n S t i c k s t o f f d e r L u f t a u f n e h m e n, so producirte z. B. ein Topf mit Bodenlösung 44,48 gr Trockensubstanz mit 1,194 gr Sticksoff, während ein anderer o h n e Bodenlösung bei 0,918 gr Trockensubstanz nur 0,0146 gr Stickstoff gab.

In einer grösseren Abhandlung [H e l l r i e g e l und W i l f a r t h: Untersuchungen über die Stickstoff-Nahrung der *Gramineen* und *Leguminosen* †)] theilen sodann diese beiden Forscher die Ergebnisse ihrer Untersuchungen hinsichtlich des v e r s c h i e d e n e n Verhaltens von *Gramineen* und *Leguminosen* bezüglich der Stickstoffaufnahme mit. Hiernach sind die *Gramineen* mit ihrem Stickstoffbedarf einzig und allein auf die im Boden vorhandenen assimilirbaren Stickstoff-Verbindungen angewiesen und ihre Entwicklung steht immer zu dem disponiblen Stickstoff-Vorrath des Bodens im directen Verhältniss.

---

*) Deutsche Landwirthschaftliche Presse. 1886. p. 256.

**) Americ. chem. Journ. Vol. VIII. p. 398.

***) Tageblatt der 60. Naturforscher-Versammlung zu Wiesbaden. 1887. p. 362.

†) Zeitschrift des Vereins für Rübenzucker-Industrie. November 1888. Beilageheft. — Vgl. auch Botan. Centralbl. Bd. XXXIX. 1889. p. 138.

Die *Leguminosen* dagegen besitzen ausser dem Bodenstickstoff noch
eine andere Quelle, aus welcher sie ihren Stickstoffbedarf in aus-
giebigster Weise zu decken resp., soweit ihnen die erste Quelle
nicht genügt, zu ergänzen vermögen. Diese zweite Quelle bietet
der freie, elementare Stickstoff der Atmosphäre. Diese Fähigkeit,
den freien Stickstoff der Luft zu assimiliren, erlangen die Leguminosen aber nur durch die Betheiligung von lebensthätigen Mikroorganismen im Boden, und zwar genügt hierbei die blosse Gegenwart
beliebiger niederer Organismen im Boden nicht, sondern es ist
durchaus nöthig, dass gewisse Arten derselben mit den Leguminosen
in ein symbiontisches Verhältniss treten, welches sich dann äusserlich an der Pflanze in dem Auftreten der sogenannten Wurzelknöllchen zu erkennen gibt. Es dürfen daher die Wurzelknöllchen
der *Leguminosen* nicht als blosse Reservespeicher für Eiweissstoffe
betrachtet werden, sondern es stehen dieselben mit der Assimilation
von freiem Stickstoff in einem ursächlichen Zusammenhange.

Die Fragen, ob der Boden, bezw. gewisse Bestandtheile desselben,
bei der Stickstoffbindung oder ob die Pflanzen dabei die Hauptrolle
spielen, ferner in wie weit die einzelnen Stickstoff-Verbindungen
(Nitrate, Ammoniaksalze, organische Stickstoff-Verbindungen) bei
diesen Vorgängen betheiligt sind, haben Gautier und Drouin*)
zu beantworten gesucht. Aus ihren zahlreichen Untersuchungen
gelangen sie unter Anderem — da die Gesammtmenge des Stickstoffes, der während etwa drei Monate unter dem Einfluss organischer
Substanz vom unbepflanzten Boden aufgenommen wurde, zehn Mal
grösser war, als die seiner Zeit von Schloesing erhaltene Menge
Ammoniakstickstoff, die in gleicher Zeit aus der Luft von an-
gesäuertem Wasser aufgenommen wurde — zu dem Resultate, dass
der Ammoniakgehalt der Luft nicht hinreiche, um die Stickstoff-
Zunahme bei ihren Versuchen zu erklären, dass hierfür vielmehr
noch andere Quellen zu Gebote stehen müssen. Und zwar sei, da
bei ihren Versuchen die gleichzeitige Anwesenheit einer Vegetation
die Menge des aufgenommenen Stickstoffes verdoppelt habe, dies
ein directer Beweis für den Antheil, welcher der Pflanze dabei zu-
komme. Sie glauben, dass phanerogame Pflanzen demnach der
Luft, sei es auf indirectem Wege aus dem Boden, in den die Wurzeln
eindringen, sei es auf directem durch die Blätter, einen Theil freien
oder gebundenen Stickstoffs entnehmen. Auch greifen nach ihren
Untersuchungen die grünen Algen, welche überall im Ackerboden
verbreitet sind, ebenfalls in den Process der Stickstoffbindung
seitens des Bodens ein, wenn auch dieser sonst frei von anderen
Pflanzen und jeder organischen Substanz ist. — Diese Thätigkeit
der Algen könnte in einer Fixirung des Ammoniaks des Bodens
an der Oberfläche desselben beruhen und wäre dann auch nicht
mit der von Berthelot den niederen Organismen zugeschriebenen
Fähigkeit, den freien Stickstoff zu fixiren, zu verwechseln. —
Wir kommen nun zu den schon erwähnten, höchst interessanten

---

*) Recherches sur la fixation de l'azote par le sol et les végétaux. (Compt.-
rend. 1888. Vol. CVI. p. 754, 863, 944, 1098, 1174, 1232.

Untersuchungen von A. B. F r a n k, welche sich unter anderem auch mit der Frage beschäftigen, ob im natürlichen Erdboden für sich allein ohne Betheiligung von Kulturpflanzen Bindung atmosphärischen Stickstoffes stattfindet. Alle diese Versuche sind seit 1884 eine Reihe von Jahren hintereinander ununterbrochen im pflanzen-physiologischen Institut der Königlichen landwirthschaftlichen Hochschule zu Berlin fortgesetzt, nach gewissen Fragen variirt, wiederholt worden. Die eingehende Beschreibung, sowie die einzelnen Ergebnisse der Versuche finden wir in einer grösseren zusammen-hängenden Abhandlung „Untersuchungen über die Ernährung der Pflanze mit Stickstoff und über den Kreislauf desselben in der Landwirthschaft" *) eventuell in den „Landwirthschaftlichen Jahrbüchern" 1888, Heft 2 und 3 veröffentlicht, und es dürfte vielleicht bei der Wichtigkeit der ganzen Frage nicht unzweck-mässig sein, wenn die Ergebnisse aller dieser Untersuchungen im Wesentlichen in derselben Form hier wiedergegeben werden, wie es der Verfasser in dem angeführten Werke gethan:

Nach den Untersuchungen von F r a n k findet beim Ackerbau eine Bindung von elementarem Stickstoff der atmosphärischen Luft statt, welche sich in einer Vermehrung von Stickstoff-verbindungen im Erdboden und in erzeugter Pflanzenmasse kund-gibt, sodass unter den hierzu erforderlichen Bedingungen die Möglichkeit gegeben ist, auch ohne Stickstoffdüngung lediglich mittelst atmosphärischen Stickstoffes Kulturpflanzen zu ernähren.

Nun vermindert sich aber der Gewinn aus diesem Processe stets wieder um denjenigen Verlust an Stickstoff, den wir bei der Pflanzenkultur durch eine Reihe gleichzeitiger entgegengesetzter Processe erleiden, bei denen Stickstoff aus Verbindungen wieder frei wird und in die Luft zurückgeht. Dahin gehört besonders die Fäulniss und Verwesung der stickstoffhaltigen organischen Bestand-theile des Ackerbodens, ferner die mit der Reduktion der Salpeter-säure im gegen Luftzutritt abgeschlossenen Boden verbundene theilweise Entbindung freien Stickstoffes, sowie das Freiwerden eines Theiles des Stickstoffes beim Keimen stickstoffreicher Samen. Auch können Auswaschung von Nitraten aus dem Boden, Ver-flüchtigung von Ammoniak bei Düngung mit Ammoniaksalzen oder mit organischen Stickstoffverbindungen einen Verlust von Stickstoff in gebundener Form bedingen.

Die Stickstoffanreicherung beim Ackerbau ist auf mehrere besondere Processe zurückzuführen, von denen obenan derjenige steht und vielleicht allein ausschlaggebend ist, welcher von einer Wirkung lebender Pflanzen ausgeht. Dieselbe muss auf einer der Pflanzennatur überhaupt oder wenigstens der grünen Pflanzenwelt allgemein eigenen Fähigkeit beruhen. Denn sie ist nicht nur nachweisbar bei höheren Pflanzenformen, wie bei den landwirth-schaftlichen Kulturpflanzen, und zwar, wenn auch graduell sehr

---

*) Vergl. Bot. Centralbl. 1889. Bd. XXXVII. pag. 248. (Die Abhandlung ist unter gleichem Titel auch im Separatabdrucke bei P. P a r e y, Berlin, er-schienen: A. B. F r a n k.)

ungleich, bei den verschiedensten Arten derselben, sondern kann
auch in dem Erdboden für sich allein, ohne dass Pflanzen auf ihm
wachsen, eintreten, ist aber dann auf eine Vegetation mikroskopischer grüner Organismen, besonders Algen, zurückzuführen,
in deren Vermehrung die Zunahme des Stickstoffgehaltes des
Bodens besteht.

Hinsichtlich der Art, wie die lebende Pflanze bei der Stickstoffbindung wirkt, ist zu erwähnen, dass sie einen Theil ihres Stick-
stoffbedarfes jedenfalls aus den im Boden vorhandenen Stickstoff-
verbindungen, unter denen die salpetersauren Salze den höchsten
Nährwerth besitzen, nimmt. Der aus der Luft stammende Theil
des Stickstoffes lässt sich nicht eher nachweisen als in Form
produzirter Pflanzensubstanz, also hauptsächlich in Form ver-
mehrter Proteïnstoffe, wie sie namentlich zur Zeit der Frucht-
reifung entstehen; die Wurzeln scheinen jedoch bei dieser Stickstoffbindung keine besondere Rolle zu spielen. Das Quantum des
in Verbindung übergeführten Stickstoffes erreicht das Maximum
oder wird manchmal wohl überhaupt erst bemerkbar, wenn die
hierbei wirkende Pflanze ihre höchste Entwickelung erreicht und
ihr natürliches Maximum an Stickstoff im Besitze reifer Samen
erzielt hat. Daher ist denn auch die bisher in der Pflanzenphysiologie gültig gewesene Lehre, dass die Pflanze an und für
sich keinen freien Stickstoff verwenden kann, nur auf die Weise
zu erklären, dass Boussingault bei seinen hierauf bezüglichen
Versuchen stets nur mit relativ kümmerlich wachsenden, nicht die
normale Samenreife erreichenden Pflanzen experimentirte. — Die
Stickstoffanreicherung beim Ackerbau ist also ein Vorgang, der
nur allmählich sich entwickelt und der, um einen nachweisbaren
Erfolg zu erreichen, immer derjenigen Zeit bedarf, welche die angebaute Kulturpflanze zu ihrer vollständigen Entwickelung nöthig
hat, oder welche beim Brachezustand erforderlich ist, um aus den
erdebewohnenden Keimen von Algen und anderen Kryptogamen
das Leben dieser Organismen zur Entfaltung und Vermehrung
zu bringen.

Die Assimilationsenergie gegenüber dem freien Stickstoff muss
bei den verschiedenen Pflanzenformen als sehr ungleich angenommen
werden, womit das sehr ungleiche Resultat im Gewinn an Stickstoff zusammenhängt, welcher je nach Betheiligung dieser oder
jener Pflanzenform erzielt wird. Am geringsten ist das Resultat
in der Brache, wo nur die kleinen Pflanzenformen wirken. Bei
dem Vorhandensein höherer Pflanzen ist es grösser, und unter
diesen sind es wieder die Lupinen, wahrscheinlich auch noch andere
Leguminosen, bei welchen der Erfolg weitaus am grössten ist.
Diese ungleiche Assimilationsenergie für den freien Stickstoff bei
den verschiedenen Pflanzenformen hängt natürlich auch zusammen
mit dem quantitativ sehr ungleichen natürlichen Stickstoffgehalt
derselben im fertigen Zustande, indem jede Pflanze nicht mehr
produziren kann, als durch ihr natürliches Ziel vorgeschrieben ist,
wesshalb denn die kleinen Algen viel weniger als die höheren
Pflanzen und unter den letzteren diejenigen mit von Natur grösserem

Stickstoffreichthum der Samen am meisten Stickstoff ansammeln können. Dieses wird natürlich zum Theil mit der längeren Vegetationsdauer der verschiedenen Pflanzenformen zusammenhängen, aber wahrscheinlich spielen dabei auch wirklich spezifisch ungleiche Energien dieser Assimilationsfähigkeit mit.

Durch den zunächst in Form von Pflanzensubstanz gewonnenen gebundenen Stickstoff erfährt aber auch der Ackerboden einen Zufluss an Stickstoffverbindungen. Denn die höheren Pflanzen lassen ihre Wurzel- und Stoppelrückstände und damit einen Theil ihres Stickstoffes im Boden zurück, wo dieselben der Verwesung anheimfallen und ihre stickstoffhaltigen Bestandtheile zu Ammoniak und Salpetersäure sich umsetzen. Die mikroskopischen grünen Kryptogamen des Bodens aber, welche nach einiger Zeit immer wieder absterben und durch neue ersetzt werden, wirken mit ihrer ganzen Masse im Boden düngend und stickstoffanreichernd. Vielleicht ist bei diesen zarten, protoplasmareichen und leicht zerstörbaren Zellen der Umsatz der Körpersubstanz in wieder verwerthbare Substanz noch rascher als bei bei den härteren, langsamer verwesbaren Resten höherer Pflanzen.

(Fortsetzung folgt.)

Knuth, Paul, Het bestuivingsmechanisme der Orobancheeën van Sleeswijk-Holstein. — Die Bestäubungseinrichtungen der Orobancheen von Schleswig-Holstein. (Botanisch Jaarboek. III. 1891. p. 20—32, mit Taf. II.) [Niederländisch und deutsch].

Lathraea Squamaria ist proterogyn. Die grosse Honigdrüse findet sich unten an der Basis des Fruchtknotens. Die Unterlippe bildet mit jedem ihrer drei Abschnitte eine Rinne, von denen die mittlere in der Kronröhre ihre Fortsetzung findet. Diese Rinne entspricht einer Furche am Fruchtknoten und an dem unteren Theile des Griffels. Rinne und Furche reichen bis zu der Drüse und bilden zusammen den Weg, welcher zu dem Honig führt. Besucher sind Hummeln. (Für diese Pflanze wird die Litteratur angedeutet.)

Phelipaea coerulea. Die blauen Blüten sind augenfällig; trotzdem werden sie von Insecten nicht besucht. Sie sind geruch- und honiglos, und zur Sichselbstbestäubung eingerichtet. Die Staubfäden erreichen die Narbe und belegen diese mit Pollen. — Es kommen abnormale actinomorphe Gipfelblüten vor, mit 3- oder 4-knotiger Narbe und 9, bezüglich 12 Staubblättern.

Die Blüten von *Orobanche elatior* sind braun, nicht augenfällig und zeigen dieselbe Bestäubungseinrichtung wie *Phelipaea.*

J. Mac Leod (Gent).

Wilson, John H., Waarnemingen omtrent de bevruchting-
en de bastaard kruising van sommige Albuca-
sorten. — Observations on the fertilisation and
hybridisation of some species of Albuca. (Botanisch Jaarboek. III. 1891. p. 232—259.) Mit Taf. VIII.
(Niederländisch und Englisch).

Diese Arbeit enthält eine Beschreibung von *A.* (*Eualbuca*)-
corymbosa Baker, vom Kapland, unter Berücksichtigung der Wachs-
thums- und anderen vegetativen Processe bei cultivirten Individuen.
Die Blüten stehen aufrecht, die Blumenblätter sind gelb. Die
drei innern Blumenblätter sind an ihrem Ende kapuzenförmig und
versehen mit einem kleinen Fortsatz, der in eine übereinstimmende
Ecke des Stigmas greift; der in der Nähe der Narbe gelegene
Theil ist papillös. Sie stehen aufrecht um den Griffel: sie können
nach aussen gedrückt werden, nehmen aber in Folge ihrer Elasticität
ihre ursprüngliche Lage wieder an, sobald der Druck wieder aufhört. Die drei äusseren Staubfäden sind mehr oder weniger ab-
ortirt, gewöhnlich enthalten sie Pollen. Die drei inneren sind immer
fruchtbar, an ihrer Basis elastisch. Drückt man ein inneres Blumenblatt nach aussen, so folgt der innere Staubfaden der Bewegung
in Folge seiner Elasticität; hört der Druck auf, so wird der genannte Staubfaden durch das Blumenblatt wieder nach innen gedrückt. Die Elasticität beider Organe ist also antagonistisch.
Honig wird von septalen Drüsen secernirt; die Blüten sind wohl-
riechend. Hummeln drücken die innern Blumenblätter nach aussen,
dringen mit der Brust zwischen die innern Antheren und die Narbe
und bewirken also Kreuzbestäubung. Hummelbesuch wird von
Fruchtbarkeit gefolgt. Es findet keine spontane Sichselbstbestäubung
statt. Durch künstliche Befruchtung hat Verf. erwiesen, dass von
allen möglichen Fällen Kreuzbefruchtung mit Pollen aus den
inneren Antheren das beste Resultat liefert. Durch künstliche Autofecondation wurden nur zweimal auf neun Experimente Früchte
erhalten.

Bei *A.* (*Falconera*) *fastigiata* Dry. sind die sechs Blumenblätter
weiss mit je einer grünen Linie in der Mitte. Die äusseren Staubfäden sind stets fertil; im Sonnenschein stehen die Blüten weiter
offen als bei der vorigen Art. Spontane Sichselbstbetäubung findet
nicht statt; künstliche Kreuzbefruchtung, sowie künstliche Auto-
condation mit Blütenstaub aus den äusseren Antheren blieben ohne
Erfolg; künstliche Autofecondation mit Blütenstaub aus den inneren
Antheren hat nur einmal (auf 17 Experimente) eine Frucht geliefert.
Ist die Pflanze also mit eignem Pollen fast völlig unfruchtbar, mit
Pollen von *A. corymbosa* (aus den innern ebenso wie aus den äussern
Antheren) ist sie im Gegentheil fruchtbar. Da nur eine Pflanze
von *A. fastigiata* zur Verfügung stand, konnte nicht constatirt
werden, ob Kreuzbefruchtung zwischen verschiedenen Individuen
ohne Effect bleiben sollte.

Mit *A. corymbosa* wurden zu wenig Experimente gemacht um
schliessen zu dürfen, dass auch dort Kreuzung mit Pollen aus
einer Blüte derselbe Pflanze stets ohne Effect bleibt. Es ist sehr

merkwürdig, dass acht Versuche um *A. corymbosa* mit Pollen von *A. fastigiata* zu befruchten ohne Erfolg geblieben sind.

Die erhaltenen Bastarde sind intermediär zwischen den beiden Aeltern. Nachkommen der Bastarde, durch künstliche Kreuzbestäubung erhalten, haben die Charaktere der Bastarde beibehalten, sind also nicht zu den ursprünglichen Stammeltern zurückgekehrt. Es wurden weiter auf verschiedene Weise Kreuzungen bewirkt, zwischen den Bastarden, die Eltern und einer dritten, neulich introducirten Art, *A. trichophylla* Baker. Die Resultate dieser Versuche werden später publicirt werden.

Am Ende der Arbeit wird die graduelle Aenderung des *Liliaceen*-Typus in der Reihe der *Albuca*-Arten besprochen.

J. Mac Leod (Gent).

Verschaffelt, J., De verspreiding der zaden bij *Iberis amara* en *I. umbellata*; — mit deutschem Résumé: die Verbreitung der Samen bei *Iberis amara* und *I. umbellata*. (Botanisch Jaarboek. Gent 1891. Jahrgang III. pag. 95—109. Mit Taf. V.

In trocknem Zustande sind die Fruchtstielchen von *I. umbellata* nach innen gekrümmt und liegen gegen einander angedrückt. Durch Benetzung krümmen sie sich nach aussen. Dadurch werden die reifen Früchtchen von einander entfernt und die bis dahin zusammengeballte Fruchtdolde breitet sich aus. Durch Eintrocknung wird der ursprüngliche Zustand wieder angenommen. Diese hygroskopischen Bewegungen sind für die Verbreitung der Samen von Wichtigkeit. Dieses hat Verf. experimentell constatirt: er hat eine Anzahl reifer Fruchtzweige draussen in Regen, Wind u. s. w. stehen gelassen, und daneben andere Fruchtzweige, deren Stielchen an ihrer Basis mittelst Siegellack in zusammengeballtem Zustande befestigt waren. Nach einigen Tagen hatten die Objecte ersterer Kategorie sehr viele Samen, diese letzterer, welche keine Bewegungen vollbringen könnten, fast keine Samen verloren. Daraus darf man schliessen, dass die verschiedenen Factoren der Samenverbreitung (Wind, mechanische Wirkung von Regen und Hagel und gelegentlich vorübergehende Thiere) nur dann mit Erfolg einwirken können, wenn die Früchtchen durch Benetzung auseinandergebreitet sind. Durch Benetzung allein geschieht die Aussaat selber nicht nothwendigerweise, aber durch Benetzung wird die Aussäung vorbereitet.

Die Bewegungen finden nur an der Basis der Stielchen statt. Sie werden durch zwei mechanische Gewebe bewirkt: das dynamische Gewebe findet sich an der innern (oberen) Seite, das statische an der äusseren (unteren) Seite. Die Differenzirung in zwei Geweben findet man nur an der Basis, daher findet die Krümmung nur an der Basis jedes einzelnen Stielchens statt.

Bei *Iberis amara* kommen keine mechanischen Gewebe vor: die reifen Fruchtstielchen bleiben immer, in trockenem, ebenso wie in durchfeuchtetem Zustande, auseinandergebreitet, ungefähr horizontal.

abstehend, und die Aussäung kann durch dieselben Factoren als·
bei *Iberis umbellata*, aber zu jeder Zeit, stattfinden.

J. Mac Leod (Gent).

Filarszky, Ferdinand, Ueber Blütenformen bei dem·
Schneeglöckchen (*Galanthus nivalis* L.). Mit einer lithogr..
Tafel. (Editio separata e Természetrajzi Füzetek. Vol. XIII..
1890. parte 4.)

Im Jahre 1887 fand Verf. am Johannisberg bei Budapest eine·
Gruppe Schneeglöckchen mit sechs vollkommen gleich grossen und
gleich gefärbten, grüngestreiften Perigonblättern, welche den inneren·
normalen Perigonblättern auffallend gleich schienen und so zu.
Leucojum-Blüten ähnelten. Verf. hob 6—8 Exemplare aus und.
verpflanzte sie in den hiesigen botanischen Garten. Im nächsten Frühjahre blüten diese nicht. Im Jahre 1889 jedoch entwickelten sie·
(4 Exemplare) eben solche Blüten, wie oben erwähnt worden ist.
In diesem Frühling suchte Verf. abermals den natürlichen Standort
des *Galanthus* am Johannisberg auf, wobei andere Abnormitäten.
dieser Blüte zum Vorschein kamen, zunächst waren es solche,·
deren Blüten vollkommen in Vierzahl und in Zweizahl aus--
gebildet waren. Ausserdem fand Verf. die verschiedensten Uebergangsformen innerhalb der normal 3-zählig ausgebildeten Blüte·
von äusseren zu der Form von inneren Perigonblättern und umgekehrt. Vier- und zweizählige Blüten erwiesen sich als gar nicht
selten, von welchen mehrere Exemplare im botanischen Garten
verpflanzt wurden, und die meisten derselben im Frühjahr 1890·
zur Blüte gelangten, welche von den vorjährigen gar nicht differirten,·
welcher Umstand Verf. in seiner Vermuthung bestärkt, dass nämlich.
alle diese Formen des *Galanthus* sich weiterhin erhalten und vielleicht als solche sich auch vermehren werden, was natürlicherweise·
durch die fortzusetzenden Versuchsresultate bewiesen werden soll. —
Blüten, bei welchen die inneren Perigonblätter in Staubgefässformen.
übergehen und umgekehrt, gehören am Johannisberg ebenfalls nicht
zu den Seltenheiten. Insbesonders interessant erscheint Verf. eine·
dreizählige Blüte, wo nur das eine innere Perigonblatt normal ausgebildet war, das zweite aber an der anscheinend verkümmerten·
einen Hälfte eine gut ausgebildete halbe Anthere mit Pollen trug,·
das dritte Perigonblatt hingegen beiderseits eine halbe, mithin eine·
aus zwei ungleichen Hälften bestehende, durch petaloide Trennung
von einander entfernte Anthere besass (ein weiterer Beweis für die·
petaloide Transformation des Filaments Ref.).

Verf. beobachtete ferner acyklische Störungen innerhalb der·
einzelnen und benachbarten Kreise, Herabrücken äussere Perigonblätter auf die Mitte des Fruchtknotens u. s. w. (vgl. G. Stenzel.
in Bibliotheca botanica. Heft 21).

Auf der beigegebenen Tafel sind correct durchführte Analysen.
dieser abweichenden Blüten wiedergegeben, sowie deren Diagramme:
gezeichnet.

Schilberszky (Budapest),.

Boergesen, F., Nogle *Ericinee*-Haars Udviklingshistorie. [Entwicklungsgeschichte einiger *Ericineen* - Haare]. (Botanisk Tidsskrift. Bd. XVII. Kopenhagen 1890. pag. 307—14. Mit 8 Abbildungen im Text.)

Verf. hat die Entwicklungsgeschichte der Trichome von einer Anzahl, hauptsächlich grönländischer *Ericineen* untersucht. Die Trichome werden eingetheilt in I. Drüsen- und Deckhaare mit und ohne Intercellularräume, II. mehrzellige Wollhaare und III. einzellige Borstenhaare. Sämmtliche Trichome, deren successive Zelltheilungen verfolgt wurden, stammen von einer einzigen Oberhautzelle her.

Rosenvinge (Kopenhagen).

Kruch, O., Sulla struttura e lo sviluppo del fusto della *Dahlia imperialis.* (Nuovo Giornale bot. Ital. Vol. XXII. pag. 410—413.)

Verf. beschreibt den anatomischen Bau der Stengel von *Dahlia imperialis*, sowie die Entwickelung der einzelnen Gewebe. Es ist besonders daraus hervorzuheben, dass sich auch hier, wie sonst nur bei den *Cichoriaceen*, markständige Gefässbündel finden, und dass an der Basis der Stengel sich neue Gefässbündel bilden, welche ihren Ursprung aus der Endodermis nehmen.

Ross (Palermo).

Kiaerskou, Hjalmar, *Myrtaceae* ex India occidentali a dominis Eggers, Krug, Sintenis, Stahl aliisque collectae. (Botanisk Tidsskrift Bd. XVII. Kopenhagen 1889—90. p. 248—292. tab. 7—13.)

Diese Arbeit enthält Beschreibungen von einer Anzahl von neuen Arten. Ausserdem werden eine neue Gattung und zwei neue Untergattungen aufgestellt. Die Diagnose der neuen Gattung ist folgende:

Marlieriopsis n. g. Calyx primum clausus, demum ad marginem hypanthii crateriformis supra germen biloculare producti in sepala 4 direptus. In quoque loculo germinis 4-—6 ovula in placentis subconvexis. Semina discoideo - reniformia, testa membranacea. Embryo valde curvatus paene annularis, cotyledonum nulla vestigia.

Unter *Eugenia* wird folgende Untergattung aufgestellt:

Myrteugenia n. subg. Germen 2—4-loculare. Placentae in quoque loculo late vel anguste bilamellatae, lamellis in pagina ad dissepimentum versa juxta marginem ovuliferis. Interdum germen superne uniloculare placentis 2—3 bipartitis parietalibus. Embryo ut apud Eueugeniam sed plus minusve curvatus, cotyledonibus parte media longitudinali angusta excepta concretis, altero convexo minore, radicula minima.

Forte genus proprium.

Unter *Myrtus* wird folgende Untergattung aufgestellt:

Eugeniomyrtus n. subg. Sepala 4. Placentae in loculis convexae undique ovuliferae ut in Eueugenia, embryo ut in Myrto.

Forte genus proprium.

Die neuen Arten sind folgende:

Calyptranthes Krugii und *Sintenisii, Marlierea Sintenisii, Eugenia (Eueugenia) Krugii* und *Sintenisii; Eugenia (Myrteugenia) Bahamensis, Eggersii, Hartii, Isabeliana* und *Prenleloupii, Myrcianthes Krugii, Calyptropsidium Sintenisii, Marlieriopsis Eggersii, Myrtus (Eugeniomyrtus) Sintenisii* und *Stahlii.*

Ausserdem wird ein neuer Name, *Myrtus (Gomidesia) Sintenisii* für *Gomidesia Lindeniana* Berg gebildet.

Sämmtliche neue Arten sind von mehreren Abbildungen begleitet.

Rosenringe (Kopenhagen).

Poulsen, V. A., *Triuris major* sp. nov. Et Bidrag til *Triuridaceernes* Naturhistorie. (Botanisk Tidsskrift. Bd. XVII. Kopenhagen 1890. p. 293—306. Taf. 14.)

Verf. hat in Alkohol aufbewahrte Exemplare von einem in Brasilien von Glaziou gesammelten Saprophyten zur Untersuchung gehabt und giebt von demselben, welcher sich als eine neue Art von *Triuris* erwies, eine eingehende morphologisch-anatomische Beschreibung.

Von einem horizontalen Rhizome geht als Seitenspross ein oberirdischer Stengel hervor, welcher keine Laubblätter trägt. Die Wurzeln sind unverzweigt und tragen wenige verzweigte Wurzelhaare. Die Pflanze ist diöcisch, der Blütenstand monopodial verzweigt mit Uebergipfelung der Hauptachse. Die langen Anhänge der drei Perigonblätter sind nicht hohl wie bei anderen Arten, sondern solid.

Die anatomische Untersuchung zeigte, dass von mechanisch wirksamen Elementen nur die Gefässe in der Mitte der Achse vorhanden sind, assimilirendes Gewebe, Luftgänge und Spaltöffnungen fehlen, auch Stärke und Krystalle wurden im Stengel vermisst. Ausser dem Centralcylinder enthält der Stengel keine Gefässbündel; der Centralcylinder ist mit Endodermis und Pericyclus versehen. Die Wurzeln enthalten in der 2. und 3. subepidermalen Zellschicht, ebenso wie andere Humusbewohner, sehr deutliche Knäuel von Mycelienfäden.

Der Blütenboden der weiblichen Blüten ist mit tiefen, gabeligen, radiirenden Falten versehen, welche an ihrer oberen Kante die zahlreichen Fruchtknoten tragen. Dieser gefaltete Theil ist von einem System von schleimführenden, schizogen entstehenden Gängen durchzogen. Die Fruchtknoten sind einfächerig, die anatropen Samenknospen haben nur ein Integument. Der reife Same enthält ein aus wenigen (ca. 24) Zellen bestehendes ölhaltiges Endosperm und einen kleinen unvollkommenen Keim.

Die systematische Stellung der Familie ist noch zweifelhaft. Man hat sie in die Nähe der *Alismaceen* gestellt, Verf. meint aber, dass man sie eben so gut zu den Dikotyledonen rechnen und als verwandt mit den *Ranunculaceen* ansehen kann.

Rosenringe (Kopenhagen).

Baillon, H., Monographie des *Asclepiadacées, Convolvulacées, Polémoniacées* et *Boraginacées.* (Histoire des plantes. p. 221 bis 402. Paris 1890.)

Die *Asclepiadaceen* wurden von Jacquin zuerst von den *Apocynaceen* abgetrennt, von denen sie sich hauptsächlich durch die Gestalt des Pollens unterscheiden, wenn es auch einige wenige Uebergänge zwischen diesen beiden Gruppen giebt. — Man zählt augenblicklich 186 Gattungen mit etwa 1400 Arten, welche in folgenden Abtheilungen untergebracht sind.

1. *Asclepiadées.* Anthères surmontées d'une membrane infléchie ou dressée; les loges pollinifères au dessous de la dilatation stylaire. Pollinies solitaires dans ·chaque loge de l'anthère, descendantes. — *Asclepias* L., *Cystostemma* Fourn., *Calo-tropis* R. Br., *Cynanchum* L., *Pentabothra* Hook., F., *Prosopostelma* H. Bn., *Diplolepis* R. Br. *Perianthostelma* H. Bn., *Nanostelma* H. Bn., *Glossostephanus* E. Mey., *Roulinia* Dcne., ? *Mellichampia* A. Gray, ?, *Rotrockia* A Gray, *Talminostelma* ·Fourn., *Orthosia* Dcne., *Amphidetes* Fourn., ? *Pulvinaria* Fourn., *Metastelma* R. Br., *Tassadia* Dcne., ? *Suttadia* Fourn., *Calatosthelma* Fourn., *Cyatostelma* Fourn., *Lagoa* F. Dur., *Glaziostelma* Fourn., *Scyphostelma* H. Bn., *Madarosperma* Benth., ? *Blepharodon* Dcne., *Holostemma* R. Br., *Graphistemma* Champ., *Pycnoneurum* Dcne., *Morrenia* Lindl., *Peplonia* Dcne., *Adelostemma* Hook. f., ? *Astrostemma* Benth., *Sarcostemma* R. Br., *Ditassa* R. Br., *Epstenia* Nutt., *Melinia* Dcne., *Steno-meria* Turcz., *Schistogyne* Hook. et Arn., *Lugonia* Wedd., *Raphistemma* Wall., *Pycnostelma* Bge., *Pentarrhinum* E. Mey., *Condylogyne* E. Mey., *Panninia* Harv., *Margaretha* Oliv., *Eustegia* R. Br., *Deeanema* Dcne., *Metaplexis* R. Br., *Daemia* R. Br., *Pentatropis* R. Br., *Oxypetalum* R. Br., ? *Bustelma* Fourn., ? *Calostigma* Dcne., *Araujia* Brot., *Rhyssostelma* Dcne., *Turrigera* Dcne., *Oxystelma* R. Br., *Philibertia* H. B. K., ? *Steinheilia*Dcne., *Glossonema* Dcne., *Solenostemma* Hayn., *Saclewxia* H. Bn., *Podandra* H. Bn., *Kerbera* Fourn., *Astephanus* R. Br., *Microloma* R. Br., *Pleurostelma* H. Bn., *Nautonia* Dcne., *Hemipogon* Dcne., *Amblystigma* Benth., *Mitostigma* Dcne.,

2. *Marsdéniées.* Anthères des Acslépiadées. Pollinies solitaires, danstrennen-chaque loge dressées ou ascendantes.

Marsdenia R. Br., ? *Pseudomarsdenia* H. Bn., ? *Stephanotella* Fourn., *Treutlera* Hook. F., *Sphaerocodon* Benth., *Pergularia* Benth., *Rhynchostigma* Benth., *Fockea* Endl., *Tenaris* E. Mey, *Lasiostelma* Benth., *Dregea* E. Mey, *Lygisma* Hook F., *Heterostemma* W. et Arn., *Asterostemma* Dcne. *Distocerus* Hook. F., *Oianthus* Benth., *Cosmostigma* Wight., *Pervillea* Dcne., *Tylophora* R. Br., *Barjonia* Dcne., ? *Nephra-denia* Dcne., ? *Petalostelma* Fourn., ? *Lobinia* Fourn., *Gongronema* Dcne., ? *Gymnema* R. Br., *Pentasacme* Wall., *Sarcolobus* R. Br., *Rhyssolobium* E. Mey, *Trichosandra* Dcne., *Hoya* R. Br., *Physostelma* Wight, *Thozetia* F. Muell., *Pycnorhachis* Benth,. *Dischidia* R. Br.

3. *Stapéliées.* Anthères obtuses ou rétuses, généralement non appendiculees, ·dressées ou incombantes. Pollinées solitaires dans chaque loge, dressées ou ascendantes. Corolle généralement valvaires. Tiges charnues, subaphylles, ou plus rarement foliées.

Stapelia L., *Huernia* R. Br., *Decabelone* Dcne., ? *Podanthus* Harv., ? *Duvalia* Harv., ? *Echichnopsis* Hook f., *Piaranthus* R. Br., *Caralluma* R. Br., *Boucerosia* W. et Arn., *Hoodia* Sweet., *Frerea* Dalz, *Ceropegia* L., *Brachystelma* R. Br., ? *Dickaelia* Harv., ? *Anisotome* Fenzl., *Leptadenia* R. Br., *Orthanthera* Wight., *Eriopetalum* Wight., *Sisyranthes* E. Mey, *Macropetalum* Burch., *Microstemma* R. Br.

4. *Gonolobées.* Anthères à sommet large sans appendice membraneux, ou à appendice à peine proéminent, caché sous les tissus de la dilatation stylaire, avec des loges dout la déhiscence est transversales ou obliques, regardant souvent ·en dedans, droites ou arguées.

Gonolobus Michnxx, *Matelea* Aubl., *Microstelma* H. Bn., *Ptychanthera* Dcne., *Stelmagonum*H. Bn., *Dictyanthes* Dcne., *Pherotrichis* Dcne., *Trichostelma* H. Bn., *Pycnobregma* H. Bn. *Himantostemma* A. Gray, *Metalepis* Griseb., *Macroscepis* H. B. K., *Fischeria* DC., ? *Phaeostemma* Fourn., *Hypolobus*Fourn., *Trichosacme* Zucc. *Lachnostoma* H. B. K. *Omphalophtelma* Karst., *Poicilla* Griseb., *Polystemma* Dcne.,

? *Fimbristemmia* Turcz., *Chthamalia* Dcne., *Ibutia* Dcne., *Tetracustelma* H. Bn.
Coelostelma Fourn.

5. *Secamonées.* Anthères à membrane terminale. Pollinies petites, sub-
globeuses, 2-nées dans chaque loge de l'anthère. Corpuscule minuscule.
Secamone R. Br.

6. *Periplocées.* Pollen granuleux, plus ou moins appliqué sur un appendice·
ascendant des corpuscules.

Periploca L., *Chorocodon* Hook f., *Camptocarpus* Dcne., *Tacazzea* Dcne.,
? *Raphionacme* Harv., *Parquetina* H. Bn., *Zaczatea* H. Bn., *Gymnanthera* R. Br.,.
Utleria Bedd., *Brachylepis* W. et Arn., *Chlorocyathus* Oliv., *Tanulepis* Balf. f.,,
Harpanema Dcne., *Finlaysonia* Wall., *Atherolepis* Hook f., *Atherostemon* Bl.,.
Atherandra Dcne., *Decalepis* W. et Arn., *Streptocaulon* W. et Arn., *Myriopteron*
Griff., *Hemidesmum* R. Br., *Zygostelna* Benth., *Omphalogonus* H. Bn., *Stelmacrypton*·
H. Bn., *Cryptolepis* R. Br., *Cochlanthus* Balf. f., *Mitolepis* Balf. f., *Curroria* Pl.,
Achmolepis Dcne., *Ectadiopsis* Benth., *Cryptostegia* R. Br., *Mafekingia* H. Bn.,.
Ectadium E. Mey, *Phyllanthera* Bl., *Pentamera* Bl., *Gymnolaena* Benth.

Was die geographische Verbreitung anlangt, so sind die *Peri-*
ploceen, Stapelien wie *Secamoneen* auf die alte Welt beschränkt; die
Gonoloben finden sich sämmtlich nur in Amerika; *Asclepiadeen* wie
Marsdenieen sind ungleichmässig auf die beiden Erdhälften vertheilt.
Beinahe alle *Asclepiadeen* bewohnen heisse Erdstriche, nach Europa·
hinein ziehen sich nur *Periploca* wie *Cynanchum.*

In Bezug auf die Eigenschaften sei bemerkt, dass die Familie·
oft giftige, abführende und erbrechenerregende aufweist, deren einzelne Aufzählung zu weit führen würde. Andererseits werden eine
Anzahl Arten in der Medicin verwendet, namentlich bei Affektionen
der Lunge wie Leber. In der Textilbranche finden manche Species·
Verwendung.

Convolvulaceae.

A. L. de Jussieu begriff unter seinen *Convolvuli* auch·
Diapensia wie mehrere *Polemoniaceen*, während Ventenat sich
mehr auf die natürliche Gruppe beschränkte. Choisy bearbeitete·
die Familie für den Prodromus; heute kennen wir 30 Genera mit
ungefähr 850 Species, welche sich auf folgende vier Gruppen.
vertheilen:

1. *Convolvulées.* Corolle indupliquée ou plissée dans la préfloraison..
Ovaire entier, 2—3-carpellé, 1—3-loculaire, à cavités 1—2-ovulées. Style simple·
ou plus ou moins profondément dédoublé. Plantes ligneuses ou herbes, souvent
volubiles.

Convolvulus T., *Ipomoea* L., *Exogonium* Choisy, ? *Legendrea* Webb., *Lepi-*
stemon Bl., *Argyreia* Lourr., *Rivea* Choisy, ? *Lettsomia* Roxb., *Mouroucon* Aubl.,
Calystegia R. Br., *Jacquemontia* Choisy, ? *Henriettia* W. et Arnott., *Evolvulus·*
L., *Polymonia* R. Br., *Cardiochlamys* Oliv., *Nephrophyllum* A. Rich., *Porerna* Burm.,.
Rapona H. Bn., *Bonamia* Dup.-Th., *Hildebrandtia* Valke, ? *Cladostigma* Rdlkfr.,.
Neuropeltis Wall., *Dicranostyles* Benth., *Lysiostyles* Benth., *Erycibe* Roxb.

2. *Cressées.* Corolle imbriquée. Ovaire entier, 1—2-loculaire, 2—4-ovulé,.
Herbes ou arbustes très rameux à petites feuilles.

Cressa L., *Wilsonia* R. Br.

Cuscutées. Corolle imbriquée, pourvue d'appendices dessous les étamines.
Ovaire 1—2-loculaire, 4-ovulé. Herbes parasites, non vertes, aphylles.
Cuscuta L

4. *Dichondrées.* Corolle vulvaire indupliquée ou légèrement imbriquée·
ou tordue. Ovaires 2, libres à styles basilaires distincts. Fruits 1—4, secs,
indépendants.

Dichondra Forst, *Falkia* L. f.

Die Familie ist noch mit den *Solanaceen* wie *Boraginaceen*
verwandt, unterscheidet sich aber von ihnen durch aufrechte Ovula.

in bestimmter Anzahl und nach unten gerichteter Mikropyle. Weitere: Beziehungen bestehen zu einigen *Verbenaceen* und *Acanthaceen.*

Die *Convolvulaceen* sind über die ganze Welt verbreitet, wenn. sie auch sehr zahlreich in den heissen Zonen auftreten und selten. in der kalten wie in der Polarzone sind; Meeresufer wie Sand-gegenden bilden bevorzugte Wohnplätze.

Fast allen *Convolvulaceen* wohnt eine purgative Wirkung inne,. welche vielfach in der Heilkunde Verwendung findet. *Ipomoea. Batatas* L. liefert essbare Knollen, *Cuscuta* ist durch den Schaden. verrufen, welchen sie der Landwirthschaft zufügt. Eine grosse. Reihe *Ipomoea-* wie *Convolvulus-*Arten dienen unseren Gärten zur Zierde.

Polemoniaceae.

A. L. de Jussieu creirte 1789 diese kleine Familie, welche. aus etwa 150 Arten besteht. 3 Abtheilungen giebt es:

1. *Polemoniacées.* Corolle régulière ou à peu près. Herbes ou arbustes. dressées.

Polemonium L., *Navaretia* Ruiz et Pavon, *Phlox* L., *Collomia* Nutt., *Loeselia:* L., *Cantua* J.

3. *Cobéées.* Corolle régulière. Arbustes grimpants, pourvus de vrilles.

Cobaea Cav.

Bonplandiées. Corolle irrégulière, bilabiée. Plante herbacée ou suffrutes-cente; dressée.

Bonplandia Cav.

Die Mehrzahl dieser Familie ist in Amerika zu Hause, sei. es im Norden, besonders im westlichen Norden, sei es in den Anden. im Süden. Einige wenige streichen in das temperirte Asien und,. wie *Polemonium coeruleum* L., selbst nach Europa hinein.

Ein eigentlicher Nutzen ist nicht zu berichten.

Boraginaceae.

1742 stellte Haller diese Gruppe als *Asperifolieae* zusammen,. 1759 schuf B. de Jussieu die *Boragineae,* Lindley 1836 die. *Boraginaceae.* Diese Familie zeigt innige Beziehungen zu den. *Labiaten, Verbenaceen, Convolvulaceen.*

Man nimmt 95 Gattungen mit etwa 1200 Arten an, welche. sich über die ganze Erde verbreiten; die *Cordieae, Heliotropeae,. Ehreticae* bewohnen grösstentheils die heissen Länder; die wahren. *Borageen* die temperirten Striche.

Die *Hydrophylleen* sind hauptsächlich amerikanisch, namentlich. im Süden des nördlichen Amerika stark vertreten.

Neun Untergruppen nehmen die Gattungen auf:

1. *Boragées.* Corolle regulière, imbriquée ou tordue. Style gynobasique. Ovaire à 4 logettes, 1 ovulées. Fruit formé de 1—4 achaines.

Borago T., *Trachystemon* Dcne., *Anchusa* A., ? *Lycopsis* L.. *Trichonocarpum* Trautv., *Symphytum* T., *Pulmonaria* T., *Alkanna* Tausch, *Oskampia* Moench., *Lappula* Moench., *Eritrichium* Schrad., *Cryptanthe* Lehm., *Piptocalyx* Torr., *Eremocarya* Green., *Oreocarya* Green., *Allocarya* Green., *Plagiobotrys* Fisch. et Mey., *Sonnea* Green., *Actinocarya* Benth., *Asperula* T., *Microula* Benth., *Gastrocotyle* Bge., *Bothrio-spermum* Bge., *Amsinkia* Lehm., *Craniospermum* Lehm., *Tretocarya* Maxim.,. *Rochelia* Rchb., *Cynoglossum* T., *Lindlofia* Lehm., ? *Thyrocarpus* Hance; ? *Omphalodes* T., *Solenanthus* Ledeb., *Kuschakewiczia* Reg. et Conizn., *Selkirkia* Hemsl.,. *Pectocarya* DC., *Caccinia* Savi, *Heliocarya* Bge., *Trichodesma* R. Br., *Suchtelenia* Karel., *Rindera* Pall., *Paracaryum* Boiss., *Myorotidium* Hook., *Lithospermum* T.,.

Antiphytum DC., Onosmodium Mich., Macromeria Don., Sericostoma Stocks., Ancistrocarya Maxim., Moltkia Lehm., Arnebia Forsk., Maczotomia DC., Myosotis T., Mertensia Roth., Trigonotis Stev., Moritzia DC., Thaumatocaryon H. Bn., Brachy-Botrys Maxim., Cerinthe T., Onosma L., ? Cystistemon Balf. f.

2. Echiées. Corolle irregulière, bilabiée. Style gynobasique. Ovaire et fruit des Boragées.

Echium T., Zwackkia Sendt, ? Echiochilon Desf.

3. Harpagonellées. Corolle irrégulière. Calice irrégulière, bilabié. Style gynobasique. Gynécée réduit à 1 carpelle. Achaines 1. 2. couchés dans un ré-ceptacle naviculaire.

Harpagonella Asa Gray.

4. Héliotropiées. Corolle régulière. Style apical. Ovaire à 1—4 cavités. Ovules descendants. Style simple ou bifide. Fruit d'abord drapacé, à 2—4 noyaux, à mésocarpe souvent mince.

Heliotropium T., ? Tournefortia L., Cochranea Miers, ? Wellstedia Balf. f.

5) Ehrétiées. Fleur des Héliotropiées. Style apical, simple ou bifide ou double. Placentas pariétaux ou se touchant au centre, 2-ovulés. Fruit drapacé, à 2—4 noyaux à mésocarpe souvent pulpeux.

Ehretia L., Bourreria R. Br., Rochefortia Sw., Cortesia Cav., Rhabdia Mart., Saccellium H. B., Coldenia L., ? Poskea Vatke, Halgania Gaudich, ? Ptelee-carpus Oliv.

6. Cordiées. Fleur des Ehrétiées. Style apical, deux fois bifide. Drupe pulpeuse, à 1—4 noyaux. Graine sans albumen, à cotylé dans plissés.

Cordia L., ? Auxemma Miers, Patagonula L.

7. Hydrophyllées. Corolle régulière, imbriquée ou tordue. Style apical, 2-fide. Placentas pariétaux à 2—30 ovules, Fruit sec, capsulaire ou indéhiscent.

Hydrophyllon T., Ellisia L.

8. Phacéliées. Corolle réguliére, imbriquée. Style indivis ou 2-fide ou double. Placentas pariétaux ou se touchant au centre à 2—30 ovules. Fruit capsulaire déhiscent.

Phacelia L., ? Conanthus Torr., Emmenanthe Benth, Tricardia Corr., Hespero-chison S. Wats., Romanzoffia Cham., Codon Royen; Nama L., Wigandia H. B. K., Eriodictyon Benth., Lemmonia A. Gray.

Hydroléées. Corolle régulière. Style doublé. Ovaire à 2 loges ∞ ovulés Fruit capsulaire.

Hydrolea L.

Wenig ist über den Nutzen zu sagen, wenn auch einige Arten medicinisch verwendet werden oder Farbstoffe liefern. Die Nüsse sind zum Theil essbar.

E. Roth (Berlin).

Vesque, J., Les *Clusia* de la section *Anandrogyne*. (Comptes rendus de l'Acad. des sciences de Paris. 1891, séance du 13. Avril.)

Verfasser zeigt in diesem Aufsatze, auf welche Weise die „epharmonischen" Charaktere es gestatten, die Entwickelungs-geschichte einer natürlich umgrenzten Anzahl von Arten zu ermitteln, respective die natürlichen Verwandtschaftsverhältnisse klar zu legen.

In der Section *Anandrogyne* trifft man zunächst 4 Arten, bei welchen die Fächer des Fruchtknotens nur 2 Ovula enthalten und sogar bei der Fruchtreife einsamig werden können, wovon zwei, sehr eng verwandte, *Clusia Ducu* Bnth. (Columbien) und *Cl. trochiformis* Vesque (= *Tovomitopsis Spruceana* Engl.) (Peru), nur durch die Anzahl der *Bracteen* von einander abzuweichen scheinen. Die epharmonischen Merkmale sind die gleichen und verrathen eine Anpassung an mittelmässige Feuchtigkeits- und Beleuchtungs-Verhältnisse: Hypoderm 3—4reihig; Mesophyll circa 12reihig mit

2—3 Reihen von oben nach unten an Länge abnehmenden Palissadenzellen; Spaltöffnungen kaum grösser als die umgebenden Epidermiszellen; Blattstiel lang und dünn, weder geflügelt, noch gerandet.

Cl. sphaerocarpa Pl. et Tri (Peru) gleicht *Cl. Ducu*, hat aber armblütige Inflorescenzen und Stomata, welche entschieden grösser sind als die Epidermiszellen. Ganz anders verhält sich nun die 4. Art *Cl. Pseudohavetia* Pl. et Tr. (Peru), mit ihren auffallend vermehrten Mesophyllzellen (über 20 Reihen) mit dem mächtigen, 6—7 Zelllagen zählenden Hypoderm und einem ausgeprägt Wasser-führenden Gewebe, welches das untere Drittel des Mesophylls ausmacht. Dass sich diese Art auf ganz anderem Wege aus der Nodalgruppe (groupe nodal) *Ducu trochiformis* entwickelt hat, wie *Cl. sphaerocarpa*, liegt auf der Hand. Zwei unabhängige monotype Zweige entspringen also aus der Nodalgruppe und damit ist die centrale Stellung der letzteren bestimmt. An genannte Arten schliessen sich noch 2 andere, weniger bekannte *Cl. havetioides* Pl. et Tri. (Jamaica) und *Cl. Popayanensis* Pl. et Tri. (Columbien), welche ebenfalls nach des Verf. Auseinandersetzungen zwei verschiedene monotype Aeste darstellen.

Gehen wir nun zu den Arten mit vielsamigen Fruchtfächern über, so finden wir eine Nodalgruppe von 3 verwandten Arten, welche sich anatomisch nur wenig differenzirt haben und kaum nur durch die Blattform und die graduelle Verkürzung des Blattstiels zu unterscheiden sind.

Durchaus mittelmässige Epharmonie und in Anbetracht der allgemeinen Tendenzen der *Clusia*-Arten, nur schwach helio-xerophiler Bau. Es sind dies: *Cl. thurifera* Pl. et Tri. (Peru), *latipes* Pl. et Tri. (Columbien) und *Mangle* L. C. Rich. (Guadeloupe).

Aus dieser Nodalgruppe entspringen 3 Aeste:

1. *Cl. cassinoïdes* Pl. et Tri. (Peru); Epharmonie wie bei *Cl. thurifera*, Cuticula mit Perlen besetzt und beinahe kreisrunde Stomata. Scheint den Uebergang von *Ducu* zu *thurifera* zu vermitteln.

2. *Cl. elliptica* H. B. K. (Peru) mit geflügeltem Blattstiel; Epharmonie wie in der Nodalgruppe, jedoch mehr xerophiler Bau; Stomata grösser als die Epidermiszellen; Cuticula auf der Oberseite gestreift, auf der Unterseite höckerig; 3 blütige Inflorescenzen.

3. *Cl. Pseudo-Mangle* Pl. et Tri. (Peru). Blätter wie bei *Cl. Mangle*, aber ganz anders gebaut. Hypoderm 5 reihig, Mesophyll 25—30 reihig. Dieser helio-xerophile Ast trägt weiter *Cl. multiflora* H. B. K. (Quindiu) und *alata* Pl. et Tri. (Columbien), bei welchen dieselbe epharmonische Tendenz noch schärfer hervortritt. Bei beiden letzteren sind die Epidermiszellen der oberen Blattseite durch eine Anzahl vertikaler und paralleler Wände in Segmente getheilt, jedoch so, dass die Wände der primordialen Zelle leicht zu erkennen sind. Bei *Cl. Pavonii* Pl. et Tri. (Peru) ist es ebenso, jedoch ist bei dieser Art das Mesophyll weniger entwickelt, hat aber weit grössere Zellen (mésophylle macrocyte) und 2 Reihen Palissadenzellen. *Cl. volubilis* H. B. K. (Columbien) gleicht der

vorhergehenden, mit 4 reihigem Hypoderm, weniger häufig getheilten Epidermiszellen und im Mesophyll zerstreuten Sklerenchymzellen.

Die Sektion *Anandrogyne* hat also 2 Nodalgruppen: *Ducu-trochifomis* für die Arten mit 1—2 samigen Fruchtfächern, mit den monotypen Aesten *sphaerocarpa* und *Pseudo-Havetia*; dazu kommen wahrscheinlich noch 2 andere monotype Aeste, *havetioides* und *Papayanensis*. *Cl. cassinoides* verbindet diese Gruppe mit der Nodalgruppe der mehrsamigen Arten, *thurifera-Mangle-latipes* (vielleicht gehört die wenig bekannte *Cl. pentarhyncha* in die Nähe von *Cl. latipes*. Aus dieser Nodalgruppe zweigen dann 2 Aeste ab, *Cl. elliptica* und eine sekundäre helio-xerophile Nodalgruppe *Pseudo-Mangle-multiflora-alata*, welche sich zu der Nodalgruppe *thurifera-Mangle-latipes* verhält, wie *Cl. Pseudo-Havetia* zu der Gruppe *Ducu-trochiformis:* ein interessanter Fall von con ver-girender Epharmonie. An letztere sekundäre Nodalgruppe schliessen sich nun noch an *Cl. Pavonii* und *Cl. volubilis*.

Verf. zeigt darauf hin, dass wir gewiss gegenwärtig von der Sektion *Anandrogyne* ein ganz anderes Bild besitzen, wie etwa vor 30 Jahren. Damals konnten die Verfasser des Mémoire sur les Guttifères (Planchon und Triana) nur die Species-beschreibungen, ohne den geringsten Versuch einer Classifikation, aneinanderreihen, und doch ist das Untersuchungsmaterial seit dieser Zeit in den grossen Herbarien nur ganz unwesentlich bereichert worden.

Vesque (Paris).

Freyn, J., Plantae novae Orientales. (Oesterr. botan. Zeitschrift. 1890. p. 399—404, 441—447. 1891. p. 9—12, 54—60.)

Die überwiegende Mehrzahl der in der vorliegenden Abhandlung beschriebenen Pflanzen wurde von Bornmüller in Anatolien gesammelt; die entsprechenden Exsiccaten sind bereits vertheilt. Ausführlichere Beschreibungen der hier genannten Arten wird Bornmüller selbst später geben, da er eine Flora des von ihm durchforschten Theiles von Anatolien zu verfassen beabsichtigt. Die besprochenen neuen Arten und Formen sind folgende:

Silene pruinosa Boiss. var. *macrocalyx* Freyn et Bornm. (Amasia); *S. tenuicaulis* Freyn (aff. *S. longiflorae* Ehrh.; Cappadocia bor.); *Haplophyllum Bornmülleri* Freyn (aff. *H. telephioidi* Boiss. et *H. thesioidi* Fisch.; Amasia); *Astragalus eriocalyx* Freyn (Subser. *Hypoglottis* Sect. *Dasyphyllum* Boiss., Flor. Orient.; Amasia); *A. Chamaephaca* Freyn (Subser. *Phaca* Sect. *Myobroma* Boiss., Flor. Orient.; Amasia); *A. Bornmülleri* Freyn (Subser. *Calycophysa* Sect. *Alopecias* Bge. sensu Boiss.; Amasia); *A. Uhlwormianus* Freyn et Bornm. (Subser. *Calycophysa* Sect. *Alopecias*; Pontus austr.); *A. Tempskyanus* Freyn (Subser. *Cercidothrix* Bge. Sect. *Proselius* Bge. sensu Boiss.; Amasia); *A. Krugeanus* Freyn et Bornm. (Subser. *Tragacantha* Bge. Sect. *Pterophorus* Bge. sensu Boiss.; Amasia); *Coronilla vaginalis* Lam. subsp. *Hercegovinica* Freyn (Hercegovina, leg. Brandis); *Onobrychis xanthina* Freyn (Sect. *Euonobrychis* Bge. § 2. *Eubrychideae* Bge. sensu Boiss.; Amasia); *O. stenostachya* Freyn (aff. praeced.; Amasia); *O. Balansae* Boiss. var. *multiflora* Freyn (Amasia); *O. Balansae* Boiss. var. *microcarpa* Freyn (Amasia); *O. Bornmülleri* Freyn (Sect. *Sisyrosema* Boiss. § 5. *Hymenobrychideae* Bge.; Amasia); *Bunium (Carum) fallax* Freyn (aff. *Caro microcarpo* Boiss.; Amasia); *Achillea intermedia* Freyn (aff. *A.*

setaceae W. K. et *A. micranthae* M. B., quarum forsan hybrida; Amasia);
Echinops heterocephalus Freyn (aff. *E. graeco*; Pontus galaticus austr.; Amasia);
Hieracium macranthum Ten. subsp. *galaticum* Freyn (Amasia); *Hieracium* (*Pilosella*)
aureo-purpureum Freyn (aff. *H. praticolae* Näg. Pet.; Amasia); *Hieracium*
(*Aurella Andryaloidea* Boiss., Flor. Orient.) *Bornmülleri* Freyn (aff. *H. marmoreo*
Vis. Panč.; Cappadocia, Amasia) et var. *β*) „*ramosissima*“ (Cappadocia bor.,
Amasia); *Hieracium* (*Andryaloideum*) *cappadocicum* Freyn (aff. praeced.; Cappadocia
bor.) et var. *β*) *congestum* Freyn (Cappadocia bor.); *Phyteuma obtusifolium* Freyn
(= *Ph. pseudo-orbiculare* Freyn 1888, non Pantocsek; Bosnia, leg. Brandis);
Verbascum flavidum Freyn et Bornm. (= *V. phoeniceum β flavidum* Boiss., Flor.
Orient.; Anatolia orient.); *Salvia hierosolymitana* Boiss. var. *pontica* Freyn et
Bornm. (Amasia); *Salvia amasiaca* Freyn et Bornm. (aff. *S. verticillatae* L.;
Amasia); *Lamium setidens* Freyn (aff. *L. albo* L.; Amasia); *Stachys Balansae*
Boiss. et Kotchy *β drosocalyx* Freyn (Amasia); *Stachys iberica* M. B. var.
subalpina Freyn (Amasia); *Stachys odontophylla* Freyn (Sect. *Stachiotypus* Boiss.
§ 5 *Rectae*: Amasia); *Sideritis libanotica* Lab. *β*) *major* Freyn (Amasia);
Marrubium cephalanthum Boiss. Noë var. *sericeum* Freyn (Amasia); *Allium
laceratum* Freyn (aff. *A. Cupani* Ten.; Amasia).

Fritsch (Wien).

Goiran, A., Alcune notizie veronesi di botanica archeo-
logica. (Nuovo Giornale botanico Ital. Vol. XXII. pag. 19
—31.)

Verf. beschreibt eine Reihe praehistorischer Pflanzenfunde aus
der Umgebung von Verona. Eine sehr reiche Ausbeute lieferten
die Pfahlbauten des Gardasees bei Peschiera und des Bor bei
Pacengo. Die zu den Bauten im Gardasee benutzten Pfähle stammen
zum grössten Theil von Eichen her, ausserdem finden sich aber
noch *Fraxinus Ornus* und *Pyrus Aria*, sowie auch harzhaltige
Hölzer. Von *Corylus Avellana* wurden ausser Kohlen grosse
Mengen von Schalenresten gefunden und ganze Früchte, und zwar
die Varietäten *cylindracea* und *subrotunda ovata*. Einige derselben
zeigten das Loch des Bohrkäfers, *Balaninus nucum*. Die Steinkerne
und Früchte von *Cornus mas* finden sich überall, besonders aber
in den Pfahlbauten des Mincio existiren sie in ganz ungeheuren
Mengen, woraus man wohl mit Sicherheit schliessen darf, dass
diese Früchte von den Bewohnern der Pfahlbauten vielfach genossen wurden. Ferner sind auch grosse Mengen von Samen von
Vitis vinifera gefunden werden, sowie Steinkerne von *Prunus avium*,
Prunus Mahaleb, *Prunus spinosa*, Schalenstücke der Früchte von
Juglans regia und von *Cannabis sativa*, Samen von *Ervum Lens*,
sowie Roggen u. s. w.

In den Pfahlbauten des Bor bei Pacengo wurden Steinkerne
und Blätter gefunden, welche unzweifelhaft zu *Olea Europaea* gehören. Verf. lässt es jedoch unentschieden, ob dieselben wirklich
praehistorischen Ursprungs oder durch irgend welche Zufälle in
späteren Zeiten dahingerathen seien. An derselben Stelle wurde
dann ferner ein Steinkern des Pfirsich aufgefunden, welcher vollkommen den um Verona verwilderten Formen entspricht. Neuerdings wurden mehrere andere derartige, sehr gut erhaltene Pfirsich-
kerne bei Ausgrabungen im Mincio, zusammen mit charakteristischen
Pfahlbauten-Pflanzenresten, gefunden. Es lässt sich diese Thatsache

schwer mit der Annahme, dass *Amygdalus Persica* zur Zeit der
Griechen und Römer nach Europa gebracht wurde, in Einklang
bringen.

Die Pflanzenfunde der prähistorischen Zeit haben nur wenig
Bedeutung, da dieselben meistens weniger gut erhalten und schwer
oder garnicht bestimmbar sind. Von den Pflanzenresten, welche.
aus einem praehistorischen, durch D e S t e f a n i ausgegrabenen Dorfe
zu Tage gefördert wurden, sind erwähnenswerth: ein ungefähr
2 Hltr. grosser Haufen von *Triticum vulgare* gemischt mit einigen
Körnern von Hafer und Roggen; ein ½ Hltr. grosser Haufen von
Ervum Lens, sowie eine geringe Menge kleiner Saubohnen, welche
mit *Faba vulgaris* var. *Celtica nana* der Schweizer Pfahlbauten
völlig übereinstimmen.

Ross (Palermo).

Czakó, Koloman, S o m m e r f l o r a   d e s   U n t e r s c h m e c k s e r
M o o r b o d e n s. (Separatabdruck aus dem Jahrbuch des
ungarischen Karpathenvereins. Bd. XV. p. 32.)

Verf. fand während mehrerer daselbst zugebrachter Bade-
saisons manche Pflanzen, welche aus dieser Gegend bisher unbekannt waren. In einer, 458 Arten und ausserdem ein grosse.
Zahl von Varietäten und Formen enthaltenden Enumeration stellte.
er alle jene Gefässpflanzen zusammen, welche der botanisirende
Tourist in dieser Gegend antreffen kann. Die Umgebung des
Bades bilden Fichtenbestände und deren Waldblössen, hin und
wieder trockene, zumeist aber quellige, sogar sumpfige, sogenannte
saure Wiesen, grössere und kleinere Bäche, kahle steinige Böschungen,
unbebaute Strecken und Aecker. Die geschlossenen Waldbestände.
haben die ärmste Vegetation, äusserst mannigfaltig ist die des.
Ackerbodens, besonders der Raine, die interessanteste Ausbeute.
liefern aber dem Floristen die Moorgründe. Infolge der seit
einigen Jahren vor sich gehenden Entwässerung sind die Moore
nächst dem Bade im Schwinden begriffen und damit auch die charakteristischen Pflanzen. Ausgedehnte Moore giebt es dennoch an einigen.
Stellen der Umgebung. Für Schmecks sind, wenn auch nicht
immer am häufigsten vorkommend, nachstehende Pflanzen besonders
charakteristisch, und zwar theils als moorbildende, theils als im Torf.
angesiedelte:

Sphagnum acutifolium Ehrh., *Sph. rubellum* Wils., *Sph. cymbifolium* Ehrh.,
Sph. Girgensohnii Russ. und die Varietät: *roseum* Limpr., *Nardus stricta* L.,
Glyceria fluitans R. Br., *Alopecurus geniculatus* L., *Carex dioica* N., *C. Davalliana*
Sm., *C. pauciflora* Lightf., *C. leporina* N., *C. canescens* N., *C. echinata* Murr., *C.
turfosa* Fr., *C. vulgaris* Fr., *C. Buxbaumii* Wahlbg., *C. umbrosa* Host., *C. flava*
N., *S. ampullacea* Good., *Blysmus compressus* Panz., *Eriophorum vaginatum* N.,
E. angustifolium Rth., *Juncus alpinus* Vill., *J. lamprocarpus* Ehrh., *J. conglo-
meratus* N., *J. effusus* N., *Alnus glutinosa* Gärtn., *Salix pentandra* L., *S. aurita*
N., *S. cinerea* N., *S. repens* N., *Trientalis Europaea* N., *Pinguicula vulgaris* L.,
Utricularia minor N., *Veronica scutellata* N., *Pedicularis Sceptrum Carolinum* N.,
R. palustris L., *P. silvatica* N., *Menyanthes trifoliata* L., *Calluna vulgaris* Salisb.,
Vaccinium Myrtillus L. , *Oxycoccus palustris* Pers. *Valeriana simplicifolia*
Kabath., *Galium palustre* N., *G. uliginosum* L., *Peucedanum palustre* Mch.,

Epilobiam palustre L., *E. obscurum* Schreb., *Comarum palustre* N., *Spiraea · Ulmaria* N., *Drosera rotundifolia* L., ·*Viola palustris* L., *Caltha laeta* Sch. ·Nym. · Ky., *Ranunculus Flammula* L.

"Es ist interessant (Verf.), dass an den hiesigen· Torfstellen die grosse Ordnung der Leguminosen hier allein durch *Trifolium spadiceum* L. vertreten ist, diese Kleeart kommt auch nur spärlich vor. Als Erklärungsgrund dieser Thatsache giebt Verf. die geringe Menge von anorganischen Bestandtheilen, besonders den Mangel von Kalk an. Die bemerkenswertheren Arten dieser Enumeration sind die folgenden:

8. *Caltha laeta* Sch. Nym. Ky. An quelligen Orten, Bächen sehr häufig. Der Schnabel der reifen Balgfrucht oft 3 mm lang.

90. *Vicia villosa* Roth. Oberhalb des Rothbaches zwischen Saaten, selten.

113. *Potentilla Norvegica* L. Hinter der Villa Migazzi neben dem Walde auf unbebautem Boden. Verflossenen Sommer fand Verf. mit Dr. Waisbecker ziemlich viele Exemplare. Neu für diese Gegend!

115. *Rosa canina* L. An Rainen und längs des Neuwalddorfer Baches, nicht häufig. Verf. fand einen Strauch mit auffallend grossen Früchten. Var. *fissidens* Borb. und var. *dumalis* Bechst. mit der Stammform, vereinzelt.

116. *R. incana* Kit. Hinter Neuwalddorf und oberhalb des Rothbaches an Rainen, ziemlich selten. Var. *tmetosepala* Borb. (in sched.) ebendaselbst.

125. *Epilobium obscurum* Schreb. Sehr häufig neben Bächen, in nassen Gräben. Neu für diese Gegend! An sonnigen und etwas trockenen Stellen, z. B. hinter der Kegelbahn und dem „Auerhahn", gibt es auch eine Abart mit rothem Anflug und kleineren Blättern, meist kürzeren Internodien und mehr aufwärts stehenden Blättern, deren Form und Zähne an *E. adnatum* Grsb. erinnern. Verf. proponirt für diese Abart die Benennung: var. *microphyllum*; Borbás, der dieselben flüchtig untersuchte, hielt sie für *E. Mätrense* Borb., welche schon Mauksch in der Zips gefunden hat (*obscurum* × *palustre*) und deren Eltern in Unterschmecks nahe bei einander wachsen. Verf. fand jedoch nichts Gemeinsames mit dem Charakter des *E. palustre* bei seinen Exemplaren!

126. *E. roseum* Schreb. Am Ufer des Neuwalddorfer- und Rothbaches selten.

130. *Peplis Portula* L. Hinter der Villa Migazzi, am Waldsaum in Schlammgräben und Furchen. Neu für die Gegend!

132. *Sedum maximum* Sutt. In Saaten, an Rainen. Oberhalb des Rothbaches fand Verf. Exemplare mit 4blätterigen Quirlen.

138. *Peucedanum palustre* Mch. Im Waldmoore oberhalb des Rothbaches. Neu für die Gegend!

139. *Heracleum Sphondylium* L. var. *elegans* Jacq. Vereinzelt an Rainen gegen Neu-Walddorf.

155. *Galium verum* L. An Rainen und Wegrändern allenthalben. Var. *Wirtgenii* F. Schultz. Mit der Stammform, blüht jedoch früher und ist seltener. (Eine schwache, unbeständige Form. Ref.)

197. *Centaurea melanocalathia* Borb. (in herb.). Auf Rasenplätzen, an Wegrändern und Rainen. Gleicht der *C. Phrygia* L. fl. suec., nur dass die Hüllblätter des Blütenkörbchens einander etwas besser decken, die Anhängsel derselben kürzer und nicht zurückgebogen sind; allein die Fransen sind länger und erscheinen, sowie die Anhängsel selbst, schwärzlich gefärbt (nicht lichtbraun wie bei *C. Phrygia*), wesshalb das ganze Blütenkörbchen eine schwarzbraune Farbe hat. Der Pappus ist 4—5 mal kürzer, als das Achenium. Von *C. pratensis* ist sie durch ihr grösseres Blütenkörbchen und durch den vorhandenen Pappus leicht zu unterscheiden, von der noch mehr ähnlichen *C. nigra* aber durch die sterilen Randblüten. Verf. bezweifelt jedoch die endgiltige Identität seines Exemplars mit jener Borbás' aus Màramaros und glaubt, dass beide mit einander nicht ganz übereinstimmen.

199. *C. Scabiosa* L. Am Saume der Wälder, unter Saaten, an Rainen. Die sehr verlängerten Schuppen des Blütenkorbes verlaufen in eine lange Dornspitze, haben wie die Fransen eine schwarze Farbe und verdecken zumeist die inneren Schuppen vollständig, wesshalb auch der Blütenkorb selbst schwärzlich

erscheint. Diesbezüglich stimmt sie mit *C. alpestris* Heg. Heer. überein. Diese (dem Habitus nach) *C. Scabiosa* mit Blütenkörben von *C. alpestris* bezeichnet Verf. als Zwischenform mit dem Namen *C. intermedia*.

206. *Hieracium vulgatum* Fr. In Wäldern. *f. haematodes* (Vill.) an den Ufern des Rothbaches. Var. *alpestre* Uechtr. in Wäldern und auf Wiesen oberhalb des Rothbaches. Var. *irriguum* Fr. am Ufer des Rothbaches; ebenfalls hier vereinzelt, mit 4—5 cm breiten grundständigen Blättern var. *latifolium* W. Grab.

207. *H. murorum* (L. p. p.) Fr. In Wäldern und Rodungen. Var. *ovalifolium* (Jord.) auf trockenem Torf in den Rodungen oberhalb des Rothbaches, zahlreicher an dem Kohlbach. Var. *subcaesium* Fr. und f. *subdolum* (Jord. — *H. incisum* Koch non Hoppe) in der Sammlung Szépligeti's von Unterschmecks, Verf.'s Exemplar aus Kohlbach.

208. *H. Magyaricum* ssp. decolor. Näg. Pet. Pilos. p. 574. An sonnigen Lehnen, auf trockenen Rasenplätzen und Schotterboden, hat auch eine Abart mit kahlen Blättern und mehr Drüsen. Die Blätter der Nebensprossen verlängern sich stufenweise gegen das Ende der Ausläufer, wie bei *H. Auricula*.

209. *H. Auricula* Lam. DC. Ssp. *Auricula* var. *genuinum* Näg. Pet. Gegen Schmecks und die Aussicht auch das *epilosum* und *monocephalum*. Ssp. *magnauricula* Näg. Pet. in der Nähe des Bades und gegen Neuwalddorf. Ssp. *amaureilema* Näg. Pet. im Herbar Szépligeti's von Neu-Schmecks.

210. *H. brachiatum* Bert. ssp. *bellum* Näg. Pet. Auf trockenen Rasenplätzen in Gesellschaft von *H. Magyaricum* und *H. pilosella*, jedoch bedeutend seltener.

211. *H. Pilosella* L. Ueberall zwischen trockenem Rasen. Ssp. *trichophorum* Näg. Pet. und ssp. *tricholepium* Näg. Pet. in Rodungen, besonders gegen Schmecks und die „Aussicht". Ssp. *parvulum* Näg. Pet. auf trockenem Torfboden.

233. *Hypochoeris glabra* L. Zwischen Saaten (auch in Lein und Kartoffel) ziemlich häufig. Für die Gegend neu.

244. *Gentiana Rhaetica* A. J. Kerner. Zwischen Rasen, auch in der Nähe des Bades, z. B. bei der Villa „Auerhahn" und weiter unten nächst der Schottergrube, gleich jenseits des Bächleins; zahlreicher unterhalb der „Aussicht" längs des Weges zur Tropfsteinhöhle und gegen N.-Walddorf an Rainen. Aus dieser Gegend und nach Verf. Meinung auch aus anderen Landestheilen noch nicht angeführt.

280. *Melampyrum nemorosum* L. In den Wäldern oberhalb des Rothbaches gibt es auch eine Abart mit schmalen Blättern, mit einfachem oder wenig verzweigtem Stengel, welche sonst mit den aus erster Hand erhaltenen Exemplaren von *M. Moravicum* H. Braun und dessen Beschreibung übereinstimmt, nur dass die Blätter verhältnissmässig länger sind, und die Kelchzähne eine mehr verlängerte Pfriemenform besitzen, ja beinahe haarfein erscheinen. Kommt oft mit weissen Deckblättern vor. Die Bezeichnung *M. nemorosum* var. *angustifolium*, welche von Neilreich dem *M. subalpinum* (Jur.) gegeben wurde, ist zufolge Feststellung als ein Synonym überflüssig geworden und kann man dieselbe jetzt ganz gut auf das schmalblättrige *M. nemorosum* in den Wäldern um den Rothbach übertragen.

290. *Betonica Danica* Mill. An Rainen häufig. (*B. stricta* Ait.)

293. *Thymus ovatus* Mill. var. *subcitratus* Schreb. An Rainen, Wegrändern, Rasenplätzen gemein.

302. *Primula elatior* (L.) Jacq. Auf Wiesen gegen N.-Walddorf, besonders den Bach entlang, doch hin und wieder auch in lichten Waldbeständen beim Bade. Blüht im Herbst abermals!

306. *Amarantus retroflexus* L. Bei dem Zsedényi-Denkmal (Scherfel). Erst seit neuerer Zeit.

341. *Salix Silesiaca* Willd. In den oberen Theilen des Rothbaches.

342. *S. cinera* L. Allenthalben zu finden, auch bildet sie, den Blättern nach zu urtheilen, mit *S. Caprea* und *S. aurita* Hybriden, doch musste Verf., da die Kätzchen schon vor der Saison abgefallen waren, von einer Bestimmung absehen.

355. *Scheuchzeria palustris* L. Auf Torfmoor neben dem Rothbach, selten (Scherfel).

360. *Goodyera repens* R. Br. Von Verf. nur an einer Stelle in der Nähe von Schmecks am untern Spaziergang gefunden.

368. *Crocus Heuffelianus* Herb. Auf den Hochwiesen oberhalb des Rothbaches, doch bereits zum Saisonbeginn in Früchten.
386. *Eriophorum latifolium* Hpe. Auf Sumpfwiesen, Torfmooren ziemlich
selten.
397. *Carex limosa* L. Auf Moorboden oberhalb des Rothbaches. Die
Aehren zumeist unfruchtbar. Von hier bisher nicht bekannt! Scherfel fand
diese Carex-Art 1881 in dem entfernten Mlinicgathale in der Krummholzregion.
404. *C. pauciflora* Lightf. Auf Moorgrund in den Wäldern oberhalb des
Rothbaches. Von dieser Gegend noch nicht bekannt!
405˙ *C. dioica* L. Auf Torfmooren, zwischen *Sphagnum* hinter der Kegelbahn, neben dem Maschinenhaus, neben der Strasse in der Nähe der Wegweiser
und des Kreuzes, in dem Walde oberhalb des Rothbaches. Aus dieser Gegend
ebenfalls nicht angeführt,
432. *Festuca rubra* L. var. *genuina* Hack. Auf Rasenplätzen, in Waldbeständen, an Rainen; *subvar. grandiflora* Hack. in der Nähe des Bades häufig.
subvar. barbata (Schrk.) Hack. neben der Villa „Turteltaube". Var. *fallax* (Thuill.)
Hack. in Schmecks hinter der Villa „Sanssouci".
433. *F. ovina* L. var. *vulgaris* Koch. Auf Wiesen, an Rainen, in Waldbeständen, auf Torfboden überall. Die Sclerenchymschicht verläuft hier an den
grundständigen Blättern nicht ringförmig, sondern ist beiderseits etwas durchbrochen, weshalb die Seiten der Blätter nicht vollkommen ausgebaucht erscheinen.
Diese Abnormität fand Verf. an den grundständigen Blättern der in der Krumm-
holz- und alpinen Region wachsenden *F. supina* Schur. Verf. nimmt die kurze
Dauer der Vegetationsperiode als Ursache hierfür an.
452. *Aspidium cristatum* Sw. Auf nassem Moorboden in den Wäldern.
Selten bei uns. — (Dieser Farn ist schon von Wahlenberg gefunden worden.
(Cf. Botan. Centralbl. 1888. No. 21.)

Schilberszky (Budapest).

Wiesbaur, J., „Pflanzen, besonders Bäume und Sträucher,
die zum zweiten Male blühten". („Natur und Offenbarung". Jahrg. XXXVII. p. 52 f.) Münster 1891.

Beobachtet wurden im Sommer und Herbst 1890 in Nord-
böhmen, namentlich um Ossegg (v. K. Böhm), Teplitz (v. A. Fassl)
und Mariaschein, besonders viele Obstbäume, mehr als in früheren
Jahren. (Das Datum wird sowohl bei diesen, als bei anderen
stets angegeben.) „In Ossegg wurden Ende Oktober sogar Aepfel
nach der zweiten Blüte reif, an einem Baume, der bereits
wiederholt im selben Jahre zweimal Früchte getragen hat". Leider
konnte Ref. nicht in Erfahrung bringen, wann die zweite Blüte
an diesem Baume statt fand. Als auffallendes Gegenstück wird
hervorgehoben, dass die daselbst in Gärten nicht seltene Erdbirne
(*Helianthus tuberosus*) in diesem Jahre gar nicht, die gleichfalls
häufig frei in Gärten wachsende „Armerseelenblume" (*Chrysanthemum
Indicum*) erst Mitte November ihre ersten Blütenköpfe zu entfalten
begann.

J. Wiesbaur (Mariaschein).

Newberry, J. S., Fossil fishes and fossil plants of the
triassic rocks. (Monographs of the United States Geol.
Survey. Vol. XIV. 4⁰. 96 pp. m. 26 Tfln.)

J. S. Newberry beschreibt aus dem nordöstlichen Theile
der Vereinigten Staaten der Trias angehörige Fische und Pflanzen.
Diese triassischen Gebilde erstrecken sich von Neu-Schottland bis

6*

Nord-Carolina und bilden nach Nordost und Südwest gestreckte
Bassins, die mit den stellenweise 5000 Fuss Mächtigkeit besitzenden
Ablagerungs-Conglomerate, Sandstein, Schieferthon mit dazwischen
gelagertem Diabas der Flüsse und Ströme ausgefüllt wurden. In
den Gesteinen eingeschlossen fanden sich vor allem 28 Arten von den
Ganoiden angehörigen Fischen vor und folgende Pflanzenreste: Die
Meeresalge *Dendrophycus triassicus* n. sp., die sich aber von R o g e r s
D. Desorii in L e s q u e r e u x Coal-Flora nicht unterscheiden lässt.
Letztere gehört dem untersten Carbon, erstere der obersten Trias
an, und glaubt daher Verf. nicht, dass dieser Typus sich so lange
unverändert erhalten haben könne. *Baiera Münsteriana* Ung., die
sich von der von F o n t a i n e von Clover Hill in Virginien beschriebenen
Baiera multifida nur durch schwächeren Habitus unterscheidet; die
Equiseten *Equisetum Rogersi* Schimp., ebenso häufig in den Kohlen-
feldern von Richmond, und *E. Meriani* (?) Brngt. aus der oberen
Trias Europas wohl bekannt.

  Schizoneura planicostata Rogers sp. n. ist in der Trias Virginiens
gemein; die *Pachyphyllum simile* n. sp. und *P. brevifolium* n. sp.
benannten Coniferenzweige sind aller Wahrscheinlichkeit nach ein
und dasselbe; aus Europa bekannt ist auch *Cheirolepis Münsteri*
Schimp.; *Otozamites latior* Cop. ist häufig und ihr gehört wahrscheinlich die *Cycadinocarpus Chapini* Newb. benannte Frucht an.
Es fand sich auch *Otozamites brevifolius* F. Br., und *Dioonites
longifolius* Emmons sp. nov, *Loperia simplex* n. sp. (F o n t a i n e's
Bambusium Carolinense) sollen die Ueberreste eines Riesengrases
sein; auch *Clathropteris platyphylla* Bngt. ist aus Virginien bekannt.
Schliesslich erwähnt Verf. häufig vorkommende Stammfragmente,
die auffallend *Voltzia Coburgensis* Schauer ähnlich sind; da sich
aber bisher keine anderen *Voltzia*-Reste in den vom Verf. bearbeiteten Localitäten vorfanden, so bezeichnet er diese Reste vorläufig als *Palissya* ? sp.

Staub (Budapest).

Raciborski, M., F l o r a r e t y c k a i n T a t r a c h. (Abhandl. d.
Akad. d. Wiss. in Krakau. 1890. 18 pp. m. 1 Doppeltafel)-
[Polnisch].)
— — U e b e r e i n e f o s s i l e F l o r a i n d e r H o h e n T á t r a.
(Anzeiger d. Akad. d. Wiss. in Krakau. 1890. Oktober.
pp. 230—232.)
  Mächtige Sedimente umgeben den hohen Gebirgsstock der
Hohen Tátra, aber man kannte bisher keine fossilen Pflanzen aus
ihren Schichten. Es ist ein besonderes Verdienst des Verf., dass
er im Koscielisko-Thale, kaum hundert Schritte von der ungarischen
Grenze entfernt, in den dem unteren Räth angehörigen und an
bunten Schiefern und Mergeln mit weissen oder grauen Quarziten
bestehenden Schichten Pflanzenreste fand, welche es wahrscheinlich
machen, dass die sog. Tomanowoschichten, die unter den Kössener
Mergeln und Kalken liegen, ein Süsswasseräquivalent der mächtigen
unterrhätischen Meeresablagerungen der Alpen, des Hauptdolomites

und, der Plattenkalke sind. Nur der Mangel an Landpflanzen — es
wurde nur *Araucarites alpinus* gefunden — dieser Kalke erschwert
die Nebeneinanderstellung der Alpen und der Tátra. R. beschreibt
folgende Arten:

Equisetum Chalubinskii n. sp., höchst ähnlich dem *E. Münsteri* Sternb.,
aber mit geradlinig abgestutzten Blattzähnen; *E. Bunburyanum* Zigno,
Schizoneura Hoerensis Hir. sp., *Clathropteris platyphylla* Brngt., *Dictyophyllum*
aff. *Dunkeri* Nath., *Cladophlebis lobata* Old. et Morr. ,*C. Roesserti* Presl., *Palissya
Braunii* Endl., *Widdringtonites* sp.

Staub (Budapest).

Raciborski, M., Flore fossile des argiles plastiques
dans les environs de Cracovie. I. *Filicinées, Equisétacées*
(Bulletin de l'Acad. d. sciences de Cracovie. 1890. Janvier. p.
31—34.

Der Verf. gibt ein Resumé seiner grösseren Arbeit über die Flora der
plastischen Thone der Umgebung von Krakau und beschreibt vorläufig die
Filicineen und *Equisetaceen*. *Marattiaceae: Danaea microphylla* n. sp. mit
fertilem Laub. — *Osmundaceae: Todea Williamsonii* Brngt. sp., *T. princeps* Presl
sp., letztere unterscheidet sich von den übrigen *Osmundaceen* durch um die
Hälfte kleinere Sporen. *Osmunda Sturii* n. sp. mit sehr gut erhaltenen
Abdrücken seiner Sporangien. *O. microcarpa* n. sp. und *O.* sp. — *Schizaeaceae*,
vertreten durch das neue Genus *Klukia* mit 3 Arten, die ebenfalls die wohl
erhaltenen Abdrücke ihrer Sporangien aufweisen. Es sind *K. exilis* Phil. sp.
mit der var. *minor*, *K. Phillipsii* Brngt. sp. und *K. acutifolia* Lindl. und Hutt.
sp. — *Cyadsaceae: Alsophila jurassica* n. sp. zeichnet sich aus durch nackte Sori,
die von zahlreichen sitzenden, mit schiefem Ring versehenen Sporangien gebildet werden.

Die Sporen der *Dicksonia-*Arten, *D. Herii* n. sp., *D. Zarecznyi* n. sp., *D.
lobifolia* Thill. sp., *D. ascendens* n. sp. sind umgeben von zweiklappigem
Indusium, die Form des Sporangiumringes liess sich nicht mit Bestimmtheit
entscheiden. Ein jedes Blättchen der neuen Gattung *Gonatosorus*, vertreten
durch die *G. Nathorstii* n. sp., trägt einen Marginalsorus, geschützt durch ein
zweiklappiges Indusium. Diese Pflanze steht sehr nahe zu *Dicksonia bindra-
bunensis.* — *Thyosopteris Murrayana* Brngt. sp. ist vielleicht eine *Dicksonia.* —
Matonieae: Laccopteris (?) *mirovensis* n. sp., *L. Phillipsii* Zigno, *Microdictyon
Woodwardii* Leckenby sp. (an Sap. ?). *Protopolypodiaceae: Dictyophyllum
Cracoviense* n. sp. hat nur 3 bis 6 Sporangien, versehen mit schrägem Ring.
D. exile Sap. s. — *Gleicheniaceae: Gleichenia Rostafinskii* n. sp. hat durch
Bifurcation getheiltes Laub; im Winkel der Bifurcation sitzen die Knospen, die
Sori haben 3 Sporangien und horizontalem Ring. Nicht sicher ist die Bestimmung
der beiden *Hymenophyllaceen: Hymenophyllites* (?) *Zeilleri* n. sp. und *H.* (?)
blandus n. sp., deren Sori in cylindrische Indusien eingeschlossen sind. Beide
können *Eudavallia* nahe stehen. *Davallia Saportana* n. sp., die einzige Vertreterin der *Davallieae*, nähert sich *Stenoloma*.

Nun folgen *Filices* incertae affinitatis. *Ctenideae: Ctenis Potockii* Stur.,
und deren var. *densinervis* et *Cremotinervis, Ct. Cracoviensis* n. sp., *Ct. asplenioides*
Etth. sp., *Ct. Zeuschneri* n. sp.; ferner *Ctenidiopsis* n. subgen. mit *Ct. Grojecensis*
n. sp. und *Ct. minor* n. sp. — *Thinnfeldia: Thinnfeldia rhomboidalis* Etth. mit den
var. *minor* et *major, Th. Grojecensis* n. sp., *Th. Haiburnensis* L. et H.; schliesslich
Cycathopteris heterophylla Zigno.

Folgende Arten liessen sich nur nach der Nervatur bestimmen: Nerv.
Taeniopteridis: T. aff. *obtusa* Nath., *T.* aff. *vittata* Brngt., *T.* aff. *stenoneuron* Schenk.
Nerv. *Pecopteridis: Cladophlebis insignis* L. et H. sp., *C. aurita* n. sp.,
C. denticulata Brngt., *C. Huttoniana* Presl. sp., *C. Bartonecii* Stur. sp., *C.* aff.
Nebbensis Brngt., *C. subalata* n. sp., *C. whitbyensis* Brngt. nec aut., mit der var.
crispata, C. recentior Phill. sp. mit den var. *dubia* et *elongata, C. solida* n. sp.,
C. Tchikatchewi Schmal. *similis*; *Pecopteris patens* n. sp., *P. decurrens* Andr.
Nerv. *Dictyotaeniopteridis: Sagenopteris Phillipsi* et *S. Goepperti* Zigno.
Nerv. *Sphenopteridis: Sphenopteris pulchella* n. sp., *Sp.* aff. *obtusifolia* Andr.,
S. aff. *arguta* L. et H.

Gering ist die Zahl der beschriebenen *Equisetaceen: Equisetum Renaulti*
n. sp. in gut erhaltenem fertilem Exemplar; *E. blandum* n. sp. (aff. *E. Duvallii*
Sap. et *E. Ungeri* Ett.), *E. remotum* n. sp., *Phyllotheca* (?) *leptoderma* n. sp.,
Schisoneura Hoerensis His. sp.

Die Flora erinnert an die des braunen Jura von Scarborough in England,
sie scheint aber älter, als diese zu sein, dagegen jünger, als die des unteren
Lias von Steierdorf in Südungarn.

M. Staub (Budapest).

**Rübsaamen, Ew. H., Die Gallmücken und Gallen des
Siegerlandes.** (Verhandl. des naturhistor. Vereins der Preuss.
Rheinl., Westfalens und des Regierungsbez. Osnabrück. XLVII.
1890. S. 18—58. Taf. I—III.)

Aus dem ersten Abschnitt dieser Abhandlung, welcher den
Titel „Beschreibung einiger Gallmücken und ihrer Gallen"
führt, sind die Mittheilungen über 3 Arten von Interesse für den Botaniker. An Stockausschlägen von *Quercus pedunculata* fand Verf. Anfang Juli die jungen Blätter nach oben zusammengefaltet, unregelmässig
gedreht und gekraust. Die in dem Cecidium enthaltenen Springmaden lieferten nach 14 Tagen die Mücke: *Diplosis quercina* n. sp.
Eine gleichzeitig beobachtete Triebspitzendeformation, nämlich ein
kleines unscheinbares Knöpfchen, aus bald welkenden Blättern gebildet, wird mit der von Binnie beschriebenen Galle von *Cecidomyia Quercus* Binnie identificirt und die Mücke beschrieben. Die
vom Verf. schon 1889 publizirte Triebspitzendeformation von *Lathyrus pratensis*, bei welcher zwei bauchig aufgetriebene Nebenblätter
das bald vertrocknende Blatt und den Trieb einschliessen, wird
abgebildet und der Urheber als *Cecidomyia lathyricola* n. sp. beschrieben. Die Galle ist bei Siegen sehr verbreitet, ausserdem vom
Ref. unweit Cudowa beobachtet worden.

Das „Verzeichniss der im Kreise Siegen vorkommenden
Zoocecidien und Gallmücken", welches den zweiten Abschnitt
der Abhandlung bildet, umfasst S. 29—56 und führt in alphabetischer
Anordnung nach den Gattungen der Substrate 225 Objecte auf,
denen meist noch erläuternde, kritische oder litterarische Bemerkungen
beigefügt sind. Als eine solche der letzteren Art gibt Ref. zu den
auch durch Abbildung dargestellten Blüttengallen von *Raphanus
Raphanistrum* L. durch *Cecidomyia Raphanistri* Kieffer die Notiz,
dass er diese Deformation 1877 (Zeitschr. f. ges. Naturwissensch.
Halle. Bd. 49, S. 133) nach Exemplaren von Ohrdruf kurz beschrieb,
was auch Kieffer unbekannt gewesen, als er (in derselben Zeitschr. Bd. 59, S. 324) den Erzeuger zuerst beschrieb. Die Unterscheidung der beiden vom Vert. aufgeführten Mückengallen der
Fiedern von *Fraxinus excelsior* bedarf noch weiterer Prüfung.

Von den beigegebenen lithogr. Tafeln geben zwei (Doppeltafeln) Abbildungen von Gallen, die dritte solche von Flügeln und
Fühlern von Gallmücken. Ausser den zwei bereits erwähnten sind
folgende Gallen dargestellt, darunter eine Anzahl neuer, die vom
Verf. 1889 nur mit Worten charakterisirt worden waren (cf. Referat
im Bot. Centralbl. Bd. 44, S. 410), nämlich: die an *Barbaraea vul-*

garis R. Br. durch *Cecidomyia Sisymbrii* Schrk. erzeugten, an *Cam-panula rotundifolia* durch *Gymnetron Campanulae* L., an *Carpinus Betulus* Krümmung der verdickten Mittelrippe nach unten unter Zusammenbiegung der Blatthälften nach oben, durch eine Cecidomyide erzeugt, an *Galium Mollugo* durch *Diplosis Molluginis* Rübs., an *Hieracium Pilosella* angeschwollene, an der Basis stark verdickte, geschlossen bleibende Blütenkörbchen, Springmaden bergend, von *Juniperus communis* L. drei Formen der knospenartigen Galle der *Hormomyia juniperina*, an *Linaria vulgaris* Mill. die Triebspitzendeformation durch *Diplosis Linariae* Wtz., an *Lonicera Periclymenum* durch *Cecidomyia Periclymeni* Rübs., an *Lotus uliginosus* durch *Cecidomyia loticola* Rübs., an *Sarothamnus scoparius* Koch fünf Gallen, nämlich die durch *Diplosis Scoparii* Rübs., *Cecidomyia tubicola* Kieffer, *C. tuberculi* Rübs., *Asphondylia Meyeri* Liebel und *Agromyza pulicaria* Meig. erzeugten, an *Senecio vulgaris* verdickte Blütenköpfchen durch *Tephritis marginata* Fallen und noch stärker verdickte, deren Urheber Verf. in der nächstfolgenden Arbeit *Diplosis Senecionis* n. sp. genannt hat, endlich *Vicia sepium* mit den durch *Cecidomyia Viciae* Kieffer gefalteten Fiederblättchen.

Thomas (Ohrdruf).

Rübsaamen, Ew. H., Die Gallmücken und Gallen des Siegerlandes. Theil II. (Verh. d. nat. Vereins d. pr. Rheinlande etc. XLII. 1890. S. 231—264. Taf. VIII.)

Auch dieser zweite Theil beginnt mit der „Beschreibung neuer Gallmücken". *Diplosis Valerianae* Rübs. hemmt die Entwicklung der Blütenachsen von *Valeriana officinalis;* die Blüten stehen dicht gedrängt, bleiben unfruchtbar und vertrocknen oder verfaulen, nachdem die Larven zur Verwandlung in die Erde gegangen sind. *Cecidomyia Cirsii* Rübs. lebt als Larve in den Blütenkörbchen von *Cirsium arvense* Scop. und *Cirs. lanceolatum* zwischen den Achenen, ohne eine Deformation zu verursachen.

Der zweite Abschnitt enthält „Zusätze und Berichtigungen" zu dem früher gegebenen Verzeichnisse (cfr. vorangehendes Referat), der dritte (p. 246—260) die Fortsetzung dieses Verzeichnisses, der vierte ein Verzeichniss solcher Gallmücken, die keine Gallen bilden. Die Doppeltafel stellt von botanischen Objecten die Blattfaltung von *Heracleum Sphondylium* durch *Cecidomyia corrugans* Fr. Lw. dar, ferner die Triebspitzendeformation von *Lamium album*, welche nach der Erläuterung auf p. 242 nicht durch *Cecidomyia lamiicola* Mik. (wie Wachtl für wahrscheinlicher hielt), sondern durch eine von *Cec. corrugans* Fr. Lw. bisher nicht unterscheidbare Species erzeugt wird, sowie endlich eine grössere Anzahl von Gallen von *Populus tremula.* Winnertz' Unterscheidung von vier Formen von Mückenblattgallen der Aspe, die er bei Beschreibung seiner *Diplosis tremulae* machte, erweist sich als ganz unzureichend. Eine Wiedergabe der vom Verf. nach Gestalt und Stellung unterschiedenen zehn Formen würde aber hier zu weit führen und mag deshalb aufgespart bleiben, bis die sehr schwierige Aufzucht der Thiere

neue Resultate ergeben hat. Als eine Berichtigung zu des Verf.
früherer Angabe (1889) ist zu erwähnen, dass die Galle von
Diplosis globuli Rübs. mit Fr. Loew's Galle aus·Norwegen und
dem Wiener Walde nicht·zu identificiren ist.

Thomas (Ohrdruf).

Rübsaamen, Ew., H. Beschreibung neuer Gallmücken und
    ihrer Gallen. (Zeitschr. f. Naturwissenschaften. Halle. Band
    LXII. S. 373—382.)

    Die Arbeit behandelt 4 Objecte aus der Gegend von Siegen
und die zu ihnen gehörigen Mücken. An den Blättern von *Heracleum Sphondylium* kommt ausser der durch *Cecidomyia corrugans*
Fr. Lw. erzeugten Constriction der Blättchen noch ein bisher über-
sehenes Dipterocecidium vor, bei welchem die Larven, die sich durch
ihre Fähigkeit, wie Käsemaden zu springen, als zur Gattung *Diplosis*
gehörig verrathen, immer nur auf der Blattunterseite und gewöhnlich in sehr grosser Zahl beisammen leben. Sie verursachen gelbliche Ausstülpungen der Spreite nach oben, nämlich Längsfalten
oder Randumklappungen. Verf. beschreibt die aus den weissen
Larven aufgezogene Mücke als *Diplosis Heraclei* n. sp. (Ref. sammelte
dieses Cecidium 1888 bei Cogne in Piemont).

    Das zweite Object ist eine Blattgalle von *Spiraea Ulmaria.*
Weniger auffällig, als die von *Cecidomyia Ulmariae* Br. erzeugte, besteht diese von *Cecidomyia Engstfeldi* Rübs. hervorgerufene Galle
in wulstigen Ausstülpungen des Blattes nach oben mit unterseits
sitzender Larve. Von oben gesehen erscheint die Stelle gelbgrün
und ist gewöhnlich von einer rothen Zone umgeben. Bei Angriff
durch zahlreiche Larven sind die Blätter gefaltet und zusammen-
gekraust. In einer späteren Abhandlung hat Verf. die Beobachtungen von P. Magnus und dem Ref. über das Vorkommen dieser
Galle bei Berlin, sowie in der Rhön und in Oberöstereich mitgetheilt.

    An derselben Pflanze erzeugen die auf der Blattunterseite fest
angedrückt sitzenden Larven von *Cecidomyia pustulans* Rübs. kleine
Grübchen, die von einer weissgelben Zone von 3—5 mm Durchmesser umgeben sind und dadurch leicht bemerkbar werden. Die
Deformation war bereits bekannt, die Mücke wurde erst vom Verf.
aufgezogen und beschrieben.

    Die in früherem Referate in diesem Centralbl., Bd. XLIV, S. 411
erwähnte zweite Galle von *Sarothamnus scoparius*, welche in einer
bis 2 mm grossen beulenartigen Anschwellung an der Zweigspitze
besteht, wird von einer Gallmücke, *Cecidomyia tuberculi* n. sp.
erzeugt, deren Beschreibung Verf. nach aufgezogenen weiblichen
Thieren giebt.

Thomas (Ohrdruf).

Rübsaamen, Ew. H., Beschreibung einer an *Sanguisorba
officinalis* aufgefundenen Mückengalle und der aus

dieser Galle gezogenen Mücken. (Wiener Entomologische Zeitung. IX. 1890. S. 25—28.)

Die Foliola sind gefaltet und etwas verdickt, ähnlich dem Product von *Cecidomyia Rosarum* Hardy an *Rosa canina*. Sie ententhalten zweierlei Larven, deren Imagines erzogen und als neue Arten beschrieben werden. Die aus den grösseren, roth gefärbten Larven hervorgehende *Cecidomyia Sanguisorbae* Rübs. hält Verf. für den Erzeuger der Galle.

Thomas (Ohrdruf).

Packard, A. S., On insects injurious to forest and shade trees. (Fifth Report of the United States Entomological Commission, being a revised and enlarged edition of Bulletin No. 7.) With wood-cuts and plates. 928 pp. Washington 1890.

Im Vergleich zu der im Titel erwähnten ersten Auflage der Packard'schen Arbeit, die 1881 erschien, ist der Umfang um mehr als das Dreifache angewachsen, auch die Anzahl der Abbildungen im Holzschnitt von 100 auf 306 gestiegen. Die Anordnung ist die frühere, nach den Pflanzen, geblieben. Das Buch beginnt mit den Eichen und schliesst mit den Nadelhölzern, auf welche allein mehr als ein Viertel des Umfanges entfällt. Der Beschreibung der schädlichen Insecten einer Baum- oder Strauchart ist ein Verzeichniss der übrigen auf derselben beobachteten Arten angefügt. Ausser Insecten im engeren Sinne, auf welche sich die erste Auflage beschränkte, und von denen Lepidopteren und Coleopteren das überwiegende Contingent stellen, sind jetzt auch eine Anzahl von Phytoptiden aufgenommen, sowohl unbenannte Arten wie eine Shimer'sche und 7 Garman'sche Species, deren Diagnosen freilich den heutigen Anforderungen (cf. Referat über Nalepa's Arten im Bot. Centralbl. 1890, Bd. XLI, S. 116) nicht mehr genügen. Eine andere Ergänzung gegen die frühere Auflage bringen die 40 Tafeln, welche allermeist Insecten und Frassobjecte darstellen. Tafel XXXVIII, Fig. 1. giebt Abbildung der Ocellarblattgallen von *Acer rubrum* (im zugehörigen Texte auf S. 411—412 sind die Bemerkungen von Mik in Verhandl. d. k. k. zool.-bot. Ges. Wien 1883 unberücksichtigt geblieben. Ref.) Drei ausführliche Register über die Namen der Thiere, der Pflanzen und der Autoren erleichtern die Benutzung des Werkes.

Ueber die Vollständigkeit und Zuverlässigkeit der Verarbeitung aller einschlägigen amerikanischen Litteratur ein Urtheil abzugeben, ist Ref. nicht im Stande. Bezüglich der Phytoptiden-Producte ist, nach einigen vom Ref. angestellten Stichproben, diese Vollständigkeit nicht erreicht. Es fehlt z. B. das Phytoptocecidium von *Juglans nigra*, welches Martin 1885 behandelt hat (vergl. das Referat von Fr. Löw in Bot. Centralbl. Bd. XXV, S. 14), ebenso diejenigen von *Fagus ferruginea, Betula nigra* u. a., die von Buckhout 1883 beschrieben worden sind (gleichfalls von Löw referirt im Bot. Centralbl. Bd. XXII, S. 209). Für den Praktiker aber, für den das Werk doch in erster Linie bestimmt ist, sind diese Mängel

ganz irrelevant. Dem amerikanischen Forstmanne ist das Buch ein
höchst brauchbarer Wegweiser, und auch dem europäischen Ento-
mologen bietet es manchen dankenswerthen Fingerzeig in dem
schwer übersehbaren Gebiet der amerikanischen Litteratur.

Thomas (Ohrdruf).

Hilger, A. und Buchner, O., Zur chemischen Charakteristik
der Bestandtheile des isländischen Mooses. (Berichte
der deutschen chemischen Gesellschaft. 1890. p. 461—464.)

Die Verff. studiren die Darstellung und chemische Charakteristik
der im isländischen Moos nachgewiesenen Lichestearin- und
Cetrarsäure. Sie finden, dass beide Säuren zweibasisch sind
und folgende Molekularformeln besitzen:

Lichestearinsäure C_{48} H_{76} O_{18}
Cetrarsäure C_{30} H_{30} O_{13}.

Jännicke (Frankfurt a. M.).

Loew, O., Ueber die Giftwirkung des destillirten Wassers.
(Landwirthschaftliche Jahrbücher. Bd. XX. 1891. p. 235.)

Verf. bemerkt zu einer Notiz von C. Aschoff (Landwirthschaftliche Jahrbücher. 1890. p. 115), nach welcher sich *Phaseolus
vulgaris* in Nährstofflösungen, die durch Auflösen der betreffenden
Nährsalze in reinem destillirtem Wasser hergestellt sind, in
gesunder Weise nicht entwickelt, sondern die Pflanze durch das
noch nicht näher bekannte sogenannte „Gift" des destillirten
Wassers frühzeitig zu Grunde geht, dass sich eine solche Giftwirkung des destillirten Wassers auch bei Algen, besonders *Spirogyren*,
beobachten lasse. — Schon Nägeli hatte zur Erklärung dieser
letzten Beobachtung vor mehr als 10 Jahren eine Untersuchung
angestellt, welche ergab, dass nach Abdampfen von 20 Liter
destillirten Wassers dasselbe geringe Spuren von Kupfer, Blei
und Zink enthielt, welche aus dem Destillationsapparate stammten
und vermuthlich als Carbonate gelöst waren. Nach dem Destilliren
des betreffenden Wassers aus Glaskolben war die Giftwirkung
verschwunden. Das Gleiche war der Fall beim Filtriren durch
Kohlenpulver oder Schwefelblumen. — Ferner zeigte sich, dass
beim Destilliren aus Metallapparaten nur etwa die ersten 25 Liter
die Giftwirkung auf die Algen besassen, nicht mehr jedoch das
später überdestillirende Wasser, offenbar weil die dünnen Schichten
der Oxyde entfernt waren. Nach Verf. dürften es nun in erster
Linie Spuren Kupfer sein, welche die oben erwähnte schädliche
Einwirkung ausüben, denn nach Nägeli reichten schon ein zehn-
milliontel eines Kupfersalzes im Kulturwasser hin, um *Spirogyren*
nach 1 bis 2 Tagen zu tödten. Bei anderen pflanzlichen Objecten
dürfte vermuthlich ein ähnliches Verhalten stattfinden, wenngleich
bei den Infusorien auch das aus Glasgefässen destillirte Wasser
tödtlich wirkt. Hier ist wahrscheinlich der Grund in der Ent-

ziehung von Nährsalzen zu suchen, welche das destillirte Wasser im Gegensatz zu dem kalkhaltigen Quellwasser begünstigt.

Otto (Berlin).

Naudin, Ch., Description et emploi des Eucalyptus. (Comptes rendus de l'Académie des sciences de Paris. Tome CXII. 1891. p. 141—143.)

Es ist gleichsam ein Begleitschreiben zu dem Schriftchen: „Description et emploi des Eucalyptus introduits en Europe, principalement en France et en Algérie. Second Memoire, J. Marchand, 1890, welches Charles Naudin der Academie vorlegt. Von Interesse ist die Bemerkung, dass die Villa Thuret bei Antibes die reichste Collection von lebenden *Eucalypten* in Europa enthält. Dieselbe umfasst 80 verschiedene Species, also beinahe die Hälfte der bisher bekannt gewordenen bez. angenommenen Spezies.

Zimmermann (Chemnitz).

Neue Litteratur.[*)]

Algen:

De-Toni, J. B., Notiz über die Ectocarpaceen-Gattungen Entonema Reinsch und Streblonemopsis Val. (Berichte der Deutschen botanischen Gesellschaft. Bd. IX. 1891. p. 129.)

— —, Systematische Uebersicht der bisher bekannten Gattungen der echten Fucoideen. (Flora. 1891. Heft 2.)

Pilze:

Arnaud, A. et Charrin, A., Recherches chimiques sur les sécrétions microbiennes. Transformation et élimination de la matière organique azotée par le bacille pyocyanique dans un milieu de culture déterminée. (Comptes rendus des séances de l'Académie des sciences de Paris. Tome CXII. 1891. No. 14. p. 755—758.)

Giard, Alfred, L'Isaria, parasite de la larve du hanneton. (l. c. 4 pp.)

Loew, O., Die chemischen Verhältnisse des Bakterienlebens. [Schluss.] (Centralblatt für Bakteriologie und Parasitenkunde. Bd. IX. 1891. No. 24. p. 789—791.)

Messea, A., Contribuzione allo studio delle ciglia dei batterii e proposta di una classificazione. (Archivio per le scienze mediche. Vol. XV. 1891. No. 2. p. 233—236.)

------

*) Der ergebenst Unterzeichnete bittet dringend die Herren Autoren um gefällige Uebersendung von Separat-Abdrücken oder wenigstens um Angabe der Titel ihrer neuen Publicationen, damit in der „Neuen Litteratur" möglichste Vollständigkeit erreicht wird. Die Redactionen anderer Zeitschriften werden ersucht, den Inhalt jeder einzelnen Nummer gefälligst mittheilen zu wollen, damit derselbe ebenfalls schnell berücksichtigt werden kann.

Dr. Uhlworm,
Terrasse Nr. 7.

Flechten:

Krabbe, G., Entwicklungsgeschichte und Morphologie der polymorphen Flechtengattung Cladonia. Ein Beitrag zur Kenntniss der Ascomyceten. 4°. VIII, 160 pp. Mit 12 Tafeln. Leipzig (A. Felix) 1891.   M. 24.—

Physiologie, Biologie, Anatomie und Morphologie:

Klebahn, H., Ueber Wurzelanlagen unter Lenticellen bei Herminiera Elaphroxylon und Solanum Dulcamara. (Flora. 1891. Heft 2.)

Loew, E., Ueber die Bestäubungseinrichtung und den anatomischen Bau der Blüte von Apios tuberosa Mch. (l. c.)

Mazel, A., Etudes d'anatomie comparée sur les organes de végétation dans le genre Carex. Thèse. 8°. 213 pp. 8 pl. col. Genève (H. George) 1891.
                                                                        Fr. 8.70.

Zimmermann, A., Nochmals über die radialen Stränge der Cystolithen von Ficus elastica. (Berichte der Deutschen botanischen Gesellschaft. Bd. IX. 1891. p. 126.)

Systematik und Pflanzengeographie:

Gentil, Amb., Les Anémones de la Sarthe. (Extr. du Bulletin de la Société d'agriculture, sciences et arts de la Sarthe. Tome XXXII. 1891. p. 483.) 8°. 6 pp. Le Mans (Impr. Monnoyer) 1891.

Krause, Ernst H. L., Culturversuch mit Viola holsatica. (Berichte der Deutschen botanischen Gesellschaft. Bd. IX. 1891. p. 128.)

Levier, E., A travers le Caucase, notes et impressions d'un botaniste. (Bibliothèque univ. et Revue suisse. 1891. No. 5.)

Meyran, Octave, Herborisations au Grand-Revard. (Extr. du Bulletin de la Société botanique de Lyon. 1889.) 8°. 4 pp. Lyon (Impr. Plan) 1891.

Pin, C., Flore élémentaire, comprenant des notions de botanique, la classification et la description sommaire des familles et des genres de plantes qui croissent naturellement en France. 6e édit. 8°. 220 pp. av. fig. Paris (André-Guédon) 1891.   Fr. 1.50.

Schimper, A. F. W., Botanische Mittheilungen aus den Tropen. III. Die indo-malayische Strandflora. 8°. XII, 204 pp. 1 Karte und 7 Tafeln. Jena (G. Fischer) 1891.   M. 10.—

Medicinisch-pharmaceutische Botanik:

Bombicci, G., Sulla resistenza alla putrefazione del virus tetanico. (Arch. per le scienze mediche. Vol. XV. 1891. No. 2. p. 195—209.)

Bourges, H., Les recherches microbiennes dans la scarlatine. (Gaz. hebdom. de méd. et de chir. 1891. No. 13. p. 146—150.)

Bruce, David, Bemerkung über die Virulenssteigerung des Choleravibrio. (Centralblatt für Bakteriologie und Parasitenkunde. Band IX. 1891. No. 24. p. 786—787.)

Bunzl-Federn, E., Bemerkungen über „Wild- und Schweineseuche". (l. c. p. 787—789.)

Cameron, J. W., On a method of examining the sputum for tubercle bacilli. (Glasgow Medical Journal. 1891. No. 4. p. 283—286.)

Carter, H., A brief description of micro-organisms present in the blood of ague patients. (Transactions of the Medical and Phys. Society of Bombay. 1887/89. p. 89—105.)

Davies-Colley, N., Report of cases of anthrax or malignant pustule under the care of Mr. Davies-Colley. (Guy's Hosp. Rep. Vol. XLVII. 1891. p. 1—20.)

Dean, G., Dr. Russell's characteristic microorganism of cancer. (Lancet. 1891. Vol. I. No. 14. p. 768.)

Desanctis, G., Sulla septico-piemia e streptococchemia metastatissante. (Osservatore. 1890. p. 573, 598.)

Diago, J., Lugar que ocupa la bacteriologia en la categoria de las ciencias. (Crón. méd.-quir. de la Habana. 1890. p. 559—562.)

Eraud, J. et **Hugounenq, L.,** Action de certaines couleurs d'aniline sur le développement et la virulence de quelques microbes. (Lyon méd. 1891. No. 14. p. 478—480.)

Finlay y Delgado, Estadistica de inoculaciones con mosquitos contaminados en enfermos de fiebre amarilla. (Rev. de cienc. med., Habana. 1890. p. 294.)

Freire, D., Mittheilung über Bakteriologie im Allgemeinen und über das gelbe Fieber im Besonderen. (Deutsche medicinische Wochenschrift. 1891. No. 17. p. 592—593.)

Horwitz, O., Apparent antagonism between the streptococci of erysipelas and syphilis. (Med. News. 1891. No. 12. p. 324—325.)

Kaposi, Zur Pathologie und Therapie des Favus. (Internationale klinische Rundschau. 1891. No. 13—15. p. 503—506, 545—548, 585—588.)

Klemm, P., Ueber Catgutinfection bei trockener Wundbehandlung. (Archiv für klinische Chirurgie. Bd. XLI. 1891. Heft 4. p. 902—916.)

Kessel, H., Nochmals über den angeblichen Befund von Tuberkelbacillen im Blut nach Koch'schen Injectionen. (Berliner klin. Wochenschrift. 1891. No. 19. p. 470—471.)

Lubarsch, O., Ueber die intrauterine Uebertragung pathogener Bakterien. (Archiv für pathologische Anatomie und Physiologie. Bd. CXXIV. 1891. Heft 1. p. 47—74.)

Omeltschenko, F., Die Wirkung von Äther. Oel-Dämpfen auf Typhus-, Tuberkel- und Anthrax-Bacillen. (Wratsch. 1891. No. 9, 10. p. 242—244, 271—274.) [Russisch.]

Parkes, L., The relations of saprophytic to parasitic micro-organisms. [Epidem. soc.] (Lancet. 1891. Vol. I. No. 14. p. 773—774.)

Pokroffsky, D. J., Ueber den Einfluss einiger Mittel auf die Entwicklung und den Wuchs von Aspergillus fumigatus. (Warschauer Universitäts-Nachrichten. 1890. No. 6/7. p. 374—424.) [Russisch.]

Pommay, H., De l'origine et des conditions de la virulence dans les maladies infectieuses. (Annales de micrographie. 1891. No. 5, 6. p. 220—240, 257—274.)

Quinquaud, C. E., Diagnostic du cas de farcinose à l'aide de la bactériologie et des inoculations au cobaye, au chien et à l'âne; détermination de la lésion hématique. (Annales de dermatologie et de syphiligr. 1891. No. 4. p. 305—307.)

Roberts, J. B., The relation of bacteria to practical surgery. (Journal of the American Medical Association. 1891. No. 15. p. 505—510.)

Technische, Forst-, ökonomische und gärtnerische Botanik:

Timm, H., Praktische Beiträge zum speciellen Pflanzenbau. Allerlei theils mehr, theils weniger beachtete Pflanzen, ihr Nutzen, ihre Cultur und praktische Verwendung. 8°. IV, 284 pp. Mit Illustr. Aarau (Wirz-Christen) 1891.
Fr. 1.50.

Tuchschmid, A., Neue Untersuchungen über den Brennwerth verschiedener Holzarten. (Sep.-Abdr. aus Programm der Aargauer Cantonschule pro 1890/91.) 4°. 16 pp. Aarau (Sauerländer) 1891.

Personalnachrichten.

Dr. **J. B. De-Toni** in Padua ist von der Kaiserl. Akademie der Wissenschaften in Moskau zum ordentlichen Mitgliede ernannt worden.

Der Professor an der landwirthschaftlichen Hochschule in Catania, Dr. **Paul Baccarini,** hat sich an der dortigen Universität für Botanik habilitirt.

Berichtigung.

In meiner Abhandlung: Beiträge zur Anatomie der *Apocynaceen* (B. C. 1890) ist *Arduina bispinosa* L. als die einzige Art genannt, welche sich in ihrem Bau wesentlich abweichend verhält. Herr Professor Radlkofer, welcher auf meine Angabe hin diese Art an unzweifelhaft authentischem Herbarmaterial untersuchte, fand dieselbe dagegen mit den allgemeinen Merkmalen der *Apocynaceen* übereinstimmend, und genaue Prüfung, welche Herr Professor Radlkofer gleichfalls vorzunehmen die Güte hatte, lehrte, dass die von mir untersuchte, in mehreren Gärten als „*Arduina bispinosa*" cultivirte Pflanze vielmehr *Damnacanthus Indicus* Gärtn. fil. ist.

Diese zu den *Rubiaceen* gehörende Pflanze ist übrigens im allgemeinen Aussehen einer *Arduina* sehr ähnlich, was bereits Decandolle (Mém. soc. Phys. et hist. nat. Genève. T. VI. 1834. S. 584) hervorhebt, und von Thunberg (Flora japonica S. 108) ist sie sogar als *Carissa spinarum* beschrieben worden.

Ich benutze diese Gelegenheit, um ferner zu berichtigen, dass statt *Echites speciosa*, *Carissa speciosa*, *Cerbera speciosa*, *Alstonia speciosa* und *Trachelospermum speciosum* hort. bot. Berol. durchweg spec. hort. bot. Berol. zu lesen ist.

Indem ich Herrn Professor Radlkofer für seine gütige Hülfe verbindlichst danke, freue ich mich constatiren zu können, dass die einzige Ausnahme, welche die Uebereinstimmung des anatomischen Baues sämmtlicher von mir untersuchten *Apocynaceen* störte, hiermit beseitigt ist.

M. Leonhard.

Aus dem Nachlass des vorstorbenen **Dr. Carl Sanio** stehen bei mir folgende Sammlungen zum Verkauf:

17 Happen Pilze, 7 Happ. Flechten, 7 Happ. Farne, 180 Happ. Blütenpflanzen, 1320 mikroskopische Holzpräparate, hauptsächl. v. Coniferen, **25 Kasten Insekten.**

Alles ist mit Namen, Dat. und Fundorten versehen.

Lyck, 26. Juni 1891.

E. Sanio,
Hauptstr. 61.

Inhalt:

Druck und Verlag von Gebr. Gotthelft in Cassel.

Band XLVII. No. 4/5.   XII. Jahrgang.

Botanisches Centralblatt

REFERIRENDES ORGAN
für das Gesammtgebiet der Botanik des In- und Auslandes.

Herausgegeben

unter Mitwirkung zahlreicher Gelehrten

von

Dr. Oscar Uhlworm und Dr. F. G. Kohl
in Cassel.   in Marburg.

Zugleich Organ
des

Botanischen Vereins in München, der Botaniska Sällskapet i Stockholm, der botanischen Section des naturwissenschaftlichen Vereins zu Hamburg, der botanischen Section der Schlesischen Gesellschaft für vaterländische Cultur zu Breslau, der Botaniska Sektionen af Naturvetenskapliga Studentsällskapet i Upsala, der k. k. zoologisch-botanischen Gesellschaft in Wien, des Botanischen Vereins in Lund und der **Societas pro Fauna et Flora Fennica in Helsingfors.**

| Nr. 30/31. | Abonnement für das halbe Jahr (2 Bände) mit 14 M. durch alle Buchhandlungen und Postanstalten. | 1891. |

Wissenschaftliche Original-Mittheilungen.

Ueber den Blattbau einiger xerophilen Liliifloren.

Von

Carl Schmidt
aus Brandenburg a. H.

(Fortsetzung.)

Es ist nun noch nothwendig, einige Worte über die Schutzeinrichtungen zu sagen, welche dem Druck entgegenwirken sollen, der bei eintretendem Wasserverluste in Folge des Contractionsbestrebens der Epidermis auf die zarten grünen Zellen ausgeübt wird. Am vollkommensten sind wohl in dieser Hinsicht die Blätter von *Kingia australis* gebaut, die ein besonderes, auf Druck construirtes mechanisches System ausgebildet haben. Es sind jene in ihrer Form und Function von Tschirch ausführlich beschriebenen Strebewände, die eine echte Kammerung des Pallisadengewebes bewirken, wodurch diesem zwei Vortheile geboten werden. Es sind erstens die Zellen gegen ein bei Wassermangel eintretendes Einsinken der Epidermis geschützt und zweitens sind Zellcomplexe,

die durch irgend welche Ursachen ihr Leben verloren haben, von
den benachbarten getrennt und so ausser Stand gesetzt, auf die
letzteren eine schädliche Einwirkung auszuüben. Eine ähnliche
Bedeutung für den Schutz des grünen Gewebes hat die Einlagerung
desselben in die durch die Subepidermalrippen des mechanischen
Systems gebildeten Längskammern, wenn auch bei Weitem
nicht der Erfolg wie im eben erwähnten Falle erzielt wird, besonders was die Abschliessung der einzelnen Partieen gegen einander
angeht. Gegen ein Zusammensinken jedoch bietet auch diese Anordnung einen bedeutsamen Schutz, besonders wenn, wie das bei
Xerotes turbinata Endl. der Fall ist, ausserdem einerseits ein dick-
wandiges Grundgewebe, andererseits eine äusserst starke Epidermis
die Längskammern grüner Zellen begrenzen, so dass das assimilirende Gewebe gleichsam in einem festen Rahmen ausgespannt
erhalten bleibt.

Hat das mechanische System eine mehr innere Lage eingenommen, so fällt natürlich der durch dasselbe gebotene Schutz
fort. An die Stelle tritt bei den *Conostylis*-Arten dann wohl die
äusserst feste Epidermis, welche auch bei ziemlich grossem Wasserverlust kein Einsinken erleiden dürfte, so dass also der Blattquerschnitt erhalten bleibt und so eine Quetschung der grünen Zellen
ausgeschlossen ist. Wo die Oberhaut schwächer gebaut ist, ist das
grüne Gewebe theilweise selbst in den Stand gesetzt, eine schützende
Function zu übernehmen, wie wir offenbar bei *Chamaexeros* und
Calectasia die Verdickung der Pallisadenzellwände auffassen
dürfen; damit aber hierdurch der so nothwendige Verkehr
zwischen den einzelnen Zellen nicht gar zu sehr erschwert werde,
finden sich zahlreiche Poren in diesen Wänden. Als Schutz
bietend ist schliesslich wohl noch das Wasserspeicherungsgewebe
anzuführen, das dadurch, dass es selbst die durch die Verdunstung
verursachten Verluste auf sich nimmt, die damit verbundenen ver-
derblichen Folgen von dem Assimilationsgewebe abwendet, das
grosse Schwankungen des Turgors nicht ertragen kann, ohne seine
Lebensfähigkeit einzubüssen. Inwieweit die bei den meisten
Conostylis-Arten im grünen Gewebe vorkommenden, mit braunem
Inhalt versehenen grossen Zellen, ähnlich den von Volkens[*])
geschilderten Idioblasten als Schutzeinrichtungen aufzufassen sind,
oder welche Function sie sonst haben, lasse ich vollständig dahingestellt. Diese Zellen nehmen zuweilen einen grossen Raum ein,
bei *Conostylis misera* Endl. z. B. übertreffen sie an Masse das
Assimilationsgewebe.

Durchlüftungssystem.

Wie wir gesehen haben, dass die Pflanze durch Reducirung
der äusseren verdunstenden Fläche den Verlust von Wasser möglichst herabzudrücken sucht, so scheint sie die hierdurch erlangte
Wirkung durch eine möglichste Beschränkung auch der inneren

---

[*]) Flora der ägyptisch-arabischen Wüste.

Verdunstungsfläche, der Intercellularen unterstützen zu wollen, soweit es die Rücksicht auf die ernährungsphysiologische Function derselben zulässt. Dadurch dass ein zwar reichlich ausgebildetes, doch nur aus engen Spalten bestehendes Durchlüftungssystem vorhanden ist, scheint mir im gegebenen Falle, wie fast bei allen Wüstenpflanzen, beiden Anforderungen Rechnung getragen zu sein, indem einerseits eine genügende Zufuhr von Kohlensäure ermöglicht ist, andererseits Rücksicht auf diejenigen Factoren genommen wird, welche eine Steigerung der Transpiration bedeuten.[*] Diese Thatsache · kommt in dem vollständigen Fehlen eines specifischen Schwammparenchyms mit seinen weiten Interstitien zum Ausdruck. Die das Assimilationsgewebe aufbauenden Zellen von langgestreckter resp. isodiametrischer Form besitzen in der Mehrzahl der Fälle ein aus engen Bahnen bestehendes Intercellularsystem. Ein Flächenschnitt, der also die senkrecht zur Blattfläche gestellten Elemente des grünen Gewebes quer durchschneidet, zeigt uns daher, dass die rundlichen Pallisadenzellen unter einander möglichst fest nach allen Seiten verbunden sind; die Intercellularen treten nur als kleine dreieckige Spalten an den Zellecken auf. Ein anderes Bild erhalten wir bei *Xanthorrhoea*, *Xerotes turbinata* und *Xerotes glauca*, und ich kann dem nicht beipflichten, was Tschirch in Betreff des Assimilationsgewebes von *Xanthorrhoea* im Verhältniss zu dem von *Kingia* sagt, dass es nämlich aus viel fester aneinander gelagerten Zellen bestehe. Bei Betrachtung eines Querschnittes könnte man wohl zu einem solchen Resultat kommen, da hier die Zellen allseitig dicht aneinander schliessen und von Interstitien nichts zu bemerken ist. Auf Längs- und Flächenschnitten dagegen erkennt man, dass der Bau des Gewebes ein verhältnissmässig lockerer ist, da in der Längsrichtung des Organes jede Zelle von der folgenden in ihrer ganzen Fläche durch einen ziemlich grossen Intercellularraum getrennt ist. Es hat zuweilen den Anschein, als ob das grüne Gewebe in Diaphragmen angeordnet sei, die durch Lufträume von einander geschieden sind. Dasselbe Verhalten zeigen auch die beiden oben genannten *Xerotes*-Arten. Die Nachtheile, die bei einer solchen Ausbildung des Intercellularsystems durch Steigerung der Verdunstung ·hervorgerufen werden könnten, sind zur Genüge aufgehoben durch die starke Epidermis und durch Einrichtungen am Spaltöffnungsapparat, die weiter unten besprochen werden sollen.

Ebensowenig kann ich die Ansicht theilen, die Tschirch über jene parallel zur Blattfläche verlaufenden Gürtelkanäle geäussert hat, welche der Autor bei einigen australischen Pflanzen, unter anderen auch bei *Kingia* gefunden hat und deren Wirkung er folgendermaassen beschreibt[**]): „Durch diese Einrichtung muss der Wasserdampf offenbar, um vom Innern des Blattes nach aussen zu gelangen, einen weit längeren Weg zurücklegen, indem

---

[*] Volkens l. c. p. 74.
[**] Tschirch: Ueber einige Beziehungen des anatomischen Baues der Assimilationsorgane zu Klima und Standort, Linnaea IX. 1880—82.

er, statt in gerader oder gewundener Linie, in Zickzackbahnen
das Gewebe durchzieht." Dies wäre ganz richtig, wenn ausser
den Gürtelkanälen keine anderen Intercellularen vorhanden wären;
so aber finden sich in regelmässigster Ausbildung daneben noch
jene längs der chlorophyllführenden Zellen verlaufenden Spalten,
die also dem Wasserdampf die Möglichkeit geben, direkt nach
aussen zu gelangen, ohne in jene Zickzackbahnen einzutreten.
Vielmehr glaube ich, dass durch die erwähnte Einrichtung, besser
als durch Längsspalten allein, der Kohlensäure der Luft die
Möglichkeit gegeben ist, auf einer möglichst grossen Fläche in
das Innere der grünen Zellen einzudringen und so die Assimilation
zu steigern. Ausser bei *Kingia* habe ich diese Gürtelkanäle,
immer vereint mit Längsspalten, bei einer ziemlichen Anzahl der
untersuchten Arten beobachtet, darunter in sehr schöner Ausbildung bei *Xerotes fragrans* F. Muell., *X. spartea* Endl., *Calectasia,*
Conostylis graminea (Fig. 16) Endl. und *C. filifolia* F. Muell.

Neben Cuticularisirung der Epidermiszellwände bieten sicher
die Ausführungsgänge des Intercellularsystems, die Stomata, den
wirksamsten Schutz gegen allzu starke Abgabe von Wasserdampf.
Dass sich gerade in der Lage, Vertheilung und Form derselben
die mannichfachsten Anpassungen an Klima und Standort erkennen
lassen, ist von verschiedenen Autoren ausführlich nachgewiesen
worden. Viele dieser Anpassungsmerkmale kehren denn auch bei
den von mir untersuchten Pflanzen wieder, und zwar natürlich
diejenigen, die einen besonderen Schutz gegen übermässige Verdunstung gewähren.

Vorausschicken will ich hier, dass die Orientirung der
Stomata nie eine unregelmässige ist, sondern dass die Längsrichtung derselben zur Längsrichtung des Blattes immer parallel
läuft, sodass auf dem Querschnitt des betreffenden Organes auch
nur Querschnitte der Spaltöffnungen auftreten. Entsprechend der
isolateralen Anlage des grünen Gewebes finden sich bei allen
Arten auch die Spalten auf Ober- und Unterseite resp. ringsherum
in gleichmässiger Vertheilung und von gleicher Bauart. Ausgenommen sind hiervon natürlich die *Dasypogon*-Arten, wo sich
die Stomata nur auf der mit grünem Gewebe versehenen Blattunterseite finden.

Was den besonderen Bau der Schliesszellen anbetrifft, so
sind mit wenigen Ausnahmen die Verdickungsleisten auf der
Bauchseite sowohl oben wie unten ausserordentlich stark entwickelt,
so dass hier nur in der Mitte ein ganz schmaler unverdickter
Streifen übrigbleibt (Fig. 16). Wenig entwickelt sind diese
Leisten allein bei einigen mit Speichergewebe versehenen Pflanzen,
den *Haemodorum*- und *Sansevieria*-Arten (Fig. 17), wo das Lumen
der Schliesszellen fast kreisförmig ist, während es in allen übrigen
Fällen nach der Bauchseite hin spitz zuläuft; auf der Rückseite
ist es mehr oder weniger erweitert. Bei den Gattungen *Xanthorrhoea,*
Chamaexeros, *Xerotes* und *Acanthocarpus* z. B. ist die ganze
Rückenseite unverdickt, so dass das Lumen auf dem Querschnitt
fast die Gestalt eines gleichschenkligen Dreiecks annimmt, dessen

Basis, eben jene Rückenseite, etwas nach aussen gewölbt (Fig. 18) ist. Eine wesentlich andere Form weisen dagegen die Schliesszellenlumina der Arten von *Dasypogon, Kingia, Calectasia* und *Conostylis* auf (Fig. 16); hier erstreckt sich nämlich die leistenförmige Verdickung von der Bauchseite sowohl oben wie unten in fast gleicher Stärke über die Aussen- und Innenwand der Schliesszellen bis zur Rückenseite, so dass nur eine kurze Strecke der letzteren dünn bleibt, das Lumen also fast spaltenförmig wird.

Betrachten wir nun die Art und Weise, wie die Stomata durch ihre Lagerung resp. durch ihren Bau der Pflanze Schutz gegen zu starke Verdunstung gewähren, so treten uns die mannichfachsten Verhältnisse entgegen. Den einfachsten Fall stellen diejenigen Arten dar, wo die obere Cuticularleiste stark emporgezogen ist, so dass sie im Querschnitt die Form eines mehr oder weniger übergeneigten Hörnchens annimmt. Es wird hierdurch über der eigentlichen Centralspalte ein sogenannter Vorhof, ein luftstiller Raum gebildet, welcher allerdings die Verdunstung etwas verlangsamt. Dieser Fall wird durch *Dasypogon* und *Calectasia* repräsentirt. Stärker wirkt diese Einrichtung schon dann, wenn sich auch auf der Unterseite eine derartig gestaltete Cuticularleiste findet, in welchem Falle der Wasserdampf drei Durchgänge zu passiren hat, ehe er die äussere Atmosphäre erreicht. Hierher gehören die Arten der Gattungen *Conostylis, Anigozanthes* und *Tribonanthes*, ferner *Chamaexeros fimbriata* und *Ch. Serra* (Fig. 18), bei denen durch die sehr lang emporgezogenen äusseren Leisten die Einrichtung noch etwas wirksamer gemacht wird, und endlich *Xanthorrhoea* und *Kingia*. Die letzteren beiden weisen ausserdem noch eine besser wirkende Schutzvorrichtung auf, nämlich die von Tschirch beschriebene Schutzzelle in der Atemhöhle von *Kingia* und die Auswüchse der zweiten Epidermisschicht bei *Xanthorrhoea*. Ein höherer Grad der Anpassung zeigt sich in den Fällen, wo der durch Bildung des Vorhofes hergestellte luftstille Raum dadurch vergrössert wird, dass sich von den benachbarten Zellen einzelne Ausstülpungen (*Xerotes Sonderi, Ophiopogon*) oder Haare (*Conostylis aculeata*) über die hier noch in der Fläche liegende Spalte hinüberwölben. Bei den jetzt zu besprechenden Formen sind dann die Stomata stets unter die Oberfläche gerückt. Dies geschieht einmal dadurch, dass die bedeutend kleineren Schliesszellen sich nicht im oberen Theile, sondern in der Mitte oder ganz unten an die höheren Epidermiszellen anlehnen, so dass sich die letzteren theilweise über die Spalten hinüberwölben. Sehr wirksam ist diese Einrichtung bei *Sansevieria, Xerotes spartea, X. turbinata, X. multiflora* und *X. pauciflora*, wo der Eingang zu der äusseren Atemhöhle durch die wallartig hervorspringenden Wände der benachbarten Oberhautzellen bedeutend verengert wird (Fig. 17). Der grösste Effekt wird aber dadurch erreicht, dass die Spaltöffnungen in Längsrillen angeordnet sind, deren Oeffnungen sich bei eintretender starker Verdunstung verengern. Meist finden sich die Spalten

nur am Grunde oder dem unteren Theile dieser Furchen, was
schon deshalb erklärlich ist, weil sich von den, die hervorstehenden
Prismen ausfüllenden, Bastrippen aus sehr häufig 1—2 Schichten
von Zellen der Epidermis entlang bis zur Hälfte der Rillen-
böschung hinab erstrecken, so dass in diesen Partieen die Stomata
nutzlos wären. Die Furchen sind nun entweder ganz kahl (*Xerotes
micrantha, Conostylis Preissii*, *C. bracteata*) oder ihre Ränder sind
durch Haare überwölbt (*Acanthocarpus Preissii* und *Conostylis
filifolia*), oder aber das ganze Innere derselben ist von einem
Haargewirr angefüllt wie bei *Xerotes ammophila*, *X. fragrans*, *X.
leucocephala, Conostylis propinqua*, *C. dealbata*, *C. bromelioides* und
Blancoa canescens, womit wohl der stärkste Schutz erreicht ist,
der der Pflanze durch die Lage der Stomata gegen übermässige
Transpiration geboten werden kann.

Während also, wie aus dem bisher Gesagten hervorgeht, die
Stomata, wenn sich irgendwie die Möglichkeit bietet, eine geschützte
Lage einnehmen, finden wir gerade den entgegengesetzten Fall
bei *Conostylis Androstemma* F. Muell. (Fig. 19). Obgleich hier
wie bei so vielen verwandten Arten das rundliche Blatt mit
Längsfurchen versehen ist, nimmt jedoch das grüne Gewebe nicht
den in diesem Falle gewöhnlichen Platz um die Rillen herum ein,
sondern es füllt die hervorstehenden Prismen aus, wo wir sonst
das mechanische Gewebe zu finden gewohnt sind. Wenn auch
das Assimilationsgewebe hierdurch die möglich günstigste Lage zum
Licht erhält, so sind doch auch wiederum die Spalten ganz aus
den Rillen hinaus auf die Aussenseite gerückt worden, so dass sie
als Schutzmittel nur die schwach ausgebildeten Hörnchen besitzen.
Auch das mechanische System erleidet dadurch eine Herabsetzung
seiner Leistungsfähigkeit, da die Rippen erst am Grunde der
Rillen ansetzen, also eine mehr nach innen geschobene Lage einnehmen. Wir haben hier also einen Fall, wo im Kampfe um den
bevorzugten Platz das grüne Gewebe aus irgend welchem Grunde
die Oberhand über sonstige Rücksichten gewonnen hat.

Zum Schluss dieses Kapitels will ich einige Bemerkungen
über die sogenannten Nebenzellen anfügen. Ausser bei den Arten,
deren Epidermiszellen ganz zarte oder doch nur wenig verdickte
Membranen besitzen, ist die Form der zur Seite der Spalten
liegenden Zellen meist ziemlich abweichend von der der übrigen
Oberhautelemente. Sehr auffallend ist diese Verschiedenheit bei
der Gattung *Chamaexeros*, vor allem aber bei den *Conostylis*-Arten
(Fig. 16), wo, wie in einem früheren Kapitel beschrieben wurde,
das Lumen der Epidermiszellen auch über dem grünen Gewebe,
also in der Spaltenregion, fast vollständig verschwindet. In diesem
Falle sind die Wände der den Stomata benachbarten Zellen
entweder ganz unverdickt (*Conostylis*), oder es sind doch mehr
oder minder grosse Wandstücke von der Verdickung ausgeschlossen
(*Chamaexeros*). Man darf wohl annehmen, dass dieses Auftreten
der Nebenzellen mit der Function der Spalten insofern zu thun
hat, als durch dieselben die Oeffnungsbewegung ermöglicht wird.
Wären diese dünnwandigen Zellen nicht vorhanden, so könnte

man sich bei der Starrheit der Epidermis, bei dem starken Bau
der Schliesszellen, besonders bei ihrem spaltenförmigen Lumen
kaum ein ausreichendes Oeffnen derselben erklären. Ferner führt
durch diese Nebenzellen auch wohl hauptsächlich der Weg, der
den Verkehr zwischen den Schliesszellen und dem saftigen Gewebe
des Blattes vermittelt. Sicher glaube ich dies für *Chamaexeros
fimbriata* annehmen zu dürfen. Zwar sind die Wände der Nebenzellen dort, wo sie an das Pallisadengewebe stossen, etwas verdickt;
doch ist dieser Nachtheil dadurch aufgehoben, dass sich gerade
hier eine äusserst grosse Anzahl von Poren (Fig. 18) findet, die
für einen regen Verkehr sprechen.

Leitungssystem.

Die Lagerung der die Leitbahnen bildenden Gewebe scheint
in hohem Grade von dem Bestreben beherrscht zu sein, möglichst
in die Nähe des Assimilationssystems zu gelangen; es ist dieses
Bestreben auch ganz erklärlich, da die Bündel einerseits den grünen
Zellen das nothwendige Wasser und Nährmaterial zuzuführen,
andererseits die in jenen erzeugten Assimilationsproducte fortzuleiten
haben. Eine Ausnahme in Betreff der Lage des Mestoms machen
die *Xanthorrhoea*- und *Sansevieria*-Arten, bei denen die Bündel sich
über den ganzen Querschnitt des Organes zerstreut vorfinden, ohne
dass sich eine bestimmte Anordnung erkennen liesse. In allen
übrigen Fällen dagegen ist die Lage des Mestoms eine ganz regelmässige. Betrachten wir zuerst die cylindrischen resp. prismatischen
Organe. Hier sehen wir die Bündel immer in peripherischer Anordnung, sei es ganz vom grünen Gewebe umgeben (*Haemodorum
paniculatum*) oder auf der Grenze zwischen diesem und dem
chlorophyllfreien Grundgewebe (*Tribonanthes odora*, *Conostylis
Androstemma*, *C. involucrata*, *C. filifolia*, *Xerotes turbinata* und
Xerotes spartea). Bei *Conostylis vaginata* sind sie zwar ganz in das
Grundgewebe eingebettet, aber doch nur durch eine oder wenige
Zelllagen desselben vom grünen Gewebe getrennt. Gleiche Lage
haben auch die kleineren Bündel der cylindrischen Organe von
Chamaexeros fimbriata, wo sich diese auf der oberen Seite an die
Spitze der I-förmigen Träger anschliessen, auf der unteren Seite
zwischen den Enden derselben gelegen sind. Die grösseren Bündel
dagegen liegen bei dieser Art in der Mittelzone des Blattes, indem
sie die Füllung der Gurtungen ausmachen. Diese letztere Lage
ist, wie wir schon bei Besprechung des mechanischen Systems
gesehen haben, für die flachen Organe fast aller übrigen Gattungen
die Regel (Fig. 13); der Siebtheil liegt hier stets nach der Unterseite hin. Die Arten von *Conostylis*, *Blancoa*, *Anigozanthes*,
Haemodorum und *Phlebocarya* dagegen weisen insofern eine Aehnlichkeit mit den ebenfalls mit reitenden Blättern versehenen
Iridaceen auf, als sich auch hier die Gefässbündel in zwei Reihen
an der Ober- und Unterseite des Blattes finden (Fig. 10, 11, 12),
entweder ganz vom Assimilationsgewebe umgeben oder doch an
der Grenze dieses und des Grundparenchyms. Auf dem Quer-

schnitt wechseln immer ein grosses und ein kleines Bündel ab und
zwar so, dass bei Uebereinanderlagerung derselben einmal oben
ein grosses, unten ein kleines liegt, daneben aber das Umgekehrte
statthat. Das Leptom ist hier wie bei den zuerst beschriebenen
peripherischen Bündeln stets nach aussen gerichtet.

Wie meist in den oberirdischen Organen der Monokotyledonen,
ist auch im vorliegenden Falle der collaterale Typus der vorherrschende, wenigstens finden wir ihn bei allen grösseren Leit-
bündeln; die kleineren sind zuweilen concentrisch angelegt, indem
Tracheiden rings das Leptom umgeben, wie wir es z. B. bei den
schon erwähnten äusseren Bündeln von *Chamaexeros fimbriata*
beobachten. Was die Querschnittsform des Mestoms angeht, so
weicht diese meist von der gewöhnlichen kreisförmigen resp.
elliptischen ab. Die Abweichung wird dadurch hervorgerufen,
dass die Bastbelege nicht einfach sichelförmig Leptom und Hadrom
umfassen; sondern die letzteren, besonders das Hadrom, erstrecken
sich spitz zulaufend weit in die Belege hinein (Fig. 13), so dass
die Bündel zwar eine symmetrische, aber unregelmässige Gestalt
erhalten. Es wird hierdurch der Schutz, den die Bastbelege den
zarten Elementen gewähren, ein ausgiebigerer, als wenn sie nur
als schmale Schienen das Mestom begleiteten. Die Lage der
einzelnen, das Leitbündel zusammensetzenden Elemente ist in den
meisten Fällen die bei den Monokotyledonen gewöhnliche und es
spricht sich darin, wie K n y hervorhebt, eine entschiedene Neigung
zu symmetrischer Anordnung aus.*) Das Hadrom wird aus Holzparenchym, Tracheiden und kleineren Ring- resp. Spiralgefässen
gebildet; grössere Gefässe mit Netzverdickungen kommen nicht bei
vielen Formen vor. Die dünnwandigen, sehr porösen Parenchymzellen liegen meist den Schenkeln des Bastbeleges an, die kleineren
Gefässe bilden in der Mittellinie des Holztheils eine zusammenhängende Schicht, an die sich nach dem Leptom zu, wenn sie
überhaupt vorhanden sind, rechts und links die grösseren Gefässe
anlegen. Den übrigen, meist grösseren Theil des Hadroms füllen
die in der Mehrzahl der Fälle stark verdickten, mit Hoftüpfeln
versehenen Tracheiden aus. Das Leptom, das bei *Calectasia* und
Conostylis schwach entwickelt ist, besteht aus Siebröhren und den
Geleitzellen. Die Durchgänge durch die weit um Leptom und
Hadrom herumgreifenden Bastelemente sind meist sehr eng; sie
sind in der Mehrzahl der Fälle, z. B. bei allen *Conostylis*-Arten,
nur aus Tracheiden (Fig. 15) gebildet, die den Bastring durch-
brechend an die Parenchymscheide herantreten. Auch hier sind
diese permeabeln Durchgänge, wie es S c h w e n d e n e r**) betont
hat, immer auf der Grenze von Leptom und Hadrom gelegen.
Dass sie gerade aus Tracheiden gebildet sind, deutet wohl darauf
hin, dass die Pflanze eine Unterbrechung in dem schützenden

---

*) K n y: Abweichungen im Bau der Leitbündel der Monokotyledonen,
Verh. des bot. Vereins d. Prov. Brandenburg, 1881.
**) S c h w e n d e n e r: Die Schutzscheiden und ihre Verstärkungen, Abh.
d. Kgl. Acad. d. Wiss. 1882.

Bastringe möglichst vermeiden will, was durch die angewendete
Zellform am leichtesten geschieht, ohne doch der Leitungsfähigkeit
Abbruch zu thun; denn in den Tracheiden haben wir die Zellform,
bei der durch Anlage von Hoftüpfeln möglichst grosse Diffusions-
fläche mit entsprechender Festigkeit vereinigt ist.

Gehen wir nun zu einigen Unregelmässigkeiten im Bau der
Bündel über, so ist zuerst jenes Vorkommen zu erwähnen, das von
Russow*) für *Xanthorrhoea australis* beschrieben ist; das Phloëm
ist hier nämlich durch eine von dem nur schwachen Bastbelege
ausgehende Brücke in zwei Theile geschieden, die median zur
Längsachse des Bündels angeordnet sind. Diese Einrichtung, die
ich noch bei *Lanaria plumosa* gefunden habe, hat Kny als einen
Schutz der zartwandigen Elemente des Phloëms gegen Zusammen-
drücken gedeutet, welcher Gefahr sie wegen ihrer Lage zwischen
dem Belege und den starken Hadromelementen bei Turgor-
schwankungen leicht ausgesetzt wären, wenn diese beiden nicht
durch die eingeschobene Bastbrücke in gleichem Abstand gehalten
würden. Gegen seitlichen Druck sind die beiden Theile des
Leptoms nicht wie gewöhnlich durch Bast geschützt, sondern
durch starkwandige Elemente des Hadroms, Gefässe und Tracheiden,
die an der Aussenseite um die beiden Siebtheile herumgreifen.

Eine andere Eigenthümlichkeit ist ebenfalls schon geschildert
worden und zwar von Kny für *Ophiopogon*. Auf dem Querschnitt
erblickt man im Leptom zwischen den sonst ganz zarten Elementen
zerstreut sehr dickwandige, poröse Zellen, die dem Bast äusserst
ähnlich sehen, aber bedeutend mehr Poren aufweisen als dieser.
Dasselbe habe ich in mehreren anderen Fällen beobachtet, z. B.
bei *Phlebocarya ciliata*, *Chamaexeros Serra* und *Ch. fimbriata*, ferner
bei allen Arten der Gattung *Xerotes*, wo sie im Phloëm von
X. turbinata und *X. multiflora* nur sehr schwach, bei *X. fragrans*
und den meisten anderen äusserst zahlreich auftreten (Fig. 20).
Kny beschreibt dieses Vorkommen bei *Ophiopogon* in der oben
erwähnten Abhandlung folgendermaassen: „Ich finde hier nicht,
wie Russow angiebt, den Phloëmtheil in radialer Richtung gleichsam in zwei Hälften durch die verdickten Zellen gespalten, sondern
im erwachsenen Bündel des Blattes den Weichbast auf relativ
wenige zartwandige Zellen reducirt, welche theils vereinzelt, theils
in Gruppen von zwei oder wenig mehr dem sich unmittelbar an
das Xylem nach aussen anschliessenden Sklerenchymgewebe eingestreut sind." Durch diese Darstellung wird bei der für beide
Zellformen gewählten gleichen Benennung der Anschein erweckt,
als ob die dickwandigen Zellen im Leptom identisch wären mit
den die Belege bildenden Bastzellen. Dem ist aber nicht so, und
der Unterschied wird auf einem Längsschnitt ganz deutlich.
Während nämlich die Zellen der Belege vollständig prosenchymatisch
gestreckt sind und nur verhältnissmässig wenige schief gestellte,
spaltenförmige Poren aufweisen, haben jene Zellen des Phloëms
eine wenn auch langgestreckte, so doch meist parenchymatische,

---

*) Russow: Betrachtungen über das Leitbündel und Grundgewebe. 1875.

selten etwas zugespitzte Gestalt; vor allem aber sind die Poren
äusserst zahlreich und stets von rundlicher Form. Besonders schön
sind diese Verhältnisse bei *Xerotes* zu beobachten. Es gilt also
auch für diese Fälle die Regel, die Schwendener in Bezug auf
den Bau der Monokotylengefässbündel aufgestellt hat, dass echte
Bastzellen nie innerhalb derselben zu finden sind.

Ein ähnliches Verhalten zeigen die Bündel von *Kingia* und
Dasypogon; wir erhalten hier dasselbe Querschnittsbild, wie es
Kny*) für einige *Pandanus*-Arten gegeben hat: „Das letzte grosse
Gefäss des Holzkörpers oder eine Gruppe von wenigen Gefässen
wird allseitig von Sklerenchymzellen umfasst und dadurch von
dem übrigen Theil des Holzkörpers getrennt. Diesem Sklerenchym
ist der Weichbast in mehr oder weniger zahlreichen kleinen Gruppen
eingestreut." Dieser Beschreibung entspricht auch die Anordnung
der Elemente in den Bündeln von *Kingia* und *Dasypogon*, doch
sind hier jene dickwandigen Zellen ebenfalls nur verdickte parenchymatische Leptomelemente, so dass das grosse Gefäss nicht
mitten im Sklerenchym liegt, sondern durch Phloëmtheile vom
übrigen Holzkörper getrennt ist. Noch in anderer Hinsicht ist die
Bündelanlage von *Kingia* interessant (Fig. 21). Betrachtet man
den Querschnitt des Blattes, so erblickt man jenes oben beschriebene
Bündel rings herum von Bast umgeben, während sich seitwärts in
derselben Höhe an die Aussenseiten der Bastrippen je eine kleine
Gruppe von Zellen anlegt, die sowohl aus zartwandigen als auch
aus verdickten Elementen besteht; die zartwandigen liegen immer
nach derselben Seite hin wie das Leptom des Hauptbündels, die
dickwandigen zeigen oft behöfte Poren, so dass man wohl annehmen darf, Leptom und Hadrom kleiner Bündel vor sich zu
haben. Zuweilen erblickt man nun auf günstigen Querschnitten,
wie der sonst ununterbrochene Bastring seitlich aufgehoben und
eine Verbindung zwischen dem Hauptbündel und den anliegenden
kleineren durch Mestomelemente hergestellt ist. Man kann also
hier auch nur ein einziges Bündel annehmen, von dem auf weite
Strecken durch dazwischen geschobenen Bast seitliche Theile abgetrennt sind, die dann an einigen Stellen durch Querverbindungen
mit der Hauptmasse im Zusammenhang geblieben sind. Ein ganz
ähnliches Verhalten wurde bei *Calectasia* und *Dasypogon* beobachtet.

Schliesslich ist noch eine Eigenthümlichkeit zu erwähnen, die
mehrmals bei *Conostylis*-Arten, z. B. sehr deutlich bei *C. setosa*
und *C. Androstemma* wahrgenommen wurde. Die die seitlichen
Durchgangsstellen bildenden Tracheiden hören hier nicht an der
Parenchymscheide auf, sondern greifen zwischen dieser und dem
Belege des Leptoms in einer Schicht weit um den letzteren herum,
so dass zuweilen die ganze äussere Zelllage dieser Belege von
Tracheiden gebildet ist (Fig. 15). Auf dem Querschnitt unterscheiden sich diese Zellen ausser durch die behöften Poren durch
ihr grösseres, rundliches Lumen von den stärker verdickten
Elementen des Bastes. Interessant ist es, bei den verschiedenen

---

*) l. c. p. 101.

Bündeln hier den Uebergang vom collateralen zum concentrischen Typus beobachten zu können. Während in dem oben beschriebenen Falle, der die grösseren Bündel betrifft, die den Leptombeleg-umgebenden Tracheiden vom Leptom selbst durch Bastelemente getrennt sind, schwinden diese letzteren bei den kleineren Bündeln immer mehr, bis sie zuletzt bei den kleinsten ganz fortfallen und dann die Tracheiden statt des Beleges das Leptom umgeben, das also dann ringsum von Hadromelementen eingeschlossen ist.

(Schluss folgt.)

Instrumente, Präparations- und Conservations-Methoden.

Altmann, Thermoregulator neuer Construction. Mit 1 Figur. (Centralblatt für Bakteriologie und Parasitenkunde. Bd. IX. 1891. No. 24. p. 791—792.)

Aubert, E., Nouvel appareil de MM. G. Bonnet et L. Mangin pour l'analyse des gaz. Notice. (Extrait de la Revue générale de botanique. Tome III. 1891.) 8°. 6 pp. et planche. Paris 1891.

Beyerinck, M. W., Verfahren zum Nachweise der Säureabsonderung bei Mikrobien. Mit 2 Figuren. (Centralblatt für Bakteriologie und Parasitenkunde. Band IX. 1891. No. 24. p. 781—786.)

Kaufmann, P., Ueber eine neue Anwendung des Safranins. (Centralblatt für Bakteriologie und Parasitenkunde. Bd. IX. 1891. No. 22. p. 717—718.)

Roux, Sur un régulateur de température applicable aux étuves. (Annales de l'Institut Pasteur. 1891. No. 3. p. 158—162.)

Saccardo, P. A., L'invenzione del microscopio composto. Dati e commenti. (Malpighia. Vol. V. 1891. p. 40.)

Schleichert, F., Anleitung zu botanischen Beobachtungen und pflanzenphysio-logischen Experimenten. Ein Hilfsbuch für den Lehrer beim botanischen Schulunterricht. Unter Zugrundelegung von D e t m e r's Pflanzenphysiologischem Praktikum bearbeitet. 8°. VIII, 152 pp. 52 Figuren. Langensalza (Beyer & Söhne) 1891. M. 2.—

Unna, P. G., Der Dampftrichter. Mit 1 Figur. (Centralblatt für Bakteriologie und Parasitenkunde. Bd. IX. 1891. No. 23. p. 749—752.)

Referate.

Reinhard, L., Zur Entwicklungsgeschichte der *Gloeochaete Wittrockiana* L a g e r h. (VIII. Congress russischer Naturforscher u. Aerzte. Botanik. pag. 13. — St. Petersburg 1890.) [Russisch].
Verf. beschreibt kurz den Bau dieser von L a g e r h e i m ent-deckten und zu den *Chroococcaceen* gestellten Alge. Sie findet sich auf verschiedenen Gegenständen unter Wasser, einzeln oder in Kolonien von 2, 4 oder 8 Zellen. Jede Zelle ist mit zwei langen Borsten versehen. Sie enthält kleine ovale Chloroplasten, die sich durch Querdurchschnürung vermehren, und einen ziemlich grossen Zell-

ikern. Die vegetative Vermehrung geschieht durch Längstheilung,
wobei jede Tochterzelle eine Borste erhält, während die zweite
Borste sich nach der Theilung neu bildet. Die reproductive Vermehrung geschieht durch Zoosporen von oval-cylindrischer Form,
die nur sehr kurze Zeit schwärmen; sie entwickeln sich durch Voll-
bildung, indem aus dem gesammten Inhalt der Mutterzelle nur
1 Zoospore entsteht.

Hiernach ist die Alge nicht zu den *Chroococcaceen*, sondern
zu den *Palmellaceen* zu stellen, und steht der Gattung *Tetraspora*
am nächsten.

Rothert (Kazan).

Fischer, Alf., Die Plasmolyse der Bakterien. (Berichte
der k. sächs. Gesellsch. der Wissensch. Mathem.-physik. Classe.
1891. p. 52—74. Mit 1 Tafel.)

Während die meisten Angaben dahin lauten, dass die Bakterienzelle von einem ziemlich dichten gleichmässigen Plasma erfüllt ist,
fand Verf., dass schon durch $^3/_4$- oder $1^0/_0$ige NaCl-Lösung bei fast
allen Bakterien leicht Plasmolyse hervorzurufen ist. Das Plasma zieht
sich dann bei stäbchenförmigen Zellen in 1 oder 2, auch 3 bis 4
runde Klumpen zusammen, muss also vorher viel Zellsaft eingeschlossen haben. Diese plasmolytischen Erscheinungen, welche
jedenfalls schon bei dem Eintrocknen auf dem Deckglas eintreten
können, sind gewiss oft von den Beobachtern mit Sporenbildung
verwechselt worden; so besonders beim Typhusbacillus. Ausser
diesem zählt Verf. noch 16 andere Formen auf, bei welchen er
Plasmolyse eintreten lassen konnte. In einem zweiten Kapitel bespricht Verf. die natürliche Plasmolyse der Bakterien im erkrankten
Organismus und in Culturen. Beide Fälle wurden sicher beobachtet
an der Kaninchen-Streptothrix; es ist aber anzunehmen, dass auch
andere pathogene Bakterien im kranken Organismus und die Bakterien in alten Culturen beim Verdunsten des Wassers Bedingungen
ausgesetzt werden, durch die Plasmolyse hervorgerufen werden kann.

Aus den Beobachtungen lassen sich Schlüsse ziehen auf Inhalt
und Membran der Bakterienzelle. Es zeigt sich, dass der Inhalt
derselben entgegen der bisherigen Annahme sehr leicht bei den
Präparationsmethoden verändert wird. Ferner liefert uns die Plasmolyse ein Mittel zur Entscheidung, ob die beobachteten Bakterien
noch lebendig sind. Verf. kritisirt nun die Angaben von Ernst
und Bütschli über die Bakterienzelle und tritt besonders Letzterem
gegenüber, indem er sowohl aus theoretischen Gründen das Vorkommen eines so grossen Kernes bei den niedersten Pflanzen für
sehr unwahrscheinlich erklärt, als auch B.'s Beobachtungen anders
deutet: das, was B. für den grossen Kern erklärt, ist nach Verf.
nur die Hauptmasse des contrahirten Plasmas, das durch feine
Fäden (B.'s Wabenkammerwände) mit der Membran in Verbindung
bleibt. Für die Membran ergiebt sich, dass sie eine sehr geringe
Durchlässigkeit für tödtende Substanzen besitzt: z. B. ruft eine
Kochsalzlösung, in der Jod gelöst ist, noch Plasmolyse hervor, in-

dem erstere viel schneller eindringt, als das letztere, was bei anderen·
Pflanzenzellen nicht der Fall ist

Verf. gedenkt diese interessanten und vielversprechenden Unter-·
suchungen fortzusetzen.

Möbius (Heidelberg).

Loew, O., Ueber das Verhalten niederer Pilze gegen·
verschiedene anorganische Stickstoffverbindungen.
(Biolog. Centralblatt. Bd. X. 1890. Nr. 19 und 20. p. 577
—591.)

In dieser interessanten Arbeit behandelt Verf. zunächst die·
Frage nach der Synthese des Eiweisses. Nach seiner Theorie muss·
der C in der Form von CH_2O oder einer ähnlichen einfachen·
Verbindung geboten sein, während von den anorganischen N-Ver-
bindungen nur solche Verwendung finden, die in den Zellen leicht·
zu Ammoniak werden. Das dem NH_3 so nahe stehende Hydroxylamin erweist sich als ein intensives Gift für das Plasma, ebenso·
das Diamid in seinen Salzen — in Nährlösungen, die 0,02—0,5%·
Diamidsulfat enthielten, entwickelten sich keine Spaltpilze. Verf.
glaubt dies Verhalten darauf begründet, dass diese Stoffe leicht mit
den Aldehydgruppen, deren Bestand für das lebendige Eiweiss·
charakteristisch sein soll, in Reaction treten.

Der nächste Abschnitt behandelt die Ernährung der Pilze mit·
Nitraten. Es wird zunächst erwiesen, dass bei Schimmelpilzen das·
Licht keinen entschiedenen Einfluss auf die Eiweissbildung ausübt,·
deswegen sei es auch für die grünen Pflanzen wahrscheinlich, dass·
die letztere nicht durch das Licht gefördert oder bedingt ist. Auffallend ist, dass die grünen Pflanzen mit Ammoniaksalzen nicht so·
gut ernährt werden, als mit Nitraten, obgleich diese zur Eiweissbildung doch erst in Nitrite und Ammoniak reducirt werden müssen.
Auch auf Schimmel- und Spaltpilze wirken Nitrate besser, als·
Ammoniaksalze, wenn wasserstoffreiche Körper und labile Verbindungen nebenbei als Nährstoffe vorhanden sind. Zunächst bilden·
sich aus den Nitraten nachweisbar Nitrite, während die Reduction
zu Ammoniak in grösserem Maasse, als unbedingt zur Eiweissbildung
nöthig ist, von speciellen Verhältnissen abhängt (Art der Bakterien,·
Gährfähigkeit?). Die Minderwerthigkeit der Ammoniaksalze bei
höheren Pflanzen zur N- Nahrung kann daher rühren, dass jene,·
über ein gewisses Maass zugeführt, vielleicht einen schädlichen·
Einfluss äussern. Schliesslich handelt es sich um die Entwicklung
freien Stickstoffs bei Gährungen. Dieselbe ist bedingt durch Bildung·
von Nitriten, ob diese aber mit Ammoniak oder Amidosäuren in
Reaction treten müssen, liess sich nicht entscheiden; offenbar spielt
auch die specifische Eigenschaft der Bakterien eine Rolle dabei.
Hieran wird dann noch eine Erörterung über die Assimilation des freien·
N geknüpft; dass sie möglich ist, geht schon daraus hervor, dass auch·
Platinmohr bei Gegenwart starker Basen den N zur Reaction mit·
Wasser veranlassen kann. Dass die Leguminosenbakterien den freien·
N in Nährlösungen assimiliren, konnte Verf. nicht nachweisen, weil·

ihm die Cultur jener Mikroben in stickstofffreien Nährlösungen nicht
gelang. Auch *Nostoc* zeigte, in stickstofffreier Nährlösung und von
NH₃ völlig gereinigter Luft gezüchtet, keine Spur von Vermehrung,
weshalb Verf. vermuthet, dass bei den Versuchen Prantl's, die ein
anderes Resultat gaben, etwas NH₃ aus der Luft in die Culturgefässe
gelangte. Bezüglich der Leguminosenbakterien neigt Verf. zu der
Ansicht, dass nicht sie den freien N assimiliren, sondern dass sie
gewisse Reizstoffe ausscheiden, welche die Zellen der Leguminosen
zu dieser chemischen Thätigkeit anregen.

Möbius (Heidelberg).

Nencki, M., Die isomeren Milchsäuren als Erkennungs-
mittel einzelner Spaltpilzarten. (Centralblatt für Bakteriologie und Parasitenkunde. Bd. IX. No. 9. p. 304—306.)

Schon vor zwei Jahren beschrieben Nencki und Sieber
einen *Micrococcus acidi paralactici*, welcher Traubenzucker vergährt, dabei aber nicht die inactive, sondern die das polarisirte
Licht nach rechts drehende Para- oder Fleischmilchsäure liefert.
Durch mehr als ein Dutzend Gährversuche wurde ferner festgestellt,
dass ein und derselbe Mikrobe stets die gleiche Milchsäure bildet,
mit der Zeit aber an Gährtüchtigkeit verliert. Auch einige andere
Spaltpilze kennt man noch, die aus Kohlehydraten die optisch
active Milchsäure bilden. Neuerdings nun hat Schardinger in
sanitär beanstandetem Wasser ein Kurzstäbchen gefunden, das Rohrzucker und Dextrose vergährt, wobei eine Milchsäure entsteht,
welche im Gegensatz zu der ihr in allen chemischen Eigenschaften
gleichenden Paramilchsäure die Polarisationsebene als Anhydrit
links, in ihren Salzen aber rechts dreht und deshalb Linksmilchsäure
benannt wurde. Durch Mischung von molekularen Mengen des
neuen milchsauren Zinks mit paramilchsaurem Zink erhält man ein
Zinklactat, welches mit dem bisher als „gährungsmilchsaures Zink"
bezeichneten Salze identisch ist.

Verf. weist nun darauf hin, wie wichtig dieses Bilden verschiedener
Milchsäuren bei bakteriologischchemischen Untersuchungen für die Bestimmung einzelner Spaltpilzspecies werden kann. So isolirte er z. B.
aus dem menschlichen Dünndarm ein *Bacterium*, das er *B. Bitschleri*
benannte, und das sich von dem ihm sehr ähnlichen *B. coli commune*
lediglich dadurch unterscheidet, dass es nicht die Rechtsmilchsäure,
sondern die optisch inactive Milchsäure bildet.

Zur Ermittelung der durch Bakterien hervorgerufenen Zersetzungsproducte der Kohlenhydrate wurde folgendes Verfahren angewendet:
In einem Liter Bouillon werden 50—80 g des zu untersuchenden Kohle-
hydrats gelöst, mit 20—30 g schwach geglühtem kohlensauren Kalk
versetzt, durch Erhitzen sterilisirt und nach dem Erkalten geimpft. Nach
etwa zwei oder, wenn man anaërobiotisch verfährt, vier Wochen wird
der Gehalt an unzersetztem Zucker titrimetrisch bestimmt und hierauf
die Lösung mit Oxalsäurelösung im Ueberschusse gefällt. Nachdem
der gelöste Kalk vollkommen ausgefällt und der Retortenrückstand
durch wiederholte Destillation von flüchtigen Fettsäuren und Alkoholen

befreit worden ist, wird er zu syrupiger Consistenz eingedampft und
mit Aether extrahirt, in welchen überschüssig zugesetzte Oxalsäure,
Milchsäure und etwa vorhandene Bernsteinsäure übergehen. Der
nach Abdestilliren des Aethers hinterbleibende Rückstand kann sofort
polaristrobometrisch untersucht werden. Durch Kochen mit Zink-
hydroxyd bleibt von den drei Säuren die Oxalsäure zurück, worauf
das bernsteinsaure Zink von dem viel leichter löslichen Zinklactat
dadurch getrennt wird, dass das Filtrat auf dem Wasserbade verdunstet und der Rückstand aus wenig heissem Wasser umkrystallisirt
wird, wobei das bernsteinsaure Zink ungelöst zurückbleibt. Die
polaristrobometrische Untersuchung des Zinksalzes gibt hinreichend
Aufschluss über die Natur der Milchsäure.

Kohl (Marburg).

Costantin, J. et Dufour, L., Nouvelle flore des champignons pour la détermination facile de toutes les
espèces de France et de la plupart des espèces
Européennes. 8°. 255 pp. Avec 3842 figures. Paris (Paul
Dupont) 1891. Fr. 5.50, avec reliure anglaise Fr. 6.—
    Als Fortsetzung der Nouvelle Flore de France von G. Bonnier
und De Layens (Bd. III) ist von den Verff. eine Pilzflora von
Frankreich erschienen, welche alle Arten makroskopischer Pilze von
Frankreich und die Mehrzahl der europäischen Arten überhaupt
enthält. Dieselbe verdient nach jeder Seite hin ganz besondere
Beachtung auch über die Grenzen Frankreichs hinaus. Einmal
gibt es kein allgemeinverständliches, die höheren Pilze umfassendes
Taschenbuch, welches bei so geringer Grösse (wirkliches Taschen-
format) eine so ausserordentlich grosse Zahl von Pilzen
behandelte, und zweitens keins, welches auch dem Nichtbotaniker
gestattete, so rasch, leicht und sicher die gefundenen
Pilzformen zu bestimmen. Die Verff. erreichen dies durch
die sehr geschickte Auswahl der charakteristischsten Merkmale, die
Hinzufügung bezeichnender Figuren, welche deutlicher als alle Worte
sprechen, und zahlreicher Abbildungen auf 59 Tafeln. In 3842 Abbildungen werden alle Familien und Gattungen und sehr viele Arten
der letzteren in Habitusbildern und Figuren, welche die hervor-
stechendsten makroskopischen und mikroskopischen Eigenschaften
sofort erkennen lassen, illustrirt. In den Habitusbildern bezeichnen
Buchstaben — dieselben, welche sich auf einer Farbentafel mit
40 Farben am Ende des Buches finden — die Farben der einzelnen
Theile (Hut, Ober- und Unterseite, Strunk). Wem dies nicht übersichtlich genug ist, der kann sich leicht die betreffenden Farben
selbst in die Figuren eintragen. Wenigstens ist bei der Auswahl
des Papieres darauf Rücksicht genommen.
    Das ganze Buch enthält im Anschluss an die Figurentafeln
Bestimmungsschlüssel für die einzelnen Gattungen und Arten, die
dadurch noch besonders handlich gemacht sind, dass der Druck

nicht in der Breiten- sondern in der Längenrichtung des kleinen
Octavbandes ausgeführt ist.

Dass die Verff., die als Mykologen hervorragenden Ruf besitzen, in ihrer Flora die neuesten Entdeckungen verwerthet haben,
braucht nicht erst betont zu werden (nur das letzte Heft von
O. Brefeld konnte noch keine Berücksichtigung finden).

Das Buch umfasst nach einem einleitenden Capitel und all-
gemein systematischen Uebersichten die Beschreibungen von 1826
Basidiomyceten-Species und die grösseren Arten von *Peziza, Bulgaria, Morchella, Gyromitra, Helvella, Verpa, Leotia, Spathularia,
Mitrula, Geoglossum, Xylaria, Elaphomyces, Tuber, Chaeromyces,
Terfezia* aus der Abtheilung der *Ascomyceten*. Es folgen dann
Rathschläge über das Sammeln, Präpariren der Pilze, über das
Verhalten bei Vergiftung durch Schwämme, ein Verzeichniss der
bei der Beschreibung angewandten (wenigen) termini technici, Ab-
kürzungen und Zeichen, Register der botanischen Namen und der
volksthümlichen französischen Namen der in dem Buch genannten
Pilze.

Das Buch ist ein so durchaus praktisches, dass wir nur den
Wunsch aussprechen können, es möchte unter Beibehaltung seiner
ganzen äusseren und inneren Einrichtung auch in andere Sprachen
übertragen werden.

                                                    Ludwig (Greiz).

Nouvelles contributions à la Flore mycologique des
îles Saint-Thomé et du Prince, recueillies par MM.
Ad. F. Moller, F. Quintar et F. Newton, étudiées par
MM. G. Bresadola et C. Roumeguère. (Boletim da sociedade
Broteriana. Vol. VII. p. 159—177. Coimbra 1890.)

Dieses ganz lateinisch geschriebene und von vielen
wichtigen Bemerkungen begleitete Verzeichniss enthält 81 Arten
(der Mehrzahl nach *Hymenomyceten*), von denen 61 für die Pilzflora der genannten Inseln und 10 überhaupt neu sind. Von
letzteren folgen anbei die Beschreibungen nebst Angabe des Vorkommens:

Pholiota aculeata. Pileus carnosulus, e campanulato convexo-expansus,
luteus, squamis primitus, praesertim centro aculeiformibus hirtis, dein subad-
pressis, satucatioribus praeditus, 1—1,5 cm latus; lamellae confertae, adnatae,
luteofulvae, stipes farctus, furfuraceus, flavidus, deorsum ferruginescens, 1—1,5 cm
long., 1—2 mm crassus; annulus inferus, non laceratus, evanidus. Caro flavida.
Sporae luteo-fulvae, subamygdaliformes, 7—6 $\times$ 1—4^1/$_3$ μ.

Hab. ad truncos putrescentes caespitosus in ins. St. Thomae ad Angolares.

Naucoria fusco-violacea. Pileus e conico-campanulato expanso-depressus,
submembranaceus, pruinatus, e radiato-striato sulcatus, primo laevis, dein
centro v. ubique reticulato-venosus, fusco-olivaceus, 2 cm circ. latus; lamellae
concolores, dein ferruginescentes, plus minus subdistantes, postice rotundato-
adnatae, acie pruinatae; stipes membranaceus, flaccidus, cavus, rufo-fuscus, ex
olivaceo-velutino glabrescens, basi incrassata et villosa, 6—7 cm longus, 2 mm
circ. crassus. Sporae flavo-aureae, obverse obovatae, 8—10 $\times$ 56 μ; basidia
clavata, 25—30 $\times$ 8—9 μ. — Hab. ad truncos in ins. St. Thomae.

Daedalea Newtonii. Pileus suberoso-lignosus, applanatus, flabelliformis,
postice cuneatus, sessilis v. substipitatus, velutinus, sulcis concentricis dense
zonatus, versus marginem acutum obsoletioribus, albido-stramineus, 6—10 cm

latus, 5—8 cm antice productus; sinuli ligneo-pallidi, subfuscescentes, labi-
rinthiformes, ad marginem porosi. Substantia suberoso-lignosa, ligneo-pallidens,
3—4 mm crassa. Sporae non visae. — C. obesior (Polystictus velutinus
f. Africana Sacc. et Berl. in Rev. mycologique n. 44, Oct. 1889.) Differt a typo
statura minore sed crassiore, margine obtuso, pileo sulcis rarioribus, sed interdum
profundioribus etc.
Hab. ad truncos in ins. Principis.

Corticium Quintariarium. Latissime effusum, arcte adnatum, gruinoso-
induratum, strato 1—1¹/₂ mm crasso, e lacteo subalutaceum, ambitu similari
hymenium laeve, glabrum. — Hab. ad ligna mucida in ins. St. Thomae.

Lachnocladium Mollerianum. Caespitosum, stipitibus basi connatis v. liberis,
4—6 mm longis, 1¹/₂—2 mm crassis, dein ramosis; ramis repetite dichotomis,
tenacellis, subrugulosis, apicibus subacutis et subbifidis, axillis arcuatis sulca-
tisque. Tota planta 3—4 cm alta, 1—1¹/₂ cm lata, unicolor, brunneo-rubiginosa,
glabra, pulvere tabacino ex sporis conspersa. Sporae flavidae, laeves, protoplas-
mate granuloso, 6—7×4—4¹/₂ μ. — Hab. ad ligna in ins. St. Thomae.

Pterula subaquatica. Gregaria, filiformis, brunneo-rufa, glabra, 1—1¹/₂—2 cm
alta, rarissime simplex, generatim caule basi albo tomentoso, 1—2 mm longo
praedita, mox in ramos duos teretes, apicibus subulatis, quorum unus simplex,
alter di- v. trichotomus diviso! Sporae flavidae, obverse piriformes, laeves,
12—18×6 μ.
Hab. ad herbas aquaticas putrescentes in ins. St. Thomae.

Clavaria Henriquezii. Truncus 2—3 cm longus, 1 cm circ. crassus, glaber,
pallide flavus; rami breves, subdichotomi, teretes v. compressi, subrugulosi,
flavovitellini, glabri. Caro albida inodora et insapora. Sporae flavidae, globoso-
ellipsoideae, interdum inaequilaterales, 9—11×9 μ. — Hab. in ins. St. Thomae.

Clathrus parvulus. Receptaculum obovatum, undique cancellatum, 2 cm
altum, 1—1¹/₂ cm latum, interstitiis polygonalibus apice duplo quam basi
majoribus, ramis quadrangulis, compressis, transverse rugosis, 1¹/₂ cm latis, extus
rufescentibus, intus olivaceis-fuscis; volva albido-alutacea, subrufescens, lobata,
in radicem multipartitam desinens. Sporae chlorino-hyalinae, cylindraceae,
4×1¹/₂ μ. — Hab. ad truncos cariosos putridos in ins. St. Thomae.

Tylostoma Mollerianum. Peridium subglobosum, papyraceum, albidum,
glabrum, basi circa umbilicum stipitis circulo floccoso-hirto concolore cinctum,
12—18 mm latum, 10—13 mm altum, ore plano rotundo, demum lacerato oblongo
haud fimbriato praeditum; stipes fistulosus, subquadrangularis, longitudinaliter
4—5 sulcis exaratus, aequalis lucide albidus, a peridia discretus et in acetabulum
peridiis immersus, basi marginato-volvaceus, volva bombycina evanida, 2—4 cm
longus, 3—4¹/₂ mm crassus, gleba ochracea. Substantia stipitis alba, lignoso-
coriacea; capillitii flocci hyalini, cylindracei, haud septati; 4—5 μ crassi. Sporae
flavo-aureae, laxe et tenuiter asperulae, 3¹/₂—5 μ diam. — Hab. in ins. St.
Thomae.

Isaria arbuscula. Stroma gregarium, candidum, arboriforme, stipite fili-
formi, 2 mm circ. alto praeditum, apice in ramos plurimos intricatos protensum,
2¹/₂—3 mm altum extensumque; conidiis hyalina, globoso-ellipsoidea v. obovata,
8—9×6 μ. — Hab ad corticem lignorum putrescent. in ins. St. Thomae ad
8äv Soño dos Angolases.

Eine Tafel Abbildungen illustrirt diese neuen und einige andere Arten.

Willkomm (Prag).

Lagerheim, G. de, Revision des Ustilaginées et des Urédinées contenues dans l'herbier de Welwitsch.
(Boletim da socied. Broteriana. Vol. VII. p. 126—135. Coimbra
1889.)

Der Verfasser hat das umfangreiche Herbarium des verstorbenen
Dr. Welwitsch, welches gegenwärtig im Nationalmuseum zu
Lissabon aufbewahrt wird, bezüglich der genannten beiden Pilz-
familien untersucht, wie dies schon viel früher Berckeley gethan

hat, welcher über die Ergebnisse seiner Revision 1853 zu London eine Abhandlung betitelt „Some notes upon the Cryptogamic portion of the plants collected in Portugal 1842—50 by Dr. F. Welwitsch" veröffentlichte. L a g e r h e i m giebt ein kritisches Verzeichniss, welches 54 Arten umfasst, worunter sich folgende neue befinden:

Doassansia Lithropsidis. D. soris amphigenis, rotundato - pulvinatis, punctiformibus, parvis, gregariis, prominulis, fuscis; sporis arcte conjunctis, polygonis, incoloribus, membrana tenui laevi praeditis, 12—16 μ. diam., tegumento communi cellularum polygonarum brunnearum laevium circumdatis. — Hab. in foliis *Lithropsidis peploidis* in ericetis humidis inter Torre et Perum in prov. Transtagana. Leg. W e l w i t s c h.

Uromyces (Uromycopsis) purpurea. U. aecidiis cum soris teleutosporiferis amphigenis in maculis elongatis amoene purpureis insidentibus, pseudo-peridio fere nullo, aecidiosporis sphaeroideo-angulatis, 20—24 μ. diam., membrana tenui incolori aculeata praeditis; soris teleutosporiferis unctiformibus, atropurpureis, primo epidermide tectis; teleutosporis globosis, ovoideis, obovatis v. angulatis, 30—44 μ. long., 28—36 μ. lat., membrana crassa, castanea, laevi, apice saepe incrassata praeditis; pedicello caduco. — Hab. in fol. Liliaceae sp. in pratis humidis pr. Muta-Lucale (Angola, Africa). Leg. W e l w i t s c h.

Puccinia (Leptopuccinia) Cynanchi. Soris teleutosporiferis rotundato-pulvinatis, compactis, fuscis, in pagina inferiore folii in maculis pallidis congregatis; teleutosporis rotundatis, ovoideis v. ovalibus, apice rotundatis v. in pedicellum angustatis, ad septum non constrictis, episporio crasso, brunneo, laevi, ad apicem paullulum incrassato, pedicello persistente, longo, dilute brunneo, sarie inverto praeditis, 24—30 μ. long. et 22—28 μ. latis. — Hab. ad folia viva *Cynanchi parviflori* in ins. Martinica. Leg. M é r a t.

Puccinia Cressae. Teleutosporis ovalibus ovoideis, apice parum angustatis v. rotundatis, medio constrictis, basi in pedicellum attenuatis, membrana ad apicem non v. paullulum incrassata, laevi fusca instructis, 40—44 μ. long. 24—26 μ. lat. Uredosporis ovoideis, membrana fusca aculeata praeditis, 25—32 μ. long., 22—24 μ. latis. — Hab. in Fol. *Cressae villosae* Hoffm. in subsalsis ad Tagam pr. Villanova da Rainhe in prov. Extremadura. Leg. W e l w i t s c h.

Puccinia (v. Uromyces?) Dorsteniae. Aecidiis in pagina inferiore folii in maculis pallidis suborbiculatis gregatim dispositis; pseudoperidiis cupulatis, sat brevibus, margine parum lacinulato; aecidiosporis polygonis, 20—24 μ. diam., episporio hyalino ruguloso; soris uredosporiferis in pagina folii dispersis, parvis, ochraceis (siccis!), epidermide primo tectis, demum epidermide fissa circumdatis; uredosporis rotundatis v. ovato-oblongis, 18—26 μ. long., 17—20 μ. lat., episporio hyalino aculeolato; paraphysibus nullis; teleutosporis? — Hab. ad folia viva *Dorsteniae Psiluri* Welw. in silvis primaevis de Mata de Pungo Andougo et ad Luxillo in Angola Africae. Leg. W e l w i t s c h.

Aecidium cissigemum Welw. in Herb. „Peridiis stipitatis, minime profundis, petiolum tegentibus et subinde in folia trânseuntibus, margine subcrenulato, laciniis brevissimis; sporis vivis aurantiacis, siccitate pallidis, subglobosis v. ovato-oblongis, forma et crassitudine variis, 0,009—0,0012 longis." — Hab. ad folia Cissi spec. pr. Caghuy, Pungo Andongo in Angola Africae. Leg. W e l w i t s c h.

Der Verf. bemerkt dazu, dass die Sporen polygonal und feinrunzlig, 24 μ. lang und 16 μ. breit sind und dass das *Aecidium Cissi* Wint. (Hedwigia 1887, p. 168) eine von der Welwitsch'schen Art ganz verschiedene ist.

Aecidium Benguellense. A. spermogoniis in maculis rubris congregatis aecidiis circumdatis; aecidiis in maculis magnis, ut videtur aurantiacis, congregatis in pagina inferiore, rarissime in pagina superiore foliorum; pseudoperidiis breviter cylindricis v. cupulatis, margine lacinulato recto v. parum recurvato; sporis polygonis, membrana incolori subtiliter verrucosa praeditis, circa 24 μ. in diam. — Hab. ad folia viva suffruticis Rubiacearum a W e l w i t s c h nomine *Stephanostigmatis fuchsioidis* designati in silvestribus pr. lacum magnum de Invantala in Africa. Leg. W e l w i t s c h.

Aecidium Welwitschii. A. aecidiis totam superficiem folii occupantibus, pseudoperidiis cupulatis brevibus, margine lacinulato et recurvato; sporis polygonis, membrana incolori subtiliter verrucosa praeditis, 22—25 μ. long., 16—20 μ. lat. — Hab. ad folia viva fruticuli familiae Ebenacearum in rupestribus de Morro de Monica in Benguella Africae. Leg. Welwitsch.

Uredo Africanus. U. soris hypophyllis, aureis, numerosis, angulosis, confluentibus, superficiem inferiorem folii infecti saepe obducentibus; uredosporis plus minusve reniformibus, 27—88 μ. long., ca. 18 μ. lat., membrana ochroa aculeata praeditis; paraphysibus nullis. — Hab. ad folia plantae herbaceae ex ord. Rubiacearum, in pratis humidis inter rivum Ema et lac. Ivantala in Angola Africae. Leg. Welwitsch.

Willkomm (Prag).

Saccardo, P. A. et Berlese, A. N., Mycetes aliquot Guineenses a cl. Moller et F. Newton lecti in ins. S. Thomae et Principis. (Boletim da socied. Broteriana Tom. VII. p. 110—114. Coimbra 1890.)

In diesem nur 24 Arten umfassenden Verzeichnisse sind 9 neue Arten beschrieben, deren Diagnosen und Vorkommen hier beigefügt werden:

Polyporus torquescens S. et B. Pileo flabellato-cuneato v. substipitato coriaceoindurato, applanato, acrescendo varie inflexo, sordide pallido-ochraceo, concentrice, tenuiter zonato-sulcato, zonis vix discoloribus, radiatimque rivuloso, omnino glabro; contextu ligneo-pallido, hymenio concolori; poris punctiformibus, confert simis 80—100 micr. diam. Hab. ad truncos S. Thomé.

Polystictus Mollerianus S. B. et R. Flabellato-spathulatus, atro-violaceus, nitens, coriaceus, utrinque planus, glaber in stipitem brevem crassum teretem basi dilatatum productus, concentrice sulcato-zonatus; ramis subconcoloribus, extioma pallidiore margine acutiusculo subsinuoso, sporis sordide violaceis, punctiformibus, creberrimis; contextu subconcolore. — Hab. ad truncos in ins. S. Thomé.

Trametes discolor S. et B. Dimidiata, e basi disciformi incrassata subsessilis, utrinque plana coriacea suberosa, glabra, obsolete concentrice sulcata, parce minuteque strigulosa, albida, nitidula, margine acuto, contextu porisque cinnamomeocastaneis; poris regularibus orbiculato-hexagonis ¹/₃ mm diam. — Hab ad truncos ins. S. Thomé.

Favolus Jacobaeus G. et B. Pileo flabellato basi disciformi sessili, tenuimembranaceo, utrinque plano, eximie radiatim sulcato, pallide lutescente, glabro, margine acuto subundulato, alveolis radiantibus, oblongo-hexagonis, acie integra, ochraceo alutaceis. — Hab. ad truncos ins: S. Thomé.

Stereum pulchellum S. et B. Pileo coriaceo-membranaceo, ex infundibuliformi flabellato, breve stipitato, conentrice obsolete zonato ochraceo-cervino, infra obscuriore, velutino, margine acuto integerrimo; hymenio levissimo, nitidato, carneo stipite teretiusculo brunneo puberulo, apice albido-marginato. — Hab. ad truncos in ins. Principis.

Stereum amphichytes G. et B. Pileis reflexis latere connatis, coriaceo-rigidis, longitrorsum crebre inaequaliter sulcatis minuteque foveolatis, glabris, cinereis versus marginem acutum pallidioribus; hymenio ochraceo-rufescente, longitrosaum plicato-sulcato minuteque colliculoso, glabrescente, sub lente vero pilis exiguis tereti-clavulatis hyalinis continuis tortuosis subvelutino. — Hab. ad truncos in ins. S. Thomé.

Leptosphaeria Musarum L. et B. Amphigena ad plerumque hypophylla; peritheciis gregariis, innatis, globulosis, ¹/₆ mm diam., ostiolo abtuse papillato, erumpente; ascis fucoideo-elongatis, brevissime noduloso-stipitatis, apice obtusiusculis 60—10—12, obsolete paraphysatis; sporidiis distichis, fucoideis, rectis, rarius curvulis, utrinque obtusiusculis, 15—18—5—6 triseptatis, ad septa vix constrictis, olivaceo-fuscis. Hab. in foliis emortuis *Musae* in ins. S. Thomé.

Metaspheria Cumarelli S. et B. Amphigena sed plerumque hypophylla, peritheciis gregariis globulosis, innatis, ostiolo peresiguo erumpente, ¹/₄—¹/₆ mm diam., ascis clavulatis, subsessilibus, apice rotundatis, 45—50—12, obsolete paraphysatis, sporidiis inordinata distichis, fuseoideis, curvulis, utrinque acutiusculis,

8*

·triseptatis, ad septum medium magis constrictis, 15—17—3—4, hyalinis. — Hab.
in foliis emortuis *Musae* in ins. S. Thomé.

Helminthosporium parasiticum S. et B. Hyphis simplicibus erectis, subsparsis,
basi incrassatis, fuligineis, apice pallidiore guttulifero, denticulis truncatis, saepe
armato attenuatoque, septatis 180—300—8; conidiis obclavatis, loculo extimo
valde attenuato, subhyalino, triseptatis septis distictinctissimis, loculis uniguttu-
latis, pallide ochraceo-lutescentibus, 86—42—10—12. —

Parasitans in stromate *Diaporthes* cujusdam in caule *Musae* viventis, in ins.
S. Thomé, in altit. 800 m.

Willkomm (Prag).

Carbone, Tito, Ueber die von *Proteus vulgaris* erzeugten
Gifte. (Aus dem anatom.-path. Institute der Universität Turin. —
Centralblatt für Bakteriologie und Parasitenkunde. Bd. VIII.
No. 24. p. 756—761.)

Foà und Bonome hatten seinerzeit die interessante Beobachtung
mitgetheilt, dass man ein Thier gegen eine gegebene Infektion (z. B.
durch *Proteus vulgaris*) refractär machen kann durch praeventive Einführung einer chemisch bekannten Substanz in das Blut. Dabei war es
unentschieden geblieben, ob die von diesen Forschern benutzten Substanzen, Cholin und Neurin, sich auch unter von *Proteus vulgaris* ausgeschiedenen chemischen Producten befinden. Verf. unterwarf daher
die von *Proteus vulgaris* abgesonderten Stoffe einer eingehenden
Untersuchung. Er erhielt aus *Proteus*-Culturen Cholin, Aethylendiamin, Gadinin und Trimethylamin, Cholin nur in zehntägigen
Culturen. Neurin konnte er nicht finden. Er versuchte nun zu
ermitteln, ob Injection von Cholin allein den Versuchsthieren Immunität für den *Proteus vulgaris* verleihe. Die Experimente hatten
durchgehends positives Resultat. Ebenso konnten Thiere durch
Injection mit qualitativ gleiche Wirkungen äusserndem Muscarin
gegen *Proteus* immunisirt werden. Die Arbeit des Verf.'s hat
demnach in erster Linie folgende Sätze ergeben: Der in Fleisch
cultivirte *Proteus vulgaris* erzeugt Cholin, Aethylendiamin, Gadinin
und Trimethylamin, sämmtlich Basen, die beim Faulen von Fischen
gefunden werden, von denen man aber nicht wusste, welchen der
zahlreichen Fäulnissbakterien sie zuzuschreiben wären. Durch
Injection von einem gegebenen Bacterium ausgeschiedener Ptomaïne
kann man die Thiere für das betreffende Bacterium refractär machen.
Dasselbe Ziel lässt sich auch mit anderen diesen Ptomaïnen ähnlich
wirkenden Substanzen erreichen, wenn diese sich auch nicht unter
den Producten des Bacteriums befinden.

Kohl (Marburg).

Minks, Arthur, Lichenum generis *Cyrtidulae* species nondum
descriptae aut non rite delineatae. (Revue mycologique.
No. 50. Avril 1891. p. 55—65.)

Die schon im Jahre 1876 aufgestellte Gattung *Cyrtidula* Mks.
ist jetzt einer monographischen Bearbeitung unterzogen. Die Diagnose
lautet folgendermaassen:

Thallus endophloeodes, occultus vel plus minus indicatus, raro liberatus, gonidemate demum chroolepideo.

Apothecia simplicia, solitaria vel aggregata, vere disciformia, habitu quidem haud raro plus minus pyrenioideo, primitus vel demum libera vel semper substrato velata, excipulo destituta, sed tegumento superiore lacunoso, cyrtidio, obtecta, rima regulariter vel irregulariter circumcurrente vel percurrente aperta, semel ac penitus evacuata. Hypothecium e thallo ortum sterigmatibus vix vel bene distinctis. Thalamium paraphysibus nunquam liberis, sed inter se et cum reti hyphoso cyrtidii semper connexis. Thecae ejusdem apothecii polymorphae, e sterigmatibus juxta paraphyses ortae. Thecasporae simplices, unicellulares, gonidio sive blastidio primum per transversum fisso dy-, tri-, tetra-, pleoblastae, demum per longitudinem fisso polyblastae.

Cyrtidula gehört in Folge des Besitzes aller neuen Kriterien zu den Flechten, hat ausserdem ein in Gonangien angelegtes Gonidema und besitzt endlich noch ein solches in der Umgebung des Apotheciums verschiedener Arten. Wer also ausser Stande ist, in den Zellen der Paraphysen, Sterigmata und Sporen die Mikrogonidien zu erkennen, oder nicht einmal im Thallus das Gonidema zu finden, muss wenigstens im Falle der Umhüllung der Apothecien mit Gonidema an das lichenische Wesen glauben. Wie grossen Schwierigkeiten man aber bei der Aufsuchung der neuen Kriterien begegnet, kann man sich gerade bei dieser Gattung vergegenwärtigen, wenn man erwägt, dass N y l a n d e r bisher nicht einmal die Paraphysen zu sehen, geschweige denn den Bau des Thalamium zu erkennen vermochte.

Von *Cyrtidula* ausgeschlossen sind vor Allem die Arten von *Mycoporum* Flot. Nyl., welche nach dem Typus der ersten, *M. elabens* Flot., gebaut sind. Im ganzen Baue des Apotheciums neigt *Cyrtidula* zu *Arthonia* Ach. Nyl., in dem Cyrtidium aber zu *Verrucaria* Ach. Nyl.

Der Bau des Cyrtidium wird zu Zwecken der Diagnostik verwendet. Ref. schlägt aber auch vor, dieselbe auf das Excipulum (incl. Perithecium) überhaupt auszudehnen. Wenn die Hyphe des Maschengewebes dieser Hülle gerade ist, wird das Cyrtidium als regulare, wenn sie gedreht und gewunden, als irregulare bezeichnet. Um diese Diagnostik anzuwenden und auszunutzen, ist freilich eine etwa 1000fache Vergrösserung nothwendig. Behufs Beschreibung bezw. Bestimmung ist daher die Betrachtung der ganzen Fläche des Cyrtidiums unerlässlich. Die übrigens nicht allein dem Apothecium von *Cyrtidula* eigenthümlichen Lacunae oder Grübchen sind nicht etwa wahre Oeffnungen, sondern eben nur dünnere, hellere und im Umrisse der Gestalt des Apothecium angepasste Abschnitte, die unzweifelhaft zur Erleichterung des Zutrittes der ernährenden Flüssigkeit dienen. Das Cyrtidium und das Thalamium bilden ein zusammenhängendes Gewebe bis zum Ende des Fruchtkörpers.

Die Thecaspore ist bisher von keinem Beobachter, namentlich also auch vom Ref. nicht, vollständig erkannt worden. Jetzt aber vermag Ref. die obige Diagnose als die erste richtige und voll-

ständige dieses Organes überhaupt hinzustellen. Auch bei den im
Sinne der Autoren farblosen Sporen hat die bisher überhaupt gar
nicht gesehene Membran eine sehr licht gelbbraune Färbung.
Dass auch den Autoren die Organe einiger Arten gefärbt erschienen, ist auf ganz besondere Ursachen zurückzuführen.

Die meisten Arten bewohnen das Periderm verholzender Pflanzen·
ohne Unterschied der Grösse und Höhe, nur wenige andere Lichenen.
Eine sorgfältige und planmässige Absuchung der verholzenden Gewächse stellt eine nicht unbedeutende Vermehrung der Arten in
Aussicht. Daher ist die zwar nach der gegenseitigen Verwandtschaft
aufgestellte Aufzählung von 23 Arten noch nicht in Gruppen
gesondert. Die ausführlich beschriebenen Arten sind:
1. *C. fuscorubella* Mks., 2. *C. subpallida* Mks., 3. *C. limbata* Mks., 4. *C.
grammatodes* Mks., 5. *C. crataegina* Mks., 6. *C. pitaophila* Mks., 7. *C. idaeica* Mks.,
8. *C. occulta* Mks., 9. *C. populnella* (Nyl.) Mks., 10. *C. stenospora* Mks., 11. *C.
pteleodes* (Ach.) Mks., 12. *C. tremulicola* Mks., 13. *C. quercus* (Mass.) Mks., 14. *C.
ferax* Mks., 15. *C. nostochinea* Mks., 16. *C. microspora* Mks., 17. *C. phasciicola*
(Nyl.) Mks., 18. *C. eucline* (Nyl.) Mks., 19. *C. stygnospila* Mks., 20. *C. macro-
theca* Mks., 21. *C. rhypontoides* (Nyl.) Mks., 22. *C. subcembrina* (Anz.) Mks.,
23. *C. pinea* (Nyl.) Mks.

Unter diesen sind von anderen Autoren bereits früher beschriebene Arten 9, 11, 13, 17, 18, 21, 22 und 23, vom Ref. zuvor veröffentlichte 5, 6, 8, 10, 12, 14, 15, die übrigen neue.
Zurückgezogen werden *C. pertusariicola* Mks. und *C. betulina* Mks.

Sämmtlichen Untersuchungen liegen authentische Exemplare zu
Grunde.

                                                    Minks (Stettin).

Nylander, W., Lichenes insularum Guineensium. (San
   Thomé, do Principo, des Cabras.) 8⁰. 54 pp. Paris
   (P. Schmidt) 1889.

Schon früher hat Verf. über die Flechten der im Golf von
Guinea liegenden Inseln San Thomé, do Principo und das
Cabras einige Arbeiten veröffentlicht. Durch Prof. Henriques
erhielt Verfasser neuerdings zwei Flechten-Collectionen, die von
F. Newton und F. Quintas auf den Inseln San Thomé und
do Principo gesammelt wurden. Die letzterwähnten Flechten
waren für die Kenntniss der Flechten-Vegetation insofern von grosser
Wichtigkeit, als sie hauptsächlich felsenbewohnende Arten enthielten,
welche in den früheren Sendungen fehlten. Die geologische Unterlage dieser Inseln ist vulkanischer Natur und die auf den Felsen
daselbst lebenden Flechten sind höchst charakteristisch. Die vorliegende Aufzählung ist eine Zusammenfassung aller bisher für das
Gebiet bekannt gewordenen Lichenen; ihre Anzahl beträgt 129 Arten,
von denen 28 Arten (22%) auch in Europa vorkommen. Am
reichsten sind vertreten die *Lecano-Lecideei* mit 40 Species, ferner
die *Graphidei* mit 30 und die *Pyrenocarpei* mit 21 Arten.

Als neu beschreibt Verf. die folgenden Arten:
Lecanora albido-pallens Nyl. (p. 14), *L. subanceps* Nyl. (p. 15), *L. Newtoniana*
Henr. (p. 17), *L. imitans* Nyl. (p. 17), *Lecidea glaucophaeodes* Nyl. (p. 19), *L.

peribyssiza Nyl. (p. 20), *L. Molleri* Henr. (p. 20), *L. vagula* Nyl. (p. 21), *L. subternella* Nyl. (p. 22), *L. leucotripta* Nyl. (p. 22), *L. citrina* Nyl. (p. 23), *L. delaet cata* Nyl. (p. 23), *L. Quintana* Henr. (p. 24), *Graphis exalbata* Nyl. (p. 28), *G. rudescens* Nyl. (p. 29), *Lecanactis Montagnei* (v. d. Bosch) f. *deducens* Nyl. (p. 32), *Opegrapha leptographa* Nyl. (p. 32), *O. subnothella* Nyl. (p. 32), *Verrucaria Guineensis* Nyl. (p. 36), *V. distermina* Nyl. (p. 37), *V. astuta* Nyl. (p. 37), *V. albolinita* Nyl. (p. 38), *V. viridata* Nyl. (p. 38).

Darauf folgt eine „tabula synoptica specierum" und eine Reihe von „Observationes".

I. Wiederholung der Diagnosen der von Nylander in „De Lichenibus quibusdam Guineensibus" (Flora. 1862) als neu beschriebenen Arten.

II. Nachtrag zu „Lich. fret. Behring. (*Platysma Richardsonii* [Hook.] Nyl. — Port Clarence.)

III. Nachträge zu „Lich. Fuegiae et Patagon." (*Lecanora erythronema* Nyl. und *Pertusaria microcarpa* Nyl.)

IV. Nachtrag zu „Lich. Novae Zelandiae".

V. *Leptogium Delavayi* Hue nov. sp. (p. 45), *Parmelia meiophora* Nyl. nov. sp. (p. 45), *Lecanora callopizodes* Nyl. nov. sp. (p. 45), sämmtlich in China, Yunnan von Delavay gesammelt.

VI. Beiträge zur Flechtenflora Nord-Amerikas; darunter: *Lecidea carneo-albens* Nyl. nov. sp. (p. 46), *L. mesophaea* Nyl. nov. sp. (p. 47), *Graphis subparilis* Nyl. nov. sp. (p. 48), *G. subfulgurata* Nyl. nov. sp. (p. 48), *Graphis interversa* Nyl. nov. sp. (p. 49), *G. turbulenta* Nyl. nov. sp. (p. 50), *Stigmatidium compunctulum* Nyl. nov. sp. (p. 50), *Platygrapha subattingens* Nyl. nov. sp. (p. 51), *Arthonia albo-virescens* Nyl. nov. sp. (p. 51) und *Verrucaria subpunctiformis* Nyl. nov. sp. (p. 51).

VII. Kurze Notiz über japanesische Pertusarien: *Pertusaria pachyplaca* Nyl. nov. sp. (p. 52).

Ein „index nominum" schliesst das Werk.

Zahlbruckner (Wien).

Nylander, W., Lichenes Japoniae. Accedunt Lichenes Insulae Labuan. 8°. 122 pp. Paris (P. Schmidt) 1890.

Im vorliegenden Buch, welches in Bezug auf die Materie der beiden oben besprochenen analog angeordnet ist, beschäftigt sich Verf. mit jenen Flechten, welche , Dr. E. Almquist, der Vega-Expedition als Sammler zugesellt, in Japan zwischen Yokohama und Nagasaki, ferner auf dem höchsten Berge dieser Insel, auf dem Foujiyama (3750 m), sammelte. Die reiche Ausbeute an Flechten gewährt ein übersichtliches Bild der Lichenen-Vegetation Japans. Dieselbe stimmt in vielen Beziehungen mit derjenigen Europas überein: von den 382 für Japan bekannt gewordenen Arten kommen 209 (55%) in Europa vor. Vorherrschend sind die *Lecano-Lecidei* mit 193 Arten; artenreicher als in Europa sind die *Stereocaulei*, *Pyxinei* und *Pertusariei*.

Eine Reihe von neuen Arten bezw. Formen sind auch in diesem Werke beschrieben, und zwar:

Pyrenopsis conturbatula Nyl. (p. 13), *Leptogium pichneoides* Nyl. (p. 15), *Collemopsis intervagans* Nyl. (p. 15), *Sphaerophoron coralloides* f. *meiophorum* Nyl. (p. 16), *Pilophoron claratum* Nyl. (p. 17), *Stereocaulon mixtum* Nyl. (p. 18), *St. exutum* Nyl. (p. 18), *St. curtatum* Nyl. (p. 18), *Alectoria lactinea* Nyl. (p. 23),

Platysma fahlunense f. *insolitum* Nyl. (p. 25), *Parmelia irrugans* Nyl. (p. 26), *P. subcrinita* Nyl. (p. 26), *P. leucotyliza* Nyl. p. 27), *P. laevior* Nyl. (p. 28), *P. adaugescens* Nyl. (p. 28), *P. marmariza* Nyl. (p. 28), *Sticta insinuans* Nyl. (p. 30), *Ricasolia adscripturiens* Nyl. (p. 31), *Nephromium Murayamum* Nyl. (p. 32), *Physcia caesiopicta* Nyl. (p. 34), *Pyxine endochrysina* Nyl. (p. 34), *Pannaria gemmascens* Nyl. (p. 36), *Lecanora (Placodium) Kobeana* Nyl. (p. 36), *L. (Placodium) leptopisma* Nyl. (p. 37), *L. phaeocarpodes* Nyl. (p. 37), *L. commutans* Nyl. (p. 38), *L. spodoplaca* Nyl. (p. 38), *L. leucerythrella* Nyl. (p. 38), *L. tabidella* Nyl. (p. 39), *L. Moziana* Nyl. (p. 40), *L. exigua* f. *laeviuscula* Nyl. (p. 40), *L. compensata* Nyl. (p. 41), *L. xanthophaea* Nyl. (41), *L. (Placopsis) cribellans* Nyl. (p. 42), *L. leptopismodes* Nyl. (p. 42), *L. galactina* f. *obliterascens* Nyl. (p. 43), *L. subcinctula* Nyl. (p. 46), *L. rhodopiza* Nyl. (p. 47), *L. incolorella* Nyl. (p. 48), *L. (Sarcogyne) gibberella* Nyl. (p. 48), *L. erysibe* f. *luridella* Nyl. (p. 49), *Dirina niponica* Nyl. (p. 50), *Pertusaria rhagadoplaca* Nyl. (p. 50), *P. astomoides* Nyl. (p. 51), *P. subpustulata* Nyl. (p. 51), *P. diffidens* Nyl. (p. 52), *P. subobductans* Nyl. (p. 52), *P. subrugosa* Nyl. (p. 52), *P. denotanda* Nyl. (p. 53), *P. submarginata* Nyl. (p. 53), *P. laeviganda* Nyl. (p. 53), *P. Nagasakensis* Nyl. (p. 54), *P. obsolescens* Nyl. (p. 54), *P. quartans* Nyl. (p. 55), *P. submultipuncta* Nyl. (p. 55), *P. variolina* Nyl. (p. 56), *P. leucosoroides* Nyl. (p. 56), *P. velata* f. *perdifracta* Nyl. (p. 56), *P. epileia* Nyl. (p. 57), *Thelotrema inalbescens* Nyl. (p. 57), *Th. similans* Nyl. (p. 58), *Urceolaria anactina* Nyl. (p. 59), *Crocynia mollescens* Nyl. (p. 59), *Lecidea homoeochroa* Nyl. (p. 60), *L. subrubiformis* Nyl. (p. 60), *L. subrufeta* Nyl. (p. 61), *L. furfuracella* Nyl. (p. 61), *L. derelicta* Nyl. (p. 62), *L. Nagasakensis* Nyl. (p. 62), *L. circumalbicans* Nyl. (p. 63), *L. synotheoides* Nyl. (p. 63), *L. subrudis* Nyl. (p. 64), *L. circumpallescens* Nyl. (p. 65), *L. afferens* Nyl. (p. 65), *L. efferens* Nyl. (p. 65), *L. proferens* Nyl. (p. 65), *L. coaddita* Nyl. (p. 66), *L. baculifera* Nyl. (p. 67), *L. subdiscedens* Nyl. (p. 67), *L. endoleucola* Nyl. (p. 68), *L. abducens* Nyl. (p. 68), *L. globulosella* Nyl. (p. 69), *L. euphoriza* Nyl. (p. 70), *L. praesepera* Nyl. (p. 70), *L. ocellifera* Nyl. (p. 70), *L. inductella* Nyl. (p. 71), *L. inopinula* Nyl. (p. 71), *L. Youmotoënsis* Nyl. (p. 71), *L. plana* f. *subsparsa* Nyl. (p. 72), *L. Hiroshimita* Nyl. (p. 72), *L. subtesselata* Nyl. (p. 73), *L. improvisula* Nyl. (p. 74), *L. praenotata* Nyl. (p. 74), *L. insulatula* Nyl. (p. 74), *L. subprivigna* Nyl. (p. 75), *L. scotomma* Nyl. (p. 75), *L. leptoboliza* Nyl. (p. 76), *L. sanguinaria* Ach. f. *persanguinaria* Nyl. (p. 77), *L. subnexa* Nyl. (p. 77), *L. disculiformis* Nyl. (p. 78), *L. Mourayama* Nyl. (p. 78), *L. xylographella* Nyl. (p. 79), *L. hypoleucoides* Nyl. (p. 79), *L. Takashimana* Nyl. (p. 80), *L. tetrastichella* Nyl. (p. 80), *L. pleiophoroides* Nyl. (p. 81), *L. atrobrunnescens* Nyl. (p. 82), *Opegrapha inaequans* Nyl. (p. 83), *O. subdiaphora* Nyl. (p. 83), *Stigmatidium praespallens* Nyl. (p. 84), *Arthonia taediosula* Nyl. (p. 85), *A. pertabescens* Nyl (p. 85), [*Medusula disjectans* Nyl. und *Lecanactis develans* Nyl. von Port Natal p. 87, Fussnote.] *Verrucaria petrolepidea* Nyl. (p. 88), *V. glaucinodes* Nyl. (p. 89), *V. praevia* Nyl. (p. 89), *V. submicrospora* Nyl. (p. 90), *V. grandicula* Nyl. (p. 90), *V. porinopsis* Nyl. (p. 91), *V. fallaciuscula* Nyl. (p. 92) und *Trypethelium cruentum* f. *subdecolor* Nyl. (p. 93).

Zu bemerken ist, dass Verf. *Gyalecta* (= *Biatorinopsis* Müll. Arg.) von *Lecidea* abtrennt und die letztere Gattung in zwei Sectionen, *Biatora* und *Eulecidea*, eintheilt.

Die beliebten „Observationes" bringen:

I. Die äusserlich Algen gleichenden *Crocynien* und *Coenogonien* gehören sicherlich zu den Flechten.

II. Handelt über nordamerikanische Flechten; darunter als neu beschrieben:

Alectoria Oregana (Tuch. Hb.) Nyl. (p. 104), *Lecanora aphonotripta* Nyl. (p. 104), *L. minutella* Nyl. (p. 105), *Phlyctis Willeyi* (Tuck. Hb.) Nyl. (p. 106), *Gyalecta Farlowi* (Tuck. Hb.) Nyl. (p. 106), *Arthonia ochrodiscodes* Nyl. (p. 107). [*Lecidea arthonizella* Nyl. (p. 108), Fussnote-Suecia.] *Graphis sophisticascens* Nyl. (p. 108), *Verrucaria concatervans* Nyl. (p. 109), *Trypethelium subincruentum* Nyl. (p. 109), *Astrothelium pyrenastraeum* Nyl. (p. 109). Ferner ist *Heppia polyspora* Tuck. Syn. — gegen die Regeln der Nomenclatur — wohl in *H. arenivaga* Nyl. (p. 104) umgetauft.

III. Diese „Observatio" ist betitelt: Lichenes insulae Labuan" und enthält die Aufzählung der auf dieser kleinen, nördlich von Borneo liegenden Insel von Dr. E. Almquist gesammelten Flechten. Unter den 44 aufgezählten Arten finden sich folgende Neuheiten:

Psoroma discernens Nyl. (p. 110), *Lecidea connexula* Nyl. (p. 111), *L. triseptulans* Nyl. (p. 111), *L. microlepta* Nyl. (p. 111), *Opegrapha assidens* Nyl. (p. 112), *Arthonia extenuescens* Nyl. (p. 112), *Graphis lactinella* Nyl. (p. 113), *Graphis serpentosa* Nyl. (p. 113), *G. subinusta* Nyl. (p. 114), *Glyphis torquescens* Nyl. (p. 114), *G. Labuana* Nyl. (p. 115), *Trypethelium scoria* Fée f. *endodraceum* Nyl. (p. 115), *T. straminicolor* Nyl (p. 115) und *T. epileucodes* Nyl. (p. 116).

Zahlbruckner (Wien).

Breidler, Johann, Die Laubmoose Steiermarks und ihre Verbreitung. (Sep.-Abdr. aus den Mittheilungen des naturwissenschaftlichen Vereines für Steiermark. Jahrgang 1891. 8⁰. 234 pp.)

Vorliegende Aufzählung der bis jetzt aus Steiermark bekannt gewordenen Laubmoose gründet sich im Wesentlichen auf das, was Verf. im Laufe der letzten 25 Jahre in den meisten Theilen des Landes selbst gesammelt hat, und auf Angaben aus der Litteratur, über deren Richtigkeit kein Zweifel obwaltet. Das durch seine vielfach wechselnde Bodengestaltung und den mannigfaltigen geognostischen Aufbau der wald- und wasserreichen Berge und der bis in die Schneeregion ragenden Alpen eine reiche Moosflora voraussetzende Land war von den älteren Moosforschern seltsamer Weise wenig gewürdigt worden; die benachbarte grossartigere Alpenwelt Salzburgs, Kärntens und Tirols war denselben vielleicht anziehender und manchem auch näher liegend. Daher findet man in der Litteratur bis in die neuere Zeit auch nur dürftige Angaben über das Vorkommen von Moosen in Steiermark. Bis zum Jahre 1859 sind in den vom Verf. aufgestellten Litteratur-Verzeichnisse angegebenen Werken nur 110 Laubmoose und *Sphagna* aus dem Gebiete verzeichnet. Erst Dr. H. W. Reichardt war es, welcher in den Jahren 1859—1868 die Kenntniss der Bryologie Steiermarks wesentlich bereicherte; in seinen hinterlassenen Schriften sind 224 Laubmoose und Sphagna aufgezählt. Und am Schlusse dieses Zeitabschnittes betrug die Zahl der in der Litteratur aus dem Gebiete angeführten Arten 263. — In vorliegendem Verzeichnisse hat die Zahl der bis heute bekannten Arten (einschliesslich 27 *Sphagna*) die erstaunliche Höhe von 619 erreicht! Wohl zum grössten Theile das Resultat der unermüdlichen Forschungen des Verfs., welcher mit seltenem Glück und eminentem Scharfblick die Moosschätze seines Heimathlandes erschlossen hat, wie kaum ein Zweiter! Und dennoch bezeichnet Verf. mit liebenswürdiger Bescheidenheit seine Arbeiten auf diesem Gebiete als unvollständig, indem noch manche Lokalitäten gar nicht oder nur lückenhaft durchsucht worden seien. Eine Liste von 30 in den angrenzenden Gebieten heimischen Species, deren Vorkommen in Steiermark nicht unwahrscheinlich ist, hat Verf. am Schlusse der Einleitung zu-

sammengestellt, mit Angabe der Gegenden, wo solche zu suchen
wären. — In der systematischen Anordnung und Nomenclatur
folgte Verf. im Wesentlichen S c h i m p e r ' s Synopsis ed.
II, mit einigen Modificationen nach dem Werke L i m p r i c h t ' s „Die Laubmoose" in Rabenh. Krypt.-Fl. 2. Auflage, soweit dasselbe bisher
erschienen ist, und den Schriften R u s s o w s und W a r n s t o r f s bei
den Sphagnen. — Eine Blumenlese aus dieser langen Reihe herrlicher
Alpenmoose zu geben, halten wir für überflüssig, da des Verfs.
wunderbare Entdeckungen wohl jedem Bryologen aus der Litteratur
bekannt geworden sind.   Wir beschränken uns nur darauf, zu bemerken, dass die Standortsangaben ungemein ausführlich und
selbst bei den gewöhnlichsten Arten die niedrigsten und höchsten
Stationen in Metern gegeben sind.   Kritische Bemerkungen sind
bei manchen Arten eingestreut, Varietäten öfters mit Diagnosen
versehen.   Angaben über Sterilität und Fructification sind stets
vorhanden; neu war es uns, zu vernehmen, dass das so äusserst
selten fructificirende *Hypnum rugosum* an 3 Lokalitäten mit
Früchten vom Verf. beobachtet worden ist.

Auch für den Morphologen hat Verf. etwas Interessantes notirt:
eine Seta mit zwei Kapseln fand derselbe bei *Bryum pallescens* var.
contextum und bei *Hypn. incurvatum* (vergl. L e i t g e b „Ueber verzweigte Moossporogonien" in Mitth. d. naturwissensch. Ver. Graz,
1876). — Ein Register der Arten, auch die Synonyme enthaltend, beschliesst diese hochinteressante Schrift, durch deren Veröffentlichung
sich Verf. den lebhaften Dank aller Moosfreunde gesichert hat.

Geheeb (Geisa).

Campbell, Douglas H., N o t e s o n t h e a p i c a l g r o w t h i n t h e
r o o t s of *Osmunda* a n d *Botrychium*. (Botanical Gazette. 1891.
p. 37—42. Plate V.)

Verf. zieht aus seinen eingehenden Untersuchungen den Schluss,
dass die Structur des Wurzelscheitels bei den *Osmundaceen* sehr
wechselnd ist und bei *O. Claytoniana* weniger vom Typus der
leptosporangiaten Farne abweicht, als bei den beiden anderen amerikanischen Arten. *Osmunda Claytoniana* ist daher näher verwandt
mit den übrigen Farnen, als *O. cinnamomea* und *O. regalis*.

Von den beiden häufigsten *Botrychium*-Arten der Vereinigten
Staaten, *B. Virginianum* und *B. ternatum*, schliesst sich erstere,
wie in anderer Hinsicht, auch im Bau des Wurzelscheitels den
übrigen Farnen am nächsten an. *Ophioglossum* und die einfachen
Arten von *Botrychium* dürften noch grössere Abweichungen vom
gewöhnlichen Farntypus zeigen, als *B. Virginianum*.

Schimper (Bonn).

Campbell, Douglas H., A s t u d y o f t h e a p i c a l g r o w t h o f
t h e p r o t h a l l i u m o f f e r n s w i t h r e f e r e n c e t o t h e i r
r e l a t i o n s h i p s. (Bulletin of the Torrey Botanical Club of
New York. Vol. XVIII. 1891.)

Verf. hat das bis jetzt nur unvollkommen bekannte Scheitelwachsthum der Farnprothallien näher untersucht und ist dabei zum

Ergebnisse gelangt, dass dasselbe auch bei Mehrschichtigkeit durch regelmässige Segmentbildung der Scheitelzellen bedingt wird. Durch die Entwicklungsgeschichte sowohl, als durch den fertigen Bau schliessen sich die Prothallien dem Thallus einfacher Lebermoose derart an, dass Verf. zur Erklärung dieser Aehnlichkeit eine nahe Verwandtschaft annehmen zu müssen glaubt, obwohl mehrere Autoren in neuerer Zeit die Ansicht vertreten haben, dass die Farne aus algenähnlichen Organismen hervorgegangen seien. Zwischen beiden Klassen besteht allerdings im Bau der Spermatozoen und Archegonien ein tiefgreifender Unterschied; Verf. hofft aber, dass auch diese Lücke noch ausgefüllt werden dürfte, und weist auf die wenig untersuchten Sumpfgebiete der südlichen Vereinigten Staaten als auf die mögliche Heimath der noch unbekannten Mittelformen hin. Für ihn stellen die *Hymenophyllaceen*, in welchen man neuerdings die ältesten Farnformen hat erblicken wollen, eine deformirte Seitenlinie dar; die der Urform am nächsten stehenden Farne scheinen ihm die *Ophioglosseen* zu sein.

Schimper (Bonn).

_____

Die Assimilation des freien atmosphärischen Stickstoffes durch die Pflanze.

(Zusammenfassendes Referat über die wichtigsten, diesen Gegenstand betreffenden Arbeiten.)

Von

Dr. R. Otto

in Berlin.

(Fortsetzung.)

Ausser dem Speciesunterschied der betheiligten Pflanzenformen hat aber auch die Art und Beschaffenheit des Bodens einen Einfluss auf die Höhe des durch die Pflanzenwelt bedingten Stickstoffgewinnes. Erstens insofern, als die höchste Entwicklung, welche eine Pflanze erreichen kann, nur möglich ist, wenn allen übrigen Bedürfnissen derselben genügt ist, von denen viele in bestimmten, erforderlichen Beschaffenheiten des Bodens bestehen. Insbesondere wird man die höchste Stickstoffleistung von einer Kulturpflanze nur dann erwarten können, wenn z. B. ihrem Bedarfe an Kali und Phosphorsäure in genügender Weise Rechnung getragen, zweitens aber gestalten sich die obenerwähnten stickstoffentbindenden Processe, welche ebenfalls auf das Endresultat von Einfluss sind, ungleich je nach Bodenart und Bodenbeschaffenheit. In den an organischen Verbindungen reichen Böden ist dieser Stickstoffverlust grösser, als in den leichten humuslosen Böden und kann dort sogar grösser werden, als die aus seiner Kryptoganen-Vegetation herrührende Stickstoffanreicherung, so dass ein solcher Boden im Brachezustand und selbst bei einer wenig stickstoffbindenden Phanerogamen-Kultur Stickstoff verliert, während die leichten Sandböden schon durch ihre Kryptogamen im Brachezustande, noch viel mächtiger aber durch Phanerogamen und gerade durch stark stickstoffbindende, wie Lupinen, an Stickstoff sich bereichern.

Aber auch ohne Mitwirkung lebender Pflanzen erfolgen Processe, welche dem Ackerboden aus freiem Stickstoff entstandene Verbindungen zuführen. Es gehört dahin besonders die bekannte stickstoffbindende Wirkung, die der Blitzstrahl auf den atmosphärischen Stickstoff ausübt, sowie die langsame Oxydation des Stickstoffes zu salpetriger Säure und Salpetersäure in erdigen Substanzen, veranlasst durch kohlensaure Erden bei erhöhter Temperatur. Doch kommt nach den bisherigen Untersuchungen keinem dieser Processe für unser Klima ein erheblicher Antheil an dem Stickstoffgewinn beim Ackerbau zu.

Die Stickstoffbindung seitens unbepflanzter, wie bepflanzter Böden ist sodann auch von Berthelot*) geprüft worden. Bei diesen Versuchen wurde das Verhalten des vegetationslosen Bodens sowie der Einfluss einer Vegetation von eingesäten Wicken und Lupinen beobachtet. Es zeigte sich hierbei stets eine Bindung von atmosphärischem Stickstoff, und zwar war bei den Versuchen mit einem stickstoffarmen die Stickstoffzunahme bei unbepflanztem Boden unter verschiedenen Bedingungen die gleiche. Bei den mit Lupinen angestellten Versuchen zeigte jedoch nur der Boden, nicht aber die Pflanze Stickstoffzunahme, was sich daraus erklärt, dass die Pflanze während der Dauer des Versuches auf der ersten Entwicklungsstufe blieb. Bei dem Versuch mit Wicken war bei solchen Pflanzen die unter einer hermetisch abschliessenden Glasglocke gestanden hatten, auch nur im Boden eine Stickstoffzunahme zu bemerken, während bei im Freien gewachsenen Wicken die Stickstoffzunahme fast ausschliesslich den Pflanzen, die sich sehr kräftig entwickelt hatten, zu Gute gekommen war. Stickstoffreichere Böden zeigten, entsprechend früheren Resultaten, eine geringere Stickstoffzunahme. Bei Versuchen mit Klee machte sich die Stickstoffaufnahme ausschliesslich bei der Pflanze geltend.

Die Frage, ob die Assimilation des freien Stickstoffes durch die Leguminosen unter Mitwirkung niederer Organismen erfolgt (vergl. oben), ist dann im Anschluss an die schon erwähnten früheren Untersuchungen nochmals von Hellriegel und Wilfarth**) einer Prüfung unterzogen. Die Forscher fanden auf Grund ihrer Analysen, dass auch die Lupine ebenso wie die früher von ihnen geprüften *Leguminosen* (*Ornithopus, Pisum*) bezüglich der Stickstoffaufnahme verhält, dass sie nämlich in einem stickstofflosen (oder nahezu stickstofflosen) Boden verhungert, wenn die Gegenwart von niederen Organismen ausgeschlossen ist, dass sie aber sicher normal wächst und bedeutende Mengen atmosphärischen Stickstoffes assimilirt bei Gegenwart von niederen Organismen, oder wenn der Zutritt geeigneter Arten der letzteren absichtlich gefördert wird. Nach ihren Versuchen zeigte es sich,

---

*) Juni 1888. Vergl. auch Compt. rend. T. CVIII. 1889. p. 700.
**) Ber. d. deutsch. bot. Ges. Bd. VII. 1889. p. 138.

dass, wenn dem verwendeten Sande in den Culturgefässen ein frischer Aufguss aus Lupinenböden zugesetzt wurde, sich die Lupinen in jeder Beziehung normal entwickelten, eine befriedigende Menge Trockensubstanz producirten, eine reichliche Anzahl guter Samen erzeugten, an den Wurzeln die bekannten Knöllchen bildeten und bei der Ernte eine sehr bedeutende Quantität an Stickstoff mehr erhielten, als ihnen im Boden, Saatgut und Aufguss gegeben war. War dieser Aufguss weggelassen oder war derselbe bei 100° C oder 70° C sterilisirt, so blieb die Entwicklung der Lupinen abnorm, die Production minimal, die Knöllchen fehlten ganz und gar, und die Pflanzen ergaben bei der Ernte weniger Stickstoff, als ihnen im Boden, Saatgut und Aufguss gegeben war. Ebenso beeinträchtigte ein Zusatz von kohlensaurem Kalk das Wachsthum der Lupinen, resp. die Wirkung des Bodenaufgusses in hohem Grade. Ein Aufguss von einem Rübenboden, auf welchem Lupinen noch nie gebaut waren, erwies sich für die Entwicklung der Lupinen gänzlich unwirksam, dagegen bewirkte er bei anderen Leguminosen, z. B. *Pisum sativum*, *Vicia sativa* ausnahmslos reiche Knöllchenbildung, normales Wachsthum und lebhafte Stickstoffassimilation. Ferner ergaben weitere Versuche, dass unter absolut gleichen Versuchsbedingungen ein Aufguss aus Rübenboden auf Nicht-Leguminosen, sowie auf *Ornithopus* und *Lupinus* schlecht, auf *Trifolium*, *Vicia* und *Pisum* von vortrefflicher Wirkung war, während der Aufguss aus Lupinenboden auf · die Nicht-Leguminosen wirkungslos blieb, dagegen das Wachsthum und die Stickstoff-Assimilation fast sämmtlicher benutzten Leguminosen günstig beeinflusste. (Nur bei *Trifolium* war die Wirkung zweifelhaft). —

Nachdem es nunmehr sowohl durch die Feldversuche im Grossen als auch durch die vielen angestellten wissenschaftlichen Experimente als erwiesen angesehen werden musste, dass durch die Thätigkeit höherer Pflanzen eine Ueberführung von freiem Stickstoff der Luft in Stickstoffverbindungen stattfindet (vergl. oben A. B. Frank's Untersuchungen über die Ernährung der Pflanze mit Stickstoff u. s. w.), erschien es doch angezeigt, auch die niederen Pflanzen, die Kryptogamen, nochmals für sich allein bezüglich dieser Frage einer besonderen experimentellen Prüfung zu unterziehen. Mit der Beantwortung dieser Frage hat sich wiederum sehr eingehend A. B. Frank*) beschäftigt. Derselbe beobachtete, dass auch der nicht mit höheren Pflanzen bestandene Boden, wenn er der Luft und dem Licht längere Zeit ausgesetzt ist, sich an Stickstoffverbindungen bereichert. Wurde nämlich ein ganz heller Flugsand aus der Mark Brandenburg, der von einer nicht in Kultur befindlichen und kaum von Vegetation bedeckten Stelle genommen war, in grossen offenen Glasschalen im Freien unter einem Glasdach zum Schutze vor Regen aufgestellt und dann immer nur mit destillirtem Wasser begossen, so war derselbe nach 134 Tagen, an welchen er so der Luft und dem Licht ausgesetzt war, zwar völlig frei von einem Pflanzenwuchs, doch ergab die chemische Analyse des Bodens.

---

*) Ber. d. deutschen bot. Ges. Bd. VII. 1889. p. 34.

nach dieser Zeit einen bedeutend höheren procentischen Gehalt an
Stickstoff, als der gleiche Boden, welcher stets trocken aufbewahrt
war. Bei der näheren Untersuchung zeigte sich, dass beim ersteren
Boden, welcher der Luft ausgesetzt war, sich eine Menge von Algen
(Formen von *Oscillaria*, *Ulothrix*, *Pleurococcus*, *Chlorococcum*) während
der Versuchsdauer in Boden gebildet hatten, während in der vor dem
Versuche zurückbehaltenen Controlprobe des Bodens von allen diesen
Gebilden nichts zu finden war. Es musste also das Mehr an
Stickstoff, welches der Boden nach dem Versuche zeigte, durch die
Eiweissstoffe dieser protoplasmareichen Algenzellen bedingt sein. —
Dass es in der That die grünen Algen sind, welche diese Stick-
stoffanreicherung im Boden bewirken, konnte F r a n k durch folgende
Versuche beweisen: Leichter Sandboden wurde mit destillirtem
Wasser befeuchtet, in Glaskolben eingeschlossen und von Zeit zu
Zeit Luft eingeleitet, welche vorher in Schwefelsäure gewaschen
worden und dadurch alle etwa vorhandene Spuren von Ammoniak-
gas verloren hatte, so dass also der Stickstoff nur in elementarer
Form zugeführt wurde. Während der 180 tägigen Versuchsdauer
hatten sich wieder reichlich Erdboden-Algen entwickelt und der
Stickstoffgehalt hatte sich nach dieser Zeit wieder um ein Bedeutendes gegen den beim Anfange des Versuches vermehrt. Wurde
der Boden vorher sterilisirt und dadurch die Algenkeime getödtet
oder standen die Kolben während des Versuches im Dunkeln, wo
sich grüne Pflanzen nicht entwickeln können, so wurde auch keine
Algenvegetation wahrgenommen und der Stickstoffgehalt war dann
nicht gestiegen, vielmehr gesunken. Es ist also durch diese Versuche bewiesen: „dass der Erdboden für sich allein den atmosphärischen Stickstoff nicht in Stickstoff-Verbindungen überführen
kann, und dass, wenn solches eintritt, es nur geschieht durch niedrige
Algen, die sich in demselben entwickeln und die Fähigkeit besitzen,
freien, atmosphärischen Stickstoff zu vegetabilischen Stickstoff-Verbindungen zu assimiliren".

Aus diesen seinen Untersuchungen, sowie aus weiteren, später
zu erwähnenden folgert nun F r a n k weiter, dass im Gegensatz zu H e l l r i e g e l, nach welchem, wie erwähnt, die Fähigkeit,
elementaren Stickstoff zu assimiliren, nur den Leguminosen zukommt,
und hier dieser Process gerade durch die sogenannten Wurzelknöllchen dieser Pflanzen durch Vermittlung des Pilzes, welcher in den
Knöllchen zur Entwicklung kommt, bewirkt wird, d a s s d i e A s s i-
m i l a t i o n e l e m e n t a r e n S t i c k s t o f f e s ü b e r d i e g a n z e
mit C h l o r o p h y l l b e g a b t e P f l a n z e n w e l t v e r b r e i t e t s e i
u n d s c h o n d i e e i n f a c h s t e F o r m d e r P f l a n z e n z e l l e n, d i e
n i c h t s a l s e i n d u r c h C h l o r o p h y l l u n d v e r w a n d t e F a r b-
s t o f f e g e f ä r b t e s P r o t o p l a s m a d a r s t e l l t, s t i c k s t o f f-
b i n d e n d e K r a f t b e s i t z t. Die Assimilation des elementaren
Sticktsoffes würde somit möglicherweise gerade so „ein einheitlicher
fundamentaler Process" im ganzen Pflanzenreiche sein, wie die
Assimilation der Kohlensäure, und es ist wohl nicht zu bezweifeln,
dass auch hier, wie bei der Kohlensäure-Assimilation das lebende
Plasma der eigentliche Träger des ganzen Vorganges ist.

In einer weiteren Abhandlung: „Ueber den gegenwärtigen Stand unserer Kenntnisse der Assimilation elementaren Stickstoffes durch die Pflanze" theilt dann A. B. Frank*) mit, dass der von Hellriegel (s. oben) aus seinen Versuchen gezogene Schluss, dass allein die Leguminosen mittelst ihrer in den Wurzelknöllchen lebenden Pilze befähigt seien, freien atmosphärischen Stickstoff zu assimiliren, dass es dagegen den Nicht-Leguminosen an der Fähigkeit, freien Stickstoff zu assimiliren, gebreche, auch nach den neueren Versuchen von Hellriegel, bei welchen *Polygonum Fagopyrum*, *Brassica Rapa*, *Helianthus annuus*, *Cannabis sativa* in einem stickstofffreien Lande sich nur kümmerlich entwickelt hatten, in keiner Weise beweisend und zulässig sei, „da es zu wirklicher Ausübung des Vermögens, freien Stickstoff zu assimiliren, einer gewissen Erstarkung der Pflanze bedarf". Frank fand wiederum bei neu angestellten Versuchen mit Hafer und Raps in einem ziemlich schweren, bündigen, im Humusgehalte geringen Auenlehmboden eine reichliche Bildung von pflanzlichem Stickstoff, ohne dass der Boden, in dem die Pflanzen sich entwickelten, ärmer an Stickstoff wurde. Nach diesen Resultaten, welche sowohl im Einklang stehen mit den Ergebnissen anderer Autoren (Joulie etc.) als auch mit den Beobachtungen von Frank selbst betreffs der Stickstoffanreicherung der Algen, sei die Hellriegel'sche Auffassung von dem Vorgange der Assimilation elementaren Stickstoffes unzutreffend, diese Fähigkeit vielmehr in weiter Verbreitung über das Pflanzenreich zu finden, jedenfalls aber nicht auf eine einzelne Pflanzenfamilie beschränkt. Da bei den *Cruciferen*, *Gramineen*, Algen etc. die Assimilation elementaren Stickstoffes ohne Mitwirkung von Mikroorganismen bewirkt werde, so sei es auch sehr unwahrscheinlich, dass sich gerade die Leguminosen für diesen Zweck erst noch eines besonderen Hülfsmittels bedienen müssten, trotzdem könnten ja aber immerhin diese letzteren Pflanzen in ihrer Fähigkeit, elementaren Stickstoff zu assimiliren, durch Symbiose mit gewissen niederen Organismen eine besondere Förderung erfahren.

Mit der Entscheidung dieser letzteren, sowie anderer hierauf bezüglicher Fragen hat sich sodann Frank sehr eingehend in seinen Abhandlungen „Ueber die Pilzsymbiose der Leguminosen" **) beschäftigt. Die Resultate dieser interessanten, zum Theil sehr schwierigen Untersuchungen sind nach Frank's eigenen Mittheilungen im Wesentlichen folgende:

Sämmtliche Leguminosen leben mit einem mikroskopisch-kleinen, sehr einfachen Pilz in Symbiose; mit diesem wird ihr Körper inficirt, sobald sie in natürlichem Erdboden wachsen.

Der Pilz gehört zu den kleinsten bekannten Wesen; er ist ein Spaltpilz (*Rhizobium leguminosarum*), von specifischen Eigenthümlichkeiten, welcher wahrscheinlich schon im Erdboden zu einer gewissen

---

*) Ber. d. deutsch. bot. Ges. Bd. VII. 1889. p. 134. vergl. Bot. Centralbl. Bd. XL. 1889. p. 296.
**) Frank, B., Ueber die Pilzsymbiose der Leguminosen. Berlin (P. Parey) 1890. Dgl. Ber. d. Deutsch. botan. Ges. Bd. VII. 1889. p. 332. — Vgl. auch Botan. Centralbl. Bd. XIV. 1891. p. 242.

Ernährung und Vermehrung gelangt, denn er ist, allerdings in ungleicher Häufigkeit, fast ausnahmslos in allen natürlichen Erdböden vorhanden.

Die Wurzeln der Leguminosen besitzen nun die Fähigkeit, durch eigenthümliche Ausscheidungen die Schwärmer des Pilzes anzulocken und sie schon an der Oberfläche der Wurzel zu einer gewissen Vermehrung zu veranlassen. Darauf aber dringen einige dieser Körperchen in die Wurzeln ein und werden innerhalb eigenthümlicher, von der Pflanze aus dem Protoplasma ihrer Wurzelzellen gebildeter, leitender Stränge tiefer in den Wurzelkörper eingeführt.

Der Pilz vereinigt sich in der Pflanze mit dem Protoplasma der Zellen. Mit diesem vermischen sich die kleinen Kokken oder Stäbchen des Pilzes auf das Innigste, so dass dasselbe eine Mischung von Leguminosen-Protoplasma und Pilz (Mykoplasma) darstellt. Von der Wurzel aus verbreitet sich der Pilz über den grössten Theil der Pflanze, gewöhnlich bis in die Blätter und selbst bis in die Früchte, so dass der ganze Pflanzenkörper im Protoplasma vielleicht der meisten seiner Zellen inficirt ist.

An den Punkten der Wurzeln, wo der Pilz zunächst in die Pflanze eingetreten ist, entwickelt die Pflanze Neubildungen in Form von Knöllchen. In diesen entsteht ein Gewebe von protoplasmareichen Zellen, in denen das *Rhizobium* zu ausserordentlicher Vermehrung gelangt, wobei das Mykoplasma in zahllose, eigenthümliche, aus Eiweiss bestehende Formelemente, Bakteroiden, sich differenzirt, in denen vorzugsweise die Kokken des *Rhizobium* eingebettet sind. Gegen Ende der Vegetation werden die hier angehäuften Eiweissmengen wieder resorbirt und von der Pflanze anderweitig verwendet, aber die darin enthalten gewesenen *Rhizobium*-Kokken bleiben unverändert zurück und gelangen, wenn die Knöllchen verwesen, wieder in den Erdboden. Die Knöllchen haben also die Bedeutung von Gallen; sie sind die dem Pilze bereiteten Brutstätten, in denen er von der Pflanze ernährt wird und zu bedeutender Vermehrung gelangt.

Manche Leguminosen empfangen von dem Pilze für die Ernährung, die sie ihm gewähren, keinen Gegendienst; der Pilz ist hier ein gewöhnlicher Schmarotzer. Dies scheint nach den bisherigen Erfahrungen bei *Phaseolus vulgaris* der Fall zu sein, wo sich von der Förderung der Entwicklung, welche andere *Papilionaceen* der Symbiose verdanken, nirgends etwas zeigte. Bei anderen Leguminosen aber, wie bei der Erbse und Lupine, spricht sich die Wirkung des Pilzes auf die Pflanze nicht bloss in den Neubildungen der Wurzelknöllchen aus, sondern auch in einem Impuls auf die wichtigsten Functionen der gesammten Pflanze. Verglichen mit den nicht mit dem Pilze behafteten Pflanzen zeigen die im Symbiosezustande befindlichen unter im Uebrigen gleichen äusseren Bedingungen eine auf alle Organe sich erstreckende grössere Wachsthums-Energie, eine reichlichere Bildung von Chlorophyll, eine lebhaftere Assimilation von Kohlensäure in den Blättern unter dem Einflusse des Lichtes, sowie eine gesteigerte Assimilation von atmosphärischem Stickstoff, und somit als Folge aller dieser Erscheinungen eine höhere Gesammtproduction, die sich in einem gesteigerten Ertrage ausspricht.

Diese Wirkung übt der Pilz aber auf diese Leguminosen auch nicht unter allen Umständen, vielmehr nur dann aus, wenn die Pflanze auf einem von organischen Beimengungen freien oder daran sehr armen Boden wächst, wo sie behufs Erwerbung von Kohlenstoff und Stickstoff auf die in der Luft liegenden Quellen allein angewiesen ist, und wo eben der Impuls, welchen der Pilz auf die Fähigkeit der Pflanze, Kohlensäure und Stickstoff zu assimiliren, ausübt, es ist, durch welchen sie hier existenzfähig wird; denn ohne diesen Einfluss ist auf solchen Bodenarten die assimilatorische Thätigkeit der Pflanze zu schwach, um den gerade bei Leguminosen besonders hohen Bedarf an Kohlen- und Stickstoff zu decken.

Auf Böden, welche an organischen Substanzen, besonders an Humus, reicher sind, kommt jene Beförderung der Lebensthätigkeiten durch den Pilz nicht zum Vorschein, die Leguminose entwickelt sich hier ohne Pilzsymbiose mindestens eben so kräftig und normal, als im pilzbehafteten Zustande, ja es tritt sogar oft eine bessere Ernährung ein, veranlasst durch die chemisch aufschliessende Wirkung, welche das Sterilisiren*) im heissen Wasserdampf auf die Humusbestandtheile des Bodens ausübt. Somit erscheint auch die Wohlthat, welche der Pilz der Pflanze erweist, mehr unter dem Gesichtspunkte seines eigenen Nutzens und Selbsterhaltungstriebes. Denn da, wo die Pflanze unter den ihr günstigen Ernährungs-Bedingungen mit ihren gewöhnlichen Kräften ausreicht, um ausser dem für sie selbst erforderlichen Kohlen- und Stickstoffmaterial auch noch dasjenige für die Ernährung des Pilzes, also für die Entwicklung der Wurzelknöllchen nöthige zu beschaffen, da spart der Pilz seine Kräfte und lässt sich wie ein gewöhnlicher Parasit passiv ernähren. Wo aber äussere schlechte Ernährungs-Bedingungen eintreten, unter welchen die Pflanze nicht in denjenigen kräftigen Entwicklungszustand zu gelangen vermag, in welchem sie die Assimilation von Kohlensäure und Stickstoff in genügendem Grade ausübt, da versteht der Pilz, die Pflanze zu erhöhter Energie in diesen Thätigkeiten anzuspornen, und nützt damit nicht eben blos sich, sondern in erster Linie auch seinem Wirth, dessen Entwicklungsfähigkeit ja erst die Bedingung seiner eigenen ist.

(Schluss folgt.)

---

*) Vergl. Frank, B., Ueber den Einfluss, welchen das Sterilisiren des Erdbodens auf die Pflanzenentwicklung ausübt. (Berichte der Deutschen botanischen Gesellschaft. Bd. VI. 1888. Generalversammlungs-Heft.)

Lesage, Pierre, Influence de la salure sur la formation
de l'amidon dans les organes végétatifs chloro-
phylliens. (Comptes rendus de l'Académie des sciences de
Paris. Tome CXII. 1891. p. 672 ff.)

Verf. theilt eine Anzahl Beobachtungen darüber mit, dass der
Salzgehalt der Strandpflanzen einen gewissen Einfluss auf die
Bildung des Stärkemehls in den chlorophyllhaltigen Organen habe.
In den extremsten Fällen wird durch den Salzgehalt die Stärke-
bildung verhindert, im übrigen eine Verzögerung in den Vorgängen
der Kohlenstoffassimilation herbeigeführt. Es stimmt dies auch mit
einer anderen Beobachtung zusammen, die Verf. schon früher be-
kannt gegeben, dass ein starker Salzgehalt von einer Abnahme des
Chlorophylls begleitet wird, da sich dadurch die Verzögerung der
Kohlenstoffassimilation leicht erklären lässt.

Zimmermann (Chemnitz).

Purjewicz, K., Ueber die Wirkung des Lichts auf den
Athmungsprocess bei den Pflanzen. (Schriften der
Naturf.-Gesellsch. in Kiew. Bd. XI. 1890. Heft 1. p. 211—259.
Mit 1 Tafel.) [Russisch.]

Untersuchungen über diese Frage sind bisher meist nur nebenbei und mit theilweise ungenügender Methodik angestellt worden;
dadurch erklärt es sich, dass die verschiedenen Forscher zu widersprechenden Resultaten gelangt sind. Von speciell auf die Beantwortung obiger Frage gerichteten Untersuchungen liegen namentlich
nur zwei Arbeiten von Bonnier und Mangin vor, die eine über
die Athmung der Pilze, die andere über die Athmung chlorophyll-
freier Organe höherer Pflanzen; in beiden Arbeiten gelangten die
Verff. zu dem Resultat, dass das Licht die Athmungsenergie vermindert; in Bezug auf die Pilze beobachteten die Verff. auch den
Einfluss farbigen Lichts und fanden, dass die athmungsvermindernde
Wirkung vornehmlich den rothen und gelben Strahlen eigen ist.
In methodischer Hinsicht sind die Untersuchungen von Bonnier
und Mangin ziemlich einwurfsfrei; trotzdem müssen ihre Resultate,
wie Verf. mit Recht hervorhebt, zweifelhaft erscheinen, denn sie
berücksichtigten gar nicht die in den Objecten selbst gegebenen
Fehlerquellen, so die Möglichkeit der Veränderung der Athmungs-
intensität mit dem Alter bei den Pilzen, die Möglichkeit eines geringen Chlorophyllgehaltes, resp. die Möglichkeit der Bildung von
Chlorophyll während des Versuches, bei den Organen höherer
Pflanzen.

Diese Umstände zieht Verf. überall sorgfältig in Betracht und
aus diesem Grunde, sowie auch wegen der grossen Anzahl der
Versuche, sind seine Resultate zuverlässiger, als diejenigen aller
früheren Beobachter. Zu seinen Versuchen benutzte Verf. den von
Rischawi modificirten Pettenkofer'schen Athmungsapparat; er
bestimmte die während der Versuchszeit ausgeathmete Kohlensäure
durch Titrirung des Barytwassers, durch welches dieselbe absorbirt
wurde. Die bei der Versuchsanstellung resultirenden Fehlerquellen

wirken bei allen Versuchen in derselben Richtung und können somit das Resultat nicht merklich modificiren. Mit jedem Object wurden mindestens drei Versuche unmittelbar hintereinander ausgeführt, wobei das Object abwechselnd ½ bis 1½ Stunden diffusem Licht ausgesetzt und eben so lange Zeit im Dunkeln gehalten wurde. Für Constanz der Temperatur wurde dadurch gesorgt, dass der die Objecte enthaltende Recipient in einem Gefäss mit Wasser untergetaucht war; und in der That schwankte die Temperatur in jeder einzelnen Versuchsreihe fast stets nur um wenige Zehntel Grade. Die Verdunkelung wurde durch Umwickelung des Wassergefässes mit schwarzen Tüchern bewirkt.

I. Versuche mit Pilzen. Durch vorläufige Bestimmungen wurde festgestellt, dass zwei Entwicklungsstadien der Hutpilze zu den Versuchen brauchbar sind: der sehr junge Zustand, in dem die Trennung des Hutrandes vom Stiel noch nicht begonnen hat, und der völlig entwickelte Zustand; in beiden bleibt, ceteris paribus, die in gleichen Zeiträumen ausgeathmete Kohlensäuremenge im Laufe mehrerer Stunden (Versuchsdauer) nahezu constant. Während der Streckung hingegen steigt diese Grösse ständig und schnell (in fünf successiven Bestimmungen von 9.68 mgr auf 18.48 mgr pro ¾ Stunden), und in der Periode des Alterns fällt sie in gleicher Weise (in fünf successiven Bestimmungen von 29.84 mgr auf 17.52 mgr pro Stunde). Diese Entwicklungsperioden müssen somit von den Versuchen ausgeschlossen werden; Verf. operirte vorwiegend mit völlig ausgewachsenen, aber noch nicht alternden Hutpilzen aus folgenden Species: *Agaricus campestris, A. integer, A. melleus, Amanita phalloides, Armillaria mellea, Boletus edulis, Cantharellus cibarius, Lactarius deliciosus* und *Polyporus versicolor.*

Im Ganzen wurden 43 Versuchsreihen ausgeführt, welche (mit einer einzigen Ausnahme) die Angabe Bonnier's und Mangin's bestätigten, dass die Athmungsintensität der Pilze durch das Licht vermindert wird. Für jede Versuchsreihe wird das durchschnittliche Kohlensäurequantum, welches in gleicher Zeit am Licht und im Dunkeln ausgeathmet worden ist, berechnet; das Verhältniss beider schwankt zwischen 0.58 : 1 und 0.90 : 1 (in dem oben erwähnten Ausnahmefall beträgt es 1.11 : 1).

Weitere 12 Versuchsreihen sind der Wirkung farbigen Lichts gewidmet. Als Versuchsobjecte dienten *Armillaria mellea* und *Agaricus campestris*. Verf. liess das Licht in üblicher Weise durch Lösungen von Kaliumbichromat und von Kupferoxydammoniak passiren. Die Wirkung des rothen und blauen Lichts wurde theils unter einander, theils mit der Wirkung der Dunkelheit verglichen. Es ergab sich, dass das rothe Licht (genauer die weniger brechbare Hälfte des Spectrums) die Athmungsintensität weit stärker herabsetzt, als die stärker brechbare Hälfte (also ebenfalls eine Bestätigung der Angaben von Bonnier und Mangin); so war z. B. in zwei Versuchsreihen das Verhältniss des durchschnittlichen Kohlensäurequantums: für blaues Licht und Dunkelheit 0.95 : 1 und 0.90 : 1; für rothes Licht und Dunkelheit 0.68 : 1 und 0.72 : 1.

II. Versuche mit Wurzeln und Rhizomen. 15 Versuchsreihen mit Wurzeln von *Phaseolus multiflorus*, *Primula officinalis*,
Sedum maximum, *Vicia Faba* und *Zea Mais* und mit Rhizomen
von *Polygonatum multiflorum*. Nach Beendigung der Versuche
wurden die Objecte mit Alkohol extrahirt, das Extract spectro-
skopisch auf Chlorophyll untersucht, und diejenigen Versuchsreihen
(nur zwei), in denen die Objecte ein nennenswerthes Quantum
Chlorophyll gebildet hatten, ausgeschlossen.

Das Resultat war auch bei den gleichen Pflanzen ein wechselndes.
Die Verhältnisszahl (in demselben Sinne wie oben) war in drei
Fällen kleiner, als 1 (0.64, 0.70, 0.98), in einem Falle = 1.00, in
neun Fällen grösser, als 1 (1.04 bis 1.19).

III. Versuche mit Blüten (11 Versuchsreihen). Es wurden
solche Petala resp. Theile von ihnen verwandt, die sich bei mikroskopischer Untersuchung als chlorophyllfrei erwiesen. Die Resultate
sind wieder schwankend. Die Verhältnisszahl betrug: Für *Lilium
candidum*: 1.07, 1.07, 1.12, 1.28; für *Nymphaea alba*: 1.14, 1.10,
0.96, 0.74. Drei Versuchsreihen mit Blütenständen von *Lathraea
squamaria* (die freilich eine ziemlich ansehnliche Menge Chlorophyll
enthalten) ergaben: 0.83, 0.95, 1.08.

IV. Versuche mit etiolirten Pflanzen. Fünf Versuchsreihen mit ganzen etiolirten Keimlingen von *Zea Mais* und *Lepidium
sativum*. Während der Versuche wurde das den Recipienten umgebende Wasser mit Eis oder Schnee versetzt, so dass die Temperatur
im Recipienten 4—5° resp. 5—6° betrug; hierdurch wurde die
Chlorophyllbildung am Licht erfolgreich verhindert. In allen fünf
Versuchsreihen war die durchschnittliche Kohlensäureproduction am
Licht stärker, als in der Dunkelheit; die Verhältnisszahl schwankt
zwischen 1.04 und 1.22.

Somit ergeben die untersuchten Organe der Blütenpflanzen, im
Gegensatz zu den Angaben von Bonnier und Mangin, ein un-
bestimmtes Resultat; in der überwiegenden Zahl der Versuchsreihen
jedoch (21 unter 31) steigerte hier das Licht die Athmungsenergie.
Die Pilze und die Blütenpflanzen verhalten sich somit in dieser
Hinsicht verschieden.

Rothert (Kazan).

Monteverde, N., Ueber das Chlorophyll. (VIII. Congress
russischer Naturforscher und Aerzte. Botanik. St. Petersburg 1890.
p. 32—37.) [Russisch.]

In dieser vorläufigen Mittheilung sucht Verf. die Frage zu
entscheiden, wie viele verschiedene Pigmente in dem alkoholischen
Chlorophyllauszug vorhanden sind.

Wird das Alkoholextract aus Weizenblättern z. B. nach Frémy
mit Barytwasser behandelt und der Niederschlag mit Alkohol extrahirt,
so erhält man eine gelbe Lösung; wird diese, nach Zusatz einiger
Wassertropfen, mit Petroläther geschüttelt, so findet eine Trennung
der gelben Pigmente statt, die durch weiteres Ausschütteln gereinigt

werden können; der Petroläther enthält Carotin, der Alkohol Xanthophyll.

Die Carotinlösung stimmt in ihren optischen und chemischen Eigenschaften durchaus mit dem Carotin überein, welches aus Mohrrüben oder durch Extraction trockener Blätter mit Petroläther in Krystallen gewonnen wurde. Das Spectrum gibt drei Absorptionsstreifen zwischen F und H.

Die Krystalle des Xanthophylls unterscheiden sich von denen des Carotins durch ihre Form, Farbe und durch einige mikrochemische Reactionen, in Bezug auf welche Verf. die älteren Angaben Borodin's völlig bestätigen kann. Während das Carotin aus seiner alkoholischen Lösung durch Salzsäure unverändert gefällt wird, wird das Xanthophyll unter gleichen Umständen zersetzt (unter Blaufärbung), wobei die drei Absorptionsstreifen zwischen F und H in eine continuirliche Endabsorption übergehen.

In etiolirten Weizenblättern ist Carotin nur in sehr geringer Menge enthalten; wurden aber die etiolirten Pflanzen täglich für kurze Zeit beleuchtet, so konnte aus denselben Carotin in Krystallen gewonnen werden.

Die nämlichen zwei Pigmente fand Verf. auch in herbstlichen, völlig vergilbten Blättern von Holzpflanzen. Aus den grünen Blättern von *Scrophularia nodosa* gewann er noch ein drittes gelbes Pigment, welches mit Borodin's „goldgelbem Pigment" übereinstimmt.

Bei *Potamogeton natans* sind die Blätter in der Jugend gelbbraun; dies kommt daher, dass die Chloroplasten ausser den gelben und grünen Pigmenten auch noch ein rothes enthalten, das später verschwindet. Dieses Pigment krystallisirt nicht, ist in Wasser unlöslich, und löst sich am leichtesten in Alkohol mit kirschrother Farbe.

Wenn eine alkoholische Chlorophylllösung nach Kraus mit Benzin oder mit Petroläther ausgeschüttelt wird, so muss, wie aus dem oben Gesagten folgt, die obere Schicht ausser dem grünen Pigment auch noch das Carotin enthalten. In der That, wenn man die Petrolätherschicht abhebt, dieselbe mit viel absolutem Alkohol vermengt und vorsichtig tropfenweise Wasser zusetzt, so tritt ein Moment ein, wo fast sämmtlicher grüner Farbstoff in der Alkoholschicht enthalten ist, während die obere Petrolätherschicht eine goldgelbe Carotinlösung darstellt (bei dem geringsten Ueberschuss an Wasser tritt momentan sämmtliches grüne Pigment ebenfalls in die obere Schicht über und der Alkohol entfärbt sich). Durch mehrmalige Wiederholung dieser Operation mit jedesmaliger Abhebung der Carotinlösung erhält man ein grünes Pigment in reinem Zustand, welches Verf. als oberes grünes Pigment bezeichnet. Dasselbe giebt nur die bekannten vier ersten Absorptionsbänder, sowie eine Absorption des äussersten violetten Endes des Spectrums. Hieraus ergiebt sich, dass das Spectrum des Krausschen Cyanophylls ein Combinations-Spectrum des oberen grünen Pigments und des Carotins ist. — Das obere grüne Pigment krystallisirt nicht. Durch Bearbeitung desselben mit Salzsäure erhält man gelbbraunes o b e r e s C h l o r o p h y l l a n mit den Absorptionsbändern I, IV a, IV b, II, III und einer Absorption der äussersten violetten Strahlen, und weiter grüne Flocken von o b e r e m P h y l l o c y a n i n.

Der Alkoholauszug aus Blättern gewisser Pflanzen (welcher, wird nicht gesagt) verhält sich gegenüber dem K r a u s'schen Verfahren abweichend: in die Benzin- oder Petrolätherschicht geht nur das Carotin über, während das grüne Pigment zusammen mit dem Xanthophyll im Alkohol verbleibt. Diesen grünen Farbstoff bezeichnet Verf. als u n t e r e s g r ü n e s P i g m e n t (wie Verf. dasselbe vom Xanthophyll trennt, wird ebenfalls nicht gesagt). Dasselbe giebt bei Behandlung mit Salzsäure u n t e r e s C h l o r o p h y l l a n (mit demselben Spectrum wie das obere) und u n t e r e s P h y l l o - c y a n i n. D a s u n t e r e g r ü n e P i g m e n t k r y s t a l l i s i r t in Tetraëdern, Sechsecken oder Sternchen, meist aber in ganz unregelmässigen Formen. Diese Krystalle, welche Verf. rein von allen Beimengungen erhielt und welche makroskopisch ein dunkelgrünes, fast schwarzes Pulver darstellen, sind identisch mit den Chlorophyllkrystallen, welche B o r o d i n mikrochemisch, durch Zusatz von Alkohol zu Schnitten und Austrocknenlassen, erhielt. Sie sind leicht löslich in Alkohol, aber unlöslich in Petroläther, Schwefelkohlenstoff und käuflichem Benzin (nicht unlöslich in chemisch reinem Benzol, wodurch sich der Widerspruch zwischen B o r o d i n einerseits und T s c h i r c h andererseits erklärt). Die alkoholische Lösung ist von schön grüner Farbe und fluorescirt; ihr Spectrum zeigt die Absorptionsbänder I bis IV, die Abwesenheit der Absorptionsstreifen zwischen F und H will Verf. noch nicht definitiv behaupten; der Streifen IV b fehlt durchaus, woraus hervorgeht, dass man es, entgegen der Meinung von T s c h i r c h, nicht mit Chlorophyllan zu thun hat. Die chemische Zusammensetzung der Krystalle ist noch nicht untersucht.

In seinen Löslichkeits-Verhältnissen, die es vom oberen grünen Pigment unterscheiden, stimmt das untere grüne Pigment mit dem in den Chlorophyllkörnern enthaltenen grünen Pigment überein (bekanntlich kann man aus trockenen Blättern durch Benzin oder Petroläther kein grünes Pigment extrahiren). Hieraus schliesst Verf., dass in den lebenden Blättern nur das untere grüne Pigment enthalten ist; das obere grüne Pigment hält er für ein Umwandlungsproduct, entstehend aus dem unteren durch Einwirkung des kochenden Wassers oder manchmal auch durch die Einwirkung des Alkohols. Einige Blätter geben bei Alkoholextraction nur das obere, andere nur das untere Pigment, noch andere ein Gemenge beider; man kann aber fast stets, durch vorgängiges Kochen der Blätter in Wasser, das untere Pigment in das obere verwandeln. Die Ursache der Umwandlung liegt offenbar in den Blättern selbst; aus denjenigen Blättern, welche nur das obere Pigment liefern, kann man auch nach der B o r o d i n - schen Methode keine Chlorophyllkrystalle erhalten, und durch Kochen des Alkoholextracts, selbst in offener Schale, wird das untere Pigment nicht in das obere verwandelt. Nähere Aufklärung

über die Beziehungen der beiden grünen Pigmente bleibt weiterer
Untersuchung vorbehalten.

Rothert (Kazan).

Guignard, Léon, Sur l'existence des „sphères attractives"
dans les cellules végétales. (Comptes rendus de l'Académie des sciences de Paris. Tome CXII. 1891. p. 539—542.)
Die strahlenförmig gebauten Attractionskugeln mit ihrem Centrosoma im Mittelpunkte, die namhafte Zoologen beim Studium der
Kerntheilung im Ei im Momente der Befruchtung und später in
den embryonalen Geweben, aber auch in den Zellen anderer Gewebe (in denen des Epithels von der Lunge und des Endothels vom
Peritoneum der Salamanderlarven) vor längerer oder kürzerer Zeit
schon beobachtet haben, waren von Botanikern bisher in pflanzlichen Zellen noch nicht nachgewiesen worden. Verf. ist es geglückt,
dieselben auch in den primordialen und definitiven Pollenmutterzellen, und zwar bei in Theilung begriffenen, wie bei im Ruhezustande befindlichen *Lilium, Fritillaria, Listera, Najas,* ferner in
den Mutterzellen des Embryosackes, deren Kern während einer
relativ langen Zeit im Ruhezustande bleibt, in den Zellen des
weiblichen Geschlechtsapparates, der aus diesem Kern hervorgeht,
in dem Albumen verschiedener Pflanzen, in dem Mikrosporangium
von *Isoëtes* und in dem Sporangium von Farnen (*Polypodium,
Asplenium*) vor und während der Sporenbildung aufzufinden. Die
Erscheinungen dabei sind im Wesentlichen allenthalben dieselben.
Wenn der Kern sich im Stadium der Ruhe befindet, bemerkt man
in Contact mit ihm zwei einander sehr genäherte kleine Kugeln,
die von einem Centrosoma gebildet werden, um das sich eine durchsichtige, von einem körnigen Ringe umgebene Aureole zieht. Die
radialen Streifen treten nur in dem Momente scharf hervor, wo der
Kern in den Theilungszustand eintritt. Dann entfernen sich die
beiden Kugeln von einander, um sich an zwei entgegengesetzten
Punkten aufzustellen, die den Polen der künftigen Spindel entsprechen.

Hierauf rücken besser markirte Streifen von diesen Punkten
gegen den noch mit seinem Häutchen versehenen Kern vor. Haben
sich die beiden Hälften der Kernplatte im Aequator der Spindel
getrennt und rücken gegen die Pole hin, so theilt sich das Centrosoma in jeder Kugel in zwei neue Centrosomen, die an jedem Pole
den Anfang zweier neuer Attractionskugeln bilden, welche die an
der Aussenseite der neuen Kerne befindliche Einsenkung einnehmen.
Sie entstehen immer, ehe diese neuen Kerne sich mit einer Membran
umgeben. Ist der Kern in das Stadium der Ruhe getreten, so
bleiben die beiden Kugeln mit ihrem Centrosoma nebeneinander
liegen, bald mit dem Kerne sich berührend, bald in geringer Entfernung von ihm, bis eine neue Theilung in den Zellen sich vorbereitet. Darnach scheint das Vorhandensein der Attractionskugeln,
selbst im Ruhestadium der Zelle, eine allgemeine Thatsache zu sein.
Anlässlich der von einigen Zoologen ausgesprochenen Vermuthung,

dass das Spermatozoid in das Ei ein Mikrosoma übertrage und
dieses durch Theilung den Anlass zur Bildung der beiden Attractionskugeln gebe, bemerkt Verf., dass er sie schon vor dem Eindringen
des männlichen Kerns im Contact mit dem Kerne der Oosphäre,
die aus dem primären Kern des Embryosacks entsteht, beobachtet
habe.

Kurz, die in Rede stehenden Gebilde, die eher den Namen
Directionskugeln verdienen, da sie die Kerntheilung beherrschen,
werden während des Lebens der Pflanze ohne Unterbrechung von
einer Zelle auf die andere übertragen.

Zimmermann (Chemnitz).

Verschaffelt, E., O v e r   w e e r s t a n d s v e r m a g e n   v a n   h e t
p r o t o p l a s m a   t e g e n o v e r   p l a s m o l y s e e r e n d e   S t o f f e n.
[Mit französischem Résumé.] (Botanisch Jaarboek. Bd. III. 1891.
p. 516—540.)

Solche plasmolytisch wirkende Stoffe, die auf das Protoplasma
eine schädliche Wirkung üben, bedingen vielfach, wenn in hinreichender Concentration angewandt, bereits vor Eintreten der Contraction, den Tod des Protoplasma, jedoch mit Ausnahme der
Vacuolenwand, welche auch dann noch Plasmolyse zu zeigen pflegt
und demnach eine grössere Resistenz gegen das Reagens besitzen
muss, als die übrigen Plasmagebilde. Die Erscheinungen sind nicht
in allen Zellen die gleichen; in manchen derselben zeigt das gesammte Plasma normale Contraction, während letztere in andern
Zellen auf die Vacuolenwand beschränkt ist. Die Ursache dieses
Unterschiedes sucht Verf. auf die ungleiche Resistenz des Plasmas
ungleicher Zellen zurückzuführen. Es ist ihm nämlich festzustellen
gelungen, dass in manchen Fällen, wo das Wandplasma sich nicht
contrahirte, dasselbe bereits vorher in einem kränklichen Zustande
gewesen war. und er vermochte sogar einen solchen Zustand künstlich,
durch Erwärmung, Nahrungs- oder Sauerstoffentziehung etc., hervorzurufen.

Die Wirkung der plasmolysirenden Substanzen wird, nach der
Ansicht des Verfs., in gewissen Fällen dazu dienen können, über
den krankhaften oder normalen Zustand einer Zelle Aufschluss zu
geben. So fand er, dass in erfrorenen Geweben einheimischer
Pflanzen die Plasmolyse nach langsamem Aufthauen normal vor
sich ging, während sie nach raschem Aufthauen unterblieb.

Schimper (Bonn).

Gerassimoff, J., E i n i g e   B e m e r k u n g e n   ü b e r   d i e   F u n c t i o n
d e s   Z e l l k e r n s.   [Vorläufige Mittheilung.] (Sep.-Abdr. aus
Bulletin de la Société Impér. des Naturalistes de Moscou. 1890.
No. 4.) 8⁰. 7 pp. Moskau 1891.

Verf. berichtet hier über einige interessante Beobachtungen an
Spirogyra und *Sirogonium*, aus denen er Folgerungen über die Rolle
und Bedeutung des Zellkerns als Organ der Zelle zieht. In den

Zellfäden der genannten Conjugaten fand Verf. vereinzelt unter den normalen Zellen kernlose, die dann stets je einer zweikernigen benachbart waren. Schon daraus geht hervor, dass die Erscheinung durch eine Abnormität im Kerntheilungsvorgang verursacht wird, in Folge deren die durch Theilung entstandenen Kerne sich nicht auf die beiden im Anschluss an die Kerntheilung gebildeten Tochterzellen vertheilen, und dass kernlose und zweikernige Zellen Schwesterzellen sind. Die kernlosen Zellen assimiliren, bilden Amylum u. s. w. ganz wie normale, in einigen Fällen zeigten sie sogar ein geringes Wachsthum. Dagegen werden sie vorzugsweise von Parasiten (*Chytridiaceen*) befallen und schädigende äussere Einflüsse, z. B. Druck des Deckglases, bringen sie viel eher zum Absterben, als die normalen, kernhaltigen Zellen, woraus Verf. auf ihren krankhaften Zustand schliesst. Häufig waren in sonst ganz gesunden Fäden ohne jede sichtbare Schädigung der kernhaltigen Zellen die kernlosen abgestorben. Der daraus gezogene Schluss, dass „die kernhaltigen Zellen unter vollständig günstigen (idealen) Bedingungen während einer unbestimmt langen Zeit fortleben können, die Zellen dagegen, die eines Kernes entbehren, unvermeidlichem Tode verfallen sind," scheint dem Ref., ohne denselben für unrichtig zu halten, doch etwas zu weitgehend und den Beobachtungen nicht mehr entsprechend.

Neben jeder kernlosen Zelle befand sich stets eine zweikernige oder eine Anzahl solcher (durch Theilung aus einer zweikernigen Schwesterzelle der kernlosen hervorgegangen). In den letzteren Zellen nahmen nun die beiden Kerne stets eine regelmässige Lage zu einander ein: sie liegen in der mittleren Querebene, in der sich auch bei normalen Zellen der eine Kern befindet, aber nicht wie dieser im Saftraum suspendirt, sondern im Wandbelag einander gerade gegenüber an den Enden eines Querdurchmessers. Wenn, was häufig vorkam, die Querwand zwischen kernlosen und zweikernigen Zellen nicht vollständig, sondern nur als Ringverdickung ausgebildet war, so sah Verf. einige Mal den einen Kern aus der zweikernigen Kammer im Wandbeleg nach der kernlosen hingleiten; der bleibende Kern rückt dann sofort von der Wand in das Zelllumen hinein, die normale Lage annehmend. Auch der gegentheilige Vorgang kommt vor: die Kerne liegen zunächst in normaler Lage in verschiedenen Kammern, dann rückt der eine in die andere Kammer über, worauf der in dieser suspendirte Kern sofort sich auf die Wand begiebt, so dass beide schliesslich ihre definitive Lage im Wandbeleg einander gegenüber annehmen.

Aus diesen Beobachtungen schliesst Verf. mit Recht, dass „auf jeden Kern, welcher sich an der Wand in gleicher Entfernung von beiden Enden der Zelle befindet, eine Kraft wirkt, die nach dem Mittelpunkte gerichtet ist". Da diese Kraft auch im Falle der zweikernigen Zelle wirksam ist, so muss sie paralysirt sein durch eine entgegengesetzt gerichtete, die ihren Sitz nur in den Kernen selbst haben kann. Ueber die Art dieser Abstossung, welche die Zellkerne auf einander ausüben, spricht sich Verf. nicht aus: er bezeichnet den Zellkern als „die Quelle einer gewissen Energie", welcher die Eigenschaft zukommt, „dass zwei Kerne, die als Träger dieser Energie erscheinen, sich von einander zu entfernen streben". Diese Ausdrucksweise ist natürlich keine Erklärung der Erscheinung.

Dem Ref. drängen sich hier die Ausführungen Bertholds (Studien über Protoplasmamechanik. Cap. IV: Die Symmetrie-Verhältnisse in der Zelle) auf, der den Schlüssel zur Erklärung solcher Erscheinungen, wie Verf. sie beschreibt, wohl mit Recht in Vorgängen des Stoffaustausches zwischen den verschiedenen Organen des plasmatischen Systems sucht.

Wenn Verf. schliesslich meint, dass „der Einfluss des Kernes auf die Zelle sich eben auf die Uebergabe dieser (von ihm vorausgesetzten) Energie von dem Kerne an die Zelle zurückführen lässt", so ist das eine Hypothese, welche durch nichts berechtigt ist und nach des Ref. Ansicht zur Klärung der Sache nichts beiträgt.

Behrens (Karlsruhe).

Kirchner, O., Beiträge zur Biologie der Blüten. (Programm zur 72. Jahresfeier der K. Württemb. landwirthschaftl. Akademie Hohenheim. Stuttgart 1890.)

Die interessante Arbeit bringt für 120 Pflanzen, meist aus der Umgebung und dem botanischen Garten Hohenheims, eine Reihe werthvoller Angaben über Bestäubungs-Einrichtungen, welche für die specielle Kenntniss der Blütenbiologie, namentlich unserer heimischen Flora, von nicht zu unterschätzender Wichtigkeit sind. Wer sich jemals mit blütenbiologischen Beobachtungen beschäftigt hat, wird die Mühe und Arbeit der Abhandlung zu würdigen wissen, die um so dankenswerther ist, als sie für die herrschenden Ansichten in Bezug auf die Bestäubungs-Einrichtungen eine Fülle schöner und lehrreicher Beispiele aus der Flora unseres Vaterlandes bringt, die leider gar vielfach vor den ausländischen Pflanzen zurückstehen musste. Da die Arbeit nur eine Reihe von einzelnen Beobachtungen für jede Art ohne eine allgemeine Zusammenfassung bringt, so muss bezüglich der Einzelheiten auf das Original verwiesen werden. Behandelt werden die betreffenden Verhältnisse bei folgenden Pflanzen:

1. *Tulipa Oculus solis* St. Am., 2. *Veratrum nigrum* L., 3. *Juncus arcticus* Willd., 4. *Andropogon Ischaemum* L., 5. *Alopecurus geniculatus* L., 6. *A. fulvus* Sm., 7. *Phleum Böhmeri* Wib., 8. *Sesleria caerulea* Arv., 9. *Koeleria cristata* Pers., 10. *Aira flexuosa* L., 11. *Avena Scheuchzeri* All., 12. *Arrhenatherum elatius* M. u. K., 13. *Poa alpina* L., 14. *Glyceria plicata* Fr., 15. *Dactylis glomerata* L., 16. *Bromus erectus* Huds., 17. *Cephalanthera Xiphophyllum* Rchb., 18. *C. rubra* Rich., 19. *Parietaria officinalis* L., 20. *Ulmus montana* With., 21. *U. campestris* L., 22. *Chenopodium Botrys* L., 23. *Ch. hybridum* L., 24. *Herniaria alpina* Vill, 25. *Arenaria ciliata* L., 26. *Cerastium uniflorum* Murith., 27. *Silene dichotoma* Ehrh., 28. *S. linicola* Gmel., 29. *Viscaria alpina* Fr., 30. *Dianthus caesius* L., 31. *D. arenarius* L., 32. *Actaea spicata* L., 33. *Papaver somniferum* L., 34. *Glaucium flavum* Crtz., 35. *Arabis caerulea* Hke., 36. *Sisymbrium Sophia* L., 37. *Eruca sativa* Lam., 38. *Sinapis alba* L., 39. *Erucastrum obtusangulum* Rchb., 40. *Diplotaxis muralis* DC., 41. *Rapistrum rugosum* Bergt., 42. *Alyssum alpestre* L., 43. *Draba Zahlbruckneri* Host, 44. *Thlaspi montanum* L., 45. *Thlaspi alpinum* Crtz., 46. *Thl. corymbosum* Gay, 47. *Lepidium campestre* R. Br., 48. *Linum tenuifolium* L., 49. *Aesculus macrostachya* Mchx., 50. *Bupleurum ranunculoides*, 51. *Hedera Helix* L., 52. *Saxifraga cuneifolia* L., 53. *Prunus avium* L., 54. *P. Cerasus* L., 55. *P. domestica* L., 56. *P. insititia* L., 57. *Pirus communis* L., 58. *P. Malus* L.,

59. *P. salicifolia* L., 60. *Amelanchier Botryapium* DC., 61. *Potentilla frigida* Vill., 62. *P. multifida* L., 63. *Kerria Japonica*, 64. *Ononis Natrix* L., 65. *Melilotus caeruleus* Lam., 66. *Tetragonolobus siliquosus* Rth., 67. *Galega officinalis* L., 68. *Colutea arborescens* L., 69. *Carragana arborescens* L., 70. *Astragalus Onobrychis* L., 71. *Oxytropis Gaudini* Reut., 72. *Ornithopus sativus* Brot., 73. *Vicia Pannonica* Jacq., 74. *Aretia Vitaliana* L., 75. *Gentiana purpurea* L., 76. *G. tenella* Rottb., 77. *Heliotropium Europaeum* L., 78. *Asperugo procumbens* L., 79. *Anchusa officinalis* L., 80. *Lithospermum purpureo-caeruleum* L., 81. *Lycopersicum esculentum* Mill., 82. *Capsicum annuum* L., 83. *Linaria striata* DC., 84. *Catalpa bignonioides* Wulf, 85. *Origanum Majorana* L., 86. *Hyssopus officinalis* L., 87. *Stachys annua* L., 88. *St. arvensis* L., 89. *Plantago alpina* L., 90. *Pl. serpentina* Vill., 91. *Pl. arenaria* W. K., 92. *Pl. Cynops* L., 93. *Campanula spicata* L., 94. *Asperula montana* Willd., 95. *Rubia tinctorum* L., 96. *Galium rubioides* L., 97. *Sherardia arvensis* L., 98. *Lonicera Caprifolium* L., 99. *L. Iberica* M. B., 100. *Dipsacus laciniatus* L., 101. *Aster Amellus* L., 102. *Stenactis annua* N. v. E., 103. *Erigeron Canadensis* L., 104. *E. acer* L., 105. *E. Villarsii* Bell., 106. *Gnaphalium silvaticum* L., 107. *Gn. uliginosum* L., 108. *Artemisia gracilis* L., 109. *A. Mutellina* L., 110. *Leucanthemum minimum* Vill., 111. *Senecio erucaefolius* L., 112. *S. uniflorus* All., 113. *Centaurea nigra* L., 114. *C. axillaris* Willd., 115. *Helminthia echioides* Gärtn., 116. *Chondrilla juncea* L., 117. *Lactuca Scariola* L., 118. *L. sativa* L., 119. *L. muralis* Less.

Migula (Karlsruhe).

Kihlman, A. Osw., Pflanzenbiologische Studien aus Russisch-Lappland. (Ein Beitrag zur Kenntniss der regionalen Gliederung an der polaren Waldgrenze.) VI., 264 p. mit einer Beilage (XXIV p.), 14 Tafeln in Lichtdruck und einer Karte. (Acta Soc. pro Fauna et Flora Fennica. T. VI. Nr. 3.) Helsingfors 1890.)

In dem Vorworte betont Verf., dass bei ihm schon vor zehn Jahren während einer Reise in Inari Lappland Bedenken gegen die Natürlichkeit der Wahlenberg'schen Waldregionen entstanden seien, indem es ihm fraglich blieb, ob sie als gleichwerthige, klimatische Einheiten anzusehen seien. Die während dieser Reise gewonnenen Erfahrungen waren jedoch zu gering, um eine bindende Beweisführung zu gestatten. Seitdem hat K. zwei Reisen (1887 und 1889) nach der Halbinsel Kola vorgenommen und dabei seine Aufmerksamkeit ganz speciell auf diese Verhältnisse gerichtet. Die Resultate dieser Reisen liegen jetzt, in so weit sie die regionale Gliederung an der polaren Waldgrenze berühren, vor.

In dem ersten Kapitel werden die orographischen und geologischen Verhältnisse, wie auch die Torfbildung behandelt. Der westliche Theil der Halbinsel ist gebirgig und die höchste Elevation findet sich etwas westlich von Umpjavr (1200—1300 m). Die ganze übrige Halbinsel ist eine undulirte Hochebene, deren Oberfläche im östlichsten Theile fast eben ist. In Folge der herrschenden Bodenplastik sind die Versumpfungen überall zahlreich und ausgedehnt, zur Zeit der Schneeschmelze werden sie vielfach überschwemmt und erst im Hochsommer etwas zugänglicher. Das Grundgebirge zeigt eine völlige Uebereinstimmung seiner verschiedenen Gesteine mit denen in Finnland und Skandinavien. Für die Bildung von Torf sind die Bedingungen zum Theil ausserordentlich günstig. Unter den Phanerogamen kann Verf. nur

Empetrum als eine Pflanze, die allein für sich eine Art Torfbildung veranlasst, angeben. Der *Empetrum* - Torf ist nur dicht an der Küste gefunden und von geringer Mächtigkeit (gewöhnlich 1—3 dm). Die übrigen Torf - Arten werden im überwiegenden Grade aus Moosen gebildet. Verf. unterscheidet drei Hauptformen, je nachdem *Dicranum*-Arten, *Sphagna* oder ein Gemisch von mehreren Laubmoosen, Flechten und Reisern als Hauptbildner auftreten. Der *Sphagnum*-Torf ist die häufigste Torfart. Am besten entwickelt ist sie im Waldgebiete, längs der Nordküste wird das Areal der lebenden *Sphagna* im Ganzen sehr reducirt. Im Allgemeinen befindet sich der *Sphagnum*-Torf noch im Stadium der Unreife. Die Mächtigkeit des im Inneren gefrorenen *Sphagnum*-Torfes ist grossen Variationen unterworfen. Gemeinsam für alle verschiedenen Torfarten ist das kränkelnde, vertrocknete Aussehen der Gipfel der Tümpeln, indem dieser, sobald er das Niveau der umgebenden, wasserreicheren Furchen und Vertiefungen um ein bestimmtes, gewöhnlich 1—3 dm betragendes Maas, überragte, sich mit einer spröden, grauweissen Flechtenkruste überzieht. Eine besondere Erwähnung verdienen noch Gruppen gewaltiger Torfhügel, die über einen grossen Theil der Halbinsel verbreitet sind. In den wenigen Fällen, wo Verf. Gelegenheit hatte, natürliche Profile zu untersuchen, zeigte sich die Torfschicht als eine sehr mässige, während der Kern des Hügels aus unorganischer Substanz bestand.

In dem zweiten Kapitel werden die wichtigsten klimatischen Elemente behandelt. Directe Beobachtungen liegen nur aus Kola, Swjätoinos, Orlow und Sosnowets vor. Wenn man, trotz dieser sehr ungenügenden Beobachtungen, dennoch eine ziemlich genaue Uebersicht der klimatischen Verhältnisse der Halbinsel besitzt, so ist dies der umfassenden Bearbeitung mehrerer der wichtigsten meteorologischen Elemente Russlands zu verdanken, welche in dem „Repertorium der Meteorologie" enthalten ist. Wegen Mangel an Raum können hier jedoch nur einige der wichtigsten Daten berücksichtigt werden. Nach sechsjährigen Beobachtungen zu urtheilen, bleibt das Tagesmittel in Kola 182 Tage über dem Nullpunkte; vom 14 Mai bis 2 Oktober bleibt die mittlere Temperatur ununterbrochen über Null. In Woroninsk sank im Sommer 1887 das Minimum - Thermometer nach den 27. Juni nicht unter Null. In Orlow (1889) fiel die Temperatur noch am 28. Juni unter Null. Die Winde betreffend, hebt Verf. hervor, dass Russisch Lappland im Grossen und Ganzen sich dem nordrussischen Windgebiete anschliesst, in dem im Winter die SW-Winde, im Sommer die NW- und N-Winde zur Herrschaft gelangen. Im Winter sind Schneegestöber, mit den von arktischen Reisenden beschriebenen Schneestürmen und mit den Buranen Sibiriens direkt vergleichbar, überaus häufig. Die relative Feuchtigkeit der Luft ist im Vergleich mit einigen Orten im nördlichen Europa ziemlich gross, die jährliche Niederschlagsmenge der kalten Atmosphäre trotzdem eine geringe (in Kola) durchschnittlich 182 mm. Der jährliche Gang der Niederschlagsmenge zeigt eine einfache, sehr markirte Periode mit einem Maximum im Sommer und Minimum im Winter. Dichter, bisweilen wochenlang anhaltender Nebel, der Alles durchnässt und zeitweise von feinem Staubregen kaum zu unterscheiden ist, ist für die Sommermonate der Küstengegenden geradezu charakteristisch. Von nicht geringer Bedeutung für den Verlauf der Schneeschmelze ist, dass, besonders in den Gebirgen und an den Tundra-Plateaus des Nordens, die Vertheilung des Schnees eine äusserst ungleichförmige ist. In Schluchten, Bachthälern, vor Felsenmauern etc. sammeln sich mächtige Wehen, die im Frühling zu bodenlosen Schneegruben angewachsen sind. Andererseits kann sich auf Graten und höheren Halden, auf den baumlosen, gerundeten Scheiteln der Waldhöhen und sogar auf den offenen, schwachgeneigten Ebenen in der Nähe der Küste nur eine spärliche, oft kaum das Erdreich bedeckende Schneedecke festsetzen. Das Schmelzen wird u. a. auch durch die ungeheure Menge meist organischer Partikeln, die vom Winde über die Schneefläche zerstreut werden, beschleunigt. Bei der Verminderung der Schneedecke kommt nach den Beobachtungen des Verf. auch eine untere Abschmelzung vor. Eine rein klimatische Firnlinie giebt es in Russisch-Lappland nicht, aber die Eigenthümlichkeiten der Bodenplastik sind stellenweise ausgeprägt genug, um dauernde Schneeansammlungen zu ermöglichen. Eine Folge dieser in die Länge gezogenen Schneeschmelze ist die überaus grosse Ungleichheit in der Entwicklung des Pflanzenlebens, die man sehr häufig wahrnimmt. Die ganze murmanische Küste bis Svjátoi-nos ist ununterbrochen eisfrei, östlich von Svjátoi-nos ist aber alljährlich das Meer mehrere Monate eisbedeckt, so dass noch während des Juni das massenhafte Wiederauftreten des Treibeises nicht ausgeschlossen ist. Russisch-Lappland gehört nicht zum geographischen Gebiet des Eisbodens, trotzdem gehört ein das ganze Jahr gefrorener Boden zu den häufigsten Erscheinungen und übt auf ausgedehnten Strecken in pflanzenbiologischer Hinsicht den bedeutendsten Einfluss aus.

Das dritte Kapitel behandelt die Baumgrenze und die Abhängigkeit dieser von den Winden. Hinsichtlich der Verbreitung des Waldes gliedert sich Russisch Lappland in zwei ungleich grosse Hauptgebiete, die baumlose „Tundra" und das Waldgebiet. Im Allgemeinem ist der Wald gegen die Tundra ziemlich scharf abgegrenzt; in den Thalsenkungen und an sonst geschützten Orten finden sich jedoch Inseln und hervorstehende Zungen von Birken- und Weidengebüsch, welche ein Uebergangsgebiet von wechselnder Breite darstellen.

Verf. hebt hervor, dass, wie in der forstwirthschaftlichen Litteratur längst anerkannt ist, der Einfluss der Winde bedeutend genug ist, um unter Umständen denjenigen der Wärmevertheilung sogar gänzlich aufheben zu können. Nach den Erfahrungen des Verf. in Lappland ist die Gewaltthätigkeit der Sturmes viel geringfügiger, als man dieses nach der Häufigkeit und der rasenden Wuth seiner Angriffe erwarten könnte, indem die mechanische Wirkung sich auf den Baumwuchs auf eine im Sommer erfolgende Ablenkung der jungen Jahressprosse in die herrschende Windrichtung beschränkt. Von abweichenden Strauch- und Baum-Formen, die als charakteristisch für windoffene Lokalitäten in Russisch-Lappland angesehen werden können, erwähnt Verf. die Bildung von Matten (Fichte, Wachholder, Birke), welche nur die Höhe des umgebenden Flechten- und Reiserfilzes erreichen, die aber in der Horizontalalpen mitunter recht ansehnliche Dimensionen erlangen, ferner von Sträuchern, deren schildförmige Platten an die in den Alpen als „Schnee- schilder", „Windschirme" etc. bezeichneten Ueberdachungen er- innern, und schliesslich von Bäumchen und Sträuchern, deren dichte schirmförmige Krone wie heckenförmig geschoren ist, indem die oberhalb der Schneedecke befindlichen Theile zu Grunde gehen.

Verf. betont, dass, nach seiner Ansicht, es nicht die mechanische Kraft des Windes an sich, nicht die Kälte, nicht der Salzgehalt oder die Feuchtigkeit der Atmosphäre ist, die dem Walde seine Schranken setzt, sondern hauptsächlich die Monate lang dauernde ununterbrochene Austrocknung der jungen Triebe zu einer Jahres- zeit, die jede Ersetzung des verdunsteten Wassers unmöglich macht.

„Die Gefahr der Vertrocknung im feuchten Klima" ist Gegen- stand des vierten Capitels, wo in dieser Hinsicht die Vegetation des trockenen Bodens, die des versumpften Bodens, das Absterben der torfbildenden Moose und die Flechtenhaide aus- führlich behandelt werden. Verf. hat die von S a c h s gemachten Erfahrungen der Abhängigkeit des Transpirationsstromes von der Temperatur des Bodens betreffend wiederholt und bestätigt. Er hebt weiter einige von ihm in der Natur, sowohl in Lappland als auch bei Helsingfors, beobachtete Erscheinungen hervor, die mit der künstlich erzeugten Austrocknung direkt zu parallelisiren sind. Die Bedeutung der Gefahr für Austrocknung in Folge ungenügender Wurzelthätigkeit oder überhaupt durch Kälte verlangsamter Hebung des Saftes ist noch nicht, sagt der Verf., in ihrem vollem Umfange und in ihren Konsequenzen für die Biologie der natürlichen Pflanzen- formationen gewürdigt. Nach seinem Dafürhalten ist besonders in der Arctis das Hauptgewicht darauf zu legen, dass die ganze Vegetationsperiode hindurch ein plötzlicher Schneefall oder ein eis- kalter Regen die Temperatur des Bodens und der Luft plötzlich und bedeutend herabdrücken kann, wärend die heftige Luftströmung keine entsprechende Abschwächung der Transpiration ermöglicht. Darum könen die geringfügigsten Niveau-Differenzen eine Ver- schiedenheit in der Zusammensetzung der Vegetation, die man sich nicht schärfer begrenzt vorstellen kann, hervorrufen.

Schon V o l k e n s war es aufgefallen, dass bei mehreren Ried- gräsern papillenartige Vorwölbungen von Seiten der benachbarten Epidermiszellen sich derartig über die Spaltöffnungen hinüberneigen dass letztere in einem vor dem Eindringen der trockenem Luft geschützten Raum zu stehen kommen, und W a r m i n g hat darauf hingewiesen, dass mehrere sumpfbewohnende *Carex*-Arten denselben Aufbau des Blattes zeigen, den man bei ausgesprochenen Haide- pflanzen findet. Verf. giebt diesen scheinbar unvereinbaren That- sachen eine neue Deutung, in dem er betont, dass die offenen Sümpfe und Moraste die zugleich windigsten und bodenkältesten aller Standorte unseres Erdtheils sind, warum die Sumpfpflanzen trotz überreichen Zugangs an Wasser dennoch Schutz gegen die

Gefahr der Austrocknung bedürfen. Verf. hofft künftig Gelegenheit zu erhalten, die anatomischen Verhältnisse der nordischen Sumpfflora von diesem Gesichtspunkte aus vergleichend zu untersuchen, und beschränkt sich hier auf die Erwähnung einiger Beispiele, die seine Auffassung bestätigen. Andererseits kann, wie Verf. hervorhebt, nicht bestritten werden, dass unter den Sumpfpflanzen auch solche auftreten, bei welchen besondere Vorrichtungen zur Verminderung der Transpiration nicht hervortreten, wie auch dass umgekehrt unter südlicheren Breiten mehrere der beschriebenen Vorkehrungen unter Verhältnissen, die es zunächst unsicher oder vielleicht unwahrscheinlich erscheinen lassen, ob sie wirklich in dem oben erwähnten. Sinn gedeutet werden können, angetroffen werden.

Das sichtliche Zurücktreten und allmählige Absterben der *Sphagna* und ihre Ueberwucherung von Flechten und weniger Feuchtigkeit fordernden Moosen ist eine in Russisch Lappland sehr häufige Erscheinung. Verf. sucht die Ursache nicht in einem zu geringen Niederschlage, sondern in den physikalischen Eigenschaften des Moostorfes und dem jährlichen Gang der Temperatur, lokal auch in Senkungen der Abflussbahnen des Wassers. Selbst wenn wir auf Grund anderer Erscheinungen zu der Annahme einer durchgreifenden klimatischen Veränderung in postglacialer Zeit gedrängt werden, so können wir das Absterben des *Sphagnum*-Polsters in Folge verminderter Niederschlagsmenge oder Luftfeuchtigkeit nicht zugeben, weil das Gedeihen der *Sphagna* im Binnenlande ein viel besseres, als längs der Küste ist. Nachdem Verf. den gewöhnlichsten Gang der Veränderungen, welche die Vegetation des *Sphagnum*-Tümpels in Folge der Austrocknung erleidet, geschildert hat, zeigt er, dass eine ähnliche Abschwächung wie in den Küstenstrichen der Kola-Halbinsel auch in der alpinen Region Skandinaviens und der arktischen Gegenden stattfindet.

Auch die *Polytrichum*-Form kommt an der Hochtundra der Küste nicht zur grösseren Geltung, indem die typische Moosform die *Dicranum*-Form ist, welche dicht verfilzte, gleichmässig hohe Polster bildet. Alle in Russisch Lappland vorkommenden Torfarten werden sehr oft von einer Flechtenkruste, hauptsächlich aus *Lecanora Tartarea* bestehend, überzogen. Ebenso werden zahlreiche Flechten davon überwuchert. Relativ selten kommt dieses bei den Steinflechten vor; unter den gewöhnlichen Strauchflechten der Haide- und Moorformationen giebt es aber kaum eine einzige, die nicht von *Lecanora Tartarea* unter Umständen bewachsen (und verunstaltet) würde. Auf windoffenen Stellen unterliegen zuerst von den gewöhnlichen Strauchflechten der Haide die *Cladinen*. Nicht viel hartwüchsiger, als diese ist das häufige *Sphaerophoron coralloides*. Die erwähnten Gattungen werden in den Eigenschaften der Hartwüchsigkeit von den schwarzen *Cetrarien* und den weissfarbigen *Platysma*-Arten um ein Bedeutendes übertroffen, den höchsten Grad der Unempfindlichkeit haben jedoch die *Alectorien*. In Russisch Lappland können wir also drei Hauptformen der Flechtenhaide unterscheiden: die *Cladina*-, die *Platysma*- und die *Alectoria*-Haide. Die *Cladina*-Form ist am besten und reichlichsten in der Waldregion und in den breiten Thalsenkungen zwischen den südlicheren Tundrahöhen entwickelt. Zwischen der *Platysma*- und der *Alectoria*-Form ist der Unterschied in Bezug auf Empfindlichkeit nicht so prägnant, als zwischen *Cladina* und *Platysma*. Die beiden erst-genannten Formen finden sich daher öfter gemischt und treten auf den Hochplateaus der Gebirge wie auf den höheren Muldenböschungen der Küste auf.

In dem fünften Capitel stellt sich Verf. die Aufgabe, festzustellen, ob die Bäume, welche die Wälder in Russisch Lappland bilden, dieselben sind, welche auch in den Nachbargebieten und speciell in Skandinavien bestandbildend auftreten. Die Fichte ist hier, gerade so wie sonst in Skandinavien, wohl im grössten Theil ihres Verbreitungsbezirkes sehr variabel, und Verf. zeigt, dass die specifische Trennung der *obovata*- und *excelsa*-Form entschieden zu verwerfen ist, indem die in Skandinavien und Lappland vorkommende Fichte als einheitliche, wenngleich in zahlreiche, kleine Formen gegliederte Art zu betrachten ist. Die Kiefer betreffend, sei hier nur hervor-gehoben, dass nach Verf. die *Lapponica*-Kiefer keine Varietät, sondern nur eine mehr oder weniger ausgesprochene, von äusseren Einflüssen bedingte Modification ist. Der Wachholder kommt auch in Russisch Lappland unter sehr wechselnden Formen vor, die extremsten unter diesen werden oft als forma *typica* und *β nana* unterschieden, sind aber durch zahlreiche und allmählige Ueber-gänge mit einander verbunden. Unter den beiden baumförmigen Birken Skandinaviens kommt die südlichere *B. verrucosa* in Russisch Lappland nur selten vor. Die waldbildende Birke gehört zu *B. odorata*, indem nach Verf.'s Ansicht die systematische Trennung der subalpinen Birke von den thalabwärts und weiter gegen Süden waldbildenden Form einer natürlichen Gruppirung nicht entspricht.

Das sechste Capitel hat zum Gegenstand die Verbreitung und Zusammensetzung des Waldes, wobei in dieser Hinsicht das Plateau der Binnenseen, die Hochgebirge Lujawr-urt, der Kola Fjord, Teri-berka, Kola-Woroninsk, das Thal des Woronje-Flusses, Rinda, Harlowka, Warsina, Jowkjok, Küstenplateau zwischen Jokonsk und Ponoj Ponoj, Sosnowets und Akjawr und die Südküste ausführlich behandelt werden. An der Bildung der Nadelholzgrenze sind so-wohl die Kiefer als die Fichte, obwohl in ungleichem Maasse, be-theiligt. Im Allgemeinen wird die Nadelholzgrenze durch eine gewundene, aber der Hauptsache nach von Südost nach Nordwest verlaufende Linie bezeichnet, südlich von welcher ein zusammen-hängendes Waldgebiet sich ausbreitet. Die nördlich davon liegende Birkenregion zeigt ein vielfach zerschlitztes Hauptgebiet und mehrere, durch grosse Tundraflächen isolirte Waldinseln. In den Fluss-thälern geht die Birke fast überall bis hart an die Küste, wo je-doch ein schonungsloser Abtrieb den Wald öfters vernichtet hat.

Da in verschiedenen Jahren die Witterungs- und speciell die Temperaturverhältnisse im skandinavischen Norden sich sehr ab-weichend gestalten können, so erwächst dem Individuum aus einem langlebigen Pflanzenkörper insoweit ein Vortheil, als er in der Nähe der oberen, resp. Polargrenze der Art, die hier vielleicht äusserst selten wiederkehrenden Jahre gleichsam abwarten kann, in denen die Ausbildung keimungsfähiger Samen noch erfolgt und eine reichlichere Verbreitung auf diesem Wege wieder möglich wird. Schon aus diesem Grunde können, wie Verf. in dem siebenten Capitel, das das Alter und das Wachsthum der Holzgewächse behandelt, Bestimmungen des Alters und des Holzansatzes der nordischen Holzgewächse ein hohes Interesse beanspruchen. Verf. hat seine Aufmerksamkeit auch diesem Gegenstande gewidmet und 24 Arten in dieser Hinsicht an verschiedenen Orten untersucht.

Das achte Capitel ist der Samenbildung der drei wichtigsten Baumarten gewidmet. Die Untersuchungen des Verf. deuten darauf hin, dass die Kiefer in der Nähe ihrer Nordgrenze kaum eine schwächere, vielleicht aber eine auf die verschiedenen Jahre gleichförmiger vertheilte Zapfenbildung hat als in südlicheren Gegenden. Dagegen ist die Samenproduction entschieden abgeschwächt und kann wahrscheinlich nur mit längeren Intervallen einen nennenswerthen Ertrag geben. Auch die Fichte fructificirt häufig, wenn auch nicht reichlich, bis an die oberste Waldgrenze, wo man an kaum 2 m hohen Krüppeln noch vereinzelte Zapfen findet; die Zapfenbildung ist aber nicht von einer entsprechenden Samenproduction begleitet, theils weil die Zapfen von den Frühfrösten des Herbstes erreicht werden, bevor ihre Gewebe sich vollständig ausgebildet haben, theils, und in viel ausgedehnterem Maasse, weil die Samenzeugung durch die Angriffe einer Gallmücke (*Cecidomyia strobi* Winnertz) vereitelt wird. Hinsichtlich der Samenbildung scheint die Birke den Nadelhölzern gegenüber bedeutend besser gestellt zu sein.

Im letzten Capitel spricht Verf. seine von den bisherigen Ansichten abweichende Auffassung der nordskandinavischen Waldregionen aus. Bekanntlich fusst die heutige Auffassung der regionalen Gliederung in Lappland wesentlich noch auf der von Wahlenberg gegebenen Eintheilung, indem die Waldregionen als Exponenten der in der Richtung von Süden nach Norden oder mit zunehmender Meereshöhe auftretenden klimatischen Veränderungen hingestellt werden. Verf. sucht nun zu beweisen, dass die skandinavische Kiefernregion als eine zwar öfters scharf begrenzte, physiognomische Einheit, aber als keine durch specifisch klimatische Eigenthümlichkeiten charakterisirte Region, sondern wesentlich als Resultat der hier sehr häufigen und verheerenden Waldbrände zu betrachten ist. Sie ist als integrirender Theil der Fichtenregion, also wenn man so will, als Fichtenregion ohne Fichten, zu bezeichnen. Die Birkenregion in Lappland betrachtet Verf. als eine klimatisch individualisirte Einheit, wo die Fichte aller Wahrscheinlichkeit nach noch wachsen kann, aber wo sie nicht mehr fähig ist, sich durch Samenerzeugung zu verbreiten und dadurch ihre Existenz auf die Dauer zu sichern.

In der Beilage sind die Thermometer-Beobachtungen des Verfassers an verschiedenen Standorten in Woroninsk und Orlow aufgenommen. Eine Erklärung der Tafeln, die mit drei Ausnahmen nach photographischen Aufnahmen des Verf. angefertigt sind, und ein Litteraturverzeichniss beendigen des Werk.

Die Karte ist unter Weglassung der Reiserouten aus „Fennia" III (1890) herübergenommen.

Brotherus (Helsingfors).

––––––––––

Engler-Prantl, Die natürlichen Pflanzenfamilien nebst. ihren Gattungen und wichtigeren Arten etc. Lief. 42—52. Leipzig (Engelmann) .1890.

Lief. 42 des emsig fortschreitenden Werkes enthält den Anfang der *Euphorbiaceae,* deren Bearbeitung Dr. **Pax** übernommen hatte. Im allgemeinen Theil verdient der Abschnitt, welcher die Blütenverhältnisse dieser polymorphen Familie behandelt, wegen seiner Ausführlichkeit besondere Erwähnung. Aus dem systematischen Theil ist anzuführen, dass Verf. die Gattung *Amanoa* Aubl. in zwei Sectionen, *Euamanoa* und *Strobilanthus,* theilt; auf *Phyllanthus oblongifolius* Pax aus Timor wird eine neue Section *Neoscepasma* Pax begründet. Das Genus *Cleistanthus* Hook. zerfällt in die beiden Sectionen *Eucleistanthus* Pax und *Nanopetalum* Hassk. (als Gattung); eine ausführliche Darstellung erfuhren die Sectionen der Untergattung *Eucroton.* Die Nuttall'sche Gattung *Aphora* stellt Verf. als Section zu *Ditaxis.* 184 Einzelbilder in 33 Figuren sind dieser Lieferung beigegeben.

Lief. 43 bildet die Fortsetzung der *Compositae* von **O. Hoffmann.** Mit sehr anzuerkennender Ausführlichkeit und doch präciser Kürze hat, was besonders hervorgehoben zu werden verdient, Verf. die schwierigen Gruppen der *Astereae* behandelt. 176 Einzelbilder in 18 Figuren ergänzen den Text dieses Heftes.

Lief. 44 ist die weitere Fortsetzung der *Euphorbiaceae* (vgl. Lief. 42) von **F. Pax,** welche die *Mercurialinae, Acalyphinae, Plukenetiinae, Perinae, Ricininae, Jatropheae, Manihoteae, Cluytieae, Gelonieae* und den Anfang der *Hippomaneae* umfasst und mit 33 Figuren mit 184 Einzelbildern ausgestattet ist.

Lief. 45 enthält den Schluss der *Myrsinaceae,* die *Primulaceae, Plumbaginaceae* von **F. Pax** und den Anfang der *Sapotaceae* von **A. Engler.** Bei den *Primulaceae* verdienen die Auseinandersetzungen über die Blütenverhältnisse Beachtung. Die Bearbeitung der Gattung *Primula* schliesst sich der von **Pax** gegebenen „monographischen Uebersicht" (Engler's Jahrb. Bd. X) genau an. Die Gattungen *Androsace* und *Aretia* werden streng geschieden. Unter ersterer führt Verf. zwei neue Sectionen *Pseudoprimula,* deren Arten eine Mittelstufe zwischen *Primula* und *Androsace* einnehmen, und *Euandrosace,* zu der *A. maxima, A. septentrionalis* u. a. gehören. *Lysimachia thyrsiflora* L. wird als besondere Gattung, *Naumburgia* Moench aufgeführt. Die Gattung *Lubinia* Vent. besitzt vier Arten, von denen zwei zur Section *Eulubinia* Pax, eine zur Section *Coxia* Endl. (als Gattung) als *L. nutans* (Nees) Pax = *Lysimachia atropurpurea* Link und Otto gerechnet werden. Ueber die *Plumbaginaceae* ist nichts Besonderes zu bemerken. Ueber Engler's

Auffassung der *Sapotaceen*-Genera und ihrer Sectionen vergl. mein früheres Referat.

L i e f. 46 enthält Kryptogamen-Familien, die mit den übrigen Lieferungen über Kryptogamen besprochen werden sollen. L i e f. 47 umfasst die *Geraniaceae, Oxalidaceae, Tropaeolaceae, Linaceae, Humiriaceae* und *Erythroxylaceae* von **K. Reiche,** sowie den allgemeinen Theil der *Malpighiaceae* von **F. Niedenzu.** Dem Heft sind 191 Einzelbilder in 38 Figuren beigegeben. Unter *Geranium* führt **R e i c h e** eine neue Section *Polyantha* auf, die auf *G. polyanthes* Edgew. und *G. Tuberaria* Camb. begründet wird, sowie die Section *Incana*, zu der die capensischen Arten *G. incanum* L. und *G. canescens* L'Hér. gehören. Bei den *Tropaeolaceae* hätte Verf. vielleicht mehr auf die biologischen Verhältnisse eingehen können. Eine vorzügliche Bearbeitung haben die *Malpighiaceae* durch F. N i e d e n z u erfahren; namentlich die Capitel „Anatomisches Verhalten" und „Blütenverhältnisse" sind mit grosser Ausführlichkeit verfasst.

L i e f. 48 ist die weitere Fortsetzung von Lief. 43 und behandelt die *Compositae*. Zu erwähnen sind die neuen Gattungen *Pechuel-Loeschea* O. Hoffm. und *Mollera* O. Hoffm. Der Lieferung sind 170 Einzelbilder in 22 Figuren beigegeben, unter denen ein Landschaftsbild aus Columbien mit Compositenbäumen besondere Beachtung verdient.

L i e f. 49 und 50. *Elaeocarpaceae, Tiliaceae, Malvaceae, Bombaceae* und *Sterculiaceae* von **K. Schumann.** Zu erwähnen ist, dass Verf. die *Elaeocarpeen*-Gattung *Sloanea* in drei Sectionen theilt: 1. *Eusloanea* K. Sch., 2. *Echinocarpus* F. v. Müll. mit *S. Sigon* K. Sch., 3. *Phoenicospermum* K. Sch. mit *S. Javanica* Szys. Bei den *Tiliaceae* und *Malvaceae* sind die Blütenverhältnisse besonders eingehend erörtert worden. In der Gattung *Sida* L. finden wir zwei neue Sectionen, *Pseudomalachra* K. Sch. und *Pseudomalvastrum* K. Sch., zu letzterer die auf der Balkanhalbinsel vorkommende *S. Sherardiana* Bth. et Hook. gehörig, die von B a i l l o n mit Unrecht zu *Malvastrum* gestellt worden ist. Die Gattung *Bombax* L. wird in drei Sectionen, *Eubombax, Pachiropsis* und *Pachira* getheilt; die Gattung *Chorisia* H. B. K. zerfällt in die Sectionen *Campylanthera, Eriodendron* und *Erione*. Bei den *Sterculiaceae* wird auf *Melochia Indica* A. Gr. und nahe verwandte Arten eine neue Section *Visenia* K. Sch. begründet. Die Species der Gattung *Theobroma* L. gruppiren sich in die drei Sectionen *Herrania, Eutheobroma* und *Bubroma;* *Guazuma* Plum. zerfällt in *Commerçoniopsis* und *Euguazuma*. Auf *Helicteres pentandra* L. wird eine Section *Hypophyllanthus,* auf *H. Sacarolha* St. Hil. die Section *Sacarolha* begründet. 274 Einzelbilder in 49 Figuren von prächtiger Ausführung sind diesem Doppelhefte beigefügt.

L i e f. 51. *Podostemaceae* von **E. Warming;** *Crassulaceae* von **S. Schönland;** *Cephalotaceae, Saxifragaceae* von **A. Engler.** W a r m i n g ist der Ansicht, dass die *Podostemaceae* am meisten mit den *Saxifragineae* verwandt sind, und stellt sie daher zu den *Rosales,* und zwar wegen ihrer durchaus eigenartigen Entwicklung

10*

an den Anfang derselben. Sehr eingehend behandelt Verf. die
Abschnitte „Vegetationsorgane" und „Blütenverhältnisse". Die
Familie zerfällt in zwei scharf getrennte Abtheilungen, die *Podo-
stemoideae* und *Hydrostachyoideae*, von denen letztere vielleicht als
besondere Familie zu betrachten sind. Ueber den speciellen Theil
ist zu bemerken, dass Verf. die Gattung *Ligea* Tul. zu *Oenone* Tul.
zieht; *Mniopsis* Mart. et Zucc., von Baillon zu *Podostemon* gestellt, wird auf Grund der nervenlosen Kapsel und der starken
Narbenpapillen wohl mit Recht als selbständiges Genus wiederher-
gestellt; in *Sphaerotylax* Bisch. schliesst Verf. *Anastrophea* Wedd. ein.

An die *Podostemaceae* werden die *Crassulaceae* angeschlossen.
Die Abgrenzung der Gattungen dieser Familie ist nicht ganz ohne
Schwierigkeiten. Schönland fasst als ältesten Typus *Sedum* auf
und leitet davon zunächst *Sempervivum* und *Monanthes* ab, dann
als zweiten Zweig die Gattung *Cotyledon*, von der sich *Kalanchoe*
und *Bryophyllum* abzweigen, als dritten *Crassula*, aus der *Macro-
sepalum*, *Rochea* und *Grammanthes* hervorgegangen sind, und als
letzten die drei nahe verwandten Genera *Diamorpha*, *Triactina* und
Penthorum. Zu *Sedum* zieht Verf. *Rhodiola* L. und *Telmissa* Fenzl,
zu *Cotyledon* die De Candolle'schen Genera *Pistorinia* und
Echeveria; ebenso stellt er *Tillaea* als Section zu *Crassula* und fasst
Bulliarda, *Helophytum* und *Combesia* als Gruppen dieser Section auf.

Die *Cephalotaceae*, von Engler bearbeitet, werden auf Grund
der völlig freien, um eine Achsenspitze herumstehenden Carpelle
mit einer grundständigen Samenknospe von den *Saxifragaceae*, durch
das Fehlen der hypogynen Schüppchen und die Lage der Samenknospen von den *Crassulaceae* getrennt und als besondere Familie
betrachtet.

Ihnen schliessen sich die von Engler bearbeiteten *Saxifraga-
ceae* an, von denen im vorliegenden Heft fast nur der allgemeine
Theil Platz gefunden hat. Im Ganzen sind 25 Figuren mit 106
Einzelbildern dieser Lieferung beigegeben.

Lief. 52. *Malpighiaceae* von F. Niedenzu; *Zygophyllaceae*,
Cneoraceae von A. Engler.

Der in Lief. 47 angefangene allgemeine Theil der *Malpighiaceae*
wird hier fortgesetzt; ihm schliesst sich der specielle Theil an, aus
dem Folgendes hervorgehoben zu werden verdient: Die Arten der
Gattung *Hiraea* Jacq. zerfallen nach der fast fehlenden oder vorhandenen Behaarung der Blätter in die *Glabratae* Ndz. und *Comatae*
Ndz.; das Genus *Tetrapteris* Cav. theilt Verf. in die Subgenera
Architetrapteris mit nicht geöhrten Kotyledonen und ausgerandeten
oder zerschlitzten Fruchtflügeln und *Metatetrapteris* mit geöhrten
Kotyledonen und gerundeten Fruchtflügeln. Als neue Gattung wird
Mezia Schwacke aufgeführt, deren einzige Art, *M. Araujei* Schwacke,
eine prächtige Liane der Wälder in Minas Geraës (Brasilien) ist.

Unter den *Zygophyllaceae* bildet Engler aus den im Caplande
vorkommenden *Zygophyllum*-Arten mit fachspaltiger Kapsel eine
besondere Section *Capenses* und zieht auch die A. Jussieu'sche
Gattung *Roepera* als Section zu *Zygophyllum*. Von *Porlieria* Ruiz et
Pav. wird eine neue Art, *P. Lorentzii* Engl., erwähnt. Die Arten

von *Kallstroemia* Scop. zerfallen in die Sectionen *Eukallstroemia* Engl., durch krautige Beschaffenheit des Stengels und schmale Kelchblätter charakterisirt, und *Thamnozygium* Engl., Sträucher mit breiten Kelchblättern. Ueber die *Cneoraceae* ist nichts Besonderes zu bemerken. 190 Einzelbilder in 22 Figuren erläutern den Text dieses Heftes.

Taubert (Berlin).

Gérard, F., Notes sur quelques plantes des Vosges. Additions et rectifications. (Extrait de la Revue de Botanique, bulletin mensuel de la Société française de botanique. 1890). 8°. 216 p. Toulouse 1890.

Unter diesem bescheidenen Titel liegt uns eine Abhandlung vor, die viele werthvolle Beiträge zur genaueren Kenntniss der Flora eines interessanten Gebietes enthält und sowohl Zusätze als Berichtigungen zu dem schon darüber Bekannten giebt. Zwar könnte man wohl glauben, bemerkt der Verfasser, dass das Vogesen-Gebiet, das von so vielen tüchtigen Botanikern wie (unter den neueren) Mougeot, Nestler, Schimper, Billot, Kirschleger, Godron, F. Schultz, Berher, genau durchgeforscht ist, nichts mehr zu entdecken darzubieten hätte. Nach den Entdeckungen aber zu urtheilen, die in der letzten Zeit, sogar in gehörig abgesuchten Gegenden, gemacht wurden, wird gewiss der Forscher bei genauer Untersuchung entlegener Gegenden oder geeigneter Oertlichkeiten noch manches Schöne finden können, besonders hinsichtlich der mehr kritischen Gattungen, wie *Rosa, Rubus, Hieracium, Salix.* So hat Verf. seit dem Erscheinen des „Catalogue des plantes du départ. des Vosges" von Dr. Berher (1887) sowohl für die Vogesen Neues gefunden, als neue Fundorte entdeckt für interessante Pflanzen (Phanerogamen und Pteridophyten), die er in diesen „Notes" citirt, resp. in verschiedener Hinsicht bespricht. Besonders genau werden die kritischen Arten besprochen und durch Beschreibungen erläutert. Angaben über Pflanzen, die für die Vogesen citirt wurden, aber dort nicht vorkommen, werden berichtigt. Aus diesem reichen Material (über 600 Arten nebst vielen Formen verschiedenen Werthes) kann natürlich hier nur Einzelnes mitgetheilt werden:

Ranunculaceae. Thalictrum Grenieri Loret. *T. majus* G. G. non Murr. (*T. majus* Murr. wächst weder in den Vogesen, noch in ganz Lothringen). — *Ranunculus aconitifolius* L., zwischen diesem und der Form („plus alpestre") *R. platanifolius* L. finden sich Uebergänge. *R. Flammula β. radicans* (*R. reptans* auct. non L.); die echte *R. reptans* L. wächst nicht in den Vogesen. — *Caltha palustris β. stenopetala* F. Gér. (*C. Guerangerii* Bor.), gemein, unterscheidet sich vom Typus durch „sepales d'un jaune plus foncé, retrecis à la base et ne se touchant pas par leurs bords". *C. p. γ. parviflora* F. Gér. (*C. minor* Mill.), seltener, die Blumen um die Hälfte kleiner, die Blätter scharf gezähnt.

Papaveraceae. Papaver Lecoqui Lmtt., von den Formen des *P. dubium* L. verschieden sowohl durch morphologische Charaktere, als besonders durch grünlichen, in der Luft gelb werdenden Milchsaft (bei den anderen Formen ist der Saft milchweiss).

Fumariaceae. Fumaria Wirtgeni K., vom Verf. neu für les Vosges entdeckt à Châtel (1890).

Cruciferae. Raphanistrum Lampsana Gaertn. (1791), *R. innocuum* Med. (1794), mit den Varietäten *α. sulphureum* F. Gér. (*R. segetum* Rchb. exc.): Krone gelb und gelbaderig; *β. ochrocyanea* F. Gér.: Krone blassgelb, violettaderig; *γ. alba* F. Ger. (*R. arvense* Rchb. exc.): Krone weiss, violettaderig. — *Capsella rubella* Reut. ist eingeführt und findet sich (spärlich) an Canälen, Eisenbahnen und auf Bahnhöfen.

Alsinaceae. Cerastium litigiosum De Lens. (1828), *C. pallens* F. Sz. (1836) ist „commun sur l'alluvion de la Moselle". *Holosteum umbellatum roseum* (Blumenröthlich) mit dem Typus „commun sur la dolomie à Saint-Dié". *Arenaria leptoclados* Guss., bei Porlieux. *Sagina ciliata* Fr., sandige Felder bei Châtel. *Spergula maxima* Whe. var. *S. linicola* Bor., auf Leinäckern in der Bergregion, mit Leinsamen eingeführt.

Tiliaceae. Tilia grandifolia und *T. parvifolia* Ehrh. sind beide „assez communs" in der Bergregion.

Hypericineae. Hypericum perforatum L. var. *H. lineolatum* Jord., die Blüten auswendig mit schwarzen Streiflein notirt, Rambervillers auf Muschelkalk.

Acerineae. Acer campestre L.: zwei Varietäten, die eine (gemeine) mit haarigen, die andere (weniger gemein) mit glatten Früchten.

Ampelideae. Ampelopsis hederacea Mchx., verwildert auf den Inseln der Mosel.

Geraniaceae. Geranium pratense L., hier und da in der Bergregion, aber immer einzeln und „echappé des jardins". *Erodium cicutarium* var. *maculatum* K. mit zwei Untervarietäten: *E. commixtum* und *E. praetermissum* Jord.

Papilionaceae. Ulex Europaeus L. findet sich mitunter „au milieu des bois", aber ist nirgends wirklich wild. *Genista pilosa* L., hin und wieder im Sande auf den Inseln der Mosel; blüht und fructificirt einstweilen wieder im September und October. *Cytisus Laburnum* L., bei Châtel angepflanzt und in Lothringen nicht einheimisch (erst im südlichen Jura spontan zu finden). *Trifolium pratense* L. ist wirklich perenn (nicht bienn wie nach Einigen), dauert aber gewöhnlich nicht länger, als vier Jahre. *T. arvense* L. var. *agrestinum* Jord., sehr gemein „sur l'alluvion de la Moselle". *T. patens* Schreb. (*T. aureum* Thuill., *T. Parisiense* DC.), an Wegen und Canälen, nicht einheimisch, aber *T. agrarium* L. nebst *T. procumbens* L. Fl. suec. (mit drei Varietäten) und *T. minus* Relh. (*T. filiforme* DC.) mit var. *minimum* Gaud. (*T. filiforme* L. Fl. suec.) sind mehr oder weniger gemein. *Ornithopus perpusillus* L. var. *leiocarpus* Coss. Germ. ist selten bemerkt. *Vicia varia* Host., an Leinäckern bei Granges, eingeführt. *V. villosa* Rth. wird für einige Stellen in Frankreich (auch in Elsass) angegeben, aber Verf. kommt nach eingehender kritischer Untersuchung zu dem Schluss, dass es sich hier nur um zufällige Vorkommnisse handelt; in Lothringen aber ist diese Art „assez commun" und beweist sich als eine ganz spontane Pflanze.

Rosaceae. Rubus. Bei dieser Gattung wird nur Nomenclatur und Vorkommen derjenigen Formen (26) angeführt, die Verf. in den Umgebungen von Châtel und Granges beobachtet hat und die alle von Focke revidirt sind. *R. bifrons* Vest. ist sehr gemein und Verf. fand ihn auch bei Granges (bei 700 m Höhe). *R. macrophyllus* Whe. Nees f. *aprica* Focke in litt. (*R. silvaticus* Godr., Fl. lorr.), zwischen Châtel und Hadigny „sur le muschelkalk". *R. collinus* DC.; nach Berher's Catalog ist es minder dieser, noch *R. collinus* Lej., sondern wahrscheinlich *R. Arduennensis* Lib. ap. Steud. der in den Ardennen, in Belgien und Rheinpreussen vorkommt. *R. saxicolus* J. Müll. ist gemein bei Granges etc. und wahrscheinlich verbreitet genug in der Bergregion „sur le granite et le grès vosgien". *R. Harmandii* F. Gér. (nov. sp.); *R. serpens* G. G. 1847 et auct. (non Whe. ap. Lej. Court. 1831), gemein bei Granges, Pré Genest und Chappes an Wegen und auf sandigen Feldern (dem Prof. Harmand, der über die *Rubi* von Meurthe-et-Moselle geschrieben, dedicirt). *R. tiliaefolius* Harmand (*R. Wahlbergii* Godr. lorr. non Arrh.), gemein genug bei Granges, Pré Genest und Tayon. *R. scytophyllus* F. Gér. (nov. sp.), nach Focke (in litt.) eine sehr distincte Lokalform. *Potentilla cinerea* Chx., bei Ramberviller (einziger Standort in Lothringen) angegeben, aber weder vom Verf., noch von Anderen wiedergefunden. *Rosa.* Ueber die Vogesen-Formen dieser Gattung hat Verf. in Dr. Berher's Catalogue des plantes du dep. des Vosges eine Liste (une simple liste) publicirt, die nun kritisch revidirt und mit Berücksichtigung der rhodologischen Arbeiten Crépin's und Anderer ergänzt wird, so dass in diesen „Notes" 16 Arten und 3 Hybriden

beschrieben und commentirt sind. Verf. bemerkt hierbei, wie schwierig, ja unmöglich es sei, die *Rosa*-Formen irgend eines Gebietes 'mit denen von Rhodologen anderer Gebiete (oder Gegenden) beschriebenen vollständig zu identificiren,
sich hierbei auf einen Brief Crépin's beziehend.*) Ja es geht so weit, sagt
Verf., dass nicht nur die Art variabel ist, sondern nicht einmal jede Form ist jedes
Jahr identisch mit sich selbst. Er habe z. B. bei Granges eine *Rosa*,
den *Caninae-Montanae* zugehörig, beobachtet, die er wegen der glandulösen Blütenstiele für *R. fugax* Gren. gehalten hatte (sie wurde auch als solche von Specialisten
bestimmt). Aber zwei Jahre darnach war an den Stielen Hunderter von Früchten,
die demselben Strauch gehörten, keine einzige Glandula zu finden und dies ohne
dass dessen Umgebung sich im geringsten verändert hätte. Weiter habe er bemerkt, dass die *R. Gabrielis* F. Gér. (Form von *R. dumetorum* Th.), „des bords
de la Valogne", sich von anderen Rosen der Umgebung durch die dunkle, sehr
glänzende Oberseite der Blätter sehr leicht unterschied. Im folgenden Jahr aber
waren seine Blätter ganz matt und ohne Spur von diesem Glanz. *R. stylosa* Desv.
mit der Form *R. systyla* Bast. und der Varietät *R. leucochroa* Desv. (Blätter
oben glatt; Krone weiss, gelblich benägelt), bei Liézey von Deseglise gefunden.
R. ferruginea Vill. 1779 (*R. rubrifolia* ej. 1789), schon von Persoon (1809) am
Ballon de Soultz gesammelt. *R. glauca* Vill. ap. Lois. (1809), *R. alpiphila* Arv.-
Touv. (1871), gemein, mit mehreren Varietäten: *R. complicata* Gren., *R. fugax*
Gren., *R. globularis* Franch. ap. Bor. (*R. voloniensis* F. Gér. ap. Berher). *R. canina* L.
Von dieser vielgestalteten Art werden folgende Varietäten citirt: 1. *R. lutetiana*
Leman (1818) mit sieben Formen (worunter *R. glaucescens* Desv., *R. nitens* Desv.
und *R. sphaerica* Gren.). 2. *R. dumalis* Bechst. mit sechs Formen (worunter
R. squarrosa Rau und *R. Chaboissaei* Gren.); hierher gehört *R. ramulosa* Godr.
und nicht, wie Godron wegen der kurz gestielten centralen Karpellen will, zu
den *Cinnamomeae*.**) 3. *R. biserrata* Merat, zu welcher man *R. Adami* F. Gér.
rechnen kann. 4. *R. andegavensis* Bast. mit fünf Formen. 5. *R. dumetorum* Thuill.
mit sechs Formen (worunter *R. platyphylla* Rau und *R. urbica* Lem.). 6. *R. collina*
Desegl. et auct. non Jacq. (*R. Deseglisei* Bor.). 7. *R. tomentella* Lem. (1818).
R. Jundzilli Bess. mit den Varietäten *R. Jundzilliana* Desegl. und *R. trachy-*
phylla Godr. *R. rubiginosa* L. mit vier Formen; gemein „sur tous les terrains".
R. micrantha Sm. mit vier Formen, hier und da „sur tous les terrains". *R. agrestis*
Sav. (*R. sepium* Th.), eine in den Vogesen, wie es scheint, seltene Art. *R. tomen-*
tosa Sm. (mit den Varietäten *R. farinulenta* Crép., *R. micans* Desegl., *R. cine-*
rascens Dmrt., *R. subglobosa* Sm., *R. Seringeana* Godr.), „assez commun sur tous
les terrains". *R. pomifera* Herm., in den Hochvogesen, um Hohneck; um Ballon
de Saint-Maurice, übrigens hier und da aus den Gärten verwildert; als Varietät
dieser Art betrachtet Verf. die *R. mollis* Sm., die in Elsass vorkommt und aus
den Umgebungen von Nancy citirt wird. ✕ *R. spinulifolia* Dematr. (*R. alpina-*
mollis Crép., *R. wasserburgensis* Kirschl.), in Münsterthal, hinter den zerstörten
Schloss Wasserbourg, hinter Soulzbach, Hohneck, am Frankenthal. ✕ *R. Süffertii*
Kirschl. (*R. spinulifolio-alpina* Christ), wird aus Elsass citirt. *R cinnamomea* L.,
hier und da in Lothringen naturalisirt, nicht einheimisch (wie auch nicht in
Frankreich). *R. alpina* L. (mit acht Varietäten), gemein in den Hochvogesen
vom Ballon-de-Saint-Maurice bis Sainte-Marie-aux-Mines. *R. pimpinellifolia* L.
(mit den Formen *R. spinosissima* L. und *R. mitis* Gm.), gemein in den Hoch-

---

*) „Sur ces variations de nos types primaires, il est fort difficile de se
prononcer; chaque region nourrit des formes plus ou moins speciales, qu'il n'est
pas possible d'identifier rigoureusement à des formes déjà connues. Je vous
ferai remarquer en outre, qu'il n'est pas possible d'identifier ces formes derivées
de nos types primaires sur des simples descriptions, ou d'après des tableaux
analitiques. Il faut de toute necessité faire les identifications avec les exemplaires
authentiques, et encore ceux-ci ne representent-ils bien souvent que des membres,
des associations artificielles qui ont reçu le nom d'espèces." (Crépin in litt.)
**) Verf. bemerkt hier, dass man nach Koch ein zu grosses Gewicht auf
die verschiedene Anheftung der centralen Karpellen gelegt hat, da diese doch
von der Form des Fruchtkelches (-Bechers) abhängt. Wenn dieser kugelig ist,
werden die Karpellen fast sitzend, aber sonst mehr oder weniger gestielt. Da
nun an demselben Strauch beide Frucht(kelch)-Formen mitunter vorkommen
können, so sollte ja dieser eine Strauch zu zwei verschiedenen Sectionen gehören!

vogesen; bei *R. spinosissima* erinnert Verf. an die Beobachtung von R a u, der aus einem und demselben „sarmentum" sowohl einen dicht bestachelten, als einen unbewaffneten Stengel wachsen sah. ✕ *R. pimpinellifolio alpina* Rap., unter den Eltern um Hohneck und Ballon-de-Saint-Maurice. — *Poterium polygamum* W. K. (*P. muricatum* Spach.), hier und da besonders auf künstlichen Wiesen und also wahrscheinlich aus Süden eingeführt. Verf. bemerkt, dass man den Namen S p a c h 's, obgleich viel jünger, vielleicht vorziehen könnte, weil auch das *P. Sanguisorba* (*P. dictyocarpum* Spach) sehr oft polygame Blüten hat.

Pomaceae. *Sorbus scandica* Fr. var. *S. Mougeoti* Soy.-Willem. et Godr. (1858); der Vogeser Baum unterscheidet sich vom skandinavischen durch weniger gelappte Blätter, kleinere Blumen und Früchte; auch ist der Blütenstand (corymbus) weniger ästig. *S. sudetica* Nym. (*S. Aria-Chamaemespilus* Kirschl., *Pyrus sudetica* Tausch.), am Hohneck von N. M a r t i n entdeckt 1859. *Cotoneaster tomentosa* Lindl. wächst nicht in den Vogesen.

Onagrarieae. *Epilobium Lamyi* F. Sz., zwischen Châtel und Hadigny. *E. roseum* Schreb. f. *simplex*, Rambervillers (C h a r l e s C l a i r e). ✕ *E. opacum* Peterm. (*E. parvifloro-roseum* Adam). unter den Eltern, bei Romont (A d a m). *E. Duriaei* Gay (*E. origanifolium* Kirschl.), Spitzkopf, Krappenfelsen, Hohneck. ✕ *E. obscuro-palustre* F. Sz., unter den Eltern; nach K i r s c h l e g e r in den Vogesen gemein. *Oenothera muricata* L., gemein im Sande der Moselufer von Epinal bis Charmes. ✕ *Oe. bienni-muricata* A. Br., unter den Eltern, selten. *Oe. parviflora* L. (Spr.), gemein im Sande der Moselufer mit *Oe. muricata*, von Thaon bis Portieux und wahrscheinlich auch anderswo weiter unten.

Crassulaceae. *Sempervivum tectorum* L., nicht einheimisch, aber seit lange angepflanzt und jetzt naturalisirt an Dächern, Mauern und Felsen; wie anderswo schon längst beobachtet wurde, so waren auch bei allen vom Verf. gesehenen Exemplaren der Vogeser Pflanze die inneren Staubblätter in Karpellen umgewandelt (nur der äussere Kreis derselben normal). *Sedum reflexum* L. (gemein mit Ausnahme der oberen Bergregion) und *S. rupestre* L. (Hautes-Vosges) beobachtete Verf. beide beisammen wachsend bei Châtel „sur l'alluvion de la Moselle", letztere (*S. rupestre*) von den Hochvogesen stammend; obgleich nun unter ganz identischen äusseren Verhältnissen lebend, hatten beide ihre distinctive Charaktere behalten, nur dass die letztere (herabgeschwemmte) etwas niedriger als an seinem normalen Standort erschien. *S. elegans* Lej. ist gemein „sur l'alluvion de la Moselle" bis Charmes; die Varietät *virescens* Gren. (*S. aureum* Wirtg.) kommt mit dem Typus vor, ist aber viel seltener. *S. acre* L. var. *S. neglectum* Ten., *S. sexangulare* Godr. fl. lorr., K. syn. ed 3. (nach der Diagnose auch L.: Ref.), la Bresse, Epinal, bei Rambervillers etc. *S. sexangulare* L. (*S. boloniense* Lois.), sehr gemein „sur l'alluvion de la Moselle"; Verf. bemerkt, dass seine schwedischen Exemplare von *S. sexangulare* L. dem *S. boloniense* var. *minor* Wirtg. ähnlicher sind (nach Ansicht des Ref. ist *S. boloniense* Lois. nicht identisch mit *S sexangulare* L.). *S. album* L., von diesem auf dem Alluvium der Mosel eine Varietät, die in allen Theilen um die Hälfte kleiner ist als der Typus und vielleicht das *S. micranthum* Berher (Catal. 1887) darstellt. *S. Cepaea* L., das sowohl in Elsass als in Lothringen vorkommt, besitzt Verf. von Neufchâteau, von Lefebvre nach Mougeot gesammelt.

Saxifrageae. *Saxifraga sponhemica* Gm., sehr gemein im Thal von Lispach; am Hohneck (Mougeot), bei Gerardmer (aux Bas-Aupst: D i d i e r). *S. decipiens* Ehrh., Berg von Hartmannsweiler bei Soultz (F. V u l p i u s 1831), von Herrenfluch bis Freundstein. *S stellaris* L. β. *Clusii* Godr., fond de la vallée de Longemer (Fliche). Verf. glaubt, dass die Vogeser Pflanze nicht die *S. Clusii* Gou. (Ceven., Pyren.) ist, sondern eine zwischen dieser und *S. stellaris typica* intermediäre Form darstellt (welche auch im Rebenti-Thal, dep. Aude, vorkommt); sie steht der *S. stellaris typica* näher und kann damit vereinigt werden, während die *S. Clusii* davon verschieden genug dasteht. Hierbei werden die Beschreibungen beider bei De C a n d o l l e , G o u a n etc. eingehend citirt, nach welchen — und nach Vergleichung von Exemplaren — der Verf. meint, dass es schwer hält zu glauben, dass es sich bloss um zwei Formen einer und derselben Art handelt.

Umbellatae. *Imperatoria Ostruthium* L., in den Vogesen nicht einheimisch, sondern seit Jahrhunderten in Bauerngärten (besonders der Bergregion) cultivirt, verwildert und mitunter naturalisirt, z. B. um Hohneck, bei Plombières etc.; findet sich übrigens (bisweilen häufig) nur in der Nähe von Wohnstätten, den

Standort am Hohneck ausgenommen, wo sie doch von den nahen Sennhütten stammen kann. *Heracleum Sphondylium* L. mit fünf Varietäten, von welchen *H. elegans* Jacq. bei Châtel und *H pratense* Jord. in Lothringen gemein ist; die Pflanze ist nach Einigen bienn, nach Andern perenn, und auch nach eigener Untersuchung ist das letztere in der Regel der Fall. *Meum Mutellina* G. existirt nicht in den Vogesen. *Aethusa Cynapium* L. var· *elatior* Doell., in Wäldern und um Châtel gemein; *Ae. cynapioides* M. B. ist unrichtig als Synonym dazu citirt worden. *Myrrhis odorata* Scop., in den Vogesen nicht wild, aber allgemein cultivirt in der ganzen Bergregion, wo sie auch auf Wiesen und Weiden naturalisirt ist und auch in der Nähe von Wohnstätten verwildert vorkommt. *Falcaria vulgaris* Bernh. (1800), von M o u g e o t bei Padoux angegeben, ist nicht wiedergefunden und war wohl mit Getreide eingeführt, wäre also aus der Departements-Flora zu entfernen (wächst aber im übrigen Lothringen und in Elsass). *Caprifoliaceae. Lonicera Caprifolium* L., die von Einigen bei Neufchateau angegeben wird, ist nirgends in den Vogesen einheimisch, sondern nur aus Gärten verwildert. *L. Periclymenum* L., die Varietät *quercifolium* Ait. (mit buchtig-gelappten Blättern) kommt bei Granges, Haut-Cheneau vor (selten). *L. nigra* L. *β. virescens* F. Gér., mit grünlichen Beeren, am Ballon de Soultz. *Rubiaceae. Galium saxatile* L.; die Varietät *G. hercynicum* Weig. ist (nebst dem Typus) in der Bergregion gemein und geht in die Ebene herab; blüht früher als sonst angegeben wird, nämlich Ende Mai. *G. silvestre* Poll. kommt unter vier Hauptformen vor: *G. glabrum* Schrad. (wozu *G. laeve* Thuill. p. p. und *G. commutatum* Jord.), *G. hispidum* Schrad. (zwischen Châtel und Zincourt), *G. pubescens* Schrad. (wozu *G. nitidulum* Thuill. und *G. scabrum* Pers.), *G. montanum* Vill. (gemein in den Hochvogesen). *G. verum* L.; unter dessen Varietäten eine var. *praecox* Lang (*G. eminens* Wirtg. non G. G., *G. Wirtgeni* F. Sz.), die in Elsass gemein ist; wie W i r t g e n bemerkt, kann es nicht hybrid von *G. erectum* und *G. verum* sein, weil es lange vor diesen blüht. *Sherardia arvensis* L., die weissblütige Varietät (*Sh. neglecta* Guep. ap. Bor.) ist gemein genug bei Granges.

Valerianeae. Valeriana Phu L., im Gebirge seit lange cultivirt unter dem Namen „herbe de coupure", weil sie als wundheilend gebraucht wird; kommt mitunter aus den Gärten verwildert vor. *Valerianella eriocarpa* Desv., bei Granges; wahrscheinlich in Lothringen nicht einheimisch, sondern nur naturalisirt (wird nämlich als Küchengewächs unter dem Namen „mâche d'Italie" cultivirt). *V. rimosa* Bast. *β. unidentata* F. Gér.; die typische Form dieser Art hat an jeder Seite des ohrenförmigen Fruchtsaumes einen (oder zwei) accessorischen Zahn (= var. *tridentata* K.); bei der Vogeser Pflanze sind diese accessorischen Zähne so klein, dass sie kaum bemerkbar sind (= K o c h ' s Hauptform): Kalklehnen zwischen Vaxoncourt und Zincourt, unter Getreide.

Compositae. Rudbeckia laciniata L.; diese nordamerikanische Pflanze, ist jetzt naturalisirt und sehr gemein an den Ufern der Mosel, als in den Umgebungen von Portieux, bei Châtel etc. *Senecio Jacobaea* L. ist gewöhnlich bienn, aber bisweilen geschieht es, dass die Rosetten des zweiten Jahres sich nicht entwickeln, sondern bis in den Herbst ruhen, den Winter aushalten und im dritten Jahre blühen; oder nach der Blütezeit (im zweiten Jahr) vertrocknet der Stengel, nach ausgiebigen Sommerregen aber erzeugt der noch lebende Stock kleine Blattrosetten, von welchen einige wenige den Winter überdauern und das dritte Jahr erreichen, aber mehr als drei Jahre dauert, nach den Beobachtungen des Verfs., die Pflanze nicht. *Artemisia Absinthium* L., nicht wild, aber (wie überall in Lothringen) schon seit der Römerzeit in den Gärten cultivirt und verwildert, so dass sie jetzt an den Ufern von Strömen und Bächen sogar häufig vorkommt. *Filago neglecta* DC., bei Grucy-les-Surance (Vosges) vom Verf. häufig gefunden (1887); er bestreitet die vermuthete Hybridität dieser Art (von *F. gallica* und *Gnaphalium uliginosum*), theils weil er am genannten Fundort kein einziges Exemplar von *F. gallica* gesehen, theils weil an Orten (z. B. Châtel), wo die vermutheten Eltern beisammen wachsen, genauen Nachsuchens ungeachtet, nichts der *F. neglecta* ähnliches zu finden war. *Inula Helenium* L. ist häufig genug in der Bergregion, sowie in der Ebene, aber immer nur subspontan, wenn nicht cultivirt (sowohl in Lothringen als in Elsass ist sie seit Jahrhunderten cultivirt und jetzt verwildert). *Nardosmia denticulata* Cass. (*N. fragrans* Rchb.), in Zimmern und Gärten unter dem Namen „Heliotrope d'hiver" cultivirt, kann auch subspontan vorkommen. — *Cirsium rigens* Wallr. (*C. oleraceo-acaule* Hmpe.), Belval bei Portieux (Perrin). *C. palustri-oleraceum* Naeg. ist nicht bienn (wie nach Godron), sondern perenn, wie auch alle anderen Hybride mit *C. palustre*. *Centaurea Jacea* L. var. *C. Duboisii* Bor., schmächtiger, mit kleineren Blütenköpfen und späterer Blütezeit (fängt erst im August zu blühen an). *C. pratensis* Thuill. 1799, *C. nigrescens* W. 1803: überall gemein, besonders in der Bergregion, mit den Varietäten: β. *C. Kochii* F. Sz. (*C. nigrescens* K.), hier und da „sur tous les terrains"; γ. *Berheri* F. Gér. ap. Berh. 1887, auf Wiesen im Vologne-Thal, bei Granges; ϑ. *microptilon* G. G.; Vogeser Exemplare nicht gesehen und seine in Berher's Catalog genannte Pflanze stellt eine Varietät von *C. nigra* dar. *C. Scabiosa* L. var. *C. alpestris* Heg. Heer (*C. Kotschyana* K. non Heuff.), am Ballon de Soultz (Kirschleger). *C. maculosa* Lam. var. *C. rhenana* Br., hinter Saverne im Zornthal. — *Taraxacum palustre* DC. mit einer neuen, eingehend beschriebenen Varietät: *T. Adami* Claire (im Saint-Gorgoner Wald). *T. corniculatum* DC. (*T. glaucescens)*; gemein auf trockenen Wiesen „sur l'alluvion de la Moselle", wo es mit dem typischen *T. officinale* in demselben Boden wächst; beide behalten jedoch ihre Kennzeichen unverändert. — *Hieracium umbellatum* L. mit vier Varietäten, worunter *H. monticola* Jord. (*H. aestivum* Bill. exs. 1522), Hohneck und Hochvogesen; zu dieser Art gehört (als var. *latifolia*) das *H. latifolium* der Vogeser Floristen (wohl auch Godr.). *H. prenanthoides* Vill.; die unter diesem Namen von den Vogeser Floristen angegebene Art ist *H. praeruptorum* Godr., das indessen nur eine Varietät vom typischen *H. prenanthoides* darstellt (nach Fries sogar damit identisch ist). *H. spicatum* All. (*H. cydoniaefolium* Grsb., G. G. et auct. fl. vog.), Hohneck, besonders im vallon du Wormspel. *H. gothicum* Fr. (*H. magistri* Godr.), Hautes-Vosges am Hohneck und Strohberg; übrigens bei Bitche und im Palatinat. *H. alpinum* L.; die Vogeser Form (am Hohneck) ist *H. holosericeum* Backh. *H. Mougeoti* Froel. 1837 (*H. decipiens* Froel. 1838), von Mougeot in den Vogesen entdeckt (1820): Hohneck im Herabsteig vom Gipfel in die Ravinen von Wormsbach; am Rothenbach häufig. *H. pratense* Tausch., die westliche Grenze dieser Art ist, wie es scheint, das Vogeser Gebirge und westlich davon ist sie nur verschleppt. *H. Auricula* L. mit drei Varietäten, worunter *H. Gerardi* Berher, Cat. vosg. (1887). *H. Pilosella* L. mit fünf Varietäten (worunter *H. pedunculatum* Wallr. und *H. Peleterianum* Merat.) und eine Form *stoloniflora* (*H. Schultesii* F. Sz.) oder richtiger Lusus serotinus flagellaris, nempe stolonibus hornotinis aphyllis, apice radicantibus et rosuliferis; von dieser Rosula (foliorum) entspringen ein oder mehrere, einfache oder gabelig getheilte Stengel.

Ambrosiaceae. *A. artemisiaefolia* L., aus Nordamerika eingeführt und in Klee- und Luzern-Feldern naturalisirt; in Frankreich überhaupt wurde sie zuerst 1875 bemerkt (im Beaujolais), später 1878 (plaine de Saint-Galmier) und 1881 (bei Moulins, Allier); in den Vogesen aber ist sie zuerst 1885 gefunden worden (bei Portieux: Perrin), dann 1888 vom Verf. bei Granges.

Campanulaceae. *C. rotundifolia* L. var. *C. subramulosa* Jord., am Hohneck, Bussang, am Ballon de Servance; von einigen Floristen (Godron, Berher) für *C. pusilla* Hke. gehalten, die aber in den Vogesen nicht vorkommt.

Vaccinieae. *Vaccinium Vitis idaea* L., eine neue Varietät β. *elliptica* F. Gér. (bei Granges, zwischen Moulure und Palon); Blätter länglich-elliptisch, stärker gekerbt als beim Typus.

Gentianeae. *Gentiana asclepiadea* L. und *Swertia perennis* L. kommen in den Vogesen nicht vor; die Angaben darüber sind also zu berichtigen.

Cuscuteae. *C. Trifolii* Bab. ist seit einigen Jahren häufig in den Kleefeldern der Bergregion.

Boragineae. *Echium vulgare* L. var. *rosea* (*E. Carrierii* Gandgr., fl. lyon.), ziemlich gemein mit dem Typus zwischen Igney und Thaon; die Varietät *E. Schifferi* Lang ist häufig im Sande des Alluviums der Mosel und am Rande des Canals. *Myosotis versicolor* Sm. var. *M. fallacina* Jord., am Rande vom Canal de l'Est, selten.

Personatae. *Digitalis lutea* L. var. *glanduloso-villosa* F. Gér.; Stengel und Blätter weisshaarig und mit länger oder kürzer gestielten Glandeln bekleidet, Bracteen, Kelche und Blütenstiele glandulös; an Kalklehnen zwischen Châtel und Vaxoncourt. *Linaria praetermissa* Delastre; Meuse, in mageren Getreidefeldern, viel häufiger als *L. minor*, von welcher sie durch schmächtigeren Wuchs, gewöhnlich kahle Stengel und Blätter und fast ganz geschlossenen Kronschlund

verschieden ist. ✕ *Veronica Chamaedry-montana* Godr. et Fliche (1875), Kichompré-
nahe beim Gerardmer in den Vogesen (Fliche). *V. serpyllifolia β. borealis-*
Laest., feuchte Lehnen am Hohneck (Cuny-Gaudier in Bill. exs. 3888),.
V. fruticans Jacq. (*V. saxatilis* Scop.), am Ballon de Servance und bei Bussany
angegeben, wird von F. Renauld (Catal. de la Haute-Sâone) nicht erwähnt;.
Godron sagt 1874, sie sei in den Gebirgen zwischen Saint-Amé und Gérardmer
häufig, schweigt aber darüber in der dritten Auflage seiner Flore de Lorraine-
(1883). *Erinus alpinus* L., von Dr. Roth in den Vogesen angegeben, aber dem.
Verf. von dort gänzlich unbekannt.

Labiatae. *Scutellaria minor* L. *β. torphacea* F. Gér. ap. Berher (1887),.
von gedrungenem Wuchs und mit kurzen, sehr ästigen Stengeln, in den Mooren·
bei les Aulnées, Rambervillers. *Galeopsis pubescens* Berher's Catalog (1887)·
ist nicht die von Besser, sondern *G. pubescens* Bor., die nur eine Form von.
G. Tetrahit L. darstellt und sich der *G. Reichenbachii* Reut. nähert. *G. Tetrahit* L.;.
bei dieser eine als Varietät *ε.* erwähnte, neue, von Adam beschriebene Art:.
G. Gérardi (bei Rambervillers: Adam). *G. arvatica* Jord. ist die bei Châtel
gewöhnliche Form von *G. angustifolia* Ehrh.; bei zwei, nur durch einen Weg-
getrennten Feldern sah Verf. in dem einen (im Frühjahr cultivirt und dann·
brach liegend) ausschliesslich nur *G. Ladanum*, in dem andern aber (welches.
das ganze Jahr cultivirt war) nur *G. angustifolia* und meint, die Verschiedenheit.
dieser beiden Formen könnte vielleicht in der verschiedenen Cultur der resp.·
Felder seinen Grund haben.

Lentibularieae. *Utricularia neglecta* Lehm., Steinbourg bei Saverne in Elsass·
(neu für die Mosel- und Rhein-Gegenden).

Polygoneae. *Rumex alpinus* L., naturalisirt neben den Sennhütten der Hoch-·
vogesen. *R. acutus* L. (*R. cristatus* Wallr.), bei Gerardmer, Granges, Bonvillet.
und Grucy-les-Surance; auf den Wiesen zwischen Thaon und Châtel sehr häufig.
R. sylvestris Wallr., Granges, au Pré Genest. *Polygonum viviparum* L., nach·
älteren Quellen für die Vogesen angegeben, wächst dort nicht. *P. aviculare* L.
mit acht Formen, als Arten beschrieben von Boreau, Jordan, Lec. Lmtte·
(*P. polycnemiforme*) und Persoon (*P. monspeliense*).

Santalaceae. *Thesium intermedium* Schrad., Hohneck, Saint-Dié (Vosges);.
zwischen Forbach und Saint-Avold (dep. de la Moselle); nach Kirschleger
sogar gemein „dans les pelouses gramineuses et rocailleuses des Vosges granitiques·
et arenacées".

Salicineae. *Salix viridis* Fr. (*S. fragilis-alba* Wimm.), gemein genug im·
Vogeser Departement, aber immer als einzelne (isolirte) Bäume: bei Bonvillet·
(à la Sâone), an den Ufern der Mosel, der l'Avière; bei Châtel, Igney etc.
S. vitellina L. ist eine constante Varietät von *S. alba*, die aber nur cultivirt vorkommt; ensteht nicht durch Beschneiden der *S. alba* und geht nicht in diese·
zurück. *S. triandra* L., in der ganzen ebenen Region gemein an den Flussufern,
aber in der oberen Bergregion nur cultivirt. ✕ *S. dichroa* Doell. (*S. aurita-
purpurea* Wimm.), vom Verf. an den Vologne-Ufern im Thal zwischen Granges
und Gerardmer entdeckt (1890). *S. rubra* Huds., nach mehreren neueren Botanikern eine Hybride (*S. viminalis-purpurea* Wimm.), aber wenn auch ursprünglich von diesen beiden Arten entstanden, bleibt sie jetzt constant (fixirt)·
und Verf. hat nach künstlichem Imprägniren mit Pollen von Sträuchern derselben·
Art gut entwickelte Kapseln erhalten (mit Ausschluss von solchem anderer Arten).
S. Smithiana W. (mit einer breit- und einer schmalblätterigen Varietät); auch·
von dieser Art hat Verf. gut entwickelte Kapseln durch künstliche Pollinisation·
erhalten; wäre also nicht hybrider Natur. *S. hippophaëfolia* Thuill., von Mougeot.
an den Ufern von Meurthe und Mosel, „à leur sortie des montagnes", angegeben,
kommt dort wild nicht vor und ist übrigens im ganzen Mosel- und Rheingebiete·
kaum wirklich wild, weil nur weibliche Individuen da vorkommen. ✕ *S. caprea-
cinerea* Wimm. (*S. Reichardti* Kern.), zwischen Igney und Châtel, an den Mosel-
Ufern; bei Vaudoncourt; an den Ufern von Vologne, eine halbe lieue von
Granges. ✕ *S. cinerea-aurita* Wimm. (*S. lutescens* Kern.), Vologne-Thal zwischen·
Granges und Gerardmer; zwischen Frison und Bouxières etc.

Coniferae. *Larix Europaea* DC., in den Vogesen nicht einheimisch, ist aber·
jetzt ganz und gar naturalisirt und pflanzt sich von selbst fort. *Pinus silvestris* L.
mit fünf Formen, folgendermaassen charakterisirt durch den Schild (scutellum)·
der unteren (äusseren) squamae strobili: a) *pyramidata*, Schild mehr oder weniger

regelmässig pyramidalisch; die typische und gewöhnlichste Form. b) *adunca*, Schild hakenförmig zurückgekrümmt. c) *attenuata*, Schildspitze verschmälert und verlängert. d) *inclinata*, Schild verlängert und in der Richtung gegen den basin strobili gebogen. e) *depressa*, Schild plattgedrückt, fast null und nur als eine Narbe an der Spitze der sqamae sichtbar; die seltenste Form. *P. montana* Du Roi (*P. uncinata* Godr. 1874 non Ram.), in den Torfmooren der Hochvogesen gemein; hat zwei Varietäten: a) *humilis* F. Gér., mit schrägem und gewundenem, nur wenige Fuss langem Stamm und ganz kurzen Nadeln; ist die in den Hochvogesen gewöhnlichste Form. b) *elata* F. Gér. mit aufrechtem und geradem, ziemlich hohem Stamm und längeren Nadeln: Granges, à la Moulure unter *P. silvestris* und dessen Höhe erreichend; zwischen Barbey-Seroux und Martimpré.

Liliaceae. Botryanthes neglectus Kth., in Lothringen hier und da vorkommend, ist subspontan in der Bergregion der Vogesen.

Colchicaceae. Veratrum album L. typicum kommt in den Vogesen nicht vor, sondern nur die Varietät *V. Lobelianum* Bernh.

Juncaceae. Juncus nigritellus D. Don, Rambervillers, in torfigen Gräben (fossées). *J. tenuis* W. (var. *J. germanorum* Steud.), nach Ansicht des Verfs. neulich eingeführt (von Nord-Amerika), häufig auf der Wiese zwischen Thaon und Igney in den Führten, an Wegrändern etc., wo er in Gesellschaft anderer nordamerikanischer Pflanzen (*Ampelopsis, Negundo, Aster brumalis* Nees, *Ruddeckia laciniata* L.) vorkommt. *Luzula nigricans* Desv., Hochvogesen zwischen col Luschbach und Lac Blanc, auch bei Granges, Pré Genest, also viel niedriger (bei 500 m), vom Verf. gefunden.

Cyperaceae. Scirpus mucronatus L., von Chapellier bei Fontenoy-le-Chateau gefunden (1875); neu für das Dep. des Vosges. *Rhynchospora fusca* R. S., neu für die Vogesen, von Abbé Boulay auf der südlichen Abdachung des Faucilles, in den Torfmooren der Anhöhen zwischen la Chapelle-aux-Bois und Plombières gefunden; von Berher und Chapellier in einem ausgetrockneten Teich des Alnouses. *Carex strigosa* Huds., in Lothringen (bei Pont-à-Mousson) von Godefrin gefunden (*C. Godefrini* Soy.-Will.), im Argonne-Walde (Abbé Boulay); Robache bei Saint-Dié und bei Retournemer (Verf.). *C. juncella* Th. Fr., vom Verf. entdeckt (1890) bei Granges (600—700 m Höhe).

Gramineae. Avena sesquitertia L., von Grenier und Godron für Hohneck angegeben, wächst nicht in den Vogesen. *A. bromoides* Gou. in Berher's Catalogue (von Hohneck) ist wahrscheinlich nicht die richtige, sondern *A. bromoides* M. K. (eine Varietät von *A. pratensis*). *Glyceria loliacea* Godr. (bei Rambervillers, Nomexy etc.) ist sicher *Festuca loliacea* Huds. oder *F. elatiori-perennis* F. Sz. (die der Gattung *Festuca* näher stehende Form), die einzige, welche der Verf. in den Vogesen (mit *F. loliacea* Curt. = *Lolium perenni-elatius* F. Gér., d. h. die andere dem *Lolium* näher stehende Form) gefunden hat. *G. plicata* Fr., fossées de la Rosière, à Rambervillers.

Polypodiaceae. Struthiopteris Germanica W. ist bei Bruyères von Mougeot (1811) und bei Burr von Nestler naturalisirt und erhält und vermehrt sich noch. *Allosorus crispus* Bernh., Barbey-Seroux, bei Étang-d'Oron; bei Granges. *Aspidium angulare* Kit. (*A. Braunii* Spenn.), Hochvogesen; Rothenbach (Mougeot), Hohneck (Buerckel).

Ophioglosseae. Botrychium ternatum Th., in den Vogesen selten, am Hohneck und Ballon de Soultz (Mougeot). *B. matricariaefolium* A. Br. wächst nicht allein im Vogesen-Gebirge, sondern auch im Depart. des Vosges (sowie in Elsass).

Lycopodiaceae. Lycopodium Chamaecyparissus A. Br. (var.), in den Vogesen selten: Lac Blanc (Godron), la Moulure (Verf.). *L. complanatum* L. typicum kommt in den Vogesen nicht vor (wie überhaupt nicht in den Mosel- und Rheingegenden). *Selaginella Helvetica* Lk. und *S. spinulosa* A. Br., von Koch und Milde (und nach ihnen vom Ref.) für die Vogesen angegeben, wachsen dort nicht.

Schliesslich ist zu bemerken, dass Verf. in dieser seiner Abhandlung immer von den neuen politischen Grenzen wegsieht und also mit dem Depart. des Vosges das alte Departement des Vosges und mit Lothringen l'ancienne Lorraine (Lothringen im weiteren Sinne) versteht.

C. F. Nyman (Stockholm).

Neue Litteratur.*)

Algen:

Deinega, Valerian, Der gegenwärtige Zustand unserer Kenntnisse über den Zellinhalt der Phycochromaceen. (Extrait du Bulletin de la Société Impériale des naturalistes de Moscou. 1891. No. 2.) 8°. 28 pp. Mit 1 Tafel. Moskau 1891.

Golenkin, M., Pteromonas alata Cohn. Ein Beitrag zur Kenntniss einzelliger Algen. (l. c.) 8°. 16 pp. Mit 1 Tafel. Moskau 1891.

Goroschankin, Beiträge zur Kenntniss der Morphologie und Systematik der Chlamydomonaden. II. Chlamydomonas Reinhardi Dangeard und seine Verwandten. (l. c. No. 1.) 8°. 50 pp. Mit 3 Tafeln. Moskau 1891.

Pilze:

Arthus, M., Sur le ferment glycolytique. (Mémoires de la Société de biologie. 1891. p. 65—70.)

Ebert's bakteriologische Wandtafeln. Lief. 1. 3 Blatt in Farbendr. 109 × 109 cm.. Inhalt: Streptococcus pyogenes. 1 : 50 000. — Bacillus cholerae asiaticae. 1 : 50 000. — Bacillus tubercul. sputum. 1 : 30 000. Berlin (Fischer's medicin. Buchh., H. Kornfeld) 1891. Auf Leinw. m. Oesen M. 30.—

Woodhead, G. S., Bacteria and their products. 8°. London (W. Scott) 1891. 3 sh. 6 d.

Systematik und Pflanzengeographie:

Akinfieff, J., Bei Gelegenheit der Schrift des Herrn Aggeenko: „Die Flora der Krim". (Bote für Naturwissenschaft, herausgeg. von F. W. Owsjannikoff. 1891. No. 4. p. 145—147.) St. Petersburg 1891. [Russisch.]

Busch, N., Botanisch-geographische Untersuchungen im Kreise Kosmodemjansk des Gouvernements Kasan. (Arbeiten der Naturforscher-Gesellschaft an der Kaiserl. Universität Kasan. Bd. XXIII. 1891. Heft 2.) 8°. 82 pp. Kasan 1891. [Russisch.]

Korschinsky, S., Die nördliche Grenze des Steppengebietes in dem östlichen Landstriche Russlands in Beziehung auf Boden- und Pflanzenvertheilung. II. Phytotopographische Untersuchungen in den Gouv. Simbirsk, Samara, Ufa, Perm und z. Th. Wjatka. (l. c. Bd. XXII. 1891. Heft 6.) 8°. 204 pp. Mit 1 Karte. Kasan 1891. [Russisch.]

Paczosky, J., Kritische Bemerkungen über Aggeenko's Flora der Krim. (Bote für Naturwissenschaft, herausgeg. von F. W. Owsjannikoff. 1891. No. 4. p. 157—159.) [Russisch.]

Udinzeff, S. A., Vegetationsskizze des Kreises Irbit im Gouv. Perm. (Memoiren der Ural-Gesellschaft von Liebhabern der Naturkunde. Bd. XII. 1891. Heft 1. p. 31—44.) Folio. Katharinenburg 1889. [Russisch.]

Teratologie und Pflanzenkrankheiten:

Hieronymus, G., Beiträge zur Kenntniss der europäischen Zoocecidien und der Verbreitung derselben. (Ergänzungsheft zum 68. Jahresbericht der schlesischen Gesellschaft für vaterländische Cultur.) 8°. 272 pp. Breslau (G. P. Aderholz) 1891.

Smith, E. F., The black peach Aphis. A new species of the genus Aphis. (Entomol. Americ. 1890. No. 6, 11.)

Sorokin, N., Ueber einige Krankheiten der Culturpflanzen im Süd-Ussurigebiete. (Arbeiten der Naturforscher-Gesellschaft an der Kaiserl. Universität Kasan. Bd. XXII. 1891. Heft 3.) 8°. 32 pp. Kasan 1890. [Russisch.]

---

*) Der ergebenst Unterzeichnete bittet dringend die Herren Autoren um gefällige Uebersendung von Separat-Abdrücken oder wenigstens um Angabe der Titel ihrer neuen Veröffentlichungen, damit in der „Neuen Litteratur" möglichste Vollständigkeit erreicht wird. Die Redactionen anderer Zeitschriften werden ersucht, den Inhalt jeder einzelnen Nummer gefälligst mittheilen zu wollen, damit derselbe ebenfalls schnell berücksichtigt werden kann.

Dr. Uhlworm,
Terrasse Nr. 7.

Medicinisch-pharmaceutische Botanik:

Brandt, A., Zur Bakteriologie der Cavitas corporis uteri bei den Endometritiden. (Centralblatt für Gynäkologie. 1891. No. 25. p. 528—531.)

Brunner, C., Ueber Ausscheidung pathogener Mikroorganismen durch den Schweiss. (Berliner klinische Wochenschrift. 1891. No. 21. p. 505—509.)

Dennig, A., Ueber septische Erkrankungen mit besonderer Berücksichtigung der kryptogenetischen Septicopyämie. 8°. III, 213 pp. mit 11 Curven und 3 farb. Tafeln. Leipzig (F. C. W. Vogel) 1891.   M. 8.—

Fernet, C., Un cas de pleurésie séro-fibrineuse avec bacilles d'Eberth. (Mercredi méd. 1891. No. 20. p. 249—251.)

Finkler, D., Die acuten Lungenentzündungen als Infectionskrankheiten. Nach eigenen Untersuchungen bearbeitet. 8°. XI, 574 pp. Wiesbaden (J. F. Bergmann) 1891.   M. 13.60.

Janson, Carl, Versuche zur Erlangung künstlicher Immunität bei Variola vaccina. (Centralblatt für Bakteriologie und Parasitenkunde. Bd. X. 1891. No. 2/3. p. 40—45.)

Kosturin, S. D. und Krainsky, S. N. B., Ueber die vergleichende Wirkung der Fäulnissproducte und der Toxine von Tuberkelbacillen und ihren Einfluss auf den Verlauf der experimentell hervorgerufenen Tuberkulose bei Thieren. [Vorl. Bericht.] (Berliner klinische Wochenschrift. 1891. No. 21—23. p. 509 —513, 540—543, 566—570.)

Morat, J. P. et Doyon, M., Action physiologique des produits sécrétés par le bacille pyocyanique. (Lyon méd. 1891. No. 22. p. 143—145.)

Plá, E. F., De los adelantos que en la patogenia del tétanos ha realizado la teoria parasitaria. (Crón. méd.-quir. de la Habana. 1891. p. 120—130.)

Rammo, G., Ueber die Giftigkeit des Blutserums bei Menschen und Thieren im normalen Zustande und bei Infectionskrankheiten. (Wiener medicinische Wochenschrift. 1891. No. 19—21. p. 829—831, 868—871, 917—919.)

Schiavuzzi, B., Untersuchungen über Bakterien. Untersuchungen über die Malaria in Pola. (Beiträge zur Biologie der Pflanzen. 1890. p. 245—289.)

Tizzoni, Guido und Cattani, Giuseppina, Fernere Untersuchungen über das Tetanus-Antitoxin. (Centralblatt für Bakteriologie und Parasitenkunde. Bd. X. 1891. No. 2/3. p. 33—40.)

Willoughby, E. F., Notes on an outbreak of enteric fever in a village, propagated by means of specifically infected water. (Public Health. 1890/91. p. 295 —297.)

Woodhead, S., The relation of modification of function of micro-organisms to the virulence and spread of specific infective diseases. [Epidem. Soc.] (Lancet. 1891. Vol. I. No. 20. p. 1103—1104.)

Wyssokowicz, W., Zur Frage von der Lokalisation des Tollwuthvirus im Organismus der Thiere. (Centralblatt für Bakteriologie und Parasitenkunde. Bd. X. 1891. No. 2/3. p. 45—52.)

Inhalt von Beiheft 4.

160   Anzeige. — Inhalt.

Verlag von R. Friedländer & Sohn, Berlin, N. W. 6, Carlstr. 11.

Zum Gebrauch bei Excursionen empfehlen:

Anleitung
zum Bestimmen der Familien der Phanerogamen.
Von Franz Thonner.

VII. u. 280 S. in kl. 8°. M. 2.40. In Calico geb. 3 Mark.
In allen Beurtheilungen der Fachpresse als sehr brauchbar anerkannt!

Inhalt:

Ausgegeben: 5. August 1891.

Druck und Verlag von Gebr. Gotthelft in Cassel.

Band XLVII. No. 6.   XII. Jahrgang.

Botanisches Centralblatt

REFERIRENDES ORGAN

für das Gesammtgebiet der Botanik des In- und Auslandes.

Herausgegeben

unter Mitwirkung zahlreicher Gelehrten

von

Dr. Oscar Uhlworm und Dr. F. G. Kohl
in Cassel.   in Marburg.

Zugleich Organ
des

**Botanischen Vereins in München, der Botaniska Sällskapet i Stockholm,
der botanischen Section des naturwissenschaftlichen Vereins zu Hamburg,
der botanischen Section der Schlesischen Gesellschaft für vaterländische
Cultur zu Breslau, der Botaniska Sektionen af Naturvetenskapliga Student-
sällskapet i Upsala, der k. k. zoologisch-botanischen Gesellschaft in
Wien, des Botanischen Vereins in Lund und der Societas pro Fauna et
Flora Fennica in Helsingfors.**

| Nr. 32. | Abonnement für das halbe Jahr (2 Bände) mit 14 M. durch alle Buchhandlungen und Postanstalten. | 1891. |

Wissenschaftliche Original-Mittheilungen.

Ueber die Benennung zweier nordamerikanischer Ilices.

Von

Th. Loesener
in Berlin.

Der in den südlichen und südöstlichen Territorien des nord-
amerikanischen Freistaates verbreitete *Dahoon-Holly* und die ungefähr
demselben Gebiete angehörige *Cassena* der Floridaner oder *Yaupon*,
wie sie von den Einwohnern Carolina's und Virginien's genannt
wird, dürfen bezüglich ihrer botanischen Benennung ein allgemeineres
Interesse beanspruchen. Wenn wir von den zahlreichen übrigen
hier nicht in Betracht kommenden Synonymen absehen, so finden
sich in den systematischen Werken hauptsächlich drei Namen angegeben, die entweder beiden Pflanzen oder ihnen einzeln beigelegt
worden sind: *Ilex Dahoon*, wie nur der *Dahoon-Holly*, und zwar besonders in den neueren Werken, *Ilex vomitoria*, wie die *Cassena*
in den älteren Werken, und *Ilex Cassine*, wie beide genannt worden
sind. Letztere Thatsache könnte zu der Vermuthung Anlass geben,

dass es sich vielleicht nur um Formen oder Varietäten ein und derselben Art handele. Dass dies jedoch nicht der Fall ist, dafür spricht schon der Umstand, dass seit Linné wohl von fast allen Autoren beide Pflanzen als Arten getrennt worden sind. Sie sind trotz der grossen Variabilität der erstgenannten Art morphologisch scharf von einander unterschieden und gehören in verschiedene Verwandtschaftskreise. Der *Dahoon-Holly* ist durch lineare bis elliptische oder lanzettliche bis länglich-verkehrt-eiförmige, ganzrandige oder mehr oder weniger deutlich gesägte oder gezähnelt-gesägte, in der typischen Form bis 14 cm lange Blätter, mit meist deutlich sichtbaren Seitennerven und durch einzelne aus den Blattachseln oder aus den Achseln von Niederblättern entspringende, fast nie zu so dichten Büscheln, wie wir sie an unserer Stechpalme beobachten, vereinigte Blütenstände ausgezeichnet und schliesst sich als nächstverwandte Art an *I. opaca* Ait. einerseits und an *I. lucida* Torr. et Gray andererseits an, während die *Cassena*-Pflanze durchweg gebüschelte Blütenstände oder (besonders bei den ♀ Stämmen) gebüschelte Einzelblüten, sowie weit kleinere, meist ovale, elliptische oder eiförmige, gekerbte oder kerbig gesägte Blätter von höchstens 4,5 cm Länge und mit sehr undeutlicher, bisweilen ganz verschwindender Nervatur besitzt und bezüglich ihrer Verwandtschaft an *I. glabra* Gray anzureihen ist. Auch physiologisch dürften beide Arten erhebliche Unterschiede aufweisen. Die *Cassena*-Pflanze soll Coffein in ihren Blättern enthalten. Jedenfalls liefert sie ein dem Paraguaythee Süd-Amerikas verwandtes, bei den Eingeborenen sehr beliebtes Getränk, das auch bei den Weissen unter dem englischen Namen „black drink" bekannt ist, eine Eigenschaft, die dem *Dahoon-Holly* nicht zukommt.

Wenn daher der Name *I. Cassine* für beide Arten gebraucht worden ist, so muss dies weniger auf etwaiger Schwierigkeit, die Arten genügend als solche zu trennen, als auf Verwechselung derselben beruhen.

Von den Autoren stützen sich die einen, nämlich die, welche die *Cassena*-Pflanze mit diesem Namen bezeichnen, auf Walter, Flora Caroliniana p. 241. Sie hätten das Recht auf ihrer Seite, wenn die Benennung der Pflanzen nur durch Zweckmässigkeitsgründe geregelt würde. Dagegen ist der Gewährsmann der anderen Autoren (welche den *Dahoon-Holly* als *I. Cassine* anführen) kein geringerer als Linné selbst. Es muss nun in der That auffallen, dass ein von Linné geschaffener Name später zwei so verschiedenen Species beigelegt worden ist, wie die hier vorliegenden. Prüfen wir dies indessen näher, so finden wir, dass die Schuld dieser Verwechselung Linné selbst zuzuschreiben ist.

Mit Recht führt nämlich Watson in seinem Ind. N. Am Bot. p. 157 an *I. Cassine* L. var. *β* Linn. sp. pl. ed. I. p. 125 als Synonym von *I. Cassine* Walt., während er bei *I. Dahoon* Walt. *I. Cassine* L. in part. et exclus. var. *β* citirt; denn von den Abbildungen, auf die sich Linné beruft und welche das Hauptkriterium zur Identificirung seiner hier in Frage kommenden Arten bilden dürften, nämlich Catesby *Carol.* I. tab. 31 einerseits und

Catesby 1. c. II. tab. 57 andererseits, soll die erstere, von Linné
bei der Artdiagnose selbst citirt, zweifellos den *Dahoon-Holly*, die
letztere, von ihm unter seiner var. *β* angeführt, die *Cassena*-Pflanze
repräsentiren. Hieraus würde sich ergeben, dass Linné die beiden
Pflanzen noch nicht genügend gekannt hat, um sie als Arten unterscheiden zu können, und seine *I. Cassine* daher nicht aufrecht zu
erhalten ist, ein Schluss, den Walter und die übrigen, besonders
nordamerikanische Autoren, welche die Abbildung *Cat. Car.* II.
tab. 57 als besondere Species *I. Cassine* Walter anführen, in der
That gezogen haben. Wenn wir jedoch die zweite Ausgabe von
Linné's Species plantarum berücksichtigen, so gelangen wir zu
einem anderen Resultate.

In der Ausgabe von 1762 trennt Linné die frühere var. *β*
von seiner *I. Cassine*, citirt nur *Aquifolium sive Agrifolium Ca-*
rolinense Catesb. 1. c. I. tab. 31 als Synonym und zieht (p. 471)
die andere Abbildung (Cat. l. c. II. t. 57) zu seinem *Prinos glaber*.
Hieraus folgt:

1. dass Linné den *Dahoon-Holly* anfänglich zwar mit der
Cassena verwechselt, ihn später aber als besondere Art erkannt hat
und er der Erste ist, der ihn mit einem Speciesnamen, *I. Cassine*,
benannt hat. So unzweckmässig nun auch die Wahl dieses
Namens war, denn dass der Ausdruck *Cassine* dem Vulgär-
namen *Cassena* nachgebildet ist, bedarf keines weiteren Beweises;
so muss er dennoch nach dem Prioritätsgesetz für den *Dahoon-*
Holly und nicht für die *Cassena* beibehalten werden;

2. aber ergiebt sich, dass Linné andererseits die *Cassena*
selbst nicht oder nur in sterilen Exemplaren gekannt haben kann;
denn auch sein *Prinos glaber* resp. *Ilex glabra* (L.) Gray, den er
(sp. pl. ed. II. p. 471) genügend als Art charakterisirt, ist ihr in
der Blattform freilich bisweilen nicht unähnlich, hat aber im Uebrigen
nichts mit dieser Art zu thun. Beide unterscheiden sich wesentlich
in Wuchs, Inflorescenz, Blüte und Frucht. Was nun die wissenschaftliche Benennung der *Cassena* betrifft, so muss auch der zweite
oben bereits erwähnte, ihr von Aiton im Jahre 1789 (hort.
Kew. ed. I. p. 170) beigelegte Name einem älteren weichen.
Lamarck hat sie bereits im Jahre 1783 im ersten Bande seiner
„Encyclopédie" (p. 652) als *Cassine Caroliniana* beschrieben und
auch den Gebrauch, den man von ihr macht, der auch schon Bau-
hin (cfr. Pin. p. 170) bekannt war, angegeben. Die Pflanze muss
somit heissen: *Ilex Caroliniana* (Lam.) Loes.

Berlin, 28. Juli 1891.

Ueber den Blattbau einiger xerophilen Liliifloren.

Von
Carl Schmidt
aus Brandenburg a. H.

(Schluss.)

Die ziemlich zahlreich beobachteten Bündelanastomosen bestehen nur aus Tracheiden, die eine erhebliche Verdickung ihrer Wände aufweisen. Umgeben sind sie stets von einer Parenchymscheide. Ihre Form ist meist die von Volkens für die Pflanzen der ägyptisch-arabischen Wüste beschriebene; selten gehen sie in gerader Linie von Bündel zu Bündel, sondern nachdem sie aus dem Bastbeleg herausgetreten sind, behalten sie zwar ihre Richtung erst noch eine kleine Strecke bei, gehen aber dann den Bündeln mehr oder weniger parallel durch das Mesophyll des Blattes, bis sie meist rechtwinklig in das nächste Bündel einbiegen.

Dem, was schon gelegentlich in den vorhergehenden Capiteln über die dem lokalen Schutz dienenden Bastbelege gesagt worden ist, wäre noch Einiges hinzuzufügen. Sie treten überall auf der Hadrom- sowie Leptomseite auf, wenn sie auch auf der letzteren sowohl quantitativ wie qualitativ meist bedeutend stärker entwickelt sind. Eine Ausnahme macht die Gattung *Sansevieria*, wo sich nur auf der Leptomseite ein Bastbündel findet, welches hier so stark ausgebildet ist, dass es auf dem Querschnitt das anliegende Mestom an Fläche meist zwei- bis dreimal übertrifft. Auch in der Ausbildung der Bündel selbst nimmt die obige Gattung eine isolirte Stellung ein. Denn während wir bisher immer das Bestreben gefunden haben, vorwiegend dickwandige Elemente zum Aufbau des Mestoms zu verwenden, zeigt sich hier gerade das Entgegengesetzte; das ganze Bündel besteht nur aus dünnwandigen Elementen, selbst der Gefässtheil zeigt kaum eine merkliche Verdickung und doch fehlt ihm gerade der schützende Bastbeleg. Diese Erscheinung steht sicherlich im Zusammenhang mit dem succulenten Typus der Organe dieser Pflanzen, wo bei der Fülle des gespeicherten Wassers eine erhebliche Turgorschwankung wohl kaum zu denken, also auch ein Schutz der zartwandigen Bündelelemente gegen dadurch hervorgerufene Zerrungen und Pressungen nicht nöthig ist.

Bei Besprechung des Leitsystems muss auch die Bündelscheide erwähnt werden, da sie neben den Parenchymzellen des Mestoms dazu bestimmt ist, die Stärke zu leiten, ausserdem aber auch die Verbindung zwischen Bündeln und Assimilationsgewebe herzustellen hat. Sie tritt in den verschiedensten Modifikationen auf. Wenig deutlich erscheint sie bei den Pflanzen, deren Blattinneres von einem farblosen Grundgewebe ausgefüllt ist, in dem die Bündel mit ihren Belegen verlaufen; so sind z. B. bei *Xerotes spartea* und *X. turbinata*, bei *Kingia* und *Chamaexeros* die das Mestom und dessen Bastschienen begleitenden Zellen in keiner Weise von den Elementen des Grundgewebes verschieden gebaut. Hervortretender ist der Unterschied zwischen beiden Zellformen bei *Xanthorrhoea*,

Dasypogon, Lanaria plumosa, Sansevieria. Hier zeigen die an die Bündel stossenden Zellen des Grundgewebes auf dem Querschnitt ein kleineres Lumen und auf dem Längsschnitt eine stärkere Streckung als die übrigen. Die sonst untersuchten Vertreter der beiden Familien zeigen die Parenchymscheide in deutlichster Ausbildung. Immer besteht sie aus zartwandigen, mehr oder weniger gestreckten parenchymatischen Zellen, die mit zahlreichen runden Poren versehen sind. Intercellularen, Spalten zwischen den einzelnen Zellen sind in keinem Falle beobachtet worden.

In den Blättern, wo das mechanische System aus Subepidermalrippen gebildet wird, an die sich dann die Bündel mit ihren Belegen anschliessen, begleitet die Scheide gewöhnlich diese Bastgruppen und trennt sie vom Assimilationsgewebe. An der Durchgangsstelle tritt sie dann in directe Berührung mit dem Mestom, und zwar besitzen hier die Zellen der Scheide den grössten Durchmesser, nach der Epidermis zu werden sie immer kleiner. In Verbindung mit der Oberhaut tritt die Scheide nur in den Fällen, wo jene, wie wir gesehen haben, wegen ihres anatomischen Baues als Wasserspeicherungsgewebe anzusprechen ist, also z. B. bei *Haemodorum paniculatum* und *H. planifolium*. Es wird also auch hier, wie es Westermaier*) für andere Fälle ausgeführt hat, ein directer Verkehr ermöglicht zwischen dem äusseren Wassergewebemantel einerseits und den zuleitenden Elementen, den Bündeln, und dem inneren Speichergewebe andererseits. Wo dagegen die Epidermis nur eine mechanische Function zu erfüllen hat, fällt der Scheide allein die Aufgabe zu, das Assimilationssystem mit dem Leitungsgewebe in Verbindung zu setzen; ein Herangehen derselben bis zur Epidermis ist dann nicht nothwendig und findet auch nicht statt (Fig. 13). Während nun bei den *Haemodorum*-Arten die beiden Seiten der Scheide durch die grosszellige Epidermis zu einem geschlossenen Ganzen vereinigt werden, fragt es sich, ob dies auf irgend eine Weise auch bei den übrigen Arten geschieht, die mit zur Epidermis heranreichenden Bastrippen versehen sind. Vollständig isolirt bleiben die beiden Scheidentheile bei den *Xerotes*-Arten, bei *Acanthocarpus Preissii* und *Phlebocarya ciliata.* Aehnlich verhalten sich *Conostylis graminea, C. aculeata* und *C. Preissii*, wo, bei den grösseren Bündeln wenigstens, die Parenchymscheide niemals zwischen Leptombeleg und Bastrippe hindurchgeht, sondern höchstens von links und rechts eine Strecke weit eindringt (Fig. 11), so dass die beiden Stereomgruppen der Rippe und des Beleges immer noch durch zwei bis drei Zellen verbunden sind. Bei den kleineren Bündeln dagegen wurde zuweilen eine continuirliche Scheide beobachtet. Dieses letztere Verhalten weisen die übrigen mit Subepidermalrippen versehenen *Conostylis*-Arten nun auch an den grösseren Bündeln auf (Fig. 10); und zwar sind die zwischen den beiden Bastgruppen hindurchgehenden Scheidenzellen entweder ebenso zartwandig wie die

---

*) Ueber Bau und Function des pflanzl. Hautgewebesystems. Pringsh. Jahrb. Bd. XIV.

übrigen, was z. B. bei *Conostylis involucrata*, *C. bromelioides*, *C. aurea* und *C. filifolia* der Fall ist, oder aber sie zeigen mehr oder minder starke Wandverdickungen, wodurch sie auf dem Querschnitt eine grosse Aehnlichkeit mit den Bastzellen erhalten; zu erkennen sind sie aber leicht an der sehr grossen Anzahl von Poren, mit denen sie ausgerüstet sind; als Fälle dieser Art nenne ich: *Conostylis occulta*, *C. Androstemma*, *C. bracteata* und namentlich *C. dealbata*.

Fehlen die Subepidermalrippen, so findet sich stets eine ringförmig geschlossene Scheide, die jedes Bündel sammt seinen Belegen umschliesst (Fig. 12). Bei *Phlebocarya laevis* und *Anigozanthes flavidus* kann hier, besonders bei den grösseren Bündeln, der Fall eintreten, dass sich der Beleg des Leptoms ausserordentlich stark entwickelt, bis dicht an die Epidermis heranreicht und das assimilirende Gewebe an dieser Stelle ganz verdrängt. Die Parenchymscheide bleibt jedoch stets in ihrem geschlossenen Zustande erhalten, so dass wir hier dem Anschein nach über den grösseren Bündeln eine zweischichtige Epidermis haben; die zweite Schicht ist jedoch nur derjenige Theil der Scheide, der sich zwischen Oberhaut und Bast hindurchzieht. Während wir es in den häufigsten Fällen mit Einzelscheiden zu' thun haben, kann bei *Conostylis setigera* und *C. propinqua* der Fall eintreten, dass die Belege des Hadroms von zwei opponirten Bündeln vollständig verschmelzen und die Scheide hierdurch unterbrochen wird. Jedes einzelne Bündel besitzt dann nicht mehr eine besondere Parenchymscheide, sondern diese umgiebt immer zugleich zwei Bündel.

Grundgewebe.

Bei einer grossen Anzahl der untersuchten Arten wird auch das Innere der Organe von den bisher beschriebenen Gewebesystemen vollständig eingenommen; wenigstens ist dies bei den mit flachen Blättern ausgestatteten Pflanzen meist der Fall. So wird z. B. bei allen *Xerotes*-Arten der Raum zu Seiten der durchgehenden I-förmigen Träger durch das sich von Epidermis zu Epidermis erstreckende Assimilationsgewebe ausgefüllt (Fig. 13); die Zellen des letzteren werden zwar nach dem Innern zu grösser und ärmer an Chlorophyll, doch tritt nie eine ausgedehnte Partie farbloser Elemente in der Mittelzone des Blattes auf. Nur finden sich hier und da im Assimilationssystem zerstreut einzelne grosse, chlorophyllfreie Zellen, in denen wir Raphidenbündel beobachten. Wie der Längsschnitt lehrt, sind diese farblosen Zellen sehr langgestreckt und in Reihen angeordnet, so dass wir sie mit gekammerten Schläuchen vergleichen können, wo in jeder Kammer ein Bündel Raphiden auftritt. Besonders deutlich lässt sich bei *Xerotes purpurea* dieses Vorkommen beobachten. Sehr ähnlich verhalten sich *Lanaria plumosa*, *Phlebocarya laevis* und viele *Conostylis*-Arten; doch treten hier ausser jenen Raphiden meist noch Zellen mit dem schon oben erwähnten braunen Inhalte auf.

Ein wesentlich anderes Bild gewähren dagegen die mit cylindrischen oder wenigstens verhältnissmässig dickeren Organen ausgerüsteten Gewächse. Hier zeigt sich im Innern ein grosser, farbloser Zellkomplex, der sich scharf gegen das Assimilationsgewebe absetzt (Fig. 19). In der überwiegenden Mehrzahl der hierher gehörenden Fälle bildet dieses Mark eine zusammenhängende Schicht, die rings von den assimilirenden Zellen umgeben ist; auf der Grenze liegen die Gefässbündel. Ausnahmen bilden *Kingia* und *Chamaexeros*, wo sich das Meston und die anschliessenden I-träger mitten im farblosen Grundgewebe befinden, so dass dieses in ·einzelne Partieen geschieden ist. Die Trennung ist jedoch keine vollständige, da sich zwischen dem grünen Gewebe und den Bastgruppen immer eine bis zwei Zellagen des Markes hindurchziehen und die einzelnen Partieen desselben in Verbindung setzen. Die Beschaffenheit der Zellen des Grundgewebes ist nun meist analog der der übrigen Elemente des Blattes. Wo wir ein mächtig ausgebildetes mechanisches System, eine stark verdickte Epidermis finden, besteht auch das Mark aus dickwandigen Elementen, so dass man es hier seinem anatomischen Verhalten nach nicht als Wasserspeicherungsgewebe auffassen darf, zumal ausserdem ein ausreichender Schutz gegen Verdunstung durch Form und Lage der Stomata hinzukommt. Die Zellen des Markes, die in der Längsrichtung des Organs meist ein wenig gestreckt sind, besitzen ringsum starke Verdickungen und zahlreiche Poren; die Intercellularen sind meist klein und von dreieckiger Gestalt; nur bei *Conostylis filifolia* und *C. involucrata* nehmen sie rundliche Form an und ereichen eine ansehnliche Weite, sodass die Zellen des Grundgewebes sternförmig erscheinen, während sie in den übrigen Fällen rund sind.

Merkwürdige Bildungen beobachtete ich an Zellen des Markes von *Kingia australis*. Da es mir jedoch bisher bei dem trokenen Material trotz eingehender Untersuchungen nicht möglich war, eine klare Vorstellung von der körperlichen Gestalt dieser Zellen zu gewinnen, so muss ich mich darauf beschränken, eine Beschreibung der Bilder zu geben, die man auf Quer- und Längsschnitten erhält. Während die Mehrzahl der die starken Bastrippen begleitenden Grundgewebezellen rundliche Form besitzen, erscheinen einige durch senkrecht zum Stereom verlaufende Membranen in kleinere, längliche Zellen getheilt (Fig. 22); von der dem Bast abgewendeten, stark verdickten Wand dieser Zellen ragen dann, zuweilen gewundene, Vorsprünge in das Lumen hinein. Das Sonderbarste ist, dass sowohl diese Vorsprünge, als auch die durchgehenden Membranen mit Hoftüpfeln ausgerüstet sind. Auf einem Längsschnitt, der parallel einer Bastrippe und möglichst nahe derselben geführt ist, erblicken wir an den betreffenden Stellen Elemente (Fig. 23), die mit starken collenchymatischen Verdickungen versehen sind; von den Zellecken her, wo die zarteren Wandstücke an die Verdickungen anschliessen, erstrecken sich hier ebenfalls Vorsprünge in das Lumen, die gleich den schwächeren Membranpartieen durch Hoftüpfelung ausgezeichnet sind.

Analoge Erscheinungen wurden bei der *Kingia* nahestehenden Gattung *Dasypogon* beobachtet.

Bei denjenigen Formen dagegen, wo Leben und Function
der assimilirenden Zellen nicht durch besondere Vorrichtungen,
wie starke Cuticula, Verdickung der Membranen, Schutz der Spalten,
sicher gestellt ist, finden wir immer ein typisch ausgebildetes
Wasserspeichersystem, das einerseits aus der Oberhaut, andererseits
aus einem inneren Zellkomplex besteht. Die Elemente des letzteren
zeigen meist eine bedeutende Grösse und sind von parenchymatischer
Beschaffenheit; die Wände sind sehr zart, nur in den Ecken finden
sich häufig collenchymatische Verdickungen, so z.-B. bei *Dasypogon*
(Fig. 4), *Haemodorum, Anigozanthes* und *Tribonanthes.* Eine in derartigen Fällen ziemlich selten beobachtete Verdickungsart weisen
die Wände der Wassergewebezellen bei den *Ophiopogon-* und besonders den *Sansevieria*-Arten auf; die Wandungen sind nämlich mit
deutlichen Spiralverdickungen versehen, wie sie von Krüger[1]) an
den einzeln im Assimilationsgewebe auftretenden Wasserzellen verschiedener tropischer Orchideen gefunden worden sind. Bei den
Sansevieria-Arten führten diese Zellen einen schleimigen Inhalt, wie
er schon für die Epidermis erwähnt wurde und wie wir ihn bei anderen
succulenten Gewächsen (*Mesembryanthemum, Agave, Aloe*) ebenfalls
finden. In den übrigen Fällen, wo nur trockene Exemplare untersucht wurden, konnte über den Inhalt Genaueres nicht ermittelt
werden; derselbe war stets ein farbloser, Ueberreste von Chlorophyllkörnern wurden nicht bemerkt. Da das Wasserspeichergewebe
die Aufgabe hat, bei eintretender übermässiger Verdunstung
die grünen Zellen gegen die nachtheiligen Folgen zu schützen,
indem es selbst den Schaden auf sich nimmt, ist es für dasselbe
nothwendig, in ununterbrochener Verbindung mit dem Assimilationssystem zu bleiben. Dadurch, dass es sich an das letztere mit möglichst grosser Fläche angelegt, wird dieser Anforderung am
besten genügt.

Für die *Dasypogon*-Arten sind die besonderen Verhältnisse
schon in dem Kapitel über das Assimilationsgewebe erläutert
worden. Wir fanden in diesem Falle eine grosse Aehnlichkeit
mit der Anordnung, wie sie das Blatt von *Hohenbergia strobilacea*
darbietet. Der bei weitem grösste Theil des Blattmesophylls
besteht aus den zartwandigen, farblosen Zellen des Wassergewebes;
die grünen Zellen sind ganz an die Unterseite des Blattes gedrängt
worden, wo sie einen sichelförmigen Beleg der Epidermis bilden;
die Bündel nehmen eine Zone dicht über dem grünen Gewebe
ein, sind aber von diesem selbst durch ein bis zwei Zellen des
Grundgewebes getrennt. Da die zuleitenden Bündel also im
Speichergewebe selbst verlaufen, so ist die so nothwendige Versorgung desselben mit Wasser auf dem kürzesten Wege möglich.
In den übrigen Fällen nimmt der Complex farbloser Zellen eine
centrale Lage ein und wird auf allen Seiten von dem Assimilationssystem umschlossen; das Mestom liegt meist auf der Grenze
beider Gewebe. Nur bei den *Sansevieria*-Arten und bei *Haemodorum
paniculatum* finden wir eine andere Lagerung desselben. Im

---

[1]) Haberlandt: Phys. Pflanzenanatomie p. 272.

ersteren Falle treten die Leitbündel überall auf dem Querschnitt zerstreut auf, im letzteren sind sie der Mehrzahl nach ganz von grünen Zellen umgeben und es sind hier noch drei besondere grosse Bündel zur Versorgung des Wasserspeichergewebes vorhanden, die in diesem selbst verlaufen.

Wenn wir nun nach Betrachtung aller Gewebesysteme einen Rückblick werfen auf die in den einzelnen Kapiteln beschriebenen Verhältnisse, so müssen wir zugeben, dass der anatomische Bau der Vegetationsorgane in seinen hervortretendsten Eigenthümlichkeiten von dem Bestreben nach einer möglichsten Anpassung an Klima und Standort beeinflusst ist; und zwar macht sich dieser Einfluss nach zwei verschiedenen Richtungen hin geltend. Während bei einer Anzahl von Pflanzen eine mit starker Cuticula und äusserst verdickten Wänden ausgestattete Epidermis, eigenartiger Bau und geschützte Lage der Stomata als Mittel zur Abschwächung der Verdunstung zur Anwendung gekommen sind, wozu meist noch eine mächtige Entwickelung des mechanischen Systems und eventuell des Markgewebes tritt, fallen bei der anderen Reihe von Arten diese Anpassungsmerkmale ganz fort; dafür ist hier aber für Ausbildung eines ausgedehnten Wasserspeichergewebes, für günstige Lagerung desselben zu den zu schützenden Zellen und für genügende und bequeme Versorgung durch das zuleitende Mestom Sorge getragen worden. In beiden Fällen ist der erzielte Erfolg ein vollkommener, da die Pflanzen in den Stand gesetzt sind, auszudauern, d. h. während eines grossen Theiles des Jahres enorme Hitze und Trockenheit zu ertragen, ohne ihre Lebensfähigkeit einzubüssen.

Weniger scharf treten die taxinomischen Merkmale auf, welche die genetischen Beziehungen zum Ausdruck gelangen lassen. Betrachten wir zuerst die *Haemodoraceen*. Mit Ausnahme von *Ophiopogon* und *Sansevieria*, die übrigens verschiedene Autoren von der genannten Familie ausschliessen [1]), weisen die untersuchten Arten eine grosse Uebereinstimmung in der Lagerung der Gefässbündel auf, die dieselbe ist wie bei den verwandten *Iridaceen*; von diesen unterscheiden sie sich jedoch durch das Verhalten der Parenchymscheide, die hier, soviel ich an xerophilen Vertretern beobachtet habe, nie geschlossen ist, was bei den *Haemodoraceen* immer der Fall ist.

Was die *Xerotideen* angeht, so ist für die überwiegende Mehrzahl derselben das Auftreten jener dickwandigen Leptomelemente, sowie Lagerung resp. Querschnittsform der Nerven charakteristisch.

Figurenerklärung.

1. Querschnitt durch die Epidermis der Blattunterseite von *Dasypogon obliquifolius* Lehm. (Vergr. 230).
2. Querschnitt durch die Epidermis von *Xerotes spartea* Endl. (Vergr. 320).

---

[1]) In Engler und Prantl, Natürliche Pflanzenfamilien, sind sie z. B. zu den *Liliaceae* gestellt worden. Bd. II. V. p. 84.

3. Haar von *Conostylis dealbata* Lindl. (Vergr. 320).
4. Querschnitt durch die Epidermis der Blattoberseite von *Dasypogon obliquifolius* Lehm. (Vergr. 230).
5. Querschnitt durch die Epidermis von *Conostylis graminea* Endl. (Vergr. 230).
6. Längsschnitt durch die Epidermis von *Blancoa canescens* Lindl. (Vergr. 320).
7. Längsschnitt durch die Epidermis von *Conostylis filifolia* F. Muell. (Vergr. 230).
8. Querschnitt durch die Epidermis von *Xerotes turbinata* Endl. (Vergr. 435).
9.   „   „   den Blattrand von *Chamaexeros fimbriatus* Benth. (Vergr. 435).
10.   „   einen Nerv von *Conostylis dealbata* Lindl. (Vergr. 97).
11.   „   „   „   „   *Conostylis graminea* Endl. (Vergr. 70).
12.   „   „   „   „   *Conostylis setosa* Lindl. (Vergr. 70).
13.   ..   „   „   „   *Xerotes suaveolens* Endl. (Vergr. 70).
14.   „   (Theil) von *Xerotes spartea* Endl. (Vergr. 70).
15.   „   durch ein Bündel von *Conostylis setosa* Lindl. (Vergr. 230).
16.   „   eine Spaltöffnung von *Conostilis graminea* Endl. (Vergr. 540).
17.   „   „   „   „   „ *Sanseviera cylindrica* (Vergr. 435).
18.   „   „   „   „   „ *Chamaexeros fimbriatus* Benth. (Vergrösserung 435).
19.   „   einen Nerv von *Conostylis Androstemma* F. Muell. (Vergrösserung 70).
20.   „   das Leptom von *Xerotes purpurea* Endl. (Vergr. 320).
21.   „   „   ein Bündel von *Kingia australis* R. Br. (Vergr. 230).
22.   „   „   das Mark von *Kingia australis* R. Br. (Vergr. 435).
23. Längsschnitt durch das Mark von *Kingia australis* R. Br. (Vergr. 435).

Instrumente, Präparations- und Conservations-Methoden.

Saccardo, P. A., L'invenzione del Microscopio composto. Dati e commenti. (Malpighia. Anno V. 1891. Fasc. I—II).

Allgemein glaubt man, dass das Mikroskop von den holländischen Brillenhändlern J a n s s e n aus Middelburg im Jahre 1590 erfunden worden sei, und folglich feiern gegenwärtig die Belgier das dritte Jahrhundert dieser Entdeckung.

Da der italienische Physiker Prof. G i l b e r t G o v i die Entdeckung des Mikroskopes dem berühmten G a l i l e o G a l i l e i zuschrieb, so erschien es dem Verf. nöthig, die wichtigsten Original-Dokumente, auf welche sich die Frage gründet, unbefangen zu untersuchen und dieselbe mit der resp. italienischen Uebersetzung wieder herauszugeben, um eine Erwägung dazu machen können.

Verf. veröffentlicht mit dem lateinischen Text und resp. italienischen Uebersetzung erst drei für J a n s s e n sprechende Dokumente aus dem Aufsatz von P e t e r B o r e l (De vero telescopii inventore 1655); das erste Dokument (3. März 1655) gründet sich auf die Erläuterungen von Z a c h a r i a s J a n s s e n's Sohne, Johann, und von S a r a G ö d a r d (welche eine Schwester von Z a c h a r i a s J a n s s e n war), das zweite (3. März 1655) ist ein auf die Kundmachungen von drei als Zeugen aufgerufenen Personen begründeter Consular-Akt, das dritte ist ein von W i l h e l m B o r e e l an P e t e r B o r e l am 9. Juli 1655 geschriebener Brief.

S a c c a r d o gibt dann die für G a l i l e i und endlich die für-D r e b b e l sprechenden Dokumente; ausserordentlich wichtig für-G a l i l e i sind die Druckschriften von W o d d e r b o r n (1610!) und von T a r d e (1614!).; für D r e b b e l sprechen einige Schriften von P e i r e s c (1622, 1624), sowie die Bemerkungen von H u y g e n s (1703) und G a s s e n d i (1641).

Der Name „Mikroskop" wurde von J o h a n n F a b e r im Jahre-1625 vorgeschlagen, während der Name „Teleskop" von C e s i (1610, 1611) schon aufgestellt worden war.

Aus den veröffentlichten Dokumenten und aus den Betrachtungen des Verf. folgt hauptsächlich:

Erstens, dass der wahre Entdecker des mit konkavem Okular ver--sehenen und rechtes Sehen ermöglichenden Mikroskopes der berühmte-G. G a l i l e i im Jahre 1610 gewesen ist, zweitens, dass die Dokumente für die Priorität von J a n s s e n's Entdeckung keinen Werth haben, drittens, dass C o r n e l i u s D r e b b e l der Verbesserer des-G a l i l e i'schen Mikroskopes, oder, wenn man will, der erste Entdecker des zusammengesetzten K e p p l e r ischen Mikroskopes im Jahre-1620 (1621?) gewesen ist, endlich dass der Name „Mikroskop", wie schon oben gesagt wurde, von einem italienischen Arzte, J o h a n n F a b e r, vorgeschlagen wurde.

J. B. De Toni (Venedig).

Elion, H., D i e B e s t i m m u n g v o n M a l t o s e , D e x t r o s e u n d D e x t r i n i n B i e r w ü r z e u n d B i e r m i t t e l s t R e i n k u l t u r e n v o n G ä h r u n g s - O r g a n i s m e n. (Centralblatt f. Bakteriologie-und Parasitenkunde. Bd. IX. No. 16. p. 525—528.)

E l i o n weist darauf hin, wie ungenau und fehlerhaft die Maltose-Bestimmung in Bierwürze und Bier bei der bisher meist üblichen Methode mit F e h l i n g'scher Lösung ist und empfiehlt statt dessen, die Maltose durch Gährproben mit Reinkulturen von *Saccharomyces cerevisiae* zu bestimmen, wobei natürlich keine andere Organismen sich entwickeln dürfen. Der vergohrene Zucker besteht hauptsächlich aus Maltose. Da nun der Zucker entfernt ist, können gleichzeitig auch die nicht gährungsfähigen Dextrine bestimmt werden. H a n s e n hat statt *Sacch. cerevisiae* andere Reinkulturen vorgeschlagen, nämlich *Sacch. apiculatus*, *Sacch. exiguus*, *Torula* etc. Doch zeigen alle diese andern Mikroorganismen nicht nur eine schwache, sondern auch eine sehr unregelmässige Gährung, was ihre Verwendbarkeit stark beeinträchtigt.

Kohl (Marburg).

Poulsen, V. A., N o t e s u r l a p r é p a r a t i o n d e s g r a i n s d' a l e u r o n e. (Revue générale de Bot. 1890. p. 547—548).

Verf. theilt hier im Anschluss an O v e r t o n zwei weitere Tannin-reactionen mit, mittelst deren sich brauchbare Dauerpräparate von

Aleuronkörnern herstellen lassen. Dünne Schnitte durch das Endosperm des Ricinussamens wurden in absolutem Alkohol gehärtet (24 Stunden), dann auf 1 Stunde in eine wässerige 25 procentige Tanninlösung gebracht, mit destillirtem Wasser ausgewaschen und schliesslich entweder in wässerige Kaliumbichromatlösung eingelegt, bis sie sich gelblich oder braun färbten, oder auf eine Stunde in 10—20 procentige wässerige Eisensulfatlösung, worin sich die Schnitte dunkelschwarzblau färbten. Im ersteren Fall werden die Schnitte in Glycerin eingeschlossen und zeigen sehr schön in den durchsichtig gewordenen Aleuronkörnern Krystalloid und Globoid, im zweiten Fall kommen sie nach Entwässerung mit absolutem Alkohol und Nelkenölbehandlung in Canadabalsam und liefern sehr haltbare und schöne Präparate.

L. Klein (Freiburg i. B.)

Kaufmann, P., Ueber einen neuen Nährboden für Bakterien. (Centralblatt für Bakteriologie und Parasitenkunden. Bd. X. 1891. No. 2/3. p. 65—69.)
Schultz, N. K., Zur Frage von der Bereitung einiger Nährsubstrate. (l. c. p. 52—64.)

Referate.

Stockmayer, J., Ueber die Algengattung *Rhizoclonium*. (Verhandlungen der k. k. zoolog. botan. Gesellschaft in Wien. 1890. Abhandlungen. p. 571—586. Mit 27 Zinkographien.)

Diese bemerkenswerthe monographische Abhandlung wird jeder Algologe am besten selbst lesen; Ref. übergeht hier daher ganz das vom Verf. in der Einleitung Gesagte und begnügt sich damit, einen Auszug aus dem „Conspectus systematicus" zu geben, aus welchem auch die Artauffassung des Verf. zu entnehmen ist.

1. *Rhizoclonium hieroglyphicum* Kütz., em. Stockm.
   a) *typicum*, b) *macromeres* Wittr., c) *dimorphum* Wittr., d) *Berggrenianum* Hauck, e) *crispum* Kütz. — f) *riparium* Harv., g) *Kochianum* Kütz., h) *Kerneri* Stockm., i) *tortuosum* Kütz.
2. *Rhizoclonium fontanum* Kütz. em.
   b) *majus* Wolle.
3. *Rhizoclonium Hookeri* Kütz.
4. *Rhizoclonium angulatum* Kütz.
5. *Rhizoclonium pachydermum* Kjellm.

Die Diagnosen sind lateinisch. Die Synonymie ist ausführlich berücksichtigt. — Am Schlusse findet sich ein Verzeichniss der „species dubiae" und der „species excludendae".

Fritsch (Wien).

Prillieux et Delacroix, Note sur le *Dothiorella Pitya* Sacc. (Bull. de la soc. mycol. de France. VI. 1890. p. 98. 1. Taf.)

Kurze Mittheilung über parasitäre Erkrankung der Kiefer (épicéa) und ihrer Sämlinge durch oben genannten Pilz; der Parasit dringt von den oberflächlichen Rindenschichten bis in das Holz vor und desorganisirt dasselbe zu Gunsten seiner schwarzen, dickwandigen, verzweigten Mycelschläuche. Die jungen Keimpflanzen werden getödtet, der oberhalb der erkrankten Stelle gelegene Theil des Stämmchens vegetirt anfänglich noch eine Zeit lang fort; die Grenze zwischen der erkrankten Stelle und dem gesunden Theil ist durch ein charakterisches Holzpolster bezeichnet, das durch das fortschreitende Absterben der oberflächlichen Schichten in der erkrankten Parthie hervorgerufen wird. Bald werden die Blätter gelb und die kranke Parthie stirbt ab.

L. Klein (Freiburg i. B.).

Prillieux et Delacroix, Note sur une nouvelle espèce de *Physalospora* et sur le *Phoma Brassicae.* (Bull. de la soc. mycol. de France. VI. 1890. p. 113. 1. Taf.)

Eine neue, wahrscheinlich als Saprophyt auf den Nadeln abgebrochener Tannenzweige lebende Sphaeriacee, die auf der Oberfläche schwarze punktförmige Perithecien bildet, wird mit folgender Diagnose versehen: *Physalospora abietina:* Perithecia dense gregaria, epidermide tecta, atra, vertice applanata, 250—290 : 155—170 μ; ascis octosporis, 130 : 18 μ; sporidiis monostichis vel subdistichis, granulosis vel guttulatis, ovalibus, sed parte inferiori paulum attenuatis, hyalinis, 24—26 : 10 μ, in asco juniore strato mucoso circumductis, paraphysibus ramosis, fugacibus. In pagina superiore acuum emortuarum *Abietis excelsae.* Die *Phoma Brassicae* behandelnde Notiz betrifft die Zerstörung der Stengel des Markkohls (chou moellier) durch den genannten Ascomyceten.

L. Klein (Freiburg i. B.).

Lenz, H. O., Nützliche, schädliche und verdächtige Schwämme. 7. Auflage, bearbeitet von **Otto Wünsche.** 8°. 197 pp. 20 Tafeln. Gotha (E. F. Thienemann) 1890.

Dass unter den jetzt zahlreich erscheinenden populären Pilzkunden das bekannte kleine Pilzbuch von Lenz in neuer Auflage mit bester Aussicht auf Erfolg auftreten kann, verdankt es sowohl seinem guten alten Rufe und dem seines Autors, als auch der Umarbeitung, die es durch Wünsche in einer den Fortschritten der Pilzkunde durchaus entsprechenden Form erfahren hat. Die Einleitung über Bau und Leben der Pilze ist ebenso allgemein verständlich und ansprechend, wie wissenschaftlich correct geschrieben. Von mehr praktischer Bedeutung sind die folgenden Abschnitte, welche die Pilze als Nahrungsmittel, die Zubereitung derselben und das Verhalten bei Vergiftungsfällen behandeln; man findet hier die wichtigsten Angaben und zweckmässigsten Rathschläge kurz zusammengestellt. Die Eintheilung der Pilze mit besonderer Berücksichtigung der grösseren *Basidio-* und *Ascomyceten* erfolgt zuerst vom wissenschaftlichen Standpunkt und sodann nach dem auf das rasche Erkennen gerichteten Bedürfniss. Dem letzteren dient auch eine Uebersicht der *Agaricaceen* nach der Farbe der Sporenpulvers.

In der Einzelbeschreibung nehmen natürlich die *Basidiomyceten* den grössten Raum ein, von *Ascomyceten* sind die *Helvellaceen*, *Peziza*, *Sclerotinia*, *Xylaria* und die *Tuberaceen* behandelt. Aufgenommen sind alle häufiger vorkommenden Arten; bei denen, welche für den Menschen nützlich oder schädlich sind, wird es erwähnt, nach ihrer Wichtigkeit in diesem Sinne richtet sich die Länge der Beschreibung und Anführung anderer interessanter Mittheilungen (Cultur, Sammlung, Vergiftung u. drgl.). Dabei ist vielfach der von L e n z verfasste Text benutzt. Unter den Standortsangaben ist häufig die Umgebung von Schnepfenthal besonders berücksichtigt, der Bearbeiter hat diese Angaben aus (vielleicht allzugrosser) Pietät gegen L e n z in der früheren Fassung gelassen. In der Aenderung der Figuren (dem Ref. liegt zur Vergleichung nur die 4. Auflage vor*), kann nicht immer eine Verbesserung gefunden werden, die Farben sind oft zu hell und grell, wie es besonders beim Satanspilz und seinen Verwandten und bei der Keulen-Kraterelle hervortritt. Dass die guten Abbildungen von Becherschwamm, Erdstern, *Peziza aurantia*, die doch beschrieben werden, jetzt weggelassen sind, ist zu bedauern, der gewonnene Platz kommt zumeist einer ausführlicheren Darstellung der Trüffeln zu gute. Im Allgemeinen kann das Buch zur Einführung in die Kenntniss der sogenannten Schwämme nur empfohlen werden.

Möbius (Heidelberg).

Jumelle, Henri, L'a s s i m i l à t i o n c h e z l e s L i c h e n s. (Comptes rendus de l'Académie des sciences de Paris. Tome CXII. 1891. p. 888 ff.)

Die bezüglichen Versuche wurden in den Monaten November bis zum April zu wiederholten Malen angestellt. Man setzte die Flechten in Probirgläsern dem Lichte aus und analysirte die Luft genau vor und nach der Belichtung. In der ersten Versuchsreihe wurde mit strauch- oder laubartigen Flechten von grüner oder grünlicher Färbung operirt, in der zweiten mit solchen, deren Thallus noch gut entwickelt ist, aber nicht die Farbe des Chlorophylls besitzt, in den dritten mit Krustenflechten.

Die Resultate waren folgende: Unter den günstigsten Verhältnissen von Licht, Feuchtigkeit und Jahreszeit sind alle Lichenen im Stande, die Kohlensäure der Luft energisch zu zerlegen, und diese Kohlensäurezersetzung überwiegt dann die durch Athmung bedingte Kohlensäurebildung. Es giebt dabei für die Flechte einen Gewinn an Kohlenstoff. Die assimilatorische Kraft der Flechten variirt je nach den verschiedenen Arten sehr bedeutend, relativ am stärksten ist sie bei den Strauch- oder Blattflechten wie *Cladonia*, *Parmelia* etc., sie kann aber in anderen Fällen so schwach werden, dass die Kohlensäurezersetzung nur bei starker Belichtung wahr-

-----

*) Das geschmackvolle Titelbild der 4. Auflage ist jetzt leider durch ein sehr geschmackloses ersetzt worden. Ref.

nehmbar wird, wie bei den Krustenflechten, z. B. den *Lecideen*, die an Bäumen oder Felsen verschieden gefärbte Flecke bilden. Für die letzteren ist, wenn alle anderen Bedingungen gleich sind, das directe Sonnenlicht stets vortheilhafter, als das diffuse Tageslicht.

Zimmermann (Chemnitz).

Lignier, O., Observations biologiques sur le parasitisme du *Thesium divaricatum* var. *humifusum* Alph. DC. (Extrait du Bulletin de la Société Linnéenne de Normandie. Série IV. Tome III. 1890. Fasc. 4.)

Thesium humifusum gedeiht sowohl in Sand- als in Kalkboden, und scheint die Verschiedenheit des Standortes auf die Entwicklung der vegetativen Organe keinerlei Einfluss auszuüben. Mit seinen bis 5 mm dicken Saugknollen greift es in einer Bodentiefe von 1—12 cm alle beliebigen Organe der umgebenden Pflanzen an. Eine Bevorzugung irgend einer Nährpflanze konnte nicht mit Sicherheit beobachtet werden. Im Allgemeinen ist die Dicke der Saugknollen derjenigen des angegriffenen Organes proportional. Verf. hat persönlich folgende Nährpflanzen notirt:

Lotus corniculatus, Medicago Lupulina, Thymus Serpyllum, Galium verum, Festuca arenaria, Achillea Millefolium, Medicago sativa, Festuca ovina, Plantago lanceolata, Senecio Jacobaea, Hypochaeris radicata, Thrincia hirta, Hieracium Pilosella, Eryngium campestre, Bellis perennis, Daucus Carota, Pimpinella Saxifraga, Taraxacum Dens-Leonis, Leontodon hispidus, Ranunculus bulbosus.

Mitten*) fand, nach einer bibliographischen Angabe des Verfs., *Th. linophyllum* auf *Anthyllis Vulneraria, Lotus corniculatus, Daucus Carota, Thymus Serpyllum, Scabiosa succisa, Carex glauca* und einigen *Gramineen,* und Chatin (Anat. comparée d. végétaux) eine nicht genannte Art auf *Carex*-Arten, *Scabiosa Columbaria, Coronilla varia* und *minima, Hippocrepis comosa, Lotus corniculatus, Bupleurum falcatum.*

Vesque (Paris).

Die Assimilation des freien atmosphärischen Stickstoffes durch die Pflanze.

(Zusammenfassendes Referat über die wichtigsten, diesen Gegenstand betreffenden Arbeiten.)

Von

Dr. R. Otto

in Berlin.

(Schluss.)

Die Leguminose ist aber auch für die Wohlthaten, die sie von ihrem Gaste empfängt, dankbar, indem sie demselben in ihren Wurzelknöllchen eine besondere für seine Ernährung und Vermehrung bestimmte Brutstätte bereitet. Im Grunde nützt sie auch damit ihren eigenen Zwecken, denn indem sie das *Rhizobium* aus wenigen Keimen zu bedeutender Vermehrung bringt und dann eine zahlreiche

---

*) Lond. Journ. of Bot. 1847. p. 146.

Brut solcher Keime in den Boden gelangen lässt, sorgt sie bereits für ihre Nachkommen, weil deren Infection um so leichter wird, je grösser die Zahl der den Boden bevölkernden *Rhizobium*-Keime ist. Alle Erscheinungen, welche aus der Vereinigung der Leguminose mit dem Pilze entspringen, erweisen sich als Thätigkeiten der Leguminose, nicht des Pilzes. Denn Wachsen, Chlorophyll-Bildung, Kohlensäure-Assimilation und auch Assimilation elementaren Stickstoffs sind unzweifelhafte und nachgewiesene Fähigkeiten der Pflanze.

Auch bei den Leguminosen im pilzfreien Zustande der Pflanze ist die Assimilation freien Stickstoffs festgestellt; sie tritt hier in verschiedenem Grade auf, je nach dem durch die Bodenverhältnisse bedingten Ernährungszustande der Pflanzen, von vielleicht völliger Unfähigkeit auf den ärmsten Bodenarten, wenigstens bei gewissen Leguminosen (Erbse), an bis zu ansehnlichen Leistungen auf guten, namentlich humusreichen Böden.

Die Möglichkeit, den Leguminosen-Pilz künstlich auf leblosem Substrate zu züchten, gestattet, seine Nahrungsbedürfnisse und seine Fähigkeiten getrennt von der Leguminose zu studiren. Hierbei war es bisher nur möglich, ihn zu ernähren bei Verabreichung organischer Stickstoffverbindungen, nicht aber unter solchen Umständen, wo ihm nur freier Stickstoff als einzige Stickstoffquelle neben organischen Kohlenstoffverbindungen geboten war.

Die einzelnen Leguminosenspecies scheinen nicht ihre besonderen Arten von *Rhizobium* zu haben, sondern es ist wahrscheinlich eine einzige Species dieses Pilzes in allen Erdböden verbreitet, welche mit jeder beliebigen Leguminose in Symbiose treten kann. Denn die künstliche Cultur des aus verschiedenen Leguminosen entnommenen Pilzes hat bis jetzt keine specifischen Verschiedenheiten ergeben; auch bekommen in jedem beliebigen Boden die verschiedensten Species der Leguminosen regelmässig den Symbiosepilz.

Die ungleichen Beziehungen der Leguminosen zu dem *Rhizobium* haben sich vielleicht, wie alle specifischen Eigenthümlichkeiten der Pflanzen, schon in den frühesten Epochen der Entwicklungsgeschichte der Pflanzenwelt ausgebildet. Hierbei ist möglicherweise die Ungleichheit der Lebensweise und des Standortes der verschiedenen Leguminosenspecies mit entscheidend gewesen. Pflanzen, welche vorwiegend auf leichte, humusarme Böden angewiesen waren, werden in der gemeinsamen Arbeit mit dem Pilze die Kräfte erlernt haben, um hier existenzfähig zu werden, während solche Leguminosen, welche immer nur auf gutem, humusreichem Boden wuchsen, dasjenige nicht lernen konnten, was sie hier nicht brauchten.

Weiter fand F r a n k, dass diejenigen Ackerböden, auf denen die Symbiose mit dem *Rhizobium* für Leguminosencultur unentbehrlich ist, die Keime des Pilzes meistens auch schon von Natur in genügender Menge enthalten, um sämmtliche Pflanzen bald nach der Keimung rechtzeitig zu inficiren. Indessen kommen auch Fälle vor, wo namentlich wegen gänzlicher bisheriger Abwesenheit jeglicher Leguminosen-Vegetation die Keime des *Rhizobiums* im Boden fehlen oder in zu ungenügender Menge vorhanden sind, und wo aus diesem Grunde die Leguminosencultur auch trotz aller Anwendung von Düngemitteln fehlschlägt. In solchem Falle kann man den Boden mit den erforderlichen Pilzkeimen fructificiren durch Einbringen von sogenannter Impferde, d. i. gewöhnliche Erde, welche einem in Leguminosencultur befindlichen Boden entnommen ist. Und zwar genügen hier 10 kg solcher Impferde pro 1 Ar. Die Impferde selbst wird einfach dem zu impfenden Boden gleichmässig aufgestreut.

Ein anderer Weg, um die *Rhizobium*-Keime im Ackerboden zu vermehren, ist die Selbstzüchtung des Pilzes im Boden, wie sie durch eine Vegetation von Leguminosen selbst besorgt wird, wegen der bedeutenden Vermehrung, die das *Rhizobium* in den Wurzelknöllchen erfährt. Selbst auf einem von *Rhizobium*-Keimen ganz freien Boden wird nach einmaliger Impfung und darauf erfolgter Leguminosencultur der Boden genügend mit Pilzkeimen fructificirt sein.

Insofern nun als gewisse Leguminosen selbst auf dem dürftigsten, absolut stickstofffreien Boden mittelst der Symbiose den ganzen, für eine reichliche Entwicklung nöthigen Stickstoffbedarf aus dem Luftstickstoff zu decken vermögen, ist die landwirthschaftliche Charakteristik dieser Pflanzen als bodenbereichernder Früchte jetzt auch wissenschaftlich begründet. Da aber auch auf besseren Böden, wo Stickstoffverbindungen als Nahrung gegeben sind, diese Leguminosen, sowie die übrigen Leguminosen und Nicht-Leguminosen, bei welchen eine Förderung durch Pilzsymbiose nicht stattfindet, atmosphärischen Stickstoff assimiliren, so werden auch auf besseren Böden die Pflanzen mehr oder weniger stickstoffanreichernd oder wenigstens stickstofferhaltend wirken können, je nach den ungleichen Kräften, mit denen sie freien Stickstoff zu assimiliren vermögen.

Weiter vermochte nun auch F r a n k*) an einem Vertreter der Holzpflanzen aus der Familie der *Papilionaceen*, an *Robinia Pseudacacia*, die eben erwähnte Pilzsymbiose, sowie damit im Zusammenhange stehend die ganz ausserordentliche Assimilation freien atmosphärischen Stickstoffes durch diese Pflanze zu constatiren. Nach Beendigung der Versuchsdauer von circa 125 Tagen (vom 1. Mai bis 10. September) ergaben aus Samen gezogene und auf völlig stickstofffreiem Boden zur normalen Entwicklung gelangte Pflanzen denen nach Anordnung der Versuche k e i n e w e i t e r e Stickstoffquelle als die Luft zur Verfügung gestanden hatte, bei der chemischen Analyse mit Wurzeln und Knöllchen 4,411 gr Trockensubstanz mit 0,092 gr Stickstoff. Eingeführt waren in den Versuch vorher durch 4 Samen 0,0024 gr Stickstoff.

Es ergibt sich hieraus, dass die *Robinia* in dem vollständig stickstofffreien Boden schon im ersten Sommer ihren aus Samen stammenden Stickstoff in Folge ihrer Vegetation um mehr als das 38fache vermehrt hatte, und dieser Stickstoff konnte aus keiner anderen Quelle, als aus der Luft genommen sein. Die *Robinia* ist also eine Holzpflanze, welche gleich bei der ersten Ernährung der

---

*) Ber. d. Deutsch. botan. Ges. Bd. VIII. 1890. p. 292.

Keimpflanze ihren Stickstoffbedarf einzig und allein aus der Luft
decken kann, für deren organische Production also lediglich atmosphärische Luft mit ihrer Kohlensäure, ihrem Stickstoff und Wasser
genügen, und welche aus dem Erdboden nur die mineralischen
Nährstoffe, wie Kalk, Magnesia, Kali, Phosphate und Schwefelsäure,
beansprucht.

Zu erwähnen wären wohl noch von den Arbeiten des vergangenen Jahres hinsichtlich unserer Frage die Versuche, welche
Th. Schloessing fils und E. Laurent*) über die Bindung von
atmosphärischem Stickstoff durch die Leguminosen angestellt haben.
Diese Forscher haben die Bindung von freiem atmosphärischen
Stickstoff durch die Leguminosen in der Weise zu constatiren versucht, dass sie zunächst Leguminosen unter Bedingungen cultivirten,
unter denen sie Stickstoff binden, und diese Bindung vor und nach
der Cultur durch genaue Messungen constatirten. Auf die Art
und Weise der Versuchsanstellung können wir hier nicht näher
eingehen. Wir wollen nur hervorheben, dass, wenn auch die
Resultate dieser sogenannten directen Methode der Forscher nicht
ganz mit denen der sogenannten indirecten Methode, wie sie von
Hellriegel, Frank etc. angewendet wird und die auf die
Analyse von Boden, Körnern und Pflanzen begründet ist, übereinstimmten, diese Versuche trotzdem nicht ganz an Werth verlieren.
Denn wie die Verff. selbst am Schluss erwähnen, beweist die indirecte Methode, dass es im Verlaufe der Vegetation einen Stickstoff-
gewinn gibt, die directe, dass dieser Gewinn der Bindung des freien
Stickstoffes zu danken ist.

Zum Schluss wollen wir noch die Untersuchungen anführen,
welche im vergangenen Sommer von B. Frank und R. Otto**)
hinsichtlich der Stickstoff-Assimilation in der Pflanze ausgeführt
sind. Die Versuche waren zu dem Zwecke angestellt, um einen
näheren Einblick zu gewinnen, wie dieser Process der Stickstoff-Assimilation in der Pflanze eigentlich vor sich
geht und inwieweit auch die grünen Blätter der Pflanze
dabei betheiligt sind. Es ergab sich, dass in den grünen,
völlig erwachsenen und ausgebildeten Blättern der untersuchten
Pflanzen (*Trifolium pratense, Robinia Pseudacacia, Carum carvi* etc.)
bedeutende quantitativ bestimmbare Mengen von Asparagin enthalten sind, dass ferner die grünen Blätter der verschiedensten
Pflanzen (*Trifolium, Robinia, Lathyrus, Medicago, Vitis* etc.) an
jedem Abend stickstoffreicher sind, als am Morgen. Dieser Mehr-
gehalt an Stickstoff ist bei den Leguminosen sehr bedeutend, doch
zeigen aber auch die Nicht-Leguminosen, wenn auch in durchschnittlich geringerem Grade, diese Erscheinung. Nach den gemachten Beobachtungen ist hierbei die Jahreszeit, d. h. die Dauer

---

*) Schloessing fils et Laurent, Sur la bination de l'azote gazeux par
les Légumineuses. (Compt. rend. T. CXI. 1890. p. 750. — Vgl. auch Botan.
Centralbl. Bd. XLV. 1891. p. 248.)

**) Frank, B. und Otto, R., Untersuchungen über Stickstoff-Assimilation
in der Pflanze. (Ber. der Deutsch. botan. Ges. Bd. VIII. 1890. p. 331. — Vgl.
auch Botan. Centralbl. 1891.

der täglichen Beleuchtung und die Höhe der Temperatur, von grossem Einfluss. Auch weisen die grünen Blätter am Abend einen grösseren Asparagingehalt auf, als am Morgen. Ferner scheint nach den bis jetzt vorliegenden Untersuchungen das grüne, ausgebildete und vollständig erwachsene Blatt auch für sich allein, d. h. getrennt von der Pflanze, den Stickstoff der Luft zu assimiliren.

Eine andere Reihe der Versuche sollte die Frage beantworten, ob das Rhizobium der Leguminosen-Knöllchen elementaren Stickstoff zu assimiliren vermag, da der seiner Zeit von Hellriegel (vgl. oben) ausgesprochene Gedanke, dass bei den Leguminosen der Luftstickstoff durch den in den Knöllchen lebenden Symbiosepilz assimilirt werde, eine Hypothese ist, die ohne Beweis geblieben ist. Die zu diesem Zwecke mit dem Rhizobium, welches sich leicht in sterilisirten künstlichen Nährlösungen züchten lässt und sich auf diese Weise auch getrennt von den Leguminosen zu ernähren und zu vermehren vermag, in Parallelculturen angestellten Versuche, bei denen die Stickstoffquelle variirt wurde, ergaben nun, dass Asparagin und Rohrzucker die beste Nahrung für den Symbiosepilz der Leguminosen sind; aber auch Asparagin als einzige organische Verbindung vermag ihn, wenn auch etwas schwächer, zu ernähren. Zucker allein als einzige organische Verbindung nebst elementarem Stickstoff als einziger Stickstoffquelle haben dagegen nur sehr geringfügigen Erfolg. Der Symbiosepilz der Leguminosen vermehrt sich zwar bei vollständigem Mangel an Stickstoff-Verbindungen mit Hilfe von Stickstoff aus der Luft etwas, aber nur sehr langsam und viel unbedeutender, als wenn ihm organische Stickstoff-Verbindungen, wie dies in der Pflanze der Fall ist, geboten sind. Es haben aber auch noch andere Pilze die Fähigkeit, in stickstofffreien Medien zu wachsen und dabei langsam Stickstoff aus der Luft zu erwerben. Es ist also durch die vorstehenden Thatsachen keineswegs bewiesen, dass die Stickstoff-Assimilation der Leguminosen von dem Rhizobium vollzogen wird, denn die beobachtete schwache und langsame Vermehrung des Pilzes in der stickstofffreien Zuckerlösung reicht nicht entfernt aus, um die energische und rasche Stickstoff-Assimilation der Leguminose zu erklären.

Andere Versuche, zum Beweise dafür angestellt, dass die Erbse auch ohne Mitwirkung des Symbiosepilzes kräftig Luftstickstoff zu assimiliren vermag, zeigten deutlich, dass die Pilzsymbiose zwar einen günstigen Einfluss auf die Gesammtproduction und auf die Stickstoffanwerbung dieser Pflanze ausübt, dass aber auch o h n e Pilzsymbiose die Erbse ebenfalls Stickstoff aus der Luft erwirbt und den Boden noch etwas stickstoffreicher durch die von ihr hinterlassenen Wurzelreste macht.

Aus allen den vorerwähnten Untersuchungen können wir wohl das Eine mit aller Sicherheit folgern, dass die Assimilation von freiem atmosphärischen Stickstoff durch die Pflanze jetzt eine sowohl durch das Experiment, als Culturversuche im Grossen sicher erwiesene Thatsache ist; dass in Folge dessen in Zukunft der von Boussingault auf Grund seiner Versuche aufgestellte Satz, wonach den Pflanzen die Fähigkeit, den atmosphärischen

12*

Stickstoff zu assimiliren, abgeht, jetzt keine Gültigkeit für die
Pflanzenphysiologie mehr haben kann. Dass sich diese Lehre bis
in die neueste Zeit noch in der Physiologie behaupten konnte, ist
wohl hauptsächlich dem Umstande zuzuschreiben, dass man bei den
sonst sehr sorgfältig angestellten Untersuchungen Boussingault's
vergass, in Betracht zu ziehen, dass sich damals die Pflanzen in
den abgesperrten Lufträumen nur abnorm und kümmerlich entwickelt hatten, und dass aus diesem Grunde die Versuche nicht als
voll beweisend angesehen werden dürfen.

Douliot, H., Recherches sur la croissance terminale
de la tige des phanérogames. (Annales des sciences
naturelles. Botanique. Sér. VII. T. XI. 1890. p. 283—350 avec
7 planches.)

Eine ziemlich ausführliche historische Einleitung geht den
eigenen Untersuchungen des Verf, jeweils voran, die mit den
Gymnospermen beginnen. Etwa 20 Gattungen wurden hiervon
untersucht, wobei sich ergab, dass die Gymnospermen wie die
Gefässkryptogamen mittelst einer Scheitelzelle wachsen, die bald
pyramidal, bald prismatisch und immer nur in der Einzahl vorhanden ist. Dieser Charakter scheidet die Gymnospermen scharf
von den Angiospermen. Hiervon lassen sich zunächst die Monocotyledonen mit 23 untersuchten Gattungen in 2 Gruppen theilen:
1) solche mit 3 getrennten Initialen (z. B. *Gramineen, Commelineen,*
Liliaceen, Scitamineen), 2) solche mit 2 getrennten Initialen
(*Najadaceen, Juncaceen, Alismaceen, Hydrocharitaceen*). Von den
Apetalen wurden nur 6 Gattungen untersucht, die *Salicaceen*
besassen 3, die *Urticaceen, Polygonaceen, Cupuliferen* und *Begoniaceen*
2 Initialen; von 15 choripetalen Familien mit oberständigem Fruchtknoten hatten 5 nur 2 Initialen, während die 5 choripetalen Familien
mit unterständigem Fruchtknoten sämmtlich 3 getrennte Histogene
aufwiesen und unter 13 gamopetalen Familien nur die *Plantaginaceen*
bloss 2 Histogene besassen. Man kann also sagen, dass der
Stammscheitel bei der überwiegenden Mehrzahl der Dicotyledonen
mit 3 Initialzellen endigt, nur dass hier bloss 2 nur verhältnissmässig
selten vorkommen; im letzteren Falle besitzen Rinde und Centralcylinder eine gemeinsame Initiale. — Bei den Monocotyledonen sind
2 Initialzellen der häufigere Fall. Bei den Gymnospermen besitzt
der Stamm überall nur eine einzige Scheitelzelle. Diese Erscheinung
soll in Verbindung mit dem Besitz von Archegonien die Gymnospermen mit den Gefässkryptogamen verknüpfen, während das
Vorhandensein einer vollständigen Epidermis den gemeinsamen und
ausschliesslichen Charakter der Monocotylen und Dicotylen ausmachen und dazu benutzt werden könne, diese beiden Gruppen von
den Gymnospermen zu entfernen. Ref. möchte dazu bemerken dass
erstens keineswegs alle Gefässkryptogamen mittelst Scheitelzelle
wachsen (*Lycopodiaceen, Isoëtes,* verschiedene *Selaginella*-Arten) und
dass zweitens auch nach den Untersuchungen des Verf. das Vorhandensein einer wirklichen Scheitelzelle noch recht proble-

matisch erscheint. Die Zeichnungen sind zwar sämmtlich nach Längsschnitten angefertigt, aber trotzdem muss man so gut wie überall auf Treue und Glauben hinnehmen, dass eine von ihren Nachbarn lediglich durch den Buchstaben i unterschiedene Zelle am Scheitel auch eine Scheitelzelle sei. Wer, wie Ref., auf Grund der bisherigen Beobachtungen bei allem Wohlwollen für eine gymnosperme Scheitelzelle nicht recht an deren Existenz zu glauben vermag, wird auch durch diese neueste Publication schwerlich davon überzeugt werden.

L. Klein (Freiburg i. B.).

Schmidt, Justus J. H., Die eingeschleppten und verwilderten Pflanzen der Hamburger Flora. 4⁰. 32. S. Hamburg 1890.

In der Nähe grosser Handels- und Fabrikstädte finden sich häufig zahlreiche Pflanzenfremdlinge, welche zum Theil nur einmal auftreten und dann wieder verschwinden, zum Theil sich aber an ihren neuen Standorten halten und so gewissermaassen Bürgerrecht erwerben, oder endlich, wenn sie sich auch nicht an denselben Standorten halten, doch nicht aus der Flora verschwinden, weil sie immer von neuem eingeschleppt werden und wieder verwildern. Durch den Welthandel entwickelt sich in der Nähe Hamburgs alljährlich eine eigenthümliche Flora, ein Gemisch von verschiedenen Pflanzen, welche, aus den verschiedensten Theilen Europas und des Auslandes stammend, hier versuchen, sich ein neues Heim zu gründen, was ihnen freilich nur in wenigen Fällen völlig gelingt.

Es ist ein verdienstvolles Unternehmen des bekannten Hamburger Botanikers J. Schmidt, welcher auch den Ref. in liebenswürdiger Weise mit der Hamburger Schuttflora bekannt machte, diese merkwürdige Pflanzengesellschaft in dem oben citirten Programme zusammengestellt zu haben.

Besonders häufig zeigen sich neue Eindringlinge, seitdem sich die Einfuhr des fremden Getreides, namentlich des russischen, gesteigert hat, da eine geraume Zahl aus dem südlichen Russland und aus Ungarn stammt. In der Nähe der Holsten-Brauerei, welche fremde Gerste eingeführt hatte, wurden auf dem Diebsteiche bei Altona viele eingeschleppte Pflanzen gesammelt. Solche wurden auch in der Nähe von Brennereien vielfach beobachtet.

Auch die Vegetation derjenigen Plätze, welche zur Ablagerung der Baggererde dienen, ist reich an Eindringlingen. Doch macht sich hier ein grosser Unterschied bemerkbar zwischen der Vegetation des Schlammes aus den Fleeten. Der ausgetrocknete Alsterschlamm ist durchweg überwuchert von *Rumex-*, *Atriplex-*, *Chenopodium-* und *Polygonum*-Arten, nebst *Ranunculus sceleratus* und *Urtica dioica*, besitzt aber wenige fremde Elemente. Eine Ausnahme macht das Winterhuder Alsterufer, das mit Erde und Schutt aus der inneren Stadt aufgehöht worden ist. Es zeigt die fremdländische Flora, welche sich auch auf der Baggererde alljährlich zu entwickeln pflegt, die im Hammerbrook, eines grossen östlich von der Stadt, nördlich von der Bille gelegenen Terrains, abgelagert wird. Das Erdmaterial entstammt meist der Speichergegend Hamburgs, enthält also den Abfall aus Kornspeichern und anderen Lagerräumen, sodass sich hier die bunteste Vegetation von meist nur einjährigen Pflanzen entwickeln muss. Sobald die Plätze aber kultivirt werden, verschwinden sofort die meisten der ausländischen Gewächse. Nur da, wo Erde neu abgelagert ist, darf der Botaniker Neuigkeiten in der Pflanzenwelt erwarten.

Wirklich eingebürgert dürften von den durch Verschleppung eingeführten Arten nur folgende sein:

Papaver Rhoeas L. (?), *B. nigra* Koch, *Lepidium ruderale* L., *Bunias orientalis* L. (?), *Malva rotundifolia* L., *Impatiens parviflora* DC., *Oxalis stricta* L., *O. corniculata* L., *Melilotus officinalis* Desr., *Erigeron Canadensis* L., *Galinsoga parviflora* Cav., *Matricaria discoidea* DC., *Senecio vernalis* W. K. (?), *Lactuca Scariola* L., *Hieracium aurantiacum* L., *Asperugo procumbens* L. (?), *Plantago media* L. (?), *Fagopyrum Tataricum* (L.) Gaertn., *Euphorbia Cyparissias* L., *Elodea Canadensis* Casp., *Leucojum vernum* L., *Anthoxanthum Puelii* Lec. et Lam., *Festuca distans* Kth.

Ausser diesen 23 werden noch 24 eingebürgerte Pflanzen aufgezählt, welche theils als Nutzpflanzen angebaut, theils als Zierpflanzen in Gärten kultivirt werden. Das aus Nord-Amerika stammende *Sisyrinchium anceps* Lam. ist wahrscheinlich absichtlich der Flora zugeführt. Es findet sich jetzt ziemlich häufig an der nördlichen Seite des Eppendorfer Moores.

Das weitere Verzeichniss derjenigen Pflanzen der Hamburger Flora, welche eingeschleppt und verwildert sind, umfasst nicht weniger als noch 388 Arten. Besonders stark vertreten sind darunter die *Cruciferen* mit 43 Arten, die *Papilionaceen* mit 55, die *Compositen* mit 62 und die *Gramineen* mit 49 Arten.

P. Knuth (Kiel).

Palladin, W., Ueber die Ursachen der Formänderung etiolirter Pflanzen. [Vorläufige Mittheilung.] (S.-A. aus den Arbeiten der Naturf.-Ges. zu Charkow. Bd. XXIII. 1889. 8°. 3 pp.) [Russisch.]

Die Aehnlichkeit der etiolirten Pflanzen mit am Licht erwachsenen chlorophyllfreien Pflanzen spricht gegen den direkten Einfluss des Lichts auf die Form ersterer. Die Ursache der Formänderung erblickt Verf. vielmehr in der Aenderung des Verhältnisses zwischen der Transpiration der Blätter und des Stengels, welche (in dem Ref. nicht recht verständlicher Weise) ihrerseits durch den Chlorophyllmangel bewirkt wird. Bei der grünen Pflanze wird fast alles Wasser durch die Blätter verdunstet, während der Stengel Mangel an Wasser leidet, daher entwickeln sich die Blätter normal und die Internodien bleiben kurz. Umgekehrt verdunstet bei den etiolirten Pflanzen die grosse Stengeloberfläche das Wasser und entzieht es den Blättern, welche in Folge dessen klein bleiben.

Durch künstliche Verminderung der Transpiration des Stengels muss es hiernach möglich sein, auch im Dunkeln normal gestaltete Pflanzen zu erziehen. Dies gelang an im Dunkeln kultivirten Keimpflanzen von *Vicia Faba*. Als Verf. die Stengel derselben fest mit dünnem Kautschukbande umwickelte, bildeten sich nach einigen Tagen Blätter von derselben Grösse, wie an am Lichte wachsenden Controlexemplaren und auch die Stengel behielten nahezu die Länge der Controlexemplare.

Rothert (Kazan).

Kruch, O., Sopra un caso di deformazione (Scopazzo) dei rami dell'Elce. (Malpighia. Anno IV.)

Verf. beschreibt Hexenbesenbildung von *Quercus Ilex*, die durch eine neue, noch näher zu untersuchende *Taphrina*-Art hervorgerufen wird. Die befallenen Triebe unterscheiden sich sehr deutlich durch dickere und vielfach hin- und hergebogene Aeste, sowie durch reichere Belaubung. Die Blätter sind meistens gelblich, dünner und schlaffer, ihre Blattfläche oft unregelmässig verbogen. Das Mycel wuchert ausschliesslich in der Aussenwand der Epidermis unter der Cuticula, und zwar besonders über den Querwänden der Epidermiszellen. Unter der Cuticula fehlen dementsprechend die sonst vorhandenen Cuticularschichten.

Die Fortpflanzung geschieht vermittelst Asci, welche sich auf der Blattunterseite sehr reichlich entwickeln und vermittels Dauermycels, welches unter der Cuticula der ganz jungen Blätter und des jungen Stengels der Knospen überwintert. In tiefere Gewebeschichten dringt der Parasit nicht ein, sodass er durch die Peridermbildung beseitigt wird, weshalb man sehr leicht durch Beseitigung der befallenen Aeste die Verbreitung desselben bekämpfen kann.

Ross (Palermo).

Galloway, B. T., Some recent observations on black-rot of the grape. (Bot. Gazette. Vol. XV. No. 10. p. 255 —259.)

Bericht über Infectionsversuche, um die Frage der Identität von *Phyllosticta Labruscae* Thüm. und *Ph. Ampelopsidis* E. et M. zu bestimmen. Die Aussaat von *Phyllosticta*-Sporen aus den Blättern und den Beeren von *Vitis* und *Ampelopsis* auf denselben Theilen derselben Wirthspflanzen ergab keine Resultate; doch auf Blättern von diesen Wirthen erfolgte die Entwickelung der Pycnidien und Sporen von *Ph. Labruscae* resp. *Ph. Ampelopsidis* 15 bis 25 Tage nach Inficirung mit Ascosporen aus den Perithecien von *Laestadia Bidwellii* Viala et Ravaz. auf *Vitis*-Beeren.

Humphrey (Amherst, Mass.).

Batalin, A. F., Einige Sorten Hülsenpflanzen, welche in Russland angebaut werden. 8⁰. 23 pag. (Nr. 5 der von der Samenstation des Kais. botan. Gartens in St. P., welche unter B.'s Leitung steht, herausgegebenen Schriften.*) St. Petersburg 1889.

Der Verf. behandelt hier folgende Sorten:

I. Lupinen: 1. *Lupinus luteus* L. var. *spontanea* Btln., 2. *L. luteus* L. var. *sativa* Btln., 3. *L. angustifolius* L., 4. *L. albus* L. var. *albiflora* Btln. und *L.* var. *caerulea* Btln., II. *Ervum Ervilia* L., III. *Trigonella foenum graecum* L., IV. *Cicer arietinum* L., V. *Lathyrus sativus* L., VI. *Phaseolus Mungo* L.

1. *Lupinus luteus* L. var. *spontanea* Btln. hat dunkel - zimmtfarbige Samen mit einer gelblichen krummen Linie auf jeder Seite, welche eine Länge von 7 mm und eine Dicke von 3 mm haben. Diese Art wächst in Portugal und in Spanien, mit Ausnahme des nordöstlichsten Theiles dieses Landes, wild, ebenso in Italien und Sicilien; aber nicht in Russland, wie Immer angibt.

2. *L. luteus* L. var. *sativa* Btln. hat schmutzig-weisse Samen mit zahlreichen schwarzen Pünktchen, welche eine Länge von 7 bis 8 mm und eine Dicke von 4 mm haben. Diese Form, bekannt als „gelbe Lupine", ist schon lange in Cultur und scheint in wildem Zustande nicht vorzukommen, so dass man sie für eine Culturform der var. *spontanea* annehmen muss.

3. *Lupinus angustifolius* L. Diese Art, bekannt als „blaue Lupine", wird in Russland nicht sehr häufig angebaut, theils zur Gründüngung, theils als Viehfutter, während ihre Samen hier und dort von den Bauern gebrannt und gemahlen als Kaffeesurrogat gebraucht werden; doch soll der so gewonnene Kaffee sehr bitter schmecken und Kopfschmerzen verursachen. — Aus Russland lagen dem Verf. kultivirte Exemplare aus den Gouv. Nowgorod, Pskow, Twer und St. Petersburg vor; zu den gleichen, oben angegebenen Zwecken soll diese Pflanze übrigens auch in Deutschland und in Oesterreich angebaut werden.

4. *Lupinus albus* L. var. *albiflora* Btln. und var. *caerulea* Btln. werden beide in Russland nur in geringer Menge angebaut. Die var. *caerulea* dient nur zur Gründüngung und als Viehfutter in Mittel- und Westrussland, wie auch in Westeuropa; die var. *albiflora*, welche auf der Ausstellung zu Charkow im J. 1887 nur aus dem Kreise Osurgeti im Gouv. Kutais eingesandt war, wird dort von den Eingeborenen gekocht und als Fastenspeise verwendet, während das abgekochte und davon abgegossene Wasser zur Vertreibung des Ungeziefers am Hornvieh gebraucht wird. Exemplare dieser Form finden sich auch im Herbarium des Kaiserl. botan. Gartens aus Mingrelien (Eichwald) und aus Transkaukasien (Nordmann).

---

*) Nr. 1 dieser Schriften handelte von den russischen Oelpflanzen aus der Familie der *Cruciferae* und erschien 1879; Nr. 2 behandelte die cultivirten Sorten des Buchweizens, 1881; Nr. 3 die russischen Sorten des Dinkels und Spelz, 1885 und Nr. 4 die in Russland angebauten Hirsearten, 1887. — Referate über Nr. 2—4 erschienen seiner Zeit in den Jahrgängen 1882, 1885 und 1889 des Botanischen Centralblattes. H.

II. *Ervum Ervilia* L. wird nur in Transkaukasien als Viehfutter angebaut. Batalin erhielt Samen dieser Pflanze unter verschiedenen Namen („Wicke", „Futtererbse") aus mehreren Kreisen der Gouv. Tiflis und Eriwan; ausserhalb Russlands wird sie häufig in Griechenland und Italien, auch, obwohl weniger, in Frankreich und in Spanien angebaut, ebenso in Persien (Ispahan), während sie in Kleinasien wild vorkommt.

III. *Trigonella foenum graecum* L. Von dieser Pflanze kann man 2 Formen unterscheiden: Die var. *culta* Alef. und die von Trautvetter als Art beschriebene: var. *ensifera*. Batalin erhielt Samen derselben aus dem Gouv. Eriwan unter dem Namen „Linse". Nach Sredinsky's Angaben wird sie auch im nördlichen Theile des Taurischen Gouvernements angebaut; ausserdem in Griechenland, in Süditalien, in Südfrankreich, in Spanien, in Nordafrika, in Persien und in Indien; auch in Mittel-Deutschland der Samen wegen, welche in den Apotheken Verwendung finden, was auch in Nordindien geschieht, wo man aus den Samen Oel gewinnt.

IV. *Cicer arietinum* L. B. unterscheidet nach der Blütenfarbe 2 Hauptformen: a) mit weissen und b) mit violett-rosenrothen Blüten und nach der Grösse, Farbe und Form der Samen: 1. *macrocarpum* Jaub. et Spach., 2. *album* Alef., 3. *globosum* Alef., 4. *nigrum* Alef., 5. *fuscum* Alef. und 6. *cruentum* Alef.

Die var. 1. *macrocarpum* Jaub. et Spach ist bis jetzt in Russland nicht bekannt; angebaut findet sie sich in Spanien und Portugal, in Persien und in Indien, besonders in den nordwestlichen Provinzen und in Audh; 2. var. *album* Alef. wird aber ziemlich häufig im Kaukasus, in Turkestan, in der Krim und im Gouv. Astrachan angebaut; ausserdem in der europäischen und asiatischen Türkei, in Persien (Ispahan), in Afghanistan, in Indien und in allen Mittelmeerländern; 3. var. *globosum* Alef., mit weiss-gelben Samen, ursprünglich aus Indien bekannt, wird auch im Kaukasus mit der var. *album* Alef. zusammen angebaut, besonders im Gouv. Elisabethpol und im Daghestan'schen Gebiete; 4. var. *nigrum* Alef. wird im Gouv. Eriwan und ausserdem in Italien und in Indien angebaut; 5. var. *fuscum* Alef. wird häufig r e i n im Gouv. Tiflis und in Samarkand angebaut, ausserdem v e r m i s c h t mit anderen Sorten: in den Gouv. Eriwan und Elisabethpol, im Daghestan'schen Gebiete, in Afghanistan, in Persien, Indien, in Nordafrika (Tunis), in Italien, Spanien und in Südfrankreich. —

V. *Lathyrus sativus* L. Die 3 bekannten Formen dieser Pflanze kommen alle in Russland vor: 1. var. *alba* Alef. wird häufig in Mittel-, West- und Süd-Russland angebaut, und zwar zusammen mit *Pisum sativum* L., ausserdem häufig in Deutschland, Rumänien, Frankreich, Italien, Spanien und Portugal. Körnicke unterscheidet nach der Grösse der Samen 2 Unter-Formen dieser var. *alba*, nämlich: forma *major* und *minor*. — 2. var. *caerulea* Alef. kommt als Rein-Cultur im europäischen Russland nicht vor, wohl aber als Beimischung von *Cicer arietinum* und von *L. sativus*, var. *alba*, namentlich auch in Transkaukasien und Turkestan, mit *Pisum arvense* L. zusammen und in Indien; ausserdem findet sich diese Pflanze als Unkraut in Turkestan, Afghanistan, Persien und Indien, besonders auf Weizenfeldern, und zwar so häufig, dass für die aus Indien und Turkestan stammenden Weizensorten die Anwesenheit der *Lathyrus*-Samen geradezu charakteristisch ist, da sich diese Beimischung in den Weizensorten aus Russland, Nordamerika und Australien nicht findet. — 3. var. *colorata* Scr. findet sich als Beimischung der var. 1 und 2 besonders häufig im Kreise Igumen des Gouv. Minsk, wo sie oft die Hälfte der ganzen Aussaat bildet. Sie kann als ein Uebergang von der var. *caerulea* zur var. *alba* betrachtet werden.

VI. *Phaseolus Mungo* L. hat eine weite Verbreitung in Transkaukasien, Ferghana, Chiwa, Turkestan und im Süd-Ussuri-Gebiete; ausserdem in Japan, China und Persien.

v. Herder (St. Petersburg).

———

Ollech, v., Ueber den Humus und seine Beziehungen zur Bodenfruchtbarkeit. 32 S. Berlin (Grundmann) 1890. 80 Pfg.

Den wesentlichen Inhalt dieser in erster Linie für den Landwirth berechneten Studie fasst Verf. folgendermassen zusammen: 1. Die natürlichen Humusstoffe sind complicirt gebaute organische Verbindungen. Sie enthalten sämmtlich Kohlenstoff, Sauerstoff, Wasserstoff, Stickstoff, einige wahrscheinlich auch Phosphor, Schwefel und Eisen 2. Als Humus bildendes Material ist die Cellulose nicht anzusehen. 3. Unsere Anschauungen über die Beziehungen des Humus zur Bodenfruchtbarkeit haben sich seit Liebig vollkommen umgestaltet. Der Humus hat als directes Nahrungsmittel keine Bedeutung, er wird aber dadurch nützlich und befördert die Fruchtbarkeit des Bodens, dass er in gewisser Menge die physikalischen Eigenschaften des Bodens verbessert, dass er das Absorptionsvermögen derselben erhöht, dass er direct zur Lösung einiger mineralischer Pflanzennährstoffe beiträgt und dass er als eine stetige Quelle für Kohlensäure zu betrachten ist. 4. Nicht immer ist der Stickstoff des Moores und verwandter humoser Bildungen der ganzen Menge nach als Humusstickstoff anzusehen. Ein Theil derselben gehört nicht selten dem Chitin, niederen Organismen oder Pilzmycelien an. 5) Für die mechanische Vertheilung der Humusstoffe im Waldboden sorgen unter geeigneten örtlichen Verhältnissen die Regenwürmer. In stiller Thätigkeit verrichten sie zuweilen dort, wo der Pflug nicht geht, die Arbeit derselben.

Klein (Freiburg i. B.).

Neue Litteratur.*)

Allgemeines, Lehr- und Handbücher, Atlanten etc.:

Baehr, H., 40 Präparationen für den Unterricht in der Pflanzenkunde. Ausführliche Lectionen und Entwürfe für Landschulen und die mittleren Classen der Stadtschulen. 8°. IX, 110 pp. Breslau (Woywod) 1891. geb. M. 1.50.

Pokorny, Naturgeschichte des Pflanzenreiches für Gymnasien, Realschulen etc. bearb. von M. Fischer. 18. Aufl. 8°. VIII, 293 pp. mit 405 Abbild. Leipzig (G. Freytag) 1891. geb. M. 2.50.

Algen:

De Toni, J. B., Sylloge Algarum omnium hucusque cognitarum. Volumen II. Bacillariaceae. Sectio I. Rhaphideae. 8°. CXXXII, 490 pp. Berlin (Friedländer & Sohn) 1891. M. 27.50.

Foslie, M., Contribution to knowledge of the marine Algae of Norway. II. Species from different tracts. (Reprinted from Tromsö Museums Aarshefter. Vol. XIV. 1891.) 8°. 23 pp. 3 Tafeln Tromsö 1891.

Istvánffi, G. v., Kitaibel herbariumának Algái. Les Algues de l'herbier Kitaibel. (Termeszetrajzi Füzetek. Vol. XIV. 1891.)

Reinke, J., Beiträge zur vergleichenden Anatomie und Morphologie der Sphacelariaceen. (Bibliotheca botanica. Heft XXIII. 1891.) 4°. 40 pp. 13 Tafeln Cassel (Th. Fischer) 1891. M. 24.—

Pilze:

Biernacki, E., Ueber die Eigenschaft der Antiseptica, die Alkoholgährung zu beschleunigen und über gewisse Abhängigkeit ihrer Kraft von der chemischen Baustructur der Fermentmenge und der Vereinigung mit einander. (Archiv für die gesammte Physiologie. Bd. XLIX. 1891. Heft 3/4. p. 112—140.)

Boudier, Em., Quelques nouvelles espèces de Champignons inférieurs (Botrytis albido-caesia, Mycogone ochracea, Volutella albo-pila, Hymenula citrina nn. spp.). (Bulletin de la Société mycologique de France. T. VII. 1891. Fasc. 2.)

Delacroix, G., Espèces nouvelles de Champignons inférieurs. (l. c.)

— —, Observations sur quelques espèces peu connues. (l. c.)

De Seynes, J., Conidies de l'Hydnum coralloides Scop. (l. c.)

Gaillard, A., Les hyphopodies mycéliennes des Meliola. (l. c.)

Godfrin, J., Contributions à la flore mycologique des environs de Nancy. (l. c.)

Istvánffi, G. v., Adatok a gombák physiologiai anatomiájához. Etudes relatives à l'anatomie physiologique des Champignons. (Természetrajzi Füzetek. Vol. XIV. 1891. p. 1—2. 2 tab.)

Niel, Remarques à propos des Tubulina fragiformis Pers. et cylindrica Bull. (Bulletin de la Société mycologique de France. T. VII. 1891. Fasc. 2.)

Prillieux et Delacroix, Endoconidium temulentum n. gen., n. sp. (l. c.)

Patouillard, N., Polyporus bambusinus, nouveau Polypore conidifère. (l. c.)

Pollner, L., Die bekanntesten giftigen Pilze Elsass-Lothringens. Farbige Tafel. Nebst erklärendem Text. 8°. 16 pp. Strassburg i. E. (Strassburger Druckerei) 1891. M. 2.—

Rolland, L., Excursions mycologiques dans les Pyrénées et les Alpes-Maritimes. (Bulletin de la Société mycologique de France. T. VII. 1891. Fasc. 2.)

Flechten:

Stizenberger, E., Lichenaea africana. Fasc. 11. (Sep.-Abdr.) 8°. St. Gallen (Köppel) 1891. M. 3.—

---

*) Der ergebenst Unterzeichnete bittet dringend die Herren Autoren um gefällige Uebersendung von Separat-Abdrücken oder wenigstens um Angabe der Titel ihrer neuen Publicationen, damit in der „Neuen Litteratur" möglichste Vollständigkeit erreicht wird. Die Redactionen anderer Zeitschriften werden ersucht, den Inhalt jeder einzelnen Nummer gefälligst mittheilen zu wollen, damit derselbe ebenfalls schnell berücksichtigt werden kann.

Dr. Uhlworm,
Terrasse Nr. 7.

Muscineen:

Philibert, Sur l'Orthotrichum Schimperi et les formes voisines. (Revue bryologique. 1891. No. 3.)

Physiologie, Biologie, Anatomie und Morphologie:

Devaux, Les échanges gazeux d'un tubercule représentés schematiquement par un appareil physique. (Bulletin de la Société philomathique de Paris. Sér. VIII. T. III. 1891. No. 1.)

— —, Atmosphère interne des tubercules et racines tuberculeuses. (l. c.)

Fremont, A., Sur les tubes criblés extra-libériens dans la racine des Oenothéracées. (Journal de Botanique. T. V. 1891. p. 194.)

Gilg, E., Beiträge zur vergleichenden Anatomie der xerophilen Familie der Restiaceae. (Engler's botanische Jahrbücher. Bd. XIII. 1891. p. 541. Mit 3 Tafeln.)

Kresling, K., Beiträge zur Chemie des Blütenstaubes von Pinus silvestris. 8°. 70 pp. Dorpat (Karow) 1891. M. 1.50.

Krick, F., Ueber die Rindenknollen der Rothbuche. (Bibliotheca botanica. Heft XXV. 1891.) 4°. 28 pp. 2 Tafeln. Cassel (Th. Fischer) 1891. M. 8.—

Lojacono-Pojero, Michele, Sulla morfologia dei legumi del genere Medicago. (Sep.-Abdr. aus Atti della Reale Accademia di Scienze, Lett. ed Arti. Vol. XI. 1889/90.) Fol. 27 pp. 3 Tafeln. Palermo 1891.

Overton, E., Beitrag zur Kenntniss der Entwicklung und Vereinigung der Geschlechts-Producte bei Lilium Martagon. (Sep.-Abdr. aus Festschrift zur Feier des 50jährigen Doctor-Jubiläums von Prof. Dr. K. W. v. Nägeli, herausgeg. von der Universität Zürich. 1891. Fol. p. 3—11. Mit 1 Tafel.) Zürich (Albert Müller) 1891.

Sauvageau, C., Sur la tige des Cymodocées Aschs. [Fin.] (Journal de Botanique. T. V. 1891. p. 235.)

— —, Sur les feuilles de quelques Monocotylédones aquatiques. (Annales des sciences naturelles. Botanique Sér. VII. T. XIII. 1891. Fasc. 4.)

Steinbrinck, C., Ueber die anatomisch-physikalische Ursache der hygroskopischen Bewegungen pflanzlicher Organe. (Flora. 1891. Heft 3. p. 193—219. 1 Tafel.)

Van Tieghem, Ph., A propos des faisceaux criblés médullaires de la tige des Composées. Liguliflores. (Journal de Botanique. T. V. 1891. p. 243.)

Zimmermann, A., Beiträge zur Morphologie und Physiologie der Pflanzenzelle. Heft II. 8°. III, p. 81—184. Mit 2 col. Tafeln. Tübingen (H. Laupp) 1891. M. 4.—

Systematik und Pflanzengeographie:

Beck, Günther, Ritter von Mannagetta, Ueber die Baumgrenze in den niederösterreichischen Alpen. Mit 1 Kärtchen. (Mittheilungen der Section für Naturkunde des Oesterr. Touristen-Club. Bd. III. 1891. No. 5.)

Bertrand, C. Eg., Des caractères que l'anatomie peut fournir à la classification des végétaux. (Extrait du Bulletin de la Société d'histoire naturelle d'Autun. T. IV. 1891.) 8°. 54 pp. Autun 1891.

Borbás, Vinc. von, Magyarország és Balkánfélsziget juharfáiról. Species Acerum Hungariae atque peninsulae Balcanae. (Sep.-Abdr. aus Termeszetrajzi Füzetek. Vol. XIV. 1891. Parte 1/2. p. 67.)

Camus, E. G., Note sur les Drosera observés dans les environs de Paris. (Journal de Botanique. T. V. 1891. p. 196.)

Coulter, John M., Manual of the Phanerogams and Pteridophytes of Western Texas. Polypetalae. (Contributions from the U. St. National Herbarium. Vol. II. 1891. No. 1.) 8°. 156 pp. Washington 1891.

Drake del Castillo, Contributions à l'étude de la flore du Tonkin. Enumération des plantes de la famille des Légumineuses recueillies au Tonkin par M. Balansa en 1885—1889. (Journal de Botanique. T. V. 1891. p. 185.)

Genty, P. A., Contributions à la monographie des Pinguiculacées européennes. I. Sur un nouveau Pinguicula du Jura français, Pinguicula Reuteri Genty et sur quelques espèces critiques du même genre. (l. c. p. 225.)

Karsten, H., Abbildungen zur deutschen Flora, nebst den ausländischen medicinischen Pflanzen und Ergänzungen, für das Studium der Morphologie und

Systemkunde. 4°. VIII, 210 pp. mit Holzschn. Berlin (Friedländer & Sohn)·
1891. M. 8.—

Karsten, G., Ueber die Mangrove-Vegetation im malayischen Archipel. (Bibliotheca
botanica. Heft XXII. 1891.) 4°. V, 71 pp. 11 Tafeln. Cassel (Th. Fischer)·
1891. M. 24.—

Knuth, Paul, Die Pflanzenwelt der nordfriesischen Inseln. Gemeinverständlich·
dargestellt. (Sep.-Abdr. aus Schriften des Naturw. Vereins für Schleswig-Holstein. Bd. IX. 1891.) 8°. 39 pp. Kiel 1891.

Kotula, Distributio plantarum vascularum in montibus Tatricis. (Bulletin inter--
national de l'Académie des sciences de Cracovie. 1891. No. 1.)

Léveillé, Hector, Le Turnera ulmifolia à Pondichéry. (Journal de Botanique..
T. V. 1891. p. 244.)

Liebe, Th., Grundriss der speciellen Botanik für den Unterricht an höheren
Lehranstalten. 8. Aufl. 8°. III, 149 pp. 1 Tafel. Berlin (A. Hirschwald)·
1891. M. 1.60.

Plüss, B., Unsere Bäume und Sträucher. Führer durch Wald und Busch. Anleitung zum Bestimmen unserer Bäume und Sträucher nach ihrem Laube, nebst
einer Beigabe: Unsere Waldbäume im Winter. 8. Aufl. 8°. VII, 180 pp.
mit 90 Holzschn. Freiburg i. B. (Herder) 1891. geb. M. 1.80.

Velenovský, J., Flora bulgarica. Descriptio et enumeratio systematica plantarum vascularium in principatu Bulgariae sponte nascentium. 8°. IX, 676 pp.
Prag (Řivnáč) 1891. M. 20.—

Wünsche, O., Excursionsflora für das Königreich Sachsen und die angrenzenden
Gegenden. Die höheren Pflanzen. 6. Aufl. 8°. XXVIII, 468 pp. Leipzig
(Teubner) 1891. M. 4.—

Zacharias, O., Die Thier- und Pflanzenwelt des Süsswassers. Einführung in
das Studium derselben. Unter Mitwirkung von C. Apstein, S. Clessin,.
F. A. Forel etc. herausgegeben. Bd. I. 8°. X, 380 pp. mit 79 Abbildungen..
Leipzig (J. J. Weber) 1891. M. 12.—

Palaeontologie:

Raciborski, M., Flore rhétique dans les monts du sud du Royaume de Pologne..
(Bulletin international de l'Académie des sciences de Cracovie. 1891. No. 2.)

Teratologie und Pflanzenkrankheiten:

Klening, J. und Wüthrich, E., Die Bekämpfung der Kartoffelkrankheit durch·
Bespritzung der Stauden mit Kupfersalzlösungen. 8°. 62 pp. mit 15 Illustr..
Bern (K. J. Wyss) 1891. M. 0.70.

Ludwig, F., Der Milch- und Rothfluss der Bäume und ihre Urheber. [Vorläufige
Mittheilung.] (Centralblatt für Bakteriologie und Parasitenkunde. Bd. X. 1891.
No. 1. p. 10—13.)

Patouillard, N. et Delacroix, G., Sur une maladie des Dattes produite par
le Sterigmatocystis Phoenicis (Corda) Pat. et Delac. (Bulletin de la Société
mycologique de France. T. VII. 1891. Fasc. 2.)

Sorauer, P., Atlas der Pflanzenkrankheiten. 5. Folge. Fol. 8 color. Tafeln.
Mit Text. Berlin (Paul Parey) 1891. M. 20.—

Szekely, E., Keine Phylloxeragefahr mehr!! Origin. Rebenpflanzsystem zum
Schutze unserer Weingärten gegen die Phylloxera und zur Erhaltung ihrer
Tragfähigkeit. Nach den Daten des C. Lutz frei bearbeitet. 8°. 24 pp.
Fünfkirchen (L. Engel) 1891. M. 0.60.

Treichel, A., Ueber Blitzschläge an Bäumen. Ueber starke Bäume. (Sep.-Abdr.) ·
8°. 5 u. 1 pp. Danzig (Hinstorff) 1891. M. 0.50.

Medicinisch-pharmaceutische Botanik:

Barbier, H., De quelques associations microbiennes dans la diphthérie. (Arch.
de méd. expériment. 1891. No. 3. p. 361—378.)

Claisse, P., Note sur un cas de purpura à pneumocoque. (Archives de méd.
expériment. 1891. No. 3. p. 379—385.)

Foder, von, Zur Frage der Immunisation durch Alkalisation. (Centralblatt für
Bakteriologie und Parasitenkunde. Bd. X. 1891. No. 1. p. 1—2.)

Frankland, P. F., Stanley, A. and **Frew, W.,** Fermentations induced by the Pneumococcus of Friedländer. (Transactions of the Chemical Society of London. 1891. p. 253—270.)

Höflich, Die Pyelonephritis bacillosa des Rindes. (Monatshefte für praktische Thierheilkunde. Bd. II. 1891. Heft 8. p. 337—373.)

Krynsky, L. v., Ein Beitrag zum Verhalten der Tuberkelbacillen bei Lupus unter Einwirkung des Koch'schen Heilmittels. (Deutsche mediç. Wochenschr. 1891. No. 22. p. 745—746.)

Martinotti, G. und **Barbacci, O.,** Ueber die Physiopathologie des Milzbrandes. (Fortschritte der Medicin. 1891. No. 9, 10. p. 371—386, 411—424.)

Moos, S., Histological and bacterial investigations of middle-ear disease in the various types of diphtheria. (Archiv of Otology, New York. 1891. p. 52—72.)

Rimscha, R. von, Chemische Untersuchung einer falschen Chinarinde aus Brasilien. 8°. 50 pp. Dorpat (Karow) 1891.   M. 1.

Rodet, A. et **Courmont, J.,** Etude sur les produits solubles favorisants, sécrétés par le staphylocoque pyogène. (Comptes rendus de la Société de biologie. 1891. No. 11. p. 192—196.)

Schünemann, H., Die Pflanzen-Vergiftungen. Ihre Erscheinungen und das vorsunehmende Heilverfahren, geschildert an den in Deutschland heimischen Giftpflanzen. 8°. 88 pp. Braunschweig (Otto Salle) 1891.   M. 1.—

Schwarz, R., Sulla maniera di comportarsi del virus tetanico nelle acque. (Archivio per le scienze mediche. Vol. XV. 1891. No. 2. p. 121—139.)

— —, Sulla diffusione delle spore del tetano per mezzo dell' aria. (l. c. p. 141 —147.)

Tangl, F., Zur Frage der Scharlachdiphtheritis. (Centralblatt für Bakteriologie und Parasitenkunde. Bd. X. 1891. No. 1. p. 3—8.)

Vaillard, Sur l'immunité contre le tétanos. (Gaz. méd. de Paris. 1891. No. 10. p. 115.)

Vibert et **Bordas,** Du gonocoque en médecine légale. (Annales d'hyg. publ. 1891. No. 5. p. 443—447.)

Washbourn, J. W., A case of glanders, with the results of cultivation and inoculation experiments. (Guy's Hosp. Rep. Vol. XLVII. 1891. p. 127—746.)

Wassermann, A. und **Proskauer, B.,** Ueber die von den Diphtheriebacillen erzeugten Toxalbumine. (Deutsche medicinische Wochenschrift. 1891. No. 17. p. 585—588.)

Workman, C., Bacteriology: a general review of its progress and its prospects. (Glasgow Medical Journal. 1891. No. 4. p. 272—280.)

Technische, Forst-, ökonomische und gärtnerische Botanik:

Fahldieck, A., Die Blumenzucht im Zimmer mit einem Blüten-Kalender. 7. Aufl. 8°. VIII, 128 pp. Halberstadt (Ernst) 1891.   M. 1.—

Gang, E., Praktisches Obstbüchlein. Ein Leitfaden für den Unterricht im Obstbau. 8°. 56 pp. 22 Abbild. Weimar (H. Böhlau) 1891.   M. 0.50.

Heyer, C., Der Waldbau oder die Forstproductenzucht. 4. Aufl. 1. Hälfte. In neuer Bearbeitung herausgeg. von **R. Hess.** 8°. 320 pp. mit 286 Holzschn. Leipzig (Teubner) 1891.   M. 4.—

Hoesch, E., Der landwirthschaftliche Obstbau. Herausgegeben von der Section f. Garten- und Obstbau des landwirthschaftl. Vereins für Rheinpreussen. 8. Aufl. 8°. 140 pp. mit Abbild. Bonn (Habicht) 1891.   M. 0.60.

Lebl, M., Beerenobst und Beerenwein-Anzucht und Cultur der Johannisbeere, Stachelbeere, Himbeere, Brombeere, Preisselbeere, Erdbeere und des Rhabarbers und die Bereitung der Beerenweine. 8°. IV, 71 pp. mit Abbild. Berlin (P. Parey) 1891.   M. 1.50.

Sleskin, Die Bakteriologie in ihrer Anwendung auf die Landwirthschaft. (Fühling's landwirthschaftliche Zeitung. 1891. No. 10. p. 302—305.)

Weber, C., Leitfaden für den Unterricht in der landwirthschaftl. Pflanzenkunde an mittleren bezw. niederen landwirthschaftl. Lehranstalten. 8°. VIII, 167 pp. 120 Fig. Stuttgart (E. Ulmer) 1891.   M. 2.75.

Corrigendum.

In Nr. 28/29, S. 58 ist im Referate über Staes, G. D. u. Korstmossen (Lichenes) in Zeile 7 und 8 statt:

„wie weit die Behandlung der Frage des Wesens der Flechten gediehen ist"

zu lesen

„wie weit die Parteilichkeit in der Behandlung der Frage des Wesens der Flechten gediehen ist".

An die verehrl. Mitarbeiter!

Den Originalarbeiten beizugebende Abbildungen, welche im Texte zur Verwendung kommen sollen, sind in der Zeichnung so anzufertigen, dass sie durch Zinkätzung wiedergegeben werden können. Dieselben müssen als Federzeichnungen mit schwarzer Tusche auf glattem Carton gezeichnet sein. Ist diese Form der Darstellung für die Zeichnung unthunlich und lässt sich dieselbe nur mit Bleistift oder in sog. Halbton-Vorlage herstellen, so muss sie jedenfalls so klar und deutlich gezeichnet sein, dass sie im Autotypie-Verfahren (Patent Meisenbach) vervielfältigt werden kann. Holzschnitte können nur in Ausnahmefällen zugestanden werden, und die Redaction wie die Verlagshandlung behalten sich hierüber von Fall zu Fall die Entscheidung vor. Die Aufnahme von Tafeln hängt von der Beschaffenheit der Originale und von dem Umfange des begleitenden Textes ab. Die Bedingungen, unter denen dieselben beigegeben werden, können daher erst bei Einlieferung der Arbeiten festgestellt werden.

Anzeigen.

Sämmtliche früheren Jahrgänge des
„Botanischen Centralblattes"
sowie die bis jetzt erschienenen
Beihefte (I., II., III. u. IV.)
sind durch jede Buchhandlung, sowie durch die Verlagshandlung zu beziehen.

Inhalt:

Ausgegeben: 12. August 1891.

Druck und Verlag von Gebr. Gotthelft in Cassel.

Band XLVII. No. 7.   XII. Jahrgang.

Botanisches Centralblatt.

REFERIRENDES ORGAN

für das Gesammtgebiet der Botanik des In- und Auslandes.

Herausgegeben

unter Mitwirkung zahlreicher Gelehrten

von

Dr. Oscar Uhlworm und Dr. F. G. Kohl
in Cassel.   in Marburg.

Zugleich Organ

des

Botanischen Vereins in München, der Botaniska Sällskapet i Stockholm,
der botanischen Section des naturwissenschaftlichen Vereins zu Hamburg,
der botanischen Section der Schlesischen Gesellschaft für vaterländische
Cultur zu Breslau, der Botaniska Sektionen af Naturvetenskapliga Student-
sällskapet i Upsala, der k. k. zoologisch-botanischen Gesellschaft in
Wien, des Botanischen Vereins in Lund und der Societas pro Fauna et
Flora Fennica in Helsingfors.

| Nr. 33. | Abonnement für das halbe Jahr (2 Bände) mit 14 M. durch alle Buchhandlungen und Postanstalten. | 1891. |

Wissenschaftliche Original-Mittheilungen.

Beiträge zur schweizerischen Phanerogamenflora.

Von

Dr. Robert Keller
in Winterthur.

III. Die wilden Rosen der Leventina.

Wilde Rosen des Cantons Tessin hat schon Christ in verschiedenen seiner rhodologischen Publikationen, namentlich in der
Flora namhaft gemacht. Vorab ist es das Maggiathal, in dessen
oberem Theil die prächtige *Rosa Franzonii* Chr. sich findet, das
uns durch Christ in rhodologischer Beziehung näher geführt
wurde.

In Franzoni's posthumem Werke, „Le piante Fanero-
game della Svizzera insubrica" werden 14 Arten angeführt,
denen die Editoren Dr. Lenticchia und L. Favrat 4 weitere
Species hinzufügen. Standorte aus dem oberen Tessingebiete, der
Leventina, sind nur von 3 Arten erwähnt, trotzdem die sonnigen

Hänge des Thales und zum Theil auch der Thalgrund der Leventina eine seltene Individuenfülle zeigen.

Der Plan, diesen Rosenflor unserer Kenntniss näher zu bringen, geht bis in's Jahr 1886 zurück, wo ich, auf einer Rückreise von Piora begriffen, oberhalb Altanca grosse Sträucher der R. *pomifera* im schönsten Blütenschmuck sah, wo um Brugnasco über und unter dem holperigen Wege hunderte von Sträuchern, bald vom hohen, flatterigen Wuchs der *Caninen*, bald vom gedrungenen Bau der R. *Uriensis*, bald kahl, bald behaart und oft auf Schritte weit den lieblichen Duft der *Rubiginosen* zeigend, zum Studium geradezu herausforderten.

Jahr um Jahr wurde äusserer Umstände wegen die Ausführung des Planes verschoben, bis nun endlich im vergangenen Sommer sechs Tage eifrigen Sammelns und Beobachtens mich mit den wichtigsten Formen des Gebietes vertraut werden liessen.

Musste natürlicher Weise eine so beschränkte Zeit von vorneherein die Verzichtleistung einer erschöpfenden Bearbeitung des Formenreichthums in sich schliessen, so sind doch andererseits die erzielten Resultate derartige, dass sich ihre Veröffentlichung rechtfertigen dürfte.

Vor Allem ist es ein Typus, der uns im Gebiete nicht nur in reichster Individuenzahl, an gewissen Stellen so zu sagen auf Schritt und Tritt begegnet, sondern auch in grossem Formenreichthum auftritt, die R. *Uriensis* Lag. et Pug. Ist sie schon, wie ich früher zeigte, im Osten des Gotthardmassivs, im unteren Theil des Val Medels und vor Allem im Tavetsch eine recht häufige Rose, so scheint sich hier, am Südfuss des Gebirgsstockes, ihre eigentliche Heimath zu finden. Die phytogeographische Analogie der Strauchformation beider Gebiete wird gerade durch diese Rose zu einer überraschenden. Denn die übrigen, beiden Gebieten gemeinsamen Rosenarten sind eben die aller Orten in unseren Alpen heimischen Arten.

In pflanzengeographischer Beziehung ist das Vorkommen der *Rosa rubiginosa* f. *Jenensis* M. Schulze von Interesse, die ich schon in meiner Abhandlung: „Wilde Rosen des Cantons Zürich" als schweizerische Rosenform constatiren konnte. Im unteren Theil der Leventina, an den kiesigen Ufern des Tessin, unterhalb Dazzio grande und oberhalb Faido scheint sie sogar häufig zu sein.

Ein ganz besonderes Interesse kann auch jener intermediäre Typus beanspruchen, den ich als *Rosa pseudomontana* bezeichnet habe, eine Rose, die in ziemlich bedeutender Individuenzahl durch das Gebiet sich findet und die ich als ein Bindeglied zwischen der R. *glauca* Vill. und der R. *montana* Chaix auffasse.

Sehr zahlreich treten die *Caninae* auf. Leider war die Zeit (Ende Juli), die ich den Leventiner Excursionen zuwenden konnte, zum Studium dieser Gruppe sehr ungeeignet, da sie zu wenig weit hinter der Blütezeit liegt. Erneute Studien, die auf Ende August verlegt werden könnten, würden zweifelsohne die von mir gewonnenen Kenntnisse dieser oder jener Typen bedeutend erweitern.

Ich kann diese einleitenden Bemerkungen nicht schliessen, ohne meinem Freunde, Herrn Professor B a u m g a r t n e r in Zürich, meinem hülfreichen Gesellschafter während der Leventina-Excursionen, auch an dieser Stelle meinen aufrichtigen Dank für den thätigen Antheil, den er an meinen Studien nahm, auszusprechen.

Herr Professor C r é p i n hat auch an dieser rhodologischen Arbeit reges Interesse genommen und sich der grossen Mühe der Revision des umfangreichen Herbarium-Materiales mit gewohnter Bereitwilligkeit unterzogen.

Rosa alpina L.

V e r b r e i t u n g : Durch das ganze Gebiet; meist jedoch nicht häufig. Höchster Standort circa 1800 m, niederster circa 900 m.

H a b.: Gegenüber Airolo, am Bache, welcher von Coliscio kommt, an verschiedenen Stellen. Alt. circa 1200 m, No. 2–5. — Vor Brugnasco, 6 und 7. Alt. 1380 m, Lago Tremorgio sopra Fiesso, No. 1; alt. 1800 m, Wiesen unterhalb Prato circa 900 m, No. 8.

Die in der Schweiz mehrfach constatirte Form*) mit gepaarten Stacheln beobachtete ich am Colisciobach (No. 4) in einer Modification mit wohl entwickelten Bracteen, drüsenreichen Blütenstielen, Receptakeln und Sepalen. Das eiförmige Receptakel ist in einen langen, engen Hals verschmälert. Das kleine, leider sterile Sträuchlein, welches ich etwas oberhalb des Lago Tremorgio beobachtete, erscheint durch die Blattform der Species zugewiesen. Die kleinen Blättchen kennzeichnet eine offene, meist zusammengesetzte Zahnung. Blattstiel drüsenreich, zerstreut borstig bestachelt. Die Axe, an der vereinzelt Stachelpaare vorkommen, sind reichlich, stellenweise dicht mit feinen borstigen Stacheln und Drüsenborsten bekleidet. Reich bestachelte Axen kommen den Sträuchern von Prato zu. Die übrigen Specimina haben unbewehrte Axen, oder es treten doch nur ganz vereinzelte Stacheln auf.

Nach dem Grade der Hispidität der Blütenstiele, Receptakel und Kelchzipfel sind die meisten der von mir beobachteten Sträucher C h r i s t s f. *Pyrenaica* zuzuzählen. Die f. *laevis* Seringe findet sich in einer Mod. receptaculis globosis gegenüber Airolo (3). Insofern kommt ihr einiges Interesse zu, als sie uns zeigt, dass die Drüsenlosigkeit der Blütentheile mit reichlicher Drüsigkeit der Blatttheile combinirt sein kann.

Die Receptakel sind im Allgemeinen langgestielt; sie können jedoch auch fast sitzend sein (5), ein Factum, das wir deshalb besonders hervorheben, weil man in anderen Abtheilungen der Länge des Blütenstieles oftmals eine nicht unbedeutende taxonomische Wichtigkeit beigelegt hat. Eine Modification mit zweiblütigen Corymben beobachtete ich in Brugnasco (6).

---

*) Vergl. F. C r é p i n, Rosae Helveticae. I. p. 35.

Rosa alpina L. $\times$ R. pomifera Herrm.

Verbreitung: Hin und wieder ein Strauch.

Standorte: Brugnasco, links am Wege gleich vor dem Dorfe von Airolo kommend, mit R. alpina L. und R. pomifera in mehreren Sträuchern. Alt. 1380 m, No. 10, 13—15. — Am Colisciobach, alt. 1200 m, No. 9.

Zwischen Catto und Deggio; alt. circa 1300 m, No. 11 und 12.

Die Bastardirung zeigt sich weniger in einer intermediären Entwicklung der Gestalt als vielmehr in der Juxtapposition wichtiger Merkmale beider Elternarten.

Von der R. alpina sind gewöhnlich am Bastard folgende Charaktere wiederzufinden:

Blättchen häufig zu 9—11, oft oval. Blütenstiele meist so lang bis mehr als zwei Mal so lang, als das längliche, bisweilen flaschenförmige Receptakel. Kelchzipfel, auch die äusseren, meist ungetheilt.

R. pomifera überträgt folgende Eigenschaften auf den Bastard: Stacheln gewöhnlich auch an den blütentragenden Axen vorhanden, lang, zum Theil kräftig. Blattstiel dicht pubescirend, Blättchen unterseits mehr oder weniger reichliche Stieldrüsen tragend, mehr oder weniger behaart. Blättchen zum Theil mit parallelen Rändern, nicht selten zu 5. Aeussere Kelchzipfel bisweilen mit schmalen, fiederigen Anhängen. Blüten öfters in dreizähligen Corymben. Brakteen meist vorhanden, selten die Blütenstiele deckend. Diese, sowie die Receptakel sehr dicht mit Stieldrüsen besetzt.

Die von uns beobachteten Hybriden gehören zwei Reihen an.

1. Formae glabrescentes: No. 9. 13—15.

Blätter oberseits kahl, unterseits am Mediannerv behaart. Die Seitennerven tragen nur sehr vereinzelte Haare. Die Formen dieser Reihe nähern sich im Allgemeinen mehr der R. alpina.

2. Formae pubescentes: No. 10—12.

Blätter oberseits kahl, unterseits reichlicher behaart bis dünnfilzig. Subfoliardrüsen meist etwas reichlicher, als bei vorigen Formen. Blattform häufiger jene der R. pomifera; Blüten öfter zu drei.

Die Formen dieser Reihe schliessen sich der R. pomifera mehr an.

Hierher ziehe ich als f. superpomifera einige Sträucher, die sich der R. pomifera in hohem Maasse nähern, ohne, meines Erachtens, den Einfluss der R. alpina völlig zu verleugnen. No. 304 und 305. Crépin hält die Bestimmung nicht für ganz sicher. Die Oberseite der Blättchen ist ebenfalls behaart. Blättchen fast durchgängig zu 7, meist oval, ohne parallele Ränder; die reichlich 2¹/₂ cm langen Kelchzipfel ungetheilt, das stacheldrüsige Receptakel länglich, oben etwas eingeschnürt.

Rosa pomifera Herrmann.

Verbreitung: Sehr häufig. Unterhalb Dazzio grande gegen Faido beobachtete ich die Art in der Thalsohle nicht mehr.

Standorte: Airolo, circa 1200 m: No. 16 und 302. — Am Wege gegen Nante gegenüber Airolo: No. 322, 323, 417, 427. — Stalvedro, circa 1100 m: No. 24,25 und 32. — Brugnasco, circa 1380 m: No. 26, 27, 428. — Zwischen Catto und Deggio, circa 1300 m: No. 419, 429 und 313. — Um Catto, circa 1250 m: No. 30, 34, 35, 39—41, 396. — Fiesso, zum Theil von meinem Freunde, Prof. Baumgartner in Zürich, gesammelt, circa 1000 m: No. 23, 308, 317, 318, 330. — Rodi, circa 1000 m: No. 28, 29, 31, 36—38, 401. — Prato, zwischen 900—1000 m: No. 17—22, 33.

Es lassen sich die vorstehenden Individuen nach der Art der Behaarung in zwei Formenreihen zusammenfassen, nämlich:

a) Pubescentes: Die typische Form dieser Art sehr häufig.

b) Glabrescentes: Eine Seite der Blättchen ganz kahl, die andere locker anliegend behaart.

1. Oberseite der Blättchen kahl: No. 26.

2. Unterseite der Blättchen kahl: No. 40, 312, 313, 396, 419 und 429.

Die echten Glabrae beobachtete ich nicht.

Als Ergänzungen, resp. Correcturen zu Christ's Diagnose mögen noch folgende Beobachtungen dienen: Blätter der sterilen Triebe gewöhnlich 9-zählig, sonst nur ausnahmsweise 9-zählig (No. 34, 40); Schösslinge öfters etwas bereift. In Bezug auf die Grösse der Blättchen ergibt sich, dass wohl die *R. pomifera* grössere Blättchen, als die meisten unserer wildwachsenden Rosen haben kann. Für die Art in ihrer Gesammterscheinung ist aber die Grossblätterigkeit kein durchgreifendes charakteristisches Merkmal. Die kleinblätterigen Modificationen, die oftmals zugleich schmalblätterige sind, kommen in der Leventina wenigstens, wenn sie nicht vorherrschen, mindestens eben so häufig vor, wie die grossblätterigen. Es läge nahe, auf die oft sehr frappirenden Unterschiede der Blattgrösse zwei Formen, f. *microphylla* und f. *macrophylla*, zu fundiren. Umfangreiche Beobachtungen weisen jedoch auf das Unzukömmliche einer solchen Gruppirung hin. Denn zwischen extrem kleinblätterigen und grossblätterigen Formen bestehen, wie die Messungen von Endblättchen an Blütenzweigen lehren, die mannigfaltigsten Uebergänge.

No.	Länge der Spreite.	Breite der Spreite.
308	1,6 cm	1,1 cm
323	2,3 cm	0,9 cm
427	2,7 cm	1,5 cm
401	3,7 cm	1,8 cm
330	4,4 cm	2,5 cm
19	5,0 cm	2,8 cm
23	6,0 cm	3,2 cm
35	6,2 cm	3,9 cm.

Ferner beobachten wir am gleichen Strauch, selbst an den gleichen Zweigstücken, neben kleinen (ausgewachsenen) Blättern auch grosse, z. B. No. 34: Spreitenlänge 2,9 cm neben 5,5 cm, bezügliche Breiten 1,5 und 2,8 cm; No. 30: Länge 2,5 cm, bez. 5,5 cm; Breite 1,5 cm und 2,5 cm.

Innerhalb der oben angegebenen Formenkreise treten in Bezug auf Grösse, Form und Drüsigkeit der Blätter, Hispidität und Form der Receptakel mannigfache Abänderungen auf, die sich ebenfalls zur Charakterisirung von Formen nicht eignen. Am gleichen Strauch können Blätter mit zahlreichen und spärlichen Subfoliardrüsen vorkommen, können die einen zerstreut, doch in auffälliger Zahl, Suprafoliardrüsen besitzen, während sie den andern fehlen. An Zweigstücken mit dichtstacheldrüsigen Receptakeln beobachten wir nicht selten auch völlig kahle. Die Form der Scheinfrucht ist zwar vorherrschend kugelig, kann aber auch oval länglich sein.

Stieldrüsenlose Blütenstiele beobachtete ich nie, wie denn auch der Rücken der Kelchzipfel selbst bei völlig kahlem Receptakel stets stark drüsig ist.

(Fortsetzung folgt.)

Originalberichte gelehrter Gesellschaften.

SOCIÉTÉ DE PHYSIQUE ET D'HISTOIRE NATURELLE DE GENÈVE.

Séance du 16 avril 1891.

M. le Prof. **J. Brun** entretient la Société de ses nouvelles recherches relatives aux Diatomées. Ces recherches se rapportent surtout 1° aux espèces fossiles de différents calcaires ; 2° aux dépots miocènes retirés lors des forages faits à l'Atlantic-city ; 3° aux espèces pélagiques si curieuses qu'ont donné les nombreuses et récentes récoltes faites à la surface des mers.

M. Brun a pu établir un grand nombre d'espèces nouvelles dont il montre les dessins et les photographies qui font l'objet d'un mémoire spécial que publie notre Société. — M. le prof. Van Heurck à Anvers, a bien voulu reproduire bon nombre de ces formes par la microphotographie ; ainsi que M. Otto Müller à Zurich. Il a été utilisé pour cela les nouvelles et admirables lentilles apochromatiques de la maison Carl Zeiss de Iéna. La transparence et les courbures de la silice qui compose l'enveloppe des Diatomées rend leur parfaite reproduction fort difficile. Un certain nombre de ces photogrammes ont été retouchés et complétés par le dessin (soit sur le négatif, soit sur l'épreuve-papier), puis reproduits ensuite par la phototypie. MM. Thévoz et Cie vont employer pour cela un procédé phototypique nouveau qui permet de donner plus de douceur et de netteté aux ombres et aux petits détails — Quant aux formes qui ne se prêtaient pas à être photographiées, elles ont été calquées à la chambre claire à un fort grossissement d'abord, pour les détails ; puis l'effet général a été copié à un faible grossissement. M. Brun estime être arrivé par ces différents procédés, à des reproductions exactes et conformes aux exigences de la science micrographique moderne.

On compte actuellement environ 10 mille espèces de Diatomées. M. Brun donne quelques explications sur leur répartition à la surface du globe. Il rappelle que leurs enveloppes siliceuses indestructibles qui se retrouvent dans différentes roches ou terrains, fournissent actuellement des renseignements très précis à la géologie; selon que les espèces sont marines et pélagiques ou bien d'eau douce, de marais ou de rivières. C'est surtout la reproduction des espèces fossiles et pélagiques de certains calcaires, qui vient faire resplendir à nos yeux, une belle période de la vie de ces infiniment petits sur notre globe et qui semble montrer que c'est lors de l'époque miocène que le nombre et la beauté des Diatomées ont atteint leur maximum.

Botanische Ausstellungen u. Congresse.

Programm
der 64. Versammlung der Gesellschaft deutscher Naturforscher und Aerzte.
Halle a. S., 21.—25. September 1891.

Die 64. Versammlung der Gesellschaft deutscher Naturforscher und Aerzte wird vom 21.—25. September d. J. in Halle a. S. tagen.

Die unterzeichneten Geschäftsführer beehren sich, hiermit alle Naturforscher, Aerzte und Freunde der Naturwissenschaften zum Besuche der Versammlung einzuladen und ihnen in der Anlage die allgemeine Tagesordnung nebst einer Uebersicht der bisher angemeldeten botanischen Vorträge zu übersenden.

Obwohl die Versammlung nach den Statuten eine Gesellschaft deutscher Naturforscher und Aerzte ist, so ist doch die Betheiligung fremder Gelehrten stets im hohen Grade willkommen geheissen worden; wir laden dieselben daher hierdurch zur Betheiligung an den Arbeiten der Versammlung freundlichst ein.

Jeder Theilnehmer an der Versammlung entrichtet einen Beitrag von 12 Mark und erhält dafür eine Festkarte, ein Abzeichen und die für die Versammlung bestimmten Druckschriften; zugleich erwirbt er damit Anspruch auf die Lösung von Damen-Festkarten zum Preise von 6 Mark. Die Vorzeigung der Karten wird sehr häufig nöthig sein. Es wird daher gebeten, sie stets bei sich zu tragen.

Bei der Berathung und Beschlussfassung über die Angelegenheiten der Gesellschaft deutscher Naturforscher und Aerzte sind nur die Mitglieder dieser Gesellschaft, welche ausser dem Theilnehmerbeitrag noch einen Jahresbeitrag von 5 Mark zu entrichten haben, stimmberechtigt. Das Stimmrecht wird vermittelst der von dem Herrn Schatzmeister ausgegebenen Mitgliedskarten ausgeübt.

Die drei allgemeinen Sitzungen werden in dem grossen Saale der „Kaiser-säle", die Sitzungen der Abtheilungen in den Hörsälen des Universitätsgebäudes und der Universitätsinstitute stattfinden.

Nach Beendigung der zweiten allgemeinen Sitzung am 23. September wird eine Geschäftssitzung der Gesellschaft behufs Berathung und Beschlussfassung über einen von dem Vorstande ausgearbeiteten anderweiten Entwurf zu Gesellschaftsstatuten abgehalten werden.

Die Abtheilungen werden durch die einführenden Vorsitzenden eröffnet, wählen sich aber dann ihre Vorsitzenden selbst. Es steht jeder Abtheilung frei, ausser dem schon jetzt bestimmten einheimischen Schriftführer je nach Bedürfniss noch einen zweiten oder dritten Schriftführer zu ernennen.

Eine allgemeine Ausstellung wissenschaftlicher Apparate, Instrumente und Präparate wird diesmal mit der Versammlung nicht verbunden sein. Dagegen wird die allgemeine Electricitäts-Gesellschaft eine kleine Ausstellung electrotechnischer und electrolytischer Gegenstände in der städtischen Turnhalle veranstalten. An der gleichen Stelle, sowie in einzelnen Abtheilungen, insbesondere in der Abtheilung 32. (Instrumentenkunde) werden ferner einzelne interessante Apparate vorgeführt werden, worüber Näheres im Tageblatte mitgetheilt werden wird.

Die städtischen Behörden haben die Freundlichkeit gehabt, der Versammlung zwei Festvorstellungen im Stadttheater und eine Festfahrt auf der Saale anzubieten. Die beiden Theatervorstellungen werden am Montag den 21. und Mittwoch den 23. September stattfinden und den Theilnehmern, sowie ihren Damen auf Karten, deren Vertheilung die städtischen Behörden sich selbst vorbehalten haben, zugänglich sein. Für die Theilnahme an der Festfahrt genügt die Vorweisung der Theilnehmer- oder Damenkarte.

Da das Theater nicht Raum genug für alle Theilnehmer besitzt, wird ein am Montag den 21. September abzuhaltender Commers Gelegenheit zu einer geselligen Vereinigung bieten.

Das Festessen, zu dem Eintrittskarten im Empfangsbureau zu lösen sind, wird am Mittwoch den 23. September im Stadtschützenhause, ein Festball am Donnerstag den 24. September ebendaselbst stattfinden. Die Ballkarten werden im Empfangsbureau unentgeltlich derart ausgegeben, dass auf jede Theilnehmer und jede Damenkarte zwei Gäste eingeführt werden können.

Ein Damencomité wird für die Unterhaltung der Damen während der Geschäfts- und Sections-Sitzungen besorgt sein.

Das Empfangs-, Auskunfts- und Wohnungs-Bureau wird im Erdgeschoss der „Kaisersäle“, Gr. Ulrichstrasse 49, geöffnet sein am Sonnabend den 19. September, Nachmittags von 4—8½ Uhr; Sonntag den 20. September, von 8 Uhr Morgens bis 12 Uhr Nachts; Montag den 21. September, von 8 Uhr Morgens bis 8 Uhr Abends und an den folgenden Tagen an noch näher durch das „Tageblatt“ zu bezeichnenden Stunden.

Ein Post- und Telegraphen-Bureau in Verbindung mit einer Schreibstube wird für die Theilnehmer während der Dauer der Versammlung im I. Stock der „Kaisersäle“ von 8 Uhr Morgens bis 8 Uhr Abends geöffnet sein. Ausserdem finden die Mitglieder der medicinischen Abtheilungen im Erdgeschoss der alten psychiatrischen Klinik, Magdeburgerstrasse 34, gegenüber den Kliniken, Gelegenheit zum Briefschreiben.

Vorausbestellungen von Wohnungen in Hôtels, sowie von Privatquartieren ohne Entgelt oder gegen Entgelt nimmt der Vorsitzende des Wohnungscomités, Herr Baumeister Friedr. Kuhnt (Steinweg 43), von jetzt an entgegen. Wir können nur empfehlen, diese Anmeldungen unter thunlichst genauer Angabe der Bettenzahl etc. möglichst früh hierher gelangen zu lassen.

Während der Dauer der Versammlung erscheint das Tageblatt, welches jeden Morgen im Empfangs-Bureau, sowie in der Magdeburgerstrasse 34, Erdgeschoss, ausgegeben wird und die Liste der Theilnehmer nebst Angabe der Wohnung in Halle, die Tagesordnungen der Abtheilungen, Mittheilungen der Geschäftsführer u. s. w. sofort veröffentlicht.

Die Berichte über die gehaltenen Vorträge werden in Band II der Verhandlungen der Gesellschaft deutscher Naturforscher und Aerzte veröffentlicht werden. Die Herren Vortragenden und die an der Discussion Betheiligten werden gebeten, ihre Manuscripte deutlich, mit Tinte und nur auf einer Seite der Blätter zu schreiben, sowie dieselben vor Schluss der Sitzung dem Schriftführer der Abtheilung zu übergeben. Berichte, welche der Redactionscommission nicht spätestens am 25. September d. J. zugegangen sind, haben kein Anrecht auf Veröffentlichung.

Mitglieder und Besitzer von Theilnehmerkarten — nicht aber die Damen — erhalten ein Exemplar der „Verhandlungen“ unentgeltlich.

Mitgliederkarten können gegen Einsendung von 5 Mark 5 Pfennig an den Schatzmeister der Gesellschaft, Herrn Dr. Carl Lampe-Vischer zu Leipzig (Firma F. C. W. Vogel) an der 1. Bürgerschule jederzeit, Theilnehmerkarten gegen Einsendung von 12 Mark 25 Pfennig an den ersten Geschäftsführer der Versammlung in der Zeit vom 1. bis 16. September bezogen werden.

Alle Mitglieder und Theilnehmer (auch diejenigen, welche schon im Besitz von Legitimationskarten sind) werden gebeten, im Empfangs-Bureau ihren Namen in die aufliegende Liste einzutragen und gleichzeitig ihre Karte mit Namen, Titel und Heimathsort zu übergeben.

Excursion nach Frankfurt a. M.

Entsprechend einer gütigen Einladung des Vorstandes der internationalen electrotechnischen Ausstellung ist eine gemeinschaftliche Excursion nach Frankfurt a. M. zur Besichtigung der Ausstellung in Aussicht genommen.

Die Abfahrt von Halle wird je nach der Grösse der Betheiligung in einem bezw. zwei Extrazügen am Freitag den 25. September, Mittags 12 Uhr 50 Min. bezw. 1 Uhr, pünktlich erfolgen, die Ankunft in Frankfurt um 7 Uhr 30 Min. bezw. 7 Uhr 40 Min. Abends.

Beide Züge führen Wagen I., II. und III. Classe und werden nur in Erfurt zum Zwecke des Maschinenwechsels vier Minuten halten. Auf der Reise wird daher keine Zeit sein, eine Mahlzeit einzunehmen. Dagegen wird den mit diesen Zügen reisenden Theilnehmern Gelegenheit geboten werden, um 11 Uhr 45 Min. im Speisesaale der hiesigen Stadtschützen-Gesellschaft, Königsplatz 1 — nahe dem Bahnhof — ein gemeinschaftliches Mittagessen zum Preise von 2 Mark pro Couvert einzunehmen.

Die Liste der Anmeldungen auf Fahrkarten zu diesen Extrazügen, auf Tischkarten und auf Karten zum freien Eintritt in die Ausstellung wird am 23. September Mittags 12 Uhr geschlossen.

Es haben zu diesen Zügen nur solche einfache und Rückfahrkarten Gültigkeit, welche im Empfangsbureau ausgegeben oder abgestempelt sind.

Der Fahrpreis beträgt:

	I. Classe	II. Classe	III. Classe
Einfaches Billett	17,00 Mark.	12,60 Mark.	8,90 Mark.
Rückfahrtkarte	34,00 „	25,20 „	17,80 „

Die Rückfahrtkarten haben eine fünftägige Gültigkeit und berechtigen zur Rückfahrt mit allen Zügen, welche die betreffende Wagenclasse führen.

Theilnehmer, welche mit Fahrscheinheften oder mit nicht vom Comité ausgegebenen Rückfahrtkarten für die Strecke Halle-Frankfurt a. M. versehen sind, können nur in beschränkter Zahl zur Mitfahrt zugelassen werden. Dieselben müssen ihren unverbindlichen Wunsch bis Sonnabend den 19. September schriftlich anzeigen und bis zum 23. Mittags 12 Uhr spätestens ihre Fahrscheine oder Karten im Empfangs-Bureau abstempeln lassen.

Freigepäck wird nicht gewährt.

Anmeldungen sind entweder unter Beischluss des Betrages für die Theilnehmerkarte mit 12 Mark und für die gewünschten Fahrkarten vor Beginn der Versammlung — also bis Sonnabend den 19. September — an den I. Geschäftsführer zu richten, oder nach Eröffnung des Empfangs-Bureaus unter Zahlung des Betrages bis zum 23. September, Mittags 12 Uhr, in die bez. Listen einzutragen.

II. Karten zum freien Eintritt in die Ausstellung und Tischkarten à 2 Mark werden gleichzeitig mit den Fahrkarten ausgehändigt.

III. In Frankfurt a. M. wird am Freitag den 25. September Abends von 8½ Uhr an eine zwanglose Zusammenkunft und ein gemeinschaftliches Nachtessen in der electrotechnischen Ausstellung stattfinden. Für Sonnabend den 26. September, Vormittags 10 Uhr, ist ein einleitender Vortrag angesetzt, darauf Rundgang durch die Ausstellung unter sachverständiger Führung, um 1 Uhr gemeinschaftliches Mittagessen, Nachmittags Besuch des Ballettheaters und weiterer Sehenswürdigkeiten der Ausstellung, Abends zwanglose Zusammenkunft und Schluss. Näheres wird das Tageblatt bringen.

Alle auf die Versammlung oder die allgemeinen Sitzungen bezüglichen Briefe (excl. Wohnungsbestellungen) bitten wir an den ersten Geschäftsführer, Geheimrath Knoblauch, Halle a. S., Paradeplatz 7, alle auf die Excursion nach Frankfurt a. M. bezüglichen Briefe und Sendungen an den Vorsitzenden des betreffenden Comités, Commerzienrath Riedel, Halle a. S., Merseburgerstr. 37, dagegen die auf Vorträge in den Abtheilungen bezüglichen Briefe an die Vorstände der einzelnen Abtheilungen zu richten.

Halle a. S., im Juli 1891.

Die Geschäftsführer

der 64. Versammlung der Gesellschaft deutscher Naturforscher und Aerzte:

H. Knoblauch.   E. Hitzig.

Allgemeine Tagesordnung.

Sonntag, den 20. September.

Abends 8 Uhr: Gegenseitige Begrüssung mit Damen in der „Concordia".

Montag, den 21. September.

Morgens 9 Uhr: I. Allgemeine Sitzung im grossen Saale der „Kaisersäle".
1. Eröffnung der Versammlung; Ansprachen und Begrüssungen.
2. Vortrag des Herrn Geh.-Rath Prof. Dr. H. Nothnagel (Wien): Ueber die Grenzen der Heilkunst.
3. Vortrag des Herrn Prof. Dr. Gr. Kraus (Halle): Ueber die Bevölkerung Europas mit fremden Pflanzen.
4. Vortrag des Herrn Dr. Lepsius (Frankfurt a. M.): Das alte und das neue Pulver.

Nachmittags 3 Uhr: Bildung und Eröffnung der Abtheilungen.
Abends 7¹/₂ Uhr: Festvorstellung im Stadttheater.
Abends 8 Uhr: Commers in der „Concordia".

Dienstag, den 22. September.

Morgens 8 Uhr: Besichtigung der electrotechnischen und electrolytischen Ausstellung, sowie des Depôts und der Maschinenanlage der Stadtbahn unter fachmännischer Führung und Erläuterung. Versammlung in der Turnhalle, Berlinerstrasse 1 a.
Sitzungen der Abtheilungen.
Nachmittags 4 Uhr: Festfahrt auf der Saale.

Mittwoch, den 23. September.

Morgens 9 Uhr: II. Allgemeine Sitzung im grossen Saale der „Kaisersäle".
1. Vortrag des Herrn Geh.-Rath Prof. Dr. J. Wislicenus (Leipzig): Ueber den gegenwärtigen Stand der Stereochemie.
2. Vortrag des Herrn Geh.-Rath Prof. Dr. W. Ebstein (Göttingen): Ueber die Kunst, das menschliche Leben zu verlängern.
Vormittags 11 Uhr: Geschäftssitzung der Gesellschaft.
      (Die Theilnahme an dieser Sitzung ist nur gegen Vorzeigung der Mitgliedskarte gestattet.)
Nachmittags 4 Uhr: Festmahl im Stadtschützenhaus.
Abends 7¹/₂ Uhr: Festvorstellung im Stadttheater.

Donnerstag, den 24. September.

Morgens 8 Uhr: Besichtigung der electrotechnischen und electrolytischen Ausstellung, sowie des Depôts und der Maschinenanlage der Stadtbahn unter fachmännischer Führung und Erläuterung. Versammlung in der Turnhalle, Berlinerstrasse 1 a.
Sitzungen der Abtheilungen.
Abends 8 Uhr: Festball im Stadtschützenhaus.

Freitag, den 25. September.

Morgens 8¹/₂ Uhr: III. Allgemeine Sitzung im grossen Saale der „Kaisersäle".
1. Vortrag des Herrn Geh.-Rath Prof. Dr. Th. Ackermann (Halle): Edward Jenner und die Frage der Immunität.
2. Vortrag des Herrn Dr. Karl Russ (Berlin): Ueber nationalen und internationalen Vogelschutz.
3. Schluss der Versammlung.
Nachmittags 12 Uhr 50 Min.: Excursion nach Frankfurt a. M.

Uebersicht über die botanische und verwandte Abtheilungen,

deren einführende Vorsitzende und Schriftführer, nebst Angabe der Sitzungsräume und der bis jetzt angemeldeten Vorträge.

Bildung der Abtheilungen und Eröffnung der Abtheilungssitzungen:
Montag, den 21. September, Nachmittags 3 Uhr.

Botanik. (Botanisches Institut, Grosse Wallstrasse 23.)
Einführender Vorsitzender: Prof. Dr. Kraus, Grosse Wallstrasse 23.
Schriftführer: Dr. phil. Heydrich, Grosser Berlin 15.

Meissner, Botanisches Institut.

Am 24. September d. J. wird in Halle die Generalversammlung der deutschen botanischen Gesellschaft abgehalten werden und wird dieselbe gemeinsam mit der Abtheilung für Botanik tagen.

Allgemeine Pathologie und pathologische Anatomie.
(Pathologisches Institut, Magdeburgerstrasse 12.)

Einführender Vorsitzender: Geh.-Rath Prof. Dr. Ackermann, Barfüsserstr. 14. Schriftführer: Dr. med. Gerdes, Forsterstrasse 46.

Angemeldete Vorträge:

Dr. Unna (Hamburg): Ueber Protoplasmafärbung.

Pharmakologie. (Pathol. Institut, Magdeburgerstr. 12, Chemische Abtheilung.)
Einführender Vorsitzender: Prof. Dr. Harnack, Louisenstrasse 3. Schriftführer: Dr. Herzberg jun., kl. Ulrichstrasse 17.

Angemeldete Vorträge:

1. Prof. Dr. Kobert (Dorpat): Zur Pharmakologie der Oxalsäure und ihrer Derivate. — 2. Prof. Dr. Harnack (Halle a. S.): Demonstration aschefreien Albumins.

Pharmacie und Pharmakognosie. (Universität, Auditorium No. 1.)
Einführender Vorsitzender: Apotheker Dr. Hornemann, Königstrasse 41, I. Schriftführer: Privat-Docent Dr. Baumert, Blumenthalstrasse 4.

Angemeldete Vorträge:

1. Apotheker Ch. Kittl (Wlarchim): a) Ueber die therapeutische Wirkung von Bellis perennis L. aus der Familie der Synantheraceen und der hieraus bereiteten Extracte. b) Ueber das Verhalten und Wesen der Filixsäure in dem Extractum filicis und die Art der Wirkungsäusserung der Filixgerbsäure in demselben. — mit Berücksichtigung analoger Erscheinungen anderer Antitaenialien. c) Ueber Extractum Punicae granati radicis aquosum liquidum. d) Ueber Extractum Cascarillae. e) Ueber die Anwendung von Ergotin im Extractum secal. cornut. liquidum. f) Ueber Extractum Cubebar. und die vortheilhafteste Dispensirungs-Methode desselben. — 2. Staatsrath Prof. Dr. Kobert (Dorpat): Ueber den Nachweis von ungeformten Fermenten und Giften im Blute. — 3. Prof. Dr. E. Schmidt (Marburg): Mittheilungen aus dem pharmaceutisch-chemischen Institute zu Marburg. — 4. Apotheker und Handelschemiker P. Soltsien (Erfurt): Mittheilungen aus der analytischen Praxis. — 5. Apotheker Dr. W. Thoms (Berlin): a) Ueber einige Dérivate des Eugenols. b) Prüfung und Werthbestimmung von Nelkenöl. — 6. Prof. Dr. Tschirch (Bern): Thema vorbehalten. — 7. Dr. Ritsert (Berlin): Bakteriologische Untersuchungen über das Schleimigwerden der Infusa. — 8. Apother M. Göldner: Ueber Desinfection und die Fortschritte derselben.

Innere Medicin. (Medicinische Klinik, Hagenstrasse 7.)
Einführender Vorsitzender: Geh.-Rath Prof. Dr. Weber, Alte Promenade 22. Schriftführer: Dr. med. Köhn, Medicinische Klinik.

Dermatologie und Syphilis.
(Pathologisches Institut, unterer Hörsaal, Magdeburgerstrasse 12.)

Einführender Vorsitzender: Privat-Docent Dr. Kromayer, Poststrasse 8. Schriftführer: Dr. med. Fischer, Alte Promenade 6/7.

Angemeldete Vorträge.

I. Discussionsthema: Tuberkulin in der Dermatologie. Mittheilungen von Dr. Unna (Hamburg), Dr. Schimmelbusch (Berlin), Privat-Docent Dr. Kromayer (Halle a. S.). Referent: Privat-Docent Dr. Kromayer (Halle a. S.). II. Vorträge: Aus Unna's Laboratorium (Hamburg): a) Demonstration verschiedener Favusarten und Culturen derselben. b) Die Trichophytonarten der Menschen. c) Demonstration von Leprapräparaten nach der neuen Jodmethode. d) Einwirkung des Tuberkulins auf überlebende Gewebe.

Hygiene und Medicinalpolizei. (Universität, Auditorium IX.)
Einführender Vorsitzender: Prof. Dr. Renk, Heinrichstrasse 1. Schriftführer: Dr. med. Schaefer, Scharrengasse 9 b.

Angemeldete Vorträge:
1. Dr. Schall (Prag): a) Ueber Choleratoxine. b) Ueber Eiweissfäulniss.
— 2. Prof. Dr. Hüppe (Prag): Ueber Kresole als Desinfectionsmittel.
Agriculturchemie und landwirthschaftliches Versuchswesen.
(Landwirthschaftliches Institut, Wuchererstrasse 1.)
Einführender Vorsitzender: Geh. Reg.-Rath Prof. Dr. Maercker, Karlstrasse 8.
Schriftführer: Dr. phil. Gerlach, Harz 15.

Angemeldete Vorträge:
1. Prof. Hellriegel (Bernburg): Thema vorbehalten. — 2. Geh. Hofrath
Prof. Dr. Nobbe (Tharandt): Thema vorbehalten. — 3. B. W. Bauer (Memel):
a) Ueber Normalboden. b) Feldversuche auf Dünensand. c) Ueber die in den
Hagebutten enthaltene Zuckerart (Dextrose). — 4. Geh.-Rath Prof. Dr. Maercker
(Halle a. S.): Thema vorbehalten. — 5. Dr. Morgen (Halle a. S.): Ueber Verfälschungen der Thomasschlacke. — 6. Prof. Dr. Albert (Halle a. S.): Thema
vorbehalten. — 7. Dr. Gerlach (Halle a. S.): Die Löslichkeit der Bodenphosphor-
säure und ihre Beziehung zu den Erntemengen.

Mathematischer und naturwissenschaftlicher Unterricht.
(Universität, Auditorium.)
Einführender Vorsitzender: vacat.
Schriftführer: Dr. phil. Hammerschmidt, Lindenstrasse 19 a.

Angemeldete Vorträge:
Dr. C. Smalian (Halle a. S.): Zur Reform des biologischen Unterrichts.
Instrumentenkunde. (Physikalisches Institut, Paradeplatz 7.)
Einführender Vorsitzender: Prof. Dr. Dorn, Kirchthor 8.
Schriftführer: Dr. phil. Rasehorn, Wallstrasse 1 c.

Angemeldete Vorträge:
Prof. Abbe (Jena): a) Messung der Brennweiten optischer Systeme. b) Experimentelle Demonstration der allgemeinen Gesetze mikroskopischer Abbildung.
Weitere Anmeldungen von Vorträgen bei den Abtheilungsvorständen sind
willkommen.

Redaction des Tageblattes:
Gebauer-Schwetschke'sche Buchdruckerei, Grosse Märkerstrasse 11.

Die Manuscripte aller Vorträge, deren Aufnahme in die „Verhandlungen"
der Gesellschaft deutscher Naturforscher und Aerzte gewünscht wird, sind spätestens
bis zum Schlusse der Versammlung den Schriftführern der einzelnen Abtheilungen
und von diesen dem Vorsitzenden der Redactionscommission Herrn Professor
Dr. Wangerin, Giebichenstein, Burgstrasse 27, in völlig druckfertigem Zustande einzuliefern.

Instrumente, Präparations- und Conservations-Methoden etc.

Scheurlen, Zusatz zu dem Aufsatze „Eine Methode der
Blutentnahme beim Menschen." (Centralbl. f. Bakteriologie und Parasitenkunde. Bd. IX. No. 7. p. 234—235.)

Sch. weist im Anschlusse an die Bemerkungen von Smith
zu seinem Aufsatze „Eine Methode der Blutentnahme beim Menschen"
darauf hin, dass es ihm darauf ankam, bei seinen Untersuchungen
dem lebenden Menschen mehr Blut zu entziehen, als es durch einen

Nadelstich geschehen kann, ohne doch zum Aderlass zu schreiten
und dass er namentlich eine Verunreinigung des Blutes durch Berührung mit der Hautoberfläche oder äusseren Luft durchaus vermeiden wollte. Verf. erreichte dies dadurch, dass er die Haut mit
einer ausgezogenen, ziemlich kräftigen Glasröhre bis in eine oberflächliche Vene durchstach, was sich leicht und gefahrlos ausführen
lässt, und dann das Blut möglichst bald in ein steriles, verschliess-
bares Gefäss entleerte.

Kohl (Marburg).

Knauer, Friedrich, Eine bewährte Methode zur Reinigung gebrauchter Objectträger und Deckgläschen. (Centralblatt für Bakteriologie und Parasitenkunde.
Bd. X. 1891. No. 1. p. 8—9.)

Referate.

Zukal, H., Ueber die *Diplocolon*-Bildung, eine Abart der
Nostoc-Metamorphose. (Notarisia. V. 1890. p. 1106—1114.
tab. 10.)

Schon früher hatte Verf. durch Cultur von *Scytonema*-Fäden
auf Laubmoosen eine Metamorphose derselben in *Nostoc* beobachtet.
Nun gelang es ihm auch, die Umwandlung von *Scytonema clavatum*
Ktz. in *Diplocolon Heppii* Näg. nachzuweisen. Die betreffenden Fäden
wurden diesmal auf *Jungermanniaceen* cultivirt. Ein Theil derselben
verwandelte sich direkt in *Nostoc microscopicum* Carm., ein anderer
zunächst durch Schlingenbildung in *Diplocolon*, dann aber gleichfalls
in *Nostoc*. Itzigsohn hielt *Diplocolon* auch nicht für eine selbständige Alge, aber er hielt die *Nostoc*-Form für die primäre, aus
der sich dann erst *Diplocolon* und *Scytonema* entwickeln.

Fritsch (Wien).

Sanarelli, G., Ueber einen neuen Mikroorganismus
des Wassers, welcher für Thiere mit veränderlicher
und constanter Temperatur pathogen ist. (Centralbl.
für Bakteriologie und Parasitenkunde. Bd. IX. p. 193—199.)

Gelegentlich anderer Untersuchungen entdeckte S. im gewöhnlichen Trinkwasser einen Mikroorganismus, welcher sich
deutlich pathogen für Thiere mit constanter wie für solche mit veränderlicher Temperatur verhält; er bringt bei Fröschen Septikämie
hervor, die in weniger als zwölf Stunden den Tod herbeiführte,
und entwickelt sich in Froschlymphe, welche sonst dem Gedeihen
aller bis jetzt bekannten Arten von pathogenen Bakterien wider-
steht. Verf. taufte den Bacillus *B. hydrophilus fuscus* und studirte
zunächst sein Verhalten in „Culturen auf künstlichen Nähr-
mitteln". Die Kolonien auf Agar entwickelten sich mit der
grössten Schnelligkeit in 18—24 Stunden, sind rundlich, mit glatter

Oberfläche, weisslich-grau auf schwarzem Grund, bei durchfallendem Licht mit schwacher bläulicher Refraction im Umkreis. Auf Gelatineplatten waren die Kolonien ähnlich, die sehr energische Verflüssigung der Gelatine hindert jedoch jede continuirliche Beobachtung. Verf. beschreibt nun eingehend das Gedeihen des Bacillus in Agar-Glycerin, auf Nährgelatine, im Serum, auf Bouillon und Kartoffel. Letzteres ist am meisten charakteristisch. Schon nach zwölf Stunden erscheint längs des Impfstriches ein feines, mattes Häutchen von strohgelber Farbe, die in 4—5 Tagen in eine braune (wie die bei Kartoffelculturen des Rotzbacillus) übergeht. Bekanntlich ist die braungelbe Farbe der Culturen des Rotzbacillus auf Kartoffel ein werthvolles Unterscheidungsmerkmal, wenn es sich darum handelt, diese Krankheit frühzeitig zu erkennen. In der That kannte man ausser dem *Spirillum cholerigenum* und dem *Bacillus pyocyaneus* keine anderen Mikroorganismen, welche einen Irrthum in der bacteriologischen Diagnose veranlassen konnten. Der neue Parasit hat eine noch grössere Aehnlichkeit mit dem Rotzbacillus auf Kartoffel, als die anderen beiden, weshalb Verf. sich bemühte, ein leicht anwendbares Verfahren zur Unterscheidung zu finden. Tropft man 20°/₀ Sublimatlösung auf die Culturen, so erhält man beim Rotzbacillus eine gelbliche Färbung, beim *Pyocyaneus* eine intensiv blaugrünliche, beim neuen Mikrobium eine milchige, in der Mitte röthliche. Die Culturen auf den verschiedenen Nährsubstraten wurden gleich infectiös gefunden. Sporen wurden nicht beobachtet. Unter 26 untersuchten Brunnenwässern wurde der Bacillus in zweien gefunden. Bezüglich der Wirkung auf Thiere von variabler Temperatur studirte er die Wirkung des neuen Parasiten auf Frösche, Kröten, Salamander, Eidechsen, Barben und Süsswasseraale; alle diese Thiere verriethen eine ausgesprochene Empfänglichkeit für die Infection. Die Krankheitssymptome und Sectionsbefunde werden detaillirt berichtet. Zur Färbung der Praeparate bediente sich S. mit Vortheil einer gesättigten Lösung von Methylenblau in 1proc. Osmiumsäure. Die Bacillen fanden sich grösstentheils in den Blutgefässen; häufig sah Verf. Leucocyten mit mehreren Bacillen in ihrem Innern. Salamander und Eidechsen, ebenso die Barben sterben schnell. Beim Aal ist die lokale Reaction so stark, dass umfangreiche Geschwülste und brandige Stellen entstehen. Ebenso eclatant ist die „Wirkung des Bacillus auf Thiere mit constanter Temperatur" (Meerschweinchen, Kaninchen, Hunde, Katzen, Mäuse, Fledermäuse, Igel, Hühner, Tauben). Der Tod der inficirten Thiere tritt mehr oder weniger rasch ein. Auffallend ist die ausserordentliche Schnelligkeit, mit der bei allen an dieser Infection gestorbenen Thieren der Fäulnissprocess verläuft. Die Vermuthung, die Stoffwechselproducte der *B. hydrophilus fuscus* seien mit energischen toxischen Eigenschaften begabt, wurde durch Versuche als nicht richtig erkannt. Im Schlusscapitel seines Aufsatzes wendet sich S. der kritischen Besprechung einer Abhandlung von P. Ernst über „die Frühlingsseuche der Frösche und ihre Abhängigkeit von Temperatureinflüssen" zu und hebt folgende Abweichungen seiner Resultate von denen E.'s besonders hervor. „Der beschriebene Mikroorganismus gedeiht auch über 36⁰ C. üppig und bewahrt seine infectiösen Eigenschaften; er entwickelt sich auch im Körper sogenannter warmblütiger Thiere schnell; filtrirte Culturen rufen bei Injection in gewöhnlichen Dosen keine Vergiftung hervor; daraus folgt, dass der von Ernst gegebene Name *B. ranioidea* nicht mehr annehmbar ist, weil der Bacillus auf Warmblüter ebenso pathogen wirkt wie auf Kaltblüter.

Kohl (Marburg).

Thaxter, R., The Connecticut species of *Gymnosporangium* (Cedar apples). 5 pp. (Bulletin of the Connecticut Agricultural Experiment Station New Haven 1891).

Unter dem Namen *Gymnosporangium nidus-avis* n. sp. wird in dem vorliegenden eine Art beschrieben, die in Connecticut häufig vorkommt, aber bisher mit *G. clavipes* Cke. et Pk. verwechselt worden ist. Sie ist unter dieser falschen Bezeichnung, wie beiläufig bemerkt sei, auch in den North American Fungi No. 1084 b und den Fungi europaei No. 2923 enthalten. Die neue Art wächst in der Teleutosporenform auf *Juniperus Virginiana* und verursacht die vogelnestähnlichen Missbildungen an jungen Zweigen, denen sie auch ihren Namen verdankt. Die Aecidien kommen nach des Verfs. Culturversuchen auf *Amelanchier Canadensis* und *Cydonia* zur Entwicklung. Es kommen sonach in Connecticut nicht weniger als sieben Arten der Gattung *Gymnosporanyium* vor, nämlich zwei auf *Cupressus thyoides*, drei auf *Juniperus Virginiana*, eine auf *J. Virginiana* und *J. communis* und eine nur auf der letztgenannten Nährpflanze.

Dietel (Leipzig).

Barclay, A., On some Rusts and Mildews in India. (Journal of Botany. 1890. Sept. 5 pp. mit Tafel.)

Diese Arbeit enthält Bemerkungen und kurze Beschreibungen, die sich auf folgende Pilzarten beziehen:

Melampsora Lini Pers. auf *Linum usitatissimum, Uromyces Pisi* Pers. auf *Lathyrus sativus* und *Cicer arietinum, Puccinia Fagopyri* Barcl. auf *Fagopyrum esculentum* und *Puccinia Sorghi* Schw. auf *Sorghum vulgare.*

Die Richtigkeit der letzteren Bestimmung hält Verf. für zweifelhaft und die Benennung daher nur für eine vorläufige, da der indische Pilz von den Angaben Schröter's und Saccardo's in mehreren Punkten erheblich abweicht.

Dietel (Leipzig).

Barclay, A., On the life-history of *Puccinia Geranii silvatici* Karst. var. *himalensis.* (Annals of Botany. Vol. V. No. XVII. p. 27—35. Mit Tafel IV.)

Um den Entwicklungsgang der ·im Himalaya auf *Geranium Nepalense* vorkommenden *Puccinia* festzustellen, hat Verf. eine Anzahl von Versuchen unternommen, durch die sich ergeben hat, dass jener Pilz nur Teleutosporen bildet, die sowohl bereits nach einigen Tagen, als auch nach längerer Winterruhe zu keimen vermögen. Im Anschlusse hieran wird darauf hingewiesen, dass die Beibehaltung der von Schröter aufgestellten Sectionen *Micropuccinia* und *Leptopuccinia* unter Umständen Schwierigkeiten bereitet. — Da der in Rede stehende Pilz nur geringe morphologische Unterschiede gegenüber *Pucc. Geranii silvatici* Karst. zeigt, so wird er als var. *Himalensis* zu dieser Art gezogen.

Dietel (Leipzig).

Kernstock, E., Lichenologische Beiträge. I. Pinzolo (Süd-Tirol). II. Bozen. (Verhandlungen der K. K. zool.-botan. Gesellschaft zu Wien. Jahrg. 1890. p. 317—350.)

Die schon wohl erforschte Flechtenflora Tirols, dem gegenüber namentlich die benachbarten Alpenländer eine terra incognita darstellen, hat in dem Verf. einen neuen Bearbeiter gefunden, welcher seine ersten Aufsätze im Vergleiche mit den Arbeiten Arnold's selbst als minderwerthige betrachtet wissen will. Wie sehr auch immer der Lichenographie mit der Durchforschung der Flechtenflora anderer Gebirgsländer Oesterreichs gedient sein würde, sind doch unter Berücksichtigung der vom Verf. vorgetragenen Umstände diese bescheidenen Versuche keineswegs zu missbilligen oder gar abzuweisen. Falls nun Verf. diese seine Arbeiten fortsetzen sollte, so würde sich die Rücksichtnahme auf die einschlägigen Leistungen Arnold's auch in äusserlich kenntlicher Weise empfehlen. Sowohl die für ganz Tirol, als auch die für jedes Einzelgebiet neuen Funde müssten durch Sternchen und Kreuzchen gekennzeichnet werden.

Das erste vom Verf. besuchte Einzelgebiet, Pinzolo in Süd-Tirol, steigt nur bis zu einer Höhe von 755 m an. Als anorganische Unterlage herrscht Tonalit vor. Dieses Gestein wird in allen Dörfern des Val Rendena sogar zu allerlei Zwecken des Baues und der Wirthschaft verwendet. Von den einschlägigen Funden in dem Bereiche der Thalsohle sind höchstens *Polyschidium cetrarioides* Anz. st. und *Pertusaria inquinata* Ach. hervorzuheben. Von den Funden aus der den ·Thonschiefer bewohnenden Vegetation dieses Bereiches ist eigentlich Bedeutendes nicht hervorzuheben. Die rindebewohnende Vegetation, welche an Edelkastanie, Wallnussbaum, Maulbeerbaum, Erle, Birke, Espe, Esche u. s. w. reichliche Unterlage findet, hat zu wenig Eigenartigkeit. Selbst die wenigen südlichen Formen sind keine unerwarteten Besonderheiten. Unter den Bewohnern von Bretterdächern fielen *Imbricaria tiliacea* Ach. und *Rinodina polyspora* Th. Fr. durch ihre Häufigkeit auf. „Die Flora der Alpen und Voralpen" bietet als nennenswerthe Funde dar auf Tonalit *Lecidea fuscoatrata* Nyl., *L. leucitica* Flot., *L. diducens* Nyl. und *Endocarpon rivulorum* Arn., auf Rinde *Calycium baliolum* Ach.

In dem zweiten Einzelgebiet, Bozen, welches Verf. nach verschiedenen Richtungen durchforscht hat, vermochte er zahlreiche Funde Arnold's zu bestätigen. Ueber die sehr wenigen neuen Sachen will Verf. selbst stillschweigend hinweggegangen sehen, schon um so mehr, als darunter keine Seltenheiten sich befinden. Ausser *Sticta glomulifera* (Lightf.) ist in der That von den gefundenen Flechten nichts hervorzuheben.

Minks (Stettin).

———

Koeh, L., Ueber Bau und Wachsthum der Sprossspitze der Phanerogamen. I. Die Gymnospermen. (Pringsheim's Jahrbücher für wissensch. Botanik. Bd. XXII. Heft 4. 1891. p. 491—680. Taf. XVII—XXI.)

Das Vorhandensein einer Scheitelzelle am Vegetationspunkt der Gymnospermen wird zwar nach den vorhergehenden neueren Untersuchungen nur noch von sehr Wenigen angenommen, doch war eine entscheidende Prüfung der Verhältnisse erwünscht und vor Allem fehlte es noch an der nöthigen Klarheit über die Entwickelung der definitiven Gewebe aus dem Urmeristem des Sprosses, sowohl bei den Gymnospermen als auch bei den Angiospermen. Verf. hat sich die genaue Darlegung der genannten Verhältnisse zur Aufgabe gemacht und in dem vorliegenden ersten, bereits sehr umfangreichen Theil seiner Arbeit die Gymnospermen behandelt. Er erscheint zur Lösung dieser Aufgabe um so mehr berufen, als sie die Herstellung möglichst vollkommener Präparate erfordert und Verf. dies vorher zu einem besonderen Studium gemacht hat.[*) Mit Recht weist er auf die Unzulänglichkeit der früheren Methoden, die Construction optischer Durchschnitte bei dicken Quer- und Längsschnitten und die Anwendung starker Aufhellungsmittel, hin und fordert die Herstellung lückenloser Serien dünnster Schnitte, wie sie bei Anwendung der Paraffineinbettungsmethode möglich und vom Verf. ausgeführt ist. Diese Umstände finden ihre Erörterung im ersten Kapitel, nachdem die Litteratur von Hofmeister an bis auf Dingler, Korschelt und Groom eingehend besprochen worden ist. Es handelt sich also nicht blos um die Frage nach der Scheitelzelle, sondern um den ganzen Meristembau, ob die Hanstein'sche Annahme getrennter Histogene oder die Anschauung Sanio's aufrecht zu halten ist und ob die Sachs'sche Theorie der sich rechtwinkelig schneidenden Curven überall Bestätigung findet. Nach den bisher an Gymnospermen angestellten eigenen Untersuchungen aber kann sich Verf. keiner der vorhandenen Anschauungen unbedingt anschliessen. Die von ihm studirten Pflanzen sind folgende: *Tsuga Canadensis* Carr., *Picea excelsa* Lk., *Abies alba* Mill., *Picea orientalis* Lk., *Larix decidua* Mill., *Cedrus Libani* Loud., *Cedrus Deodara* Loud., *Pinus Strobus* L., *Pinus silvestris* L., *Juniperus communis* L., *Thuja occidentalis* L., *Taxus baccata* L., *Cephalotaxus pedunculata* S. u. Zucc. var. *fastigiata*, *Ephedra altissima* Desf. In dieser Reihenfolge ist jeder Art ein besonderes Kapitel gewidmet, in dem die an Scheitelansichten, Quer- und Längsschnitten studirten Verhältnisse auf's ausführlichste behandelt werden, auch wenn sie nichts wesentlich Neues bieten. Ebenso werden

———

*) Vergl. Ref. im Bot. Centralbl. Bd. XLIII. p. 73.

jedesmal die Resultate anderer Beobachter, welche dieselbe oder eine verwandte Species untersucht haben, und ihre Methode sehr eingehend kritisirt. Im Allgemeinen ist das Resultat, dass sich an der Spitze eines im Wachsthum begriffenen Sprosses (und auch Blattes) einer mehrjährigen Pflanze der Gymnospermen niemals eine echte Scheitelzelle findet, sondern dass der Scheitelpunkt eingenommen wird von einer oder mehreren, oft 4 in der Mitte zusammenstossenden Zellen oder Kammern, wie Verf. mit Vorliebe sagt; weder die äusseren noch die inneren Zellen stehen in bestimmter genetischer Beziehung zu jenen scheitelständigen. Der Scheitel selbst ist bald schlanker, bald breiter und massiger, im Uebrigen lässt sich die Form der Spitze aus der Anordnung und mehr oder weniger dichten Aufeinanderfolge der Seitenorgane erklären. Eine distincte äussere Lage, ein Dermatogen nach Hanstein, ist nicht vorhanden, denn auch in den äussersten Zellen treten perikline Theilungen auf; vielmehr finden sich am Scheitel mehrere kuppenförmige Lagen embryonalen Gewebes. Von ihm heben sich die grösseren polygonalen Zellen im Inneren ab, welche die Initialen des Markes darstellen. Das Mark ist also das erste Gewebe, welches angelegt wird und zwar zu einer Zeit, wo von einer anderen Gewebesonderung noch nichts zu sehen ist; seine Zellen vergrössern sich und theilen sich wesentlich quer, wodurch die später erfolgende Längsstreckung angedeutet ist. An dem Dickenwachsthum des Meristems ist es kaum betheiligt, vielmehr erfolgt dies durch die Hüllschicht und zwar in der Zone unter der Vegetationskuppe, wo bereits seitliche Glieder angelegt werden. Zugleich differenzirt sich die äusserste Lage der Hüllschicht durch das Ausbleiben perikliner Theilungen in die junge Epidermis, während aus den inneren Lagen Rinde und Gefässbündelsystem hervorgehen. Die Entwickelung des letzteren zu constatiren, macht grössere Schwierigkeiten. Zunächst bleibt zwischen Mark und Rinde das embryonale Gewebe in einer Ringzone erhalten, welche dann in procambiale Bündel und Zwischengewebe zerfällt; in letzterem behält noch eine Lage den embryonalen Charakter: das spätere Interfascicularcambium. „Entsprechend den Anschauungen Nägeli's können somit die Bündel als aus der Grundmasse hervorgegangene isolirte Gebilde aufgefasst werden." — Was das gesammte Wachsthum des Sprossendes betrifft, so wird das Scheitelgewölbe selbst passiv emporgehoben durch die darunter befindliche Zone, welche starkes Längenwachsthum besitzt und sich durch die beginnende Differenzirung des Markes auszeichnet. Die dritte Zone beginnt mit der Herstellung seitlicher Glieder, welche der starken in die Dicke wachsenden Achse zunächst horizontal aufgesetzt sind; ihre basale Verdickung wird natürlich von einem entsprechenden Längenwachsthum begleitet. Während nun immer von oben aus die zweite und dritte Zone durch die Thätigkeit der Vegetationskuppe neu ergänzt werden, rücken unten die Seitenorgane auseinander und werden mit der Streckung der Internodien der Achse seitlich inserirt. Das Vorherrschen des Längen- oder Dickenwachsthums spricht sich aus in der Richtung, in der die Zelltheilung vorwiegend stattfindet. Dabei wird aber auf die älteren Zellmembranen zugleich ein Zug ausgeübt, wodurch sie eine Brechung erfahren. Dies ist auch der Grund, warum die von Sachs aufgestellten Curvensysteme keine idealen sein können. „In der Erforschung dieser noch wenig bekannten Vorgänge liegt mit der Schwerpunkt der vorliegenden Arbeit", auf deren weitläufige Ausführungen im zweiten Kapitel wir hiermit verweisen. Am besten dürften die Verhältnisse klar werden aus den zahlreichen Tafelfiguren, die mit der vom Verf. bekannten Genauigkeit Quer- und Längsschnittsbilder, Zelle für Zelle getreu nach der Natur, reproduciren. Einige Umrisszeichnungen geben ein Bild von dem Gesammtwachsthum an der Spitze der Sprosse. Bemerkt sei nur noch, dass in den Zeichnungen sämmtliche oben angeführte Species vertreten sind.

Möbius (Heidelberg).

Vesque, J., Les genres de la tribu des Clusiées et en particulier le genre *Tovomita*. (Comptes rendus de l'Acad. des sciences de Paris. T. CXII. 1891. Séance du 1. Juin.)

Die ziemlich zahlreichen Gattungen, welche mit *Clusia* die Tribus des *Clusieen* ausmachen, lassen sich durch rationelle anatomische Charaktere nicht unterscheiden, die epharmonischen Alluren sind überall dieselben, die Differenzirung ist rein morphologisch und stimmt überein mit derjenigen, welche auf dieselbe Weise die Gattung *Clusia* in Sectionen zerklüftet hat. Ein sehr enges Band verbindet also diese Gattungen mit *Clusia*, und *Clusia* erscheint als die älteste Gattung der Tribus. Da nun im Allgemeinen bei diesen Gattungen die Epharmonie weniger (in helioxero-philer) Richtung fortgeschritten ist wie bei *Clusia*, so muss mit grosser Wahrscheinlichkeit angenommen werden, dass sich die genannten Gattungen respectiv an die Nodalgruppen der Gattung *Clusia* oder an deren Vorgänger anschliessen. Die Nodalgruppen sind gleichsam die Knospen mit dem weiter wachsenden Vegetationspunkt auf dem Stammbaum, während die Blätter die bei extremer Epharmonie weiterer Evolution unfähig gewordenen Arten darstellen.

Verf. wendet sich nun zum Studium der Herkunft der Gattung *Tovomita* und findet auf Grund des Blütenbaues, dass dieselbe der *Clusia*-Section *Anandrogyne*, und zwar den *Cl. Ducu* und *Cl. trochiformis* am nächsten steht. Genannte *Clusia*-Arten, welche eine Nodalgruppe ausmachen, zeichnen sich nämlich durch einen vierfächerigen Fruchtknoten und (durch Abort) einsamige Fruchtfächer aus. In der weiblichen Blüte von *Tovomita* finden sich nun Staminodien, welche den Stamina der männlichen Blüte beinahe ähnlich sind, während bei den betreffenden *Clusia* die Staminodien auf kleine antherenlose Zähne reducirt sind. Dass diese Blüten aber bei den Vorfahren dieser Pflanzen hermaphrodit waren, ist ausser Zweifel, sonst wären ja die Rudimente der Staubgefässe ohne Sinn. Daraus schliesst Verf., dass *Tovomita* der Nodalgruppe *Ducu-trochiformis* nicht wie sie ist, sondern wie sie war, entstammt. Weiter wird gezeigt, dass bei *Tovomita* ein wasserspeicherndes Hypoderm

14*

nur vereinzelt vorkommt und dann immer nur einreihig ist, während
bei *Clusia* ein solches regelmässig auftritt und gerade bei *Cl. Ducu*
und *Cl. trochiformis* 3—4 Zelllagen hoch ist. Zweifellos hatten
die Vorfahren der Nodalgruppe *Ducu trochiformis* zuerst kein
Hypoderm, sondern haben dasselbe erst im Laufe der Zeit erworben.
Man kommt also hier noch einmal zu dem Schlusse, dass, wenn
Tovomita mit *Cl. Ducu* und *Cl. trochiformis* verwandt ist, diese
Gattung nur von den Vorfahren der genannten Nodalgruppe abzweigen kann, nicht von der Nodalgruppe, wie sie heute noch weiter
besteht. Zum Schlusse gibt Verf. noch einigen Angaben über die
geographische Verbreitung der *Tovomita*, verglichen mit derjenigen
der *Clusia*-Section *Anandrogyne*.

Vesque (Paris).

Petersen, H., Beitrag zur Flora von Alsen. (Beilage zum
Programm des Kgl. Realprogymnasiums zu Sonderburg. 1891.
8°. 50 pp.)
    Im Jahre 1887 erfuhr Verf., der bereits seit 1865 in Sonder-
burg wohnhaft war, dass ein Kopenhagener Arzt, Herr Prof. Petit,
im XII. Bande der „Botanisk Tidsskrift" einen „Entwurf einer
floristischen Beschreibung der Insel Alsen" veröffentlicht habe, fast
ausschliesslich nach Studien, welche derselbe als Militärarzt im
ersten schleswig'schen Kriege gemacht hatte. Sein im Jahre 1880
veröffentlichtes Verzeichniss enthält 690 Arten, worunter sich nur
22 befinden, für welche er andere Gewährsmänner anführt. Verf.
ist nun den Spuren Petit's soviel wie möglich gefolgt, um feststellen zu können, welche Veränderungen etwa nach dem langen
Zeitraume von 40 Jahren mit der Flora der Insel vor sich gegangen sind. Verf. ist in seinem Bemühen nicht so erfolgreich gewesen, wie er wünschte, fehlen ihm doch noch annähernd 100 Arten des
Petit'schen Verzeichnisses. — Verf. weist nach dieser historischen
Einleitung auf einige botanisch besonders interessante Lokalitäten
hin, nämlich das Schuttland zwischen Wilhelmsbad und Bellevue,
die Meeresbuchten mit den Strandwiesen, die Torfmoore, die Land-
seen, die Sandfelder und die Wälder, worauf ein Verzeichniss der
vom Verf. auf Alsen beobachteten Pflanzen, sowie ein solches von
den Gewächsen des Petit'schen Entwurfes, welche ihm noch
fehlen, folgt.

Knuth (Kiel).

Schlechtendal, D. von, Teratologische Aufzeichnungen.
(Jahresbericht des Vereins für Naturkunde in Zwickau. 1890.
p. 1—11. 2 Tfl.)
    Verf. beschreibt folgende teratologische Bildungen:
    1. *Geum rivale* L. und *Rosa canina* L. proliferirend.
    Bei einem Exemplar von *Geum* hat eine derartige Streckung
der Achse stattgefunden, dass die äusseren laubblattartigen Kelchblätter 6 cm unter den innern, zum Theil blumenblattartig ausgebildeten stehen; die Kronblätter sind durch rückgebildete Staub-

blätter vermehrt und aus ihrer Mitte erhebt sich ein einfacher Spross, der mit einer normalen Blütenknospe abschliesst.

Bei *Rosa* sind die Kelchblätter in normale Laubblätter umgewandelt, Krone und Staubfäden sind normal, aber die Pistille verlängert, auch zum Theil verbreitert, und liegen der zu einem Laubspross verlängerten Blütenachse eng an.

2. *Geum macrophyllum* und *urbanum* L., *Potentilla argentea* und *Rubus Idaeus* L., Verlaubung der Pistille.

Während Kelch, Krone und Staubgefässe völlig normal entwickelt sind, erscheint die Achse mehr oder weniger verlängert und trägt einen dichten Schopf mehr oder minder umgebildeter Pistille. Die Erscheinung fand sich bei den verschiedenen Arten in sehr verschiedener Weise ausgebildet. So waren beispielsweise die beobachteten *Rubus*-Blüten völlig durchwachsen und die Carpelle zeigten alle Grade der Umwandlung in kelchblattartige Gebilde. Bei *Geum* betheiligten sich an der Verlaubung zum Theil auch die Staubgefässe und Kronblätter. (Eine ähnliche Erscheinung hat Ref. in diesem Frühjahr auch bei *Anemone vernalis* beobachtet.)

3. *Symphoricarpus racemosus* L. Verlaubung des Kelches. Die Kelchblätter sind zum Theil oder gänzlich in blattartige, mehr oder minder verwachsene Gebilde umgewandelt; im gleichen Maass, wie sich diese Umwandlung vollzieht, ist eine Verkümmerung der übrigen Blüthentheile zu beobachten.

4. *Jasione montana* L. proliferirend. Zwischen den Blütenstielchen des einzigen an der Pflanze vorhandenen Köpfchens haben sich einzelne Blättchen und vier Laubsprosse entwickelt. Drei davon sind zu reich beblätterten Zweigen ausgewachsen und an zweien findet sich am Ende die Anlage eines neuen Blütenstandes. Dieses Verhalten unterscheidet sich wesentlich von der am gleichen Standort beobachteten Verbildung, welche durch Gallmilben hervorgerufen wird und sofort an der abnormen, starken, weissen Behaarung aller inficirten Theile zu erkennen ist.

5. *Plantago major* L., sprossend, vivipar und verzweigt. Sehr zahlreiche Fälle von Verbildungen werden beschrieben und auf zwei Tafeln in 30 Figuren abgebildet. Der niederste Grad der Sprossung wird bezeichnet durch Streckung der Corolle und keulenförmige Verlängerung des Fruchtknotens. In weiter verbildeten Exemplaren erhebt sich aus dem Fruchtknoten ein Spross, der mit Niederblättern besetzt ist und wieder Blüten trägt, die wie alle an diesen Exemplaren deformirt sind. Im vollendetsten Fall erscheint dieser dem Fruchtknoten entsteigende Spross als völlig neue Pflanze mit Niederblättern, Laubblättern und Blüten und ist befähigt, Wurzeln zu treiben und sich weiter zu entwickeln. In allen diesen Fällen bleibt dahin gestellt, ob Placentarsprossungen oder Durchwachsungen vorliegen.

Als Verzweigung durch Achselsprossung wird eine Reihe von Fällen beschrieben, wo zu der Sprossung aus dem Fruchtknoten eine solche aus der Achsel des Stützblattes der einzelnen Blüten

tritt; in ausgebildeten Fällen führt diese Art der Sprossung zu
einer Verzweigung der Hauptachse des Blütenstandes. „Diese
sich bildenden Zweige zeigen auch da, wo die Zweigbildung
unerkennbar ist, noch das Vorhandensein deutlicher Blütentheile,
Kelch, Blumenkrone, Fruchtknoten. Bei den höherstehenden Seiten-
sprossen ist eine Blütenbildung unterblieben, oder die Auflösung
der Blüte ist vollständig vollzogen."

Jännicke (Frankfurt a. M.).

———

Wakker, J. H., Contributions à la pathologie végétale.
V—VII. (Archives néerlandaises des sciences exactes et naturelles.
T. XXIII. p. 373—400. Mit zwei Tafeln).

Der fünfte Abschnitt handelt über die schwarze Krankheit der
Anemonen und bildet eine Ergänzung zu des Verf. früheren Untersuchungen. Die Krankheit wird verursacht durch *Peziza tuberosa.*
Das Mycel derselben lebt auf verschiedenen Arten der Gattung
Anemone, speziell auf der in Haarlem vielfach cultivirten *A. Coronaria*
mit ihren Varietäten und Hybriden. Aus dem Mycel entstehen sehr
grosse Sklerotien, welche den Rhizomen der *A. Coronaria* ähnlich
sind und von den Gärtnern oft mit diesen verwechselt werden. Im
nächsten Frühling wachsen aus diesen Sklerotien die Becher der
Peziza empor. Zur Unterscheidung dieses Pilzes von der verwandten
P. bulborum werden genaue Maasse gegeben. Jedoch ist es nach
Verf. nicht unwahrscheinlich, dass nur die *P. tuberosa* eine eigentliche
wilde A r t ist, während die übrigen *Pezizen,* welche nur auf Culturpflanzen gefunden worden sind, wie *P. sclerotiorum* und *P. bulborum,*
aus jener entstanden sind.

Wenn die Sporen in Wasser keimen, bilden sie Schläuche,
welche Sporidien abschnüren; diese sind aber, so viel man weiss,
nicht keimfähig. In einer Nährflüssigkeit aber wird ein Mycel
gebildet. Infection gelingt nur mittelst dieses Mycels. Im Freien
werden also wahrscheinlich die Sporen zuerst in der Erde ein Mycel
bilden, welches alsdann die Rhizome inficirt. Im hinteren, ab-
sterbenden Theil des Rhizoms findet das Mycel einen ausgezeichneten
Boden zu üppigem Wachsthum.

Im sechsten Abschnitt theilt Verf. neue Untersuchungen mit
über die G u m m o s i s oder Gummikrankheit bei *Hyacinthus orientalis,*
Tulipa Gesneriana und *Tecophilea Cyanocrocus.* Er hat jetzt
experimentell gezeigt, dass diese und die „weisse Krankheit" nur
verschiedene Formen der nämlichen sind, indem er die eine in die
andere übergehen sah. Nach Verf. ist diese Krankheit nicht parasitärer
Natur. Infectionsversuche misslangen denn auch stets. Auch ist,
trotz genauen Suchens, nie eine Spur von Parasiten, pflanzlicher
oder thierischer Natur aufgefunden worden. Das übrige jetzt Bekannte über die Gummosis der Zwiebelpflanzen kann wie folgt
resumirt werden:

1. Das Gummi befindet sich hauptsächlich zwischen den
Parenchymzellen der Schuppen oder zwischen der Epidermis und
dem Parenchym.

2. In der Nähe eines Gummibechers ist die Stärke in den Parenchymzellen verschwunden und findet man darin nur Gummi.

3. Die stärkelosen Zellen sind nicht nur vollständig lebendig, sondern können selbst noch wachsen und sich theilen.

4. In den früh abgestorbenen Zellen bleibt die Stärke unverändert.

5. Gegen die meisten Zellhäute, welche die Höhle umgeben, liegt eine Gummischicht an von grösserer Densität — wie es die gelbe Farbe zeigt — als diejenige des Gummi in der Mitte der Höhle.

Der siebente Abschnitt - endlich handelt über die Zweiganschwellungen einiger *Ribes*-Arten, nämlich *R. alpinum* (in Amsterdam beobachtet) und *R. cynosbati* (in Utrecht.). Es sind kugelförmige oder cylindrische, meist aber sehr unregelmässige Verdickungen, welche nur an kurzen, mehrjährigen Zweigen gefunden werden. Die jüngsten Zustände sind kleine, kegelförmige Verdickungen unter der hellbraunen Rinde, welche den Rudimenten von Wurzeln, wie man sie z. B. bei *Symphoricarpus racemosus* findet, sehr ähnlich sind. Wirklich sind es denn auch ähnliche Bildungen, und es gelang Verf. in einem dunklen und feuchten Raum, wirkliche Adventivwurzeln daraus zu erziehen, welche aber merkwürdigerweise gar nicht geotropisch oder heliotropisch zu sein scheinen. Die grossen Verdickungen entstehen nur durch w i e d e r h o l t e Entwicklung von Adventivwurzeln an der nämlichen Stelle, welche aber nicht immer die Rinde durchbohren und jedenfalls kurz bleiben. Man würde diese Erscheinung, nach Analogie mit dem Speciesnamen der *Begonia phyllomaniaca*, R h i z o m a n i e nennen können. Sie hat weiterhin viel Aehnlichkeit mit den sogenannten H e x e n b e s e n, welche bekanntlich aus nur theilweise entwickelten Zweigen bestehen. Ebensowenig wie die Ursache dieser letzten Erscheinung für die meisten Fälle sicher bekannt ist, konnte Verf. diejenige der Rhizomanie ermitteln. Culturversuche in Nährgelatine für Pilze misslangen stets und ebensowenig konnte Verf. Larven von *Cecidomyia* (welche die aus Wurzeln bestehende Galle an *Poa nemoralis* verursachen) auffinden. Vielleicht können auch Pflanzenmilben (*Phytoptus*) die Ursache sein.

Zuletzt beschreibt Verf. noch einige anatomische Eigenthümlichkeiten der genannten Organe.

Heinsius (Amerstfoort).

Sorauer, Paul, W e l c h e M a s s n a h m e n s i n d i n s b e s o n d e r e i n o r g a n i s a t o r i s c h e r B e z i e h u n g b i s h e r v o n d e n v e r s c h i e d e n e n e u r o p ä i s c h e n S t a a t e n e i n g e l e i t e t w o r d e n, um die Erforschung der in wirthschaftlicher Hinsicht bedeutsamen Pflanzenkrankheiten zu befördern und die schädigenden Wirkungen derselben zu reduciren, u n d w a s k a n n u n d m u s s i n s o l c h e r R i c h t u n g n o c h g e t h a n w e r d e n? (Internationaler land- und forstwirthschaftlicher Kongress zu Wien. 1890. Heft 56. 11 pp.)

Der Berichterstatter stellt zunächst fest, dass Institute mit dem bestimmten Zweck und der Einrichtung zur Erforschung der Pflanzen-

krankheiten bisher seines Wissens in keinem europäischen Staat
bestehen, wenn auch im einzelnen Fall, bei ausgebreiteter Erkrankung
von Kulturpflanzen, von den Behörden entsprechende Massnahmen
getroffen wurden. Eine erfolgreiche Bekämpfung der Krankheiten
der Kulturpflanzen, die alljährlich dem Acker- und dem Gartenbau
erhebliche Verluste bringen, ist aber nur möglich durch eine ständig
in Thätigkeit befindliche Aufsichtsbehörde; die dahin gehenden
Wünsche und Vorschläge des Berichterstatters finden ihren Ausdruck
in folgenden Resolutionen:

„1. In Anbetracht, dass die vielen Krankheiten und Feinde der
Pflanzen stete und oftmals ungemein grosse Verluste den einzelnen
Besitzern und dem Nationalvermögen zufügen, spricht der Kongress
aus, dass es unbedingt nothwendig ist, wissenschaftliche Stationen
ausschliesslich für das Studium der Krankheiten unserer Kulturpflanzen zu gründen.

2. Die phytopathologischen Stationen, welche behufs leichteren
Verkehrs mit wissenschaftlichen und praktischen Kreisen an ver-
bindungsreichen Centren eines jeden Landes errichtet werden
müssen, sollen staatliche Institute sein, welche die Aufgabe haben,
die Praxis durch unentgeltliche Untersuchungen zu unterstützen und
zur geeigneten Mitarbeiterschaft heranzuziehen.

3. Der Kongress erkennt an, dass in gemeinsamen über alle
Kulturländer sich erstreckenden Beobachtungen und Versuchen die
Gewähr für den schnellsten und nachhaltigsten Fortschritt zur Erlangung geeigneter und bewährter Bekämpfungsmethoden der Pflanzenkrankheiten liegt. Grosse Kosten für spätere Bekämpfung der
Epidemien können dadurch erspart werden, dass in Folge eines
über alle Kulturländer sich spannenden wissenschaftlichen Be-
obachtungsnetzes die noch krankheitsfreien Staaten rechtzeitig be-
nachrichtigt werden, damit sie umfassende Vorbeugungsmassregeln
treffen können.

4. Der Kongress hält es für nothwendig, dass die Leiter der
sämmtlichen pathologischen Stationen aller Kulturländer verpflichtet
werden, alljährlich zu gemeinsamen Berathungen und Beschluss-
fassungen zusammenzutreten.

5. Der Kongress wählt eine internationale Kommission mit dem
Rechte der Kooptation, welche sich mit der k. k. Landwirthschafts-
gesellschaft in Wien und allen grossen Vereinen von Pflanzen-
züchtern in Europa in Verbindung setzt, um diejenigen Schritte
anzubahnen, welche nothwendig sind, wissenschaftliche Stationen zur
Erforschung der Pflanzenkrankheiten in's Leben zu rufen und einen
alle Kulturländer umfassenden phytopathologischen Ueberwachungs-
dienst zu organisiren".

Zur Verwirklichung dieser Vorschläge wird es sicher einiger
Zeit und der Ueberwindung mancherlei Schwierigkeiten bedürfen —
das hindert nicht, diese Verwirklichung als höchst wünschenswerth
zu bezeichnen; sie würde nicht nur dem praktischen Pflanzenbau,
sondern auch der Wissenschaft von nicht zu unterschätzendem
Nutzen sein. Ist doch auf dem Gebiete der Pflanzenpathologie

noch mancherlei zu thun, das ebenso theoretisches Interesse wie praktische Bedeutung hat.

Jännicke (Frankfurt a. M.).

Müller-Thurgau, H., Neue Forschungen auf dem Gebiete der Weingährung. (Bericht über die Verhandlungen des XI. deutschen Weinbau-Congresses in Trier 1889.) Die Ausführungen über Herkunft der Weinhefe wurden schon in „Weinbau und Weinhandel" No. 40 und 41 veröffentlicht und in dieser Zeitschrift referirt. Als zweiter Gegenstand wird die Ernährung der Hefe mit stickstoffhaltigen Substanzen behandelt. Die alte allgemein geltende Annahme, dass bei der Gährung sämmtliche für die Hefebildung günstigen Stickstoffkörper verbraucht, resp. aus dem Most ausgeschieden werden, und dass die vollständige Entfernung derselben eine Grundbedingung für die Haltbarkeit des Weines sei, wird durch Versuche über wiederholte Gährung desselben Mostes resp. Weines und durch Vergährung verdünnter Moste widerlegt. In der ersten Versuchsreihe (Rieslingmoste fünf verschiedener Jahrgänge) wurde nach vollendeter Gährung der Wein von der Hefe abfiltrirt, aus dem Wein der Alkohol unter vermindertem Druck abdestillirt, alsdann so viel Rohrzucker zugesetzt, dass nach der Inversion desselben der Zuckergehalt $15^0/_0$ betrug und, wie auch schon beim ersten Versuch, durch reine, cultivirte Hefe eine neue Gährung eingeleitet. Die im Moste vorhandenen Stickstoffkörper reichten aus, um durch wiederholte Gährung mehr als das Dreifache des ursprünglich vorhandenen Zuckers zu vergähren, wobei freilich sowohl die Menge der sich bildenden Hefe, als auch der procentische Stickstoffgehalt derselben stetig abnahm. In der zweiten Versuchsreihe wurden Moste mit Zuckerwasser (ein Theil Most und fünf Theile Zuckerwasser) vermischt, so dass der Zuckergehalt der Mischung gleich dem des ursprünglichen Mostes war. Die verdünnten Moste vergohren ausnahmslos ebenso vollständig, wie die ursprünglichen, obgleich sich allerdings viel weniger Hefe bildete. Bemerkenswerth ist, dass die Menge der vermöge ihrer reducirenden Wirkung auf Fehling'sche Lösung als Zuckerrest angesehenen Substanz in den verdünnten Weinen geringer war, als in den natürlichen, was gegen die Zuckernatur derselben spreche. Besonders interessant aber erscheint die geringe Glycerinbildung in den verdünnten Mosten, welche selbst bei Zusatz von mineralischen Nährstoffen und Stickstoffnahrung in den verdünnten Mosten nicht auf dieselbe Höhe gebracht worden konnte, wie der Glyceringehalt der aus unverdünnten Mosten erhaltenen Weine. Je nach Düngung und Art der Traube dürfte aber nicht immer ein so grosser Ueberschuss von Stickstoffnahrung vorhanden sein, und Beerenobstweine, welche bei ihrer Herstellung einen starken Zusatz von Zucker und Wasser erhalten, zeigen wegen mangelnden Stickstoffgehalts leicht unvollständige Gährung.

Pasteur, welcher zuerst in den Gährproducten zuckerhaltiger Flüssigkeiten Glycerin und Bernsteinsäure nachwies, wie auch die nach ihm folgenden Gährungschemiker, betrachtete diese Stoffe neben Alkohol und Kohlensäure ebenfalls als directe Zersetzungsproducte des Zuckers durch die Gährung und suchten dieselben demgemäss mit in die sog. Gährungsgleichung zu ziehen. Man nahm an, dass im Allgemeinen auf je 100 Theile gebildeten Alkohols 10 Theile Glycerin kommen.

Zahlreiche Untersuchungen von Wein, Bier und anderen Producten der alkoholischen Gährung ergaben aber so beträchtliche Abweichungen in den gefundenen Glycerinmengen, dass man Schwankungen von 7—14 Gewichtstheilen auf 100 Ger. Alkohol anerkennen musste. Verf. erklärt diese Abweichungen und insbesondere die geringen Mengen des in künstlichen Nährlösungen gebildeten Glycerins (Pasteur fand ebenfalls auf 100 Theile Alkohol nur 5,2—7,5 Glycerin) damit, dass die Menge des aus 100 Theilen Zucker gebildeten Glycerins in erster Linie abhängig sei von der grösseren oder geringeren Lebensenergie der Hefe, die in den verschiedenen Gährungsflüssigkeiten ungleiche, in künstlichen Gährlösungen meist ungünstige Ernährungsbedingungen findet. Verf. unterscheidet nun die bei der Gährung entstehenden Producte in solche, die als directe Zersetzungsproducte des Zuckers durch die Gährung auftreten, und solche Stoffe, die bei den sonstigen inneren Lebensvorgängen der Hefe abfallen. Zu den ersteren, den eigentlichen Gährproducten, rechnet er nur Alkohol und Kohlensäure; ein Theil des bei der Gährung verschwindenden Zuckers wird aber beim Wachsthum der Hefe verwendet zur Herstellung der Zellwände, während bei der Athmung und den sonstigen Lebensvorgängen Fett, Glycerin, Bernsteinsäure u. s. w. entstehen, von denen das im Wein nur wenig lösliche Fett der Hauptmenge nach in der Hefe verbleibt, während Glycerin und Bernsteinsäure hauptsächlich in den Wein übergehen.

Durch Versuche von Delbrück, Hayduck u. A. ist bei der Gährung des Bieres festgestellt worden, dass die Kohlensäure wohl auf das Wachsthum der Hefe, dagegen kaum auf den Gährvorgang als solchen einen Einfluss ausübt. Die Versuche des Verfs. ergaben für die Weingährung das ähnliche Resultat, dass Kohlensäure, selbst wenn sie mit $^1/_2$—1 Atm. Ueberdruck in der Flüssigkeit zurückgehalten wird, die anfängliche Hefebildung und den Verlauf der Gährung im Most kaum wesentlich beeinflusst. Dagegen fand Verf., dass in vergohrenen Weinen die Kohlensäure die Neubildung von Hefe und das Auftreten verschiedener Krankheitspilze und sonstiger Trübungen verhindert und somit für den fertigen Wein ein vorzügliches Conservirungsmittel ist. Bei den betreffenden Versuchen wurde der ausgegohrene und mit etwas Zucker versetzte Wein mit verschiedenen Kohlensäuremengen versehen, und alsdann beobachtet, wie die spurenweise zugefügte Hefe sich in dem einen Fall rasch, in dem andern langsam oder gar nicht vermehrte.

Die Bedeutung der Kohlensäure im fertigen Weine findet nach Verf. in dem Umstande seine Erklärung, dass bei der geringen Zuckermenge der Alkohol schon fast genügt, um die Neubildung von Hefe zu hindern, und die Kohlensäure mit ihrem wachsthum-hemmenden Einfluss nun für die Conservirung ausschlaggebend wird.

Bezüglich der praktischen Schlussfolgerungen für die Technik der Weinbereitung muss auf die Original-Mittheilung verwiesen werden.

Hohmann (Geisenheim).

Neue Litteratur.*)

Bibliographie:

Just's botanischer **Jahresbericht.** Systematisch geordnetes Repertorium der botanischen Litteratur aller Länder. Herausgeg von E. **Koehne.** Jahrg. XVII. 1889. Abtheilung I. Heft 1. 8°. 820 pp. Berlin (Gebr. Bornträger) 1891. M. 10.—

Allgemeines, Lehr- und Handbücher, Atlanten:

Wolter, M., Kurzes Repetitorium der Botanik für Studirende der Medicin. Mathematik und Naturwissenschaften. 5. Auflage. 8°. 120 pp. 16 Tafeln. Anklam (H. Wolter) 1891. M. 2.—

Algen:

Deinega, Valerian, Der gegenwärtige Zustand unserer Kenntnisse über den Zellinhalt der Phycochromaceen. (Bulletin de la Société Impériale des Nat. de Moscou. 1891. No. 2.) 8°. 28 pp. 1 pl. Moscou 1891.

Golenkin, M., Pteromonas alata Cohn. Ein Beitrag zur Kenntniss einzelliger Algen. (l. c.) 8°. 16 pp. 1 planche. Moscou 1891.

Johnson, Thomas, Observations on Phaeozoosporeae. (Sep.-Abdr. aus Annals of Botany. Vol. V. 1891.) 8°. 10 pp.

— —, On the systematic position of Dictyotaceae, with special reference to the genus Dictyopteris Lamour. (Linnean Society's Journal. Botany. Vol. XXVII. 1891. p. 463. 1 plate.)

Schilling, August Jacob, Die Süsswasser-Peridineen. [Inaug.-Dissert. Basel.] 8°. 80 pp. 4 Tfln. Marburg 1891.

Wille, N., Morphologiske og physiologiske Studier over Alger. (Nyt Magazin for Naturvitenskaberne. Vol. XXXII. 1891. p. 99—113. 1 Tafel.)

Pilze:

De Toni, G. B., Ueber Leptothrix dubia Naeg. und L. radians Kuetz. Kurze Notiz. (Botanische Zeitung. Bd. XLIX. 1891. p. 407.)

Giard, Alfred, Sur les Cladosporiées entomophytes, nouveau groupe de Champignons parasites des Insectes. (Comptes rendus des séances de l'Académie des sciences de Paris. 1891.) 4°. 4 pp. Paris 1891.

Hahn, G., Die besten Speiseschwämme. 8°. 12 farb. Tafeln mit 12 Bl. und 5 pp. Text. Gera (H. Kanitz) 1891. M. 1.20.

Magnus, P., Ein Beitrag zur Beleuchtung der Gattung Diorchidium. (Berichte der Deutschen botanischen Gesellschaft. Bd. IX. 1891. p. 187. 1 Tafel.)

Mix, Charles L., On a Kephir-like yeast found in the United States. (Contributions from the Cryptogamic Laboratory of Harvard University. Vol. XVI.

---

*) Der ergebenst Unterzeichnete bittet dringend die Herren Autoren um gefällige Uebersendung von Separat-Abdrücken oder wenigstens um Angabe der Titel ihrer neuen Veröffentlichungen, damit in der „Neuen Litteratur" möglichste Vollständigkeit erreicht wird. Die Redactionen anderer Zeitschriften werden ersucht, den Inhalt jeder einzelnen Nummer gefälligst mittheilen zu wollen, damit derselbe ebenfalls schnell berücksichtigt werden kann.

Dr. Uhlworm,
Terrasse Nr. 7.

— Preceedings of the American Academy of Arts and Sciences. Vol. XXVI. 1891. p. 102.)

Oudemans, C. A. J. A., Eine Rectification. Caeoma nitens soll künftig C. interstitiale heissen. (Hedwigia. 1891. Heft 3.)

Rush, W. H., Penetration of the host by Peronospora gangliformis. (The Botanical Gazette. Vol. XVI. 1891. p. 208.)

Thaxter, Roland, On certain new or peculiar North American Hyphomycetes. II. (l. c. p. 201. 2 plates.)

Wehmer, Carl, Ueber den Einfluss der Temperatur auf die Entstehung freier Oxalsäure in Culturen von Aspergillus niger van Tiegh. (Berichte der Deutschen botanischen Gesellschaft. Bd. IX. 1891. p. 163.)

Muscineen:

Barnes, Charles Reid, Notes on North American Mosses. (The Botanical Gazette. Vol. XVI. 1891. p. 205.)

Bastit, Eugène, Recherches anatomiques et physiologiques sur la tige et la feuille des Mousses. (Revue générale de Botanique. Tome V. 1891. Fasc. 1/2.)

Physiologie, Biologie, Anatomie und Morphologie:

Berckholtz, W., Beiträge zur Kenntniss der Morphologie und Anatomie von Gunnera manicata Linden. (Bibliotheca botanica. Heft XXIV. 1891.) 4°. 19 pp. 9 Tafeln. Cassel 1891. M. 20.—

Brandza, Marcel, Développement des téguments de la graine. [Fin.] (Revue générale de Botanique. T. V. 1891. Fasc. 1/2.)

Daniel, Lucien, Note sur l'influence du drainage et de la chaux sur la végétation spontanée dans le département de la Mayenne. (l. c.)

Fayod, V., Structure du protoplasma vivant. (l. c.)

Godlewski, Emil, Studyja nad wzrostem roślin. (Separat-Abdruck aus Rozpraw Wydzialu mat.-przyrodniczego Akademii Unijzetności w Krakowie. 1891.) 8°. 157 pp. Kraków 1891. [Polnisch.]

Heinricher, E., Nochmals über die Schlauchzellen der Fumariaceen. (Berichte der Deutschen botanischen Gesellschaft. Bd. IX. 1891. p. 184.)

Holm, Theo., A study of some anatomical characters of North American Gramineae. (The Botanical Gazette. Vol. XVI. 1891. p. 166. With plate.)

Jost, L., Ueber Dickenwachsthum und Jahresringbildung. (Botanische Zeitung. Bd. XLIX. 1891. p. 485. 2 Tafeln.)

Likiernik, A., Ueber das Lupinol. (Zeitschrift für physiologische Chemie. Bd. XV. 1891. Heft 5.)

— —, Ueber einige Bestandtheile der Samenschalen von Pisum sativum und Phaseolus vulgaris. (l. c.)

Meehan, Thomas, Contributions to the life-histories of plants. No. VI. On the causes affecting variations in Linaria vulgaris. On the self-fertilizing character of Compositae. On the structure of the flowers in Dipteracanthus macranthus. Aerial roots of Vitis vulpina. Additional note on the order of flowering in the catkins of willows. Self fertilizing flowers. (Proceedings of the Academy of Nat. Sciences Philadelphia. 1891. p. 269.)

— —, On the relation between insects and the forms and character of flowers. (The Botanical Gazette. Vol. XVI. 1891. p. 176.)

Palladin, W., Eiweissgehalt der grünen und etiolirten Blätter. (Berichte der Deutschen botanischen Gesellschaft. Bd. IX. 1891. p. 194.)

Prunet, Adolphe, Recherches anatomiques et physiologiques sur les noeuds et les entre-noeuds de la tige des Dicotylédones. 8°. 197 pp. 6 planches. Paris et Toulouse (Masson) 1891.

Sauvageau, C., Sur la tige des Cymodocées Aschs. (Journal de Botanique. T. V. 1891. p. 205.)

— —, Sur les feuilles de quelques Monocotylédones aquatiques. (Thèses présentées à la faculté des sciences de Paris. Sér. A. 1891. No. 158.) 8°. 200 pp. Paris (Masson) 1891.

Schmidt, R. H., Ueber Aufnahme und Verarbeitung von fetten Oelen durch Pflanzen. (Flora. 1891. Heft 3.)

Schulze, E. und Likiernik, A., Ueber das Lecithin in den Pflanzensamen. (Zeitschrift für physiologische Chemie. Bd. XV. 1891. Heft 5.)

Waage, Th., Ueber haubenlose Wurzeln der Hippocastanaceen und Sapindaceen. (Berichte der Deutschen botanischen Gesellschaft. Bd. IX. 1891. p. 132. Mit 2 Tafeln.)

Wallace, Russel A., Le Darwinisme. Exposé de la théorie de la sélection naturelle, avec quelques-unes de ses applications. Traduction française, avec fig., par Henry de Varigny. 8°. XX, 674 pp. Paris (Lecrosnier et Babé) 1891.)

Systematik und Pflanzengeographie:

Mueller, Baron von, Ferdin. Descriptions of new Australian plants, with occasional other annotations. [Continued.] (Extra print from the Victorian Naturalist. 1891. June.)

Eugenia Fitzgeraldi. F. v. M. and Bailey.

Leaves on short petioles, firmly chartaceous, mostly ovatelanceolar and bluntly acuminate, much paler green beneath, their oil dots extremely minute and much concealed; cyme comparative shorts, the peduncles very slender; flowers rather large, glabrous; inner lobes of the calyx more than half as long as the petals, all finally deciduous; stamens conspicuously exserted, their anthers narrow-ellipsoid; stigma minute; fruit relatively large, globular, its pericarp rather thin, bright-red outside; seed large, solitary, its cotyledons equal, hemispheric.

On the Richmond-River.

Leaves generally 3—4 inches long, sometimes slightly undular at the margin, the primary venules rather distant, the oil-dots almost invisible. Cyme in most cases hardly extending beyond the two nearest leaves. Pedicels quite short. Inner calyx-lobes largely membranous. Petals whitisch, ¹/₄—¹/₃ inch long, almost transparent. Style very thin. Fruit of about one inch measurement.

This Australian very characteristic species was known to me through a long series of years from several collections, but only from incomplete material. Early this year I was enabled through the special exertions of Mr. R. Fitzgerald to study it closely, and Mr. F. M. Bailey quite recently obtained the same plant in the southern part of Queensland. It is particularly remarkable for producing frequently a deep-red panicle of innumerable minute bracts, which are either empty or enclose undeveloping buds. It differs from *E. rubens* already in less crowded flowers of larger size on not particularly angular stalks and stalklets, also in larger fruit; from *E. oblata* in petals disunited from the commencement and in less depressed fruits.

One other plant might on this occasion be mentioned as new for Eastern Australia, namely *Dichrocephala latifolia*, lately gathered by Mr. Stephen Johnson on mountains near the Mulgrave-River.

Dammara Palmerstoni.

F. v. M., „Fourth Suppl, to the Syst. Census of Austral. Plants" 4 (1889), *Agathis Palmerstoni*, F. v. M. collect.

Finally very tall; branchlets angular; leaves comparatively small, narrow-elliptic, but gradually norrowed into the very short petiole, blunt, somewhat oblique, slightly or hardly paler beneath; staminal spikes ellipsoid-cylindric, solitary; strobiles egg-shaped, their racheoles extremely numerous, broader than long, narrowly thickened at the summit.

Mount Bartle-Frere, Christie Palmerston; Mulgrave-River, Stephen Johnson.

Mr. Johnson calls this the largest and noblest jungle tree, ascending from the river to high mountain-altitudes. So far as can be judged from the material before me, this northern Kauri Pine of Queensland is specifically distinct from the southern, which occurs on the mainland near Wide Bay and on Fraser's Island, but may also exist in North Queensland. The leaves are never lanceolar, much smaller and particularly narrower, also always obtuse, as compared to those of trees of the typical *D. robusta*, cultivated here and now fully 40 feet high. Nevertheless the specimen branchlets may all have been taken from very tall trees, and the leaves may thus become reduced in size and perhaps altered in form. The seeding strobile seems also considerably smaller and proportionately narrower; but our collections contain it not in a fully ripe state, but it is then only 1¹/₂ inches broad. The racheoles are remarkably small, because they seem more numerous than in any other congener, as about a dozen in each transverse series can be counted on a side-view of the strobile near its middle; moreover they are almost fan-shaped. The species, here now described, seems nearest to *D. Morrei* of New Caledonia. In all cases it is preferable to use the earliest of binary names for any plant, whatever other objections can be raised, so long as it is correctly retainable within the genus first adopted. If all ante-Linnean names are to be discarded, then Agathis must precede Dammara in designating the Kauri-Pines.

The same collector brought from the same region a variety (pleiocarpa) of *Ackama Muelleri*, with often three and sometimes four fruitlets, and with leaflets on short stalklets. Possibly it may be a distinct species. It offers an approach to Spiranthemum.
May, 1891.

Drake del Castillo, Contributions à l'étude de la flore du Tonkin. Enumération des plantes de la famille des Légumineuses recueillies au Tonkin par M. B a l a n s a en 1885—1889. [Fin.] (Journal de Botanique. T. V. 1891. p. 212.)

Genty, P. A., Contributions à la monographie des Pinguiculacées européennes. I. Sur un nouveau Pinguicula du Jura français, Pinguicula Reuteri Genty, et sur quelques espèces critiques du même genre. [Fin.] (l. c. No. 15.)

Herder, F. von, Plantae Raddeanae apetalae. III. Santalaceae, Thymelaeae, Elaeagneae, Aristolochieae, Euphorbiaceae, Chloranthaceae et Cupuliferae. A cl. R a d d e et nonnullis aliis in Sibiria orientali collectae. (Acta Horti Petropolitani. T. XI. 1891. No. 11. p. 841.)

Lindman, C. A. M., Bromeliaceae Herbarii Regnelliani. I. Bromelieae. (Sep.-Abdr. aus Kgl. Svenska Vetenskaps-Akademiens Handlingar. T. XXIV. 1891. No. 8.) 4⁰. 50 pp. 8 Tafeln. Stockholm 1891.

Smith, John Donnell, Undescribed plants from Guatemala. IX. (The Botanical Gazette. Vol. XVI. 1891. p. 191. 8 plates.)

Martius, C. F. Ph. de, Eichler, A. W. et Urban, J., Flora Brasiliensis. Enumeratio plantarum in Brasilia hactenus detectarum. Fasc. CIX. Folio. 204, 1 pp. mit 30 Tafeln. Leipzig (F. Fleischer in Comm.) 1891. M. 40.—

Penzig, O., Una gita al Monte Sabber. (Extr. dal. „In Alto. Cronaca dalla Società Alpina Friulana". Vol. II. 1891. No. 4.) 8⁰. 18 pp. Udine 1891.

Rose, J. N., List of plants collected by Dr. E d w a r d P a l m e r in 1890 in Western Mexico and Arizona, at 1. Alamos. 2. Arizona. (Contributions from the United States National Herbarium. Vol. I. 1891. No. 4. p. 91. With plates.) Washington 1891.

Schneider, L., Beschreibung der Gefässpflanzen des Florengebietes von Magdeburg, Bernburg und Zerbst. Mit einer Uebersicht der Boden- und Vegetations-Verhältnisse. 2. Aufl. 8⁰. XIII, 60 und 349 pp. Magdeburg (Creutz) 1891. M. 3.—

Palaeontologie:

Bertrand, C. Eg., Remarques sur le Lepidodendron Hartcourtii de Witham. (Travaux et Mémoires des facultés de Lille. Tome VI. 1891.) 8⁰. 159 pp. 10 Tafeln. Lille 1891.

Miczynski, K., Ueber einige Pflanzenreste von Radács bei Eperjes, Comitat Sáros. (Mittheilungen aus dem Jahrbuche der Königl. ungar. geolog. Anstalt. Bd. IX. 1891. Heft 3. p. 49. 8 Tafeln.)

Staub, M., Etwas über die Pflanzen von Radács bei Eperjes. (l. c. Heft 4. p. 65.)

White, David, On the organization of the fossil plants of the Coal-mesures. (The Botanical Gazette. Vol. XVI. 1891. p. 172.)

Teratologie und Pflanzenkrankheiten:

Farwick, B., Wucher- und Schmarotzerpflanzen, deren Vertilgung behördlich angeordnet ist. Folio. 6 Tafeln in Farbendruck. 8⁰ p. Text. Düsseldorf (F. Wolfram) 1891. M. 5.—

Foerste, Aug. F., Abnormal phyllotactic conditions as shown by the leaves or flowers of certain plants. (The Botanical Gazette. Vol. XVI. 1891. p. 159. 1 pl.)

Pauly, A., Die Nonne (Liparis monacha) in den bayerischen Waldungen 1890. In Briefen dargestellt. Mit einem Anhange von **R. Hartig:** Ueber das Verhalten der Fichte gegen Kahlfrass durch die Nonnenraupe. 8°. IV, 108 pp. Mit 1 Karte. Frankfurt a. M. (Sauerländer) 1891. M. 1.50.

Sorauer, Paul, Krebs an Ribes nigrum. (Zeitschrift für Pflanzenkrankheiten 1891. p. 77. Mit 1 Tafel.)

Medicinisch-pharmaceutische Botanik:

Kohl, F. G., Die officinellen Pflanzen der Pharmacopoea germanica, für Pharmaceuten und Mediciner besprochen und durch Original-Abbildungen erläutert (in 33 Lieferungen). Band I. Lief. 1. 4°. p. 1—16 mit 5 farbigen Tafeln. Leipzig (Abel) 1891. M. 3.—

Kirsten, Rudolf, Ueber Rhizoma Pannae, Aspidium athamanticum Kunze. (Archiv der Pharmacie. Bd. CCXXIX. 1891. p. 258.)

Opitz, Ernst, Ueber das Fett und ein ätherisches Oel der Sabadillsamen. (l. c. p. 265.)

— —, Ueber das Fett aus Amanita pantherina und Boletus luridus. (l. c. p. 290.)

Technische, Forst-, ökonomische und gärtnerische Botanik:

Boyé, Auguste, De la régénération des vignes par le charbon. 8°. 22 pp. Montpellier (Coulet) 1891. 50 cent.

Harington, J. E. M., Ostindischer Thee. Geschichtliche Darstellung seiner Cultur und seines Handels. Uebersetzt von **C. F. Boettjer.** 8°. 18 pp. Hamburg (O. Meissner) 1891. M. 0.60.

Mayr, Heinrich, Aus den Waldungen Japans. Beiträge zur Beurtheilung der Anbaufähigkeit und des Werthes der Japanischen Holzarten im Deutschen Walde und Vorschläge zur Aufzucht derselben im forstlichen Culturbetriebe. 8°. II, 59 pp. München (M. Rieger) 1891.

Patin, Emile, Lettres sur les vignes françaises et américaines. Deuxième aux vignerons franc-comtois. 4°. 72 pp. avec fig. Paris (Masson) 1891. 30 cent.

Personalnachrichten.

Prof. Dr. **Goebel** in Marburg hat einen Ruf als Professor der Botanik und Director des botanischen Gartens der Universität München angenommen.

Dr. **B. L. Robinson** hat aus Gesundheitsgründen seine Stellung als Assistent am Gray Herbarium niederlegen müssen.

Dr. **W. A. Setchell,** Assistent für Biologie an der Harvard Universität, ist in gleicher Stellung nach der Yale Universität übergesiedelt.

Dr. **W. Sturgis,** Assistent für Kryptogamenkunde an der Harvard Universität, ist an Stelle des zurücktretenden Dr. Thaxter zum Botaniker an der Connecticuter landwirthschaftlichen Versuchsanstalt ernannt worden.

Dr. **Roland Thaxter** ist zum Assistant-Professor für kryptogam. Botanik an der Harvard Universität ernannt worden.

Prof. Dr. **Lucien M. Underwood** von der Syracuse Universität ist zum Professor der Botanik an der De Pauw Universität zu Greencastle, Indiana, ernannt worden.

Dr. **Sergius Winogradsky** in Zürich hat die Stelle eines Directors der wissenschaftlichen bakteriologischen Abtheilung des neuen bakteriologischen Institutes in St. Petersburg, vorläufig auf ein Jahr, übernommen und siedelt am 1. September dahin über.

Die als eifrige Floristin bekannte **Rosa Masson** ist am 6. Mai in Lausanne gestorben.

Inhalt:

Ausgegeben: 19. August 1891.

Druck und Verlag von Gebr. Gotthelft in Cassel.

Band XLVII. No. 8.   XII. Jahrgang.

Botanisches Centralblatt.

REFERIRENDES ORGAN

für das Gesammtgebiet der Botanik des In- und Auslandes.

Herausgegeben

unter Mitwirkung zahlreicher Gelehrten

von

Dr. Oscar Uhlworm und Dr. F. G. Kohl
in Cassel.   in Marburg.

Zugleich Organ
des

Botanischen Vereins in München, der **Botaniska Sällskapet i Stockholm**, der **botanischen Section des naturwissenschaftlichen Vereins zu Hamburg**, der **botanischen Section der Schlesischen Gesellschaft für vaterländische Cultur zu Breslau**, der **Botaniska Sektionen af Naturvetenskapliga Studentsällskapet i Upsala**, der **k. k. zoologisch-botanischen Gesellschaft in Wien**, des **Botanischen Vereins in Lund** und der **Societas pro Fauna et Flora Fennica in Helsingfors**.

| Nr. 34. | Abonnement für das halbe Jahr (2 Bände) mit 14 M. durch alle Buchhandlungen und Postanstalten. | 1891. |

Wissenschaftliche Original-Mittheilungen.

Die Fichte, ein ehemaliger Waldbaum Schleswig-Holsteins.

Von
Dr. Paul Knuth
in Kiel.

Zwar habe ich in mehreren meiner Schriften die Fichte als ehemaligen Waldbaum Schleswig-Holsteins hervorgehoben [*]), doch scheint dies nicht so zur allgemeinen Kenntniss gekommen zu sein, wie ich anfänglich annahm. Es sei mir daher gestattet, nochmals ausdrücklich auf diese meine Entdeckung hinzuweisen, welche ich durch die Untersuchung des untermeerischen Torfes („Tuul") an

[*]) Ich habe zuerst über das Vorkommen der Fichte im „Tuul" berichtet in der Sitzung des Naturwiss. Vereins für Schleswig-Holstein am 8. April 1889, sodann in folgenden Schriften: „Gab es früher Wälder auf Sylt?" (Humboldt. Bd. VIII. Heft 8); „Grundzüge einer Entwicklungsgeschichte der Pflanzenwelt in Schleswig-Holstein", Kiel 1889; „Botanische Wanderungen auf der Insel Sylt", Tondern 1890; „Die Pflanzenwelt der nordfriesischen Inseln", Kiel 1891.

der Westküste der Insel Sylt machte. Ich bat einen auf Sylt ansässigen Herrn, nachdem die Untersuchung des auf meine Veranlassung dort gegrabenen Torfes kein befriedigendes Ergebniss
geliefert hatte, auf den nach Weststürmen angetriebenen „Tuul" zu
achten, denselben für mich zu sammeln und ihn mir zuzuschicken.
Der Erfolg war ein überraschender. Ausser zahlreichen Rinden-
stücken der Birke und einigen Kiefernzapfen fanden sich in dem
„Tuul" sehr viele, gut erhaltene Fichtenzapfen, so dass hieraus
geschlossen werden muss, dass die Fichte hier ehemals der häufigste
Waldbaum war. Neuerdings sind auch in anderen Mooren von
Schleswig-Holstein Fichtenreste aufgefunden worden. Die Frage,
woher dieser Baum eingewandert sei, lässt sich mit Sicherheit nicht
beantworten, nur soviel steht fest, dass er nicht aus Schweden,
also nicht von Norden, zu uns gekommen ist, wahrscheinlich aus
Osten. Nach einer brieflichen Mittheilung des Herrn Professor
A. G. Nathorst in Stockholm kommt nämlich die Fichte weder
in den Torfmooren Seelands noch Südschwedens vor, auch findet
sie sich nicht in den schwedischen Kalktuffablagerungen.

Die Fichte ist verhältnissmässig spät in Schleswig-Holstein eingewandert, denn die untersten Schichten unserer Torfmoore enthalten
fast ausschliesslich Birke (*Betula verrucosa* Ehrh.) und Zitter-
pappel (*Populus tremula* L.). Nachdem diese beiden eine Zeit
lang die herrschenden Waldbäume gewesen waren, wanderten die
Nadelhölzer Kiefer (*Pinus silvestris* L.) und, wie aus Obigem
hervorgeht, auch die Fichte (*Picea excelsa* Lk.) in Schleswig-
Holstein ein und besiedelten grosse Flächen. Heutzutage sind dieselben nicht mehr wild bei uns, sondern kommen nur angepflanzt
vor. Die Nadelholzwälder gingen aus noch unbekannten Gründen,
wahrscheinlich weil sie dem Boden allmählig die für ihr Wachsthum nöthigen Stoffe entzogen hatten, unter, und die Eiche (*Quercus
Robur* L. sp. pl.) besiedelte das frei gewordene Land, welcher jedoch
bald die Buche (*Fagus silvatica* L.) folgte, den Lehmboden des
Ostens bevorzugend. Wo Eiche und Buche zusammentreffen, entsteht ein heftiger Kampf. Unter dem Schattendache der letzteren
vermögen die lichtbedürftigen Eichen nicht zu bestehen, sondern
gehen allmählich zu Grunde. Dass überhaupt noch in manchen
unserer Waldungen reichlich Eichen vorhanden sind, ist ein Erfolg
der zweckmässigen Durchforstung.

Beiträge zur schweizerischen Phanerogamenflora.

Von

Dr. Robert Keller

in Winterthur.

(Fortsetzung.)

Rosa pomifera Herrm. ✕ *R. glauca* Vill.

Verbreitung: Sehr selten.
Standort: Prato, No. 44.

Grosser, spärlich bestachelter Strauch. Stacheln zum Theil gerade oder nur leicht gekrümmt, zum Theil gegen die Spitze hakig gekrümmt. Blattstiel ziemlich dicht behaart bis verkahlend, drüsig, mit leicht gekrümmten Stacheln besetzt. Nebenblätter breit, drüsig gewimpert, am Rande zerstreut behaart, im Uebrigen kahl oder unterseits locker filzig und dicht drüsig oder fast drüsenlos. Blättchen vorwiegend zu 7, meist gross (Endblättchen oft über 5 cm lang und gegen 3 cm breit), oval, zum Theil mit fast parallelen Rändern, am Grunde öfters herzförmig abgerundet, nach vorn meist scharf zugespitzt. Seitenblättchen kurz gestielt, zum Theil sitzend. Blättchen oberseits kahl, unterseits kahl oder an den Nerven sehr zerstreut behaart. Untere Blättchen mit reichlichen Subfoliardrüsen, obere am Mediannerv und den Secundärnerven drüsig. Zahnung zusammengesetzt, die zahlreichen Zähnchen drüsentragend. Blütenstiele $^1/_2$—$1^1/_2$ cm lang, stieldrüsig, von den Brakteen verdeckt. Blüten meist in 3—4blütigen Corymben, selten einzeln. Brakteen drüsig gewimpert, oberseits kahl, unterseits flaumig-filzig, mit einzelnen Drüsen. Kelchzipfel auf dem Rücken dichtdrüsig, gefiedert; Lappen behaart bis schwach filzig. Endlappen lanzettlich, oft drüsig gezähnelt, ebenso die Seitenlappen; nach der Anthese aufgerichtet. Receptakel breit-oval, meist ohne Stieldrüsen. Griffel ein weisswolliges Köpfchen bildend.

Das vorliegende Specimen ist mit der f. *Murithii* Chr., welche ich im vorigen Jahre unterhalb Curaglia*) in einer nach Crépin's Mittheilung mit Puget's Pflanze analogen Form sammelte, nicht identisch. Die *R. Murithii* fasse ich, wie ich loc. cit. dargethan habe, im Gegensatz zu Christ**), aber in Uebereinstimmung mit Crépin, als f. *glabra* der *R. pomifera* auf. Anders die vorliegende Art, welche durch die gekrümmten Stacheln in hervorragender Weise charakterisirt ist.

Crépin äussert sich in sched. über die vorliegende Form in folgender weniger bestimmten Weise: „C'est peutêtre comme vous le supposez, un hybride dans lequel est intervenu le *R. pomifera*. Rien n'empêche me semble-t-il, de considerer le *R. glauca* comme le 2° ascendant. Le *R. Murithii* Puget que M. Christ considère comme hybride est autre chose ....“

Rosa tomentosa Sm.

Verbreitung: Selten.
Standort: Rodi, circa 1000 m: No. 43.
Eine zur f. *subglobosa* Baker gehörige Modification.

Rosa rubiginosa L.

Verbreitung: Durch das ganze Gebiet, besonders reichlich längs des Tessin unterhalb Dazzio grande bis Faido.

---

*) Vergl. Keller, Beiträge zur schweiz. Phanerogamenflora. (Botan. Centralblatt. Bd. XLII.)
**) Vergl. Christ, Flora. 1874.

Standorte: Airolo 63. — Brugnasco, alt. 1350 m: No. 62,
90 und 91. — Altanca, alt. 1390 m: No. 92. — Deggio, circa
1200 m: No. 66. — Rodi, No. 52, 69—71, 89. — Fiesso, No. 48
bis 50, 319. — Prato, No. 46 und 47. — Zwischen Dazzio grande
und Faido unterhalb 800 m: No. 45, 58, 59, 68, 76—78, 80.

Die zahlreichen Formen und Modificationen, welche ich im
Gebiete zu beobachten Gelegenheit hatte, gruppire ich in folgender
Weise:

a) *Nudae:* Blütenstiele und Rücken der Kelchzipfel stieldrüsenlos. No. 76—78, 80, 82.

Hierher gehört die *Rosa rubiginosa* f. *Jenensis* M. Schulze
Diese sehr charakteristische Form, welche mein verehrter Freun
M. Schulze um Jena an verschiedenen Stellen entdeckt hat, di
ich selbst an Originalstandorten zu beobachten Gelegenheit hatte
findet sich im unteren Theile der Leventina längs des Tessin nich
selten. Der Drüsenreichthum der Blättchen, den wir an einige
Modificationen der folgenden Gruppe in höchst auffälliger Weis
entwickelt sehen, drückt sich auch an diesen Formen darin au
dass namentlich die unteren Blätter zum Theil sehr reichliche (76
zum Theil nur vereinzelte Suprafoliardrüsen besitzen. Die Pubesc
ist an den mir vorliegenden Individuen schwach, indem die Blättcl
beiderseits nur locker anliegend behaart sind. Der Blattstiel
fast kahl. Die Blätter sind in einzelnen Fällen sehr klein (80), ohne d
wir aber hierin den Charakter einer besonderen Form sehen dürfe
denn wir beobachten gelegentlich am gleichen Strauch neben gro
blätterigen auch kleinblätterige Zweige (No. 82). Die Receptak
theils kugelig, seltener oval (No. 80), sind stets sehr kurz gestielt
Die Blüten stehen einzeln, selten in armblütigen (2—3) Corymben
Griffel locker behaart, nie wollig.

b) *Hispidae:* Blütenstiele und Rücken der Kelchzipfel stiel
drüsig.

1. *Glabrae:* Blättchen kahl, No. 319.

Mein Freund, Prof. Baumgartner in Zürich, schickte mi
eine sehr interessante, der var. *decipiens* Sagorski sich nähernd
Form dieser Abtheilung ein, welche er in Fiesso sammelte.

Bestachelung einfach, an den Blütenachsen (an allen?) fehlen
Nebenblätter kahl mit drüsig gewimpertem Rande, sonst drüsenlo
Blattstiel kahl oder nur sehr zerstreut behaart, meist ziemlich drüsc
reich, bestachelt. Subfoliardrüsen an einzelnen Blättchen sehr spärlic
fast fehlend, an andern wenigstens auf den starken Nerven in reicl
lieberer Zahl. Behaarung beiderseits fehlend. Blüten einzeln od
in sehr armblütigen Corymben. Blütenstiele von den Brakteen ve
deckt, stieldrüsig. Receptakel" fast drüsenlos, oval. Kelchzipf
ausgebreitet, auf dem Rücken drüsenreich. Griffel sehr lock
behaart.

Es ist also, ähnlich wie die vorerwähnte Form, auch diese
von Sagorski entdeckte thüringische Typus keine blosse Loca
form.

2. *Pubescentes:* Blättchen mehr oder weniger dicht beh

Diese Abtheilung ist durch die *R. comosa* Rip. und verwandte Formen vertreten.

Sie weicht ab in Bezug auf die Stärke der Pubescenz, der Drüsigkeit, in Bezug auf die Grösse der Blättchen, ihre Zahl und in Bezug auf die Bestachelung.

Mit fast zottiger Behaarung einzelner Theile beobachtete ich eine Form von Brugnasco, die zudem durch zum Theil dicht stacheldrüsiger Receptakel ausgezeichnet ist (No. 91). Gewöhnlich ist die Behaarung schwächer.

Suprafoliardrüsen sind in vielen Fällen zu beobachten, die dann bisweilen (No. 46, 47) nicht nur vereinzelt, sondern reichlich und gleichmässig über die ganze Blattfläche zerstreut sind.

Eine überaus zierliche, kleinblätterige Modification von Rau's var. *parvifolia*, jedoch durch die verhältnissmässig grossen, ovalen zum Theil borstig-drüsigen Receptakel verschieden, findet sich unterhalb Dazio grande. Auch hier kommen den Blättchen Suprafoliardrüsen zu.

In Bezug auf die Zahl der zum Blatte vereinten Blättchen beobachtete ich eine interessante Abänderung, eine Modification mit 9zähligen Blättchen (No. 66). Die Blätter sind zudem mit reichlich bestachelten Blattstielen versehen.

Sehr häufig sind den Stieldrüsen der Blütenstiele und oft auch der Receptakel mehr oder weniger zahlreiche Aciculi beigemengt (zahlreiche bei No. 90). Solche Modificationen bilden die Verbindung zwischen der *R. comosa* Rip. und der *R. umbellata* Leers. Diese letztere ausgesprochen heteracanthe Form, die zudem durch meist reichblütige Corymben ausgezeichnet ist, beobachtete ich in ihrer typischen Entwicklung nicht. Am nächsten kommt ihr No. 62, deren Corymben jedoch armblütig sind.

Rosa micrantha Smith.

Verbreitung: Durch das ganze Gebiet; seltener als vorige Art. Standorte: Madrano. No. 64. — Brugnasco, No. 61, 314. — Altanca, No. 56, 65. — Deggio, No. 55. — Fiesso, No. 19, 54, 72. — Prato, No. 400. — Zwischen Dazio grande und Faido, No. 51, 57, 60.

Die Sträucher, welche ich im Gebiete beobachtete, zeigen keine grosse Mannigfaltigkeit. Sie gehören alle jener Abtheilung an, die Crépin bezeichnet hat als A. *Pubescentes*, 1. *Macrophyllae* fructibus ovoideis*) und entsprechen vorwiegend Christ's f. *typica*.

Besonderer Erwähnung dürfte nachfolgende Beobachtung werth sein: Die Heteracanthie, welche gewissen Formen der *R. rubiginosa* eigen ist, fehlt auch der *R. micrantha* nicht absolut. An mehreren Sträuchern (No. 60, 65 und 400) besitzen die oberen Achsen neben den grössern krummhakigen Stacheln feine, schwach gekrümmte Aciculi, durch welche die Heteracanthie wenigstens angedeutet ist. Es stellen diese Formen gewissermaassen Parallelformen zur *R. rubiginosa* f. *umbellata* vor.

---

*) Crépin, Primitiae monographiae Rosarum. Fasc. 6. p. 817.

Ich füge hier eine kurze Charakteristik einer Form an (314),
in welcher ich die hybride Verbindung zwischen *R. micrantha* Sm.
$\times$ *R. tomentella* Lém. zu sehen glaubte, die jedoch Crépin für
eine Varietät der *R. micrantha* erklärte. Die stark behaarten
Blättchen mit tiefer zusammengesetzter Zahnung sind für eine
Rose aus der Gruppe der *Rubiginosae* auffallend spärlich
mit Subfoliardrüsen besetzt. Sie sind ziemlich gross, rundlich
oval, mit den Rändern sich deckend, das Endblättchen an der Basis
schwach herzförmig. Corymbus reichblütig. In Bezug auf die
Drüsigkeit der Blättchen stellt diese Varietät fast eine Parallelform
zur *R. rubiginosa* f. *decipiens* Sagorski dar, an welcher allerdings
die spärliche Drüsenentwicklung noch auffälliger ist.

Rosa agrestis Savi.

Für das Gebiet noch zweifelhaft.

Einige Individuen, die ich dieser mit *R. graveolens* nahe verwandten Art zuzählen möchte, liegen mir in zu unvollständigen
Entwicklungszuständen vor, um einen durchaus sicheren Schluss zu
gestatten.

Rosa graveolens Grenier.

Verbreitung: Durch das ganze Gebiet; zerstreut.
Standorte: Airolo, No. 87 und 88. — Brugnasco, No. 81.
— Deggio, No. 74. — Fiesso, No. 73, 79, 85, 86. — Rodi, No. 75.
— Prato, No. 79. — Vor Faido, No. 340.

Die im Gebiete vorkommenden Formen vertheilen sich auf
zwei Reihen. In überwiegender Zahl gehören sie jener Reihe
an, die Crépin als *Pubescentes* bezeichnete und entsprechen
Christ's f. *typica*. In Bezug auf die Blattgrösse zeigen die vorliegenden Individuen einige unwesentliche Verschiedenheiten. Ein
Individuum (79) zeigt auf dem Rücken der Kelchzipfel einzelne
Drüsen. Die Receptakel aller pubescirenden Formen sind oval.

Ein Individuum (340) gehört zu den *Glabriusculae* Crépin's.
Es ist die *R. Jordani* Déséglise, neben der Kahlheit der breit-
ovalen an der Basis meist abgerundeten Blättchen durch die
kugeligen Receptakel ausgezeichnet.

Rosa tomentella Léman.

Verbreitung: Sehr vereinzelt.
Standorte: Brugnasco, No. 337. — Rodi, No. 158.
Die Form von Brugnasco darf in phytogeographischer Hinsicht
einiges Interesse beanspruchen. Sie zeigt uns, dass die Elevation
dieser vorwiegend der Ebene angehörigen Art eine ganz bedeutende sein
kann (nahezu 1400 m). Die Modification gehört zu den kahleren
Formen der Art. Der ziemlich reichlich mit Stieldrüsen besetzte
Blattstiel ist filzig, die Pubescenz der Blättchen aber sehr unbedeutend,
so dass an den meisten Blättchen nur der Mittelnerv stärker behaart, die Secundärnerven locker behaart sind. Die Zahnung ist
tief, an einzelnen Blättchen in mehrfach auf einander folgenden
Zähnen einfach, doch sehr überwiegend zusammengesetzt, die

Zähnchen drüsig. Die Blättchen sind scharf zugespitzt, an der Basis abgerundet; Subfoliardrüsen fehlen.

Die Form von Rodi gehört zu der Gruppe der hispiden Formen der *Rosa tomentella.*

Grosser Strauch mit hakig gebogenen Stacheln, die in eine sehr breite Basis zusammengezogen sind. Interfolien kurz. Blätter 5—7zählig. Blattstiel filzig, stieldrüsig. Blättchen breit-oval, kurz zugespitzt oder abgerundet, beiderseits locker behaart. Zahnung zusammengesetzt, Zähnchen drüsentragend. Subfoliardrüsen spärlich. Blüten in mehrblütigen Corymben. Blütenstiele sehr reich an Stieldrüsen, wie auch die Receptakel. Kelchzipfel zurückgeschlagen, auf dem Rücken dicht stieldrüsig. Griffel ziemlich dicht behaart.

(Fortsetzung folgt.)

Originalberichte gelehrter Gesellschaften.

Botaniska Sällskapet in Stockholm.

Sitzung am 21. Januar 1891.

Herr Professor **V. B. Wittrock** sprach:

Ueber das Bergian'sche Herbarium.

Dieses Herbarium, das auf dem Gute der Bergian'schen Stiftung Bergielund bei Stockholm verwahrt wird, wurde von dem Professor der Naturgeschichte und der Pharmacie, dem Dr. med. Peter Jonas Bergius, gegründet. Bergius hatte während seiner Studienzeit in Upsala, 1749—1754, sowohl Linnés privaten als auch öffentlichen Unterricht genossen und wurde seine Neigung dadurch so ernst auf das botanische Studium gerichtet, dass er es später, trotz der vielen und strengen Arbeiten als Beamter und als praktischer Arzt, nie bei Seite setzte.

Der ursprüngliche Kern und vielleicht der werthvollste Theil des Bergian'schen Herbariums ist eine Sammlung Pflanzen vom Kap der guten Hoffnung, die Bergius im Anfange der 1760er Jahre von dem Director der (schwedisch) ostindischen Compagnie, Michael Grubb, als Geschenk erhielt. Auf diese Pflanzensammlung stützt sich ausschliesslich Bergii grosses Werk: „Plantae Capenses. Descriptiones plantarum ex Capite Bonae spei cum differentiis specificis, nominibus trivialibus et synonymis auctorum justis. Secundum systema sexuale ex autopsia concinnavit atque sollicite digessit Petrus Jonas Bergius. Cum tabulis aeneis. Stockholmiae 1767." In diesem Werke, dem ersten Specialwerk über die Cap-Flora, beschreibt B. 14 neue Gattungen und ungefähr 130 neue Arten. Von den neuen Gattungen werden die 10 folgenden noch fortwährend von der Wissenschaft als natürlich und wohlgegründet anerkannt: *Dilatris* (*Haemodoraceae*), *Thamnocortus* (*Restiaceae*), *Disa* (*Orchideae*), *Colpoon* und *Grubbia* (*Santalaceae*),

Aulax (*Proteaceae*), *Melasma* (*Personatae*), *Stilbe* (*Verbenaceae*), *Cyphia* (*Campanulaceae*) und *Lidbeckia* (*Compositae*).

Ungefähr gleichzeitig mit der Grubb'schen Sammlung erhielt Bergius durch Ankauf eine andere, sehr werthvolle Sammlung, nämlich eine, die D. Rolander, ein Schüler von Linné, während einer Reise nach Südamerika und Westindien, hauptsächlich in Surinam, gemacht hatte. Aus dieser Sammlung beschreibt B. eine neue Gramineen-Gattung, *Scleria*, nebst mehreren neuen Arten.

Durch die Bearbeitung der Grubb'schen Sammlung besonders für die Flora des Cap der guten Hoffnung interessirt, fuhr Bergius immer fort, seine Sammlungen mit Pflanzen vom Cap zu vergrössern. Besonders reiche Beiträge erhielt er von seinem Freunde C. P. Thunberg und nicht unbedeutende, von Zeit zu Zeit, von P. J. Bladh, C. M. Blom, C. G. Ekeberg, C. F. Hornstedt, F. P. Oldenburg, A. Sparrman und C. H. Wänman. Das Herbarium besitzt eine nicht geringe Anzahl nordafrikanischer Pflanzen, die von G. Rothman's (Tripolis) und F. Hasselquist's (Aegypten) Reisen herstammen.

Die amerikanischen Pflanzen im Herbarium sind sehr zahlreich. Vor Allem erwähnen wir der grossen Anzahl, die von Olof Swartz' Reise nach Westindien herstammt. Ferner nennen wir die Sammlungen, die von C. F. Pihl bei Panama, von G. F. Kjellman und C. M. Wrangel in Nordamerika zusammengebracht wurden. Die asiatische Flora wird von Pflanzen vertreten, die von C. P. Thunberg (Japan, Java, Ceylon), C. G. Ekeberg (China und Cochinchina), F. Hasselquist (Syrien und Palästina), J. G. König (Ostindien), E. Laxman und P. S. Pallas (Sibirien), P. Osbeck und C. H. Wänman (China) u. a. m. mitgetheilt wurden.

Australien wird fast nur von A. Sparrman's Sammlung (Neu-Seeland) vertreten. In Europa ist das südliche Frankreich (die Pyrenäen eingeschlossen) durch die reichen Sendungen von A. Gouan gut vertreten. Von Italien und Spanien gibt es nicht wenige Pflanzen von C. Ahlströmer, von der Schweiz von J. Dick und von Oesterreich von H. C. D. Wilcke mitgetheilt. Die schwedische Flora ist dagegen ziemlich schwach vertreten; diese hat nur Pflanzen aufzuweisen, die von Bergius selbst (auf Gottland und in den Gegenden von Stockholm und Upsala) gesammelt wurden, von A. Afzelius (nicht wenig Moose, Flechten und Pilze), von J. Hollsten (in der Lule Lappmark), E. G. Lidbeck (Schonen), P. Osbeck (Halland), D. Solander (Westerbotten und Lappland), S. Wendt (Gottland und Öland) u. a. m.

Unter den mehr bekannten Botanikern, die im Uebrigen zu Bergii Zeit noch Beiträge zum Bergian'schen Herbarium geliefert haben, nennen wir noch die Deutschen F. Ehrhart, J. A. Murray und J. C. D. Schreber; die Franzosen Ph. Commerson, P. A. Pourret, J. F. Seguier und P. Sonnerat; den Schweizer Alb. von Haller; die Spanier J. C. Mutis und C. G. Ortega. Die von Linné mitgetheilten und von ihm selbst verzeichneten Arten belaufen sich bis auf ungefähr 30.

Das Herbarium bestand bei dem Tode des Professor B e r g i u s, i. J. 1790, aus mehr als 9000 Arten, eine für jene Zeit bedeutende Anzahl.

Nach dem Tode des Professor B.ergius ging das Herbarium nebst dem grössten Theile seines übrigen Eigenthums durch Testament in den Besitz der Königl. schwedischen Academie der Wissenschaften über. Zum Vorsteher ("Professor Bergianus") der durch dieses Testament gebildeten B e r g i a n'schen Stiftung wurde von der Academie der Wissenschaften der berühmte Botanikers Dr. O l o f S w a r t z ausersehen. Während seiner Zeit wurde das Herbarium durch Gaben von S. selbst und durch das Hinzukommen einer nicht unbedeutenden Sammlung westindischer Pflanzen von J. E. F o r s s t r ö m vergrössert. Nach dem Tode des Dr. S w a r t z 1819 wurde Dr. J. E. W i k s t r ö m zum Professor Bergianus ausersehen. Durch ihn erhielt das Herbarium einen recht bedeutenden Zuwachs. Zahlreiche ausländische Pflanzen wurden im B e r g i a n - schen Garten gezogen, um sie für das Herbarium zu gewinnen. Schwedische erhielt man von G. W a h l e n b e r g (Originalexemplare von *Carices*), L. L. L a e s t a d i u s, N. u. C. L a g e r h e i m, N. J. A n d e r s s o n und Anderen. Exotische Pflanzen erhielt man von R o b e r t B r o w n (neuholländische) und J. H e d e n b o r g (türkische). Nachdem Professor N. J. A n d e r s s o n die Pflege des B e r g i a n'schen Herbariums von 1856—1879 anvertraut war, wurde der Vortragende letztgenanntes Jahr zum Professor Bergianus ausersehen. Seine Bemühungen sind darauf hinausgegangen, das Herbarium hauptsächlich durch im B e r g i a n'schen Garten gezogene und kritisch bestimmte Pflanzen zu bereichern, von welchen auch, nach der 1885 vorgenommenen Verlegung und Erweiterung des Gartens, eine nicht geringe Anzahl hinzugekommen ist.

Der Vortrag wurde durch Vorzeigung von dem B e r g i a n'schen Herbarium angehörigen Originalexemplaren erläutert, theils von Arten, die von Professor Bergius selbst, theils von Arten, die von T h u n b e r g, S w a r t z, W i k s t r ö m und W a h l e n b e r g beschrieben sind. Auch aus dem neuen, in grösserem Formate angelegten Garten-Herbarium wurde ein Theil Proben vorgelegt.

Sitzung am 18. März 1891.

Herr Assistent Dr. **O. Juel** sprach

I. Ueber abnorme Blütenbildung bei *Veronica ceratocarpa* C. A. M.

Im botanischen Garten der Academie der Wissenschaften in Stockholm war diese Art Anfang Juni 1890 ausgesäet worden. Die erzielten Pflanzen waren noch im späten Herbste kräftig vegetirend, aber steril. Die aufsteigenden Enden der Sprosse waren mit grossen gerundeten Blättern dicht besetzt. In den Blattwinkeln dieser Blätter waren eigenthümliche fehlgeschlagene Blüten vorhanden, welche fast ungestielt waren. Der Kelch war kräftig entwickelt mit breiten Lappen, und in dessen Mitte fanden sich die übrigen Blütentheile im Knospenzustand, eine sehr kleine Krone, zwei Staubgefässe mit überaus kurzen Strängen, aber mit Antheren von beinahe typischer Grösse, sowie ein kleiner Fruchtknoten.

Wenn dagegen diese Art sich in einem Garten spontan propagiren darf, geschieht die Keimung im Herbste und winzige Pflanzen werden erzeugt, welche überwintern und im Frühjahr Inflorescenzen bilden, deren Blätter etwas verkleinerte Hochblätter sind, welche langgestielte Blüten stützen. Diese Art gehört somit zu den „plantae annuae hiemantes" Ascherson's.

(Fortsetzung folgt.)

Instrumente, Präparations- und Conservations-Methoden.

Humphrey, J. E., Notes on technique. II. (Botanical Gazette. 1891. March. p. 71 —72.)

Verf. empfiehlt zur Untersuchung der Schwärmsporen von Algen und Pilzen die Anwendung von 1 procentiger Osmiumsäure und Hansteins Rosanilin-Violett. Dadurch werden die Schwärmer sehr gut fixirt und die Cilien treten scharf gefärbt hervor. So hat Verf. constatiren können, dass die Zoosporen von *Achlya* beim Austritt aus dem Zoosporangium mit Cilien versehen sind, in Uebereinstimmung mit den Angaben von Cornu und Hartog entgegen denen von de Bary und Zopf in ihren Lehrbüchern. *Achlya* und *Saprolegnia* erscheinen also unter solchen Umständen als sehr nahe verwandt und unterscheiden sich eigentlich nur durch die Stellung der Zoosporangien. Weiteres über diesen Gegenstand gedenkt Verf. an anderer Stelle zu publiciren.

Möbius (Heidelberg).

Dammer, U., Handbuch für Pflanzensammler. 8°. X, 342 pp. mit 13 Tafeln. Stuttgart (Ferd. Enke) 1891.   M. 8.—

Devoto, L., Ueber den Nachweis des Peptons und eine neue Art der quantitativen Eiweissbestimmung. (Zeitschrift für physiologische Chemie. Bd. XV. 1891. Heft 5.)

Sammlungen.

Rehm, H., Cladoniae exsiccatae. No. 376—406. Edidit F. Arnold. München 1890.

Die getrockneten *Cladonien* dieser Fortsetzung vertheilen sich auf die Florengebiete folgendermaassen:

Oldenburg (leg. H. Sandstede):

376. *Cladonia silvatica* (L.) f. *tenuis* Fl., 377. *C. uncialis* (L.) f. *destricta* Nyl., 379. *C. coccifera* (L.), 380. eadem f. *prolifera* Wallr., 381. eadem f. *phyllocephala* Schaer., 385. *C. glauca* Flör. c. ap., 386. eadem podetiis apice ramosis 387.

388 eadem 399. *C. verticillata* Hoffm., 400. eadem f. *phyllophora* Flör., 406. *C. Papillaria* Ehrh.

München (leg. F. Arnold):

382. *C. pleurota* Flör., 396. *C. cornuta* (L.), 397. *C. degenerans* Flör. f. *haplotea* Ach., 398. *C. verticillata* Hoffm., 403. *C. ochrochlora* Flör. f. *truncata* Flör.

Tirol (leg. F. Arnold):

378. *C. bellidiflora* Ach., 384. *C. foliosa* Sommf. (*macrophylla* Schaer.), 389—393. *C. crispata* Ach. f. *virgata* Ach., 394. *C. gracilis* (L.), 401. *C. fimbriata* (L.).

No. 383, 395, 402, 404 und 405 sind Bilder von *Cladonien* (Heliotypie) der Flora von München, welche auch in F. Arnold, Lichenes exsiccati, unter No. 1493—1496, herausgegeben sind. Vom morphologischen Standpunkte aus ist es gegenüber der immer weiter schreitenden Zersplitterung der Arten dieser Gattung mit Freuden zu begrüssen, dass Arnold in diesen Bildern den Monstrositäten Aufmerksamkeit zu schenken begonnen hat.

Minks (Stettin).

Referate.

Wettstein, R. von, Leitfaden der Botanik für die oberen Classen der Mittelschulen. 8⁰. 200 pp. mit 2 Farbendrucktafeln und 867 Figuren in 149 Holzschnitt-Abbildungen. Wien (F. Tempsky) 1891.

Verf. hat sein Lehrbuch den für den Lehrplan der Mittelschulen bestehenden Instructionen möglichst vollkommen angepasst, und beginnt demgemäss sofort mit der Systematik, welche bei den *Thallophyten* angefangen wird. An einigen Hauptrepräsentanten wird mit Hülfe von Abbildungen der Charakter der natürlichen systematischen Gruppen dargestellt und am Schlusse des betreffenden Abschnittes in wenige Worte zusammengefasst. Wörtliche und bildliche Darstellung wird man in diesem Theil als eine vortreffliche bezeichnen können, besonders sind die fast sämmtlich nach der Natur gezeichneten Holzschnitte vom künstlerischen und pädagogischen Standpunkte aus der Anerkennung werth. Auf das, was in das Capitel der allgemeinen Botanik gehört, ist in dem systematischen Theil nicht eingegangen worden, es wird nur auf die Seite verwiesen, wo in dem zweiten Theil des Buches, „allgemeine Botanik", der betreffende Gegenstand behandelt wird. Mit diesem Theil können wir uns nicht ganz so einverstanden erklären und erlauben wir uns auf einiges hinzuweisen, was uns als Mangel erscheint. So ist die Assimilation nicht zusammenhängend behandelt und in ihrer hohen Bedeutung gehörig hervorgehoben worden, überhaupt die normale Ernährung der Pflanzen nicht genug berücksichtigt, während die Schmarotzer- und insectenfressenden Pflanzen verhältnissmässig ausführlich besprochen werden. Dass die Saprophyten nur einen Theil ihrer Nahrung in Form von organischen Verbindungen aufnehmen, die Parasiten aber ihre ganze

Nahrung aus lebenden Pflanzen und Thieren beziehen, lässt sich schwerlich als Definition durchführen. Die Bedeutung der Athmung als Kraftquelle ist nicht erwähnt. Das Dickenwachsthum des Stammes und der Bau der Wurzel dürften doch wohl ein wenig genauer dargestellt werden. Im Uebrigen ist auch hier viel Gutes in Wort und Bild geboten. Dies gilt nun in besonderer Weise von dem letzten Theile des Buches „Angewandte Botanik". Hier werden die wichtigsten inländischen und ausländischen Pflanzen, welche A. Nahrungs- und Genussmittel, B. technisch wichtige Producte liefern, C. als Medicinal- und Giftpflanzen, D. als Zier-, E. als Futterpflanzen wichtig sind, kurz besprochen und zum Theil vorzüglich illustrirt. Von den beiden Farbendrucktafeln stellt die eine die wichtigsten essbaren, die andere die wichtigsten giftigen Pilze in sehr gelungenen Abbildungen dar.

Möbius (Heidelberg).

Dietel, P., Bemerkungen über die auf *Saxifragaceen* vorkommenden *Puccinia*-Arten. (Berichte der Deutschen botanischen Gesellschaft. Bd. IX. p. 35—45. Mit Tafel III.)

Ref. beschreibt in der vorliegenden Arbeit zunächst das anscheinend regelmässige und inzwischen auch an anderweitigem Material bestätigte Vorkommen zweier Sporenformen bei *Puccinia Chrysosplenii* Grev., von denen die eine als forma *persistens*, die andere, bisher übersehene, als forma *fragilipes* beschrieben wird. Da die letztere in ihren Merkmalen mit *Pucc. Saxifragae* Schlechdt. fast ganz übereinstimmt, so lag der Hinweis nahe, dass man *Pucc. Saxifragae* aus *Pucc. Chrysosplenii* durch Wegfall der f. *persistens* entstanden denken könne. Ausser auf den beiden *Chrysosplenium*-Arten wurden beide Sporenformen auch auf der nordamerikanischen *Saxifraga punctata* nachgewiesen. Die auf *Saxifraga Virginiensis* und *Heuchera Americana* vorkommenden *Puccinien*, die in der Litteratur theils als *P. Saxifragae*, theils als *P. curtipes* Howe und *P. striata* Cke. aufgeführt werden, sind zwar von der typischen *P. Saxifragae* etwas verschieden, da aber die Abweichungen an verschiedenen Exemplaren auf *Saxifraga Virginiensis* selbst nicht unbeträchtliche Unterschiede zeigen, so werden jene nach Farlow's Vorschlag zu *P. Saxifragae* gezogen und als var. *curtipes* (Howe) bezeichnet. Ferner wird nachgewiesen, dass die auf *Sax. Aizoon* und *S. elatior* und wohl auch auf anderen Arten der *Aizoon*-Gruppe vorkommende Art nicht *P. Saxifragae* ist, sondern als eine besondere, vom Ref. *P. Pazschkei* benannte Art zu betrachten ist. — *P. spreta* Pk. und *P. Tiarellae* B. et C. auf *Tiarella*, *Mitella* und *Heuchera* sind allem Anscheine nach identisch mit *Uredo Heucherae* Schw. und daher als *Pucc. Heucherae* (Schw.) zu bezeichnen. Die übrigen Bemerkungen beziehen sich auf *Pucc. congregata* Ell. et Hk., *Pucc. Saxifragae ciliatae* Barcl. und *Pucc. Adoxae* DC., zu welch letzterer auch die als *Pucc. pallido-maculata* Ell. et Ev. bezeichnete Art auf *Sax. punctata* gezogen wird.

Dietel (Leipzig).

Beketow, A., Zwei neue Pilze bei Moskau. (Arbeiten des-
St. Petersburger Naturforscher-Vereins. Abtheilung der Botanik.
Bd. XX. p. 15.)

Verf. fand im Gouvernement Moskau zwei für Russland neue
Pilze, nämlich: *Hysterangium* sp. und *Geaster fornicatus* Fr. (*G.*
quadrivalvis DC.).

Rothert (Kazan).

Loew, O., Ueber die physiologischen Functionen der
Phosphorsäure. (Biologisches Centralblatt. Bd. XI. 1891.
No. 9 u. 10. p. 269—281.)

Verf. bespricht zunächst die Bedeutung, welche die Phosphorsäure für die Bildung des Nucleins hat; sie wird dahin geleitet, wo
lebhafte Zell- und Kerntheilung stattfindet und da aufgespeichert,
wo später ein lebhaftes Wachsthum unter Zellvermehrung eintreten
soll, z. B. also im Samen. Ferner spielt die Phosphorsäure noch
eine wichtige Rolle in der Form des Lecithins. Dasselbe dient,
bei seiner Quellbarkeit und geringen Löslichkeit in Wasser, nach
des Verf.'s Ansicht dazu, die Verbrennung des Fettes zu ermöglichen; denn die Fettsäuren selbst sind unlöslich und die löslichen
Seifen wirken schon in geringer Menge schädlich. Um nun noch
andere Wirkungen der Phosphorsäure auf Pflanzenzellen zu ermitteln, stellte Verf. Culturversuche an, indem er *Spirogyren* in
phosphatfreien Nährlösungen zog und in Nährlösungen, die 0,1°/oo
Monokaliumphosphat enthielten. Es ergab sich, dass bei den
„Phosphatalgen" das Trockengewicht nach 8 Wochen fast doppelt
soviel betrug, als das gegenüber dem Anfang ebenfalls vermehrte
Trockengewicht der Controlalgen, dass erstere bedeutend längere
Zellen, als letztere gebildet, während letztere viel mehr Fett
und „actives Eiweiss", als die ersteren in den Zellen aufgespeichert
hatten, auch der Stärkegehalt schien dort grösser zu sein. Aus
seinen Beobachtungen zieht Verf. folgende Schlüsse: „Bei Zufuhr
von Phosphaten wird Ernährung des Zellkerns und damit Wachsthum und Theilung der Zellen ermöglicht. Zellen von *Spirogyren*
können zwar längere Zeit ohne Phosphatzufuhr leben und sowohl
Stärkemehl als Eiweiss bilden, doch leiden Wachsthum und Vermehrung. Die Ansicht, dass anorganische Phosphate sich bei dem
Eiweissbildungsprocess betheiligen, findet in den Beobachtungen
von *Spirogyren* keine Stütze."

Möbius (Heidelberg).

Waage, Th., Ueber das Vorkommen und die Rolle des
Phloroglucins in der Pflanze. (Berichte der Deutschen
botanischen Gesellschaft. Jahrg. VIII. Heft 8. p. 250—292.)

Eine ganze Reihe von Arbeiten vor Waage haben sich entweder ausschliesslich oder doch mehr oder weniger eingehend mit
dem Phloroglucin, seinem Vorkommen in der Pflanze und den
Reactionen, durch welche es sich nachweisen lässt, beschäftigt.

Der vorliegenden Untersuchung von Waage haftet aber das
Gute an, dass sie so ausführlich ist, wie wohl keine über
diesen Gegenstand, selbst die unter der Leitung Wiesner's von
von Weinzierl angestellte vorher — Waage hat, nebenbei
bemerkt, ca. 185 verschiedene Pflanzen genauer auf ihren Gehalt
an Phloroglucin untersucht — und dass er mit dem von Lindt
angegebenen Reagens für den Nachweis von Phloroglucin, mit
Vanillin-Salzsäure arbeitete, welches vor der Weselsky'schen
Reaction den Vortheil hat, dass sofort bei Zutritt von einem
Tropfen Vanillinlösung in Salzsäure 0,005:4,0 noch 0,000001 g
Phloroglucin erkennbar wird, während auf dem von Weselsky
angegebenen Wege, um nur 0,0005 g Phloroglucin deutlich sichtbar
zu machen, etwa 3 Stunden nöthig sind.

In dem ersten Abschnitt, „Allgemeines und Methodisches"
überschrieben, kommt Verf. auf die Entdeckung des Phloroglucins
überhaupt, sowie auf verschiedene Methoden zu sprechen, welche
von einzelnen Forschern in Anwendung gebracht worden sind, um
den Nachweis des Phloroglucins auf dem einfachsten Wege am
vollkommensten zu ermöglichen. Der besten Reaction, welche
jetzt bekannt ist, ist schon oben Erwähnung gethan worden.

Der zweite Hauptabschnitt, „Anatomisches", enthält die Untersuchungen über die allgemeine Vertheilung des Phloroglucins in
der Pflanze. Untersucht wurden besonders Axenorgane und Laubblätter. — Wurzeln, Stämme und Zweige, beziehentlich Stiele
sowie Stengel, verhielten sich in Bezug auf Phloroglucingehalt
ziemlich übereinstimmend. Von den ausdauernden Gewächsen
wurden jüngere, meist zweijährige Zweige, von den ein- und
zweijährigen Gewächsen dagegen stärkere Stengel zur Untersuchung
verwendet.

Ref. muss, um nicht zu ausführlich zu werden, darauf verzichten, auf die Untersuchung der einzelnen Gewebe, sowie den
verschiedenen Phloroglucingehalt, der sich in ihnen nachweisen
liess, näher einzugehen. Diese Angaben müssen im Original nach-
gelesen werden. Nur soviel sei bemerkt, dass aus phloroglucin-
haltigen Mutterzellen fast stets ebensolche Tochterzellen hervorgehen. Die reihenweise Anordnung phloroglucinhaltiger Zellen,
welche dem Verf. namentlich an Längsschnitten aufgefallen ist, hat
deshalb jedenfalls in der ursprünglichen Gewebedifferenzirung der
Axenorgane ihren Grund.

Was die allgemeinere Verbreitung des Phloroglucins anlangt,
so resultirt aus den Untersuchungen des Verf., welche sich, wie
schon bemerkt, über ca. 185 Pflanzen erstrecken, „dass die vorhandenen Arten einer und derselben Gattung in Bezug auf jenen
Körper keine allzugrossen Abweichungen zeigten." Wo eine Art
phloroglucinreich war, enthielten die anderen diesen Stoff ebenfalls
in einiger Menge, wo aber eine völlig phloroglucinfreie Pflanze
vorkam, wurde keine andere derselben Gattung reich daran gefunden. Bei durchschnittlich mittlerem Gehalt konnten sowohl
phloroglucinreiche wie phloroglucinarme Pflanzen vorhanden sein.

Auf Grund seiner Resultate hat Verf. bezüglich der systematischen Vertheilung des Phloroglucins im höheren Pflanzenreiche folgende Uebersicht aufgestellt:

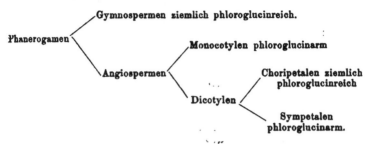

Auffällig war auch die Vertheilung des Phloroglucins in Beziehung gebracht zur Vegetationsdauer. Diejenigen Pflanzen nämlich, welche phloroglucinreich genannt werden konnten, waren zumeist solche, deren Arten baum- oder strauchartig auftraten, umgekehrt wiesen Familien aus meist krautartigen Pflanzen nur einen relativ geringen Gehalt an Phloroglucin auf; von ersteren führten 85%, von letzteren nur 50% Phloroglucin.

Der dritte Hauptabschnitt, „Physiologisches" betitelt, enthält Angaben über die physiologische Rolle des Phloroglucins im Pflanzenkörper. Verf. geht von drei Hauptfragen aus, nämlich a) wo das Phloroglucin entsteht, b) wie seine Bildung verläuft, c) ob es dem Stoffwechsel des pflanzlichen Organimus dient oder als Nebenprodukt aufzufassen ist.

Zu a ist zu bemerken, dass das Phloroglucin im Sinne der Angaben von Kraus für Gerbstoffe autochthon oder secundär in bestimmten Zellen des Vegetationspunktes sich bildet. Auf seine Vermehrung übt das Licht einen directen Einfluss nicht aus, einen indirecten nur insofern, indem es die Energie des Stoffwechsels steigert. Mehrere Momente, unter anderm auch den Westermaier'schen Gerbstoffbrücken ähnliche Bildungen, die sich durch kräftige Phloroglucinreaction auszeichnen, sprechen für die Annahme einer Ableitung des Phloroglucins. Da in den Stätten der Assimilationsthätigkeit, den Chlorophyllkörnern, Phloroglucin nicht nachweisbar war, kann man annehmen, dass dasselbe mit der Assimilation direct nichts zu thun hat, und da auch das Plasma, — wenigstens in erwachsenen Zellen, bei meristematischen konnte dies nicht immer mit genügender Sicherheit festgestellt werden — sich stets als phloroglucinfrei erwies, bleibt nur die Annahme übrig, dass das Phloroglucin ein Bildungsprodukt des Zellsaftes ist.

Diese Annahme ist von Bedeutung für die Beantwortung der zweiten Hauptfrage unter b, „wie die Bildung des Phloroglucins verläuft". Jedenfalls erfolgt die Phloroglucinbildung im Verlauf oder infolge eines chemischen Processes, der sich innerhalb des Saftraumes der Zellen abspielt. Folgendermassen ist nun der Ideengang des Verf. Allgemein ist anerkannt, dass Stärke vor-

zugsweise in Form von Zucker wandert; bei der Stärkelösung
findet also eine Wasserzufuhr statt. Umgekehrt muss nun doch,
wenn Stärke entweder transitorisch oder als Reservestoff wieder
niedergeschlagen wird, eine Wasserabspaltung vor sich gehen, und
zwar wird ein Molekül Wasser abgespalten werden im Sinne der
Gleichung: $C_6 H_{12} O_6 = C_6 H_{10} O_5 + H_2 O$. „Stellt man sich nun
vor," so fährt Verf. fort, „dass an den Punkten einer Pflanze, wo
die Lebenskraft und der Stoffwechsel am stärksten zum Ausdruck
kommen — und dies ist in Blättern, Blüten und an Neubildungen
der Fall — die Energie der Reaction weiter geht, so dass aus
dem Zuckermoleküle nicht ein, sondern drei Moleküle Wasser
abgespalten werden, so gelangen wir zu dem Phloroglucin:
$C_6 H_{12} O_6 = C_6 H_6 O_3 + 3 H_2 O$." — Wie sehr auch diese letztere
Annahme vorläufig noch Hypothese ist, so spricht doch dafür,
dass dort, wo eine Rückbildung von Stärke erfolgt, auch Phloroglucin unter sonst geeigneten Bedingungen auftritt, und zwar um
so mehr, je grösser die niedergeschlagenen Stärkemengen sind.
Ausserdem ist es dem Verf. gelungen, experimentell den Nachweis
zu erbringen, dass die Bildung von Phloroglucin aus Traubenzucker
im Pflanzenkörper thatsächlich möglich ist.

Bezüglich der dritten Hauptfrage unter c, „ob das Phloroglucin dem Stoffwechsel des pflanzlichen Organismus dient, oder
ob es als Nebenprodukt aufzufassen ist", ist Folgendes zu bemerken.
Da ein zeitweiliges und beträchtliches Verschwinden des Phloroglucins kaum nachweisbar ist, so ist auch kaum anzunehmen, dass
dasselbe ein Stoffwechselprodukt der Pflanze sei; vielmehr ist es
wohl ein Nebenprodukt, ohne jedoch ausschliesslich Excret zu sein.
Denn wäre das Phloroglucin für die Pflanze von Wichtigkeit, so
würde dieselbe nicht so grosse Mengen desselben beim Abwerfen
der Borke, der Blätter, der Knospenschuppen, Frucht- und Samenschalen zu Grunde gehen lassen. Eine gewisse Bedeutung hat es
nach den Angaben des Verf. aber insofern, als es einmal „in das
Molekül complicirt zusammengesetzter Körper, der Phloroglucide
und Phloroglycoside, eintritt; sodann aber, dass es an der Bildung
der Phlobaphene und jener so ausserordentlich verbreiteten Farbstoffe betheiligt ist, die man unter dem Namen Anthocyan und
Erythrophyll zusammenfasst."

Im vierten Hauptabschnitt, „Kritisch-Historisches", gibt Verf.
eine Würdigung aller bisherigen, auf unsern Gegenstand bezüglichen Arbeiten anderer Forscher; es würde zu weit führen, wollte
Ref. auch darauf näher eingehen.

Der letzte Abschnitt endlich handelt von der „Analogie mit
den Gerbstoffen." Die Vertheilung des Phloroglucins im Pflanzenkörper ist derjenigen der Gerbstoffe völlig entsprechend. In denselben Zellen, wo Phloroglucin nachgewiesen werden kann, tritt
auch Gerbstoff auf. Wiederum enthalten aber viele Zellen Gerbstoff, ohne dass Phloroglucin zugegen ist; eine halbwegs kräftige
Gerbstoffreaction lässt dagegen immer auf das Vorhandensein von
Phloroglucin schliessen.

Folgende Thatsachen stehen mit den von K r a u s für Gerbstoffe angeführten im Widerspruch: So lässt sich „eine primäre,
an das Licht gebundene Phloroglucinbildung im Sinne von K r a u s
für Gerbstoffe nicht erweisen. Isolirte Blätter vermehren nicht im
Lichte ihren Phloroglucingehalt, panachirte sind nicht ärmer daran,
als rein grüne. Eine Wanderung des Phloroglucins findet nur
in beschränktem Maasse statt." Andere hingegen stimmen genau
damit überein, so z. B. dass das Auftreten von Phloroglucin nicht
direkt vom Assimilationsprocesse abhängt, dass es keine Verwendung als plastischer Bau- oder Reservestoff findet, weswegen
auch keine Rückleitung aus den Blättern beim herbstlichen Laubfall, wohl aber beim Keimen phloroglucinhaltiger Samen eine
Vergrösserung der Menge desselben stattfindet.

Eberdt (Berlin).

———

Gravis, A., A n a t o m i e e t p h y s i o l o g i e d e s t i s s u s c o n d u c-
t e u r s c h e z l e s p l a n t e s v a s c u l a i r e s. R e s u m é d'u n e
c o n f é r e n c e f a i t e à l a S o c i é t é b e l g e d e M i c r o s c o p i e.
(Extr. des Mémoires de la Société belge de Microscopie. T. XII.
p. 87—116. Pl. I et II.)

In der vorliegenden Arbeit wird das Wichtigste, was über die
Structur und Function des Holzes bekannt ist, zusammengestellt in
belehrender und ansprechender Form, doch ohne Anführung wesentlich neuer Gesichtspunkte. In dem 1. Kapitel (Morphologie des
Holzes) wird zunächst die Entwickelung des Xylems im Stamm und
Wurzel an dem Beispiel der vom Verf. früher ausführlich behandelten *Urtica dioica* demonstrirt; dann wird die Lage des Holzes
im Verhältniss zu den anderen Geweben und die Vertheilung des
Holzes im Körper der Pflanze besprochen. Für die Verschieden-
artigkeit der Zusammensetzung des Xylems in den verschiedenen
Hauptgruppen der Pflanzen werden als Beispiele angeführt: *Polypodium ramosum, Pinus sylvestris, Quercus Robur, Tradescantia Virginica.* Der Beziehung der Holzstructur zu den biologischen Verhältnissen der Pflanzen ist ein besonderer Abschnitt gewidmet,
worin auch die Vervollkommnung der Structur mit der höheren
Stellung der Pflanzen im System berücksichtigt wird.

Im 2. Kapitel (Physiologie des Holzes) wird wesentlich die
Saftsteigungstheorie besprochen. Verf. thut den deutschen Botanikern sehr unrecht, wenn er von ihnen ganz allgemein behauptet,
sie verträten die Imbibitionstheorie. Die für und wider dieselbe
sprechenden Gründe, ebenso wie die, welche für die Circulation des
Wassers in den Hohlräumen der Gefässe gebracht worden sind,
werden angeführt, die eigentliche Kraft aber, welche das Wasser
hebt, wird nicht erklärt. Verf. macht sich die Sache etwas leicht,
indem er neben Wurzeldruck und Transpiration noch Capillarität,
Osmose und Imbibition zusammen als wirkende Kräfte angibt, ohne
aber auf die Wirkungsweise einzugehen. In dem Abschnitt, der
den Mechanismus der Circulation behandelt, schliesst sich Verf. an
das Schema von B ö h m an und erklärt den Zweck der gehöften
Poren (als Wasserbehälter) nach E l f v i n g.

Das 3. Kapitel ist betitelt: Beziehungen zwischen der Morphologie und Physiologie des Holzes. Das Holz dient als Reservoir und Bahn des Wassers und zeigt deswegen die Eigenschaften, dass die betreffenden Elemente entleert werden können, dass ihre Wände sehr permeabel und doch sehr fest sind, dass die Gefässe ununterbrochene Röhren darstellen. Die trachées (Ring- und Spiralgefässe) sollen mehr als Reservoire, die vaisseaux (Tüpfelgefässe) zur Leitung dienen. Danach richtet sich ihr Auftreten in Menge und Lage bei verschiedenen Organen derselben Pflanze (Stamm und Blätter) und bei verschiedenen Pflanzen, wie Verf. am Beispiel der Cacteen und Wasserpflanzen zeigt.

Möbius (Heidelberg).

Vesque, J., Les groupes nodaux et les epharmonies convergentes dans le genre *Clusia*. (Comptes rendus de l'Acad. des sciences. 1891. 11. Mai.)

In einem früheren Aufsatze*) hatte Verf. gezeigt, dass es möglich ist, in einem Complex von verwandten Arten diejenige Gruppe ausfindig zu machen, von welcher die anderen Arten ausgehen. Diese Gruppe heisst: „groupe nodal“, Nodalgruppe. Der Ausdruck Gruppe soll bedeuten, dass öfters mehrere Arten zusammen diesen Knoten bilden, oder, wenn nur eine Art, diese meist so veränderlich ist, dass deren Auffassung als species unica ganz von den Tendenzen des betreffenden Autors abhängen musste.

Verf. bringt nun, ohne diesesmal auf die einzelnen Schlussfolgerungen einzugehen, die Resultate seiner Arbeit betreffend die 9 Sectionen der Gattung Clusia.

I. Thysanoclusia, Sect. 1. Anandrogyne.

Sect. 2. Criuva, vor dem Eintritt des Epharmonismus, durch morphologische Differenzirung in Subsectionen zerlegt: a. subsect. Clusiastrum; Nodalgruppe Cl. cuneata mit dem Sprosse Cl. Schomburgkii (sp. nov.) Sep. 5 wie bei Cl. cuneata, dicke Cuticula und exquisit heliophiles Mesophyll, dann auf demselben Spross Cl. crassifolia mit 4 Sep., eine dickblätterige Art, deren Mesophyll 24 Zelllagen stark ist und durch convergirende Epharmonie Cl. Pseudohavetia u. Pseudomangle (sect. Anandrogyne) ähnlich ist. — b. subsect. Eucriuva besteht beinahe ganz aus einer Nodalgruppe Cl. Criuva mit 4 sehr nahe verwandten Arten, oder wohl besser subspecies: Cl. parviflora, Cl. Sellowiana, Cl. Cambessedii, Cl. Ildefonsiana. Cl. calyptrata heisst eine neue, sehr merkwürdige Art, welche in der Nähe dieser Nodalgruppe am besten ihren Platz finden dürfte. — c. subsect. Criuvopsis, Nodalgruppe: Cl. Amazonica, in dessen Nähe Cl. penduliflora mit abweichend gebauten Spaltöffnungen gehört. 3 von Engler aufgestellte Arten sind dem Verf. unbekannt geblieben.

Sect. 3. Stauroclusia; Nodalgruppe: Cl. Mexicana (nov. sp.) mit einigen weniger bekannten Arten: Cl. ovigera, Brongniartiana

---

*) Bot. Centralbl. Beiheft Nr. 4.

u. alba. Ein einziger Zweig führt zu einer dickblätterigen Art, Cl. flava, welche in convergirender Epharmonie mit den dickblätterigen Arten der anderen Sectionen steht.

Sect. 4. Phloianthera. Der epharmonischen Zersplitterung ist eine morphologische Unterabtheilung vorausgegangen, daher 3 Subsectionen: a. subsect. Phloïanthera s. s.; Nodalgruppe: Cl. lanceolata, an welche sich eng anlegen Cl. Gaudichaudii, Cl. microstemon u. Cl. myriandra, alle drei mit wenig ausgesprochener Epharmonie. Ein anderer Zweig führt zu Cl. Hilariana, eine dickblätterige Art mit 24 Zelllagen starkem Mesophyll (statt 12—16). Bei Abwesenheit der männlichen Blüten bleibt die Stellung von Cl. minor u. parvicapsula (spec. nov.) zweifelhaft. Ein dritter Zweig endet mit den sehr nahe unter einander verwandten Arten der subsect. b. Androstylium. — c. subsect. Arrudeopsis. Cl. Arrudea ist epharmonisch verwandt mit Cl. lanceolata, aber Cl. purpurea stellt den dickblätterigen Typus dieser subsect. dar und ist also zu Cl. Arrudea wie Cl. Hilariana zu Cl. lanceolata, und überhaupt wie die dickblätterigen Arten zu den betreffenden Nodalgruppen.

Sect. 5. Euclusia; Nodalgruppe: Cl. nemorosa: 1. Zweig: Verdickung der Cuticula und Vergrösserung der Stomata: Cl. grandiflora; 2. Zweig, subcentrischer Blattbau mit doppeltem Hypoderm: Hypoderm parenchymatisch: Cl. viscida, Cl. palmicida: Hypoderm sclerotisch: Cl. insignis; 3. Zweig: dickblätteriger und makrocytischer Typus: Cl. rosea.

II. Cordyloclusia. Sect. 6. Cordylandra. a. Subsect. Eucordylandra, Nodalgruppe: Cl. Oregonensis u. renggerioïdes. Ein Zweig führt 2 dickblätterige Arten, Cl. Fluminensis u. polysepala; 2. Subsect Quapoya; Nodalgruppe: Cl. Pana-Panare. In dieser Section sind die epharmonischen Differenzirungen relativ unbedeutend und von schwerwiegenden Verschiedenheiten im Blütenbau begleitet. In der folgenden Sect. 7., Retinostemon, werden dieselben beinahe gänzlich von den morphologischen Merkmalen verdeckt. Mit Retinostemon ist es heute so, wie es vor Zeiten mit der ganzen Gattung Clusia war. Jede Art stellt sozusagen eine besondere Nodalgruppe dar und könnte sich also epharmonisch in verschiedene Arten zerlegen. Alle sind noch, anders gesagt, evolutionsfähig, ebenso wie die Nodalgruppe der anderen Sectionen und Subsectionen, während die Arten mit ausgeprägter Epharmonie ihre Evolutionsfähigkeit eingebüsst haben.

Von den Subgenera Omphaloclusia u. Polythecandra, welche nur wenige Arten zählen und, was die hier in Betracht kommenden Daten angeht, wenig Interesse bieten, soll hier abgesehen werden.

Fassen wir schliesslich die zahlreichen Fälle von convergirender Epharmonie in's Auge, und vergessen wir dabei nicht, dass die Nodalgruppen ebenfalls durch convergirende Epharmonie anatomisch ähnlich werden können, so erkennen wir auf's Deutlichste, wie wenig Bedeutung eine rein anatomische Classificirung haben würde. Es liegt auf der Hand, dass es überhaupt keine Methoden geben soll, ebensowenig eine anatomische wie eine morphologische, Beides muss Hand in Hand gehen,

und nur auf dem hier eingeschlagenen, sozusagen historischen Wege werden
wir das Ziel, d. h. eine wirklich natürliche Classificirung erreichen.

									Vesque (Paris).

Beck von Managetta, Günther, Ritter, Flora von Nieder-
Oesterreich. Handbuch zur Bestimmung sämmtlicher in
diesem Kronlande und den angrenzenden Gebieten
wildwachsenden, häufig gebauten und verwildert vorkommenden Samenpflanzen und Führer zu weiteren
botanischen Forschungen für Botaniker, Pflanzen-
freunde und Anfänger. Erste Hälfte, Lex. 8°. VI. und
432 pp. mit 77 Abbildungen nach Originalzeichnungen des
Verfassers. Wien (Gerold) 1890.

Wer Neilreich's klassische Flora von Nieder - Oesterreich
kennt, wird ohne Kenntniss des massenhaften seither aufgehäuften
und veröffentlichten Beobachtungsmaterials schwerlich glauben, dass
eine neue Flora von Niederösterreich jetzt, freilich schon 30 Jahre
nach der Neilreich'schen, nothwendig sei. Gibt es jedoch Jemanden
dieser Anschauung, so wird er sich nach Kenntnissnahme der neuen
Beck'schen Flora gründlich eines Besseren belehrt finden, und
denkt Ref. bei diesem Ausspruche keineswegs an die besondere
Auffassung des Speciesbegriffes durch Neilreich, sondern an
den Gesammt-Inhalt von dessen Flora Niederösterreichs.

Die hiermit angezeigte neue Flora von Nieder-Oesterreich verfolgt den ausgesprochenen Zweck, „nicht nur allen Fachleuten,
sondern auch den mit der Pflanzenwelt minder Vertrauten in an-
gemessener Form die weitesten Aufklärungen" zu bieten. Für die
zweite Kategorie der Benützenden ist die analytische Methode eingeführt, nach welcher der gesammte Stoff bearbeitet ist, so zwar, dass
die genaue Bestimmung der Pflanzen rasch möglich ist. Für den
Fachmann dagegen ist so gesorgt, dass die neuesten Errungenschaften
der Wissenschaft sorgfältig benützt, die neuen Beobachtungen eingeschaltet und alles kritisch gesichtet ist. Hiezu kommen ganz
umfassende Litteraturnachweise, die wichtigsten Synonyme und kurzum
Alles, was einerseits die Continuität mit der Vergangenheit herzustellen, anderseits den modernen Standpunkt sicherzustellen geeignet
ist. Ref. zweifelt, dass selbst der kritischeste Botaniker in dieser
Hinsicht an dem Buche Wesentliches auszusetzen haben wird. Was
Anlass zu Ausstellungen geben kann, sind die vielen nomenklato-
rischen Neuerungen, welche der Verf. in Consequenz der in seiner
Orobanche - Monographie auseinandergesetzten - Grundsätze vorgenommen hat — doch sind dies nur Differenzen über Details,
welche das Wesen der Sache und den Werth des mit einem geradezu
erstaunlichen Fleisse und gründlicher Kenntniss geschriebenen Buches
nicht beeinträchtigen können.

Sehr wesentlich erhöht wird der Werth des Buches hingegen
durch die vielen Abbildungen (Analysen), welche zumeist nach des
Verf.'s eigenen Zeichnungen dem Texte überall dort beigefügt sind,
wo dem Stoffe hierdurch seine Schwierigkeit genommen werden
kann. Denn diese Analysen erläutern gewöhnlich gerade jene

Kennzeichen, welche den Anfängern regelmässig viel Schwierigkeiten bereiten.

Soviel im Allgemeinen. Im Besonderen sei angeführt, dass die vorliegende I. Hälfte der Flora von Nieder-Oesterreich, die Gymnospermen, Monocotylen und die Dicotylen von den *Salicaceae* bis einschliesslich der *Ceratophyllaceae* enthält. Die Hybriden und Varietäten sind nicht nur berücksichtigt, sondern auch beschrieben, die allgemeinen Standorte und, bei selteneren Arten, auch die besonderen sind angegeben. Alles in Allem ist diese Flora von Nieder-Osterreich also ein Buch, welches den Vergleich mit seinem berühmten Vorgänger durchaus nicht zu scheuen braucht. Die zweite Hälfte soll noch vor Ende 1891 erscheinen und solcherweise dieses Florenwerk bald als homogenes Ganzes vorliegen, der Nachtheil eines auf längere Zeiträume vertheilten stückweisen Erscheinens somit vermieden werden.

Freyn (Prag).

Keller, Robert, Flora von Winterthur. Theil I. (I. Hälfte). Die Standorte der in der Umgebung von Winterthur wildwachsenden Phanerogamen, sowie der Adventivflora. (Programmbeilage). Winterthur 1891.

Wenn auch an und für sich die Flora der Umgebung von Winterthur bis jetzt ein besonderes Interesse nicht hatte, so wird dies doch wachgerufen durch den in botanischen Kreisen wohlbekannten Namen des Verfassers.

Wie aus der Einleitung hervorgeht, wird die Arbeit aus zwei Theilen bestehen, deren erster eine Uebersicht über die Standorte des Gebietes enthalten, deren zweiter eine Entwickelungsgeschichte der Flora vom Verf. bringen wird. Bis jetzt liegt die erste Hälfte des ersten Theiles vor und enthält dieselbe auf pag. 7—86 die Familien der *Ranunculaceae* bis *Dipsaceae* incl. Ehe wir jedoch auf diese näher eingehen, sei Einiges über die allgemeine Einrichtung des Buches vorausgeschickt. In der Anordnung und Nomenclatur hält sich Verf. im Allgemeinen an Nyman's conspectus florae Europaeae, bei den kritischen Familien jedoch legt er die jeweiligen monographischen Bearbeitungen zu Grunde. Die einzelnen vom Typus abweichenden Formen, seien es nun „Varietäten" nach alter Anschauung, wie z. B. *Aquilegia atrata* Koch, oder Farbenspielarten, wie *Aqu. albiflora*, werden alle unter der Bezeichnung „forma" aufgeführt (*Pulsatilla* var. *fl. roseo* beruht wohl nur auf einem Schreibfehler); macht sich eine weitere Trennung dieser Formen nöthig, so werden diese als „Modifikationen" bezeichnet (*Viscum album* L. f. *hyposphaerospermum* Keller, Modif. *latifolia.*). Beigesetzte Nummern verweisen auf die zu Grunde liegenden Exsiccaten des Verf. Diagnosen sind, mit wenigen Ausnahmen, auf die wir unten zurückkommen, weggelassen, dagegen sind die Standortsangaben des sich ungefähr 5—8 Kilometer im Umkreis um W. erstreckenden Gebietes, sehr vollständig. Den aufgeführten Bastarden sind theilweise die denselben gegebenen Einzelnamen beigesetzt.

Die *Rubi* sind angeordnet nach F o c k e , Synopsis Ruborum Germaniae, einige derselben sind mit kritischen Bemerkungen versehen, eingehend diagnosticirt ist *R. tomentosus* $\times$ *Radula*, sowie zwei neue Varietäten:

„*Rubus thyrsoideus* Spec. collect. f. *virescens* Keller. Schössling tief gefurcht, kahl; Stacheln mässig zahlreich, 8—10 im Interfolium. Blätter fünfzählig gefingert. Blattstiel spärlich behaart; Endblättchen breit, eiförmig zugespitzt, an der Basis schwach herzförmig. Alle Blättchen deutlich gestielt; Stiel der unteren Seitenblättchen 8 mm; oberseits kahl, unterseits locker kurzhaarig, blassgrün, seidenglänzend. Blätter der Blütenachse unterseits z. T. hellgrün, locker behaart, z. T. (die oberen) grauweiss filzig. Fruchtknoten an der Spitze mit einem lockeren Haarschopf."

„*Rubus teretiusculus* Kalt. f. *valde villosa* Favrat in sched. Schössling kantig, flachseitig, kräftig, dichtzottig behaart. Behaarung mit ziemlich zahlreichen Stieldrüsen untermischt; Stacheln fast gleich; schwach, behaart; Blätter 3 zählig oder fussfg. 5 zählig. Blattstiel fast zottig behaart mit geraden oder schwach gebogenen, rückwärts gerichteten, feinen Stacheln bewehrt, wenig kürzer als das Endblättchen. Nebenblättchen etwas breit. Blättchen dick, am Rande ungleich gesägt und gewimpert: oberseits mit anliegender ziemlich dichter, glänzender Behaarung; unterseits sammtartig, weich, durch die dichtabstehende, seidenglänzende Behaarung. Endblättchen rundlich zugespitzt, an der Basis schwach herzförmig, bis 4 mal länger als sein Stielchen. Blütenstandsachse dicht behaart, zottig mit zahlreichen geraden feinen Stacheln bewehrt, Stieldrüsen kürzer als die abstehenden Haare. Blätter 3 zählig, Seitenblättchen sehr kurz gestielt, fast sitzend, von der Pubescenz der Schösslingsblätter; obere blütentragende Aestchen fast rechtwinkelig abstehend, reichlich bewehrt; Blütenstielchen filzigzottig; längere Stieldrüsen die abstehenden Haare überragend; Kelch filzig-zottig, mit abstehenden Haaren, welche die reichlich vorkommenden Stieldrüsen überragen; Kelchzipfel an der Frucht zurückgeschlagen; Kronenblätter eiförmig; gegen die Basis keilig, beiderseits kurzhaarig. Staubgefässe (Filament und Antheren) behaart, zahlreich, die Griffel überragend; Fruchtknoten kahl.

G r e m l i glaubt, dass es eine gute Art sei, doch ist die Frage noch unentschieden".

Die Potentillen sind nach Z i m m e t e r geordnet, doch weicht Verf. insofern von diesen ab, als er nicht wie Z i m m e t e r alle Formen coordinirt, sondern eine Subordination der minderwerthigen Formen eintreten lässt. Da W. der Ort der Forschungen des Potentillenkenners S i e g f r i e d ist und dessen Arbeiten hier mit zu Grunde liegen, darf die ausserordentliche Reichhaltigkeit nicht wundern. No. 277 *P. subopaca* Zimm., müsste wohl dem im Uebrigen beobachteten Gebrauche gemäss ohne Nummer aufgeführt sein, da sie als Bastard (*P. superopaca* $\times$ *rubens*) aufgefasst ist.

Die Darstellung der Gattung *Rosa* schliesst sich eng an die Arbeit des Verf.: Wilde Rosen des Kanton Zürich, Botan. Centralbl. Bd. XXXV, 1888 an, und liegt ihr die C h r i s t 'sche Monographie zu Grunde. Erwähnt sei hier, dass die in der früheren Arbeit aufgeführte *R. alpina* L. f. *latifolia* Seringe sich bei längerer Beobachtung als typische *R. alpina* herausgestellt hat.

Endlich ist es noch die Gattung *Epilobium*, die uns in einer Ausführlichkeit entgegentritt, wie sie wohl aus keiner andern Gegend der Schweiz bekannt ist. Die Aufzählung beruht auf den von H a u s s k n e c h t revidirten Exsiccaten S i e g f r i e d s.

Appel (Coburg).

Britton, N. L., O n   a n   a r c h a e a n   p l a n t   f r o m   t h e   w h i t e crystalline limestone of Sussex County, N. J. (Annals of the N. Y. Academy of Sciences. Vol. IV. No. 4. p. 123—124 w. pl. VII.)

Die Menge von Graphit in gewissen archäischen Kalksteinen, besonders in jenen des Laurentian-Systems, wurde oft als Beweis der Existenz von Pflanzenleben in diesen alten Perioden citirt. Der Graphit kommt in diesem Gestein gewöhnlich in der Form von zerstreuten Flecken oder kleinen Massen, oft etwas krystallinisch, vor; daher nichts auf den vegetabilischen Ursprung hinweist. Verf. glaubt aber nach neuen Funden den Beweis geben zu können, dass der Graphit von einer Pflanze seinen Ursprung nimmt. In den Highlands von New Jersey fand er auf dem Gestein schwarze Bänder, deren durchschnittliche Breite circa 3 mm und deren beobachtete grösste Länge circa 6 cm beträgt. Diese Bänder bestehen aus sehr feinen Lamellen, von denen einige kaum eine Stärke von 0,5 mm erreichen. Sie sind unzweideutige Carbonschichten, die mit der Schichtung des Gesteins parallel gehen; aber **Cellularstructur wurde an ihnen bis jetzt nicht entdeckt.** Trotzdem meint Verf., dass diese Urpflanze nur eine Alge gewesen sein mag, der er den Namen *Archaeophyton Newberryanum* gab.

Staub (Budapest).

White, D., On cretaceous plants from Martha's Vineyard. (The American Journal of Science. Vol. XXXIX. p. 93 bis 101. w. pl. II.)

Die vegetabilischen Reste der Insel Martha's Vineyard sind den amerikanischen Geologen schon seit einem Jahrhundert bekannt, aber bis heute noch nicht richtig und erschöpfend gedeutet. An verschiedenen Punkten dieses Eilandes hat Verf. nun neues Material gesammelt und beschreibt von demselben vorläufig folgende als charakteristischste:

Sphenopteris grevilloides Heer, *Sequoia ambigua* Heer, *Andromeda Parlatorii* Heer, *Myrsine borealis* Heer, *Liriodendron simplex* Newb., *Eucalyptus Geinitzii* Heer, *Sapindus* cf. *Morrisoni* Lx.

Sämmtliche sind aus den Kome- und Atanaschichten Grönlands, einige auch aus der Mittelkreide Böhmens; *Andromeda Parlatorii* Heer und *Sapindus* cf. *Morrisoni* Lx. auch aus der Dakotah group bekannt.

Von den *Liriodendron*-Blättern ist Fig. 7 identisch mit *L. simplex* Newb. aus den Amboy clays von New Jersey und Long Island; Fig. 6 dagegen mit Heer's *L. Meckii* von Grönland.

Fig. 11, welche eine Blüte von *Eucalyptus Geinitzii* Heer darstellt und mit Velenovský's Kreideflora IV. T. XXV. Fig. 7 übereinstimmen soll, ist auch nach Verf.'s Ansicht ein Coniferenzapfen.

Staub (Budapest).

Berg und **Schmidt,** Atlas der officinellen Pflanzen. Darstellung und Beschreibung der im Arzneibuche für das deutsche Reich erwähnten Gewächse. 2. verbesserte Auflage, herausgegeben von **A. Meyer** u. **K. Schumann.** 4°. Lieferung 1. Leipzig (Felix) 1891.

6,50 Mk.

Da die erste Auflage des rühmlichst bekannten Werkes schon seit mehreren Jahren vergriffen ist, ist die Neuauflage desselben umsomehr zu begrüssen, als sie den veränderten Verhältnissen der Medicin und Pharmacie sorgfältig Rechnung trägt und somit auf der Höhe der Wissenschaft steht. Es liegt in der Natur der Sache, dass viele der Tafeln der alten Auflage wiederum Verwendung gefunden haben, allein schon die vorliegende erste Lieferung der neuen Auflage beweist durch die Darstellung von *Artemisia maritima* L. var. *Stechmanniana* Bess., der Stammpflanze der Flores Cinae, dass entsprechend den Fortschritten auf pharmakognostischem Gebiet auch neue Abbildungen nicht fehlen. Der Text des Werkes ist völlig umgearbeitet worden. Gegenüber der ersten Auflage muss hervorgehoben werden, dass die Anordnung der abgebildeten Gewächse in der neuen Ausgabe streng systematisch ist, sodass die Familiencharaktere nun mit den Artbeschreibungen in viel engerem Zusammenhang stehen, als es früher der Fall war.

Die erste Lieferung enthält 6 Tafeln, auf denen *Inula Helenium* L., *Matricaria Chamomilla* L., *Artemisia Absinthium* L., *A. maritima* L. var. *Stechmanniana* Bess., *Tussilago Farfara* L., und *Arnica montana* L. in meisterhaft colorirten Habitusbildern nebst sorgfältig ausgeführten Analysen dargestellt sind.

Wurden schon die Abbildungen der alten Auflage allgemein als wissenschaftlich vorzüglich ausgeführt anerkannt, so wird denen der neuen Auflage dasselbe Lob in erhöhtem Maasse zu Theil werden. Taubert (Berlin).

———

Magnin, Ant., Sur la castration parasitaire de l'*Anemone ranunculoïdes* par l'*Aecidium leucospermum*. (Comptes rendus de l'Académie des sciences de Paris. 1890. 28 avril.)

Aus älteren Beobachtungen ging schon mit grosser Wahrscheinlichkeit hervor, dass die von *Aecidium leucospermum* DC. (von *Puccinia fusca* Relh.) befallenen Pflanzen von *Anemone ranunculoïdes* L. stets steril bleiben.

An die einschlägigen Arbeiten von Giard anschliessend, hat nun Verf. diese Frage zum Gegenstande neuer Untersuchungen gemacht und diesmal gefunden, dass die Sterilität der befallenen Pflanzen nicht so häufig ist, als er vordem angenommen hatte, dass aber die Blüten immer mehr oder weniger tiefgreifende Veränderungen aufweisen, welche bis zum vollständigen Fehlschlagen der Blütenwirtel und namentlich der Carpelle gehen können. Von 3000 *Anemone*-Pflanzen waren 306 mit *Aecidium* behaftet, wovon 256 absolut steril waren, 19 weitere nur rudimentäre Blütenknospen und 31 entfaltete Blüten, welche doch in einzelnen Theilen unvollständig ausgebildet waren, entwickelt hatten. Die kranken Pflanzen besitzen immer nur die terminale Blüte, während sich normal noch 1—2 seitliche Blüten entwickeln.

Was nun die Ausbildung der einzigen Blüte der kranken Pflanzen angeht, so ist Folgendes zu bemerken:

1. Bei wenig befallenen Pflanzen sind die Kelchblätter nur etwas kleiner.

2. In dem folgenden Grade ist die Blüte zwar noch ziemlich lang gestielt, die Kelchblätter werden aber sehr klein, ungleich und sind häufig am Rande entfärbt.

3. Stärker vom Pilze angegriffene Pflanzen bringen es nur zur Bildung sehr kurz gestielter Blüten mit reducirten und ungleichen Kelchblättern, wovon einzelne zungen- oder dütenförmig werden, oder sich durch „dédoublement" oder pétalie der äusseren Staubfäden vermehren. In diesem Stadium trifft man wohl Spermogonien an der Spitze der zungenförmigen Kelchblätter.

4. Die Blüte ist ungestielt und sitzt im Centrum des Involucralblattes, die Kelchblätter sind auf kleine häutige Schuppen reducirt, die Carpelle vollkommen fehlgeschlagen, während die offenbar verkümmerten Staubbeutel dennoch normale Pollenkörner einschliessen.

5. Im höchsten Grade der Infection findet man nur eine Blütenknospe mit 4—5 häutigen, die verkümmerten, pollenfreien Staubbeutel einschliessenden Kelchblättern. Die Carpelle sind abwesend.

6. Endlich ist sehr häufig von der Blüte gar nichts mehr zu sehen.

Auffallend ist ferner die kräftigere Entwicklung der vegetativen Organe an den befallenen Pflanzen.

Es handelt sich also hier um eine specifische Wirkung des Parasiten auf die Fortpflanzungsorgane, welche zuerst die Kelchblätter, dann die Blütenstiele, dann die Carpelle und schliesslich auch die Stamina zum Fehlschlagen bringt: also gonotome und besonders thelytome Castration.

Vesque (Paris).

Lintner, C. J., Zur Kenntniss der stickstofffreien Extractivstoffe in der Gerste bezw. im Malze und Biere. (Wochenschrift für Brauerei. VII. 1890. Nr. 38. — Nach einem Sonderabdruck aus der „Zeitschrift für angewandte Chemie".)

Die stickstofffreien Extractivstoffe, welche bei der Gerste 2 bis 5% betragen, können die verschiedenartigsten Stoffe umfassen, so Zuckerarten, Gummi- und Pektinstoffe. Den gummiartigen Stoffen kann insbesondere ein Einfluss auf die Beschaffenheit des Bieres zugeschrieben werden, weil sie ziemlich unverändert in das Bier übergehen. Wenn Bier mit Aether geschüttelt wird, so bildet sich bei längerem Stehen eine Aetherschicht, in welcher ein froschlaichähnlicher schleimiger Körper suspendirt ist, welcher sich schliesslich als ein stickstofffreier gummiartiger Stoff gewinnen liess. Später wurde zur Gewinnung des Körpers ein anderes Verfahren eingeschlagen Der Körper konnte sowohl aus Gerste als aus Bier gewonnen werden; aus 100 gr eines sehr vollmundigen Münchener Bieres wurden beispielsweise 0,25 gr Gummi erhalten.

Im Vacuum getrocknet, stellt die Substanz ein lockeres, rein weisses Pulver dar, an der Luft getrocknet, oder bei Verdampfung der Lösung zur Trockne, eine glasige durchsichtige Masse. Beide sind nicht hygroskopisch, lösen sich langsam in kaltem, rascher in heissem Wasser, doch scheint keine eigentliche Lösung, sondern nur eine weitgehende Quellung vorzuliegen. Bei Erhitzung im Röhrchen bräunt sich die Substanz zunächst über 200^0 und wird bei 250 bis 260^0 unter Entwickelung eines Brotgeruchs zersetzt. Die wässerige Lösung reagirt schwach sauer, sie reducirt Fehling'sche Lösung erst bei Erhitzen mit verdünnten Säuren. Sie dreht die Ebene des polarisirten Lichts nach links, nach Behandlung mit verdünnten Säuren nach rechts. Die chemische Analyse eines Präparates ergab ziemlich genau Werthe, welche ein Körper von der Formel der Arabinose ($C_5 H_{10} O_5$) liefern muss, während die Analyse zweier anderer Präparate etwas höhere Werthe für Kohlenstoff ergaben, was auf Verunreinigung mit kohlenstoffreicheren Körpern zurückgeführt wird. Bezüglich der übrigen Reactionen sei auf das Original verwiesen, welches einen sehr dankenswerthen Beitrag zu unserer bisher so mangelhaften Kenntniss der Gummi- und Schleim- stoffe im Pflanzenreiche liefert.

Migula (Karlsruhe).

Neue Litteratur.[*]

Geschichte der Botanik:

Bertoloni, A., Lettera sull' origine della lettura dei semplici in Italia. (Bullet- tino della Società Botanica Italiana. — Nuovo Giornale Botanico Jtaliano. Vol. XXIII. 1891. p. 551.)
Humboldt, Alexander von, Briefe an Josef van der Schot und Jos. von Jacquin, 1797/98. Hersgeg. von M. Kronfeld. (Beilage zur Münchener Allgemeinen Zeitung. 1891. No. 209.)
Kronfeld, M., Haynald als Botaniker. (Pharmaceutische Post. 1891. p. 537 —541.)

Lexika:

Baillon, H., Dictionnaire de botanique. Fasc. 14—28. 4°. p. 241—776. Paris (Hachette & Co.) 1891. à Fr. 5.—

Kryptogamen im Allgemeinen:

Grilli, C., Alcune Muscinee ed alcuni Licheni Marchigiani. (Bullettino della Società Botanica Italiana. — Nuovo Giornale Botanico Italiano. Vol. XXIII. 1891. p. 508.)

Algen:

Dangeard, P. A., Les genres Chlamydomonas et Corbierea. (Le Botaniste. Sér. II. 1891. Fasc. 6. p. 272.)
Stoller, Jas. H., A common water plant, Chara. (Pop. Scient. News. Vol. XXV. 1891. p. 64. Ill.)

Pilze:

Gobi, Chr. und **Tranzschel, W.,** Beiträge zur PilzCora Russlands. Die Rost- pilze (Uredineae) des Gouvernements St. Petersburg, der angrenzenden Theile

[*] Der ergebenst Unterzeichnete bittet dringend die Herren Autoren um gefällige Uebersendung von Separat-Abdrücken oder wenigstens um Angabe der Titel ihrer neuen Publicationen, damit in der „Neuen Litteratur“ möglichste Vollständigkeit erreicht wird. Die Redactionen anderer Zeitschriften werden ersucht, den Inhalt jeder einzelnen Nummer gefälligst mittheilen zu wollen, damit derselbe ebenfalls schnell berücksichtigt werden kann.

Dr. Uhlworm,
Terrasse Nr. 7.

Est- und Finlands und einiger Gegenden des Gouvernements Nowgorod. 8°. 64 pp. St. Petersburg 1891. [Russisch.]

Godfrin, Sur l'Urocystis primulicola. Ustilaginée nouvelle pour la flore de France. (Bulletin de la Société des sciences de Nancy. 1891.) 8°. 2 pp. Nancy 1891.

Linossier, G., Sur une hématine végétale; aspergilline, pigment des spores de l'Aspergillus niger. (Annales de micrographie. 1891. No. 8. p. 359—362.)

Mc Millan, Conway, Notes on fungi affecting leaves of Saracenia purpurea in Minnesota. (Bulletin of the Torrey Botanical Club of New York. Vol. XVIII. 1891. p. 214.)

Mangin, L., Sur la désarticulation des conidies chez les Péronosporées. [Fin.] (Bulletin de la Société botanique de France. T. XXXVIII. 1891. p. 232.)

Massalongo, C., Sulla scoperta in Italia della Taphrina epiphylla Sadeb. (Bull. della Società Botanica Italiana. — Nuovo Giornale Botanico Italiano. Vol. XXIII. 1891. p. 525.)

Perdrix, L., Sur les fermentations produites par un microbe anaérobie de l'eau. (Annales de l'Institut Pasteur. 1891. No. 5. p. 287—311.)

Pirotta, R., Sull' Urocystis primulicola Magn. in Italia. (Bullettino della Società Botanica Italiana. — Nuovo Giornale Botanico Italiano. Vol. XXIII. 1891. p. 502.)

Protopopoff, Sur la question de la structure des bactéries. (Annales de l'Institut Pasteur. 1891. No. 5. p. 332—336.)

Salkowski, E., Ueber das Peptotoxin Brieger's. (Archiv für pathol. Anatomie und Physiologie. Bd. CXXIV. 1891. Heft 3. p. 409—454.)

Schiedermayr, K., Eine Mückenseuche. (Jahresbericht des Vereins für Naturkunde in Linz. Bd. XX. 1891.)

Tranzschel, W., Beiträge zur Kenntniss der Rostpilze der Gouvernements Archangel und Wologda. St. Petersburg 1891. [Russisch.]

— —, Uredinearum species novae vel minus cognitae (mont. Ural et Turcmeniae). 4 pp. St. Petersburg 1891. [Russisch.]

Weidenbaum, Adolf, Zur Frage über die Morphologie und Biologie der Pilze: Oidium albicans und O. lactis. [Inaug.-Diss.] 8°. 73 pp. Mit 1 Tafel. St. Petersburg 1890. [Russisch.]

Flechten:

Baroni, E., Contribuzione alla lichenografia della Toscana. (Nuovo Giornale Botanico Italiano. Vol. XXIII. 1891. p. 405.)

Mueller, J., Lichenes Brisbanenses a cl. F. M. Bailey, Government botanist, prope Brisbane (Queensland) in Australia orientali lecti. (l. c. p. 385.)

Muscineen:

Kummer, Paul, Der Führer in die Mooskunde. Anleitung zum leichten und sicheren Bestimmen der deutschen Moose. 3. umgearb. und vervollständigte Auflage. 8°. VII, 216 pp. 4 Tafeln. Berlin (Jul. Springer) 1891. M. 3.60.

Gefässkryptogamen:

Rostowzew, S., Recherches sur l'Ophioglossum vulgatum L. Note préliminaire. (Sep.-Abdr. aus Overs. d. K. Danske Vedensk. Selsk. Forhandlingar. 1891.) 8°. 32 pp. 2 Tafeln. Kjøbenhavn 1891.

Physiologie, Biologie, Anatomie und Morphologie:

Arcangeli, G., Solla polvere cristallina e sulle druse d'ossalato calcico. (Nuovo Giornale Botanico Italiano. Vol. XXIII. 1891. p. 489.)

Baroni, E., Sulla struttura del seme dell' Evonymus Japonicus Thnbg. (Bullettino della Società Botanica Italiana. — Nuovo Giornale Botanico Italiano. Vol. XXIII. 1891. p. 513.)

Chamberlain, J. S., A comparative study of the styles of Compositae. (Bulletin of the Torrey Botanical Club of New York. Vol. XVIII. 1891. p. 199. With 2 plates.)

Clos, D., Variété et anomalie. (Bulletin de la Société botanique de France. T. XXXVIII. 1891. p. 224.)

Dangeard, P. A., Sur l'équivalence des faisceaux dans les plantes vasculaires. (Le Botaniste. Sér. II. 1891. Fasc. 6. p. 269.)

Halsted, Byron D., The giant sundew heliotropic. (Bulletin of the Torrey Botanical Club of New York. Vol. XVIII. 1891. p. 212.)

Jumelle, Henri, Sur le dégagement d'oxygène par les plantes, aux basses températures. (Comptes rendus des séances de l'Académie des sciences de Paris. 1891.) 4°. 4 pp. Paris 1891.

Lesage, Pierre, Contributions à la biologie des plantes du litoral et des halophytes. Influence de la salure sur l'anatomie des végétaux. 8°. 19 pp. Rennes (Impr. Oberthür) 1891.

Renoux, C. G., Théorie nouvelle du phénomène de la rosée, ou rôle de la transpiration végétale dans la production de la rosée. (Extrait de la Revue scientifique du Bourbonnais et du centre de la France. 1891. No. 3.) 8°. 7 pp. Moulins (Impr. Auclaire) 1891.

Tanfani, E., Morfologia ed istologia del frutto e del seme delle Apiacee. (Nuovo Giornale Botanico Italiano. Vol. XXIII. 1891. p. 451.)

Systematik und Pflanzengeographie:

Arcangeli, G., Sull' Arisarum proboscideum. (Bullettino della Società Botanica Italiana. — Nuovo Giornale Botanico Italiano. Vol. XXIII. 1891. p. 545.)

Baenitz, C., Ueber Vaccinium uliginosum L. var. globosum et tubulosum Baen. (Oesterreichische botanische Zeitschrift. Bd. XLI. 1891. p. 286.)

Baillon, H., Histoire des plantes. Tome XI. Monographie des Labiées, Verbénacées, Ericacées et Ilicacées. 8°. 224 pp. 213 fig. Paris (Hachette & Co.) 1891. Fr. 12.—

Battandier, A., Observations sur quelques Silene d'Algérie. (Bulletin de la Société botanique de France. T. XXXVIII. 1891. p. 217.)

Bush, B. F., Report on the botany of Jackson Co., Mo. (Annual Report of the State Horticultural Society, Mo. Vol. XXXI. 1891. p. 370—372.)

Daveau, J., Observations de quelques Carex. (Bulletin de la Société botanique de France. T. XXXVIII. 1891. p. 220.)

Davidson, A., Immigrant plants in Los Angeles County, California. (West American Scientist. Vol. VII. 1891. p. 188.)

Degen, A. von, Bemerkungen über einige orientalische Pflanzenarten. (Oesterr. botanische Zeitschrift. Bd. XLI. 1891. p. 281.)

Eastwood, Alice, Leucocrinum montanum. (West American Scientist. Vol. VII. 1891. p. 141.)

Flatt, C. von, Briefe über die Syringa Josikaea Jacq. Ein Beitrag zur Geschichte dieser Pflanze. (Verhandlungen und Mittheilungen des siebenbürg. Vereins für Naturwissenschaften. Bd. XL. 1891. 8°. 10 pp.)

Foucaud, J., Note sur une espèce nouvelle du genre Muscari. (Bulletin de la Société botanique de France. T. XXXVIII. 1891. p. 230.)

Gandoger, M., Note sur une Campanule alpestre. (l. c. p. 212.)

H., Analyse descriptive des Rubus du plateau central de la France. (Extrait de la Revue scientifique du Bourbonnais et du centre de la France. 1891.) 8°. 99 pp. Paris (Impr. Beaudelot) 1891. Fr. 1.—

Halácsy, E. von, Beiträge zur Flora der Balkanhalbinsel. (Oesterr. botanische Zeitschrift. 1891. p. 221.)

Hamrekel, A. S., Der Buxbaum oder die Kaukasische Palme (Buxus sempervirens L.). 8°. 22 pp. Kutais 1890. [Russisch.]

— —, Der Buxbaum im Kaukasus. (Forst-Journal. Jahrg. XXI. 1891. Heft 2. p. 1—32 und Heft 3. p. 33—66. Mit 1 Karte.) [Russisch.]

Hollick, Arthur and **Britton, N. L.,** Flora of Richmond Co., N. Y. Additions and new localities, 1890. (Bulletin of the Torrey Botanical Club of New York. Vol. XVIII. 1891. p. 213.)

Horsford, F. H., Some early native flowers. (Garden and Forest. Vol. IV. 1891. p. 199.)

Huth, Ernst, Monographie der Gattung Caltha. (Abhandlungen und Vorträge aus dem Gesammtgebiete der Naturwissenschaft. Bd. IV. 1891. Heft 1.) 8°. 32 pp. 1 Tafel. Berlin (Friedländer & Sohn) 1891.

Huth, Ernst, Revision der Arten von Trollius. (Sep.-Abdr. aus Helios. Bd. IX. 1891. No. 1. 8⁰. 8 pp.)

Kryloff, P., Botanisches Material von G. N. Potanin im östlichen Theile des Gebietes von Semipalatinsk in den Jahren 1863—64 gesammelt, nebst einer Zusammenstellung der vorhergegangenen Forschungsreisen in diesem Gebiete. I. Ranunculaceae — Papilionaceae. (Sep.-Abdr. aus Nachrichten der Universität Tomsk für das Jahr 1891.) 8⁰. 106 pp. Tomsk 1891. [Russisch.]

Legué, L., Catalogue des plantes vasculaires qui croissent naturellement dans le canton de Mondoubleau. 8⁰. X, 106 pp. Paris (Impr. Roussel) 1891.

Léveillé, H., Les Palmiers à branche dans l'Inde. (Bulletin de la Société botanique de France. T. XXXVIII. 1891. p. 214.)

Malinvaud, Remarques sur la communication prévédente. (l. c. p. 223.)

Mason, S. C., Notes on the distribution of some Kansas trees. (Garden and Forest. Vol. IV. 1891. p. 182. With fig.)

Martelli, U., Per la conservazione del Cyperus Papyrus a Siracusa. (Bullettino della Società Botanica Italiana. — Nuovo Giornale Botanico Italiano. Vol. XXIII. 1891. p. 531.)

— —, Le Anacardiacee italiane. (l. c. p. 535.)

Massalongo, C., Sulla presenza della Viol. pratensis M. et K. in Italia. (l. c. p. 557.)

Mueller, Ferdinand, Baron von, Iconography of Australian Salsolaceous plants. Decade I—VI. 4⁰. 60 plates. Melbourne 1889/90.

Newhall, C. S., The trees of North-Eastern America. With an introductory note by Nath. L. Britton. With illustrations made from tracings of the leaves of the various trees. 2. edit. 8⁰. New York 1891.   12 sh. 6 d.

Orcutt, C. R., California trees and flowers. (West American Scientist. Vol. VII. 1891. p. 93, 123, 144. Ill.)

Preismann, E., Bemerkungen über einige Pflanzen Steiermarks. (Mittheilungen des Naturwissenschaftlichen Vereins für Steiermark. Band XXVII. 1891. 8⁰. 6 pp.)

Ritzberger, E., Aufzählung der oberösterreichischen Cyperaceen. (Jahresbericht des Vereins für Naturkunde in Linz. Bd. XX. 1891.)

Seboth, J., Alpine plants painted from nature. Text by F. Graf, with an introduction on the cultivation of alpine plants by J. Petrasch. Edited by Alfr. W. Bennett. New edit. Vol. I—IV. London (Sonnenschein) 1891.
                                                                        L. 5.—

Smith, John Donnell, Enumeratio plantarum Guatemalensium. Pars II. 8⁰. 99 pp. Ognanka 1891.

Solla, R. F., Altri cenni sulla vegetazione nei dintorni di Follonica. (Bullettino della Società Botanica Italiana. — Nuovo Giornale Botanico Italiano. Vol. XXIII. 1891. p. 522.)

Terracciano, A., Contribuzione alla flora Romana. (l. c. p. 495.)

Vilbouchevitch, J., Le Peuplier de l'Euphrate, Populus Euphratica Oliv., P. diversifolia A. G. Schr. (Extr. de la Revue des sciences naturelles appliquées. 1891. No. 10.) 8⁰. 9 pp. Versailles 1891.

Weloszczak, Eustach, Salices novae vel minus cognitae. (Oesterr. botanische Zeitschrift. Bd. XLI. 1891. p. 233.)

Palaeontologie:

Kosmowsky, C., Quelques mots sur les couches à végétaux fossiles dans la Russie orientale et en Sibérie. (Bulletin de la Société Impériale des naturalistes de Moscou. 1891. No. 1. p. 170—177.)

Teratologie und Pflanzenkrankheiten:

Dangeard, P. A., Mémoire sur quelques maladies des Algues et des animaux. Phénomènes de parasitisme. (Le Botaniste. Sér. II. 1891. Fasc. 6. p. 231. 4 planches.)

Hua, Henri, Sur un Cyclamen double. (Bulletin de la Société botanique de France. T. XXXVIII. 1891. p. 236.)

Kronfeld, M., Neues aus der Naturgeschichte der Mistel, Viscum album. (Natur. Bd. XL. 1891. No. 16.)

Massalongo, C., Acarocecidii nella flora Veronese. Ulteriori osservazioni ed aggiunte. (Nuovo Giornale Botanico Italiano. Vol. XXIII. 1891. p. 469.)

Meehan, Thos., On the evolution of parasitic plants. (Bulletin of the Torrey Botanical Club of New York. Vol. XVIII. 1891. p. 210.)

Pirotta, R., Sopra alcuni casi di mostruosità nell' Jonopsidium acaule Reich. (Bullettino della Società Botanica Italiana. — Nuovo Giornale Botanico Italiano. Vol. XXIII. 1891. p. 503.)

Sahut, Felix, Notes relatives à la reconstitution des vignobles —. (Extr. des Annales de la Société d'horticulture et d'histoire naturelles de l'Hérault. 1891.) 8°. 35 pp. Montpellier (Hamelin frères) 1891.

Vermorel, V., Traitement pratique de la maladie des pommes de terre. 8°. 75 pp. Mâcon et Paris (Masson) 1891. Fr. 1 50.

Medicinisch-pharmaceutische Botanik:

Afanassjeff, Alexander, Zur Frage über den Einfluss der Kamphersäure auf die Schweisse der Schwindsüchtigen. [Inaug.-Diss.] 8°. 54 pp. St. Petersburg 1891. [Russisch.]

Arustamoff, M., Ueber die Natur des Fischgiftes. [Vorläufige Mittheilung.] (Centralblatt für Bakteriologie und Parasitenkunde. Band X. 1891. No. 4. p. 113—119.)

Archangelsky, P. J., Material zur Pharmakologie des Hydrastins. [Inaug.-Diss.] · 8°. 72 pp. Mit 1 Tafel. St. Petersburg 1891. [Russisch.]

Babes, V. et Oprescu, V., Sur un bacille trouvé dans un cas de septicémie hémorrhagique présentant certains caractères du typhus exanthématique. (Annales de l'Institut Pasteur. 1891. No. 5. p. 273—286.)

Bareggi, C., Contribuzione alla ricerca del bacillo tifico nell' acqua potabile. (Giornale della R. Società italiana d'igiene. 1891. No. 3/4. p. 119—123.)

Berdal et Bataille, Sur un variété de balano-posthite inoculable, contagieuse parasitaire. La balano-posthite érosive circinée. (Méd. moderne. 1891. No. 18, 20—22. p. 340—342, 380—384, 400—403, 413—418.)

Bocquillon-Limousin, Henri, Les plantes alexitères de l'Amérique. 8°. 108 pp. Avec fig. Paris (Hennuyer) 1891.

Bovet, V., Contribution à l'étude des microbes de l'intestin grêle. (Annales de micrographie. 1891. No. 2. p. 353—358.)

Brasche, Oscar, Ueber Verwendbarkeit der Spectroscopie zur Unterscheidung der Farbenreactionen der Gifte im Interesse der forensischen Chemie. [Inaug.-Diss.] 8°. 100 pp. Mit 4 Tafeln. Dorpat 1891.

Brunner, H., Beiträge zur Erkenntniss der Aetiologie der reinen, genuinen, croupösen Pneumonie. (Deutsches Archiv für klinische Medicin. Bd. XLVIII. 1891. Heft 1/2. p. 1—46.)

Dawydoff, A. M., Zur Frage über die Wirkung der Kola-Nüsse (Nuces Kolae) auf die Aneignung fetter Speisen und die Wasserabsonderung bei gesunden Leuten, sowohl im Zustande der Ruhe, als bei Muskelarbeit. [Inaug.-Diss.] 8°. 62 pp. St. Petersburg 1891. [Russisch.]

Gilbert, A. et Girode, J., Sur le pouvoir pyogène du bacille d'Eberth. (Compt. rendus de la Société de biologie. 1891. No. 16. p. 332—334.)

Hogg, J., An inquiry into a characteristic organism of diphtheria. (Med. Press. and Circ. London. 1891. p. 81.)

Jacoby, Felix, Beiträge zur Chemie der Salix-Rinden. [Inaug.-Dissert.] 8°. 60 pp. Dorpat 1890.

Keck, E., Ueber das Verhalten der Bakterien im Grundwasser Dorpats nebst Beschreibung von zehn am häufigsten in demselben vorkommenden Bakterienarten. [Inaug.-Diss.] 8°. 66 pp. Dorpat 1890.

Knoll, Allgemeine Aktinomycosis des Schweines. (Berliner thierärztl. Wochenschrift. 1891. No. 23. p. 213—214.)

Lenius, Oscar, Untersuchung einer angeblich von Aconitum sinense abstammenden aus Japan importirten Sturmhutknolle. [Inaug.-Diss.] 8°. 82 pp. Dorpat 1890.

Leginoff, G. M., Zur Frage über den Einfluss der Kola-Nüsse (Nuces Kolae) auf die Aneignung und Abgabe des Stickstoffes bei gesunden Leuten, zur Zeit der Ruhe und der Muskelarbeit. [Inaug.-Diss.] 8°. 40 pp. St. Petersburg 1891. [Russisch.]

Lubbe, Arthur, Chemisch-pharmakologische Untersuchung des krystallisirten Alkaloids aus den japanesischen Kusa-usu-Knollen. [Inaug.-Diss.] 8°. 112 pp. Dorpat 1890

Mariani, Angelo, Coca and its therapeutic application. 8°. 88 pp. Illustr. New York (J. N. Jaros) 1891.

Martin, G., Présence du bacille typhique dans les eaux d'alimentation de la ville de Bordeaux. (Journal de médecine de Bordeaux. 1890/91. No. 43. p. 471—474.)

Miquel, Manuel pratique d'analyse bactériologique des eaux. 8°. Paris (Gauthier-Villars & fils) 1891. Fr. 2.75.

Moos, Ueber einige durch Bakterien-Einwanderung bedingte Veränderungen im menschlichen Gehörorgan, insbesondere im Labyrinth. (Archiv für pathol. Anatomie und Physiologie. Bd. CXXIV. 1891. Heft 3. p. 546—561.)

Pehkschen, Paul, Untersuchung der Alkaloïde des Veratrum album, unter besonderer Berücksichtigung des „Veratroidins". [Inaug.-Diss.] 8°. 48 pp. Dorpat 1890.

Planchon, Louis, Les Aristoloches. Etude de matière médicale. 8°. 266 pp. Montpellier (Hamelin frères) 1891.

Redlin, Arthur, Untersuchungen über das Stärkemehl und den Pflanzenschleim der Trahala-Manna. [Inaug.-Diss.] 8°. 66 pp. Dorpat 1890.

Rusby, H. H., Quinoa. (Bulletin of Pharmacy. Mch. 1891.)

Sanarelli, G., La saliva umana ed i microorganismi patogeni del cavo orale. (Atti della R. Accad. d. fisiocritici in Siena. Ser. IV. Vol. III. 1891. No. 3/4. p. 151—176.)

van Santvoord, R., Spontaneous (non-instrumental) access of bacteria to bladder, and slight vesical incompetence, as causes of cystitis, especially in the female. (Med. Record. 1891. No. 21. p. 585—588.)

Schairer, M. T., Mikroben. (Sep.-Abdr. aus Real-Encycl. der gesammten Heilkunde. 2. Aufl. 1891. Bd. I.) 8°. 20 pp. Wien 1891.

Schwarz, Eduard, Ueber das Vorkommen von Bakterien in kohlensäurehaltigen Wässern. [Inaug.-Diss.] 8°. 55 pp. Dorpat 1891.

Solereder, H., Beiträge zur Kenntniss neuer Drogen. Swietenia humilis. (Archiv der Pharmacie. Bd. CCXXIX. 1891. p. 249.)

Springenfeldt, Moritz, Beitrag zur Geschichte des Seidelbastes (Daphne Mezereum). [Inaug.-Diss.] 8°. 142 pp. Dorpat 1890.

Van der Bellen, Ernst, Beiträge zur Kenntniss des Myoctonins und Lycaconitins. [Inaug.-Diss.] 8°. 39 pp. Dorpat 1890.

Vaughan, V. C., The germs of typhoid fever. (Canada Practit. 1891. p. 77—87.)

Technische, Forst-, ökonomische und gärtnerische Botanik:

Allier, C., Expériences sur quelques variétés de pommes de terre. 8°. 37 pp. Avignon (Seguin frères) 1891.

Barry, Louis, Etude sur le thé. 8°. 96 pp. Toulouse (Impr. Delort) 1891.

Bellair, Georges et **Bérat, Victor,** Chrysanthèmes; description, histoire, culture, emploi. 8°. 118 pp. avec fig. Compiègne et Paris 1891. Fr. 2.—

Descande, Ad., Culture de la vigne dans le canton de Pouillon (Landes). 8°. 31 pp. Bayonne (Impr. Lamaignère) 1891.

Ely, W. D., The sap and sugar of the maple tree. (Garden and Forest. Vol. IV. 1891. p. 171 ff.)

Forney, Eugène, Taille et culture du rosier, suivies de la taille des arbustes d'agrément et de l'oranger. 4e édit. 8°. 216 pp. avec fig. Angers et Paris (Goin) 1891.

Henri, Traité pratique de culture maraîchère. 2e éd. 8°. XII, 316 pp. Rennes (Fougeray) 1891. Fr. 4.—

Houzeau, A., Rapports sur le champs de démonstration. Blé, avoine. 8°. 32 pp. et tableaux. Rouen (Impr. Cagniard) 1891.

Northrop, J. J., Cultivation of Sisal in the Bahamas. (Popul. Scient. Monthly, Mch. 1891. Ill.)

Portes, L. et **Ruyssen, F.,** La vigne en Crimée. 8°. 45 pp. Alger (Impr. Fontana & Co.) 1891.

Puille, Léon, Situation des vignes et des oliviers après l'hiver 1890/91. Conseils à suivre. 8°. 8 pp. Nyons (Impr. Bonnardel) 1891.

Rancourt de Mimérand, Henry de, Le Chrysanthème: origine, classification, culture. (Extr. du Supplément littéraire du Patriote orléanais. 1891. Février.) 8°. 7 pp. Orleans (Impr. Girardot) 1891.

Saint-Paul d'Arlol, G., Petite causerie d'un Normand sur la culture du pommier et la fabrication du cidre. 8°. 122 pp. Le Mans (Impr. Monnoyer) 1891.

60 cent.

Tanfani, E., Sull' origine delle Zucche. (Bullettino della Società Botanica Italiana. — Nuovo Giornale Botanico Italiano. Vol. XXIII. 1891. p. 542.)

Sämmtliche früheren Jahrgänge des
„Botanischen Centralblattes"
sowie die bis jetzt erschienenen
Beihefte (I., II., III. u. IV.)
sind durch jede Buchhandlung, sowie durch die Verlagshandlung zu beziehen.

Inhalt:

Ausgegeben: 26. August 1891.

Druck und Verlag von Gebr. Gotthelft in Cassel.

Band XLVII. No. 9. XII. Jahrgang.

Botanisches Centralblatt.

REFERIRENDES ORGAN

für das Gesammtgebiet der Botanik des In- und Auslandes.

Herausgegeben

unter Mitwirkung zahlreicher Gelehrten

von

Dr. Oscar Uhlworm und Dr. F. G. Kohl
in Cassel. in Marburg.

Zugleich Organ

des

Botanischen Vereins in München, der Botaniska Sällskapet i Stockholm, der botanischen Section des naturwissenschaftlichen Vereins zu Hamburg, der botanischen Section der Schlesischen Gesellschaft für vaterländische Cultur zu Breslau, der Botaniska Sektionen af Naturvetenskapliga Student-sällskapet i Upsala, der k. k. zoologisch-botanischen Gesellschaft in Wien, des Botanischen Vereins in Lund und der Societas pro Fauna et Flora Fennica in Helsingfors.

| Nr. 35. | Abonnement für das halbe Jahr (2 Bände) mit 14 M. durch alle Buchhandlungen und Postanstalten. | 1891. |

Wissenschaftliche Original-Mittheilungen.

Beiträge zur schweizerischen Phanerogamenflora.

Von

Dr. Robert Keller
in Winterthur.

(Fortsetzung.)

Es nähert sich diese Modification der *R. Dematranea* Lag. et Pug. in hohem Maasse.

Von der *R. Uriensis* Lag. et Pug. unterscheidet sich das vorliegende Individuum

1. durch die Bestachelung; bei der *R. Uriensis*, welcher unsere Rose habituell ähnlich ist, treten wohl auch gekrümmte Stacheln auf, nie aber sind sie an den blütentragenden Achsen so stark gebogen und zugleich so kräftig, wie an diesen Individuen;
2. durch die Stellung der Kelchzipfel; bei der *R. Uriensis* sind sie nach der Anthese aufgerichtet, an unserem Individuum ausgebreitet;
3. durch die Hispidität der Receptakel; bei der *R. Uriensis* sind die Receptakel stacheldrüsig, hier stieldrüsig;

4. durch die Behaarung der Griffel; bei der *R. Uriensis* ist sie meist erheblich stärker, als an der vorliegenden Form.

Rosa Uriensis Lag. et Pug.

Vergleiche: Crépin, *Rosae helveticae*, pag. 12.

Verbreitung: Durch das ganze Gebiet bis zu Dazio grande sehr häufig, von hier an abwärts bis Faido fehlt sie der Thalsohle.

Standorte: Airolo, Weg nach Nante, Madrano, Brugnasco, Altanca, Piotta, Catto, Deggio, Rodi, Fiesso, Prato.

Diese in der Leventina überaus individuenreiche Rose, welche in der Thalsohle und namentlich an den sonnigen Abhängen uns auf Schritt und Tritt begegnet, zeigt eine bedeutendere Vielgestaltigkeit, als man selbst nach Christs weitgehender Gliederung der Art erwarten möchte. Den Freunden der „Formen" und „Varietäten" geben die Individuen unseres Gebietes reiche Gelegenheit zur Creïrung von Neuheiten. Wer allerdings Gelegenheit hat, hunderte von Sträuchern dieser Art in der Natur zu beobachten, dem hielte es nicht schwer zwischen all den diffenten „Varietäten" die Bindeglieder einzuschalten und der Art deren Grenzen, die so scharf zu sein scheinen, völlig zu verwischen.

Wie bei anderen Arten, ich erinnere nur an *R. canina* L., zwischen den pubescirenden und kahlen Individuen alle denkbaren Zwischenstufen bestehen, so auch bei der *R. Uriensis*. Ja sie wird zu einem wahren Paradigma für den Rhodologen, welcher die taxonomische Bedeutung der Behaarung für eine problematische hält.

In ihrer überwiegenden Mehrheit bald stärker bald schwächer pubescirend, fehlen doch die völlig kahlen Individuen nicht. Sie bilden ähnlich der *R. glauca* Vill. und der *R. coriifolia* Fr. zwei parallele Reihen, die sich aber in vielen ihrer Individuen decken, indem die verkahlenden Formen des einen Typus übergreifen in den anderen Typus. Die Verbindung beider Merkmale, der Pubescenz und der Kahlheit der Blätter, auf dem gleichen Individuum, sah ich allerdings nie.

In ähnlicher Weise geht auch anderen Charakteren die Beständigkeit ab.

Die *R. Uriensis* pflegt man den Rosen mit Subfoliardrüsen beizuzählen. Dieselben sehen wir ja thatsächlich zumeist wenigstens auf einzelnen der Sekundärnerven, wenn auch nicht in erheblicher Zahl. Doch jene Individuen fehlen durchaus nicht, deren Blättchen fast so zahlreiche Subfoliardrüsen besitzen, wie eine *R. rubiginosa*. Andrerseits beobachten wir noch häufiger das andere Extrem, die völlige Drüsenlosigkeit der Unterseite der Blättchen (excl. Mittelnerv).

Vergegenwärtigen wir uns ferner die Formverschiedenheiten der Blättchen, die bald fast kreisförmig, bald wieder länglich-oval sind, bald klein, jenen der *R. rubiginosa* gleich, bald wieder gross sind, bald weit abstehen, bald mit den Rändern sich berühren, in selteneren Fällen selbst decken, denken wir ferner an die Verschiedenheit der Form der Receptakel, dann wird uns sofort klar werden, dass unsere *R. Uriensis* den Charakter des Genus, den Polymorphismus, für sich selbst gar wohl in Anspruch nehmen darf. Die nachfolgende Gruppirung soll uns die übersichtliche Darstellung unserer Beobachtungen erleichtern.

A. Glabrae.

Blättchen völlig kahl, unterseits drüsenlos. Blattstiele kahl oder meist wenigstens unterwärts schwach behaart, die der jüngeren Blätter oft stärker pubescirend.

a. Receptacula ovoidea.

1. Uniserratae.

Standort: Rodi, No. 295, 296, 348, 350, 409.

Die Blättchen sind vorwiegend einfach gezähnt. Kleine drüsentragende Zähnchen treten nur selten auf. In einzelnen Fällen scheint der Beginn einer Doppelbestachelung dadurch angedeutet, dass die Aciculi, welche die dichte Bekleidung der Receptacula bilden, auch an den blütentragenden Axen, allerdings nur vereinzelt erscheinen (296, 409).

2. Biserratae et biserratae-compositae.

Standorte: Gegenüber Airolo am Weg nach Nante, No. 422. Deggio, No. 414, 415, 423 — Catto 294 — Prato 413 — Fiesso 329. —

Die Zähnchen, welche die Serratur zu einer mehr oder weniger zusammengetzten machen, sind stets drüsentragende.

Wir machen noch im Besondern auf folgende Eigenthümlichkeit aufmerksam.

Im Allgemeinem ist bekanntlich die *R. Uriensis* durch ihren gedrungenen Bau vor vielen anderen Rosen ganz besonders ausgezeichnet. Die Blütenzweige, welche in kurzen Abständen von den ältern Axen abgehen, also sehr gedrängt stehen, sind oft kaum 5 cm lang. Die Interfolien sind alsdann sehr kurz. Daneben beobachten wir aber auch Individuen lockeren Aufbaues, deren kahle Modificationen eine eigentliche Mimikri des Typus der *R. glauca* Vill. darstellen, vor allem mit unserer *R. pseudomontana* grosse Aehnlichkeit besitzen. Die Blütenzweige können hier die dreifache Länge erreichen, wie an den gedrungenen Sträuchern (413). An diesem Individuum sind auch die Stacheln der Blütenaxen zumeist stark gekrümmt, nur wenige sind leicht gebogen. Sie stehen gewöhnlich paarig unter dem Abgang des Blattes. Sie sind auch entschieden kräftiger, als jene der kurzen Blütenzweige gedrungener Sträucher. An einem anderen Individuum lockeren Aufbaues (329) sind die Stacheln wohl weniger stark gekrümmt, aber ebenfalls auffallend kräftig.

Im Allgemeinen ist die Bestachelung der *Rosa Uriensis*, der kahlen wie der behaarten Individuen, eine reiche. Doch auch diese Eigenschaft ist nicht als eine der Art ausnahmslos eigene zu bezeichnen, In No. 422 liegt mir eine fast stachellose Modification der *R. Uriensis* vor.

b. Receptacula globosa.

Eine Eigenthümlichkeit der kahlen *R. Uriensis*, die ich deswegen nicht als eine zufällige ansehen mag, weil mir ein sehr reiches Vergleichsmaterial zu Gebote steht, liegt darin, dass die Individuen mit kugeligen Receptacula erheblich seltener sind, als die mit ovalen. An den pubescirenden Individuen ist gerade das Umgekehrte zu beobachten.

1. Uniserratae.
Standort: Altanca No. 290.
2. Biserratae et biserratae-compositae.
Standorte: Madrano 363 — Piotta 293.

B. *Glabrescentes.*

In dieser Gruppe fasse ich jene Individuen zusammen, deren Blattstiel mehr oder weniger dicht behaart bis filzig ist und deren Blättchen unterseits einen behaarten Mediannerv und zerstreut behaarte Seitennerven besitzen. Auch hier zeigen die jungen Blätter meist eine etwas stärkere Pubescenz.

a. Receptacula ovoidea.
1. Foliola eglandulosa.
α. Uniserratae.
Altanca No. 117.
2. Foliola glandulosa.

Die Blättchen besitzen nicht nur auf dem Mediannerv, sondern auch auf den Sekundärnerven mehr oder weniger zahlreiche Subfoliardrüsen. In ihrer Zahl zeigt sich auch am gleichen Individuum keine Constanz. Zähle ich an einem Individuum (162) die Zahl der Drüsen auf dem 3. untersten Sekundärnerv, dann finde ich Unterschiede von 0—12. Aus vielen Vergleichungen gewinne ich den Eindruck, dass die unteren Theile der Blättchen, so wie die Nähe des Randes meist drüsenreicher sind, als die übrigen Theile, dass ferner den unteren Blättern der blütentragenden Achsen im allgemeinen ein grösserer Drüsenreichthum zukommt, als den oberen. Nicht selten sehen wir, dass, während einzelne Blättchen 'eines Strauches auffällig viele Subfoliardrüsen besitzen, andere völlig drüsenlos sind.

α. Uniserratae.
Nicht beobachtet.
β. Biserratae et biseratae-compositae.
Fiesso No. 162 leg. Baumgartner.
Brugnosco No. 131.

Diese letztere Form zeigt durch die aus der Inflorescenz herabsteigenden Aciculi Anfänge der Doppelbestachelung. Blütenstiel und Receptakel sind sehr dicht mit Aciculi bekleidet, die zum Theil länger sind, als der halbe Durchmesser des Receptakels. Blättchen sehr klein.

b. Receptacula globosa.
1. Foliola eglandulosa.
Nicht beobachtet.

2. Foliola glandulosa.

α. Uniserratae.

Nicht beobachtet.

β. Biserratae et biserratae-compositae.

Rodi 99.

Prato 137 und 148.

Die beiden ersten sind besonders reich an Subfoliardrüsen.

C. Pubescentes.

Hierher zähle ich alle jene Individuen, welche einen stärkeren Grad der Behaarung zeigen. Gewöhnlich sind die Nerven der Unterseite dicht, die Blattfläche locker behaart, doch gelegentlich auch diese, ähnlich der *R. tomentosa* L., dicht pubescirend. Dabei kann die Oberseite des Blättchens völlig kahl oder öfters locker anliegend behaart sein.

a. Receptacula ovoidea.

    1. Foliola eglandulosa.

Fiesso, No. 163. leg. Baumgartner.

Die vorliegenden Zweigstücke zeigen alle Blättchen ohne Subfoliardrüsen. Unter den vielen Specimina, die ich zu beobachten Gelegenheit hatte, ist das vorliegende das einzige pubescirende, das zugleich drüsenlos ist. Die ovalen Blättchen sind doppelt gezähnt.

    2. Foliola glandulosa.

α. Uniserratae.

Nicht beobachtet.

β. Biserratae et biserratae-compositae.

Airolo, No. 106, 133, 145, 152.

Gegenüber Airolo am Weg nach Nante, No. 112.

Altanca, No. 324.

Brugnasco, No. 122, 123, 115, 116, 129, 130.

Stalvedro, No. 93, 94, 102, 105, 132, 134.

Madrano, No. 111.

Piotta, No. 398.

Catto, No. 98, 126, 127, 128, 394.

Deggio, No. 107—110.

Fiesso, No. 160, 164 leg. Baumgartner, 151.

Rodi, No. 119, 124, 143, 404.

Prato, Nr. 139, 146, 154, 153, 156, 158.

Extreme in der Bestachelung sind 129 und 164. Erstere zeigt wieder die beginnende Doppelbestachelung, letztere besitzt stachellose Blütenzweige. Eine besonders grossblätterige Modification ist 324. Die Blättchen decken sich z. Th. mit den Rändern.

b. Receptacula globosa.

    1. Foliola eglandulosa.

Nicht beobachtet.

    2. Foliola glandulosa.

α. Uniserratae.

Nicht beobachtet.

β. Biserratae et biserratae-compositae.

Airolo, No. 397, 821, 418.
Gegenüber Airolo am Weg nach Nante, No. 328.
Altanca, No. 95, 96, 113, 114, 118, 120, 121, 399.
Brugnasco, No. 101.
Stalvedro, No. 103, 104, 325.
Catto, No. 97, 142, 326, 395.
Deggio, No. 144.
Fiesso, No. 161, 165 leg. Baumgartner.
Rodi, No. 100, 125, 135, 405.
Prato, No. 136, 138, 140, 147, 149, 150, 155, 159.
Individuum 165 bedarf besonderer Erwähnung.
Ich bezeichne es als f. *aculeata*.

(Fortsetzung folgt.)

Ueber Bildungsabweichungen an Blättern.

Von

Julius Klein.

(Aus einer am 15. Juni 1891 in der ungarischen Academie der Wissenschaften vorgelegten, grösseren
und mit 4 Doppeltafeln versehenen Abhandlung.)

Schon seit vielen Jahren sammle ich die verschiedenen
Bildungsabweichungen von Pflanzen, doch begann ich erst jetzt mit
deren Bearbeitung, da es mir vor Allem daran lag, womöglich
eine und dieselbe Bildungsabweichung in recht vielen Exemplaren
zu erhalten, um so dieselbe einer genaueren Untersuchung unterwerfen und daraus, wenn möglich, allgemeinere Folgerungen
ableiten zu können. Ich kann die jetzt besonders in der
Teratologie so allgemein beliebte Beschreibung von Einzelfällen
nicht billigen und den daran geknüpften Folgerungen meist keinen
allgemeineren Werth beimessen. Bin nun auch ich der Ansicht,
dass die Bildungsabweichungen zur Entscheidung morphologischer
Fragen nicht immer unbedingt verwendet werden können, so
glaube ich, dass dieselben dennoch Beachtung verdienen, nur dass
die Aufgabe der Teratologie jetzt vielmehr die ist, die Ursachen
und Umstände aufzuklären, unter denen gewisse Bildungsabweichungen aufzutreten pflegen. Bei meinen Sammlungen nahm
ich daher stets auch darauf Bedacht und wartete auch nicht, bis
mir der Zufall gewisse Bildungsabweichungen zuführte, sondern,
einmal aufmerksam geworden auf die Umstände, unter denen
gewisse Bildungsabweichungen aufzutreten pflegen, suchte ich
systematisch nach denselben und zwar meist mit Erfolg. So steht
mir von vielen Pflanzen eine und dieselbe Bildungsabweichung in
mehreren Exemplaren zur Verfügung und das ermöglichte es auch,

dieselbe eingehender untersuchen zu können. Gewisse Bildungsabweichungen werden meist nur selten und einzeln gefunden und
weil die Besitzer derselben sich dieselben unversehrt erhalten
wollen, sind sie meist auch nicht geneigt, sie einer genaueren Untersuchung zu opfern. So wurden z. B. zweispitzige und Doppelblätter schon recht oft beschrieben, doch hat, soweit mir bekannt,
bis jetzt noch Niemand den Blattstiel-Querschnitt oder die Blattspuren solcher Blätter untersucht und doch ist es naheliegend,
davon eine Entscheidung zu erwarten über die Deutung und das
Zustandekommen dieser Bildungsabweichungen, wie es nach meinen
Untersuchungen auch wirklich der Fall ist.

Von den vierlerlei Bildungsabweichungen, die ich bisher
gesammelt, will ich jetzt nur die auf Blätter bezüglichen abhandeln
und hier aus meiner Arbeit vorläufig Einiges über die sogenannten
zweispitzigen und Doppelblätter mittheilen.

Darauf bezügliche Daten finden sich in der botanischen
Literatur ziemlich häufig, doch wie schon aus der verschiedenen
Bezeichnung dieser Gebilde hervorgeht, herrscht über die Art der
Entstehung derselben keine Uebereinstimmung. So wird Verwachsung und Spaltung von · Blättern erwähnt, es werden
dedoublirte, zweitheilige und doppelspreitige Blätter beschrieben und
auch die Ausdrücke zweispitzige und Doppel-Blätter kommen vor.
Masters und nach ihm auch Frank fassen alle diese Bildungen
als Theilung oder Spaltung (fission) auf. In den Werken über
allgemeine Morphologie der Pflanzen wurden diese Bildungen bisher
nicht beachtet. Nur Pax (allgemeine Morphologie der Pflanzen
1890, p. 92) reflectirt kurz darauf, indem er der „sogenannten
Spreitenverdoppelung (doppelspreitige Blätter), d. h. der
Blätter, welche zwei Spreiten besitzen" Erwähnung thut. „Ob
dieses Vorkommen, sagt Pax, auf einer (überdies selten auftretenden) Verwachsung zweier Blätter, oder auf einer Spaltung
ursprünglich einfacher Anlagen beruht, muss für jeden Einzelfall
speciell untersucht werden. Das Studium der Blattstellung, die
Orientirung der Nebenblätter und das eventuelle Vorkommen von
Achselknospen liefert Kriterien, nach welchen die Frage zu lösen
ist, wenngleich nicht geleugnet werden kann, dass die Spaltung
des Blattes sich nicht nur auf das Blatt selbst, sondern bisweilen
auch auf dessen Achselspross erstreckt."

Dass die Entscheidung, ob Spaltung oder Verwachsung vorliegt, in jedem Einzelfall auf Grundlage specieller Untersuchung
getroffen werden muss, halte ich mit Pax auch für richtig und
nothwendig. Bezüglich der von ihm erwähnten Kriterien aber muss
ich bemerken, dass dieselben nicht ausreichend und auch nicht
immer entscheidend sind. — Nach meinen Untersuchungen ist in
dieser Beziehung die Untersuchung der Gefässbündel des Blatt-
stieles, eventuell der Blattspuren wichtig und auch stets zum Ziele
führend.

Bei Blättern, die an einem Stiele eine mehr oder
weniger stark in zwei Theile, — jeder mit ent-
sprechendem Mittelnerv — gesonderte Spreite tragen,

treten, wenn sie aus der Vereinigung zweier Blätter
hervorgegangen, in den Blattstiel immer mehr, meist
doppelt so viel Gefässbündel ein, als beim gewöhnlichen Blatt, während sonst äusserlich ähnlich aussehende und oft bis in den Stiel in zwei Theile getrennte Blätter, wenn diese Abweichung durch
Theilung zu Stande kam, nur die gewöhnliche Anzahl
von Gefässbündeln erhalten.

Im ersteren Falle finden wir also in einem Blatte die Gefässbündel-Elemente zweier vor und haben es somit mit einem
Doppel- (eventuell dreifachen) Blatte zu thun; im anderen
Falle liegt ein zwei- (eventuell drei- und mehr-) spitziges,
überhaupt ein getheiltes Blatt vor.

Die Zahl der in den Blattstiel eines Doppelblattes eintretenden
Gefässbündel wechselt aber nicht nur bei einer und derselben
Pflanze je nach dem Grade der Vereinigung beider Blätter, sondern
hängt auch davon ab, welchen Theil des Stengelumfanges der
Blattstielgrund einnimmt und wie demnach die Blattspuren im
Stengelquerschnitt vertheilt sind.

Was nun die von Pax hervorgehobenen Kriterien betrifft, so
kann ich bezüglich der Blattstellung erwähnen, dass ich Doppelblätter sowohl bei normaler als gestörter Blattstellung beobachtete.
Die Nebenblätter bieten meiner Ansicht nach hier keine Anhaltspunkte und was die Achselknospen betrifft, so kommen bei manchen
Pflanzen (*Weigelia*, *Lonicera* etc.) in der Achsel der Doppelblätter
meist zwei Knospen vor, während bei *Morus* stets nur eine zu
finden ist und hier selbst in dem Falle, wenn zwei gewöhnliche
Blätter knapp nebeneinander zu stehen kommen.

Das Zustandekommen der Doppelblätter muss man sich nun
so vorstellen, dass unter gewissen Umständen zwei Blatt-Primordien
mehr oder weniger nahe zu einander auftreten und im Grunde
eines jeden, den Raumverhältnissen gemäss, die entsprechenden
Blattspuren angelegt werden. Im weiteren Verlaufe bildet sich nun
der untere Theil der Primordien mehr oder weniger congenitär aus
und führt so zur Entstehung von verschiedene Grade der Vereinigung zeigenden Doppelblättern. Beim getheilten Blatt tritt nur
ein Primordium auf und nachdem die zugehörigen Blattspuren angelegt wurden, erfolgt eine Theilung an der Spitze oder seitlich,
oder es bildet sich ein Theil des Primordiums stärker aus; in dem
betreffenden Theil entwickelt sich dann gewöhnlich ein Seitennerv
stärker und wird zu dessen Mittelnerv, so dass auch auf diese Art
den Doppelblättern sehr ähnliche Bildungen entstehen können. Man
könnte vielleicht einwenden, dass auch im ersten Falle eine
Theilung vorliege, nur dass dieselbe eingetreten, bevor noch die
Blattspuren angelegt waren und dass dann entsprechend den aus
der Theilung hervorgegangenen zwei Primordien oder Blatthöckern
auch zweimal soviel Blattspuren sich entwickeln. Nun der Fall
ist wohl denkbar, doch schwer nachzuweisen, obwohl das Auftreten von Doppelblättern in normal-zähligen Quirlen ebenso als
Andeutung von Vermehrung der Blattzahl, wie auch als Zeichen

der Theilung eines Blattes angesehen werden könnte. Jedoch glaube ich, dass für den Fall, wenn an Stellen, wo unbedingt zwei Blätter angenommen werden müssen (z. B. am Ende eines Stengels mit decussirter Blattstellung) man nur ein Blattgebilde findet, in welches aber doppelt so viel Blattspuren eintreten, als in ein gewöhnliches Blatt, man unbedingt von einem Doppelblatte sprechen muss, so muss man es auch in jedem anderen Falle thun, wenn ein Gebilde die Gefässbündel-Elemente zweier Blätter aufweist.

Ich sammelte Doppelblätter und Bildungsabweichungen von Blättern überhaupt. besonders an Trieben, die nach dem Stutzen oder Beschneiden austrieben. Sehr häufig findet man Doppelblätter an Maulbeerbaum-Hecken, die oft beschnitten werden, und an stark zurückgeschnittenen Exemplaren von *Lonicera fragrantissima* kann man sie oft dutzendweise und in der verschiedensten Ausbildung sammeln. — Nach dem Stutzen entwickeln sich meist solche Knospen zu Zweigen, die unter gewöhnlichen Verhältnissen gar nicht oder nur zu schwächlicheren, mehr oder weniger schief oder wagrecht stehenden Seitenzweigen ausgetrieben hätten und aus denen nun in Folge der in grösserer Menge in sie einströmenden Nahrungsstoffe kräftigere und mehr oder weniger aufrecht stehende Triebe entstehen. Es ist nun bekannt, dass oft bei derselben Pflanze die aufrechten Zweige eine andere Blattstellung aufweisen, als die mehr oder weniger wagrechten Seitenzweige, dass zumal bei den ersteren höhere Divergenzen vorkommen als bei den letzteren. — In den nach dem Stutzen sich entwickelnden Trieben kommen sonach die ursprüngliche Anlage, mit der durch die geänderten Verhältnisse hervorgerufenen Tendenz gleichsam in Konflikt, was natürlich nicht nur eine Störung der Blattstellung, sondern auch andere Abweichungen bewirken kann, so dass in Folge davon die Anlagen zweier Blätter so nahe zu einander zu stehen kommen können, dass sie sich mehr oder weniger congenitär entwickeln und so zur Bildung von Doppelblättern führen; desshalb findet man auch Doppelblätter meist an der Uebergangsstelle zweier Divergenzen.

Dass äussere Eingriffe oft sehr bedeutende Veränderungen in der Entwickelung eines Pflanzenstockes hervorrufen können, ist übrigens schon in vielen Fällen constatirt worden und wird dieses Mittel auch von den Gärtnern zur Erzeugung neuer Formen angewendet. Einige hierher gehörige Fälle habe auch ich beobachtet, so findet man fasciirte Stengel, wie schon bekannt, besonders häufig an Stockausschlägen und Wasserreisern, ich fand welche bei *Ailanthus, Amorpha* und *Hedysarum penduliflorum*. Ein wilder Kastanienbaum, der in einem Alter von 20—25 Jahren schon belaubt übersetzt wurde, entwickelt seither gefüllte Blüten. — Ein 25—30jähriger *Elaeagnus angustifolia* entwickelte nach dem Köpfen lauter hängende Zweige. Und bei *Salix* kann nach dem Köpfen sogar das Geschlecht der Blüten ganz geändert sein.

Bezüglich der Details der hier kurz behandelten Fragen, sowie bezüglich der übrigen von mir an Blättern beobachteten

Bildungsabweichungen verweise ich auf meine demnächst erscheinende
grössere Arbeit.

Budapest, Ende Juni 1891.

Originalberichte gelehrter Gesellschaften.

Botaniska Sällskapet in Stockholm.

Sitzung am 18. März 1891.

Herr Assistent Dr. O. Juel sprach

I. Ueber abnorme Blütenbildung bei *Veronica ceratocarpa* C. A. M.

(Fortsetzung.)

Die eben beschriebenen abnormen Herbstindividuen dürften
daher so zu erklären sein, dass nämlich die frühzeitige Keimung
die Pflanzen zu einer proleptischen Entwickelung getrieben hat,
wodurch die Inflorescenzen in jene dicht- und grossblättrigen, mit
fehlgeschlagenen Blüten versehenen Sprossenden verwandelt worden
sind. Dabei haben dieselben eine Veränderung in vegetativer
Richtung erlitten, die sowohl die Hochblätter, als auch die Kelche
betroffen hat; Krone und Befruchtungstheile sind aber verkümmert
worden.

Es ist auffallend, dass diese Art, wenn sie auch früh gesäet
wird, nicht zur Blüten- und Fruchtbildung in demselben Sommer
getrieben werden kann.

II. Ueber *Veronica agrestis* L. *β calycida* Fr. Novit. Fl. Suec.

Diese Form kam im oben genannten Garten schon Anfang
Mai blühend als Unkraut vor. Die Pflänzchen hatten offenbar
überwintert. Ausser durch die etwas vergrösserten, eingeschnittenen
Kelchzipfel zeichnet sich diese Form, nach den Beobachtungen
des Vortr., dadurch aus, dass die Blätter mehr gerundet sind, und
mit mehr nach aussen gerichteten Blattzähnen versehen, als die
Hauptform. Die Farbe der Blätter ist ausserdem mehr dunkelgrün und die Fläche mehr glatt und glänzend. Diese Merkmale
wurden an Originalexemplaren Fries', sowie an mehreren anderen
Herbarexemplaren wiedergefunden.

Als aber die Pflanzen sich weiter entwickelten, wurde dieser
Unterschied immer mehr verwischt, denn die später entstandenen
Blüten hatten ganzrandige und normale Kelchzipfel, und die
jüngeren Blätter waren den typischen *V. agrestis*-Blättern ähnlich.
Es scheint hieraus hervorzugehen, dass die f. *calycida* Fr. keine
selbstständige Form ist, sondern nur ein Entwicklungszustand, der
bei überwinterten Individuen im Frühjahre auftritt.

Herr Lektor Dr. **S. Almquist** sprach:

I. Ueber die Formen der *Carex salina* Wg.

Vortr. hatte schon in **Hartman's** Skandinaviens Flora, ed. 11 (1879) die *Carices distigmaticae* bearbeitet, hatte aber später Gelegenheit gehabt, mehrere Sammlungen dieser Pflanzen, besonders aus arktischen Ländern, durchzumustern. Hatte er früher gemeint, es sei in vielen Fällen unmöglich, diese Arten in getrocknetem Zustande zu bestimmen, besonders weil das Einrollen der Blätter nicht erkannt werden könnte, so hält er es nun für möglich, eine solche Beobachtung an getrockneten Exemplaren zu machen, obgleich sie bisweilen sehr schwierig ist; es können dadurch diese Arten im Allgemeinen ganz sicher bestimmt werden. Besonders glücklich war das Ergebniss, dass die erwähnten Sammlungen gute Original-Exemplare von fast allen von Drejer und Nylander unterschiedenen Formen enthielten.

Es hatte sich bestätigt, dass die *Carices distigmaticae* Skandinaviens nur einige wenige gute Arten umfassen. Die zahlreichen Zwischenformen, die Vortr. früher so aufgefasst hatte, als wäre diese Artengruppe noch unter Bildung und enthielte darum noch nicht fixirte Species, will Vortr. nunmehr Hybriden benennen und bemerkt ausdrücklich, dass die wirklichen Arten sehr scharf von einander getrennt sind, wie variabel sie auch sind und wie mannigfach sie sich verkleiden können, um sich nachzuahmen.

Der Formenkreis, der dem Vortr. bisher am meisten unklar gewesen war, und den er in lebendigem Zustande nicht gesehen hatte, nämlich die arktischen Formen von *C. salina*, hatte er jetzt einem näheren Studium unterworfen. In fast allen bedeutenderen Sammlungen aus dem nördlichen Skandinavien hatte Vortr. immer 2 *salina*-Formen nebeneinander angetroffen: die wohlbekannte Hauptform von *C. salina* und eine sehr reducirte Form, *C. subspathacea curvata* Drejer (irrigerweise öfters *C. reducta* Dr. genannt). Eine wirkliche Uebergangsform zwischen diesen beiden wurde nicht beobachtet, obgleich unentwickelte Individuen bisweilen schwer zu bestimmen sind. An diese beiden schliessen sich alle übrigen *salina*-Formen an, weshalb der ganze Formenkreis in zwei scharf getrennte Serien zerfällt: 1) **mit flachen Blättern und die Deckschuppen in der Spitze gewöhnlicher Weise stark borstig begrannt;** 2) **mit eingerollten Blättern und mit keiner oder nur rudimentärer Stachelspitze.** Diese beiden Formen entsprechen völlig den von Wahlenberg beschriebenen f. *cuspidata* und f. *mutica*, die man jedoch missverstanden hat, weil man allzu grosses Gewicht auf die begrannten Deckschuppen legte. Die zwei Serien sind auch ihrer geographischen Verbreitung nach verschieden. Die *mutica*-Formen sind rein arktisch. Die *cuspidata*-Formen sind sehr häufig in einem südlicheren Bezirke (Westküste Skandinaviens bis an Halland; Finnland — Österbotten; Skotland), dagegen spärlich und nur durch eigenthümliche Formen vertreten (*haematolepis*, *concolor*) in Grönland und am Behring-Meere; sie werden auf Spitzbergen und wahrscheinlich auch an den Küsten Sibiriens vermisst.

Die Formen der *cuspidata*-Reihe entsprechen sowohl ihren Charakteren als ihrem Habitus nach einerseits der *C. maritima*, andererseits der *C. rigida*. Die *mutica* - Reihe dagegen nähert sich *C. trinervis* und *C. aquatilis*. Die zwei Reihen sind am besten als Subspecies aufzufassen.

I. Die Formen der **cuspidata* können in folgender Weise gruppirt werden:

Var. 1 *borealis* Almqu., die an den Küsten von Finmarken und Nordlanden häufigste Form; ziemlich monotypisch; durch einen niedrigen und zarten Bau gekennzeichnet.

Var. 2 *Kattegattensis* Fr., welche die mehr südlich verbreiteten, überaus mannigfaltigen und bis jetzt nicht entwirrten Formen in sich fasst.

Var. 3 *haematolepis* Drej. kann als arktische Form der vorhergehenden Varietät betrachtet werden (Nordlanden, Grönland). Sie tendirt nach *C. rigida* hin, und ist durch den kräftigen Bau und durch die schwärzlichen, nicht stachelspitzigen Deckschuppen charakterisirt. — Eine Art Mittelform zur Var. 1 bildet *C. Thulensis* Th. Fr. mit lang begrannten Deckschuppen.

Var. 4 *concolor* Drej. (unter *C. filipendula*) verhält sich zur vorhergehenden Varietät wie die Varietät *personata* zu *C. acuta*; sie scheint weiter verbreitet zu sein (Grönland, Island, Fär-Öer, Küsten vom Weissen Meer und Beering-Meere) und hat den höchsten Wuchs unter all diesen Formen.

II. Die Subspecies **mutica* ist viel weniger polymorph und kann folgender Weise eingetheilt werden:

Var. 1 *subspathacea* Drej., von niedrigem und zartem Wuchse und mit etwas zugespitzten Deckschuppen; entspricht der Var. *borealis* der ersten Subspecies, sowie der *C. Goodenoughii*. Die häufigste Form ist die oben erwähnte Zwergform *curvata;* Formen von höherem, aber überaus schlankem Wuchse (z. B. Fries' Herb. Norm. X, No. 80) entsprechen der Var. *juncella* und wurden mit dieser von Wahlenberg unter dem Namen *C. aquatilis β nardifolia* vereinigt. Niedrigere und kräftigere Formen, mit dunkel gefärbten, kürzer gestielten Aehren versehen und die *C. Goodenoughii* nachahmend, bilden die echte *C. reducta* Drej.

Var. 2 *flavicans* Nyl. hat einen höheren und kräftigeren Wuchs; sie ahmt *C. aquatilis* nach und kann nicht selten von dieser nur schwierig unterschieden werden; scheint spärlich vorzukommen (Halbinsel Kola, Nordlanden).

Jene zahlreichen Zwischenformen, die den Formenkreis von *C. salina* mit den übrigen *Carices distigmaticae* verknüpfen, sind wenigstens zum grossen Theil Bastarde. Hier folgt eine Uebersicht derselben:

A. *C. aquatilis* $\times$ *salina*.

1. *aquatilis* $\times$ *cuspidata* (= *C. halophila* Nyl., Fries' Herb. Norm. XII, No. 86) scheint der gemeinste aller Bastarde unter den *Distigmaticae* zu sein. Ein paar reife Früchte erzeugt sie, im Gegensatz zu allen übrigen, ziemlich oft.

Ein zweiter Bastard derselben Eltern ist ohne Zweifel *C. halo-phila* *affinis Nyl. (= *C. aquatilis* *cuspidata Fries' Herb. Norm. XII, No. 85), die an mehreren Orten am Weissen Meere gefunden wurde. Während die Hauptform „*halophila*" ihre zuerst rein grüne, dann gelbliche Farbe von *cuspidata var. *borealis* her hat und ihre (öfters unbegrannten) Deckschuppen von *aquatilis*, hat die „*halophila* *affinis" die Deckschuppen von *cuspidata und die graue Farbe von *aquatilis*.*)

2. *aquatilis* × *mutica*, von der vorigen durch eingerollte Blätter verschieden; an ein paar Orten in Finmarken mit *mutica var. *flavicans* zusammen gefunden.

(Fortsetzung folgt.)

Botanische Gärten und Institute.

Engler, A., Der Kgl. Botanische Garten und das Botanische Museum zu Berlin im Etatsjahr 1890/91. 8°. 11 pp. Berlin 1891.

Instrumente, Präparations- und Conservations-Methoden.

Hérail, J. et **Bonnet V.,** Manipulations de botanique médicale et pharmaceutique. Iconographie histologique des plantes médicinales. 8°. 320 p. Avec 36 planches coloriées et 223 figures intercalées dans le texte. Paris (J. B. Baillière et Fils) 1891.

Das vorliegende Werk wird durch ein von M. G. Planchon verfasstes Vorwort eingeführt und zerfällt in 2 Theile, einen allgemeinen und einen speciellen. Der erstere behandelt die mikroskopische Technik und die pflanzliche Histologie, soweit die Kenntniss davon zur Untersuchung der Droguen nothwendig ist. In der mikroskopischen Technik (35 pp.) dürfte es besser gewesen sein, die physikalischen Erklärungen etwas kürzer zu fassen, dagegen die Anleitung zur Herstellung der Präparate etwas ausführlicher zu geben. Es ist z. B. das Einschliessen der Objecte vor dem

---

*) Eine dieser sehr ähnliche, an mehreren Orten in Österbotten (Finnland) von Nylander gefundene und von ihm als *affinis bezeichnete Form erzeugt reichliche Früchte und kann daher kaum eine hybride Form sein, sondern muss wohl als eine *C. aquatilis* nachahmende Form von *cuspidata var. *Kattegattensis* aufgefasst werden. Dieselbe ist in Fries' Herb. Norm., XI, No. 77, unter dem Namen *C. halophila acutangula* Nyl. distribuirt worden, ist aber nicht die echte *acutangula* Nyl., welche (nach Exemplaren aus den Herbarien Nylander's und Ångström's) auch gewiss ein Bastard von *C. salina* ist, vielleicht mit *C. acuta*, was durch die schwärzlichen, im Allgemeinen kurzgestielten Aehren, durch den Habitus u. a. wahrscheinlich erscheint.

Schneiden nur erwähnt, aber nicht beschrieben. Auch über die Art und Weise, wie die zahlreich angeführten Reagentien anzuwenden sind, wird kaum etwas gesagt. Es kann demnach diese Anleitung zwar nicht zum selbständigen Erlernen des Mikroskopirens dienen, allein sie kann den praktischen Unterricht sehr wohl unterstützen.

Die Darstellung der Zellen- und Gewebelehre, durch zahlreiche, meist nach Originalzeichnungen hergestellte Holzschnitte erläutert, ist klar und präcis geschrieben, sie enthält einerseits alles, was für die Anatomie der Droguen zu wissen nöthig ist, andererseits ist sie auch nicht zu ausführlich angelegt. Natürlich sind die Gegenstände, welche bei der Bestimmung der Droguen von grösserer Bedeutung sind, wie Stärkekörner, Secretbehälter und dergl., entsprechend genauer, als andere behandelt. Auch die Anordnung des Stoffes kann als eine recht zweckmässige bezeichnet werden. Dieser Theil umfasst 120 Seiten mit etwa ebensoviel Figuren.

Im speciellen Theile werden die Droguen nach einander in morphologischer Reihenfolge besprochen: Wurzeln, Stammgebilde, Rinden, Blätter, Blüten, Samen, Früchte, Thallome. Von jeder Drogue wird kurz angegeben Stammpflanze, Vaterland, äusseres Aussehen, Histologie und Gebrauch, eventuell auch die Substitutionen und Verfälschungen. Der Habitus der Drogue oder ihrer Stammpflanze ist bei vielen durch Holzschnitte illustrirt, worunter einige seltenere Abbildungen sind, wie die von *Pilocarpus pennatifolius*. Die sehr kurze histologische Beschreibung wird ergänzt durch die Tafelfiguren, welche grösstentheils Querschnitte darstellen, die in ähnlicher Weise, wie die des Berg und Schmidt'schen Atlas sehr sorgfältig gezeichnet sind. Die braunen und gelben Töne, mit denen die Membranen und Inhaltsstoffe gewisser Zellen oder Gewebe angegeben sind, tragen sehr dazu bei, das Bild deutlicher und übersichtlicher zu machen, die chlorophyllführenden Gewebe haben leider eine sehr unschöne grüne Farbe erhalten.

Die Droguen ohne organisirte Structur sind im speciellen Theil gar nicht berücksichtigt, die Anzahl der anderen, hier angeführten ist auch verhältnissmässig gering. Der Hauptwerth des Buches und besonders seines zweiten Theiles besteht in den Tafeln und übrigen Abbildungen.

Möbius (Heidelberg).

Favrat, A. und Christmann, F., Ueber eine einfache Methode zur Gewinnung bacillenreichen Lepramaterials zu Versuchszwecken. (Centralblatt für Bakteriologie und Parasitenkunde. Bd. X. 1891. No. 4. p. 119—122.)

Marpmann, Mittheilungen aus der Praxis. (l. c. p. 122—124.)

Roux, G., Quelques remarques à propos de la colorabilité du bacille de la tuberculose. (Province médicale. 1891. p. 37—40.)

Unna, P. G., Eine neue Färbemethode für Lepra- und Tuberkelbacillen. (Monatshefte für praktische Dermatologie. Bd. XII. 1891. Heft 11. p. 477—482.)

Sammlungen.

Chatin, A., Montaigne botaniste, dates de quelques vieux herbiers. (Bulletin de la Société botanique de France. T. XXXVIII. 1891. p. 210.)

Referate.

Atkinson, G. F., Monograph of the *Lemaneaceae* of the United States. (Annals of Botany. Vol. IV. 1890. No. XIV., p. 177—229. With plates VII—IX.)

Umfasst die Resultate einer fünfjährigen morphologischen und systematischen Untersuchung der *Lemaneaceen* der Vereinigten Staaten.

Diese Familie enthält Süsswasser-Algen, welche in unruhigen Gewässern, die mit Luft reichlich gefüllt sind, vorzüglich gedeihen; z. B. in Stromschnellen, Wasserfällen u. s. w. Sie wachsen am meisten auf Felsen.

Die Carpospore ist eiförmig oder elliptisch und besitzt einen sehr körnigen Plasmakörper und einen Zellkern mit Kernkörperchen. Die Keimung beginnt mit der Bildung eines Keimschlauches, aus welchem die erste, niederliegende Form („proembryoniforme tissue Sirodote") hervorgeht. Bei *Sacheria* ist letztere hauptsächlich eine unregelmässige Zellenmasse, bei *Lemanea* dagegen nimmt sie die Form von *Conferva*-ähnlichen Fäden an. Selten bei *Sacheria*, aber häufig bei *Lemanea* geht die zweite oder *Chantransia*-Form der Pflanze direct aus der Spore hervor,. Kurz nach der Bildung des ersten Keimschlauches sprosst ein zweiter aus, der sich dann zu einem *Chantransia*-Faden entwickelt. Dieser ist von grösserem Durchmesser, als der erste, und seine Zellen sind reicher an Endochrom.

Aus den Zellen der niederliegenden Formen entwickeln sich *Chantransia*-Fäden als aufrechte Sprossen; aus den basalen Zellen dieser Fäden wachsen nun Rhizoiden-ähnliche Zellreihen gegen die Unterlage, wo sie neue niederliegende Elemente bilden, die in ihrer Reihe neue *Chantransia*-Fäden erzeugen. So entstehen endlich Torfe von den Protonema-Formen dieser Algen. Die *Chantransia*-Fäden von *Sacheria* haben eine Länge von etwa 2 mm und einen Durchmesser von 15—30 μ und sind sehr flüchtig; dieselben von *Lemanea* sind 3—4 mm lang und 30—120 μ dick und blühen häufig vom Herbst bis zum Frühling. Aus den Zellen der Hauptachse sprossen relativ früh Seitenästchen. Verf. hat auch für eine amerikanische *Batrachospermum*-Art die Anwesenheit von einem polymorphischen Protonema bestätigt.

Als besondere seitliche Auswüchse der *Chantransia*-Fäden entstehen die leicht sichtbaren Theile der Pflanze, die geschlechtlichen Sprossen. Ihre Entwicklung beginnt im Spätherbst und sie erreichen ihre Reife Ende des nächsten Frühlings. Sie bestehen in ihren

ersten Stadien aus einfachen Reihen von plasmareichen Zellen mit
deutlichen Zellkernen und dunklem Endochrom. Das Längenwachsthum erfolgt durch Theilung der Scheitelzelle; aus jeder Zelle
des Fadens bildet sich endlich ein vollständiges geschlechtliches
Segment der reifen Alge wie folgt: Aus jeder primären Zelle
wachsen vier rechtwinklig abstehende Aeste, welche sich dann
verlängern, während die primäre Zelle sich schnell abwärts verlängert. Das äussere Ende eines jeden Astes bildet nun drei bis
fünf Zellen, von denen zwei bis vier parallel zur centralen Achse
abwärts und aufwärts wachsen und die sogenannten Zeugungsfäden
bilden („generative filaments" des Verfs., „tubes latéraux ou placentales"
von Sirodot). Die andere Zelle bildet eine „Verbindungszelle", welche
die ursprüngliche Astzelle (Radialzelle) mit der Wand des Thallus
vereinigt. Durch Theilung jeder Verbindungszelle werden nun an
ihren äusseren Enden einige grosse dünnwandige Zellen gebildet;
aus jeder von diesen entstehen mehrere kleinere Zellen und jede
von letzteren erzeugt durch Theilung nach aussen mehrere sehr
kleine Zellen. Die drei so gebildeten Zellschichten bleiben in Berührung und bilden die äussere hohlcylindrische Wand des Thallus.
Verf. nennt sie Markschicht, Zwischenschicht und Rindenschicht.
Sie werden also mit der centralen Achse durch Verbindungszellen
und Radialzellen verbunden. Bei *Sacheria* bleibt die centrale Zellreihe nackt, bei *Lemanea* ist sie jedoch häufig von abwärts wachsenden, spiralig gewundenen Fäden, die aus den inneren Enden der
Radialzellen aussprossen, umgeben.

Von den vorgenannten Zeugungsfäden finden sich gewöhnlich
bei *Sacheria* vier herabsteigende und sechs aufsteigende in jedem
geschlechtlichen Segment; bei *Lemanea* dagegen findet man acht
herabsteigende und acht aufsteigende Fäden.

Bezüglich weiterer Einzelheiten der Entwicklung des Thallus
muss auf das Original verwiesen werden.

An ihren Enden verzweigen sich die Zeugungsfäden mehr oder
minder üppig; auch hier sind die Zellen der Markschicht zahlreicher,
und durch diesen Zuwachs des Gewebes werden papillenartige Auswüchse oder gürtelförmige Anschwellungen an den Enden jedes
Segmentes erzeugt. Die Vereinigung zweier solcher Regionen bildet
eine „Antheridialzone". Die Endzellen der Zeugungsfäden erzeugen
die drei Zellschichten der Thalluswand und aus den Zellen der
Rindenschicht wachsen die Antheridien, deren jede ein hyalines,
längliches, unbewegliches Spermatozoid enthält.

Wenn die Zeugungsfäden sich so häufig verästeln, dass ihre
Enden eine bandförmige Region der Innenfläche der Wand besitzen,
so bilden die Antheridien eine gürtelförmige Zone auf der Oberfläche. Dies geschieht bei den *Lemanea*-Formen; bei *Sacheria* aber
kommen die Antheridien nur auf abgesonderten papillenartigen Aus-
wüchsen vor, da die Verzweigung der Fäden minder üppig sei und
ihre Enden die Wand nur stellenweise erreichen.

Das Procarp bildet eine besondere Art eines Zeugungsfadens.
Es besteht aus drei bis mehreren Zellen (3—4 bei *Sacheria*, 4—10
oder mehr bei *Lemanea*), welche nach aussen wachsen, zwischen

den Wandzellen. Die endständige Zelle, das Carpogon, trägt eine Verlängerung, das Trichogyn, dessen Ende in's umgebende Wasser reicht. Bei *Sacheria* entstehen die Procarpien ausnahmsweise am meisten dicht über und unter den Antheridienzonen, wie bei den *Lemanea*-Formen, bei denen sie hauptsächlich in der Mitte zwischen den Antheridienzonen in der Nähe der Radialzellen auftreten.

Der büschelige Habitus der Pflanzen, die grosse Anzahl der Spermatozoiden und die Bewegung des Wassers vermitteln die Berührung von Spermatozoiden mit den Trichogynenden. Darauf erfolgt Befruchtung, wahrscheinlich durch Absorption des Protoplasmas des Spermatozoids, denn das letztere schrumpft allmählich. Später schrumpft auch das Trichogyn, nur das Carpogon verlassend.

Nach Befruchtung erzeugt das Carpogon durch Sprossung einen Quirl von Ooplastenfäden, welche sich verzweigen und einen dichten Büschel von perlschnurförmigen Fäden entwickeln. Die Zellen eines jeden Fadens, ausser einer bis drei der basalen, werden endlich länglich bis elliptisch und bilden Carposporen. Bei *Lemanea* erzeugen mehrere der Procarpzellen kurzzellige Fäden, doch bleiben sie steril; die Sporenfäden sprossen also immer aus einem einzelligen Carpogon.

Die Verzweigung des geschlechtlichen Sprosses findet häufiger bei *Sacheria* statt. Sie entsteht durch Theilung einer Zelle der primären Zellreihe oder aus den rudimentären Zeugungsfäden. Verf. hat auch mehrere Fälle beobachtet, bei welchen apogamisch aus den Endzellen von Procarpien Aeste entspringen, oder Procarpzellen *Chantransia*-Fäden erzeugen.

Nach einer Liste von Schriften über die *Lemaneaceen* folgt der systematische Theil der Monographie, welcher ausführliche Beschreibungen und Notizen über folgende für die Vereinigten Staaten bekanntere Arten enthält:

Untergattung *Lemanea*.

L. annulata Kütz. aus den westlichen Staaten, *L. torulosa* Sirdt. (nur ein Exemplar gesehen), *L. nodosa* Kütz. (?) aus Virginien, *L. australis* Atk. aus den südlichen Staaten, *L. grandis* Atk. (= *Tuomeya grande* Wolle) aus Pennsylvania und Delaware.

Untergattung *Sacheria*.

L. fluviatilis Ag. aus Oregon, *L. fucina* Bory mit var. *mamillosa* aus den südlichen Staaten, var. *subtilis* aus Massachusetts, var. *rigida* aus den nordöstlichen Staaten und Californien und var. *Viviana* aus Massachusetts und Connecticut.

Humphrey (Amherst, Mass.).

Buchner, H., Ueber den Einfluss höherer Concentration des Nährmediums auf Bakterien. Eine Antwort an Herrn Metschnikoft. (Centralbl. für Bakteriologie und Parasitenkunde. Bd. V.III. No. 3. p. 65—69).

Metschnikoff hatte die Wirkung der höheren Concentration zur Erklärung des tödtenden Einflusses des Serums herangezogen, wobei er unberücksichtigt liess, dass nach Buchner's Angaben die Wirkung des Serums nach ½stündiger Erwärmung auf 55⁰ völlig erlischt, obwohl die Concentration ganz unverändert bleibt und ferner die Beobachtungen, welche B. mit Fr. Voit über den Einfluss höherer Concentrationen anstellte. Diese Versuche hat B. fortgesetzt und unter Anderem festgestellt, dass der Milzbrandbacillus in stärker concentrirten Zuckerlösungen vermehrungsfähig bleibt. Metschnikoff erklärte später auch jeden schroffen Wechsel im Nährsubstrat für gefährlich; auch diese Behauptung wird von B. durch Versuche entkräftet. Selbst die im Thierkörper gewachsenen Milzbrandbacillen ertrugen einen schroffen Wechsel des Nährsubstrats vortrefflich. Nach B. kann ein solcher Wechsel nur schaden, wenn das neue Nährmedium an sich nachtheilig wirkt, entweder dadurch, dass es überhaupt keine Nahrungsstoffe, oder wenn es direct schädliche Stoffe enthält. Im Anschluss an das Gesagte widerlegt B. die Einwände Duclaux's gegen die Anwendung der Gelatineplatten-Culturen bei den Untersuchungen über die bakterienfeindliche Wirkung des Blutes und Serums.

                                                Kohl (Marburg).

———

Helder, Adolf, Ueber das Verhalten der Ascosporen von *Aspergillus nidulans* (Eidam) im Thierkörper. (Centralblatt für Bakteriologie und Parasitenkunde. Band VII. No. 18. p. 553—556.)

Die Keimfähigkeit des *Aspergillus nidulans* in der Blutbahn war bisher nur bezüglich der Conidien nachgewiesen worden, nicht aber für die Ascosporen. Lindt nahm auf Grund seiner Versuche an, dass die Ascosporen den Organismus verlassen, ohne zu keimen, und nicht pathogen sind. Verf. hatte Gelegenheit, sich reines Ascosporenmaterial zu beschaffen und einen Impfversuch an Kaninchen auszuführen, indem er 5 cc Sporenanschwemmung einem Kaninchen in die Ohrvene einspritzte. Am 5. Tage trat zunehmende Schwäche und Abmagerung ein, vorher Verminderung der Fresslust, am 7. Tage verendete das Thier. An der Oberfläche beider Nieren und in der blutreichen Rindensubstanz auf dem Durchschnitte fanden sich bei der Sektion Schimmelheerde, sonst nirgends. Das Mycel und blauviolett gefärbte Ascosporenmembran waren mikroskopisch mit Sicherheit zu constatiren, niemals aber Conidien. In Leber und Lunge fehlten entwickelte Schimmelmycelien, aber beginnende Keimung und Mycelbildung war leicht zu erkennen. Nierenstücke, auf Brot ausgesät, lieferten Reinkulturen von *Aspergillus nidulans*. Es ist hierdurch also ausser Zweifel gestellt, dass die Ascosporen in grosser Anzahl zur Keimung gelangen.

                                                Kohl (Marburg).

———

Braemer, L., Les tannoïdes, introduction critique à l'histoire physiologique des tannins et des principes immédiats végétaux qui leur sont chimiquement alliés. 8°. 154 p. Toulouse (Lazarde et Sebille) 1890—91.

Vorliegendes Buch ist nicht gerade reich an neuen Thatsachen; es bringt aber eine sehr vollständige und kritische Darstellung desjenigen, das wir gegenwärtig in physiologischer, namentlich aber in chemischer Hinsicht über die sogenannten Gerbstoffe wissen, und verdient daher den Botanikern empfohlen zu werden.

Die Arbeit zerfällt in zwei Theile, einen chemischen und einen physiologischen.

Der erste Theil beginnt mit einer ausführlichen historischen Einleitung, der ein 67 Nummern zählendes Verzeichniss von Arbeiten über die chemischen Eigenschaften der Gerbsäuren beigefügt ist. Capitel II bringt eine ausführliche Beschreibung der Gerbstoffe für alle Pflanzen-Familien, wo solche nachgewiesen worden sind. Capitel III behandelt die chemischen Beziehungen der Gerbstoffe zu verwandten Körpern, wie Gallussäure, Ellagsäure, Protokatechusäure, Katechine, Pyrokatechine etc. Capitel IV. ist einer zusammenfassenden Darstellung der chemischen Eigenschaften der Gerbstoffe gewidmet.

Der zweite, physiologische, Theil der Arbeit beginnt, wie der erste, mit einer historischen Einleitung, und einem 99 Nummern umfassenden Litteraturverzeichnisse. Das zweite Capitel ist den mikrochemischen Reactionen, das dritte den analytischen Methoden gewidmet.

Zum Schlusse stellt Verf. seine Ansichten in folgender Weise zusammen:

1) Die unter dem Namen Gerbstoffe bekannten Producte des Stoffwechsels bilden eine chemisch und physiologisch gleich heterogene Gruppe.

2) Diejenigen Merkmale, die zu ihrer Charakterisirung benutzt werden: Adstringirender Geschmack, Färbung durch die Ferrisalze, Fällen der Gelatine kommen nicht allen Gerbstoffen zu und sind nicht auf diese beschränkt.

3) Die mikrochemischen Reactionen, deren man sich zum Auffinden ihrer Anwesenheit und Function bedient hat, stellen specifische Merkmale nicht dar. Die Naturgeschichte von Körpern, die zu den Gerbstoffen in keiner näheren chemischen Beziehung stehen, ist dadurch in diejenige der letzteren aufgenommen worden, was zu einander widersprechenden Resultaten führen musste und thatsächlich auch geführt hat.

4) Bevor von einer Physiologie der Gerbstoffe die Rede sein könne, müssen Beziehungen der unter diesem Namen vereinigten Körper sowohl zu einander, als auch zu den anderen aromatischen Producten des Stoffwechsels festgestellt werden.

6) Bei dem gegenwärtigen Zustande unserer Kenntnisse darf nur von den Umwandlungen in den Vegetationsprozessen einer Pflanze, deren Gerbstoff genau definirt, ist und von den Beziehungen des letzteren zu den anderen Stoffwechselproducten derselben Pflanze die Rede sein.

7) Jede Verallgemeinerung ist nicht bloss voreilig, sie ist a priori unrichtig.

Schimper (Bonn).

Mer, Émile, Repartition hivernale de l'amidon dans les plantes ligneuses. (Comptes rendus de l'Académie des sciences de Paris. Tome CXII. 1891. p. 964 ff.)

Verf. wies durch seine Untersuchungen nach, dass während der Vegetation der Holzpflanzen zwei Vorgänge eintreten, die bis jetzt unbeobachtet geblieben sind: der eine ist die Resorption des Stärkemehls am Ende des Sommers, der zweite das Wiedererscheinen dieses Reservestoffes beim Beginn des Frühlings. Beide haben eine Dauer von sechs Wochen bis zwei Monaten. Darnach ist der Winter nicht die Jahreszeit, in welcher die Reservestärke am beträchtlichsten vorhanden ist, sondern im Gegentheil diejenige, wo die Pflanze am wenigsten davon aufzuweisen hat.

Zimmermann (Chemnitz).

Maximowicz, C. J., Plantae Chinenses Potaninianae nec non Piasezkianae. (Acta horti Petropolitani. Vol. XI. Nr. 1.) 8°. 112 pp. Petropoli 1889.

Die Reisen der beiden Sammler, deren botanische Ausbeute hier bearbeitet und beschrieben ist, erfolgte zu verschiedenen Zeiten, und zwar diejenige Potanins in den Jahren 1884—1888, diejenige Piasezkys dagegen schon in den Jahren 1874—1875. — Potanin, begleitet von seiner Frau, dem Zoologen Beresowsky und dem Topographen Skassi, reiste Anfangs 1884 von Tientsien nach über Peking und Tai-juan-fu, der Hauptstadt von Schen-si, Kuku-hoto, überschritt im August den Hoang-ho in seiner Biegung bei Che-ku, zog auf einer neuen Route durch das Ordos-Land wieder zum Hoang-ho, der bei Lintschou erreicht, aber erst bei Zsin-juan gekreuzt wurde, und kam am 15. November in Lan-tschou-fu an. Während des Winters blieb Skassi hier, Beresowsky begab sich zu den Missionären von Choi-ssjan auf der Wasserscheide zwischen Hoang-ho und Yang-tse-kiang und Potanin selbst nach Ssan-tschuan. Im Frühling 1885 zogen sie weiter auf neuem Wege nach Ssinin, von da in südlicher Richtung über Gumbun an den Hoang-ho bei Gui-dui, dann süd-östlich über mehrere, von tiefen Thälern unterbrochene, plateau-artige Rücken von 3000 m Höhe, von denen in W. Schneegebirge sichtbar wurden, darunter auch das von Prschewalsky im Jahre 1880 erreichte Amni-Dschankar-Gebirge, und schliesslich nach Min-tschou am Tao, einem südlichen Nebenflusse des Hoang-ho. Ende Juni brach Potanin nach S. auf und überschritt den Jali-schan, die Wasserscheide gegen den Yang-tse-kiang. Die Thäler sind hier wild, tief und steilrandig. Weiter ging es nach Nan-jun im SW., wo es bereits Reisfelder giebt, und dann nach Sung-pan-ting, welches wieder von sanften Höhen eingeschlossen ist, aber so hoch liegt, dass Fruchtbäume nicht mehr gedeihen, nämlich 2886 m. Im Herbste wurde noch der Oberlauf des Hoang-ho zwischen Lan-tschou und gui-dui aufgenommen. Im Jahre 1886 begab sich die Expedition an den Kuku-nor, von wo aus zunächst im NW. die Ketten des Nan-schan erforscht wurden. Sein Bau erwies sich complicirter, als man erwartet hatte; die Pässe der drei aufgefundenen

Ketten lagen 3900 m hoch, die Thäler dazwischen selten tiefer, als 3000 m. Von Gao-tai wurde dann die Gobi von S. nach N. gekreuzt, und dabei festgestellt, dass der östliche Altai aus 4 parallelen, von W. nach O. streichenden Ketten besteht; die südliche Kette steigt mauergleich aus der öden Wüste am Gaschiun-nor auf, und heisst Tostu, während die nördliche den Schneegipfel Ichi-bogdo trägt.

Dr. P. J. Piasezky zog im Jahre 1875 von der Stadt Hankau am Yang-tse-kiang aus und bereiste die Provinzen Hu-peh, Shen-si, Kansa und die sibirische Mongolei. — Da Beresowsky, der Begleiter Potanin's, den östlichen Theil der Provinz Kan-su ebenfalls besuchte, so ergänzen sich die Sammlungen beider gegenseitig. Piasezky's Reisebericht, im Jahre 1880 erschienen, enthält zwar eine Aufzählung der von ihm auf seinen Reisen gesammelten Pflanzen, aber nur die Namen in chronologischer Ordnung, wie sie gesammelt wurden, auch enthalten Maximowicz's „Diagnosen" die Beschreibungen mehrerer, neuer von P. gesammelten Pflanzenarten; eine systematische Aufzählung derselben fehlte aber bisher, und so erscheint die gemeinsame Bearbeitung derselben mit den von Potanin und Beresowsky gesammelten Pflanzen sehr dankenswerth.

Die in den letzten 15 Jahren von den Franzosen David und Delavaye und den Engländern Henry, Faber, Hance und Ford in China gesammelten Pflanzen konnten von Maximowicz auch zum Theil benutzt, zum Theil verglichen werden, so dass uns hier eine wesentliche Ergänzung der von Forbes und Hemsley herausgegebenen Enumeratio plantarum totius imperii Sinensis vorliegt. — Schade, dass M's Arbeit nur die Thalamiflorae und Disciflorae umfasst und dass nach seinem für die Wissenschaft zu früh erfolgten Tode nur schwache Aussicht auf Vollendung seines Werkes vorhanden ist.

Dicotyledoneae. Thalamiflorae. I. *Ranunculaceae.* Die Gattung *Clematis* L. ist vertreten mit 13 Arten, darunter: *C. nannophylla* Max. var. (nova) *foliosa* Max., *C. orientalis* L. var. (nova) *akebioides, C. obscura* Max. sp. n. (Sect. 1 *Flammula*, Div. 1 Max.), *C. dasyandra* Max. sp. n. (Sect. 1 *Flammula*, Div. 1), *C. pogonandra* M. sp. n. (Sect. 1 *Flammula*, Div. 1.), *C. brevicaudata* DC. var. nova *tenuisepala* Max., *C. Potanini* Max. sp. n. (Sect. 2 *Viticella* Max.), *C. montana* Ham. var. nova *pentaphylla* Max. und *C. alpina* Mill., var. nova *Chinensis* Max.; — *Thalictrum* L. mit 14 Arten, darunter: *Th. grandiflorum* Max. sp. n. (*Euthalictrum* DC.), *Th. tripellatum* Max. sp. n. (*Euthalictrum* DC.), *Th. uncatum* Max. sp. n. (*Euthalictrum* DC.), *Th. hamatum* Max. sp. n. (*Euthalictrum* DC.), *Th. oligandrum* Max. sp. n. (*Euthalictrum* DC.) und *Th. robustum* Max. sp. n. (*Euthalictrum* DC); — *Anemone* L. mit 10 Arten, worunter eine neue: *A. gelida* Max. (Sect. IV *Homolocarpus* DC.); *Adonis* L. mit 1 Art; *Ranunculus* L. mit 12 Arten, darunter eine neue: var. *brevistyla* Max. von *R. repens* L.; — *Caltha* L. und *Trollius* L. mit je 1 Art; — *Helleborus* L. mit 1 neuen Art: *H. Chinensis* Max.; — *Aquilegia* L. mit 2 Arten; — *Delphinium* L. mit 5 Arten, worunter eine neue: var. *latisecta* Max. von *D. grandiflorum* L. und eine neue Art: *D. campylocentrum* Max. (Sect. III. *Delphinastrum* DC); — *Aconitum* L. mit 4 Arten; — *Cimicifuga* L. mit 2 Arten, darunter 1 neue: *C. calthaefolia* Max. (*Subgen. Pityrosperma* Benth. et Hook.); — *Paeonia* L. mit 2 Arten.

II. *Dilleniaceae.* Die Gattung *Actinidia* Lindl. mit 1 neuen Art: *A. tetramera* Max. (*Indico-japonica* Max.); und eine neue Gattung *Clematoclethra* Max. (*Clethrae* sectio *Clematoclethra* Franchet);

hierzu ein Schlüssel: Pedunculi 2—5-flori 2.

„ 1-flori 3.

2. Petioli lamina triplo saltem breviores, ramuli hornotini, petioli folia subtus ad nervos strigoso hispida. . . . . *Cl. scandens* Franch.

Petioli luminam dimidiam superantes, pubes si adest, brevissima mollis
Cl. lasioclada Max. sp. n.
3. Folia serrulata . . . . *Cl. actinoides* Max. sp. n.
„ integra . . . . *Cl. integrifolia* Max. sp. n.

III. *Calycantheae* mit 1 Gattung, *Chimonanthus* Lindl. und mit 1 Art. —
IV. *Magnoliaceae*. Die Gattung *Schizandra* L. C. Rich. mit 2 Arten und die
Gattung *Euptelea* Sieb. et Zucc. mit 1; — V. *Menispermaceae*. Die Gattung
Menispermum L. mit 1 Art. — VI. *Berberideae*. Die Gattung *Berberis* L. mit
8 Arten, darunter 1 neue: *B. Potanini* Max. (Sect. II *Berberis vera*, flor. race-
mosis Hook. et Thoms.). Die Gattung *Epimedium* L. mit 2 Arten, worunter 1
neue: *E. brevicornu* Max. (§ *Microcesat* Dcne) und die Gattung *Podophyllum* L.
mit 1 Art. — VII. *Papaveraceae*. Die Gattung *Papaver* L. mit 2 Arten; die
Gattung *Meconopsis* Vig. mit 5 Arten; die Gattung *Bocconia* Plum. mit 1 Art;
die Gattung *Glaucium* Juss. mit 1 Art; die Gattung *Chelidonium* L. mit 1 Art;
die Gattung *Hypecoum* L. mit 2 Arten; die Gattung *Corydalis* DC. mit 13
Arten, worunter neu: *C. cristata* Max. — VIII. *Cruciferae*. Die Gattung
Nasturtium R. Br. mit 1 Art; die Gattung *Arabis* L. mit 3 Arten; die Gattung
Cardamine L. mit 3 Arten; die Gattung *Hesperis* L. mit 1 Art; die Gattung
Malcolmia R. Br. mit 1 Art; die Gattung *Sisymbrium* L. mit 4 Arten; die
Gattung *Erysimum* L. mit 2 Arten; die Gattung *Brassica* L. mit 2 Arten; die
Gattung *Eruca* Tournef. mit 1, *Moricandia* DC. mit 1 und die Gattung *Draba*
L. mit 5 Arten, worunter eine neue: var. *flaccida* Max. der *D. incana* L.; die
Gattung *Eutrema* R. Br. mit 1, *Thlaspi* L. mit 1, *Capsella* Vent. mit 1 und
Lepidium L. mit 2 Arten; die Gattung *Megacarpaea* DC. mit 1 genauer be-
schriebenen Art (*M. Delavayi* Franch.) und die Gattung *Isatis* L. mit 1 Art.
IX. *Violariae*. Die Gattung *Viola* L. mit 6 Arten, worunter 1 neue: var.
acuminata Max. der *V. biflora* L. — X. *Bixaceae*. Die Gattung *Xylosma* Forst.
mit 1 Art. — XI. *Polygaleae*. Die Gattung *Polygala* L. mit 2 Arten. —
XII. *Caryophylleae*. a. *Sileneae*. Die Gattung *Dianthus* L. mit 2 Arten; die
Gattung *Silene* L. mit 6 Arten, darunter 2 neue: *S. Potanini* Max. (*Melandryum*
sect. *Elisanthe* Rohrb.) und *S. pterosperma* Max. (Sect. *Heliosperma* Benth. et
Hook.); die Gattung *Cucubalus* L. mit 1 und die Gattung *Lychnis* L. mit 2
Arten. — b. *Alsineae*. Die Gattung *Lepyrodiclis* Fzl. mit 2, die Gattung *Are-
naria* L. mit 2 und die Gattung *Krascheninikovia* Turcz. mit 2 Arten; die
Gattung *Stellaria* L. mit 5 Arten, worunter 1 neue: *S. infracta* Max. (*Larbrea*);
die Gattung *Malachium* Fr. mit 1, *Cerastium* L. mit 3 und *Sagina* L. mit 1
Art. — XIII. *Tamariscineae*. Die Gattung *Tamarix* L. mit 2 und *Myricaria*
Desv. mit 1 Art. — XIV. *Hypericaceae*. Die Gattung *Hypericum* L. mit 6
Arten. — XV. *Ternstroemiaceae*. Die Gattung *Stachyurus* Sieb. et Zucc. mit
1 Art. — XVI. *Malvaceae*. Die Gattung *Malva* L. mit 3, *Althaea* L. mit 1,
Abutilon L. mit 1, *Hibiscus* L. mit 2 und *Gossypium* L. mit 1 Art. — XVII.
Sterculiaceae. Die Gattung *Sterculia* L. mit 1 Art. — XVIII. *Tiliaceae*. Die
Gattung *Grevia* L. mit 2 Arten, worunter eine neue: var. *microphylla* Max. der
G. parviflora Bnge; die Gattung *Corchoropsis* Sieb. et Zucc. mit 1 Art; die
Gattung *Tilia* L. mit 2 neuen Arten: *T. paucicostata* Max. (Sect. II Spach. *Diplo-
petaloideae* Bayer.) und *T. Chinensis* Max. (Sect. II).

D i s c i f l o r a e. XIX. *Linaceae*. Die Gattung *Linum* L. mit 2 Arten. —
XX. *Zygophyllaceae*. Die Gattung *Tribulus* L. mit 1 und *Peganum* L. mit
1 Art. — XXI. *Geraniaceae*. Die Gattung *Biebersteinia* Steph. mit 1 Art; die
Gattung *Geranium* L. mit 5 Arten; die Gattung *Erodium* L'Hér. mit 1 Art; die
Gattung *Oxalis* L. mit 2 Arten; die Gattung *Impatiens* L. mit 6 neuen Arten:
I. fissicornis Max. (Scct. B. II *Uniflorae* Hook. fil), *I. recurvicornis* Max. (Eadem
series Hook. fil.), *I. platyceras* Max. (Eadem series), *I. odontopetala* Max. (B. III
Axilliflorae Hook. fil.), *I. Potanini* Max. (Eadem divisio), *I. notolopha* Max.
(B. V. *Racemosac* Hook fil.). — XXII. *Rutaceae*. Die Gattung *Boenninghausenia*
Reichb. mit 1, *Dictammus* L. mit 1, *Zanthoxylum* L. mit 4 Arten, worunter
1 neue: *Z. Piasezkii* Max.; die Gattung *Citrus* L. mit 1 und *Aegle* Corr. mit
1 Art. — XXIII *Simarubeae*. Die Gattung *Ailanthus* Desf. mit 1 Art. — XXIV.
Meliaceae. Die Gattung *Melia* L. mit 1 Art. — XXV. *Ilicineae*. Die Gattung
Ilex L. mit 1 Art. — XXVI. *Celastrineae*. Die Gattung *Evonymus* L. mit
6 Arten, darunter eine neue: var. *Chinensis* Max. von *E. verrucosa* Scop., und die
Gattung *Celastrus* L. mit 2 Arten. — XXVII. *Rhamneae*. Die Gattung *Zizyphus*

L. mit 1; die Gattung *Berchemia* Neck. mit 8 Arten, die Gattung *Rhamnus* L. mit 1 Art, *Hovenia* Thunb. mit 1 und *Sageretia* Brongn. mit 2 Arten, worunter 1 neue: *S. paucicostata* Max. — XXVIII. *Ampelideae.* Die Gattung *Vitis* L. mit 7 Arten, darunter eine neue: *V. Potanini* Max. (Sect. *Ampelopsis?*) — XXIX. *Sapindaceae.* Die Gattung *Koelreuteria* Laxm. 1, *Aesculus* L. mit 1, *Xanthoceras* Bnge. mit 1 und *Acer* L. mit 6 Arten, worunter 8 neue: *A. urophyllum* Max. (1. *Extrastaminalia,* 2. *Spicata* Pax.), *A. multiserratum* Max. (Eadem divisio/, *A. betulifolium* Max. (II. 7. *Indivisa* Pax.). — XXX. *Anacardiaceae.* Die Gattung *Pistacia* L. mit 1 und *Rhus* L. mit 8 Arten, darunter 1 neue: *Rh. Potanini* Max. (Sect. 1 *Trichocarpae* Engl. — XXXI. *Coriarieae.* Die Gattung *Coriaria* Nissol. mit 2 Arten.

v. Herder (St. Petersburg).

Gümbel, v., *Lithiotis problematica* Gümb., eine Muschel. (Verhandlungen der k. k. geol. Reichsanstalt in Wien. Jahrg. 1890. p. 64—67. M. Abbild.)

In den grauen Liaskalken von Rotzo und Roveredo in den Südalpen fanden sich namhafte kalkspathige Einschlüsse organischen Ursprunges vor, die der Verf. 1871 aller Wahrscheinlichkeit nach als zur Gruppe der kalkabsondernden Algen gehörig betrachtete. v. Zigno erklärte sie als Monokotyledonen, und zwar als die Vertreter einer eigenthümlichen, während der Juraperiode ausgestorbenen Familie. Neues, reiches Material, welches v. Zittel dem Verf. zur Verfügung stellte, lieferte ihm nun den Beweis, dass die vermeintlichen Pflanzenreste einer Muschel angehören, die *Ostrea* am nächsten steht; es ist aber noch zu entscheiden, ob der lang ausgezogene und stark einseitig gekrümmte Wirbel, sowie die zahlreichen Längsfurchen auf der Oberfläche der Ligamentfelder diese Zugehörigkeit sichern.

Staub (Budapest).

Johow, Fr., Die phanerogamen Schmarotzerpflanzen. Grundlagen und Material zu einer Monographie derselben. Mit 11 Holzschnitten. 39 pp. Santiago 1890.

Es handelt sich in dieser Abhandlung um einseitigen (nicht gegenseitigen — Symbiose) Parasitismus, der sich nur unter den Thallophyten und bei etwa 1000 Dikotylen findet. Chlorophyllfreie, ihren gesammten Kohlenstoff in Form organischer Verbindungen gewinnende Parasiten (Schmarotzerpilze, *Lathraea*) werden als Holoparasiten von den grünen, nur nebenbei schmarotzenden Hemiparasiten (*Viscum*) unterschieden, unter beiden giebt es obligate und fakultative Schmarotzer; die letzteren chlorophyllfreien können unter Umständen auch saprophytisch, die fakultativen Hemiparasiten aber sogar auch autotrophisch (*Santalum album*) leben.

Weiterhin wird die Wahl der Wirthe besprochen, die für einzelne Arten wie auch für Gattungen und Familien von Schmarotzern bewerkenswerth ist. Für die verschiedenen Grade der Freiheit in der Wahl des Wirths schlägt Verf. die Ausdrücke wirthsstet, wirthshold und wirthsvag vor. Manche Parasiten verhalten sich in dieser Beziehung in verschiedenen Gegenden verschieden. Ueber die Ursachen dieser verschiedenen Freiheitsgrade in der Wahl des Wirths sind wir noch wenig unterrichtet; vielleicht vermögen manche Schmarotzer mit ihren Saugorganen nicht in die Rinde gewisser Pflanzen einzudringen, auch wird oft die Beschaffenheit des Nährsaftes eine Rolle spielen.

Die Schmarotzer sind entweder **thierbewohnend** oder **pflanzenbewohnend**, niemals beides zugleich, zu ersteren gehören auch nur Bakterien und Pilze, die höheren Pflanzenbewohner leben entweder auf Holzpflanzen oder auf Kräutern, selten auf beiden zugleich. Manchmal sind die Wirthspflanzen selbst wieder Schmarotzer.

Die meisten Parasiten sind auch an bestimmte Organe des Wirths gebunden (ausg. Pilze). Mit de Bary nennt Verf. die ihren ganzen Entwicklungsgang auf nur einer Wirthsspecies durchlaufenden Parasiten autöcisch oder autoxen, die anderen mit dem Wirth wechselnden metöcisch oder metaxen.

Verf. hält die Gruppirung der Schmarotzer nach phylogenetischen Gesichtspunkten für die natürlichste, sie sind Abkömmlinge autotropher Pflanzen, und unter diesen unterscheidet Verf. als biologische Gruppen: Wasserpflanzen, Luftpflanzen (oder Epiphyten) und aufrechte oder klimmende Pflanzen, zu diesen sind auch bei den meisten phanerogamen Parasiten Beziehungen deutlich. Die Wasserpflanzen finden unter den letzteren kein Analogon (unter den Pilzen bei den *Saprolegnieen*), wohl aber die anderen.

Darnach theilt der Verf. die Parasiten ein in

1. **euphytoide Parasiten**, aufrechte Bodenpflanzen,
2. **lianoide Parasiten**, Schlinggewächse und von solchen abstammend,
3. **epiphytoide Parasiten**, Baumbewohner, und
4. **fungoide Parasiten** (*Balanophoreen* und *Cytinaceen*), welche keine Verwandtschaft mit autotrophen Gruppen erkennen lassen und wegen ihres pilzähnlichen Habitus vorläufig als fungoid bezeichnet werden können.

Verf. bespricht sodann die genannten Gruppen näher, nachdem er noch die Natur der Nährstoffe und die Organe der Parasiten zur Nahrungsaufnahme berührt hat.

I. **Euphytoide.**

Hierher gehören 5 Familien mit 35 Gattungen und 400 Arten, die meisten sind grün (*Santalaceen* und viele *Scrophulariaceen*), einige (*Scrophulariaceen*) schwach grün und der Rest chlorophyllfrei (*Orobanche* fast ganz, *Lathraea, Lennoaceen* ganz). Die grünen haben oberirdisch ganz den Habitus gewöhnlicher Bodenpflanzen, die Wurzeln Saugorgane, die Entwicklung ist zunächst auch normal, die chlorophyllfreien euphytoidischen Schmarotzer haben dagegen fleischige Schäfte mit Schuppenblättern. Verf. bespricht dann die Bildung und Anatomie der Haustorien unter Anschluss an Solms-Laubach und Koch.

II. **Epiphytoide.**

Hierhin gehören nur obligate Hemiparasiten, 500 *Loranthaceen* und 15—18 antarktische *Santalaceen* (*Henslowia, Phacellaria, Myzodendron*); meist sind es aufrechte Sträucher mit wohlentwickelten Blattspreiten. Die Art der Anheftung und der Bau der dazu dienenden Organe ist sehr verschieden, worauf Verf. näher eingeht (Zurückführung der Haustorialformen auf den Typus der Haustorien der *Santalaceen*, nach Solms).

III. Lianoide.

Hierhin die holoparasitische Gattung *Cuscuta* mit ca. 77 Arten und die obligat-hemiparasitische *Cassytha* mit ca. 20 exotischen Arten.

IV. Fungoide.

Diese Gruppe fällt zusammen mit den beiden Familien der *Balanophoraceen* (ca. 35 Arten in 14 Gattungen) und *Cytinaceen* (ca. 23 Arten in 7 oder 8 Gattungen), alle sind chlorophyllfrei und fremdartig gestaltet. Sie schmarotzen auf den Wurzeln meist dikotyler Holzpflanzen, sind fleischige, selten perennirende Kräuter und haben oft einen den Hutpilzen täuschend ähnlichen Habitus. Verf. geht auch hier kurz auf entwicklungsgeschichtliche und anatomische Verhältnisse ein.

Am Schluss giebt Verf. nach den im Vorstehenden geltend gemachten Prinzipien eine Uebersicht der Parasiten und der wichtigsten einschlägigen Litteratur.

Dennert (Godesberg).

Costerus, J. C., On malformations in *Fuchsia globosa.* (Linnean Society's Journal. Botany. Vol. XXV. p. 395—434. Mit 4 Tafeln.)

Verf. giebt eine vollständige Uebersicht der früher beschriebenen *Fuchsia*-Monstrositäten und beschreibt eine grosse Zahl neuer Fälle. Er giebt das folgende Verzeichniss:

1. Axillare Prolification:
    a. An der Innenseite eines Kelchblattes findet sich der trimere Kelch einer zweiten Blüte.
    b. Gestielte Blütenknospen alterniren mit den Petalen.
2. Mediane Prolification.
3. Chorisis (Dédoublement).
4. Auswuchs (Enation).
    a. Die Petala produciren Staubfäden.
    b. Additionelle Petala produciren Staubfäden.
5. Unterdrückung:
    a. von Petala,
    b. von antipetalen Staubfäden.
6. Petalodie der Staubfäden.
7. Pistillodie derselben.
8. Staminodie der Petala.
9. Phyllodie von Kelch und Krone.
10. Polyphyllie:
    a. der Krone,
    b. des Kelches,
    c. des Gynaeceum.
11. Transposition:
    a. von Petala nach oben auf die antipetalen Staubfäden,
    b. von Sepala, welche von dem Kelchrohr isolirt und nach unten grün geworden waren,
    c. von Sepala, Petala und Stamina, so dass der Fruchtknoten oberständig wurde,
    d. Apostase (Verlängerung des Blütenbodens).

12. Cohäsion:
  a. zwischen Staubfäden,
  b. „ Sepala,
  c. Röhrenförmige oder trichterförmige Petala.
13. Adhäsion:
  a. von Sepala mit antisepalen Staubfäden,
  b. „ Petala „ antipetalen „
  c. „ „ „ Sepala;
  d. „ Staubfäden mit dem Griffel,
  e. „ Blumen mit einem Blatte,
  f. „ „ „ der Achse,
  g. „ dem verlängerten Fruchtknoten mit dem Kelchrohr,
  h. „ zwei Blumen,
  i. „ „ Embryonen.
14. Abweichungen von der gewöhnlichen Zahl.
15. Fasciation mit spiraliger Torsion:
  a. von Staubfäden,
  b. des Griffels.
16. Spiralige Stellung der Blütentheile.

Aus den observirten Thatsachen zieht Verf. die folgenden Schlüsse:

1. Fuchsia entstammt einer Pflanze mit tetrameren Blüten, einem blattartigen Kelch, einer polypetalen Krone, einem einzigen Kreis von antisepalen Staubfäden und einem vierzähligen, unterständigen Fruchtknoten.

2. Die Kelchröhre der ursprünglichen *Fuchsia* war wahrscheinlich kurz, vielleicht selbst abwesend, und ist zusammen mit der Färbung der Sepala länger geworden.

3. Die apetalen *Fuchsia's* von Süd-Amerika und Neu-Seeland sind weiter von der ursprünglichen Form differenzirt, als diejenigen mit Krone.

4. In Verbindung mit den von Eichler für die *Onagraceen*-gattungen gegebenen Diagrammen und Formeln kann man sich den Stammbaum dieser Familie wie folgt denken:

$$K4, \; C4, \; A4, \; G\overline{(4)} \; (Eucharidium).$$

(Zahl abnehmend)	(Zahl wachsend)
$K4, \; C4, \; A2, \; G\overline{(4)}$ *Lopezia*,	$K4, C4, A4, G\overline{(4)}$ mit Andeutungen
(*Semeiandra, Diplandra*),	eines zweiten Staubfäden-
$K4, \; C0, \; A4, \; G\overline{(4)}$ *Isnardia*,	kreises: Arten von *Eu-*
$K2, \; C2, \; A2, \; G\overline{(2)}$ *Circaea*,	*charidium, Clarkia pulchella*,
$K4, \; C4, \; A1, \; G\overline{(4)}$ *Riesenbachia*,	*Cl. marginata*.
$K4, \; C4, \; A4, \; G\overline{(2)}$ *Trapa*.	$K4, \; C4, \; A4 + 4, \; G\overline{(4)}$.
	Epilobium, Gaura, Jussiaea,
	Oenothera, Fuchsia.
In den neuseeländischen	$K4, \; C0, \; A4 + 4, \; G\overline{(4)}$
und kleinblütigen ame-	*Fuchsia apetala, F.*
rikanischen Arten scheint	*macrantha*, etc.
eine Tendenz nach Sepa-	
ration der Geschlechter	
vorhanden zu sein.	

In einem Appendix beschreibt Verf. noch eine Anzahl Skizzen und Observationen, welche er von Herrn Dr. Masters und vom Ref. erhalten. In den hauptsächlichsten Punkten sind dieselben im Einklang mit den vorhergehenden Schlussfolgerungen.

            Heinsius (Amersfoort).

Ritzema Bos., J., De Ananasziekte der anjelieren, ververoorzaakt door Tylenchus devastatrix. (Maandblad voor Natuurwetenschappen. 1890. No. 6. p. 85—89.)

Schon seit 1882 hat Verf. die Nematode *Tylenchus devastatrix* und die von ihr hervorgerufenen Pflanzenkrankheiten studirt und gezeigt, dass diese Species 34 verschiedene Pflanzen, welche zu 14 Familien gehören, bewohnen kann; jedoch findet man sie nur bei einzelnen Pflanzenpecies in grösserer Zahl, so dass die Pflanze dadurch erkrankt. Seit der Publication des letzten Theiles seiner Monographie über den genannten Wurm (in „Archives du Musée Teyler") wurde dieser nur noch in zwei neuen Culturpflanzen als Erreger eigenthümlicher Missbildungen erkannt, nämlich in Kartoffeln und Gartennelken (holländisch: Anjelieren). Ueber die letzteren berichtet Verf. jetzt. Die Krankheit wurde zuerst kurz beschrieben von Berkeley in „Gardener's Chronicle" 1881, II., 19 Nov. und etwas später (3. Dec.) in der nämlichen Zeitschrift von W. G. Smith. Beide Untersucher fanden einen *Tylenchus* in den kranken Pflanzen. Verf. vermuthete, dass auch hier *Tylenchus devastatrix* im Spiele sei, und diese Vermuthung wurde zur Gewissheit, als er einige kranke Exemplare von Miss E. A. Ormerod erhielt. Nicht nur die morphologischen Eigenthümlichkeiten der darin gefundenen Würmer stimmten völlig mit denen der *T. devastatrix* überein, sondern es gelang Verf. auch, mit diesen einige Kleepflanzen, *Allium Cepa,* Roggen, *Hyacinthus orientalis* und *Scilla Sibirica* zu inficiren. Zumal die beiden ersteren Pflanzen wurden deutlich krank. Die Symptome der Krankheit sind bei den Nelken die nämlichen, wie bei den übrigen von *T. devastatrix* bewohnten Pflanzen: die Stengeltheile bleiben kurz; die Blätter ebenso und werden oft dick und kraus; auf diesen entstehen gelbe Flecken und oft sterben sie ab. Die Würmer werden auch hier nur in Stengel und Blättern, niemals in den Wurzeln gefunden.

Oft geschieht es, dass die Achse der Knospe kurz bleibt, während die Blätter sich ziemlich normal entwickeln, und so entsteht eine Blätterkrone, welche Aehnlichkeit hat mit derjenigen einer Ananasfrucht. Daher der von Miss Ormerod vorgeschlagene und vom Verf. übernommene Name: *Ananasziekte* (Ananaskrankheit; englisch: Pine apple sickness).

Heinsius (Amersfoort).

Neue Litteratur.

Allgemeines, Lehr- und Handbücher, Atlanten etc.:

Ströse, Karl, Leitfaden für den Unterricht in der Naturbeschreibung an höheren Lehranstalten. II. Botanik. Heft I. Unterstufe. 8°. 61 pp. Dessau (P. Baumann) 1891.   M. 0.60.

Algen:

Deby, J., Catalogue de toutes les espèces de Diatomées du genre Auliscus connues à ce jour, mai 1891. (Journal de Micrographie. Tome XV. 1891. p. 183.)

De Wildeman, E., Sur la morphologie des Cladophora. (Bulletin de la Société Belge de Microscopie. 1891. p. 154.)

Schmidt, A., Atlas der Diatomaceen-Kunde. Heft 41 und 42. Folio. 8 pp. 8 Tafeln. Leipzig (A. R. Reisland) 1891. à M. 6.—

Pilze:

Bommer, Ch., Résumé de la communication sur les sclérotes faite à la Séance du mois de février 1891. (Comptes rendus de la Société royale de botanique de Belgique. 1891. p. 146.)

— —, Un champignon pyrénomycète se développant sur le test des Balanes. (Bulletin de la Société Belge de Microscopie. 1891. p. 151.)

Cooke, M. C., Epichloe Hypoxylon. (Grevillea. Vol. XIX. 1891. p. 80.)

— —, Illustrations of British Fungi. Vol. VII and VIII. 8°. London (Williams & N.) 1891. L. 7, s. 17, 6 d.

Dangeard, P. A., Note sur la délimitation des genres Chytridium et Rhizidium. (Revue Mycologique. T. XIII. 1891. p. 134.)

Delogne, C. H., Les Lactario-Russulés. Analyse des espèces de Belgique et des pays voisins avec indication des propriétés comestibles ou vénéneuses. (Comptes rendus de la Société royale de botanique de Belgique. 1891. p. 70.)

De Wevre, Alfred, Recherches expérimentales sur le Phycomyces nitens Kuze. (l. c. p. 107.)

Harlot, P., Contributions à la flore des Ustilaginées et Urédinées de l'Auvergne. (Revue Mycologique. T. XIII. 1891. p. 117.)

Lagerheim, G. de, Les Urédinées comestibles. (l. c. p. 101.)

— —, Notes sur quelques Urédinées de l'herbier de Westendorp. (Comptes rendus de la Société royale de botanique de Belgique. 1891. p. 125.)

Marchal, Elie, Champignons coprophiles de Belgique. VI. Mucorinées et Sphaeropsidées nouvelles. (l. c. p. 134.)

Patouillard, N., Quelques espèces nouvelles de champignons extraeuropéens. (Revue Mycologique. T. XIII. 1891. p. 135.)

Richon, Ch., Liste alphabétique des principaux genres mycologiques (une espèce typique) dont les spores, sporidies et conidies sont réprésentées fortement amplifiées avec l'indication de leurs dimensions réelles. (l. c. p. 138.)

Roumeguère, C., Fungi Gallici exsiccati. Cent. LVIII. (l. c. p. 123.)

Saccardo, P. A., G. Hedwig précurseur de l'analyse microscopique des Ascomycètes. Traduit par O. Debeaux. (l. c. p. 104.)

Sargent, F. L., Earth Stars. (Pop. Scient. News. Vol. XXV. 1891. p. 72. Ill.)

Strauss, J., Morphologie de la cellule bactérienne. (Journal de Micrographie. T. XV. 1891. p. 175.)

Vuillemin, Paul, L'Exoascus Kruchii sp. n. (Revue Mycologique. Tome XIII. 1891. p. 141.)

Wladimiroff, A., Osmotische Versuche an lebenden Bakterien. (Zeitschrift für physikalische Chemie. Bd. VII. 1891. Heft 6. p. 529—543.)

Flechten:

Flagey, C., Lichenes Algerienses. (Revue Mycologique. Tome XIII. 1891. p. 107.)

Muscineen:

Underwood, L. M., A preliminary list of Pacific Coast Hepaticae. (Zoe. Vol. I 1891. p. 361.)

Physiologie, Biologie, Anatomie und Morphologie:

De Wildeman, E., Recherches au sujet de l'influence de la température sur la marche, la durée et la fréquence de la caryocinèse dans le règne végétal. (Annales de la Société Belge de Microscopie. Mémoires. T. XV. 1891. p. 5.)

Haeckel, Ernst, Storia della creazione naturale—. Prima traduzione italiana fatta sull' ottava edisione tedesca a cura del **Daniele Rosa.** Torino 1891.

Heim, F., Influence de la lumière sur la coloration du périanthe de l'Himantophyllum variegatum. (Bulletin mensuel de la Société Linnéenne de Paris. 1891. p. 932.)

— —, L'ovule de l'Ilicium anisatum. (l. c. p. 921.)

Holm, Theodor, Contributions to the knowledge of the germination of some North American plants. (Memoirs of the Torrey Botanical Club of New-York. Vol. II. 1891. p. 57—108. 15 plates.)

Kienitz-Gerloff, F., Neuere Forschungen über die Natur der Pflanze. (Naturwissenschaftliche Wochenschrift. Bd. VI. 1891. p. 279.)

Kresling, Karl, Beiträge zur Chemie des Blütenstaubes von Pinus silvestris. (Archiv der Pharmacie. Bd. CCXXIX. 1891. p. 389.)

Mac Millan, Conway, On the growth-periodicity of the potato-tuber. (The American Naturalist. Vol. XXV. 1891. p. 462.)

Rehder, A., Ueber Dimorphismus bei Forsythia. (Gartenflora. 1891. p. 395. Mit Abbild.)

Reimers, Th., Schlauchartige und insektenfressende Pflanzen. (l. c. p. 382. Mit Abbild.)

Tschirch, A., Beiträge zur Physiologie und Biologie der Samen. (Verhandl. der Schweiz. Naturforscher-Gesellschaft in Davos. 1890. p. 260.)

Systematik und Pflanzengeographie:

Baillon, H., Note sur l'organisation florale de Greyia Sutherlandi. (Bulletin mensuel de la Société Linnéenne de Paris. 1891. p. 950.)

— —, Sur le nouveau genre Oncothea. (l. c. p. 931.)

— —, Remarques sur les Galacées. (l. c. p. 933.)

— —, Les Phellines de la Nouvelle Calédonie. (l. c. p. 937.)

Beck, Günther, Ritter von Mannagetta, Mittheilungen aus der Flora von Nieder-Oesterreich. II. (Verhandlungen der K. K. zool.-botan. Gesellschaft in Wien. 1891. p. 640)

Boyd, K. P. S., Rhamnus Purshiana. (The American Garden. Vol. XII. 1891. p. 247. Ill.)

Brandegee, Katharine, Californian Lobeliaceae. (Zoe. Vol. I. 1891. p. 373.)

Brandegee, T. S., A new species of Esenbeckia. (l. c. p. 378. With plate.)

Buchenau, Franz, Ueber einen Fall der Entstehung der eichenblätterigen Form der Hainbuche, Carpinus Betulus L. (Gartenflora. 1891. p. 377. Mit Abbild.)

Cockerell, T. D. A., Notes on the flora of high altitudes in Custer County, Colorado. (Bulletin of the Torrey Botanical Club of New York. Vol. XVIII. 1891. p. 167.)

Cogniaux, A., A new Cucurbit. (Zoe. Vol. I. 1891. p. 368. 1 pl.)

Delpino, F., Applicazione di nuovi criteri per la classificazione delle piante. Memoria IV. (Memorie della Reale Accademia delle scienze dell' istituto di Bologna. Ser. V. T. I. 1891. Fasc. 2.)

Endicott, W. F., Some American Oxalis. (Garden and Forest. Vol. IV. 1891. p. 162.)

Fiek, E. und Schube, Th., Ergebnisse der Durchforschung der schlesischen Phanerogamenflora im Jahre 1890, zusammengestellt. (Sep.-Abdr. aus Verhandlungen der Schlesischen Gesellschaft für vaterländische Cultur in Breslau. 1891.) 8°. 42 pp. Breslau 1891.

Gordon, W. J., Our country's flowers and how to know them: being a complete guide to the flowers and Ferns of Great Britain, with an introduction by George Henslow. Illustrated by John Allen. 8°. 158 pp. London (Day) 1891. Sh. 6.—

Greenlee, L., Carolina wild flowers. (Vick's Magazine. Vol. XIV. 1891. p. 154. Illustr.)

Franchet, A., Sur une Boraginée à nucules déhiscentes. (Bulletin mensuel de la Société Linnéenne de Paris. 1891. p. 929.)

Heim, F., Le réceptacle de la Pulsatille. (l. c. p. 949.)

— —, Diptérocarpées nouvelles de Bornéo. (l. c. p. 954.)

— —, Sur le genre Pierrea. (l. c. p. 958.)

Heller, A. A., Notes on the flora of North Carolina. (Bulletin of the Torrey Botanical Club of New York. Vol. XVIII. 1891. p. 186.)

Hoffstad, O. A., Norsk Flora. 8°. XXXII, 222 pp. Bergen 1891.
2 Kr. 50 Øre.

Rydberg, P. A., The flora of the high Nebraska plains. (The American Naturalist. Vol. XXV. 1891. p. 485.)

Swezey, Goodwin D., Nebraska flowering plants. (Deane College, Natural history studies. 1891. No. 1.) 8⁰. 16 pp. Crete 1891.

Taubert, P., Ipomoea Camerunensis sp. nov. (Gartenflora. 1891. p. 393. Mit Tafel.)

Watson, Sereno, Contributions to American botany. XVIII. 1. Descriptions of some new North American species, chiefly of the United States, with a revision of the American species of the genus Erythronium. 2. Descriptions of new Mexican species, collected chiefly by Mr. C. G. Pringle in 1889 and 1890. 3. Upon a wild species of Zea from Mexico. 4. Notes upon a collection of plants from the Island of Ascension. (Proceedings of the American Academy of Arts and Sciences. Vol. XXVI. 1891. p. 124.)

Palaeontologie:

Hovelacque, Maurice, Sur la structure du système libéro-ligneux primaire et sur la disposition des traces foliaires dans les rameaux de Lepidodendron selaginoides. (Comptes rendus des séances de l'Académie des sciences de Paris. Tome CXIII. 1891. 13 juillet.) 4⁰. 4 pp. Paris 1891.

— —, Structure de la trace foliaire des Lepidodendron selaginoides à l'intérieur du stipe. (l. c. 15 août.) 4⁰. 3 pp. Paris 1891.

— —, Sur la forme du coussinet foliaire chez les Lepidodendron selaginoides. (l. c.) 4⁰. 3 pp. Paris 1891.

— —, Structure du coussinet foliaire et de la ligule chez les Lepidodendron selaginoides. (l. c.) 4⁰. 3 pp. Paris 1891.

Kosmovsky, C., Quelques mots sur les couches à végétaux fossiles dans la Russie orientale et en Sibérie. (Bulletin de la Société Impériale des naturalistes de Moscou. 1891. No. 1. p. 170.)

Rothpletz, A., Fossile Kalkalgen aus den Familien der Codiaceen und der Corallineen. (Sep.-Abdr. aus Zeitschrift der Deutschen geologischen Gesellschaft. Bd. XLIII. 1891. Heft 2. p. 285—322. 3 Tafeln.)

Teratologie und Pflanzenkrankheiten:

Coscioni, Gius., La Peronospora devastatrice vinta con lo zolfo vulcanico di Oliveto-Citra, Salerno. 8⁰. 22 pp. Napoli (Tip. Giannini e figli) 1890.

Huet et Louïse, Note sur la Phalena hyemata, parasite du pommier. (Bulletin de la Société Linnéenne de Normandie. Sér. IV. Vol. V. 1891. Fasc. 1. p. 15.)

Morini, F., Osservazioni intorno ad una mostruosità del fiore di Capparis spinosa L. (Memorie della reale Accademia delle scienze dell' istituto di Bologna. Ser. V. T. I. 1891. Fasc. 2.)

Petermann, A., Expériences sur les moyens de combattre la maladie de la pomme de terre. [Suite.] (Bulletin de la Station Agronomique de l'Etat à Gembloux. 1891. No. 48.)

Pini, Gugl., Della peronospora: consigli pratici agli agricoltori 8⁰. 28 pp. Empoli (Tip. T. Guainai) 1891.   25 cent.

Torelli, Tito, Peronospora viticola: ragionamenti scolastici. 8⁰. 33 pp. Reggio (Tip. degli Artigianelli) 1890.

Medicinisch-pharmaceutische Botanik:

Abbott, A. C., Corrosive sublimate as a desinfectant against the Staphylococcus pyogenes aureus. (Bulletin of the Johns Hopkins Hospital. 1891. No. 12. p. 50—60.)

Deiss, Ch. L., Koch; sa méthode de guérison de la tuberculose et les infiniment-petits. 8⁰. 19 pp. Bâle (C. J. Wyss) 1891.

Eiselsberg, A. von, Nachweis von Eiterkokken im Schweisse eines Pyämischen. (Berliner klinische Wochenschrift. 1891. No. 23. p. 553—554.)

Gabritschewsky, G., Ein Beitrag zur Frage der Immunität und der Heilung von Infectionskrankheiten. (Centralblatt für Bakteriologie und Parasitenkunde. Bd. X. 1891. No. 5. p. 151—157.)

Kostjurin, S. D. und **Krainski, N. W.,** Ueber die Behandlung des Anthrax mittelst putrider Extracte. (Wratsch. 1891. No. 19. p. 461—464.) [Russisch.]

Macé, E., Traité pratique de bactériologie. 8⁰. Avec 200 fig. Paris (Baillière et fils) 1891.   Fr. 10.—

Mari, N. N., Beiträge zum Studium der Aktinomykose. (Uchen. zapiski Kazan. veter. instit. 1890. p. 157, 255, 294, 371.) [Russisch.]

Nissen, F., Ueber den Nachweis von Toxin im Blute eines an Wundtetanus erkrankten Menschen. (Deutsche medicinische Wochenschrift. 1891. No. 24. p. 775—776.)

Park, R., Pyogenic organisms. (Annals of Surgery. 1891. No. 5. p. 378—416.)

Ransome, A., On certain conditions that modify the virulence of the bacillus of tubercle. (Proceedings of the Royal Society of London [1890]. 1891. p. 66—73.)

Ribbert, H., Die pathologische Anatomie und die Heilung der durch den Staphylococcus pyogenes aureus hervorgerufenen Erkraukungen. 8⁰. VI, 128 pp. Bonn (Cohen) 1891. M. 3.—

Sachs, R., Ein Beitrag zur Aetiologie der Pneumonie. (Münchener medicin. Abhandl. I. Reihe. Arbeiten aus dem pathologischen Institut. Herausgeg. von O. Bollinger. 1891. Heft 6.) 8⁰. 20 pp. München (J. F. Lehmann) 1891. M. 1.—

Salomonsen, C. J., Technique élémentaire de bactériologie. 16⁰. Paris (Rueff et Co.) 1891. Fr. 4.—

Technische, Forst-, ökonomische und gärtnerische Botanik:

Bailey, L. H., Experience with egg plants. (Bulletin of the Cornell Agricultural Experiment Station. No. XXVI. 1891.)

Berthelot et André, Travaux de la Station de chimie végétale de Meudon, 1883/89. (Annales de la Science agronomique française et étrangère. Sér. VII. 1890. T. I. Fasc. 3.) Paris 1891.

Baur, Karl, Die Araucarien und ihre Cultur. (Gartenflora. 1891. p. 371. Mit Abbild.)

Eckart, Ulrich, Chemische Untersuchung des deutschen und türkischen Rosenöles. (Archiv der Pharmacie. Bd. CCXXIX. 1891. p. 355.)

Harrison, W. H., Strawberries: ho to grow them, ho to protect them, ho to gather them, and ho to eat them. 8⁰. 60 pp. London (Simkin) 1891. Sh. 1.—

Hole, S. R., A book about Roses: how to grow and show them. 11. edition revised. 8⁰. 204 pp. London (Arnold) 1891. 2 sh. 6 d.

Lauche, W. und Wittmack, L., Iris alata Lam., ein ausgezeichneter Winterblüher. (Gartenflora. 1891. p. 369. Mit Tafel.)

Lodeman, E. G., The Pecan. (The American Garden. Vol. XII. 1891. p. 272.)

Marnoffe, G. de, Essais sur la décomposition des silicates du sol arable par l'oxyde et le sulfate de calcium. (Bulletin de la Station Agronomique de l'Etat à Gembloux. 1891. No. 48. p. 7.)

Molfino, Giov. Maria, Ulivi, ulive e olio; vite, uva e vino. — Viti e loro malattie, per T. Belloro. 8⁰. 45 pp. Chiavari (Tip. Argiroffo) 1891.

Otte, B., Der Werth der Asche in Feld und Garten. (Neubert's deutsches Garten-Magazin. 1891. p. 164.)

Petermann, A., Enquête sur la richesse en fécule des diverses variétés de pommes de terre. Année II. (Bulletin de la Station Agronomique de l'Etat à Gembloux. 1891. No. 49.)

Plates prepared between the years 1849 and 1859, to accompany a report on the forest trees of North America by Asa Gray. Fol. 2 pp. 53 col. Tafeln. Washington (Smithsonian Institution) 1891.

Plüss, B., Unsere Getreidearten und Feldblumen. 8⁰. VII, 114 pp. mit Holzschnitten. Freiburg i. B. (Herder) 1891. M. 1.80.

Rolle, R. A., Laelia anceps var. holochila. (Garden and Forest. Vol. IV. 1891. p. 172.)

An die verehrl. Mitarbeiter!

Den Originalarbeiten beizugebende Abbildungen, welche im Texte zur Verwendung kommen sollen, sind in der Zeichnung so anzufertigen, dass sie durch Zinkätzung wiedergegeben werden können. Dieselben müssen als Federzeichnungen mit schwarzer Tusche auf glattem Carton gezeichnet sein. Ist diese Form der Darstellung für die Zeichnung unthunlich und lässt sich dieselbe nur mit Bleistift oder in sog. Halbton-Vorlage herstellen, so muss sie jedenfalls so klar und deutlich gezeichnet sein, dass sie im Autotypie-Verfahren (Patent Meisenbach) vervielfältigt werden kann. Holzschnitte können nur in Ausnahmefällen zugestanden werden, und die Redaction wie die Verlagshandlung behalten sich hierüber von Fall zu Fall die Entscheidung vor. Die Aufnahme von Tafeln hängt von der Beschaffenheit der Originale und von dem Umfange des begleitenden Textes ab. Die Bedingungen, unter denen dieselben beigegeben werden, können daher erst bei Einlieferung der Arbeiten festgestellt werden.

Inhalt:

Ausgegeben: 2. September 1891.

Druck und Verlag von Gebr. Gotthelft in Cassel.

Band XLVII. No. 10.　　　　　　XII. Jahrgang.

Botanisches Centralblatt.

REFERIRENDES ORGAN

für das Gesammtgebiet der Botanik des In- und Auslandes.

Herausgegeben

unter Mitwirkung zahlreicher Gelehrten

von

Dr. Oscar Uhlworm und Dr. F. G. Kohl
in Cassel.　　　　　　　　　　in Marburg.

———

Zugleich Organ

des

Botanischen Vereins in München, der **Botaniska Sällskapet i Stockholm,**
der **botanischen Section des naturwissenschaftlichen Vereins zu Hamburg,**
der **botanischen Section der Schlesischen Gesellschaft für vaterländische
Cultur zu Breslau,** der **Botaniska Sektionen af Naturvetenskapliga Student-
sällskapet i Upsala,** der **k. k. zoologisch-botanischen Gesellschaft in
Wien,** des **Botanischen Vereins in Lund** und der **Societas pro Fauna et
Flora Fennica in Helsingfors.**

| Nr. 36. | Abonnement für das halbe Jahr (2 Bände) mit 14 M. durch alle Buchhandlungen und Postanstalten. | 1891. |

Wissenschaftliche Original-Mittheilungen.

Beiträge zur schweizerischen Phanerogamenflora.

Von

Dr. Robert Keller
in Winterthur.

(Fortsetzung.)

　　Schon mehrfach habe ich darauf hingewiesen, dass sich bei
einzelnen Individuen Andeutungen einer Doppelbestachelung zeigen,
indem aus der Inflorescenz mehr oder weniger zahlreiche Aciculi
herabsteigen.　Die ausgesprochenste Doppelbestachelung kommt
diesem Individuum zu.

　　Stacheln der älteren Achsentheile zweierlei, grosse (über 1 cm
lange) schwach gebogene, die oft paarig unterhalb der Secundär-
achsen stehen.　Kleine Stacheln, kürzer oder dicker und mit breiterer
Basis, als die Aciculi der Blütenstiele und Receptakel, sind in grosser
Zahl vorhanden, nämlich auf 3 cm Länge, d. i. der durchschnittliche Abstand der blütentragenden Achsen, im Mittel etwa 12
Stachelchen.　Die blütentragenden Achsen zum Theil dicht mit
feinen Stachelchen besetzt.　Die Aciculi der Blütenstiele und
Receptacula sind lang und stehen ausserordentlich dicht.

Correlation der Charaktere: Eine vergleichende Zusammenstellung der Merkmale verschiedener Rosenarten lehrt uns, dass zwischen bestimmten Eigenschaften ein wechselseitiger Zusammenhang besteht. Ich erinnere an die allen Rhodologen bekannte Beobachtung, dass die Arten mit kahlen Griffeln an der reifenden Scheinfrucht zurückgeschlagene Kelchzipfel haben, dass umgekehrt stärkere Pubescenz der Griffel und Aufrichtung der Kelchzipfel nach der Anthese mit einander in Correlation stehen. Zeigt sich auch eine correlative Variabilität innerhalb des Formenkreises der Art? Zur Prüfung dieser Frage regten mich einige Beobachtungen an, die ich bei Vergleichung einzelner Individuen mit einander gemacht hatte, und die zu verfolgen und zu erweitern, mir um so angezeigter erschien, als auch Crépin in einem Briefe an mich die Wahrscheinlichkeit solcher Correlationen betont. Die Gefahr einer Täuschung ist natürlich nicht ausgeschlossen, selbst wenn man sich auf ein verhältnissmässig reiches Material stützen kann.

Crépin schrieb mir in einer einlässlichen Bemerkung über R. Uriensis unter Anderem Folgendes: „J'ai maintes fois remarqué, quand les ramuscules deviennent plus longs que, d'habitude, leurs aiguillons au lieu d'être arqués deviennent crochus .... D'autre part, la briéveté des ramuscules et des entrenoeuds pourrait bien avoir une action sur le rapprochement des folioles les unes des autres .... Nous trouverons donc là, semble-t-il, solidarité entre certains caractères."

Prüfen wir die von Crépin angedeuteten Beziehungen, von denen die erstere sich mir ebenfalls mehrfach aufgedrängt hatte, an Achsen verschiedener Längen. In Bezug auf die Correlation der Achsenlänge zur Form der Stacheln ergibt sich Folgendes: Bei einer Länge der blütentragenden Achsen von 3—6 cm sind 92 % der Stacheln leicht gebogen und nur 8 % stärker gekrümmt; bei einer Länge von 10—12 cm sind 65 % leicht gebogen, 35 % gekrümmt. Fast das gleiche Resultat ergaben die Zählungen an Achsen von 13—15 cm, nämlich 66 % leicht gebogene und 34 % gekrümmte Stacheln. Bei besonders schlanken Blütenachsen, deren Länge 16—18 cm betrug, sind 18 % der Stacheln leicht gebogen und 82 % gekrümmt. Die zur Prüfung herbeigezogenen Achsen stammen von 26 verschiedenen Sträuchern.

Diese Zahlen ergeben, dass von einer Correlation zwischen Achsenlänge und Krümmung der Stacheln nicht unbedingt gesprochen werden kann. Sie zeigen uns aber zweifellos die Neigung der Stacheln als stärker gekrümmte, jenen einer R. canina L. gleichend, an langen Achsen aufzutreten. An blütentragenden Achsen, die die gewöhnliche Grösse um ein Erheblicheres übertreffen, ist die Beziehung in der That die von Crépin vermuthete, die Stacheln sind fast alle gekrümmt.

In Bezug auf die Lage der Blättchen zu einander finde ich Folgendes:

An kurzen Achsen (4—6 cm) sind etwa 38 % der Blätter durch nahestehende Blättchen ausgezeichnet, die sich zum Theil mit den Rändern berühren, zum Theil decken. Bei längeren Achsen

(10—12 cm) zähle ich 35 % solcher Blätter, bei solchen von 13—15 cm 50 % und bei noch längern 48 %. Daraus scheint sich nun der Schluss zu ergeben, dass zwischen Achsenlänge und Lage der Blättchen keine Correlation besteht. Wir erkennen aber im Weiteren aus diesen Zählungen, dass dieses gegenseitige Lagenverhältniss der Blättchen keine diagnostische Bedeutung hat. Christ schreibt in der Diagnose: „Blättchen sehr entfernt." Andere, wie z. B. Waldner*), copiren ihn, während doch das gerade Gegentheil nicht vereinzelt beobachtet wird. Eine constante Correlation beobachtete ich zwischen Kahlheit der Blätter und dem Fehlen der Subfoliardrüsen.

R. canina L.

Verbreitung: Durch das ganze Gebiet zerstreut.

Wir haben früher bei der Beschreibung der mannigfaltigen Erscheinungsformen der R. pomifera Herr. und namentlich der R. Uriensis Lag. et Pug., wie wir glauben, überzeugend nachgewiesen, wie wenig die Pubescenz als vorzüglichster Speciescharakter dienlich ist. Eine Forderung der Consequenz ist es also, wenn wir den Umfang der R. canina L. anders auffassen, als es gewöhnlich geschieht. Die R. dumetorum Th. erscheint uns nur als die pubescirende Formengruppe der R. canina L.

Wir ordnen deshalb die Formen dieser beiden Arten der Autoren in folgende Reihen:

A. Glabrae.

Der ungenügende Entwicklungszustand der Belege, die ich ursprünglich zu dieser Gruppe zog, lässt es passend erscheinen, die Frage des Vorkommens dieser Abtheilung offen zu lassen.

B. Glabrescentes.

Nicht beobachtet.

C. Pubescentes.

Es entspricht diese Reihe dem Formenkreise der R. dumetorum Thuill.

1. Uniserratae.

Stalvedro, No. 261, 262, 270, 272. — Altanca, No. 264. — Catto-Deggio, No. 333. — Deggio, No. 271. — Rodi, No. 275.

Diese verschiedenen Individuen unterscheiden sich durch die Pubescenz von einander. Die meisten sind allerdings nur unterseits behaart und hier zudem gewöhnlich nur an den Nerven; sie repräsentiren somit Christ's f. platyphylla.

2. Biserratae.

Brugnasco, No. 338.

Nerven der Unterseite behaart, oberseits vereinzelte anliegende Haare.

Rosa ferruginea Vill.

Verbreitung: Durch das ganze Gebiet, jedoch nirgends häufig.

---

*) Europäische Rosentypen von H. Waldner, p. 82.

Standorte: Gegenüber Airolo am Bache von Coliscio No. 247, 252 — am Weg nach Nante 248—251 — Deggio 256 — Rodi 153, 243, 254, 255. — Prato 242, 244—246, 257.

a. Glabrae.

Sie kommen auch hier in zwei Modificationen vor, die ungefähr gleich häufig sind, in Modificationen mit nackten Blütenstielen und hispiden. Beide sind durch mancherlei Uebergänge mit einander verbunden.

b. Pubescentes.

Diese seltene Form, welche ich zuerst bei Platta entdeckte,[*] findet sich auch, freilich als eine sehr seltene Erscheinung, in der Leventina (No. 242). Die Pubescenz der Individuen von Prato ist um ein geringes stärker, als jene der Individuen von Platta, indem auch einzelne der Secundärnerven zerstreut behaart sind.

Rosa glauca Vill.

Verbreitung: Durch das ganze Gebiet sehr häufig.

Wir haben oben auf Grund unserer Beobachtungen über die grosse Veränderlichkeit der Pubescenz an der *R. pomifera* Herrm. und namentlich der *R. Uriensis* Lag. et Pug. auch die *R. canina* L. und *R. dumetorum* zusammengefasst, indem uns diese beiden Arten als die nur durch die Pubescenz von einander verschiedenen Repräsentanten des gleichen Typus erscheinen. Es wird also nur consequent sein, wenn wir auch den Umfang der Species *R. glauca* Villars weiter fassen, als es üblich ist und als es im Sinne des Autors liegt, indem wir ihr die pubescirenden Formen, die ihr gewöhnlich als *R. coriifolia* Fries coordinirt werden, subordiniren.

Danach gelangen wir zu folgender Gruppirung der Formen der *R. glauca* Vill., welche im Wesentlichen der Gruppirung der *coronatae* der *R. canina* L. in Crépins Primitiae monographiae Rosarum, Fasc. VI. pag. 711 und folg. entspricht.

A. *Glabrae*.

a. Uniserratae.

Hierher gehört die typische *R. glauca* Vill. Wir ordnen die Individuen mit einfach gezähnten Blättchen in zwei Reihen:

1. Receptacula globosa.

Stalvedro No. 208, 212, 240. — Madrano 211. — Brugnasco No. 224. — Altanca No. 222, 223. — Prato No. 215—218. — Rodi No. 204—206.

2. Receptacula ovoidea.

Airolo 224. — Brugnasco 201. — Piotta 225. — Catto 207, 219. — Rodi 227.

b. Biserratae.

Hierher gehören die Christ'schen Formen *complicata, Caballicensis, myriodonta*. Die zweite Form, durch den drüsenborstigen Rücken der Kelchzipfel ausgezeichnet, ist unter den von mir beobachteten Individuen nicht vertreten.

---

[*] Vergl. Beiträge zur schweiz. Phanerogamenflora. I. (Botanisches Centralblatt. 1889.)

1. Receptacula globosa.

Stalvedro: No. 220, 241. — Altanca 201. — Rodi 228.

2. Receptacula ovoidea.

Stalvedro 209. — Brugnasco 238. — Catto 210. — Rodi 213, 226.

B. Glabrescentes.

Blattstiel mehr oder weniger dicht behaart, Mittelnerv zerstreut behaart; Secundärnerven völlig kahl oder nur mit ganz vereinzelten Härchen.

In diesen Formenkreis gehört die *R. glauca* Vill., f. *pilosula* Chr. und die *R. coriifolia* Fr., f. *Bellevalli**) Puget, jene etwas mehr an die kahlen, diese an die pubescirenden Formen sich anlehnend.

Wir ordnen die Individuen dieser Abtheilung wieder in zwei Reihen:

a. **Nudae.**

Blütenstiele stieldrüsenlos.

Stalvedro Nr. 364, 367. — Deggio 182.

Die beiden ersten entsprechen in Bezug auf die Pubescenz der f. *pilosula* Chr. Bei 182 ist die Pubescenz um ein Geringes stärker. Es treten vereinzelte Härchen auch auf den Secundärnerven auf. Sie nähert sich also in Bezug auf die Pubescenz der f. *Bellevalli* Puget, besitzt auch deren spitze, scharf gezähnte Blättchen, dagegen eine rothe Corolle.

b. **Hispidae.**

Prato No. 219—341.

Stalvedro No. 277, 278.

Blütenstiele zerstreut stieldrüsig, einzelne auch stieldrüsenlos. Rücken der Kelchzipfel meist reichlich mit Stieldrüsen besetzt.

Zahnung einfach, bei 219 an einzelnen Blättchen zahlreiche drüsentragende Zähnchen.

Aehnliche Formen beschreibt auch **Schulze-Jena.****)

C. Pubescentes.

Diese Gruppe umfasst den Formenkreis der *Rosa coriifolia* Fries. Blattstiel dicht behaart, zerstreut drüsig oder drüsenlos; Blättchen unterseits wenigstens auf den Nerven dicht behaart, gewöhnlicher beiderseits oder doch unterseits mehr oder weniger dicht anliegend behaart.

a. **Uniserratae.**

1. **Nudae.**

α. **Sepalis laevibus.**

Die stärker pubescirenden Formen dieser Abtheilung entsprechen der f. *frutetorum* Chr., die schwächer behaarten, wenigstens zum Theil, der noch zu besprechenden f. *subcollina* Chr.

Stalvedro, No. 279.

---

*) Nach Crépin (Prim. mon. Ros. Fasc. VI. p. 717) ist *R. Bellevalli* Pug. eine hispide Form mit drüsigen Kelchzipfeln.

**) Jena's Wilde Rosen (Mittheilungen des botan. Vereins für Gesammtthüringen. V.)

Eine grossblätterige Form, deren Blättchen beiderseits behaart sind.

β. Sepalis glandulosis.

Kelchzipfel auf dem Rücken mehr oder weniger stieldrüsig.
Airolo No. 284, 285.
Stalvedro No. 276, 277, 403, 406.

Bei all diesen Individuen sind die Blättchen beiderseits behaart. 276 ist eine sehr kleinblättrige Form. Der Blattstiel ist fast drüsenlos. An einzelnen Blättchen beobachten wir zahlreichere zusammengesetzte Zähne, Zähnchen drüsentragend. 277 ist umgekehrt eine sehr grossblätterige Form, die ebenfalls vereinzelte drüsentragende Zähnchen besitzt. Sie stellt damit gewissermassen einen Uebergang zu f. *cinerea* Chr. her, die reichlicher zusammengesetzte Zahnung mit drüsigen Kelchzipfeln verbindet.

2. Hispidae.
Stalvedro No. 278, 280.

Beides sind Formen mit ovalen Receptakeln und spärlich stieldrüsigen Blütenstielen. Der Rücken der Kelchzipfel ist reichlicher stieldrüsig. Diese Formen nähern sich der *R. Bovernierana* Lag. et Pug., die allerdigs durch reichlichere Hispidität der Blütenstiele ausgezeichnet ist.

b. Biserratae.
1. Nudae.
Nicht beobachtet.
2. Hispidae.
Prato No. 407.

Einfache und zusammengesetzte Zahnung gemischt. Die Kelchzipfel sind sehr reichlich mit Stieldrüsen besetzt. Blütenstiele weniger hispid. Receptakel drüsenlos. Die Form dürfte sich nach der Beschreibung der *R. Salinensis* Crép. nähern, die jedoch ausgesprochenere Doppelzahnung besitzt.

Formae intermediae.

Zwischen den verschiedenen Typen der *Caninae* hat schon Christ eine Reihe verbindender Formen aufgestellt. Seine *Rosa glauca* Vill., f. *subcanina* stellt die Verbindung zwischen dem Typus der *R. glauca* Vill. und *R. canina* L. dar, die *R. glauca* Vill. f. *transiens* fasst er als das Bindeglied der kablen *R. glauca* Vill. mit der behaarten *R. coriifolia* Fries auf, die *R. glauca* Vill. f. *Seringei* ist eine Verbindung des Typus der *R. glauca* Vill. mit dem der *R. ferruginea* Vill. etc.

Auch meine Beobachtungen lassen uns gewisse Uebergangsformen zwischen einzelnen Typen erkennen, deren systematische Stellung zu den verwandten Typen mir jedoch in einem etwas anderen Lichte erscheint, als Christ. Wir sehen an einzelnen dieser Uebergangsformen einen grossen Theil des Umfangs der Variation des Typus wiederkehren.

Ich halte deshalb dafür, dass man diese Uebergangsformen richtiger als Parallelformen zwischen die

Typen, welche durch sie verbunden werden, stellt, als dass man sie einem der beiden Typen unterordnet.

Leider ist allerdings ein Theil des Materiales, das ich als Belege für diese Ansicht zu verwerthen gedachte, in so wenig vorgerücktem Entwicklungszustande, dass ich auf seine Verwerthung verzichten musste. Immerhin glaube ich meine Ansicht durch eine hinreichende Zahl von Belegen stützen zu können.

(Schluss folgt.)

Ein neuer Beitrag zur Verbreitung der *Elodea Canadensis* in Russland.

Von

F. v. Herder

in St. Petersburg.

Erst vor Kurzem hatten wir Gelegenheit, uns über diese Frage im Botanischen Centralblatte zu äussern, und schon wieder kommt uns eine Nachricht zu, welche beweist, dass die Verbreitung der *Elodea* wenigstens in der Newa, in welcher sie sich seit ungefähr 10 Jahren angesiedelt hat, keinen Stillstand macht, sondern lustig weiter geht, indem sie jetzt nicht nur in den verschiedenen Armen der Newa bei St. Petersburg sich ausgebreitet hat, sondern auch bis in die oberen Zuflüsse der Newa bei Schlüsselburg (Fl. Ostrowsky) und in das Flüsschen bei Rybatzkoi vorgedrungen ist, wie uns Herr Obergärtner Höltzer mitgetheilt hat, welcher diesen Theil der Newa in den letzten Wochen öfters befahren hat und die Ausflüsse der beiden Flüsschen von *Elodea* bereits ganz verstopft fand.

Originalberichte gelehrter Gesellschaften.

Botaniska Sällskapet in Stockholm.

Herr Lektor Dr. S. Almquist sprach:

I. Ueber die Formen der *Carex salina* Wg.

(Fortsetzung u. Schluss.)

B. *C. rigida* × *salina.*

1. *rigida* × *cuspidata borealis.*

Als ein solcher Bastard muss gewiss *C. rigida* var. *longipes* Laest. aufgefasst werden, die an ein paar Standorten in Finmarken gesammelt worden ist.*)

---

*) Die Originalexemplare Laestadius' sollten nach den Etiketten aus Torne Lappmark, Kuttainen stammen, welche Angabe wohl durch Ver-

2. *rigida* $\times$ *mutica flavicans* (= *C. arctophila* Nyl., Fries'
Herb. Norm. XII, No. 89), nur einmal an der nördlichen Seite
der Halbinsel Kola gefunden.

C. *C. Goodenoughii* $\times$ *salina.*

1. *Goodenoughii* $\times$ *mutica subspathacea.* Exemplare, die von
der niedrigen Hauptform der *C. Goodenoughii* und der *mutica*
var. *subspathacea* zuverlässige Bastarde ausmachen, sind an mehreren
Orten in Nordlanden häufig gefunden, sowie auch in Grönland
und Spitzbergen.

2. *Goodenoughii juncella* $\times$ *cuspidata* (= *C. spiculosa* Fr.),
nur einmal am westlichen Ufer des Weissen Meeres gesammelt.

D. *C. stricta* $\times$ *salina,*

sowie wahrscheinlich auch

E. *C. maritima* $\times$ *salina* und
F. *C. acuta* $\times$ *salina*

sind alle drei bei Gothenburg von Dr. C. J. Lindeberg gefunden worden.

Es wurden somit Bastarde gefunden von *C. salina* mit allen
übrigen eigentlichen Arten der *C. distigmaticae*, ausser *C. caespitosa*.
Derselbe sprach dann

II. Ueber *Potamogeton sparganifolia* Laest.

Aus lebendigem Material, das (vom Pfarrer S. J. Enander
bei Sveg) in Herjedalen gesammelt worden war, erhellte, dass diese
eigenthümliche Form nicht, wie Vortr. früher angenommen hatte,
eine Rasse von *P. natans* sein kann. Ausser durch die früher
angegebenen Merkmale weicht sie durch die nicht abfallenden
Blätter, sowie durch die runde Narbe ab. Alles deutet dagegen
darauf — besonders die fast vollkommene Sterilität, das sporadische
Auftreten und das abnorme Aussehen —, dass diese Form ein
Bastard von *P. natans* ist, ohne Zweifel mit der eigenthümlichen
nördlichen Rasse (oder wahrscheinlich vielmehr Subspecies) von
P. graminea, welche Fries *graminifolia* genannt hat, und welche
ohne Zweifel die ursprüngliche *P. graminea* Linné's ist.

Sitzung am 29. April 1891.

Herr Professor J. Eriksson legte vor und demonstrirte

Fungi parasitici scandinavici exsiccati, Fasc. 7 und
Fasc. 8.

Zu den beiden soeben erschienen Fascikeln haben die Herren
J. Brunchorst, G. E. Forsberg, E. Henning, C. J. Jo-
hansson (†), G. Lagerheim, C. A. M. Lindman, C. F. O.
Nordstedt, H. von Post, L. Romell, A. Skånberg,
K. Starbäck, F. Ulrichsen, L. J. Wahlstedt, G. Widén,
N. Wille und V. B. Wittrock Beiträge geliefert.

---

wechseln der Etiquetten entstanden ist, weil eine Form, die so Vieles von
C. salina geerbt hat, schwerlich weit vom Meere hat wachsen können.

Fasc. 7 enthält 61 Formen, wovon 3 *Ustilaginaceae*, 39 *Uredinaceae*, 5 *Peronosporaceae*, 2 *Chytridiaceae*, 3 *Perisporiaceae*, 3 *Sphaeriaceae* und 6 *Hypochreaceae*. In diesem Fascikel finden sich u. A. *Ustilago Warmingii* Rostr. auf *Rumex domesticus*, *Uromyces Aconiti-Lycoctoni* (DC.) Wint. f. aecid. („Aecidia numerosa in greges tumidos, oblongos bis longissimos, praecipue nervi- et petiolisequios, congesta. Pseudoperidia vix prominula, confluentia, 5—6-angularia, brunneola, late aperta, margine albo, laceratissimo") und f. teleut. auf *Aconitum Lycoctonum*, *Uromyces Scillarum* (Grev.) Wint. auf *Scilla campanulata*, *Melampsora Salicis-Capreae* (Pers.) Wint. auf *Salix glauca* („Sori uredosporiferi hypophylli, minuti, sparsi, vel fructicoli. Uredosporae 17—19 μ longae, 14—16 μ latae. Paraphyses ad 32 μ longi, ad 19 μ lati [= *M. mixta* (Schlecht.) Schröt.]"), auf *S. arbuscula* („Sori uredosporiferi hypophylli, minuti, numerosi, confluentes. Uredosporae 17—20 μ longae, 12—14 μ latae, aculeolatae. Paraphyses ad 60 μ longi, ad 20 μ lati [= *M. mixta* Schlecht.) Schröt.]."), auf *S. reticulata* („Sori uredosporiferi hypophylli, minuti, confluentes. Uredosporae 20—22 μ longae, 18—20 μ latae, aculeatae. Paraphyses ad 76 μ longi, ad 28 μ lati. Sori teleutosporiferi epiphylli [? = *M. farinosa* (Pers.) Schröt.]." und auf *S. herbacea* („Sori uredosporiferi epiphylli [vel amphigeni], minuti, rotundati, sparsi vel subgregarii, flavi. Uredosporae ovoideae, 18—20 μ longae, 12—13 μ latae. Paraphyses ad 48 μ longi, ad 20 μ lati. [? = *M. farinosa* (Pers.) Schröt. vel *M. epitea* (Kze. & Schum.) Thüm.]."), *Puccinia Epilobii* (DC.) Johans. auf *Epilobium palustre* und *E. origanifolium*, *P. Ribis* (DC. auf *Ribes rubrum*, *P. Morthieri* Kcke. auf *Geranium silvaticum*, *Phragmidium Rubi* (Pers.) Wint., f. aecid., auf *Rubus arcticus*, *Triphragmium Filipendulae* (Lash.) Pass., f. aecid., *Aecidium Thalictri* (Grev.) Johans. auf *Thalictrum alpinum*, *Aecidium circinans* Erikss., nov. spec. („Maculae parvae, orbiculatae, per totam folii superficiem sparsae, superne luteae et in centro spermogoniferae, inferne aecidiiferae. Pseudoperidia 10—30, circinatim disposita, non confluentia, poculiformia, longa, margine vix revoluto partitoque, albida. Sporae pallidae, 18—25 μ diam. — Hoc aecidium videtur idem esse ac *Aecidium Aconiti-Napelli* (DC.) in Rabenhorst-Winter, Fung. Europ., No. 2627, differt autem a descriptione hujus aecidii in Winter, Pilze Deutschlands, p. 268, und Saccardo, Syll. fung., VII, p. 777, maculis sparsis, nec pulvinatis nec pustuliformi bullatis, et pseudoperidiis circinatim dispositis, non confluentibus, margine vix revoluto.") auf *Aconitum Lycoctonum*, *Caeoma Laricis* auf *Larix Europaea*, *Synchytrium aureum* Schröt. auf *Spiraea Ulmaria*, *Nectria ditissima* Tul. auf *Fraxinus excelsior*, *Claviceps purpurea* (Fr.) Tul., f. scler., auf *Alopecurus geniculatus* und var. *Acus* Desm., f. scler., auf *Calamagrostis arundinacea* und *Epichloe typhina* (Pers.) Tul., var. *rachiphila* Erikss. nov. var. („Stroma conidioforum apicem rachis paniculae circumtegens, appendicem spadiciformem, pallide carnosum, 5—15 mm longum, 1—1,5 mm crassum formans, in nonnulis culmis etiam vaginam ambiens.") auf *Calamagrostis* sp.

Fascikel 8 enthält 54 Formen, wovon 4 *Dothideaceae*, 2 *Hysteria-*

ceae, 3 *Phacidiaceae*, 1 *Gymnoascaceae*, 18 *Sphaeroidaceae*, 1 *Nec-trioidaceae*, 2 *Leptostromaceae*, 7 *Melanconieae*, 10 *Mucedinaceae*, 5 *Dematiaceae* und 1 *Tuberculariaceae*. Unter diesen finden sich *Homostegia gangraena* (Fr.) Wint. auf *Poa nemoralis*, *Dothidella betulina* (Fr.) Sacc. *Betulae nanae* (Wahlenb.) Karst. auf *Betula nana*, *Schizothyrium sclerotioides* (Duby) Sacc., f. immat., auf *Sedum purpureum*, *Lophiodermium tumidum* (Fr.) Rehm. auf *Sorbus Aucuparia*, *Rhytisma Bistortae* (DC.) Rostr. auf *Polygonum viviparum*, *Phoma Hennebergii* Kühn auf *Triticum vulgare aestivum*, *Septoria Rubi* West. auf *Rubus arcticus*, *S. cornicola* Desm. auf *Cornus* sp., *S. Xylostei* Sacc. & Wint. auf *Lonicera Xylosteum*, *S. Ficariae* Desm. auf *Ficaria verna*, *S. arundinaceae* Sacc. γ *minor* Erikss., n. form., („Sporulae 30—48 × 2—3 μ, 5—7-septatae."), *S. graminum* Desm. auf *Triticum vulgare*, *Stagonopsis Phaseoli* Erikss. nov. spec. („Maculae orbiculares, 6—12 mm, brunneae. Perithecia epiphylla, praesertim in partibus exterioribus maculae laxe gregariae vel sparsae, pallide carneae, ostiolatae, 60—80 μ. Sporulae subfusoideae, 17—24 × 3—4 μ, 1—3-septatae, hyalinae) auf *Phaseolus vulgaris*, *Leptostroma scirpinum* Fr. („Sporulae copiosae, globosae, 1,5—2,5 μ diam., hyalinae."), *Brunchorstia destruens* Erikss. nov. gen. & nov. spec. („*Brunchorstia*, nov. gen. [Etym.: a. cl. doct. J. Brunchorst, botanico Norvegico, primo inventore et descriptore fungi]: Perithecia erumpentia, verruciformia, superficie irregulariter sulcata, minora simplicia, majora sepimentis ex pariete introrsum prominentibus plus minus complete loculata, primo astoma, demum 1-pluribus poris irregularibus dehiscentia, superficie interna densissimum hymenium suberectorum septatorumque basidiorum ferente. Sporulae filiformes, septatae, hyalinae. — Hoc genus *Sphaeropsidearum* (Fam. 3 *Leptostromaceae* Sacc., Sect. 4 *Scolecosporae* Sacc., Syll. Fung., Vol. III, p. 626) differt a generibus affinibus (*Actinothyrium*, *Melophia* et *Leptostromella*) praecipue habitu et structura perith_eciorum. — *B. destruens*, nov. spec., biophila. Perithecia solitaria vel 2—3, raro 4—7, aggregata, 1—2 mm. Basidia 2—3-septata. Paraphyses nulli. Sporulae curvatae, utrinque attenuatae et obtuse-rotundatae, 3—4-septatae, 33—50 × 3 μ. — Cfr. J. Brunchorst, Ueber eine neue verheerende Krankheit der Schwarzföhre (Bergens Museums Aarsberetning, 1887). Tab. I—II. Bergen 1888.") auf *Pinus Austriaca*, *Glaeosporium Ribis* (Lib.) Mont. & Desm. („Conidia 17—20 × 4—5 μ, valde curvula.") auf *Ribes* sp., *Gl. Tremulae* (Lib.) Pass. auf *Populus tremula*, *Gl. Lindemuthianum* Sacc. & Magn. auf *Phaseolus vulgaris*, *Colletobrichum Malvarum* (Br. & Casp.) Southw. auf *Alcea rosea*, *Marsonia Castagnei* (Desm. & Mont.) Sacc. f. *Capreae* Erikss. nov. form. („Conidia 12—16 × 5—6 μ") auf *Salix Caprea*, *Oidium Asperifolii* Erikss., nov. spec. (Caespites late effusi, epiphylli, confluentes, albicantes. Conidia 24 × 12—14.") auf *Myosotis alpestris*, *Ramularia Tulasnei* Sacc. auf *Fragaria grandiflora*, *R. Adoxae* (Rbh.) Karst. („Conidia 30—40 × 3—4 μ, simplicia vel uniseptata.") auf *Adoxa moschatellina*, *R. Lampsanae* (Desm.) Sacc., f. *Lactucae* Erikss. nov. form. („Conidia 8—14 × 3 μ.")

auf *Lactuca muralis*, *Cercosporella Evonymi* Erikss. nov. spec.. ("Maculae epiphyllae, subcirculares v. angulosae, 4—10 mm, expallentes, purpureo-marginatae. Caespites pulveracei, fasciculati, albi. Basidia assurgentia, septata, hyalina. Conidia vermicularia, subcurvula—semicirculariter curvata, utrinque obtusiuscula, 2—3-septata, 40—44 × 8 μ, hyalina.") auf *Evonymus Europaeus*, *Mastigosporium album* Riess., var. *athrix* Erikss. nov. var. ("Conidia non setigera, 2-septata, 20—26 × 3—4 μ.") auf *Calamagrostis* spec., *Scolicotrichum graminis* Fuck. f. *Milii* Erikss. nov. form. ("Hyphi conidiophori angulati, non septati vel 1—2-septati, 6 μ lati. Conidia oblonga, simplicia vel 1-septata, 24—28 × 9—10 μ.") auf *Milium effusum*, *Cladosporium Heliotropii* Erikss. nov. spec. ("Caespitulae epiphyllae, orbiculares, atrae. Hyphae floccosae, longissimae, 80—150 μ longae, 4—6 μ latae, simplices vel ramulosae, septatae, articulis 4—6 μ longis, olivaceae. Conidia elliptica, simplicia vel 1-septata, 7—9 × 4—5 μ, olivacea.") auf *Heliotropium Peruvianum*, *Heterosporium gracile* (Wallr.?) Sacc. auf *Iris atomaria* und *Fusarium Tritici* (Liebm.?) Erikss. ("Sporodochia primo sparsa, punctiformia, nervisequia, aurantiaca, demum diffluentia. Conidia fusiformia, curvula, 12—20 × 1,5—2 μ, 1(-2)-septata. — Syn.: ? *Fusarium Tritici* Liebm. [Tidskr. f. Landoekonomie, Kjöbenhavn, 1840, p. 515, Tab. Fig. B, 1, 2.] und ? *F. culmorum* W. G. Smith [Diseases of Garden and Field Crops, London, 1884, p. 209—10].") auf *Triticum durum*.

Botanische Gärten und Institute.

Jaarverslag van het bestuur van het Proefstation Midden-Java. V. 1890/91. 4°. 21 pp. Samarang 1891.
Trelease, William, Missouri Botanical Garden. II. Annual Report. 8°. 117 pp. 49 Tafeln. 1 Plan. St. Louis, Mo. 1891.

Instrumente, Präparations- und Conservations-Methoden etc.

Lignier, O., De la mise au point en microphotographie. (Bulletin de la Soc. Linnéenne de Normandie. Sér. IV. Vol. V. 1891. Fasc. 1. p. 46.)
Bowlee, W. W., Alcoolic material for laboratory work in systematic botany. (The American Naturalist. Vol. XXV. 1891. p. 877.)

Sammlungen.

Soliani, Lu., Erbario della publica biblioteca Maldotti in Guastalla, con cenni illustrativi sulle principali piante che hanno usi medici, economici, industriali. 8°. 155 pp. Guastalla (Tip. Pecorini) 1890.

Referate.

Gutwinsky, R., Algarum e lacu Baykal et e paeninsula
Kamschatka a clariss. prof. Dr. B. Dybowsky anno
1877 reportatarum enumeratio et Diatomacearum
lacus Baykal cum iisdem tatricorum, italicorum
atque franco-gallicorum lacuum comparatio. (La
Nuova Notarisia. Ser. II. 1891. p. 1—27.)

Verf. giebt zunächst eine kurze Schilderung des Baykalsees,
aus dem die meisten Algen der Aufzählung stammen; einige
wenige wurden in einem aus warmen Quellen entspringenden
Bache in Kamtschatka gesammelt. Unter den angeführten 135
Arten sind die weitaus meisten *Bacillariaceen*, ausser welchen
nur 4 *Protococcoideen*, 4 *Desmidiaceen* und 5 *Cyanophyceen* erwähnt
sind. Ausser dem Namen mit Litteraturangabe ist in der Regel
nur der Fundort genannt, bisweilen werden auch Maasse angegeben.
Neu sind: *Cymbella gastroides* Kütz. nov. subsp. *substomatophora*
Gutw. und *Eunotia bidens* Greg. nov. var. *Dybowskii* Gutw. Aus
dieser Aufzählung geht hervor, dass die Algen- und speciell die
Diatomeen-Flora des Baykalsees mit der der Galizischen Seen
ausserordentlich übereinstimmt. Sie wird sodann in einer Tabelle
von 3 Doppelseiten verglichen mit der Diatomeenflora der
tatrischen, italienischen und französischen Seen, wobei sich ergiebt,
dass sie am meisten Verwandtschaft zeigt zu derjenigen der Seen
von Como, Idro, Bracciano, Geradmer und des Sees Czarnystaw.
Eine ganze Reihe von Diatomeen aus dem Baykalsee wurde aber
auch in keinem dieser Seeen gefunden. Charakteristisch für
ersteren ist das reichliche Vorkommen von *Melosira Roeseana*,
Orthosira arenaria in 2 Varietäten und *Cyclotella Astraea*, die in
einer Tiefe von 10 bis 1000 m (der See ist nach Dybowski
1373 m tief) gefunden werden. Auffallend ist, dass in der nach Südwesten gelegenen Bucht des Sees, welche nach dem in sie mündenden
reissenden Bach als Pachabichasee bezeichnet wird, eine ziemlich
grosse Anzahl von Arten auftritt, die in andern Theilen des Baykalsees nicht gefunden werden. Ueber die Verbreitung der Algen
in verschiedenen Tiefen des Sees will Verf. an einem andern Ort
berichten.

Möbius (Heidelberg).

Karsten, G., Untersuchungen über die Familie der
Chroolepideen. (Annales du Jardin botanique de Buitenzorg.
Vol. X. 1891. p. 1—66. Pl. I—VI.)

Nach einer kurzen historischen Einleitung geht Verf. im ersten
Abschnitte zur Beschreibung der einzelnen Arten über. Zuerst
kommt die zwar schon zu wiederholten Malen untersuchte, wegen
ihres einfachen Baues aber besonderes Interesse bietende *Trentepohlia umbrina* Bornet an die Reihe; darauf folgen ausführliche
Schilderungen von *Trentepohlia maxima* n. sp. (Freiburg i. B.),
T. moniliformis n. sp. (Java), *T. crassisepta* n. sp. (id.), *T. bispo-*

rangiata n. sp. (id.), *T. cyanea* n. sp. (id.), *Phycopeltis epiphyton*
Millard., *Ph. Treubii* n. sp. (Java), *Ph. maritima* n. sp. (id.),
Ph. aurea n. sp. (id.), *Ph. Amboinensis* n. sp. (Amboina), *Mycoidea·
parasitica* Cunningh. (*Cephaleuros Mycoidea* G. Karst.), *Cephaleuros
laevis* n. sp. (Java), *C. solutus* n. sp. (id.), *C. albidus* n. sp. (id.),
C. parasiticus n. sp. (id.), *C. minimus* n. sp. (id.).

Der zweite Abschnitt bringt eine vergleichende Zusammenstellung der Beobachtungen des Verf. über die vegetativen und
reproduktiven Organe der *Chroolepideen.* Die Z ell w and zeigt die
interessante Eigenthümlichkeit, je nach der grösseren oder geringeren
Trockenheit des Standorts in ihrer Dicke zu wechseln, ähnlich wie
die Aussenwand der Epidermis bei vielen höheren Pflanzen. Unter
den Bestandtheilen des Z ellinhalts werden vornehmlich das
Haematochrom, das ein Schutzmittel für die aus inneren oder
äusseren Gründen nicht in voller Vegetation befindlichen Algenzellen darzustellen scheint, und die Chromatophoren besprochen.
Die V egetationsorgane zeigen sehr verschiedene Grade von
Complication. Von der einfachen, kriechenden *Trentepholia umbrina*, die, aus gleichwerthigen Zellen bestehend, in gewissem Sinne
als einzellige Alge gelten kann, gelangen wir zu grösseren, aufrecht
wachsenden Formen, die namentlich durch den Besitz eines aus
eigenthümlichen Haarbildungen bestehenden capillaren Wasser-
reservoirs ausgezeichnet sind. Bei den epiphyllen Arten von
Cephaleuros und *Phycopeltis* wird jede Schwärmspore in eine Haft-
scheibe umgewandelt, die sich zu einem grossen, flächenförmigen
Thallus weiterentwickelt. Bei *Chroolepus Amboinensis* hingegen
entstehen aus der klein bleibenden Scheibe denjenigen von
Trentepohlia ähnliche Fäden; Verf. zeigt, wie die flächenförmige
Ausbreitung des Thallus ihre Entstehung dem Kampfe um den
Raum verdankt, der es auch bedingte, dass die bei manchen
Formen noch erhalten gebliebene unregelmässige Verzweigung all-
mählich zu einem ganz regelmässigen Randwachsthum führte.
Manche der epiphyllen Formen sind ganz auf die Oberfläche des
Blattes beschränkt; andere (*Cephaleuros parasiticus, minimus*)
haben sich zu Parasiten entwickelt und in Folge dessen noch
andere neue Eigenschaften erhalten.

Die F ortpflanzung geschieht durch Schwärmsporen, die in
zweierlei Sporangien erzeugt werden, welche Verf. als Kugel-
sporangien und Hakensporangien unterscheidet. Erstere schliessen
sich den Sporangien anderer Algen an, während wir in letzteren,
wie Verf. des Näheren begründet, eine Neubildung, eine Anpassung
an das Leben in der Luft, zu erblicken haben. Wie wirksam diese
Anpassung ist, wird an dem Beispiele von *Cephaleuros Mycoidea*
erläutert, dessen durch jeden Luftzug fortgetragene Hakensporangien
die ausserordentlich rasche und ergiebige Verbreitung der Alge
bedingen. Copulation hat Verf. nur bei einer nicht näher
charakterisirten *Phycopeltis* beobachtet, wo sie ausser zwischen zwei,
auch zwischen drei oder vier Schwärmern stattfinden kann; die
nicht zur Copulation gelangten Schwärmer sind der Weiterentwickelung
ebenso fähig, wie die Copulationsprodukte, so dass in der Ver-

schmelzung ein Sexualakt nicht erblickt werden kann. „Es ist quasi ein der Sexualität voraufgehendes Verhältniss, wo ein jeder der 2 Componenten sehr gut ohne den anderen hätte zur Entwickelung kommen können, wo aber zu Gunsten der Entwickelungsfähigkeit des Copulationsproduktes den einzelnen Schwärmern gegenüber vielleicht die grössere Masse eine Rolle spielen dürfte.“

Den Schluss der sehr interessanten und werthvollen Arbeit bildet ein Schlüssel zur Bestimmung der Arten.

Schimper (Bonn).

Woronin, M., Pilzvegetation auf Schnee. (Arbeiten des St Petersburger Naturforscher-Vereins. Abtheilung der Botanik. Bd. XX. p. 31.)

Verf. machte in Finnland wiederholt die Beobachtung, dass der im Frühling eben zu schmelzen beginnende Schnee stellenweise mit einem Spinngewebe von Pilzmycel überzogen ist; das Mycel geht von auf dem Schnee liegenden organischen Resten aus, namentlich von thierischen Excrementen; es gehört, wie die Fructification erwies, zu einem *Mucor*. An Stellen, wo der Schnee mehr abgeschmolzen war, und der Boden sich bereits zu entblössen begann, fand sich ein anderes Mycel; auf diesem entwickelten sich kleine Sclerotien, welche an die von Brefeld beschriebenen *Penicillium*-Sclerotien erinnerten. — Es ist interessant, dass die Entwicklung dieser Pilzmycelien bei einer so niedrigen Temperatur vor sich geht, welche täglich des Morgens unter 0^0 sinkt.

Rothert (Kazan).

Krabbe, G., Entwicklungsgeschichte und Morphologie der polymorphen Flechtengattung *Cladonia*. Ein Beitrag zur Kenntniss der *Ascomyceten*. 4^0. VIII und 160 pp. mit 12 Tafeln. Leipzig (A. Felix) 1891.

Nach den älteren und theilweise bis heute geltenden Anschauungen der Flechtensystematiker sollten sich die *Cladonien* aus drei Theilen zusammensetzen, aus dem Protothallus (Thallus horizontalis), der in Gestalt kleiner Schüppchen oder grösserer Blätter auftritt, den Podetien, die den aufrechten Thallus in verzweigter oder Becherform darstellen, und endlich den eigentlichen Apothecien und Spermogonien an der Spitze der Podetien. Diese Eintheilung war auf dem äusseren Habitus begründet, ohne Kenntniss der inneren Differenzirung der Fruchtkörper. Gerade durch den Besitz der zweifachen Ausbildung des Thallus sollte die Gattung *Cladonia* vor allen anderen Flechten ausgezeichnet sein.

Der Hauptzweck der vorliegenden Untersuchungen ist, einmal nachzuweisen, dass die Podetien nicht thallöser Natur sind, sondern Bestandtheile der Fructificationsorgane. Dann aber, und dies ist wohl das Wichtigere, wird die Morphologie der Podetien in allen Theilen klar gelegt, es wird die Frage gelöst, wie die heterosporen Fruchtkörper zustande kommen, wie die Ernährung der Fruchtkörper durch anfliegende Algen vor sich geht, endlich wie man sich den phylogenetischen Aufbau der Gattung zu denken hat.

Ref. kann nicht bis in alle Einzelheiten dem Gedankengang des Autors folgen, nur das Hauptsächlichste mag kurz dargelegt werden.

Was zunächst den vegetativen Theil der *Cladonien* anlangt, so kommt derselbe in Form kleiner Schüppchen oder grösserer Blätter zur Ausbildung, oder besitzt (wie bei *Cl. rangiferina*) eine ausgesprochen krustenförmige Beschaffenheit. Der Thallus zeigt die bekannten drei Gewebezonen, Mark-, Gonidien- und Rindenschicht, die bei den einzelnen Arten verschieden mächtig entwickelt sind. Die Rindenschicht stirbt von oben nach unten successive ab und erneuert sich durch das Hineinwachsen frischer Fäden aus der lebenskräftigen Gonidienzone. Durch diesen Vorgang werden Algenzellen mit in die Rinde emporgeschoben, und es würde also eine Verschiebung der Gonidienzone nach oben in demselben Maasse stattfinden, wie Hyphen nach oben wachsen, wenn die Algen nicht ausnahmslos abstürben. Die Ursache dieser Erscheinung ist in dem Umstand zu suchen, dass in der Rinde die Algen von allen Seiten gegen die atmosphärische Luft abgeschlossen sind und so ihrer wichtigsten Existenzbedingung, der Aufnahme von Kohlensäure, beraubt werden. Dass umgekehrt Gonidien in der Markschicht, die hier in Folge des Wachsthums am Scheitel hinein gerathen, sich nicht dauernd zu halten vermögen, hat in Belichtungsverhältnissen seinen Grund. Ein Eingehen auf die Ursachen der Rissbildung, das Scheitelwachsthum u. s. w. würde zu weit führen. Die Entwicklung des Thallus geht, nach den Beobachtungen des Verfs., stets von Soredien aus.

In diesem vegetativen Thallus, und zwar in einer bestimmten Zone der Gonidienschicht, findet nun die Anlage der ascogenen Hyphen statt. Diese entstehen aus gewöhnlichen sterilen Fäden und differenziren sich allmählich im Laufe des Wachsthums. Die bekannte Blaufärbung mit Jod gibt sie in späteren Stadien sicher zu erkennen. Die Zahl der ascogenen Hyphen in einer Fruchtanlage ist ganz verschieden, aber alle sind unter sich vollkommen gleich. Meist ist ihr Querdurchmesser grösser, als der der sterilen Hyphen und ihr Inhalt färbt sich mit Jod stärker braun. Die Fruchtfasern treten nun gewöhnlich in Gestalt eines kleinen Büschels zusammen und durchbrechen gemeinsam die Rindenschicht, sich zugleich am Scheitel in für die Art charakteristischer Weise roth oder braun färbend. Die Anlegung der fertilen Hyphen erfolgt bei den einzelnen Arten in ungleichem Alter. Bei den einfacher gebauten, mit kurzen Podetien finden sie sich meist schon ganz im Anfang der Entwicklung (*Cl. alcicornis*), bei den reich verzweigten Arten treten sie erst später auf. Im ersteren Falle erfolgt die Differenzirung des ascogenen Gewebes im Basaltheile der Fruchtkörperanlage, im letzteren an höher gelegenen Punkten. Diese Differenzirung erfolgt nur in einer ganz bestimmten Periode; sobald

eine Anzahl fertiler Hyphen vorhanden ist, entstehen keine neuen
mehr, sondern die alten vermehren sich nur durch Verzweigung.

Für die Weiterentwicklung der ascogenen Hyphen, die jetzt
in dem sterilen Fasergewebe weiter wachsen, ohne die geringsten
Berührungspunkte damit zu haben, ist es nun von grosser Bedeutung,
dass das „Podetium" hohl wird, ein Umstand, der die Erkenntniss
der wahren Sachlage ohne eingehende Untersuchung sehr erschweren
musste. Da die Fruchtanlagen durch intercalare Streckung einer
gewissen Zone unter dem Scheitel weiter wachsen, so entstehen
zwischen dem peripherischen Theil, der stärker wächst, und dem
centralen Spannungen, die zu einem Zerreissen des letzteren in
horizontaler Richtung führen. Sind erst mehrere solcher Horizontal-
risse entstanden, so vereinigen sie sich schliesslich zur Bildung eines
centralen Hohlraumes. Die ascogenen Hyphen, welche meist die
Mitte der Fruchtkörperanlage einnehmen, werden dadurch von ihrer
Ursprungsstelle und in ihrem Zusammenhang unter sich losgerissen,
so dass es in diesem Stadium den Anschein hat, als ob die ascogenen Hyphen sehr spät an verschiedenen Stellen entständen. Die
meisten Figuren der Tafel III veranschaulichen diesen Vorgang.

Die nächsten Veränderungen betreffen die vegetativen Fäden,
welche am Scheitel des Fruchtkörpers zur Hymenienbildung schreiten.
In das so gebildete Hymenium wachsen die ascogenen Hyphen hinein;
ihre Scheitel bilden sich zu Schläuchen um.

Dieser Entwicklungsgang der *Cladonien*-Früchte kann sich nun
in mannigfacher Weise modificiren. Im Allgemeinen sind zwei
Typen zu unterscheiden; bei dem ersten bilden sich die ascogenen
Hyphen bereits im frühesten Stadium der Fruchtanlage. Gewöhnlich sind bei dieser Gruppe die „Podetien" unverzweigt und
bilden dann an ihrem Scheitel ein continuirliches Hymenium, oder
sie verzweigen sich durch Dicho- oder Polytomie des Scheitels.
Dann wächst das ascogene Gewebe in jeden neu gebildeten Ast
von unten hinein. Wenn in einem solchen Fruchtkörper sich ein
Hohlraum bildet, so erweckt es noch viel eher den Eindruck, als
ob in jedem Ast das ascogene Gewebe besonders entstanden sei.

Bei dem zweiten Typus differenziren sich die fertilen Hyphen
erst, wenn die „Podetien" bereits eine ziemliche Länge erreicht
haben. Zu unterscheiden sind hier wieder die b e c h e r - u n d
t r o m p e t e n f ö r m i g e n Arten und die s t r a u c h i g v e r ä s t e l t e n.
In Betreff der Einzelheiten der Entstehung des Bechers, der Verzweigungen, der Anlage der Hymenien, sei auf den zweiten Abschnitt des IV. Capitels verwiesen.

Nachträglich findet noch sehr häufig eine Formveränderung
der Fruchtkörper statt. Wenn z. B. die durch Eintrocknen, Wieder-
befeuchten der „Podetien" entstehenden Gewebespannungen bedeutend
genug sind, so können sie zu einem Einreissen des Bechers, ja zur
nachträglichen Verzweigung des ganzen „Podetiums" führen, wie
die Figuren 13, 22, 18 der Tafel IX für *Cl. cariosa* zeigen.

Eine weitere Complication tritt bei den „Podetien" ein, wenn
sie steril bleiben. Diese Sterilität kann sich in dem Falle, dass
ein normales Hymenium angelegt wird, ohne dass es zur Sporen-

bildung kommt, steigern bis zum gänzlichen Fehlen von Paraphysen und ascogenen Hyphen. Zwischen diesen Extremen sind zahlreiche Uebergänge, oft bei derselben Art, möglich; so werden manchmal normale ascogene Hyphen angelegt, die im Laufe des Wachsthums der Fruchtkörper wieder zu vegetativen Fäden auswachsen.

Neben den bisher betrachteten ascentragenden Fruchtkörpern sind nun der Gattung *Cladonia* noch conidienbildende eigenthümlich. Diese Gebilde (Spermogonien) werden im Thallus angelegt, wachsen aber in Folge von länger andauerndem Scheitelwachsthum der Hyphen und nebenhergehender intercalarer Streckung einer gewissen Zone zu ganz ähnlichen Fruchtkörpern heran wie die ascentragenden. Die Entwicklungsweise der conidienbildenden Fäden geht analog der der ascogenen Hyphen vor sich; entweder tritt bei einfachen Fruchtkörpern eine frühzeitige Differenzirung ein, oder es werden bei complicirteren die conidienabschnürenden Hyphen sehr spät angelegt. In den einfachsten Fällen bildet sich am Scheitel das Hymenium von einem Punkte aus und mündet mit nur einem Ostiolum in's Freie (*Cl. bacillaris, Cl. macilenta* etc.); gleichwohl kann auch bei diesen Arten die Hymenienbildung an getrennten Punkten beginnen und jedes Hymenium seine Conidien durch eine besondere Oeffnung entleeren. Dies führt zu den Fällen bei complicirter Gestaltung der Fruchtkörper über, wo analog den Ascenfrüchten bei denselben Gruppen, in den Aesten oder an verschiedenen Stellen des Becherrandes Hymenien angelegt werden. Diese ganze Entwicklungsreihe berechtigt zu dem Schluss, dass die conidienbildenden Podetien ebenfalls nur Theile des Fruchtkörpers sind und nicht Thallusgebilde.

Eine eigenthümliche Erscheinung bieten die heterosporen Fruchtkörper dar, welche Ascen und Conidien auf demselben Podetium produciren. Je reicher die Fruchtkörper gegliedert sind, um so eher tritt Heterosporie auf, daneben freilich eben so gewöhnlich die homospore Ausbildung. Verf. kommt zu der Ansicht, dass im Laufe der phylogenetischen Entwicklung der streng ausgeprägte homospore Charakter der Fruchtkörper schwankender geworden sei, und dass somit neben homosporen Fruchtkörpern auch solche mit beiderlei Fortpflanzungsorganen entstanden seien.

Auf Grund der vorstehenden Resultate lassen sich die Cladonien nach ihrer Fruchtkörperbildung in drei Gruppen eintheilen:

I. Arten mit ausgesprochen homosporen, einfach gestielten Fruchtkörpern; Trichterbildung fehlt, Verzweigung sehr gering; Differenzirung frühzeitig.

    a) Ascenfrüchte ungestielt (*Cl. caespiticia, Cl. pycnotheliza* (?), *Cl. epiphylla*).

    b) Ascenfrüchte gestielt (*Cl. cariosa, Cl. decorticata, Cl. botrytis, Cl. leptophylla, Cl. polybotrya, Cl. delicata, Cl. incrassata, Cl. bacillaris, Cl. macilenta*).

II. Neben einfachen Fruchtkörpern auch solche von reicherer Gliederung mit Differenzirung im vorgerückteren Stadium. Heterosporie vorhanden.

    a) Fruchtkörper trichter- oder becherförmig (*Cl. endiviaefolia,* *Cl. pityrea, Cl. alcicornis, Cl. turgida* (?).

    b) Fruchtkörper verzweigt (*Cl. squamata, Cl. crispata*).

III. Fruchtkörper reich gegliedert. Heterospore und homospore vorhanden. Differenzirung (fast) ausschliesslich in späteren Stadien.

    a) Fruchtkörper becherförmig (*Cl. pyxidata, Cl. fimbriata, Cl. degenerans, Cl. gracilis, Cl. verticillata, Cl. carneola, Cl. ochrochlora, Cl. deformis, Cl. coccifera, Cl. digitata*).

    b) Fruchtkörper strauchig.

       α) Thallus laubartig (*Cl. furcata, Cl. amaurocraea*).

       β) Thallus krustenförmig (*Cl. rangiferina, Cl. silvatica, Cl. stellata* (?).

Nach dieser Behandlung der Fruchtsprosse wird eine Reihe von Vorgängen besprochen, die zur Bildung von Thallusschüppchen und Soredien an den Podetien Anlass geben. Ref. kann hier nur auf die Bedeutung dieser Gonidienpartien für die Ernährung der Frucht-körper näher eingehen. Bekanntlich betheiligt sich bei der Bildung der Fruchtsprosse nur die eine Flechtencomponente, der Pilz. Im Anfang werden diese Fäden allein durch die Gonidien des Thallus ernährt, da Algenzellen entweder gar nicht oder nur auf sehr kurze Strecken mit emporgeführt werden. In dem Grade, wie nun unten der Thallus allmählich abstirbt, müsste auch die Ernährung eine kümmerlichere werden, wenn nicht durch Anfliegen von Soredien, zu deren Festhalten gewisse Fadencomplexe eigens bestimmt zu sein scheinen, wieder Anlass zur Bildung einer continuirlichen Gonidienschicht oder doch einzelner Thallusschüppchen an den Podetien gegeben würde. Diese Einrichtung der nachträglichen Ernährung der Fruchtsprosse ist unbedingt nöthig, da das Wachs-thum sehr lange, oft über 100 Jahre, dauert und der Thallus und die unteren Partien der Fruchtsprosse successive absterben.

Zum Schluss berührt Verf. noch kurz die Phylogenese der Gattung, so weit sie sich aus den Thatsachen als gesichert be-trachten lässt. Die Arten mit hoch differenzirten Fruchtkörpern, mit Heterosporie, später Anlegung der Fruchthyphen etc. müssen nothwendigerweise ihren Ursprung von solchen herleiten, welche einfacher organisirt sind. Eine wichtige Stütze erhält diese Ansicht durch die Thatsache, dass die Fruchtkörper der höchst organisirten Arten vom Thallus vollkommen unabhängig sind und sich durch anfliegende Soredien selbständig ernähren. Eine solche weitgehende Anpassung kann ja nur erst im Laufe der phylogenetischen Ent-wicklung erworben sein.

Ganz besonders möchte Ref. zum Schluss noch auf die Tafeln hinweisen, die eine vorzügliche Illustration zu der Entwicklungs-geschichte geben. Die vier letzten enthalten Habitusbilder, welche nicht blos von Bedeutung für specielle morphologische Zwecke sind, sondern auch dem Systematiker beim Bestimmen schwieriger Formen von grossem Werthe sein werden.

Lindau (Münster i. W.).

Timiriazeff, C., Enregistrement photographique de la fonction chlorophyllienne par la plante vivante. (Comptes rendus des séances de l'Académie des sciences de Paris. Tome CX. 1890. Nr. 23.)

Um einen weiteren Beweis für seine auf dem Wege der gasometrischen Untersuchung gemachte Beobachtung zu erbringen, dass nämlich durch diejenigen Strahlen des Spectrums, welche von dem Chlorophyll absorbirt werden, in grünen Pflanzentheilen die Zerlegung der Kohlensäure bewirkt wird, verfuhr Verf. folgendermaassen: Ein an einer zwei oder drei Tage hindurch dunkel gehaltenen Pflanze befindliches Blatt wurde in ein directes Spectrum, das vermittelst eines Silberman'schen Heliostaten, einer achromatischen Linse und eines Prisma's erhalten worden war, gebracht. Auf dem Blatte waren zwei kleine Papierstreifchen aufgeklebt, mit den hauptsächlichsten Frauenhofer'schen Linien. Diese Streifchen dienten als Merkzeichen in dem Spectrum, welches übrigens während der ganzen Versuchsdauer — etwa drei bis sechs Stunden ohne Unterbrechung — genau stationär erhalten wurde.

Das Blatt wurde nun nach Beendigung des Versuches mit Hilfe kochenden Alkohols völlig entfärbt und dann mit Jodtinctur behandelt. Auf blaugelbem Blattgrunde zeigte sich nun dem Verf. das Abbild des Chlorophyllspectrums, und zwar war das charakteristische Band I ganz scharf abgegrenzt; die Absorption in der orangefarbigen und gelben Partie stellte einen Halbschatten dar, der sich nach und nach abstufend, ein wenig über der Linie D verschwand.

Dieses Spectrum, welches auf dem lebenden Blatt die Stärkeproduction gleichsam aufzeichnet, steht also vollkommen mit der die Intensität der Kohlensäurezerlegung darstellenden Curve, die Verf. auf anderem Wege schon früher erhalten hatte, in Einklang.

Nach Ansicht des Verf. harmoniren die beiden Resultate vollkommen und beweisen auf eine, jeden Irrthum ausschliessende Art die Uebereinstimmung zwischen dem Absorptionsspectrum des Chlorophylls und seiner physiologischen Function.

Eberdt (Berlin).

————

Godlewski, E., Ueber die Beeinflussung des Wachsthums der Pflanzen durch äussere Factoren. (Anzeiger der Akademie der Wissenschaften zu Krakau. 1890. p. 166 und ff.).

Im Anschluss an seine früheren Untersuchungen, welche sich hauptsächlich auf die tägliche Wachsthumsperiode des epicotylen Gliedes von *Phaseolus multiflorus* bezogen, berichtet Verf. über eine weitere lange Reihe von Wachsthumsversuchen, welche zum Theil ebenfalls das Studium der täglichen Periode, zum Theil aber die Wirkung verschiedener äusserer Bedingungen zum Gegenstand hatten.

Im ersten Theil — die Arbeit zerfällt in zwei Theile — studirte Verf. den Verlauf des Wachsthums selbst unter verschiedenen Bedingungen; im zweiten das Verhältniss der Wachsthumsgeschwindigkeit zur Turgorausdehnung der wachsenden Pflanzentheile.

Die Resultate des ersten Theils sind folgende: 1. In Bezug auf die tägliche Wachsthumsperiode zeigten sich zwei tägliche Maxima und ebenso viele Minima des Wachsthums. Das gewöhnliche nächtliche Minimum trat hier früher ein, als bei den vorjährigen Versuchen des Verf., dann nahm die Wachsthumsgeschwindigkeit wieder mehr zu, erreichte in den frühen Morgenstunden ein Maximum und begann darauf wieder zu sinken, bis etwa zwischen 8 und 10 Uhr früh ein zweites, oft sehr deutliches, aber kurz dauerndes Minimum, und nach Mittag ein zweites Wachsthumsmaximum eintrat. Von den etiolirten Pflanzen zeigten einzelne Exemplare gar keine, andere eine deutliche, aber unregelmässige, wieder andere hingegen eine völlig regelmässige, zwei Maxima aufweisende Wachsthumsperiode.

2. In Bezug auf die Wirkung des Lichtes fand Verf., dass an Pflanzen, welche von abends bis etwa 11 Uhr vormittags dunkel gehalten wurden, ungefähr gegen 9 Uhr morgens eine Verminderung der Wachsthumsgeschwindigkeit zu beobachten war, bald darauf aber ein beschleunigteres Wachsthum eintrat. Nach Wiederbelichtung verlangsamte sich das Wachsthum abermals, und zwar erreichte die Verlangsamung nach etwa zwei Stunden ihr Maximum. Dann aber wurde das Wachsthum wieder ein beschleunigteres und erreichte bald fast dieselbe Geschwindigkeit, wie während der Verdunkelung. Besonders deutlich war diese Art der Lichtwirkung an etiolirten Pflanzen zu erkennen.

3. In Bezug auf die Wirkung der Luftfeuchtigkeit wurde festgestellt, dass jede stärkere Verminderung der Luftfeuchtigkeit eine plötzliche, aber vorübergehende Verlangsamung, jede Vergrösserung der Luftfeuchtigkeit eine ebenfalls vorübergehende Steigerung der Wachsthumsgeschwindigkeit zur Folge hat. Bei plötzlicher und sehr intensiver Verminderung der Luftfeuchtigkeit kann sogar ganz zu Anfang eine geringe Verkürzung der Pflanze eintreten.

4. In Bezug auf die Temperatur der umgebenden Luft wurde gefunden, dass bei starker Verminderung der Lufttemperatur auch Verlangsamung des Wachsthums eintritt. Steigt die Temperatur dann wieder, so nimmt die Wachsthumsgeschwindigkeit der Pflanze zunächst noch mehr ab, um dann nach einiger Zeit sich wiederum langsam zu vergrössern. Bei einer Temperatur von 35⁰ C. wurde das Wachsthum des Epicotyls von *Phaseolus* bereits bedeutend herabgesetzt, doch bestand sogar noch bei einer Temperatur von etwa 40⁰ C ein verhältnissmässig ziemlich rasches Wachsthum.

5. In Bezug auf die Temperatur des Bodens zeigten die Versuche des Verf., dass das Wachsthum des epicotylen Gliedes von *Phaseolus* nur sehr wenig durch die Bodentemperatur beeinflusst wird und dass bei entsprechend hoher Lufttemperatur auch bei sehr kalter Erde das Wachsthum noch ziemlich schnell vor sich geht.

Die Resultate des zweiten Theils lassen sich wie folgt zusammenfassen:

1. In Bezug auf die tägliche Periodicität glaubte Verf. anfangs keinen Unterschied in der Turgorausdehnung des Maximums und Minimums der Tagesperiode gefunden zu haben; später aber trat dieser Unterschied deutlich hervor. Denn obgleich er sich in den obersten Querzonen des epicotylen Gliedes nicht zeigt, findet er sich doch in den weiteren Querzonen, also dass man sagen kann, die stark dehnbare Strecke des wachsenden epikotylen Gliedes ist während des täglichen Wachsthumsmaximums länger, als während des Minimums.

2. In Bezug auf die Etiolirung der Pflanzen zeigten die Versuche, dass die dehnbare Strecke bei den etiolirten Pflanzen eine bedeutend längere ist, als bei den normalen. Dagegen ist weder in den obersten Querzonen, noch überhaupt die Turgorausdehnung bei den ersteren grösser, als bei den letzteren.

3. In Bezug auf die Temperatur endlich haben die Versuche des Verf. festgestellt, dass bei Pflanzen, welche bei einer sehr niedrigen Temperatur ausserordentlich langsam wachsen, die Turgorausdehnung keine wesentlich andere ist, als bei solchen, die bei einer viel höheren Temperatur ein sehr energisches Wachsthum zeigen. Es folgt aus diesen Beobachtungen, dass die Beeinflussung des Wachsthums durch Temperatur nicht herbeigeführt wird durch die Einwirkung der letzteren auf die Turgorausdehnung, sondern „dass die Temperatur diejenigen Processe, welche die Ausgleichung der Turgorausdehnung bedingen, beeinflusst".

Eberdt (Berlin).

Wiesner, J., Formveränderungen von Pflanzen bei Cultur im absolut feuchten Raume und im Dunklen. (Berichte der Deutsch. Botan. Gesellschaft. Bd. IX. Heft 2. Berlin 1891.)

Im Anschluss an einige vor Jahren publicirte Beobachtungen über den Einfluss des absteigenden Transpirationsstromes auf die Formveränderung der Pflanze theilt Verf. in der vorliegenden Abhandlung neue Versuche mit über den Einfluss der Lichtentziehung und Transpirationshemmung auf das Wachsthum der Internodien und Blätter.

Es ergaben sich in Bezug auf den Habitus der so erzielten Pflanzen folgende Typen:

1) Pflanzen, welche sowohl im absolut feuchten Raume als auch im Finstern die Blattrosette auflösen. Ein ausgezeichnetes Beispiel ist *Sempervivum tectorum*, welches unter jeder der beiden genannten Bedingungen entwickelte — bis 12 mm lange — Internodien ausbildete. Die Blätter erreichten im feuchten Raume beinahe die doppelte, im Finstern etwa die halbe Grösse der normalen Blätter.

2) Pflanzen, welche weder im absolut feuchten noch im absolut finsteren Raume entwickelte Stengelglieder hervorbringen: *Oxalis floribunda, Plantago lanceolata*, besonders typisch *Plantago media.*

3) Pflanzen, welche wohl durch Etiolement, nicht aber durch Cultur im feuchten Raum zur Bildung entwickelter Stengelglieder gezwungen werden können. Ein vorzügliches Beispiel ist *Taraxacum officinale*. In absolut feuchtem Raume entstehen Blätter von grossen Dimensionen, jedoch gelingt es nicht, die grundständige Blattrosette aufzulösen. Cultivirt man beiderseits abgeschnittene *Taraxacum*-Wurzeln im Lichte und im feuchten Raume, so erhält man hin und wieder beiderseits gestauchte Sprosse. Im Finstern gehen aber nur aus dem oberen Callus Blattsprossen hervor, welche aus mehr oder weniger stark entwickelten Stengelgliedern und reducirten Blättern bestehen.

4) *Capsella bursa pastoris* gehört zum vierten Typus; sie kann durch Cultur im feuchten Raum, nicht aber durch Verdunklung zur Bildung entwickelter Stengelglieder gezwungen werden. Im Finstern geht die Pflanze rasch zu Grunde.

Die Ursache der Stauchung ist also bei *Taraxacum* das Licht, bei *Capsella* die Transpiration, bei *Sempervivum* eine Combinationswirkung. Bei *Plantago media* muss man annehmen, „dass die Transpiration, oder das Licht, oder beides, im Laufe der phylogenetischen Entwicklung in den betreffenden Pflanzen auch anderweitige, die Stauchung befestigende Umgestaltungen hervorgerufen haben, welche durch Beseitigung der primären Ursachen nicht zu annulliren sind.“

Burgerstein (Wien).

Fischer, Alfred, Ueber den Einfluss der Schwerkraft auf die Schlafbewegungen der Blätter. (Botanische Zeitung. 1890. No. 42—44.)

Durch die Untersuchungen von Pfeffer (Die periodischen Bewegungen der Blattorgane. 1875. p. 138) ist bekannt, dass die Schwerkraft auf die Schlafbewegungen der Blätter von *Phaseolus* einen Einfluss ausübt. Wird eine Bohnenpflanze umgekehrt, so heben sich in Bezug auf den Erdboden die Blattstiele und die Blattspreiten, weil die ersteren sowohl, wie die Gelenke der Spreiten negativ geotrop sind (Sachs 1865, Pfeffer 1875). Am Abend nun führen bei solchen Umkehrversuchen die Blätter die entgegengesetzten Bewegungen aus, wie an der aufrechten Pflanze, die Winkel der Blattstiele, ebenso die Laminawinkel erweitern sich; das Blatt nimmt also, die Pflanze aufrecht gedacht, Tagstellung ein. Die Umkehrung der Richtung der Schwerkraft kehrt mithin den Bewegungsgang der Blätter in Beziehung auf den Gipfel des Hauptsprosses um.

Alf. Fischer untersuchte zunächst das Verhalten von *Phaseolus vulgaris*, *tumidus*, *multiflorus* am Klinostaten und bestimmte dadurch den Einfluss der Schwerkraft genauer. In allen Versuchen stand die Achse der rotirenden Pflanzen horizontal; die Richtung derselben zum Fenster, vor dem der Klinostat aufgestellt war, war bald parallel, bald senkrecht zu demselben. Aus allen Versuchen ergab sich, dass die Blätter (Primordialblätter wie dreizählige

Blättchen) auch bei Ausschluss der einseitigen Schwerkraftwirkung eine fixe Lichtlage annahmen, indem ihre Spreiten sich senkrecht zum einfallenden Licht stellen. Zu demselben Resultat war bekanntlich schon Vöchting (1888) für *Malva verticillata* und Krabbe (1889) für *Pelargonium*, *Tropaeolum majus*, *Fuchsia*, *Dahlia* gelangt. Dagegen ergab sich als völlig neues Resultat, dass durch die Rotation um eine horizontale Axe nach·Einnahme der neuen Lichtlage die Schlafbewegungen der Blätter auf ein Minimum reducirt oder gänzlich aufgehoben werden und dass schon am ersten Tage des Versuches diese Wirkung fast mit voller Intensität auftritt. Lässt man darauf die Schwerkraft wieder einseitig wirken so stellen sich in kurzer Zeit die normalen Schlafbewegungen wieder ein. Eine nach der Methode Brücke-Pfeffer angestellte Untersuchung über das Verhalten der Biegungsfestigkeit des Laminagelenkes der Primordialblätter von *Phaseolus multiflorus* ergab, dass bei der Rotation um eine horizontale Axe die Steifheit der Gelenke Tag und Nacht annähernd die gleiche bleibt, und dass dieser Zustand erst dann eintritt, wenn auch die Schlafbewegungen nahezu aufgehoben sind. An aufrecht wachsenden Pflanzen nimmt die Biegungsfestigkeit der Gelenke bekanntlich Abends bedeutend zu (Brücke 1848, Pfeffer 1875). Sehr übersichtlich erhält man den Verlauf der Experimente, wenn man sich auf Grund der im Texte gegebenen Zahlen Kurven construirt. Man sieht dann sehr schön die regelmässigen Schlafbewegungen der Pflanze vor der Umkehrung, das Einnehmen der neuen fixen Lichtlage und das Aufhören der nyctitropischen Bewegungen nach der Umkehrung, darauf den Rückgang der Blätter in die ursprüngliche Lichtlage und Wiederaufnahme der normalen Schlafbewegungen, nachdem die Pflanze wieder aufrecht gestellt wurde.

Umkehrversuche und Klinostatenversuche mit anderen Pflanzen ergaben das interessante Resultat, dass unter den Gewächsen, welche nyctitropische Bewegungen ausführen, zwei Gruppen zu unterscheiden sind: Die erste Gruppe umfasst diejenigen, bei deuen durch eine Umkehrung der Richtung der einseitigen Schwerkraftwirkung auch die Schlafbewegungen umgekehrt werden, nach Aufhebung dieser Wirkung aber ganz ausbleiben (geonyctitropische Pflanzen). Diese Gruppe scheint die weniger umfassende zu sein; bis jetzt gehören in dieselbe nur *Phaseolus vulgaris* (7, 8, 12, 17)*), *multiflorus* (8), *tumidus* (5), *Gossypium arboreum*, *herbaceum* (15), *Lupinus albus* (10). Die zweite Gruppe enthält diejenigen Gewächse, bei welchen Umkehr und Beseitigung der Schwerkraftwirkung ohne Einfluss auf die Schlafbewegungen ist, diese vielmehr in genau demselben Sinne wie an der aufrechten ruhenden Pflanze erfolgen (autonyctitropische Pflanzen). Hierher gehören *Trifolium pratense* (13), *Portulacca sativa*, *oleracea* (12), *Cassia Marylandica*, *Geodia obtusifolia* (9), *Oxalis lasiandra* (12), *Acacia lophanta* (9, 13), *Amicia* spec. (13), *Desmodium gyrans* (9), *Mimosa pudica* (13), *Phyllanthus Niruri* (12), *Biophytum sensitivum* (14).

*) Die Zahlen bedeuten die Rotationsdauer der Pflanzen am Klinostaten nach Tagen.

Es bleibt jedoch zu untersuchen, ob bei noch längerer Dauer der Rotation nicht auch bei diesen Pflanzen die Schlafbewegungen endlich eingestellt werden. Dafür sprechen die Ergebnisse mit *Gossypium herbaceum*, bei dem nach fünfzehntägiger Rotation wohl eine sehr starke Abnahme der Bewegungen, aber keine völlige Aufhebung eintritt, und mit *Cassia Marylandica*, wo nach zwölf Tagen ebenfalls eine Schwächung der Bewegung erfolgt.

Beide Gruppen von Pflanzen besitzen in ihren Blattgelenken nyctitropische Sensibilität, zu deren Erhaltung eine bestimmte Temperatur und ein periodischer Wechsel von Hell und Dunkel erforderlich ist. Pfeffer zeigte für *Acacia lophanta*, dass diese Sensibilität verloren geht, wenn die Pflanze continuirlich beleuchtet wird. Die geonyctitropischen Pflanzen bedürfen zum Fortbestehen dieser Sensibilität ausser den genannten Bedingungen noch der einseitigen Schwerkraftwirkung; fällt diese fort, so geht die Sensibilität allmählig verloren. Die autonyctitropischen Pflanzen dagegen sind in ihren Schlafbewegungen von der Schwerkraft unabhängig; ebenso wird die heliotropische Sensibilität der Blätter bei beiden Gruppen durch die Gravitation nicht beeinflusst.

Max Scholtz (Karlsruhe i. B.).

Bleisch, C., Zur Kenntniss der Spicularzellen und Calciumoxalatidioblasten, sowie der Blattanatomie der *Welwitschia*. (Rostocker Inaugural-Dissertation.) 50 p. u. 1 Tafel. Strehlen 1891.

Die Dissertation bringt nicht bloss eine Darstellung des anatomischen Baues des Blattes von *Welwitschia*, mit besonderer Berücksichtigung der mit Kalkoxalatkrystallen incrustirten sogenanten Spicularzellen, sondern auch Beobachtungen über die derjenigen der *Welwitschia* ähnlichen Calciumoxalatidioblasten verschiedener Coniferen (*Araucaria*, *Sciadopithys*, *Agathis*, *Dammara*) und Nymphaeaceen (*Nymphaea alba* und *Nuphar luteum*). Die Idioblasten der untersuchten Pflanzen besitzen alle eine stark verdickte Wand, deren äussere Schichten auf Lignin reagiren, während die inneren sich wie reine Cellulose verhalten. Die Peripherie zeigte sich von einer chemisch nicht genauer definirbaren Zellschicht eingenommen, in welcher die Krystalle eingebettet liegen, und die bei *Welwitschia* noch von einer Cellulosehaut überzogen ist. Da das Wachsthum der Krystalle demjenigen der Zellwand parallel geht, so glaubt Verf. annehmen zu dürfen, dass die Cellulose aus einer Kohlehydratkalkverbindung herrührt. Die Oxalsäure lässt er durch Oxydation des in den verholzten Theilen der Membran anfangs vorhandenen Coniferin zu dem später allein nachweisbaren Vanillin entstehen. Die krystallführende Schicht der Zellwand soll aus einem intermediären Product zwischen Cellulose und Oxalsäure bestehen.

Die Schilderung des anatomischen Baues des *Welwitschia*-blattes lässt sich im Auszug nicht wiedergeben, und es muss daher bezüglich derselben auf das Original verwiesen werden.

Schimper (Bonn).

Simon, Friedrich, Beiträge zur vergleichenden Anatomie der Epacridaceae und Ericaceae. [Inaug.-Dissert.] Berlin 1890.

Verf. stellt sich die Aufgabe, zu untersuchen, ob sich in dem anatomischen Bau der *Epacridaceen* und *Ericaceen* Züge einer Verwandtschaft auffinden lassen. Er untersucht zunächst eingehend den Bau einer grossen Anzahl von Vertretern der erstgenannten Familie. Die Blätter zeigen meist in Gestalt und Stellung Anpassung an einen zeitweilig trockenen Standort. Breite Blattspreiten sind vermieden; an ihrer Stelle finden sich schmal lineale oder lanzettliche oder gar nadelförmige Blätter. Die Epidermiszellen sind, ausgenommen bei einigen sumpfbewohnenden Formen, mit starker Cuticula versehen, deren Wirkung bei einigen Arten durch Wachsauflagerung noch verstärkt wird. Die Radialwände der Epidermiszellen sind gewellt. Die Haargebilde der Epidermis sind einzellig, ihre Stellung zu den Spaltöffnungen lässt meist erkennen, dass sie zur Herabsetzung der Verdunstung beitragen müssen. Die Zellen des Assimilationssystems sind meist typische Pallisadenzellen. Die Zellen des Schwammgewebes sind in der Regel sternförmig, die Weite der Intercellularräume lässt eine Beziehung zu den Feuchtigkeitsverhältnissen des Standortes erkennen in der Weise, dass die an feuchten Ufern wohnenden Formen ein lockeres Blattgewebe besitzen, während die Bewohner dürrer Standorte enge Intercellularräume ausbilden. Die Spaltöffnungen sind bei den *Epacridaceen* meist auffallend klein, bisweilen liegen dieselben in tiefen Rillen, die mit Haaren besetzt sind. Eine starke Ausbildung der äusseren Cuticularleiste zur Herstellung eines windstillen Raumes vor den Spaltöffnungen kehrt bei fast allen *Epacridaceen* wieder; ausserdem sind bisweilen Schutzvorrichtungen vorhanden, welche, innerhalb der Spalte liegend, den Verkehr mit der Atmosphäre erschweren. Die Gefässbündel der Blätter besitzen gewöhnlich sehr enge Gefässe. Von specifisch mechanischen Zellen finden sich in den Blättern nur echte Bastzellen, welche stets zu Bündeln vereinigt in der Regel in Zusammenhang mit den Gefässbündeln auftreten. Die Bastzellen scheinen stets einen lebenden Plasmainhalt zu besitzen und durch Hoftüpfel verbunden zu sein. Verf. vermuthet deshalb, dass diese Zellen ausser zur mechanischen Festigung des Blattes auch zum Transport plastischer Stoffe dienen.

Bei den zu den *Ericaceen* gehörigen Arten finden sich hinsichtlich der Anatomie der Blätter im Allgemeinen ähnliche Verhältnisse. Die bei den *Epacridaceen* überall vorhandene Wellung der Radialwände der Epidermis ist auch bei vielen *Ericaceen* zu finden. Abweichend von dem Verhalten der *Epacridaceen* tritt hier häufig eine mehrschichtige Epidermis auf. Eine überaus grosse Mannigfaltigkeit zeigt sich in der Ausbildung der Trichome; ausser einzelligen Haaren, wie sie bei den *Epacridaceen* die Regel bilden, treten mehrreihige und mehrzellige Borstenhaare und Drüsenhaare von verschiedener Form auf. Typische Pallisadenzellen finden sich fast bei allen *Ericaceen*. Das Schwammparenchym ist in der Regel ziemlich mächtig ausgebildet und von grossen Intercellularräumen durchsetzt. Die Spaltöffnungen sind bei sehr vielen Arten durch starke Ausbildung der oberen Cuticulaleiste geschützt; häufig erschweren die über die Stomata hergeneigten Trichome die Verdunstung. Auch innere Schutzvorrichtungen, wie sie bei den *Epacridaceen* beobachtet wurden, treten hier bisweilen auf. Die Gefässbündel sind durchaus regelmässig gebaut. Das mechanische System ist bei den *Ericaceen* im Allgemeinen weniger stark ausgebildet als bei den *Epacridaceen*. Neben typischen Bastzellen tritt zuweilen Collenchym auf. Zuweilen liegen auch mechanische Zellen unabhängig vom Bündelverlauf im grünen Gewebe des Blattes zerstreut. Ueberraschend ist die Thatsache, dass die Bastzellen der *Ericaceen* gleichfalls gehöfte Tüpfel besitzen. Verf. sieht darin ein äusserst charakteristisches Merkmal, das die *Epacridaceen* und *Ericaceen* vor allen übrigen Familien auszeichnet, und in dem die Verwandtschaft beider Familien deutlich zum Ausdruck gelangt. — Die Arbeit enthält in dem hier kurz skizzirten Inhalt ein reiches, von sorgfältiger und gewissenhafter Beobachtung zeugendes Thatsachenmaterial, dessen Einzelheiten im Original nachzulesen sind.

Giesenhagen (Marburg).

Reinhard, L., Florenskizze des südlichen Theiles des Kreises Slonim im Gouvernement Grodno. (Arbeiten der Naturforscher-Gesellschaft an der Univ. Charkow. Bd. XXV. 1890—1891. p. 187—234.) [Russisch.]

Die Stadt Slonim, die Kreisstadt des Kreises gleichen Namens, liegt unter dem 53. Grad 6' n. Br. u. 42. Grad 59' östl. L., und das Dorf Griwda, von wo aus R. seine botanischen Exkursionen nach allen Richtungen hin vom 19. Juni bis 14. August 1890 unternahm, liegt am Flusse gleichen Namens (Griwda), welcher sich in den Fluss Schtschara ergiesst, der wieder ein Nebenfluss des Niemens ist. Diese Gegend, das sog. litthauische Polesien, ist sehr wald- und wasserreich, der Boden besteht theils aus Löss, mit viel Granit- und Kieselgeröll, oder wechselt mit Sand, oder besteht aus Lehm, welcher Wasser schwer durchlässt und so zur Sumpfbildung beiträgt. Die Wälder bestehen meist aus Nadelholz: Kiefern, Lärchen, Fichten, Wachholder, doch kommen auch Birken, Hainbuchen und Erlenbäume vor, und die Flora erscheint so als eine Mischung nördlicher und südlicher Formen. Die Wälder sind reich an Schwarzbeeren, Blaubeeren, Steinberen, an Lycopodien, Moosen und Flechten und die feuchtesten Stellen mit Moosbeeren, *Calla palustris* und *Saxifraga Hirculus* bedeckt, untermischt mit *Drosera rotundifolia, D. Anglica, Parnassia palustris* und *Gentiana Pneumonanthe.*[*])

Angabe der Lokalität	Jahres-isotherme	Wärmesumme der Vegetations-periode	Minimum	Maximum	Jahres-Amplitude
Charkow	7,2	2850	—8,9	20,9	29,8
Kursk	6,2	2234	—9,9	19,5	29,4
Kiew	7,5	2599	—6,0	19,3	25,3
Brest	7,5	2605	—4,2	18,9	23,1
Pinsk	7,2	?	?	18,9	?

*) Die klimatischen Verhältnisse sind ähnliche, wie in den benachbarten Gouvernements, was aus folgender Tabelle zu ersehen ist.

Pflanzenverzeichniss der Umgegend von Griwda im Kreis Slonim:
Pteridophyta: Equisetaceae 1, *Lycopodiaceae* 2, *Polypodiaceae* 4; *Gymnospermae,*
Coniferae 4 und 2 cult.; *Monocotyledoneae: Liliaceae* 3 und 4 cult.; *Amaryllida-*
ceae 1 cult.; *Juncaceae* 3, *Iridaceae* 2, *Typhaceae* 2, *Sparganiaceae* 2, *Araceae* 2,
Lemnaceae 2, *Potamogetoneae* 4, *Cyperaceae* 5, *Gramineae* 17 u. 4 cult.; *Orchi-*
daceae 4, *Juncaginaceae* 1, *Alismaceae* 2, *Hydrocharidaceae* 2; *Dicotyledoneae:*
Betulaceae 4, *Fagaceae* 1, *Juglandaceae* 1 cult.; *Salicaceae* 4 und 1 cult.; *Mora-*
ceae 1, *Urticaceae* 2, *Ceratophyllaceae* 1, *Polygonaceae* 10 und 1 cult.; *Cheno-*
podiaceae 2 und 1 cult., *Caryophyllaceae*, *Paronichieae* 3, *Alsineae* 8, *Sileneae*
9 und 2 cult., *Portulacaceae* 1 cult., *Ranunculaceae* 12 und 1 cult., *Nymphaea-*
ceae 2, *Papaveraceae* 1 und 3 cult., *Cruciferae* 10 und 2 cult., *Resedaceae* 1 cult.,
Violaceae 2, *Droseraceae* 2, *Hypericaceae* 2, *Tiliaceae* 1, *Malvaceae* 2 und 1 cult.,
Geraniaceae 4, *Oxalidaceae* 1, *Linaceae* 1 cult., *Balsaminaceae* 1 und 1 cult.,
Aceraceae 1, *Polygalaceae* 1, *Vitaceae* 1 cult., *Rhamnaceae* 2, *Callitrichaceae* 2,
Umbelliferae 8 und 4 cult., *Crassulaceae* 3, *Saxifragaceae* 3 und 4 cult., *Ona-*
graceae 5, *Haloragidaceae* 1, *Lythraceae* 1, *Rosaceae* 15 und 6 cult., *Papiliona-*
ceae 17 und 5 cult., *Loranthaceae* 1, *Pyrolaceae* 4, *Ericaceae* 7, *Primulaceae* 3,
Oleaceae 1 cult., *Gentianaceae* 3, *Convolvulaceae* 2, *Polemoniaceae* 2 cult., *Asperi-*
foliaceae 6, *Solanaceae* 4 und 2 cult., *Scrophulariaceae* 15 und 1 cult., *Labiatae*
18, *Lentibulariaceae* 1, *Verbenaceae* 1 cult., *Plantaginaceae* 3, *Campanulaceae* 5,
Cucurbitaceae 1 und 2 cult., *Rubiaceae* 4, *Caprifoliaceae* 2 und 1 cult., *Valeria-*
naceae 1, *Dipsaceae* 1, *Compositae* 30 und 6 cult., S. S. 381 Arten.

v. Herder (St. Petersburg).

Neue Litteratur. [*]

Allgemeines, Lehr- und Handbücher, Atlanten:

Martens, Aide-mémoire de botanique spéciale pour les aspirants au grade de
candidat en sciences naturelles. 8°. 36 pp. Louvain (Ch. Peeters) 1891.
Fr. 0.75.

Sorensen, H. L., Dyrerigets og planterigets naturhistorie i kort udtog for
middelskoler. 5. udg. 8°. 240 pp. Christiania (Cammermeyer) 1891.
Kr. 2.—

Algen:

Gomont, Maurice, Faut-il dire Oscillatoria ou Oscillaria? (Journal de Botanique.
T. V. 1891. p. 273.)

Schilling, A. J., Untersuchungen über die thierische Lebensweise einiger
Peridineen. (Berichte der Deutschen botanischen Gesellschaft. Bd. IX. 1891.
p. 199. 1 Tafel.)

Pilze:

Arnaud, A. et **Charrin,** A., Recherches chimiques et physiologiques sur les
sécrétions microbiennes. Transformation et élimination de la matière organique
par le bacille pyocyanique. (Comptes rendus des séances de l'Académie des
sciences de Paris. T. CXII. 1891. No. 20. p. 1157—1160.)

Arthur, J. C., Notes on Uredineae. (The Botanical Gazette. Vol. XVI. 1891.
p. 225.)

Fischer, E., Graphiola Phoenicis Poit. (Mittheilungen der Naturforscher-Gesellschaft in Bern aus 1890. Sitzungsberichte. p. XVIII.)

---

[*] Der ergebenst Unterzeichnete bittet dringend die Herren Autoren um
gefällige Uebersendung von Separat-Abdrücken oder wenigstens um Angabe
der Titel ihrer neuen Veröffentlichungen, damit in der „Neuen Litteratur" möglichste
Vollständigkeit erreicht wird. Die Redactionen anderer Zeitschriften werden
ersucht, den Inhalt jeder einzelnen Nummer gefälligst mittheilen zu wollen,
damit derselbe ebenfalls schnell berücksichtigt werden kann.

Dr. Uhlworm,
Terrasse Nr. 7.

Fraenkel, C. und Pfeiffer, R., Mikrophotographischer Atlas der Bakterien-
kunde. Lief. 11. 8°. 5 Lichtdruck-Tafeln mit 5 Blatt Erklärungen. Berlin
(August Hirschwald) 1891. M. 4.—
Hariot, Paul et Poirault, Georges, Une nouvelle Urédinée des Crucifères.
(Journal de Botanique. T. V. 1891. p. 272.)
Lingelsheim, von, Experimentelle Untersuchungen über morphologische, cultu-
relle und pathogene Eigenschaften verschiedener Streptokokken. (Zeitschrift
für Hygiene. Bd. X. 1891. Heft 2. p. 331—366.)
Ludwig, F., Ueber das Vorkommen des Moschuspilzes im Saftfluss der Bäume.
(Centralblatt für Bakteriologie und Parasitenkunde. Band IX. 1891. No. 7.
p. 214.)
Richter, M., Die vorzüglichsten essbaren Pilze Deutschlands, gezeichnet und
beschrieben. 8°. 26 pp. 8 col. Tafeln. Langensalza (Beyer & Söhne) 1891.
M. 1.50.
Schweinitz, E. A. von, Some chemical products of bacterial growth and their
physiological effects. (Journal of the American Chemical Society. 1891. p. 61.)
Straus, J., Sur la morphologie de la cellule bactérienne. (Progrès méd. 1891.
No. 22, 23. p. 441—444, 457—460.)
Studer-Steinhäuslin, B., Beiträge zur Kenntniss der schweizerischen Pilze.
Mit einem Nachtrage von E. Fischer. (Mittheilungen der Naturforscher-Ge-
sellschaft in Bern aus 1890. Abhandlungen. p. 16. Mit 2 Tafeln.)
Viala, Pierre et Boyer, G., Sur un Basidiomycète inférieur, parasite des
grains de raisin. (Comptes rendus des séances de l'Académie des sciences de
Paris. T. CXII. 1891. No. 20.)

Flechten:

Eckfeldt, John W., A Lichen new to the United States. (Bulletin of the
Torrey Botanical Club of New York. Vol. XVIII. 1891. p. 257.)
Hallauer, G., Les Lichens du Mûrier et leur influence sur la sériciculture.
(Comptes rendus des séances de l'Académie des sciences de Paris. T. CXII.
1891. No. 22.)
Mäule, C., Ueber die Fruchtanlage bei Physcia pulverulenta (Schreb.) Nyl.
(Berichte der Deutschen botanischen Gesellschaft. Bd. IX. 1891. p. 209.)

Muscineen:

Bescherelle, Emile, Révision des Fissidentacées de la Guadeloupe et de la
Martinique. (Revue Bryologique. T. XVIII. 1891. No. 4.)
Brotherus, V. F., Contributions à la flore bryologique du Brésil. (Sep.-Abdr.
aus Acta Societatis scientiarum Fennicae. T. XIX. 1891. No. 5.) 4°. 30 pp.
Helsingfors 1891.
— — et Saelan, Th., Musci Lapponiae Kolaënsis. (l. c.) 8°. 100 pp. et
mappa. Helsingfors 1890.
Renauld, F. et Cardot, J., Contributions à la flore des Muscinées des îles
austro-africaines de l'Océan Indien. I. Hépatiques. (Revue Bryologique. Tome
XVIII. 1891. No. 4.)
Venturi, Les Sphaignes européennes d'après Warnstorf et Russow. (l. c.)

Gefässkryptogamen:

Poirault, Georges, Sur quelques points de l'anatomie des organes végétatifs
des Ophioglossées. (Comptes rendus des séances de l'Académie des sciences
de Paris. T. CXII. 1891. No. 17.)

Physiologie, Biologie, Anatomie und Morphologie:

Campani, G. e S., Sulla lupinidina del lupino bianco, Lupinus albus L. (Atti
della R. Accademia dei Fisiocritici di Siena. Ser. IV. Vol. III. 1891. Fasc. 2.)
Dangeard, P. A., Sur l'équivalence des faisceaux dans les plantes vasculaires.
(Comptes rendus des séances de l'Académie des sciences de Paris. T. CXII.
1891. No. 21.)
Evans, Walter H., Notes on the pollination of Helianthus. (The Botanical
Gazette. Vol. XVI. 1891. p. 234.)
Frank, B., Ueber die auf Verdauung von Pilzen abzielende Symbiose der mit
endotrophen Mykorhizen begabten Pflanzen, sowie der Leguminosen und Erbsen.
(Berichte der Deutschen botanischen Gesellschaft. Bd. IX. 1891. p. 244.)

Guignard, Léon, Sur la constitution des noyaux sexuels chez les végétaux. (Comptes rendus des séances de l'Académie des sciences de Paris. T. CXII. 1891. No. 19.)

— —, Sur la nature morphologique du phénomène de la fécondation. (l. c. No. 23.)

Holm, Theo., A study on some anatomical characters of N. American Gramineae. II. (The Botanical Gazette. Vol. XVI. 1891. p. 219.)

Jumelle, Henri, Sur le dégagement d'oxygène par les plantes aux basses températures. (Comptes rendus des séances de l'Académie des sciences de Paris. T. CXII. 1891. No. 25.)

Krause, Ernst H. L., Die Eintheilung der Pflanzen nach ihrer Dauer. (Berichte der Deutschen botanischen Gesellschaft. Bd. IX. 1891. p. 233.)

Lesage, Pierre, Influence de la salure sur la quantité de l'amidon contenu dans les organes végétatifs du Lepidium sativum. (Comptes rendus des séances de l'Académie des sciences de Paris. T. CXII. 1891. No. 16.)

— —, Contributions à l'étude de la différenciation de l'endoderme. (l. c. No. 26.)

Macchiati, L., Ricerche sulla morfologia ed anatomia del seme della Veccia di Narbona. (Bollettino della R. Stazione agraria di Modena. 1890.)

Meyer, Arthur, Zu der Abhandlung von G. Krabbe: Untersuchungen über das Diastaseferment unter specieller Berücksichtigung seiner Wirkung auf Stärkekörner innerhalb der Pflanze. (Berichte der Deutschen botanischen Gesellschaft. Bd. IX. 1891. p. 238.)

Pée-Laby, E., Sur quelques éléments de soutien de la famille des Dicotylédones. (Comptes rendus des séances de l'Académie des sciences de Paris. T. CXII. 1891. No. 22.)

Trécul, De la formation des feuilles des Aesculus et des Paria et de l'ordre d'apparition de leurs premiers vaisceaux. (l. c. No. 25.)

Wehmer, C., Zur Zersetzung der Oxalsäure durch Licht- und Stoffwechsel-Wirkung. (Berichte der Deutschen botanischen Gesellschaft. Band IX. 1891. p. 218.)

Systematik und Pflanzengeographie:

Bonnier, Gaston et Layens, Georges de, Nouvelle flore pour la détermination facile des plantes sans mots techniques, 2145 figures inédites réprésentant toutes les espèces vasculaires des environs de Paris dans un rayon de 100 kilomètres, des départements de l'Eure, d'Eure-et-Loir etc., et des plantes communes dans l'intérieur de la France. 8e édition, rev. et corrigée. 8°. XXXIV, 284 pp. Paris (P. Dupont) 1891. Fr. 4.50.

Burnat, Emile, Matériaux pour servir à l'histoire de la flore des Alpes maritimes. Les Labiées des Alpes maritimes. Etudes monographiques sur les Labiées qui croissent spontanément dans la chaine des Alpes Maritimes et dans le département français de ce nom. Partie I. Mentha, Ajuga, Lycopus, Teucrium, Scutellaria, Galeopsis et Rosmarinus avec de nombreuses illustrations. 8°. XVIII, 184 pp. Genève et Bale (H. Georg) 1891.

Canby, Wm. M., A new Eriogynia. Notes. Eriogynia (Petrophytum Nutt.) Hendersoni n. sp. (The Botanical Gazette. Vol. XVI. 1891. p. 236.)

Engler, Ueber die Hochgebirgsflora des tropischen Africa. (Sitzungsberichte der K. preuss. Akademie der Wissenschaften zu Berlin. Jahrg. XXIX/XXX. 1891.)

Gillot, X., Herborisations dans le Jura central: val de Travers, Creux-du-Van, tourbières des Ponts et de la Brévine. 8°. 88 pp. Lyon (Impr. Plan) 1891.

Halsted, Byron D., Notes upon Epigaea repens. (Bulletin of the Torrey Botanical Club of New York. Vol. XVIII. 1891. p. 249.)

Hildebrand, Friedr., Ueber einige plötzliche Veränderungen an Pflanzen. (Berichte der Deutschen botanischen Gesellschaft. Bd. IX. 1891. p. 214.)

Hollick, Arthur, A trip to Montauk Point, Long Island. (Bulletin of the Torrey Botanical Club of New York. Vol. XVIII. 1891. p. 255.)

Lackner, G., Phajus Humblotii Rchb. fil. (Gartenflora. 1891. p. 425. Mit 1 Tafel.)

Lamson-Scribner, F., A sketch of the flora of Orono, Me. (The Botanical Gazette. Vol. XVI. 1891. p. 228.)

Morong, Thos., Notes on North American Halorageae. (Bulletin of the Torrey Botanical Club of New York. Vol. XVIII. 1891. p. 229.)

Parmentier, Paul, Sur le genre Royena, de la famille des Ebénacées. (Comptes. rendus des séances de l'Académie des sciences de Paris. Tome CXII. 1891. No. 20.)

Regel, E., Aëranthus brachycentron Regl. (Gartenflora. 1891. p. 323. Mit Abbildung.)

Rusby, H. H., A botanical excursion to Asateague Bay. (Bulletin of the Torrey Botanical Club of New York. Vol. XVIII. 1891. p. 250.)

Schilbersky, K., Die europäische Wanderung von Erotia ceratoides. (Zeitschr. für Geographie [Földrajzi közlemények]. 1891. Heft 5/6.)

Van Tieghem, Ph., Sur la structure primaire et les affinités des Pins. (Journal de Botanique. T. V. 1891. p. 265.)

Vasey, George, A new grass: Melica? multinervosa. (The Botanical Gazette. Vol. XVI. 1891. p. 285.)

Warming, Eugen, Note sur le genre Hydrostachys. (Bulletin de la Société R. des sciences et de lettres de Copenhague. 1891.)

Wittmack, L., Tillandsia Lorentziana Griseb. (Gartenflora. 1891. p. 313. Mit Tafel.)

Palaeontologie:

Baltzer, A. und Fischer, E., Fossile Pflanzen vom Comersee. (Mittheilungen der Naturforscher-Gesellschaft in Bern aus 1890. Abhandlungen. p. 139.)

Wettstein, R. von, Der Bernstein und die Bernsteinbäume. (Vorträge des Vereins zur Verbreitung naturwissenschaftlicher Kenntnisse in Wien. Bd. XXXI. 1891.) 8°. 24 pp. 2 Tafeln. Wien (Hölzel) 1891. Fl. 0.60.

Teratologie und Pflanzenkrankheiten:

Cavazza, D., Norme pratiche per combattere la Peronospora: istruzione popolare. 8°. 16 pp. Alessandria (Tip. Piccone) 1891.

Coaz, J., Ueber die Verbreitung des grauen Lärchenwicklers im Jahre 1868. (Mittheilungen der Naturforscher-Gesellschaft in Bern ans 1890. Sitzungsber. p. XI.)

Cohn, Ferdinand, Zur Geschichte der Leguminosenknöllchen. (Centralblatt für Bakteriologie und Parasitenkunde. Bd. X. 1891. No. 6. p. 190—192.)

Cugini, G., Il carbone di grano turco. (Bollettino della R. Stazione agronomico die Modena. 1890.)

— — **e Macchiati, L.,** Notizie intorno agli insetti, acari e parassiti vegetali osservati nelle piante cultivate e spontanee del modenese nell' anno 1890 ed alle malattie delle piante coltivate prodotte da causa non perfettamente note. (l. c.)

Eisbein, C. J., Das Unkraut und die Mittel zu seiner Vertilgung. (Landwirthschaftliche Compendien. Bd. V. 1891.) 8°. VIII, 128 pp. 31 Abbild. Berlin (B. Grundmann) 1891. M. 2.50.

Hall, C. C., Stinking smut of wheat. (Modern Miller, Kansas City, Missouri Vol. XIV. 1890. No. 9. p. 255.)

Halsted, Byron D., Intra-carpillary pistils and other floral derangements. (Bulletin of the Torrey Botanical Club of New York. Vol. XVIII. 1891. p. 246.)

Palladin, W., Ergrünen und Wachsthum der etiolirten Blätter. (Berichte der Deutschen botanischen Gesellschaft. Bd. IX. 1891. p. 229.)

Ravizza, F., La peronospora: istruzion pratiche per combatterla. 16. edis. 8°. 31 pp. Torino (Tip. Barbero) 1891.

Schlechtendal, D. H. R. von, Die Gallbildungen, Zoocecidien, der deutschen Gefässpflanzen. 8°. 122 pp. Zwickau (R. Zückler) 1891. M. 2.—

Smets, Gérard, Les parasites du pin sylvestre. 2e édit., augmentée d'un supplément. 8°. VI, 42 pp. Hasselt (M. Ceysens) 1891. Fr. 0.48.

Toumey, J. W., Fasciation in Cnicus lanceolatus. (The Botanical Gazette. Vol. XVI. 1891. p. 236.)

Vermorel, V., Traitement pratique de la maladie des pommes de terre. 8°. 64 pp. Lyon (Georg) 1891.

Wittmack, L., Umwandlung der Samenanlagen einer Begonie in Blätter. (Gartenflora. 1891. p. 433. Mit Fig.)

Medicinisch-pharmaceutische Botanik:

Almquist, E., Pemphigus neonatorum, bakteriologisch und epidemiologisch beleuchtet. (Zeitschrift für Hygiene. Bd. X. 1891. Heft 2. p. 253—266.)

Arustamow, M. J., Ueber die Natur des Fischgiftes. (Wratsch. 1891. No. 19. p. 469—471.) [Russisch.]

Brongniart, Charles, Le cryptogame des Criquets pèlerins. (Comptes rendus des séances de l'Académie des sciences de Paris. Tome CXII. 1891. No. 26.)

Delépine, S., Du développement des idées modernes sur le traitement prophylactique et curatif des affections bactériennes; de l'immunité et de l'état refractaire aux maladies. (Gazette médicale de Paris. 1891. No. 23, 24. p. 265 —267, 279—281.)

Döderlein, Klinisches und Bakteriologisches über eine Puerperalfieber-Epidemie. (Archiv für Gynäkologie. Bd. XL. 1891. Heft 1. p. 99—116.)

Eiselsberg, A. von, Nachweis von Eiterkokken im Schweisse eines Pyämischen. (Wiener medic. Blätter. 1891. No. 24. p. 368—369.)

Foà, P. e Carbone, T., Sulla immunità verso il diplococco pneumonico. (Gazz. med. di Torino. 1891. p. 1—4.)

Fülles, P., Bakteriologische Untersuchung des Bodens in der Umgebung von Freiburg i. B. (Zeitschrift für Hygiene. Bd. X. 1891. Heft 2. p. 225—252.)

Gilbert, A. et Girode, J., Contribution à l'étude clinique et bactériologique du choléra nostras. (Bulletin et mémoires de la Société méd. d. hôp. de Paris. 1891. p. 51—64.)

Kanthack, A. A. and Barclay, A., Apparently successful cultivation of the bacillus leprae. (British Medical Journal. No. 1588. 1891. p. 1222—1223.)

Kitasato, S., Experimentelle Untersuchungen über das Tetanusgift. (Zeitschrift für Hygiene. Bd. X. 1891. Heft 2. p. 267—305.)

Klein, E., Ein neuer Bacillus des malignen Oedems. (Centralblatt für Bakteriologie und Parasitenkunde. Bd. X. 1891. No. 6. p. 186—190.)

Kozin, M. B., Durch systematische Beobachtungen gewonnene Erfahrungen über die epidemischen Veränderungen bakteriologischer Keime im Moskauer Flusswasser in den Jahren 1887/88. (Sborn. rabot hyg. labor. Moskov. Univ., Moskau 1891. p. 1—177.) [Russisch.]

Morong, Thos., Mandioca. (Bulletin of Pharmacy. Vol. V. 1891. p. 260. 1 pl.)

Moulin, C. M., The germ theory of syphilis from a clinical point of view. (Annals of Surgery. 1891. No. 6. p. 417—426.)

Pasquale, A., Di un nuovo microorganismo piogeno (Diplococcus pyogenes). (Giornale medico d. R. esercito, Roma 1890. p. 1288—1302.)

Petit, E. et Wassermann, M., Sur les micro-organismes de l'urèthre normale de l'homme. (Annales des maladies d. organ. génito-urin. 1891. No. 6. p. 378 —395.)

Pick, F. J. und Král, F., Untersuchungen über Favus. I. Klinischer und experimenteller Theil. II. Mykologischer Theil. (Beiträge zur Dermatologie und Syphilis. I. 2 u. 3.) 8°. Wien (Braumüller) 1891.

Prudden, T. M., Studies on the action of dead bacteria in the living body. (New York Medical Journal. 1891. No. 23. p. 637—641.)

Stern, M., Zur Frage der Tuberkelbacillen im Blute nach Tuberculin-Injectionen. (Münchener medicinische Wochenschrift. 1891. No. 23. p. 462—463.)

Smith, Theobald, Kleine bakteriologische Mittheilungen. Mit 2 Figuren. (Centralblatt für Bakteriologie und Parasitenkunde. Band X. 1891. No. 6. p. 177—186.)

Trabut, L., Sur une maladie cryptogamique du Criquet pélerin. (Compt. rend. des séances de l'Académie des sciences de Paris. T. CXII. 1891. No. 24.)

Vinassa, E., Beiträge zur pharmakognostischen Mikroskopie. (Zeitschrift für wissenschaftliche Mikroskopie. Bd. VIII. 1891. p. 34.)

Wheeler, A., Our unseen foes and how to meet them: plain words on germs in relation to disease. 12°. 84 pp. London (Simkin) 1891. Sh. 1.—

Winslow, R., A case of gangrenous erysipelas with remarks on the etiology and treatment of erysipelas. (Maryland Medical Journal. 1890/91. p. 447—449.)

Technische, Forst-, ökonomische und gärtnerische Botanik:

Bois, D., Les plantes d'appartement et les plantes de fenêtres. 8°. VIII, 388 pp. 169 fig. Chartres (Impr. Durand), Paris (Baillière et fils) 1891.

Cavazza, D., Le viti americane in Italia. 8°. 31 pp. Milano 1891. 60 cent.

Fischer, L., Bastpflanzen. (Mittheilungen der Naturf.-Gesellschaft in Bern aus 1890. p. XII.)

Fischer, L., Ueber eingeschleppte Gramineen. (l. c. p. VII.)
Freudenreich, E., Ueber durch Bakterien verursachte Blähung der Käse. (l. c. p. VII.)
Jörns, Der Obstbau auf den Rieselfeldern der Stadtgemeinde Berlin. (Gartenflora. 1891. p. 314.)
Louise, E. et Picard, E., Contribution à l'étude de la culture du colza. (Comptes rendus des séances de l'Académie des sciences de Paris. Tome CXII. 1891. No. 16.)
Marschner, Die Cultur des Granatbaumes, Punica granatum. (Gartenflora. 1891. p. 294.)
Negri, G. de e Fabris, G., Glio lii. Parte I. Sulle relazioni che caratterizzano l'olio d'oliva. 4°. 48 pp. Roma (Tip. Nazionale) 1891.
Ottavi, Ed., Sulle viti americane e sull' innesto —. 8°. 41 pp. Casale (Tip. Cassone) 1891.
Reuss, E., La forme des arbres et l'experimentation forestière. (Revue Scientifique- T. XLVIII. 1891. p. 276.)
Sargent, Frederick Le Roy, An economical linden. (Bulletin of the Torrey Botanical Club of New York. Vol. XVIII. 1891. p. 257.)
Schwanecke, C., Die Stiefmütterchen. (Gartenflora. 1891. p. 429.)
Sprenger, C., Drei neue Narzissen. (l. c. p. 428. Mit Fig.)

Personalnachrichten.

J. W. Toumey ist zum Botaniker am State College und an der Versuchsstation in Tucson, Arizona, ernannt worden.

Inhalt:

Ausgegeben: 9. September 1891.

Druck und Verlag von Gebr. Gotthelft in Cassel.

Band XLVII. No. 11.   XII. Jahrgang.

Botanisches Centralblatt.

REFERIRENDES ORGAN
für das Gesammtgebiet der Botanik des In- und Auslandes.

Herausgegeben

unter Mitwirkung zahlreicher Gelehrten

von

Dr. Oscar Uhlworm und Dr. F. G. Kohl
in Cassel.   in Marburg.

Zugleich Organ
des

Botanischen Vereins in München, der Botaniska Sällskapet i Stockholm, der botanischen Section des naturwissenschaftlichen Vereins zu Hamburg, der botanischen Section der Schlesischen Gesellschaft für vaterländische Cultur zu Breslau, der Botaniska Sektionen af Naturvetenskapliga Student-sällskapet i Upsala, der k. k. zoologisch-botanischen Gesellschaft in Wien, des Botanischen Vereins in Lund und der Societas pro Fauna et Flora Fennica in Helsingfors.

Nr. 37.	Abonnement für das halbe Jahr (2 Bände) mit 14 M. durch alle Buchhandlungen und Postanstalten.	1891.

Wissenschaftliche Original-Mittheilungen.

Beiträge zur schweizerischen Phanerogamenflora.
Von
Dr. Robert Keller
in Winterthur.

(Schluss.)

A. *Rosa subcanina.*

Christ: Rosen der Schweiz, p. 169 als Form der *R. glauca* Vill.

Wir verstehen darunter eine Gruppe von Rosen, welche die Mischung der wichtigen Charaktere der kahlen Formen der *R. glauca* Vill. und der *R. canina* L. darstellt. Diese Mischung, welche eben auf die intermediäre Stellung dieser Rosen hinweist, ist theils eine Juxtaposition der Charaktere, theils wird sie dadurch hervorgerufen, dass ein einzelnes Merkmal genau die Mitte hält zwischen den analogen Merkmalen der verwandten Arten.

Achsen und Blätter nicht oder nur schwach bereift. Blättchen oval, zugespitzt, seltener breit, jenen der *R. glauca* Vill. ähnlich. Blütenstiele bald sehr kurz, bald länger, die Brakteen überragend. Kelchzipfel nach der Anthese zurückgeschlagen, später ausgebreitet.

Griffelköpfchen zottig bis wollig. Blumenblätter rosa-roth, Receptakel meist länglich.

Der Variationskreis entspricht völlig dem der *R. glauca* Vill. f. *glabrae.* Wir unterscheiden demgemäss folgende Gruppen:

A. Uniserratae.

Zahnung vorwiegend einfach, vereinzelt doppelt. Zähnchen drüsentragend.

1. Nudae.

α. Sepalis laevibus.

Airolo No. 166, 368, 369. — Am Weg nach Nante No. 339. Altanca No. 197, 315. — Rodi No. 187, Catto No. 184.

β. Sepalis glandulosis.

Airolo No. 232. — Stalvedro No. 237.

Crépin vermuthet in diesen beiden Individuen Formen der *R. glauca* Vill. Die Form der Blätter ist aber der der typischen *R. glauca* Vill. nicht ähnlich. Die mangelnde Glaucescenz spricht meines Erachtens ebenfalls nicht für diese Art. Die Kelchzipfel sind alle zurückgeschlagen. Die Anthese ist seit etwa 8 Tagen vorüber.

B. Biserratae et Biserratae-compositae.

Ich ziehe beide Bezahnungsformen in eine Gruppe zusammen, weil sich vielfache Uebergänge von der einen zur anderen zeigen, nicht nur am gleichen Strauch, sondern selbst am gleichen Zweigstück.

1. Nudae.

α. Sepalis laevibus.

Airolo No. 167, 191. — Gegenüber Airolo am Wege nach Nante No. 174. — Altanca No. 176, 178. — Catto No. 194, 336, 365, 366.

β. Sepalis glandulosis.

Rodi No. 169, 195, 196. — Catto-Deggio No. 193.

Mit Ausnahme von 196 sind die Drüsen auf den Sepalen nur sehr vereinzelt.

Die erst erwähnte Form von Rodi ist durch lange, schmale Receptakel ausgezeichnet; überhaupt finden wir in dieser und der vorangehenden Gruppe die langfrüchtigen Modificationen stark vertreten.

2. Hispidae.

α. Foliis eglandulosis.

Stalvedro No. 173.

Blütenstiele und Rücken der Kelchzipfel mit sehr vereinzelten Stieldrüsen.

β. Foliis glandulosis.

Prato No. 185, 186.

Auch für diese beiden Formen wirft Crépin die Frage auf, ob sie nicht der *R. glauca* Vill. zuzuzählen seien. Beide sind sehr schwach bereift. Die Kelchzipfel der langen Receptakel sind zum Theil zurückgeschlagen, zum Theil ausgebreitet. Ein nachträgliches Aufrichten derselben erscheint mir deshalb unwahrscheinlich, weil die Receptakel, der Grösse nach zu urtheilen, so weit entwickelt sind wie bei *R. glauca* — Sträuchern, deren Receptakel durch aufgerichtete Kelchzipfel gekrönt sind.

Die Nebenblätter sind unterseits drüsig; der Blattstiel ist ziemlich drüsenreich. Die Secundärnerven besitzen unterseits zum Theil ziemlich viele Stieldrüsen.

Rosa subcollina. ∴9∶

Christ, Rosen der Schweiz, p. 191, als Form der *R. coriifolia* Fries.

Zur Uebergangsform rechne ich jene Modificationen der Christ-schen Form, deren Kelchzipfel nach der Anthese zurückgeschlagen, später ausgebreitet sind. Sie stehen zu den behaarten Formen der *R. glauca* (= *R. coriifolia* Fries) in analoger Beziehung wie die *R. subcanina* zu der kahlen.

Die beobachteten Formen lassen sich in folgende Reihen gruppiren:

A. Nudae.

Catto No. 274, 260. — Weg nach Nante No. 263. — Dazio grande No. 268. — Stalvedro No. 276.

In Bezug auf die Pubescenz zeigen diese verschiedenen Individuen ähnliche Unterschiede, wie sie an der *R. coriifolia* auch beobachtet werden. Das Individuum von Dazio grande ist der Repräsentant der verkahlenden Formen, die übrigen sind stärker behaart, zum Theil dicht. Dadurch unterscheiden sich unsere Formen z. Th. von der Christ'schen f. *subcollina*. Das Kriterium für diese als Uebergangsform in unserem Sinne aufgefasst, ist eben nicht die Pubescenz, sondern jene Charaktere, die wir bei der *R. subcanina* hervorgehoben haben, wesentlich zottige oder wollige Behaarung des Griffelköpfchens, zurückgeschlagene, später ausgebreitete Kelchzipfel. Es stehen natürlich die *R. subcanina* und die *R. subcollina* zu einander in ganz analoger Beziehung, wie die *R. glauca* Vill. zur *R. coriifolia* Fr. Es sind die gleichen Typen in verschiedenartiger Pubescenz.

B. Hispidae.

Stalvedro No. 269.

Eine dicht pubescirende Form. Die Blütenstiele sind theils wehrlos, theils sparsam mit Stieldrüsen besetzt. Die grossen Receptakel sind auffällig lang. Die Rücken der Kelchzipfel ziemlich dicht mit Stieldrüsen besetzt.

Rosa pseudomontana

Starker, hoher Strauch mit überhängenden Aesten; Stacheln mit breiter Basis, bald hakig gekrümmt, meist schwach gekrümmt bis leicht gebogen, an den blütentragenden Achsen oft fehlend. Achsen häufig bereift. Blattstiel bestachelt, drüsig, Nebenblätter drüsig gewimpert. Blättchen zu 5—7, meist entfernt, mittelgross bis gross, die seitlichen kurz gestielt, oval, oft gegen den Grund fast etwas keilig verschmälert, vorn abgerundet oder gewöhnlich scharf, fast lang zugespitzt. Zähne tief, zusammengesetzt. Zähnchen drüsentragend. Blüten meist einzeln oder in mehrblütigen (meist 3, selten bis 5) Corymben. Blüten gestielt. Blütenstiele so lang oder wenig kürzer, häufig länger, als das Receptakel, wie dieses mehr oder weniger stieldrüsig oder am Receptakel kleinstachelig-drüsig. Kelchzipfel nach der Anthese aufgerichtet, die äusseren fiederspaltig, auf dem Rücken dicht drüsig, so lang als die Corolle. Petalen roth. Griffelköpfchen dicht wollig. Scheinfrucht meist länglich, nie kugelig, oft zu einem kurzen Hals zusammengezogen.

Diese Rose tritt in folgenden Variationsreihen auf:

    a. Blütentragende Zweige unbewehrt.

      1. Seitennerven der Blättchen unterseits spärlich drüsig.

Airolo No. 175, 355, 424.

Am Bach von Coliscio gegen den Tessin No. 358.

Am Weg nach Nante No. 411.

Brugnasco No. 376.

Altanca No. 421.

Deggio No. 430.

      2. Seitennerven der Blättchen drüsenlos.

Am Bache von Coliscio gegen den Tessin gegenüber Airolo No. 289, 357, 381, 384.

Am Weg gegen Nante gegenüber Airolo No. 346, 356, 359, 382, 385, 410, 412.

Stalvedro No. 344.

Brugnasco No. 291, 378—380.

Deggio No. 297, 370, 387, 390.

Rodi No. 426.

    b. Blütentragende Zweige bestachelt.

      1. Secundärnerven der Blättchen unterseits mehr oder weniger drüsig.

Airolo No. 354.

Valle oberhalb Airolo No. 352.

Stalvedro No. 288, 375, 408.

Brugnasco No. 420, 425.

      2. Seitennerven der Blättchen drüsenlos.

Weg gegen Nante No. 292.

Stalvedro No. 298.

Altanca No. 347.

Piotta No. 377.

Catto No. 373.

Deggio No. 286, 287.

Prato No. 374.

Alle diese Formen glaubte ich ursprünglich dem Formenkreise der *R. montana* Chaix zuzählen zu sollen, das um so mehr, als mich Crépin vor dem Beginne meiner Excursion nach der Leventina ausdrücklich auf die Formen der *R. montana*, die ich dort wohl finden würde, aufmerksam machte.

In der That haben die citirten Formen, wie sich ja auch aus der Beschreibung ergibt, verschiedene Berührungspunkte mit der *R. montana* Chaix.

Eine neue Vergleichung des ganzen Materiales mit einer Reihe von Formen der *R. montana* Chaix, welche ich grossentheils der Liebenswürdigkeit Crépin's verdanke, schien um so angezeigter, als auch der Altmeister der Rhodologie Crépin auf Grund meines Materials von seiner ursprünglichen Ansicht über eine Rose der Leventina abkam, die er im August 1888 oberhalb Airolo sammelte und die er geneigt war für eine Varietät der *R. montana* Ch. zu nehmen. Denn diese gehört durchaus dem Formenkreise unserer *R. pseudomontana* an. Die Achse, von der die blütentragenden Zweige abgehen, besitzt leichtgebogene bis gekrümmte Stacheln. Die Blättchen stimmen mit der obigen Beschreibung überein. Die Receptakel sind allerdings unbewehrt, die Blütenstiele aber dicht stieldrüsig. Die die Receptakel krönenden Kelchzipfel sind auf dem Rücken reichlich mit Stieldrüsen besetzt.

Worin bestehen nun die **allen** Formen der *R. montana* Chaix **gemeinsamen** Merkmale, also die eigentlichsten Charaktere der Art?

Die Individuen vom Salève (leg. Reuter; Rapin) besitzen **kleine, fast rundliche, stets weit abstehende Blättchen, die gewöhnlich vorn abgerundet sind. Die Stacheln sind** ziemlich **lang, leicht gebogen,** zum Theil fast **gerade, nie gekrümmt.**

Die Individuen von Allières (leg. Cottet) stimmen in Bezug auf Stacheln und Blättchen mit den vorigen überein.

Die *R. Chavini* Rip. vom Salève (leg. Chavin) gleicht unseren Formen in der schwächeren Hispidität der Blütenstiele und Receptakel. An die vorigen Individuen schliesst sie sich unmittelbarer an durch die vorwiegend **leicht gebogenen Stacheln, durch die kleinen, vorwiegend abgerundeten, meist abstehenden Blättchen.**

R. montana Chaix f. *typica* von Bormio (No. 10, 1888, leg. Cornaz) zeigt wieder **zahlreiche lange, leicht gebogene Stacheln, kleine, breitovale bis rundliche, vorwiegend abgerundete, gegen die Basis etwas keilige, abstehende Blättchen mit zusammengesetzter Zahnung.** Vorn ist das Receptakel deutlich eingeschnürt. Die Hispidität ist ungleich (No. 10 reichlich, No. 53 spärlich hispid). Vom gleichen Standorte liegt mir eine grossblätterige Form vor (No. 18). Die Blättchen besitzen unterseits auf den Secundärnerven zerstreute Drüsen. In ihrer überwiegenden Zahl sind die Blättchen abgerundet oder nur schwach zugespitzt. Dagegen nähert sich, so weit ein spärliches Belegstück zu schliessen gestattet, die *R. montana* Ch. var. *Crépini* Cornaz (No. 12, 1888) durch die elliptisch zugespitzten Blättchen etwas unseren Formen. Die Blättchen sind allerdings **kleiner,** als an diesen. Die Stacheln sind **gerade bis leicht gebogen,** lang. Receptakel und Blütenstiele sind **nicht** hispid.

In Bezug auf die Blattform und Bestachelung steht unserer *R. pseudomontana* die *R. Aretiana* Cornaz, die nach Christ und Crépin vermuthlich die hybride Verbindung von *R. montana* Chaix mit *R. canina* L. ist, nahe. Die ziemlich kleinen Blättchen sind nicht mehr abgerundet, sondern fast ausnahmslos zugespitzt, die Stacheln nicht mehr nur leicht gebogen, sondern gekrümmt. Kelchzipfel meist zurückgeschlagen, Griffel spärlich behaart. Individuen, die Crépin um Bormio sammelte (No. 52), zeigen allerdings wieder mehr die abgerundeten Blättchen der typischen *R. montana*, dagegen sind auch ihnen die gekrümmten Stacheln eigen.

Die *R. montana* Chaix var. *Bormiensis* Cornaz von den neuen Bädern von Bormio leg. Crépin (Excursions rhodologiques dans les Alpes. Août 1888. No. 45 und 46), eine Form, deren Receptakel vollkommen drüsenlos sind, besitzt etwas grössere und schmälere Blättchen, als die typische *R. montana;* doch sind sie ebenfalls vorwiegend abgerundet. Die Achsen, von denen die blütentragenden Zweige abgehen, haben zum Theil entschieden gekrümmte Stacheln, die sich denen unserer *R. pseudomontana* nähern, während die typische *R. montana* vom gleichen Standorte (164) wie gewöhnlich die langen, dünnen, leicht gebogenen Stacheln besitzt.

Grossblätterig ist eine muthmasslich der *R. montana* zuzuzählende Form der Nebroden (leg. Lojacono). Die Blätter sind wieder abgerundet; die spärlich vorhandenen Stacheln schwach gebogen.

Die f. *Busambrae* (leg. Lojacono) entspricht in Bezug auf die Bestachelung und Blattform der typischen *R. montana* Chaix. Die Blättchen von stärkerer Consistenz sind unterseits ziemlich reichdrüsig.

Aus unseren Darlegungen ergibt sich, dass es wesentlich zwei Merkmale sind, welche die *R. montana* Chaix von ihren nahen Verwandten (*R. glauca* Vill. und *R. ferruginea* Vill.) unterscheiden: Die besondere Form der Blättchen und Stacheln. In diesen beiden Merkmalen aber decken sich alle die oben aufgezählten Individuen nicht mit den kurz charakterisirten mannigfaltigen Formen der *R. montana* Chaix. Sie sind also auch nicht entgegen unserer ursprünglichen Ansicht als Variationen dieser Art aufzufassen.

Der Name, den ich der Form beilege, soll immerhin auf gewisse Analogien zwischen ihr und der *R. montana* Chaix hinweisen.

Von den in getrockneten Zweigstücken nicht ganz unähnlichen kahlen Formen der *R. Uriensis* Lg. et God. sind die lebenden Sträucher unserer *R. pseudomontana* leicht zu unterscheiden. Es geht ihnen der gedrungene Bau der *R. Uriensis* völlig ab. Durchgängig sind es grosse, flaccide Sträucher. Die Receptakel zeigen zudem nie die dichte Hispidität, wie sie allen Formen bei *R. Uriensis,* so weit unsere Beobachtung geht, eigen ist. Die Stacheln sind an der *R. pseudomontana* stärker gekrümmt, als an der *R. Uriensis.*

Der Habitus der lebenden Pflanze entspricht dem der typischen *R. glauca* Vill. Die nach der Anthese aufgerichteten Kelchzipfel, die Form der Blättchen und die Mehrheit der Stacheln deuten die Zugehörigkeit zu dieser Art ebenfalls an oder sprechen zum mindesten nicht dagegen. Dagegen ist die Form der Receptakel durchaus nicht die, welche man nach den Diagnosen der Autoren bei einer *R. glauca* Vill. erwarten kann, und welche die überwiegende Zahl ihrer Formen thatsächlich besitzt. Zudem ist die Bekleidung der Receptakel, auch wenn sie spärlich ist, nicht jene, die wir sonst an den hispiden Formen der *R. glauca* sehen. Sie besteht nicht aus Stieldrüsen, sondern — wenn nicht ausschliesslich, so doch vorherrschend — aus Drüsenborsten.

Diese etwas einlässlichen Darlegungen führen zu folgendem Schlusse:

Schliesst sich einerseits unsere *R. pseudomontana* am engsten an den Formenkreis der *R. glauca* Vill. an, so weisen andererseits gewisse Merkmale entschieden auf den Typus der *R. montana* Chaix hin. Wir sehen deshalb in der *R. pseudomontana* das den Typus der *R. glauca* Vill. mit dem Typus der *R. montana* Chaix verbindende Glied.

Winterthur, 10. März 1891.

Botanische Ausstellungen u. Congresse.

Bakteriologisches vom X. internationalen medicinischen Kongresse zu Berlin. 4.—9. August 1890.

Loeffler (Greifswald): Welche Maassregeln erscheinen gegen die Verbreitung der Diphtherie geboten?

L. bespricht einige dem die Diphtherie verursachenden Bacillus eigenthümliche Eigenschaften, welche dessen Weiterverbreitung begünstigen, und leitet daraus Maassregeln zum Schutze vor der Ansteckung ab. Die Bacillen finden sich in den Sekreten der erkrankten Schleimhäute, können mit denselben nach aussen befördert und in infectionsfähigem Zustande auf alle in der Umgebung befindliche Gegenstände übertragen werden. In trockenem Zustande sind die Diphtheriebacillen 4—5 Monate, in feuchtem Zustande möglicherweise noch länger lebensfähig. Ausserhalb des Körpers gedeihen sie noch bei Temperaturen von 20^0 C., und zwar besonders gut in Milch, weshalb der Milchhandel sorgfältig zu beaufsichtigen ist. Die Diphtherie von Tauben, Hühnern, Kälbern, Schweinen und anderen Thieren ist sicher, die der Katzen wahrscheinlich von der des Menschen verschieden, und können deshalb die genannten Thierkrankheiten nicht auf letztere übertragen werden. Ein die Verbreitung der Diphtheriebacillen begünstigender Einfluss bestimmter meteorologischer Faktoren ist bisher nicht mit Sicherheit nachgewiesen worden.

Bollinger (München): Ueber die Infektionswege des tuberkulösen Giftes.

Die Haut des menschlichen Körpers ist für die Aufnahme von Tuberkelbacillen wenig disponirt, bei Kindern aber etwas empfänglicher. Aeussere Verletzungen und entzündliche Processe

erhöhen ihre Disposition für Aufnahme und Durchgang des Virus.
Der locus minimae resistentiae dem tuberkulösen Gifte gegenüber
liegt entschieden in den Lungenspitzen. Deshalb tritt daselbst
sogar metastatische Tuberkulose auf, wobei das Gift von beliebigen
Organen aus in den Körper eingedrungen sein kann, weshalb nicht
jede Tuberkulose der Lungen auf Inhalationsinfection zu beruhen
braucht. Nächst den Lungenflügeln sind die Lymphdrüsen, Darmschleimhaut, seröse Häute, Kehlkopf, Milz, Gelenke, Knochen,
Leber, Nieren, Genitalien, äussere Haut, Gehirn, Rückenmark und
Muskulatur in absteigender Reihenfolge empfänglich, letztere schon
fast immun. Milch und Milchprodukte von Kühen mit Euter-
tuberkulose sind höchst gefährlich und auch die Milch von tuberkulösen Kühen mit normalem Euter erweist sich meistens virulent.
Ferner besitzt vielfach auch das Fleisch tuberkulöser Thiere
pathogene Eigenschaften, kann aber durch keimtödtende Zubereitung
für den Genuss tauglich gemacht werden.

Ponfick (Breslau): U e b e r   d i e   W e c h s e l b e z i e h u n g e n
z w i s c h e n   ö r t l i c h e r   u n d   a l l g e m e i n e r   T u b e r k u l o s e.

Da die Tuberkulose durch einen ektogenen Bacillus erzeugt
wird, ist sie zunächst eine örtliche Krankheit und kann ihren ersten
Sitz, der freilich oft verborgen bleibt, nur in solchen Organ-
systemen aufschlagen, die mit der Aussenwelt in unmittelbarer
Verbindung stehen. Tuberkulose, die in anderen Systemen auftritt, kann nur durch Selbstinfektion auf dem Wege des Blut- oder
Lymphstromes entstanden sein. P. unterscheidet einen durch
bacilläre Niederschläge und Tuberkeleruptionen auf der Innenfläche
des Brustgangs ausgezeichneten gleichmässigen und einen durch
direkten Einbruch des Virus in die Blutbahn vermittelten schub-
weisen Uebergang von der örtlichen zur allgemeinen Tuberkulose.

Bang (Kopenhagen): I s t   d i e   M i l c h   t u b e r k u l ö s e r   K ü h e
v i r u l e n t ,   w e n n   d a s   E u t e r   n i c h t   e r g r i f f e n   i s t?

Durch eine Reihe von Versuchen wurde festgestellt, dass die
Milch tuberkulöser Kühe, deren Euter nicht von der Krankheit
ergriffen ist, zwar nur eine relativ geringe Pathogenität besitzt,
dass aber auch in scheinbar normalen Eutern Tuberkelknötchen gefunden wurden, weshalb auch hier Vorsicht geboten erscheint.

Wyssokowitsch (Charkow): U e b e r   d e n   E i n f l u s s   d e r   Q u a n t i-
t ä t   d e r   v e r i m p f t e n   T u b e r k e l b a c i l l e n   a u f   d e n   V e r-
l a u f   d e r   T u b e r k u l o s e   b e i   K a n i n c h e n   u n d   M e e r-
s c h w e i n c h e n.

Den oftmals beobachteten chronischen Verlauf der Tuberkulose
bei geimpften Meerschweinchen und die häufig negativen Impf-
resultate bei Kaninchen führt W. nicht auf eine verminderte
Virulenz, sondern auf die zu geringe Menge der eingeführten
Tuberkelbacillen zurück. Seine Versuche ergaben, dass die Quantität
der verimpften Bacillen einen grossen Einfluss auf die Entwickelung der Tuberkulose, namentlich bei weniger empfänglichen Thieren
ausübt. Je weniger Tuberkelbacillen verimpft wurden, desto langsamer verlief in der Regel die Krankheit.

Cornet (Berlin-Reichenhall): Derzeitiger Stand der Tuber-
kulosefrage.

Da die Tuberkulose nur durch virulente, von aussen her in
den Organismus eintretende Bacillen erzeugt werden kann, so ist die
Lehre von der Vererbung derselben nicht mehr aufrecht zu erhalten.
Nur in den seltenen Fällen, wo der Genitalapparat der phthisischen
Eltern inficirt wäre, ist eine Heredität der Tuberkulose denkbar. Wenn
nun aber die Erfahrung lehrt, dass die Kinder phthisischer Eltern
relativ häufig an Tuberkulose erkranken, so erklärt sich dies eben
aus der vermehrten und fortgesetzten Ansteckungsgefahr. Zweifellos ist die Tuberkulose ungemein contagiös; aber nur da, wo
Phthisiker sich dauernd aufhalten und ihre Sekrete irgendwie vertrocknen lassen, können die Bacillen in wirklich gefährlicher
Menge auftreten und eine ernstliche Infektion bewirken, während
sie in freier Luft fast ungefährlich sind und in feuchtem Zustande
unfähig zu einer Inhalation sind. Es ist daher streng darauf zu
sehen, die Sputa der Phthisiker feucht zu erhalten und baldmöglichst
in diesem Zustande unschädlich zu machen.

Sormani (Pavia): Internationale Maassregeln gegen die
Tuberkulose.

Als internationale Vorsichtsmaassregeln gegen die Tuberkulose
werden folgende empfohlen:

1) In klimatischen Kurorten ist unter Aufsicht der Sanitäts-
behörde und von einem technisch geschulten Personal eine regelmässige und strenge Desinfection der Hotels, Miethwohnungen und
öffentlichen Lokale durchzuführen, auch bei dem Neubau solcher
Etablissements auf dieselbe Rücksicht zu nehmen.

2) Die Fussböden der Eisenbahnwagen sollen derart construirt
sein, dass sie nach jeder Fahrt leicht und schnell gereinigt und
desinficirt werden können. Auf Seeschiffen ist die Desinfektion besonders streng zu beachten. Phthisiker in fortgeschrittenem Stadium
dürfen entweder gar nicht, oder nur getrennt von den übrigen
Reisenden befördert werden.

3) Nahrungsmittel und Schlachtthiere, die zu einer Uebertragung der Tuberkelbacillen geeignet erscheinen, sind an den
Landesgrenzen einer möglichst sorgfältigen Untersuchung zu unterziehen.

4) In Fabriken, in denen zahlreiche Arbeiter verschiedener
Nationalitäten beschäftigt werden, sind die prophylaktischen Maassregeln gegen die Tuberkulose obligatorisch einzuführen.

Zaufal (Prag): Ueber die Beziehungen der Mikroorganismen zu der akuten (primären) Mittelohrentzündung und ihren Complikationen und der chronischen Mittelohrentzündung und ihren Complikationen.

Folgende Mikroorganismen kommen hauptsächlich als Erreger
von Mittelohrentzündungen mit ihren Complikationen in Betracht:
Der *Streptococcus pyogenes*, der *Staphylococcus albus*, *aureus* und
citreus, der *Diplococcus pneumoniae* und der Friedländer'sche

Bacillus. Die akute Mittelohrentzündung kann durch verschiedene Mikroparasiten hervorgerufen werden, ist also kein ätiologisch einheitlicher Process. Der Weg, auf dem die Parasiten in das mittlere Ohr gelangen, ist ein sehr verschiedener. Die pathogenen Keime dringen entweder durch den Tubenkanal oder im Gewebe der Tuba bis in die Paukenhöhlenschleimhaut vor. Es giebt ferner eine hämatogene angeborene Otitis media und die hämatogene nach der Geburt.

Sormani (Pavia): Ueber Aetiologie, Pathogenese und Prophylaxe des Tetanus.

Die Tetanusbacillen finden sich in oberflächlichen Schichten des Erdbodens, besonders da, wo derselbe frisch gedüngt oder anderweitig verunreinigt worden ist. Durch Herumwälzen auf solchen Boden und nachheriges Belecken des schmutzig gemachten Fells befördern Hunde und andere Thiere die Bacillen in den Verdauungscanal, welchen dieselben unschädlich und unbeschädigt passiren, um schliesslich mit dem Fäces wieder abgesetzt zu werden. Es tritt dabei die merkwürdige Erscheinung ein, dass die Virulenz der Bakterien zunächst zwar im Magensaft eine Abschwächung erfährt, sodann aber im Darmcanal selbst wieder bedeutend gesteigert wird. Entzieht man den Thieren jede Gelegenheit zu neuer Verunreinigung, so bleiben trotzdem ihre Fäces noch längere Zeit tetanigen und virulent. Durch die Fäces eines unter strengster Controlle ernährten und abgesperrten Hundes wurden Kaninchen noch volle 16 Tage lang inficirt. Die auf dem Respirationswege in einen Organismus gelangten Tetanusbacillen bewirken keine Infection, und bleibt ihnen also nur das Eindringen in die Gewebe, um pathogene Wirkungen erzeugen zu können. Die meisten Erkrankungen werden dadurch hervorgerufen, dass Wunden durch gedüngte Erde verunreinigt werden. Da die Tetanussporen den gewöhnlichen Desinfektionslösungen gegenüber sehr widerstandsfähig sind und nur dem Jodoform und angesäuerter Sublimatlösung von $2^0/_{00}$ Sublimatgehalt rasch erliegen, so ist die beste Prophylaxe die, dass derartig verunreinigte Wunden so schnell als möglich gereinigt, ausgeschabt, mit einer starken Sublimatlösung gewaschen und mit Jodoform bestreut werden.

Pekelharing (Utrecht): Ueber Beri-Beri vom Standpunkte der Aetiologie und Therapie beurtheilt.

Beri-Beri ist eine in tropischen Gegenden häufig und dauernd, in subtropischen während der warmen Jahreszeit auftretende Krankheit, deren hauptsächliches Merkmal in einer primären Degeneration der peripherischen Nerven besteht. Merkwürdigerweise erscheint die Krankheit mehr an bestimmte Gebäude und Oertlichkeiten gebunden, als an gewisse Gegenden. Ueber ihre Entstehung hat man die verschiedenartigsten Vermuthungen geäussert, ohne dass eine der bisher aufgestellten Hypothesen sich auf thatsächliche Nachweise stützen konnte. P. sieht nun pathogene Mikrokokken, die im Blute und in verschiedenen Organen der Kranken gefunden wurden, als Erreger der Beri-Beri an. In der That zeigten sich auch künstlich in das Blut der Versuchsthiere eingeführte Mikrokokken geeignet, eine Entartung der Nervenfasern in grossem Umfange herbeizuführen. Doch müssen fortwährend neue Mikrokokken zugeführt werden, da die alten bald absterben und erst bei ihrem Untergange Anlass geben zur Entstehung von Stoffen, die zerstörend auf die Nerven einwirken. Das Gift bedarf also fortwährender Erneuerung und chronischer Einwirkung, um die Krankheit entstehen zu lassen, ähnlich wie Blei und Alkohol. Die Bakterien wuchern wahrscheinlich im Boden, erheben sich dann in die Luft und gelangen durch die Respirationsorgane in das Blut ihres Wirthes.

Almquist (Göteborg): Ueber das vermehrte Auftreten des Darmtyphus an einer Anzahl von mehr oder minder typhusfreien Orten nach jahrelangen Zwischenräumen.

Obschon der Darmtyphus im Allgemeinen infolge von Wasserleitungs- und Kanalisationsarbeiten sowie anderen sanitären Maassregeln in den Städten stark im Rückgange begriffen ist, tritt er doch bisweilen wieder in sonst jahrelang von der Seuche verschont gebliebenen Städten mit grosser Heftigkeit auf. Da dies auch in solchen Städten (z. B. Göteborg) vorgekommen ist, deren Trinkwasser in sanitärer Beziehung über jeden Zweifel erhaben ist, so darf nicht immer die Vergiftung der Wasserleitung durch den pathogenen Mikroorganismus als alleinige Ursache angesehen werden, sondern es müssen dabei nothwendig noch andere Umstände einwirken, deren Beurtheilung sich vorläufig noch unserer Kenntniss entzieht. Es muss zugegeben werden, dass die Aetiologie des Darmtyphus noch nicht genügend bekannt und dass desshalb eine nähere Erforschung der Biologie des betreffenden Bakteriums im höchsten Grade wünschenswerth ist.

Lortet (Lyon): Die pathogenen Bakterien des tiefen Schlammes im Genfer See.

Während die obersten Wasserschichten des Genfer Sees nur 38 Mikroben pro ccm enthalten, erzielte L. aus in der Nähe von Morges, 2 km vom Ufer entfernt, aus einer Tiefe von 40—50 m., also bei einem Drucke von 4—5 Atmosphären und bei einer constanten Temperatur von $+4{,}5^0$ C. unter allen Kautelen heraufgeholten Schlammproben zahlreiche Culturen z. T. pathogener Bakterien. So fanden sich der *Staphylococcus pyogenes aureus*, der Tetanusbacillus, das *Bacterium coli commune* und der Typhusbacillus, wahrscheinlich kommt auch der Tuberkelbacillus im See vor. Die geimpften Versuchsthiere gingen alle nach kurzer Zeit zu Grunde. Es ist anzunehmen, dass die vom Winde auf die Oberfläche des Sees geworfenen oder von den Flüssen zugeführten Bakterien infolge ihrer Schwere langsam zu Boden sinken und sich dort schliesslich in dem feinen grauen Schlamm in grosser Menge anhäufen. Augenscheinlich behalten sie auch in dieser neuen Umgebung lange Zeit ihre Virulenz, Lebens- und Fortpflanzungsfähigkeit.

Valude (Paris): Ueber den antiseptischen Werth der Anilinfarben.

V. hat das von V i g n a l empfohlene violette und gelbe Pyoktanin in Bezug auf seine antiseptische Wirkung gegen *Streptococcus pyogenes* und *Staphylococcus pyogenes aureus* näher untersucht und kommt zu dem Resultate, dass die genannten Anilinfarben zwar nur sehr schwache Antiseptica sind, sich aber infolge ihres ausserordentlichen Penetrationsvermögens unter besonderen Umständen doch viel wirksamer erweisen können, als Sublimat.

Kratter (Innsbruck): **U e b e r d i e V e r w e r t h b a r k e i t d e s G o n o k o k k e n b e f u n d e s f ü r d i e g e r i c h t l i c h e M e d i c i n.**

Da der *Gonococcus* N e i s s e r der unzweifelhafte Erreger des Harnröhrentrippers ist, so erscheint in unaufgeklärten Fällen von Nothzucht die bakteriologische Untersuchung der Urethral- und Vaginalsekrete blenorrhöisch erkrankter Personen zur gerichtlichen Beurtheilung des Falles dringend geboten. Der sichere Nachweis des *Gonococcus* N e i s s e r beweist, dass die betreffende Krankheit in der That Gonorrhöe ist, und dass die Uebertragung mit allergrösster Wahrscheinlichkeit durch einen geschlechtlichen Akt erfolgte.

Pawlowsky (Kiew): **Z u r L e h r e ü b e r d i e A e t i o l o g i e u n d P a t h o l o g i e d e s R h i n o s k l e r o m s mit besonderer Berücksichtigung der P h a g o c y t o s e und der H y a l i n bildung.**

Die von P. aus 3 Fällen von Rhinosklerom isolirten F r i t s c h schen Bacillen zeigten in den meisten Kulturen weder Eigenbewegung noch Sporenbildung, und nur in Kartoffelkulturen traten rasch verschiedene Involutionsformen auf. Die geimpften Versuchsthiere (4 Meerschweinchen und 1 Kaninchen) gingen rasch unter den typischen Krankheitserscheinungen an Peritonitis mycotica et peritonitis fibrinosa purulenta incissiens zu Grunde. Beim Rhinosklerom des Menschen werden die Bacillen zunächst von den Zellen aufgenommen und degenerirt. Durch Aufnahme der flüssigen Bestandtheile des Protoplasmas schwellen die Kapseln der Bacillen an. Beim Fortschreiten der Degeneration nehmen letztere hyalinen Glanz an und verwandeln schliesslich das zwischen ihnen liegende Protoplasma gleichfalls in Hyalin.

Babes (Bukarest) und **Cornil** (Paris). **U e b e r B a k t e r i e n a s s o c i ationen in K r a n k h e i t e n.**

Bei den meisten tödtlichen Infektionskrankheiten ist eine von einer gewissen Gesetzmässigkeit beherrschte Association verschiedener Bakterien ausserordentlich häufig. B. unterscheidet dabei folgende 10 Gruppen:

1) Association von sehr nahe stehenden Bakterien (Varietäten). Beispiel: Influenza.

2) Fast konstante Association gewisser ferner stehenden zu den specifischen Bakterien, so von Streptokokken zum Diphtheriebacillus.

3) Association von in ihrer Wirkung fast äquivalenten Bakterien, so bei Endocarditis.

4) Die häufigste Combination ist diejenige der specifischen Bakterien mit denen der accidentellen Wundinfection. Beispiele: Cholera und Tuberkulose.

5) Das zweite Bakterium bleibt isolirt.

6) Das zweite Bakterium beherrscht das Krankheitsbild. Beispiel: Miliartuberkulose nach Keuchhusten.

7) Pathogene Bakterien associiren sich mit nicht pathogenen, so bei Lungengangrän.

8) Bakterien finden sich bei anderen parasitären, aber nicht bakteriellen Erkrankungen, so septische Bacillen bei den Parasiten der Hämoglobinurie der Rinder.

9) Nicht bakterielle Parasiten vergesellschaften sich mit pathogenen Bakterien, so Flagellaten mit den Diphtheriebacillen der Tauben.

10) Association gewisser Bakterien zu Geschwülsten.

Babes (Bukarest): **Ueber die seuchenhafte Hämoglobinurie des Rindes.**

Die Parasiten dieser in den sumpfigen Donauniederungen die Rinderherden decimirenden Krankheit sind 0,5—2,0 μ gross, rund oder eckig und treten besonders ausserhalb der rothen Blutkörperchen gewöhnlich als Diplokokken auf. Sie dringen augenscheinlich durch die Magen- und Darmschleimhaut ein und finden sich zunächst in den Mesenterialdrüsen, später in den noch unfertigen rothen Blutkörperchen der Milz und Nieren. Durch Versuche wurde ihre Uebertragbarkeit auf Kaninchen und Rinder festgestellt. B. hält diese Parasiten für Zwischenglieder zwischen den Bakterien und den niedrigsten Protozoen. Das Texasfieber des Rindes wird durch denselben oder doch durch einen ganz ähnlichen Mikroorganismus hervorgerufen.

(Fortsetzung folgt.)

Instrumente, Präparations- und Conservations-Methoden.

Gardiner, C. F., Methods of staining bacilli. (Medical News. 1891. No. 24. p. 668.)

Hayroth, A., Ueber eine Reiseausrüstung für Zwecke der Entnahme und bakteriologischen Untersuchung von Wasserproben. (Arbeiten aus dem Kaiserl. Gesundheits-Amte. Bd. VII. 1891. Heft 2/3. p. 381—388.)

Pfeiffer, F., **Ritter von Wellheim,** Mittheilungen über die Anwendbarkeit des venetianischen Terpentins bei botanischen Dauerpräparaten. (Zeitschrift für wissenschaftliche Mikroskopie. Bd. VIII. 1891. p. 29.)

Sleskin, P., Die Kieselsäuregallerte als Nährsubstrat. (Centralblatt für Bakteriologie und Parasitenkunde. Bd. X. 1891. No. 7. p. 209—213.)

Referate.

Gibson, Harvey R. J., A revised list of the marine Algae
of the L. M. B. C. District. (From Transactions of the
Biological Society of L'pool. Vol. V. 1891. p. 83—143. Pl.
II.—V.)

Diese Liste ist eine neue Ausgabe der im Jahre 1889 erschienenen Arbeit desselben Verf. über die Meeresalgen des Küsten-
strichs, dessen Erforschung die Aufgabe des „Liverpool Marine
Biological Comitee" bildet. Sie enthält 66 Species mehr, als die
erste Liste und diese neu hinzugekommenen werden in der Einleitung aufgezählt. Hier macht Verf. auch aufmerksam auf eigenthümliche Körper von gelatinöser Beschaffenheit, die oft in grosser
Menge in der See gefunden werden und die nach einer Untersuchung von Bennett verschiedene Diatomeen, besonders Melosiren
und Biddulphieen, und zwar in merkwürdigen abnormalen Formen,
sowie Fragmente einiger Chlorophyceen einschliessen. Bei der nun
folgenden Uebersicht der Algenflora des Gebiets bedient sich Verf.
des Systems von Holmes und Batters, bemerkt aber ausdrücklich, dass er mit den Principien ihrer Nomenclatur nicht überein-
stimme. Aufgezählt werden im Ganzen 256 Arten und Varietäten,
von denen 21 zu den Cyanophyceen, 41 zu den Chlorophyceen,
65 zu den Phaeophyceen und 129 zu den Rhodophyceen gehören.
Im Allgemeinen wird zu dem Namen nur der Fundort angegeben,
bei einigen sind aber kürzere oder längere Bemerkungen hinzu-
gefügt, wovon wir folgende hervorheben:

Urospora bangioides Holm. et Batt. Bau des Thallus. Bildung
von sog. falscher Verzweigung nach schiefer Theilung der Zellen,
Entwicklung der 4ciligen Zoosporen zu 32 aus einer vergrösserten
Zelle, und der 2ciligen Gameten zu 64 oder mehr aus einer gewöhnlichen Zelle und Copulation der letzteren werden beschrieben und
auf Tafel IV. abgebildet.

Pelvetia canaliculata Decne et Thur. wächst noch über der
oberen Fluthgrenze, erhält also nur durch das Spritzen der
Brandung zur Fluthzeit ihre Feuchtigkeit; wahrscheinlich dienen,
wie bei Enteromorpha canaliculata, die Furchen des Thallus als
Wasserreservoire.

Helminthocladia purpurea J. Ag., nach Talbot an der Isle of
Man vorkommend, ist schwerlich eine dort einheimische Art.

Catenella opuntia Grev. Von dieser Alge hat Verf. die so
seltenen Cystocarpien und Antheridien gefunden.[*]) Er beschreibt
die ersteren und illustrirt sie auf Tafel II. Eine nachträglich bei-
gegebene Correctur modificirt die früheren Angaben. Danach sind
die weiblichen Aeste kugelig und kurz gestielt. In ihrer Innen-
rinde entstehen zahlreiche Trichophorapparate, jeder aus 1 oder 2
Trichophorzellen und einem langen dünnen, über die Oberfläche

---

[*]) Vergl. auch des Verf.'s Aufsatz in Notarisia 1891. p. 1159.

ragenden Trichogyn bestehend. Nach der Befruchtung der Trichogynen (einiger oder aller) sprossen aus den Hyphen, welche die Achse des Astes netzförmig umgeben, Ketten von Carposporen, während die Endzelle der Achse selbst anschwillt und zur Nährzelle für die carpogenen Hyphen wird. Aus den Trichophorzellen kommen keine Carposporen. Schliesslich bilden die vertrockneten Trichogynen und die Carposporen zwischen den Zellen der Aussenrinde und den inneren Hyphen eine dichte Masse.

Was Verf. hier über *Polysiphonia fastigiata* Grev. (Tafel V.) und *Rhodochorton Seiriolanum* Gibs. n. sp. (Tafel III.) bemerkt, findet sich ausführlicher in den unten referirten Arbeiten.

Bei der interessanten endophyten Corallinee *Schmitziella endophloca* Born. et Batt. wird eine Bemerkung von Batters betreffend ihr Vorkommen und ihre Entdeckung angeführt.

Als Anhang finden sich dann noch folgende Abschnitte:

1. eine Aufzählung der Algen, welche für das Gebiet von früheren Sammlern angegeben wurden, deren Specification aber nach der Ansicht des Verf. noch der Bestätigung bedarf.

2. eine kurze Litteraturangabe über die Algenflora des Gebiets (8 Nummern).

3. eine Tabelle, welche die Verbreitung der Algen innerhalb des vom Verf. in 4 Bezirke getheilten Gebietes veranschaulicht.

4. ein nach dem Princip der Zweitheilung construirter Schlüssel zum Bestimmen der in der Aufzählung erwähnten Gattungen, wobei sowohl die vegetativen Eigenschaften wie die der Fortpflanzungsorgane verwendet sind.

Möbius (Heidelberg).

Gibson, Harvey R. J., Notes on the histology of *Polysiphonia fastigiata* (Roth.) Grev. (Journ. of Botany. 1891. 4 pp. Pl. 304.)

Verf. behandelt eine Anzahl von bemerkenswerthen anatomischen Eigenschaften in der Entwicklung von *Polysiphonia fastigiata*.

1. Der Zusammenhang des Protoplasmas zwischen den Zellen des Thallus. Ein solcher ist in Wirklichkeit nur in den jüngsten Zuständen vorhanden, dann bildet sich in der Mitte des Porencanals ein Pfropf („plug"), während sich an den Wänden desselben fibrilläre Verdickungen ausbilden, die von dem Rande des Pfropfs nach den Plasmakörpern ziehen.

2. Der Entstehungsmodus und Austritt der Tetrasporen. Die Zelle, aus der das Sporangium entsteht, wird von der centralen Zelle abgeschnitten, nachdem sich die davor liegenden pericentralen Zellen antiklin getheilt haben; sie theilt sich darauf durch eine horizontale Wand in die Basalzelle und die Mutterzelle der Tetrasporen. Die unterste derselben hängt Anfangs mit der Basalzelle zusammen, wird dann aber durch einen Pfropf getrennt. Jede centrale Zelle erzeugt ein Sporangium, aber alternirend nach beiden Seiten. Bei der Vergrösserung der Tetrasporen werden die pericentralen Zellen zusammengedrückt und auseinander gedrängt,

zwischen ihnen wird die äussere Wand durchbrochen und die Sporen treten aus.

3. Zwischen den centralen und pericentralen Zellen treten da, wo sie mit den Ecken zusammenstossen, deutliche Intercellularräume auf, mit einer besonderen Membran ausgekleidet und gewöhnliche gelbe Körnchen führend.

4. Die Alge heftet sich fest auf ihrem Wirth (*Ascophyllum nodosum*) an, indem die Rhizoiden zwischen dessen Rindenzellen und Markhyphen eindringen.

Möbius (Heidelberg).

———

Gibson, Harvey J. R., On the development of sporangia in *Rhodochorton Rothii* Näg. and *R. floribundum* Näg.; and on a new species of that genus. (Journal of the Linnean Society. Botany. Vol. XXVIII. 1890. p. 201—205. Pl. 34.)

Verf. macht zunächst einige Angaben über das Vorkommen und die Wachsthumsweise von *Rhodochorton Rothii* und beschreibt dann die Sporangien, welche in dichten Büscheln am Ende der aufrechten Fäden stehen. Zunächst verzweigt sich der Faden an seinem Ende und die Sporangien entstehen gewöhnlich an den Zweigen vierter Ordnung; eine Seitenknospe der vorletzten Zelle dieses Zweiges wird zum Sporangium, der Inhalt theilt sich übers Kreuz, die Sporen treten an der Spitze aus und die Membran bleibt leer zurück. In sie pflegt dann ein neuer Seitenpross hineinzuwachsen, der entweder direct wieder zum Sporangium wird oder sich erst verzweigt. Der Process kann sich mehrfach wiederholen. Solche Innovationen finden sich auch bei *Rh. floridulum* Näg. und *Rh. membranaceum* Magn.

Rh. Seiriolanum nov. spec. Gibs., wächst an *Polysiphonia urceolata* bei Puffin Island, Anglesea. Es steht zwischen *Chantransia* und *Rhodochorton*, indem die basalen Fäden zu einer Scheibe verwachsen sind (*Chantransia*), die Sporangien aber, welche terminal oder seitlich an den unverzweigten aufrechten Fäden stehen, kreuzförmig getheilt sind; sie pflegen auch hier durchwachsen zu werden.

Möbius (Heidelberg).

———

Vogt, J. G., Das Empfindungsprincip und das Protoplasma auf Grund eines einheitlichen Substanzbegriffes. (Sammlung von Erkenntnissschriften. Heft 4—7.) 8°. 208 pp. Leipzig (E. Wiest) 1891.

Alle biologischen Probleme knüpfen an der Zelle an; von dem Naturforscher, der sich nur auf die Beobachtung stützt, können sie nicht gelöst werden, sondern es kann dies nur auf dem Gebiete der Philosophie geschehen. Als ein Versuch in dieser Richtung sind die Ausführungen des Verfs. in den vorliegenden Heften zu betrachten. Er steht dabei vollständig auf dem Boden der naturwissenschaftlichen (realen) Erkenntniss, d. h. er betrachtet die Gesetzmässigkeit des physikalischen Geschehens als Unterlage auch für die organische Welt und verwirft alle idealistischen Principien zur Erklärung der biologischen Erscheinungen. Man müsste sich deshalb erst mit seinen physikalischen und mathematischen Darlegungen vertraut machen, um ihm in das Gebiet des Organischen und Organisirten folgen zu können. Es sei deshalb an dieser Stelle nur auf die Schrift aufmerksam gemacht und besonders auf den Inhalt des vierten Heftes hingewiesen, wo die Probleme von der Beschaffenheit des Protoplasmas und der Entstehung der Zellen erörtert werden. Verf. zeigt sich sehr vertraut mit den Forschungen, welche speciell über die Pflanzenzelle angestellt worden sind; er recapitulirt und kritisirt vieles aus Berthold's Protoplasmamechanik und den Pfeffer'schen Untersuchungen. Er bespricht dann auch Altmann's Granular-Hypothese, welche mehr mit Berücksichtigung der thierischen Zelle aufgestellt wurde. An diese Hypothese lehnt sich des Verfs. Theorie von den Monoplasten in gewissem Sinne an.

Aus dem, was er in § 49 zusammenfassend darüber sagt, sei wenigstens Einiges wiedergegeben. Die Annahme eines einheitlichen, gleichartigen Protoplasmas im Sinne eines Urschleims, der alle künftigen Lebenskeime enthalten hätte, ist unhaltbar. Als organische Elemente werden aufgefasst die Monoplasten. Sie sind die Producte chemischer Auslese und je nach der Verschiedenheit der atmosphärischen Schichten bez. ihrer Bestandtheile, in denen sie sich entwickelten, unter einander verschieden. „Diese specifisch unter einander verschiedenen Monoplasten gruppirten sich zu Polyplasten, wobei wiederum zwei Hauptarten von Polyplasten in Betracht kommen können, solche, die aus gleichartigen Monoplasten und solche, die aus ungleichartigen Monoplasten aufgebaut sind." Ein analoges ist der Fall bei der Bildung höherer Verbände — wir erhalten zunächst die Polyplastencolonien oder Zellen im weitesten Sinne des Wortes, indem hierher die Mikroorganismen, sowie die Zellen aller complicirteren Organismen gehören; diese letzten sind dann die Verbände 4. und höchster Ordnung. „Jedes organische System, welcher Ordnung es auch angehören möge, ist individualisirt. Die Individualisirung ist bei jedem System getragen durch den Stoffwechselstrom. Bei den Monoplasten nannten wir ihn den Keimstrom, bei allen höheren Systemen können wir ihn als Organstrom bezeichnen." „Wenn durch den Stoffwechselstrom der Monoplasten alle organische Thätigkeit eingeleitet und unterhalten wird, so haben wir offenbar als Hauptunterlage alles organischen Geschehens den Chemismus zu betrachten. Es handelt sich also einfach darum, ob wir eine Aenderung des Chemismus begründen können oder nicht." Verf. bejaht diese Frage und kommt so dazu, diese Aenderung des Chemismus als das treibende Princip der Entwicklungs-Erscheinungen, als innere Tendenz des Variirens zu betrachten. „Die innere Natur,

d. h. das Anpassungsvermögen der Monoplasten an die Modificationen des Chemismus, bedingt die Artenbildung und die gesammte Entwicklung." Die Monoplasten müssen deswegen in beständiger Umwandlung begriffen sein und waren früher ganz anders beschaffen als heutzutage, folglich muss auch das Protoplasma seine Beschaffenheit im Laufe der Zeiten ändern.

Im letzten Capitel wird noch die Frage nach den Ursachen der Vereinigung der Polyplasten aufgeworfen; es wird gezeigt, dass mit dem Begriff der Arbeitstheilung nichts gewonnen ist, dass vielmehr ein teleologisches Moment eingeführt werden muss, der Organintellect. Die Begründung und Ausführung dieser Anschauungen ist weiteren Untersuchungen vorbehalten.

Möbius (Heidelberg).

Rosen, F., Bemerkungen über die Bedeutung der Heterogamie für die Bildung und Erhaltung der Arten, im Anschluss an zwei Arbeiten von W. Burck. (Botanische Zeitung. 1891. p. 201—211, 215—226.)

Die vorliegenden, höchst beachtenswerthen Ausführungen wenden sich wesentlich gegen zwei, allerdings in einigem Zusammenhang stehende Dinge, zunächst gegen Weismann's Theorie, wonach Variabilität ausschliesslich geknüpft ist an geschlechtliche Fortpflanzung, sodann gegen die einseitige Hervorkehrung und Ueberschätzung der Kreuzbefruchtung, wie sie eine Zeit lang Mode war und theilweise noch ist.

Weismann's Theorie scheint zunächst mit den an höheren Pflanzen gemachten Beobachtungen im Einklang zu stehen; die zum Theil wunderbaren Einrichtungen, wie sie sich zur Sicherung der Kreuzbefruchtung bei denselben finden, deuten auf einen hohen Werth, der dieser Befruchtungsweise im gegebenen Fall zukommt. Die einseitige Hervorhebung aller mit Recht oder Unrecht der Kreuzbefruchtung zugewiesenen Fälle, die Vernachlässigung derjenigen, in denen Selbstbestäubung stattfindet, waren der Annahme von Weismann's Theorie ebenfalls günstig.

Nach der Darstellung Weismann's müssen wir die grösste Vielgestaltigkeit da erwarten, wo ausschliesslich oder doch überwiegend Kreuzbefruchtung stattfindet. Nun ergibt sich aber für die höheren Pflanzen, dass gerade solche Gruppen ausserordentlich vielgestaltig und variabel sind, bei denen Selbstbestäubung als Regel, Fremdbestäubung als Ausnahme anzunehmen ist. Es braucht bloss an Linden, Rosskastanien, vielblütige *Rosaceen*-Sträucher (*Rubus*), Korbblütler erinnert zu werden, um Belege anzuführen. Die Wahrscheinlichkeit, dass zwei Individuen gekreuzt werden, ist bei diesen und allen andern vielblütigen Pflanzen eine geringe, und es kann doch nur von Kreuzung die Rede sein, wenn Eizelle und Pollenkorn weder von den gleichen, noch von Geschwisterpflanzen herrühren. Andrerseits finden wir ausgesprochene Kreuzung ganz besonders bei isolirten, monomorphen Arten. Es sind dies alles Thatsachen, die direkt gegen Weismann sprechen. „Fassen wir das Gesagte zusammen, so werden wir sagen dürfen, dass die Inzucht bei den Phanerogamen eine sehr wesentliche Bedeutung besitzt. Wäre aber der Kreuzung die wichtige Rolle zuzuschreiben, welche W e i s m a n n ihr beilegt, so müssten wir die Phanerogamen überhaupt als recht unvollkommene Erzeugnisse ansehen. Ja, die Production zahlreicher Blüten am Stock, die wir bisher als eine Errungenschaft der mit kleinen Einzelblüten versehenen Gewächse betrachtet haben, würde sich als ein Schritt auf falscher Bahn darstellen, als eine Massregel, welche zwar einen vorübergehenden Vortheil, dauernd aber Schaden bringen müsste."

Eine besondere Bedeutung, für die in Rede stehende Erörterung besitzen die kleistogamen Blüten, von denen B u r c k neuerdings ein besonders interessantes Beispiel an *Myrmecodia* gefunden hat: kleistogame Blüten mit lebhaft gefärbter Krone und Nektarabscheidung. Es bieten diese Blüten einen neuen Beleg für die ältere Annahme, dass Kleistogamie nicht einen Stillstand in der Entwicklung, sondern eine Weiterentwicklung darstellt. Schon D a r w i n hatte diese Ansicht vertreten im Hinblick darauf, dass einerseits die Abweichungen der kleistogamen Blüten von den regelmässigen in Reduktionen hier ausgebildeter Theile bestehen, dass andererseits jene Blüten vorzugsweise in solchen Familien sich finden, die sich durch hoch entwickelte Einrichtungen zur Pollenübertragung durch Insekten auszeichnen. Auch hier sprechen die Thatsachen nicht dafür, dass die Ausbildung kleistogamer Blüten einen für die Erhaltung der Art ungünstigen Weg darstellt; die neue Bahn wird gerade von solchen Pflanzen zuerst beschritten, die eine bedeutende Anpassungsfähigkeit haben. Verf. bemerkt dazu: „Das Pflanzenreich hat in einer langen Periode — allerdings erst, nachdem es schon eine hohe Entwicklung erlangt hatte — eine ganz ausserordentlich wirksame Beeinflussung durch die Insektenwelt erfahren; zahllose Species verdanken ihre Existenz zum grossen Theil eben diesem Einfluss, welcher ja solche Eigenschaften betraf, die Gegenstand der Selection werden mussten. Mag nun die Rolle, welche die Insekten im Leben der Pflanze spielen, allgemein geringer werden, oder mag sie nur für gewisse Arten ausgespielt sein, welche ihre ehemaligen Beziehungen zur Insektenwelt auch heute noch erkennen lassen, wie beispielsweise *Myrmecodia tuberosa* durch ihre Nektarabscheidung, — jedenfalls giebt es Formen, welche auf die Entomophilie und damit auf die Kreuzung verzichten und sich doch wohl ebenso weiter entwickeln werden, wie sie es vordem gethan. Und ganz ebenso wird die für die Kreuzung höchst günstige, und dennoch biologisch und systematisch niedriger stehenden Pflanzen eigne Anemophilie von einigen derselben aufgegeben zu Gunsten strenger Autogamie". Diese Ansichten finden noch besondere Bestätigung durch die Beobachtungen von W a r m i n g und L i n d m a n an hochnordischen Gewächsen.

Gegen W e i s m a n n sprechen endlich auch Thatsachen aus dem Gebiet der Kryptogamen. Sowohl bei Algen als bei Pilzen finden sich Formenreihen, bei welchen geschlechtliche Fortpflanzung nach und nach der ungeschlechtlichen gewichen ist. Besonders ist es die formen- und artenreiche Gruppe der Basidiomyceten, die hier

in Betracht kommt. „Sollten wir thatsächlich annehmen, dass die
Gruppen, Genera, Species und Varietäten der *Basidiomyceten* entstanden seien zu einer Zeit, als diesen Gewächsen noch Sexualität
eigen war und dass sie diese letztere dann sämmtlich verloren
hätten? Wäre eine solche Annahme nicht absurd? Würde sie
nicht geradezu widerlegt durch die wohlbegründete Ansicht, dass
die *Basidiomyceten* von den gleichfalls schon asexuellen *Uredineen*
abstammen?"

Jännicke (Frankfurt a. M.).

Medicus, W., Illustrirtes Pflanzenbuch. Anleitung zur
    Kenntniss der Pflanzen nebst Anweisung zur praktischen Anlage von Herbarien. Lieferung 1. 8°. 32 pp.
    8 Tafeln. Kaiserslautern (Gotthold) 1891.   1 Mark.

Das „Illustrirte Pflanzenbuch", dessen erste von den 10 in
Aussicht gestellten Lieferungen vorliegt, wendet sich an weite Kreise,
denen es die Kenntniss der wichtigsten einheimischen Gewächse
vermitteln will. Die Anlage ist im Allgemeinen diesem Zweck
entsprechend — in Bezug auf Text wie auf Abbildungen —, und
da der Leserkreis des Bot. Centralblattes sich kaum mit dem des
„Pflanzenbuchs" decken wird, so möge das genügen und das Buch
seinen Kreisen empfohlen sein.

Das Buch ist indess keine „Flora von Deutschland", wie stolz
auf dem Umschlag steht und wie Verf. im Vorwort sagt: „indem
es alle auch nur einigermaassen häufigen Pflanzen unseres Vaterlands
enthält", was eben nicht der Fall ist. Die Haltung des Vorworts
ist überhaupt nicht recht verständlich: Eingangs sagt Verf. einiges
über Systematik und führt Quellen an, Koch's Synopsis und soweit
„neuere Forschungen" in Betracht kommen, Hallier's Flora; am
Schlusse desselben Vorworts verneigt sich Verf. vor Nichtfachmännern und Damen mit einem Seitenhieb auf die „strenge Wissenschaftlichkeit". Prof. Dr. Glaser assistirt ihm hierin in einem
beigedruckten „Gutachten"; er hält auch das „Pflanzenbuch" für
eine Flora, die sich vor „so vielen" vorhandenen auszeichnet, die
„eine wie die andere durch systematisch-theoretische Umständlichkeit
und wissenschaftlich erschöpfende Genauigkeit ermüden" u. s. w.
Ob dem Pflanzenbuch durch derartige Zuthaten gedient ist?

Jännicke (Frankfurt a. M.).

Mueller, Ferdinand Baron von, Second systematic census
    of Australian plants, with chronologic, literary
    and geographic annotations. Part I. Vasculares.
    244 pp. Melbourne 1889.

Die unsterblichen Verdienste, welche sich Verf. um die
Erforschung der australischen Flora erworben hat, sind zu allgemein
bekannt, als dass es nothwendig wäre, auf dieselben bei dieser
Gelegenheit noch besonders hinzuweisen. Obwohl schon zu Zeit
des Erscheinens des ersten „Systematic Census" (im Jahre 1882)
die Flora Australiens verhältnissmässig gut bekannt war, sind seit

her nicht weniger als 193 Arten zugewachsen, darunter viele, die
vom Verf. selbst inzwischen als überhaupt neue Arten beschrieben
worden waren.*) Besonders werthvoll sind in pflanzengeographischer
Beziehung die bei jeder Art gegebenen Notizen, welche angeben,
ob die betreffende Pflanze auch in anderen Welttheilen, und zwar in
welchen, vorkommt oder nicht. Man ersieht hieraus schon beim
flüchtigen Durchblättern des Buches, w i e a u s s e r o r d e n t l i c h
g r o s s die Z a h l d e r i n A u s t r a l i e n e n d e m i s c h e n A r t e n
ist; es sind 7501, während die Anzahl der auch in anderen
Gebieten (wozu hier auch Neuseeland und Polynesien gerechnet
sind) vorkommenden Arten nur 1338 beträgt. Die Gesammtzahl
der Arten, die im continentalen Australien (einschliesslich Tasmanien)
wachsen, beträgt somit 8839. Von den 1338 Arten, welche auch ausserhalb Australiens vorkommen, wachsen 1032, also weitaus die Mehrzahl,
in Asien, 558 in Polynesien, 515 in Afrika, 315 in Amerika,
160 in Europa. Besonders interessant ist die Thatsache, dass von
allen 8839 Arten nur 291 auch in dem benachbarten Neu-Seeland
wachsen. Aus dem Buche ersieht man auch sofort, welche Familien
und Gattungen verhältnissmässig wenige oder gar keine endemischen
Arten enthalten; insbesondere auffallend ist dies bei den Gefässkryptogamen, ferner bei den *Gramineen* und *Cyperaceen*, bei den
Gattungen *Potamogeton, Lemna, Ipomoea* u. a. Durchwegs oder
doch weitaus vorwiegend endemische Arten enthalten von grösseren
Familien beispielsweise die *Rutaceen*, die *Salsolaceen*, die *Leguminosen*,
Myrtaceen, u. s. w., von den *Proteaceen* und *Epacrideen* gar nicht
zu reden.

Auf die einzelnen Familien vertheilen sich die 8839 Arten in
folgender Weise:

*Dilleniaceae 95, Ranunculaceae 17, Ceratophylleae 1, Nymphaeaceae 5,
Piperaceae 10, Magnoliaceae 4, Anonaceae 18, Monimiaceae 16, Myristiceae 1,
Lauraceae 37, Menispermeae 17, Papaveraceae 1, Capparideae 24, Cruciferae 54,
Violaceae 13, Flacourtieae 7, Samydaceae 4, Pittosporeae 40, Droseraceae 46,
Elatineae 4, Hypericineae 1, Ternstroemiaceae 1, Guttiferae 3, Polygaleae 32,
Tremandreae 17, Ochnaceae 1, Rutaceae 190, Simarubeae 7, Zygophylleae 22,
Lineae 4, Geraniaceae 8, Malvaceae 110, Sterculiaceae 125, Tiliaceae 56,
Euphorbiaceae 224, Urticaceae 65, Cupuliferae 4, Casuarineae 24, Celastrinae 18,
Meliaceae 36, Sapindaceae 100, Malpighiaceae 2, Burseraceae 8, Anacardiaceae 9,
Frankeniaceae 7, Plumbagineae 4, Portulaceae 32, Caryophylleae 26, Amaran-
taceae 102, Salsolaceae 111, Ficoideae 28, Polygonaceae 25, Phytolacceae 11,
Nyctagineae 6, Thymeleae 75, L e g u m i n o s a e 1 0 6 5, Connaraceae 2, Rosaceae 17,
Saxifrageae 36, Nepenthaceae 2, Aristolochieae 5, Crassulaceae 6, Hamamelideae 1,
Onagreae 5, Salicarieae 19, Stackhousieae 13, Halorageae 58, Callitrichinae 2,
Rhizophoreae 7, Combretaceae 27, M y r t a c e a e 6 6 3, Melastomaceae 7, Rhamnaceae
90, Viniferae 17, Leeaceae 2, Araliaceae 22, Umbelliferae 106, Elaeagneae 1,
Olacineae 15, Balanophoreae 1, Santalaceae 43, Loranthaceae 27, P r o t e a c e a e 5 9 7,
Cornaceae 1, Rubiaceae 127, Caprifoliaceae 2, Passifloreae 6, Cucurbitaceae 27,
C o m p o s i t a e 5 3 9, Campanulaceae 35, Candolleaceae 97, Goodeniaceae 220, Gentia-.
neae 24, Loganiaceae 52, Plantagineae 4, Primulaceae 6, Myrsineaceae 12, Sapo-
taceae 19, Ebenaceae 15, Aquifoliaceae 2, Styraceae 2, Jasmineae 21, Apocyneae 47,
Asclepiadeae 61, Convolvulaceae 70, Hydrophylleae 2, Solanaceae 79, Scrophula-
rinae 80, Orobancheae 1, Lentibularinae 25, Podostemoneae 1, Gesneriaceae 4,
Bignoniaceae 7, Pedalinae 3, Acanthaceae 30, Labiatae 125, Verbenaceae 82,*

---

*) Die Diagnosen vieler derselben findet man in den Litteraturberichten
des botanischen Centralblattes.

Myoporinae 76, Asperifoliae 52, Ericaceae 7, Epacrideae 275, Coniferae 29, Cycadeae 14, Scitamineae 11, Orchideae 271, Apostasiaceae 1, Burmanniaceae 2, Irideae 24, Hydrocharideae 9, Taccaceae 1, Haemodoraceae 66, Amaryllideae 21, Dioscorideae 4, Roxburghiaceae 1, Liliaceae 161, Palmae 25, Nipaceae 1, Pandaneae 11, Aroideae 10, Typhaceae 2, Lemnaceae 6, Fluviales 86, Alismaceae 6, Pontederiaceae 1, Philhydreae 4, Commelineae 19, Xyrideae 9, Flagellariaceae 1, Junceae 16, Eriocauleae 18, Restiaceae 93, Cyperaceae 380, Gramineae 345, Rhizospermae 11, Lycopodinae 21, Filices 212.

Die Anordnung des Stoffes ist dieselbe geblieben, wie in der ersten Auflage.*) Das Buch besitzt weder eine Einleitung, noch irgendwelchen Text oder kritische Bemerkungen. Nur am Schlusse vor dem Inhaltsverzeichnisse findet sich eine Zusammenstellung der Ordnungen nach der Zahl ihrer australischen Arten, sowie eine ganz kurze Uebersicht der Artenzahl für die einzelnen Gebiete (West-Australien, Süd-Australien, Tasmanien, Victoria, Neu-Süd-Wales, Queensland und Nord-Australien), für die endemischen und weiter verbreiteten Arten.

Fritsch (Wien).

Völcker, Karl, Untersuchungen über das Intervall zwischen der Blüte und Fruchtreife von *Aesculus Hippocastanum* und *Lonicera tatarica*. 8°. 43 pp. 2 Karten. Giessen (Keller) 1891.

Ausführliche Tabellen, die für die genannten Pflanzen das Datum der ersten Blüte, sowie der Fruchtreife zahlreicher Stationen, das Intervall zwischen beiden Phasen und die Vergleichung mit dem Giessener Werthe enthalten, liefern das Material zu des Verf.'s Ausführungen. Dieselben sind wesentlich dem letztgenannten Werth gewidmet bezw. dessen Abhängigkeit von Höhenlage und geographischer Breite der Beobachtungsorte.

Was zunächst *Aesculus* anlangt, so tritt kein entschiedener Einfluss der Höhenlage hervor, da die relative Gesammtlage der Stationen offenbar zu verschieden ist, und der Unterschied der zwischen 0 und 800 m betragenden Höhen zu gering, um nicht durch andere Einflüsse, zunächst den der Exposition, aufgewogen zu werden. Dagegen ergibt sich in Hinsicht auf die geographische Breite eine constante Abnahme des Intervalls nach Norden. „Bei den südlichen Orten, wo bald See-, bald continentales Klima vorherrscht, ist das Intervall am grössten und den bedeutendsten Schwankungen unterworfen. Weiter nach Norden werden die Intervalle und auch ihre Schwankungen geringer." Aber auch hier haben die an der See gelegenen Orte längere Intervalle.

Für *Lonicera* ist die Lage der Stationen im Gesammten nicht geeignet, den Einfluss der Höhe noch den der geographischen Breite hervortreten zu lassen. Nur bei Vergleichung der zwischen 200 und 500 m gelegenen Orte lässt sich eine Abnahme des Intervalls mit der Höhe constatiren. Dafür stellt Verf. hier einige Stationen in Bezug auf ihre Entfernung von der See zu Gruppen zusammen, indem er mit den Niederlanden beginnt und von da südöstlich fort-

---

*) Vergl. Botan. Centralblatt, Band XVIII. p. 48.

schreitet. Es ergiebt sich hier Verkürzung des Intervalls mit Entfernung von der See. „Diejenigen Orte, auf welche das Küstenklima offenbar einen merklichen Einfluss ausübt, haben im Allgemeinen ein längeres Intervall und ist dieses auch grösseren Schwankungen unterworfen. Je mehr die Orte im Gebirge und im Innern von Deutschland liegen, desto kleiner wird das Intervall und um so geringeren Schwankungen ist es unterworfen."

Eine Vergleichung zwischen den für beide Pflanzen erhaltenen Befunden fasst das Vorstehende nochmals zusammen und hebt insbesondere den Einfluss des Küstenklimas hervor. Die beigegebenen Kärtchen veranschaulichen mittelst doppelter Farbengebung und Schraffirung die vorliegenden Verhältnisse auf's Beste.

Unabhängig von vorliegender Arbeit, deren Haltung durchaus sympathisch ist, möchte Ref. indessen eine einheitliche Farbengebung für derlei kartographische Darstellungen phänologischer Verhältnisse in Anregung bringen; bei der Centralisation der phänologischen Forschung auf Giessen möchte allgemeine Durchführung eines solchen Schemas ein Leichtes sein.

Jännicke (Frankfurt a. M.).

Vöchting, H., Ueber eine abnorme Rhizom-Bildung. (Botanische Zeitung. 1889. Nr. 31. 4 p. Taf. VI.)

Die abnorme Rhizombildung wurde beobachtet an *Stachys tuberifera* Naud. und *St. palustris.* Um oberirdische Rhizome von ihnen zu erhalten, wurden Pflanzen aus Stecklingen gezogen, welche im Boden keine Knospen führten. Nach dem Austreiben der Laubsprosse gehen aus den ruhenden Knospen am basalen Theile der Hauptaxe oder direct aus der Spitze der kurzen basalen Laubsprosse Rhizome hervor, welche den unterirdischen in allen Hauptpunkten ähnlich sind. Sie unterscheiden sich nur durch die grüne Farbe, geringere Dicke der Internodien des vorderen Theils, stärkere Ausbildung der Blattschuppen und Entwicklung ihrer Achselknospen zu kurzen Gliedern, die ebenfalls Rhizomnatur haben. Solche oberirdische Rhizome traten aber auch auf an Pflanzen, welche im Herbst nach Einstellung ihres Laubsprosswachsthums aus dem Freien ins Zimmer gebracht wurden, und zwar sogar bei solchen, die Rhizome normaler Weise im Boden erzeugt hatten. Es gingen hier die Spitzen der Laubsprosse, indem sie ihr Wachsthum wieder aufnahmen, in Rhizome über, die sich von den unterirdischen in ähnlicher Weise, wie die oben beschriebenen, unterschieden. Dadurch, dass sie theils gerade blieben, theils sich nach unten krümmten, zeigten sie auch in ihrem Geotropismus die Mittelstellung zwischen Laubsprossen und Rhizomen an.

Diese Versuche und Beobachtungen zeigen einestheils, dass scheinbar ganz unbedeutende Störungen in den Lebensbedingungen erhebliche Aenderungen im Wachsthum verursachen können, andererseits aber, dass Laubsprosse und Rhizome in naher Verwandtschaft zu einander stehen.

Möbius (Heidelberg).

Prunet, A., Sur la perforation des tubercules de pomme' de terre par les rhizomes du chiendent. (Revue générale de botanique. Tome III. 1891. p. 166.)

Man weiss bereits seit längerer Zeit, dass die Rhizome verschiedener queckenartigen Gräser (*Triticum repens, Cynodon Dactylon*) gelegentlich in Kartoffelknollen eindringen und dieselben durchwachsen. Die Erscheinung wurde gewöhnlich auf eine Auflösung der Zellwände und des Zellinhalts der Knolle durch das Grasrhizom zurückgeführt und es wurde angenommen, dass letzteres der ersteren Nährstoffe entnimmt. Eine genaue Untersuchung der merkwürdigen Erscheinung war noch nicht vorhanden und wurde daher von dem Verf. vorgenommen.

Ein genauer Vergleich der Structur des Rhizoms ausserhalb und innerhalb der Knolle ergab keinerlei Unterschiede; überall ist die Epidermis sehr dickwandig und einem dicken sklerotischen Hypoderma aufgelagert, sodass eine Aufnahme von Nährstoffen durch die fertigen Theile ausgeschlossen erscheint. Zu dem gleichen Resultat führt auch die Untersuchung der Knolle selbst, welche in der nächsten Umgebung der Rhizoms zunächst eine Lage braunen, abgestorbenen Gewebes mit intakten Zellwänden und Stärkekörnern, sodann eine Schicht von Wundkork aufweist. Spuren einer Auflösung der Stärkekörner und Zellwände zeigen sich nur oberhalb der wachsenden Spitze, welche demnach wohl geringe Mengen Diastase secernirt.

Zu ähnlichen Resultaten führte auch die Untersuchung der Wurzeln, die sich innerhalb der Kartoffeln aus den Rhizomen entwickelt hatten und bei welchen offenbar aus der wachsenden Spitze etwas Diastase secernirt worden war. Im Gegensatz zu den Rhizomen durchbrechen die Wurzeln die Schale nicht, sondern krümmen sich, sobald sie dieselbe erreichen, unter scharfem Winkel nach der Seite und kriechen gleichsam auf der inneren Fläche der Korkschicht.

Ob Absorbtion der aufgelösten Bestandtheile der Kartoffel durch die wachsenden Rhizom- und Wurzelspitzen des Grases stattfindet oder nicht, muss dahingestellt bleiben; wenn sie vorhanden ist, so kann sie doch nur eine ganz untergeordnete Bedeutung für die Ernährung besitzen.

Schimper (Bonn).

Jacquemet, É., Étude des Ipecacuanhas, de leurs falsifications et des substances végétales qu'on peut leur substituer. 8°. 327 pp. 19 pl. Paris (Baillière et fils) 1889.

„Es giebt wenige Medicamente, welche so oft untersucht sind, als die Ipecacuanha. Seit 1625 ist eine unglaubliche Anzahl von Dissertationen und Specialarbeiten über diesen Gegenstand erschienen und doch kann man nicht leugnen, dass bei wenigen Drogen noch so viel zu untersuchen sei, als bei dieser." Verf. liefert nun einen werthvollen Beitrag zur Kenntniss der Ipecacuanha, indem er möglichst vollständig alle bisherigen Untersuchungen, nach bestimmten Principien geordnet, zusammenstellt und die Lösung der einen oder der anderen Frage selbst übernimmt. Von dem Fleiss, mit dem das Werk ausgearbeitet ist, giebt das 43 Seiten umfassende bibliographische Register Zeugniss. Wir müssen uns im Wesentlichen auf eine kurze Anführung dessen, wovon jedes Kapitel handelt, beschränken, ganz besonders bei denen, welche nicht eigentlich in das Gebiet der Botanik gehören.

Das Buch zerfällt in 2 Theile, deren erster die Ipecacuanha-Sorten, soweit sie von *Rubiaceen* stammen und ihre Verfälschungen behandelt, während sich der zweite Theil mit anderen Pflanzen beschäftigt, welche als Ersatz der eigentlichen I. gebrauchte Emetica liefern.

Das 1. Kapitel des 1. Theils ist der geschichtlichen Darstellung der Auffindung und Einführung der Drogue und der Erforschung ihrer Stammpflanze gewidmet.

Das 2.—6. Kapitel behandelt die echte I., „I. annelé mineur", welche allein officinell ist und von *Psychotria Ipecacuanha* Muell. (*Cephaëlis I. A.* Rich., *C. emetica* Pers., *Ps. emetica* Vell., *Uragoga I.* H. Bn. etc.) stammt. Von dieser Pflanze werden mehrere, theils nur historisch interessante Abbildungen gegeben; sie selbst wird im Aussehen und nach ihrer Herkunft, die Wurzel, von der sechs Sorten unterschieden werden, makroskopisch und mikroskopisch beschrieben.

Wir finden ferner sehr ausführliche chemische, physiologische, therapeutische und toxicologische Untersuchungen in den Kap. 3, 4, 5 und 6 mitgetheilt und im 7. Kapitel Angaben über die pharmaceutischen Präparate, die Form und die Dosen, in denen diese verschrieben werden.

Das 8. Kapitel behandelt die sog. schwarze, gestreifte Ipecacuanha (I. strié noir oder strié mineur), deren Stammpflanze als unbekannt angegeben wird. Die Wurzel wird makroskopisch und mikroskopisch nach den Untersuchungen des Verf. einer aus Lyon bezogenen Drogue sehr ausführlich geschildert, auch auf die chemischen und physiologischen Eigenschaften wird eingegangen.

Die im 9. Kap. in ähnlicher Weise, aber kürzer behandelten Sorten sind: I. annelé majeur von *Uragoga Granadensis* nach Baillon (makroskopische und mikroskopische Abbildung der Wurzel). I. strié violet oder strié majeur von *Psychotria emetica* Mut. (Abbildung der Pflanze und mikroskopische Darstellung der Drogue), I. ondulé majeur von *Ps. undata* Baill. (nur die Pflanze abgebildet, da die Sorte nicht im Handel vorkommt), I. ondulé mineur von *Richardia scabra* L. (makroskopische und mikroskopische Abbildung der Drogue).

Das 10. Kapitel handelt von den Verfälschungen der echten Ipecacuanha und zwar zuerst von denen der ganzen Wurzeln. Solche sind Wurzeln der schwarzen gestreiften Sorte, wohl auch die von *Psychotria emetica* Mut., ferner Stengelfragmente der eigenen Stammpflanze, Monokotylenrhizome unbekannter Natur und von Beauvisage beschriebene Wurzeln unbekannter dicotyler Pflanzen. Die gepulverte Drogue wird verfälscht 1. mit dem Pulver anderer

Sorten (mikroskopisch nachweisbar), 2. Mandelkleie, 3. Süssholz-pulver, 4. verschiedenen Holzfasern, 5. Mehl und Stärke, 6. Mineral-substanzen. Schliesslich werden auch die Verfälschungen der phar-maceutischen Produkte erwähnt.

Im 1. Kapitel des 2. Theiles werden alle Pflanzen aufgezählt, welche Emetica liefern, die betreffenden Theile bei manchen be-schrieben und auch ihre chemischen Eigenschaften und ihre Wir-kungen zum Theil angegeben. Denjenigen Familien aber, die in dieser Hinsicht besonders wichtige Arten enthalten, sind eigene Ka-pitel (2—5) gewidmet. Etwas längere Besprechungen werden im 1. Kapitel zu Theil:

Lycopodium saururum, Veratrum album, Trillium pendulum Willd., *Iris versicolor* L., *Euphorbia Ipecacuanha* L., *E. Cyparissias* L., *E. Gerardiana* Jacq., *Myristica sapida* Wall., *Gynocardia odorata* R. Br. (Samen abgebildet), *Sangui-naria Canadensis* L., *Cucumis Melo., Cytisus Laburnum* L., *Gillenia trifoliata* Mönch., *Apocynum cannabinum* L., und *A. androsaemifolium* L., *Gratiola offici-nalis* L. (Habitusbild), *Vandella diffusa* L., *Lobelia inflata* L., *Eupatorium per-foliatum* L.

In den nächsten Kapiteln sind folgende Arten in ähnlicher Weise wie im 9. Kapitel des ersten Theiles behandelt (* bedeutet Abbildung).

Kapitel 2. *Amaryllideen. Narcissus poëticus* L., *N. Pseudo-Narcissus* L., *N. Tazetta* L., *N. odorus* L.

Kapitel 3. *Aristolochiaceen: Asarum Canadense, arifolium, *Europaeum.*

Kapitel 4. *Violaceen: Viola odorata* L., *V. tricolor* L., *Jonidium Ipeca-cuanha* Vent., *J. parviflorum* Vent., *J. Itouba* Vent., *J. Poaya* A. St. Hil., *J. Marcutii, *J. atropurpureum.*

Kapitel 5. *Asclepiadeen: Asclepias Syriaca, A. tuberosa, A. Curassavica, *Tylophora asthmatica* Wrigth. et Arn., *Periploca emetica* de Retz., *Cynanchum tomentosum* Lam.

Kapitel 6. Bibliographisches Register zum 2. Theil.

Möbius (Heidelberg).

Meyer, Arthur, Wissenschaftliche Droguenkunde. Ein illustrirtes Lehrbuch der Pharmakognosie und eine wissenschaftliche Anleitung zur eingehenden bota-nischen Untersuchung pflanzlicher Droguen für Apotheker. Theil I. Mit 269 Abbildungen. Berlin (R. Gärtner's Verlag) 1891.

Seit nahezu einem Decennium war Eingeweihten bekannt, dass A. Meyer die Neubearbeitung von Berg's Atlas der pharma-ceutischen Waarenkunde übernommen hatte, aber von Jahr zu Jahr wartete man vergeblich auf das Erscheinen des Buches. Was lange währt, wird gut, und wenn das Werk auch mit dem besten Willen nicht als eine neue Auflage von Berg's Atlas bezeichnet werden kann, so wird doch sicherlich niemand dem Verf. diese Programm-änderung verübeln, denn er gibt uns hier weit mehr, ein Buch, das den Berg'schen Atlas ersetzt und zugleich das einzige Lehrbuch der Pharmakognosie darstellt, das wirklich gut und zweckentsprechend genannt werden kann, ein Buch, das in der That eine Lücke aus-füllt und einem allgemein mehr oder minder lebhaft gefühlten Be-dürfnisse abhilft, wie diese leider so viel missbrauchten Schlagworte lauten. Dieses Urtheil, das beste welches man wohl über ein Buc

fallen kann, wird Manchem hart und ungerecht gegenüber den
älteren Lehrbüchern der Pharmakognosie erscheinen, von denen.
Flückiger's soeben in 3. Auflage erschienene Pharmakognosie
doch anerkannt das vorzüglichste und vollständigste Werk ist, das
wir auf diesem Gebiete besitzen; allein Ref. hat das Buch nicht
die beste Pharmakognosie, sondern das beste Lehrbuch genannt,
und zwar aus dem Grunde, weil all' unsere bisherigen Lehrbücher
ausnahmslos den Charakter von kürzeren oder ausführlicheren Handbüchern tragen, die als Nachschlagewerke zum Theil ausgezeichnet,
als Lehrbücher aber zumeist kaum geniessbar sind. Verf. hat
hier in glänzender Weise gezeigt, dass die Ausarbeitung eines Lehrbuches unter Umständen doch keine so undankbare Arbeit ist, wie
man vielfach glaubt. Er hat mit klarem Blick erkannt, was unsern
bisherigen Lehrbüchern fehlt, was den Bedürfnissen des angehenden
Apothekers entspricht, und darnach seinen Plan entworfen; er stellt
sich auf den für ein pharmakognostisches Lehrbuch einzig richtigen
Standpunkt, die Droguen in erster Linie von rein botanischen
Gesichtspunkten aus zu betrachten, in ihnen zunächst nichts mehr
und nichts weniger, als Pflanzentheile zu sehen. Pharmakognosie
ist der Hauptsache nach angewandte Morphologie und Anatomie,
und es ist darum nur zu billigen, dass Verf. überall rein botanische
Einleitungen von genügender Ausführlichkeit gibt, anstatt sich die
Sache bequemer zu machen und auf die botanischen Lehrbücher
zu verweisen. Hiermit gibt er dem strebsamen Pharmaceuten die
wirklich wissenschaftliche Grundlage der Droguenkunde in knapper
und präciser Form, eine Anatomie und Morphologie, die, für bestimmte Zwecke berechnet, das hierfür Ueberflüssige der reinen
Wissenschaft weglässt oder doch in erheblich gekürzter Form vor-
führt, während sie die hier besonders wichtigen Kapitel auch entsprechend ausführlich behandelt. Eine solche Darstellung lässt sich
einfach nicht durch ein beliebiges botanisches Lehrbuch ersetzen,
ganz abgesehen davon, dass ein solches für den in Rede stehenden
Zweck viel unbequemer zu benutzen ist. Nur der botanisch gründlich
geschulte Apotheker vermag den Bau einer Drogue richtig zu verstehen und diese für den Apotheker so wichtige, für die richtige
Be- und Ausnutzung der Handbücher so nothwendige Schulung aber
bietet ihm kein einziges der sog. Lehrbücher der Pharmakognosie,
denn diese setzen sie sämmtlich mehr oder weniger voraus; mit
welchem Rechte, lehrt die tägliche Erfahrung. Eigenartig und an-
ziehend ist auch die Darstellung bei den einzelnen Droguen-Mono-
graphien, die nach dem morphologischen Charakter der Droguen
geordnet sind. Jeder Gruppe, z. B. Samen-Droguen, Wurzel-Droguen
etc., geht ein Abschnitt voraus, welcher die allgemeinen Eigenschaften
der Samen, Wurzeln etc. erörtert, die dann bei den einzelnen Mono-
graphien wegbleiben. Der botanische Theil dieser mit grosser
Sorgfalt auf Grund sehr eingehender Untersuchungen ausgearbeiteten
Monographieen ist meist in zwei Abschnitte getheilt, den morphologischen und den anatomischen. In dem ersten Abschnitt wird
die morphologische Bedeutung alles dessen wissenschaftlich festgestellt, was direct an der ganzen Drogue sichtbar ist. Der ana-

tomische Abschnitt zerfällt meist wiederum in zwei Theile, von
denen der erste den anatomischen Bau erklärt, so weit er mit der
Lupe erkennbar ist, während der zweite eine eingehende Erklärung des anatomischen Baues gibt. Die Form der botanischen Beschreibung der Drogue ist so gewählt, dass
sie voraussetzt, der Leser habe während des Studiums
dieser Beschreibung die betreffende Drogue bei der
Hand und betrachte sie, je nach Erforderniss, mit
blossem Auge, der Loupe oder dem Mikroskope, alles
was bei dieser Art des Studiums der Drogue selbstverständlich
wird, ist bei der Beschreibung weggelassen. Die Abbildungen,
zumeist Originalia, sind einfach und klar und durchweg zweckentsprechend; die ausführlichen Litteraturcitate bilden eine sehr
werthvolle Beigabe, sie sollen den Leser mit den Quellen der
Pharmakognosie einigermaassen bekannt machen und ihn veranlassen,
die Originalarbeiten zu studiren. Der Inhalt des vorliegenden Theiles
gliedert sich folgendermaassen: I. Einleitung, p. 1—11; II. Allgemeine Morphologie der Phanerogamen, p. 12—35; III. Allgemeine
Anatomie der Phanerogamen, p. 36—113; IV. Specielle Morphologie und Anatomie der äusseren Organe der Pflanze und Pharmakognosie der als Droguen verwendeten Pflanzentheile. Hiervon
sind abgehandelt: 1. die Samen, p. 114—176; 2. die Wurzeln,
p. 177—301. Hoffentlich lässt uns der Verf. nicht allzulange auf
den zweiten Theil warten, der im laufenden Jahre erscheinen soll.
— Möge das Buch von den angehenden Apothekern (den älteren
kann es auch nichts schaden!) fleissig gekauft und fleissig benutzt
werden, damit es seinen Zweck: „zur selbständigen Untersuchung eines Theiles der Arzneimittel anzuregen und
dadurch wissenschaftlich sehen und schliessen zu
lehren", möglichst erreiche.

L. Klein (Freiburg i. B.).

Anderson, F. W., Indian snuff. (The Botanical Gazette. 1889.
p. 228—229.)
Nach den Angaben des Verfs. soll der indianische Schnupf-
taback aus den Blättern von *Anemone cylindrica* und *A. multifida*
bereitet werden.

Zimmermann (Tübingen).

Neue Litteratur.

Geschichte der Botanik:
Schube, Ueber die Phytologia magna von Israel und Georg Anton Volck-
mann. (Sitzungsberichte der Schlesischen Gesellschaft für vaterländische
Cultur in Breslau. 1890. p. 9.)
Lexika:
Baillon, H., Dictionnaire de botanique. T. III. Fasc. 29. 4°. p. 665—756.
Paris (Hachette & Co.) 1891. Fr. 5.—

Algen:

Bornet, Ed., Algues du département de la Haute-Vienne contenues dans l'herbier d'Edouard Maly de la Chapelle. (Bulletin de la Société botanique de France. T. XXXVIII. 1891. p. 247.)

Pilze:

Eriksson, Jacob, Noch einmal über Aecidium Astragali Eriks. (Botaniska Notiser. 1891. Heft 1.)
Hisinger, E., Puccinia Malvacearum Mont. (l. c.)
Passerini, Giovanni, Diagnosi di Funghi nuovi. Nota V. (Rendiconti della R. Accademia dei Lincei. Vol. VII. 1891. Fasc. 2. p. 43.)
Schroeter, Ueber Pilzepidemien auf Raupen. (Sitzungsberichte der Schlesischen. Gesellschaft für vaterländische Cultur in Breslau. 1890. p. 6.)

Flechten:

Nylander, William, Sertum lichenae tropicae e Labuan et Singapore conscripsit. Accedunt observationes. 8⁰. 48 pp. Paris (Impr. Schmidt) 1891.
Sernander, Rutger, Om förekomsten af Stenlafvar på gammalt trä. [Ueber das Auftreten der auf Steinen wachsenden Lichenen auf Holz.] (Botaniska Notiser. 1891. Heft 1.)

Muscineen:

Camus, Fernand, Glanures bryologiques dans la flore parisienne. (Bulletin de la Société botanique de France. Tome XXXVIII. 1891. p. 286.)

Gefässkryptogamen:

Figdor, W., Ueber die extranuptialen Nectarien von Pteridium aquilinum. (Oesterreichische botanische Zeitschrift. Bd. XLI. 1891. p. 293. 2 Fig.)

Physiologie, Biologie, Anatomie und Morphologie:

Bliesenick, H., Ueber die Obliteration der Siebröhren. [Inaug.-Diss.] 8⁰. 63 pp. 1 Tafel. Erlangen 1891.
Clos, D., Interprétation des parties germinatives du Trapa natans, de quelques Guttifères et des Nelumbium. (Bulletin de la Société botanique de France. T. XXXVIII. 1891. p. 271.)
Cohn, Ferdinand, Ueber die Reizleitung bei Mimosa pudica. (Sitzungsberichte der Schlesischen Gesellschaft für vaterländische Cultur in Breslau. 1890. p. 7.)
Deichmann, A. W., Om Krydsbefrugtning hos Gulerödder. [Ueber Hybridität bei Daucus Carota L.] (Om Landbrugets Kulturplanter. 1891. No. 8. p. 77.)
Dietz-Mágócsy, S., A Forsythia heterostyliája. (Potfüzetek a Természett. közlönyhöz. 1891. Heft 3. p. 121.)
Gandoger, Michel, Sur la longévité des bulbilles hypogés de l'Allium roseum L. (Bulletin de la Société botanique de France. T. XXXVIII. 1891. p. 244.)
Leveillé, H., Curieux phénomène présenté par le Mangifera indica, Manguier. (l. c. p. 286.)

Systematik und Pflanzengeographie:

Battandier, J. A. et Trabut, L., Extraits d'un rapport sur quelques voyages botaniques en Algérie, entrepris sous les auspices du Ministre de l'Instruction Publique pendant les années 1890—1891. (Bulletin de la Société botanique de France. T. XXXVIII. 1891. p. 295.)
Borbás, Vincenz von, Berichtigungen für die Flora von Ost-Ungarn. (Oesterr. botanische Zeitschrift. Bd. XLI. 1891. p. 320.)
Braun, H., Uebersicht der in Tirol bisher beobachteten Arten und Formen der Gattung Thymus. (l. c. p. 295.)
Camus, E. G., Présentation des Cirses hybrides et description de l'Orchis Boudieri (O. Morio × latifolia). (Bulletin de la Société botanique de France. T. XXXVIII. 1891. p. 284.)
Chatin, A., La Clandestine aux Essarts-le-Roi (Seine et Oise). (l. c. p. 257.)
Corboz, F., Flora aclensis, catalogue des plantes de la flore suisse trouvées sur le territoire d'Aclens de 1872 à 1885. 8⁰. 24 pp. Lausanne (F. Rouge) 1891. Fr. 0.50.

Corpineau, Sur l'Ophrys Pseudospeculum DC. (Bulletin de la Société botanique de France. T. XXXVIII. 1891. p. 259.)

Coste, Hipp., Description d'un Myosotis d'après de nombreux exemplaires récoltées le 25 mai, sur la plage d'Argelis-sur-Mer. (l. c. p. 267.)

Dalla Torre, K. W. von, Beitrag zur Flora von Tirol und Vorarlberg. Aus dem floristischen Nachlasse von **J. Peyritsch.** (Berichte des naturw.-medic. Vereins in Innsbruck. Bd. VIII. 1891. p. 10.)

Degen, Arpad von, Ergebnisse einer botanischen Reise nach der Insel Samothrake. (Oesterr. botanische Zeitschrift. Bd. XLI. 1891. p. 301.)

Giraudias, Notes critiques sur la flore ariégeoise. (Extr. du Bulletin de la Soc. d'études scientifiques d'Angers. 1890.) 8°. 18 pp. Anger 1891.

— —, Anemone Janczewskii Gir. n. sp. (Bulletin de la Société botanique de France. T. XXXVIII. 1891. p. 255.)

Hariot, Paul, Une herborisation à Méry-sur-Seine, Aube. (l. c. p. 278.)

Johansson, K., Carduus acanthoides L. × nutans L. (Botaniska Notiser. 1891. Heft 1.)

Rosenvinge, Kolderup L., Botanische Beiträge aus Grönland. (Meddel. fra den botan. Forening i Kjöbenhavn. Vol. II. 1891. Heft 7/8.)

Malinvaud, E., Observations sur l'Ophrys Pseudospeculum DC. (Bulletin de la Société botanique de France. T. XXXVIII. 1891. p. 261.)

Reinke, J., Die Flora von Helgoland. (Deutsche Rundschau. Jahrg. XVII. 1891. Heft 12.)

Rouy, G., Espèces nouvelles pour la flore française. (Bulletin de la Société botanique de France. T. XXXVIII. 1891. p. 262.)

— —, Sur l'Euphorbia ruscinonensis Boiss. et l'Hieracium Loscosianum Scheele. (l. c. p. 280.)

Schilberszky, K., Az átokhinár Budapesten. (Természett. közlönyhöz. T. XXIII. 1891. p. 372. 1 Fig.)

Solla, R. F., Bericht über einen Ausflug nach dem südlichen Istrien. (Oesterr. botanische Zeitschrift. Bd. XLI. 1891. p. 324.)

Waisbecker, Anton, Zur Flora des Eisenburger Comitats. [Schluss.] (l. c. p. 298.)

Wiesbaur, J., Ueber Viola Skofitziana Wiesb. und Viola subpubescens Borb. (Natur und Offenbarung. Bd. XXXVII. 1891. Heft 8.)

Palaeontologie:

Ettinghausen, C. von, Ueber tertiäre Fagusarten der südlichen Hemisphäre. (Sitzungsberichte der kais. Akademie der Wissenschaften in Wien. Mathem-naturw. Classe. Abth. I. Bd. C. 1891. Heft 3.)

Früh, J., Gesteinbildende Algen der Schweizer Alpen. (Abhandlungen der Schweizer. palaeontol. Gesellschaft. Bd. XVII. 1891.) 4°. III, 33 pp. 1 Tafel. Basel 1891. Fr. 5.—

Zittel, K. A., Traité de paléontologie. Partie II. Paléophytologie, par **W. Ph. Schimper,** terminée par A. **Schenk.** Traduit par **Ch. Barrois.** 8°. XI, 949 pp. München (Oldenbourg) 1891. M. 38.—

Teratologie und Pflanzenkrankheiten:

Camerano, Lor., Osservazioni intorno alle larve di Hesperophanes cinereus Willers, dannose ai legnami da costruzione. (Estr. dagli Annali della R. Accademia d'agricoltura di Torino. Vol. XXXIV. 1891.) 8°. 10 pp. Torino 1891.

Guerrieri, Floriano, La lotta contro la fillossera: conferenza in Termini-Imerese. 8°. 22 pp. Termini-Imerese (Tip. frat. Amore) 1891.

Jönsson, Bengt, Om Brännfleckar å växtblad. [Ueber Brennflecken auf den Blättern.] (Botaniska Notiser. 1891. Heft 1/2.)

Lunardoni, Ag., Gli insetti nocivi alla vite: loro vita, danni e modi per combatterli. 2. ediz. rived. ed aumentata, con una appendice sugli acari e l'elenco dei communi fillosserati. 8°. 83 pp. 3 Tav. Roma (Tip. eredi Botta) 1891. L. 2.—

Paspasogli, G., La nitrobenzina usata come insetticida: nota. (Estr. d. Agricoltore toscano. Vol. IX. 1891. Fasc. 9/10.) 8°. 6 pp. Firenze 1891.

Ráthay, Emerich, Der Black-Rot. 8°. 34 pp. 19 Fig. s. l. et a.

Ravizza, F., La peronospora: istruzioni pratiche per combatterla. Diciottesima ediz. 8°. 43 pp. Torino (E. Barbero) 1891. 75 cent.

Stenzel, Zweizählige Orchideenblüten. (Sitzungsberichte der Schlesischen Gesellschaft für vaterländische Cultur in Breslau. 1890. p. 20.)

Medicinisch-pharmaceutische Botanik:

Bocquillon, H., Note sur le Gonolobus Condurango. (Bulletin de la Société botanique de France. T. XXXVIII. 1891. p. 269.)

Rusby, H. H., Bocconia. A new medicinal genus. (Bulletin of Pharmacy. Vol. V. 1891. p. 355.)

Technische, Forst-, ökonomische und gärtnerische Botanik:

Bühler, Saatversuche. 1. Fichte. 2. Föhre. (Mittheilungen der Schweizer. Centralanstalt für forstliches Versuchswesen. Bd. I. 1891. Heft 1.)

Cappellier, Paul, Sur le stachys. (Extr. de la Revue des sciences appliquées. 1891. No. 13.) 8°. 8 pp. Versailles 1891.

Cupelli, Fed., La coltivazione del tabacco in Italia. 8°. 30 pp. Roma (Tip. Ciotola) 1891.

Gondolff, E., Note sur des essais d'engrais potassiques entrepris en Kabylie. 8°. 12 pp. Nancy (Impr. Berger-Levrault & Co.) 1891.

Grete, Untersuchung von Fichtentrieben verschiedenen Alters und aus verschiedenen Jahren. (Mittheilungen der Schweizer. Centralanstalt für das forstliche Versuchswesen. Bd. I. 1891. Heft 1.)

— —, Untersuchungen schweizerischer Gerbrinden. I. Eichenrindenproben aus dem Canton Tessin. (l. c.)

Kolb, Max, Odontoglossum grande Linden. (Neubert's Deutsches Garten-Magazin. 1891. p. 193. 1 Tafel.)

— —, Philadelphus Lemoine. (l. c. p. 205.)

Lebl, Blütendauer der Cypripedien. (l. c. p. 197.)

Pradas, L., De la culture du prunier dans le canton de Genève et du séchage des fruits. (Bulletin de l'Institut national genevois. T. XXIX. 1891.)

Reuthe, G., Helleborus niger, Niesswurz, Weihnachtsrose. (Neubert's Deutsches Garten-Magazin. 1891. p. 194.)

— —, Shortia galixifolia. (l. c. p. 198.)

— —, Flora der Insel Formosa. Auszug eines Briefes, aus dem Englischen übersetzt. (l. c. p. 199.)

Ausgeschriebene Preise.

Die Kgl. Dänische Akademie der Wissenschaften in Kopenhagen hat folgende Preisaufgaben gestellt:

1. Tott-Preis (400 Kronen. Termin: 31. October 1893): „Für eine Untersuchung, welche für unsere vier Hauptgetreidesorten Rechenschaft gibt von der Art und, soweit möglich, von dem Mengenverhältniss der hauptsächlichsten Kohlehydrate, die man in verschiedenen Reifestadien findet." Präparate müssen der Abhandlung beigefügt sein.

2. Klassenpreis (500 Kronen. Termin: 31. October 1893): „Für einen vollständigen, von Präparaten begleiteten Ueberblick der Phytoptocecidien, die man in Dänemark findet, und eine monographische Auseinandersetzung der Arten der Gattung *Phytoptus* (in seiner alten weiteren Begrenzung), welche die verschiedenen Gallen bewohnen, die man auf einer Pflanze findet, besonders um aufzuklären, ob mehrere verschiedene Gallen derselben Pflanzenspecies herrühren von demselben *Phytoptus* in verschiedenen Phasen seiner Entwicklung." Pflanzen, deren Gallen eine ökonomische Bedeutung haben,

sind zu bevorzugen, auch wird eine vollkommene Darstellung der Entwicklungsgeschichte einer Art gewünscht.

Die Arbeiten, welche auch in deutscher oder lateinischer Sprache geschrieben sein dürfen, sind mit Motto und verschlossenem Namen an Professor Dr. H. G. Zenthen in Kopenhagen zu senden.

Personalnachrichten.

Der Assistent an der Kgl. Bibliothek zu Berlin, Dr. Ernst Roth, ist zum Custos an der Kgl. Universitäts-Bibliothek zu Halle a. S. ernannt worden.

Der frühere Professor an der Universität Tokio, Dr. Heinrich Mayr, ist zum Forstamts-Assistenten beim Kgl. Forstamte Wunsiedel ernannt worden.

Der Privatdocent an der technischen Hochschule zu Lemberg, Dr. Eustach Woloszcak, ist zum ausserordentlichen Professor der Zoologie, Botanik und Waarenkunde daselbst ernannt worden.

Der Professor am Polytechnikum zu Karlsruhe i. B., Hofrath Dr. Just, ist am 30. August gestorben.

Inhalt:

Ausgegeben: 16. September 1891.

Druck und Verlag von Gebr. Gotthelft in Cassel.

Band XLVII. No. 12.   XII. Jahrgang.

Botanisches Centralblatt

REFERIRENDES ORGAN
für das Gesammtgebiet der Botanik des In- und Auslandes.

Herausgegeben
unter Mitwirkung zahlreicher Gelehrten

von

Dr. Oscar Uhlworm und Dr. F. G. Kohl
in Cassel. ——— in Marburg.

Zugleich Organ
des

Botanischen Vereins in München, der **Botaniska Sällskapet i Stockholm**,
der **botanischen Section des naturwissenschaftlichen Vereins zu Hamburg**,
der **botanischen Section der Schlesischen Gesellschaft für vaterländische
Cultur zu Breslau**, der **Botaniska Sektionen af Naturvetenskapliga Student-
sällskapet i Upsala**, der **k. k. zoologisch-botanischen Gesellschaft in
Wien**, des **Botanischen Vereins in Lund** und der **Societas pro Fauna et
Flora Fennica in Helsingfors**.

| Nr. 38. | Abonnement für das halbe Jahr (2 Bände) mit 14 M. durch alle Buchhandlungen und Postanstalten. | 1891. |

Wissenschaftliche Original-Mittheilungen.

———

Anpassungen der Pflanzen an das Klima in den Gegenden der regenreichen Kamerungebirge.

[Vorläufige Mittheilung.]

Von
J. R. Jungner
in Bibundi (Kamerun).

———

Nicht lange brauchte ich in den Wäldern der Kamerungebirge
umherzustreifen, um zu der Vermuthung zu gelangen, dass mehrere
vorher nicht beobachtete Merkmale für die Pflanzen dieser regenreichen
Gegenden in morphologischer Beziehung vorkämen. Auch fand
ich schon nach wenigen Tagen mikroskopischer Untersuchungen
mehrere Eigenthümlichkeiten von grösstem Interesse. in dem anatomischen Bau der dortigen Pflanzen. Während eines Zeitraumes
von bald einem halben Jahr habe ich Gelegenheit gehabt, bestätigt
zu sehen, was ich gleich am Anfang meines hiesigen Aufenthalts
glaubte vermuthen zu können.

Es giebt wohl auf der ganzen Erde kaum eine Gegend, wo es während des Jahres so viel regnet und wo die trockene Zeit auf ein solches Minimum eingeschränkt ist, wie im Gebiete der Kamerungebirge. Nirgends kann also der Unterschied der verschiedenen Gegenden in Bezug auf die Einwirkung, den die Regenmenge auf das Aussehen und den inneren Bau der Pflanzen hat, so scharf hervortreten und so gut beobachtet werden, wie hier.

Deshalb versprach ich in meinem Reiseplane, schon ehe ich als Regnell'scher Stipendiat nach Kamerun abreiste, hier unter Anderem zu untersuchen, ob irgend welche Anpassungen in morphologischer Beziehung an eine grössere Regenmenge vorkämen, und wenn es so wäre, in welchen Richtungen und in welchem Grade diese Anpassungen durchgeführt sind.

Schon in meiner Abhandlung „Ueber die Anatomie der *Dioscoreaceen*" *) habe ich beiläufig die Ansicht ausgesprochen, dass die Blattspitze bei der *Dioscorea* sp. (aus Afrika) ein wasserableitendes Organ ist. Dass gewisse Pflanzen, die einer regnerischen Gegend angehören, eine längere Stachelspitze an den Blättern haben, als wie es gewöhnlich der Fall ist, dass z. B. *Ficus religiosa*, welche aus Ostindiens regenreichen Gegenden herstammt, oder *Theobroma Cacao*, dessen Heimathsland die Regengegenden des nördlichen Süd-Amerika sind, nebst vielen anderen aus solchen Gegenden mit einer langen Zuspitzung der Blätter versehen sind; dieses entging nicht meiner Aufmerksamkeit.

Aber dass ein ganzes Florengebiet, wie es hier der Fall ist, hauptsächlich diese Blattzuspitzung als Schutz gegen zu starken und zu reichlichen Regen gewählt hat, das hätte man ja kaum ahnen können.

Die Blätter zeichnen sich also im Allgemeinen in diesem Gebiete durch ihre langen Stachelspitzen aus, welche, wie die Blätter selbst, meistens mehr oder weniger nach unten hängen, so dass sie mit Leichtigkeit entwässert werden können. Selten — und dann auch nur meistens bei niedrigen Kräutern, wie es bei Sträuchern und Bäumen doch vorkommen kann — findet man die Blätter gegen die Spitze zu abgerundet und dann auch mehr aufwärts gerichtet und im Besitz von anderen Einrichtungen, welche die Entwässerung bewirken. Ob der Strom von Regenwasser, welcher über die langen Blattspitzen hinweg abgleitet, von dem peripherischen Wurzelsystem aufgenommen wird, oder ob derselbe sich im Allgemeinen mehr von den Pflanzen entfernt, ist eine Frage für sich.

Ein Factum ist, was die Blätter selbst betrifft, dass die Ableitung des Wassers und die Trockenlegung schneller bei den mit Spitzen versehenen, als bei den abgerundeten vor sich geht.

Der Regen ist gewöhnlich so reichlich, dass ein ununterbrochener Strom von der Spitze herunter rinnt. Bei einem weniger starken Regen bemerkt man ein regelmässiges Tropfen von allen Blattspitzen.

---

*) Bihang till K. Vet. Akadem. Handl. Bd. XIII. 1888. Afd. III. No. 7.

Das Wasser spült die Blattoberfläche rein von kleineren Thieren, hauptsächlich Acariden, Insekten, deren Larven und Eier (z. B. kleine Schmetterlingslarven, Hemipteren, Blattläuse u. s. w.), sowie von den Fäces und Flüssigkeiten, welche diese absondern, und ebenso von allen Moosen, Flechten, Algen und Pilzsporen, welche sich beim Vorhandensein der Absonderungsproducte dieser Thiere leichter anheften und keimen können. Dieses Abspülen geht in desto höherem Grade vor sich, je feiner und länger die Spitzen sind.

Wenn der Regen aufhört, so zeigt sich auf den abgerundeten Blättern, wenn sie auch herunterhängend sind, eine grössere Menge Wasser nach den Kanten zu, als bei denen, die eine Zuspitzung haben. Wenn Sonnenschein gleich darauf eintritt, wie es in diesen Gegenden häufig der Fall nach einem Regen ist, so verdunstet das Wasser nicht so leicht von den erstgenannten, wie von den letzteren, sondern es wird dann den unzählbaren Mengen von zugleich ausgeworfenen Sporen Gelegenheit geboten, sich auf den feuchten Blättern niederzulassen. Diese faulen oder trocknen darum, wie es scheint, bei im Uebrigen gleichen Verhältnissen schneller, als die anderen, das Functionsvermögen der Blätter hört in Folge dessen also zuerst dort auf, wo das Wasser am häufigsten und am längsten zurückgeblieben war. Bei denjenigen Pflanzen, welche lederartige und glatte Blätter haben, beobachtet man bald an der oberen Blattseite eine ganze Vegetation, besonders von Moosen und Flechten.

Auch bei den stachelspitzigen Blättern beobachtet man oft eine reiche parasitische Vegetation. Dieses geschieht aber meistentheils auf solchen Blättern, welche auf die eine oder andere Weise beschädigt sind (z. B. von Insektenlarven) oder bei solchen, bei welchen die Spitzen vertrocknet und abgebrochen sind.

Zugleich ist dieses der Fall bei einer Menge fructificativer Sprösslinge, welche eine kürzere Spitze, als die Blätter der vegetativen Sprossen haben. Sie können nicht immer so genau den Anpassungsgesetzen folgen, welche dem Pflanzen-Individuum im Ganzen Schutz gegen äussere Verhältnisse verleihen, da ja deren Aufgabe eigentlich Hervorbringung von neuen Pflanzen-Individuen ist.

Die grünen Blätter bei diesen Blütensprossen werden also ziemlich oft mit einer parasitischen Vegetation bekleidet, meistentheils von Flechten und Moosen, aber auch zuweilen oder ausschliesslich von Pilzen oder Algen.

Da diese Blätter sich gewöhnlich im Schatten befinden — zuweilen treten die Blumen im Schatten der Baumkronen, der Gebüsche und der sie umschlingenden Lianen auf — so haben sie auch im Gegensatz zu den Blattsprossen, mehr horizontal ausgebreitete Blätter, um eine so grosse Lichtmenge wie möglich zu erhalten. Hier im Schatten entwickelt sich auch bei Sonnenschein eine grössere Feuchtigkeit. Alle diese Umstände, die horizontale Ausbreitung der Blätter, die grössere Feuchtigkeit, die kürzere Stachelzuspitzung, befördern hier die Entstehung einer parasitischen Vegetation. Die Anpassung zum Schutze gegen den Regen und die denselben begleitenden Insekten und Kryptogamensporen ist also in Betreff dieser Blätter nicht durchgeführt, sondern es gelten die hier unten aufgestellten Gesetze, natürlich nur bei denjenigen Blättern, welche die Begrenzung der Gewächse ausmachen und dem Regen am meisten ausgesetzt sind.

Zu dieser vorausgehenden Mittheilung soll nun ein kürzerer Ueberblick nebst einigen Beispielen gegeben werden. Auch einige hier bestehende Formen sollen zum Vergleich mitgenommen werden.

Bäume und Sträucher.

(Diese haben meistentheils lederartige, sowie mehr oder weniger hängende Blätter.)

A. Angebaute Arten:

a) Haben ihre Heimath in mehr trockenem Klima. Den Blättern fehlt die Stachelspitze und sie sind mit einer reichen Vegetation von Moosen, Flechten, zuweilen auch von Pilzen und Algen versehen.

Hierher gehören:

Citrus Limonum.
Citrus Aurantium und andere.

b) Haben ihre Heimath in feuchterem Klima. Die Blätter sind mit gut ausgebildeter, zuweilen sehr langer Stachelspitze versehen. Bei diesen kommt, soweit ich finden konnte, kein irgendwie nennenswerther Grad von parasitischer Vegetation an den Blättern vor. Hierher gehört die überwiegende Mehrzahl der hier im Orte gebauten Arten.

Zum Beispiel sind zu nennen:

Theobroma Cacao.
Ficus religiosa (Bot. Gard. Viktoria).
Carica Papaya.
Sesamum Indicum.

B. Auf den Kamerunbergen und in deren nächster Umgegend einheimische Arten:

a) Die Blätter haben keine Stachelspitze, oder sind nur mit einer sehr kurzen versehen. Sie sind im Allgemeinen nicht so abwärts gerichtet, wie die Blätter von Arten der folgenden Kategorie. Sie enthalten meistens einen scharfen Milchsaft oder giftige Bestandtheile, deren Anwesenheit ohne Zweifel das Aufkommen einer parasitischen Vegetation verhindert. Sie sind oft der Quere nach von Nerven durchfurcht oder haarig und mehr horizontal ausgebreitet, weshalb eine Zuspitzung nicht viel ausrichten könnte. Sie sind zuweilen auch so eingerichtet, dass das Wasser an der Basis der Blattscheibe und dann weiter den Stamm herunter rinnt.

α) Die Blätter sind auf der oberen Seite glatt und eben. Sie tragen eine reiche Flechten- und Moos-Vegetation auch auf denjenigen Blättern, welche die äussere Begrenzung der Krone ausmachen. Die Blätter

sind etwas hängend, so dass das Wasser gegen die Spitzen
zu, welche hier sehr kurz sind, rinnt. Hierher gehören:
Einige *Ficus*-Arten.

β) Die Blätter sind auf der oberen Seite rauhaarig und un-
eben. **Ihnen fehlt jedwede parasitische Vegetation.** Hin und wieder sind sie schalenförmig und mit
einer so markirten herzförmigen Basis versehen, dass
die Basallappen, sich über einander legend, ein kleines
Loch zur Ableitung des Wassers hinterlassen. **Der
Milchsaft ist bei diesen schärfer, als bei den
zur vorhergehenden Kategorie gehörenden.**
Hierher gehören:
Mehrere *Ficus*-Arten.

γ) Die Blätter sind quer von den tiefgehenden Secundärnerven durchfurcht, welche alle gerade und in einer schräg
nach oben gehenden Richtung fortlaufen, so dass das
Wasser mit diesen zu den Hauptnerven und zu der Basis
der Blattscheibe fliessen kann. Jedwede parasitische Vegetation fehlt. Diese Pflanzen haben entweder
α) **scharfen Milchsaft**, wie:
Einige *Apocynaceen*, oder
β) **Strychnin**, wie:
Anthocleista Vogelii.

b) Die Blätter haben eine **gut entwickelte, oft sehr
lange Stachelspitze.** Hier kommt auf den dem Regen
direct ausgesetzten Blättern **keine parasitische Vege-
tation** vor. Hierher gehören die allermeisten Bäume und
Sträucher. Beispielsweise seien genannt:
Die *Coffeaceen.*
Die *Cinchonaceen.*
Die *Bignoniaceen.*
Die *Verbenaceen.*
Die *Ebenaceen.*
Die *Caietiaceen.*
Die *Anacardiaceen.*
Die *Melastomaceen.*
Die *Rhizophoraceen.*
Jonidium.
Die *Caesalpiniaceen.*
Einige *Papilionaceen.*
Die *Bombaceen.*
Einige *Ficus*-Arten.
Die *Pandanaceen.*
Die Palmen.
Pennisetum.
Die *Scitamineen* u. a. m.

Schlingpflanzen.

A. **Haben fast immer eine Stachelspitze an den Blättern,**
welche meistentheils haarig sind. Sie sind **ohne parasitische**

Vegetation, mit Ausnahme von Pilzen. Hierher gehören z. B.:
Die *Compositen* (nur einige wenige sind Schling-
pflanzen).
Die *Asclepiadeen.*
Die *Convolvulaceen.*
Die *Sapindaceen.*
Die *Araliaceen.*
Die *Vitideen.*
Die *Menispermaceen.*
Die *Phaseolaceen.*
Die *Piperaceen.*
Mehrere *Ficus*-Arten.
Die *Smilacineen.*
Die *Dioscoreaceen.*

B. Ohne Stachelspitzen. Ohne parasitische Vegetation
an den Blättern, mit Ausnahme von Pilzen.

a) Dem Winde ausgesetzte, welcher schnell das
Blatt trocknet. Kommen grösstentheils an Meeresküsten
und an Flussmündungen vor:
Einige *Phaseolaceen.*
Eine *Spiraea* sp. u. a.

b) Kommen an ruhigen Stellen vor. Wenn Regen fällt,
biegen sich die sonst horizontal ausgebreiteten Blättchen nach
oben, so dass die Wassertropfen schräg fallen oder gespalten
werden. Das Wasser rinnt über die schmäler
werdenden Blättchenbasen hinab. Hierher gehören
die oft mehr oder weniger lianenähnlichen
Mimosaceen.

Die Epiphyten.

A. Haben eine gut entwickelte Stachelspitze. Die Blätter
sind meistentheils glatt, ohne parasitische Vegetation.
Hierher gehören z. B.:
Die *Orchideen.*
Die *Aroideen.*
Mehrere *Ficus*-Arten.
Die *Begoniaceen.*
Die *Polypodiaceen.*

B. Ohne eine gut entwickelte Stachelspitze. Haben
eine reiche parasitische Vegetation. Wachsen auch
am Boden auf schattenreichen Stellen:
Eine *Begonia* sp.

Die Kräuter.

A. Arten, welche aus einem trockneren Klima — vielleicht
mit Waaren — hereingekommen sind. Diese haben keine
Stachelspitze. Die gewöhnlich sehr dünnen Blätter haben
keine andere Vegetation, als Pilze. Hierher gehören:

Die Arten von *Ageratum.*

» » » *Emilia.*

» » » *Scutellaria.*

» » » *Solanum.*

» » » *Portulacca.*

B. In diesem Gebiet **einheimische Arten.**

a) **Mit einer Stachelspitze versehene. Keine parasitische Vegetation, mit Ausnahme von Pilzen.**
Blätter oft mit der Spitze nach unten hängend. Hierzu gehören:

Die *Acanthaceen.*

Die einheimischen *Solanaceen.*

Die *Capparidaceen.*

Die *Urticaceen.*

Mercurialis sp.

Die *Amaranthaceen.*

Dorstenia sp.

Die *Cyperaceen.*

Die *Gramineen.*

b) **Ohne Stachelspitze. Jedwede parasitische Vegetation fehlt. Scharfer Milchsaft:**

Euphorbiaceen.

Wenn wir jetzt diese Uebersicht näher durchgehen, so finden
wir folgendes:

Resultat:

1. Die im Gebiete der Kamerungebirge gebauten Sträucher und
Bäume, deren Heimathsländer weniger Regen haben, gedeihen
hier nicht gut. Sie erhalten früher oder später eine parasitische
Vegetation, welche mehr und mehr Ueberhand nimmt, so dass
die betreffenden Pflanzen nach kurzer Zeit untergehen.

2. Die aus feuchtem Klima hierher verpflanzten Sträucher und
Bäume treiben dagegen ganz gut und sind selten belästigt
von dieser Parasiten-Vegetation von Flechten, Moosen, Algen
und Pilzen, welche in diesen Gegenden so gewöhnlich ist.

3. Die unter No. 1 genannten Pflanzen sind also nicht dahin gekommen, sich dem vielen Regen anzupassen,
welcher in diesen Gegenden fällt. Die unter No. 2 genannten haben dieses in keiner Weise nöthig gehabt, da die
Verhältnisse in ihrer Heimath gleichartig waren mit den hier
in Frage kommenden Verhältnissen in Bezug auf die Regenmengen. Sie waren schon von Anfang an mit gut entwickelten
Stachelspitzen an den Blättern versehen.

4. Die in dem Gebiete der Kamerunberge einheimischen Arten
haben im Allgemeinen Zeit gehabt, auf die eine oder andere
Weise, meistens durch die Zuspitzung der Blätter, sich gegen
einen zu grossen Regenüberfluss und gegen die durch
diesen verursachte parasitische Kryptogamen-Vegetation zu
schützen. In dem grossen Kampf um's Dasein, welchem
die ganze Vegetation unterworfen ist, konnten sich nicht
alle Gewächstheile gegen den Angriff der Parasiten schützen.

Dieses gilt meistens von den im Schatten liegenden Theilen, welche aus Blütensprossen und später zugekommenen Zweigen bestehen.

5. Die Pflanzen, welche einen scharfen Milchsaft enthalten oder irgend welchen giftigen Bestandtheil, waren nicht genöthigt, sich diese Blattzuspitzung als Schutz anzueignen.

6. Die Pflanzen, welche sehr viel dem Winde ausgesetzt sind — dieses gilt besonders von einigen Schlinggewächsen, welche häufig an Meeresufern oder an Flussmündungen vorkommen und dort ihre respectiven Schutzpflanzen mit ihrem Laube umgeben — sind auch nicht dieser schützenden Zuspitzung der Blätter bedürftig, da sie bald genug vom Winde getrocknet werden.

7. Diejenigen, welche eine durch Wetterverhältnisse verursachte Bewegungskraft besitzen, haben auch nicht diese Anpassungsmethode gebraucht, welche in der Blätterzuspitzung besteht.

8. Die mit Waaren eingeführten Kräuter haben noch nicht Zeit genug gehabt, sich dem vielen Regen anzupassen.

9. Dass einige Gewächse, trotz mangelnden Schutzes gegen die Regenmassen und auch gegen dessen Folgen · doch in diesen Gegenden ziemlich zahlreich vorkommen, beruht wohl auf dem Umstande, dass sie einen aussergewöhnlichen Grad von Reproductionskraft besitzen. Dieses trifft z. B. bei einigen *Ficus*-Arten und einer *Begonia*-Art zu.

10. Ein Rückblick auf diese Uebersicht zeigt uns schliesslich, dass das sich weit erstreckende, allgemein vorkommende Schutzmittel gegen den Regen bei den in diesen Gebieten vorkommenden Gewächsen die Entwicklung der Blätterspitze ist, und dass das Vorhandensein dieser zugleich eben so gut als ein durchgehendes Gesetz bezeichnet, als auch für ein charakteristisches Erkennungszeichen der ganzen hier vorkommenden Phanerogamen-Flora gehalten werden kann.

11. Die praktische Bedeutung, die das letztgenannte Gesetz für die Plantagenleiter in tropischen Gegenden haben kann, habe ich mehreren solchen auseinandergesetzt und ist von diesen mit dem lebhaftesten Interesse aufgenommen worden.

Referate.

Zopf, W., Ueber Ausscheidung von Fettfarbstoffen (Lipochromen) seitens gewisser Spaltpilze. (Berichte d. Deutsch. bot. Gesellschaft. Bd. IX. 1891. p. 22—28.)

In den Colonien von *Micrococcus rhodochrous* Z. und *M. Erythromyxa* Z. treten dendritische Krystallaggregate auf, die auf dem dunkeln Felde des Polarisationsmikroskopes mit prächtig scharlachrother bis blutrother Farbe aufleuchten. Durch ihre intensive Bläuung mit concentrirter Schwefelsäure, sowie durch ihre Löslichkeitsverhältnisse geben sie sich als Lipochrome zu erkennen, die von den Spaltpilzen, und zwar wahrscheinlich von den lebendigen Zellen, zur Ausscheidung gebracht und nachträglich auskrystallisirt sind. Das Ausscheiden der Lipochrome aus der Zelle ist eine sehr beachtenswerthe, im Thier- und Pflanzenreiche vereinzelt dastehende Erscheinung. Nur die Bakterien *Bacterium egregium* Z. und *B. Chrysogloia* Z., denen sich *Micrococcus aureus* (Rosenbach) anschliesst, verhalten sich ähnlich, aber die ausgeschiedenen Lipochrome gehören der gelben Reihe an und bilden nicht so schöne Krystallaggregate. Während diese gelben Lipochrome 2 Absorptionsbänder zeigen, weisen die vom Verf. bei gewissen *Mycetozoen* gefundenen Fettfarbstoffe 4 Bänder auf. Danach wird eine Classification und Benennung der Lipochrome zu geben versucht. Für die oben genannten Micrococcen will Verf. eine besondere Gattung, *Rhodococcus*, aufstellen mit folgender Diagnose: „Colonien auf gewöhnlicher Nährgelatine gebirgsrückenartig; roth gefärbte Zellen, weder ausgesprochen fädige, noch flächenförmige oder körperliche Verbände bildend, sondern unregelmässig zusammengelagert, ohne Gallerthülle, einen rothen Fettfarbstoff enthaltend, der nach der Ausscheidung in rothen, auffälligen Aggregaten auskrystallisirt und durch ein einziges breites Absorptionsband bei F. ausgezeichnet ist." Species *Rh. Erythromyxa* Zopf und *Rh. rhodochrous* Zopf, die von Overbeck näher charakterisirt werden sollen.

Möbius (Heidelberg).

Saccardo, P. A., Chromotaxia seu nomenclator colorum polyglottus additis speciminibus coloratis ad usum botanicorum et zoologorum. 8°. 22 pp. 2 Tab. Patavii (Typis Seminarii) 1891.

Die Schwierigkeit, die Farbe eines zu beschreibenden Gegenstandes correct auszudrücken, was besonders bei lateinischen Diagnosen wichtig ist, hat den Verf. veranlasst, ein Farbenschema aufzustellen, in welchem 50 Farbentöne durch Wort und Bild genau bezeichnet werden. Die Tabellen enthalten folgende Rubriken: 1. die lateinischen Namen der betreffenden Farbe. 2. die lateinischen Synonyme. 3. die lateinischen Namen der am nächsten stehenden Farben. 4., 5., 6., 7. die italienischen, französischen, englischen, deutschen Ausdrücke für die Farbe und 8. Bemerkungen dazu. In dieser letzten Rubrik gibt Verf. typische Beispiele, Erklärungen und theilweise auch etymologische Ableitungen des Namens, z. B. für *albus* (1.): „Exempla typica: calx, gypsum, nix, cerussa, erminea. — Pallidus est albus impurus. — Argenteus, argyreus (ab argyros argentum) est albus nitore metallico. — Lacteus est lactis vaccini recens emulsi. Galactites, galochrous sunt a gala lac. Candicans, canescens est albus purus v. impurus ex tomento pendens, ut hypophyllum Populi albae, Alni incanae." Beim lateinischen Farbennamen wird auch durch Zahlen ausgedrückt, aus welchen Farben sich die betreffende zusammensetzt, z. B. 15. miniatus, 14. (ruber) und 21. (aurantiacus). Die

Farben selbst sind in Rechtecken von 2 : 3 cm auf den beiden
Tafeln wiedergegeben. Es wäre sehr zu wünschen, dass dieses
Schema bei allen zoologischen und botanischen Beschreibungen als
Norm benutzt würde.

Möbius (Heidelberg).

Lintner, J. C. und **Eckhardt, F.**, Studien über Diastase. III.
(Journal für praktische Chemie. 1890. p. 91—96.)

Enthält die Ergebnisse einer in der „Zeitschrift für das gesammte Brauwesen" 1889 veröffentlichten ausführlicheren Untersuchung, die einerseits zu entscheiden sucht, ob das Ferment des
ungekeimten Getreides (Gerste, Weizen) mit der Malzdiastase identisch
ist oder nicht, andererseits die sogenannte „künstliche Diastase" zum
Gegenstand hat.

Was die erste Frage anlangt, so kommen die Verff. zum
Resultat, dass die beiden Fermente — das des ungekeimten Getreides und die Malzdiastase — nicht identisch sind. Wenn beide
auch aus Stärke die gleichen Producte erzeugen — Dextrin und
Maltose (die Cerealose Cuisinier's konnte nicht beobachtet
werden) —, so war doch die Menge der Umwandlungsproducte, die
mit beiden Fermenten erzeugt wurden, unter sonst gleichen Umständen verschieden. Für Malzdiastase liegt das Temperatur-
Optimum zwischen 50 und 55° C, für das Gersteferment zwischen
45 und 50°. Verff. verglichen die Wirkungsweisen der beiden
Fermente, indem sie Curven construirten, deren Abscissen die
Temperaturgrade, und deren Ordinaten das sog. Reductionsvermögen
angaben. Ohne auf die auch nur andeutungsweise mitgetheilten Einzelheiten einzugehen, sei erwähnt, dass die Curve des Gersteferments
beträchtlich höher ansetzt, als die für Diastase; sie erreicht aber
im Optimum nicht die Höhe dieser und fällt auch weniger steil ab.
Schliesslich unterscheiden sich die genannten Fermente auch durch
ihr Vermögen, Stärke zu verflüssigen, das den Gersten- bez. Weizenauszügen nur in sehr geringem Maass zukommt.

Die sog. künstliche Diastase wurde von Reychler erhalten durch Einwirkung verdünnter Säuren auf Weizenkleber. Verff.
bestätigen, dass hierbei fermentative Lösungen entstehen, die ebenso
bei Behandlung von Mucedin auftreten. Diese Lösungen gleichen
aber in ihren Wirkungen völlig den Gersten- und Weizenauszügen,
sind also nicht wohl als Diastase zu bezeichnen. Was die Entstehung dieses Ferments betrifft, so ist nicht anzunehmen, dass es
dem Kleber oder einem seiner bekannten Bestandtheile entstammt.
Verff. nehmen vielmehr eine hypothetische, als Fermentogen oder
Zymogen zu bezeichnende Substanz an, die dem Kleber anhaftet
und bei Behandlung mit verdünnten Säuren oder mit Wasser allein
in das Ferment übergeht.

Die Entstehung der Malzdiastase ist unzweifelhaft auf die
chemischen Vorgänge zurückzuführen, welche die Keimung begleiten,
Vorgänge, die wir noch keineswegs übersehen können. Dass etwa
Bakterien bei der Entstehung der Diastase mit im Spiele sind,

erscheint völlig ausgeschlossen, da einerseits exakte Untersuchungen
die Abwesenheit von Bakterien im Innern des Getreidekorns dargethan haben, andererseits in Kleberlösungen, die mit Bakterien
älterer Lösungen infizirt wurden, eine Steigerung der Ferment-
wirkung nicht beobachtet werden konnte.

Jännicke (Frankfurt a. M).

Wilson, J., The mucilage — and other glands of the
Plumbagineae. (Annals of Botany. Vol. IV. No. XIV. 1890.
p. 231—258. Pl. X—XIII.)

Die kalkabsondernden Drüsen der *Plumbagineen* sind in letzter
Zeit mehrfach Gegenstand der Untersuchung gewesen, während die
anderen Drüsen an Pflanzen derselben Familie bisher wenig Beachtung gefunden haben. Verf. wurde auf die letzteren aufmerksam
durch die reichliche Schleimabsonderung, welche in den Blattwinkeln
von *Statice rosea* zu bemerken ist. Er fand, dass dieselbe von
Drüsen ausgeht, die er Schleimdrüsen nennt, während er die von
dem Typus der kalkabsondernden als Mettenius'sche Drüsen bezeichnet. Nach einer Litteraturübersicht über den Gegenstand beschreibt er die beiderlei Drüsenformen nach einander für eine grosse
Anzahl von Arten aus den Gattungen *Aegialitis, Acantholimon,
Statice, Armeria, Limoniastrum, Plumbago, Ceratostigma* und *Vogelia;*
ausserdem werden die morphologischen und anatomischen Verhältnisse auf den 4 beigegeben Tafeln dargestellt. Für diese Einzelbeschreibungen müssen wir auf das Original verweisen. Die Resultate, zu denen Verf. gelangt, sind etwa folgende:

Es lässt sich zwar eine Unterscheidung machen zwischen den
beiden Formen der Secretionsorgane, den Mettenius'schen
Drüsen, die allgemein über die vegetativen Organe verbreitet sind,
und den Schleimdrüsen, die auf die Blattachseln beschränkt sind.
Indessen werden alle möglichen Uebergangsformen zwischen diesen
beiden Organen reichlich angetroffen; sodass man bisweilen zweifelhaft ist, zu welcher Form eine Drüse zu rechnen ist. Auch in den
jungen Entwickelungszuständen unterscheiden sie sich nicht. Die
Secretion von Schleim ist nach den Umständen verschieden und
findet sich in gewissem Grade auch bei den Mettenius'schen
Drüsen. Diese und die Schleimdrüssen lassen sich also zweifelsohne von einer gemeinsamen Ausgangsform ableiten, und zwar sind
die ersteren als ursprüngliche zu betrachten. Als eine zu ihnen
gehörende, aber specialisirte Form können auch die gestielten
Drüsen an dem Kelch von *Plumbago* betrachtet werden. Was die
Function betrifft, so ist von den Kalkdrüsen nachgewiesen, dass sie
zur Herabsetzung der Transpiration dienen, ebenso functionirt der
hygroskopische Schleim, indem er die atmosphärische Feuchtigkeit
anzieht und aufspeichert. Allerdings besitzen auch solche Pflanzen
Schleimdrüsen in den Blattachseln, welche ihrem Standort nach dies
nicht nöthig zu haben scheinen. Das Auftreten von Mettenius'-
schen Drüsen an den Cotyledonen ist offenbar in dieser Familie
ein allgemeines, während die Schleimdrüsen sich an diesen Organen
nur bei gewissen Gattungen finden dürften, wohl nur bei denen,

die sie besonders deutlich in ausgewachsenem Zustand zeigen, wie
Aegialitis, nicht dagegen *Acantholimon*. Von den Familien, die mit
den *Plumbagineen* verwandt sind, zeigen, wie schon bekannt, die
Tamaricaceen-Drüsen, welche den Mettenius'schen der *Plumbagineen* ähnlich sind, und die *Frankeniaceen* solche, die an die Schleimdrüsen jener erinnern. Verf. macht dann noch auf die Collateren an
der Ochrea der *Polygoneen* und die Köpfchenhaare der *Plantagineen*
aufmerksam, welche auch verwandtschaftliche Beziehungen aufweisen.

Möbius (Heidelberg).

Lignier, O., La graine et le fruit des *Calycanthées*. (Bulletin
de la Société Linnéenne de Normandie. Sér. IV. Vol. V. 1891.
Fasc. 1. p. 1—33. Pl. I.)

Verf. beschreibt unter Hinweis auf die Abbildungen der beigegebenen Tafel: 1. die reife Frucht, 2. den reifen Samen, 3. die
Entwicklung beider. Betreffs der Einzelheiten muss natürlich auf
das Original verwiesen werden. Im Allgemeinen werden die Angaben von Baillon bestätigt und durch einige interessante Einzelheiten vermehrt. Die Entwicklung des Ovulums ist fast genau
dieselbe, wie sie Baillon für die *Proteaceen* beschrieben hat.[*]
Die Frucht darf nicht als Achäne, sondern als Folliculus mit
später Dehiscenz (erst bei der Keimung) bezeichnet werden. Dass
sie nicht aufspringt, beruht auf dem Fehlen von elastischen Fasern
im Pericarp. Die harte Schale, welche den einzigen Schutz des
Samens darstellt, wird durch das Endocarp gebildet; sie besteht
aus sehr dickwandigen, radial ausserordentlich verlängerten Zellen,
die wie die Steine eines Gewölbes zusammengesetzt sind, wesswegen
sie nach aussen starken Widerstand bietet, von innen aber leicht
gesprengt werden kann. Während sich solche Hartschalen als
Bestandtheile der Samenschale häufig finden, sind sie selten aus
dem Endocarp hervorgegangen; am ehesten erinnert an diese Bildung
das Endocarp von *Illicium anisatum*, *Liriodendron tulipifera*, gewisser *Clematideen*, *Spiraeeen* u. a. Auffallend ist ferner die Entstehung einer Zellschicht mit netzförmiger Verdickung aus der inneren
Epidermis des äusseren Integumentes. Es wäre von Interesse, bei
den Familien, welche man in die Nachbarschaft der *Calycanthaceen*
gestellt hat, nach ähnlichen Bildungen in Frucht- und Samenschale
zu suchen, um dadurch vielleicht weitere Anhaltspunkte für die
systematische Verwandtschaft aufzufinden.

Möbius (Heidelberg).

Gibson, R. J. Harwey, On cross-and self-fertilization
among plants. (Transactions of the Biologic. Society of L'pool.
Vol. IV. 1890. p. 125—130.)

Verf. bespricht zunächst die Einwürfe, welche von verschiedenen
Seiten gegen das Knight-Darwin'sche „Gesetz" von der ver-
miedenen Selbstbefruchtung erhoben worden sind, und führt den

---

[*] Es ist wohl nur ein Versehen, dass Verf. schreibt: „les ovules anatropes
non réfléchis des *Protéacées*".

Streit in seiner Ursache zurück einerseits auf die Unbestimmtheit,. mit welcher die Ausdrücke Selbst- und Kreuzbefruchtung gebraucht werden, andererseits auf die Beschränkung beim Untersuchen dieser Erscheinungen auf die Phanerogamen. Selbstbefruchtung findet nach seiner Erklärung nur dann statt, wenn männliche und weibliche Gameten von demselben Individuum*) erzeugt werden, also bei Hermaphroditismus; zur Kreuzbefruchtung müssen 2 Individuen wirken, die hermaphrodit oder eingeschlechtlich sein können. Dass man damit aber nicht auskommt, geht aus den weiteren Bemerkungen des Verf. selbst hervor. Die Befruchtung von Archicarp und Pollinodium bei *Eurotium* (wenn es eine wäre) würde sicher als Selbstbefruchtung zu betrachten sein. Bei dem diöcischen *Fucus vesiculosus* ist sichere Kreuzbefruchtung. Letzteres auch bei den heterosporen Gefässkryptogamen. Nach deren Analogie sind aber auch‚ die Phanerogamen heterospor, folglich findet bei ihnen nur Kreuzbefruchtung statt. Die Frage nach der Gesetzmässigkeit der einen‚ oder anderen Art der Befruchtung muss also bei den Kryptogamen. zu lösen gesucht werden.

Möbius (Heidelberg).

Ihne, Egon, Die ältesten pflanzenphänologischen Beobachtungen in Deutschland. (Sonderabdruck aus dem 28. Bericht der Oberhessischen Gesellschaft für Natur- und Heilkunde zu Giessen. 8°. 4 pp.)

Während Linné in den Jahren 1748—50 zu Upsala und Landscrona, Stillingfleet 1755 in Stratton (Norfolk) und Scopoli 1762 in Krain zielbewusste phänologische Beobachtungen machten,. gebührt dies Verdienst für Deutschland dem Danziger Privatmann Gottfried Reyger. Derselbe gab 1768 ein Buch heraus: Die um Danzig wild wachsenden Pflanzen etc., das einen Abschnitt über die „Zeit des Aufblühens verschiedener einheimischer Pflanzen im Jahre 1767" enthält. Reyger gibt das Datum der Aufblühzeit für 298 Pflanzen und daneben manche verständige Bemerkung.. Die Beobachtungen von Schmöger's in Regensburg sind danach. in Bezug auf Alter überholt.

Jännicke (Frankfurt a. M.).

Made, Philipp, Phaenologische Beobachtungen über Blüte, Ernte und Intervall vom Winterroggen (*Secale cereale hibernum*). [Inaugural-Dissertation von Giessen.]: 8°. 87 pp. 3 Karten. Mainz (Zabern) 1890.

Verf. theilt zunächst eine Tabelle mit, die für 996 Stationen aus Nord- und Mitteleuropa die entsprechenden Daten der Blüte und Ernte des Winterroggens, sowie das Intervall und die genaue geographische Bestimmung des Beobachtungsortes anführt. Die Daten sind fast sämmtlich Mittelwerthe aus zum Theil langjährigen,‚

---

*) Die ganze Schwierigkeit liegt natürlich an der Definition des Individuums bei der Pflanze. Ref.).

im Maximum 37 Jahre umfassenden Beobachtungen. An diese Aufstellung schliessen sich drei weitere tabellarische Uebersichten an, von denen die beiden ersten die Orte gleicher Blüte und Erntezeit chronologisch, und zwar in Rücksicht auf die Differenz gegen Giessen einer-, Porto andrerseits aufzählen, die dritte die Beobachtungsorte nach der Dauer des Intervalls zwischen beiden Phasen zusammenfasst. Das dermassen gesichtete Material dient weiter zur kartographischen Darstellung der Blüte- und Ernte-isophanen, sowie der Dauer des Intervalls, wobei sämmtliche drei Karten noch eine entsprechende textliche Erläuterung finden.

Was die Herstellung der Karten anbetrifft, so hat Ref. zwei Dinge dazu zu bemerken: Einmal hätte die schematische Gebirgs-zeichnung, wie sie nun einmal in der bekannten Raupen-Manier gehalten ist, füglich fortfallen können; sodann hätte es sich für die Isophanenkarten empfohlen, die Gebiete, welche gegen Giessen Verfrühung zeigen, in einem andern Farbenton zu halten, als die-jenigen, welche einen spätern Eintritt der Phase aufweisen, und die einzelnen Zonen durch Abstufungen der Töne zu bezeichnen; wie die Karten vorliegen, ist Alles blau und nur durch die Schraffirung verschieden, was weder die beiden grossen Gebiete — das mit Verfrühung und das mit Verspätung gegen Giessen —, noch die einzelnen Zonen eines jeden Gebiets deutlich genug zum Ausdruck bringt. Die Intervallkarte endlich zeigt in der vorliegenden Dar-stellung nichts weiter, als Ansammlungen rother und blauer Punkte.

Die Begleitworte zu den Isophanenkarten legen zunächst den Lauf dieser Linien fest, was hier nicht weiter anzugeben ist; es kann hier auch nur angedeutet werden, dass mancherlei auffällige Abweichungen seitens mancher Orte zu bemerken sind. Ein Ver-gleich zwischen den Blüte-Isophanen und den Ernte-Isophanen zeigt neben ähnlichem Verlauf in den grossen Zügen im Besondern deutlich die Wirkung des Seeklimas in Beziehung zum continentalen: die atlantischen Stationen sind Giessen in der Blüte voraus, in der Ernte nach; die ungarischen Stationen verhalten sich umgekehrt. Eingehende Berücksichtigung findet weiterhin der Einfluss der geographischen Breite sowie der der Höhe, wofür die hauptsächlichen Belege sich aus folgender Uebersicht ergeben:

I. Geographische Breite.

Breite	Blüte			Ernte		
	Zahl der Stationen	Verspätung für 1° im Mittel (Tage)	Differenz	Zahl der Stationen	Verspätung für 1° im Mittel (Tage)	Differenz
45—50°	43	0,16		37	0,58	
50—55°	56	1,18	1,02	38	1,26	0,68
55—60°	64	4,40	3,22	56	3,40	2,14
60—65°	95	6,14	1,74	83	4,72	1,32
über 65°	10	8,26	2,12	10	8,30	3,58
	Mittel	4,02	2,02	Mittel	3,65	1,93

II. Höhe.

Höhe in m	Blüte			Ernte		
	Stationen	Verspätung für 100 m (Tage)	Differenz	Stationen	Verspätung für 100 m (Tage)	Differenz
100—200	78	1,56		61	+1,62	
			2,38			1,00
200—300	102	3,94		79	+0,62	
			1,56			4,62
300—400	67	5,50		52	−4,00	
			1,16			3,50
400—500	93	6,66		80	−7,50	
			2,84			0,66
500—600	47	9,50		38	−8,16	
			6,10			8,67
600—700	33	15,60		30	−16,83	
			2,93			5,33
700—800	15	18,53		15	−22,16	
Mittel	8,75	2,83		Mittel	8,05	8,63

In ähnlicher Weise werden auch die Beträge des Intervalls für die einzelnen Orte verwerthet; von einer Darstellung der bezüglichen Tabellen sieht Ref. ab, da nach des Verf. Meinung ein „durchschlagendes Verhältniss" hierbei nicht vorhanden zu sein scheint; „es sind vielmehr Orte mit grösserem und solche mit kleinerem Intervall durch einander gelegen, was jedenfalls der verschiedenen Exposition, Bodenbeschaffenheit und Höhe über dem Meer zuzuschreiben ist". Mit der Höhe über dem Meer speciell wächst das Intervall für je 100 m im Mittel um 2,27 Tage; es wäre aber auch interressant gewesen, über die andern Punkte einiges zu erfahren, welche das „Durcheinander-Liegen" der Orte bedingen, wie überhaupt gesagt werden muss, dass das ungemein reiche Beobachtungsmaterial, dessen sich Verf. zu erfreuen hatte, in mancher Hinsicht eine eingehendere Durcharbeitung verdient hätte.

Jännicke (Frankfurt a. M.).

Holst, Axel, Uebersicht über die Bakteriologie für Aerzte und Studirende. Autorisirte Uebersetzung aus dem Norwegischen von Oscar Reyher. 8°. 210 pp. Mit 24 Holzschnitten im Text und 2 Farbendrucken. Basel (Sallmann und Bonacker) 1891.

Wie Verf. bemerkt, ist das vorliegende Buch in erster Linie für Denjenigen berechnet, der einen Ueberblick über die wesentlichsten Ergebnisse der bakteriologischen Forschung zu gewinnen wünscht, ohne Gelegenheit zu haben, auf deren Details näher einzugehen. Doch kann es auch als geeignet zur Einführung in das Stadium der Bacteriologie betrachtet werden, wie wir aus der Behandlungsweise des Stoffes ersehen. Der erste Abschnitt handelt von den Mikroben im Allgemeinen und beginnt mit der Eintheilung derselben. Dass die eigentlichen *Fungi* alle als Schimmelpilze bezeichnet und die *Peronosporeen* zu den *Ascomyceten* gerechnet werden, sind bei einer späteren Ausgabe leicht zu beseitigende Ungenauigkeiten. Die Bakterien werden hier nur in ihren ver-

schiedenen Formen kurz angeführt. Wir finden dann weiter in
zusammenfassender Weise behandelt: die bakteriologischen Untersuchungsmethoden, die allgemeine Biologie der Mikroben, Verwesung, Fäulniss und Gährung, die Gährungsindustrie. Es ist also
nicht blos auf die Bakterien, sondern auch auf die Hefe und andere
Pilze Rücksicht genommen.

Der zweite Abschnitt handelt von den Ansteckungsstoffen; im
allgemeinen Theil werden das Wesen und die Erscheinung der
Ansteckung, sowie die Mittel dagegen ziemlich ausführlich besprochen. Im speciellen Theil werden die einzelnen Mikroben behandelt, welche ansteckende Krankheiten hervorrufen und unter
denen natürlich die Bakterien die meisten und wichtigsten sind.
Die Darstellung ist eine historisch-kritische und zeigt, auf welchem
Standpunkte in jedem einzelnen Falle die Wissenschaft jetzt steht,
dabei bedient sich Verf. einer sehr anregenden Schreibweise,
welche durch die Uebersetzung nicht im geringsten beeinträchtigt
ist. Am Ende eines jeden Capitels finden sich Litteraturangaben
für diejenigen, die sich mit dem Gegenstande eingehender beschäftigen wollen. Es kann somit das Buch in dem am Eingang
erwähnten Sinne auf das beste empfohlen werden.

Möbius (Heidelberg).

Kirchner, M., Untersuchungen über Influenza. (Aus der
hygienischen Untersuchungsstation beim Kgl. Garnisonlazareth
Hannover. — Centralbl. für Bakteriologie und Parasitenkunde.
Bd. VII. No. 12. p. 361—364.)

Angeregt durch die Verschiedenheit der Anschauungen über
die Ursache der Influenza, stellte Verf. eingehende mikroskopische
und bakteriologische Untersuchungen im Garnisonlazareth von
Hannover an, welche ihn zu einem Ergebniss führten, das von
den im Centralblatt für Bakteriologie und Parasitenkunde von
Ribbert, Klebs und anderwärts von Vaillard und Vincent,
Netter, Bouchard, Weichselbaum etc. bekannt gemachten
abweicht. Beobachtet wurden 134 Kranke und von diesen bei
29 Nasensekret und Auswurf, oder diese und das Blut, bei einigen
auch das pleuritische Exsudat untersucht. Ausnahmslos enthielt
das Sputum einen kleinen, von länglich-runder Kapsel umgebenen
Diplococcus, selten einzeln oder in Ketten erscheinend. Denselben
Mikroorganismus fand Verf. bei den Pneumonien als einzigen,
ebenso in dem pleuritischen Exsudat (2 mal eitrig). Im Blut konnte
er ihn 3 mal nachweisen, bei drei sehr schweren Allgemeininfectionen
ohne hervorstechende Localisationen im Athmungsapparat. Auf Gelatine wächst der *Coccus* nicht, wohl aber bei 36° C. auf Agar-Agar,
auf dem er üppige, grauweissliche, durchscheinende, rundliche Colonien bildet. Im Impfstich in Agar wächst er in der ganzen Ausdehnung desselben, hauptsächlich jedoch auf der Oberfläche. In
Bouillon erscheint er stets als *Diplococcus*, aber ohne Kapsel. Er
färbt sich leicht mit allen Anilinfarben, ohne jedoch Doppelfärbung
anzunehmen, entfärbt sich sofort durch Jodjodkalium und 1 % Essig-

säure. Kochen der Deckglaspräparate mit Loeffler'schem Blau ¼ Minute lang und Abspülen mit verdünnter alkoholischer Eosinlösung giebt leidliche Doppelfärbung der Sputa. Reinkulturen, subcutan, peritoneal und in die Pleurahöhle gebracht, waren für Mäuse und Kaninchen nicht pathogen. Von 4 geimpften Meerschweinchen ging eins in 48 Stunden zu Grunde, und es fand sich der *Diplococcus* im Lungensaft und konnte aus diesem und aus Milz und Blut gezüchtet werden. Aus näher angeführten Gründen ist er nicht identisch mit A. Fraenkel's Pneumoniecoccus ebensowenig mit *Streptococcus pyogenes* oder dem *Streptococcus* des Erysipelas. Ob der *Diplococcus* für Influenza charakteristisch oder gar der Erreger der Influenza selbst ist, müssen weitere Untersuchungen lehren; jedenfalls ist er kein zuverlässiger Befund, denn er wurde bei Gesunden und anderen Kranken bisher nicht gefunden. Möglicherweise ist der *Diplococcus* identisch mit dem von O. Seifert gesehenen *Coccus*. Die von Klebs beschriebenen *Flagellaten* konnte Verf. im Blute Influenzakranker niemals auffinden.

Kohl (Marburg).

Krueger, R., Beitrag zum Vorkommen pyogener Kokken in Milch. [Mittheilungen aus dem milchwirthschaftlich-chemischen Laboratorium der Universität Königsberg i. Pr.] (Centralblatt für Bakteriologie und Parasitenkunde. Bd. VII. No. 19. p. 590 —593.)

Verf. unterwarf Milch von einer an Euterentzündung erkrankten Kuh einer eingehenden chemischen und bakteriologischen Untersuchung. Da die Vermuthung nahe lag, die Euterentzündung könne tuberculöser Natur sein, wurde auf Tuberkelbacillen gefahndet, allein mit rein negativem Erfolg. Ebenso sprachen die ausgeführten Impfversuche (cutane und subcutane) an Kaninchen für die Abwesenheit des Tuberkelbacillus. Auf Plattenkulturen bildeten sich gelbliche und grauweisse Kolonieen von genau beschriebener Beschaffenheit, in ähnlicher Weise verhielten sich die Stichkulturen. In den letzteren bildete sich am 3. Tage ein gelbgefärbtes Oberflächenwachsthum, während der Stichkanal ungefärbt blieb. Nach 5 Tagen erfolgte Verflüssigung der Gelatine, die energisch um sich griff. In sterilisirter Milch trat bei 30⁰ C in 4 Tagen Gerinnung ein; die geronnene Masse war homogen, die gebildete Säure Milchsäure. Ein Theil des Coagulums löste sich später wieder. Peptonartige Körper und Buttersäure waren nachzuweisen. Milchzucker wurde in Milch- und Buttersäure verwandelt, Eiweiss wurde peptonisirt. Mikroskopisch war ein *Coccus* in traubenförmigen Zusammenlagerungen in der Grösse bis 1 μ und ohne Eigenbewegung zu gewahren, weiter ein *Coccus* von eirunder Form (1,2 μ), der ohne Luftzutritt zu wachsen vermochte und ähnliche Zusammenlagerung zeigte, in seinem Verhalten gegen Gelatine, sterilisirte Milch, Milchzucker etc., aber, wie mitgetheilt, wesentlich abwich von jenem. Die morphologischen und physiologischen Eigenschaften des ersten *Coccus* decken sich vollkommen mit denen des *Staphylo-*

coccus pyogenes aureus, auf welchen schon die Impfversuche mit
Milch hinwiesen. Impfungen mit Reincultur erzeugten eiterige Ab-
scesse. Der in Rede stehende *Coccus* ist demnach in vorliegendem
Falle der Erreger der Euterentzündung. Das Vorkommen pyogener
Kokken in Milch ist bei der grossen Pathogenität derselben jedenfalls im Stande, auf die grosse Gefahr aufmerksam zu machen,
welche dadurch für die menschlichen Consumenten entsteht.

Kohl (Marburg).

Iwanowsky, Dm. und **Polofzoff, W.**, Die Pockenkrankheit
der Tabakspflanze. (Mémoires de l'Acad. de St. Pétersbourg. Série VII. T. XXXVII. N. 7.) 4⁰. 23 pag. mit 3 Tafeln.
St. Petersburg 1890.

Die Verff. wurden vom Departement für Ackerbau mit der
Untersuchung der genannten Krankheit beauftragt, welche in den
tabakbauenden Gegenden Südrusslands weit verbreitet ist und
namentlich in den letzten Jahrzehnten die Tabaksernten beträchtlich
schädigt. Die Krankheit besteht darin, dass auf den Blättern der
Tabakspflanzen bald weisse, bald braune Flecke von sehr verschiedener Form und Grösse auftreten, die sich mit der Zeit vergrössern und mit einander verschmelzen können; dieselben bestehen
aus eingetrocknetem Gewebe, welches leicht einreisst und herausfällt.
Die Flecken treten entweder zuerst an den unteren Blättern auf (die
überhaupt im Allgemeinen am häufigsten gefleckt werden) und verbreiten sich allmählich auf die höheren, oder aber sie treten sofort
an den mittleren oder oberen Blättern auf, ohne jede Regelmässigkeit in der weiteren Verbreitung. Die Anordnung kranker und
gesunder Pflanzen auf einer Plantage ist eine ganz willkürliche, so
dass es keinem Zweifel unterliegt, dass eine kranke Pflanze kein
Ansteckungsherd für die benachbarten ist; selbst an derselben Pflanze
können kranke und gesunde Blätter mit einander abwechseln. Die
zeitliche Entwickelung der Krankheit ist bald eine plötzliche (2—3
Tage), bald, und zwar viel häufiger, eine ganz allmählige.

A d. Mayer beschrieb 1885 eine Krankheit des Tabaks, die
er „Mosaikkrankheit" nannte und für eine Bakterienkrankheit hielt.
Obgleich nun die Endphasen beider Krankheiten durchaus übereinstimmen, sind die Anfangsstadien verschieden, so dass die Pockenkrankheit mit der Mosaikkrankheit nicht identisch sein kann.
Während nämlich letztere damit beginnt, dass auf dem Blatte eine
mosaikartige Zeichnung von hell- und dunkelgrün auftritt, nimmt
die Pockenkrankheit folgenden Verlauf: Einzelne Stellen der Blattfläche, welche schon die Umrisse des künftigen Fleckes haben,
werden glänzend, darauf fällt die ganze Fläche der glänzenden
Stelle gleichzeitig auf die halbe Dicke zusammen, vertrocknet später
und bräunt sich resp. bleicht nachträglich noch aus; der ganze
Process kann in ¹/₂—1 Tag vollendet sein; die übrigen Theile des
Blattes bleiben unverändert und völlig gesund.

Bezüglich der Ursache der Krankheit war es leicht, festzustellen,
dass sie weder durch Insekten, noch durch Pilze hervorgerufen wird.

Sie ist auch keine Bakterienkrankheit, da Bakterien nicht zu finden sind und eine Ansteckung gesunder Pflanzen durch Impfung mit Extract kranker Blätter nicht zu erzielen war. Die Ursache muss somit in den chemischen oder physikalischen Wachsthumsbedingungen liegen.

Da die Tabakspflanzen relativ viel reicher an Kali und ärmer an Phosphorsäure sind, als der Dünger, so verfielen die Verff. zunächst auf die Idee, die Krankheitsursache in einem sich allmählig im Boden der Plantage bildenden Kalimangel oder Phosphorsäureüberschuss zu suchen. Sie richteten also eine ganze Plantage von Tabaks-Wassercultaren in verschieden zusammengesetzten Nährlösungen ein, jedoch ohne dass die Fleckenbildung eine directe Beziehung zu der chemischen Zusammensetzung der Nährlösung erkennen liess. Wohl aber ergab sich folgende indirecte Beziehung: Die ohne Kali cultivirten Pflanzen, die ein sehr mangelhaftes, nur halb in der Lösung untergetauchtes Wurzelsystem hatten und in Folge dessen bei Besonnung stets etwas welk wurden, wurden am häufigsten von Flecken heimgesucht.

Diese Beobachtung brachte die Verff. auf die Vermuthung, dass die Ursache der Fleckenbildung in starker Verdunstung bei ungenügender Wasserzufuhr bestehen könnte; indem die lebenskräftigeren oberen Blätter den älteren unteren das Wasser entziehen, bewirken sie das Eintrocknen einzelner Partieen der letzteren. Dieser Gedanke erwies sich als richtig, wie durch folgende Versuche erwiesen wird: 1) Wurden die ohne Kali cultivirten Pflanzen in eine feuchtere Abtheilung der Orangerie gebracht und in die Gefässe Lösung nachgefüllt, so dass das Wurzelsystem ganz in dieselbe eintauchte, so hörte die Fleckenbildung alsbald auf, durch Zurückversetzen der Pflanzen in die alten Bedingungen wurde sie aber wieder hervorgerufen. 2) An 18 Culturen in Normallösung wurden theils die Gefässe nur halb mit der Lösung gefüllt, theils die Hälfte der Wurzeln abgeschnitten, und die Culturen in einem Zimmer an offenen Fenstern aufgestellt. Nach 2 Wochen waren 15 dieser Culturen fleckig geworden, während 10 Controlculturen, die mit gefüllten Gefässen und intactem Wurzelsystem im feuchten Gewächshaus belassen wurden, ganz fleckenfrei blieben. 3) Das nämliche Resultat gaben entsprechend behandelte Sandculturen. In allen diesen Fällen traten die Flecken zuerst auf den unteren Blättern auf und breiteten sich allmählig nach oben aus. Hierauf gestützt, stellen die Verff. den Satz auf, dass „wenn eine Pflanze Mangel an Wasser leidet, sich auf den unteren Blättern Flecke bilden, wobei letztere in den meisten Fällen gross und von rundlicher Form sind."

Eine andere Ursache müssen jedoch die Flecke haben, welche direct und ohne jede bestimmte Reihenfolge an den mittleren und oberen Blättern entstehen, — ein Fall, der auch in den Wasserculturen häufig eintrat, und zwar auch an solchen Pflanzen, deren Wurzelsystem ganz von der Lösung bedeckt war. Hier spielt offenbar die Wasserzufuhr keine Rolle, es ist vielmehr die starke Verdunstung allein, welche durch directe locale Wirkung auf das betreffende Blatt (nicht Wasserentziehung vermittels andererer Blätter,

24*

wie oben!) die Vertrocknung bestimmter Stellen desselben bewirkt.
Durch wechselweises Belassen der Versuchspflanzen in feuchter
und trockener Luft konnte das Auftreten der Krankheit unterdrückt
und wieder hervorgerufen werden. Ferner setzten die Verff. einzelne
Blätter verstärkter Verdunstung aus, indem sie vermittelst einer hier
nicht näher zu beschreibenden Versuchsanstellung einen Strom
trockener Luft über dieselben leiteten; so erzielten sie schon in
wenigen Stunden starke Fleckenbildung, doch gelang dies nicht mit
allen Blättern. Wurde aber derselbe Versuch gemacht, nachdem
die Pflanze oder das Blatt eine je nach den Umständen verschieden
lange Zeit in feuchter Luft verweilt hatte, so gelang es ausnahmslos,
an jeder beliebigen Pflanze und jedem beliebigen Blatt, die Fleckenbildung hervorzurufen. (Individuelle Verschiedenheiten spielen hier
also offenbar eine grosse Rolle). Die Verff. stellen daraufhin den
Satz auf: „Eine Pflanze, die eine gewisse Zeit in feuchter Luft
gestanden hat und darauf in trockenere geräth, wird nach Verlauf
einiger Stunden an ihren Blättern fleckig."

Welche physiologischen Processe bei der Bildung von Flecken
stattfinden, bleibt einstweilen fraglich; was die Anatomie der Flecke
anbetrifft, so findet, so weit das entschieden werden konnte, ein
einfaches Absterben der Zellen statt, wobei das Plasma sich zunächst von der Membran zurückzieht, um später ganz zu vertrocknen.

Die experimentell festgestellten Bedingungen der Fleckenbildung
sind auch in der Natur, auf den Tabaksplantagen, realisirt. In
Südrussland wechseln nämlich gewöhnlich im Sommer feuchte,
thauige Nächte mit heissen trockenen Tagen, während welcher der
Tabak sogar oft zeitweilig auffallend welk wird.

Als Vorbeugungsmassregeln gegen die Krankheit empfehlen
die Verff.: 1) Den Boden der Plantagen gehörig aufzulockern, 2)
nur Orte mit möglichst geringen Temperatur- und Feuchtigkeits-
schwankungen zu Tabaksplantagen auszuwählen, 3) regulären Frucht-
wechsel zu treiben, welch letzteres bei den kleinrussischen Tabaks-
pflanzern bisher nicht üblich ist. Wegen näherer Begründung dieser
Rathschläge muss auf das Original verwiesen werden.

Weiter kommen die Verff. noch einmal auf die Mayer'sche
Mosaikkrankheit zu sprechen und machen es wahrscheinlich, dass
Mayer zwei ganz verschiedene Erscheinungen als Stadien derselben Krankheit gedeutet hat. Mayer's zweites Stadium ist nach
Ansicht der Verff. mit der Pockenkrankheit identisch, Mayer's
erstes Stadium hingegen (die mosaikartigen Zeichnungen) haben die
Verff. ebenfalls beobachtet, dessen weitere Entwickelung verfolgt
und sich überzeugt, dass dasselbe keineswegs zu einer Fleckenbildung, sondern zum Gelbwerden der Blätter führt, dass es somit
eine Erscheinung sui generis ist.

Die von den Verff. erforschte Krankheit ist nicht blos auf den
Tabak (Nicotiana Tabacum, N. rustica etc.) beschränkt. Sie wird
durch dieselbe Ursache auch an Datura Stramonium und Hyoscyamus
niger hervorgerufen, und ebensolche Flecke fanden sich auch noch
an anderen Pflanzen. Die Verff. glauben daher behaupten zu dürfen,

dass „die Pockenkrankheit eine sehr verbreitete Pflanzenkrankheit
ist und durch die oben angegebenen Bedingungen an vielen Pflanzen
erzeugt werden kann", deren Liste aufzustellen sie sich vorbehalten.

Rothert (Kazan).

Bolley, H. L., Potato scab: a bacterial disease. (Agricultural Science. Vol. IV. 1890. No. 9 and 10. p. 243—256, 277
—287. With Plates I—IV.)

Verf. hat den Schorf der Kartoffeln eingehend untersucht, und
ist zum Schlusse gekommen, dass diese weitverbreitete Krankheit
durch ein parasitisches Bacterium verursacht werde. Er hat viele
Infections- und Culturversuche gemacht und hat durch Inficirung
von jungen wachsenden Knollen mit dem genannten Organismus
die Krankheit stets erzeugt. Das Schorf-Bacterium scheint immer
die erst vom Ref. als „oberflächliche" unterschiedene Form des
Schorfs zu erzeugen. Auf die biologischen Eigenthümlichkeiten des
Organismus kann hier nicht eingegangen werden, doch ist zu hoffen,
dass ein deutscher Bakteriologe in dieser Hinsicht den in Deutschland allgemein verbreiteten Schorf oder Grind der Kartoffeln studiren
wird, denn dieser gleicht histologisch völlig der vom Verf. untersuchten Krankheit, wie vom Ref. constatirt worden ist.

Humphrey (Amherst, Mass.).

Hanausek, T. F., Lehrbuch der Materialienkunde auf
naturgeschichtlicher Grundlage. Band II. Materialienkunde des Pflanzenreichs. 8°. 160 pp. mit 81 Holzschnitten. Wien (A. Hölder) 1891.

Es soll dieses Buch, wie der Titel sagt, „ein Leitfaden für den
Unterricht in der Rohstofflehre mit besonderer Berücksichtigung
der in den Gewerben hauptsächlich verwendeten Naturproducte"
sein, „zum Gebrauche für Handwerker-, Gewerbe-, Handelsschulen
und verwandte Lehranstalten." Es kommt also nicht so sehr auf
Vollständigkeit in der Anführung der betreffenden Rohstoffe, als
vielmehr auf die Methode der Darstellung an. Die Beschreibung
der äusserlich wahrnehmbaren Eigenschaften muss verbunden sein
mit einem Eingehen auf die botanischen Verhältnisse, welche erstere
erklären. „Die physikalischen und technischen Eigenschaften des
Holzes werden erst dann verständlich, wenn man die Ursachen
derselben, die in dem anatomischen Bau des Holzes begründet sind,
erkennt." So sagt Verf. im Vorwort und behandelt demgemäss
„das Holz" (5. Gruppe) folgendermaassen: A. Bau des Holzes
(p. 82—88). B. Chemische Zusammensetzung. C. Technische Eigenschaften. D. Conservirung. E. Anwendung des Holzes. Unter letzter
Rubrik werden behandelt die Nadelhölzer, einheimischen Laubhölzer,
Farbhölzer, exotischen Kunsthölzer, Stöcke. In analoger Weise
sind auch die Rinden behandelt, während bei anderen die botanischen
Erklärungen in die Besprechung der ersten Drogue aus der betreffenden Gruppe (Unterirdische Pflanzentheile, Kräuter und Blätter,
Blüten und Blütentheile, Früchte und Samen) eingeschaltet werden.

Etwas anders gestaltet sich natürlich die Behandlung für die ersten
Gruppen, ungeformte Materialien aus dem Pflanzenreiche (Gummi,
Oele etc.), Stärke, Materialien der Textilindustrie, Papier. Im letzten
Abschnitt werden die Eichengallen besprochen. Zuletzt folgt noch
eine übersichtliche Zusammenstellung 1) der wichtigeren Gerbemittel
und ihres Gehaltes an Gerbstoff, 2) der Materialien aus dem Pflanzen-
reiche nach ihrer Verwendung und eine systematische Uebersicht
der für die Materialienkunde wichtigen Pflanzen. So bietet das
Buch trotz seines geringen Umfanges einen ziemlich reichen Inhalt,
dabei ist die Darstellungsweise eine sehr ansprechende und für die
Correctheit der Angaben bürgt die langjährige Beschäftigung des
Verf. mit diesem Gegenstande.   Möbius (Heidelberg).

Leone, T., Nitrificazione e denitrificazione nella terra
vegetale. (Atti della R. Accademia dei Lincei. Ser. IV. Rendiconti. Vol. VI. Roma 1890. p. 33—35.)

Zweck der vorliegenden Arbeit ist der, zu erforschen, ob durch
Beimengung von organischen Substanzen mit gewöhnlicher Erde
(Düngung) die in der letzteren bereits eingeleiteten Nitrifications-
processe in gleicher Weise aufgehoben werden, wie Verf. solches, 1886,
für das Wasser festgestellt hatte. Er wählte zu dem Behufe frische
und fette Gartenerde, welche nahezu daran war vollständig
nitrificirt zu sein, und berechnete (nach Schulze-Tiemann's
Methode) den Gehalt derselben an Salpetersäure, welcher auf
0.025% festgestellt wurde. 10 Kilogramm dieser Erde wurden mit
300 gr von Hühnerexcrementen gemengt und in einem Cylinder-
gefässe aufbewahrt, während in ein zweites ebensolches Gefäss
weitere 10 Kilogramm derselben, aber nicht gedüngten, Erde gegeben wurden. In beiden Fällen konnte die Luft frei durch die
Erdtheilchen hin durchdringen. Schon in den ersten Tagen war der
Gehalt an Salpetersäure in dem zweiten Gefässe = 0,028%, die
Nitrification vollständig ausgeführt. Hingegen waren in dem ersten
Gefässe, nach 2 Tagen, 0,023%, und nach vier Tagen bereits
0,019% Salpetersäure vorhanden. In den ersten Tagen hatte man
— in diesem zweiten Falle — eine Zunahme von Untersalpeter-
säure, aber schon nach 15 Tagen verschwand jede Spur von
Säure und hatte man dafür einen Ueberschuss von Ammoniak.
Am 29. Tage hatte die Menge des Ammoniaks ihr Maximum erreicht und blieb durch weitere fünf bis sechs Tage stationär, aber
schon am 35. Tage hatte sich der Nitrificationsprocess wieder eingestellt und war nach drei Monaten vollständig abgelaufen, so dass
sich nunmehr reine Salpetersäure in der Erde vorfand.

Daraus erhellt, dass die Düngung einen eingeleiteten Nitrificationsprocess aufhält, um Ammoniak zu entwickeln, in der Folge
aber leitet dieselbe den früheren Process wieder ein. — Es ist
jedoch zu bemerken, dass eine starke Düngung die Nitrate und
Nitrite vollständig zerstört, was nicht statthat, wenn eine zu
schwache Düngung vorgenommen wurde, weil die Denitrification
dann nur einen Theil der Nitrate und Nitrite treffen kann.

                              Solla (Vallombrosa).

Mayer, A., Tabakdüngungsversuche mit Beurtheilung der Qualität des Erzeugnisses. (Landwirthschaftliche Versuchsstationen. Bd. XXXVIII. p. 93—126.)

Aus den interessanten Versuchen des Verf., welche in erster Linie zwar ein speciell landwirthschaftliches Interesse haben, geht unter anderem hervor, dass die Tabakspflanze, wie viele andere Culturpflanzen, hinsichtlich der Ueppigkeit ihres Gedeihens dankbarer für Salpeter-, als für Ammoniakdüngung ist, und ferner, dass das Thomasphosphat eine auch für die Tabakspflanze geeignete Phosphorsäurequelle ist. — Hinsichtlich der stickstoffhaltigen Bestandtheile des Tabaks hat Verf. gefunden, dass im Mittel etwa der zehnte Theil des Stickstoffes als Nicotin anwesend ist, und zwar etwas mehr in den Fällen von Ammoniakdüngung neben Stallmistdüngung. Die hellere oder dunklere Färbung des Tabaks pflegt im allgemeinen mit dem geringeren oder grösseren Nicotingehalt desselben gleichen Schritt zu halten. Der Total-Stickstoff und das Nicotin häufen sich in den zuletzt geernteten Blättern, dem sog. Bestgut, an, der Salpeter vermindert sich im Allgemeinen in demselben, da die Salpetersäure als ein Rohmaterial nach Verf. gerade in den stark assimilirenden oberen Blättern organische Stoffe im Ueberschuss findet, aus welchen beiden zusammen dann stickstoffhaltige organische Substanzen erzeugt werden. — Der Salpeter-Gehalt des Productes ist abhängig von der Düngung. In Fällen, wo keine Stickstoffdüngung gegeben war, oder dieselbe ausschliesslich als Ammoniak erfolgte, war stets derselbe niedrige Gehalt von 0,04 % Stickstoff als Salpeter sowohl in den früher als in den später geernteten Tabaksblättern anwesend. Nach Verf. scheint dieser Gehalt das Minimum zu sein, ohne welches die Pflanze nicht bestehen zu können vermag oder dieser Gehalt scheint bei der verwendeten Methode auch bei Abwesenheit von Salpeter im Tabak noch stets gefunden zu werden. Zwanzigmal soviel Salpeter wird dagegen gefunden, wenn der Pflanze ausser einer Stallmistdüngung im Herbste noch direct Salpeter zur Verfügung gestellt wird. — Der Ammoniakgehalt der verschiedenen Tabaksorten stellt sich verhältnissmässig viel gleichartiger gegenüber der grossen Ungleichmässigkeit des Salpetergehaltes, und zwar geht nach Verf. der Ammoniakgehalt dem Gesammtgehalt an Stickstoff (und damit auch einigermassen dem Nicotingehalte, aber diesem doch viel weniger) parallel. 12—13 % des Gesammtstickstoffes sind mit ziemlicher Regelmässigkeit als Ammoniak bestimmbar; es ist also ein gewisser Procentsatz des Gesammtstickstoffs stets als Ammoniak vorhanden. — Analysen von jungen Tabakspflanzen im Vergleich mit bei voller Reife geernteten ergaben, dass die junge Pflanze, obgleich sie viel ärmer an Nicotin ist, doch entschieden reicher ist an stickstoffhaltigen Bestandtheilen, als die erwachsene Pflanze, wenn nicht dieselbe im letzten Falle eine sehr starke Düngung gehabt hat. Der Unterschied tritt besonders bei ungedüngten Pflanzen hervor und ist noch stärker in Bezug auf die unteren beschatteten und gereiften Blätter, von denen die Nährstoffe und mit ihnen ein Theil der stickstoffhaltigen Stoffe nach den oberen Blättern wandern, welche dann der Sitz des intensiven Lebens sind. — Aehnlich verhalten sich die Aschenbestandtheile; selbst eine starke Düngung reicht hier nicht aus, den Gehalt der jungen Pflanzen daran zu erreichen. — Der Rohfasergehalt ist mit Ausnahme des welkenden Erdguts nicht sehr verschieden. — Der aus der Differenz berechnete Gehalt an andern organischen Stoffen ist umgekehrt proportional dem der stickstoffhaltigen Eiweisskörper, da die letzteren in dem Maasse gebildet werden, als Stickstoff sich mit den ersteren verbindet.

Otto (Berlin).

Müntz, A. et **Girard, A. Ch.**, Les engrais. Tome I. Alimentation des plantes, fumiers, engrais des villes, engrais végétaux. 8°. VII, 580 pp. Paris (Firmin-Didot et Co.) 1889.

Wenn der Inhalt dieses die Düngerlehre behandelnden Werkes eigentlich mehr in das Gebiet der praktischen Landwirthschaft gehört, so steht er doch auch in enger Beziehung zur Ernährungsphysiologie der Pflanzen, aus der einige Capitel eingehend behandelt sind. Der Zweck des Buches ist, den Landwirthen einen Begriff von den Ursachen und Wirkungen des Gebrauchs der zur Ernährung der Pflanzen bestimmten Substanzen zu geben. Es ist ein Lehrbuch, das in kritischer Weise die vorhandenen Theorien und wissenschaftlichen Ergebnisse, auf denen die Anwendung der die Fruchtbarkeit fördernden Stoffe beruht, behandelt. Das Material dazu ist sowohl aus den Arbeiten anderer Forscher entnommen, als auch durch eigene Untersuchungen und Beobachtungen erhalten worden. Gerade in den zahlreichen hier mitgetheilten Daten, Analysen u. dergl. wird auch der Botaniker vielfach Stoff zum Ausbau seiner Theorieen finden können.

In der Einleitung werden die allgemeinen Principien der Pflanzenernährung, der Grund der künstlichen Düngung und die Entwicklung dieses Verfahrens im Laufe der Zeiten dargestellt.

Das erste Capitel behandelt die Ernährung der Pflanzen in der Weise, dass die Stoffe, welche zu jener nothwendig sind, ihrer Herkunft und der Form ihrer Aufnahme nach einzeln besprochen werden. Wir können diese Darstellung als eine sehr klare und instructive bezeichnen; dass die Verff. auf die Assimilation des freien Stickstoffs durch die höheren Pflanzen, als auf einen noch in der Controverse befindlichen Gegenstand nicht näher eingehen, dürfte dem Zweck des Buches nur entsprechen. Auszusetzen wäre vielleicht etwas an der nicht scharf genug hervorgehobenen Unterscheidung zwischen Assimilation und Athmung, zwischen den Processen, auf denen Sauerstoffaufnahme und -Abgabe beruhen. Von neuen Mittheilungen seien erwähnt die Versuche, die Grösse der Absorption des Ammoniaks in der Luft durch die Blätter annähernd dadurch zu ermitteln, dass „künstliche Pflanzen construirt" werden, d. h. die Blätter durch Papier ersetzt werden, das mit sehr verdünnten Säuren getränkt ist. Die Absorption ist in diesem Falle eine sehr bedeutende, allein die Verff. geben selbst zu, dass sie nicht direct mit der bei den Pflanzen, deren saure Säfte im Innern eines mit einer Cuticula bedeckten Gewebes enthalten sind, verglichen werden darf.

Der Mechanismus der Absorption durch die Wurzeln ist der Inhalt des zweiten Capitels. Hier finden wir neue Angaben über die Tiefen, bis zu welcher bei verschiedenen Pflanzen die Wurzeln in den Boden dringen, und über die Ausbreitung der Wurzeln (pro Hektar nach Kilogramm gemessen) derselben Pflanzen in verschiedenen Schichten des Bodens, für mehrere Arten bestimmt. Sechs Abbildungen des Wurzelsystems von Weizen, Gras, Luzern, Klee, Hanf, Bohnen dienen vortrefflich zur Erläuterung dieser Verhältnisse. Ferner finden sich noch Angaben über die Grösse der absorbirenden Oberfläche der Wurzeln in verschiedenen Bodenschichten, gemessen in Quadratmetern pro Hektar; in Betracht gezogen sind Pflanzen mit oberflächlichem Wurzelsystem und solche mit Pfahlwurzeln. Dass die Kenntniss dieser Verhältnisse für eine zweckmässige Unterbringung des Düngers wichtig ist, bedarf kaum der Erwähnung.

Das folgende Capitel über die Beschaffenheit des Bodens — die Gesteine und ihre Zersetzung, die chemische Zusammensetzung und die Eigenschaften des Ackerbodens — brauchen wir hier nicht zu referiren. Allein das 4. Capitel hat wieder mehr Interesse für den Botaniker. Es behandelt die Ansprüche, welche die Hauptculturpflanzen an die Zusammensetzung des Düngers stellen. Denn es ist nothwendig, jedem Feld den Dünger zu geben, der die von den betreffenden Pflanzen am meisten verbrauchten Stoffe am reichlichsten enthält. Desswegen bedarf es auch einer Kenntniss von der chemischen Zusammensetzung der verschiedenen Culturpflanzen. Wir finden nun hier eine grosse Menge von Analysen, die theils den Werken von Boussingault, Lawes und Gilbert und Wolff entnommen sind, theils aber auch auf eigenen Untersuchungen der Verff. beruhen. Berücksichtigt sind folgende Pflanzen:

1. Cerealien: Korn, Gerste, Weizen, Hafer, Mais, Buchweizen.
2. Leguminosen, der Samen wegen cultivirt: Schminkbohnen, Erbsen, weisse Bohnen, Linsen.
3. Industriepflanzen: Raps, Mohn, Lein, Hanf, Hopfen, Tabak.
4. Wurzeln: Möhre, Steckrübe, Kohlrübe, Futterrübe, Zuckerrübe.
5. Knollen: Kartoffeln, Topinambur.
6. Futterpflanzen: Wiesengras, Futterkorn, Futtermais, Kraut, Klee, Luzern, Esparsette, Platterbse und Wicke.
7. Obstpflanzen: Weinstock, Apfelbaum, verschiedene Früchte, Oliven, Maulbeerbaum.
8. Waldbäume: Eiche, Buche, Fichte, Kiefer.

Von diesen Pflanzen finden wir die Hauptbestandtheile ihrer verschiedenen Organe angegeben.

Damit schliesst der erste Theil dieses Bandes, dessen zweiten und dritten Theil wir übergehen können. Diese behandeln den Dünger, welcher auf dem Lande selbst und in der Stadt erzeugt wird, nach seiner verschiedenen Herkunft, Zusammensetzung und Verwendung.

Im vierten Theil sind die verschiedenen Formen des pflanzlichen Düngers besprochen. Es sei aufmerksam gemacht auf die als zur Gründüngung geeignet angeführten Pflanzen, zu denen man solche benutzt, welche tiefgehende Wurzeln und reiche Belaubung besitzen. Denn sie sollen nicht nur die Nährstoffe aus tiefen Bodenschichten heraufholen, sondern auch möglichst viel Ammoniak aus der Luft absorbiren. Auf die Frage, ob die Leguminosen auch den Stickstoff der Luft assimiliren,

wird nicht eingegangen. Unter den zur Düngung auf das Feld gebrachten
Pflanzen werden besonders erwähnt: der Adlerfarn, das Haidekraut,
Ginster, Binsen und Schilf. Die Analysen sind nach Wolff und Peter-
mann angeführt; auch von den zur Düngung verwendeten Wasserpflanzen:
Fucus, Laminaria, Rytiphloea, Ceramium, Zostera, Elodea
finden wir die Hauptbestandtheile angegeben.

Aus diesem und dem fünften Theil des Bandes ist nichts weiter zu
erwähnen, was botanisch von Interesse wäre. Der zweite Band, welcher
die Stickstoff- und Phosphordünger im Speciellen behandelt, lag dem
Ref. nicht vor.

Möbius (Heidelberg).

Sorauer, P., Populäre Pflanzenphysiologie für Gärtner.
Ein Rathgeber bei Ausführung der praktischen Arbeiten wie auch ein Leitfaden für den Unterricht
an Gärtnerlehranstalten. 8⁰. 247 pp. mit 33 in den Text
gedruckten Abbildungen. Stuttgart (E. Ulmer) 1891.

Die Art und Weise, wie Verf. seinen Gegenstand behandelt
hat, ergibt sich am besten, wenn wir die Ueberschriften der einzelnen Capitel anführen. Nach einem kurzen einführenden Capitel,
welches die Fragen beantwortet: 1. Wie hat der Gärtner den
Pflanzenkörper aufzufassen? und 2. Wozu dienen die einzelnen
Glieder am Pflanzenkörper? finden wir weiter folgende. II. der
Wurzelbau. III. Die Wurzelernährung. IV. Die Wurzelbehandlung.
V. Bedeutung der oberirdischen Achse. VI. Das Blatt. VII. Behandlung der oberirdischen Achse. VIII. Die Verwendung der
Achsenorgane zur Vermehrung. IX. Die Behandlung des Blatt-
apparates. X. Die Theorie des Giessens. XI. Die Blüte. XII. Frucht
und Same. Das letzte Capitel z. B. hat folgende Abschnitte:
1. Wie entstehen Frucht und Samen? 2. Wie kann der Gärtner
die Fruchtbildung durch das Culturverfahren beeinflussen? 3. Welche
Einflüsse machen sich bei der Samenausbildung geltend? 4. Welche
Behandlung soll man dem reifen Samen angedeihen lassen? Man
ersieht daraus schon, wie Theorie und Praxis hierbei immer Hand
in Hand gehen, und man wird finden, dass es der Verf. vortrefflich
verstanden hat, die Behandlung, welche die Pflanzen vom Gärtner
erfordern, aus den wissenschaftlichen Ergebnissen der botanischen
Anatomie und Physiologie zu begründen. Die letzteren werden in
der Weise vorgetragen, dass zwar keine besonderen Vorkenntnisse
vorausgesetzt sind, aber nicht darauf verzichtet wird, die in der
Wissenschaft üblichen Begriffe zu erklären und zu gebrauchen.
Auch die neuesten Forschungsergebnisse, wie die betreffs der
Mykorhizen und der Wurzelknöllchen der Leguminosen sind berücksichtigt, da ja gerade sie von praktischer Bedeutung sind. Zur
Erläuterung der anatomischen Verhältnisse ist eine Anzahl Holzschnitte in den Text eingeschaltet, die ihrem Zwecke genügend
entsprechen. Ueber die Technik der Bearbeitung bemerkt Verf.
selbst im Vorwort, dass die Haupterscheinungen des Pflanzenlebens,
wie Nährstoffaufnahme, Wasserleitung, assimilatorische Thätigkeit

u. s. w. immer wieder und zwar nach der fortschreitenden Erweiterung der Begriffe immer eingehender zur Sprache gebracht worden sind, damit durch die Wiederholung dem Leser sich die Grundlagen einprägen, ohne dass er nöthig hat, dieselben speciell zu erlernen. So ist denn die Hoffnung des Verf., dass sich seine Arbeit als eine wirklich nützliche erweise, gewiss berechtigt.

Möbius (Heidelberg).

Neue Litteratur.*)

Geschichte der Botanik:

Crépin, François, Biographie de Louis Alexandre Henri Joseph Piré. (Mémoires de la Société Royale de botanique de Belgique. Tome XXIX. 1891. Partie I. p. 7.)

Letacque, A. L., Notice sur les travaux scientifiques de Guettard aux environs d'Alençon et de Laigle, Orne. (Bulletin de la Société Linnéenne de Normandie. Sér. IV. Vol. V. 1891. Fasc. 2. p. 67.)

Selys Longchamps, Edm. de, Notice nécrologique sur Henri Stéphens. (Mémoires de la Société Royale de botanique de Belgique. Tome XXIX. 1891. Partie I. p. 303.)

Allgemeines, Lehr- und Handbücher, Atlanten:

Haufe, E., Illustrirte Naturgeschichte der drei Reiche. Th. I. Das Mineral- und Pflanzenreich. 8°. 159 pp. 6 Tafeln. Reutlingen (Ensselin u. Laiblin) 1891. M. 3.—

Algen:

De Wildeman, E., Observations algologiques. (Mémoires de la Société Royale de botanique de Belgique. T. XXIX. 1891. Partie I. p. 93.)

— —, Notes algologiques. (l. c. p. 311 avec pl.)

Gutwinsky, Roman, Algarum e lacu Baykal et a peninsula Kamtschatka a cl. prof. Dr. D. Dybowski anno 1877 reportarum enumeratio et Diatomacearum. lacus Baykal cum iisdem tatricorum, italicorum atque franco-gallicorum lacuum comparatio. [Schluss.] (La Nuova Notarisia. Ser. II. 1891. p. 407.)

Lagerheim, G. von, Notiz über das Vorkommen von Dicranochaete reniformis Hieron. bei Berlin. (l. c. p. 406.)

Nordstedt, O., On the value of original specimens. Translated from the Botan. Notiser. 1891. p. 76—82. (l. c. p. 449.)

Smith, T. F., On the structure of the Pleurosigma valve. (Journal of the New York Microscopical Society. 1891. p. 61. 2 plates.)

West, Wm., Notes on Danish Algae. (La Nuova Notarisia. Serie II. 1891. p. 418.)

Pilze:

Bommer, E. et Rousseau, M., Contributions à la flore mycologique de Belgique. (Mémoires de la Société Royale de botanique de Belgique. T. XXIX. 1891. Part I. p. 205.)

---

*) Der ergebenst Unterzeichnete bittet dringend die Herren Autoren um gefällige Uebersendung von Separat-Abdrücken oder wenigstens um Angabe der Titel ihrer neuen Publicationen, damit in der „Neuen Litteratur" möglichste Vollständigkeit erreicht wird. Die Redactionen anderer Zeitschriften werden ersucht, den Inhalt jeder einzelnen Nummer gefälligst mittheilen zu wollen, damit derselbe ebenfalls schnell berücksichtigt werden kann.

Dr. Uhlworm,
Terrasse Nr. 7.

Flechten:

Dens, G. et Pietquin, F., Catalogue annoté de Lichens observés en Belgique. (Mémoires de la Société Royale de botanique de Belgique. T. XXIX. 1891. Partie I. p. 187.)

Lochenies, G., Matériaux pour la flore cryptogamique de Belgique. Lichens. (l. c. p. 133.)

Muscineen:

Renauld, F. et Cardot, J., Mousses nouvelles de l'Amérique du Nord. (Mémoires de la Société Royale de botanique de Belgique. T. XXIX. 1891. Part. I. p. 145. 5 planches.)
— — et — —, Musci exotici novi vel minus cogniti. (l. c. p. 161.)

Physiologie, Biologie, Anatomie und Morphologie:

Arcangeli, G., I pronubi del Dracunculus vulgaris e le lumache. (Atti della Reale Accademia dei Lincei. Rendiconti. Ser. IV. Vol. VII. 1891. Fasc. 12. p. 608.)

Dodel, A., Beiträge zur Kenntniss der Befruchtungs-Erscheinungen bei Iris sibirica. (Sep.-Abdr. aus Festschrift zur Feier des 50jähr. Doctor-Jubiläums der Herren v. Nägeli und v. Kölliker. 1891.) 4°. 15 pp. 3 Tfln. Zürich (A. Müller) 1891.　　　　　　　　　　　　　　　　　　　　　　　　　　　　　　M. 4.50.

Krick, Fr., Die Rindenknollen der Rothbuche. (Bibliotheca botanica. Heft 25.) 4°. 28 pp. 2 Tafeln. Cassel (Theod. Fischer) 1891.　　　　　　　　M. 8.—

Leger, L. J., Les laticifères des Glaucium et de quelques autres Papavéracées. (Bulletin de la Société Linnéenne de Normandie. Sér. IV. Vol. V. 1891. Fasc. 2. p. 124.)

Liechti, Paul Robert, Studien über die Fruchtschalen der Garcinia Mangostana. (Archiv der Pharmacie. Bd. CCXXIX. 1891. p. 426.)

Mantegazza, P., Le origini e le cause dell' atavismo. (Nuova Antologia. Ser. III. Vol. XXX. 1890. Fasc. 24.)

Meehan, Thomas, On the varying character of hybrids. (The Gardeners' Chronicle Ser. III. Vol. X. 1891. p. 109.)

Overton, E., Beitrag zur Kenntniss der Entwicklung und Vereinigung der Geschlechtsproducte bei Lilium Martagon. (Sep.-Abdr. aus Festschrift zur Feier des 50jähr. Doctor-Jubiläums der Herren v. Nägeli und v. Kölliker. 1891.) 4°. 11 pp. 1 Tafel. Zürich (A. Müller) 1891.　　　　　　M. 3.—

Systematik und Pflanzengeographie:

Baker, J. G., Kniphofia Northiae Bak. (The Gardeners' Chronicle. Ser. III. Vol. X. 1891. p. 67.)

Beyer, R., Ueber Zwischenformen von Saxifraga oppositifolia und S. Rudolphiana. (Verhandlungen des botanischen Vereins der Provinz Brandenburg. Bd. XXXII. 1891.)

Čelakovský, Ladisl., Ueber die Verwandtschaft von Typha und Sparganium. [Schluss.] (Oesterreichische botanische Zeitschrift. 1891. p. 266.)

Corbière, L., Excursions botaniques aux environs de Carentan, Manche. (Bulletin de la Société Linnéenne de Normandie. Sér. V. Vol. V. 1891. Fasc. 2. p. 85.)

Drude, O., Ueber das heterogene Vorkommen von Parnassia palustris in der Kalktrift-Formation. (Abhandlungen der naturw. Gesellschaft Isis in Dresden. 1890. p. 73. Dresden 1891.)

Höck, F., Die Verbreitung der Kiefer. (Helios. Bd. IX. 1891. p. 86.)

Junger, E., Botanische Gelegenheitsbemerkungen. [Schluss.] (Oesterr. botan. Zeitschrift. Bd. XLI. 1891. p. 275.)

Krok, Th. O. B. N. och Almqvist, S., Svensk Flora för skolor. I. Fanerogamer. 4. suppl. 8°. 251 pp. Stockholm (Haeggström) 1891.　　　Kr. 2.50.

Lutze, G., Flora von Nord-Thüringen. Mit Bestimmungstabellen zum Gebrauche auf Excursionen, in Schulen und beim Selbstunterrichte. 8°. XII, 399 pp. Sondershausen (F. A. Eupel) 1892.

Naumann, Ferd., Beitrag zur westlichen Grenzflora des Königreichs Sachsen. (Abhandlungen der naturwissenschaftlichen Gesellschaft Isis in Dresden. 1890. p. 85. Dresden 1891.)

Schinz, Hans, Observations sur une collection de plantes du Transvaal. (Extr.. du Bulletin de la Société botanique de Genève. 1891.) 8°. 10 pp. 1 planch. Genève 1891.

Waisbecker, Anton, Zur Flora des Eisenburger Comitats. (Oesterr. botanische Zeitschrift. 1891. p. 278.)

Wesmael, Alfred, Revue critique du genre Acer. (Mémoires de la Société R. de botanique de Belgique. T. XXIX. 1891. Partie I. p. 17.)

Wettstein, Richard von, Untersuchungen über die Section „Laburnum" der Gattung Cytisus. [Schluss.] (Oesterreichische botanische Zeitschrift. Bd. XLI. 1891. p. 261.)

Webst, K., Beiträge zur Brombeerflora des Königreichs Sachsen. (Abhandlungen der naturwissenschaftlichen Gesellschaft Isis in Dresden. 1890. p. 50. Dresden. 1891.)

Palaeontologie:

Engelhardt, H., Chilenische Tertiärpflanzen. (Abhandlungen der naturwissenschaftlichen Gesellschaft Isis in Dresden. 1890. p. 3.)

Solms-Laubach, H., Graf zu, Fossil botany: being an introduction to palaeophytology from the standpoint of the botanist. Authorised english translation by **Henry E. F. Garnsey.** Revised by **Isaac Bayley Balfour.** 8°. 388 pp. W. illustr. London (Frowde) 1891. 8h. 18.—

Teratologie und Pflanzenkrankheiten:

Baguet, Charles, Notes sur une fleur monstrueuse de Fuchsia coccinea. (Mémoires de la Société Royale de botanique de Belgique. T. XXIX. 1891. Part. I. p. 315.)

Briosi, G., Alpe, V. e **Menozzi, A.,** Studio dei metodi intesi a combattere il brusone del Riso. (Bollettino e Not. Agrario. 1891. p. 733.)

De Caluwe, P., La bouillie bordelaise et la maladie des pommes de terre. Expériences faites dans la région des Flandres en 1890. 8°. 27 pp. Bruxelles. (P. Weissenbruch) 1891. Fr. 1.50.

Carlucci, M., Si deve combattere la peronospora anche quest' anno? (L'Agricoltura meridion. 1891. p. 181.)

Comes, O., La Peronospora della vite. (l. c. p. 129.)

Dunkin, H., Carnation disease. (The Gardeners' Chronicle. Ser. III. Vol. X. 1891. p. 71 with fig.)

Laurent, Emile, Influence de la nature du sol sur la dispersion du Gui, Viscum album. (Mémoires de la Société Royale de botanique de Belgique. T. XXIX. 1891. Partie I. p. 67.)

Lecoeur, E., L'Anthonome du Pommier, Anthonomus pomorum. (Bulletin de la Société Linnéenne de Normandie. Sér. IV. Vol. V. 1891. Fasc. 2. p. 108. Avec planche.)

— —, De l'emploi des bandes goudronnées contre les chenilles de la Chématobie. (l. c. p. 121.)

Thienpont, E., Het bestrijden der aardappelplag, verslag der proefnemingen gedaan en België en Holland gedurende het jaar 1890. Praktische wenken en nuttige inlichtingen. 8°. 52 pp. 2 planch. et table. Bruxelles (Polleunis et Ceuterick) 1891. Fr. 1.—

Vivenza, A., Il fungo bianco delle radici, Rhizoclonia Byssothecium. (Bacologo italiano. 1891. No. 31.)

Medicinisch-pharmaceutische Botanik:

Brunner, C., Ueber Ausscheidung pathogener Mikroorganismen durch den Schweiss. (Wiener medic. Blätter. 1891. No. 22. p. 335—338.)

Dixon, S. G., The development of bacillus tuberculosis. (Proceedings of the Academy of natural science, Philadelphia 1891. p. 438—440.)

Feigel, L., Nieopisane dotychczas zmiany w pratkach gruzlicsych po wstrzykiwaniach limfy Kocha. [Bisher nicht beschriebene Vitalität der Tuberkelbacillen nach Injection Koch'scher Lymphe.] (Przeglad lekarski. 1891. p. 79.)

Gibbes, H., Pathology and etiology of acute miliary tuberculosis. (New Amer. Practit. 1891. p. 116—125.)

Goullioud et Adenot, Perforation de l'appendice iléo-caecal; péritonite généralisée due au Bacillus coli communis; mort. (Lyon méd. 1891. No. 25. p. 245—254.)

Héricourt et Richet, C., De la toxicité des substances solubles des cultures tuberculeuses. (Comptes rendus de la Société de biologie. 1891. No. 21. p. 470 —472.)

Hooper, David, Notes on some East Indian medicinal plants of the natural order Asclepiadeae. (Bulletin of Pharmacy. Vol. V. 1891. p. 211.)

Kanthack, A. A. and Barclay, A., Pure cultivation of the leprosy bacillus. (British Medical Journal. No. 1590. 1891. p. 1330—1331.)

Kostenko, P. J. und Grabowski, F. S., Ueber die Wirkung der gegen die Diphtherie gebrauchten Mittel auf den Bacillus Loeffleri. (Wratsch. 1891. No. 20, 22. p. 490—493, 534—535.) [Russisch.]

Mazza, G., Ueber Trichophytonculturen. (Archiv für Dermatologie und Syphil. 1891. No. 4. p. 591—615.)

Nuttal, G. H. F., A method for the estimation of the actual number of tubercle bacilli in tuberculous sputum. (Bulletin of the Hopk. Hosp. 1891. No. 13. p. 67—76.)

Ramirez, José, Apuntes para el estudio de la accion fisiológica y terapeutica de la Lobelia laxiflora H. B. K. var. angustifolia DC. (El Estudio. Tome IV. Mexico 1891. p. 7. 2 Tafein.)

Serafini, A. e Ungaro, G., Influenza del fumo di legna su la vita dei batteri. (Giornale internaz. de scienze med. 1891. No. 10. p. 374—386.)

Scheurlen, Ueber die Wirkung des Centrifugirens auf Bakteriensuspensionen, besonders auf die Vertheilung der Bakterien in der Milch. (Arbeiten aus dem kais. Gesundheits-Amte. Bd. VII. 1891. Heft 2/3. p. 269—282.)

Vicentini, F., Sulla presenza della mielina negli sputi della pertosse e sui batterii e microfiti che accidentalmente vi albergano con un cenno de' batterii degli sputi in genere ed alcune avvertenze intorno alla preparazione e colorazione de' relativi esemplari microscopici. (Resoconti della Reale Accademia med.-chir. di Napoli (1889). 1890. p. 173—246.)

Technische, Forst-, ökonomische und gärtnerische Botanik:

Canneva, G. B., A proposito del Polygonum orientale a foglie variegate. (Bollettino della Società toscana di orticultura. Vol. XVI. 1891. p. 144.)

Domergue, A., Huiles d'olive de Tunisie et d'Algérie. (Journal de pharmacie et de chimie. T. XXIII. 1891. No. 2.)

Gillekens, L. G., Eléments d'arboriculture forestière. Les principaux arbres forestiers et d'ornement cultivés en Belgique. Les pépinières forestières. Les plantations d'alignement forestières, fructières et d'ornement. L'elalage. Les têtards. Les haies. Les oseraies. Les sapinières. Les taillis. Les futaies simples et composées. 8°. 277 pp. avec grav. Bruxelles (J. Lebègue & Co.) 1891.   Fr. 4.—

Gréhaut et Quinquand, Recherches sur la respiration et sur la fermentation de la levure de grains. (Annales des sciences naturelles. T. X. 1890. No. 6.)

Hartwig, J. und Heinemann, V. C., Die Clematis. Eintheilung, Pflege und Verwendung der Clematis, mit einem beschreibenden Verzeichniss der bis jetzt gezüchteten Abarten und Hybriden, nach „The Clematis as a garden flower" von Th. Moore und G. Jackmann bearbeitet. 2. Aufl. 8°. 112 pp. 7 Abbild. (F. C. Heinemann's Gartenbibliothek. 1891. No. 1.) Leipzig (H. Voigt) 1891.   M. 2.50.

Joseph-Lafosse, P., Le palmier de la Société Linnéenne de Normandie et le Bambusa viridi-glaucescens. (Bulletin de la Société Linnéenne de Normandie. Sér. IV. Vol. V. 1891. p. 164.)

Kawamoura, S., Note sur acclimatation en Chine et au Japon de végétaux et d'arbres étrangers. (Revue des sciences naturelles appliquées. 1891. No. 1.)

Mahner, A., Leitfaden für den Unterricht in der Waarenkunde an kaufmännischen Fortbildungsschulen. 8°. VIII, 139 pp. Mit Abbild. Wien (A. Hölder) 1891.   Kr. 1.20.

Marchandise, Cl., Traité de floriculture. Culture des plantes de parterre, rustiques et non rustiques, sous le climat de la Belgique, et de quelques plantes ligneuses de collection. 8°. 260 pp. avec fig. Bruxelles 1891.   Fr. 2.50.

Martin, La culture potagère au Tonkin. (Indo-Chine française. T. XV. 1890. No. 23.)

Paillieux et Bois, Le Matambala, Coleus tuberosus, introduction et propagation au Gabon-Congo. (Revue des sciences naturelles appliquées. 1891. No. 9/10.)

Roda, M. e G., Sulla coltivazione delle piante fruttifere in vaso. 8⁰. VII, 158 pp. Torino (Unione tipograf.) 1891. L. 1.60.

Simmons, P. L., Animal and vegetable musks. (Bulletin of Pharmacy. Vol. V. 1891. p. 203.)

Stebler und Schröter, Versuche über den Einfluss der Bodenart, Neigung und Exposition auf das Gedeihen einer Grasmischung im Freien. 1. Bericht. (Mittheilungen der Schweiz. Centralanstalt für das forstliche Versuchswesen. Bd. I. 1891. Heft 1.)

Storch, V., Nogle Undersögelser over Flödens Syrning. [Untersuchungen über das Sauerwerden des Rahms.] (XVIII. Bericht aus der landwirthschaftlichen Versuchsstation der K. dänischen Landbauhochschule. 1891.) 8⁰. 76 pp. u. 3 Tab. Kopenhagen (Schubothe) 1890.

Thümen, N., Freiherr von, Die Quellen des Kautschuk und seiner Verwandten. (Prometheus. Bd. II. 1891. No. 47.)

Thümen, von, Die Cocospalme. (Prometheus. 1891. No. 42.)

Vandendriesche, La culture de l'agave en Algérie. (Bulletin de la Société de géographie commerciale de Paris. T. XII. 1889/90. No. 6.)

Weinzierl, Theod., Ritter von, Der allgemeine schwedische Saatzuchtverein in Svalöf. (Sep.-Abdr. aus Wiener Landwirthschaftl. Zeitung. 1890. No. 103.) 8⁰. 7 pp. Wien (Hitschmann) 1891.

Varia:

Sterne, Carus, Das „Experimentum Berolinense" im alten Assyrien. Ein Beitrag zur Geschichte der Blumentheorie. (Prometheus. 1891. No. 44.)

Personalnachrichten.

Dr. **Plowright** ist zum Professor für vergleichende Anatomie und Physiologie am Royal College of Surgeons of London ernannt worden.

An die verehrl. Mitarbeiter!

Den Originalarbeiten beizugebende Abbildungen, welche im Texte zur Verwendung kommen sollen, sind in der Zeichnung so anzufertigen, dass sie durch Zinkätzung wiedergegeben werden können. Dieselben müssen als Federzeichnungen mit schwarzer Tusche auf glattem Carton gezeichnet sein. Ist diese Form der Darstellung für die Zeichnung unthunlich und lässt sich dieselbe nur mit Bleistift oder in sog. Halbton-Vorlage herstellen, so muss sie jedenfalls so klar und deutlich gezeichnet sein, dass sie im Autotypie-Verfahren (Patent Meisenbach) vervielfältigt werden kann. Holzschnitte können nur in Ausnahmefällen zugestanden werden, und die Redaction wie die Verlagshandlung behalten sich hierüber von Fall zu Fall die Entscheidung vor. Die Aufnahme von Tafeln hängt von der Beschaffenheit der Originale und von dem Umfange des begleitenden Textes ab. Die Bedingungen, unter denen dieselben beigegeben werden, können daher erst bei Einlieferung der Arbeiten festgestellt werden.

Anzeigen.

Sämmtliche früheren Jahrgänge des
„Botanischen Centralblattes"
sowie die bis jetzt erschienenen
☞ Beihefte I., II., III., IV. und V. ☜
sind durch jede Buchhandlung, sowie durch die Verlagshandlung zu beziehen.

Unterzeichneter sucht für seine weitere Ausbildung eine **Assistenten-Stelle** an einem botanischen Institut. Zu näherer Auskunft ist Herr **Prof. Klebs** in Basel gern bereit.

A. J. Schilling, Dr. phil.,
Eich, Hessen.

Hortus Plantarum Diaphoricarum
in Middelburg (Holland).
Astragalus verus Olivier.

Gern wünschte ich von den Herren Directoren botanischer Gärten in Europa zu erfahren, ob obige Pflanze in Cultur ist; wenn nicht, möchte ich gern mit diesen Gärten in Correspondenz treten. Näheres theile brieflich mit.

M. Buysman.

Inhalt:

☞ Der heutigen Nummer liegt ein Prospekt der Firma E. J. Brill, Leiden (Holland) bei, betreffend **Annales du Jardin Botanique de Buitenzorg.**

Ausgegeben: 28. September 1891.

Druck und Verlag von Gebr. Gotthelft in Cassel.

Band XLVII. No. 13.   XII. Jahrgang.

Botanisches Centralblatt.

REFERIRENDES ORGAN

für das Gesammtgebiet der Botanik des In- und Auslandes.

Herausgegeben

unter Mitwirkung zahlreicher Gelehrten

von

Dr. Oscar Uhlworm und Dr. F. G. Kohl
in Cassel.   in Marburg.

Zugleich Organ

des

Botanischen Vereins in München, der **Botaniska Sällskapet i Stockholm**, der **botanischen Section des naturwissenschaftlichen Vereins zu Hamburg**, der **botanischen Section der Schlesischen Gesellschaft für vaterländische Cultur zu Breslau**, der **Botaniska Sektionen af Naturvetenskapliga Student-sällskapet i Upsala**, der **k. k. zoologisch-botanischen Gesellschaft in Wien**, des **Botanischen Vereins in Lund** und der **Societas pro Fauna et Flora Fennica in Helsingfors**.

| Nr. 39. | Abonnement für das halbe Jahr (2 Bände) mit 14 M. durch alle Buchhandlungen und Postanstalten. | 1891. |

Wissenschaftliche Original-Mittheilungen.

Zur Nomenclatur einiger Genera und Species der Leguminosen.

Von

Dr. P. Taubert.

Bereits B a i l l o n hat in einem kurzen Aufsatze „Sur les noms génériques des Légumineuses proposés par S c h r e b e r" (Adansonia IX. 213) darauf hingewiesen, dass S c h r e b e r sich durch einfache Umänderung der Namen der von A u b l e t (Hist. d. pl. de la Guyane française 1775) aufgestellten Leguminosengattungen die Verdienste des französischen Forschers aneignete. Pflicht der Wissenschaft wäre es längst gewesen, das ungerechtfertigte Verhalten S c h r e b e r's in das richtige Licht zu stellen, allein bis zum Erscheinen des oben erwähnten Aufsatzes von B a i l l o n wurden die S c h r e b e r'schen Gattungsnamen fast sämmtlich, selbst von den Autoren der „Genera plantarum", adoptirt. B a i l l o n dagegen liess den Verdiensten seines Landsmannes voll und ganz Gerechtigkeit widerfahren, indem er nicht allein an Stelle der S c h r e b e r'schen

Gattungsbezeichnungen die A u b l e t'schen wieder einführte, sondern auch jene Gattungsnamen A u b l e t's wieder ans Licht zog, die, wie z. B. *Deguelia* und *Coublandia*, durch anderweitige Benennung in Vergessenheit gerathen waren.

B a i l l o n's Aufgabe konnte es bei Wiederherstellung der A u b l e t-schen Gattungen nicht sein, die zahlreichen Aenderungen vorzunehmen, die infolge der Unterdrückung der S c h r e b e r'schen Genera in der Bezeichnung der Arten nothwendig wurden, es kommt viel-mehr diese Arbeit Demjenigen zu, der sich monographisch mit jenen Gattungen beschäftigt, wie es Verf. behufs _ear, e.tung der Leguminosen für die „Natürlichen Pflanzenfamilien"B von E n g l e r-P r a n t l nöthig hatte.

In nachfolgender Aufzählung haben nur die wichtigsten Aen-derungen Berücksichtigung gefunden, da es der Raum hier nicht gestattet, sämmtliche Umtaufungen, die auf Grund des Prioritäts-gesetzes innerhalb der umfangreichen Familie der Leguminosen nothwendig sind, anzuführen.

Deguelia Aubl. (*Derris* Lour.)

Die Gattung *Deguelia* wurde im Jahre 1775 von A u b l e t in seiner Histoire des plantes de la Guyane française p. 750 aufge-stellt und eine Art derselben unter dem Namen *D. scandens* be-schrieben und auf Tab. 300 des genannten Werkes abgebildet (die daselbst dargestellte Hülse gehört jedoch zu *Coublandia frutescens* Aubl.). Im Jahre 1790, also 15 Jahre nach A u b l e t, begründete L o u r e i r o (Fl. cochinchin. p. 432) auf hinterindische Vertreter der Gattung *Deguelia* sein Genus *Derris* und seit dieser Zeit wurde letzterer Name der für die Gattung übliche. Da jedoch die A u b l e t-schen Benennung die ältere ist, so sind sämmtliche als *Derris* be-zeichneten Arten in folgender Weise umzutaufen:

Derris	*acuminata* Benth. (Pl. Jungh. 252)	=	*Deguelia acuminata* Taub.
„	*amoena* Benth. (Pl. Jungh. 252)	=	„ *amoena* Taub.
„	*brachyptera* Bak. (Oliv. Fl. trop. Afr. II, 246)	=	„ *brachyptera* Taub.
„	*brevipes* Bak. (Hook. Fl. Brit. Ind. II, 244)	=	„ *brevipes* Taub.
„	*canarensis* Bak. Hook. (Fl. Brit. Ind. II, 246)	=	„ *canarensis* Taub.
„	*chinensis* Benth. (Journ. Linn. Soc. IV. suppl. 104)	=	„ *chinensis* Taub.
„	*Cumingii* Benth. (Journ. Linn. Soc. IV. suppl. 104)	=	„ *Cumingii* Taub.
„	*cuneifolia* Benth. (Pl. Junhg. 253)	=	„ *cuneifolia* Taub.
„	*dalbergioides* Bak. (Hook. Fl. Brit. Ind. II, 241)	=	„ *dalbergioides* Taub.
„	*discolor* Benth. (Journ. Linn. Soc. IV. suppl. 111)	=	„ *discolor* Taub.

Derris elegans Benth. (Pl. Jungh.
252)   = *Deguelia elegans* Taub.

„ *elliptica* Benth. (Journ.
Linn. Soc. IV. suppl. 111) =   „ *elliptica* Taub.

„ *eualata* Bedd. (Ic. pl. Ind.
or. 42. t. 186)   =   „ *eualata* Taub.

„ *ferruginea* Benth. (Pl.
Jungh. 252)   =   „ *ferruginea* Taub.

„ *floribunda* Benth. (Journ.
Linn. Soc. IV. suppl. 105) =   „ *floribunda* Taub.

„ *? glabrata* Welw. (Oliv.
Fl. Trop. Afr. II, 244)   =   „ *? glabrata* Taub.

„ *guyanensis* Benth. (Journ.
Linn. Soc. IV. supp. 106
—1860)   =   „ *scandens* Aubl.
(1775)

„ *Heyneana* Benth. (Pl.
Jungh. 252)   =   „ *Heyneana* Taub.

„ *javanica* Miq. (Fl. ind.
bat. I, 143)   =   „ *javanica* Taub.

„ *Korthalsiana* Bl. (in Miq.
Fl. ind. bat. I, 143)   =   „ *Korthalsiana* Taub.

„ *laxiflora* Benth. (Journ.
Linn. Soc. IV. suppl. 105) =   „ *laxiflora* Taub.

„ *longifolia* Benth. (Fl. bras.
XV, 1. 289)   =   „ *longifolia* Taub.

„ *lucida* Welw. (Oliv. Fl.
trop. Afr. II, 245)   =   „ *lucida* Taub.

„ *macroloba* Miq. (Fl. ind.
bat. suppl. 297)   =   „ *macroloba* Taub.

„ *macrophylla* Benth. (Journ.
Linn. Soc. IV, suppl. 114) =   „ *macrophylla* Taub.

„ *Maingayana* Bak. in Hook.
Fl. Brit. Ind. II, 245)   =   „ *Maingayana* Taub.

„ *marginata* Benth. (Pl.
Jungh. 252)   =   „ *marginata* Taub.

„ *microptera* Benth. (Jour.
Linn. Soc. IV. suppl. 113) =   „ *microptera* Taub.

„ *montana* Benth. (Pl.
Jungh. 253)   =   „ *montana* Taub.

„ *multiflora* Benth. (Pl.
Jungh. 253)   =   „ *multiflora* Taub.

„ *negrensis* Benth. (Fl. bras.
XV, 1. 289)   =   „ *negrensis* Taub.

„ *nobilis* Welw. (Oliv. Fl.
Trop. Afr. II, 245)   =   „ *nobilis* Taub.

„ *oblonga* Benth. (Journ.
Linn. Soc. IV. suppl. 112
— 1860)   =   „ *oblonga* Taub.

Derris *oblonga* Hance (Journ. of
Bot. 1879 p. 10)   = *Deguelia Hanceana* Taub.

„ *panniculata* Benth. (Journ.
Linn. Soc. IV. suppl. 105) =   „ *panniculata* Taub.

„ *parviflora* Benth. (Journ.
Linn. Soc. IV. suppl. 105) =   „ *parviflora* Taub.

„ *platyptera* Bak. in (Hook.
Fl. Brit. Ind. II, 245)   =   „ *platyptera* Taub.

„ *polyarthra* Miq. (Fl. ind.
bat. suppl. 298)   =   „ *polyarthra* Taub.

„ *polyphylla* Benth. (Journ.
Linn. Soc. IV. suppl. 104) =   „ *polyphylla* Taub.

„ *polystachya* Benth. (Journ.
Linn. Soc. IV. suppl. 114) =   „ *polystachya* Taub.

„ *pubinervis* Benth. (Journ.
Linn. Soc. IV. suppl. 109) =   „ *pubinervis* Taub.

„ *pyrrothyrsa* Miq. (Fl. ind.
bat. suppl. 297)   =   „ *pyrrothyrsa* Taub.

„ *robusta* Benth. (Journ.
Linn. Soc. IV. suppl. 104) =   „ *robusta* Taub.

„ *scandens* Benth. (Journ.
Linn. Soc. IV. suppl. 103)
= *D. timoriensis* D. C.   =   „ *timoriensis* Taub.
Prod. II, 417. (1825) vgl.
Derris guyanensis Benth.

„ *secunda* Bak. (Hook. Fl.
Brit. Ind. II, 247)   =   „ *secunda* Taub.

„ *sinuata* Thw. (Enum. 93) =   „ *sinuata* Taub.

„ *Spanogheana* Bl. (in Miq.
Fl. ind. bat. I, 142)   =   „ *Spanogheana* Taub.

„ *thyrsiflora* Benth. (Journ.
Linn. Soc. IV. suppl. 114) =   „ *thyrsiflora* Taub.

„ *uliginosa* Benth. (Pl.
Jungh. 252—1854)
= *D. trifoliata* Lour.   =   „ *trifoliata* Taub.
(Fl. cochin. 433—1760)

„ *vestita* Bak. (Hook. Fl.
Brit. Ind. II, 242)   =   „ *vestita* Taub.

„ *Wightii* Bak. (Hook. Fl.
Brit. Ind. II, 247)   ==   „ *Wightii* Taub.

Aganope subavenis Miq. (Fl. ind.
bat. suppl. 299)   =   „ *subavenis* Taub.

„ *sumatrana* Miq. (l. c. 300) =   „ *sumatrana* Taub.

Species excludenda: *Derris pubipetala* Miq. (Fl. ind. bat. I,
145) ist verisimiliter *Milletia* sp.

Coublandia Aubl. (*Muellera* L. fil.)

Die Gattung *Coublandia* wurde 1775 von Aublet (Pl.
Guy. 937 t. 356 et fr. in tab. 300) begründet und 1781 von
Linné fil. (Suppl. 53) nochmals als *Muellera* beschrieben, welcher

Name mit Unrecht vorangestellt worden ist. Die einzige Species der Gattung muss daher statt *Muellera moniliformis* L. fil. (l. c.) *Coublandia frutescens* Aubl. (l. c.) heissen. Die zweite von Bentham-Hooker(Gen. plant I. 550) zu dieser Gattung gerechnete Species aus Mexico, *M. mexicana* Benth. (Journ. Linn. Soc. IV. suppl. 117) = *Cyanobotrys mexicana* Zucc. (Pl. nov. fasc. V, 30 t. 5) hat, falls sie wirklich zu *Coublandia* gehört, den Namen *Coubl. mexicana* Taub. zu führen.

Coumarouna Aubl. (*Dipteryx* Schreb.)

Wie bereits Baillon (Adans. IX. p. 214) gezeigt hat, muss der jüngere Schreber'sche Namen (Gen. 485 [1789—91]) der älteren Aublet'schen Bezeichnung (Pl. Guy. 740. t. 296) weichen; die Benennung der Arten ist demgemäss in folgender Weise zu ändern:

Dipteryx alata Vog. (Linnaea XI, 383)	=	*Coumarouna alata* Taub.
„ *crassifolia* Benth.(Hook. Kew Journ. II, 235)	=	„ *crassifolia* Taub.
„ *nudipes* Tul.(Arch. Mus. Par. IV, 100) = *Swartzia coriacea* Desv. (Ann. sc. nat. Par. sér. 1. IX. 424 1824—33)	=	„ *coriacea* Taub.
„ *odorata* Willd. (Sp. pl. III, 910—1799)	=	„ *odorata* Aub.l.c.
„ *oleifera* Benth. in Hook. (Kew Journ. II, 235)	=	„ *oleifera* Taub.
„ *oppositifolia* Willd. (Sp. pl. III. 910)	=	„ *oppositifolia* Tb.
„ *reticulata* Benth. (Hook. Kew Journ. II, 235)	=	„ *reticulata* Taub.
„ *rosea* Spruce (Fl. bras. XV, 1, 301)	=	„ *rosea* Taub.
„ *tetraphylla* Spruce (Fl. bras. XV, 1. 302)	=	„ *tetraphylla* Taub.

Toluifera L. (*Myroxylon* L. fil.)

Für den erst 1781 aufgestellten Gattungsnamen *Myroxylon* L. fil. (Suppl. 34) hat die ältere Bezeichnung *Toluifera* L. (gen. n. 524) vom Jahre 1737 einzutreten; demnach ist

Myroxylon peruiferum L. fil. (1781)		als *Toluifera peruifera* Taub.,	
„ *pubescens* H. B. K. (Nov. gen. am. VI, p. 374)	„	„ *pubescens* Taub.,	
„ *toluiferum* A. Rich. (Ann. d. sc. nat. 1824.			

p. 172)   als *Toluifera Balsamum*   Willd.
                         (Sp. pl. II, p. 545
                         —1799)

zu bezeichnen. Auf die übrigen von Klotzsch aufgestellten
Arten dieser Gattung kann hier nicht eingegangen werden, da ihr
Artrecht sehr zweifelhaft ist.

Tounatea Aubl. (*Swartzia* Schreb.)

Da der Schreber'sche Gattungsname *Swartzia* (Schreb. Gen.
pl. 518) erst 1789 ungerechtfertigter Weise für die viel frühere
(1775) Aublet'sche Benennnung *Tounatea* (Aubl. Hist. o. pl.
Guyan. I, 549. t. 218) aufgestellt worden ist, müssen die Arten
unter *Tounatea* in folgender Weise bezeichnet werden:

Swartzia acuminata Willd. (ex Vog.

	Linnaea IX, 173)	=	*Tounatea acuminata* Taub.	
„	*acutifolia* Vog. (Linnaea IX, 174)	=	„	*acutifolia* Taub.
„	*alata* Willd. (Sp. pl. II, 1220—1799)	=	„	*guyanensis* Aubl. (Pl. Guy. 1, p. 550, t. 218—1775)
„	*alterna* Benth. (Hook. Journ. Bot. II, 89)	=	„	*alterna* Taub.
„	*apetala* Raddi (Quar. piant. nuov. 19)	=	„	*apetala* Taub.
„	*aptera* DC. (Mém. Lég. 405)	=	„	*aptera* Taub.
„	*argentea* Spruce (Fl. bras. XV, 2. p. 31)	=	„	*argentea* Taub.
„	*Benthamiana* Miq. (Stirp. Surin. 15)	=	„	*Benthamiana* Taub.
„	*bracteosa* Mart. (Fl. bras. XV, 2. p. 20)	=	„	*bracteosa* Taub.
„	*Blancheti* Benth. (Fl. bras. XV, 2. p. 29)	=	„	*Blancheti* Taub.
„	*calophylla* Poepp. et Endl. (Nov. gen. III, 61. t. 267)	=	„	*calophylla* Taub.
„	*cardiosperma* Spruce (Fl. bras. XV, 2. p. 33)	=	„	*cardiosperma* Taub.
„	*caribaea* Gris. (Fl. Brit. W. Ind. 212)	=	„	*caribaea* Taub.
„	*conferta* Spruce (Fl. bras. XV. 2. p. 20)	=	„	*conferta* Taub.
„	*corrugata* Benth. (Hook. Journ. Bot. II, 87)	=	„	*corrugata* Taub.
„	*crocea* Benth. (Fl. bras. XV, 2. p. 23)	=	„	*crocea* Taub.
„	*cuspidata* Spruce (Fl. bras. XV, 2 p. 36)	=	„	*cuspidata* Taub.

Swartzia dicarpa Moric. (Meissn.
　　Gen. pl. Comm. 68)　　= *Tounatea dicarpa* Taub.
　" *discolor* Poepp. et Endl.
　　(Nov. gen. III, 62)　　=　　" *discolor* Taub.
　" *dodecandra* Willd. (Sp.
　　pl. II. 1220)　　=　　" *dodecandra* Taub.
　" *elegans* Schott. (in Spr.
　　Syst. cur. post. 407)　　=　　" *elegans* Taub.
　" *eriocarpa* Benth. (Fl. bras.
　　XV, 2. p. 17)　　=　　" *eriocarpa* Taub.
　" *Flemmingii* Raddi (Quar.
　　piant. nuov. 18)　　=　　" *Flemmingii* Taub.
　" *floribunda* Spruce (Fl.
　　bras. XV, 2. p. 21)　　=　　" *floribunda* Taub.
　" *fugax* Spruce (Fl. bras
　　XV. 2. p. 30)　　=　　" *fugax* Britt. (Bull.
　　　　　　　　　　　　　　　Torr. Bot. Club
　　　　　　　　　　　　　　　XVI, 1. p. 325)

　" *Hostmanni* Benth. (Fl.
　　bras. XV, 2. p. 18)　　=　　" *Hostmanni* Taub.
　" *grandifolia* Benth. (Hook.
　　Journ. Bot. II, 85)　　=　　" *grandifolia* Taub.
　" *grandiflora* Willd. (Sp.
　　pl. II, 1220—1799)
　　Rittera simplex Vahl　　=　　" *simplex* Taub.
　　(Symb. 2, p. 60—1791)
　" *Langsdorffii* Radd. (Quar.
　　piant. nuov. 17—1820)　　　　　　*pulchra*　　Taub.
　　Mimosa pulchra Vell.　　=　　"　(Natürl.　Pflanzen-
　　(Fl. flum. XI. t. 18—1790)　　　　　fam. III, 3. p. 85)
　" *latifolia* Benth. (Hook.
　　Journ. Bot. II, 86)　　=　　" *latifolia* Taub.
　" *laurifolia* Benth. (Hook.
　　Journ. Bot. II, 87　　=　　" *laurifolia* Taub.
　" *laxiflora* Bong. (ex Benth.
　　in Hook. Journ. Bot. II, 86)　=　　" *laxiflora* Taub.
　" *leiocalycina* Benth. (Fl.
　　Bras. XV, 2. p. 28)　　=　　" *leiocalycina* Taub.
　" *leptopetala* Benth. (Hook.
　　Journ. Bot. II, 87)　　=　　" *leptopetala* Taub.
　" *macrocarpa* Spruce (Fl.
　　bras. XV, 2. p. 38)　　=　　" *macrocarpa* Taub.
　" *macrostachya* Benth. (Fl.
　　bras. XV, 2. p. 24)　　=　　" *macrostachya* Taub.
　" *madagascariensis* Desv.
　　(Ann. sc. nat. sér. I, IX.
　　p. 424)　　=　　" *madagascariensis*
　　　　　　　　　　　　　　　Taub.
　" *Martii* Eichl. (Fl. bras.
　　XV, 2. p. 19)　　=　　" *Martii* Taub.

Swartzia Matthewsii Benth. (Hook.
   Ic. (sur. 3. p. 51. t. 1064)   =   *Tounatea Matthewsii* Taub.
„ *microcarpa* Spruce (Fl.
   bras. XV, 2. p. 35)   =   „ *microcarpa* Taub.
„ *mollis* Benth. (Hook. Journ.
   Bot. II, 89)   =   „ *mollis* Taub.
„ *multijuga* Vog. (Linnaea
   XI, 175)   =   „ *multijuga* Taub.
„ *myrtifolia* Sm. (Rees Cycl.
   XXXIV)   =   „ *myrtifolia* Taub.
„ *oblonga* Benth. (Hook. Kew
   Journ. II, 238)   =   „ *oblonga* Taub.
„ *panamensis* Benth. (Fl.
   bras. XV, 2. p. 38)   =   „ *panamensis* Taub.
„ *pendula* Spruce (Fl. bras.
   XV, 2. p. 19)   =   „ *pendula* Taub.
„ *picta* Spruce (Fl. bras.
   XV, 2. p. 25)   =   „ *picta* Taub.
„ *pilulifera* Benth. (Hook.
   Journ. Bot. II, 90)   =   „ *pilulifera* Taub.
„ *pinnata* Willd. (Sp. pl.
   II, 1220)   =   „ *pinnata* Taub.
„ *polyphylla* DC. (Mém. Lég.
   411)   =   „ *polyphylla* Taub.
„ *racemosa* Benth. (Hook.
   Kew Journ. II, 238)   =   „ *racemosa* Taub.
„ *recurva* Poepp. et Endl.
   (Nov. gen. III, 61)   =   „ *recurva* Taub.
„ *rosea* Mart. (Fl. bras. XV,
   2. p. 32)   =   „ *rosea* Taub.
„ *Schomburgkii* Benth. (Fl.
   bras. XV, 2. p. 38)   =   „ *Schomburgkii* Taub.
„ *Sprucei* Benth. (Fl. bras.
   XV, 2. p. 37)   =   „ *Sprucei* Taub.
„ *tomentosa* DC. (Mém. Lég.
   409. t. 59)   =   „ *tomentosa* Taub*).
„ *Trianae* Benth. (Fl. bras.
   XV, 2. p. 39)   =   „ *Trianae* Taub.
„ *triphylla* Willd. (Spec. pl.
   II, 1220—1799)   *arborescens*   Britt.
   Possira arborescens Aubl. „ (Bull. Torr. Bot.
   (Pt. Guy. II, 934.—1775)   Club XVI, 1. p.
                                   325.
„ *velutina* Spruce (Fl. bras.
   XV, 2. p. 21)   =   „ *velutina* Taub.

---

*) Baillon hat (Hist. des pl. II, 233) für diese Art den Aublet'schen Species-Namen *Panacoco* (*Robinia Panacoco* Aubl. Pl. Guy. II, 768. t. 307) eingeführt; es ist jedoch zweifelhaft, ob die Aublet'sche Pflanze wirklich mit *Swartzia tomentosa* DC. identisch ist.

Vouapa Aubl. (*Macrolobium* Schreb.)

Da der ältere Name *Vouapa* Aubl. (Pl. Guy. 25. t. 7. — 1775)
vor der Schreber'schen Bezeichnung (Gen. pl. 30—1789—1791)
die Priorität hat, sind folgende Aenderungen in der Benennung der
Arten erforderlich:

Macrolobium acaciaefolium Benth. (Fl. bras. XV, 2. p. 224)	= *Vouapa acaciaefolia* Baill. (Hist. pl. II, 109)
„ *canaliculatum* Spruce (Fl. bras. XV, 2. p. 219)	= „ *canaliculata* Taub.
chrysostachyum Benth.	= „ *chrysostachya* Miq. (Stirp. surin 11)
demonstrans Oliv. (Fl. trop. Afr. II, 299)	= „ *demonstrans* Baill. (Adans. VI, 180)
„ *discolor* Benth. (Fl. bras. XV, 2. p. 222)	= „ *discolor* Taub.
„ *flexuosum* Spruce (Fl. bras. XV, 2. p. 223)	= „ *flexuosa* Taub.
„ *gracile* Spruce (Fl. bras. XV, 2. p. 223)	= „ *gracilis* Taub.
„ *Heudelotii* Planch. (in Benth. Trans. Linn. Soc. XXV, 308— 1866)	= „ *explicans* Baill. (Adans. VI. 181— 1865/66)
hymenaeoides Willd. Spec. pl. I, 186— 1797)	= „ *bifolia* Aubl. (Pl. Guy. I, 25. t. 7—1775)
latifolium Vog. (Linnaea XI, 414)	= „ *latifolia* Taub.
limbatum Spruce (Trans. Linn. Soc. XXV, 307)	= „ *limbata* Taub.
multijugum Benth. (Fl. bras. XV, 2. p. 222)	= „ *multijuga* Taub. (in Natürl. Pflanzenfam. III, 3. p. 85.
Palisoti Benth. (Trans. Linn. Soc. XXV, 308) *Anthonota macrophylla* P. Beauv. (Fl. owar. 1, 71. t. 42)	= „ *macrophylla* Baill. (Adans. VI, 175)

Macrolobium pendulum Willd. (ex.
Vog. in Linnaea XI,
„   *pinnatum* Willd. (Sp.
pl. I, 186—1797)
Outea   guyanensis = *Vouapa guyanensis* Taub.
Aubl. (Pl. Guy. I, 28.
t. 9—1775
412)   =   „   *pendula* Taub.

„   *punctatum* Spruce
(Fl. bras. XV, 2. p.
219)   =   „   *punctata* Taub.

„   *stipulaceum* Benth.
(Trans. Linn. Soc.
XXV, 308)   =   „   *stipulacea* Taub. (in
Natürl. Pflanzenfam.
III, 3. p. 95)

„   *suaveolens* Spruce
(Fl. bras. XV, 2. p.
219)   =   „   *suaveolens* Taub.

„   *taxifolium* Spruce
(Fl. bras. XV, 2. p.
224)   =   „   *taxifolia* Taub.

venulosum Benth (Fl.
bras. XV, 2. p. 223) =   „   *venulosa* Taub.

Apalatoa Aubl. (*Crudia* Schreb.)

Dem Prioritätsgesetze zufolge hat an Stelle des von S c h r e b e r
(Gen. pl. 282) zwischen 1789 und 1791 aufgestellten Namens die
ältere A u b l e t' sche Benennung (Pl. guy. 382. t. 147—1775) zu
treten; es ist daher

Crudia acuminata Benth. (Bot.
Sulph. 89)   als *Apalatoa acuminata* Taub.

„   *amazonica* Spruce (Fl.
bras. XV, 2. p. 238)   „   „   *amazonica* Taub.

„   *aromatica* Willd. (Spec.
pl. II, 540)   „   „   *aromatica* Taub.

„   *obliqua* Gris. (Fl. Brit. W.
Ind. 216—1864)
Hirtella glaberrima   „   „   *glaberrima* Taub.
Steud. (Flora 1843 p. 761)

„   *oblonga* Benth. (Bot. Sulph. „   „   *Oblonga* Taub.
89)

„   *Parivoa* DC. (Prodr. II,
520—1825)
Parivoa tomentosa Aubl. „   „   *tomentosa* Taub.
(Pl. guy. II, 759. t. 304
—1775)

„   *pubescens* Spruce (Fl. bras.
XV, 2. p. 240)   „   „   *pubescens* Taub.

Crudia senegalensis Planch. (in
Benth. Trans. Linn. Soc.
XXV, 314)   als *Apalatoa senegalensis* Taub.
„   *zeylanica* Benth. (Trans.
„   *spicata* Willd. (Sp. pl. II,
539—1799)   „   „   *Spicata* Aubl. (l. c.
                                        398—1775)
Linn. Soc. XXV, 314)   „   „   *zeylanica* Taub.
„   *Touchiroa bantamensis*
Hassk. (Retzia I, 202)
Pryona bantamensis Miq.   „   „   *bantamensis* Taub.
(Fl. Ind. bat. I, 1081)

Xylia Benth.

Xylia dolabriformis Benth. (Hook. Journ. Bot. IV, 417—1842),
die einzige Art der Gattung, wurde bereits 1795 von R o x b u r g h
(Corom. Pl. I, 68. t. 100) unter dem Namen *Mimosa xylocarpa* beschrieben und hat dem Prioritätsgesetz zufolge *Xylia xylocarpa*
Taub. zu heissen.

Tetrapleura Benth.

Tetrapleura Thonningii Benth. (Hook. Journ. Bot. IV, 345—
1842) = *Adenanthera tetraptera* Schum. et Thonn. (Beskr. Pl. Guin.
213—1830-33) ist als *Tetrapleura tetraptera* Taub. zu bezeichnen.

Xerocladia Harv.

Der einzige Vertreter dieser Gatttung *X. Zeyheri* Harv. (Fl.
cap. II, 278—1861/62) muss, da er bereits 1822 von B u r c h e l l
(Trav. I, 300) als *Acacia viridiramis* beschrieben wurde, *X. viridiramis* Taub. genannt werden.

Berlin, 14. September 1891.

Instrumente, Präparations- und Conservations-
Methoden etc.

Behrens, W., Gläser zum Aufbewahren von Immersions-Oel. (Zeitschrift für
    wissenschaftliche Mikroskopie. Bd. VIII. 1891. p. 184.)
Czapski, S., Die voraussichtlichen Grenzen der Leistungsfähigkeit des Mikro-
    skops. (l. c. p. 145.)
Edinger, L., Ein neuer Apparat zum Zeichnen schwacher Vergrösserungen.
    (l. c. p. 179.)
Gabritschewsky, G., Zur Technik der bakteriologischen Untersuchungen. Mit
    2 Figuren. (Centralblatt für Bakteriologie und Parasitenkunde. Bd. X. 1891.
    No. 8. p. 248—250.)
Heim, L., Die Neuerungen auf dem Gebiete der bakteriologischen Untersuchungs-
    methoden seit dem Jahre 1887. (Centralblatt für Bakteriologie und Parasiten-
    kunde. Bd. X. 1891. No. 9/10. p. 288—296, 323—328.)
Koch, A., Apparat zum Filtriren bakterienhaltiger Flüssigkeiten. (Zeitschrift
    für wissenschaftliche Mikroskopie. Bd. VIII. 1891. p. 186.)

Moeller, H., Ueber eine neue Methode der Sporenfärbung. (Centralblatt f. Bakteriol. u. Parasitenkunde. Bd. X. 1891. No. 9. p. 273—277.)

Neuhauss, R., Das Magnesiumblitzlicht in der Mikrophotographie. (Zeitschrift f. wiss. Mikroskopie. 1891. p. 181.)

Nikiforoff, M., Mikroskopisch technische Notizen. (l. c. p. 188.)

Schumann, P. F., Botanizing. (Bulletin of Pharmacy. Vol. V. 1891. p. 209.)

Neue Litteratur.[*)]

Geschichte der Botanik:

Regel, E., C. J. Maximowicz †. (Gartenflora. 1891. p. 147.)

Bibliographie:

Schulz, A., Die floristische Litteratur für Nordthüringen, den Harz und den provinzialsächsischen wie anhaltischen Theil an der norddeutschen Tiefebene. 2., durch einen Nachtrag vermehrte Auflage. 8°. 90, 22 pp. Halle a. d. S. (Tausch & Grosse) 1891.   M. 2.—

Pilze:

Kayser, E., Contribution à l'étude physiologique des levures alcooliques du lactose. (Annales de l'Institut Pasteur. 1891. No. 6. p. 395—405.)

Physiologie, Biologie, Anatomie und Morphologie:

Berthelot et André, Travaux de la Station de chimie végétale de Meudon, 1883—1889. Série V. Carbonates et acide oxalique dans les plantes. (Annales de la science agronomique française et étrangère. Sér. VIII. Tome I. 1891. Fasc. 1. p. 1.)

Jost, L., Ueber Dickenwachsthum und Jahresringbildung. [Schluss.] (Botan. Zeitung. Bd. XLIX. 1891. p. 625.)

Mattirolo, O. et Buscalioni, L., Le tégument séminal des Papilionacées dans le mécanisme de la respiration. (Archives italiennes de biologie. T. XV. 1891. Fasc. 1.)

Pictet, A., Die Pflanzenalkaloide und ihre chemische Constitution. In deutscher Bearbeitung von **R. Wolffenstein**. 8°. VI, 282 pp. Berlin (Jul. Springer) 1891.   M. 6.—

Thyselton-Dyer, W. T., Botanical biology. (Annual Report of the Board Regents of the Smithsonian Institution 1889. Washington 1890. p. 399.)

Varigny, H. de, Sur l'action du camphre sur la germination. (Comptes rendus hebdomadaires de la Société de biologie de Paris. 1891. 2. Mai.)

Wehmer, C., Entstehung und physiologische Bedeutung der Oxalsäure im Stoffwechsel einiger Pilze. [Schluss.] (Botanische Zeitung. Band XLIX. 1891. p. 630.)

Systematik und Pflanzengeographie:

Bode, A., Coryanthes macrantha Hook. (Gartenflora. 1891. p. 152. Mit Abbild.)

Kränzlin, Coelogyne Micholicziana n. sp. (The Gardeners' Chronicle. Ser. III. Vol. X. 1891. p. 300.)

Mathsson, A., Reisebrief eines Cacteen-Sammlers. (Gartenflora. 1891. p. 205.)

Regel, E., Stanhopea graveolens var. Lietzei Regl. (l. c. p. 201. 1 Tafel.)

[*)] Der ergebenst Unterzeichnete bittet dringend die Herren Autoren um gefällige Uebersendung von Separat-Abdrücken oder wenigstens um Angabe der Titel ihrer neuen Publicationen, damit in der „Neuen Litteratur" möglichste Vollständigkeit erreicht wird. Die Redactionen anderer Zeitschriften werden ersucht, den Inhalt jeder einzelnen Nummer gefälligst mittheilen zu wollen, damit derselbe ebenfalls schnell berücksichtigt werden kann.

                                        Dr. Uhlworm,
                                        Terrasse Nr. 7.

Verrier, E., Comparaison de la flore du nord de l'Afrique avec la flore de nos départements méridionanx. (Extrait des Bulletins et Mémoires de la Société africaine de France. 1891.) 8°. 24 pp. Paris (Impr. Davy) 1891.

Wittmack, L., Vriesea regina Beer. (Gartenflora. 1891. p. 160. 2 Fig.)

— —, Tillandsia punctulata Cham. et Schlechtd. (l. c. p. 208.)

Teratologie und Pflanzenkrankheiten:

Dufour, J., Die Bekämpfung des Heuwurmes der Reben. (Schweiz. landwirthschaftliche Zeitschrift. 1891. No. 26. p. 418—420.)

Henry, E., Les insectes nuisibles au Canada. (Annales de la science agron. française et étrangère. Sér. VIII. T. I. 1891. Fasc. 1. p. 110.)

Kellerman, W. A., Jensens recent experiments. (The Industrialist. Vol. XVI. 1891. No. 35.)

Marek, G., Zu der Bekämpfung der Kartoffelkrankheit durch Kupfervitriol-Präparate und die Nothwendigkeit der Einführung eines Gesetzes für die allgemeine Bekämpfung der Kartoffelschädlinge. (Fühling's landwirthschaftliche Zeitung. 1891. No. 11. p. 333—340.)

Thümen, F. von, Die Black-rot-Krankheit der Weinreben. (Phoma uvicola Berk. et Curt. — Physalospora Bidwellii Sacc.) (Allgemeine Wein-Zeitung. 1891. No. 29. p. 282—284.)

Medicinisch-pharmaceutische Botanik:

Babes, V., Erklärende Bemerkungen über „natürliche Varietäten" des Typhusbacillus. (Centralblatt für Bakteriologie und Parasitenkunde. Band X. 1891. No. 9. p. 281—283.)

Battandier, Absence de la santonine dans les capitules de l'Artemisia herba alba de l'Algérie. (Journal de pharmacie et de chimie. Tome XXIII. 1891. No. 8.)

Bordoni-Uffreduzzi, Ueber die Widerstandsfähigkeit des pneumonischen Virus in den Auswürfen. (Centralblatt für Bakteriologie und Parasitenkunde. Bd. X. 1891. No. 10. p. 305—310.)

Buchner, H., Kurze Uebersicht über die Entwicklung der Bakterienforschung seit Nägeli's Eingreifen iu dieselbe. (Münchener medicinische Wochenschr. 1891. No. 25/26. p. 435—437, 454—456.)

Cornevin, Recherches sur la vénénosité des Cephalotaxes. (Comptes rendus hebdomadaires de la Société de biologie de Paris. 1891. 2. Mai.)

Darier, J. et Gautier, G., Un cas d'actinomycose de la face. (Annales de dermatol. et de syphiligr. 1891. No. 6. p. 449—455.)

Davies, A. M., Remarks on the micro-organisms. (Provinc. Med. Journ. 1891. No. 115. p. 389—394.)

Dionis des Carrières, Fièvre typhoïde se produisant depuis neuf ans dans une ferme; présence du bacille d'Eberth dans le puts d'alimentation dont le niveau d'eau est très variable. (Bulletin et mémoires de la Société méd. hôpit. de Paris. 1891. p. 24—36.)

Dricot, De la nécessité de l'analyse bactériologique des eaux conjointement à leur examen chimique. (Arch. méd. belges. 1891. Juin. p. 385—394.)

Durel, E., Contribution à la connaissance des caractères biologiques et pathogéniques du Bacillus pyogenes foetidus. (Annal. de Micrographie. 1891. No. 9. p. 401—415.)

Ernst, M., Zur Ausscheidung der Mikroorganismen durch den Schweiss. (Wiener med. Blätter. 1891. No. 27. p. 416—417.)

Fiedeler, Ueber die Brustseuche im Koseler Landgestüte und über den Krankheits-Erreger derselben. (Centralblatt für Bakteriologie und Parasitenkunde. Bd. X. 1891. No. 10. p. 310—317.)

Finlayson, J., Clinical remarks on Sarcinae in the urine for fifteen years, without accidents. (British Medical Journal. No. 1591. 1891. p. 1371.)

Foà, P., Sulla immunità verso il Diplococco pneumonico. (Osservatore. 1890. p. 882—884.)

Freudenreich, E. de, De l'action bactéricide du lait. (Annales de Microgr. 1891. No. 9. p. 416—433.)

Gallippe et Moreau, L., Recherches sur l'existence d'organismes parasitaires dans les cristallins malades chez l'homme et sur le rôle possible de ces organismes dans la pathogénie de certaines affections oculaires. (Comptes rendus des séances de l'Académie des sciences de Paris. Tome CXII. 1891. No. 23. p. 1329—1330.)

Giard, A., Observations et expériences sur les champignons parasites de l'Acridium peregrinum. (Comptes rendus de la Société de biologie. 1891. No. 22. p. 493—496.)

Haushalter, P., Trois cas d'infection par le staphylocoque doré dans le cours de la coqueluche. (Rev. méd. de l'est. 1891. p. 73—79.)

Kunckel d'Herculais, J. et **Langlois, Ch.,** Les champignons parasites des Acridiens. (Comptes rendus de la Société de biologie. 1891. No. 22. p. 490 —493.)

Kurth, H., Ueber die Unterscheidung der Streptokokken und über das Vorkommen derselben, insbesondere des Streptococcus conglomeratus, bei Scharlach. (Arbeiten aus dem Kaiserl. Gesundheits-Amte. Bd. VII. 1891. Heft 2/3. p. 389 —470.)

Levy, E., Ueber die Mikroorganismen der Eiterung. Ihre Specificität, Virulenz, ihre diagnostische und prognostische Bedeutung. (Archiv für experimentelle Pathologie und Pharmacie. Bd. XXIX. 1891. No. 1/2. p. 135—169.)

Macaigne, Arthrite à pneumocoque au cours d'une pneumonie; arthrotomie. Guérison. (Bulletin de la Société anat. de Paris. 1891. No. 12. p. 344—348.)

Prudden, T. M. and **Hodenpyl, E.,** Studies on the action of dead bacteria in the living body. (New York Med. Journ. 1891. No. 25. p. 679—704.)

Rottenstein, J. B. et **Bourcart, E.,** Les antiseptiques. Etude comparative de leur action différente sur les bactéries. 8°. 32 pp. Paris (Lecrosnier et Babé) 1891.

Sanchez-Toledo, D., De la virulence du microbe du tétanos débarrassé de ses toxines. (Comptes rendus de la Société de biologie. 1891. No. 22. p. 487—489.)

Schmorl, G., Ueber ein pathogenes Fadenbakterium (Streptothrix cuniculi). (Deutsche Zeitschrift für Thiermedicin. Bd. XVII. 1891. Heft 5/6. p. 375—409.)

Tissier, P., Le lait considéré comme agent de transport de certaines maladies infectieuses. (Annales de méd. scientifiques et prat. 1891. No. 20, 23. p. 153 —155, 177—179.)

Trapeznikoff, Du sort des spores de microbes dans l'organisme animal. (Annal. de l'Institut Pasteur. 1891. No. 6. p. 362—394.)

Zaufal, Ueber die Beziehungen der Mikroorganismen zu den Mittelohr-Erkrankungen und deren Complicationen. (Wiener med. Wochenschrift. 1891. No. 24—27. p. 1087—1039, 1081—1084, 1123—1124, 1161—1162.)

Technische, Forst-, ökonomische und gärtnerische Botanik:

Bartet, E., De l'influence exercée par l'époque de labatage sur la production et le développement des rejets de souches. (Annales de la science agronomique française et étrangère. Sér. VIII. T. I. 1891. Fasc. 1. p. 47.)

Bruguière, Louis, Le Prunier et la préparation de la prune. 4e édit. rev. et augm. 8°. 169 pp. Paris (G. Masson) 1891.　　　　　　　Fr. 1.—

Bussard, L., Deux questions concernant l'analyse des semences. (Annales de la science agronomique française et étrangère. Sér. VIII. T. 1. 1891. Fasc. 1. p. 153.)

Détermination du taux de nicotine et de la combustibilité des tabacs de diverses espèces. 8°. 18 pp. Nancy (Impr. Berger-Levrault & Co.) 1891.

Doumert, A., Les matières textiles. 8°. 62 pp. Paris (Lecène, Oudin & Co.) 1891.

Ducousso, Georges, La culture du tabac au Caucase. 8°. 12 pp. avec fig. Nancy (Berger-Levrault & Co.) 1891.

Graebner, L., Der Tulpenbaum, Liriodendron tulipifera L. (Gartenflora. 1891. p. 153.)

Hartwig, J., Praktisches Handbuch der Obstbaumzucht. 4. Aufl. 8°. X, 225 pp. Mit 109 Holzschn. Weimar (B. F. Voigt) 1891.　　　　　　　M. 5.25.

Hermer, Vitis inconstans Mig. Die veränderliche Weinrebe. (Neubert's Deutsches Garten-Magazin. Bd. XLIV. 1891. p. 147.)

Lebl, Agave und Yucca. (l. c. p. 142.)

— —, Die Akazien. (l. c. p. 148.)

Lebl, Vallota purpurea. (l. c. p. 150.)

Ledien, Fr., Werth und Cultur der Pleionen. (Gartenflora. 1891. p. 145. Mit Tafel.)

Marcano, V., Essais d'agronomie tropicale. (Annales de la science agronom. française et étrangère. Sér. VIII. T. I. 1891. Fasc. 1. p. 119.)

Mouillefert, P., Les vignobles et les vins de France et de l'étranger. Territoire, climat, et cépages des pays vignobles, avec la description, culture et vinification des principaux crus. 8°. VIII, 566 pp. 7 cartes color. et des notes en français par **J. Ruplinger.** 8°. VIII, 104 pp. Paris (Bélin frères) 1891.

Petit, Julien, La betterave et la canne à sucre. (Revue des sciences naturelles appliquées. 1891. No. 4.)

Reuthe, G., Orchideen in Birmingham. (Neubert's Deutsches Garten-Magazin. Bd. XLIV. 1891. p. 151.)

Wilke, J. F., Die Victoria regia im zoologischen Garten zu Rotterdam. (Gartenflora. 1891. p. 151.)

Personalnachrichten.

Professor Dr. **W. Schimper** in Bonn hat dem an ihn ergangenen Rufe als ordentl. Professor der Botanik in Marburg aus Gesundheitsrücksichten nicht Folge geleistet.

Inhalt:

Ausgegeben: 31. September 1891.

Druck und Verlag von Gebr. Gotthelft in Cassel.

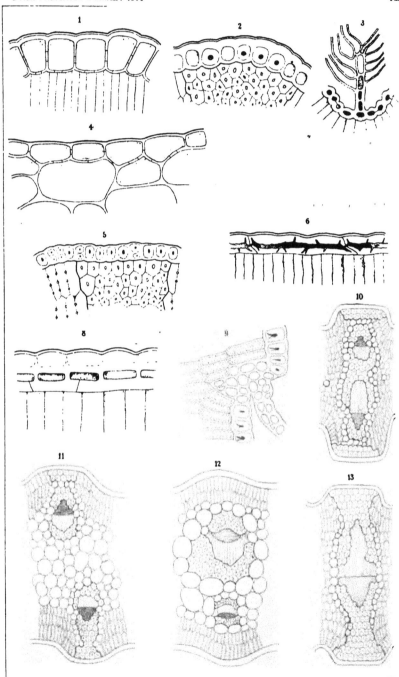

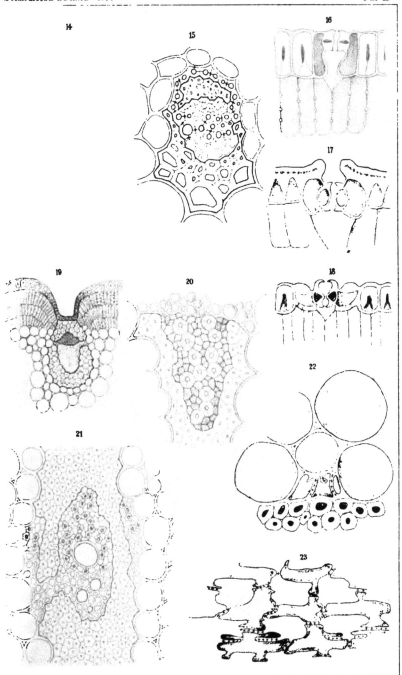

Gebr Gotthelft, Cassel

Botanisches Centralblatt.

Referirendes Organ

für das

Gesammtgebiet der Botanik des In- und Auslandes.

Zugleich Organ

des

Botanischen Vereins in München, der Botaniska Sällskapet in Stockholm, der botanischen Section des naturwissenschaftlichen Vereins zu Hamburg, der botanischen Section der Schlesischen Gesellschaft für Vaterländische Cultur zu Breslau, der Botaniska Sektionen af Naturvetenskapliga Studentsällskapet in Upsala, der k. k. zoologisch-botanischen Gesellschaft in Wien, des Botanischen Vereins in Lund und der Societas pro Fauna et Flora Fennica in Helsingfors.

Herausgegeben

unter Mitwirkung zahlreicher Gelehrten

von

Dr. Oscar Uhlworm und Dr. F. G. Kohl
in Cassel in Marburg.

Zwölfter Jahrgang. 1891.
IV. Quartal.

XLVIII. Band.
Mit 2 Tafeln und 21 Figuren.

CASSEL.

Verlag von Gebrüder Gotthelft.

1891.

Systematisches Inhaltsverzeichniss.

*) Die auf die Beihefte bezüglichen Zahlen sind mit B versehen.

V. Pilze:

VI. Flechten:

VII. Muscineen:

VIII. Gefässkryptogamen:

IX. Physiologie, Biologie, Anatomie u. Morphologie:

X. Systematik und Pflanzengeographie:

XI. Phaenologie:

XII. Palaeontologie:

XIII. Teratologie und Pflanzenkrankeiten:

XIV. Medicinisch-pharmaceutische Botanik.

XV. Techn., Handels-, Forst-, ökonom. und gärtnerische Botanik:

XVI. Neue Litteratur:

XVII. Wissenschaftliche Original-Mittheilungen:

XVIII. Botanische Gärten und Institute:

XX. Instrumente, Präparations- und Conservationsmethoden etc.:

Autoren-Verzeichniss :*)

*) Die mit * versehenen Zahlen beziehen sich auf die Beihefte.

Band XLVIII. No. 1.　　　　　　　　XII. Jahrgang.

Botanisches Centralblatt.

REFERIRENDES ORGAN

für das Gesammtgebiet der Botanik des In- und Auslandes.

Herausgegeben

unter Mitwirkung zahlreicher Gelehrten

von

Dr. Oscar Uhlworm und Dr. F. G. Kohl
in Cassel. 　　　　　　　　in Marburg.

Zugleich Organ
des

Botanischen Vereins in München, der Botaniska Sällskapet i Stockholm, der botanischen Section des naturwissenschaftlichen Vereins zu Hamburg, der botanischen Section der Schlesischen Gesellschaft für vaterländische Cultur zu Breslau, der Botaniska Sektionen af Naturvetenskapliga Student-sällskapet i Upsala, der k. k. zoologisch-botanischen Gesellschaft in Wien, des Botanischen Vereins in Lund und der Societas pro Fauna et Flora Fennica in Helsingfors.

| Nr. 40. | Abonnement für das halbe Jahr (2 Bände) mit 14 M. durch alle Buchhandlungen und Postanstalten. | 1891. |

Wissenschaftliche Original-Mittheilungen.

Beiträge zur Kenntniss der *Ectocarpus*-Arten der Kieler Föhrde.

Von

Paul Kuckuck.

Mit 6 Figuren.

　　Die folgenden Untersuchungen wurden im Botanischen Institute der Universität Kiel angefertigt und stützen sich zum Theil auf von mir selbst in der Zeit vom März 1890 bis Juni 1891 gesammeltes, zum Theil auf das im Kieler Universitätsherbarium vorliegende Material. Da sich dieselben mit Formen der Umgebung Kiels beschäftigen, so wurden hauptsächlich die von Herrn Prof. Reinke gesammelten Exemplare berücksichtigt, daneben aber auch eine grössere Anzahl von Original-Exsiccaten zur Bestimmung und Vergleichung herangezogen, die anderen Meerestheilen entnommen sind. Ich nenne darunter hauptsächlich die folgenden, für mich wichtigeren Sammlungen:

　　A r e s c h o u g, Algae scandinavicae exsiccatae. — Die Algues marines du Finistère von C r o u a n. — Die Algues marines de

Cherbourg von Le Jolis. — Die Algae Danmonienses von Wyatt. — Die Algae Americae borealis von Farlow. — Eine Sammlung arktischer Algen von Foslie. — Algen des finnischen Meerbusens von Gobi. — Eine Sammlung dänischer Algen von Kolderup-Rosenvinge. — Eine Anzahl von Originalexemplaren des Herbariums Thuret (communic. Bornet). — Die Phycotheca universalis von Hauck und Richter. — Die Exsiccaten von Rabenhorst. — Das Herbarium Suhr. — Zahlreiche Original-Exsiccaten von Lyngbye.

Ferner hatte Herr Professor Kjellman in Upsala die Güte, mir eine Anzahl seiner eigenen Exsiccate und Präparate zur Verfügung zu stellen, wofür ich auch an dieser Stelle dem genannten Gelehrten meinen herzlichen Dank sage. Vor Allem bin ich aber Herrn Professor Reinke für die Winke und Rathschläge, die er mir bei diesen Untersuchungen reichlich zu Theil werden liess, zu lebhaftem Danke verpflichtet.

Schon der ältere Agardh bezeichnet (1.*) p. 36) die Ectocarpen als eine Gruppe, in welcher die Algologen nur zu häufig Täuschungen ausgesetzt waren. Auch ich bin mir bewusst, welche Schwierigkeiten gerade die hier behandelten Formen einer systematischen Behandlung in den Weg stellen, und maasse mir nicht an, hierbei überall das Richtige getroffen zu haben. „Tot enim formis sese jactant species, ut quas non uno eodemque tempore invenimus et comparare possumus vix sciamus, utrum species novae an jam cognitarum varietates cernendae sint." (C. A. Agardh, l. c.)

Erst Kjellman's „Beitrag zur Kenntniss der skandinavischen Ectocarpeen und Tilopteriden", welcher im Jahre 1872 erschien, gab eine ausführliche Behandlung der damals bekannten skandinavischen Arten und brachte Klarheit in die sehr verworrene Synonymie von Ectocarpus (23.). Vor Allem erfuhren auch die beiden Arten Ectocarpus confervoides Roth spec. und Pylaiella litoralis L. spec. eine eingehendere Berücksichtigung.

Das Kützing'sche Genus Corticularia, welches sich auf die sehr variable Berindung stützt, habe ich nach dem Vorgange Kjellman's und anderer Autoren mit Ectocarpus vereinigt, während ich, entgegen Kjellman, aber mich dem Beispiele Crouan's, Farlow's und Reinke's anschliessend, das Genus Pylaiella, welches Bory 1823 aufstellte, als Subgenus der Gattung Ectocarpus unterordne. Pylaiella litoralis unterscheidet sich in seinen plurilokulären Sporangien keineswegs von den typischen Formen des E. siliculosus (in der unten vorgenommenen Begrenzung), dessen Sporangien nicht nur oft Haare, sondern auch chromatophorenreiche Zellreihen aufgesetzt sind. Andererseits sind gerade für die Subspecies divaricata Kjellm. terminale plurilokuläre Sporangien charakteristisch. Auch die unilokuläre Sporangienform erscheint in extremen Fällen, z. B. bei E. varius (Pylaiella varia Kjellm.), den ich als Subspecies zu E. litoralis ziehe, terminal auf ein-wenigzelligem

---

*) Die in Parenthesen beigefügten Zahlen beziehen sich auf das Litteratur-Verzeichniss am Schlusse der Arbeit.

Stiel und gleicht darin den entsprechenden Sporangien anderer *Ectocarpus*-Arten. Endlich kommen auch intercalare, uniloculäre Sporangien, wie R e i n k e (40. Taf. 20, Fig. 6) gezeigt, bei *Ectocarpus ovatus* vor, und ich selbst konnte ähnliche Fälle für *Ectocarpus penicillatus* Ag. constatiren.

Auch die Einziehung von *Streblonema* Derb. et Sol. erfährt durch einige von mir beobachtete Fälle eine Unterstützung. Sporangienformen, wie sie P r i n g s h e i m (37. p. 13, Taf. 3, Fig. B.) für *Streblonema fasciculatum* Thur. (= *Ectocarpus Pringsheimii* in R e i n k e 's Algenflora) abbildet, fand ich auch bei in der Cultur gewachsenen Formen von *E. dasycarpus* n. sp., deren vegetativer Theil nicht in einem kriechenden, sondern reich entwickelten, aufrechten Thallus bestand.

In seiner Flora (39. p. 43) fasst R e i n k e unter dem Namen *Ectocarpus confervoides* Roth sp. alle Ectocarpen der westlichen Ostsee zusammen, welche bandförmige, verzweigte Chromatophoren besitzen. Doch sei dabei bemerkt, dass auch *E. tomentosus* Huds. sp. sich durch den Besitz bandförmiger, z. Th. wie bei *E. confervoides* spiralig gewundener Chromatophoren auszeichnet, die aber unverzweigt zu sein pflegen. R e i n k e 's Vermuthung, dass in der von ihm vorgenommenen Umgrenzung des *Confervoides*-Typus genauere Untersuchungen zu einigen Aenderungen führen würden, findet in der nachstehenden systematischen Uebersicht eine Bestätigung.

Die Species *Ectocarpus litoralis* L. sp. habe ich mit der schon 1872 von K j e l l m a n (23.) erweiterten Charakterisirung übernommen, jedoch, wie schon bemerkt wurde, auch seine *Pylaiella varia* hineingezogen.

Nur zwei Merkmale sind für die beiden Formenkreise von völlig durchgreifender Bedeutung: Die Gestalt der Chromatophoren und die Verzweigung. Auf beide Punkte wird weiter unten näher eingegangen werden. Hier sei nur bemerkt, dass bei *Ectocarpus litoralis* L. sp. die Chromatophoren aus zahlreichen linsenförmigen Platten, bei *Ectocarpus confervoides* Roth sp. und verwandten Arten aus verzweigten Bändern bestehen. Bei der ersteren Art ist die Verzweigung zerstreut oder opponirt, bei den letzteren durchweg zerstreut. Aber während selbst bei den Formen von *E. litoralis* L. sp., die sich durch eine zerstreute Verästelung auszeichnen, die opponirte Zweigstellung nicht eben selten ist, wurde dieselbe bei *E. siliculosus* Dillw. sp., *E. confervoides* Roth sp., *E. dasycarpus* n. sp. und *E. penicillatus* Ag. in keinem einzigen Falle von mir beobachtet und ist so völlig ausgeschlossen, dass man Individuen, deren Chromatophoren zerstört sind, die aber, wenn auch als seltene Ausnahmen, opponirte Verzweigung zeigen, ohne Weiteres von den letztgenannten Arten ausschliessen darf.

Systematisches.

I. D e r F o r m e n k r e i s v o n *Ectocarpus litoralis* L. sp. (erweitert).

Ectocarpus litoralis L. sp. muss trotz seiner in der Regel mächtigen vegetativen Entwicklung — so erreichen Büschel von

α. *oppositus* forma *typica* und forma *subverticillata* nicht selten die
Länge von 0,3 m — als der phylogenetisch am tiefsten stehende
Typus der Gattung *Ectocarpus* aufgefasst werden. Das Wachsthum
ist intercalar und nur hin und wieder undeutlich trichothallisch;
echte P h a e o s p o r e e n haare mit basalem Vegetationspunkte fehlen
vollkommen. Die Verzweigung ist eine sehr variable, und
die Schwierigkeit der näheren Bestimmung wird dadurch nicht
selten erhöht, dass ein Zweigbüschel einer Pflanze z. B. sehr
regelmässig opponirte Stellung der Aeste zeigt, während bei
einem anderen Zweigbüschel desselben Individuums die Stellung
fast ebenso häufig abwechselnd oder fast einseitig ist. Doch ist
im Gegensatz zu dem zweiten Formenkreise eine durchgehende
Hauptachse deutlich erkennbar und durchzieht die Pflanze meist
in gerader Richtung, ohne an den Verzweigungsstellen eine Knickung
zu erfahren. Irrelevant erscheint mir der Umstand, ob die Zweige
letzter Ordnungen sich nach oben verdünnen oder nicht; es hängt
dies vollkommen von ihrem Alter ab. — Beide Sporangienformen,
die uniloculäre wie die pluriloculäre, entstehen im typischen Falle
durch Umwandlung vegetativer, im Verlauf des Fadens liegender
Zellen und tragen bei der Reife an ihrer Spitze eine mehr oder
weniger lange Reihe vegetativer Zellen, welche in ein farbloses
Haar auslaufen können („spröt" der schwedischen Algologen).
Uniloculäre Sporangienketten, deren Sporangien parallel zur Längsachse breit gedrückt sind und nur wenig über den fadenförmigen
Thallus hervorragen, unterscheiden sich deshalb hinsichtlich des
Grades ihrer Differenzirung kaum von fertilen Zellen einer *Ulothrix*
oder einer *Cladophora lanosa*. — Der Habitus ist zuweilen sogar
bei einer und derselben Form Schwankungen unterworfen. Die
seilartige Zusammendrehung, welche die Autoren zur Aufstellung
einer forma *firma* und *compacta* veranlasste, entsteht dadurch, dass
fast gleich dicke Hauptachsen und Achsen erster Ordnungen sich
um einander winden; sie ist bei festgewachsenen Formen am
häufigsten und scheint eine Wirkung der Wellenbewegung zu sein.
Losgerissene Büschel breiten sich meist zu unregelmässigen, wolken-
förmigen Watten aus und verwirren sich nur mit ihren Haupt-
verzweigungen lose in einander.

Dennoch erscheint mir die Eintheilung, welche K j e l l m a n
in seinem 1890 erschienenen Handbuch (26. p. 84 ff.) vornimmt,
als die zweckmässigste, und es ist nur zu bedauern, dass nicht
auch in anderen Meerestheilen dieser interessanten Formengruppe
eine eingehendere Berücksichtigung zu Theil geworden ist.

Dadurch, dass man auch *Ectocarpus varius* Kjellman sp. zu
einer Subspecies degradirt, erhält man eine völlig continuirliche
und durch keine Lücke unterbrochene Reihe; α. *oppositus* f. *typica*,
subverticillata, *rectangulans*, β. *firmus* f. *typica*, *subglomerata* und
livida zeigen völlig intercalare Sporangien, α. *oppositus* f. *rupincola*
und β. *firmus* f. *pachycarpa* zeigen nur wenige vegetative Zellen
über den Sporangien, bei γ. *divaricatus* sind die Sporangien sehr
oft terminal, die pluriloculären aber noch meist lang und cylindrisch,
die uniloculären in Ketten von zwei bis vielen Sporangien ver-

einigt; *ð. varius* weist uniloculäre Sporangien auf, wie sie für höher stehende Ectocarpen charakteristisch sind.

Farlow (13. p. 73) beschreibt einen *E. litoralis*, den er als forma *robusta* bezeichnet, welcher sich durch kräftige, opponirte Zweige und uniloculäre Sporangien, die durch Längswände getheilt sind, auszeichnet. Dergleichen Bildungen sind nicht selten, doch fand ich sie massenhaft entwickelt nur bei gewissen Formen von *β. firmus*.

Wie sehr die Ausbildung der Sporangien von äusseren Einflüssen abhängen kann, erfuhr ich bei einem Exemplar von *β. firmus* f. *typica*, welches beim Einsammeln normale intercalare, pluriloculäre Sporangien trug, nach einigen Wochen aber in der Cultur sich mit einer grossen Anzahl von kurzen terminalen Sporangien bedeckt hatte, die sich in nichts von typischen pluriloculären Sporangien von *ð. varius* unterschieden.

Der Vollständigkeit halber habe ich mir erlaubt, diejenigen von Kjellman unterschiedenen Formen, die ich in der Kieler Föhrde nicht auffand, in die ausführliche systematische Uebersicht einzufügen. Die folgende kurze Zusammenstellung der hiesigen Formen dürfte bei einer Bestimmung einige Erleichterung gewähren.

A. Sporangien intercalar.
1. Verzweigung vorwiegend opponirt.   *α. oppositus.*
  a. Zweige in einem spitzen Winkel abgehend.
    α. Sterile und fertile Zweige in lange Haare auslaufend. Von gelblicher Farbe.
    * Zweige letzter Ordnung locker stehend. f. *typica.*
    ** Zweige letzter Ordnung zu Büschelchen zusammengedrängt.   f. *subverticillata.*
    β. Sterile Zweige oft bis zur Spitze chromatophorenreich; fertile Zweige mit ein bis wenigen chromatophorenhaltigen Zellen an der Spitze. Von brauner Farbe.   f. *rupincola.*
  b. Zweige in einem nahezu rechten Winkel abgehend.   f. *rectangulans.*
2. Verzweigung vorwiegend zerstreut.   *β. firma.*
  a. Vegetativ stark entwickelt; Hauptachse bis 50 μ dick.
    α. Uniloculäre Sporangienketten lang.
    * Zweige letzter Ordnung locker stehend. f. *typica.*
    ** Zweige letzter Ordnung gedrängt. f. *subglomerata.*
    β. Uniloculäre Sporangien einzeln oder zu wenigen vereinigt.   f. *livida.*
  b. Bis 7 mm hoch, meist schon die Zweige erster Ordnung fertil; Hauptachse bis 18 μ dick.   f. *pachycarpa.*
B. Sporangien meist terminal; Zweige unregelmässig, oft rechtwinklig abstehend.
1. Uniloculäre Sporangienketten mit zwei bis vielen Sporangien. Pluriloculäre Sporangien lang, cylindrisch.   *γ. divaricata.*   f. *ramellosa.*

2. Uniloculäre Sporangien meist einzeln oder zu wenigen vereinigt, pluriloculäre Sporangien kugelig, ei- oder würfelförmig.   *δ. varia.*

   a. Vegetativ stark entwickelt.

     α. Büschel lose, verworren, bis 30 cm lang; Zellen bis 45 μ dick.   *f. typica.*

     β. Büschel festgewachsen, bis 3 cm hoch; Zellen bis 30 μ dick.   *f. contorta.*

   b. Bis 3 mm hoch, einfach oder spärlich verzweigt.

                                         f. pumila.

    Ectocarpus litoralis L. sp. (erweit.).

Syn.: *Conferva litoralis* ad part. Linné, Spec. Plant. Ed. I. p. 1165.
     Pylaiella litoralis ad part. Kjellm., Bidrag u. s. w. p. 99 ff.
       „   „   „ „ Kjellm., Handbok. p. 83 ff.

Diagnose: Thallus meist reich verzweigt, Zweige opponirt oder zerstreut. Echte Phäosporeenhaare fehlen. Uniloculäre Sporangien intercalar, zu Ketten vereinigt oder terminal, bald in Ketten, bald einzeln, kugelig, ellipsoidisch oder scheibenförmig. Pluriloculäre Sporangien intercalar, cylindrisch oder terminal, dann bald lang cylindrisch, bald kurz kugelig-eiförmig oder fast würfelförmig. Chromatophoren zahlreiche, rundliche, locker liegende oder polygonale, dicht liegende Scheiben.
                               Subspecies *α.*

(Fortsetzung folgt.)

Originalberichte gelehrter Gesellschaften.

Botaniska Sektionen af Naturvetenskapliga Studentsällskapet i Upsala.

Sitzung am 30. Januar 1890.

Herr **R. Sernander** lieferte

Einige Beiträge zur Kalktuff-Flora Norrlands.

Die eigenthümliche, in mehreren Kalkgegenden Schwedens angetroffene Bergart, welche Kalktuff genannt wird, hat in den letzten Jahren eine besondere Bedeutung erhalten durch die wichtigen Untersuchungen, die Nathorst[*] über die in demselben aufbewahrten Pflanzenreste gemacht hat.

---

[*] A. G. Nathorst, Förberndande meddelande om floran i några norrlandska Kalktuffer. (Geol. Fören. Förhandl. Bd. VII. 1885. Häft 14.)
   (A. G. Nathorst.) Ytterligare om floran i kalktuffen vid Långsele i Dorotea socken. (l. c. Bd. VIII. 1886. Häft 1.)
   Om lemningar af Dryas octopetala L. i Kalktuff vid Rangiltorp nära Vadstena. (Öfversigt af K. vet. Akad. Förhandl. 1886. No. 8.)
   Föredrag i botanik vid K. Vetenskaps-Akademiens Högtidsdag 1887.

Die Flora in einem Theile norrländischer, besonders jemtländischer Kalktuffe lieferte bemerkenswerthe Aufschlüsse über die Geschichte der Vegetation des nördlichen Schweden. So erhielt man u. A. einen ersehnten, thatsächlichen Beweis davon, dass rein glaciale Formen auch hier in der Tiefebene gewachsen sind, wo sie aber jetzt ganz und gar verschwunden sind. Die Flora, die hier vorhanden war, warf ein neues Licht auf die Einwanderung der Fichte, eines der am meisten vorherrschenden Bäume Skandinaviens, sowie auf die Anwesenheit einiger eigenthümlichen Reliktpflanzen, besonders *Hippophaë rhamnoides* L., die jetzt an den Ufern des Bottnischen Meerbusens angetroffen wird.*)

Während seines Aufenthaltes im mittleren Jemtland im Sommer 1889 widmete sich der Vortr. einige Zeit lang der Untersuchung der in diesen Tuffen vorkommenden Flora, besonders um dieselbe mit derjenigen zu vergleichen, welche er vorher im Laufe desselben Sommers in den marinen Ablagerungen längs einiger norrländischer Flüsse studirt hatte. Da von den Fundorten, die er Gelegenheit zu untersuchen hatte, einer in der Litteratur nicht erwähnt ist, und da Nathorst über einen anderen nur zerstreute Aufschlüsse geliefert, könnte vielleicht das Folgende von einigem Werthe sein als ein geringer Beitrag zur interessanten Kalktuff-Flora Norrlands.

In der Gemeinde Aspås im mittleren Jämtland, wäre nach den Angaben des Herrn Dr. Högbom Kalktuff in fester Kluft vorhanden. Im Dorfe Näset fand auch der Vortr. ein mächtiges Tufflager wieder, und zwar auf einem mit Moränenkies bedeckten und bewaldeten Bergrücken in zwei gegen Süden langsam abschüssigen Thälern, welche sich bald in eine einzige Thalfurche vereinigten, die sich zu unterst zu einem kleinen Plateau ausbreitete. Quer über das Terrain streckte sich hier ein niedriger Kieswall, hinter welchem Moore folgten, worin Kalktuff nur längs eines Bächleins, das den Wall durchgebrochen hatte, anzutreffen war. An einigen Punkten hatte man angefangen, das Tufflager zu brechen und auszunutzen.

Hier konnte der Vortr. an mehreren Stellen den Kalktuff von der Oberfläche her bis zum Grunde studiren. In den untersten Theilen war das Tufflager 30—40 cm mächtig, entweder direct auf von rein silurischen Bergartbruchstücken bestehendem Moränenkies ruhend, oder auch von diesem durch 5 bis 10 cm mit Thon gemischten Sand getrennt. Es wurde hier von 30 cm theilweise etwas moorartiger lockerer Erde bedeckt, welche jetzt mit einer wiesenartigen Vegetation bewachsen war. Nach oben wurde der Tuff bis zu 1 m mächtig und war direct auf dem Kiese gelagert.

Eine 40 cm tiefe Decke von Walderde und Hylocomien überlagerte hier den Tuff.

---

*) Siehe A. G. Högbom. Om sekulära köjningen vid vesterbottens kust. (G. F. F. Bd. IX. 1887. Häft 1.)

Das ganze Lager schien durch starke, von den Kies- und Steinmassen des Hügels herrührende Quelladern gebildet worden zu sein, welche, in den Thälern und in der Vereinigung derselben mündend, von dem soeben erwähnten Kieswalle ein wenig aufgedämmt worden waren. Freilich finden sich auch jetzt Quelladern in dem unterliegenden Kiese, diese aber sind nur von geringer Bedeutung. Alles deutet darauf hin, dass dieser Kalktuff nicht nur während anderer Drainirungs-, sondern auch ganz anderer klimatischer Zustände gebildet worden ist, als sie jetzt auf der Stelle herrschen.

Im Allgemeinen war der Tuff ein dichter und fester, aber sehr reich an Pflanzenresten. Eine Verschiedenheit in dem Vorkommen und der Art derselben auf verschiedenen Niveaus des Lagers konnte Vortr. nicht wahrnehmen.

Die Pflanzenreste waren:

Pinus silvestris L.: versteinerte Stämme mit einem Durchmesser von bis 20 cm (an einem Stammfragmente waren die Jahrringe durchschnittlich 1,25 mm breit), ein Stückchen der äusseren Rinde. Zapfen (wovon einer 30×20 cm), Zwergtriebe (die Nadelpaare 27—35 mm lang).

Betula odorata Bechst.: Blätter (reichlich).

Populus tremula L., Blätter, Zwergtriebe.

Salix nigricans Sm.: Blätter.

Salix hastata L.?: Blätter.

Dryas octopetala L.: Blätter, Triebe mit übrig bleibenden Nebenblättern. In einer Stufe lagen etwa ein Dutzend Blätter in einer Ecke angehäuft. Das grösste Blatt bezog 15×7 mm.

Vaccinium Vitis idaea L.: Blätter.

Sorbus Aucuparia L.: ein Blattfragment, gemäss gütiger Bestimmung vom Herrn Prof. Nathorst.

Gräser und *Equiseta*-Fragmente.

Weichthierschalen fanden sich sehr allgemein. Die angetroffenen Arten waren:

Limnaea ovata Drap., *Zonites petronella* (Chap.), *Conulus fulvus* (Müll.), *Pupa muscorum* (Müll.).

Ausserdem wurden Abdrücke eines Insektenabdomens wahrgenommen, woneben eine eigenthümliche Bildung nach einer Mittheilung des Prof. Nathorst ein Theil des Hauses eines „Hauswurms" ausmacht. Zu bemerken ist, dass Vort. bei Näset von mehreren Personen hörte, dass man vor einigen Jahren in dem Tuffe einen Klauenabdruck, wahrscheinlich einem Elenthier zugehörend, gefunden habe. In mehreren der eingesammelten Stufen fanden sich Kohlenstückchen eingesprengt; ausserdem waren unbestimmbare Zweigabdrücke recht gewöhnlich.

An dem Ausflusse des Bächleins von Filsta in den Storsjön, dem südlichen Ufer der Insel Frösön gegenüber, liegt ein Kalktufflager.

In einer von Linnarson hierselbst eingesammelten Stufe hat Prof. Nathorst schöne Blätter von *Betula odorata* Bechst. und *Pinus silvestris* L. erkannt. Uebrigens hat er in „Föredrag i Botanik vid Kongl. vetenskaps akademiens högtidsdag 1887. Stockholm 1887" mitgetheilt, dass der Assistent A. F. Carlsson hier *Dryas octopetala* angetroffen hat.

Das fragliche Tufflager war nahe östlich am Bächlein belegen, auf einem einige Meter über dem Storsjön liegenden Kieswalle mit sehr wohl abgerundeten hasel- bis wallnussgrossen Steinchen, ausschliesslich silurischen Bergarten angehörend. Die Ausdehnung des Lagers betrug im Norden und Süden etwa 50 und im Osten und Westen 25 Meter.

Da der Tuff gegen den See und Bach zu scharf abgeschnitten war, hat man Grund, zu vermuthen, dass einst derselbe nach diesen Richtungen hin eine grössere Ausdehnung gehabt, aber vom Bache und dem zu einem anderen Zeitpunkte vielleicht höher stehenden See theilweise erodirt worden sei.

Das Lager lag ganz wagrecht, von etwa 1 dm lockerer Erde bedeckt. Nach unten gegen den Kies, der im Contacte mit Kalk scharf incrustirt war, bestand der Tuff aus einer spröden, einige cm tiefen Masse versteinerter Laubmoose, darüber lag ein ziemlich spröder, 80 cm mächtiger Tuff, übervoll von Pflanzenresten. Diese waren die ganze Tuffmasse hindurch gleichartig und kamen theils als Abdrücke, am meisten aber als eigentliche Versteinerungen*) vor.

Die folgenden konnten identificirt werden:

Pinus silvestris L.: Stämme (einer hatte 13 cm im Durchmesser), Zwergtriebe (ein Nadelpaar 50 mm lang).

Betula odorata: deutliche und schöne Blätter.

Betula intermedia Thom.: Blätter

Populus tremula: Blätter.

Salix nigricans: Blätter.

Salix Caprea L.: Blätter.

Vaccinium Vitis idaea: Blätter.

Peltigera canina (L.); ein schönes und gut erhaltenes Thallusläppchen wurde in der Moosschicht des Bodenlagers gefunden.

Laubmoose.

Schnecken waren spärlich vorhanden. Die angetroffenen gehörten zu den folgenden Arten:

Pupa muscorum, Succinea putris (L.) *Helix* sp.

Die Flora, die nach den soeben gemachten Aufzählungen den Kalktuff sowohl bei Näset als bei Filsta auszeichnet, ist folglich mit derjenigen beinahe identisch, die Nathorst aus mehreren anderen norrländischen Fundorten beschrieben hat. Auch hier fanden sich Kiefernreste massenweise, ohne dass eine einzige Spur von der Fichte entdeckt werden konnte. An den oben genannten Stellen sind auch die demnächst am meisten

---

*) In den geologischen Handbüchern wird beinahe immer davon gesprochen, dass die Pflanzenreste in Kalktuff nur als Abdrücke vorkommen. Wirkliche Versteinerungen und Abgüsse sind aber gar nicht selten. Hier bei Filsta z. B. sind sie häufiger, als die Abdrücke. Für Blattbestimmungen hat dies eine gewisse Bedeutung, da die Nervatur der Ober- und Unterseite eines Blattes dadurch in resp. zwei Weisen aufbewahrt werden kann.

vorherrschenden Pflanzenreste Blätter von *Betula odorata* mit
Espen- und Weidenlaub gemischt, und unter dieser sub-
glacialen Baumvegetation, deren Reste in der Steinmasse aufbewahrt
worden sind, gedieh und blühte auch *Dryas*. Der Fund dieser
letzteren Pflanze bei Näset ist von einem gewissen Interesse, da
dieser Fundort gleich wie Filsta nur ca. 300 m über dem Meere
liegt. Nur die nachfolgenden Formen sind noch nicht aus den
früher untersuchten Fundorten mitgetheilt: *Vaccinium Vitis idaea*
(Näset und Filsta), *Salix nigricans* (Näset und Filsta), *Peltigera
canina* (Filsta).

Vaccinium Vitis idaea ist eine Pflanze, von deren resistenten
Blättern man bei der Kenntniss, welche wir über die Rolle besitzen, die das Preiselbeerkraut in der Feldschicht der Kieferwälder
spielt, wohl erwarten kann, einige zusammen mit Kieferresten aufbewahrt zu finden.

Nach Lundström*) hat sich an mehreren Stellen in Schweden
und besonders in Jemtland *Salix nigricans* nach der Eisperiode
aus *S. myrsinites* L. entwickelt, wovon jene sich in demselben Maasse
trennte, wie das Klima verändert wurde. Die Blätter, die Vortr.
als zu *Salix nigricans* gehörend bestimmt, und welche in den eingesammelten Stufen sehr zahlreich aufbewahrt sind, zeigen nach
der Angabe Lundström's eine grosse Uebereinstimmung mit
den Formen von *Salix nigricans*, die heutzutage in der jemtlän-
dischen Tiefebene wachsen. Diese Art scheint sich daher schon
in einer so entfernten Zeit ausgeprägt zu haben, dass noch rein
glaciale Formen wie *Dryas* und *Salix reticulata* auf dem Niveau
des Storsjön übrig waren.

Der Fund von *Peltigera canina* ist bemerkenswerth, weil
Flechten so äusserst selten im fossilen Zustande erhalten sind.
In schwedischen Kalktuffen sind Flechtenreste niemals vorher gefunden
worden. Die heutige Verbreitung und das allgemeine Vorkommen
der genannten Art machte es a priori wahrscheinlich, dass *Peltigera* der alten norrländischen Flora angehöre, wovon die Kalktuffe einige Reste bis auf unsere Tage aufbewahrt haben.

Von den Schnecken, die Vortr. bei Näset und Filsta angetroffen hat, sind die folgenden früher nicht angemerkt: *Pupa
muscorum, Succinia putris.*

Alles, was man bisher über diese Kalktufflager Norrlands
kennt, spricht dafür oder wenigstens nicht dagegen, dass sie
zu fast gleicher Zeit gebildet worden sind, und dass diese Zeit,
geologisch gesprochen, eine sehr begrenzte gewesen ist. Erstens
scheint es, als wären sie gebildet worden, bevor die Fichte eingewandert war, da Reste von diesem jetzt wichtigsten Waldbaume
Norrlands in dem Tuffe ganz und gar fehlen. Ferner finden sich
in allen einigermassen untersuchten Localitäten dieselben charakteristischen Pflanzen wieder, vor Allem die Kiefer und *Betula
odorata*, und in keiner hat man, wenigstens bisher, Unterschiede

---

*) A. N. Lundström. Ueber die Salixflora des Jenissej-Ufer. (Botan.
Centralbl.)

auf verschiedenen Niveaus und Theilen des Tuffes finden können. An vielen Stellen sind ausserdem unter diesen charakteristischen Arten Pflanzenformen eingesprengt, die zu dieser Zeit vermuthlich sehr allgemein gewesen sind, deren Verdrängen aber innerhalb eines bewaldeten Gebietes immer eine Zeitfrage sein muss.

Durch das Vorhandensein z. B. von den reichlichen Kiefernresten ergibt es sich natürlicherweise von selbst, dass das Klima in jener Zeit, wo der Kalktuff abgelagert wurde, kein arctisches sein konnte. Dafür, dass es kälter, als das jetzige gewesen sei, könnte z. B. das Vorkommen von *Dryas* und *Salix reticulata* sprechen. Hierbei ist aber zu bemerken, dass die Reste von *Pinus silvestris* gar nicht darauf hindeuten. Diese sind nämlich von etwa derselben Beschaffenheit wie entsprechende Theile von der in der Nähe des Fundortes wachsenden Kiefer. Stämme von 13—20 cm im Durchmesser sind gefunden worden, und die Jahrringe widersprechen nicht der Annahme eines Klimas wie das Gegenwärtige. 50 mm lange Nadeln und Zapfen von 40×25 mm deuten auch nicht auf die Kiefernwälder droben im Gebirge, oder in den nördlichsten Theilen Skandinaviens*).

Da heutzutage Kalktuff nicht in Jemtland gebildet wird, ist man leider nicht im Stande, durch Vergleich mit dem Theile der jetzt lebenden Flora, der in der Masse der recenten Tuffe aufbewahrt werden würde, etwaige Analogie-Schlüsse im Betreff der Flora, deren Reste sich in dem alten Tuffe finden, zu ziehen. Indessen kann man doch eine Aufklärung über diese Frage liefern durch Studien über diejenigen Pflanzenreste, welche die kleineren Bäche mit sich führen. Denkt man sich, dass ein solcher durch etwaige Aufdämmung austreten musste, und dass die äusseren Verhältnisse einer Kalktuffbildung günstig waren, so würden natürlicherweise die mit dem Bache herangeführten Pflanzentheile darin eingebettet werden müssen.

Man findet dann, dass von der jetzigen Vegetation nur ein erstaunenswerth kleines Procent repräsentirt werden würde, auch kennt man in den norrländischen Kalktuffen nur etwa zwanzig Arten.

Weiter merkt man, dass diese Pflanzenreste hauptsächlich von derselben Beschaffenheit, wie die in den Kalktuffen aufbewahrten sind, und dass auch die Proportion zwischen ihnen überhaupt dieselbe ist. Aber es giebt wichtige Unterschiede. Vergeblich sucht man *Dryas*, *Salix reticulata* und *Hyppophaë*, dagegen sieht man aber Massen von F i c h t e n resten, sowie auch bisweilen Reste von einer oder den anderen Culturpflanze.

Als ein Beispiel wird zuletzt ein Verzeichniss der Pflanzenreste geliefert, welche das Bächlein bei Filsta an seinen Ufern,

---

*) Man vergl. z. B. Th. Ö r t e n b l a d, Om den högnordiska tallformen. *Pinus silvestris* L. β *lapponica* (Fr.) Hn. (Bihang till K. Sv. Akad. Handl. 1888) oder M a r t i n et B r a v a i s, Voyages en Scandinavie, en Lapponie etc. pendant les années 1838, 1839 et 1840.

unter Steinen in seinem Bette, auf Sandgründen u. s. w. zurück-
gelassen hat:

Blätter: hauptsächlich von Birken (wenigstens die allermeisten, wenn nicht alle der *Betula odorata* angehörend), sodann
von Espen, ferner von verschiedenen *Salices* (darunter *Caprea*
und *nigricans*) und *Alnus incana* (L.) Willd., sowie ein Blatt von
Vaccinium Vitis idaea.

Nadeln von Kiefern und Fichten sowie von *Juniperus*.

Rinden (spärlich) von Kiefern und Fichten, ferner von
Espen und Birken.

Zweige von Birken, Weiden, Espen, *Alnus incana*,
Fichten, Kiefern und Heidekraut.

Zapfen von Kiefern, Fichten und Heidekraut.

Einzelne Moose: *Hyloconium proliferum* (L.) und *triquetrum*
(L.), *Climacium dendroides* (L.).

Weibliche Kätzchen von *Salices*.

Eine Staude von *Pisum sativum* (L.).

Holzstückchen und Splitterchen.

Instrumente, Präparations- und Conservations-Methoden etc.

Beyerinck, M. W., Verfahren zum Nachweis der Säureabsonderung bei Mikrobien. (Centralblatt für Bakteriologie und Parasitenkunde. Bd. IX. Nr. 24. p. 781—786.)

Während man bisher die Säureabsonderung bei Mikrobien
dadurch nachzuweisen suchte, dass man die Nährgelatine mit für
Säuren und Alkalien empfindlichen Farbstoffen vermischte, beruht
die Methode Beyerinck's darauf, in einem undurchsichtigen
Nährboden die Säure sofort nach ihrem Entstehen zu binden und
in ein lösliches Salz überzuführen, wobei der Nährboden in der
Umgebung der Kolonien durchsichtig wird. Man setzt zu diesem
Zwecke einer für Säureerzeugung geeigneten Nährmasse so viel
fein geschlemmte Kreide zu, dass ein milchweisser, undurchsichtiger
Nährboden entsteht. Die hier von den Bakterienkolonien ausgeschiedene Säure erzeugt ein lösliches Kalksalz und bewirkt damit
eine vollständige Klärung des Nährbodens in der Umgebung der
Impfstiche in regelmässig radialer oder ellipsoider Form, welche
so weit reicht, bis die Säure nahezu durch die Kreide neutralisirt
ist und desshalb eine quantitative Schätzung der Säureabsonderung
erlaubt, während man in der qualitativen Beurtheilung der Resultate
vorsichtig sein muss.

Die auf diese Weise erhaltenen, höchst instructiven Präparate
zeichnen sich durch grosse Schönheit und Eleganz aus. Statt der
Kreide verwandte B. auch andere Carbonate, so diejenigen von

Magnesium, Barium, Strontium, Mangan und Zink, und namentlich das letztere mit sehr gutem Erfolge. Endlich erwies sich die Kreidemethode auch noch als geeignet, das Maass der Alkaliabsonderung abzuschätzen, da die von den Mikrokokkenkolonien abgeschiedene alkalische Substanz eine auffällige Formveränderung in den Säurediffusionsfeldern verursachte, welche nicht mehr circular blieben, sondern eine polyedrische Gestalt annahmen.

Kohl (Marburg).

Kaufmann, P., Ueber eine neue Anwendung des Safranins. (Centralblatt für Bakteriologie und Parasitenkunde. Bd. IX. No. 22. p. 717—718.)

Färbungsversuche, die Kaufmann nach der Weigert'schen Fibrinfärbungsmethode mit Safranin an Bakterien anstellte, ergaben, dass nicht nur die nach Gram färbbaren Bakterien, sondern auch Zellkerne in schöner Weise gefärbt werden. Die Bakterien nehmen dabei einen bräunlichen, die Kerne dagegen einen rothen Ton an, sodass es möglich ist, letztere sehr deutlich hervorzuheben. Noch mehr aber ist eine Combination mit Gentianaviolett zu empfehlen, mit welcher man eine prächtige Doppelfärbung erzielt, indem alsdann die Kerne roth, Fibrin und Bakterien hingegen blau erscheinen. Die Mischung, deren sich K. hierzu bediente, die sich aber nicht für längere Zeit haltbar erwies, war folgendermaassen zusammengesetzt:

Safranin 1,25 gr $\left.\begin{array}{l}\\\\\end{array}\right\}$ resp. 25 ccm wässr. Safranin (5%)
Gentianaviolett 0,25 „
Aqu. dest. 30,00 „ $\left.\begin{array}{l}\\\end{array}\right\}$ „ 5 „ „ Gentianav. (5%).
Anilinöl 0,50 „ =
Alkoh. absol. (oder 98%) 2,00 gr.

Kohl (Marburg).

Botanische Gärten und Institute.

Goessmann, C. A., Massachusetts State Agricultural Experiment Station. (Bulletin No. 39. April 1891. 12. pp. 5 fig.)

Das Bulletin enthält zunächst eine kleine meteorologische Tabelle über die Monate Juli 1890 bis Februar 1891 und sodann einen grösseren Aufsatz über die Behandlung von Pilzkrankheiten. Die Pflanzenzüchter werden dringend aufgefordert, sich der nach der bisherigen Erfahrung erprobten Mittel zur Bekämpfung der parasitischen Krankheiten der Pflanzen zu bedienen, und die Unterstützung der Versuchsstation in Anspruch zu nehmen. Gegen die Pilzkrankheiten können nur Präventivmassregeln in Anwendung kommen, da es meist nicht möglich ist, wenn die parasitischen Pilze sich in den Pflanzen bereits entwickelt haben, die ersteren ohne Schädigung der letzteren zu zerstören. Die abwehrenden Vorbereitungen bestehen aber einerseits in allgemeiner Feld- und Gartenhygiene, andererseits in specieller Behandlung der Pflanzen. Zur ersteren gehört der möglichste Ausschluss der Infectionsquellen, also Entfernung der Reste von kranken Pflanzen und des Unkrauts, das als Träger der Parasiten dienen kann, sowie auch der Pflanzen, die eine zweite Entwicklungsform des Pilzes beherbergen, ferner natürlich gute Ernährung der Kulturpflanzen. Die specielle Behandlung besteht wesentlich in dem Bespritzen mit sogenannten Fungiciden. Die Zusammensetzung und Herstellung derselben, die dazu nöthigen Apparate und deren Anwendung werden genauer angegeben und durch eine Anzahl von Holzschnitten erläutert. Wann und wie oft die Behandlung der Pflanzen mit den Fungiciden vorzunehmen ist, darüber lassen sich im Allgemeinen keine Vorschriften geben, sondern es muss dies in jedem Fall besonders beurtheilt werden. Auskunft hierüber zu geben ist eine der Aufgaben dieser Versuchsstation.

Möbius (Heidelberg).

Referate.

Gay, F., Recherches sur le développement et la classification de quelques algues vertes. Thèse soutenue devant la faculté des sciences de Paris. 8⁰. 116 p. avec XV planches en chromolithographie. Paris (P. Klincksieck) 1891.

Die mit 15 sehr schön ausgeführten Tafeln versehene Arbeit bringt Beiträge zur Morphologie und Systematik der *Confervaceen, Ulothrichaceen* und *Pleurococcaceen,* hauptsächlich von dem Gesichtspunkt aus, den von manchen Seiten behaupteten Polymorphismus der zu diesen Abtheilungen gehörigen Algen zu untersuchen. In der Einleitung gibt deshalb Verf. eine kurze kritische Uebersicht der Angaben verschiedener Autoren über den Polymorphismus der grünen Algen. Besondere Beachtung verdienen dabei auch die Ruhezustände derselben und die Bildung von Dauerzellen, die Verf. als Hypnosporen (= Aplanosporen Wille) und Hypnocysten, welche sowohl den im normalen Leben gebildeten Akineten Wille's entsprechen, als auch durch ungünstige Beschaffenheit des Mediums hervorgerufene krankhafte Erscheinungen repräsentiren.

Der erste Theil behandelt die Gattungen *Cladophora, Rhizoclonium* und *Conferva,* welche Verf. den *Confervaceen* zurechnet.

Nach dem Vorgang Wittrocks für *Pitophora* unterscheidet Verf. auch bei *Cladophora* einen rhizoiden und cauloiden Abschnitt des Thallus und demgemäss der Stelle nach, wo die Hypnocysten gebildet werden, rhizoide und cauloide. Er beobachtete rhizoide Hypnocysten bei *Cladophora glomerata* und beschreibt deren Keimung, wobei aufrechte und rhizomartige Aeste, sowie Rhizoiden entstehen. Aehnlich ist es mit den cauloiden Hypnocysten einer Form von

C. fracta, die er als *dimorpha* bezeichnet, weil die die Hypnocysten bildenden Aeste fast unverzweigt sind, bei dem Auswachsen jener aber eine reich verzweigte Form entsteht. Auch *C. glomerata* konnte durch Cultur unter weniger günstigen Verhältnissen zur Bildung cauloider Hypnocysten gebracht werden; deren Keimung wird ebenfalls beschrieben. Schliesslich behandelt Verf. auch noch die mehrfach erwähnten grünen Zellen im Thallus von *Polyides rotundus*, die nach ihm Ruhezustände der *Cladophora lanosa* sind.

Im nächsten Abschnitt finden wir zuerst einige allgemeine Bemerkungen über die Arten von *Rhizoclonium;* genauer untersucht wurde *Rh. hieroglyphicum* Kütz. Es unterscheidet sich von *Cladophora* durch das intercalare Wachsthum, durch die oft nur einzeln in einer Zelle vorhandenen Kerne und durch die Bildung der seitlichen einzelligen Rhizoiden. Hypnocysten werden ähnlich wie bei *C. glomerata* gebildet.

Von *Conferva* wurden Formen von *C. bombycina* und *C. tenuissima* untersucht. Obgleich Verf. die Unterschiede im Zellbau und in der Entwicklung deutlich hervorhebt, hält er doch *Conferva* für nahe verwandt mit *Cladophora* und *Rhizoclonium*. Im Uebrigen bestätigt er die Angaben Lagerheims, nur hält er die bei *C. bombycina* gebildeten Ruhesporen nicht für Aplanosporen, sondern Hypnocysten (Akineten).

Die *Ulothrichaceen* (2. Theil) theilt Verf., wie Borzì, in *Chaetophoreen* und *Ulothricheen*. Von ersteren behandelt er zunächst *Stigeoclonium*, beschreibt die verschiedene Form der Keimung bei *St. amoenum* und *St. variabile*, die Hypnosporen des letzteren (conform mit den Beobachtungen von Pringsheim) und die Hypnocysten von *St. setigerum*. Diese Erscheinungen, die an die von Cienkowski und Famintzin (*Protococcus* und *Palmella*-Stadium) beobachteten erinnern, dürften nach Verf. nur gelegentliche Umbildungen infolge specieller Beschaffenheit des Mediums sein, ein eigentlicher Polymorphismus existirt auch bei dieser Gattung nicht. Das letztere sucht Verf. ferner für *Draparnaldia* und *Chaetophora* nachzuweisen; sonst werden verschiedene Arten der Keimung und Bildung der Hypnosporen einiger hierhergehöriger Species angegeben.

Die zu den *Ulothricheen* gerechneten Gattungen bespricht Verf. zunächst in historisch-kritischer Weise und beschränkt sich dann auf die eigentlichen *Ulothrix*-Arten, die er in Luft- und Wasserbewohnende eintheilt. Von ersteren sind *U. parietina*, *radicans* und *crenulata* zu *Schizogonium* zu stellen, *U. flaccida*, *nitens* und *varia* dürften nur Formen einer Art, *U. flaccida*, sein, von der eine Charakteristik gegeben wird. Eine neu gefundene Form nennt Verf. *U. dissecta*. Sie lebt an Baumrinden und zeichnet sich durch die Kürze der Fäden aus, welche sich durch eine Art Auseinanderbrechen vermehren. Es fehlt dieser Form, ebenso wie *U. flaccida* selbst, die Bildung von Zoosporen und Hypnosporen, nur Hypnocysten werden bei Cultur in Wasser gebildet. Ein genetischer Zusammenhang zwischen dieser *Ulothrix* und *Pleurococcus-* oder *Stichococcus*-Formen ist nicht nachzuweisen. Unter den wasserbe-

wohnenden Arten wird zunächst *U. subtilis β. variabilis* Kirchn.
erwähnt, da hier Verf. beobachtete, dass die Makrozoosporen durch
Verschleimung der Membran frei wurden, nicht, wie gewöhnlich,
durch ein Loch der unveränderten Membran ausschlüpften. Die
bisher noch nicht beschriebene Hypuosporenbildung wurde an einer
anderen *Ulothrix subtilis* De Toni (?) beobachtet. Als eine Art
Polymorphismus kann die Verschleimung der Membran, von der
Verf. an verschiedenen Species zwei Modificationen unter gewissen
Bedingungen eintreten sah, betrachtet werden. Schliesslich wird
noch erwähnt, dass *Hormospora mutabilis* wahrscheinlich eine
Ulothrix ist.

Die *Pleurococcaceen* (3. Theil) fasst Verf. in dem Sinne von
Dangeard auf: Ein- oder mehrzellige grüne Algen, die sich nur
durch Theilung der Zellen oder Abtrennung einzelner Zellen, nie
durch Zoosporen vermehren. Ausführlicher besprochen wird zunächst *Stichococcus*. Von dieser Gattung und ihren Arten (*St. bacillaris* Naeg., *St. fragilis* = *Arthrogonium fragile* A. Braun, *St.
dissectus*, *St. flaccidus* = *Hormidium flaccidum* Braun) gibt Verf.
lateinische Diagnosen. Sodann werden *Schizogonium* und *Prasiola*
besprochen, leider ohne Kenntniss der Arbeit von Imhäuser
(1889, Flora) über diesen Gegenstand. *Pleurococcus* gehört nicht
in den Entwicklungskreis dieser Gattungen, *Ulothrix*, *Schizogonium*
und *Prasiola*formen gehören aber zum Theil zusammen. *Schizogonium*
(lat. Diagnose) enthält folgende vom Verf. diagnosticirte Arten:
S. crispum (= *Prasiola crispa* Menegh. mit *Hormidium murale* Kütz.)
S. murale Kütz., *S. crenulatum* F. Gay 1888. Diese und die eigentlichen *Prasiola*-Arten sollen zu den *Pleurococcaceen* gehören. *Pleurococcus* ist ausser durch die Vermehrungsweise charakterisirt durch
die Theilung nach 2 Richtungen, feste Membran, wandständiges
flächenförmiges, meist hohles Chromatophor ohne Pyrenoid. Typus:
P. vulgaris Menegh Verf. beschreibt sein natürliches Vorkommen
und die Versuche, welche seine Widerstandsfähigkeit gegen Austrocknen und die Schädlichkeit vielen Wassers für ihn beweisen.
Von *Gloeocystis* gibt Verf. nur an, dass die Gattung manche zweifelhafte Arten enthält und sich von den anderen unterscheidet durch
die Fähigkeit Hypnocysten zu bilden, was er an einer vorläufig als
G. areolata bezeichneten Art beobachtet hat. Dabei erwähnt er
noch, dass die Tetrasporaformen betrachtet werden können als eine
Vereinigung von Chlamydomonaszellen. Mit Uebergehung einiger
Bemerkungen des Verf. über verschiedene Gattungen sei hier noch
seine Classification der *Pleurococcaceen* kurz wiedergegeben: Trib. I.
Pleurococceae. *Pleurococcus*, *Stichococcus*, *Schizogonium*, *Prasiola*.
Trib. II. *Dactylococceae*. *Dactylococcus*, *Rhaphidium*, *Selenastrum*,
Actinastrum, *Crucigenia*. Trib. III. *Gloeocysteae*: *Geminella*, *Gloeo-
cystis*, *Nephrocytium*, *Oocystis*, *Trochiscia*.

Möbius (Heidelberg).

Britzelmayr, M., H y m e n o m y c e t e n a u s Südbayern. VI.
(30. Bericht des Naturwissenschaftlichen Vereins für Schwaben
und Neuburg. Augsburg 1890. p. 1—34. 64 Seiten u. Abbildungen.)
Verf. bespricht im 6. Theil seiner „Hymenomyceten aus Südbayern" die äusserst umfangreiche Gruppe der *Agaricini* — über
1000 Formen — auf beiläufig 28 Seiten; es bedingt dies, dass
auf jeder Seite 30 bis 40 Formen behandelt werden müssen, und
dies ist wiederum nur möglich mit Hülfe eines ins Einzelnste aus-
geklügelten Systems von Abkürzungen, dem Originalität nicht
aberkannt werden kann. Verf. erreicht dadurch, die Diagnosen
bekannter Formen in e i n e r Zeile zusammenzudrängen; neue
Formen benöthigen dagegen zwei Zeilen. Die Diagnose von
Coprinus fimetarius lautet folgendermassen:

18:10; 0,8 gr.; 14:1, 0,6; 9:4, III, st., 0,1; 170.

Das heisst in unser „geliebtes Deutsch" übertragen; Die Sporen haben
18 μ Länge- und 10 μ Breitendurchschnitt; die grösste Breite der gedrängt
(gr) stehenden Lamellen beträgt 0,8 cm; der Stiel hat 14 cm Höhe, unten 1 und
oben 0,6 cm Durchmesser; der Hut ist 9 cm breit, der senkrechte Abstand des
Hutrandes von der Hutmitte beträgt 4 cm, und zwar verläuft der Hut vom Rand
nach der stumpfen (st), höherliegenden Hutmitte in concaver Linie; das Hut-
fleisch ist durchschnittlich 0,1 cm breit und der Pilz in Figur 170 abgebildet.

In ähnlicher Weise sind alle Diagnosen gegeben, die neuer
Formen unter entsprechend abgekürzter Farbenangabe. Es muss
anerkannt werden, dass die Formeln alle Maasse, durch welche die
Gestalt des Fruchtkörpers bestimmt wird, in möglichster Genauigkeit
und möglichster Kürze enthalten; es mag auch anerkannt werden, dass
man mit weniger Zeichen überhaupt nicht mehr sagen kann, als
hier gesagt wird. Es möchte aber doch zu bedenken sein, ob der
an sich lobenswerthen Kürze des Ausdrucks — wenn diese Bezeichnung hier noch gestattet ist — nicht auch eine untere Grenze
gesetzt ist, und zwar da, wo die Verständlichkeit zu leiden beginnt;
dem Ref. scheint diese Grenze hier nicht unerheblich überschritten
worden zu sein. Auch in Betreff der fehlenden Autornamen wäre
etwas grössere Ausführlichkeit erwünscht.

Die Merkmale, welche der Classification dienen, sind aus obigen
Angaben, die für alle Arten gegeben werden, ersichtlich; es mag
besonders bemerkt werden, dass auch zur Abgrenzung grösserer
Formengruppen neben den Lamellen wesentlich die Unterschiede in
den Sporen zur Verwendung kommen. Die Begrenzung der
Gattungen ergibt sich aus ihrer Aufzählung; es werden unterschieden:

*Coprinus, Agaricus, Cortinarius, Lactarius, Hygrophorus, Russula, Can-
tharellus, Nyctalis, Marasmius, Panus, Schizophyllum, Lenzites*; dabei wird
Agaricus nach der Farbe der Sporen in die 4 Gruppen: *Leucospori, Hyporhodii,
Dermini* (gelbe bis braune Sporen) und *Melanospori* getheilt; *Marasmius* und
Panus könnten in 1 Gruppe zusammengezogen werden.

Beigegeben sind 64 Seiten Abbildungen, die mit wenigen
Strichen Habitusbilder und Durchschnitte in charakteristischer und
gewandter Weise wiedergeben: auch hier spricht sich der Grundzug
aus, mit den wenigsten Mitteln möglichst viel zu bieten. Welche
Principien dagegen bei der Nummerirung der einzelnen Figuren
maassgebend waren, konnte Ref. nicht erkennen.

Jännicke (Frankfurt a. M.).

Hahn, Gotthold, Die besten Speiseschwämme. Mit naturgetreu colorirten Abbildungen auf 12 Tafeln. Gera (Herm. Kanitz) 1891.   Preis 1,20 M.

Das kleine, vorzüglich ausgestattete und dabei sehr billige Pilzbüchlein enthält auf 12 Tafeln die in Form und Colorit trefflichen Abbildungen, im Text die Beschreibungen und die Zubereitungsweise von folgenden Speisepilzen:

Steinpilz, Kapuziner, Rothhäubchen, Ziegenlippe, Butterpilz, echtem Ziegenbart, Pfifferling, gemeinem Champignon, rothbraunem Champignon, Waldchampignon, vergilbenden Champignon, Brätling, echtem Reizker, Speisemorchel, der deutschen Trüffel, Habichtspilz. Die Abbildungen sind aus des Verf. grösserem Werke „der Pilzsammler" (mit 172 color. Abb.) entnommen. Unter den „besten" Speiseschwämmen vermissen wir aber den Stockschwamm, Mousseron, Runzelpilz und einige andere.

Ludwig (Greiz).

Stizenberger, E., Die Lichenen der Insel Ascension. (Flora. 1890. p. 184—187.)

Die grosse Mehrzahl der afrikanischen Inseln ist, wie Verf. hervorhebt, in lichenologischer Hinsicht mehr oder weniger bekannt. Von der Insel Ascension kann man nicht dasselbe sagen, und zwar sonderbarer Weise ausschliesslich in Folge rein äusserlicher Zufälligkeit. Betreffend die Flechtenflora der Insel führt Verf. fünf Stellen in der Litteratur an. Der Umstand, dass er eine Angabe aus Massalongo, Lichenes Capenses (1861) entnehmen musste, brachte den Verf. auf den Gedanken, dass Massalongo's Bearbeitung noch mehr von Wawra während der Carolina-Expedition auf der Insel gesammelte Lichenen zu Grunde liegen. Durch Vergleichung der Nummern eines von Zahlbruckner gemachten Auszuges aus Wawra's Tagebüchern wurde die Vermuthung zur Ueberzeugung. Aus dem in Folge dessen ermöglichten Verzeichniss von Flechten soll sich aber nach dem Verf. „als in seiner spezifischen Zusammensetzung mit Sicherheit auf eine kleine, vulkanische, den wärmeren Erdgürteln angehörige Insel als Heimath" schliessen lassen, welcher Schluss wohl schwerlich Beifall finden wird.

Das Verzeichniss umfasst folgende 30 mit kurzen Bemerkungen versehene Arten:

Leptogium diaphanum (Sw.), *Ramalina dendriscoides* Nyl. v. *subnuda* Müll. Arg. , *R. Burgaeana* Mont., *Roccella tinctoria* DC., *R. phycopsis* Ach., *Evernia prunastri* (L.), *Parmelia perforata* (Jacq.) v. *cetrata* Ach., eadem v. *ulophylla* Mey.-Flot., *P. olivetorum* (Ach.), *P. Soyauxii* Müll. Arg., *Physcia flavicans* (Sw.), *Ph. leucomelas* (L. Sw.), eadem v. *angustifolia* Mey.-Flot., *Ph. hypoleuca*, *Ph. Ascensionis* (Ach.), *Lecanora scoriophila* Mass., *L. murorum* v. *obliteratum* (Pers.), *L. Ascensionis* Müll. Arg., *L. chlarona* Ach., *L. dirinaeformis* Mass., *L. Fensliana* Mass., *L. tartarea* (L.), *L. gyalectella* (Mass.), *Lecidea cupularis* (Hedw.), *L. atlantica* Müll. Arg., *L. anatolodia* (Mass.), *L. Caroliniana* (Mass.), *L. pachyspora* (Mass.), *Opegrapha aterula* Müll. Arg., *O. Zanei* Mass., *Stigmatidium Capense* (Mass.)

Die Benennung „*Capense*" für eine Flechte, zu deren Fundort Massalongo selber „Ascension" beifügt, gibt dem Verf. Veranlassung zu Bedenken über die geographischen Kenntnisse oder die Gründlichkeit Massalongo's. Heutzutage herrscht aber wohl kaum noch Zweifel darüber, dass Massalongo's lichenologische Arbeiten leider zu viel Gründlickeit vermissen lassen.

Minks (Stettin).

Brotherus, V. F. et Saelan, Th., Musci Lapponiae Kolaënsis. (Acta Societatis pro Fauna et Flora Fennica. T. VI. Nr. 4.) 8°. 100 pp. Cum mappa. Helsingfors 1890.

Vorliegende Arbeit zerfällt in drei Theile:

I. Eine von Saelan geschriebene Geschichte (p. 3—6), worin alle Botaniker, welche Moose im Gebiete gesammelt haben, angeführt werden;

II. Ueber die Moosvegetation des Gebietes (p. 7—33) vom Referenten;

III. Enumeratio systematica von den beiden Autoren gemeinschaftlich.

Im zweiten Theile wird die Vertheilung der Moose auf Gestein, auf trockenem Boden, in Sümpfen, in Wasser, auf Baumstämmen und auf morschem Holz ausführlich erörtert und eine Vergleichung mit den angrenzenden Gegenden angestellt.

In der Enumeratio systematica werden 307 Arten (22 *Sphagna* und 285 *Bryaceae*) angeführt.

Unter diesen findet sich auch eine neue Art, *Bryum Murmanicum* Broth., die sich von *Br. lacustre* durch viel grössere Sporen und flachen Deckel unterscheidet.

Brotherus (Helsingfors).

Brotherus, V. F., Contributions à la flore bryologique du Brésil. (Acta Soc. Scientiarum Fennicae. T. XIX. Nr. 5.) 4°. 30 pp. Helsingfors 1891.

In der vorliegenden Abhandlung beschäftigt sich Ref. mit jenen Moosen, welche Dr. E. Wainio auf seiner brasilianischen Reise in Minas Geraës und um Rio de Janeiro sammelte. Folgende neue Arten werden beschrieben:

Dicranella nitida Broth., *D. fusca* Broth., *Ditrichum subrufescens* Broth., *Cempylopus ditrichoides* Broth., *C. strictifolius* Broth., *Thysanomitrium Carassensa* Broth., *Conomitrium tenerrimum* C. Müll., *C. longipedicellatum* C. Müll., *Mönckemeyera Wainionis* C. Müll., *Syrrhopodon gracilescens* Broth., *S. argenteus* Broth., *S. Carrassensis* Broth., *S. Wainivi* Broth., *Schlotheimia Wainioi* Broth., *S. campylopus* C. Müll., *Pogonatum camptocaulon* C. Müll., *Hookeria Wainioi* Broth., *Daltonia tenella* Broth., *Decodon Brasiliensis* (Broth.) C. Müll. (novum genus *Erpodiacearum*), *Rhacocarpus piliformis* Broth., *Papillaria usneoides* Broth., *P. callochlorosa* C. Müll., *Sematophyllum subpungifolium* Broth., *Rhaphidostegium pseudo-callidioides* Broth., *Ectropothecium Wainioi* Broth., *Sphagnum Brasiliense* Warnst., *Sph. ovalifolium* Warnst., *Sph. platyphylloideum* Warnst.

Brotherus (Helsingfors).

Géneau de Lamarlière, Structure comparée des racines renflées de certaines Ombellifères. (Comptes rendus des séances de l'Acad. des sciences de Paris 1891. 4. mai. 2 pp.)

Verf. kommt zu dem Resultate, dass die Anomalie, welche bei den dicken Seitenwurzeln gewisser *Umbelliferen* (*Oenanthe*, *Carum*)

2*

auftritt, mehr eine scheinbare als eine wirkliche ist. Denn man kann bei anderen Pflanzen derselben Familie eine Reihe von Zwischenstufen finden zwischen dieser sogenannten anormalen Structur und dem normalen Bau einer angeschwollenen Wurzel (*Daucus, Apium*). Es beruht dies auf der schwächeren oder stärkeren Ausbildung des Parenchyms zwischen den primären Holzbündeln und dem Auftreten einer Zuwachszone in diesem Parenchym, welche die Holzbündel ganz umgeben kann und dann hauptsächlich parenchymatisches Gewebe in dem von ihr erzeugten secundären Holz und Bast abscheidet.

Möbius (Heidelberg).

Sauvageau, C., Sur la tige des *Zostera.* (Journ. de Botanique. 1891. 1er et 16er févre. 22 pp. 9 figg.)

Verf. beschreibt die Morphologie und Anatomie des Stammes für jede der 5 *Zostera*-Arten, und kommt dabei zu folgenden Resultaten:

Der kriechende Stamm von *Zostera* ist monopodial, der aufrechte ist ebenfalls monopodial bei *Z. marina*, seine seitlichen Blütenstände sind sympodial gebaut, sodass die ganze Inflorescenz eine Traube mit einzelnen Cymen darstellt. Bei den anderen *Zostera*-Arten bleibt der aufrechte Stamm nur anfangs monopodial, dann wird er sympodial und bildet den Blütenstand. An allen Internodien einer Inflorescenz ist der Seitenzweig mit dem Stamm auf ein kürzeres oder längeres Stück verwachsen; an dem kriechenden Stamm geht die Verwachsung bis zum nächsten Knoten. Der Zweig bleibt bisweilen unentwickelt und seine abortirte Knospe erscheint nur als ein dunkler Punkt; sie stellt ein rudimentäres Organ dar. Dies ergiebt sich daraus, dass das Bündel, welches vom Hauptstamm nach einem Seitenzweig geht, sich schon in der Achse in 3 Stränge theilt, während das nach einer rudimentären Seitenknospe abgehende Bündel einfach und schwach bleibt und schon vor ihr endet.

Was die Structur des Stammes betrifft, so setzt sich die Rinde aus einer dichten äusseren und einer lacunösen inneren Zone zusammen, in ersterer treten Faserbündel auf, theils bis zur Epidermis reichend (*Z. marina, Z. Muelleri, Z. Tasmanica*), theils von ihr entfernt (*Z. Capricorni, Z. nana*); nur bei *Z. Muelleri* kommen sie auch in der inneren Zone vor und umgeben den Centralstrang. In der Rinde verlaufen immer Blattspurstränge, theils einzeln auf einer Seite des abgeflachten Stammes (*Z. marina, Z. Capricorni, Z. nana*), theils zu 2—5 (*Z. Muelleri, Z. Tasmanica*). Sie durchsetzen getrennt von einander das ganze Internodium, im Knoten vereinigen sie sich mit dem Centralstrang und geben die zu den seitlichen Nerven der Blätter werdenden Bündel ab. Ihre Zahl ist aber nicht von der Zahl der Blattnerven abhängig.

Der Centralcylinder ist immer von einer deutlichen Endodermis umgeben und besteht aus vier Gefässbündeln: die vier Basttheile sind meist von einander isolirt, die vier Holztheile vereinigen sich in der Mitte zu einem Luftkanal, der von einer Schicht grosser radial gestellter Zellen umgeben ist, dem Holzparenchym. Holz-gefässe finden sich in dem Luftkanal nur noch in ganz jungen Internodien und in den Knoten. Die Structur kann komplicirter werden, indem vier äussere Gefässbündel hinzutreten, die mit den ersten alterniren und eine spätere Bildung sind (Z. marina und die dicken Internodien von Z. nana.)

Aus der Untersuchung des Stammbaues ergeben sich auch Resultate für die Systematik; so können Z. nana und Z. Muelleri leichter nach der Structur des Stammes, als der des Blattes unter-schieden werden, und es zeigt sich, dass Z. Muelleri nicht nur eine australische Varietät von Z. nana ist, wie einige Autoren wollen, sondern eine distincte Species. Dagegen lassen sich Z. nana und Z. Capricorni leichter nach der Blatt-, als nach der Stammstructur unterscheiden.

Demnach können die 5 Arten durch folgendes Schema nach dem Bau ihres Stammes bestimmt werden:

1 Rindenbündel auf jeder Seite	Faserbündel bis an die Epidermis grenzend:	Z. marina.
	Faserbündel nicht bis zur Epidermis reichend, Unterscheidung nach der Blattstructur:	Z. Capricorni.
		Z. nana.
2—5 Rindenbündel auf jeder Seite	Faserbündel auch in der inneren Rinde:	Z. Muelleri.
	Faserbündel in der inneren Rinde fehlend:	Z. Tasmanica.

Möbius (Heidelberg).

Wittmack, *Bromeliaceae Schimperianae*. (Beibl. Nr. 29 zu Engler's bot. Jahrbüchern. Bd. XIII. H. 3/4.)

Die von Prof. Schimper (Bonn) 1886 meist in Süd-Brasilien gesammelten *Bromeliaceae* umfassen 22 Arten, die wegen ihrer genauen Standortsangaben und sonstigen Bemerkungen viel Interesse bieten. 2 Arten werden als neu beschrieben:

Billbergia Schimperiana, der *B. nutans* Wendl. sehr nahe stehend, und *Aechmea gamosepala*, der *A. nudicaulis* zunächst verwandt.

Taubert (Berlin).

Wittmack, *Bromeliaceae Schenckianae*. (Beibl. Nr. 29 zu Engler's bot. Jahrbüchern. Bd. XIII. H. 3/4.)

Dr. H. Schenck (Bonn) sammelte diese *Bromeliaceae* zum Theil gemeinschaftlich mit Prof. Schimper, zum Theil allein während seines längeren Aufenthalts in Brasilien, der sich noch bis Mitte 1887 ausdehnte. Die Sammlung umfasst 45 Arten, unter denen sich folgende neue Species (resp. Varietäten) befinden:

Aechmea suaveolens Knowl. et Westc. var. *longifolia*, *A. Henningsiana*, *Pitcairnia Dietrichiana*, *Dyckia dissitiflora* Schult. f. var. *bracteata*, *D. rubra*, *Vriesea Schenckiana*.

Taubert (Berlin).

Schinz, Hans, *Potamogeton Javanicus* Hassk. und dessen Synonyme. (Berichte der schweiz. bot. Gesellschaft. Heft I. 1891. pag. 52.)

Vorliegende Arbeit hat insofern ein allgemeines Interesse, als dieselbe einen werthvollen Beitrag zur Pflanzengeographie liefert. In der deutschen Interessensphäre Südwest-Afrika's sammelte Verf. in den Jahren 1884/87 aus Tümpeln bei Kilevi am Kunene (0' 17⁰ 5+ südl. Br., + 15⁰ östl. L.) *Potamogeton*-Exemplare, welche grosse Aehnlichkeit mit *Potamogeton parvifolius* (Madagaskar), von Buchenau beschrieben, zeigten und mit *Potamogeton tenuicaulis* (Australien), Ferd. von Müller und *P. Javanicus* Hasskarl (Java) nicht verschieden zu sein scheinen.

Durch vergleichende Studien, besonders durch makro- und mikroskopische Untersuchung der Früchte, gelang es zunächst dem Verf., die Identification von *Pot. parvifolius* Buch. und. *P. tenuicaulis* F. v. Müller nachzuweisen. Weit schwieriger war es, *P. Javanicus* zu erhalten. Durch Vermittlung von Dr. Boerlage (Leiden) kam Verf. in den Besitz einer aus dem Herbar Hasskarls stammenden, von W. Sayer 1886 in Trinity Bay (Australien) gesammelten und von Ferd. v. Müller als *P. Javanicus* bestimmten und beschriebenen Pflanze.

Dieses Exemplar zeigte sowohl in Blattform und Grösse, als auch im Bau der Früchte vollständige Uebereinstimmung mit den vom Verf. gefundenen Pflanzen. Er steht daher nicht an, *Potamogeton Javanicus* für synonym mit *P. tenuicaulis* und *P. parvifolius* zu halten. Es würde demnach *Potamogeton Javanicus* auf dem Afrikanischen Festland, in Madagascar, in Indien, Java und Australien vorkommen.

Bucherer (Basel).

Christ, H., Kleine Beiträge zur Schweizerflora. (Berichte der schweiz. bot. Gesellschaft. Heft I. 1891. p. 80.)

Verf. theilt Beobachtungen über einzelne Pflanzen mit, welche in der Schweiz seltener vorkommen, und beschreibt neue Arten und Varietäten, die vom Verf. selbst gefunden wurden. Im Folgenden sei nur das Hauptsächlichste aus der Arbeit erwähnt. Die Diagnose der einzelnen Pflanzen ist im Originale nachzulesen.

1. *Aspidium aculeatum.* Die Aculeatengruppe hat bekanntlich drei Vertreter, welche alle in der Schweiz vorkommen.
a. *Asp. lobatum* Swarts: häufig; b. *A. aculeatum* Sw. streift das Rheinthal hinauf bis in die offenen Schwarzwaldthäler, in der Schweiz dagegen selten; Südabhang der Alpen. c. *Asp. Braunii* Spanner, tritt auf der Nordgrenze der Schweiz ebenso nahe, in der Schweiz jedoch selten. Engelberg, Schächenthal.
2. *Polypodium vulgare* L. v. *australe* (Milde) kommt auch im Rheinthale und in den Abhängen des Schwarzwaldes vor, in der Schweiz am Felsen von St. Tryphon, im waadtländischen Rhonethal, dann am Aufstieg des Salvatore und auf der Isola Madra (Lago Maggiore).
3. *Botrychium Virgianum* Sw., von Prof. G. Klebs 1889 im Gebüsch am See von Flims gefunden.
4. *Epipactis sessilifolia* Peterm., in gemischter Eichen- und Buchenwaldung ob Liestal (Baselland).

5. *Tilia platyphyllos* Scop. var. *vitifolia* (Host.), im Basler Jura ob Liestal.

6. *Alchemilla splendens* Christ. Diese Pflanze kommt in den Berner Alpen vor und beansprucht ein besonderes Interesse, weil sie früher vom Verf. als Bastard zwischen *A. vulgaris* L. und *A. alpina* L. aufgefasst wurde; neuerdings wird sie aber als eine localisirte endemische Art angesehen, weil dieselbe durchaus constant und auch in der Pubescens keiner Variation unterworfen ist; zudem ist sie in einem bestimmten Bezirk keineswegs selten, in Menge an den Standorten auftretend, und scheint furchtbar zu sein. Verf. giebt eine genaue Diagnose.

7. *Eryngium alpinum* L. Bekanntlich wird der kopfförmige Blütenstand und der Anfang der Verzweigungen des Stengels mit Hüllblättern umgeben, welche aus zahlreich federartig zerschlitzten Abschnitten bestehen. Verf. hat nun beobachtet, dass sich diese Hüllblätter mit dem Sonnenauf- und Untergang öffnen und schliessen. Ob dies zum Schutz gegen die nächtliche Kälte oder gegen Insecten, welche sich in den Hüllen verbergen wollen, eintritt, lässt Verf. unentschieden.

8. *Dianthus arenario-caesius*. Dieser Bastard entstand in des Verf. Garten bei Liestal. Die Charaktere sind genau in der Mitte zwischen den Stammarten. Die Pflanze trägt fruchtbare Samen.

9. *Sorbus domestica* L. Das Vorkommen dieser Pflanze war in der Schweiz bisher zweifelhaft, während jetzt dieselbe in der Waldung des Höhenzuges, auf welchem das Dorf Lohn im Kanton Schaffhausen liegt, nachgewiesen wurde.

10. *Alnus incana* DC. v. *sericea* Christ. Diese Varietät der Weisserle wurde in den Nachbarländern noch nicht gefunden oder namhaft gemacht. Ihre Merkmale sind so ausgesprochene, dass sie im Genus *Alnus* hinreichen könnten, eine Art zu begründen. Ihr Vorkommen ist: Val Maggia im Tessin, vereinzelt am Wallensee und bei Aarau an der Aare, dann auf Felsenschutt von Lavey gegen Morcles.

Bucherer (Basel).

Singer, Flora Ratisbonensis. Verzeichniss der um Regensburg wildwachsenden und häufig cultivirten Pflanzen. 2., sehr vermehrte Auflage. 8°. 115 pp. Regensburg (Pustet) 1891.

Das unscheinbare Büchlein enthält ein Vorwort mit Darlegung der Grundsätze und Anführung der Abkürzungen, eine Uebersicht der aufgeführten Familien der Gefässpflanzen nach dem verbesserten natürlichen System von De Candolle, das eigentliche Pflanzenverzeichniss, ein alphabetisches Verzeichniss der Autorennamen und deren Abkürzungen und ein sorgfältiges Register.

Das eigentliche Pflanzenverzeichniss enthält zunächst alle in Regenburgs Umgebung (20 km Radius) wildwachsenden und eingebürgerten Gewächse mit laufender Nummer, dabei Angabe der Häufigkeit des Vorkommens in Ziffern und Abtheilung grösserer Gattungen in die natürlichen Gruppen; sodann finden sich in dem Verzeichniss wohl alle einigermaassen verbreiteten Culturpflanzen des Gebiets (incl. Zimmerpflanzen) ohne laufende Nummer, dabei das Vaterland. Ueberall ist die Blütezeit in Ziffern, die Lebensdauer in den bekannten Zeichen und der Autorenname beigesetzt. Besondere Abkürzungen weisen auf die Verwendung der Pflanze hin, andere deuten bei den offizinellen Pflanzen an, welche Theile oder Bestandtheile in Betracht kommen (z. B. c. = cortex, h. = herba, o. = oleum etc.). Deutsche Namen sind für die Gattungen und diejenigen Arten beigefügt, die wirklich volksthümliche besitzen.

Ref. hat absichtlich Alles angeführt, was das kleine Werkchen enthält, um es ganz für sich sprechen zu lassen; er möchte nur hinzufügen, dass das Ganze ebenso handlich und praktisch — auch der Druck ist vorzüglich — wie sachlich und wissenschaftlich-correct ist, da er hiermit Dinge erwähnt, die in Büchern, welche sich an ein grösseres Publikum wenden, nicht selbstverständlich sind. Er darf aber, um selber sachlich zu bleiben, nicht zu erwähnen unterlassen, was das Büchlein nicht enthält; es sind dies, wie gesagt, die sogenannten deutschen Artnamen, Standortsangaben, alle Varietäten, Bastarde und kritischen Arten; Ref. kann in Allem keinen Mangel erkennen, Standortsangaben können bei dem kleinen Umfang des Gebiets füglich entbehrt werden und ihr Fehlen wird angesichts energischer Sammler sicher der wirklichen Flora einen Dienst leisten, einen grösseren, als ihr Vorhandensein der gedruckten geleistet hätte. Und wegen der zweifelhaften Arten mag sich Verf. — er bedauert, nicht solche haben aufnehmen zu können — auch trösten, die berühmten Gattungen, *Rubus* voran, sind denn doch in der gegebenen Gestalt noch geniessbar.

Alles in Allem wird das Büchlein gleicherweise dem Floristen, dem Blumenfreund wie dem Gärtner werthvolle Dienste leisten, — vielleicht auch ausserhalb Regensburgs.

Jännicke (Frankfurt a. M.).

Kidston, R., On some fossil plants from Teilia Quarry, Gwaenysgor, near Pnestatyn, Flintshire. (Transactions of the Royal Society of Edinburgh. Vol. XXXV. Part. II. No. 11. With II plates.)

Die hier vom Verf. beschriebenen Pflanzen stammen aus dem „Teilia Quarry", wo Schichten der obersten Abtheilung des Kohlenkalkes (Upper Black Limestones der Carboniferous Limestone) aufgeschlossen wurden. Es sind folgende:

Asterocalamites scrobiculatus Schloth. sp.+, *Adiantides antiquus* Ettingh. sp.*, *Rhacopteris flabellata* Tate sp.*, *Rhacopteris inaequilatera* Göpp. sp.+, ? *Archaeopteris* sp., *Sphenopteris subgeniculata* Stur. sp.*, *Sphenopteris Teiliana* Kidston n. sp.*, *Sphen. pachyrachis* Göpp., ? *Sph. Schlehani* Stur. sp., *Sphenopteris* sp., ? Fructification of Fern.*, *Lepidophloios* sp., ? *Cordaites* sp.

Da innerhalb der älteren Steinkohlenformation Schottlands in deren unteren Abtheilung (Calciferous Sandstone Series) 7 von den 8 genauer bestimmten Pflanzenarten auftreten, während die Flora der oberen Abtheilung (Carboniferous Limestone Series) nur die 2 oben mit + bezeichneten Species enthält, so ist Kidston geneigt, die Schichten des Teilia Quarry dem ersteren Horizonte zu parallelisiren.

Sterzel (Chemnitz).

Flückiger, Pharmacognosie des Pflanzenreiches. 3. Auflage. Gr. 8⁰. 1117 p Berlin (Gärtner) 1891.

Seit dem Erscheinen der zweiten Auflage dieses Werkes sind 8 Jahre verflossen, in denen auf dem Gebiet der Pharmacognosie ausserst zahlreiche Errungenschaften gemacht wurden. Es war daher bei Abfassung der neuen Auflage die Aufgabe des Verf., alle diese neuen Ergebnisse der pharmacologischen Forschung sorgfältig zu berücksichtigen und kritisch zu beleuchten. Es ist kein Zweifel, dass Verf. diese Aufgabe in so vorzüglicher Weise gelöst hat, dass man die neue Auflage mit Recht als getreues Abbild der Gesammtheit unserer jetzigen pharmacologischen Kenntnisse bezeichnen kann.

Wesentliche Verbesserungen und Erweiterungen weisen die Capitel über Gummi-Arten auf, wobei zu erwähnen ist, dass die vom Verf. als Mesquite- oder Sonora-Gummi liefernd angeführten *Prosopis*-Arten nicht specifisch verschieden sind, sondern sämmtlich zu einer als *P. juliflora* DC. zu bezeichnenden Art gehören; ebenso haben die Abschnitte über Myrrha, Asa foetida, Mastiche, Styrax liquidus, Opium, Aloe, Succus Liquiritae, Catechu, Gallen, Secale cornutum etc. Bereicherungen erfahren; Rhizoma Hydrastis, Cortex Purshianus, Radix Senegae werden im Gegensatz zur zweiten Auflage in besonderen Capiteln behandelt; neu resp. erheblich erweitert sind die Abschnitte über Cortices Cinnamomi varii, Cortex Quillajae, Folia Cicae, Semen Arecae und Strophanthi. Unter den Cortices Chinae bezeichnet Verf. wohl mit Recht die Baillon'sche Ansicht, dass man ungefähr 20 *Cinchona*-Arten annehmen müsse, als die zutreffendste; es wäre vielleicht besser gewesen, die längst widerlegte Kuntze'sche Auffassung über die *Cinchona*-Arten gänzlich wegzulassen.

Taubert (Berlin).

Alten, H. und **Jännicke, W.,** Krankheitserscheinungen an *Camellia Japonica* L. (Gartenflora. 1891. p. 173—176.)

Vorliegende Mittheilung sucht die Ursache einer Krankheitserscheinung festzustellen, die mehrere Jahre hindurch im Spätherbst oder beginnenden Winter an Gewächshausexemplaren von *Camellia Japonica* sich zeigte. Die Krankheit äusserte sich im Auftreten von Flecken auf den Blättern, die von einem gewissen Stadium an gleichzeitig schwache Anschwellungen auf der Unterfläche darstellten; die Flecken erschienen im auffallenden Licht dunkel und waren daher besonders auf der helleren Unterfläche deutlich, im durchfallenden Licht waren sie hell durchscheinend.

Die anatomische Untersuchung führte zu keiner Erklärung, dagegen liess sich die Erscheinung mit der von Moll beschriebenen „Injektion" identifiziren. Dieser Forscher brachte beblätterte Zweige der verschiedensten Pflanzen unter Glocken, setzte also die Transpiration herab und presste in diese Zweige künstlich Wasser; er erzielte damit eine theilweise Erfüllung der Intercellularräume des Blattes mit Flüssigkeit. Die Erscheinungen, welche derartig injicirte Blätter, u. a. auch solche von *Camellia*, darboten, stimmen genau mit den eben erwähnten der vorliegenden kranken Blätter überein. Dass das Entstehen der Krankheit auf die gleichen Ursachen zurückzuführen ist, welche die Injection hervorrufen, dafür spricht

zunächst das regelmässige Auftreten im Spätherbst: Wie die ange-
zogenen meteorologischen Zahlen darthun, erreicht in dieser Jahreszeit
die relative Luftfeuchtigkeit ihre höchsten Werthe, die Transpiration
ihre niedersten. Der Wurzeldruck tritt gleichermaassen in Thätigkeit,
als die Transpiration sinkt, und erscheint geeignet, den künstlichen
Druck, den Moll anwandte, zu ersetzen. Dass dies in der That
der Fall ist, lehrt der Versuch: eine kräftige Camellienpflanze wurde
bei genügender Bewässerung unter eine Glocke gesetzt; nach zwei
bis drei Tagen zeigte bereits eine grössere Zahl von Blättern die
charakteristischen Flecken und weiterhin auch die Anschwellungen
auf der Unterseite.

Ref. will hier noch eine Bemerkung zufügen, die im Original
nur angedeutet war, nämlich die, dass sowohl an dem Versuchsexemplar als auch an den Pflanzen der Gewächshäuser die Krankheitserscheinungen durch Aenderung der Bedingungen — Verbringen
in trockene Räume, in directen Sonnenschein — nicht gehoben
werden konnten, insbesondere das Versuchsexemplar ging auffallend
zurück und dürfte sich erst in Jahresfrist wieder völlig erholen —
eine Thatsache, die auch von dem Personal der betheiligten Gärten
nach und nach in Erfahrung zu bringen war.[*]

Jännicke (Frankfurt a. M.).

Alten, H. und **Jännicke, W.,** Eine Schädigung von Rosenblättern durch Asphaltdämpfe. (Botanische Zeitung. 1891.
p. 195—199.)

In einem Garten zu Frankfurt a. M., in dessen Nachbarschaft
Asphalt gekocht wurde, zeigten eines Tages, und zwar nach voran-
gegangenem Regen, die zahlreich und fast ausschliesslich darin enthaltenen Rosenstöcke ein besonderes Aussehen; alle frei nach oben
gerichteten Blattflächen — einerlei ob Ober- oder Unterseite —
waren intensiv gebräunt. Die Bräunung war bedingt durch einen
körnigen Niederschlag, der den Inhalt der Epidermiszellen aus-
machte und eine dunkle Decke herstellte, welche die Assimilationsthätigkeit des Blattes zum mindesten stark hemmen musste.

Die Entstehung dieses Niederschlags liess sich in Beziehung
bringen zum Gerbstoffgehalt der Epidermis: Pflanzen ohne solchen
zeigten die Bräunung nicht, bespielsweise Begonien, Pflanzen mit
solchem hatten gebräunte Blätter: Rosen, Erdbeeren. Bei Behandlung eines Blattquerschnitts mit Kalium-Bichromat ergab sich
genau das gleiche Bild, wie es die gebräunten Rosenblätter darboten.
Die Entstehung des Niederschlags war nach dem ganzen Befund
ferner gebunden an einen im Regenwasser löslichen und mit diesem
vom Blatte aufgenommenen Stoff. Dass dieser in der That den

---

[*] Es mag hier noch angefügt sein, dass uns zwar die Einsicht in die betr.
Gärten und Gewächshäuser stets liebenswürdig gestattet wurde, was dankbar
anerkannt sein soll, dass man aber mit Mittheilungen auch auf Befragen äusserst
zurückhaltend war. Ref. führt dies an, weil er den Grund davon nicht einsieht,
es vielmehr im beiderseitigen Interesse liegend erachtet, wenn Gärtner und
Botaniker Erfahrung um Erfahrung austauschen.

Asphaltdämpfen entstammte, konnte durch den Versuch festgestellt werden. Asphalt wurde erhitzt, die Dämpfe in Wasser geleitet und mit diesem Rosenblätter benetzt, es stellte sich in kurzer Zeit die charakteristische Bräunung ein. Die Asphaltdämpfe waren also Ursache der Schädigung, der wirksame Bestandtheil in ihnen war Eisen. Nicht nur enthielt der Asphalt an sich reichliche Mengen davon, auch mit den Dämpfen ging bei nur schwachem Erhitzen Eisen über und konnte in der wässerigen Lösung derselben nach kurzem Stehen im Bodensatz direct an der charakteristischen Oxyd-färbung erkannt werden.

Nach diesen Befunden war die Entstehung der Bräunung an den Rosenblättern etwa folgend zu denken: Eisen ging in sehr fein vertheiltem, metallischem Zustand, oder in Form eines flüssigen Salzes mit den Asphaltdämpfen über; durch den eintretenden Regen auf die Blattoberflächen niedergeschlagen, drang es, im ersteren Fall nach vorausgegangener Oxydation, in die Blätter ein, den Gerbstoff der Epidermis fällend.

Jännicke (Frankfurt a. M.).

Neue Litteratur.[*)]

Allgemeines, Lehr- und Handbücher, Atlanten etc.:

Müller und **Pilling,** Deutsche Schulflora zum Gebrauch für die Schule und zum Selbstunterricht. Lief. 1. 8°. 8 farb. Tafeln. Gera (Th. Hofmann) 1891.
M. 0.70.

Lexika:

Baillon, H., Dictionnaire de botanique. T. IV. Fasc. 1. 4°. 64 pp. Paris (Hachette & Co.) 1891.
Fr. 5.—

Algen:

Deby, J., Notes sur le genre Hydrosera. (Journal de Micrographie. Tome XV. 1891. p. 209.)

Pilze:

Passerini, Diagnosi di funghi nuovi. (Atti della Reale Accademia dei Lincei. Ser. IV. Rediconti. Vol. VII. 1891. p. 48.)

Saccardo, P. A., Sylloge Fungorum omnium hucusque cognitorum. Vol. IX. Supplementum universale sistens genera et species nuperius edita nec non ea in Sylloges additamentis praecedentibus jam evulgata nunc una systematice disposita. Pars I. Agaricaceae. — Laboulbeniaceae. 8°. 1141 pp. Patavii (Selbstverlag) 1891.
Fr. 57.—

---

*) Der ergebenst Unterzeichnete bittet dringend die Herren Autoren um gefällige Uebersendung von Separat-Abdrücken oder wenigstens um Angabe der Titel ihrer neuen Veröffentlichungen, damit in der „Neuen Litteratur" möglichste Vollständigkeit erreicht wird. Die Redactionen anderer Zeitschriften werden ersucht, den Inhalt jeder einzelnen Nummer gefälligst mittheilen zu wollen, damit derselbe ebenfalls schnell berücksichtigt werden kann.

D r. U h l w o r m ,
Terrasse Nr. 7.

Muscineen:

Ortloff, Fr., Die Stammblätter von Sphagnum mikrophotographisch nach der Natur aufgenommen und herausgegeben in 68 Lichtdruckbildern. Coburg (Selbstverlag) 1891.   M. 18.—

Physiologie, Biologie, Anatomie und Morphologie:

D'Arbaumont, J., Note sur les téguments séminaux de quelques Crucifères. (Journal de Micrographie. T. XV. 1891. p. 212.)

Hanausek, T. F., Die Entwicklungsgeschichte der Frucht und des Samens von Coffea arabica L. I. Einleitung; die Blüte. (Zeitschrift für Nahrungsmittel-Untersuchung und Hygiene. 1890. No. 11/12.)

Jorissen, A. und **Hairs, Eug.,** Das Linamarin, ein neues Blausäure lieferndes Glucosid aus Linum usitatissimum. (Pharmaceutische Post. 1891. No. 34. p. 459.)

Juel, Hans Oscar, De floribus Veronicarum. Studier öfver Veronicablommen. (Sep.-Abdr. aus Acta Horti Bergiani. Bd. l. 1891. No. 5.) 8°. 20 pp. 2 Tfln. Stockholm 1891.

Jumelle, Henri, Nouvelles. recherches sur l'assimilation et la transpiration chlorophylliennes. (Sep.-Abdr. aus Revue générale de Botanique. 1891.) 8°. 20 pp. Paris 1891.

Systematik und Pflanzengeographie:

Almqvist, E., Zur Vegetation Japans, mit besonderer Berücksichtigung der Lichenen. [Schluss.] (Eugler's botanische Jahrbücher. Bd. XIV. 1891. p.225.)

Bolle, C., Florula insularum olim Purpurarium, nunc Lanzarote et Fuertaventura cum minoribus Isleta de Lobos et la Graciosa in Archipelago canariensi. (l. c. p. 230.)

Dammer, U., Odontoglossum crispum var. Bluthiana Damm. (Gartenflora. 1891. p. 482. 1 Tafel.)

— —, Eriogonum Haussknechtii Damm. n. sp. (l. c. p. 493. Mit Abbild.)

Engler, A., Beiträge zur Flora von Afrika: **Gircke, M.,** Uebersicht über die Gebiete des tropischen Afrika, in welchen deutsche Reisende ihre im Berliner botanischen Museum niedergelegten Sammlungen zusammen brachten mit Angabe der wichtigsten über ihre Reisen und deren Ergebnisse veröffentlichten Aufsätze (p. 279). — **Pax, F.,** Capparidaceae africanae. Mit 1 Tafel. (p. 293.) — **Gircke, M.,** Melanthaceae africanae. Mit 1 Tafel. (p. 307.) — **Gircke, M.,** Meliaceae africanae (p. 308). — **Gircke, M.,** Polygalaceae africanae (p. 309). — **Gircke, M.,** Ebenaceae africanae (p. 311). — **Niedenzu, F.,** Malpighiaceae africanae (p. 314). — **Gilg, E.,** Connaraceae africanae (p. 316). (Engler's botanische Jahrbücher. Bd. XIV. 1891. p. 279.)

Der Saphu-Baum. (Sep.-Abdr. aus Deutsches Colonialblatt. 1891. No. 16.) 4°. 2 pp. Berlin 1891.

Gaerdt, H. und **Wittmack, L.,** Aphelandra tetragona Nees var. imperialis. (Gartenflora. 1891. p. 449. Mit Tafel.)

Huth, E., Monographie der Gattung Paeonia. (Engler's botanische Jahrbücher. Bd. XIV. 1891. p. 258.)

Jardin, Ed., Aperçu sur la flore de Gabon, avec quelques observations sur les plantes les plus importantes. 8°. 71 pp. Paris (J. B. Baillière) 1891.

Mueller, Ferdinand, Baron von, Brief remarks on some rare Tasmanian plants. (Read August 17. 1891.)

> *Coprosma Petriei* Cheeseman in the transact. of the N. Z. Institute. XVIII. 316 (1886).
>
> Under this name I wish to bring under notice what appears to be a new species of *Coprosma*, lately found as of rare occurrence by Mr. T. B. Moore on the highlands east of Mount Tyndall. It has the same very depressed matted growth as *C. repens* (*C. pumila*), also very small leaves and terminal small-sized fruits. But the leaves in all the specimens received are decidedly pointed, indeed ovate-lanceolar, and the fruit is beautifully blue outside, a characteristic which separates this species from all other Australian kinds, and which is not likely subject to variation. Mr. Thomas Cheeseman in his excellent review of the 31 New Zea-

landian species of this genus distinguished by him, mentions two as having
fruits blueish outside, namely, *C. parviflora* and *C. acerosa*, the former
otherwise very different from our plant, the latter of much larger size,
with puberulous branchlets, and longer but narrower leaves. Nevertheless
C. Petriei is described as varying in the outside colour of the fruit, red
in the Nelson, blue in the Otago province, but possibly two species became
thus confused, in which regard already some indications are given in the
transact. of the N. Z. Inst. XIX. 251 and 252. As the flowers of this
plant are not yet known, it remains for some future opportunity to confirm the differences existing in this respect between *C. repens* and *C.
Petriei*. The fruits are globular or verging into an oval form; so far as
seen on this occasion they ripen only one or two seeds. I find the
embryo only half as long as the albument. Should the Tasmanian plant,
after the flowers have become known, prove a peculiar species, then such
ought to be distinguished under the finder's name.

Panax Gunnii.

The fruit of this rare shrub was also for the first time obtained for
me by Mr. T. B. Moore, who gathered it in deep shady gorges at Mount
Lyell, on the Canyon River, the Franklin River and on a tributary of
the Pieman's River. It is succulent, about ¹/₈-inch broad, renate-roundish,
turgid, black outside, at the summit, five denticulated and impressed, so
that the styles are hardly visible; the two nutlets inside are obliqueovate-
or demidiate-roundish, about ¹/₈-inch long, rather turgid, exteriorly greybrown and nearly smooth. This plant seems to bear flowers already,
when only 6in. high, and never to exceed 4ft. in height, unless, perhaps,
in cultivation.

Styphelia Milligani.

Under this appellation occurs the *Pentachondra verticillata* in the second
systematic Census of Australian Plants, p. 178, in anticipation of the fruit
proving that of a *Styphelia* (or *Leucopogon*), a surmise fully borne out by
specimens sent by Mr. Moore from the highlands of Mount Read and
Mount Tyndall, where also a small form of *Acacia mucronata* is growing
at elevations between 3,600ft. and 3,900ft. The fruit as now seen is only
of about ¹/₈-inch measurement, nearly globular; its pericarp is very thin
and outside white; the putamen is five-celled. Possibly the fruit obtained
may be over-aged. Until now the plant was only known from Dr.
Milligan's collection. It is from 6in. to 18in. high, but as it is manybranched from the root, Mr. Moore saw individual plants covering a
breadth of 2ft.

It may here not be inappropriate to remark that since Sir Joseph
Hooker finished, in 1860, his superb work on Tasmanian plants, the
following were first brought under notice as additional among vasculares,
with few exceptions by the writer they coming within the scope of his
own researches, as the Tasmanian flora could not be kept apart in treating that of Continental Australia:

Papaver aculeatum Thunberg. — *Cakile maritima* Scopoli. — *Pittosporum undulatum* Andrews. — *Comesperma defoliatum* F. v. M. — *Elaeocarpus reticulatus* Smith. — *Pseudanthus ovalifolius* F. v. M. — *Euphorbia
Drummondi* Boissier. — *Casuarina bicuspidata* Bentham. — *Zieria cytisoides* Smith. — *Z. veronicea* F. v. M. — *Eriostemon Oldfieldi* F. v. M.
— *Atriplex paludosum* R. Brown. — *Polygonum lapathifolium* Linné. —
Acacia penninervis Sieber. — *Acaena montana* J. Hooker. (Recorded as
a variety in the Fl. Tasm.) — *Pimelea Milligani* Meissner. — *P. stricta*
Meissner. — *P. axiflora* F. v. M. — *P. serpillifolia* R. Brown. — *Eucalyptus Sieberiana* F. v. M. — *Eu. Stuartiana* F. v. M. — *Panax sambucifolius* Sieber. — *Hakea ulicina* R. Brown. — *H. nodosa* R. Brown. —
Coprosma Petriei Cheeseman. — *Cotula filifolia* Thunberg. — *Calocephalus
citreus* Lessing. — *Cassinia longifolia* R. Brown. — *Podosperma angustifolium* Labillardiere. — *Ixiolaena supina* F. v. M. — *Leptorrhynchus nitidulus* De Candolle. — *Helichrysum Spiceri* F. v. M. — *H. Gravesii* F. v. M.
— *Anaphalis Meridithae* F. v. M. — *Lobelia platycalyx* F. v. M. — *L.
rhombifolia* De Vriese. — *L. Browniana* Roemer u. Schultes. — *L. micro-*

sperma F. v. M. — *L. pratioides* Bentham. — *Leeuwenhoekia dubia* Sonder. — *Donatia Novae Zelandiae* J. Hooker. — *Scaevola aemula* R. Brown. — *Sc. microcarpa* Cavanilles. — *Goodenia barbata* R. Brown. — *Styphelia elliptica* Smith. — *St. scoparia* Smith. — *Solanum vescum* F. v. M. — *Veronica plebeja* R. Brown. — *V. notabilis* F. v. M. — *Westringia rosmariniformis* Smith. — *Verbena officinalis* Linné. — *Myoporum parvifolium* R. Brown. — *Prasophyllum nigricans* R. Brown. — *Pterostylis vittata* Lindley. — *Orthoceras strictum* R. Brown. — *Caladenia suaveolens* G. Reichenbach. — *Thismia Rodwayi* F. v. M. — *Milligania Johnstoni* F. v. M. — *Potamogeton perfoliatus* Linné. — *P. Cheesemani* A. Bennett. — *P. pectinatus* Linné. — *Zostera nana* Mertens and Roth. — *Lepyrodia Muelleri* Bentham. — *Calostrophus elongatus* F. v. M. — *Schoenus Tepperi* F. v. M. (Or a closely allied species.) — *Heleocharis acicularis* R. Brown. — *Gahnia Radula* F. v. M. — *Carex tereticaulis* F. v. M. — *C. Bichenoviana* Boott. — *Sporobolus Virginicus* Kunth. — *Agrostis frigida* F. v. M. — *A. Gunniana* F. v. M. — *Zoysia pungens* Willdenow. — *Imperata arundinacea* Cyrillo. — *Cyathea Cunninghami* J. Hooker. — *Blechnum cartilagineum* Swarts. — *Asplenium Hookerianum* Colenso. — *Aspidium hispidum* Swartz. — *Hymenophyllum marginatum* Hooker and Greville. — *H. Malingi* J. Hooker.

In the concluding pages of the „Flora Tasmaniae" were already inserted solely from Melbourne communications as additional.

Kennedya monophylla Ventenat. — *Geum renifolium* F. v. M. — *Aciphylla procumbens* F. v. M. — *Leptomeria glomerata* F. v. M. — *Abrotanella scapigera* F. v. M. — *Senecio primulifolius* F. v. M. — *S. papillosus* F. v. M. — *Dracophyllum minimum* F. v. M. — *Sebaea albidiflora* F. v. M. — *Limnanthemum exiguum* F. v. M. — *Dendrobium striolatum* G. Reichenbach. — *Selaginella Preissianum* Spring.]

Sprenger, C., Drei neue Narsissen. [Schluss.] (Gartenflora. 1891. p. 491. Mit Abbild.)

Wittrock, Veit Brecher et **Juel, Hans Oscar,** Catalogus plantarum perennium bienniumque annis 1890 et 1891 sub die cultarum adjectis adnotationibus botanicis nonnullis. (Sep.-Abdr. aus Acta Horti Bergiani. Bd. I. 1891. No. 3.) 8°. 95 pp. 1 Tafel. Stockholm 1891.

Wolf, E., Lonicera tatarica var. grandibracteata Wolf. (Gartenflora. 1891. p. 486. Mit Abbild.)

Teratologie und Pflanzenkrankheiten:

Eckstein, K., Pflanzengallen und Gallenthiere. (Zoologische Vorträge, hersg. von W. Marshall. 1891. Heft VII/VIII.) 8°. 88 pp. 4 Tafeln. Leipzig (R. Freese) 1891. M. 3.—

Joné, Léon, Maladies, parasites, animaux et végétaux nuisibles à la vigne, accidents qu'ils entrainent, moyens de les prévenir ou de les combattre. 8°. 36 pp. Draguignan (Impr. Olivier et Rouvier) 1891. 50 cent.

Magnus, P., Ueber den Rost der Weymouthkiefern, Pinus Strobus L. (Gartenflora. 1891. p. 452.)

Schäff, Ernst, Cicadenlarven an Erdbeerpflanzen. (l. c. p. 489.)

Thümen, F. von, Die Black-rot-Krankheit der Weinreben. (Phoma uvicola Berk. et Curt. — Physalospora Bidwellii Sacc.) (Sep.-Abdr. aus Allgemeine Wein-Zeitung. 1891.) 8°. 29 pp. Wien (Selbstverlag) 1891.

Medicinisch-pharmaceutische Botanik:

Canestrini, G., Le rivelazioni della batteriologia. (Atti della R. Istituto veneto di scienze, lettere ed arti. 1889/90. p. 837—856.)

Cirelli, F., Sopra un caso di stafilococchemia metastatizzante. (Morgagni. 1891. No. 6. p. 370—376.)

Denys, J., Le pneumocoque. (Rev. méd., Louvain 1891. p. 97—106.)

Evans, C. S., Bacteria and their relations to certain diseases. (Buffalo Med. and Surg. Journ. 1891. July. p. 711—717.)

Fiedeler, Ueber die Brustseuche im Koseler Landgestüte und über den Krankheits-Erreger derselben. (Centralblatt für Bakteriologie und Parasitenkunde. Bd. X. 1891. No. 11. p. 341—348.)

Flemming, G., Infectious pneumonia of the horse. (Veterin. Journal. 1891. July. p. 1—13.)

Franke, E., Untersuchungen über Infection und Desinfection von Augenwässern. (Archiv für Ophthalmol. Bd. XXXVII. 1891. Heft 2. p. 92—150.)

Hankin, E. H., Ueber die Nomenclatur der schützenden Eiweisskörper. (Centralblatt für Bakteriologie und Parasitenkunde. Bd. X. 1891. No. 11. p. 337—340.)

Hueppe, F., Ueber Milchsterilisirung und über bittere Milch mit besonderer Rücksicht auf die Kinderernährung. (Berliner klinische Wochenschrift. 1891. No. 29. p. 717—721.)

Landré, Ch., Pasteur-Koch. Een paar worden betreffende de tegenwoordige bacillenquaestie. 8°. 12 pp. 's Gravenhave (M. Nijhoff) 1890.

Lortet, Microbes pathogènes de la mer morte. [Société nationale de méd. de Lyon.] (Lyon méd. 1891. No. 30. p. 431—432.)

Oulmont et Barbier, Endocardite infectieuse à streptocoques probablement d'origine grippale. (Méd. moderne. 1891. No. 28. p. 515—518.)

Pease, H. T., Actinomycosis in the buffalo. (Veterin. Journal. 1891. July. p. 14—15.)

Quirini, Alois, Ueber Gymnema silvestris und Gymnesinsäure. (Pharmaceutische Post. 1891. No. 34. p. 660.)

Reuter, Ludwig, On the relation between the proportion of filicic acid and the activity of ethereal extract of male-fern. (Translated from Pharmac. Zeitung. 1891. April 18. — Bulletin of Pharmacy. Vol. V. 1891. p. 310.)

Rusby, H. H., Viburnum. (Bulletin of Pharmacy. Vol. V. 1891. p. 312. 1 pl.)

Smith, J. L., The etiology of diphtheria. (Journ. of the Amer. Med. Assoc. 1891. Vol. II. No. 1. p. 25—28.)

Snow, H., Case of actinomycosis with tuberculosis. (British Medical Journal. No. 1594. 1891. p. 124—125.)

Tangl, F., Das Verhalten des Tuberkelbacillus beim Eintrittsthor der Infection. (Orvosi hetilap. 1891. No. 25.) [Ungarisch.]

Technische, Forst-, ökonomische und gärtnerische Botanik:

Acland, Sir T. D., An introduction to the chimistry of farming. Specially prepared for practical farmers, with records to field experiments. 8°. 230 pp. London (Simpkin) 1891.   2 sh. 6 d.

Arnold, F. K., Der russische Wald. Bd. III. 8°. XI, 151 pp. Mit 2 Karten. St. Petersburg 1891. [Russisch.]

Batalin, A. F., Die verschiedenen in Russland angebauten Reis-Sorten. (VI. Heft der am Kaiserl. botanischen Garten befindlichen Samenstation.) (Sep.-Abdr. aus Landwirthschaftliche Zeitung. 1891. No. 31/32.) 8°. 16 pp. St. Petersburg 1891.

Hayn, E., Die Arbeit der Regenwürmer im Boden. (Gartenflora. 1891. p. 483.)

Scheffler, H., Das Dainage-Wasser und die durch dasselbe hervorgerufenen Verluste an Pflanzen-Nährstoffen. (Berichte aus dem physiologischen Laborat. und der Versuchsanstalt des landwirthschaftlichen Institutes der Universität Halle. Heft VIII. 1891.)

Personalnachrichten.

Dem ausserordentl. Professor an der Universität und Professor an der landwirthschaftlichen Hochschule zu Berlin, Dr. **Ludwig Wittmack,** ist der Charakter als Geheimer Regierungs-Rath verliehen worden.

Der K. K. Regierungs-Rath Professor Dr. **G. A. Weiss,** Director des pflanzenphysiologischen Laboratoriums der Universität Prag, ist daselbst im Juli gestorben.

Berichtigungen.

Bot. Centralblatt. Bd. XLVII. Nr. 9:

     p. 271, Zeile 9 v. u., anstatt „blühen" lies bleiben,
     p. 273, Zeile 3 v. o., ist ausnahmsweise auszustreichen,
     p. 273, Zeile 4 v. o., lies wie ausnahmsweise bei den etc.

Inhalt:

Ausgegeben: 7. October 1891.

Druck und Verlag von Gebr. Gotthelft in Cassel.

Band XLVIII. No. 2.　　　　　　　　XII. Jahrgang.

Botanisches Centralblatt.

REFERIRENDES ORGAN
für das Gesammtgebiet der Botanik des In- und Auslandes.

Herausgegeben

unter Mitwirkung zahlreicher Gelehrten

von

Dr. Oscar Uhlworm und Dr. F. G. Kohl
in Cassel.　　　　　　　　　　in Marburg.

Zugleich Organ
des

Botanischen Vereins in München, der **Botaniska Sällskapet i Stockholm,**
der **botanischen Section des naturwissenschaftlichen Vereins zu Hamburg,**
der **botanischen Section der Schlesischen Gesellschaft für vaterländische
Cultur zu Breslau,** der **Botaniska Sektionen af Naturvetenskapliga Student-
sällskapet i Upsala,** der **k. k. zoologisch-botanischen Gesellschaft in
Wien,** des **Botanischen Vereins in Lund** und der **Societas pro Fauna et
Flora Fennica in Helsingfors.**

Nr. 41.	Abonnement für das halbe Jahr (2 Bände) mit 14 M. durch alle Buchhandlungen und Postanstalten.	1891.

Wissenschaftliche Original-Mittheilungen.

Beiträge zur Kenntniss der *Ectocarpus*-Arten der Kieler Föhrde.

Von

Paul Kuckuck.

Mit 6 Figuren.

(Fortsetzung.)

oppositus.

Verzweigung vorwiegend opponirt.

1. forma *typica*. Hellgelb-gelbbraun. Büschel bald, besonders an
Fucus vesiculosus, festgewachsen, dann 5—30 cm hoch, aus mehreren
oben freien, unten zusammengedrehten Büschelchen bestehend,
bald lose zwischen Seegras flottirend, dann oft sehr grosse, wolken-
förmige Massen bildend. Hauptachse bis 45 μ (bei Kjellman
50—60 μ) dick; Zellen an den Querwänden etwas eingeschnürt,
halb so lang bis eben so lang, seltener länger, als breit. Chromatophoren locker liegend. Zweige in einem mehr oder minder spitzen
Winkel abgehend. Haare auch an den fertilen Zweigen entwickelt,
nach oben nur sehr allmählich verdünnt. Pluriloculäre Sporangien

fast cylindrisch, meist wenig dicker, als die vegetativen Zellen, im unteren Theil der Zweige entwickelt, 18—30 μ dick, bis 200 (meist 100) μ lang. Uniloculäre Sporangien in Ketten von variabler Länge.

Ueberall häufig; April—September.

Syn.   *Ectocarpus brachiatus* C. A. Agardh, Spec. Alg. Vol. II. p 42 und Syst. Alg. p. 162.

Ectocarpus litoralis β. brachiatus J. G. Ag., Spec. Alg. Vol. I. p 18 u. 19 (mit treffenden Bemerkungen über den Formenwechsel) *Ectocarpus litoralis β. brachiatus* Aresch., Phyc. Scand. p. 176. *Ectocarpus litoralis* f. *vernalis* ad part. Kjellman, Bidrag etc. p. 100. *Pylaiella litoralis α. opposita* f. *typica* Kjellman, Handbok p. 84.

Exsicc. *Ectocarpus firmus* f. *vernalis* Aresch., Alg. Scand. exs. Fasc 4. No 173.

Bemerk. Die Pflanze ist von der Kjellman'schen *P. litoralis α. opposita* f. *typica* nur wenig unterschieden. Die Dicke der Hauptachse ist geringer und die Verzweigung auch bei den Aesten höherer Ordnung noch sehr regelmässig opponirt. Die Büschel variiren in Grösse und Habitus ausserordentlich; zuweilen fructificiren sie schon bei einer Höhe von 2 mm, und ich fand dann sogar völlig unverzweigte Fäden, die ein einziges nach der Spitze gerücktes pluriloculäres Sporangium besassen *Pylaiella nana* Kjellm. (26. p. 83), welcher sich derartige Büschel nähern, bildet jedoch kleine Polster von 1 mm Höhe und zeichnet sich durch eine reiche vegetative Entwicklung in horizontaler Richtung aus.

2. forma *subverticillata*. Zweige letzter und vorletzter Ordnung sehr gedrängt und kleine Zweigbüschelchen bildend, zuweilen in alternirenden, zweigliederigen, seltener in viergliederigen Wirteln stehend s. w. v.

Zugleich mit der vorigen.

Syn.   *Ectocarpus subverticillatus* Kützing, Phyc. germ. p. 255 und Spec. Alg. p. 458.

Abbild *Ectocarpus subverticillatus* Kützing, Tab. phyc. 5. tab. 77. fig. II.

3. forma *rupincola*. Dunkelbraun — fast schwarzbraun. Büschel bis 8 cm hoch, wiederholt in pinselig ausgebreitete, nach unten stark verschmälerte oder der ganzen Länge nach fest zusammengedrehte und verfilzte Büschelchen zertheilt, stets festgewachsen. Zweige in einem spitzen Winkel entspringend, meist bis zur Spitze chromatophorenreich, nur selten in ein kurzes Haar auslaufend, zuweilen abgestutzt und stumpf endigend; Zweige letzter Ordnung in der Jugend kurz-pfriemig und oft etwas angedrückt. Zellen meist rein cylindrisch und an den Querwänden nicht eingeschnürt, in der Hauptachse 15—30 (meist 22) μ dick. Chromatophoren dunkelbraun, dicht gelagert und sich gegenseitig polygonal abplattend. Pluriloculäre und uniloculäre Sporangien oft auf derselben Pflanze; die ersteren von wechselnder Länge, bis 320 μ lang, stets bedeutend dicker als die vegetativen Zellen, 25—45 μ dick, cylindrisch, etwas höckerig oder gürtelförmig eingeschnürt, mit meist nur kurzem Haar an der Spitze; die letzteren in der Regel sehr lange Ketten bildend, kugelig und mit wenigen chromatophorenhaltigen Zellen an der Spitze.

An *Fucus vesiculosus* Balkenwerk u. s. w. festgewachsen, überall häufig; August—Mai, in den übrigen Monaten, wie es scheint, verschwindend.

Syn.   *Ectocarpus litoralis* f. *vernalis* ad part. bei Kjellman, Bidrag etc. p. 100 f.

Pylaiella litoralis α. *opposita* f. *rupincola* Kjellm, Handbok. p. 84.
Ectocarpus firmus var. *rupincola* Areschoug.
Abbild Kützing, Tab. phyc 5. tab. 76 fig. I.
Bemerk. Bei dem von Kjellman citirten Exsiccat der Areschoug-
schen Sammlung No. 113 sind die uniloculären und pluriloculären Sporangien
haartragend.

4. forma *rectangulans*. Bildet grosse, etwas verworrene, gelbbraune, meist frei zwischen Seegras flottirende Büschel oder Watten
von unbestimmter Gestalt. Verzweigung ziemlich regelmässig
opponirt; Zweige lang, im rechten oder nahezu rechten Winkel
abgehend, gerade oder im Bogen aufsteigend, entfernt stehend.
Vegetative Zellen bis 40 μ dick, nicht oder nur wenig an den
Querwänden eingeschnürt, meist halb so lang oder eben so lang
als dick. Uniloculäre und pluriloculäre Sporangien haartragend
oder nur mit wenigen vegetativen Zellen an der Spitze, in lange
oder kurze Aeste eingesenkt, im ersteren Falle nach oben gerückt.

Vorzugsweise in brackigem Wasser, Diedrichsdorf, Heikendorf;
Mai—Juni.

Bemerk. In seinem Handbuch (26.) unterscheidet Kjellman noch
folgende Formen:
f. *elongata* Kjellm. mscr. Büschel locker, fast ganz unverworren, blass-
gelb-braun; Gametangien (= pluriloculäre Sporangien) länger und schmäler
als bei f. *typica*, gewöhnlich über 300 μ lang und nur c. 20—25 μ dick;
f. *crassiuscula* Kjellm. mscr. Wenig büschelig, hellbraun mit kurzen und
dicken, 50—75 μ langen, 60—65 μ dicken, cylindrisch bis cylindrischspul-
förmigen, zuweilen terminalen Gametangien;
f. *nebulosa* Kjellm. mscr. Bildet schliesslich auf der Wasseroberfläche
ausgebreitete, wolkige, mehr oder minder verfilzte Massen. Sprosssystem sehr
locker verzweigt, mit meistentheils opponirten Aesten. Hauptspross 35—40 μ
dick; seine Zellen 1¹/₂—3 mal so lang als dick.

Subspecies β.

firmus.

Verzweigung vorwiegend zerstreut, falschgabelig, abwechselnd
oder fast einseitig.

1. forma *typica*. Bildet bis 12 cm hohe Büschel von sehr
verschiedenartigem Habitus auf *Fucus vesiculosus*, *Mytilus*, Steinen
u. s. w. in der unteren litoralen Region. Büschel bald buschig
und nur in wenige breite Büschelchen zertheilt, bald aus zahlreichen
wiederholt verzweigten Büschelchen bestehend. Büschelchen unten
zusammengedreht und verfilzt, oben pinselig ausgebreitet, bald der
ganzen Länge nach seilartig dünn. Uniloculäre und pluriloculäre
Sporangien auf verschiedenen Individuen. Pflanzen mit uniloculären
Sporangien oben pinselig ausgebreitet, nur sehr selten gegenständig
verzweigt. Hauptachse 50 μ dick, in ein 30 μ dickes Haar auslaufend. Zellen der Hauptachse unten so lang oder doppelt so
lang wie breit, an den Querwänden nicht eingeschnürt; Zellen der
Zweige halb so lang bis eben so lang wie breit, an den Querwänden nur wenig oder gar nicht eingeschnürt. Ausgewachsene
Aestchen in ein gleich breites Haar auslaufend. Uniloculäre
Sporangien scheibenförmig, d. h. in der Richtung der Längsachse
des Fadens, in dem sie liegen, breitgedrückt, breiter als die vegetativen Zellen, bis 45 μ breit, nicht selten durch ein oder mehrere

Längswände getheilt, in ein Haar auslaufend oder seltener nur mit
einer bis wenigen vegetativen Zellen an der Spitze der Ketten.
Chromatophoren dicht liegend, gelbbraun. Pflanzen mit pluriloculären Sporangien zarter, in viele Büschelchen zertheilt. Opponirte Zweige nicht selten. Hauptachse 30—40 μ dick, in ein
20—25 μ breites Haar auslaufend. Pluriloculäre Sporangien meist
so dick als der Zweig, in dem sie liegen, 20—30 μ dick und
80—200 (meist 120) μ lang, stets in ein Haar auslaufend. Chromatophoren dicht liegend, gelb.

Von Mai bis September häufig in der Kieler Föhrde.

Syn.   *Ectocarpus siliculosus* γ. *firmus* C. A. Agardh, Spec Alg. Vol. II. p. 38.
       Ectocarpus firmus J. G. Agardh, Spec. Alg. Vol. I. p. 23.
       Ectocarpus firmus Areschoug, Phyc. Scand. p. 173.
       Vergleiche auch die Synonymie bei K j e l l m a n (22. p. 104).
Exsicc. *Ectocarpus firmus* Aresch., Alg. scand. exs. Fasc. 1. No. 24.
       Ectocarpus firmus bei Le Jolis, Alg. mar. de Cherbourg. No. 68.
       Ectocarpus firmus bei Crouan, Alg. mar. du Finistère. No. 30.
       Ectocarpus firmus Rabenhorst, Algen Europas. No. 1872.
       Ectocarpus litoralis Wyatt, Alg. Danm. No. 129.

2. f o r m a *subglomerata*. Zweige letzter Ordnung zu Zweigbüschelchen zusammengedrängt. Bildet bis 15 cm lange, hellrost-
braune, ursprünglich festgewachsene, in garnartig zusammengedrehte,
seitlich unverworrene Büschelchen zertheilte, später sich losreissende
und mit anderen Algen (*Florideen*) verwickelte, oft etwas verfilzte
Büschel oder Ballen. Sterile und fertile Aeste in Haare auslaufend.
Zellen der Hauptachse 30—40 μ dick; Chromatophoren locker
liegend, gelb.

August bis October.

3. f o r m a *livida*. Bildet zarte, hellgelbe, nur unten lose zusammengedrehte Büschel auf *Fucus vesiculosus* von 6 cm Höhe.
Verzweigung zerstreut, hin und wieder opponirt; Zweige aufrecht,
bis fast angeschmiegt, in Haare auslaufend. Vegetative Zellen bis
40 μ dick, meist doppelt so lang als breit. Chromatophoren locker
liegend, hellgelb. Die Form zeichnet sich durch die sehr kurzen
Sporangienketten (2—4 Sporangien) aus, die in ein langes Haar
auslaufen und zuweilen sessil sind oder auf einer langen Stielzelle
stehen. Nicht selten stehen die uniloculären Sporangien auch einzeln
intercalar.

Wicker Bucht, im Mai.

4. f o r m a *pachycarpa*. Bildet bis 7 mm hohe, völlig unverworrene, gelbbraune Büschel. Verzweigung nie opponirt, regelmässig
abwechselnd oder fast einseitig. Hauptachse bis 18 μ dick, ihre
Zellen meist zwei (und mehr) Mal so lang als breit, in den Neben-
ästen kürzer, tonnenförmig. Chromatophoren sehr dicht. Die
Hauptachse entsendet nur ein bis wenige Langtriebe; Kurztriebe
pfriemig zugespitzt, zumeist in gestielte pluriloculäre Sporangien
verwandelt, denen nur ein bis wenige vegetative Zellen dornartig
aufsitzen. Pluriloculäre Sporangien bedeutend dicker als die vegetativen Zellen, bis 45 (meist 30) μ dick und bis 250 (meist 150) μ
lang, zonenförmig eingeschnürt, cylindrisch oder sich aufwärts
wenig verjüngend; oft auch im oberen Theile der Langtriebe ent-

wickelt und dann durch vegetative, Fruchtzweige entsendende Zellen unterbrochen. Uniloculäre Sporangien spärlich auf demselben Individuum, zu ca. 10 in Ketten vereinigt, kugelig. Faden im oberen Theil oft hin- und hergebogen. Die Pflanze fand sich im Mai an der Glaswand eines Gefässes, in welchem ein Stein aus ca. 15 m Tiefe cultivirt wurde. Sie steht wahrscheinlich der Kjellman'schen forma *parvula* sehr nahe, unterscheidet sich aber von ihr durch die bedeutend dünnere Hauptachse.

Bemerk. Ich lasse wiederum die ausserdem noch von Kjellman unterschiedenen Formen dieses Subgenus hier folgen:

f. *olivacea* Kjellm. mscr. Büschelig, tief olivenbraun. Büschel aus sehr zahlreichen, feinen, unten fest zusammengedrehten Büscheln bestehend. Hauptspross und Hauptzweige 40—50 μ dick. Gametangien gross und lang. Sonst wie f. *typica*;

f. *macrocarpa* Foslie, Nye Havsalg. 5, 179, t. 2 f. 13—15. Sprosssystem unten entfernt, oben dichter unregelmässig verzweigt, mit theilweise einseitigen, zuweilen in Gruppen zu 2—4 einseitig von benachbarten Zellen entspringenden Zweigen. Sporangienketten bis zu 40 Sporangien enthaltend. Gametangien cylindrisch oder cylindrisch kegelig, 180—1320 μ lang und 24—36 μ dick;

f. *parvula* Kjellm. mscr. Büschelig, ganz unverworren, 3—5 mm hoch Verticales Sprosssystem sehr sparsam verzweigt, mit meist verzweigten, nach der Spitze schwach verdünnten, regelmässig alternirenden Zweigen, die meisten bei den Gametangien-Exemplaren mit den Gametangien weiter unten oder nicht selten an der Spitze. Hauptachse 30—40 μ dick mit 1—2 mal so langen als dicken Zellen. Gametangien cylindrisch spulförmig bis cylindrisch kegelig, kurz, c. 20—30 μ dick.

Subspecies γ.

divaricatus Kjellm. mscr.

Sprosssystem reich verzweigt mit unregelmässig zerstreuten, abstehenden bis sparrigen, oft bogenförmigen, nicht oder nur schwach nach der Spitze verdünnten Zweigen (sec. Kjellman, Handbok, p. 85).

Bemerk. Von Kjellman aufgeführte Vertreter dieser Subspecies sind von mir bei Kiel selbst nicht gefunden worden. Auch im Kieler Herbarium befindet sich nur ein aus dem Herbarium Fröhlich stammendes Exemplar von Sonderburg, welches als f. *compacta* bezeichnet ist und als γ. *divaricata* f. *typica* Kjellm. von mir bestimmt wurde. Dagegen gelang es mir, in einer reichhaltigen Sammlung von Formen des *E. litoralis* der Danziger Bucht, die mir Herr Dr. Lakowitz in Danzig so freundlich war zur Verfügung zu stellen, die von Kjellman als für die Ostsee eigenthümlich bezeichneten Formen *praetorta* und *aegagropila* aufzufinden. Die folgende Form führt Kjellman nicht auf:

1. forma *ramellosa*. Bildet dunkel- bis fast schwarzbraune verfilzte Büschel von c. 4 cm Höhe auf *Fucus vesiculosus*. Zweige zerstreut oder hin und wieder opponirt, oft im rechten Winkel entspringend. Uniloculäre Sporangien intercalar oder sehr oft in terminalen, kurz oder langgestielten, zuweilen sitzenden, wenig bis zu 15 Sporangien enthaltenden Ketten, kugelig. Pluriloculäre Sporangien intercalar oder ebenfalls terminal, lang cylindrisch oder kurz, fast würfelförmig (wie bei Subspecies δ), schief abgestutzt. Festgewachsen an *Fucus vesiculosus*, Pfählen, Brücken, gern im brackigen Wasser. Herbst.

Syn. *Ectocarpus ramellosus* ad part. Kütz., Spec. Alg. p. 459. Abbild. Kützing, Tab. phyc. Bd. V. tab. 78.

Nachfolgend die Kjellman'schen Formen:

f. *typica* (f. *compacta* auct.; zum Theil). Büschelig, festgewachsen, tief sattbraun-schwarzbraun, jedes Büschel aus zahlreichen, fest zusammengedrehten, garnartigen Büscheln bestehend. Hauptachse und Hauptzweige 45—60 μ dick; Büschel 10—15 cm hoch. Verticales Sprosssystem mit deutlich durchgehender Hauptachse, von welcher im hohen Grade unregelmässig längere und kürzere, dicht sitzende, sparrige, oft bogenförmige, zuweilen knieförmige, ziemlich steife und spröde, nach der Spitze kaum merkbar sich verdünnende, wiederholt verzweigte oder einfache Aeste ausgehen. Sporangienketten terminal, kurz, meist aus nur 2—8 zusammengedrückt-kugelrunden Sporangien bestehend. Gametangien cylindrisch, selten mehr als 120 μ lang und 60 μ dick, zuweilen terminal. Sprosszellen fast cylindrisch, sehr chromatophorenhaltig, 1—2 mal so lang als dick;

f. *praetorta* Kjellm. mscr. Büschelelig, tief-hellolivenbraun, 5—10 cm hoch. Jedes Büschel aus zahlreichen, fest zusammengedrehten und verfilzten, garnartigen, filzigen, einfachen oder verzweigten Büscheln bestehend. Verticales Sprosssystem ziemlich locker, unregelmässig und ungleichförmig verzweigt. Mehrzahl der Zweige lang, gebogen oder gewunden. Hauptachse und Hauptzweige 20—30 μ dick. Sporangien selten einzeln, terminal, meist kurze. nicht selten terminale Ketten bildend. Sprosszellen cylindrisch oder cylindrisch-ellipsoidisch, 2—4 mal so lang als dick;

f. *aegagropila* Kjellm. mscr. Bildet kleine, frei auf dem Boden liegende, leicht verfilzte, hellolivenbraune Ballen. Sprosssystem etwas feiner, langzelliger und unregelmässiger verzweigt, mit stärker abstehenden Aesten als bei voriger der sie im Uebrigen gleicht.

f. *subsalsa* Kjellm. mscr. Bildet tief olivenbraune bis fast schwarzbraue, schliesslich frei flottirende oder in andere Algen verwickelte, etwas verfilzte, unregelmässige Massen. Sprosssystem locker, ziemlich regelmässig und gleichförmig verzweigt. Hauptachse ca. 30 μ dick. Sprosszellen 1—1$^{1}/_{2}$ mal so lang als dick.

Subspecies δ.

varius.

Verzweigung vorwiegend opponirt, aber häufig auch unregelmässig zerstreut, abwechselnd oder einseitig. Längere Zweige im Winkel von 45°, kürzere Zweige und Sporangienäste im Winkel von nahezu 90° abgehend. Fäden gleichmässig cylindrisch, an den Querwänden nicht eingeschnürt. Zellen in der Regel länger als dick, 25—45 μ dick, mit derben Aussenwänden. Uniloculäre und pluriloculäre Sporangien auf verschiedenen Pflanzen, meist terminal, selten intercalar. Uniloculäre Sporangien kugelig bis ellipsoidisch, meist einzeln, auf ein- bis wenigzelligem Stiel, nie sessil, oder zu mehreren seitlich und terminal auf spärlich verzweigten, kurzen Aestchen, selten in kurzen Ketten, den Achsen aller Ordnungen angeheftet. Pluriloculäre Sporangien kugelig, eiförmig, ellipsoidisch oder von mehr eckigen Umrissen bis fast würfelförmig, stumpf oder schief abgestutzt, nie in eine scharfe Spitze verlängert, meist einzeln auf kurzem Stiele, nie sitzend, an den Achsen aller Ordnungen stehend. Kürzere oder längere intercalare pluriloculäre Sporangien bei manchen Exemplaren häufig.

1. **forma** *typica*. Bildet bis 30 cm lange, verworrene, oft in breite, innen seilartig zusammengedrehte Büschelchen zertheilte, rostbraune, ursprünglich festgewachsene, später frei auf dem Boden liegende oder in andere Algen verwickelte Büschel in der litoralen und sublitoralen Region. Verzweigung vorwiegend opponirt, aber nach den Spitzen der Hauptachsen nicht gedrängt. Fertile Kurz-

triebe in der Regel senkrecht abstehend, an den Achsen aller Ordnungen, einzeln oder einem Langtrieb oder seltener einem anderen Kurztrieb opponirt. Zellen bis 45 μ dick, meist 2—3 mal so lang als dick. Pluriloculäre Sporangien auf 1—4zelligem Stiel, ca. 36 μ breit und ca. 45 μ lang, eiförmig, kugelig-ellipsoidisch oder würfelförmig, doppelt so dick als die Stielzellen. Uniloculäre Sporangien meist einzeln, zuweilen auf kurzen, verzweigten Aestchen. Nicht selten trägt das pluriloculäre oder uniloculäre Sporangium ein bis zwei vegetative Zellen auf dem Scheitel.

Ausgang der Kieler Föhrde; Mai bis December.

Syn. *Pylaiella varia* Kjellm., Alg. arct. Sea S. 282. t. 27. f. 1—12. Vergl. auch Kjellman, Handbok p. 83.

2. forma *contorta*. Bildet bis 3 cm hohe, in wenige schmale oder oben ausgebreitete, seilartig zusammengedrehte und etwas verfilzte Büschelchen zertheilte, dunkelrostbraune Büschel an *Fucus vesiculosus* und *serratus* in der litoralen Region. Verzweigung vorwiegend opponirt. Zellen 25—30 μ dick. Pluriloculäre Sporangien nicht selten in Langtrieben intercalar. Uniloculäre Sporangien fehlen.

August bis September; Bülk, Vossbrook.

3. forma *pumila*. Bildet bis 3 mm hohe, völlig unverworrene gelbe bis rostbraune Büschel auf *Fucus* in der litoralen Region. Thallus in der Regel einfach oder nur sehr spärlich verzweigt, 22—25 μ dick, in ein wenig verdünntes Haar auslaufend. Fertile Kurztriebe senkrecht an der Hauptachse entspringend, einzeln. Pluriloculäre Sporangien wie bei forma *tpyica*, aber nie cylindrisch verlängert. Uniloculäre Sporangien fehlen.

August; Vossbrook.

II. Der Formenkreis von *Ectocarpus confervoides* Roth sp. (nebst verwandten Formen).

Kjellman charakterisirte in seinem 1872 erschienenen „Bidrag till kännedomen om Skandinaviens Ectocarpeer och Tilopterider" den Formenkreis von *E. confervoides* folgendermaassen:

E. thallo fibrillis alligantibus adnato, decomposito-subdichotomo, segmentis interdum brevissimis, fasciculatis, nudis vel ramellis brevibus plus minus attenuatis obsessis; sporangiis plurilocularibus ovoideis, subulatis vel elongato-conicis, obtusis vel acuminatis, rostratis vel erostratis, pedunculatis vel sessilibus; cellulis zoosporigenis saepissime 4—8 μ longis; sporangiis unilocularibus ovoideo- vel subglobosoellipsoideis.

Danach unterscheidet er folgende Formen:

f. *arcta* Kütz. 1843.
f. *siliculosa* (Dillw.) 1809.
f. *spalatina* Kütz. 1843.
f. *confervoides* s. s. (Roth).
f. *penicillata* C. A. Ag. 1824.
f. *hiemalis* Crouan.

Weiterhin führt er von *Ectocarpen*, die sich durch bandförmigverzweigte Chromatophoren auszeichnen, noch an:

E. pygmaeus Aresch.
E. draparnaldioides Crouan.
E. fasciculatus Harv. 1841 (ad part.).

Während ich mich nun mit diesem Formenkreis genauer beschäftigte, veröffentlichte Kjellman sein Handbok i Skandinaviens Hafsalgflora I (Stockh. 1890), in welcher die einzelnen Arten in etwas veränderter Umgrenzung erschienen. Es werden aufgezählt:

    E. fasciculatus Harv.
    E. penicillatus Ag.
    E. confervoides Roth sp.
        f. *typica.*
        f. *pygmaea.*
        f. *arcta.*
        f. *crassa.*
    E. siliculosus Dillw. sp.
        f. *typica.*
        f. *nebulosa.*
    E. hiemalis Crouan.
        f. *typica.*
        f. *spalatina.*

Auch mir erscheint es nach eingehender Prüfung zweckmässiger, *E. penicillatus* Ag. aus dem vielgestaltigen Formenkreise als eigene Art auszuscheiden und die übrig bleibenden Formen in zwei Artenkreise zu zerlegen, *E. siliculosus* Dillw. sp. und *E. confervoides* Roth sp., die sich durch ihre pluriloculären Sporangien wohl deutlich genug unterscheiden. Dagegen dürfte es richtiger sein, *E. hiemalis* Cr. als Form zu belassen und zu *E. siliculosus*, mit dem es die oft haartragenden Sporangien gemeinsam hat, zu ziehen. *E. fasciculatus* Harv. und *E. draparnaldioides* Cr., die einer genaueren Revision bedürfen, da, wie es scheint, von verschiedenen Autoren zum Theil sehr abweichende Formen darunter verstanden werden, fand ich in der Kieler Föhrde nicht.

A. Hauptäste ohne deutlich begrenzte Zweigbüschel.

1. Pluriloculäre Sporangien, oft in ein langes Haar auslaufend, meist lang cylindrisch oder konisch, 100—600 μ lang.
                                               E. siliculosus.

  a. Pluriloculäre Sporangien langpfriemig, bis 275 μ lang, oft in ein Haar auslaufend.   f. *typica.*
  b. Pluriloculäre Sporangien wie bei voriger, aber bedeutend länger, bis 600 μ lang.   f. *hiemalis.*
  c. Pluriloculäre Sporangien kurz eiförmig, nicht oder nur selten in ein Haar auslaufend.   f. *arcta.*

2. Pluriloculäre Sporangien pfriemig oder spulförmig, 75—250 (meist 100) μ lang, nie in ein Haar auslaufend.
                                             E. confervoides.

  a. Zweige meist in einem Winkel von 30—45° abgehend.
    α. Pluriloculäre Sporangien 75—100 μ lang und circa 25 μ dick.   f. *typica.*

β. Pluriloculäre Sporangien bis 250 (meist 160) *μ* lang
und ca. 35 *μ* dick. f. *nana.*
b. Zweige angeschmiegt. f. *penicilliformis.*
3. Pluriloculäre Sporangien wie bei 2, aber gleichmässig
cylindrisch. *E. dasycarpus.*
B. Hauptäste an der Spitze mit deutlich begrenzten Zweigbüscheln.
E. penicillatus.
(Fortsetzung folgt.)

Die Bestäubungseinrichtung von *Armeria maritima* Willd.
Von
Dr. Paul Knuth.
Mit 2 Figuren.

Auf der Insel Sylt hatte ich im Anfange des Juli 1891
Gelegenheit, die Bestäubungseinrichtung einer der verbreitetsten
insektenblütigen Meeresstrandpflanzen, *Armeria maritima* Willd., zu
untersuchen. Die Pflanze gehört ursprünglich der Salzwiesenflora
an, hat sich aber über die ganze Insel verbreitet und bewohnt in
enormer Häufigkeit alle Formationen derselben. Die ungeheure
Verbreitung der Pflanze auf der Insel ist erklärlich sowohl durch
Augenfälligkeit, den dadurch bedingten starken Insektenbesuch und
durch diese Fremdbestäubung herbeigeführte gute Ausbildung der
Früchte, als auch durch die vorzügliche, den starken Winden angepasste Flugvorrichtung derselben.

Aus der grundständigen Rosette der schmal-linealischen Blätter
erhebt sich 5—30, selten mehr cm*) hoch der blattlose Schaft,
welcher an der Spitze das hellviolette, aus zahlreichen Blüten bestehende, meist hoch über die umgebenden, dem Boden angedrückten
Pflanzen hinausragende und so weithin sichtbare Köpfchen trägt.
Im Knospenzustande ist es gänzlich von den in mehreren Reihen
stehenden, hellbräunlichen, am Rande trockenhäutigen, selten in einen
kurzen, stumpfen Dorn auslaufenden, meist jedoch ganz dornenlosen
Hüllblättern eingeschlossen. Die äusseren haben Fortsätze nach
unten, welche scheidenartig verwachsen sind und den oberen Theil
des Schaftes umgeben. Zuerst durchbrechen einige mittelständige
Blüten die schützenden Hüllblätter und entfalten ihre hellviolette,
nach Cumarin duftende Blumenkrone, worauf, ohne dass ein
regelmässig nach Aussen hin stattfindendes Aufblühen bemerkbar
wäre, die übrigen folgen, schliesslich einen fast halbkugeligen
Blütenstand bildend. Dieses merkwürdige Aufblühen findet darin
seine Erklärung, dass das Köpfchen aus zwei- bis drei-blütigen,
„schraubelförmig angeordneten Wickeln" zusammengesetzt ist, von
denen immer die unterste Blüte zuerst aufblüht. Sowohl der gemeinschaftliche Blütenstiel jeder Wickel, als auch jede Einzelblüte ist

---

*) An den Aussendeichen wird der Schaft oft nur 2 cm hoch.

von einem häutigen, weisslichen, die Kelchspitze nicht erreichenden
Hochblatte gestützt, welches der Einzelknospe noch als Sonder-
umhüllung diente.

Der etwa 5 mm lange kegelförmige Kelch ist am Grunde
weisslich gefärbt; an der Spitze läuft er in einen häutigen, wie
die Blumenkrone gefärbten Saum aus, welcher durch fünf starre,
am Grunde grün gerandete, an der Spitze röthlich gefärbte und
somit zur Augenfälligkeit beitragende Zähne gestützt wird. Mit
diesen Zähnen wechseln die fünf nur am Grunde zusammenhängenden,
8 mm langen Zipfel der Blumenkrone ab. Der Nagel ist wie der
Grund des Kelches weisslich, die 3 mm breite Platte ist helllila
gefärbt und von einem starken, dunkleren Mittelnerven und zwei
schwächeren Seitennerven durchzogen. Die durch den erwähnten
häutigen Saum verbundenen Kelchzähne halten die Zipfel der
Blumenkrone zu einer oben trichterförmig sich erweiternden, etwa

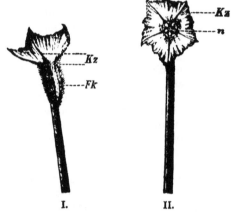

I.   II.

Frucht von *Armeria maritima* Willd. Vierfach vergrössert photo-
graphirt.
I. Kz.: Die durch häutigen Saum verbundenen Kelchzipfel.
Fk.: Der mit aufwärts gerichteten Härchen versehene Fruchtkelch.
II. Kz.: Kelchzipfel.
n.: Fünfstrahlige Honigdrüse.

7 mm tiefen Röhre zusammen. Am Grunde jedes Nagels ist je
ein weisslicher, 4—5 mm langer Staubfaden befestigt, welcher an
der Spitze den in der Mitte befestigten, gelben, anfangs senkrecht
stehenden Staubbeutel trägt. Auf dem Fruchtknoten sitzt eine
fünfstrahlige, grüne, Honig absondernde Drüse, in deren Mitte sich
die fünf staubfadenlangen Griffel erheben. Das unterste Drittel
der Griffel ist mit abstehenden, weissen Härchen besetzt, die nach
oben zu besonders zahlreich und lang sind, so dass sie ein dichtes
Geflecht bilden, welches einen wirksamen Honigschutz bietet. Das
oberste Drittel des Griffels ist papillös.

Die Pflanze ist proterandrisch. Sobald die Blüte sich öffnet,
entleeren sich auch schon die Antheren, und der Pollen haftet an

den sich nun bald wagerecht vor den Blüteneingang stellenden Staubbeuteln, während die Narben an der Wand der Blumenkronröhre liegen. Beim Heranreifen biegen sie sich nach innen, und in diesem Zwitterzustande kann ebensogut spontane Selbstbestäubung wie Fremdbestäubung eintreten. Im dritten, ganz weiblichen Zustande sind die dann grün gefärbten Antheren ganz frei von Pollen, die nach innen umgeschlagenen Narben stehen dann da, wo sich im ersten (männlichen) Zustande die Staubbeutel befanden.

Der Pollen haftet an den die Blüte besuchenden Insekten, (s. Liste) entweder auf der Oberseite, wenn sie zwischen Blumenkrone und Staubbeutel zum Honig gelangen, oder auf der Ober- und Unterseite des Körpers gleichzeitig, wenn sie zwischen den Staubbeuteln hindurchkriechen oder den Rüssel dazwischen' hineinstecken.

Nach der Befruchtung verblassen die Blütenfarben, sodann fallen Blumenkrone, Staubblätter und Griffel nebst Narbe ab, und es bleibt, von der Hülle gestützt, ein mehr als halbkugelförmiges, schmutzig-weisses Köpfchen, bestehend aus der Frucht, dem Kelche und der eingetrockneten Honigdrüse zurück. An der Einzelfrucht beträgt der Durchmesser der oberen Oeffnung des Kelches 4 mm, die Länge der Frucht 6 mm, wovon 2 mm auf den unter einem Winkel von 45° aufstrebenden, von den fünf starren Kelchzipfeln gestützten, häutigen Saum kommen. So ist die Frucht von *Armeria* mit jenen kleinen Pfeilen zu vergleichen, wie sie aus einem Blaserohre geschossen werden. Nach hinreichender Austrocknung der Blütenstiele wird die Frucht vom Winde losgerissen und fortgeführt. Nach kurzem Fluge fällt sie zu Boden, bohrt sich mit der nach unten gerichteten Spitze in denselben ein und haftet in demselben mit Hülfe von zehn Reihen etwas nach oben gerichteter, zahlreicher, starrer Härchen des Fruchtkelches (s. Abbildung), welche zwar das Eindringen in den Untergrund gestatten und sogar befördern, das Zurücktreten dagegen verhindern.

Besucher und Befruchter von *Armeria maritima* Willd. *Hymenoptera: Apis mellifica* L. sehr häufig, *Panurgus ater* Ltr.; *Diptera: Aricia (Anthomyia) vagans* Fll., *A. Cardaria* F., 3 kleinere *Dipteren*-Arten; *Lepidoptera: Epinephele (Hipparchia) Janira* L. sehr häufig, *Lycaena Semiargus* Ktb. sehr häufig.

Kiel, 24. August 1891.

Instrumente, Präparations- und Conservations-Methoden.

Unna. P. G., Der Dampftrichter. (Centralblatt f. Bakteriologie und Parasitenkunde. Bd. IX. No. 23. p. 749—52.)

Zum Filtriren des Nähragars benutzte Unna einen Dampftrichter, dessen wesentliche Vortheile in einer viel beträchtlicheren Schnelligkeit der Filtration und in bedeutender Gasersparnis be-

:stehen. Ferner lassen sich auch stärkere Agarlösungen mit demselben gut filtriren und ist mit der Filtration zugleich auch eine
:sichere Sterilisation verbunden. Auch fällt das vorherige Klären
-des Agars mit Eiweiss und das lange Garkochen desselben fort.
Der auf 3 eisernen Füssen ruhende Dampftrichter besteht aus einer
kupfernen Hohlkugel, deren oberes Segment als Deckel aufgeschraubt
·wird, durch ein im Boden befindliches Loch ragt der Stiel eines
-emaillirten eisernen Trichters hindurch, dessen oberer Rand etwas
.höher steht, als der Rand der Kupferblase nach Abhebung des
Deckels. Ein in denselben eingelassenes Messingrohr mit Hahn
-dient als Ventil. Die Kugel entsendet schräg nach unten einen
kupfernen Hohlfortsatz zum Erhitzen des Wassers. In den Trichter
·kommt ein gewöhnliches Filter, welches 2 cm hoch mit gut ge-
·glühtem Kieselgur angefüllt ist. Der Dampftrichter ist in 2 Grössen
·vorräthig in der Instrumentenfabrik von Bauer und Häselbarth,
Eimsbüttel bei Hamburg.

Kohl (Marburg).

Helm, L., Die Neuerungen auf dem Gebiete der bakteriologischen Untersuchungsmethoden seit dem Jahre 1887. (Centralblatt für Bakteriologie und Parasitenkunde. Bd. X. 1891. No. 11. p. 356—362.)
Wohltmann, F., Ein Beitrag zur Prüfung und Vervollkommnung der exacten
Versuchsmethode zur Lösung schwebender Pflanzen- und Bodenculturfragen.
(Berichte aus dem physiolog. Laboratorium und der Versuchsanstalt des land-
wirthsch. Institutes der Universität Halle. Heft VIII. 1891.)

Referate.

Stizenberger, E., Neuseeländische Lichenen in allgemeiner zugänglichen Exsiccaten-Werken. (Flora. 1889.
p. 366—367.)

Nach dem Erscheinen von Nylander, Lichenes Novae
Zelandiae, hält Verf. es für nützlich, folgende Zusammenstellung
-der in den Exsiccaten von Arnold, von Zwackh und Lojka
herausgegebenen Lichenen unter Hinweis auf jene Arbeit zu geben,
während er die wenigen von Roumeguère herausgegebenen unberücksichtigt lässt.

Sphaerophorus stereocauloides Nyl. — Arn. n. 1210, *Stereocaulon proximum*
Nyl. — Arn. n. 1209, *Parmelia perlata* (L.) — Lojka n. 111, *Sticta subcaperata*
Nyl. — Lojka n. 116, *St. Urvillei* v. *flavicans* Hook. — Arn. n. 1200, *St. oryg-
maea* Ach. — Lojka n. 117, Arn. n. 1214, *St. glaucolurida* Nyl. — Arn. n. 1199,
St. multifida Laur. — Lojka n. 118, Arn. n. 1198, *St. fossulata* Duf. — Lojka
n. 119, Arn. 1215, *St. physciospora* Nyl. — Lojka n. 120, *St. Freycineti* Del. —
Lojka n. 121, *St. amphisticta* Knight — Lojka n. 115, Zw. n. 892, *Ricasolia
adscripta* Nyl. — Lojka n. 113, *R. Montagnei* (Bab.) — Lojka n. 114, *Psoroma
araneosum* (Bab.) — Lojka n. 125, *Placopsis perrugosa* Nyl. — Lojka n. 126,
Lecanora argillacea Knight = *Placopsis rhodomma* Nyl. f. — Lojka n. 127,

Phlyctella neozelandica Nyl. — Lojka n. 131—133, *Lecidea marginiflexa* Tayl.
— Lojka n. 139, Arn. n. 1240, *Verrucaria perfragilis* Nyl. = *Porina endochrysa*
Bab. non Mont. — Lojka n. 146, Arn. n. 1203, *Astrothelium pyrenastroides* Knight.
— Lojka n. 149.

Wir erfahren, dass N y l a n d e r laut Brief an den Verf. seiner
oben erwähnten Arbeit *Placopsis subparellina* Nyl. und den Obs. I.
derselben (Nachträge zu Nyl. Lich. Fuegiae et Patagoniae)
Pertusaria microcarpa Nyl. einzureihen vergessen hat. Zu den
litterarischen Vorbemerkungen zu obiger Arbeit N y l a n d e r's fügt
Verf. noch 4 Arbeiten hinzu. Die Thatsache allein, dass Verf. die
Nichtberücksichtigung der Arbeit v o n K r e m p e l h u b e r's, Neue
Beiträge zur Flechtenflora Neuseelands, und damit den Mangel von
72 Lichenen in N y l a n d e r's Arbeit feststellen muss, berechtigt
zu dem Urtheile, dass letztere Arbeit als ein Handbuch, als eine
Flechtenflora Neuseelands, nicht benutzt werden kann.

Minks (Stettin).

Knoll, M., V e r z e i c h n i s s d e r i m H a r z e, i n s b e s o n d e r e
d e r G r a f s c h a f t W e r n i g e r o d e, b i s j e t z t a u f g e f u n d e n e n
L e b e r m o o s e. (Schriften des naturwissenschaftlichen Vereins
des Harzes in Wernigerode. V. 1890. p. 1—8.)

Dem vorliegenden Standortsverzeichniss zu Grunde gelegt ist
die Aufzählung, welche sich in H a m p e's „Flora hercynica" an-
hangsweise findet; ausser eigenen Beobachtungen des Verf. kommen
auch einige Beobachtungen Andrer zur Benutzung. Die Zahl der
aufgeführten Gattungen und Arten lässt sich nicht ersehen, da
jegliche Numerirung fehlt; es hat dies — an sich wohl ein
Mangel — im vorliegenden Fall keine Bedeutung, da das Verzeichniss
nach des Verf. eigener Angabe noch weit davon entfernt ist, vollständig zu sein. Ob seiner Aufforderung, der Lebermoosflora Aufmerksamkeit zu widmen, von Vielen nachgekommen wird, mag bei
der Schwierigkeit des Gegenstandes dahingestellt bleiben.

Jännicke (Frankfurt a. M.).

Kellerman, W. A., O n t h e g e r m i n a t i o n o f I n d i a n c o r n
a f t e r i m m e r s i o n i n h o t w a t e r. (Transactions of the Kansas Academy of Science. XII. 1890 p. 134—139.)

Verf. untersucht die Wirkung von heissem Wasser auf die
Keimfähigkeit der Samen verschiedener Maissorten. Die Versuchsanstellung ist folgende: Je 50 Samen werden eine gewisse Zeit
der Einwirkung von Wasser ausgesetzt, dessen Temperatur —
zwischen 56 und $88^1/_2°$ C — während dieser Zeitdauer gleich erhalten wird. Darauf werden die Samen in kaltes Wasser getaucht
und direct gesäet, oder längere Zeit — bis 22 Stunden — im
Wasser gewöhnlicher Temperatur eingeweicht. Die Ergebnisse
werden im Einzelnen tabellarisch mitgetheilt; im Allgemeinen ergibt
sich Folgendes:

Wasser von $88^1/_2°$ C tödtet gewöhnlich weniger, als die Hälfte
der Samen, wenn die Einwirkung nicht länger, als 20 Sekunden.

beträgt und die Samen direct gesäet werden. Die Procentzahl der keimfähigen Samen kann sogar bis 90 steigen.

Wasser von 81⁰ C tödtet verhältnissmässig wenige Samen bei Einwirkung von 1 Minute und directer Aussaat; jegliche Keimung unterbleibt aber, wenn die Samen nach der Behandlung 18 Stunden in Wasser liegen.

Bei 76 und 75⁰ kann die Einwirkung auf 3 Minuten verlängert werden, ohne dass sich besonders schädliche Folgen geltend machen; aber auch hier zerstört nachheriges Einweichen in gewöhnlichem Wasser die Keimfähigkeit.

Bei Wasser von 72 oder 73⁰ kann die Dauer der Einwirkung 5 Minuten, bei 59⁰ oder weniger bis 15 Minuten betragen, ohne dass die Keimfähigkeit nennenswerth leidet. Bis zu 62⁰ abwärts zerstört aber nachheriges Einweichen dieselbe völlig; von da ab tritt eine entsprechende Verminderung der schädlichen Wirkung ein; für Samen, die nicht einer derartigen Behandlung mit warmem Wasser unterworfen waren, hat dasselbe bekanntermaassen keinen Nachtheil.

Weizen und Hafer verhalten sich ähnlich; ausserdem erweist sich hier das Eintauchen in Wasser von 57 und mehr Graden als ausreichend, eine Brandübertragung zu verhindern.

Jännicke (Frankfurt a. M.).

Verhoeff, C., Biologische Beobachtungen auf der nordfriesischen Insel Norderney über Beziehungen zwischen Blumen und Insekten. (Abhandlungen herausgegeben vom naturwissenschaftlichen Vereine zu Bremen. Band XII. 1891. Heft 1. p. 65—88.)

Altken, D., Erster Beitrag zur Insektenfauna der Nordsee-Insel Juist. (l. c., p. 97—130.)

Beide Arbeiten beschäftigen sich mit der Frage nach der etwaigen Insektenarmut und dem sich hieraus ergebenden Einflusse auf die Blumen der ostfriesischen Inseln. Im Anschlusse an die zuerst von A. R. Wallace für kleinere oceanische Inseln nachgewiesene Beobachtung, dass auf diesen wegen Mangels an bestäubungsvermittelnden Insekten die insektenblütigen Pflanzen den windblütigen gegenüber sehr zurücktreten, ja sogar ursprünglich offenbar entomophile Gewächse sich in anemophile umwandeln mussten, hatte W. Behrens nach einem Frühlingsbesuche von Spiekerooge ähnliche Sätze auch für diese Insel aufgestellt, die sich auf alle deutschen Nordseeinseln übertragen lassen. Diese Sätze, auf welche die beiden obigen Arbeiten zurückkommen, lauten nach dem „Biologische Fragmente" betitelten und in dem Jahresbericht von 1880 der naturwiss. Gesellschaft zu Elberfeld abgedruckten Originalaufsatze: 1) Die Flora der ostfriesischen Inseln besitzt verhältnissmässig mehr anemophile Pflanzen, als die der Continentalgegenden Nordwestdeutschlands. 2) Die Flora der Dünenthäler der Inseln besitzt weniger anemophile Pflanzen, als die dem Winde exponirten Wiesendistricte derselben. 3) Die Insektenfauna der Inseln ist im Vergleich zum naheliegenden Festlande arm, die

Kreuzungsvermittlung entomophiler Blüten durch dieselben erschwert. 4) Viele Pflanzen der Inseln, zumal die der Frühlingsflora, unterscheiden sich, ähnlich wie die der Hochalpen und Polargegenden, durch Auffälligkeit der Blüten; sie sind deshalb zumal durch intensivere Corollenfärbung von den gleichen Species des nahen Festlandes theilweise verschieden. 5) Die Intensität der Corollenfärbung ist abhängig von der mehr oder minder grossen Spärlichkeit der bestäubenden Insekten, so zwar, dass sie der Menge der pollenübertragenden Thiere etwa umgekehrt proportional ist

Den Sätzen 1, 2 und 5 stimmt Verhoeff im Allgemeinen zu; in Bezug auf die Sätze 3 und 4 kommt derselbe zu folgenden Ergebnissen: 1) Die entomophile Inselflora weist im Gegensatz zum nachbarlichen Continent bedeutende Lücken auf. 2) Die entomophile Insektenfauna zeigt ebenfalls, im Gegensatz zum Festlande, eine ganz veränderte, nämlich lückenhafte Composition. 3) Jede entomophile Phanerogame besitzt eine bestimmte Besuchergesellschaft auf dem Festlande und auf den Inseln. 4) Je mehr eine entomophile Phanerogame an Insekten angepasst ist, um so weniger darf die Liste der Kreuzungsvermittler verändert werden (und umgekehrt). 5) Es folgt aus Satz 1—4, dass innerhalb der entomophilen Inselflora viele Pflanzen unveränderte, manche veränderte Inflorescenzen aufweisen.

Verf. erläutert diese Sätze an 21 Inselpflanzen, deren Bestäubungseinrichtung und Kreuzungsvermittler er mittheilt, nämlich an *Linaria vulgaris* L., *Mentha arvensis* L., *Stachys palustris* L., *Polygonum aviculare* L., *P. persicaria* L., *Pirola rotundifolia* L. var. *arenaria* Koch., *Calluna vulgaris* L., *Jasione montana* L. var. *littoralis* Fr., *Hieracium umbellatum* L. var. *armeniaefolium* Meyer, *Sonchus asper* All., *Hypochaeris radicata* L., *Leontodon autumnalis* L., *Cirsium arvense* Scop., *Achillea millefolium* L., *Aster Tripolium* L., *Parnassia palustris* L., *Epilobium angustifolium* L., *Lotus corniculatus* L. var. *crassifolius* n. *microphyllus* Meyer, *Trifolium repens* L., *Viola tricolor* L. var. *sabulosa* DC., *Helianthemum guttatum* Mill.

Von den 51 bei thatsächlichem Blumenbesuche beobachteten Insekten gehören 13 zu den Hymenopteren, 28 zu den Dipteren, 3 zu den Coleopteren und 7 zu den Lepidopteren. Als ein Moment des Ueberwiegens der Dipteren führt Verf. die verhältnissmässig geringe Zahl der von ihm unter dem Namen Harpakteren zusammengefassten Insekten auf, d. h. derjenigen Gliederthiere, „welche die Componenten der anthophilen Insektengesellschaft befeinden, sei es, dass sie dieselben tödten, oder in ihrem Blumenbesuch stören". Weitere Stützen für diese Behauptung, sowie dafür, dass die Insektenfauna als eine Relictenfauna aufzufassen sei, wird Verf. in einer späteren Arbeit: „Beitrag zur Fauna der Insel Norderney" geben.

Eine in diesem Sinne abgefasste Arbeit ist diejenige von D. Alfken, welcher durch den auf Juist als Lehrer wirkenden Herrn O. Leege in den Stand gesetzt wurde, ein ziemlich reichhaltiges Verzeichniss der dortigen Insekten zu veröffentlichen. Bisher sind 597 Arten auf Juist beobachtet worden, nämlich: *Rhynchota* 40, *Orthoptera* 8, *Pseudo-Neuroptera* 18, *Neuroptera* 6,

Diptera 89, *Lepidoptera* 111, *Hymenoptera* 79, *Coleoptera* 246.
„Wenn man bedenkt," sagt Verf., „dass nicht alle Ordnungen gleichmässig beim Sammeln berücksichtigt wurden, so ist das Verzeichniss
ein reiches zu nennen, und von Insektenarmut kann in Bezug auf
Juist nicht die Rede sein. Ich glaube durch meinen Beitrag zur
Insektenfauna von Juist für immer die Haltlosigkeit der Behrens-
schen Behauptung bewiesen zu haben." ·

Ref. ist der Ansicht, dass die Frage über die etwaige Insekten-
armuth und die dadurch bedingte grössere Augenfälligkeit der Blüten
durch die Arbeiten von Verhoeff und Alfken noch nicht
genügend geklärt ist. Ein endgültiger Aufschluss über diese Frage
wird uns durch die vergleichend statistische Untersuchung des
Insektenbesuches auf einer bestimmten Auswahl von Blumenarten
nicht allein auf den Inseln, sondern auch auf dem gegenüberliegenden
Festlande gegeben. Eine solche Untersuchung hat Ref. im Juli
d. J. auf der Insel Sylt und im Anschluss hieran auf der dieser
Insel gegenüberliegenden schleswigschen Festlandshaide ausgeführt.
Die Veröffentlichung dieses Beitrages zur Klärung der beregten
Frage erfolgt binnen Kurzem.

Knuth (Kiel).

Bokorny, Th., Ueber Stärkebildung aus Formaldehyd.
(Berichte der deutschen botanischen Gesellschaft. Bd. IX. 1891.
  p. 103—106.)

Nach den Untersuchungen des Verf. ist ein für die Stärkebildung aus Formaldehyd sehr geeigneter Stoff das oxymethylsulfonsaure Natron $\left(CH_2 < {}^{OH}_{SO_3\ Na}\right)$, welches sehr leicht, schon
beim Erwärmen in Wasser, in Formaldehyd und saures schweflig-
saures Natron zerfällt und nach den Untersuchungen von Loew
(Sitzungsber. d. bot. Ver. zu München — Bot. Centralbl. 1890. Nov.)
gewisse Spaltpilze ausgiebig zu ernähren und bei Spirogyren den
Stärkeverbrauch im Dunkeln in auffallender Weise herabzusetzen
vermag. Vermöge seiner leichten Löslichkeit in kaltem Wasser
kann diese Verbindung in die lebende Pflanzenzelle eingeführt
werden, wenn letzterer die wässerige Auflösung des Salzes darge-
boten wird. Seine Verwendbarkeit zur Stärkebildung kann nur in
der Weise vor sich gehen, dass das bei der Zersetzung entstehende
Formaldehyd zu Kohlehydrat condensirt wird, im Sinne folgender
Gleichungen:

$$CH_2 < {}^{OH}_{SO_3\ Na} = CH_2\ O + HNa\ SO_3.$$
$$(CH_2O)_6 = C_6\ H_{12}\ O_6.$$

Zur Verhinderung der schädlichen Wirkung des bei der Zersetzung des Salzes frei werdenden sauren schwefligsauren Natrons
wird der Nährlösung etwas Dikalium- oder Dinatriumphosphat zugesetzt behufs Umwandlung des sauren Sulfits in neutrales unter
gleichzeitiger Bildung von Monometallphosphat.

Als Versuchspflanze diente dem Verfasser hauptsächlich *Spirogyra majuscula* Ktz., welche Lösungen des oxymethylsulfonsauren

Natrons von 1:1000 und noch stärkere recht gut verträgt und darin ruhig weiter wächst, vorausgesetzt, dass nicht die nöthigen mineralischen Stoffe fehlen. Die Zusammensetzung der vom Verf. verwendeten Nährlösung war folgende:

Calciumnitrat . . . . 0,1 pCt.
Chlorkalium . . . . 0,05 „
Magnesiumsulfat (kryst). 0,02 „
Monokaliumphosphat . 0,02 „
Eisenchlorid . . . . Spur

eventuell: oxymethylsulf. Natrium 0,1 pCt.
Dikaliumphosphat . 0,1 „

Es zeigte sich nun, dass schon vorläufige Versuche am Licht und bei Zutritt von Kohlensäure bedeutende Ausschläge zu Gunsten des oxymethylsulfonsauren Natrons ergaben, indem die mit letzterem versetzten Algenmassen colossale Stärkemengen aufwiesen gegenüber einem mässigen Stärkegehalt in den Controllversuchen. Experimente jedoch bei A u s s c h l u s s v o n K o h l e n s ä u r e u n d Z u t r i t t v o n L i c h t (nach späteren Versuchen des Verf. und solchen von O. L o e w findet bei L i c h t a b s c h l u s s eine sichtbare Stärkebildung unter solchen Umständen n i c h t statt) ergaben:

1) Bei grösseren Algenmengen (stärkearmen *Spirogyren*), wenn dieselben in je 200 ccm der oben angegebenen Nährlösung gebracht und theils ohne weiteren Zusatz, theils unter Zugabe von 0,1 p. Ct. onymethylsulfonsaurem Natron und 0,1 pCt. Dikaliumphosphat am Lichte unter einer Glasglocke, welche in einem Gefässe mit starker Kalilauge stand, aufgestellt waren, nach 5 Tagen bei wechselnder (meist mässiger) Beleuchtung r i e s i g e S t ä r k e m e n g e n i n d e n *Spirogyren*, denen oxymethylsulfonsaures Natron zugefügt war, dagegen k e i n e Stärke in den Controllalgen, und während die ersteren sehr gesund aussahen und erheblich gewachsen waren, waren letztere ausgehungert, zum Theil abgestorben, und nicht gewachsen. — Nach den Versuchen des Verf. ist auch das oxymethylsulfonsaure Natron insofern ein sehr günstiger Versuchsstoff, da es offenbar nur wenige Spaltpilze giebt, die sich von demselben zu ernähren vermögen. Verfasser erhielt in seinen eigens hierzu aufgestellten Nährlösungen niemals Spaltpilzvegetation, wodurch es auch von vornherein ausgeschlossen ist, dass die beobachtete Stärkebildung auf die von Spaltpilzen producirte Kohlensäure zurückzuführen ist.

2) Lichtversuche, welche nur 6 Stunden dauerten, ergaben dasselbe Resultat, nur in geringerem Grade. Es wurde in zwei mit oxymethylsulfonsaurem Natron versetzten Gläschen wiederum ein Stärkegehalt der *Spirogyren* constatirt, in den Controllgläschen jedoch nicht. Spaltpilze waren nicht anwesend.

3) *Spirogyra majuscula*, welche ausserordentlich empfindlich gegen Kalimangel war und bald aufhörte, Kohlensäure zu assimiliren, wenn Kalium aus der Nährlösung weggelassen war, entstärkte sich bei vollem Licht- und Kohlensäurezutritt binnen wenigen Tagen und zeigte nach einiger Zeit Hungererscheinungen. Auf Zusatz von 0,1 pCt. oxymethylsulfonsaurem Natron war innerhalb dreier

Tage reichlich Stärke vorhanden, welche auf Gegenwart von
Kohlensäure nicht zurückgeführt werden konnte, da *Spirogyra* bei
Kaliumabwesenheit die Kohlensäure nicht zu assimiliren vermochte.
Weiter glaubt Verf. hieraus folgern zu müssen, dass Kalium zwar
zur Umbildung von Kohlensäure in Formaldehyd, nicht aber zur
Condensation des Formaldehyds in Kohlehydrat nothwendig sei,
wenn es auch wohl förderlich hierzu sein mag.

Durch diese Versuche des Verfassers ist für die Ansicht von
B a e y e r s über den chemischen Verlauf der Assimilation der erste
unumstössliche experimental-physiologische Beweis erbracht.

Otto (Berlin).

———

Lüdtke, F., U e b e r d i e B e s c h a f f e n h e i t d e r A l e u r o n -
k ö r n e r e i n i g e r S a m e n. (Berichte der pharmaceutischen
Gesellschaft. 1891. p. 53—59.)

Nach der Ansicht des Verfs. sind die Grössenverhältnisse der
Aleuronkörner von hohem diagnostischen Werth und es ist durchaus nöthig, die Gestalt und die Einschlüsse derselben zu kennen,
wenn man die Aleuronkörner in derselben Weise wie das Stärkemehl bei der Untersuchung der Pulver von Pflanzensamen zur
Diagnose benutzen will. Verf. hat nun eine Anzahl Samen,
hauptsächlich solche, welche ein pharmaceutisches Interesse besitzen,
untersucht und dabei zunächst die Gestalt und Structur der Aleuronkörner festgestellt bei Beobachtung der frischen oder einige Zeit in
Alkohol macerirten Schnitte in Wasser. Bezüglich des Verhaltens
der Grundsubstanz gegen Wasser fand er, dass dieselbe durchaus
nicht in allen Fällen so schnell löslich ist, wie es z. B. bei *Ricinus*,
Amygdalus etc. der Fall ist; dieselbe setzt vielmehr bei einer grossen
Anzahl von Samen der Einwirkung des Wassers einen lebhaften
Widerstand entgegen. In solchen Fällen erscheint die Anwendung
von Kalkwasser oder stark verdünnter Kalilauge geboten, um einen
Einblick in die Natur der Einschlüsse zu gewinnen. — Hinsichtlich
der Art der Vertheilung der Aleuronkörner in der Zelle herrschen
grosse Unterschiede. Samen mit einem hohen Fettgehalt oder
solche, welche gleichzeitig Cellulose oder Amylum als Reserve-
material enthalten, haben Aleuronkörner nur in geringer Anzahl,
höchstens 3 bis 4 in einer Zelle, meist an die Wandungen gedrängt.
Bei der Mehrzahl der Samen jedoch sind die Zellen dicht mit
Aleuronkörnern erfüllt und diese durch gegenseitigen Druck, ähnlich
wie beim Stärkemehl, von polyedrischer Form. Auch in der Vertheilung der Aleuronkörner innerhalb der einzelnen Partien des
Samens herrschen grosse Unterschiede. — Die Art und Gestalt der
verschiedenen Einschlüsse, sowie die Beschaffenheit der Grundsubstanz
sind nach Verf. von der grössten Bedeutung.

Nach der Ansicht des Verfs. solle man als Aleuronkörner nur
solche Gebilde bezeichnen, welche als Einschlüsse s t e t s ein oder
mehrere Globoide enthalten m ü s s e n, Krystalloide oder Krystalle
führen k ö n n e n.

In einer tabellarischen Uebersicht hat dann Verf. die Ergebnisse der von ihm genauer untersuchten Samen zusammengestellt. Es wurde geprüft:

1. Die Gestalt und Structur der Aleuronkörner (in Wasser betrachtet).
2. Das Verhalten der Grundsubstanz gegen Wasser.
3. Die Vertheilung der Aleuronkörner innerhalb der Zelle.
4. Die Art der Einschlüsse und die Beschaffenheit der Grundsubstanz.
5. Die Vertheilung der verschiedenen Arten der Aleuronkörner.
6. Die Begleiter der Aleuronkörner.
7. Die Grössenverhältnisse der Aleuronkörner, der Krystalloide, der Globoide und der Krystalle.

Die untersuchten Pflanzen waren folgende:

Juniperus communis L., *Sabadilla officinalis* Brandt, *Colchicum autumnale* L., *Areca Catechu* L., *Triticum vulgare*, *Elettaria Cardamom*, *Ficus Carica* L., *Myristica Surinamensis*, *Nigella sativa* L., *Papaver somniferum* L., *Sinapis alba*, *Brassica nigra*, *Linum usitatissimum* L., *Vitis vinifera* L., *Ricinus communis*, *Coriand. sativ.* L., *Foeniculum officinale*, *Amygdalus communis* L., *Trigonella foenum graecum* L., *Pisum sativum* L., *Strychnos nux vomica* L., *Strophantus hispidus* DC., *Datura Stramonium*, *Hyoscyamus niger* L., *Citrullus Colocynthis*.

Bezüglich der Einzelheiten der Untersuchung sei auf das Original verwiesen.

Otto (Berlin).

Trelease, William, The species of Epilobium occurring North of Mexico. (From the second annual Report of the Missouri Botanical Garden. p. 69—117. Mit 48 Tafeln.)

Das Material zu der Arbeit lieferten das Gray Herbarium der Harvard-Universität, die Sammlungen des Columbia-College, The United States Department of Agriculture, The Geological and Natural History Survey of Canada und der Missouri botanical Garden, neben den ausgezeichneten Beständen eines W. N. Canby und H. N. Patterson.

Als neu finden wir beschrieben *Epilobium holosericeum*, welches sich dem *E. Watsoni* Barbey und theilweise dem *E. Californicum* Hausskn. nähert, *E. delicatum* aus der Nähe von *E. alpinum* L. und *E. Californicum* Hausskn., zugleich var. *tenue*, *E. clavatum* möglicherweise eine Hybride zwischen *E. anagallidifolium* Lam. und *Hornemanni* Rchb.

Die Tafeln enthalten Abbildungen von:

E. spicatum Lam., *latifolium* L., *hirsutum* L., *luteum* Pursh, *rigidum* Hausskn., *obcordatum* Gray, *suffruticosum* Nutt., *paniculatum* Nutt. nebst var. *jucundum* Gray, *minutum* Lindl., *strictum* Muhl., *lineare* Muhl., *palustre* L., *Dauvricum* Fish., *Franciscanum* Barbey, *Watsoni* Barbey, *holosericeum* Trel., *Fendleri* Hausskn., *coloratum* Muhl., *Novo- mexicanum* Hausskn., *adenocaulon* Hausskn. nebst Formen und var. *occidentale*, *exaltatum* Drew, *adenocaulon* Hausskn. ? var. *perplexans* *Californicum* Hausskn., *Parishii* Trel., *delicatum* Trel., *glandulosum* Schm., *brevistylum* Barbey, *ursinum* Parish, nebst var. *subfalcatum*, *Halleanum* Hausskn., *Drummondii* Hausskn., *saximontanum* Hausskn., *leptocarpum* Hausskn, nebst ? var. *Macounii*, *glaberrimum* Barbey nebst var. *latifolium* Barbey, *Oreganum* Greene, *Hornemanni* Rchb., *Bongardi* Hausskn., *alpinum* L., *Oregonense* Hausskn. ? var. *gracillimum* Hausskn., *anagallidifolium* Lam., *clavatum* Trel.

4*

Die Eintheilung ist folgende:

A. Stigma duply 4 lobed or 4 cleft.
  1. Seeds not prominently papillate, mostly smooth.
    Flowers purple or pale never yellow.
    Flowers very large, opening nearly flat.
      Seeds long and narrow with persistent coma; pubescence not glandular
        Leaves with very evident looped veins; bracts small; style pubes-
        cent at base.   *E. spicatum.*
        Veins inconspicuous, rarely looped; bracts leafy; style glabrous.
                                        E. latifolium.
      Seeds broad; ovary soft glandular: bracts reduced.   *E. rigidum.*
    Flowers smaller, less open; seeds short and broad with easily falling
    coma.   *E. paniculatum.*
    . Flowers bright yellow, large but not opening widely; leaves broad,
    toothed, glabrous.   *E. luteum.*
  2. Seeds papillately roughened under the microscope.
    Flowers cream. colored, smaller; leaves narrow, entire, canescent.
                                  E. suffruticosum.
    Flowers purple or pale, never yellow.
      Hirsute or tomentose with long spereading white hairs. *E. hirsutum.*
      Glabrous, canescent or short glandular.
        Flowers very large and open; plants rather low, perennial, nearly
        sipple above; leaves broad.
        Leaves acute at both ends, entire.   *E. rigidum.*
        Leaves rounded at base, repand-toothed.   *E. obcordatum.*
      Flowers less open; plants tall, dichotomous or panicled, leaves
      oblongated.   *E. paniculatum* and var. *jucundum.*
 E. exaltatum (cfr. *adenocaulon*), *E. Orcyanum* (cfr. *glaberrimum*) and another
supposed hybrid, which is mentionned under *Hornemanni* would be looked for
under A., because of their stigmatic characters.
B. Stigma entire or only notched; flowers near yellow.
  1. Seeds not prominently papillate mostly smooth.
    Seeds broadly obovoid, very blunt; coma easily falling; leaves sub-
    petioled, narrow, acute.
      Glabrous or glandular, dichotomous; leaves mostly veined, often
      ircurved or folded along the midrib; seeds very large.
                                E. paniculatum.
      Cripp pubescent, simple or panicled; leaves mostly veinless, seeds
      half as large.   *E. minutum.*
    Seeds fusiform; coma more persistent.
    Leaves mintely revolute, . . . smoother seeded forms of the group of
                                  E. palustre.
    Leaves not revolute, stem simple or few branched below.
      Leaves rather ample, ovate to elliptical, some of them usually
      toothed (*E. glandulosum* with seed papillae collapsed, might be
      sought here).
        Glandular-pubescent, leaves sessile, some of them broadly decur-
        rent, seeds very long, blunt at base, tupering above into
        abroad pale apex.   *E. Halleanum.*
        Crisp-pubescent in lines, leaves not decurrent, seeds shorter, more
        acute below, with narrower sometimes very short and
        abrupts beak.
        Al uskan species with very flowers.
          Erect, leaves elliptical, tapering to each and, petiolated, flowers
          nodding.   *B. Bongardi.*
          Ascending at base, leaves ovate, the upper sessile, flowers
          erect.   *E. Behringianum.*
        Extending southward in the mountains, stems ascending at base,
        leaves petiolated.
          Flovers violet, medium sized, leaves dark green or purpre, seeds
          blunt above . . .
            exceptionally smooth, seeded plants of   *E. Hornemanni.*

Flowers white, very small, leaves thin, light green, seeds (seen from in front) gradually attenuated to the beak. *E. alpinum.*

Leaves quite small, usually nearly entire.

Stem ascending or almost creeping, ofter G-shaped, cespioste, leaves relatively broad and sprending, uniformly distributed.

E. anagallidifolium.

Stem erect not cespitose, leaves strict, the uppermost remote and linear. *E. Oregonense.*

2. Seeds papillately roughened under the microscope.

a. Leaves linear to lanceolate, nearly entire, generally without conspicuous lateral veins.

Leaves slightly revolute, sobols filiform, at length endins in large turions, seeds large, elongated.

Simple or nearly so, crisp. pubescent, leaves sessile, usually obtuse. *E. palustre.*

Mostly branched above, leaves more acute.

Crisp. pubescent, leaves very narrow, petioled. *E. lineare.*

Softly white glandular, leaves lanceolate sessile. *E. strictum.*

Leaves not revolute, sometimes involute in paniculatum.

Innovation and seeds as in the last group. Hybrids of *E. palustre.*

Innovation various, never filiform.

Rosuliforms, unbranched, not cespitose, leaves very blunt, crowded below, seeds as the last group. *E. Davuricum.*

Annuals, with broad obovoid seeds and very deciduous coma.

Dichotomous, glabrous or grandular, seeds large.

E. paniculatum.

Simple or panicled, crisp. pubescent, seeds half as large.

E. minutum.

Turioniferous, coma more persistent. Small plants.

Branched, leaves small, acute, petioled, coma reddish.

E. leptocarpum.

Simple or sometimes branched below in the first and cespitose in the last, leaves sessile or susbessile, seeds broader with pale coma.

Tomentose throughout and somewhat pilose.

E. ursinum var. subfalcatum.

No long hairs, glabrous below or crisp. pubescent in lines only.

Not cespitose, pubescence scanty, leaves obtuse drying light, the upper nearly linear. *E. delicatum var. tenue.*

Often cespitose, quite glandular obove, even as to the cubacute leaves which dry dark. *E. saximontanum.*

Soboliferous and cespitose, glaucous, seeds broad. *E. glaberrimum.*

Cespitose by stolons, very slender-stemmed, not pilose, occasionally glaucous in the first, seed elongated.

Leaves erect, narrow, keeled below.

E. Oregonense var. gracillimum.

Leaves more spreading, broader, not keeled. *E. clavatum.*

b) Leaves lanceolate to ovate, evidently toothed, reiny (or often subentire and less reiny in the last three) not revolute.

Dichotomous, annual, pubescence not crisp, leaves slender — stalked, acute, seeds very broad and obtuse. *E. paniculatum.*

Simple or nearly so, apparently annual, pubescence crisp . . . dwarf form referred to *E. adenocaulon.*

Rosuliferous, not glaucous, laeves with at least short winged petioles.

Flowers large for the group, the violes petals 6 to 10 mm long. Pacific species.

Stem subtomentose, little branched, leaves elliptical, obtuse, flowers protruding beyond the terminal leaves. *E. Watsoni.*

Glabrate below, more branched, leaves ovate-lanceolate, the upper acute.

Leaves crowded above; flowers hardly surpassing the uppermost
leaves; glandular pubescence coarse and dingy above.

E. Franciscanum.

(Young glandulosum and boreale might be souglothere.)
Leaves more remote; flowers conspicuously protruding, pubescence
fine, sometimes incurved.　　　　*E. adenocaulon* var. *occidentale*.

Flowers smaller, the petals 3 to 5 mm long.
Seeds occidental, beakless, 1,5 mm long: coma reddish, leaves lanceo-
late, acute, sharply serrulate.　　　　　　　　　*E. coloratum.*
Seeds nearly ellipsoidal, about 1 mm long, short beaked at summit;
coma white or pale.
Leaves narrowly lanceolate.
Much branched; leaves often obtuse, not deeply serrulate, at
least uppermost and the twice silky.　　　*E. holosericeum.*
Little branched: leaves acute, sharply toothed, glabrate.

E. Fendleri.

Leaves broader, elliptical to ovate-lanceolate.
Sharply toothed, flower buds crisp-pubescent.
Southwestern, leaves elliptical, obtuse.　*E. Novo-mexicanum.*
Northwestern and Pacific, leaves ovate to triangular-lanceo-
late, pubescence chiefly glandular.　　　*E. adenocaulon.*
Alaskan, leaves broadly lanceolate, acute pubescence crisp.

E. boreale.

Less deeply and sharply toothed, petioles frequently very short
in the first.
Pubescence fine, short-glandular (or in some somewhat crisp).

E. adenocaulon.

Pubescence not glandular, somewhat divergent above in the
second.
Finally much branched, lower leaves obtuse, pubescence
short and subtomentose on flower buds.　　*E. Parishii.*
Little branched, leaves acute, thin and elongated, pubescence
of buds course, somewhat 2 preading.　*E. Californicum.*

Turioniferous plants only exceptionally branching, not glaucous.
Leaves petioled, small and spreading. *E. leptocarpum* var. *Macounii.*
Leaves frequently petioled, ample.
Alaskan, branching, leafy, leaves serrate, drying sack. *E. boreale.*
Of the Columbia Region, simple, less leafy, leaves low-denticu-
late, light-green.　　　　　　　　　　　*E. delicatum.*
Leaves sessile (or subpetioled in saximontanum if looked for here
and as to occasional leaves of brevistylum).
Some leaves clasping-decurring, stem mostly simple, seeds ob-
tuse below, gradually tubering above into a broad pale beak.

E. Halleanum.

Leaves not decurrent, seeds acute below, more abruptly short-
beaked.
Leaves medium-sized, petals about 5 mm, seeds rather acute
at top.
Pubescence long and spreading belowe.　　*E. ursinum.*
Pubescence not pilose.
Leaves narrow, typically erect-ovate.　*E. Drummondii.*
Leaves ovate-lanceolate, acute, stem very crisp. pubes-
cent above.　　　　　　　　　young *E. boreale.*
Leaves ovate, more obtuse, drying pale, pubescence
scanty.　　　　　　　　　　　*E. brevistylum.*
Leaves ample, broadly ovate, the upper often exceeding the
inflorescence, drying dark, petals about 7 mm, seeds obtuse
at top.　　　　　　　　　　　*E. glandulosum.*
Soboliferous, ascending at base, at length often cespitose or with
sterile basal shoots.
Glaucous, without pubescent lines, leaves subsessile, . . . broad-
leaved *E. glaberrimum* and var. *latifolium.*

Not glaucous, crisp-pubescent in lines, leaves evidently petioled,
rather thin.   *E. Hornemanni.*
Stoloniferous, ascending at base, quite cespitose, leaves small for
the group, often nearly sessile, firm.   *E. clavatum.*

E. Roth (Berlin).

Warming, Eug., Botaniske Exkursioner. I. Fra Vester-
havskystens Marskegne. Med 2 Tavler og 9 Figurgrupper.
(Videnskabelige Meddelelser fra den naturhist. Forening i Kjöbenhavn. 1890.)

Der vorliegende Excursionsbericht ist im eigentlichen Sinne
des Wortes ein biologischer; er behandelt die Marschvegetation
des dänischen Küstenlandes an der Nordsee. Nach einer Einleitung
über die Marsch, ihre Bildung und die allgemeinen Verhältnisse
derselben giebt Verf. eine ausführliche Darstellung der näheren
Verhältnisse dieser Vegetation, ihre anatomischen und biologischen
Eigenthümlichkeiten. Er theilt sie in 5 Gebiete: A. Die Meer-
grasformation; B. Das *Salicornia*-Gebiet; C. Das Vor-
land, welches in zwei Theile zerfällt: 1) Das *Glyceria*-Terri-
torium und 2) Das Territorium anderer Halophyten;
endlich D. Die Meeraue und E. Die eingedeichte Marsch.

A. Die Meergrasformation.

Sowohl Thiere als Pflanzen spielen eine Rolle bei dem Höhen-
zuwachs des Meeresbodens und unter den letzten müssen namentlich *Zostera marina* und *Ruppia* hervorgehoben werden.

Die morphologischen und biologischen Verhältnisse von *Zostera
marina* werden ausführlich beschrieben. Nachdem „die etwas dorsi-
ventralen, weit kriechenden, sich krümmenden, im Durchschnitt runden
Rhizome" und deren Wurzelverhältnisse besprochen sind, leitet Verf.
die Aufmerksamkeit auf die Blätter hin. „Die Blätter stehen an
den Seiten in 2 Reihen und sind alle Laubblätter, und zwar Folia
amplexicaulia, durch kürzere oder längere Internodien getrennt,
welche sich regelmässig nach den beiden Seiten hinkrümmen. Unter
der Dorsalseite jeden Blattes sitzen einander gegenüber zwei Bündel
Wurzeln; ein jedes Bündel mag am Grunde in eine ziemlich lange
Coleorrhiza umgebildet sein; auf dem älteren Theil des Rhizoms
lassen sie oft grubenförmige Narben zurück. Die Blätter haben,
dem Anschein nach, keinen Axillarspross, aber am oberen Ende
des oben darüber stehenden Internodiums findet man, der Median-
linie des Blattes gegenüber, eine kleine Knospe, welche als die
verschobene Axillarknospe anzusehen ist." Diese Knospen sind
früher mehr oder weniger deutlich von Grönland und Hofmeister (1851—52) abgebildet worden; besprochen sind sie wahrscheinlich erst von Didrichsen und 1869 von Warming (Bot.
Tidsskrift. Vol. III. p. 56. 1869); sonst ist aber dieses Verhältniss
in der Litteratur nicht erwähnt; Verf. hat es hier genau abgebildet.

Weiter meint Verf., im Gegensatz zu Engler (Bot. Zeit. 1879),
dass *Zostera* keinen unbegrenzten Hauptschoss hat; dafür spricht
auch, dass der Hauptschoss durch eine spadix abgeschlossen ist. —

Auch hebt Verf. hervor, dass der von dem auf dem Hauptschoss sitzenden Niederblatt hervorgehende Spross (dieser geht nicht von der Blattachsel aus) nicht ein steriler ist, weil „alle Sprosse, auch die vegetativen, verschoben sind, kein Spross „ganz frei" (Engler) ist; die vegetativen sind ja gänzlich verschoben und „das adossiite Vorblatt" sitzt immer so niedrig auf dem Seiten-spross, wie es überhaupt möglich ist." Der unterste fertile Spross verhält sich wie die vegetativen, und die Verschiebungen werden immer geringer, wenn man nach oben geht.

Im Gegensatz zu Engler findet Verf. auch, dass der Quer-schnitt des Stengels nicht flach ist; der Stengel ist halbrund mit einer Furche auf der Seite, wo der Ast sitzt; die Furche kann auf den Seitenschoss verfolgt werden.

• Die Inflorescenzen werden als eine stark dorsiventrale Aus-bildung der Spica von *Ruppia* und des *Potamogeton* beschrieben; „die Anzahl der Blütenreihen ist zwei; sie sind aber nach der einen Seite verschoben und schwach zickzackförmig gestellt. Eine jede Blüte hat 1 ♂ und 1 ♀; nur 1 Blütenblatt ist bei *Zost. minor* vorhanden, dasselbe wird auch als Hochblatt gedeutet, aber mit Unrecht; Duval-Jouve hat früher auf Brakteen hingewiesen.

Es ist zu bemerken, dass die hier beschriebene Form *Z. an-gustifolia* ist, sie wurde bei Hjerting und Fanö reichlich blühend gefunden und „hält sich sicherlich wintergrün im tiefen Wasser".

B. Das *Salicornia*-Gebiet.

Das *Salicornia*-Gebiet ist dadurch charakteristisch, dass es zur Zeit der Ebbe trocken liegt; eigenthümlich dafür sind unter den Algen: *Microcoleus chtonoplastus, Enteromorpha, Oscillaria* und *Dia-tomeen*. In erster Linie findet man unter den Phanerogamen *Sali-cornia herbacea*, welche die Absetzung des Schlammes erleichtert; sie wird indessen von anderen Pflanzen verdrängt, wenn der Boden sich so viel erhebt, dass das Wasser nur selten bis zur Pflanze reichen kann. — Die Keimpflanzen sind deutlich abgebildet, und „die kurzen Keimblätter sind zusammengewachsen, so dass sie eine kurze Scheide bilden". — Uebrigens hebt Verf. den wüsten-artigen Charakter dieser Pflanze hervor, es finden sich auch Spiralzellen in den Blättern; diese Eigenschaften können aber nicht mit der Lebensweise dieser Pflanze in Harmonie gebracht werden. Die vom Verf. untersuchten Exemplare hatten nur einen Staub-träger; die Bestäubung ist Autogamie mit schwacher Proterandrie.

C. Das Vorland.

Die Salicornien werden, nachdem der Boden sich noch mehr erhoben hat, von den Halophyten verdrängt.

1. Das *Glyceria*-Territorium.

1. *Glyceria maritima* kommt noch unter den Salicornien vor. Sie bildet kleine Haufen mit Ausläufern, welche meist ganz frei auf dem Boden liegen. Die Blätter gehen in 2 Reihen aus, ihr eigenthüm-licher Querschnitt ist sehr deutlich abgebildet. Die Sprosse auf den Ausläufern scheinen spät zur Sommerszeit gebildet zu werden.

2. *Suaeda maritima* (L.) hat Homogamie oder schwache Proterandrie; die Blätter sind im Durchschnitt halbrund und haben
eigenthümliche anatomische Verhältnisse; Wassergewebe scheinen
im Blatte vorhanden zu sein, desgleichen auch andere anatomische
Eigenthümlichkeiten, auf welche Ref. hier nicht eingehen kann.

2. Das Gebiet anderer Halophyten.

Die anderen Halophyten sind hauptsächlich: *Plantago maritima*,
Spergularia marina, *Aster Tripolium*, *Atriplex hastata*, *Triglochin
maritimum*, *Obione pedunculata* und *portulacoides*, *Cochlearia officinalis* und *Anglica*. Viele biologische, morphologische und anatomische Eigenthümlichkeiten dieser Pflanzen werden besprochen
und durch zahlreiche Abbildungen illustrirt.

Die für die Halophyten charakteristischen Eigenschaften sind
die folgenden:

1) Die Blätter und Stengel sind sehr fleischig, klar und durchsichtig. Als Hypothese wird aufgestellt, dass die Ursache der
directe turgescirende Einfluss ist, welchen ClNa auf die Zellen hat;
ClNa soll auf diese Weise „eine Vergrösserung der Parenchymzellen bewirken". Es ist nicht klar, dass die Pflanzen einen directen
„Vortheil" durch diese Fleischigkeit haben können.

2) Die Pallisadenschicht wird in allen Dimensionen augmentirt.
Dieses soll auch durch die Turgescenz vermittelt werden; Verf.
theilt aber nicht die physiologischen Ursachen mit, und ein echt
physiologisches Element liegt durchaus diesen Hypothesen, sowie
der Arbeit L e s a g e's, durch welche sie gestützt werden sollen,
nicht zu Grunde. (Ref.)

3) Die Blattplatten sind oft mehr oder weniger senkrecht gestellt; weiter sind sie bei manchen Halophyten schmal und linien-
förmig.

4) Die Blätter sind fast stets isolateral. Dieses wird durch
den Einfluss des Lichtes erklärt; besprochen ist aber nicht, wie
das Licht wirkt.

5) Wassergewebe sind vorhanden.

6) Die Epidermisschicht ist ziemlich dünn; die Spaltöffnungen
liegen in demselben Niveau, wie die Oberfläche. Das letzte Verhältniss soll dazu im Causalverhältnisse sein, dass die Pflanzen
dem Einfluss der feuchten Luft in hohem Grade exponirt sind.

7) Die Lufträume sind öfters zahlreich und gross.

8) Besondere mechanische Gewebe fehlen vollständig (Ausnahme: *Glyceria*).

9) Die Gefässbündel sind bandförmig, hoch und schmal.
Dieses wird durch die Turgescenz im Parenchym erklärt.

10) Die Wurzeln sind schwach und gehen nicht tief. Die
Natur des Erdbodens ist vermeintlich hier die Ursache.

D. Die Meeraue.

Juncus Gerardii, *Glaux maritima*, *Artemisia maritima*, *Trifolium
frugiferum*, *Potentilla anserina*, *Triglochin maritimum*, *Armeria vulgaris* und *Statice Scanica* bilden namentlich hier die Vegetation.

Bei *Artemisia maritima* hat Verf. sprossbildende Wurzeln gefunden. Musci und Lichenes sind nicht, *Agaricus campester* aber vorgefunden worden.

F. Die eingedeichte Marsch.

Dieses Territorium ist mit einem Teppich der gemeinen Feld- und Wiesenvegetation — aber nicht besonders üppig — bewachsen. Der Ref. hebt schliesslich hervor, dass man nach diesen Beobachtungen sicherlich zum Versuche übergehen muss. Die Morphologie und die Physiologie können der Experimente nicht entbehren, und eine Experimentalmorphologie muss ausgebildet werden, sonst wird die Morphologie nimmer zu den höheren Graden der Erkenntniss geführt werden. — Für die Physiologie in dieser Verbindung gilt dasselbe: Das Experiment muss immer die einzige feste Basis anatomischer und physiologischer Forschungen bilden, sonst wird es untrüglich gehen, ganz wie K n o p in den letzten Zeilen seines unsterblichen „Kreislauf des Stoffs" es zum Ausdruck bringt.

J. Christian Bay (Kopenhagen).

Heinricher, E., Neue Beiträge zur Pflanzen-Teratologie und Blüten-Morphologie. 2. Eine Blüte von *Cypripedium Calceolus* L. mit Rückschlagserscheinungen. (Oesterr. botanische Zeitschrift. 1891. p. 41—45. Mit 3 Holzschnitten).

Bei Innsbruck wurde ein Exemplar von *Cypripedium Calceolus* L. gefunden, welches Rückschlagserscheinungen in der Blüte zeigte, wie sie in ähnlicher Weise bereits bei *Paphiopedium*-Arten beobachtet wurden. Die beiden verwachsenen Sepalen waren theilweise getrennt, das Labellum war den beiden anderen Petalen gleichgestaltet und vom inneren Staminalkreise war auch das dritte Glied fertil ausgebildet. Es ist dies ein neuer Beleg für die — übrigens längst nicht mehr zweifelhafte — Thatsache, dass der Bau der *Orchideen*-Blüte auf den aktinomorphen, trimeren Monocotyledonen-Typus zurückzuführen ist.

Fritsch (Wien).

Kramer, E., Bakteriologische Untersuchungen über die Nassfäule der Kartoffelknollen. (Oesterreichisches landwirthschaftliches Centralblatt. Jahrg. I. 1891. p. 11—26.)

Verf. ist der Erste, welcher den Verursacher der Nassfäule mit den Hilfsmitteln der Bakteriologie isolirt hat. Derselbe zeigte sich durchaus verschieden vom anaëroben *Bacillus amylobacter* (*Clostridium butyricum* Prażm.), den fast alle früheren Forscher für die Ursache gehalten hatten. Vielmehr haben wir es bei der Nassfäule mit einem durchaus aëroben Bakterium zu thun, das Gelatine ausserordentlich rasch verflüssigt. Der Bacillus der Nassfäule bildet Stäbchen von 2,5 bis 4 μ Länge und 0,7 bis 0,8 μ Breite. Auf den Nährplatten tritt oft Bildung von Ketten oder scheinbar ungegliederten Fäden bis zu 16 μ Länge auf. Die Stäbchen sind

am Ende abgerundet und zeigen lebhafte Eigenbewegung. In
älteren Culturen treten auch dickere ellipsoidische Formen auf mit
stark entwickelter Membran und mit Sporenbildung. Diese beginnt
mit einer Differenzirung des Plasmas, die sich durch eine stärkere
Lichtbrechung bemerkbar macht. Die fertigen Sporen füllen den
ganzen Zellinhalt aus.

Auf Nähragar bilden die Colonien kleine, schmutzig weisse und
schleimige Tropfen von runder Gestalt mit scharfer Contour. Durch
die Verflüssigung der Gelatine entsteht auf dieser schnell ein
Trichter, auf dessen Grunde die ursprüngliche Colonie liegt. Sehr
charakteristisch sind die Strichculturen auf Nährgelatine: Nach 12
Stunden schon tritt der Impfstrich als schmutzig weisse, erhabene
Linie hervor, zu beiden Seiten desselben beginnt die Ausbreitung,
welche, am Rande gebuchtet, die Form eines Blattes bekommt.
Mit Lakmus oder Carminsäure gefärbte Gelatine wird durch den
Bacillus bald entfärbt. In Dextroselösung mit Zusatz von Ammoniak oder Pepton und den nöthigen Nährsalzen entwickelt er sich
kräftig unter Bildung von Kohlensäure und Buttersäure. In mit
weinsaurem Ammon und Nährsalzen versetztem Stärkekleister gedeiht er gut, die Auflösung der Stärke ist aber éine geringe, und
Buttersäurebildung tritt nicht ein. Cellulose vermag er ebenfalls
nur in geringem Maasse zu lösen.

Mit Reinculturen dieses Bacillus in einem wässerigen Kartoffel-
brei-Auszug mit einem Zusatz von 1—2% Dextrose wurden Infectionsversuche angestellt, die durchaus befriedigend ausfielen. Gesunde Kartoffeln wurden zunächst mechanisch gereinigt, dann in
Sublimatlösung getaucht, endlich mit sterilisirtem Wasser wiederholt gewaschen und nun je eine in die sterilisirten Nährlösungen
gebracht. Dann wurden diese mit dem reinen Bacillus geimpft und
die Gefässe unter Watteverschluss bei 35⁰ sich selbst überlassen.
In einer Anzahl von Fällen wenigstens entwickelte sich dann nur
der Bacillus der Nassfäule in den Gefässen. In Zwischenräumen
wurden Gefässe geöffnet und untersucht: die in ihnen enthaltenen
Knollen zeigten alle Symptome der Nassfäule, auch in den Gefässen, in denen die Reincultur des oben charakterisirten Bacillus
gelungen war. Damit ist also der sichere Beweis geliefert, dass
dieser und nur dieser der Verursacher der Nassfäule ist.

Die Eintrittswege für den Bacillus in das Innere der Knolle
bilden zunächst zufällige Verletzungen, ferner aber auch die bei
reichlicher Feuchtigkeit üppig wuchernden Lenticellen.

Die chemischen Veränderungen, welche der Bacillus in den
nassfaulen Knollen hervorbringt, sind folgende:

Zunächst zersetzen die eingedrungenen Bakterien unter Bildung
von Kohlensäure und Buttersäure, welch' letztere auch isolirt wurde
aus den Knollen, die zuckerartigen Stoffe, sodann die Intercellular-
substanz, schliesslich auch die Zellmembranen: Stadium der sauren
Reaction des Knolleninhalts. Die Stärke wird nicht angegriffen.
Ausserdem erleiden durch denselben Bacillus die eiweissartigen
Stoffe eine faulige Zersetzung unter Bildung von Ammoniak (mit
N e s s l e r 's Reagens nachgewiesen), Methylamin (Platinchlorürdoppel-

salz) und Trimethylamin (Platinchloriddoppelsalz), gewiss auch noch
von anderen Verbindungen. Indem diese Basen die Buttersäure
neutralisiren, bringt ihr Ueberschuss die alkalische Reaktion des
Inhalts der nassfaulen Knollen im zweiten Stadium hervor. Mit
dem Gange der Zersetzung, welche der Bacillus der Nassfäule hervorruft, hängt es auch zusammen, dass zuckerreiche Knollen viel
eher angegriffen werden, als stärkereiche.

Dieselben Gährungsvorgänge, wie in den Kartoffeln bringt
übrigens das Bakterium auch in Nährlösungen hervor, Buttersäure-
Gährung in Dextrose - haltigen, faulige z. B. in Pepton - haltigen.
Diese Eigenschaft legte die Vermuthung nahe, ob der Bacillus der
Nassfäule nicht mit dem *Bacillus butyricus* Hueppe identisch sei.
Deshalb wurde sterilisirte Milch mit ihm inficirt, worin er aber
selbst nach 3 Wochen keine weitere Veränderung, als die Gerinnung
des Caseins hervorgerufen hatte, nicht eine Zersetzung unter Auf-
treten von Ammoniak, Leucin, Tyrosin u. s. w., wie sie für den
Bacillus butyricus charakteristisch ist.

Behrens (Karlsruhe).

Neue Litteratur.[*)]

Geschichte der Botanik:

Yamamoto, Y., Biographical sketch of Japanese botanists. (The Botanical
Magazine. Tokyo. Vol. V. 1891. No. 51. p. 167.) [Jap.]

Nomenclatur, Pflanzennamen, Terminologie etc.:

Ferry, René, De la nomenclature des couleurs. (Revue Mycologique. T. XIII.
1891. p. 180.)

Allgemeines, Lehr- und Handbücher, Atlanten:

Mangin, Louis, Cours élémentaire de botanique (programmes officiels du 28 janvier 1890) pour la classe de cinquième—. 2. édit. 8°. 383 pp. 3 cartes et
2 planch. Paris (Hachette & Co.) 1891.   Fr. 3.50.

Algen:

De Toni, J. Bapt., Sylloge Algarum omnium hucusque cognitarum. Vol. II.
Bacillarieae. Sectio I. Rhaphideae, addita bibliotheca diatomologica, curante
J. Deby. 8°. CXXXII, 490 pp. Patavii (Tip. Seminarii) 1891.   L. 34.—
Gill, C. H., On the structure of certain Diatom-valves as a shown by sections
of charged specimens. (Journal of the Royal Microscopical Society of London.
1891. Aug.)
Harlot, P., Sur quelques Coenogonium. (Journal de Botanique. T. V. 1891.
p. 288.)
Heimerl, A., Desmidiaceae alpinae. Beiträge zur Kenntniss der Desmidiaceen
von Salzburg und Steiermark. (Verhandlungen der K. K. zool.-botan. Gesellschaft in Wien. Bd. XLI. Abhandlungen. 1891. p. 587—609. 1 Tafel.)

---

*) Der ergebenst Unterzeichnete bittet dringend die Herren Autoren um
gefällige Uebersendung von Separat-Abdrücken oder wenigstens um Angabe
der Titel ihrer neuen Veröffentlichungen, damit in der „Neuen Litteratur" möglichste
Vollständigkeit erreicht wird. Die Redactionen anderer Zeitschriften werden
ersucht, den Inhalt jeder einzelnen Nummer gefälligst mittheilen zu wollen,
damit derselbe ebenfalls schnell berücksichtigt werden kann.

Dr. Uhlworm,
Terrasse Nr. 7.

Jönsson, Bengt, Beiträge zur Kenntniss des Dickenzuwachses der Rhodophyceen. (Sep.-Abdr. aus Lunds Univers. Årsskrift. T. XXVII. 1891.) 4⁰. 41 pp. 2 Tfln. Lund 1891.

Okamura, K., On the reproduction of Laminaria Japonica Aresch.? (The Botanical Magazine. Tokyo. Vol. V. 1891. No. 52. p. 193.) [Jap.]

Yatabe, Riokichi, A new Japanese Prasiola. (The Botanical Magazine. Tokyo. Vol. V. 1891. No. 52. p. 187. Mit Tafel.) [Englisch.]

Zacharias, E., Ueber Valerian Deinega's Schrift „Der gegenwärtige Zustand unserer Kenntnisse über den Zellinhalt der Phycochromaceen. (Botan. Zeitung. 1891. p. 664.)

Pilze:

Buchner, H., Einfluss höherer Concentration des Nährmediums auf Bakterien. (Sitzungsber. der Gesellschaft für Morphologie und Physiologie in München. 1890. No. 2. p. 88.)

Cavara, F., Note sur le parasitisme de quelques champignons. (Revue Mycologique. T. XIII. 1891. p. 177.)

Fischer, Ed., Nachtrag zur Abhandlung über Pachyma Cocos. (Hedwigia. Vol. XXX. 1891. Heft 4.)

— —, Notice sur le genre Pachyma. (Revue Mycologique. Tome XIII. 1891. p. 157.)

Gaillard, A., Etude de l'appareil conidifère dans le genre Meliola. (l. c. p. 174.)

Hugounenq, L. et Eraud, J., Recherches sur les produits solubles sécrétés par un microbe du pus blennorrhagique. (Lyon méd. 1891. No. 29. p. 381—389.)

Kijanizyn, J. J., Ueber den Einfluss der Temperatur, Feuchtigkeit und Luft auf die Bildung von Ptomainen. (Wratsch. 1891. No. 26. p. 611—618.) [Russisch.]

Magnus, P., Eine Bemerkung zu Uromyces excavatus (DC.) Magn. (Hedwigia. Vol. XXX. 1891. Heft 4.)

Patouillard, N., Contributions à la flore mycologique du Tonkin. (Journal de Botanique. T. V. 1891. p. 306.)

Roumeguère, C., Fungi Gallici exsiccati. Cent. LIX. (Revue Mycologique. T. XIII. 1891. p. 163.)

Schuurmans Stekhoven, Jac. Herm., Saccharomyces Kefyr. Proefschrift —. 8⁰. 54 pp. Utrecht (G. H. E. Breijer) 1891.

Flechten:

Miyoshi, Eine essbare japanische Flechte. (The Botauical Magazine. Tokyo. Vol. V. 1891. No. 51. p. 152.) [Deutsch.]

— —, New Japanese Lichens. (l. c. No. 52. p. 197.) [Jap.]

Müller, J., Lichenes Tonkinenses a cl. B. Balansa lecti. (Hedwigia. Vol. XXX. 1891. Heft 4.)

Muscineen:

Stephani, F., Treubia insignis Göb. (Hedwigia. Vol. XXX. 1891. Heft 4.)

Gefässkryptogamen:

Poirault, Georges, Sur les tubes criblés des Filicinées et des Equisétinées. (Comptes rendus des séances de l'Académie des sciences de Paris. T. CXIII. 1891. No. 4.)

Yatabe, R., Acrostichum Tosaense sp. nov. (The Botanical Magazine. Tokyo. Vol. V. 1891. No. 52. p. 149.) [Englisch.]

Physiologie, Biologie, Anatomie und Morphologie:

Acqua, C., La quistione dei tonoplasti e del loro valore. Rassegna critica dei principali lavori sull' argomento. (Malpighia. Vol. V. 1891. p. 106.)

Aloi, Antonio, Dell' influenza dell' elettricità atmosferica sulla vegetazione delle piante. (l. c. p. 116.)

Burgerstein, Alfred, Uebersicht der Untersuchungen über die Wasseraufnahme der Pflanzen durch die Oberfläche der Blätter. (Sep.-Abdr. aus XXVII. Jahresbericht des Leopoldstädter Communal-Real- und Obergymnasiums in Wien.) 8⁰. 47 pp. Wien (Selbstverlag) 1891.

Chauveaud, L. G., Recherches embryogéniques sur l'appareil laticifère des Euphorbiacées, Urticacées, Apocynées et Asclépiadées. (Annales des sciences naturelles. Botanique. Sér. VII. T. XIV. 1891. No. 1/2.)

Ikeno, S., A recent problem in vegetable physiology. (The Botanical Magazine. Tokyo. Vol. V. 1891. No. 52. p. 200.) [Jap.]

Vesque, J., La tribu des Clusiées. Résultats généraux d'une monographie morphologique et anatomique de ces plantes. (Journal de Botanique. T. V. 1891. p. 297.)

Voegler, Karl, Beiträge zur Kenntniss der Reiserscheinungen. (Botan. Zeitung. 1891. p. 641.)

Systematik und Pflanzengeographie:

Borzi, A., Di alcune piante avventizie dell' Agro messinese. (Malpighia. Vol. V. 1891. p. 140.)

Coulter, John M., The future of systematic botany. (The Botanical Gazette. Vol. XVI. 1891. p. 243.)

Degen, Arpad von, Ergebnisse einer botanischen Reise nach der Insel Samothrake. [Schluss.] (Oesterreichische botanische Zeitschrift. Band XLI. 1891. p. 329.)

Gandoger, Michael, Flora Europae terrarumque adjacentium. Tome XXVII. Potamogetoneae, Lemnaceae, Equisetaceae, Filices, Marsiliaceae etc. 8°. 322 pp. Paris (Savy) 1891.

Magnin, J., Glanes botaniques: observations diverses, localités intéressantes, plantes nouvell es pour la flore du Gard. 8°. 43 pp. Nimes (Impr. Chastanier) 1891.

Makino, T., Notes on Japanese plants. XIII. (The Botanical Magazine. Tokyo. Vol. V. 1891. No. 51. p. 165.) [Jap.]

Miyoshi, A botanical tour to Chichibu and Mt. Tsukuba. (l. c. p. 153.) [Jap.]

Okubo, Plants from Sado. (l. c. p. 163.)

Parmentier, Paul, Sur le genre Eucles, Ebénacées. (Comptes rendus des séances de l'Académie des sciences de Paris. T. CXIII. 1891. No. 2.)

Rechinger, K., Beiträge zur Flora von Oesterreich. (Oesterreich. botanische Zeitschrift. Bd. XLI. 1891. p. 338.)

Roux, Nisius, Herborisation au col de Chavière et au mont Thabor. (Extrait des Annales de la Société botanique de Lyon. T. XVII. 1891.) 8°. 15 pp. Lyon 1891.

Schott, Anton, Ueber das Verhältniss von Phyteuma spicatum L. zu Phyteuma nigrum Sm. (Oesterreichische botanische Zeitschrift. Bd. XLI. 1891. p. 345.)

Solla, R. F., Bericht über einen Ausflug nach dem südlichen Istrien. [Schluss. (l. c. p. 340.)

Van Tieghem, Ph., Sur la structure primaire et les affinités des Pins. [Fin.] (Journal de Botanique. T. V. 1891. p. 281.)

Watson, Sereno, Oligonema. (The Botanical Gazette. Vol. XVI. 1891. p. 267.)

Palaeontologie:

Myczynski, K., Ueber einige Pflanzenreste von Radács bei Eperjes, Comitat Sáros. (Mittheilungen aus dem Jahrbuch der K. ungar. geol. Anstalt. Bd. IX. 1891. Heft 3. p. 65.)

Prosser, Charles S., The geologic position of the Catskill. (The American Geologist. 1891. June. p. 351—366.)

Teratologie und Pflanzenkrankheiten:

Alten, H. und Jännicke, W., Nachtrag zu unserer Mittheilung über „eine Schädigung von Rosenblättern durch Asphaltdämpfe". (Botanische Zeitung. 1891. p. 649.)

Bonzi, Gaspare, La peronospora viticola: cenni e norme pratiche per combatterla. 8°. 34 pp. Alessandria (Tip. G. M. Piccone) 1891. 25 cent.

Jönsson, Bengt, Om brannfläckar på växtblad. (Sep.-Abdr. aus Botaniska Notiser. 1891.) 8°. 62 pp. 2 col. Tafeln. Lund 1891.

Martelli, Ugolino, Parassitismo e modo di riprodursi del Cynomorium coccineum L. (Malpighia. Vol. V. 1891. p. 97. 5 tavole.)

Moritz, J., Die Rebenschädlinge, vornehmlich die Phylloxera devastatrix Pl., ihr Wesen, ihre Erkennung und die Massregeln zu ihrer Vertilgung. 2. Aufl. 8°. IV, 92 pp. mit 48 Abbild. Berlin (P. Parey) 1891. M. 2.—

Poggi, Tito, Come combatteremo la peronospora. 2. ediz. 8°. 40 pp. Rovigo (Tip. Vianello) 1891.

Medicinisch-pharmaceutische Botanik:

Gay, F., Essai d'une classification des drogues, précédé de quelques définitions générales relatives à la matière médicale. (Extr. de la Gazette hebdomadaire des sciences médic. 1891.) 8°. 7 pp. Montpellier (Impr. Boehm) 1891.

Loeb, Ueber einen bei Keratomalacia infantum beobachteten Kapselbacillus. (Centralblatt für Bakteriologie und Parasitenkunde. Band X. 1891. No. 12. p. 369—376.)

Moeller, Joseph, Die „Falten" des Cocablattes. (Pharmaceutische Post. 1891. p. 683.)

Sawarda, K., Plants employed in medicine in the Japanese Pharmacopoea. (The Botanical Magazine. Tokyo. Vol. V. 1891. No. 52. p. 189.) [Jap.]

Wender Neumann, Ueber Gaultheriaöl. (Zeitschrift des Allgem. österreichischen Apotheker-Vereins. 1891. p. 359.)

Technische, Forst-, ökonomische und gärtnerische Botanik:

Bosshard, A. und **Kraft, A.,** Auswahl der besten Obstsorten, die in der Schweiz als Tafel- und Mostobst zu empfehlen sind, und der in der Schweiz anerkannten besten Trauben für Tafel- und Weintrauben. 8°. 88 pp. Bern (K. J. Wyss) 1891.   M. 0.60.

Chatin, A., Contribution à l'étude des prairies dites naturelles. (Comptes rend. des séances de l'Académie des sciences de Paris. Tome CXIII. 1891. No. 2.)

Dippel, Leopold, Handbuch der Laubholzkunde. Beschreibung der in Deutschland heimischen und im Freien cultivirten Bäume und Sträucher. Für Botaniker, Gärtner und Forstleute. Theil II. Dycotyleae, Choripetalae (einschliessl. Apetalae), Urticinae bis Frangulinae. 8°. 591 pp. 272 Textabbild. Berlin (P. Parey) 1891.   M. 20.—

Frank, B., Inwieweit ist der freie Luftstickstoff für die Ernährung der Pflanzen verwerthbar? (Deutsche Landw. Presse. 1891. No. 77.)

Höhnel, F., Ritter von, Ueber Fasern aus Föhrennadeln. (Centralorgan für Waarenkunde und Technol. 1891. p. 144—147.)

— —, Ueber die Anzahl der Hefezellen im Biere. (l. c. p. 147—149.)

König, J., Die Früchte der Wachspalme als Kaffee-Surrogat. (l. c. p. 1.)

Lewin, L., Ueber Areca Catechu. (l. c. p. 25.)

Malfatti, Jos., Eine neue Verfälschung des Zimmtpulvers. (Zeitschrift für Nahrungsmittel-Untersuchung und Hygiene. 1891. p. 133.)

Miciol, Note sur les végétations qui se développent pendant la fabrication du tabac. 8°. 11 pp. Nancy (Impr. Berger-Levrault & Co.) 1891.

Passerini, Nap., Elementi di agraria, ad uso degli studenti di agraria. Vol. II. Coltivazione delle piante erbacee. 8°. 765 pp. Firenze (Loescher & Seeber) 1891.   L. 6.—

Possetto, G., Safran aus Algier, ein neues Safransurrogat. (Zeitschrift für Nahrungsmittel-Untersuchung und Hygiene. 1891. p. 45.)

Raux, F., Aux cultivateurs de mon cher Bocage normand. Le Cidre: fabrication, conservation, soutirage. 2. édit. rev. et corrig. 8°. 36 pp. Rouen (Impr. Cagniard) 1891.

Sintoni, Ant., Esperienzi di concimazione sul frummento di Rieti e di Ravenna nell' anno 1889/90. 8°. 53 pp. Forli (Tip. Croppi) 1891.

Tschirch, A., Angewandte Pflanzenanatomie. Ein Handbuch zum Studium des anatomischen Baues der in der Pharmacie, den Gewerben, der Landwirthschaft und dem Haushalte benutzten pflanzlichen Rohstoffe. Bd. I. Allgemeiner Theil. Grundriss der Anatomie. Lief. 1. 8°. 64 pp. Wien (Urban & Schwarzenberg) 1891.   M. 2.—

Personalnachrichten.

Dr. **J. Felix** ist zum ausserordentlichen Professor an der Universität Leipzig ernannt worden.

Dr. **J. Murr** ist zum Supplenten am Gymnasium in Marburg in Steiermark ernannt worden.

Inhalt:

Ausgegeben: 14. October 1891.

Druck und Verlag von Gebr. Gotthelft in Cassel.

Band XLVIII. No. 3.

XII. Jahrgang.

Botanisches Centralblatt

REFERIRENDES ORGAN
für das Gesammtgebiet der Botanik des In- und Auslandes.

Herausgegeben

unter Mitwirkung zahlreicher Gelehrten

von

Dr. Oscar Uhlworm und Dr. F. G. Kohl
in Cassel.   in Marburg.

Zugleich Organ
des

Botanischen Vereins in München, der Botaniska Sällskapet i Stockholm, der botanischen Section des naturwissenschaftlichen Vereins zu Hamburg, der botanischen Section der Schlesischen Gesellschaft für vaterländische Cultur zu Breslau, der Botaniska Sektionen af Naturvetenskapliga Student-sällskapet i Upsala, der k. k. zoologisch-botanischen Gesellschaft in Wien, des Botanischen Vereins in Lund und der Societas pro Fauna et Flora Fennica in Helsingfors.

| Nr. 42. | Abonnement für das halbe Jahr (2 Bände) mit 14 M. durch alle Buchhandlungen und Postanstalten. | 1891. |

Wissenschaftliche Original-Mittheilungen.

Beiträge zur Kenntniss der *Ectocarpus*-Arten der Kieler Föhrde.

Von
Paul Kuckuck.

Mit 6 Figuren.

(Fortsetzung.)

Ectocarpus siliculosus Dillw. sp. ad part.

Diagnose: Büschelig, schlaff; Büschel bis 30 cm lang, gelblich oder bräunlich, nicht in einzelne Büschelchen zertheilt, fast ganz frei oder nur in der Mitte verfilzt. Verzweigung oben deutlich seitlich, unten falschgabelig, abwechselnd oder einseitg, nie opponirt, ohne terminale, begrenzte Zweigbüschel. Zweige oft bogig aufsteigend, aber nie im rechten Winkel abgehend. Pluriloculäre Sporangien 50—600 μ lang, 12—25 μ dick, pfriemig-kegelförmig, seltener kurz-eiförmig, zuweilen etwas gebogen, sehr oft in

ein Haar auslaufend; meist kurz gestielt, seltener
sitzend. Uniloculäre Sporangien 30—65 (meist 50) μ
lang und 20—27 μ dick, eiförmig, ellipsoidisch, sitzend
und dann meist aufrecht-angeschmiegt, oder auf ein-
bis wenigzelligem Stiel, dann abstehend.

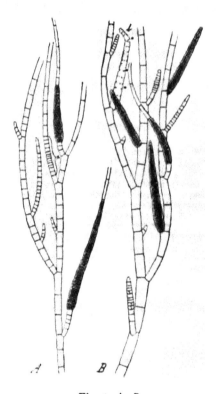

Fig. 1. A, B.

Ectocarpus siliculosus Dillw. sp. f. *typica*, zwei verschiedenen Pflanzen entnommene Zweige mit pluriloculären Sporangien; a junge Anlage eines haartragenden Sporangiums, b sitzendes entleertes Sporangium mit drei seitlichen
durch einen * bezeichneten Oeffnungen. Vergr. 100 : 1.

Diese Art ist sehr formenreich und zeigt zwischen den drei
unterschiedenen Formen alle Uebergänge; von der folgenden ist
sie jedoch durch die meist längeren Sporangien und durch das
häufige Vorkommen intercalarer pluriloculärer, sowie durch den
Besitz uniloculärer Sporangien unterschieden.

1. forma *typica*. Bildet anfangs festgewachsene, später frei
im Wasser, vorzüglich im Seegras flottirende, oft etwas durch
einander geworrene Watten von unbestimmter Grösse und Umgrenzung. Die Verzweigung ist nach der Spitze der Hauptäste
oft etwas gedrängt, ohne dass dadurch makroskopisch erkennbare

Zweigbüschel entstehen. Zellen in den oberen dünneren und jüngeren Theilen so lang als dick oder etwas länger oder kürzer, in den unteren Theilen oft 4—5 mal länger als dick, an den Querwänden etwas eingeschnürt bis tonnenförmig, 40—60 μ dick. Chromatophoren reich entwickelt, aber meist schmal, in langen, verzweigten, oft sehr regelmässig spiralig verlaufenden Bändern der Zellwand angeschmiegt. Pyrenoide zahlreich, meist so dick als der Chromatophor breit. Haare wohl entwickelt. — Die pluriloculären Sporangien schwanken an demselben Individuum zuweilen zwischen sehr weiten Grenzen; meist sind sie 200 μ lang, feinpfriemig, langzugespitzt oder mit steriler Haarspitze, auf ein- bis wenigzelligem Stiele oder sitzend (Fig. 1, A und B). In das Sporangium können vegetative Zellen eingesprengt sein. Bei manchen Exemplaren treten auch häufig mehr kurze, gedrungene und nicht in ein Haar auslaufende Sporangien auf, die sich der für forma *arcta* charakteristischen Gestalt nähern. Uniloculäre Sporangien breit-gedrückt-ellipsoidisch, in der Regel sitzend und aufrecht, zuweilen auf einzelligem Stiele abstehend, selten terminal, 50—60 μ lang und 20 —25 μ dick. Sie finden sich meist in spärlicher Anzahl mit den pluriloculären Sporangien zusammen auf demselben Individuum; nur einmal fand ich ein Exemplar, das ausschliesslich, und zwar sehr reichlich, uniloculäre Sporangien trug (Fig. 2).

In grösserer Tiefe (15—20 m) fand ich nicht selten eine Form, die sich durch kleine Sporangien (30—60 μ lang, ca. 15 μ breit), welche sich zum Theil als Ersatzsporangien erwiesen, und durch schmutzig gelblich-weisse Farbe auszeichnet. Die 2—4 mal so langen als breiten Zellen zeigen einen bis wenige sehr schmale Chromatophorenbänder, deren Windungen von einander sehr entfernt sind. — Bei einer in der Litoralregion verworrene Watten von röthlicher Farbe bildenden Form waren die Zellwände mit einer hell roth-braun gefärbten, glatten oder durch Risse unterbrochenen Inkrustation bedeckt, die wohl hauptsächlich aus kohlensaurem Kalke bestand.

Mai bis September; häufig in der litoralen und sublitoralen Region.

2. forma *hiemalis*. Bildet 10—25 cm hohe, schlaffe Büschel von brauner Farbe. Pluriloculäre Sporangien 300—600 (meist 350—400) μ lang, 23—37 (meist 25—30) μ dick, an der Basis am breitesten, breiter als die Stielzellen, mit meist kurzer Haarspitze; s. w. v.

An anderen Algen in einer Tiefe von 15—20 m; Juli.
Syn. *Ectocarpus confervoides* f. *hiemalis* bei Kjellman, Bidrag. p. 83.
Syn. u. Exsicc. *Ectocarpus hiemalis* Crouan, Exsicc. No. 26.

3. forma *arcta*. Bildet gelbbraune, verworrene, frei auf dem Boden liegende Büschel. Zellen bis 63 μ dick, an den Querwänden etwas eingeschnürt bis tonnenförmig. Chromatophoren kräftig entwickelt. Pluriloculäre Sporangien 40—50 μ lang und 20—30 μ dick, eiförmig, stumpf oder etwas zugespitzt, meist ungestielt und mit breiter Basis dem Faden aufsitzend, seltener kurz

5*

gestielt und verlängert (bis 140 μ lang) und zuweilen mit steriler
Haarspitze. Berindung spärlich.

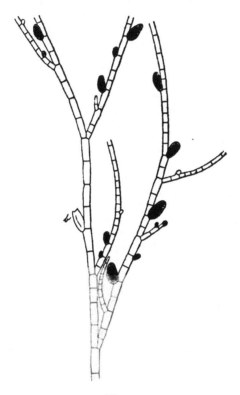

Fig. 2.

Ectocarpus siliculosus Dillw. sp. f. *typica*, ein Zweig mit uniloculären Sporangien;
bei *b* ein entleertes Sporangium. Vergr. 100 : 1.

Syn.   *E. siliculosus* excl. var. praet. δ. *nebulosa* C. A. Agardh, Syst. Alg
      p. 161—162.
    E. siliculosus excl. var. praet. δ. *nebulosa* C. A. Agardh, Spec. Alg.
      Vol. II. p. 37—38.
    E. siliculosus Kütz., Spec. Alg. p. 451.
    E. siliculosus f. *typica* und f. *nebulosa* Kjellm., Handbok p. 78.
Syn. nebst Abbild. *E. siliculosus* Kütz., Tab. phyc. Bd. V. tab. 53, I.
    E. gracillimus Kütz., Tab. phyc. Bd. V. tab. 58, I.
    E. corymbosus Kütz., Tab. phyc. Bd. V. tab. 59, II.
    E. siliculosus Harv., Phyc. brit. Vol. 1. tab. 162 (vergl. den Text).
    E. amphibius Harv., Phyc. brit. Vol. I. tab. 183 (vergl. den Text).
    E. viridis Harv., Nereis, Vol. I. p. 140. tab. 12. fig. B.
    E. siliculosus Thuret, Rech. s. l. zoosp. des Alg. Pl. 24.
    E. siliculosus Lyngbye, Hydr. Dan. tab. 43. fig. C.
    Conferva siliculosa Dillryn, British Conf. Suppl. p. 69. pl. E.
    Ceramium confervoides Roth, Cat. I. tab. 8. fig. 3 (Habitus!).
Exsicc. *E. siliculosus* Aresch., Alg. scand. exs. Fasc. 4. No. 176 (non 112).
    E. siliculosus Le Jolis, Alg. mar. de Cherb. No. 51.

E. siliculosus Wyatt, Alg. Danm. No. 172.
E. confervoides α. *siliculosus* Hauck und Richter, Phyc. Univ. No. 65.
Meist in grösserer Tiefe zwischen anderen Algen lose liegend; Juni bis August.

Syn. *Ectocarpus arctus* Kütz., Phyc. gen. p. 289.
Ectocarpus arctus Kütz., Spec. Alg. p. 449.
Corticularia arcta Kütz., Tab. phyc. Bd. V. Tab. 80. fig. 1.
Ectocarpus intermedius Kütz., Tab. phyc. Bd. V. Tab. 46. fig. I.
Ectocarpus pseudosiliculosus Crouan, Exs. No 27.
Ectocarpus confervoides f. *arcta* in Kjellm., Bidrag p. 71 f. und Handbok p. 77.

Bemerk. Diese Form, welche Kjellman zu *E. confervoides* zieht, scheint mir wegen des Vorkommens länglicher und sogar haartragender Sporangien, sowie wegen der Dicke ihrer Thalluszellen besser zu *E. siliculosus* Dillw. sp. gestellt zu werden.

Ectocarpus confervoides Roth sp.

Diagnose: Büschel aus einzelnen unten zusammengedrehten, oben lockeren Büschelchen zusammengesetzt, oder mehr unverworren, buschig, in der Regel von dunkelbrauner Farbe, stets festgewachsen. Verzweigung zerstreut, seitlich, einseitig oder alternirend, nie opponirt; Zweige meist lang, allmählich verdünnt. Haar meist wenig entwickelt. Zellen an der Basis 18—40 μ dick. Chromatophoren breit bandförmig, verzweigt, auch in den oberen Zweigzellen reichlich vorhanden. Pluriloculäre Sporangien nie in eine Haarspitze auslaufend, kurzpfriemig, spindel- oder spulförmig, sitzend oder kurz gestielt, 70—140 (meist 100) μ lang, ca. 25 μ dick, über die ganze Pflanze vertheilt. Uniloculäre Sporangien fehlen. Wurzelhaare meist spärlich.

1. forma *typica*. Bildet in der Regel an Holzwerk oder *Fucus vesiculosus* (und anderen Algen) festgewachsene, büschelige, dunkelbraune Pflanzen von 1—10 cm Höhe unter der Wasseroberfläche. Begrenzte Zweigbüschel fehlen. Die Aeste sind meist wenig dünner als die Achse, von der sie entspringen, aufrecht, bis oben hin mit chromatophorenreichen Zellen, sodass man gewöhnlich keinen haarartigen Theil unterscheiden kann. An den Querwänden sind die Zellen wenig oder gar nicht eingeschnürt, 25—32 μ dick. Die Chromatophoren zeichnen sich durch ihre Breite aus und sind dicht gelagert. Die pluriloculären Sporangien (Fig. 3) erreichen sehr oft ihre grösste Dicke in der Mitte und verjüngen sich nach oben und unten gleichmässig (spulförmig), oder ihre grösste Dicke liegt in der Nähe der Basis, sodass sie spindelförmig oder verlängert-kegelförmig werden; sitzend oder auf einzelligem, zuweilen mehrzelligem Stiel, seltener lang gestielt.

Mai bis December; häufig in der Kieler Föhrde.

Syn. *Ceramium confervoides* Roth, Cat. Bot. Fasc. 1. p. 151—152.
Ceramium siliculosum β. *atrovirens* C. A. Agardh, Syst. Alg. p. 66.
Ectocarpus siliculosus Lyngb., Hydr. Dan. sid. 132. tab. 43 B.
Ectocarpus litoralis var. Aresch., Alg. scand. exs. Fasc. 2—3. No. 111.

Ectocarpus confervoides s. s. Kjellm., Bidrag p. 77 ff.
Ectocarpus confervoides f. *typica* Kjellm., Handbok p. 77.

2. forma *nana.* Bildet völlig unverworrene, 5—15 mm hohe, braungelbe Büschel in der litoralen Region. Zweige lang-peitschenförmig. Zellen an den Querwänden nicht eingeschnürt, an der Basis 18 —20 μ dick. Die pluriloculären Sporangien sind 100—250 (meist 160) μ lang und ca. 35 μ dick, spindelförmig oder unregelmässig cylindrisch, auf wenigzelligem bis langem Stiel, selten sitzend.

Februar; Möltenort an *Ulva.*

Fig. 3.

Ectocarpus confervoides Roth sp. f. *typica*, ein Zweig mit pluriloculären Sporangien; bei *a* alte Sporangialhülsen mit jungen Ersatzsporangien, bei *b* ein entleertes Sporangium mit apicaler Oeffnung. Vergr. 100 : 1.

3. forma *penicilliformis.* Zweige aufrecht, oft fast angeschmiegt, genähert, abwechselnd oder einseitig; Zellen meist so lang wie dick, 35—40 μ dick. Pluriloculäre Sporangien von sehr constanter Form und Grösse, 90—110 μ lang und 20—25 μ dick, spindel- bis spulförmig.

Bemerk. Kjellman unterscheidet in seinem Handbuch noch folgende Formen:

Ectocarpus siliculosus f. *nebulosa* Ag. Syst. Alg. s. 162. Fig. Lyngb. Hydr. dan. t. 43, C. Bildet schliesslich lose, wolkig ausgebreitete grosse Massen. Feiner, zarter und heller als die Hauptform, mit langen oberen Gabelzweigen, die wenigstens bei den Gametangien-Exemplaren der Seitenzweige fast ganz entbehren.

Ectocarpus hiemalis f. *spalatina* Kütz. *Ectocarpus spalatinus* Kütz. Phyc. gen. p. 288. Fig. Kütz. Tab. phyc. 5. t. 63. f. 2. Bildet lockere, mehr unverworrene und heller gefärbte Büschel als die Hauptform. Alle Gabelzweige lang, auch die oberen bei den Gametangien-Exemplaren fast ohne Seitenzweige. Gabelzweige gewöhnlich aus 1—1¹/₂ mal so langen als dicken Zellen bestehend, jede Zelle mit einem reich- und feinverzweigten Chromatophor.

Ectocarpus confervoides f. *pygmaea* Aresch. *Ectocarpus pygmaeus* Aresch. in Kjellm., Ectocarp. p. 85. Büschel locker, ganz unverworren, 3—12 mm hoch, zuweilen polsterartig sich zummenschliessend. Verticale Zellreihen einfach oder sparsam gabelig oder seitlich verzweigt. Gametangien etwas zugespitzt, gewöhnlich 60—75 μ lang, 25—30 μ dick, zerstreut, stets gestielt, nicht selten terminal auf den verticalen Sprossen.

E. confervoides f. *crassa* Kjellm. mscr. Büschelig, locker, stets festgewachsen. Verticales Sprosssystem wiederholt verzweigt, mit langen, etwas steifen, sparrigen, kurzzelligen Gabelzweigen. Seitenzweige spärlich oder fehlend. Gametangien kurz und dick, ca. 60 μ lang, 30—45 μ dick, kurz bis langgestielt, abstehend.

(Fortsetzung folgt).

Ueber subfossile Strünke auf dem Boden von Seen.

Von

G. Tanfiljef

in St. Petersburg.

In Nr. 11 u. 12 des Botan. Centralbl., Jahrgang 1891, findet sich ein interessanter Artikel des Herrn Rutger Sernander „Ueber das Vorkommen von subfossilen Strünken auf dem Boden schwedischer Seen." Verfasser sucht dieses Vorkommen durch Annahme von wechselnden Perioden mit continentalem und insularem Klima während der Postglacialzeit zu erklären. Das Vorkommen von Baumstrünken im Torf — oft mehrere Lagen übereinander — und zwar am Ufer von Seen und auf dem Seeboden, scheint eine sehr verbreitete Erscheinung zu sein, und habe ich solche überaus häufig, z. B. im Gouvernement St. Petersburg, Wladimir und Rjäsan zu beobachten Gelegenheit gehabt. Doch glaube ich diese Erscheinung, wenigstens für die beobachteten Fälle, auch ohne Annahme von Klimaschwankungen erklären zu dürfen, wie ich dieselbe auch schon zu erklären versucht habe (Schriften der Kaiserlichen freien ökonomischen Gesellschaft. 1889. Heft V. und Verhandlungen des VIII. Congr. Russ. Naturforscher und Aerzte. 1890). Dass sich in muldenförmigen Vertiefungen, auch wenn der Boden derselben Anfangs aus durchlässigem Sande besteht, durch Ansammlung von Regen-, Sinter- oder Quellwasser-Vermoorungen und — meist als Folge hiervon — sogar kleine seenförmige Becken bilden, ist eine in Russland, wo das Land, besonders Waldland, noch lange nicht allenthalben regelrecht bewirthschaftet wird, gar nicht seltene Erscheinung (siehe auch Bühler, Versumpfung der Wälder. 1831. p. 438 u. ff.). Findet eine solche seenförmige Wasseransammlung im Walde statt, so geht wohl jede Baumvegetation schliesslich zu Grunde. Durch Ansammlung am Boden der Wasserlache abgestorbener Baumstämme und verschiedener anderer Pflanzenreste, auch durch neuen Zufluss muss das Niveau des Wassers sich heben, neues Land unter Wasser gesetzt und eine neue Reihe von Bäumen zum Absterben gebracht werden. Hat der neugebildete See eine gewisse Grösse erreicht, so können Verdunstung und Zufluss ein Gleichgewicht erreichen und beginnt dann der See an seinen Ufern energisch zu verwachsen und zu vertorfen. Auf dem durch solche Verwachsung und Vertorfung neugebildeten Lande siedeln sich neue Bäume an, erreichen auch eine gewisse Grösse, bis das durch beständige Ansammlung von (theils aus den Torfufern ausgewaschenem) Pflanzendetritus am Boden des Sees, auch durch Regen und Schmelzwasser sich sehr langsam, aber beständig hebende Niveau auch diese Baumvegetation in seiner weiteren Entwicklung hemmt und schliesslich tödtet. Die im Torf steckenden Baumstrünke werden allmälig wiederum von Moorpflanzen überwachsen, die schliesslich eine neue Torfschicht und somit auch einen neuen Boden für Bäume abgeben. Erhält der See (das Wasser in solchen von Torfufern umgebenen Seen steht oft höher, als das trockene Land daneben, was auch für die beschriebene Bildungsweise derselben spricht) einen Abfluss, so erreicht auch dieses Spiel ein Ende, auch kann in Folge von Entblössung durch Waldbrand etc. die Verdunstung so stark zunehmen, dass ein weiteres Wachsen des Sees unmöglich wird und derselbe nun rasch einer Umwandlung in ein Torfmoor entgegengeht. — Auf diese Weise kann, meiner Ansicht nach, das Vorkommen von Baumstrünken am Boden von Seen sehr wohl erklärt werden, denn für das Vorhandensein und die Bildung von Mooren ist ein insulares Klima durchaus nicht nothwendig, da sogar Sphagneta auch in Steppengegenden (z. B. bei Charkow und Woronesch) vorkommen.

St. Petersburg, den 20. August (1. September) 1891.

Botanische Gärten und Institute.

The Missouri Botanical Garden. 8°. 165 pp. with maps and plates and Portrait. St. Louis 1890.

Vorliegendes Buch bildet den ersten Jahresbericht des genannten botanischen Gartens und ist vom Director desselben, Professor Dr. Trelease, herausgegeben worden. Es enthält eine biographische Skizze und das Portrait des grossmüthigen Begründers des Gartens, Henry Shaw, welcher fast seine ganze Habe zur Förderung der botanischen Wissenschaft vermacht hat, seinen letzten Willen, Berichte über die „Henry Shaw School·of Botany" und „Missouri Botanical Garden", die bei dem ersten jährlichen Bankett der Betrauten des Gartens vorgetragene Rede und andere Einzelheiten, welche von Interesse sind.

Auf fünf Plänen ist die Einrichtung des Gartens erklärt und auf 13 Tafeln sind seine wichtigsten Gebäude und schönsten Punkte abgebildet.

Es ist zu erwarten, dass bei reichlicher Ausstattung und fernerer tüchtiger Leitung dieser Garten als eine der wichtigsten Quellen der botanischen Thätigkeit in Nord-Amerika bekannt werden wird.

Humphrey (Amherst, Mass.).

Instrumente, Präparations- und Conservations-Methoden etc.

Altmann, P., Thermoregulator neuer Construction. (Centralblatt f. Bakteriologie und Parasitenkunde. Bd. IX. Nr. 24. p. 791—792.)

Die Firma Dr. Robert Muencke, Berlin NW., Louisen-strasse 58, liefert einen neuen Thermoregulator, der die Einhaltung aller Temperaturen bis zu 100^0 C mit einer Genauigkeit von $\pm\ 0,05^0$ C gestattet und sich durch einfache Construction und wenig zerbrechliche Form (er besteht nur aus einem einzigen Stück) empfiehlt. Das Princip desselben beruht darin, dass das erwärmte und demzufolge sich ausdehnende Quecksilber die Zuflussöffnung des zur Heizung dienenden Leuchtgases verschliesst.

Kohl (Marburg).

Kroenig, Eine Vereinfachung und Abkürzung des Biedert'schen Verfahrens zum Auffinden von Tuberkelbacillen im Sputum vermittelst der Stenbeck'schen Centrifuge. (Berliner klinische Wochenschrift. 1891. No. 29. p. 730—731.)

Referate.

Voss, Wilhelm, Mycologia carniolica. Ein Beitrag zur Pilzkunde des Alpenlandes. III *Ascomycetes.* (Sep.-Abdr. aus den „Mittheilungen des Musealvereins für Krain". Jahrgang 1891.) 8°. 70 pp. Berlin (Friedländer) 1891.

Der dritte Theil dieser Veröffentlichung, Bogen 11 bis 15 umfassend, behandelt die *Sphaeriaceae* und *Discomycetes.* Ausser der Aufstellung neuer Arten und der Beobachtung von neuen Nährpflanzen konnte das Vorkommen der *Cucurbitaria Ligustri, Leptosphaeria Helvetica, L. crastophila* und *Cercospora xantha* für Krain festgestellt werden.

An neuen Nährpflanzen wurden beobachtet:

Cucurbitaria Laburni auf *Cytisus radiatus* Koch.
Sphaerella Leguminis Cytisi auf *Cytisus alpinus* L.
„   *arthopyrenioides* auf *Papaver aurantiacum* Loisl.

Laestadia nebulosa auf *Peucedanum Oreoselinum* Mönch.
Sphaerulina callista auf *Campanula caespitosa* Scop.
Physalospora Festucae auf *Sesleria varia* Wettst.
Leptosphaeria culmifraga auf *Avena argentea* Willd.
    „   *crastophila* auf demselben.
    „   *sparsa* auf *Avena distichophylla* Vill.
    „   *Nietschkëi* auf *Campanula caespitosa* Scop.
    „   *Niessleana* auf *Thesium montanum* Ehrh.
    „   *planiuscula* auf *Prenanthes purpurea* L.
    „   *maculans* auf *Biscutella laevigata* L.
Pleospora vulgaris auf *Kernera saxatilis* Rchb., *Papaver aurantiacum* Loisl.; *Peucedanum Oreoselinum* Mönch, *Thesium montanum* Ehrh., *Tofieldia calyculata* Wahlb.
Pleospora chrysospora auf *Bellidiastrum Michelii* Cous.
Mamiania fimbriata auf *Ostrya carpinifolia* Scop.
Phyllachora Heracleis auf *Heracleum Austriacum* L., *Malabaila Golaka* Kern.

Ferner an neuen Unterlagen von *Discomyceten*:
Hysteropatella Prostii auf Föhrenzapfenschuppen.
Hysterographium Fraxini auf Zweigen von *Prunus Padus*.
Rhytisma salicinum auf Blättern von *Salix glabra*.
Pseudopeziza Saniculae f. *Astrantiae* auf Blättern von *Astrantia Carniolica*.

Von neuen Arten werden beschrieben:
Sphaerella Deschmannii nov. spec.
„Perithecia in macula foliorum languidorum flava vel rubra, rotundato-elliptice difformia, circa 5—10 mm diam., vel 10—20 mm longa, 10 lata, interdum effusa et foliis magnam partem occupanti, dense gregaria, sessilia, punctiformia, globosa, parenchymatice contexta, atra. Asci fasciculati, cylindracei vel anguste fusiformes, in stipitem brevem producti, apice rotundati, 30—35 μ longi, infra mediam 6—11 μ lati, 4—8-spori. Sporae inordinatae — tristiche, fusiformes, utrinque rotundatae, rectae vel curvulae, didymae, medio non constrictae, cellula superiori parum latiori, guttulatae demum hyalinae, 21—23 μ longae, 3 μ latae.
Ad *Gentianae Pneunomanthis* folia arida. Carniolia superior: Ad Labacum et Zalog prope Zirklach. Juli—August."
Leptosphaeria Rehmiana nov. spec.
„Peritheciis serialibus, sparsis, globosis, atris, glabris, sessilibus, minutissimis, menbranaceis. Ascis cylindraceis, sessilibus, 8-sporis, 64—66 μ long., 11—13 lat. Sporis oblique monostichis vel subdistichis, oblongis vel late fusoideis, utrinque rotundatis, rectis vel leniter curvulis, 3-septatis, ad septa constrictis, locula secundo protuberante, fuscis, 15—17 μ long., 6—8 lat. Paraphysis filiformibus. In foliis emortuis *Drypidis spinosae* L. Stranje prope Stein in Carniolia superiore Aestate."
Diaporthe microcarpa Rehm. nov. spec.
„Stroma ambiens, corticem interiorem nigricans. Perithecia in acervulos valseos, in cortice interiore nidulantes, ca. 8 monostiche congregata, globosa, nigra, ca. 0,3 mm diam., ostiolis brevibus, in disco rotundo, plano, pallido, subconico per epidermidem prorumpente, punctiformiter minutissime perspicua. Asci fusiformes, apice rotundati, — 50:8 μ, 8-spori. Sporidia fusiformia, recta, medio haud constricta, 4 guttulata, utraque apice brevissime filiforme appendiculata, hyalina, ¹5:4 μ.
Ad ramos emortuos *Cytisi nigricantis* L. In monte Ulrichsberg prope Zirklach. Sept. Mens."
Valsa Myricariae Rehm. nov. spec.
„Stromata minuta, e basi orbiculari subconica, nigra, in cortice interiore, saepe longe lateque nigrata nidulantia, peridermium rimose perforantia, ab hujus laciniis cincta, spermogonia medium tenentia. Perithecia in singulo stromate 8—12, monosticha, minuta, dense stipitata, collis brevibus, cylindraceis, connatis in disculo griseo vix prominentibus. Asci fusiforme-clavati, 36—40:6: 6,5 μ. Sporidia unicellularia, cylindrica, obtusa, subrecta, hyalina, 6:1.5 μ.
Ad ramulos emortuos *Myricariae Germanicae* Desv. Ad ripas fluvii Save prope Lees in Carniolia superiore".

Jännicke (Frankfurt a. M.).

Setchell, W. A., Contributions from the cryptogomic laboratory of Harvard University. XIV. Preliminary notes on the species of *Doassansia* Cornu. (Proceedings of the American Acad. of Arts and Sciences. Vol. XXVI. p. 13—19.)

Verf. hat die *Ustilagineen* - Gattung *Doassansia* Cornu einer eingehenderen Untersuchung unterworfen. Von *Entyloma* unterscheidet sich die Gattung durch das Vorhandensein einer besonderen Rindenschicht von sterilen Zellen, welche den Sporensorus umhüllt. Daher werden *D. Niesslii* De Toni, *D. Limosellae* (Kunze) Schröt., *D. decipiens* Wint. und *D. Alismatis* Hark. von der Gattung *Doassansia* ausgeschlossen. *D. Comari* (B. und Br.) De Toni et Massee auf *Comarum palustre* (England), *D. punctiformis* Wint. auf *Lythrum hyssopifolium* (Australien), *D. Lythropsidis* Lagerh. auf *Lythropsis peploides* (Portugal) bedürfen noch näherer Untersuchung, und 2 Arten werden den neuen Gattungen *Burrillia* und *Cornuella* zugewiesen.

Die Gattung *Doassansia* umfasst folgende Untergattungen und Arten:

Subgen. I. *Eudoassansia* (Body of the sorus consisting entirely of spores, which are readily separable from one another at maturity).

1. *D. Epilobii* Farlow auf *Epilobium alpinum*. Nordamerika.

2. *D. Hottoniae* (Rostr.) De Toni auf *Hottonia palustris*, Dänemark, Deutschland, Frankreich.

3. *D. Sagittariae* (Westend.) Fisch auf *Sagittaria sagittifolia*, *graminea*, *variabilis* und *Montevidensis*. Italien, Frankreich, Deutschland, Belgien, England, Argentin. Republik, Canada, Vereinigte Staaten.

4. *D. opaca* n. sp. auf *Sagittaria variabilis*. Vereinigte Staaten (= *Protomyces Sagittariae* Farl.).

5. *D. Alismatis* (Nees) Cornu auf *Alisma natans* und *Plantago*. Italien, Frankreich, Deutschland, Finnland, England. Sibirien, Nordamerika.

Subgen. II. *Pseudodoassansia*. (Central portion of the sorus composed of an irregular-shaped mass of fine, densely interwoven hyphae. Spores in several layers, loosely compacted together. Cortex of large, well differentiated cells.)

6. *D. obscura* n. sp. an Blatt- und Blütenstielen von *Sagittaria variabilis*. Nordamerika.

Subgen. III. *Doassansiopsis*. (Sorus compact, not separating into its component elements at maturity. Central portion consisting of a compact mass of parenchymatous tissue. Spores in a single layer. Cortex of small flattened cells.)

7. *D. occulta* (Hoffm.) auf *Potagometon*. Deutschland, Nordamerika. var. *Farlowii* (Cornu). Canada.

8. *Martianoffiana* (Thüm.) Schröt. auf *Potamogeton*. Sibirien, Deutschland, Schweden, Canada.

9. *D. deformans* n. sp. auf *Sagittaria variabilis*, Verdrehungen der Stengel und Zweige etc. erzeugend. Nordamerika.

Burrillia n. gen. Sorus compact, not separating into its elements on being crushed. Central portion composed of an irregular mass of parenchymatous tissue. Spores closely resembling those of *Entyloma*, both in structure and in germination, compacted into several dense rows. Cortex none or composed only of a thin, irregular layer of hardened hyphae.

Burrillia pustulata n. sp., auf Blättern von *Sagittaria variabilis*. Nordamerika.

Cornuella n. gen. Sorus hollow at maturity, the interior containing only loose, hardened hyphae. Spores compacted into a firm layer on the outside, resembling those of *Entyloma*.

Cornuella Lemnae n. sp. auf *Lemna* (*Spirodela*) *polyrhiza* Nordamerika.

Ludwig (Greiz).

Thaxter, R., Supplementary note on North American *Laboulbeniaceae.* (Proceedings of the American Academy of Arts and Sciences. Vol. XXV. p. 261—270.)

Zu den früher*) beobachteten amerikanischen Arten von *Laboul-beniaceen* fügt Verf. zwei neue Gattungen und neue Arten hinzu, wie folgt:

Zodiomyces n. gen., *Z. vorticellaria* n. sp. auf *Hydrocombus lacustris; Hespero-myces* n. gen., *H. virescens* n. sp. auf *Chilocorus bivulnerus* in Californien; *Pey-ritschiella minima* n. sp. auf *Platynus cincticollis; Laboulbenia Casnoniae* n. sp. auf *C. Pennsylvanica; L. truncata* n. sp. auf *Bembidium* sp.; *L. arcuata* n. sp. und *L. conferta* n. sp. auf *Harpalus Pennsylvanicus; L. paupercula* n. sp. und *L. scalophila* n. sp. auf *Platynus extensicollis.*

Die Pilze sind sämmtlich, ausser *Hesperomyces,* in Connecticut gesammelt worden.

Humphrey (Amherst, Mass.).

Spitzner, W., Beitrag zur Flechtenflora Mährens und Oesterreichisch-Schlesiens. Strauch-, Blatt- und Gallertflechten. (Verhandlungen des naturf. Vereins in Brünn. Bd. XXVIII. 1890. Sonderabdr. 8 p.)

An die Bearbeitung der Flechten, die in den Abhandlungen über die mährisch-schlesische Kryptogamenflora in den Verh. des naturf. Ver. zu Brünn (Bd. II—VI) noch fehlt, ist Verf. herangegangen, nachdem er das einschlägige Material von J. Kalmus, welcher an der Ausführung dieser Bearbeitung durch den Tod gehindert worden war, geprüft hat. Verf. hat aber auch selbst in mehreren Bezirken des mittleren Mährens, in den Karpathen und im Hoch-gesenke Flechten gesammelt. Endlich sind ausser den schon in der Litteratur bekannten auch von von Niessl herrührende Funde berücksichtigt.

Der Aufzählung der Flechten liegt das System Körber's, wie es in B. Stein, Kryptogamenflora von Schlesien, Flechten (1879) zur Anwendung gekommen ist, zu Grunde. Es werden also jene Eintheilungen der Flechten in *Lichenes heteromerici* und *L. homoeomerici,* in *Lichenes thamnoblasti, L. phyllobiasti* und *L. kryoblasti,* welche in der neuesten Zeit allgemein aufgegeben worden sind, noch weiter gepflegt. Ueber die Eintheilung nach dem Typus des Apothecium in Discocarpi, Coniocarpi und Pyrenocarpi mangelt es bei dem Verf. an dem nöthigen Verständnisse. Den Terminus Coniocarpi kennt er nicht. Pyrenocarpi und Staub-früchtige sind ihm gleichbedeutend. Da er nun die *Sphaerophoreae* unter diese Abtheilung bringt, so wendet er unbewusst auf diese Familie zugleich eine alte und eine jüngere Auffassung an. Viel schlimmer gestaltet sich diese Angelegenheit aber, indem Verf. auch die Fam. *Endocarpeae* als Pyrenocarpi oder Staubfrüchtige hinstellt.

Am besten für die Wissenschaft würde es freilich sein, wenn sich Floristen stets vor Veröffentlichung von Arbeiten soweit mit der Systematik und Lichenographie vertraut machten, bis dass sie

---

*) Siehe diese Zeitschr. Bd. XLIII. p. 109.

einen gewissen Grad von Selbstständigkeit erreicht hätten. Es erscheint dies besonders für die Flechtenflora Deutschlands wünschenswerth, weil ein den zeitigen Ansprüchen genügendes Handbuch behufs Anlehnung fehlt, in Folge dessen das veraltete System Körber's seine den wahren Fortschritt hemmenden Einflüsse um so mehr geltend machen kann. Unter den obwaltenden Verhältnissen thun Anfänger, welche bis zur Erlangung von Selbstständigkeit nicht warten können oder wollen, gut daran, wenn sie, die Gattungen Körber's im Allgemeinen beibehaltend, eine beliebige Anordnung derselben wählen, welche freilich sich der Natur, bezw. der zeitigen Erkenntniss derselben, möglichst anzupassen sucht, ohne aber Abtheilungen abzugrenzen. Sollte ein Handbuch, bezw. ein System, als Grundlage erforderlich erscheinen, so sei Tuckerman's System, das Verf. in Just, Bot. Jahresber. III, p. 55—64 (1876) im Auszuge wiedergegeben hat, empfohlen. Das vorliegende Verzeichniss enthält keine hervorragenden Funde. Da hiermit erst die Anfänge einer Flechtenflora von Mähren und Oesterreichisch-Schlesien vorliegen, steht Ref. auch von dem Entwurfe einer Uebersicht ab.

Minks (Stettin).

Poirault, G., Recherches d'histogénie végétale. Développement des tissus dans les organes végétatifs des Cryptogames vasculaires. (Mémoires de l'Académie Impériale des sciences de St. Pétersbourg. Sér. VII. T. XXXVII. 1890. Nr. 11. 26 pp. 5 Taf.)

Verf. macht die Theilungsvorgänge in der Scheitelzelle, bez. in den von dieser abgetheilten Segmenten bei Gefässkryptogamen zum Gegenstand eingehender Untersuchungen. Insbesondere sind es die ersten Theilungen und ganz speciell die Richtung der ersten Wand in einem jeden Segment, die ihn interessiren. Wenn auch zahlreiche und gründliche Untersuchungen über den Gegenstand vorliegen, so gaben sie doch nicht in allen Fällen übereinstimmende und auch nicht immer so vollständige Auskunft, wie Verf. es für wünschenswerth erachtete.

Die Arbeit zerfällt in drei Capitel, welche die Wurzeln, den Stengel und das Blatt behandeln.

Die von der dreiseitigen Scheitelzelle der Wurzel abgegliederten Segmente theilen sich zunächst nur durch verticale Wände; horizontale Wände, die bei Stammorganen sehr frühzeitig auftreten, folgen erst später. Die erste Wand ist diejenige ungefähr radialer Richtung, welche von Nägeli Sextantwand, von de Bary und van Tieghem Radialwand genannt wurde. Poirault nennt sie Curvenwand, „cloison courbe". Es entstehen so 2 Tochterzellen ungleicher Form, eine vierseitige und eine dreiseitige. Die zwei folgenden Theilungswände sind der Oberfläche parallel; die äussere, zuerst erscheinende nennt P. Rindenwand (cloison corticale); die innere ist die Cambiumwand Nägeli's, nach Verf. „cloison péricyclique". Das ganze Segment stellt nun eine aus 6 Zellen bestehende Schicht dar, von

denen die beiden innersten die Initialen des Centralcylinders, die
4 äusseren diejenigen der Rindenschicht bilden. Hier sowohl wie
in Bezug auf die nun rasch aufeinander folgenden Theilungen
weichen die Beobachtungen des Verf's. von denen N ä g e l i ' s ab; die
Einzelheiten mögen im Original nachgesehen werden. Von diesem
Theilungsmodus abweichend verhalten sich *Equisetum* und *Azolla*.
Bei *Equisetum* erfolgen die beiden ersten Theilungen tangential, die
Initialen der äusseren und inneren Rinde und des Centralcylinders
liefernd; bei *Azolla* — Verf. stützt sich auf S t r a s b u r g e r ' s Arbeit
— erfolgt die erste Theilung tangential („Rindenwand"), die zweite
radial und die dritte wiederum tangential, Rinde und Centralcylinder
trennend.

Die Segmenttheilungen der Stammorgane untersuchte Verf. bei
Salvinia, Marsilia, Azolla und *Equisetum arvense*. Die drei
erstgenannten wachsen mit zweiseitiger Scheitelzelle — eine dreiseitige Scheitelzelle, wie sie H a n s t e i n für *Marsilia* angibt, konnte
wenigstens an Knospen erwachsener Pflanzen nicht beobachtet
werden — und zeigen in ihrer Entwicklung grosse Uebereinstimmung.
Die erste Theilungswand der in 2 Reihen gestellten Segmente ist
stets radial longitudinal und theilt das Segment, entsprechend der
horizontalen Richtung der Stammorgane, in eine obere und eine
untere Hälfte. Die zweite Wand ist transversal und parallel den
beiden ebenen Segmentflächen. Jede der nunmehr vorhandenen
4 Zellen theilt sich durch eine nicht genau radiale „Curvenwand",
auf die mehrfach tangentiale Theilungen folgen, um die Initialen
für die verschiedenen concentrischen Gewebesysteme zu liefern.
Alle genannten Pflanzen zeigen dabei bilaterale Symmetrie, indem
die Oberseite in ihrer Entwicklung gefördert erscheint. Verf. steht
mit diesen Angaben in theilweisem Widerspruch einerseits zu P r i n g s -
h e i m (bezüglich *Salvinia*), andrerseits zu S t r a s b u r g e r (bezüglich
Azolla). — Bei *Equisetum arvense* findet Verf. stets tetraëdrische
Scheitelzellen und entsprechend drei Reihen von Segmenten; weder
am Stamm noch an der Wurzel konnte das Auftreten von vier
Segmentreihen, wie H o f m e i s t e r angiebt, beobachtet werden. Hinsichtlich der Theilungsvorgänge stimmt Verf. im Allgemeinen mit
C r a m e r, R e e s s und S a c h s überein; die erste Wand ist den ebenen
Flächen der Segmente parallel, die zweite ist die unregelmässig
radiale „Sextantenwand". Das Segment erscheint durch diese
Theilungen aus je zwei übereinanderstehenden dreiseitigen und je zwei
solcher vierseitiger Zellen zusammengesetzt. Auf Kosten der letzteren
theilt die dritte Wand die Initialen des Markes ab. Von hier ab
sind die Theilungsvorgänge nicht genau zu bestimmen; im Allgemeinen erinnern sie an diejenigen der Wurzel.

Die Segmenttheilungen im Blatt untersucht Verf. ausser bei
den bereits genannten Pflanzen auch an einigen Farnen. Ueberall
findet sich eine zweiseitige Scheitelzelle mit zwei Reihen von
Segmenten. Die erste Theilungswand entspricht derjenigen eines
zweizeiligen Stammsegments. Die weiteren Theilungen sind zu
verwickelt, um mit einfachen Worten verständlich gemacht werden
zu können; sie führen schliesslich dahin, dass das ursprüngliche

Segment in eine äussere und eine innere Schicht von secundären Segmenten, wie Verf. sie nennt, zerfällt. Diese theilen sich weiter parallel zur Oberfläche und liefern so die Initialen der verschiedenen Gewebesysteme.

Bezüglich aller Einzelheiten, sofern sie sich besonders auch auf die weiteren Entwicklungen beziehen, muss auf das Original verwiesen werden.

Jännicke (Frankfurt a. M.)

Guignard, L., Sur la constitution du noyau sexuel chez les végétaux. (Comptes rendus de l'Académie des sciences de Paris. 1891. 11. Mai.)

Die Zahl der Stäbchen in den copulirenden Kernen ist bekanntlich für jede Pflanzenart eine bestimmte und in beiden copulirenden Kernen gleich. Da dieselbe, wie Verf. in früheren Arbeiten zeigte, stets genau halb so gross ist, wie in den Kernen des Keimes, so muss im Laufe der Entwickelung eine Reduction eintreten. Es frägt sich, auf welchem Stadium letztere stattfindet.

Die Untersuchungen des Verf. an *Lilium Martagon* ergaben, dass von der Keimbildung bis zur Entstehung der Geschlechtsorgane die karyokinetische Figur stets vierundzwanzig Segmente aufweist. Die Reduction der letzteren auf 12 zeigt sich in den Antheren beim ersten Theilungsschritt, der Pollenmutterzellen, im Ovulum bei der Theilung des Embryosackkernes. Beiderlei Kerne zeigen demnach ein analoges Verhalten; sie besitzen vierundzwanzig Segmente und liefern Kerne, wo letztere nur in der Zwölfzahl vorhanden sind.

Die gleiche Reduction der Stäbchenzahl in den Sexualkernen, wie im Pflanzenreich, zeigt sich auch im Thierreich. Sie findet bei *Pyrrocoris apertus*, ähnlich wie bei *Lilium Martagon*, beim ersten Theilungsschritt der Mutterzelle statt, während O. Hertwig dieselbe bei *Ascaris megalocephala* erst auf dem nächstfolgenden Stadium eintreten sah.

Schimper (Bonn).

Van Tieghem, Ph., Un nouvel exemple de tissu plissé. (Journal de Botanique. Année V. p. 165—170.)

Es ist allgemein bekannt, dass die Wände der Endodermis sehr häufig ein cutinisirtes und gefälteltes Band aufweisen. Diese eigenartige Structur ist jedoch nicht auf die Endodermis, d. h. nach der von derjenigen deutscher Autoren abweichenden Definition des Verf. auf die innerste Rindenschicht, Strasburgers Phloeoterma, beschränkt, sondern zeigt sich auch noch in verschiedenen anderen Gewebezonen, nämlich in der an die Endodermis nach aussen grenzenden Zellschicht, in der Exodermis (d. h. der äussersten Schicht der Rinde), in der subexodermalen Schicht, im Holz und im Kork. Verf. weist in der vorliegenden Notiz die Anwesenheit der erwähnten Structur noch in einer anderen Gewebezone bei den *Coniferen* und *Cycadeen* nach, nämlich in der innersten, allein persistirenden Schicht der Wurzelhaube, der „assise pilifère", einer Epidermalbildung. Die Quer- und Seitenwände dieser Zellschicht weisen ein schmales verholztes Band auf, welches in einer Lösung von Carmin und Jodgrün eine grüne Farbe annimmt, während die aus Cellulose bestehenden Theile der Membran roth gefärbt werden. Das verholzte Band ist auf den Querwänden glatt, auf den Seitenwänden gefältelt.

Da die eben erwähnte Structur auch in der unverletzten Wurzel erkannt werden kann, so ist die Behauptung S c h w e n d e n e r 's, dass dieselbe erst in Folge der Präparation entsteht, als unrichtig zurückzuweisen.

Schliesslich betont der Verf., dass die Anwesenheit oder das Fehlen eines cutinisirten oder verholzten Bandes keineswegs als charakteristisches Merkmal der Endodermis zu betrachten ist, da dieselbe Eigenthümlichkeit noch in anderen Gewebezonen auftritt.

Schimper (Bonn.)

Brockbank, W., N o t e s o n s e e d l i n g *Saxifrages* g r o w n a t B r o c k h u r s t f r o m a s i n g l e s c a p e of *Saxifraga Macnabiana*. (Memoirs of the Manchester Society. II. p. 227—230.)

Verf. hat die Samen eines einzelnen Fruchtstandes von *Saxifraga Macnabiana* ausgesäet und dabei Sämlinge erhalten, die sehr bedeutende und mit dem Alter zunehmende Verschiedenheiten zeigten und im Ganzen 110 verschiedene Formen darstellten.

Viele derselben erinnerten an andere *Saxifraga* - Arten, von denen im betreffenden Garten 150 cultivirt wurden. Verf. glaubt die Erscheinung auf Bastardbefruchtung zurückführen zu sollen, um so mehr, als *Saxifraga Cotyledon*, die Stammart von *Macnabiana*, in der That proterandrisch und an Insektenbestäubung angepasst zu sein scheint. Genauere Mittheilungen darüber liegen in der Litteratur nicht vor und werden vom Verf. auch nicht gemacht.

Jännicke (Frankfurt a. M.).

Williams, T h e p i n k s o f C e n t r a l E u r o p e. 8°. 66 p. mit 2 Tafeln. London (Selbstverlag des Verf.) 1890.

Verf., der bereits eine „Enumeratio specierum varietatumque generis *Dianthus*", sowie eine Monographie der in Westeuropa vorkommenden Arten dieser Gattung (Notes on the pinks of Western Europe. London 1889) veröffentlicht hat, giebt in vorliegender Arbeit eine monographische Uebersicht der in Centraleuropa auftretenden Nelken. Unter Centraleuropa versteht Verf. alle Länder östlich von Rhein und Rhone, südlich bis einschliesslich der Lombardei und Venetien, sowie Bosnien und der Herzegowina, östlich bis zur Linie Rumänien (incl. Dobrudscha), Polen, Preussen, nördlich bis zum südlichen Schweden. In diesem Gebiete kommen, abgesehen von den zwei *Tunica*- und *Velezia*-Arten, die Verf. gleich-

falls aufgenommen hat, 76 *Dianthus*-Arten vor, davon allein 59
(25% aller bekannten Nelkenarten) in Oesterreich. Jeder Species sind
eine kurze, die specifischen Charaktere enthaltende lateinische Diagnose,
die Verbreitung der Art innerhalb des Gebietes, sowie die Grenzen
derselben ausserhalb Centraleuropas, die Volksnamen, sowie zahlreiche systematische, historische und pflanzengeographische Notizen
beigegeben. Die Auffassung des Artbegriffes von Seiten des Verf.,
der die *Dianthus*-Arten als Monograph behandelt, ist natürlich
keineswegs übereinstimmend mit derjenigen solcher Lokal-Systematiker,
welche, unbekannt mit den zahlreichen Formen einer Species,
die auch ausserhalb des von ihnen in Betracht gezogenen Gebietes
vorkommen, oftmals Variationen einer polymorphen Art, die in
ihrem Gebiete scheinbar als gut charakterisirte Species auftreten,
als wohl unterschiedene Arten auffassen, während sie in Wirklichkeit nur weitgehende Varietäten darstellen.

So zieht Verf. *Dianthus atrorubeus* All., Jacq. etc. als Varietät zu *D. Corthu-*
sianorum L., ebenso *D. Croaticus* Borb., *D. Pontederae* Kern. u. s. w. Unser
bekannter *D. Seguieri* wird als var. *asper* Koch zu *D. Sinensis* L. gestellt. Die
als Arten bezeichneten *D. alpinus* Vill. (non L.), *neglectus, gelidus, subalpinus,*
alpestris etc. werden sämmtlich als Formen des polymorphen *D. glacialis* Hke.
betrachtet. *Dianthus atrorubeus* Kit. wird *D. Slavonicus*, *D. brachyanthus*
D. microchelus getauft. Neu aufgestellt wird *D. Carthusianorum* L. var. *surulis*
und auf einer der beigegebenen Tafeln abgebildet, die andere stellt *D. Caryo-*
phyllus L. dar.

Vorzüglicher, übersichtlicher Druck und geschmackvolle Ausstattung zeichnen das für jeden europäischen Systematiker unent-
behrliche Werkchen aus.   Taubert (Berlin).

Williams, Synopsis of the genus *Tunica*. (Journal of Botany.
Vol. XXVIII. Nr. 331. p. 193—199.)

Nach Darstellung der Geschichte der Gattung *Tunica* giebt
Verf. folgende Eintheilung der Arten:

Sectio I. *Dianthella*. Flores solitarii basi involucrati. Calyx tubulosus,
30- v. 35-nervius, dentibus acuminatis. Annua. — 1. *T. Pamphylica* Boiss. et Bal.

Sectio II. *Tunicastrum*. Flores solitarii basi bracteolis imbricatis involucrati. Calyx 5- v. 15-nervius, dentibus obtusis.

Subsectio 1. Species monotocae. Folia adpressa. Bracteae acutae, nervo
herbaceo. Petala integra. — 2. *T. Peronini* Boiss. 3. *T. Syriaca* Boiss. 4. *T. areni-*
cola Duf.

Subsectio 2. Species polytocae. Folia anguste linearia, acuta, uninervia,
margine scabra. Bracteae mucronatae omnino scariosae. Petala emarginata v.
retusa. — 5. *T. Gasparini* Guss. 6. *T. Saxifraga* Scop.

Sectio III. *Eutunica*. Flores fasciculati v. capitati. Capitulum basi
phyllis scariosis involucratum. Calyx 5- v. 15-nervius. Polytocae.

Subsectio 1. Folia uninervia adpressa. Involucri phylla tenuiter uninervia.
Calyx 5-nervius. Petala retusa v. integra. — 7. *T. dianthoides* Boiss. 8. *T. Thessala*
Boiss. 9. *T. fasciculata* Boiss.

Subsectio 2. Folia univervia adpressa. Involucri phylla valide carinata.
Petala obtusa integra. Calyx 15-nervius. — 10. *T. Orphanidesiana* Clem.
11. *T. macra* Boiss., Haussk. 12. *T. gracilis* (sp. n. aus Kurdistan). 13. *T.*
rigida Boiss.

Sectio IV. *Gypsophiloides*. — Flores solitarii basi nudi. Calyx tenuiter
5- v. 15-nervius. Polytocae.

Subsectio 1. Calyx 15-nervius campanulatus v. turbinatus. — 14. *T. graminea*
Boiss. 15. *T. Phthiotica* Boiss. et Heldr. 16. *T. Cretica* Fisch. et Mey.
17. *T. Haynaldiana* Janka. 18. *T. Sibthorpii* Boiss. 19. *T. armerioides* Will.

Subsectio 2. Calyx 5-nervius, tubulosus. — 20. *T. ochroleuca* Fisch. et Mey. 21. *T. compressa* Fisch. et Mey.
Sectio V. *Pleurotunica.* Flores solitarii basi nudi. Calyx valde quinque costatus, costis 1- v. 3-nerviis. Monotocae.
Subsectio 1. Folia patentia. Calyx costis uninerviis. Petala integra. — 22. *T. illyrica* Fisch et Mey. 23. *T. Davaeana* Coss. 24. *T. stricta* Bunge. Subsectio 2. Folia patentia trinervia. Calyx costis trinerviis. — 25. *T. pachygona* Fisch. et Mey. 26. *T. brachypetala* Jaub. et Spach. 27. *T. hispidula* Boiss. et Heldr.

Das Verbreitungsgebiet der *Tunica*-Arten erstreckt sich hauptsächlich auf die Küstenländer des Mittelmeeres.

Taubert (Berlin).

Willkomm, M., Ueber neue und kritische Pflanzen der spanisch-portugiesischen und balearischen Flora. (Oesterr. botan. Zeitschrift. 1890. p. 143—148, 183—186, 215 —218; 1891 p. 1—5, 51—54, 81—88.)

In dieser Abhandlung veröffentlicht der hochverdiente Verf. wichtige Nachträge zum „Prodromus Florae Hispanicae." Von Bedeutung ist schon die Anmerkung auf der ersten Seite der Abhandlung, welche jene Zeitschriften und Einzelwerke namhaft macht, die innerhalb der letzten 20 Jahre bedeutendere Beiträge zur Kenntniss der iberischen Flora gebracht haben. Die Abhandlung selbst beschäftigt sich hauptsächlich mit solchen neuen Arten und Formen, welche Verf. in seinem Herbarium vorfand; ausserdem finden sich in derselben kritische Bemerkungen zu den seit Erscheinen des „Prodromus" anderwärts publicirten Neuheiten, insoweit dieselben dem Verf. in Belegexemplaren vorlagen. Die Original-Exemplare der in der Abhandlung besprochenen Arten befinden sich zumeist in dem „Herbarium mediterraneum" des Verf., welches derselbe bereits an die Universität Coimbra verkauft hat. — Die Anordnung der Arten ist dieselbe wie im „Prodromus". — Bei der Wichtigkeit der Abhandlung hält es Ref. für geboten, deren Inhalt hier auszugsweise wiederzugeben:

Asplenium leptophyllum Lag. Garc. Clam. = *A. Halleri* R. Br. *Alopecurus salvatoris* Losc. 1876 (aff. *A. Castellano* Boiss. Reut.), von Castelseras am Flusse Guadalope, wird genau beschrieben. — *Phalaris arundinacea* L. var. *thyrsoidea* Willk. (Südaragonien). — *Arundo Plinii* Turr. ist von *A. Donax* L. kaum specifisch verschieden. — *Phragmites pumila* Willk. ist eine kriechende Form von *Phr. communis* Trin. mit hellen Aehrchen. — *Psamma Corsica* Mab. ist die südliche Form der *Ps. arenaria* R. Sch. — *Agrostis Nevadensis* Boiss. var. *filifolia* Willk. (Sierra Nevada). — *Avena sterilis* L. zerfällt in zwei Formen: α. *maxima* Perez-Lara, β. *scabriuscula* Perez-Lara. — *Holcus lanatus* L. var. *vaginatus* Willk. (prov. Gaditana); die Art ist dort überhaupt sehr variabel. — *Koeleria dasyphylla* nov. sp. (aff. *K. cristatae* Pers.) in regione montana regni Granatensis (Winkler 1873). — *Cynosurus elegans* Desf. var. *chalybeus* Willk. (prov. Gaditana). — *Festuca rubra* L. var. *pruinosa* Willk. (regn. Legionense). — *Brachypodium sylvaticum* R. Sch. var. *multiflorum* Willk. (Menorca). — *Brachypodium mu-*

cronatum Willk. und *B. ramosum* R. Sch. sind nach Perez-Lara Formen des *B. pinnatum* P. B. — *Desmazeria Balearica* nov. sp. (Balearen) und *D. triticea* nov. sp. (*Megastachya triticea* Presl herb., Sicilien) werden beschrieben und dann ein Bestimmungsschlüssel für die 4 mediterranen Arten dieser Gattung gegeben. *Carex Halleriana* Asso var. *bracteosa* Willk. (Menorca). — *Carex hordeistichos* Vill. var. *elongata* Willk. (Südaragonien). — *Narcissus* (*Hermione*) *dubius* Gov. var. (?) *minor* Willk. (Südaragonien). — *Tamus communis* L. kommt in Spanien in zwei vielleicht specifisch verschiedenen Formen vor. — Die Beeren von *Asparagus albus* L. sind nicht schwarz, sondern roth.

Kochia sanguinea nov. sp. (Südaragonien) wird ausführlich besprochen. — *Thymelaea elliptica* Endl., *pubescens* Meisn. und *thesioides* Endl. sind nahe verwandt, aber geographisch getrennt.

Bellis annua L. zerfällt in zwei Formen (*B. obtusisquama* Pau ined. und *B. acutisquama* Pau ined.); letztere ist = *B. microcephala* Lge. — *Aster Tripolium* L. var. (?) *Minoricense* Rodr. herb. (am Strandsee Albufera). — *Filago Marecotica* Del. wächst auch in Murcia; im „Prodromus" war sie irrig zu *Filago ramosissima* Lge. gezogen. — *Artemisia fruticosa* Asso ist der richtige Name für *A. incanescens* Jord. des „Prodromus". — *Senecio Lopezii* Boiss. var. *minor* Willk. (= *S. Gibraltaricus* Rouy) ist von der Stammart kaum verschieden. — *Senecio Doronicum* L. var. *longifolia* Willk. (forsan species nova), Centralpyrenäen. — *Carlina vulgaris* L. var. *spinosissima* Willk. (Catalonien, Südaragonien). — *Serratula Albarracinensis* Pau — nomen solum — (aff. *S. nudicauli* DC.) wird beschrieben. — *Onopordon Acanthium* L. var. *polycephalum* Willk. (Nord-Catalonien). — *Cirsium Anglicum* Lob. var. *longicaule* Willk. (Catalonien). — *Carduus tenuiflorus* Curt. var. *stenolepis* Willk. (Südaragonien, Malaga). — *Carduus phyllolepis* nov. sp. („*C. chrysacanthus* Ten." des Prodromus p. p.) aus den catalonischen Pyrenäen und den Gebirgen von Leon. — *Leontodon Hispanicus* Mer. var. *psilocalyx* Willk. (forsan species) von Algeciras. — *Sonchus hieracioides* Willk. gehört zu *S. aquatilis* Pourr. — *Crepis pulchra* L. var. *Valentina* Willk. (= *C. Hispanica* Pau) aus Valencia. — *Hieracium atrovirens* Guss. var. *Aragonensis* Willk. (Südaragonien).

Lonicera Valentina (Pau sine descr.) wird beschrieben (regn. Valentinum). — *Plantago nivalis* Boiss. var. *erectifolia* Willk. (Sierra Nevada). — *Thymus Arundanus* nov. sp. (Sect. *Mastichina*) in regno Granatensi occidentali (Reverchon 1890). — *Ajuga Chamaepithys* Schreb. var. *suffrutescens* Willk. (regn. Granatense occident.) — *Teucrium scordioides* Schreb. var. *longifolium* Willk. (Cataluania). — *Teucrium Reverchoni* nov. sp. (Sect. *Polium*) in regno Granatensi (Reverchon 1888). — *Convolvulus Valentinus* Cav. (Alicante, Catalonien) ist eine gute Art und wird hier genau beschrieben. — *Linaria satureioides* Boiss. var. *flaviflora* Willk. (ager Granatensis). — *Antirrhinum Barrelieri* Bor. vor. *latifolium* Willk. (regn. Siennense). — *Veronica commutata* nov. sp. (aff. *V. Austriacae* L.) aus Süd-Aragonien.

Torilis infesta Hoffm. var. *heterocarpa* Willk. (Baetica). —
Oenanthe peucedanifolia Poll. var. *brachycarpa* Willk. (Südaragonien).
— *Conopodium elatum* nov. sp. (aff. *C. capillifolio* Boiss.) in regno
Granatensi occidentali (Reverchon 1890). — *Conopodium Bourgaei*
Coss. var. *stenocarpum* Willk. (forsan species), Sierra Nevada.
Vicia sativa L. var. *grandiflora* Willk. (regn. Granatense
occident.) — *Vicia atropurpurea* Desf. variirt sehr (*β. sericea, γ.
punicea, δ. tenella*). — *Lotus uliginosus* Schk. var. *brachycarpus*
Willk. (Ronda, Grazalema). — *Medicago Gaditana* Perez - Lara in
litt. (aff. *M. ciliari* Willd.) aus Baetica und Grazalema wird beschrieben. — *Ononis Cossoniana* Boiss. Reut. var. *rotundifolia* Willk.
prope S. Roque et Gibraltar. — *Ononis crotalarioides* Coss. var.
(?) *rubricaulis* Willk. (Baetica). — *Ononis Aragonensis* Asso var.
microphylla Willk. (Serrania de Ronda, Grazalema). — *Cytisus albus*
Lk. hat fortan *C. Lusitanicus* Tourn. zu heissen, wegen *Cytisus albus*
Hacq. = *C. leucanthus* W. K.*)
Rhamnus Baeticus Willk. et Reverch. nov. sp. (aff. *Rh. Fran-
gulae* L.), Baetica. — *Linum suffruticosum* L. hat eine abweichende
Form (*L. differens* Pau). — *Silene Boissieri* J. Gay var. *latifolia*
Willk. (regn. Granat. occident.) — *Dianthus Seguierii* Chaix var.
pygmaeus Willk. (Catalonien, Südaragonien). — *Viola arborescens*
L. hat in Spanien zwei Formen: 1. *compacta*, 2. *elongata*. — *Helian-
themum leptophyllum* Dun. var. *albiflorum* Willk. (Murcia, Granada).
— *Biscutella laevigata* L. var. *latifolia* Willk. (regn. Valentinum). —
Iberis Bourgaei Boiss. Reut. = *I. pectinata* Boiss. — *Draba Hispa-
nica* Boiss. var. *brachycarpa* Willk. (regn. Granat. occident.)

Fritsch (Wien).

Friedrich, P., Die Sträucher und Bäume unserer öffentlichen Anlagen, insbesondere der Wälle. Mit einer
Planskizze. (Beilage zum Programm des Katharineums zu Lübeck.
1889 und 1890.) 4⁰. 64 und 64 p. Lübeck 1889 und 1890.)

Die Anlagen der Stadt Lübeck zeichnen sich durch eine über-
raschend grosse Anzahl von fremdländischen Bäumen und Sträuchern
aus, welche in dem citirten Programm zusammengestellt sind. Es sind
darin auch diejenigen Gärten berücksichtigt, welche von der Strasse
aus leicht einen Einblick gestatten, ebenso der Friedhof und der
an seltenen Zierbäumen reiche Kurpark zu Travemünde. — Nach
einer Geschichte der Lübecker Wälle und Anlagen und einem
Bericht über die städtischen Baumschulen und Alleen werden die
Baumriesen der Umgebung Lübecks nach der zweiten Auflage des
Führers durch die Umgegend der ostholsteinischen Eisenbahnen
von E. Bruhns aufgeführt, von denen hier einige genannt werden
mögen, nämlich die wohl 700 Jahre alten Eichen von Cismar und
Salzau mit einem Stammumfange von 8,60 und 8,31 m.

Nun folgt eine systematische Aufzählung und Beschreibung
der angepflanzten Bäume und Sträucher. Es ist dabei von Be-

---

*) Diese Nomenclaturfrage ist wohl strittig. Leider fehlt es noch immer an
einem allgemein angenommenen Nomenclaturprincip! — Ref.

stimmungstabellen Abstand genommen, um die Arbeit nicht noch
umfangreicher zu machen. Dafür sind auf der beigegebenen Karte
alle in der Beschreibung angeführten Standorte, soweit diese im
Gebiete der Wälle, also vom Huxterthor bis zum Rangir-Bahnhof,
sowie in der Umgebung des Burgthores von der Jacobikirche bis
zum Jerusalemsberg und der Stadt-Wasserkunst nebst den Never-
mannschen Baumschulen liegen, angegeben, und zwar gewöhnlich
durch die laufende Nummer der betreffenden Art, durch lateinische
Buchstaben nur da, wo mehrere Arten zu Strauch- und Baumgruppen
vereinigt sind. Eine nachahmenswerthe Einrichtung ist es, dass
zum leichteren Auffinden der Arten seit einigen Jahren Namen-
schilder befestigt sind, die noch vermehrt werden sollen.

Insgesammt werden 44 Familien mit 275 Arten und einer
grossen Menge Varietäten beschrieben und ihre Verbreitung mitgetheilt. Diese zahlreichen Arten sind Angehörige aller Länder
der nördlichen gemässigten und subtropischen Zone; die südliche
gemässigte Zone weist nur einen Vertreter auf, die immergrünen
Berberis buxifolia aus Patagonien und dem südlichen Chile. Sonst
kommen auf das gemässigte Europa allein 17 Arten, das gemässigte
Europa und Nordasien 66, Sibirien einschliesslich des nördlichen
China 8, die Mittelmeerländer und Vorderasien bis Himalaya 40,
den Kaukasus, Transkaukasien und Mittelasien 15, das chinesisch-
japanische Florengebiet 28, Nordamerika 76 Arten.

Die Lübecker Anlagen enthalten die charakteristischen Waldbäume aus fast allen Ländern der nördlichen gemässigten Zone:
1. Die Fichte, Kiefer und Birke der nordeuropäischen Wälder;
2. Die Stiel- und die Steineiche, die gross- und kleinblättrige Linde,
die ungeheuren Waldungen des mittleren Russlands bildend; 3. Die
Buche, den charakteristischen Waldbaum des europäischen Seeklimas; 4. Die Lärche und Arve, die Waldbäume des kontinentalen
Klimas, daher von den Centralalpen bis Ostsibirien verbreitet;
5. Die Zerreiche und die ungarische Eiche, die Wälder Ungarns
und Kroatiens bildend; 6. Die Edeltanne, Schwarzkiefer, Edelkastanie und kephalonische Tanne, charakteristische Waldbäume
Südeuropas, letztere ausschliesslich in Griechenland; 7. Die Pinsapo-
tanne, den Waldbaum der südspanischen Gebirge und des Atlas;
8. Die *Nordmannia* und die orientalische Fichte, welche im Kaukasus
unsere Edeltanne und Fichte vertreten; 9. Den Mammutbaum, die
immergrüne Sequoje, die Douglastanne, die langnadeligen califor-
nischen Edeltannen, *Abies nobilis* und *amabilis*, und die *Picea
Menziesii* aus dem westlichen Nordamerika; 10. Die Balsamtanne,
Weisstanne und Hemlocktanne, welche die ungeheuren Tannen-
wälder von Britisch Nordamerika zusammensetzen; 11. Den Silber-
und Eschenahorn, die Weymoutskiefer, die rothe Eiche und die
unserer Buche nahe verwandte *Fagus ferruginea*, häufige Waldbäume der Zone sommergrüner Laubhölzer in den atlantischen
Staaten der Union. In diese Zone dringen nordwärts vor als
Vertreter tropischer Familien der Tulpenbaum, die Magnolie (*M.
acuminata*) und der Trompetenbaum; 12. Die Sumpfcypresse, der
vorherrschende Waldbaum des Mississippi.

Ein ausführliches alphabetisches Namensverzeichniss schliesst
die mühevolle Arbeit.

P. Knuth (Kiel.)

Kidston, R., Additional notes on some British carboniferous Lycopods. (Annals and Magazine of Natural History.
1889. p. 60—67. Pl. IV.)

Der Verf. giebt hierin ergänzende und berichtigende Bemerkungen zu seiner in denselben Blättern geschriebenen Arbeit: „On
the relationship of *Ulodendron* etc." 1885.

1. *Lepidodendron Veltheimianum* Sternb. besitzt seitliche Fruchtzapfen. Die Exemplare mit Terminalzapfen gehören einer neuen
Art an. — Die *Lepidodendron* - Blätter sind nicht, wie früher vom
Verf. angenommen wurde, an der ganzen Fläche der Blattnarben
einschliesslich des „Field" angeheftet, sondern nur an der kleinen
schildförmigen Scheibe, welche das Gefässnärbchen und die zwei
seitlichen, wahrscheinlich von Drüsen herrührenden Närbchen trägt.

2. *Sigillaria.* Ein neuerdings gefundenes und hier abgebildetes
Exemplar des *Lepidodendron discophorum* König zeigt deutlich
die drei für *Sigillaria* charakteristischen Närbchen und bestätigt
die von K. behauptete, von Zeiller aber bestrittene Zugehörigkeit
der Art zu *Sigillaria* (*Sigillaria discophora* König sp.).

Ulodendron majus und *U. minus* L. und H. sind verschiedene
Alters- und Erhaltungszustände derselben Art. *Sigillaria discophora*
ist mit *Ulodendron minus* (nach Zeiller mit *U. majus*) identisch,
ebenso *Sigillaria Menardi* Lesquereux,

3. *Bothrodendron* L. H. Zeiller hat mit Recht das
Rhytidodendron minutifolium Boulay von Schottland zu *Bothrodendron* gestellt. Kidston macht darauf aufmerksam, dass bei
Bothrodendron der Nabel der grossen Narben excentrisch, dagegen
bei *Ulodendron* - artigen *Sigillarien* und *Lepidodendron* ganz oder
beinahe central liegt. Bei *B. punctatum* standen die Fruchtzapfen
in zwei verticalen Reihen, dagegen hat *B. minutifolium* Boulay
sp. lange, dünne, endständige Zapfen. Die subepidermalen Narben
der letzteren Art erinnern an diejenigen der *Sigillarien. Bothrodendron*
steht zwischen *Lepidodendron* und *Sigillaria.*

Als neue Species wird *Bothrodendron Wükianum* aus den
Calciferous Sandstone Series beschrieben, die vielleicht später mit
Lepidodendron Wükianum Heer als *Bothr. Wükianum* Heer sp.
zu vereinigen ist. Sie besitzt kleine, querovale, mit drei punkt-
förmigen Närbchen versehene Blattnarben und über jeder eine
weitere kleine, punktförmige Narbe. — Die Gattung *Cyclostigma*
Haughton ist mit *Bothrodendron* zu vereinigen.

Stenzel (Chemnitz).

Kidston, Rob., On the fossil plants in the Ravenhead
collection in the Free Library and Museum, Liverpool. (Transactions of the Royal Society of Edinburgh. Vol.
XXXV. Part. II. No. 10. p. 391—417. Pl. I and II.)

Die Pflanzenreste der Ravenhead Collection wurden von Higgins gesammelt in einem Einschnitt der Hyiton — St. Helens-Eisenbahn, welcher bei Ravenhead (South Lancashire) durch die „Middle Coal Measures" führt und die zwei Ravenhead-Kohlenflötze bloslegt. Im Liegenden des unteren Flötzes stiess man auf eine Reihe von 4—5′ hohen, fossilen Baumstümpfen, die sich noch in ihrer ursprünglichen Lage befanden. Eine grosse Anzahl anderweiter Pflanzenreste fand sich unter diesen Stämmen, einige Exemplare wurden auch gesammelt zwischen und einige wenige über den zwei Flötzen.

Der Verf. beschreibt folgende Arten, von denen die mit * bezeichneten abgebildet sind:

Calamitina varians Sternb. var. *inconstans* Weiss.*, *Calamitina varians* Sternb. var., *Calamitina approximata* Brongn., *Eucalamites ramosus* Artis., *Stylocalamites Suckowii* Brongn., *St. undulatus* Sternb., *St. Cistii* Brongn., *Calamocladus equisetiformis* Schloth. sp., *C. grandis* Sternb. sp., *C. lycopodioides* Zeiller sp., *Sphenophyllum cuneifolium* Sternb. sp., *Sphyropteris obliqua* Marrat. sp.*, *Zeilleria delicatula* Sternb. sp., *Sphenopteris Sauverii* Crépin., *Sph. trifoliolata* Artis. sp., *Sph. Marratii* Kidston. n. sp.*, *Sph. obtusiloba* Brongn., *Sph. mixta* Schimper, *Sph. coriacea* Marrat.*, *Sph. Footneri* Marrat.*, *Sph. spinosa* Göpp , *Sph. furcata* Brongn., *Sph. multifida* L. et H., *Sph. Sternbergii* Ettingsh. sp., *Neuropteris heterophylla* Brongn., *Neur. tenuifolia* Schloth. sp., *Neur. gigantea* Sternb., *Neur. macrophylla* Brougn., *Neur. dentata* Lesqu.*, *Odontopteris Reichiana* Gutb., ? *Od. Britannica* Gutb., *Mariopteris muricata* Schloth. sp., ? *Pecopteris Miltoni* Artis sp., *Dactylotheca plumosa* Artis sp., *Alethopteris lonchitica* Schloth. sp., *Al. lonchitica* Schloth. sp. var. *decurrens* Artis sp., *Alethopteris Serlii* Brongn., *Rhacophyllum crispum* Gutb. sp forma *lineare* Gutb. sp., *Megaphyton frondosum* Artis, *Lepidodendron Sternbergii* Brongn., *Lep. aculeatum* Sternb., *Lep. Haidingeri* Ettingsh., *Lepidostrobus variabilis* L et H., ? *L. Olryi* Zeiller, *L. Geinitzii* Schimper, *Lepidophloios carinatus* Weiss., *Halonia regularis* L. et H., *Lepidophyllum lanceolatum* Brongn., *Bothrodendron minutifolium* Boulay. sp.*, *Sigillaria tessellata* Brongn., *Sig. mamillaris* Brongn., var. *abbreviata* Weiss., *Sig. Arzinensis* Corda*, *Stigmaria ficoides* Sternb. sp., *St. rimosa* Goldenb., *Cordaites principalis* Gesmar. sp., *Antholitus* sp., *Sternbergia approximata* Brongn., *Trigonocarpus Noeggerathi* Sternb. sp.*, *Tr. Parkinsoni* Brongn., *Pinnularia capillacea* L. et H., Stem.

Der Verf. giebt ausserdem in der Einleitung eine von G. H. Morton bearbeitete geologische Skizze der South-West Lancashire Coal Measures mit Profilzeichnungen und erwähnt von Fossilresten noch Spuren von Annaliden, Bivalven (?) und von *Calamites Cisti*, ferner Reste von *Goniatites Listeri* und *Aviculopecten papyraceus* aus den Lower Coal Measures („Gannister Series"), sowie ausgedehnte Lagen von *Anthracosien* (*Anthracosia robusta*) und Fischreste aus den Middle Coal Measures.

Steuzel (Chemnitz).

Hanausek, T. F., Die Entwicklungsgeschichte der Frucht und des Samens von *Coffea arabica* L. Erste Abhandlung: Einleitung: die Blüte. (Zeitschrift für Nahrungsmittel-Untersuchung und Hygiene. 1890. No. 11. p. 237—242. No. 12. p. 257—258.)

Verf. hat durch die freundlichen Bemühungen des Herrn Dr. H. Salomonson aus Amsterdam ein reichhaltiges und ausgezeichnet conservirtes Untersuchungsmaterial erhalten, welches Proben des Entwicklungsganges der Kaffeefrucht von der Blüte bis zum ausgereiften Product umfasst und aus Java stammt. Berufsgeschäfte

haben ihn verhindert, das Material auf einmal aufzuarbeiten und so
konnte nur allmählich die Untersuchung vorgenommen werden, von
welcher die erste Abhandlung vorliegt; diese behandelt einige
morphologische Fragen der Blüte und deren anatomischen Bau.
Der Blütenstand von *Coffea* ist bekanntlich cymös und besteht aus zwei bis vier, nach Angabe der Autoren bis aus sieben Blüten,
die den Achseln der gegenständigen Blätter entspringen; zwischen
diesen befinden sich zwei Nebenblätter, die aber nach Lanessan
selbständige Blätter mit reducirter Ausbildung vorstellen; so dass
also an jedem Nodus zwei Wirtel, ein fertiler und ein steriler
Blattwirtel, vorkommen. — Kelch und Krone sind pentamer gebaut, ersterer ist auf fünf äusserst kleine Zipfel reducirt; die Prä-
floration der Krone ist induplicativ-rechts gedreht Alternirend
folgen die fünf Stamina und das unterständige aus zwei Carpiden gebildete Gynaeceum, quer zur Abstammungsachse; zwei Vorblätter
stehen transversal; abweichende Verhältnisse in der Stellung der Vorblätter konnten ebenfalls constatirt werden. Die Krone beginnt als
stielrunde Röhre, läuft in einen fünflappigen Saum aus, dessen erstes
Stadium des Aufblühens die Bezeichnung „hypokraterimorpha"
rechtfertigt. Nach Ernst sind.die Blüten proterandrisch. Ausser
diesen Blüten gibt es nach Bernoulli am Kaffeebaum kleine, mit
derberen Hüllen versehene, rein weibliche Blüten, deren Dasein
viel länger währt, als das der normalen Blüten; sie werden von
dem Pollen der letzteren befruchtet; daraus ergibt sich, dass der
Kaffeebaum eine local gynodiöcische Pflanze sein kann.
Der Kelch ist, wie schon bemerkt, auf kleine Zähnchen
reducirt, die nur als Fortsetzungen der dermatogenen Schicht des
Gynaeceums anzusehen sind. Die Epidermis des Fruchtknotens
besteht aus sehr zarten polygonalen Zellen mit Spaltöffnungen, viele
der letzteren sind noch im Akte der Theilung; ausgebildete Spaltöffnungen besitzen zwei schmale längliche Schliesszellen, die von
zwei Nebenzellen umschlossen sind. Aus den Entwicklungsstadien der Spaltöffnungen ist zu ersehen, dass nicht die Initiale
(De Bary, vgl. Anat. d. Vegetationsorgane, p. 42) die Mutterzelle
der Spaltöffnung ist, sondern dass die Mutterzelle durch eine
neuerliche Theilung der Initiale gebildet wird. Weitere Details
sind im Aufsatze selbst einzusehen.
Der anatomische Bau der Krone ist folgender: Das Epithel
der Innenseite, von zartwandigen polygonalen Zellen gebildet, besitzt eine höchst scharfe, selbst am Querschnitt deutliche Streifung
(Cuticularisirung); das der Aussenseite besteht aus buchtig con-
tourirten Zellen, die als Inhalt einen wandständigen Zellkern und
ein diesem anliegendes Oeltröpfchen besitzen, daselbst sind auch
schmalelliptische Spaltöffnungen vorhanden; das zwischen den Epi-
thelien liegende Schwammparenchym besitzt grosse Lücken. An
der Oberhaut der Antheren wiederholt sich die kräftige Cuticular-
streifung; die Streifen laufen schiefbogig und dem Verf. erschien
der Verlauf dieser Streifen für die mechanische Thätigkeit der
Locularwände — nach der Entleerung des Pollens — von Bedeutung.
„Es läge nahe, anzunehmen, dass der schraubigen Zusammendrehung

der ausser Thätigkeit gesetzten Antheren durch den schraubigen
Verlauf der Cuticularstreifen gewissermaassen die Bahn gezeigt
würde, wenn man schon nicht annehmen kann, dass die Streifen
selbst zur Drehung unmittelbar etwas beitragen können." In bestimmten Geweben des Staubbeutels sind braune, fast unlösliche
Massen enthalten. Das innerhalb der Oberhaut gelegene Antheren-
gewebe besteht aus senkrecht zur Antheren-Oberfläche gestellten
Zellen, die eine radiale Anordnung zeigen und eine geradezu massive
spiralige Verdickung besitzen, so dass sie, flüchtig betrachtet, als
Spiroidenbündel gehalten werden könnten. Selbstverständlich ist
diese Spiralverdickung der wesentliche Motor des Mechanismus der
Anthere. Zunächst wird die Contraction der Spiralen zur Bildung
des Locularspaltes beitragen; zweitens wird die schraubige Zusammendrehung der Anthere durch die Spiralenthätigkeit veranlasst
werden.

Der P o l l e n besteht aus runden, stachellosen Körnern von
25—30 μ Durchmesser; an jedem Korn sind drei Poren wahrnehmbar; in Wasser quillt die Exine an und wandelt den runden
Contour in einen polyedrischen um. Nachträglich sei noch bemerkt,
dass eine zweite Zelle im Pollenkorn — der Pollen besteht nach
neueren Untersuchungen aus zwei Zellen — nicht deutlich, zum
mindesten nicht einwurfsfrei beobachtet werden konnte.

Bezüglich des Gynaeceums, das in der zweiten Abhandlung ausführlicher zu bearbeiten ist, sind nur folgende Angaben enthalten:
Es ist typisch zweifächerig, in jedem Fache befindet sich ein an der
Fachscheidewand entspringendes Ovulum. Die an der Aussenfläche
des Fruchtknotens vorkommenden H ö c k e r c h e n sind k e i n e
d r ü s i g e n E l e m e n t e, sondern hervorragende Stellen der Oberhaut, auf deren Scheitel eine Spaltöffnung sich befindet.

Von Drüsenorganen, Haargebilden ist nichts zu sehen.

Im Fruchtknotengewebe tritt K a l k o x a l a t als K r y s t a l l s a n d
massenhaft auf. „Während die meisten Zellen noch den Charakter
des Urparenchyms besitzen, in lebhafter Theilung begriffen sind und
demgemäss actives Protoplasma mit Zellkern reichlich enthalten,
sind diese Krystallsandzellen schon als Ablagerungsstätten eines aus
dem Kreislaufe der Lebensstoffe ausgeschiedenen Körpers zu betrachten, denen bis zum Ende des ganzen Lebensprocesses, der noch
eine so bedeutende Vergrösserung des Organes zu bewerkstelligen
hat, keine andere Aufgabe und Arbeit mehr zuzukommen scheint.
Nur in dem Fall, als bei dem Aufbau der Gewebe Kalkmangel
eintritt, müssten die Krystallsandzellen sich nochmals in activer
Weise an dem Entwicklungsprocess betheiligen."

　　　　　　　　　　　　　　　　　　T. F. Hanausek (Wien).

Neue Litteratur.[*]

Nomenclatur, Pflanzennamen, Terminologie etc.:

Hayward, Sylvanus, Popular names of american plants. (Journal of the Amer. Folk-Lore. Vol. IV. 1891. p. 147.)

Sudworth, George B., Britton, N. L., Fernow, B. E., Notes on nomenclature. (Garden and Forest. Vol. IV. 1891. p. 165 ff.)

Kryptogamen im Allgemeinen:

Levier, E., Crittogame dell' Alta Birmania (Bhamo, Leinzo, Monti Moolegit) raccolte dal Sig. Leonardo Fea. (Bullettino della Società Botanica Italiana. — Nuovo Giornale Botanico Italiano. Vol. XXIII. 1891. p. 600.)

Pilze:

Atkinson, Geo. F., Some Erysipheae from Carolina and Alabama. (Journal of the Elisha Mitchell Scientific Society. Vol. VII. 1891. Part II. p. 61—74. With plate.)

Cooke, M. C., Additions to Merulius. (Grevillea. Vol. XIX. 1891. p. 108.)

Cuboni, G., Diagnosi di una nuova specie di fungo excipulaceo. (Bullettino della Società Botanica Italiana. — Nuovo Giornale Botanico Italiano. Vol. XXIII. 1891. p. 577.)

Dietel, P., Notes on some Uredineae of the United States. (Journal of Mycology. Vol. VII. 1891. p. 42.)

Ellis, J. B. and Tracy, S. M., New species of Uredineae. (l. c. p. 43.)

Lagerheim, G. von, Observations on new species of Fungi from North and South America. (l. c. p. 44. 1 pl.)

Morgan, A. P., North American fungi. IV. The Gastromycetes. (Journal of the Cincinnati Society of Nat. History. Cincinnati, Ohio. Vol. XIV. 1891. p. 5—21. With plates.)

Phillips, W., Omitted Discomycetes. (Grevillea. Vol. XIX. 1891. p. 106.)

Pirotta, R., Sulla Puccinia Gladioli Cast, e sulle Puccinie con parafisi. (Bullettino della Società Botanica Italiana. — Nuovo Giornale Botanico Italiano. Vol. XXIII. 1891. p. 578.)

Zabriskie, J. L., The fungus Pestalozzia insidens n. sp. (Journal of the New York Microscopical Society. Vol. VII. 1891. p. 101.)

Muscineen:

Micheletti, L., Elenco di Muscinee raccolte in Toscana. (Nuovo Giornale Botanico Italiano. Vol. XXIII. 1891. p. 561.)

Gefässkryptogamen:

Beauchamps, W. M., Our Ferns at home. (Observer. Vol. II. 1891. p. 5.)

Physiologie, Biologie, Anatomie und Morphologie:

Arcangeli, G., I pronubi nell' Helicodiceros muscivorus (L. f.) Engl. (Bullettino della Società Botanica Italiana. — Nuovo Giornale Botanico Italiano. Vol. XXIII. 1891. p. 588.)

Caleri, U., Alcune osservazioni sulla fioritura dell' Arum Dioscoridis. (l. c. p. 5*3.)

Christison, David, On the difficulty of ascertaining the age of certain species of trees in Uruguay from the number of rings. (Transactions and Proceedings of the Botanical Society of Edinburgh. Vol. XVIII. 1891. p. 447. 1 pl.)

---

*) Der ergebenst Unterzeichnete bittet dringend die Herren Autoren um gefällige Uebersendung von Separat-Abdrücken oder wenigstens um Angabe der Titel ihrer neuen Publicationen, damit in der „Neuen Litteratur" möglichste Vollständigkeit erreicht wird. Die Redactionen anderer Zeitschriften werden ersucht, den Inhalt jeder einzelnen Nummer gefälligst mittheilen zu wollen, damit derselbe ebenfalls schnell berücksichtigt werden kann.

Dr. Uhlworm,
Terrasse Nr. 7.

Holm, T., Vitality of some annual plants. (The American Journal of Sciences. Vol. XLII. 1891. p. 304. With plate.)

Systematik und Pflanzengeographie:

Behr, H. H., Botanical reminiscences. (Zoë. Vol. II. 1891. p. 2—6.)

Brandegee, T. S., The plants peculiar to Magdalena and Santa Margarita Islands. (l. c. p. 11.)

— —, Cactaceae of the Chape region of Baja California. (l. c. p. 18.)

— —, Drymaria in Baja California. (l. c. p. 68.)

— —, A new Astragalus. (l. c. p. 72.)

Britton, N. L., An enumeration of the plants collected by Dr. H. H. Rusby in South America, 1885—1886. (Bulletin of the Torrey Botanical Club of New York. Vol. XVIII. 1891. p. 261.)

— —, New or nothworthy North American Phanerogams. IV. (l. c. p. 265.)

Campoccia, Gesuallo, Atractilis gummifera o Carlina acaulis. 8°. 12 pp. Caltagirone (Tip. Scuto) 1891.

Cicioni, G., Sull' Adonis flammea Jacq. trovata recentemente nel territorio di Perugia. (Bullettino della Società Botanica Italiana. — Nuovo Giornale Botanico Italiano. Vol. XXIII. 1891. p. 596.)

Clarke, H. L., The pitcher plant or side saddle flower. (Vick's Magazine. Vol. XIV. 1891. p. 213. Ill.)

Contarini, E., Dieci specie di piante ranuncolacee spontanee nel territorio di Bagnacavallo. 8°. 20 pp. Faenza (Tip. P. Conti) 1891.

Drude, O. und König, Cl., Ueber das Vorkommen von Alnus viridis DC. in Sachsen. (Abhandlungen d. naturwissenschaftlichen Gesellschaft Isis in Dresden. 1891. p. 43.)

Greene, E. L., Notes on some Western cherries. (Pittonia. Vol. II. 1891. p. 159.)

— —, New or noteworthy species. X. (l. c. p. 161.)

— —, Native shrubs of California. V. VI. (Garden and Forest. Vol. IV. 1891. p. 248.)

— —, Are plums and cherries of one genus? (l. c. p. 250.)

Halsted, Byron D., Southern Mississippi floral notes. (l. c. p. 250.)

Hervey, E. W., Flora of New Bedford and the shores of Buzzards Bay, with a procession of the flowers. 8°. 80 pp. New Bedford, Mass. 1891.

Higley, Wm. K. and Raddin, Chas. S., The flora of Cook County Illinois, and a part of Lake County Indiana. (Bulletin of the Chicago Academy of Science. Vol. II. 1891. No. 1.) 8°. 168 pp. With map. Chicago 1891.

Horsford, F. H., Bristol Pond Bog. (Garden and Forest. Vol. IV. 1891. p. 290.)

Jesup, H. G., Flora and fauna within thirty miles of Hanover, N. H. 8°. 91 pp. With map. Hanover, N. H., 1891.

Jones, Marcus E., New plants from Arizona, Utah and Nevada. (Zoë. Vol. II. 1891. p. 12.)

Orcutt, C. R., The Tuna. (West American Science. Vol. VII. 1891. p. 153.)

— —, Epiphyllum. (l. c. p. 169. Ill.)

— —, Through San Gorgonia Pass. (l. c. p. 174.)

— —, Rosa minutifolia. (l. c. p. 181.)

Parish, W. F., Yucca Whipplei. (Vick's Magazine. Vol. XIV. 1891. p. 211. Illustr.)

Read, M. A., Notes on the later life-history of the flowering dogwood. (Popul. Science News. Vol. XXV. 1891. p. 47. Ill.)

Tanfani, E., Osservazioni sopra due Silene della flora italiana. (Bullettino della Società Botanica Italiana. — Nuovo Giornale Botanico Italiano. Vol. XXIII. 1891. p. 603.)

Upham, Warren, Geographic limits of species of plants in the Basin of the Red River of the North. (Proceedings of the Boston Society of Natural History. Vol. XXV. 1891. Part I. p. 140.)

Vroom, J., Does our indigenous flora give evidence of a recent change of climate? (Bulletin of the Nat. History Society of New Brunswick. Vol. VII. 1891.)

Phaenologie:

Drude, O., Die Ergebnisse der in Sachsen seit dem Jahre 1882 nach gemeinsamem Plane angestellten pflanzen-phänologischen Beobachtungen. (Abhandlungen der naturwissenschaftlichen Gesellschaft Isis in Dresden. 1891. p. 59.)

Ziegler, Julius, Pflanzenphänologische Beobachtungen zu Frankfurt a. M. (Bericht über die Senckenbergische naturforschende Gesellschaft in Frankfurt a. M. 1891. p. 21.)

Palaeontologie:

Engelhardt, H., Ueber fossile Pflanzen aus tertiären Tuffen Nordböhmens. (Abhandlungen der naturwissenschaftlichen Gesellschaft Isis in Dresden. 1891. p. 20. 1 Tafel.)

— —, Ueber Tertiärpflanzen von Chile. (Abhandlungen, herausgegeben von der Senckenbergischen Naturforscher-Gesellschaft in Frankfurt a. M. Bd. XVI. 1891. Heft 4. p. 629—692. 14 Tafeln.)

Ettingshausen, C. Freiherr von, Die fossile Flora von Schönegg bei Wies in Steiermark. Th. II. Gamopetalen. (Sep.-Abdr.) 4°. 24 pp. 2 Tafeln. Leipzig (Freytag in Comm.) 1891. M. 2.90.

Teratologie und Pflanzenkrankheiten:

Antoniotti, Pa., Genera alla peronospora e ad altri parassiti: istruzioni pratiche. 2. ediz. (Supplemento al Bollettino del comizio agrario biellese. 1891. No. 4.) 8°. 31 pp. Biella (Tip. Chiorino) 1891.

Armstrong, L. H., Smut and rust fungus. (Florida Dispatch, Farmer and Fruit-Grover, Jacksonville, Fla. Vol. III. 1891. p. 429.)

Bjergaard, J. Pedersen, Prevention of rust in cereals. (The American Agriculturist. Vol. L. 1891. p. 136.)

Bolley, H. L., Grain smuts. (Bulletin of Agricultural Experiment Station of Fargo, N. Dak. Vol. I. 1891. June.)

Butz, George C., Black knot on plums. (Bulletin of Penn. State Agricultural Experiment Station. 1890, October. p. 34. With plates.)

Cavara, F., Un altro parassita del frumento, la Gibellina cerealis Pass. 8°. 7 pp. 1 tav. Torino (F. Casanova) 1891. 50 cent.

Clark, John W., Spraying for codling moth and apple scab, Fusicladium dendriticum (Wall.) Fckl. (Bulletin of the Missouri Agricultural Experiment Station. Vol. XIII. 1891. p. 6.)

— —, Black rot of the grape. (l. c.)

Fairchild, D. G., A few common orchard diseases. (Fancier and Farm Herald, Denver, Col. 1891.)

— —, Diseases of the grape in western New York. (Annual Meeting of the Western New York Horticultural Society, Rochester. 1891. Jan.)

Figdor, W., Experimentelle und histologische Studien über die Erscheinung der Verwachsung im Pflanzenreiche. (Sep.-Abdr.) 8°. 24 pp. 2 Tafeln. Leipzig (Freytag in Comm.) 1891. M. 0.90.

Fletcher, James, Black knot of the grape. (Appendix to Report of Minister of Canadian Agricultural Experimental Farm, Ontario, Canada for 1889/90.)

Freda, Pas., Sui rimedî per combattere la peronospora della vite. (Sep.-Abdr. aus Atti dell'esposizione internazionale di apparecchi e prodotti anticrittogamici ed insetticidi. 1891.) 8°. 24 pp. Roma (Tip. Nazionale) 1891.

Galloway, B. T., Experiments in the treatment of plant diseases. Part III. (Journal of Mycology. Vol. VII. 1891. 12 pp. With 1 pl.)

— —, The improved Japy Knapsack Sprayer. (l. c. p. 39. 3 pl.)

— —, A new Pine leaf rust. (l. c. p. 44.)

Goff, E. S., Bordeaux mixture as a preventive of potato rot. (Rural New Yorker. Vol. L. 1891. p. 453.)

Gubernati, Serafino, Cura contro la peronospora e contro gli insetti: istruzioni pratiche. 8°. 12 pp. Biella (Tip. Amosso) 1891.

Halsted, B. D., Destroy the black knot of plum and cherry trees. An appeal. (Bulletin of the Agricultural Experiment Station of New Brunswick, N. J. Vol. LXXVIII. 1891. p. 1—14.)

— —, Smut fungi. (Cultivator and Country Gentleman, Albany, N. Y. Vol. LVI. 1891. p. 491.)

Halsted, B. D., The black knot of plum and cherry trees. (The American» Agriculturist. Vol. L. 1891. p. 281. With figs.)
— —, The soft rot of the sweet potato. (l. c. p. 146. With figs.)
— —, The theory of fungicidal action. (l. c. p. 328.)
— — and **Fairchild, D. G.**, Sweet-potato black rot. (Journal of Mycology. Vol. VII. 1891. p. 1. 3 plates.)
Martelli, U., Il Black-rot sulle viti presso Firenze. (Bullettino della Società Botanica Italiana. — Nuovo Giornale Botanico Italiano. Vol. XXIII. 1891. p. 604.)
Massey, W. F., Clover and cotton rust. (The American Agriculturist. Vol. L. 1891. p. 144.)
Maynard, S. T., Fungous pests. (Bulletin of the Massachusetts Hatch. Exper. Station. Vol. XIII. 1891. p. 3—10.)
Mc Carthy, Gerald, Copper salto a possible surce of danger. (Agricultural Science. Vol. V. 1891. p. 156—158.)
Ravizza, F., La peronospora: istruzioni pratiche per combatterla. Diciassettesima edizione. 8°. 32 pp. Torino (E. Barbero) 1891.
Rübsaamen, Ew. H., Mittheilungen über neue und bekannte Gallmücken und Gallen. (Zeitschrift für Naturwissenschaften. Bd. LXIV. 1891. p. 123—156. Tafel 3.)
Scribner, F. L., Powders for combating the fungous or cryptogamic diseases of plants. (Rural New Yorker. Vol. L. 1891. p. 453.)
— —, Leaf-spot of the India-rubber tree, Leptostromella elastica Ell. et Scribn. (Orchard and Garden, Little Silver, N. J. Vol. XIII. 1891. p. 6.)
— —, Leaf-spot of screw palm, Physalospora Pandani Ell. et Scribn. (l. c. p. 6.)
— —, Plum leaf of shot-hole fungus. (Canadian Horticulturist. Vol. XIII. 1890. p. 315.)
— —, Black knot of the plum and cherry. (Bulletin of the Tenn. Agricultural Experiment Station, Knoxville, Tenn. Vol. IV. 1891. p. 26. With plates.)
Smith, Erwin F., Peach yellows. (Proceedings of Peninsula Horticultural Soc. at Easton, Md. 1891. p. 8.)
— —, Peach Blight. (Journal of Mycology. Vol. VII. 1891. p. 36. 2 pl.)
Thomas, Ueber Pilzsporentransport durch die Rosenschabe. (Mittheilungen des Thüring. botanischen Vereins. Neue Folge. Bd. I. 1891. p. 10.)
Underwood, Lucien M., Diseases of the Orange in Florida. (Journal of Mycology. Vol. VII. 1891. p. 27.)
Viglietto, F., Come combattere la peronospora nel 1891: riassunto. 8°. 7 pp. Udine (Tip. Seitz) 1891.
Voglino, P., I funghi più dannosi alle piante coltivate; il carbone del granturco, Ustilago Maydis Corda: osservazioni e consigli. (Estratto dal Coltivatore di Casalmonferrato. Vol. XXXVII. 1891. No. 22.) 8°. 8 pp. 1 tav. Casale (Tip. Cassone) 1891.
Zanfrognini, C., Anomalie del fiore della Viola odorata Linn. (Estratto dagli Atti della Società dei Natural. di Modena. Ser. III. Vol. X. 1891.) 8°. 5 pp. Modena (Tip. Vincenzi) 1891.

Medicinisch-pharmaceutische Botanik:

Buchner, Ueber die im Bakterienkörper enthaltene Eiterung erregende Substanz. (Sitzungsberichte der Gesellschaft für Morphologie und Physiologie in München. 1890. No. 2. p. 88—89.)
— —, Ueber pyogene Wirkung des Bakterieninhalts. (l. c. p. 90—91.)
— —, Ursache der Sporenbildung beim Milzbrandbacillus. (l. c. p. 87—88.)
Fiedeler, Ueber die Brustseuche im Koseler Landgestüte und über den Krankheits-Erreger derselben. (Centralblatt für Bakteriologie und Parasitenkunde. Bd. X. 1891. No. 12. p. 380—384.)
Hahn, M., Ueber die chemische Natur des wirksamen Stoffes im Koch'schen Tuberkulin. (Berliner klinische Wochenschrift. 1891. No. 30. p. 741—744.)
Hankin, E. H., Ueber die Nomenclatur der schützenden Eiweisskörper. [Schluss.] (Centralblatt für Bakteriologie und Parasitenkunde. Band X. 1891. No. 12. p. 377—379.)
Kuskoff, N., Ueber Fälle von acuter Miliartuberculose ohne Koch'sche Tuberkelbacillen. (Trudi obsh. Russk. Wratsch. v. St. Petersburg. 1891. p. 11—26.) [Russisch.]

Loriga, G. et Pensuti, V., Sulla etiologia delle pleuriti. (Rivista d'igiene e san pubbl. 1891. No. 11—13. p. 385—402, 431—448.)

Mac Fadyen, A., Observations upon a mastitis bacillus. (Journal of Anat. and Physiol. Vol. XXV. 1891. No. 4. p. 571—577.)

Mohr, Carl, Vegetation of Louisiana and adjoining regions, and its products, in relation to pharmacy and allied industries. (Pharmac. Rundschau. Bd. IX. 1891. p. 132.)

Nannotti, A., Contributo alle suppurazione prodotte dal pneumococco di Fränkel. (Sperimentale. 1891. No. 12. p. 253—260.)

Pammel, L. H., Loco weeds. (Vis Medicatrix. Vol. I. 1891. p. 40. Ill.)

Pestana, C., De la diffusion du poison du tétanos dans l'organisme. (Comptes rendus de la Société de biologie. 1891. No. 23. p. 511—513.)

Power, F. D., Review of some cases of poisoning by the so-called wild parsnip. (Pharmac. Rundschau. Bd. IX. 1891. p. 162. Ill.)

Roger, Action des produits solubles du streptocoque de l'érysipèle. (Comptes rendus de la Société de biologie. 1891. No. 24. p. 538—542.)

Technische, Forst-, ökonomische und gärtnerische Botanik:

Ebermayer, E., Untersuchungen a) über das Verhalten verschiedener Boden-arten gegen Wärme; b) über den Einfluss der Meereshöhe auf die Boden-temperatur; c) über die Bedeutung der Bodenwärme für das Pflanzenleben. (Forschungen auf dem Gebiete der Agriculturphysik. Bd XIV. 1891. p. 195.)

Erdmann, R., Die Grundlehren des rationellen Obstbaues. 8°. VIII, 60 pp. 10 color. Tafeln oder 1 color. Wandtafel. Graz (P. Cieslar) 1891. Fl. 2.40.

Goodale, G. L., Some of the possibilities of economic botany. (American Journal of Science. Vol. XLII. 1891. p. 271.)

Gower, W. H., Cattleya Schroederae. (Garden. Vol. XXXIX. 1891. p. 30. With plates.)

Mariani, Giov., Studî chimico-agrari sugli equiseti, considerati come piante da foraggio. (Estratto dagli Studî e ricerche istituite nel laboratorio di chimica agraria della R. università di Pisa. 1886/87. Fasc. 7.) 8°. 9 pp. Lodi (Tip. Dell'Aro) 1891.

Mayer, A., Zur Theorie der Wassercapacität von Ackererden und anderer poröser Medien. (Forschungen auf dem Gebiete der Agriculturphysik. Bd. XIV. 1891. p. 254.)

Rothrock, J. T., The tulip poplar, or popolar tree. (Forest Leaves. Vol. III. 1891. p. 85 Illustr.)

Wollny, E., Untersuchungen über den Gewichtsverlust und einige morphologische Veränderungen der Kartoffelknollen bei der Aufbewahrung im Keller. (Forsch-ungen auf dem Gebiete der Agriculturphysik. Bd. XIV. 1891. p. 286.)

— —, Untersuchungen über das Verhalten der atmosphärischen Niederschläge zur Pflanze und zum Boden. V. Der Einfluss der atmosphärischen Nieder-schläge auf die Grundwasserstände im Boden. (l. c. p. 335.)

Varia:

Mac Millan, Conway, The three month course in botany. (Education. Vol. XI. 1891. p. 406.)

Personalnachrichten.

Dr. **Fritz Müller** zu Blumenau in Brasilien, welcher bis vor Kurzem die Stellung eines naturalista viajante des Museums zu Rio de Janeiro bekleidete, ist seines Amtes plötzlich enthoben worden von der brasilianischen Regierung, der Regierung, unter der er beinahe 40 Jahre lang gearbeitet und gewirkt hat mit der Hingabe und den Erfolgen, welche die wissenschaftliche Welt kennt. Im April dieses Jahres wurde Herrn Dr. M ü l l e r mitgetheilt, der betreffende Herr Minister zu Rio de Janeiro habe beschlossen, die Herren naturalistas viajantes sollten alle fortan in Rio wohnen, und auch er habe demgemäss nach der Hauptstadt überzusiedeln. Seit beinahe 40 Jahren ist Dr. Müller in Blumenau ansässig, seine Besitzung hier ist seine Beobachtungsstation; in seinem Garten und seinem Walde zumeist wurden jene wissenschaftlichen Thatsachen gewonnen, welche inzwischen Gemeingut der Zoologen und Botaniker aller Länder geworden sind, hier keimten seine Gedanken auf, welche eines Darwin begeisterte Bewunderung erregten, hier werden noch täglich an zahlreichen Versuchsobjecten Beobachtungen fortgesetzt. Wo in aller Welt anders als im heutigen Brasilien wäre es möglich gewesen, dass man einen Forscher vom Range Fritz Müller's gegen seinen Willen nöthigen wollte, im 70. Lebensjahre seinen liebgewordenen Wohnsitz aufzugeben, eine beschwerliche Seereise anzutreten nach einer Stadt, die schon durch ihre ökonomischen Verhältnisse dem Gelehrten bei seinem bis dahin bezogenen Gehalte kaum eine kärgliche Existenzermöglichen würde. Dr. Müller musste erklären und erklärte, dass er der an ihn ergangenen Aufforderung nicht Folge leisten könne. Darauf erfolgte die Entlassung, welche die Regierung für gut befand, durch den Steuereinnehmer des Ortes dem Gelehrten bekannt geben zu lassen. Der Steuereinnehmer, der gewöhnlich das Gehalt auszahlte, erklärte, zur Fortsetzung dieser Zahlung nicht weiter ermächtigt zu sein.

Es wird den Lesern des „Botanischen Centralblattes" interessant sein, die mitgetheilten Thatsachen kennen zu lernen, Kenntniss zu nehmen von einem Akt der brasilianischen Regierung, welche in einem ihrer vornehmsten Vertreter die Wissenschaft selbst beleidigte und die von ihr vertretene Nation zum Range der uncivilisirten Völker degradirte.

Blumenau, Sa. Catharina, 24. August 1891.

Dr. A. Möller.

Der bisherige ausserordentliche Professor an der Akademie zu Münster in Westphalen, Dr. **Arthur Meyer,** ist zum ordentlichen Professor der Botanik an der Universität Marburg ernannt worden.

Der Privatdocent der Botanik an der Universität Marburg, Dr. **F. G. Kohl,** ist zum ausserordentlichen Professor in der philosophischen Facultät daselbst ernannt worden.

Der bisherige Assistent am botanischen Garten und Universitäts-Herbarium zu Göttingen, Dr. **Emil Knoblauch,** ist als Assistent am botanischen Garten der technischen Hochschule zu Karlsruhe angestellt worden.

Dr. **C. Hohmann,** bisher in Geisenheim, ist zum Assistenten an der landwirthschaftlichen Versuchsstation der Akademie in Poppelsdorf-Bonn ernannt worden.

Inhalt:

Ausgegeben: 21. October 1891.

Druck und Verlag von **Gebr. Gotthelft** in **Cassel.**

Band XLVIII. No. 4.   XII. Jahrgang.

Botanisches Centralblatt.

REFERIRENDES ORGAN

für das Gesammtgebiet der Botanik des In- und Auslandes.

Herausgegeben

unter Mitwirkung zahlreicher Gelehrten

von

Dr. Oscar Uhlworm und Dr. F. G. Kohl
in Cassel.   in Marburg.

_____

Zugleich Organ

des

**Botanischen Vereins in München, der Botaniska Sällskapet i Stockholm,
der botanischen Section des naturwissenschaftlichen Vereins zu Hamburg,
der botanischen Section der Schlesischen Gesellschaft für vaterländische
Cultur zu Breslau, der Botaniska Sektionen af Naturvetenskapliga Student-
sällskapet i Upsala, der k. k. zoologisch-botanischen Gesellschaft in
Wien, des Botanischen Vereins in Lund und der Societas pro Fauna et
Flora Fennica in Helsingfors.**

Nr. 43.	Abonnement für das halbe Jahr (2 Bände) mit 14 M. durch alle Buchhandlungen und Postanstalten.	1891.

Wissenschaftliche Original-Mittheilungen.

———

Beiträge zur Kenntniss der *Ectocarpus*-Arten der Kieler Föhrde.

Von

Paul Kuckuck.

Mit 6 Figuren.

(Fortsetzung.)

Ectocarpus dasycarpus n. sp.

Diagn.: Bildet an anderen Algen festgewachsene,
meist unverworrene braune Büschel von 5—7 cm Höhe.
Pluriloculäre Sporangien cylindrisch, sitzend oder
auf ein- bis mehrzelligem Stiel oder langgestielt,
sehr häufig terminal, nicht in ein Haar auslaufend,
von sehr variabler Länge (bis 250 μ), aber sehr constanter Dicke (10—15 μ). Uniloculäre Sporangien
fehlen. Verzweigung pseudodichotom, meist nur die
Sporangienäste deutlich seitlich.

Die Art ist durch die Form der pluriloculären Sporangien gut charakterisirt. Dieselben sind sehr zahlreich dadurch, dass die Spitzen von Zweigen aller Ordnungen und die kurzpfriemigen Aestchen fertil werden können (Fig. 4). Sterile Zweigspitzen sind selten und laufen dann in ein Haar aus. Vegetative Zellen der Hauptachse bis 40 μ dick, mit schmalen, wohl entwickelten Chromatophoren-Bändern, cylindrisch, an den Querwänden wenig oder gar nicht eingeschnürt. Thallus in den oberen Theilen dünnfädig.

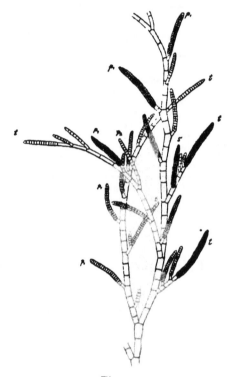

Fig. 4.

Ectocarpus dasycarpus n. sp., ein Zweig mit jungen und reifen pluriloculären Sporangien; bei p_1 Sporangien bei s sessil, bei p_1 kurzgestielt, bei p_2 langgestielt, bei t terminal. Vergr. 100:1.

An anderen Algen festgewachsen, meist in grösserer Tiefe; im Sommer.*)

Ectocarpus penicillatus Ag.

Diagn.: Immer festgewachsen; büschelig mit mehr oder minder scharf umgrenzten Zweigbüscheln, ohne

---

*) Im Juli d. J. gelang es mir, aus Schwärmern, welche den pluriloculären Sporangien entstammten und nicht kopulirt hatten, eine neue Generation mit pluriloculären Sporangien zu siehen.

durchgehende Hauptachse. Verzweigung anfangs seitlich, dann pseudodichotom. Uniloculäre Sporangien ellipsoidisch-zusammengedrückt, seltener eiförmig, 35—50 μ lang, 25—30 μ dick, ungestielt oder auf ein- bis wenigzelligem Stiel, angedrückt-aufrecht oder abstehend. Pluriloculäre Sporangien lang-kegel- förmig bis dick-pfriemig, bis 250 μ lang, an der Basis oder kurz über derselben 20—30 μ dick. Chromato- phoren bandförmig, wiederholt verzweigt, breit, un- regelmässig verlaufend, bis 3,5 μ breit.

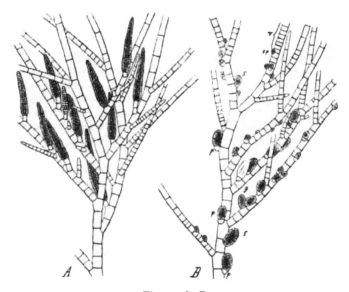

Fig. 5. A, B.

Ectocarpus penicillatus Ag., zwei verschiedenen Pflanzen entnommene, Zweig- büschel mit pluriloculären *(A)* und uniloculären Sporangien; bei *s* sessile Sporangien, bei *p* Sporangien mit keilförmiger Stielzelle, bei *v* trichothallischer Vegetationspunkt über der jüngsten Sporangiumanlage *sp*, bei *g* Doppel- sporangium. Vergr. 100 : 1.

Bildet bis 10 cm hohe, rostbraune, unten meist etwas ver- filzte, an der Peripherie freie, mit Zweigbüschelchen bedeckte Büschel an *Scytosiphon lomentarius* und *Chordaria flagelliformis* in der Litoralregion. Die Verzweigung ist anfangs deutlich seitlich, wird aber bei den älteren Aesten durch rasches Wachsthum des Seiten- astes, welcher die Hauptachse etwas zur Seite drängt, scheinbar gabelig. Zweige der letzten Ordnungen zu Zweigbüscheln ver- einigt, die besonders bei den mit pluriloculären Sporangien bedeckten Pflanzen sehr dicht sind, gabelig, abwechselnd oder einseitig. Die gleichbreiten oder sich nur allmählich verdünnenden, bis 20 μ dicken Haare sind wohl entwickelt und krönen die Zweigbüschel mit einem weisslichen Filz. Vegetative Zellen bis 50 μ dick, meist an den Querwänden etwas eingeschnürt, besonders in den dickeren Theilen tonnenförmig. Beiwurzeln spärlich, 7 μ dick.

Uniloculäre und pluriloculäre Sporangien auf verschiedenen oder auf demselben Individuum, die ersteren zuerst erscheinend. Die uniloculären Sporangien sind meist regelmässig- oder etwas zusammengedrückt-ellipsoidisch. Bald sind sie sessil (bei s in Fig. 5, B), bald erheben sie sich auf einzelligem (selten zwei- bis wenigzelligem) Stiel (bei p in Fig. 5, B). Verläuft ihre Längsachse parallel zur Längsachse des Fadens, an welchem sie sitzen, so sind sie diesem fest angedrückt. Die Stielzelle kann nachträglich zum Sporangium auswachsen (bei g in Fig. 5, B) und die ursprüngliche Sporangienanlage überholen. Oder sie theilt sich nachträglich durch eine schiefe Wand und die obere Zelle verwandelt sich in ein Sporangium. Später scheinen alsdann zwei gleichwerthige Sporangien auf einem Stiele zu sitzen. Intercalare Sporangien kommen hin und wieder vor. — Die pluriloculären Sporangien haben, wenn sie an Pflanzen mit uniloculären Sporangien entstehen, zuerst eine mehr gedrungene, der uniloculären sich nähernde Form. Bald werden aber nur noch lang-kegelförmige, pfriemige oder mehr cylindrische Sporangien gebildet. Niemals tragen dieselben ein Haar. Gewöhnlich ist ein ein- bis wenigzelliger Stiel vorhanden (bei p in Fig. 5, A; bei s ein sessiles Sporangium). — Oft ist schon bei Büscheln von kaum 1 cm Höhe reichliche Fructification vorhanden.

Mai bis August, an anderen Algen festgewachsen, nie treibend; Bülk, Möltenort, Bellevue, nicht häufig.

Syn.   *E. siliculosus e. penicillatus* C. A. Agardh, Syst. Alg. p. 162.
    E. siliculosus e. penicillatus C. A. Agardh, Spec. Alg. Vol. II. p. 39.
    E. confervoides f. *penicillata* Kjellm., Bidrag p. 80 ff.
    E. penicillatus Kjellm., Handbok p. 76 f.
Exsicc. Areschoug, Alg. scand. exs. No. 115, 174, 175.

Morphologisches.

A. Zellinhalt und Sporangien.

I. Der Formenkreis von *Ectocarpus litoralis* L. sp.

1. Zellinhalt.

Die Chromatophoren. Die Chromatophoren zeigen mit grosser Uebereinstimmung auch bei den verschiedensten Formen eine linsen- oder plattenförmige Gestalt von rundlichen Umrissen und sind in grösserer Anzahl dem Wandbeleg des Protoplasmas eingebettet. Ihre Grösse kann bei den einzelnen Formen und auch bei demselben Individuum, selbst in derselben Zelle, doch immer nur zwischen engen Grenzen variiren. In den kleineren Zellen sind sie nicht kleiner, sondern nur weniger zahlreich. Bald liegen sie locker, weite Zwischenräume zwischen sich lassend, bald so dicht, dass nur ein feines Netzwerk der Zellwand von ihnen frei bleibt. Im letzteren Falle verlieren sie ihre rundliche Gestalt und werden kantig. Chromatophoren, die sich theilen, nehmen erst elliptische Form an und werden dann bisquitförmig. Sie sind ent-

weder an allen Stellen gleich dick, oder sie sind in der Mitte am
dicksten, so dass eine planconvexe Gestalt entsteht. Zuweilen verlängern sie sich zu kurzen, etwas gewundenen Bändern; auf dieses
Merkmal jedoch eine eigene Form zu gründen, erschien nicht an-
gängig, da bei demselben Individuum sich auch zahlreiche Zellen
mit normalen Ckromatophoren zu finden pflegten. Mit Essigsäure
behandelt schrumpfen die Chromatophoren und zeigen einen fein-
porösen Bau.

Pyrenoide. (Ueber die Benennung s. w. u.) In den
Zellen von *E. litoralis* L. sp. finden sich stets im Zusammen
hang mit den Chromatophoren Gebilde, welche sich in Essigsäure,
Alkohol und Pikrinsäure nicht auflösen, von Alkalien aber zerstört
werden. Mit Karminessigsäure färben sie sich nach 24 Stunden
roth. Von den Pyrenoiden der bandförmigen Chromatophoren
(s. u.) unterscheiden sie sich in mehrfacher Hinsicht. Sie sind
meist nicht rundlich, sondern birnenförmig und sitzen den Chromatophoren (gewöhnlich in der Einzahl) vorzugsweise seitlich am Rande
mit einem Spitzchen auf. Oft befindet sich an dieser Stelle eine
Einkerbung oder Ausbuchtung am Chromatophor, die sich dadurch
am besten erklärt, dass man annimmt, der letztere sei seit der Anlage des Pyrenoids um die Tiefe der Einkerbung am Rande gewachsen. Eine Schalenstructur konnte ich nicht nachweisen.

Sonstige im Protoplasma suspendirte Körper.
Tropfenförmige und körnige Gebilde im protoplasmatischen Wand-
belege und im übrigen Zellplasma machen zuweilen das Erkennen
der Pyrenoide schwierig, können aber leicht durch Alkohol und
Essigsäure, in denen sie sich lösen, beseitigt werden.

Zusammenballungen in der Nähe des Kernes, welche weit in
die Vacuolen hineinragen und sich bei Zusatz von Eau de Javelle
unter Braunfärbung und Quellung lösen, finden sich häufig und
bei Exemplaren, die längere Zeit cultivirt wurden, massenhaft.

2. Sporangien.

Die pluriloculären Sporangien sind in den Verlauf
des Fadens eingesprengt, bald ebenso dick wie dieser, bald dicker
und von den vegetativen Zellen scharf abgesetzt, bald cylindrisch,
bald sich nach oben verjüngend; zuweilen etwas höckerig. In
der Länge variiren sie sehr, selten entsprechen sie nur einer vegetativen Zelle, in der Regel einer grösseren Anzahl derselben. Oefter
sind einzelne vegetative Zellen, die sogar junge Aeste anlegen
können, in das Sporangium eingesprengt, so bei *E. litoralis β. firma*
f. *pachycarpa*. Die Stielzellen können bis auf eine reducirt sein
oder ganz verloren gehen, sodass das Sporangium sessil wird.
Die oberen Zellen laufen oft in ein Haar aus und können gleich
über dem Sporangium eine bedeutende Länge haben. Oft sind
sie aber nur in so geringer Anzahl vorhanden, dass sie dornartig
dem pluriloculären Sporangium aufsitzen, oder sie werden bis auf
eine Zelle reducirt, die endlich auch in das Sporangium hineingezogen werden kann. Noch möchte ich erwähnen, dass die Stelle,
an welcher bei der Reife der Austritt der Zoosporen erfolgt, sich

schon vorher als Vorwölbung oder Höcker kenntlich macht. Die
Entleerung geht immer an mehreren Stellen des Sporangiums
vor. sich.

Die uniloculären Sporangien, deren Entwicklung näher
studirt wurde, liegen gewöhnlich im Verlauf des vegetativen Fadens
zu Ketten vereinigt; die über und unter der Kette liegenden vegetativen Zellen verhalten sich wie beim pluriloculären Sporangium,
doch finden sich sessile Ketten nur selten. Die Form des einzelnen
Sporangiums ist tonnenförmig, wenn die Einschnürung an den die
Sporangien trennenden Scheidewänden eine geringe, fast kugelig,
wenn sie bedeutend ist. Ist seine Längsachse grösser als der
Querdurchmesser, so wird das Sporangium ellipsoidisch, im um-
gekehrten Falle scheibenförmig. Die Zahl der in einer Kette vereinigten Sporangien ist oft bei demselben Individuum eine sehr
wechselnde. Selten sind nur ein oder zwei Sporangien vorhanden,
so bei *E. litoralis β. firma f. livida*; im extremen Falle zählte ich 35.
Hin und wieder tritt bei Pflanzen, deren Sporangien sonst normal
sind, in einem jungen Sporangium eine Längswand auf; jede der
beiden so entstandenen Zellen entwickelt sich zu einem uniloculären
Sporangium.

Beginnt die Pflanze uniloculäre Sporangien zu produciren, so
geht mit der Veränderung des Inhaltes in manchen Fällen, besonders
wenn die reifen Sporangien
eine scheibenförmige Gestalt
besitzen, eine sehr rasch hintereinander folgende Anlage von
Querwänden vor sich, die eine
Reihe von Zellen mit sehr
geringer Höhe zu Stande bringt.
Dieselben dehnen sich sodann
durch Wachsthum und Vor-
wölbung der cylindrischen
Aussenwand aus, sodass schliesslich das fertige Sporangium
eine kurz - tonnenförmige Gestalt erhält. Gewöhnlich erfolgt aber die Anlage von Querwänden in grösseren Pausen,
während welcher die Zellwand
in die Länge wächst, und die
Zellen sind, wenn die ersten
Umlagerungen des Zellinhaltes
beginnen, etwa halb so hoch
als breit oder eben so hoch.
Am klarsten treten die Veränderungen im Zellinhalte hervor, wenn man auf den optischen Längsschnitt einstellt.

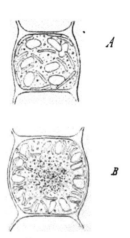

Fig. 6. A, B.

Ectocarpus litoralis L. sp., zwei verschiedenen Sporangienketten entnommene junge uniloculäre Sporangien im
optischen Durchschnitt; die Chromatophoren weisen noch keine Augenpunkte auf und sind in dem älteren
Stadium *B* nach der Sporangienwand
zurückgewandert Vergr. 800:1.

Gehen wir von der vegetativen Zelle aus, so liegen hier die Chromatophoren sämmtlich mit ihrer ganzen Fläche den Seiten und Quer-

wänden an, sind im protoplasmatischen Wandbeleg eingebettet und tragen auf der dem Plasma zugekehrten Seite die Pyrenoide. Der Kern liegt etwas seitlich in einer dünnen Kernhülle, von der einzelne Plasmafäden nach dem Wandplasma ausstrahlen. Die erste Andeutung, dass die Zelle in ein Sporangium umgewandelt werden soll, findet sich darin, dass einzelne Chromatophoren sich von der Wand abzulösen und dem Zelllumen zuzuwenden beginnen, wobei ein von Theilung begleitetes Wachsthum derselben in die Fläche stattfindet, während ihre Dicke abnimmt. Im nächsten Stadium wird das Protoplasma körnig, vermehrt sich bedeutend und hüllt die sich theilenden Kerne ein. Durch Behandlung mit Essigkarmin gelingt es meist, dieselben sichtbar zu machen. Pyrenoide scheinen nicht mehr gebildet und die vorhandenen sogar zurückgebildet und verbraucht zu werden. In dem in Fig. 6, A abgebildeten Stadium erfüllen die Chromatophoren, die man bald im Profil, bald in der Fläche sieht, das ganze Zelllumen gleichmässig. Nunmehr beginnt eine Rückwanderung derselben nach der Zellwand, bis zuletzt eine innere von ihnen völlig freie Region übrig bleibt, die dicht mit körnigem Protoplasma gefüllt und rings von einer gleichmässig dicken, chromatophorenhaltigen Protoplasmaschicht umgeben ist (Fig. 6, B). Die zahlreichen, sich fast durchgängig senkrecht zur Sporangiumwand stellenden Chromatophoren fahren fort sich zu theilen; die Protoplasmaschicht, in der sie liegen, ist verhältnissmässig arm an körnigen und tropfenförmigen Bestandtheilen. Färbungen mit Essigkarmin ergeben stets eine intensive Rothfärbung einer an der Grenze des chromatophorenhaltigen und des chromatophorenfreien Plasmas doch noch in dem ersteren liegenden Schicht, während der innere Theil sich nur wenig färbt. Nach einer gewissen Zeit beginnt ein abermaliger Transport der Chromatophoren nach dem Zellinneren und eine Wanderung der körnigen Plasmabestandtheile nach der Peripherie. Sobald gefärbter und ungefärbter Inhalt im ganzen Sporangium gleichmässig gemischt sind und nicht eher bemerkt man die ersten Anfänge der Augenpunkte. Dieselben vergrössern sich, die Chromatophoren werden muldenförmig, die einzelnen Schwärmsporen-Portionen platten sich gegenseitig ab und das Sporangium hat seine Reife erreicht.

Der Austritt der Schwärmsporen ist von Thuret (48.) bereits studirt worden und ich finde seine Angaben durch meine Beobachtungen durchaus bestätigt. Betonen will ich, dass die aus dem Sporangium ausgeschlüpften Schwärmsporen vor demselben durch Schleim zu einer Kugel so lange zusammengehalten werden, bis der letzte Schwärmer sich zu ihnen gesellt hat. Erst dann beginnt eine Bewegung an der Peripherie des Schwärmerhaufens, der ein plötzliches oder ruckweises Auseinanderplatzen folgt. Die Schwärmsporen besitzen stets nur einen Chromatophor. Die Austrittsöffnung liegt immer seitlich unter der oberen Querwand. Bei terminalen Sporangienketten erfolgt jedoch an dem Scheitelsporangium der Austritt stets apical und nicht seitlich. Die die Sporangien trennenden Querwände werden während der Entleerung nie resorbirt.

Wird die Entwicklung der Pflanze gestört, so gelangen die Zoosporen nicht zum Austritt, sondern umgeben sich mit einer Membran und treiben Wurzelfäden, welche das Sporangium durchbrechen, in der Regel aber einen wenig lebensfähigen Eindruck machen. In einem Falle beobachtete ich, dass die Zerklüftung des Sporangiuminhaltes eingestellt wurde, bevor die definitive Grösse der Schwärmsporen-Portionen erreicht war. Es hatten sich derbe Membranen um die mit mehreren, wohl ausgebildeten, dunkelbraunen Chromatophoren versehenen Protoplasmaballen entwickelt und die an der Peripherie liegenden Zellen begannen bereits eine Ausstülpung zu treiben.

(Fortsetzung folgt.)

Botanische Gärten und Institute.

Vail, Anna M., Bronx Park. (Garden and Forest. Vol. IV. 1891. p. 314.)

Instrumente, Präparations- und Conservations-Methoden.

Dammer, Udo, Handbuch für Pflanzensammler. 8⁰. 342 p. Mit 59 in den Text gedruckten Abbildungen und 13 Tafeln. Stuttgart (Ferd. Enke) 1891.

Ein Buch, das weit mehr bietet, als es der Wortlaut des Titels vermuthen lässt. Dasselbe enthält nicht nur eine Anleitung zum Einsammeln der Pflanzen, sei es bei kleineren Excursionen, sei es auf grösseren wissenschaftlichen Reisen, sowie zum Conserviren, Präpariren und Bestimmen des eingesammelten Materials und zur Anlage von Herbarien oder irgend welcher anderer wissenschaftlicher Sammlungen, sondern auch eine Einführung in die systematisch-morphologische Untersuchungsmethode, sowie eine Unterweisung zu systematisch-monographischen Arbeiten. Ueberhaupt ist das Werk sehr allgemein gehalten; es wendet sich nicht nur an den botanischen Reisenden und den Systematiker und Anatomen von Fach, welche es in der verschiedensten Weise praktisch bei ihren Arbeiten zu unterstützen sucht, sondern besonders auch an solche, die sonst keine Gelegenheit haben, sich irgendwie wissenschaftlich mit Botanik zu beschäftigen. Es zerfällt in folgende Capitel:

1. Das Botanisiren sonst und jetzt (S. 3—5). 2. Ausrüstung, Hilfsmittel (S. 5—15). 3. Das Einsammeln (S. 15—27). 4. Präparirmethoden (S. 27—48). 5. Das Bestimmen der Pflanzen (S. 48—77). 6. Ergänzende Bemerkungen zu den bisherigen Capiteln (S. 77—81).

7. Das Herbarium (S. 81—90). 8. Die biologische Sammlung
(S. 90—99). 9. Die pathologische Sammlung (S. 99—104). 10. Die
teratologische Sammlung (S. 104—124). 11. Die Frucht- und
Samensammlung (S. 124—131). 12. Die Holzsammlung (S. 131
—136). 13. Die Knospensammlung (S. 136—144). 14. Die Blattsammlung (S. 145—163). 15. Die Farnsammlung (S. 163—194).
16. Die Moossammlung (S. 194—224). 17. Die Thallophyten-
sammlung (S. 224—292), mit den Untercapiteln: Die Algensammlung
(S. 288—290). Die Flechtensammlung (S. 290—291). Die Pilz-
sammlung (S. 291--292). Präpariren fleischiger Hutpilze (S. 292
—295). Cultur der Pilze (S. 295).

Daran schliesst sich eine Zusammenstellung derjenigen Präparationsmethoden, welche im Werke nicht berücksichtigt worden
sind (S. 296—303), ferner ein alphabetisches Verzeichniss derjenigen
Gattungen der Phanerogamen und Gefässkryptogamen, welche in
Garcke's Flora von Deutschland (15. Aufl.) Aufnahme gefunden
haben (S. 304—312), und eine Aufführung der wichtigsten floristischen Werke (S. 313—316). Auf das Register folgt sodann (S. 335
—342) eine Tabelle zum Bestimmen der Familien der Blütenpflanzen und zum Schlusse 13 Tafeln mit Blütenanalysen zur Ver-
anschaulichung der wesentlichsten Merkmale der einzelnen Familien.

In den Capiteln über das Einsammeln und Conserviren der
Pflanzen schliesst sich Verf. an Schweinfurth's Methode an,
dessen Angaben in Neumayers Anleitung zu wissenschaftlichen
Beobachtungen auf Reisen. 2. Aufl. Bd. I. S. 212 u. ff. zum grossen
Theile wörtlich wiedergegeben werden, den Capiteln über die
Knospensammlung sind Frank's Tabellen zur Bestimmung der
Holzgewächse in winterlichem Zustande, dem über die Kryptogamen
Luerssen's Medicinisch-Pharmaceutische Botanik, woher auch die
diesbezüglichen Abbildungen entlehnt sind, zu Grunde gelegt, dem
über die Farnsammlung insbesondere noch Hooker's Synopsis
Filicum, während die Tafeln zum grossen Theile Copieen aus
Schnitzlein's Iconographia familiarum naturalium regni vegeta-
bilis sind.

Vom wissenschaftlichen Standpunkte betrachtet dürften die
Capitel über die Blattsammlung, in welchem sich das Wesentlichste
über die Terminologie, Morphologie, Entwicklungsgeschichte, Anordnung, Physiologie und Biologie der Blätter angegeben findet,
sowie besonders das über die teratologische Sammlung als die
wichtigsten erscheinen. In dem letzteren geht Verfasser zunächst
auf eine Besprechung des Endzieles ein, das sich die teratologische
Forschung zu stellen hat und welches er in dem Studium nicht
blos der fertigen Zustände, als vielmehr der Ursachen der Missbildungen erblickt. Darauf wird das von Masters in dessen
„Pflanzenteratologie" gegebene Schema kritisch besprochen und
dafür ein anderes, wesentlich einfacheres vorgeschlagen. Verf. theilt
die Monstrositäten zunächst in 2 Gruppen, nämlich in a) Aenderungen
des Plasmas, deren Wirkungen sich auf den Zellinhalt beschränken,
wozu hauptsächlich die Aenderungen der Farbe zu rechnen sind,
und b) Aenderungen des Plasmas, deren Wirkungen die Zellbildung

beeinflussen. Die letztere Gruppe wird folgendermassen weiter eingetheilt:

I. Metagenie, d. h. Aenderungen, welche die Neuanlage von
Organen betreffen.

    A. Verstärkte Metagenie oder Pleiogenie.

1. Der Achsen,	2. der Blätter,
a) relativ,	a) relativ,
b) absolut.	b) absolut.

    B. Abgeschwächte Metagenie oder Oligogenie.

      1. Der Achsen etc.   2. der Blätter etc.

II. Metauxie, d. h. Aenderungen, welche die Weiterentwicklung
bereits angelegter Organe betreffen.

    A. Verstärkt, Pleiauxie

    B. Abgeschwächt, Oligauxie $\Big\}$ weiter eingetheilt wie I.

Dass Verf. das Penzig'sche Werk unberücksichtigt lässt, hat
seinen Grund darin, dass dasselbe zur Zeit, als er sein Capitel
über Teratologie ausarbeitete, noch nicht erschienen war. Doch
wäre es wohl zweckmässig gewesen, dies in der Vorrede oder
wenigstens in einer nachträglichen Anmerkung zu erwähnen.

Der Styl des Verf. ist an manchen Stellen sehr breit, was
dem Ref. besonders in dem Capitel über das Herbarium und in der
Anleitung zur Präparation der Blüten aufgefallen ist. Vieles ergiebt
sich für denjenigen, der einmal praktisch zu arbeiten angefangen
hat, ganz von selbst, und wem nichts mundrecht genug gemacht
werden kann, für den dürften kurze Anmerkungen vollkommen genügen. Was die Bestimmungstabelle der Familien betrifft, so erscheint es dem Ref. unmöglich, für die Bestimmung der Familien
einen Schlüssel in so gedrungener Kürze zu geben, wie der vom
Verf. ausgearbeitete, der zugleich auch der Forderung genügen
könnte, die der Verf. selbst (p. 76) an einen Schlüssel stellt, nämlich
ein sicheres Bestimmen der Pflanzen zu ermöglichen. So sind z. B.
die *Polypetalen* mit verwachsener Blumenkrone, sowie die *Discifloren*
ohne Discus unbestimmbar. Endlich sind auch die Tafeln, dadurch,
dass sie sich nur zu einem sehr geringen Theile auf eigene Beobachtung stützen, nicht ganz von Fehlern frei. So ist die Abbildung von der Blüte und dem Fruchtquerschnitt bei den *Ilicineen*
nicht nur ungenau, sondern falsch.

Doch abgesehen von derartigen Mängeln, welche bei einem
Werke, das sovielen Anforderungen gerecht werden soll, kaum zu
vermeiden sein dürften, enthält dasselbe auch für den Botaniker
von Fach viel interessante Thatsachen und Winke zu praktischen
Arbeiten.

Loesener (Berlin).

Sammlungen.

Patterson, H. N., Catalogue of the herbarium of the late Dr. Charles C. Parry
    of Davenport, Jowa. 8⁰. 82 pp. Oquawka, Ill. 1891.

Referate.

Poli, A. e Tanfani, E., Botanica ad uso delle scuole classiche. Parte III. *Classificazioni.* kl. 8⁰. 113 pp. und 200 Holzschn. Firenze 1891.

Im vorliegenden Bande sind zunächst: Zellstructur, Ernährung und Reproduction der Pflanzen ganz kurz abgethan. Etwas ausführlicher werden die Blütenmorphologie, Blütendiagramme und die Classifications-Systeme besprochen. Der vorwiegende Theil des Buches beschäftigt sich mit einer näheren Darstellung der Ordnungen sämmtlicher Gewächse, welche von instructiven Illustrationen und theilweise auch von Blütendiagrammen begleitet ist. Die Familien sind aber nur theilweise erwähnt und als typische Arten kommen hin und wieder nur die bekanntesten Pflanzen beispielshalber vor. Die systematische Anordnung des Stoffes ist nach Caruel, Pensieri sulla tassinomia botanica, 1881 (wieder durchgesehen und übersichtlich dargestellt in Conspectus Famil. Phanerog. 1889) getroffen; nur sind bei den Gymnogamen *(Thallophyten ausschliesslich der Characeen)* einige Aenderungen rathsam erschienen, welche die seit 1881 angebahnten Studien über die Reproductionsverhältnisse dieser Kryptogamen nothwendig machten. — Zum Schlusse ist eine knappe Uebersicht des Systems, mit einzelnen Beispielen, und eine Definition der Botanik und ihrer Hauptzweige gegeben.

Solla (Vallombrosa).

Thaxter, R., On certain new or peculiar North American *Hyphomycetes.* I. (Botanical Gazette. Vol. XVI. 1891. No. 1. p. 14—26. With plates III and IV.)

Nach einigen Bemerkungen über die Unterschiede zwischen *Oedocephalum* und *Rhopalomyces* gibt Verf. Beschreibungen und Abbildungen von folgenden Arten, sowie einige Notizen über diese Formen:

Oedocephalum glomerulosum (Bull.) Sacc., *O. echinulatum* Thaxt. n. sp., auf Käse in Massachusetts beobachtet, *O. verticillatum* Thaxt. n. sp. auf Molchmist in Tennessee, *O. pallidum* (B. et Br.) Cost., *Rhopalomyces elegans* Cda., *Rh. strangulatus* Thaxt. n. sp. auf faulenden thierischen Substanzen in Massachusetts und Connecticut, und *Sigmoideomyces dispiroides* Thaxt. n. gen. et sp., auf faulendem Holz in Tennessee. Die Diagnose dieser neuen Gattung ist wie folgt:

„Fertile hyphae erect, septate, growing in sigmoid curves, intricately branched, the main branches subdichotomous or falsely dichotomous, the ultimate branches sterile. Spores solitary, thickwalled, borne on the surface of spherical heads. Heads borne at the apex of short lateral branches which arise from opposite sides of certain cells in the continuity of the hyphae."

Verf. gibt auch kurze Bemerkungen über *Rh. Cucurbitarum* Berk. et Rav. und eine Uebersicht der bisher beschriebenen Arten von *Oedocephalum* und *Rhopalomyces.*

Humphrey (Amherst, Mass.).

Peirce, G. J., Notes on *Corticium Oakesii* B. et C. and *Michenera Artocreas* B. et C. (Bulletin of the Torrey Botanical Club of New-York. Vol. XVII. 1890. No. 12. p. 301—310. With plate CX.)

Verf. beschreibt die Entwicklung der Basidien von *C. Oakesii* B. et C. aus den Paraphysen und liefert Abbildungen der Entwicklungsstadien. Die Paraphysen entstehen als Aeste der vegetativen Hyphen, werden etwas keulenförmig und tragen auf ihren Enden zahlreiche, feine, borstenförmige Auswüchse, welche eine Länge von 3 *µ* haben. Auf diesen Borsten werden häufig kleine hyaline Kugeln von 0.8 *µ* Durchmesser erzeugt, die Verf. für Conidien hält. Einige der Paraphysen wachsen endlich weiter und bilden oberhalb der Borstenzone einen zweiten glatten Theil, auf dessen Ende sich andere Borsten entwickeln. Gewöhnlich geht das Wachsthum nicht weiter, bisweilen sprosst jedoch aus dem zweiten ein drittes borstentragendes Segment. Die Zahl der Borsten des oberen Theiles überschreitet nur ausnahmsweise fünf oder sechs. Von diesen werden typisch vier zu grossen, langen Sterigmen, die eine Grösse von 16 × 4 *µ* erreichen und die elliptischen, 24 × 16 *µ* grossen, fleischrothen Sporen erzeugen. Hieraus geht hervor, dass die Paraphysen und Basidien, die Conidien und Basidiosporen morphologisch ähnliche Organe sind. Das Verhältniss dieser Beobachtungen zu der Frage der Sexualität der *Basidiomyceten* betont Verf. nicht.

Bei *C. amorphum* fand Verf. niemals borstige Paraphysen, und er glaubt, dass *C. Oakesii* als specifisch verschieden zu betrachten sei.

Das Hymenium von *Michenera Artocreas* B. et C. besteht aus fadenförmigen Paraphysen, zwischen welchen vom Mycelium aus Hyphen wachsen, deren Enden geschwollen sind, mit einem langen, spitzen, peitschenförmigen Anhängsel. An dem aufgeschwollenen Ende wird eine grosse Spore gebildet, bei deren Reife die Mutterzelle abgetrennt und weggeführt wird. Das Anhängsel mag vielleicht die Verbreitung der Sporen befördern. Nach sorgfältiger Untersuchung kommt Verf. zu der Ansicht, dass diese Gebilde nicht als Sporen eines auf dem *Corticium*-ähnlichen Hymenium schmarotzenden Pilzes, für welche sie von Anderen gehalten worden sind, sondern als Conidien von *Michenera* zu betrachten seien. Verf. hat niemals auf einem unzweifelhaften *Michenera*-Hymenium Basidien oder Basidiosporen beobachtet; er glaubt, dass dieses Stadium des Pilzes von dem Conidien-Stadium mehr oder minder ersetzt und unterdrückt ist.

Humphrey (Amherst, Mass).

Arcangeli, G., Altre osservazioni sul *Dracunculus vulgaris* (L.) Schott, e sul sue processo d'impollinazione. (Malpighia. Anno IV. Vol. IV. 8 pp.)

Schon in einer früheren Arbeit „Sull impollinazione del *Dracunculus vulgaris* (L.) Schott in risposta al Prof. F. Delpino. (Malpighia. Anno III, Vol. III.) hatte Verf. die Ansicht Delpino's zu widerlegen gesucht, dass *Dracunculus vulgaris* sapro-myiophil ist, durch Aasfligen bestäubt wird, dass dagegen die häufig beobachteten Aaskäfer bei der Bestäubung der Pflanze eher hinderlich, als förderlich seien. Delpino hatte darauf eine kurze Entgegnung in derselben Zeitschrift veröffentlicht. Die neueren Untersuchungen und Versuche des Verfassers, welche in dem vorliegenden Aufsatz niedergelegt sind, erbringen nun thatsächlich den Beweis, dass auch die Aaskäfer Bestäubung vollziehen können und dass die Pflanze auch in Gärten durch Aaskäfer bestäubt wird und fruchtbar sein kann. (Vergl. Bot. Centrbl. Bd. XLVI. No. 1, 2, p. 38—39.) Verf. betrachtet daher die Pflanze auch jetzt noch als necrocoleopterophil in dem Sinne, dass die Aaskäfer die Hauptbestäubungsvermittler darstellen. Am richtigsten wird man nach allem Hin- und Wider thun, wenn man die Pflanze nicht einseitig als Aasfliegenblume, oder Aaskäferblume bezeichnet, sondern allgemein als Aasblume, die sowohl durch *Coleoptera*, als durch *Diptera* bestäubt werden kann.

Ludwig (Greiz).

Tanfiljew, G., Zur Frage über das Aussterben der *Trapa natans*. (Revue des ciences nat., publiée par la Soc. des Naturalistes de St. Pétersbourg. 1890. No. 1. p. 47—53, 56.) [Russisch mit französischem Résumé.]

Da eine Verbreitung dieser Pflanze durch den Menschen und durch Thiere als ausgeschlossen angesehen werden kann, so bleibt nur ein Mittel der Verbreitung übrig, nämlich durch fliessendes Wasser und durch den Wind, welcher die schwimmende Pflanze leicht von Ort zu Ort treiben kann. Dementsprechend findet sie sich in solchen Gewässern, die mit Flüssen in Verbindung stehen oder gestanden haben, z. B. blinden Flussarmen, Seen etc. (hier führt Verf. mehrere Fundorte aus Russland als Beispiele an), im Allgemeinen in stehenden oder nur langsam fliessenden Gewässern. Solche Gewässer werden häufig allmälig von dem Fluss, mit dem sie zusammenhängen, abgetrennt und verschwinden dann mit der Zeit durch Versandung oder Vertorfung; damit ist auch die sie bewohnende *Trapa* dem Untergange geweiht. Verf. beschreibt ein Torflager aus dem centralen Russland von offenbar solcher Herkunft, wo er in einer Tiefe von mehreren Metern zahlreiche wohlerhaltene Früchte von *Trapa* gefunden hat.

Eine fernere Ursache des Aussterbens der *Trapa* sieht Verf. in ihrem hohen Mangangehalt ($14^0/_0$ Mn_3O_4 in der Asche), während die analysirten Gewässer, abgesehen von einigen Mineralquellen, die hier nicht in Betracht kommen, nur ganz minimale Spuren dieses Elements enthalten (4 bis 24 Hundertmilliontel). In Folge dessen muss *Trapa* den Mangangehalt abgeschlossener Wasserbehälter mit der Zeit erschöpfen, zumal da ihre auf den Boden sinkenden Früchte der Zersetzung vorzüglich widerstehen — und so selbst ihre Existenzbedingungen untergraben, denn dass das Mangan für sie ein nothwendiges Element sein muss, ergibt sich

schon aus der relativ ungeheuren Menge, in der sie dasselbe aus
dem umgebenden Medium aufnimmt.

Rothert (Kasan).

Radlkofer, L., Ueber die Gliederung der Familie der
Sapindaceen. (Sitzungsberichte der math.-naturw. Classe der
k. b. Akademie der Wissenschaften zu München. 1890. Heft 1.
2. p. 105—379.)
In Betreff der Umgrenzung der Familie bemerkt Verf., dass
die *Hippocastaneen* und *Acerineen* den *Sapindaceen* nahe verwandt,
aber durch das Blatt hinreichend unterschieden sind, erstere durch
gegenständige und zugleich handförmig zusammengesetzte, diese
durch gegenständige und wenigstens meist handnervige Blätter ausgezeichnet.

Bentham und Hooker zählten den *Sapindaceen* die *Melian-
thaceen* wie *Staphyleaceen* zu, welche nach der Auffassung von Radlkofer wegen ihres anatomischen Baues als selbständige Familien
aufzufassen sind, erstere sich den *Zygophylleen* anschliessend, letztere
den *Celastrineen* sich anreihend.

Auszuschliessen sind von den *Sapindaceae* die bis jetzt zu
ihnen gerechneten folgenden Gattungen, wobei die Klammer die richtige
Stelle angiebt.

Akania (Staphyleaceen), *Alvarodea (Simarubaceen)*, *Ailonia (Meliaceen)*,
Pteroxylon (Cedreleen).

Eustathes ist zweifelhaft, aber kaum eine *Sapindacee.*

Apiocarpus ebenfalls und in Lyon im Original nicht auffindbar.

Als Charakterisirung der *Sapindaceen* giebt Radlkofer an
exalbuminose und campylosperme Discifloren *(Eucyclieae)* mit
extrastaminalem Discus und alternirenden Blättern. In anatomischer
Hinsicht besitzen sie eine continuirliche, gemischte Sklerenchymscheide
an der Grenze der primären und secundären Zweigrinde wie einfach durchbrochene Gefässzwischenwandungen und mit Hoftüpfeln
versehene Seitenwandungen der Gefässe auch da, wo diese nicht
untereinander, sondern mit Parenchym in Verbindung stehen, weiter
einfach getüpfeltes Prosenchym in dem bald regelmässigen, bald
in eigenthümlicher Weise unregelmässigem Holzkörper; ferner sind
Zweige wie Blätter häufig mit kleinen, kurzgestielten, mehrzelligen
Aussendrüsen, häufig auch mit milchsaftführenden, am getrockneten
Blatte oft als durchsichtige Punkte oder Strichelchen erscheinenden
Secretzellen, nie aber mit Secretlücken oder Secretgängen versehen.

Als Ausnahme führt die monotypische Gattung *Valenzuelia*
gegenständige Blätter, und bei *Dodonaea* bleibt der Discus in den
männlichen Blüten unentwickelt. *Valenzuelia* zeigt einen nicht
continuirlichen Sklerenchymring und *Xanthoceras* eine geringe,
später deutlicher werdende Unterbrechung dieses Ringes.

Die *Sapindaceen* zeigen zur Eingeschlechtigkeit und Ein-
(oder Zwei-) häusigkeit unter relativer Begünstigung des männlichen
Geschlechtes nach Art und Zeit der Entwickelung, also zum sogenannten Andromonoecismus oder Androdioecismus neigende,
gewöhnlich 5-gliederige Blüten, abgesehen von dem nur 3- oder

2-gliedrigen Gynoecium, mit nach rückwärts gekehrtem zweiten Kelchblatt, Blüten, welche aber gelegentlich durch Verwachsung zweier Kelchblätter (des dritten und fünften), Unterdrückung eines Blumenblattes und entsprechende Reducirung des Androeciums den Anschein der Viergliederigkeit gewinnen (*Sajania*, *Paullinia*, *Cardiospermum*, *Athyana*, *Diatenopteryx*, *Thouinia* und *Allophyllus*), denen im Knospenzustande die wesentlichen Blütentheile nicht, wie vielfach gerade bei den nächst verwandten Familien der *Rutaceen*, *Simarubaceen*, *Burseraceen*, *Anacardiaceen* und *Meliaceen* mit im Allgemeinen sehr kleinem Kelche, eigentlich nur von den Blumen-blättern überdeckt sind, sondern zugleich auch von den Kelch-blättern *Athyana* wie *Diatenopteryx* ausgenommen); weiter häufig mit Schuppen versehene (serial dedoublirte) Blumenblätter, welche Schuppen als Saft- oder Honigdecken erscheinen mit anderssinnig als im Blumenblatte selbst, wie gewöhnlich bei solchen Emergenzen, orientirten Gefässbündeln, die höchst entwickelten (bei den *Eupaul-linien*) von kaputzenartiger Gestalt und mit besonderen gelb-gefärbten kammartigen Fortsätzen — sogenannten Pollenmalen — auf ihrer Spitze versehen, in anderen Fällen durch Spaltung (auch ihrer Kämme) in ein Paar nebeneinander stehender Schuppen um-gebildet (*Thinonia*, *Porocystis*, *Toulicia* Z. T., *Guioa*, *Diplogottis*, *Euphorianthus*, *Sarcopteryx*, *Jagera*, *Trigonachras*, *Toechima*, *Synima*), in vielen andren eigenthümlichen Fällen zu einem trichterig-schild-förmigen Gebilde vereinigt (*Lychnodiscus*, *Glenniea*, *Pentascyphus*, *Phialodiscus*, *Lepidopetalum*, *Paranephelium*) oder nur mit dem Nagel des Blumenblattes verbunden (*Hebecoccus*, *Scyphonychium*) unter Bildung einer Art Tasche (welche durch eine kammartige Leiste der Länge nach getheilt sein kann wie bei *Chytranthus Mannii*), oder bei gleichzeitiger Spaltung nur als einwärts geschlagene Randtheile oder blattohrenartige Anhängsel der Blumenblätter sich darstellend (*Cupania* etc.), welche also mitunter das Blumenblatt selbst an Grösse übertreffen (*Materyba*), seltener keine Blumenblätter (*Placodiscus*, *Melanodiscus*, *Crossonephelis*, *Lecaniodiscus*, *Schleichera*, *Haplocollum*, *Nephelium*, *Alectryon* z. Th., *Heterodendron*, *Podo-nephelium*, *Stadmannia*, *Dictyoneura*, *Mischocarpus* z. Th., *Slagunoa*, *Dodonaea*, *Distichostemon*, *Averrhoidum*, *Doratoxylon*, *Ganophyllum*); ferner nicht selten zu besonderen drüsenartigen Effigurationen vor oder (*Xanthoceras*) zwischen den Blumenblättern ausgebildete Theile des extrastaminalen Discus, welcher überdies bei nahezu einem Drittheile der Gattungen (sei es bei allen, sei es bei einzelnen Arten derselben) eine ungleichseitige Entwickelung zeigt, dadurch eine auffällig symmetrische Gestaltung der Blüte bedingend, mit (in Abhängigkeit von der Wickelstellung der Blüten oder ihrer Hinneigung zu solcher, wie auch anderwärts stehenden) schiefer, hier durch das vierte, auf der Rückseite der Blüte seitwärts gelegene Kelchblatt gehender Symmetralen und mit mehr oder minder vollständiger Verkümmerung des diesem Kelchblatte diametral gegenüberstehenden, auf den Intervall zwischen Kelchblatt 3 und 5 treffenden Blumenblattes; sodann ein meist durch Unterdrückung zweier (bei Blüten mit ungleichseitigem Discus deutlich rechts und links von den Symmetralen stehender) Glieder unvollständig diplostemones und uniseriates, seltener (bei *Lychnodiscus*, *Laccodiscus* und zuweilen bei *Diploglottis*) ein vollzählig diplostemones oder bei (*Crossonephelis*, *Pseudopteris*, *Tinopsis*, *Dictyoneura*, *Doratoxylon*, *Ganophyllum*, *Filicium* und zwischen Arten anderer Gattungen wie *Otophora ramiflora*, *Harpulia ramiflora*, *arborea* etc.) ein haplostemones und nur aber ausnahmsweise (bei *Deinbollia*, *Hornea* und *Distichostemon* — wahrscheinlich in Folge von Dedoublirung —) ein polystemones Androecium, dessen Glieder in der Knospe gewöhnlich gerade gestreckt sind (selten doppelt einförmig gebogen, im unteren Theile nach aussen und unten, im oberen wieder aufwärts, bei *Lychnodiscus*, *Placodiscus*, *Lecaniodiscus*, *Eriandrostachys*, *Macphersonia*, *Aporrhiza*, *Exothea* und *Harpullia subgenus Otonychium*), aufrechte, vierfächerige Antheren mit seitlichen, oder introrsen, nur bei *Pseudina* subextrorsen, bei *Melicocca* extrorsen Fächern tragen und Pollen von gewöhnlich dreieckig polsterförmiger Gestalt mit je einer Furche und Pore an den Ecken oder von Kugelgestalt bei entsprechender sonstiger Beschaffenheit bilden; ferner ein meist dreigliedriges syncarpes Synoecium (dessen unpaares Glied in Blüten mit ungleichseitigem Discus gegen das vordere Ende der Symmetralen hin, über das Intervall zwischen Kelchblatt 3 und 5 zu stehen kommt), mit stets mehr oder minder campylotropen, niemals rein anatropen, gewöhnlich apotropen und meist einzeln im Fache aufrecht stehenden Samenknospen; endlich Früchte von geringer Grösse, bald kapselartig, bald nussartig mit corticoser Schale, bald mehr oder minder drupös, gelegentlich mit Flügeln versehen und in diesem und anderem Falle als Spaltfrucht ausgebildet, nur selten geniessbar, manche aber Samen mit geniessbaren Theilen enthaltend, mit zuckerreichen Arillusbildungen nämlich, oder mit mandelartigem Embryo, welch' letzterer stets, wenn auch gelegentlich fast unmerklich, gekrümmt ist.

Die *Sapindaceen* sind, mit Ausnahme einiger der Gattung *Cardiospermum* angehörigen krautartigen Pflanzen, niedere oder höhere Sträucher und Bäume, viele mit Ranken versehen, oft lianenartig entwickelt, einzelne auch von palmenartigem Wuchse, manche von giftiger Beschaffenheit. Die Blätter sind, mit Ausnahme der *Paullinieen*, nebenblattlos und, was die Unterscheidung von verwandten wie anderen Familien erleichtert, am häufigsten unecht unpaar gefiedert.

Die *Sapindaceen* sind am nächsten mit den *Meliaceen* und *Anacardiaceen* verwandt, dann mit den *Burseraceen*, *Simarubaceen* wie *Rutaceen*. Als Hauptreihe sind aufzufassen die *Rutaceen*, *Simarubaceen*, *Burseraceen* und *Meliaceen* mit im Allgemeinen epitropen, als Nebenreihe zu betrachten die *Anacardiaceen* und *Sapindaceen* mit den *Hippocastaneen* und *Acerineen* mit im Allgemeinen apotropen Samenknospen, welche zusammen ein Cohors II *Rutales* der Discifloren bilden, während die erste (*Geraniales*) die *Linaceae*, *Humiraceae*, *Malphighiaceae*, *Geraniaceae*, *Zygophylleae* als Hauptreihe umfasst, dann in der Nebenreihe die *Limnanthaceae* an die Seite treten. Cohors III enthält die *Celastrales;* in der Hauptreihe

Euphorbiaceae, Chailletiaceae, Rhamneae; in der Nebenreihe *Buxaceae, Ilicineae, Cyrillene, Olacineae, Celastrineae, Stackhousieae, Staphyleaceae, Ampelideae.*

Wichtig für die Eintheilung der *Sapindaceae* sind die Blätter, wie das falsche Endblättchen als Charakteristicum zahlreicher *Sapindaceen* gelten kann; ferner die Beschaffenheit der Keimblätter, während als Merkmale engerer Gruppen zu bezeichnen sind der Habitus, die Frucht- und Samenbeschaffenheit, die Blumenblattschuppen.

Neu aufgestellt ist *Tripterodendron* aus Brasilien hinter *Matayba.*

Da die Eintheilung der Genera etwas mehr als 15 Seiten umfasst, beschränken wir uns auf die Wiedergabe der Uebersicht der einzelnen *Tribus* mit Angabe der in ihnen enthaltenen Gattungen:

Conspectus tribuum *Sapindacearum.*

A. Gemmulae in loculis solitariae, apotropae, erectae vel suberectae.

　Series I. *Eusapindaceae.*

　s. Sapindaceae nomospermae.

a. Folia apice plane evoluta; cotyledon interior (vel exterior quoque — in *Valenzuelia, Bridgesia, Thouinia* spec., *Allophyllo* —) transversim biplicata (rarius cotyledones curvatae tantum — in *Serjania cuspidata, Paullinia* spec., *Thinonia, Diatenopteryge* —); (flores plerumque disco inaequali oblique symmetrici).

　Subseries 1. *Eusapindaceae monophyllae* (et *diplecolobae*).

aa. Stirpes scandentes fruticosae cirrhosae stipulatae vel subherbaceae eaeque partim ecirrhosae (*Cardiospermum procumbens*, anomalum et *strictum*), una (*C. anomalum*) simul exstipulata (omnium generum, excepto *Cardiosperm.* species plures caulis structura anomala insignes.

　Tribus I. *Paullinieae.*

　　α. Petala squamis cucullatis cristatis aucta (flores symmetrici; fructus trialati exeptis *Cardiosperm.* et *Paullinia* partim).

　　　Subtribus 1. *Eupaullinieae.*

　　Genus 1—4 (*Serjania* Schum., *Paullinia* L. emend., *Urvillea* Kunth, *Cardiospermum* Kunth.

　　β. Petala squamis subcristatis bifidis (vel squamulis binis) aucta (flores regulares vel vix irregulares, fructus trialati).

　　　Subtribus 2. *Thinonieae.*

　　　Genus 5. *Thinonia* Tr. et Planch.

bb. Stirpes fruticosae vel arborescentes ecirrhosae, exstipulatae (flores symmetrici; fructus alati, exceptis *Valenzuelia* et *Allophyllo*).

　Tribus II. *Thouinieae.*

　Valenzuelia Bert., *Bridgesia* Bert., *Atthyana* R., *Diatenopteryx* R., *Thouinia* Soid., *Allophyllus* L.

b. Folia, ni sunt simplicia, apice reducta, in *Paranephelio* solo plane evoluta (imparipinnata); cotyledones curvatae vel (in *Alectryone* et affinibus) subcircinatae, varius subdiplecolobae (in *Pometia, Guioa, Sarcopteryge, Jagora, Elattostachye, Gongrodisco*); arbores fructicesve ecirrhosae, exstipulatae; (flores plernmque disco annulari regulares).

　Subseries 2. *Eusapindaceae anomophyllae* (et *adiplecolobae*).

aa. Fructus indehiscens vel (in gen. 55—59) folliculatim (tantum dehiscens).

　α. Exarillatae (Testa vero extus carnosula in generibus 2 Trib. VI. *Melicocca* et *Talisia*).

　　αα. Fructus coccatus, coccis secedentibus (in *Atalaya, Thouinidio, Toulicia* et *Hornea samaroide; flores in *Porocysti* et in speciebus *Atalayae, Thouinidii, Touliciae* et *Sapindi* symmetrici.)

　　　Tribus III. *Sapindeae.*

　　Gen. 12—18. *Atalaya* Bl., *Thouinidium* R., *Toulicia* Aubl., *Porocystis* R., *Sapindus* L., *Deinbollia* Sch. et Thoun., *Hornea* Baker.

114   Systematik und Pflanzengeographie.

ββ. Fructus coccato-lobatus, lobis (sponte) non secedentibus
(flores non nisi in *Erioglosso* symmetrici, fructus apteri.)
Tribus IV. *Aphanieae.*
Gen. 19—23. *Erioglossum* Bl., *Aphania* Bl., *Thraulococcus* R.,
Hebecoccus R., *Aphanococcus* R.
γγ. Fructus sulcatus vel sulcato-lobatus (in *Zollingeria* sola
alatus, in *Plagioscypho* et *Cotylodisco* ignotus; flores in
Zollingeria, *Lepisanthes* spec., *Chytrantho*, *Pancowia* et
Plagioscypho symmetrici.
Tribus V. *Lepisantheae.*
Gen. 24—35. *Zollingeria* Kurz, *Lepisanthes* Bl., *Otophora* Bl,
Chytranthus H. f., *Pancowia* W., *? Smelophyllum*
R., *Lychnodiscus* R., *Placodiscus* R., *Melanodiscus*
R., *Crossonephelis* Baill., *? Plagioscyphus* R.,
? Cotylodiscus R.
δδ. Fructus subintegerrimus (in *Tristira* sola carinato-alatus, in
Eriandrostachye ignotus, seminis testa drupacea in *Melicocca*
et *Talisia;* flores regulares).
Tribus VI. *Melicocceae.*
Gen. 36—43. *Melicocca* L., *Talisia* Aubl., *Glennica* H. f.,
Castanospora F. Müll., *Eriandrostachys* Baill.,
Macphersonia Bl., *Tristiropsis* R., *Tristira* R.
β. Arillatae (i. e. arillo libero vel plus minus adnato, margine tan-
tum libero instructae).
αα. Fructus integer (flores regulares).
Tribus VII. *Schleichereae.*
Gen. 44—47. *Schleichera* W., *Lecaniodiscus* Planch., *Haplocoelum*
R., *Pseudopteris* Baill.
ββ. Fructus coccato- vel sulcato-lobatus, in nonnullis (55—59)
folliculatim dehiscens (in *Alectryonis* speciebus nonnullis
cristato-alatus, in *Pseudonephelio* ignotus; flores regulares).
Tribus VIII. *Nephelieae.*
Gen. 48—59. *Euphoria* Comm., *Otonephelium* R., *Pseudonephelium*
R., *Litchi* Sonn., *Xerospermum* Bl., *Nephelium* L.,
Pometia Forst., *Alectryon* Gtn., *Heterodendron* Desf.,
Podonephelium Baill., *Pappea* Eckl. et Zucc.,
Stadmannia Lam.
bb. Fructus loculicide valvatus (in *Sarcopteryge* anguste alatus, in
Molinaea, *Guioa* et *Arytera* loculis compressis alas mentientibus
spuricalatus, in *Scyphonychio*, *Pentascypho*, *Tripterodendro*, *Lepide-
rema* et *Euphorianthe* ignotus; flores symmetrici, in *Dilodendro*,
Guioae spec. et in *Diploglottide;* semen plerumque arillatum).
Tribus IX. *Cupanieae.*
α. Embryo lomatorrhizus.
Subtribus 1. *Cupanieae lomatorrhizae.*
Gen. 60—66. *Cupania* L., *Vouarana* Aubl., *Scyphonychium* R.,
Dilodendron R., *Pentascyphus* R., *Matayba* Aubl.
em., *Tripterodendron* R.
β. Embryo notorrhizus.
Subtribus 2. *Cupaniae notorrhizae.*
Gen. 67—95. *Pseudina* R., *Tina* Roem. et S. emend., *Tinopsis*
R., *Molinaea* Comm., *Luccodiscus* R., *Aporrhiza*
R., *Blighia* Kön., *Eriocoelum* H. f., *Phialodiscus*
R., *Guioa* Cav., *Cupaniopsis* R., *Rhysotoechia* R.,
Lepiderema R., *Dictyoneura* Bl., *Diploglottis* H. f.,
Euphorianthus R., *Storthocalyx* R., *Sarcopteryx* R.,
Jagera Bl., *Trigonachras* R., *Toechima* R., *Lynima*
R., *Sarcotoechia* R., *Elattostachys* R., *Arytera* Bl.,
Mischocarpus Bl., *Gongrodiscus* R., *Lepidopetalum*
Bl., *Paranephelium* Miqu.
B. Gemmulae in loculis plerumque 2 vel plures (saepius heterotropae directione
varia), raro solitariae tumque epitropae pendulae (*Harpullia*, Sect. *Thanato-*

phorus et _Otonychidium_, _Filicium_); arbores fructicesve ecirrhosae, exstipulatae.   Series II. _Dyssapindaceae_ (sive _Sapindaceae anomospermae_).
_a._ Folia apice plane evoluta; cotyledones plus minus circinatae.
    Subseries 1. _Dyssapindaceae nomophyllae_ (et _spirolobae_).
 aa. Capsula inflata membranacea (loculicida vel — in _Erythrophysa_ —
   utriculosa; flores symmetrici).
              Tribus X., _Koelreuterieae_.
   Gen. 96—98. _Koelreuteria_ Laxm., _Stocksia_ Benth., _Erythrophysa_
                       E. Mey.
 bb. Capsula coriaceo-crustacea vel lignosa (loculicida, vel loculicido-
   septicida in _Cossignia_; flores symmetrici in _Llagunoa_ et _Cossig-
   niae_ speciebus).   Tribus XI. _Cossignieae_.
   Gen. 99—101. _Cossignia_ Comm., ? _Delavaya_ Franch., _Llagunoa_
                      R. et P.
 cc. Capsula sulcato- vel coccato-lobata, septicida vel septifraga, rarius
   (in _Loxodisco_) loculicida, chartaceo-membranacea (alata in _Do-
   donaeae_ sp. et in _Distichostemone_) flores symmetrici in _Soxodisco_
   et _Diplopeltide_.   Tribus XII. _Dodonaeeae_.
   Gen 102—105. _Loxodiscus_ H. f., _Diplopeltis_ Endl., _Dodonaea_ L.,
                Distichostemon F. Müll.
b. Folia apice plerumque reducta (plane evoluta in _Hypelate_, _Xanthocerate_
  et _Ungnadia_); cotyledones curvatae (in _Hippobromo_ solo, vix in _Ganophyllo_
  quoque subcircinatae).
    Subseries 2. _Dyssapindaceae anomophyllae_ (et _aspirolobae_).
 aa. Fructus indehiscens (flores regulares).
              Tribus XIII. _Doratoxyleae_.
   Gen. 106—112. _Hypelate_ Br., _Exothea_ Macf., _Averrhoidium_ Baill.,
       Hippobromus Eckl. et Zucc., _Doratoxylon_ Thou.,
       Ganophyllum Bl., _Filicium_ Thw.
 bb. Fructus dehiscens (flores symmetrici in _Magonia_, _Ungnadia_ et
   Harpulliae speciebus).   Tribus XIV. _Harpullieae_.
   Gen. 113—117. _Harpullia_ Roxb., _Conchopetalum_ R., _Magonia_
        S. Hil., _Xanthoceras_ Bunge, _Ungnadia_ Endl.
              E. Roth (Berlin).

Kusnetzoff, N., Die Elemente des Mittelmeergebietes
im westlichen Transkaukasien. Resultate einer
pflanzengeographischen Erforschung des Kaukasus.
(Sep.-Abdr. aus den Memoiren der Kais. Russ. Geogr. Gesellsch.
Bd. XXIII.) 8⁰. IX, 191 pp. Mit 4 Tafeln und 1 Karte.
St. Petersburg 1891. [Russisch].

  Diese Arbeit des seit drei Jahren mit dem Studium der geographischen Verbreitung der Pflanzen im Kaukasus beschäftigten
Autors behandelt die Vegetation des westlichen Transkaukasiens,
ihren Charakter und ihre Stellung zu dem Mediterrangebiete. Der
Verf. tritt hier der Anschauung der modernen Pflanzengeographen
(Grisebach, Engler, Drude, Kerner und Beketoff)
entgegen, welche das westliche Transkaukasien zum Mediterrangebiet rechnen, welche Ansicht, wie Verf. meint, ihre Ursache in der
geringen Kenntniss der physikalischen Bedingungen hatte, von
welchen die Vegetation abhängt; und jetzt, nach seinen Forschungen,
wohl kaum noch aufrecht zu halten sein wird. K. schlägt deshalb
vor, das ganze Gebiet am östlichen Ufer des schwarzen Meeres
von Tuapse bis Sinop und landeinwärts bis zu den wasserscheiden-
den Gebirgen: bis zu der Hauptkette des grossen Kaukasus im
Norden, der Mes'chischen Kette im Osten und den Adscharo-Imere-

tischen und pontischen Bergketten im Süden und Südosten — als
eine selbstständige Vegetationsprovinz unter dem Namen pon-
tisches oder kolchisches Gebiet vom Mediterrangebiete zu trennen, da sich dasselbe streng von demselben
unterscheidet: 1. durch sein Klima, 2. seine Vegetation, d. h.
durch die Gruppirung der Pflanzen in Formationen, und 3. auch
theilweise durch seine Flora, d. h. den systematischen Bestand des
Pflanzenreiches, obwohl es in dieser Beziehung auch viel Gemeinsames mit dem Mediterrangebiete hat. Aber das Klima und die
Vegetation des pontischen Gebietes sind von denen des Mediterrangebietes ganz verschieden. Die Vegetation des kolchischen Gebietes ist eine uralte, und zwar nach K.'s Meinung dieselbe Vegetation, welche am Ende der Tertiärepoche und im Anfange des
Quaternär das ganze Mediterrangebiet und den ganzen Kaukasus
bekleidet hat und die sich nur da in ihrer uralten Ueppigkeit erhalten konnte, wo sich die klimatischen Bedingungen seit dem Ende
der Tertiärepoche nur wenig verändert hatten. Und solch ein Gebiet ist Kolchis, indem sein Klima viel Gemeinsames mit dem Klima
hat, das in der Urzeit in Südeuropa geherrscht haben muss. Während
in Südeuropa und im Kaukasus mit dem Eintritte von neuen klimatischen Bedingungen die alte Vegetation aussterben und von
anderen, mehr xerophilen Typen ersetzt werden musste, hat sich
in Kolchis, das nahe am Meere gelegen und von drei Seiten von
Bergen geschützt ist, die alte Vegetation erhalten. — Das ist die
Hauptidee der vorliegenden Arbeit.

Das ganze Buch zerfällt in drei Theile: Im ersten Theile wird
hauptsächlich nach den Angaben von Wojekoff das Klima des pontischen mit dem des Mediterrangebietes verglichen, da W. der Erste
war, welcher zeigte, dass das Klima des westlichen Transkaukasiens
wenig Gemeinsames mit dem des echten Mediterrangebietes habe. Das
Mediterrangebiet wird durch folgende klimatische Elemente charakterisirt: I. 1. eine genügend hohe Jahrestemperatur, 2. einen mässig
warmen Winter ohne Fröste, 3. eine kleine Jahresamplitude (11 bis
20°); II. 4. einen trockenen regenlosen Sommer, 5. eine Regenzeit
im Winter und Herbst, 6. geringe Bewölkung, besonders im Sommer,
7. trockene Atmosphäre und 8. starke Insolation. Von diesen
acht klimatischen Elementen des Mediterranklimas finden sich nur
die ersten drei im pontischen Klima vor, die anderen fünf Elemente
aber sind in Kolchis durch das Gegentheil vertreten, denn hier ist
der Sommer sehr regnerisch und die Menge der atmosphärischen
Niederschläge viel grösser, als im Mediterrangebiete. Die Bewölkung
ist in Kolchis gross, die Feuchtigkeit sehr gross, die Insolation aber
nur schwach, da die meisten Tage nebelig sind. Darum müssen
wir im Pontusgebiete einen anderen Charakter der Vegetation und
z. Th. auch einen anderen systematischen Bestand, als in dem Mediterrangebiete erwarten. In dieser Beziehung unterscheidet sich
das pontische Gebiet von dem Mediterrangebiete durch das Vorhandensein von Baum- und Straucharten, die noch von der Tertiärzeit herstammen und die am Ende der Pliocänzeit noch in Südeuropa verbreitet waren. Es sind das: *Zellkowa crenata* Spach,

Pterocarya Caucasica C. A. Mey., *Rhododendron Ponticum* L., *Vitis vinifera* L., *Azalea Pontica* L., *Vaccinium Arctostaphylos* L., *Prunus Laurocerasus* L. u. v. a. Während diese Arten in Südeuropa entsprechend dem jetzigen trockenen Klima und der Sommerruhperiode der Pflanzen einer mehr xerophilen Vegetation wichen, erhielt sich in Kolchis eine hygrophile Vegetation — und der Wald, die Hauptformation im pontischen Gebiete hat, ähnlich wie der von Japan, einen gemischten Typus und besteht aus sommergrünen Bäumen der gemässigten Zone und subtropischen immergrünen Sträuchern als Unterholz und reicht bis an den Meeresstrand. Die zweite charakteristische Formation des pontischen Gebietes ist die Lianenformation, welche die Wälder undurchdringlich macht — und wenn auch hie und da durch die Thätigkeit des Menschen vernichtet — doch schon nach ein paar Jahren wieder sich erholt hat, was lediglich dem Einflusse des feucht-warmen Klimas zuzuschreiben ist. — K. findet den echt pontischen Charakter der Vegetation nur von Tuapse an ausgeprägt, während nördlich von dieser Stadt und Noworossjisk nach der Krim zu das Klima trockener und kälter ist. Dieser, von K. als „Krim-Noworossjiskische Bezirk" bezeichnete Landstrich bildet auch seiner Vegetation nach einen Uebergang zwischen dem pontischen und dem Mediterrangebiete. Echt pontische Pflanzen fehlen hier, die Lianen und Urwälder sind schwach ausgebildet und die dominirende Formation ist die der *Paliurus*-Maquis.

Der zweite Theil der vorliegenden Arbeit enthält eine ausführliche Beschreibung des Tschernomorschen, d. h. Schwarzen Meerkreises, und eine Charakteristik des Krim-Noworossjiskischen Bezirkes und des pontischen Gebietes zwischen Tuapse und Sotschi: Sie enthält hauptsächlich K.'s eigene Beobachtungen und zeigt den allmählichen Uebergang vom Krim-Noworossjiskischen Bezirke zum pontischen Gebiete.

Der dritte Theil enthält eine allgemeine Beschreibung der Vegetation und Cultur des pontischen Gebietes und zeigt, auf paläontologische Angaben gestützt, die genetische Verwandtschaft des pontischen mit dem Mediterrangebiete. Am Ende der Arbeit ist ein Verzeichniss der Holzgewächse des pontischen Gebietes und des Krim-Noworossjiskischen Bezirkes gegeben. Aus diesem Verzeichnisse theilen wir zur Charakteristik der pontischen Pflanzenwelt Folgendes mit:

Ranunculaceae lignosae: Clematis Viticella L., *C. Flammula* L. und *C. Vitalba* L.*, letztere besonders charakteristisch für das pontische Gebiet und seine Lianenformation; *Berberideae: Berberis vulgaris* L.; *Cistineae: Cistus salviaefolius* L. und *C. Creticus* L.; *Tamariscineae: Tamarix tetrandra* Pall.; *Tiliaceae: Tilia parvifolia* Ehrh., charakteristisch für die obere Bergzone der Nadelholzregion von 4500—6500' über dem Meere und *T. Caucasica* Rupr.; *Acerineae: Acer campestre* L., *A. laetum* C. A. May., *A. platanoides* L., *A. Tataricum* L., *A. Pseudoplatanus* L.* u. *A. Trautvetteri* Medw.; *Ampelideae: Vitis vinifera* L., das pontische Gebiet ist die Heimath dieser Liane; *Staphyleaceae: Staphylea pinnata* L., charakteristisch für den Krim-Noworossjiskischen Bezirk, und *S. Colchica* Stev.*, charakteristisch für das pontische Gebiet; *Celastrineae; Evonymus Euro-*

---

*) Die Lignosen, welche mit einem Sternchen versehen sind, sind auf der dem Werke beigefügten Karte genauer berücksichtigt worden.

aepus L., *E. latifolius* Scop. und *E. sempervirens* Rupr., von denen der zweite
charakteristisch für die Buchenformation der pontischen Wälder ist; *Rhamneae:*
Paliurus aculeatus Lam.*, *Rhamnus cathartica* L. var., *Caucasica* Kusnez., *R. al-*
pina L. var., *Colchica* Kusnez. und *R. Frangula* L.; die vorletzte Art, abgebildet
auf Tafel 3, wurde früher immer mit *R. grandifolia* Fisch. und Mey. verwechselt
und ist charakteristisch für das subalpine Gebiet des westlichen Transkaukasiens;
Terebinthaceae: Pistacia mutica Fisch. et Mey.*, *Rhus Cotinus* L. u. *R. Coriaria*
L.; *Papilionaceae: Cytisus Austriacus* L., *C. biflorus* L'Hérit., *C. hirsutus* L.,
Colutea arborescens L. u. *C. cruenta* Ait.; *Amygdaleae: Amygdalus nana* L.,
Persica vulgaris L., *Prunus domestica* L., *P. divaricata* Ledeb., *P. spinosa* L.,
P. avium L., *P. Cerasus* L., *P. Laurocerasus* L.*, letztere charakteristisch für
das pontische Gebiet: *Rosaceae:* 5 *Rosa-* u. 4 *Rubus*-Arten; *Pomaceae: Cratae-*
gus melanocarpa M. B., *C. Azarolus* L., *C. oxyacantha* L., *Cotoneaster pyracantha*
L.*, *Amelanchier vulgaris* Mönch, *Mespilus Germanica* L., *Sorbus domestica* L.,
S. Aucuparia L., charakteristisch für das subalpine Gebiet, *S. Aria* Crantz, *S.*
subfusca Ledeb, *S. torminalis* L., *Pyrus communis* L., *P. Malus* L. und *Cydonia*
vulgaris Pers.; *Granateae: Punica Granatum* L.; *Philadelpheae. Philadelphus*
coronarius L., charakteristisch für das pontische Gebiet; *Araliaceae. Hedera*
Helix L. und *H. Colchica* C. Koch; *Corneae: Cornus mascula* L. und *C. san-*
guinea L.; *Caprifoliaceae: Viburnum Opulus* L., *V. orientale* Pall., charakteristisch für das pontische Gebiet, *V. Lantana* L., *Sambucus nigra* L., *Lonicera*
Caprifolium L., *L. Iberica* M. B. u. L. *Caucasica* Pall.; *Vaccinieae: Vaccinium*
Arctostaphylos L.*, charakteristisch für das pontische Gebiet; *Ericaceae: Ar-*
butus Andrachne L., *Arctostaphylos Uva ursi* L., *Erica arborea* L., *Rhododendron*
Smirnovii Trautv., *R. Ungernii* Trautv., *R. Caucasicum* Pall., charakteristisch für
das subalpine Gebiet; *R. Ponticum* L. und *Azalea Pontica* L., beide charakteristisch für das pontische Gebiet; *Ebenaceae: Diospyros Lotus* L.*; *Aquifoliaceae:*
Ilex Aquifolium L.*; *Oleaceae: Olea Europaea* L., *Phillyrea media* L., *P. Med-*
wedevi Sred., *Ligustrum vulgare* L., *Fraxinus excelsior* L. und *F. oxyphylla* M.
B.; *Jasmineae: Jasminum fruticans* L. und *J. officinale* L.; *Asclepiadeae: Peri-*
ploca Graeca L.; *Verbenaceae: Vitex Agnus castus* L.*; *Salsolaceae: Halocnemum*
strobilaceum M. B. und *Anabasis aphylla* L.; *Polygonaceae: Tragopyrum buxifolium*
M. B.; *Thymeleae: Daphne Mezereum* L., *D. Caucasica* Pall., *D. sericea* Vahl.
und *D. Pontica* L.; *Elaeagneae: Hippophaë rhamnoides* L.* und *Elaeagnus hor-*
tensis M. B.; *Laurineae: Laurus nobilis* L.*; *Loranthaceae: Viscum album* L.;
Euphorbiaceae: Andrachne Colchica Fisch. et Mey. und *Buxus sempervirens* L.*;
Celtideae: Celtis australis L. und *C. Caucasica* W.; *Moreae: Morus nigra* L.,
M. alba L. und *Ficus Carica* L.; *Ulmaceae: Zelkowa crenata* Spach., charak-
teristisch für das pontische Gebiet; *Ulmus campestris* L. und *U. montana* Sm.,
Juglandaceae: Pterocarya Caucasica C. A. Mey.,* charakteristisch für das pontische Gebiet und *Juglans regia* L.;* *Cupuliferae: Quercus pedunculata* Ehrh.,
Q. Armeniaca Kotschy, *Q. sessiliflora* Sm., *Q. pubescens* W., *Q. Pontica* C. Koch,
Castanea vulgaris Lam.*, *Fagus silvatica* L., *Corylus Avellana* L., *Carpinus Be-*
tulus L., *C. Duinensis* Scop. und *Ostrya carpinifolia* Scop.; *Betulaceae: Alnus*
glutinosa W., *A. incana* W., *Betula alba* L. und *B. pubescens* L., beide im subalpinen Gebiete; *Salicineae: Populus nigra* L., *P. tremula* L., *P. alba* L., *Salix*
fragilis L., *S. purpurea* L., *S. angustifolia* W., *S. Caprea* L., *S. Silesiaca* W., *S.*
aurita L., *S. viminalis* L. und *S. apoda* Trautv., *Gnetaceae: Ephedra procera*
Fisch. et Mey., charakteristisch für den östlichen Kaukasus; *Taxineae: Taxus*
baccata L.*; *Cupressineae: Juniperus Oxycedrus* L., *J. excelsa* M. B.*, *J. foeti-*
dissima W.*, alle drei charakteristisch für die Krim-Noworosjiskischen Bezirk,
und *Cupressus sempervirens* L., verwildert; *Abietineae: Pinus sylvestris* L., *P.*
Laricio Poir.*, *P. maritima* Lamb.*, *P. Pinea* L., *Picea orientalis* Carr. und *Abies*
Nordmanniana Spach.*, *Smilaceae: Smilax excelsa* L., *Ruscus aculeatus* L. und
R. Hypophyllum L.; im Ganzen 163 Arten, d. h. die grössere Hälfte der für den
Kaukasus von M e d w e d j e f f angefürten Arten (311 sp.).

Auf der dem Buche beigefügten Karte ist die Verbreitung der
wichtigsten Lignosen des Schwarzmeergebietes durch verschiedene
rothe und blaue Punkte und Striche genau bezeichnet und bildet
so K.'s neueste Arbeit einen sehr wichtigen Beitrag zur Pflanzengeographie des Kaukasus und der Pflanzengeographie überhaupt.

v. Herder (St. Petersburg).

Vandenberghe, Ad., B y d r a g e t o t d e s t u d i e d e r b e l g i s c h e
K u s t f l o r a. *Salicornia herbacea* L. (Resumé en langue française
à la fin du travail). (Botanisch Jaarboek, uitgeg. door het
kruidkundig genootsch. Dodonaea te Gent. 1890. p. 162—194.
Pl. V. u. VI.)

Diese Arbeit ist eine weitere Ausführung der kürzeren Mittheilung desselben Verf., über die in dieser Zeitschrift Bd. XLVI.
p. 162 referirt wurde. Auf dem kleinen Terrain bei Terneuzen
fand Verf. 5 distincte Formen der *Salicornia herbacea*: 1) Pflanze
10 cm hoch, ohne eigentliche Aeste; untere Dornäste meist mit 2
sterilen Internodien an der Basis. 2) 10—20 cm hoch, an der
Basis verzweigt. 3) 20—30 cm hoch, bis zu ⅔ der Höhe verzweigt, die terminalen Dornäste 4—7 cm. 4) Aehnlich der ersten
Form, aber 2 bis 3 mal höher, die untern Dornäste haben mehr,
als 2 sterile Internodien. 5) Aehnlich der 3., aber kräftiger und
mit an der Basis niederliegenden Haupt- und Seitenästen. Jede
dieser Form findet sich jährlich an bestimmten Standorten wieder.
Die erste wächst zwischen andern Pflanzenarten und ziemlich trocken,
die zweite nur mit ihres gleichen zusammen, bei mehr Feuchtigkeit, die dritte in einzelstehenden Exemplaren bei hoher Feuchtigkeit, die vierte muss wieder mit anderen Pflanzen um den Standort kämpfen, bekommt aber mehr Wasser, als die erste: daher
erklärt sich die verschiedene Entwicklung. (Von der fünften
wurden 1889 erst 5 Exemplare gefunden.) Die Formen vererben
sich nicht, sondern können aus den Samen verschiedener Formen
entstehen. Die Samen werden gegen Ende des Winters (zwischen
25. December und 4. März) ausgestreut, diejenigen welche auf
Algenrasen (*Enteromorpha*) fallen, bleiben liegen und keimen
sogleich, während die anderen Samen vom Wasser weggespült
werden. Aber auch von jenen Keimlingen werden noch viele weggeschwemmt, wenn die Haare des Wurzelhalses, mit denen sie an
dem Algensubstrat angeheftet waren, abgefallen sind, sie befestigen
sich später an anderen Orten mit ihren Wurzeln im Boden. Die
auf den Algen gekeimten und gebliebenen geben die zweite Form,
die andern Formen stammen wesentlich von jener ab und haben
somit keinen festen Standort.

Verf. beschreibt eingehend den Samen und die Keimung, an
der sich 4 Stadien unterscheiden lassen: 1) Die Samenschale
öffnet sich zwischen den Kotyledonen und dem hypokotylen Glied (das
viel länger, als das Würzelchen ist), letzteres wird frei. 2) Der ganze
Keimling streckt sich, am Wurzelhals erscheint ein Kranz von
Haaren. 3) Volle Streckung des Keimlings, Abfallen der ersten
Haare, Auftreten von Wurzelhaaren und Anlage von Seitenwurzeln
an der verlängerten Wurzel. 4) Entfaltung der Kotyledonen.

Möbius (Heidelberg).

Früh, J., D e r g e g e n w ä r t i g e S t a n d p u n k t d e r T o r f-
f o r s c h u n g. (Berichte der schweiz. bot. Gesellschaft. Heft I.
1891. pag. 62.)

Die morphologischen Verhältnisse, unter welchen die Torfmoore auftreten, geben zwei Torfmoor-Typen:

1. Das Hochmoor- oder supra-aquatische Moor,
wesentlich zusammengesetzt aus *Sphagnum cymbifolium* Ehrh., *Eriophorum vaginatum* L. und *Calluna vulgaris* Salisb., welches letztere
im nordwestlichen Europa zum Theil durch *Erica Tetralix* ersetzt
wird. Die Oberfläche ist mehr oder weniger gewölbt = typisches Hochmoor d. Aut. Je nach dem Vorherrschen der einen oder der anderen
Pflanzen entstehen verschiedene Typen. Während die holländischen
Hochmoore mit Callunetum beginnen, so gilt für den grössten Theil
der übrigen europäischen Hochmoore die Thatsache, dass ohne
Mithülfe von *Sphagneen* kein Hochmoor sich bildet. Hochmoore
bauen sich nur auf organischer Unterlage auf.

2. Das Flachmoor oder infra-aquatische Moor er-
fordert eine directe Benetzung stagnirenden oder langsam fliessenden
Wassers, das Niveau des mittleren Wasserstandes nicht überragend,
nie gewölbt = typische Flachmoore, enthaltend vornämlich *Hypneen*,
Carices und *Gramineen* mit zahlreichen accessorischen Gewächsen
nebst Schlamm, der namentlich aus mikroskopischen Crustaceen,
Insectenlarven, Spongillen, Diatomeen und anderen niederen Algen und
aus angeschwemmten Resten höherer Gewächse gebildet wird.

Der Vertorfungsprozess ist trotz der vielen mikroskopischen und mikrochemischen Untersuchungen noch ungenügend
bekannt. Alle Pflanzen, mit Ausnahme der Diatomeen und der
meisten Pilze, können Torf liefern. Es gibt keine besonderen Torf-
pflanzen. Pflanzen vertorfen schneller, wenn sie wesentlich aus
Cellulose, schwieriger, wenn sie aus Lignin, Cutose bestehen, die
reichlich mit Kieselsäure imprägnirt sind. Ein eigentlicher Meer-
torf existirt nicht, denn dieser erweist sich immer als ein Ab-
kömmling eines versunkenen, mit Thon oder Dünensand bedeckten
Landmoores. Weder Frost noch Druck üben einen nachweisbaren
Einfluss auf die Vertorfung aus. Die Vertorfung kann nicht einer
Gährung mit grosser Wärmeentwicklung gleich gestellt werden.
Alle Torfmoore sind kalt und liefern kalte Quellen. Alle
Beobachtungen deuten darauf hin, dass der Vertorfungsprozess eine
langsame Zersetzung der Pflanze bei niederer Temperatur unter
möglichst starkem Abschluss des Sauerstoffes durch Wasser ist.
Das braune Torfwasser, welches Ulminsäure-haltig ist, scheint
conservirende Eigenschaften zu besitzen. Torfwasser wirkt auf
unseren Organismus nicht schädlich und kann als Trinkwasser
gebraucht werden. In Humus- und Moorboden fand Frank
constant ein *Bacterium terrigenum*: ob sich dieser Moor-Bacillus
auch im Torfe findet, und zwar als vertorfendes Agens, ist unbekannt.

Bucherer (Basel).

Oliver, F. W., On the effects of urban fog upon cultivated plants. Preliminary report presented to the
Scientific Committee of the Royal Horticultural

S o c i e t y, M a r c h 24 t h, 1891. — Reprinted from the Journal of the R. H. S. 8⁰. 12 pp.)

Die Königliche Gartenbaugesellschaft zu London hat im ver-flossenen Jahr eine Commission eingesetzt, um über die Einwirkung des städtischen Nebels auf die Vegetation und daher auch über Maassregeln gegen die schädliche Wirkung dieses Nebels Aufschluss zu erhalten. Verf. erstattet in Vorliegendem über die Arbeiten der Commission einen vorläufigen Bericht, der trotz seiner Kürze von bedeutendem Interesse ist und .von den in Aussicht gestellten aus-führlichen Arbeiten der Commission manche nicht nur für den Gartenbau wichtige Kenntniss erhoffen lässt.

Nach einleitenden Worten, in denen einiges Allgemeine über Auftreten, Natur und Wirkung der in Betracht kommenden Nebel gesagt wird, folgt der Nachweis, dass reiner Nebel nicht schädlich wirkt — auf einzelne Pflanzen kann er unter Umständen sogar günstig sein — im Gegensatz zu den Nebelmassen, die mit den Exhalationen der Gross- und Fabrikstädte, London voran, ge-schwängert sind. Es folgt sodann eine Untersuchung in Bezug auf die Grösse des Bezirks, in dem sich die Londoner Nebel mit ihrem schädlichen Einfluss geltend machen. Es sei daraus nur entnommen, dass dieser Bezirk im Allgemeinen durch einen Radius von 25 bis 35 englischen Meilen bezeichnet wird, und dass im Speciellen die Nebel am weitesten in westlicher und südwestlicher Richtung sich erstrecken. Specielle Berücksichtigung finden sodann die Verhält-nisse des verflossenen Winters, was hier übergangen werden kann.

Die Ermittelung der Zusammensetzung des Nebels bez. der fremden Beimengungen geschieht nach verschiedenen Methoden. Einmal werden durch geeignete Waschvorrichtungen die suspen-dirten oder löslichen Fremdkörper aus dem Nebel niedergerissen; sodann werden die natürlich sich bildenden Absätze auf Schnee, auf Glasscheiben oder Blättern der Analyse unterworfen; endlich wird Luft durch oxydirende Agentien (Kaliumpermanganatlösung) geleitet, wodurch wenigstens vergleichsweise auf den Gehalt des Nebels an schwefeliger Säure, seines schädlichsten Bestandtheils, geschlossen werden kann. Resultate liegen nur für die 2. und 3. der angegebenen Methoden vor. Der nach dem Februar-Nebel von 1891 in Kew und Chelsea auf Glasfenstern gesammelte Absatz betrug, auf die Quadratmeile berechnet, seiner Menge nach 6 Tonnen; seine Zusammen-setzung war: 40 °/₀ Mineralsubstanz, 36 °/₀ Kohle, 15 °/₀ Kohlen-wasserstoffe, 2—3 °/₀ metallisches Eisen in sehr feiner Vertheilung, 5 °/₀ Schwefelsäure, 1¹/₂ °/₀ Salzsäure. Bei anderen Versuchen wurde in den täglichen Absätzen auf Blättern und Glasscheiben Eisenoxyd in beträchtlicherer Menge gefunden. — Bei Durchleiten von Luft durch Kaliumpermanganatlösung bestimmter Concentration tritt, falls Nebel zugegen, mit 1 bis 2 Kubikfuss Entfärbung ein; bei heiterem Wetter zeigt die gleiche Lösung bei Durchleitung von 30 bis 40 Kubikfuss kaum eine Farbenänderung.

Analysen von beschädigten Pflanzen ergaben vorläufig be-trächtliche Mengen von Eisensalzen in der Asche; Verf. vermuthet, dass vielleicht hierin eine Ursache der Schädigung zu suchen sei,

wenn er übrigens auch wiederholt betont, dass schwefelige Säure
der wesentlich wirksame Bestandtheil des Nebels ist. In einzelnen
Fällen zeigte sich die Schädigung der einzelnen Pflanzentheile abhängig von der Zahl der Spaltöffnungen; bei *Phalaenopsis Schille-
riana* und *Cattleya Trianae* sind die Sepala weit empfindlicher, als
die Petala; erstere besitzen zahlreiche Stomata, letztere verhältnissmässig wenige. Weiterhin werden mikroskopische Beobachtungen
mitgetheilt über die Wirkungsweise eines langsamen Stromes von
verdünnter schwefeliger Säure oder von Nebel auf das lebende
Protoplasma, wobei Wurzelhaare von *Limnobium* und Blätter von
Vallisneria als Versuchsobjecte dienten. In beiden Fällen wird
das Plasma schliesslich körnig, zerfällt und die Strömung hört auf.
Der ganze Prozess dauert mit Nebel einige Stunden. Es wird
weiter festgestellt, dass die Einwirkung schwefeliger Säure sich mit
der Temperatur steigert, mit zunehmender Feuchtigkeit aber abnimmt, und es werden endlich Gegenmaassregeln gegen die schädlichen Wirkungen des Nebels, soweit es sich eben schon thun lässt,
besprochen. Ref. will hierauf nicht näher eingehen, sondern nur
noch seiner Freude Ausdruck geben, dass hier, wie die vorläufigen
Andeutungen schon zeigen, ein gutes Stück Arbeit auf einem sehr
vernachlässigten Gebiete gethan wird, dem Theil der Phytopatho-
logie, der die nichtparasitären Krankheiten behandelt.

Jännicke (Frankfurt a. M.).

Raulin, G., De l'influence de la nature des terrains sur
la végétation. (Comptes rendus de l'Académie des sciences
de Paris. Tome CXII. 1891 p. 309 ff.)

Durch G r a n d e a u's Versuche war bez. des Weizens festgestellt worden, dass je nach den verschiedenen Bodenarten, abgesehen von Saatdichte, Saatgut und Düngung, das Erntegewicht
ausserordentlich variire. Verf. fühlte sich dadurch bewogen, den
besonderen Einfluss der den Ackerboden bildenden Elemente auf
den Ernteertrag genauer zu untersuchen. Die Versuche wurden
auf dem zu Pierre-Bénite gelegenen Versuchsfelde der (Faculté des
Sciences) Universität von Lyon angestellt.

Man hob zunächst auf einer Fläche von 5 Ar den Ackerboden
bis zu einer Tiefe von 95 cm aus und bildete 5 Beete von je ein
Ar. Da Thon den Untergrund bildete, breitete man behufs Drainage darüber eine Lage groben Kies von 5—6 cm aus und darauf
brachte man auf das Beet 1 eine Erde, die 76 % (vom Gewicht
der trocknen Erde) Quarzsand enthielt, auf 2 eine solche, die 47 %
Thon, auf 3 eine solche, die 74 % Kalk enthielt, auf 4 eine Erde,
der 68 % Torferde beigemengt war, und auf 5 eine Mischung von
gleichen Raumtheilen der obengenannten vier Erden.

Auf jede der betreffenden Parzellen wurde der gleiche mine-
ralische Dünger gegeben und jede wurde zur Hälfte mit Mais und
Zuckerrüben bepflanzt.

Die Aussaat erfolgte den 24. April, die Ernte den 17. Nov.

Das Resultat der Versuche war folgendes: 1) Die Mischung
von Sand-, Thon-, Kalk- und Torferde gab von Zuckerrüben und

Mais eine bessere Ernte, als jede einzelne der Bodenarten für sich
und bei den Zuckerrüben einen über's Mittel hinaus gehenden
Zuckergehalt.

2) Die Differenzen bez. des Gewichtes und bei der Zuckerrübe ausserdem bez. des Zuckergehaltes zeigten sich bei den verschiedenen Bodenarten als sehr beträchtlich.

3) Die erhaltenen Resultate gelten nicht für jede Frucht in
der gleichen Weise: für das Gewicht des Mais hatte der Sand
einen besonders geringen Werth und der Thon nahm (nächst der
Mischung aller Böden) den ersten Rang ein; für das Gewicht der
Zuckerrüben behauptet der Sand ebenfalls den letzten Rang, aber
die Torferde gewann den ersten. Der Zuckergehalt war im Thon-
boden am geringsten, im Kalkboden aber am grössten (der Misch-
boden konnte sich nur neben den letzteren stellen).

Freilich waren die verwendeten Bodenarten nicht absolut
steril und enthielten verschiedene Mengen von Stickstoff, Phosphorsäure und assimilirbarem Kali, die natürlich die Resultate beeinflussen mussten. Doch hatten die verwendeten Boden seit Jahren keinen
Dünger erhalten und waren sehr erschöpft, so dass sich unmöglich
durch die Differenzen an ursprünglich vorhandenen Düngstoffen
die Gesammtheit der enormen Verschiedenheiten bei den gewonnenen Resultaten erklären lässt, vielmehr ein bedeutender Einfluss
der Bodenart nicht von der Hand zu weisen ist.

Zimmermann (Chemnitz).

Neue Litteratur.[*]

Geschichte der Botanik:

Dalla Torre, K. W. von, Josef Anton Perktold, ein Pionier der botanischen Erforschung Tirols. Zugleich ein Beitrag zur Cryptogamenflora des
Landes. (Sep.-Abdr. aus Ferdinandeums-Zeitschrift. 3. Folge. Heft XXXV.
1891. p. 213—291.) Innsbruck 1891.

Allgemeines, Lehr- und Handbücher, Atlanten:

Bennett, A. W., An introduction to the study of flowerless plants; their structure
and classification. Reprinted with additions and alterations, from the 4th edition
of **Henfrey's** Elementary course of botany. 8°. 86 pp. London (Gurney & S.)
1891. 1 sh. 6 d.

Algen:

Borge, O., Ett litet Bidrag till Sibiriens Chlorophyllophycé-flora. (Sep.-Abdr.
aus Bihang till K. Svenska Vet.-Akad. Handlingar. Bd. XVII. 1891. Afd. 3.
No. 2.) 8°. 16 pp. 1 Tafel. Stockholm 1891.

---

[*] Der ergebenst Unterzeichnete bittet dringend die Herren Autoren um
gefällige Uebersendung von Separat-Abdrücken oder wenigstens um Angabe
der Titel ihrer neuen Veröffentlichungen, damit in der „Neuen Litteratur" möglichste
Vollständigkeit erreicht wird. Die Redactionen anderer Zeitschriften werden
ersucht, den Inhalt jeder einzelnen Nummer gefälligst mittheilen zu wollen,
damit derselbe ebenfalls schnell berücksichtigt werden kann.

Dr. Uhlworm,
Terrasse Nr. 7.

Pilze:

Cooke, M. C., British edible fungi: how to distinguish and how to cook them. 8°. 236 pp. With col. fig. London (Paul) 1891. 7 sh. 6 d.

Fermi, Claudio, Weitere Untersuchungen über die tryptischen Enzyme der Mikroorganismen. (Centralblatt für Bakteriologie und Parasitenkunde. Bd. X. 1891. No. 13. p. 401—408.)

Niel, Eugène, Observations sur le Cystopus candidus Lév. (Extr. du Bulletin de la Société d'amis d'histoire naturelle de Rouen. 1890. Fasc. II.) 8°. 8 pp. Rouen (Impr. Lecerf) 1891.

Patouillard, N., Contributions à la flore mycologique du Tonkin. [Fin.] (Journal de Botanique. T. V. 1891. p. 313.)

Perdrix, L., Sur les fermentations produites par un microbe anaérobie de l'eau. (Revue scientifique. 1891. No. 4. p. 117—118.)

Sanfelice, F., Contributo alla morfologia e biologia dei batteri saprogeni aerobi ed anaerobi. (Atti della R. Accademia medica di Roma. Vol. V. 1890/91. Ser. II. p. 379—402.)

Winogradsky, S., Sur la formation et l'oxydation des nitrites pendant la nitrification. (Comptes rendus des séances de l'Académie des sciences de Paris. T. CXIII. 1891. No. 2. p. 89—92.)

Gefässkryptogamen:

Wittrock, Veit Brecher, De Filicibus observationes biologicae. Biologiske ormbunkstudier. (Ur Acta Horti Bergiani. Bd. I. 1891.) 4°. 58 pp. 5 Tafeln. Stockholm (Samson & Wallin) 1891. Kr. 4.—

Physiologie, Biologie, Anatomie und Morphologie:

Bergevin, Erneste de, Note sur la coloration et l'albinisme des Graminées. 8°. 7 pp. Rouen (Impr. Lecerf) 1891.

Perrot, E., Contribution à l'étude histologique des Lauracées. [Thèse.] 8°. 62 pp. avec fig. Lons-le-Saulnier (Impr. Declume) 1891.

Warming, E., Insektodende planter. (Naturen og Mennesket. 1890. No. 8/9.)
— —, Biologisk blomsteranalyse. (l. b. No. 12.)

Systematik und Pflanzengeographie:

Beck, Günther, Ritter von Mannagetta, Die Wasserpest (Elodea Canadensis Mx.) in Oesterreich-Ungarn. (Mittheilungen der Section für Naturkunde des Oesterr. Touristen-Club. Bd. III. 1891. No. 9. p. 65.)

Bergevin, Erneste de, Remarques sur les variations de Lolium perenne L. dans ses sous-variétés cristatum Coss. et Germ. Fl. et ramosum P. Fl. (Extr. du Bulletin de la Société des amis des sciences naturelles de Rouen. 1890. Fasc. II.) 8°. p. 161—186. Rouen (Impr. Lecerf) 1891.

Bertraud, C. Eg., Des caractères que l'anatomie peut fournir à la classification des végétaux. (Extrait du Bulletin de la Société d'histoire naturelle d'Autun. T. IV. 1891.) 8°. 54 pp. et tableau. Autun (Impr. Dejussieu) 1891.

Dalla Torre, K. W. von, Beitrag zur Flora von Tirol und Vorarlberg. Aus dem floristischen Nachlasse von J. Peyritsch zusammengestellt. (Sep.-Abdr. aus Bericht des naturw.-med. Vereins in Innsbruck. 1890/91. p. 10—91.) Innsbruck 1891.

Franchet, A., Monographie du genre Chrysosplenium. [Fin.] (Nouvelles Archives du Muséum d'histoires naturelles. Sér. III. T. III. 1891. Fasc. 1.)

Le Jolis, Auguste, Quelques notes à propos des „Plantae Europeae" de M. K. Richter. (Extr. des Mémoires de la Société nationale des Sciences nat. et mathém. de Cherbourg. T. XXVII. 1891. p. 289.) 8°. 52 pp. Cherbourg 1891.

Mueller, Ferdinand, Baron von, Brief remarks on some rare Tasmanian plants. (From the Proceedings of the Royal Society of Tasmania. 1891. August 17.)

Coprosma Petriei Cheeseman in the Transact. of the N. Z. Institute. XVIII. 316 (1886).

Under this name I wish to bring under notice what appears to be a new Tasmanian Coprosma, lately found as of rare occurrence by Mr. T. B. Moore on the highlands east of Mount Tyndall. It has the same very depressed matted growth at C. repens (C. pumila), also very small leaves and terminal small-sized fruits. But the leaves in all the specimens received are decidedly pointed, indeed ovate-lanceolar, and the fruit is beautifully blue outside, a characteristic which separates this species from all other Australian kinds, and which is not likely subject to variation. Mr. Thomas Cheeseman in his excellent review of the 31 New Zealandian species of this genus distinguished by him, mentions two as having fruits blueish outside, namely, *C. parviflora* and *C. acerosa*, the former otherwise very different from our plant, the latter of much larger size, with puberulous branchlets, and longer but narrower leaves. Nevertheless *C. Petriei* is described as varying in the outside colour of the fruit, red in the Nelson, blue in the Otago province, but possibly two species became thus confused, in which regard already some indications are given in the transact. of the N. Z. Inst. XIX. 251 and 252. As the flowers of this plant are not yet known, it remains for some future opportunity to confirm the differences existing in this respect between *C. repens* and *C. Petriei*. The fruits are globular or verging into an oval form; so far as seen on this occasion they ripen only one, rarely two seeds. The embryo is only half as long as the albument. Should the Tasmanian plant, after the flowers have become known, prove a peculiar species, then such ought to be distinguished under the finder's name.

Panax Gunnii.

The fruit of this rare shrub was also for the first time obtained for me by Mr. T. B. Moore, who gathered it in deep shady gorges at Mount Lyell, on the Canyon River, the Franklin River and on a tributary of the Pieman's River. It is succulent, about ¹/ₛ-inch broad, renate-roundish, turgid, black outside, at the summit five, denticulated and impressed, so that the styles are hardly visible; the two nutlets inside are oblique-ovate or demidiate-roundish, about ¹/ₛ-inch long, rather turgid, exteriorly greybrown and nearly smooth. This plant seems to bear flowers already, when only 6in. high, and never to exceed 4ft. in height, unless perhaps in cultivation.

Styphelia Milligani.

Under this appellation occurs the *Pentachondra verticillata* in the second systematic Census of Australian Plants, p. 178, in anticipation of the fruit proving that of a *Styphelia* (or *Leucopogon*), a surmise fully borne out by specimens sent by Mr. Moore from the highlands of Mount Read and Mount Tyndall, where also a small form of *Acacia mucronata* is growing at elevations between 3,600ft. and 3,900ft. The fruit, as now seen, is only of about ¹/ₛ-inch measurement, nearly globular; its pericarp is very thin and outside white; the putamen is five-celled. Possibly the fruit obtained may be over-aged. Until now the plant was only known from Dr. Milligan's collection. It is from 6in. to 18in. high, but as it is manybranched from the root, Mr. Moore saw individual plants covering a breadth of 2ft. When out of flower this plant calls to mind, as regards its aspect, some Pultenaeas. (?)

It may here not be inappropriate to remark that since Sir Joseph Hooker finished, in 1860, his superb work on Tasmanian plants, the following were by me brought under notice as additional among vasculares they (coming within the scope of my own researches) as the Tasmanian flora could not be kept apart in treating that of Continental Australia, some few only emanating from other collections:

Papaver aculeatum Thunberg. — *Cakile maritima* Scopoli. — *Pittosporum undulatum* Andrews. — *Comesperma defoliatum* F. v. M. — *Elaeocarpus reticulatus* Smith. — *Pseudanthus ovalifolius* F. v. M. — *Euphorbia Drummondi* Boissier. — *Casuarina bicuspidata* Bentham. — *Zieria cytisoides* Smith. — *Zieria veronicea* F. v. M. — *Eriostemon Oldfieldi* F. v. M. — *Atriplex paludosum* R. Brown. — *Polygonum lapathifolium* Linné. — *Acacia penninervis* Sieber. — *Acaena montana* J. Hooker. (Recorded as a variety in the Fl. Tasm.) — *Pimelea Milligani* Meissner. — *Pimelea stricta* Meissner. — *Pimelea axiflora* F. v. M. — *Pimelea serpillifolia* R. Brown. — *Eucalyptus Sieberiana* F. v. M. — *Eucalyptus Stuartiana* F. v. M. — *Panax sambucifolius* Sieber. — *Hakea ulicina* R. Brown. — *Hakea nodosa* R. Brown. — *Coprosma Petriei* Cheeseman. — *Cotula filifolia* Thunberg. — *Calocephalus citreus* Lessing. — *Cassinia longifolia* R. Brown. — *Podosperma angustifolium* Labillardiere. — *Ixiolaena supina* F. v. M. — *Leptorrhynchus nitidulus* De Candolle. — *Helichrysum Spiceri* F. v. M. — *Helichrysum Gravesii* F. v. M. — *Anaphalis Meredithae* F. v. M. — *Lobelia platycalyx* F. v. M — *Lobelia rhombifolia* De Vries. — *Lobelia Browniana* Roemer and Schultes. — *Lobelia microsperma* F. v. M. — *Lobelia pratioides* Bentham. — *Leeuwenhoekia dubia* Sonder. — *Donatia Novae Zelandiae* J. Hooker. — *Scaevola aemula* R. Brown. — *Scaevola microcarpa* Cavanilles. — *Goodenia barbata* R. Brown. — *Styphelia elliptica* Smith. — *Styphelia scoparia* Smith. — *Solanum vescum* F. v. M. — *Veronica plebeja* R. Brown. — *Veronica notabilis* F. v. M. — *Westringia rosmariniformis* Smith. — *Verbena officinalis* Linnée. — *Myoporum parvifolium* R. Brown. — *Prasophyllum nigricans* R. Brown. — *Pterostylis vittata* Lindley. — *Orthoceras strictum* R. Brown. — *Caladenia suaveolens* G. Reichenbach. — *Thismia Rodwayi* F. v. M. — *Milligania Johnstoni* F. v. M. — *Potamogeton perfoliatus* Linnée. — *P. Cheesemani* A. Bennett. — *P. pectinatus* Linnée. — *Zostera nana* Mertens and Roth. — *Lepyrodia Muelleri* Bentham. — *Calostrophus elongatus* F. v. M. — *Schoenus Tepperi* F. v. M. (or a closely allied species). — *Heleocharis acicularis* R. Brown. — *Gahnia Radula* F. v. M. — *Carex tereticaulis* F. v. M. — *C. Bichenoviana* Boott. — *Sporobolus Virginicus* Kunth. — *Agrostis frigida* F. v. M. — *A. Gunniana* F. v. M. — *Zoysia pungens* Willdenow. — *Imperata arundinacea* Cyrillo. — *Cyathea Cunninghami* J. Hooker. — *Blechnum cartilagineum* Swartz. — *Asplenium Hookerianum* Colenso. — *Aspidium hispidum* Swartz. — *Hymenophyllum marginatum* Hooker and Greville. — *H. Malingi* J. Hooker.

In the concluding pages of the „Flora Tasmaniae" were already inserted solely from Melbourne communications as additional.

Kennedya monophylla Ventenat. — *Geum renifolium* F. v. M. — *Aciphylla procumbens* F. v. M. — *Leptomeria glomerata* F. v. M. — *Abrotanella scapigera* F. v. M. — *Senecio primulifolius* F. v. M. — *Senecio papillosus* F. v. M. — *Dracophyllum minimum* F. v. M. — *Sebaea albidiflora* F. v. M. — *Limnanthemum exigeum* F. v. M. — *Dendrobium striolatum* G. Reichenbach. — *Selaginella Preissianum* Spring.

Teratologie und Pflanzenkrankheiten:

Cattie, J. Th., Sur un cas de cohésion et de dyalise dans le Cypripedium barbatum. (Archives Néerlandaises des sciences exactes et nat. Tome XXV. 1891. No. 2.)

Massalongo, C., La Rogna delle foglie dell'olivo. (Memoria letta all' Accad. Medico Chirurgica di Ferrara. 1891. 15. luglio.) 8°. 16 pp. 2 Tafeln. Ferrara 1891.

Thümen, F. von, Ein wenig bekannter Apfelbaum-Schädling, Hydnum Schiedermeyeri. (Zeitschrift für Pflanzenkrankheiten. 1891. p. 132.)

Viala, P. et Sauvageau, C., Sur quelques champignons parasites de la vigne. (Extr. des Annales de l'École Nouv. d'Agriculture de Montpellier. T. VI. 1891.) 8°. 21 pp. 2 pl. color. Montpellier (C. Coulet), Paris (G. Masson) 1891.

Medicinisch-pharmaceutische Botanik:

Brunner, C., Zur Pathogenese des Kopftetanus. (Berliner klinische Wochenschrift. 1891. No. 36. p. 881—883.)

Cramer, E., Die Ursache der Resistenz der Sporen gegen trockne Hitze. (Arch. für Hygiene. Bd. XIII. 1891. Heft 1. p. 70—112.)

Escherich, T., Zur Frage der Milchsterilisirung zum Zwecke der Säuglings-Ernährung. (Münchener medicinische Wochenschrift. 1891. No. 30. p. 521—523.)

Fabry, J., Zur Aetiologie der Sycosis simplex. (Deutsche medic. Wochenschr. 1891. No. 32. p. 976.)

Fiedeler, Ueber die Brustseuche im Koseler Landgestüte und über den Krankheits-Erreger derselben. (Centralblatt für Bakteriologie und Parasitenkunde. Bd. X. 1891. No. 13/14. p. 408—415, 454—458.)

Franke, E., Ueber Infection und Desinfection von Augentropfwässern. (Deutsche medicinische Wochenschrift. 1891. No. 33. p. 990—993.)

Lasér, H., Ueber das Verhalten von Typhusbacillen, Cholerabakterien und Tuberkelbacillen in der Butter. (Zeitschrift für Hygiene. Bd. X. 1891. Heft 3. p. 513—520.)

Mibelli, V., Sul fungo del favo. (Riforma medica. 1891. p. 817—821. II. p. 37—41.)

Middendorp, H. W., Weitere Mittheilungen über die von Prof. Dr. R. Koch vermeintlich entdeckten, aber nicht bestehenden Tuberkelbacillen, den fundamentalen Irrthum in seiner Lehre von der Aetiologie der Tuberkulose und die Werthlosigkeit und die Gefahren seines Heilverfahrens. 8°. 30 pp. Groningen (J. B. Wolters) 1891. • M. 1.—

Schneidemühl, G., Bemerkung zu dem Vortrage über eine infectiöse Kälberpneumonie. (Wochenschrift für Thierheilkunde und Viehzucht. 1891. No. 30. p. 293—294.)

Schnirer, M. T., Zweiter Tuberculose-Congress. (Centralblatt für Bakteriologie und Parasitenkunde. Bd. X. 1891. No. 13. p. 439.)

Wermann, Ueber Alopecia areata. (Correspondenzblatt des ärztl. Kreis- und Bez.-Vereins im Königreich Sachsen. 1891. No. 3. p. 88—41.)

Technische, Forst-, ökonomische und gärtnerische Botanik:

Daurel, Jos., Eléments de viticulture, avec description des cépages les plus répandus. 2. édition. 8°. XVII, 136 pp. Bordeaux (Feret et fils) 1891.
Fr. 2.50.

Lasché, A., Die Mycoderma und die Praxis. (Braumeister. 1891. No. 10. p. 293 —297.)

Pfuhl, E., Die Jute und ihre Verarbeitung, auf Grund wissenschaftlicher Untersuchungen und praktischer Erfahrung dargestellt. Theil II. 8°. XX, 373 pp. 28 Tafeln. Theil III. 8°. XI, 169 pp. 16 Tafeln. Berlin (Jul. Springer) 1891. M. 40.—

Schaffer, F., Ueber den Einfluss der Mycoderma vini auf die Zusammensetzung des Weines. (Schweizerische Wochenschrift für Pharmacie. 1891. No. 25. p. 237—240.)

Winter, Heinrich, Onderzoek van eene melasse. (Meddedeelingen van het Proefstation „Midden Java" te Semarang. 1891.) 8°. 6 pp. Semarang 1891.

Inhalt:

Ausgegeben: 28. October 1891.

Druck und Verlag von Gebr. Gotthelft in Cassel.

Band XLVIII. No. 5.   XII. Jahrgang.

Botanisches Centralblatt

REFERIRENDES ORGAN
für das Gesammtgebiet der Botanik des In- und Auslandes.

Herausgegeben

unter Mitwirkung zahlreicher Gelehrten

von

Dr. Oscar Uhlworm und Dr. F. G. Kohl
in Cassel.   in Marburg.

Zugleich Organ
des

Botanischen Vereins in München, der **Botaniska Sällskapet i Stockholm,**
der **botanischen Section des naturwissenschaftlichen Vereins zu Hamburg,**
der **botanischen Section der Schlesischen Gesellschaft für vaterländische
Cultur zu Breslau,** der **Botaniska Sektionen af Naturvetenskapliga Student-
sällskapet i Upsala,** der **k. k. zoologisch-botanischen Gesellschaft in
Wien,** des **Botanischen Vereins in Lund** und der **Societas pro Fauna et
Flora Fennica in Helsingfors.**

| Nr. 44. | Abonnement für das halbe Jahr (2 Bände) mit 14 M. durch alle Buchhandlungen und Postanstalten. | 1891. |

Wissenschaftliche Original-Mittheilungen.

Beiträge zur Kenntniss der *Ectocarpus*-Arten der Kieler Föhrde.
Von
Paul Kuckuck.
Mit 6 Figuren.
(Fortsetzung u. Schluss.)

II. Der Formenkreis von *Ectocarpus confervoides* Roth sp.
(nebst verwandten Formen).

1. Zellinhalt.

Die Chromatophoren. Bei *E. siliculosus* Dillw. sp. durchziehen die Chromatophoren in zahlreichen, verzweigten, sehr unregelmässigen oder spiralig verlaufenden Bändern die Zelle, sind
verhältnissmässig schmal und in den Hauptachsen meist spärlicher
entwickelt. Bei *E. confervoides* Roth sp. sind sie stets kräftig entwickelte, breite und dicke Bänder von dunkel-gelbbrauner Farbe.
Bald durchziehen sie fast parallel zur Längsachse stabförmig die

Zelle, bald sind sie mehr unregelmässig, selten spiralig, oft in quer
zur Längsachse verlaufenden Bändern angeordnet. In den Zellen
der seilartig zusammengedrehten Fäden sind sie meist spärlich, in
einzelne kürzere Stäbe zertheilt.

Pyrenoide. Pyrenoide nenne ich den Chromatophoren auf
der dem Zelllumen zugekehrten Fläche aufgelagerte Körper von
fast kugeliger bis mehr polyedrischer Gestalt, die eine deutliche
Schalenstructur aufweisen. Sie finden sich bei allen Zellen, die
lange, bandförmige Chromatophoren besitzen, und sind von
Schmitz (44. p. 154) als Phäophyceenstärke bezeichnet worden.
Die den Kern bildende Kugel färbt sich mit Carminessigsäure rosa-
roth und scheint nucleinhaltiger Natur zu sein, die den Kern um-
schliessende Hohlkugel bleibt dagegen ungefärbt. Das Verhalten
gegen Jod studirte ich bei solchen Pyrenoiden, die seitlich an den
Chromatophoren hervorragen, da die Braunfärbung der letzteren
leicht eine Täuschung hervorrufen kann. Der Kern zeigte eine
etwas stärkere Gelbfärbung als die Schale, beide waren aber nur
schwach tingirt. Die Pyrenoide lösen sich weder in Alkohol noch
in Essigsäure, bleiben beim Eintrocknen erhalten und reduciren
Osmiumsäure nicht. Dass sie, wie Schmitz angibt, immer unter
dem Einfluss der Chromatophoren entstehen, kann ich bestätigen.
Stets sitzen sie der Farbstoffplatte unmittelbar auf, wie sich heraus-
stellt, wenn man auf den optischen Durchschnitt der Chromatophoren einstellt. Ein kurzes Spitzchen, mit welchem sie nach
Berthold (7. p. 56 ff.) den Farbkörpern seitlich ansitzen sollen,
vermochte ich jedoch nicht zu erkennen (siehe dagegen bei *Ectocarpus litoralis*). Nie fand ich sie, auch nicht bei ausgewachsenen Zellen, frei im Protoplasma eingebettet und muss
deshalb wenigstens für *E. confervoides* Roth sp. und verwandte
Formen der Schmitz'schen Ansicht, dass sie nachträglich durch
die Bewegungen des Plasmas in der ganzen Zelle vertheilt werden,
widersprechen. Auch darin finde ich mich in Uebereinstimmung
mit Schmitz, dass die Pyrenoide nie im Innern der Chromatophoren entwickelt werden. Sie werden unter Mitwirkung derselben
und der des benachbarten Plasmas an der inneren Oberfläche oder
seltener am Rande der Farbstoffplatten erzeugt. Auch konnte ich
feststellen, dass Plasmafäden von der Kernhülle gerade zu den
Stellen des die Chromatophoren enthaltenden Wandplasmas hinziehen,
an denen Pyrenoide entwickelt werden. Ueber das Verhalten der
Pyrenoide bei der Zoosporenbildung siehe weiter unten.

Schmitz wählte die Bezeichnung Pyrenoide für kugelige
Gebilde im Innern der Chromatophoren, die denselben eingebettet
wären, wie der Nucleolus dem Kern, sah dabei also ganz ab von
ihrer chemischen Beschaffenheit. Da nun aber die hier beschriebenen
Körper stets unmittelbar an den Chromatophoren entstehen und
ganz ähnliche Reactionen wie die Pyrenoide zeigen, so halte ich
die Bezeichnung „Phäophyceenstärke" für entbehrlich. (Vergl.
hierzu auch Schmitz (45.) p. 129 ff.)

Sonstige im Protoplasma suspendirte Körper. Leicht
mit den Pyrenoiden zu verwechseln sind tropfenförmige, im Proto-

plasma unregelmässig zerstreute Körper, besonders wenn sie sich den Chromatophoren anlegen. Dieselben lösen sich sofort in Essigsäure und 96% Alkohol auf. Oft umgeben sie, besonders bei nicht mehr völlig frischem Material, den Kern in grossen Ballen, welcher durch Behandlung mit Essigsäurecarmin dann leicht sichtbar gemacht werden kann. Sie färben sich bei Zusatz von Eau de Javelle unter Quellung rothbraun und zerfliessen darauf unter Entfärbung. — Die im Wandbelag des Protoplasmas liegenden kleinen hellglänzenden Tropfen lassen nach der Auflösung durch Essigsäure kleine concentrische Ringe auf der Zellmembran zurück. Anwendung von Jod in Jodkalium und alle anderen Stärkereactionen ergaben stets negative Resultate.

Während der Beobachtung sah ich öfters Veränderungen in der Lage der Plasmafäden, Verschiebungen längs der Aussenwand u. s. w.

2. Sporangien.

Die von Thuret (48.) vorgeschlagene und von Kjellman (23. p. 42) angenommene Bezeichnung der beiden Sporangienformen muss auch jetzt noch als die dem gegenwärtigen Standpunkte unserer Kenntnisse angemessenste betrachtet werden, da sie sich an rein morphologische Merkmale hält und von der Natur und Bedeutung der Zoosporen ganz absieht. Ich nenne daher nach wie vor die aus einer Zelle bestehenden Sporangien uniloculäre Sporangien (sporangia unilocularia, einfächerige Sporangien) und die aus Zellstockwerken bestehenden pluriloculäre Sporangien (sporangia plurilocularia, mehr- oder vielfächerige Sporangien). Eine Eintheilung in Sporangien und Gametangien, wie sie Kjellman in seinem Handbok i Skandinaviens Hafsalgflora I vornimmt, erscheint nicht räthlich, da sie die nur für zwei Species (*Ectocarpus siliculosus* und *Scytosiphon*) bisher unzweifelhaft nachgewiesene geschlechtliche Natur (s. Berthold 6.) für alle in pluriloculären Sporangien entwickelten Zoosporen anticipirt. (Vergl. auch Falkenberg 12. p. 220). Ich selbst habe, wie ich gleich hier vorweg nehmen will, nie eine Copulation von Zoosporen oder auch nur eine Andeutung zu derselben gefunden, trotzdem Zoosporen aus pluriloculären Sporangien (die hauptsächlich in Betracht kommen) und uniloculären Sporangien zahlreicher Individuen der verschiedensten Formen und Arten zu den verschiedensten Jahres- und Tageszeiten zu meiner Beobachtung gelangten.

Was das Auftreten der beiden Sporangienarten betrifft, so fand ich bei den beobachteten Pflanzen, für welche als Standort nur der Kieler Hafen und seine Mündung in die Kieler Bucht in Betracht kommt, pluriloculäre Sporangien ungleich häufiger als uniloculäre. Bei *E. confervoides* Roth sp. und seinen verschiedenen Formen fand ich zu allen Jahreszeiten überhaupt nur die erste Sporangienart. Bei *E. siliculosus* Dillw. sp. fand ich einfächerige Sporangien nur sehr vereinzelt; dagegen waren sie bei *E. penicillatus* Ag. reichlich entwickelt. Bei dieser letzteren Art gibt es Individuen (im Sommer), welche nur einfächerige Sporangien er-

zeugen, dann solche, bei denen vereinzelt pluriloculäre auftreten,
die zuweilen noch als uniloculäre Sporangien angelegt werden,
ferner solche, bei denen uniloculäre und pluriloculäre gleich zahlreich sind oder die letzteren schon überwiegen, und endlich Individuen, bei denen sich nur noch pluriloculäre Sporangien finden
(im Spätsommer und Herbst). Ob freilich diese Entwicklung an
ein und demselben Individuum völlig durchlaufen werden kann,
vermag ich nicht zu sagen. Es ist mir wahrscheinlich, dass die
aus zu verschiedenen Zeiten entlassenen Sporen nach und nach
heranwachsenden Pflänzchen im Sommer uniloculäre, später pluriloculäre Sporangien erzeugen. Ein Wechsel von Generationen mit
uniloculären und solchen mit pluriloculären Sporangien ist hierbei
möglich, aber nicht nothwendig. Darauf bezügliche Culturversuche
misslangen leider, wie denn überhaupt *Ectocarpus*-Arten in der
Cultur sich als äusserst empfindlich erweisen.

Die pluriloculären Sporangien stehen zumeist terminal,
d. h. ganz allgemein, es folgen an ihrer Spitze keine vegetativen
Zellen mehr. Sporangien, deren Stiel Zweige entsendet, nenne ich
terminal im engeren Sinne und unterscheide alle übrigen als langgestielte, als kurzgestielte (eine bis wenig Stielzellen) und als sitzende
Sporangien. Alle Uebergänge finden sich z. B. sehr häufig bei
E. dasycarpus n. sp. (vergl. Fig. 4 nebst Erklärung).

Intercalare Sporangien, die an ihrem Scheitel eine mehr oder
weniger lange Reihe vegetativer Zellen tragen, finden sich besonders
häufig bei *E. siliculosus* Dillw. sp. (Fig. 1, A) und überbrücken
den Uebergang zu dem Formenkreis von *E. litoralis* L. sp.

Entwicklung der pluriloculären Sporangien (vergl.
Kjellman (23.) p. 43 ff.). Bei *E. confervoides* Roth sp. treibt
eine Thalluszelle unter der oberen Querwand eine Ausstülpung,
die sich durch eine etwas schief gestellte Wand von der Mutterzelle abgliedert und sich in diesem Stadium von einer jungen
Zweiganlage noch nicht unterscheidet. Die Aussprossung wächst
in die Dicke und besonders in die Länge und theilt sich durch
eine Querwand. Mit den nächsten Quertheilungen beginnt eine
Differenzirung des Zellinhaltes. In den oberen Zellen, in welchen
nunmehr die Theilungen lebhafter aufeinander folgen, findet eine
Vermehrung des Protoplasmas statt, während die Chromatophoren
in einzelne Stücke zerfallen. Pyrenoide, die in den unteren, zu
Stielzellen werdenden Zellen noch gebildet werden, werden hier
nicht mehr entwickelt oder bleiben doch sehr klein, um bei der
weiteren Ausbildung des Sporangiums wahrscheinlich wieder aufgelöst zu werden. Bald treten die ersten Längswände auf und
mit der Anlage der einzelnen Wände geht gleichzeitig eine Theilung
der Kerne vor sich, wobei derselbe einen immer grösseren Theil
des Zell- oder Fachlumens einnimmt. Die Chromatophoren verlassen zum Theil ihre wandständige Lage und rücken in das Zelllumen hinein. Die Augenpunkte sind bei weit vorgeschrittener,
aber noch nicht beendeter Fächerung als winzig kleine, rothe,
glänzende Punkte in der Fläche oder am Rande der Farbstoffplatten zu erkennen.

Bei *E. penicillatus* Ag., bei dem zuerst uniloculäre Sporangien und späterhin an derselben Pflanze pluriloculäre auftreten, ist die Entwicklung der letzteren etwas anders. Die Pflanze zeigt auch während der Sporangienbildung noch lebhaftes Wachsthum und im Zusammenhange damit an den Aesten aller, besonders höherer Ordnungen kurze, dünne Adventivästchen, die ein ziemlich ausgesprochenes trichothallisches Wachsthum haben. Die oberen Zellen verlängern sich demgemäss und zu einer bestimmten Zeit liegt der am lebhaftesten wachsende Theil in der Mitte des jungen Astes. Ist derselbe ausgewachsen, so läuft er in ein langes, gleich breites, oben absterbendes Haar aus, das nicht viel dünner ist als die unteren chromatophorenreichen Zellen. Zur Zeit nun, wo die pluriloculären Sporangien erscheinen, unterbleibt die Verlängerung der oberen Zellen, es treten in den oberen zwei Dritteln der bis dahin noch als vegetativ zu bezeichnenden Anlage bis dicht unter die Spitze rasche Theilungen, die von einer Vermehrung des Zellinhaltes, vorzüglich der nicht gefärbten Bestandtheile begleitet sind, ein, ohne dass eine Verdickung dieses Fadentheiles zu bemerken wäre. Dieselbe stellt sich erst mit dem weiteren Vorschreiten der jungen Anlage ein, welche sich von den unteren zu Stielzellen werdenden Zellen nach der Anlage einer Reihe von Längswänden abhebt.

Ich gehe nun zu der Sporangienentwicklung bei *E. siliculosus* Dillw. sp. über, dessen pluriloculäre Sporangien in sehr vielen Fällen Haare tragen. Zu einer Zeit, wo die Pflanze noch lebhaft wächst, findet man dünnere, an Zweigen verschiedener Ordnung stehende, in ein kürzeres oder längeres Haar auslaufende Aeste, welche undeutlich trichothallisch wachsen. Allmählich verschiebt und concentrirt sich die Region lebhaften Wachsthums in dem unteren Theile (Fig. 1, A, bei *a*) und es entsteht eine längere Reihe scheibenförmiger Zellen, in denen alsbald Längswände auftreten. Im ausgebildeten Zustande ist das Sporangium unten meist am dicksten, verjüngt sich nach oben gleichmässig und der oberste Theil erscheint dann von den sterilen Zellen abgesetzt oder ist eben so dick wie diese. In anderen weniger häufigen Fällen ist das Sporangium gleichmässig dick. Es kann auch, wenn die lebhaften Theilungen beginnen, eine in der Wachsthumsregion liegende Zelle ihr Wachsthum einstellen, so dass das reife Sporangium durch eine vegetative Zelle in zwei Theile zersprengt wird. Endlich kann sich die Theilungsfähigkeit auf eine Zelle im vegetativen Ast beschränken, so dass ein intercalares, ovales oder fast kugeliges pluriloculäres Sporangium entsteht.

Die uniloculären Sporangien treten bei *E. penicillatus* Ag. in den Zweigbüscheln auf, sind meist von sehr regelmässiger ellipsoidischer Gestalt, oft auch mehr eirund, sitzend oder kurz gestielt, aufrecht und dem vegetativen Faden zuweilen sehr fest angeschmiegt oder abstehend. — Bei *E. siliculosus* Dillw. sp. sind die Sporangien ebenfalls meist sitzend oder kurz gestielt, ellipsoidisch breitgedrückt oder eiförmig und stehen vorzüglich an den Zweigen höherer Ordnung.

Entwicklung der uniloculären Sporangien. Dieselbe ist, von dem Zellinhalte abgesehen, eine sehr einfache. Die vegetative Gliederzelle treibt unter der oberen Querwand vorbei eine Ausstülpung, die sich durch eine in der Fläche der Mutterzellenmembran liegende oder zu ihr etwas schief gestellte Wand zu einer selbständigen Zelle abgliedert, sich durch dichten Inhalt auszeichnet und die Chromatophoren während der Weiterentwicklung entwickelt und vermehrt. In anderen Fällen theilt sich die Ausstülpung, sobald sie sich von der Mutterzelle abgegliedert hat, durch eine Querwand, sodass eine obere hemisphärische Zelle, die zum Sporangium wird, und eine untere oft scharf keilförmige Zelle, die zur Stielzelle wird, entsteht. In dem jungen Sporangium findet dann eine successive Theilung der Zellkerne statt, die aber nicht so weit wie bei den entsprechenden Sporangien von *E. litoralis* zu schreiten pflegt, wie denn auch das fertige Sporangium weniger Zoosporen enthält als dort. Treten keine Zerklüftungen der Zoosporenportionen mehr ein, so platten sich dieselben polygonal ab. Die Wanderung der Chromatophoren nach dem Lumen des Sporangiums findet erst statt, wenn das Sporangium schon eine beträchtliche Grösse erreicht hat, viel später als bei *E. litoralis*. Eine mehrfache Umlagerung derselben, wie sie dort stattfindet, habe ich hier nicht beobachtet. Bei Zusatz von Eau de Javelle wird der ganze Inhalt innerhalb der Sporangienmembran zerstört; feste Septa, die gleichzeitig mit dem Austritt der Sporen gelöst werden, wie bei den vermeintlichen uniloculären Sporangien von *Stictyosiphon tortilis* (40. Taf. 32. Fig. 9—11) werden also nicht gebildet.

Im Wesentlichen stimmen mithin meine Beobachtungen mit denen Kjellman's überein. Jedoch habe ich nie mit den gewöhnlichen Hilfsmitteln Stärke in den Sporangien nachweisen können. Eine Täuschung, die durch die bei Jodzusatz sich blaugrün färbenden Augenpunkte hervorgerufen werden könnte, kann kaum vorliegen, da der genannte Forscher dieselbe auch in den ganz jungen Sporangienanlagen fand, die sich so „von vegetativen Zweiganlagen ganz wesentlich unterschieden" (23. p. 42).

Uebergänge vom uniloculären zum pluriloculären Sporangium. Es finden sich gewisse Sporangiumbildungen, die man am besten als Uebergangsformen von uniloculären zu pluriloculären Sporangien auffasst. Ich fand sie hauptsächlich bei *E. penicillatus* Ag., und zwar zu der Zeit, wo die mit uniloculären Sporangien bedeckte Pflanze pluriloculäre Sporangien zu bilden anfängt. In einem Falle war ein Sporangium mit vollkommener Fächerung unzweifelhaft als uniloculäres angelegt worden; die beiden Stielzellen waren, wie es für jene Sporangiumart charakteristisch ist, keilförmig und schmiegten sich ebenso wie das gedrungene kegelförmige Sporangium selbst den vegetativen Gliederzellen des Fadens an. Eine weitere Neigung uniloculärer Sporangien, die pluriloculäre Fächerung wenigstens anzustreben, sehe ich darin, dass auf einem Stiel bis fünf Sporangien gebildet wurden, die man als eine Vereinigung uniloculärer Sporangien. aber auch als ein einziges pluriloculäres Sporangium ansehen kann, bei welchem eine weitergehende Fächerung unterblieben ist.

Entleerung der Sporangien. Hat das pluriloculäre Sporangium seine volle Reife erreicht, so liegt jede Zoospore in einer von sehr dünnen, aber deutlich erkennbaren Zellwänden umschlossenen Mutterzelle, und die Chromatophoren, welche Anfangs eine mehr hellgelbe Farbe zeigten, sind nun ebenso intensiv gefärbt, wie in den vegetativen Zellen. Auf Thuret's (48.) Ansicht, dass die Sporangien aus einer einzigen Zellreihe bestehen, und dass in jeder scheibenförmigen Zelle der Inhalt sich in zahlreiche neben einander liegende Zoosporen ohne Bildung von Längswänden zerklüftet, geht Kjellmann, dieselbe widerlegend, näher ein und ich kann deshalb auf eine ausführliche Bestätigung der Kjellman'schen Beobachtungen verzichten. Im normalen Falle öffnet sich das Sporangium an der Spitze (bei b in Fig. 3) und es erscheint natürlich, als Ursache einen Druck der Stielzellen auf die unterste Sporangiumschicht, der sich auf die höher liegenden Schichten fortpflanzt, anzunehmen. Dass die Stielzellen in der That das Bestreben haben, sich auszudehnen und zu wachsen, zeigt die sehr oft bald nach der Entleerung beginnende Anlage eines Ersatzsporangiums in der leeren Sporangiumhülse (a in Fig. 3). Es ist auch wahrscheinlich, dass die reifen Sporen ihre zartwandigen Fächer und das ganze Sporangium so prall füllen, dass die Auflösung der Zellwand an einer dazu prädestinirten, weicheren Stelle, hier der Spitze, eintreten kann. Mit dem Austritt der ersten Schwärmer werden die dünneren Zellwände zumeist vollständig gelöst, sodass nur die durchgehenden Querwände erhalten bleiben. Dass nicht nur die Randstellen derselben, mit denen sie sich an die Aussenmembran ansetzen, persistiren, sondern dass nur in der Mitte eine Lösung der Membran eintritt, lässt sich bei zweckmässiger Einstellung mittelst der Mikrometerschraube unschwer erkennen. Damit in Zusammenhang steht es nun auch, dass die Schwärmsporen in einem Zuge geordnet das Sporangium verlassen. Schon in diesem kann man bei den losgelösten Sporen deutlich ein farbloses zugespitztes und ein gefärbtes abgerundetes Ende unterscheiden; welches von beiden der Austrittsöffnung zugekehrt ist, unterliegt keinem Gesetze und hängt offenbar von der Lage des Schwärmers im Sporangiumfache ab. Bemerkenswerth ist, dass wenigstens die längere Geissel (oft beide) sich von dem Sporenleibe, schon bevor derselbe die Oeffnung erreicht hat, ablöst, in welcher Weise, kam bei der Feinheit des Objectes nicht zur näheren Beobachtung. Dieselbe schleppte entweder träge nach oder war nach vorn gerichtet und machte bereits schlängelnde Bewegung.

Es kann nun auch, nicht nur bei Sporangien, die in sterile Zellen auslaufen, vorkommen, dass an der Seite eine oder mehrere (bis drei) Oeffnungen entstehen (bei b in Fig. 1, B). Dabei tritt zuweilen eine Knickung des Sporangiums an den Oeffnungsstellen ein, durch welche dieselben vergrössert werden. In der Regel sind die Austrittsöffnungen enger als der grösste Querdurchmesser der Spore, welche sich beim Herausschlüpfen einschnürt, einen

Moment eingezwängt ist und dann mit einem ;Ruck herausgepresst wird. Vor der Oeffnung macht der Schwärmer eine pendelnde Bewegung, um die Cilien zu völlig freiem Gebrauche zu entwickeln, sodann erfolgt ein Zittern oder Schütteln und derselbe eilt davon. Bei alten Sporangiumhülsen werden auch die durchgehenden Querwände gelöst, sodass man dann von einer früheren Fächerung keine Spur mehr erkennen kann (a in Fig. 3). Andererseits kommt es zuweilen vor, dass die Längswände wenigstens als Leisten erhalten bleiben, sodass bei völlig entleertem Sporangium die Fächerung noch vollständig in ihren Resten bewahrt ist. (Vergl. zu diesem Abschnitt auch Pringsheim 38. p. 196 f., Tab. XI, Fig. 11—16, sowie besonders Berthold 6. und Goebel 18.)

Beim Austritt der Zoosporen werden nicht selten Plasmaklümpchen, kleine Körnchen und Tröpfchen ausgestossen, die bei der Schwärmsporenbildung unbenutzt geblieben sind.

Der Austritt der Zoosporen erfolgt zu jeder Tageszeit, am reichlichsten in den Morgen- und Vormittagsstunden.

Entleerung der uniloculären Sporangien. Den Vorgang der Entleerung selbst habe ich in dieser Gruppe zu beobachten nicht Gelegenheit gehabt. Sie erfolgt stets am Scheitel, die leere Sporangiummembran collabirt (bei b in Fig. 2) und wird an den oft zerfetzten Randpartien zum Theil aufgelöst. Bei E. penicillatus Ag. hatte es bei mit Schwefelpikrinsäure fixirtem Material den Anschein, dass die inneren Schichten der ganzen Membran stark gequollen waren und so einen Druck auf den Inhalt ausübten. Sicher ist, dass bei lebenden uniloculären Sporangien der genannten und auch anderer Arten die Sporangiummembran am Scheitel bedeutendere Dicke und eine feine Schichtung zeigt.

Die in pluriloculären und uniloculären Sporangien gebildeten Zoosporen. Die Schwärmer der Phäosporeen sind, wie bekannt, von sehr übereinstimmendem Bau und auch die hier in Betracht kommenden Zoosporen zeigen keinerlei Abweichung von dem Grundtypus. Sie sind in der Regel von birnförmiger Gestalt; das vordere zugespitzte Ende ist farblos, das hintere abgerundete enthält einen Chromatophor mit deutlichen, meist rundlichen Umrissen. Der rothbraun gefärbte sogenannte Augenpunkt zeigt oft einen kreisförmigen Umriss, ist im optischen Durchschnitt concav-convex und stets der Aussenseite des Chromatophors, mit der convexen Seite nach oben gekehrt, aufgelagert, nie isolirt. Auch entspringen die beiden Cilien immer am Augenpunkt, ein Umstand, der auf einen Zusammenhang in den Functionen dieser Organe hindeutet. In dem nackten Protoplasmakörper sind meist eine grössere Anzahl kleiner und einige grössere tropfenartige Körper, letztere meist in der Nähe oder unter dem Chromatophor eingelagert. Pyrenoide fehlen der Zoospore.

Was den äusseren Umriss der Schwärmer anbetrifft, so kommen bedeutende Abweichungen in der birnenförmigen Gestalt vor. Die in der Regel etwas abgerundete Spitze kann sich so weit abflachen, dass der Schwärmer eiförmig wird. Oder er kann auch ellipsoidisch oder flaschenförmig sein.

Die Schwärmer aus uniloculären Sporangien von *E. penicillatus* Ag. haben eine bedeutende Grösse und zeigen nicht selten einen zerschlitzten Chromatophor. Hin und wieder fand ich hier und bei anderen Arten auch zwei Chromatophoren, von denen zuweilen jeder seinen eigenen Augenpunkt hatte; oder ein Chromatophor besass zwei Augenpunkte. Doch hat man es dann, worauf schon Berthold (6.) aufmerksam machte, immer nur mit nicht normal ausgebildeten Schwärmern und nicht mit Copulationsproducten zu thun. Der Grössenunterschied von Schwärmern ein und dieselbe Sporangiumart tragender Pflanzen ist oft ein sehr beträchtlicher (bis zum Doppelten des Volumens).

Die Bewegung der Zoosporen ist eine sehr verschiedenartige. Immer sammelten sich dieselben an der Lichtseite des hängenden Tropfens und schwammen derselben in unregelmässig wellenartigen Bewegungen oder auch in gerader Linie zu. Am Rande des Tropfens angelangt fanden sie entweder nach wenigen Minuten eine geeignete Stelle zum Ansetzen oder sie irrten, sich um ihre eigene Achse drehend und in taumelnder Bewegung, eine Zeit lang (bis eine Stunde) umher.

In keinem Falle konnte ich eine Copulation von Schwärmsporen constatiren, wobei ich hauptsächlich auf die in pluriloculären Sporangien producirten mein Augenmerk richtete. Es kommt öfters vor, dass zwei schwärmende Sporen besonders bei massenhaftem Austritt sich mit ihren Cilien verwirren und dann eine Zeit lang zusammenschwärmen, aber ich fand immer, dass sie sich entweder wieder trennen oder auch gleichzeitig zur Ruhe kommen, ohne zu verschmelzen. Häufig bleibt auch eine noch schwärmende Zoospore an einer bereits zur Ruhe gekommenen hängen und schmiegt sich derselben beim Festsetzen dicht an.

Festsetzen und Keimen der Zoosporen. In einem Falle, bei Schwärmern aus uniloculären Sporangien von *E. penicillatus* Ag., stimmte die Art des Festsetzens völlig mit der Beschreibung überein, welche Berthold für die pluriloculären Sporangien von *E. siliculosus* Dillw. sp. entstammenden Schwärmern des Golfes von Neapel gegeben hat. Der Schwärmer zwängt sich in den keilförmigen Rand des hängenden Wassertropfens ein und macht, selbst hin und her pendelnd, mit der vorderen langen Cilie unruhig schlängelnde und schlagende, mit der hinteren kurzen und mehr starren schlagende Bewegungen. Dann zeigt plötzlich die vordere Cilie eine gleichmässige, wellenförmige Bewegung nach Art eines an beiden Enden festgehaltenen und abwechselnd gezogenen Taues: Die Cilie hat sich an der Spitze mit einer saugscheibenartigen Verdickung festgesetzt. Fast in demselben Momente verschmilzt sie vom Augenpunkte bis zur Spitze mit dem Protoplasmakörper und zugleich legt sich auch die hintere Cilie der ganzen Länge nach an das gefärbte hintere Ende an und verschmilzt mit demselben. Nunmehr macht die Zoospore, die sich während dieser Vorgänge ruhig verhalten hat, verschiedene Formveränderungen nach Art einer Amöbe durch und fliesst auf dem freien Ende der vorderen Cilie bis an den Befestigungspunkt heran, rundet sich

endlich ab und umgibt sich innerhalb der nächsten 24 Stunden
mit einer zarten, kaum als Doppelcontur zu erkennenden Membran.
Während der amöboiden Bewegung findet eine Verschiebung der
im Plasma eingebetteten Körper statt, die besonders deutlich an
den körnigen Bestandtheilen verfolgt werden kann.

In sehr zahlreichen Fällen beobachtete ich das Festsetzen von
pluriloculären Schwärmern, wie ich sie kurz bezeichnen will, ohne
dass ich über das Verhalten der hinteren Geissel in's Klare kommen
konnte. Es tritt nicht immer ein Verschmelzen des unteren Theiles
der vorderen Geissel mit dem Zoosporenkörper ein. Zuweilen
war, wenn die Schwärmspore längst zur Ruhe gekommen war,
diese Geissel noch in ihrer ganzen Länge vorhanden und starb
allmählich ab, ohne dem Protoplasma einverleibt zu werden.

Erfolgt reichlicher Austritt der Zoosporen, so platten sich
dieselben, wenn sie sich am Tropfenrande zusammendrängen, gegenseitig ab; steht ihnen ein grösserer Raum zur Verfügung, so sammeln
sie sich besonders bei büschelig wachsenden Ectocarpen in oft
kreisrunden Flecken an, die mehrschichtig sein können. Aber auch
dann tritt keine Verschmelzung der Zoosporen ein.

Die Keimung von uniloculären Zoosporen habe ich nie zu
beobachten Gelegenheit gehabt.

Nach 24 bis 48 Stunden hatten sich die Zoosporen mit einer
Membran umgeben; der Augenpunkt war gewöhnlich noch deutlich
zu erkennen, aber meist in der Rückbildung begriffen. Die Spore
wird erst eiförmig, dann keulenförmig, die Ausstülpung wächst
zum Schlauch heran und gliedert sich durch eine Querwand ab,
während sich die Chromatophoren gleichzeitig strecken und theilen.
Noch bei solchen zweizelligen Stadien kann der Augenpunkt erhalten sein. Die durch eine Zellwand abgetheilte Aussprossung
theilt sich alsbald und wächst allmählich zu einem Wurzelfaden
mit ausgebuchteten Wänden heran, während das andere, der
Schwärmspore entsprechende Ende eine Zeit lang ungetheilt bleibt,
aber den Chromatophoreninhalt reich entwickelt. Erst wenn durch
einen mehrzelligen Wurzelfaden die Befestigung am Substrat (hier
dem Objectträger) hergestellt ist, beginnt auch das andere Ende
zu wachsen, sich durch eine Querwand abzuschnüren und zum
verticalen Spross auszuwachsen. (S. unter Wachsthum).

Nach ca. drei Wochen waren aus Haufen von pluriloculären
Schwärmern ca. 2 mm hohe Büschel entwickelt worden, deren
kräftige Ausbildung keinen Zweifel darüber liess, dass wir es mit
völlig entwicklungsfähigen Zoosporen zu thun haben.

Danach komme ich zu dem Schluss, dass alle pluriloculären
Sporangien, die zu meiner Beobachtung gelangten, Organe der
ungeschlechtlichen Fortpflanzung sind. Das Vorkommen von
Geschlechtspflanzen auch hier in der Kieler Bucht wäre damit
noch nicht ausgeschlossen, aber es kommt hinzu, dass die Angaben
so zuverlässiger Autoren wie Thuret den ungeschlechtlichen
Charakter von vornherein wahrscheinlich machten. Leider gibt
Berthold nicht an, ob die von ihm bei Neapel beobachteten
Geschlechtspflanzen sich schon äusserlich, etwa durch die Grösse

oder die Verzweigung von in anderen Meerestheilen gefundenen
Exemplaren des *E. siliculosus* Dillw. sp. unterschieden.

B. Wachsthum und Verzweigung.

I. Der Formenkreis von *Ectocarpus confervoides* Roth sp.
(nebst verwandten Formen).

Die Entwicklung war bis zur Anlage des verticalen Sprosses
an dem jungen Keimling von *E. confervoides* Roth sp. verfolgt
worden. Zählt der Verticalspross etwa 3—5 gleich grosse Zellen,
so beginnt die oberste oder die oberen Zellen sich in die Länge
zu strecken und im Verhältniss zum unteren Theil sich zu verdünnen. Das Volumen der Zellen wird dadurch grösser, in der
Entwicklung der Chromatophoren tritt jedoch ein Stillstand ein.
In diesem „haarartigen" Theile treten intercalare Theilungen nur
in längeren Pausen ein und seine Verlängerung geschieht hauptsächlich auf Kosten des Volumens der Zelle durch Dehnung der
Zellwand und ausserdem durch Zellenzuwachs an der Basis. Im
unteren, dickeren und chromatophorenführenden Theile des Sprosses
werden dagegen ganz normal in jeder Zelle neue Querwände gebildet und zugleich verbreitet sich der Durchmesser der Zellen,
so dass die Dicke der ursprünglichen Spore, welche Anfangs noch
als Ausbuchtung zu erkennen war, bald erreicht wird. Das Wachsthum ist also ein gleichmässig intercalares und es findet keine
Bevorzugung irgend einer Region statt. Unterdessen hat auch der
horizontale, dem Substrate angeschmiegte Wurzelfaden einen Zuwachs erfahren und sich zu verzweigen begonnen. An dem verticalen Spross werden, und zwar in akropetaler Folge Seitensprosse
erst angelegt, wenn derselbe eine beträchtliche Höhe erreicht hat.
Janczewsky gibt (22. p. 8 ff.) für *Ectocarpus simpliciusculus*
an, dass ein deutlich localisirter, aus ca. 10 Zellen bestehender
Vegetationspunkt vorhanden sei, der nach oben Haarzellen, nach
unten chromatophorenhaltige Thalluszellen bildet. Er nennt diesen
Wachsthumsmodus trichothallisch und constatirt denselben auch
für *E. simplex, firmus, Hincksiae, siliculosus, secundus* u. s. w.,
„obgleich bei diesen Arten spätere Theilungen in den Thalluszellen
die charakteristische Erscheinung des Vegetationspunktes verdeckten".
Nach meinen Beobachtungen treten aber intercalare Theilungen im
ganzen Verlaufe des Thallus von *E. siliculosus, confervoides* und
dasycarpus so häufig auf, dass es mir richtiger erscheint, das
Wachsthum dieser Pflanzen als vorwiegend intercalar und nur sehr
undeutlich trichothallisch zu bezeichnen. Nur die Theilungsfähigkeit
derjenigen Zellen, welche Seitenzweige entsenden, ist eine beschränkte
und oft mit diesem Acte bereits erschöpft. Bei *E. penicillatus*,
derjenigen Art, bei der die Haare am besten entwickelt sind, hält
sich intercalares und trichothallisches Wachsthum ungefähr das
Gleichgewicht und man zählt nicht selten über der jüngsten Ast-
oder Sporangienanlage acht junge Zellenlagen (bei *v* in Fig. 5 B).
Typische Phäosporeenhaare mit scharf localisirtem, basalem
Wachsthum und farblosen Zellen habe ich bei diesen Algen nie
gefunden.

Die Verzweigung ist in der Regel zerstreut, nie opponirt. Die Zweige stehen besonders in den oberen Theilen des Thallus oft einseitig gereiht oder regelmässig alternirend und liegen in verschiedenen Ebenen, doch so, dass immer eine Ebene von einer Reihe auf einander folgender Zweige bevorzugt wird. Dadurch, dass ein Seitenzweig zur Dicke des Hauptfadens heranwächst und diesen zur Seite biegt, entsteht oft eine Gabelung, für die ich nach Kjellman's Vorschlag die Bezeichnung Pseudodichotomie (im erweiterten Sinne) acceptirt habe. Adventiväste sind sehr häufig, besonders an den stark wachsenden Regionen des Thallus.

II. Der Formenkreis von *Ectocarpus litoralis* L. sp.

Die Entwicklung des Keimlings und das Wachsthum des Thallus verläuft in derselben Weise, wie bei *E. confervoides*. Vorzugsweise sind es die mittleren Zellen des Internodiums (des zwischen zwei Wirteln liegenden Thallusabschnittes), welche eine Reihe von intercalaren Theilungen einzugehen befähigt sind. Das tricho-thallische Wachsthum ist schwach entwickelt. Die Verzweigung ist entweder zerstreut oder nicht selten sehr regelmässig opponirt. Doch erfolgt die Anlage der opponirten Zweige in den allermeisten Fällen nicht genau zu derselben Zeit. Nicht selten sind zwei zwei-gliederige Wirtel benachbarten Zellen inserirt und liegen dann in derselben Ebene oder der eine Wirtel erscheint um 90° gedreht. Die Wände, welche die jungen Zweiganlagen von der Mutterzelle abgliedern, stehen stets schief zur Längsachse der letzteren und können sich im extremen Falle berühren. Das Wachsthum ist auch während der Sporangien-Entwicklung noch sehr lebhaft inter-calar, in den Internodien und über und unter den Sporangienketten am intensivsten. Selbst nach der Entleerung können die über den Sporangien liegenden vegetativen Zellen, z. B. bei *E. litoralis* α. *oppositus*, zu Haaren auswachsen. Oder es bildet sich unter dem Sporangium ein Vegetationspunkt, der dasselbe in die Höhe schiebt.

In einzelnen Fällen beobachtete ich, dass die leeren Sporangien-ketten abgeworfen wurden, und es erscheint mir nicht ausgeschlossen, dass der Thallus sich vegetativ üppig weiter entwickelt und zum zweiten Male, wenn auch spärlicher, fructificirt.

Alphabetisches Verzeichniss der benutzten Litteratur.

1. **Agardh**, C. A., Species Algarum. Vol. II. 1828.
2. — —, Systema Algarum. 1824.
3. **Agardh**, J. G., Species, genera et ordines Algarum. Vol. I. 1848.
4. **Areschoug**, Phyceae Scandinavicae marinae. 1850.
5. **Askenasy**, Beiträge zur Kenntniss der Gattung *Ectocarpus*. (Botanische Zeitung. 1869.)
6. **Berthold**, Die geschlechtliche Fortpflanzung der eigentlichen Phäo-sporeen. 1881. (Mittheilungen aus der zoologischen Station zu Neapel. Bd. II.)
7. — —, Studien über Protoplasmamechanik. 1886.
8. **Crouan**, H. M. et P. L., Algues marines du Finistère. 1852. (Algae exsiccatae.)
9. — —, Florule du Finistère. 1867.
10. **Dillwyn**, British Confervae. 1809.

11. English Botany or coloured figures of british plants with their essentia characters etc. by J. E. Smith and J. Sowerbay. 1790—1814.

12. Falkenberg, Die Algen im weitesten Sinne. 1882. (In Schenk, Handbuch der Botanik. Bd. II.)

13. Farlow, The marine Algae of new England. 1880.

14. Foslie. Nye havsalger. 1887.

15. Flora Danica. Icones plantarum etc. 1761—1874.

16. Gobi, Die Brauntange des Finnischen Meerbusens. 1874. (Mémoires de l'Académie impériale des Sciences de St. Petersbourg. Sér. VII. T. XXI. No. 9.)

17. — —, Die Algenflora des weissen Meeres und der demselben zunächst liegenden Theile des nördlichen Eismeeres. 1878. (l. c. Tome XXVI. No. 1.)

18. Goebel, Zur Kenntniss einiger Meeresalgen. (Botanische Zeitung. 1878.)

19. Harvey, Phycologia Britannica. 1871.

20. — —, Nereis Boreali-Americana. P. I. Melanospermeae. 1852.

21. Hauck, Die Meeresalgen Deutschlands und Oesterreichs. 1885.

22. Janczewsky, Observations sur l'accroissement du thalle des Phaeosporées. 1875. (Mémoires de la Société nationale des Sciences naturelles de Cherbourg. T. XIX.)

23. Kjellman, Bidrag till kännedomen om Scandinaviens Ectocarpeer och Tilopterider. 1872. (Akademisk afhandling.)

24. — —, Ueber die Algenvegetation des Murmanschen Meeres an der Westküste von Novaja Semjla und Wajgatsch. 1877. (Nova acta regiae Societatis scientiarum Upsaliensis. Ser. III. Volumen extra ordinem editum.)

25. — —, The Algae of the Arctic Sea. 1883. (Kongl. Svenska Vetenskaps-Akademiens Handlingar. Bd. XX. No. 5.)

26. — —, Handbok i Skandinaviens Hafsalgflora. I. Fucoideae. 1890.

27. Kützing, Phycologia generalis. 1843.

28. — —, Phycologia germanica. 1845.

29. — —, Tabulae phycologicae. 1845—71.

30. — —, Species Algarum. 1849.

31. Le Jolis, Liste des Algues marines de Cherbourg. 1863.

32. — —, Algues marines de Cherbourg. (Algae exsiccatae.)

33. Lyngbye. Tentamen Hydrophytologiae Danicae. 1819.

34. Magnus, Botanische Untersuchungen der Pommerania-Expedition 1871. (Aus dem Bericht über die Expedition zur physikal.-chem. und biolog. Untersuchung der Ostsee im Sommer 1871 auf S. M. Avisodampfer Pommerania.)

35. Nägeli, Die neueren Algensysteme. 1847.

36. Poulsen, Botanische Mikrochemie (deutsch von C. Müller. 1881).

37. Pringsheim, Beiträge zur Morphologie der Meeresalgen. 1862. (Abhandlungen der Königl. Akademie der Wissenschaften zu Berlin. 1861.)

38. — —, Ueber den Gang der morphologischen Differenzirung in der Sphacelarien-Reihe. 1873. (l. c. 1873.)

39. Reinke, Algenflora der westlichen Ostsee deutschen Antheils. 1889. (Bericht der Commission zur Untersuchung der deutschen Meere in Kiel. 6.)

40. — —, Atlas deutscher Meeresalgen. Heft. I. Taf. 1—25 und Heft II. Taf. 26—35. 1889 und 1890.

41. — —, Lehrbuch der allgemeinen Botanik. 1880.

42. — —, Ueber die Gestalt der Chromatophoren bei einigen Phäosporeen. (Berichte der Deutschen Botanischen Gesellschaft. Jahrg. 1888. Bd. VI. Heft 6.)

43. Roth, Catalecta Botanica. 1797—1806.

44. Schmitz, Die Chromatophoren der Algen. 1882.

45. — —, Beiträge zur Kenntniss der Chromatophoren. 1884. (Pringsheim's Jahrbücher für wissenschaftliche Botanik. Bd. XV. Heft 1.)

46. Strassburger, Botanisches Practicum. 2. Auflage. 1887.

47. Thuret, Recherches sur les zoospores des algues et les anthéridies des Cryptogames. 1. P. Zoospores des Algues. 1850. (Annales des sciences naturelles. T. XIV.)

Instrumente, Präparations- und Conservations-Methoden etc.

Marpmann, Praktische Mittheilungen. Mit 2 Figuren. (Centralblatt für Bakteriologie und Parasitenkunde. Band X. 1891. No. 14. p. 458—460.)

Helm, L., Die Neuerungen auf dem Gebiete der bakteriologischen Untersuchungsmethoden seit dem Jahre 1887. (Centralblatt für Bakteriologie und Parasitenkunde. Bd. X. 1891. No. 13/14. p. 480—488, 471—476.)

Referate.

Massee, G., Mycological notes. II. (Journal of Mycology. VI. 1891. p. 178—184 u. T. VII.)

Verf. beschreibt und bildet z. T. folgende Pilze ab, unter denen einige Gattungen neu aufgestellt sind:

Sarcomyces n. g., eine *Haematomyxa* Sacc. verwandte Gattung, welche sich aber durch ebenes, scharf gerandetes Hymenium und die im cylindrischen Ascus einreihigen, mauerförmigen Sporen unterscheidet. Hierher gehört *S. vinosa* (B. et C.) Mass. (= *Tremella vinosa* B. et C.), deren aus Holz hervorbrechende etwas gallertige Receptakeln einer *Bulgaria iniquans* sehr ähnlich, aber von dunkelpurpurner Farbe sind. Ferner werden besprochen *Peziza protusa* B. et C. auf den Blättern von *Magnolia glauca*, *Stamnaria pusio* (B. et C.) Mass. (= *Sarcoscypha pusio* Sacc.), *Psilopeziza mirabilis* B. et C. synonym mit *Aleurodiscus Oakesii*, *Cyphella tela* (B. et C.) Mass. (= *Tapesia tela* (B. et C.) Sacc.), einer *Peziza* äusserlich ähnlich, aber ein Basidiomycet.

Dacryopsis n. g. begreift kleine, etwas gallertige Pilze mit kopfförmigem, scharf abgesondertem, fertilem Theil, der auf einem mehr oder weniger verlängerten Stiel sitzt, welcher aus parallel verlaufenden Hyphen gebildet wird. Auf dem Köpfchen entstehen zuerst auf dünnen Gonidienträgern kleine, einzellige Gonidien, ähnlich wie bei *Tubercularia*. Gleichzeitig oder später bilden sich cylindrische Basidien mit 2 Sterigmen, welche grössere, einfache oder getheilte Sporen erzeugen, wie bei *Dacryomyces*, welcher die Gattung nahe verwandt ist, von welcher sie sich aber durch die Structur des Stieles und die Anordnung und Form der Gonidienträger unterscheidet. Es gehören zu diesem Genus Arten aus den Gattungen *Coryne*, *Ditiola* und *Tremella*, wie *Tr. gyrocephala* B. et C., *Cor. Elisii* Berk., *C. unicolor* B. et. C. und *Dit. nuda* Berk. Das Gonidienstadium der letzteren Art ist wegen des kurzen Stiels und der orangerothen Farbe des Köpfchens morphologisch fast nicht unterscheidbar von *Tubercularia vulgaris* Tode, der Gonidienform von *Nectria cinnabarina* Fr.

Sodann werden beschrieben *Tremella Myricae* B. et C., *T. depndens* B. et C., *T. rufo-lutea* B. et C., *T. vesicaria* Bull. = *Pe-*

ziza concrescens Schwein., *T. gigantea* B. et. C., eine Gallert-
flechte, *Dacryomyces enata* (B. et C.) Mass. und *D. syringicola* B.
et C., welcher Verf. auch *D. destructor* B. et C. zurechnet.

Brick (Hamburg).

Robertson, Charles, F l o w e r s a n d i n s e c t s. (Botanical Gazette.
VI. 1891. p. 65—71.)

Die Arbeit enthält Beschreibungen der Blüteneinrichtungen und
ein Verzeichniss der vom Verf. in Amerika beobachteten Bestäubungs-
vermittler von *Triosteum perfoliatum*, *Cephalanthus occidentalis*,
Lobelia spicata, *Lobelia leptostachys*, *Lobelia syphilitica*, *L. cardinalis*,
Lobelia cardinalis × *syphilitica*, *Campanula Americana* L., *Apocynum cannabinum*. Bei *Triosteum* wurden 4 Apiden und 2 Andreniden beobachtet, bei *Cephalanthus occidentalis* L. 60 Bestäubungs-
vermittler, vorwiegend *Hymenoptera* und *Lepidoptera*, bei *Lobelia
spicata* 9 (*Hymenopt.* und *Lepidopt.*), bei *Lobelia leptostachys* 21
(vorwiegend Apiden). Bei *Lobelia syphilitica*, die D e l p i n o von
Bombus Italicus und *B. terrestris*, T r e l e a s e von *Bombus*-Arten bestäubt fand, fand der Verf. *Bombus separatus*, *B. Virginicus*, *B. vagans*,
B. Americanorum, *Augochlora pura*, *Halictus confusus* und zwei
Schmetterlinge. An *Lobelia cardinalis* traf T r e l e a s e besonders
Colibris (*Trochilus colubris*), der Verf. auch Insekten, nämlich *Papilio
philenor*, *P. troilus* nektarsammelnd und *Augochlora pura* und *Halictus
confusus* pollensammelnd, Hummeln verübten nur Einbruch-Diebstahl.
Es werden zwischen *Lobelia syphilitica* und *cardinalis*, trotzdem jene
vorwiegend durch Hummeln, letztere durch Colibris bestäubt wird,
auch Bastarde gebildet, die auch den Hummeln den Eingang zum
Nektar gestatten und durch ihre Farbenpracht die Colibris anziehen.
Campanula Americana hat vorwiegend *Hymenoptera* zu Be-
stäubungsvermittlern. Verf. beobachtete 14 *Hymenoptera* (besonders
Apiden und Andreniden) und 2 Schmetterlinge. Auf *Apocynum
cannabinum* traf Verf. 19 *Hymenoptera*, 17 *Diptera*, 2 *Lepidoptera*,
2 Käfer, 2 *Hemiptera*. In Europa traf Ref. auf *Apocynum hyperi-
cifolium* ausschliesslich *Diptera*, auf *Apocynum androsaemifolium* überwiegend grössere Syrphiden und *Hymenoptera*.

Ludwig (Greiz).

Parmentier, P., S u r l e g e n r e *Royena*, d e l a f a m i l l e d e s
E b é n a c é e s. (Comptes rendus de l'Acad. des sciences de Paris.
1891. 18. Mai.)

Durch des Referenten Arbeiten angeregt, unternimmt Verf. eine
anatomische Monographie der *Ebenaceen*, und bringt hier die Resultate,
über die Gattung *Royena*. Alle Arten lassen sich auf die Nodalgruppe *R. lucida* L., *R. cordata* E. M e y. zurückführen.

Diese beiden Arten, deren Epharmonie nur quantitativ verschieden ist, sind eben an mittlere Vegetationsbedingungen angepasst,
dürften wohl ziemlich variabel sein und sind ausserdem die am
leichtesten zu cultivirenden des ganzen Genus. Untereinander unterscheiden sich dieselben durch die Form der Blätter, das in das

Mesophyll eingesenkte Bündel der Mittelrippe und die runde oder elliptische Gestalt der Stomata.

R. sessilifolia schliesst sich an die Nodalgruppe durch die Vermittelung von *R. cordata*; sie unterscheidet sich 1. durch ausgeprägte Diöcie, 2. durch die gewellte Epidermis. Letzteres Merkmal, welches an und für sich nur wenig Gewicht beanspruchen kann, gewinnt hier eine ausnahmsweise hohe Bedeutung, weil es in der Gattung vereinzelt dasteht, während sonst die Epidermis beinahe ganz geradlinig ist, mit collenchymatisch verdickten Seitenwänden, und dasselbe noch obendrein mit der ebenfalls vereinzelten Diöcie übereinstimmt. Dieser Zweig ist monotyp, indem keine andere Art mit *R. sessilifolia* eine grössere Affinität aufweist, wie mit der Nodalgruppe *lucida-cordata*.

Die drei bis jetzt genannten Arten besitzen relativ grosse Blätter, während die anderen sich durch Reduction der Blattfläche an die trockenen Standorte angepasst haben.

Diese Uebereinstimmung bedeutet aber weder Identität noch „einreihige" Abstammung, sondern lediglich convergirende Epharmonie. Eine einzige Art nämlich, trotz der kleinen Blätter, *R. glabra* L. (sollte heissen *glabrata*!), ist heliophob, mit ganz homogenem Mesophyll. Drei andere Arten bilden einen anderen Tochterzweig von *R. lucida* bis zu *R. hirsuta* L. aufsteigend helio-xerophil. Alle drei Arten haben verzweigte Haare zwischen den unverzweigten, sonst kommen verzweigte Haare in der Gattung nicht vor. Diese Serie umfasst *R. microphylla*, *R. angustifolia* und *R. hirsuta*. *R. microphylla* ist *R. lucida* mit verzweigten Haaren und kleineren Blättern, *R. angustifolia* Willd. ist *R. microphylla* mit heliophiler Anpassung (lange Palissadenzellen); *R. hirsuta* L. hat dazu noch ein centrisch gebautes Mesophyll.

Es liegt also auf der Hand, dass bis jetzt schon drei Abstammungszweige aus der Nodalgruppe entspringen, 1. *sessilifolia*, 2. *glabra*, 3. *microphylla*, *angustifolia* und *hirsuta*. Die centrale Stellung der Nodalgruppe *lucida-cordata* ist also hiermit bestätigt.

Dazu kommt schliesslich noch eine 4. monotype Linie, nämlich *R. lycioïdes* Desf., welche, was die Grösse der Blätter angeht, zwischen den grossblättrigen und kleinblättrigen Arten ihren Platz findet. Der Griffel ist 3—5-theilig, statt 2theilig, der Fruchtknoten 6—10-fächerig statt 4-fächerig. Die Holzgefässe sind mit einfachen statt behöften Tüpfeln versehen und besitzen Querwände mit mehreren leiterförmigen Löchern statt einem runden Loch.

Vesque (Paris).

Velenovský, J., Flora Bulgarica. Descriptio et enumeratio systematica plantarum vascularium in principatu Bulgariae sponte nascentium. 8⁰. IX. et 676 pp. Pragae (prostat Řivnáč) 1891.

Zu den wenigen Landstrichen Europas, die eines Florenwerkes bisher noch entbehrten, zählte bisher auch Bulgarien, ein Land, von dem zwar zu vermuthen war, dass es in pflanzen-

geographischer Hinsicht zu den interessantesten Theilen Europa's
gehört, von dem aber bisher noch gar wenig bekannt geworden
war. Was botanische Reisende dort beobachtet hatten, ist nur insoweit zur Kenntniss gelangt, als dies durch wenige Exsiccaten der
Fall sein kann, und der Mann, der am meisten im Stande war,
Aufschluss zu geben, Janka, hat seine Augen für immer geschlossen, bevor er seine Erfahrungen veröffentlicht hat. Unter
diesen Umständen ist es sehr erfreulich anzeigen zu können, dass
fast genau binnen Jahresfrist nach Janka's Tode eine Flora
Bulgarica erschienen ist, die jene empfindliche Lücke unserer
pflanzengeographischen Kenntnisse ausgefüllt hat und die sich
würdig an die Seite jener modernen Florenwerke stellt, die auch
noch in vielen Jahren als ein würdiges wissenschaftliches Denkmal
unserer schaffensfrohen Zeit in Ansehen stehen werden. Ein reicher
Fond von Wissen, kritische Schärfe und die Autopsie, welche
während dreier längerer Reisen im Lande selbst gewonnen wurde,
haben es dem Verfasser ermöglicht, sein in jeder Hinsicht gutes
Florenwerk über Bulgarien zu veröffentlichen.

In einer von der Litteratur-Uebersicht gefolgten lateinischen
Vorrede bietet der Verf. hauptsächsich einen geschichtlichen Ueberblick der botanischen Landesdurchforschung, der sehr zum Ruhme
des jungen Fürstenthums ausgefallen ist, sowie der dort ansässigen
Mithelfer des Verfassers: Skorpil sen. et jun., Stříbrný,
Javašov und Milde. Von grossem Interesse ist sodann der
folgende „Vergleich der bulgarischen mit den Nachbarfloren", auf
den Ref., da dieser Abschnitt in tschechischer Sprache verfasst ist,
hiermit ausführlicher eingeht.

Die Vegetation von Bulgarien hat kein in sich abge-
schlossenes Gepräge, sie hängt vielmehr innig mit jener von
Macedonien, Rumelien und Thrakien zusammen und bildet mit
diesen Landstrichen ein Gebiet, in welchem sich kleinasiatische,
pontische und südrussische Typen begegnen, die aber stellenweise
(Kessel von Sofia) unter den massenhaft vorwaltenden mittel-
europäisch-mediterranen Ubiquisten wenig hervortreten oder auch
von den letzteren verdrängt werden.

Durch das hohe Balkangebirge ist Bulgarien in zwei Theile
getheilt; einen nördlichen — der nur ein Ausläufer des süd-
russischen Steppengebietes ist, sowie der Ebenen und Hügel der
Dobrudscha — und in einen südlichen, warmen, dem nordwestlichen
Ausläufer der kleinasiatischen Vegetation. Entlang dem Schwarzen
Meere ist die pontische Flora üppig entwickelt. Die kleinasiatische
Flora (in der Auffassung des Verf.) geht nördlich kaum irgendwo
(nur in Serbien) über die Balkan-Kette, in Griechenland, Rumelien
und im Athos-Gebiete mengt sie sich mit der echt mediterranen
Flora, in Dalmatien, Bosnien und der Herzegowina schwindet das
asiatische Element schon fast völlig und die Vegetation dieser Landstriche setzt sich meist aus mediterranen, endemisch-balkanischen
und alpinen, sowie mitteleuropäischen Typen zusammen und trifft
an der Westgrenze von Serbien erst wieder mit den Ausläufern
der asiatischen Flora zusammen — demnach ist die bosnisch-

herzegowinische Flora von jener Bulgariens total verschieden. Eine
Aufzählung zahlreicher Pflanzen (pag. II.), welche im westlichen
Kleinasien und theilweise in Griechenland verbreitet sind, aber bis
Bulgarien (theilweise nach Süd-Serbien und in die Krim) ausstrahlen, unterstützt die Ansicht des Verf. Besonders kennzeichnend
sind jedoch nachverzeichnete, bisher entweder fast nur aus Kleinasien bekannte oder dortigen nahe verwandte Arten:

Polygala Hohenackeriana F. M., *Genista involucrata* Spach., *Cytisus Jankae*
Vel., *Trigonella striata* L., *Prunus Laurocerasus* L., *Poterium Gaillardotii* Boiss.,
Johrenia selinoides Boiss., *Chaerophyllum Byzantinum* Boiss., *Valerianella Kotschyi*
Boiss., *Scabiosa rotata* M. B., *Sc. hispidula* Boiss., *Achillea Thracica* Vel., *Carduus
Olympicus* Boiss., *C. globifer* Vel., *Centaurea Thirkei* Sch., *Hieracium Cilicicum*
Näg. Pet., *H. proceriforme* Näg. Pet., *H. Olympicum* Boiss., *Campanula velutina*
Vel., *Myosotis Idaea* Boiss. Heldr., *M. Cadmea* Boiss., *Mattia umbellata* R. S.,
Verbascum decorum Vel., *V. heterophyllum* Vel., *Scrophularia variegata* M. B.,
Satureja Rumelica Vel., *Lysimachia dubia* Ait., *Thesium brachyphyllum* Boiss.,
Cannabis sativa L., *Asphodeline Taurica* Pall., *Ornithogalum Skorpilii* Vel., *Muscari
Skorpilii* Vel., *M. Bulgaricum* Vel., *Allium Cilicum* Boiss., *A. cristatum* Boiss.,
Merendera sobolifera C. A. M., *Glaucium leiocarpum* Boiss., *Salvia frigida* Boiss.,
Linum orientale Boiss., *Pastinaca teretiuscula* Boiss.

Der zweite Hauptbestandtheil der bulgarischen Flora sind die
Steppenpflanzen, welche aus Bessarabien über Rumänien herüberreichen
und theilweise über Ungarn bis nach Mähren, Mittelböhmen und Ost-
Deutschland sich verbreiten — Reste einer früher über Europa
weit verbreiteten Steppenflora und keineswegs Einwanderungen aus
neuerer Zeit. Von den interessantesten dieser Arten seien hier nur
nachfolgende genannt:

Ranunculus oxyspermus M. B., *Paeonia tenuifolia* L., *Corydalis Marschalliana*
Pall., *Nasturtium proliferum* Heuff., *Erysimum cuspidatum* M. B., *Alyssum orientale*
Ard., *A. minutum* Schlecht., *Silene compacta* Horn., *S. densiflora* D'Urv., *Dianthus
pallens* Sibth. Sm., *D. pseudoarmeria* M. B., *D. trifasciculatus* Kit., *D. giganteus*
D'Urv., *Moehringia pendula* W. K., *Linum Tauricum* Willd., *Tilia alba* W. K.,
Haplophyllum Biebersteinii Spach., *Trigonella Besseriana* Ser., *Onobrychis gracilis*
Bess., *Orobus ochroleucus* W. K., *Amygdalus nana* L., *Spiraea oblongifolia* W. K.,
Sempervivum Ruthenicum Koch., *Seseli campestre* Bess., *Ferula Heuffelii* Gris.,
Asperula humifusa M. B., *A. Tyraica* Bess., *Valerianella turgida* Betke, *Scabiosa
micrantha* Desf., *Achillea crithmifolia* W. K., *A. compacta* Willd., *Echinops Banaticus*
Roch., *Jurinea arachnoidea* Bunge, *Centaurea tenuiflora* DC., *C. stereophylla* Bess.,
C. orientalis L., *Hieracium Fussianum* Heuff., *H. foliosum* W. K., *Cephalorhynchus
hispidus* Boiss., *Campanula Grosekii* Heuff., *Syringa vulgaris* L., *Anchusa ochroleuca* M. B., *Onosma setosum* Led., *Verbascum Banaticum* Schrad., *Pyrethrum
millefoliatum* Willd., *Salvia amplexicaulis* Lam., *Statice latifolia* Sm., *Comandra
elegans* Rchb., *Euphorbia agraria* M. B., *Parietaria Serbica* Panč., *Iris Reichenbachii* Heuff., *Crocus Moesiacus* Lam., *Fritillaria minor* Ledeb., *Tulipa Hungarica*
Borb, *Hyacinthella leucophaea* Stev., *Allium guttatum* Stev., *Stipa Lessingiana*
Trin., *Avena compressa* Heuff.

An den Ufern des Schwarzen Meeres (nicht nur Bulgariens,
sondern auch der Krim und sonst) gedeiht eine ausgesprochen
wärmeliebende üppige Vegetation, die eigentlich einen kleinasiatisch-
südrussischen Typus zeigt und die letzten Bestandtheile der (im
Sinne des Verf.) bei Constantinopel endenden mediterranen Flora
enthält. Von den Charakterpflanzen dieses Gebiets seien hier aufgezählt:

Cistus Creticus L., *Pistacia Terebinthus* L., *Ficus Carica* L.
und *Juniperus macrocarpa* SS., welche mit dem pannonischen
Rhus Cotinus L. in Thrakien weit landeinwärts gehen. Die ausge-

gezeichnetsten Vertreter dieser (pontischen) Flora sind aber die
wilde Rebe (*Vitis vinifera* L.), die mit den gleichfalls kletternden
Lianen *Smilax excelsa* M. B. und *Periploca Graeca* L. eine Zierde
der Baumgruppen und Felsenhänge bildet. „Wer die Rebe hier
in solcher Ueppigkeit wildwachsend sah, wird nicht einen Augen-
blick daran zweifeln, dass sich hier ihre ursprüngliche Heimath
befindet." [Ref. theilt diese Ansicht vollkommen und rechnet zur
ursprünglichen Reben-Heimath noch die Donau-Auen und anstossenden Gelände bis Budapest]. Echt pontische Typen sind
ausserdem:

Lepidotrichum Uechtritzianum Vel., *Silene supina* M. B., *Sedum Ponticum*
Vel., *Daucus Ponticus* Vel., *Centaurea euxina* Vel., *Tragopogon brevirostre* DC.,
T. elatius Stev., *Verbascum glanduligerum* Vel., *Linaria euxina* Vel., *Veronica
Velenovskyi* Uechtr., *Salvia grandiflora* Etting., *Crocus Pallasii* M. B., *Colchicum
bulbocodioides* M. B., *Glyceria arundinacea* M. B. und *Elymus sabulosus* M. B.

Der dritte Hauptbestandtheil der bulgarischen Flora sind die
endemisch-balkanischen Pflanzen, Relicte aus uralter Zeit, indem
die Balkanhalbinsel in ihren Hauptumrissen am längsten die Tertiärzeit und die ihr folgenden Umwälzungen überdauert hat. Verf.
erwartet daher von der seinerzeitigen Durchforschung der jetzt
noch unzugänglichen Gebiete noch überraschende Entdeckungen
und die wichtigsten pflanzengeschichtlichen Aufschlüsse über die
nachtertiäre Zeit. Die Gattungen *Ramondia*, *Haberlea* und *Jankaea*
sind von den jetzt bekannten die ausgezeichnetsten Vertreter jener
fernen Zeit. Sonst finden sich endemische Arten des Balkanlandes
sowohl in den Gebirgen, als in den Ebenen. Die Gebirge Bulgariens
haben übrigens dieselben Verhältnisse, wie die übrigen Gebiete der
Balkanhalbinsel bis nach Griechenland. Die alpine und subalpine
Vegetation ist üppig, grün, reich und prächtig in der Blüte. Hierin
unterscheidet sie sich von der trockenen Schönblütigkeit der Dalma-
tinisch-herzegowinischen Gebirgs-Arten. Alpine Typen Europas
sind hier selten und jene, die wirklich vertreten sind, sind in Europa
und den asiatischen Alpen weit verbreitet; die Gebirge des Central-
Balkan haben vielmehr ihre eigene, von jener der Alpen verschiedene Flora und sind hierfür folgende Arten ganz besonders
bezeichnend:

Ranunculus Serbicus Panč., *Silene Asterias* Gris., *Dianthus microlepis* Boiss.,
D. Pančićii Vel., *Acer reginae Amaliae* Orph., *Trifolium Velenovskyi* Vandas,
Orobus Skorpilii Vel., *Geum coccineum* Sibth., *G. Bulgaricum* Panč., *Angelica
Pančićii* Vand., *Peucedanum aegopodioides* Vandas, *Pastinaca hirsuta* Panč.,
Heracleum verticillatum Panč., *Anthriscus Vandasii* Vel., *Senecio Arnautorum* Vel.,
S. erubescens Panč., *Achillea multifida* DC., *Cirsium armatum* Vel., *C. heterotri-
chum* Panč., *C. appendiculatum* Gris., *C. Candelabrum* Gris., *Centaurea Kerneriana*
Janka, *C. Tartarea* Vel., *Campanula orbelica* Vel., *Jasione orbiculata* Gris.,
Verbascum pannosum Vis. Panč., *V. Graecum* Heldr., *Scrophularia aestivalis* Gris.,
Digitalis viridiflora Lindl., *Primula frondosa* Janka, *P. deorum* Vel., *Pinus Peuce*
Gris., *Carex orbelica* Vel. und *Sesleria comosa* Vel.

Zu den verbreitetsten, fast überall vorkommenden bulgarischen
Gebirgspflanzen zählen:

Ranunculus Serbicus Vis. Panč., *Viscaria atropurpurea* Gris., *Silene macro-
poda* Vel., *Trifolium Velenovskyi* Vandas, *Geum coccineum* Sibth., *Peucedanum
aegopodioides* Vandas, *Pastinaca hirsuta* Panč., *Scabiosa Balcanica* Vel., *Achillea
multifida* DC., *Cirsium appendiculatum* Gris., *C. Candelabrum* Gris., *Verbascum
pannosum* Vis. Panč., *Digitalis viridiflora* Lindl., *Crocus Veluchensis* Herb.

In den Ebenen, im Hügellande und Vorgebirge Bulgariens
kommt eine ganze Reihe von Arten vor, die nur im Balkangebiete
oder hie und da sonst im Oriente vorkommen. Hiervon sind die
bezeichnendsten:

Corydalis Slivenensis Vel., *C. bicalcara* Vel., *Viola Vandasii* Vel., *Silene
subconica* Friv., *S. Frivaldskyana* Hampe., *S. Skorpilii* Vel., *Dianthus Frivalds-
kyanus* Boiss., *D. purpureo-luteus* Vel., *D. aridus* Gris., *D. pinifolius* Sibth.,
D. cruentus Gris., *D. Moesiacus* Vis. Panč., *Hypericum Rumelicum* Boiss., *Genista
trifoliolata* Janka, *G. carinalis* Gris., *G. Rumelica* Vel., *Scabiosa triniaefolia* Heuff.,
Bidens orientalis Vel., *Achillea clypeolata* Sm., *A. pseudopectinata* Janka, *Inula
Aschersoniana* Janka, *Tragopogon pterodes* Panč., *Podanthum grandiflorum* Vel.,
Trachelium Rumelicum Hampe, *Haberlea Rhodopensis* Friv., *Verbascum malaco-
trichum* Boiss. Heldr., *V. pulchrum* Vel., *V. Thracicum* Vel., *V. humile* Janka,
V. Bornmülleri Vel., *Linaria concolor* Gris., *Lathraea Rhodopea* Dingl., *Thymus
zygioides* Gris., *Iris Skorpilii* Vel., *Galanthus gracilis* Čelak., *G. maximus* Vel.
und *Rottboellia digitata* Sibth.

Bemerkenswerthe Zeugen der Verwandtschaft gewisser Theile
der Flora mit den alpinkarpathischen Gebirgen sind z. B.:

Cardamine rivularis Schur., *Viola declinata* W. K., *Silene Lerchenfeldiana*
Baumg., *Hypericum Transsylvanicum* Čelak., *Laserpitium alpinum* W. K., *Knautia
drymeia* Heuff., *Senecio Carpaticus* Herbich, *S. Transsylvanicus* Schur., *S. papposus*
Rchb., *Anthemis macrantha* Heuff., *Achillea lingulata* W. K., *Campanula Steveni*
M. B., *Bruckenthalia spiculifolia* Rchb., *Swertia punctata* Baumg., *Pulmonaria
rubra* Schott, *Veronica Baumgartenii* R. S., *Pedicularis campestris* Gris., *Thymus
pulcherrimus* Schur, *Plantago gentianoides* Baumg., *Orchis cordigera* Fries, *Gym-
nadenia Frivaldszkyana* Hampe, *Lilium Jankae* Kern., *Juncus Carpaticus* Simonk.,
J. Rochelianus Heuff., *Carex Pyrenaica* Wahl., *C. tristis* M. B., *Sesleria coerulans*
Friv., *S. rigida* Heuff., *Bromus fibrosus* Hackel und *B. Transsylvanicus* Steud.

Schliesslich führt der Verf., der nähere pflanzengeographische
etc. Ausführungen in Aussicht stellt, noch folgende Pflanzen an,
welche die Verwandtschaft der balkanischen mit der Kaukasus-
Flora darthun:

Ranunculus Suaneticus Rupr., *Arabis mollis* Stev., *Saxifraga juniperina* Adams.,
Doronicum macrophyllum Fisch., *Chamaemelum Caucasicum* Willd., *Campanula
Steveni* M. B. und *Juncus alpigenus* C. Koch.

Wegen weiterer Ausführungen, die durchaus in der allgemein
verständlichen lateinischen Sprache abgefasst sind, kann nur auf
das Buch selbst verwiesen werden. Es sei jedoch erwähnt, dass
dasselbe 158 neu beschriebene und insgesammt 2542 Arten enthält,
wovon 22 für Europa neue. Für die Anordnung ist das De Candolle-
sche System gewählt und ist die Gattung *Hieracium* vom Referenten
bearbeitet.

Freyn (Prag).

Groth, H. H., Aus meinem naturgeschichtlichen Tagebuche. Beobachtungen und Aufzeichnungen für
einen fruchtbaren naturgeschichtlichen Unterricht.
8°. 158 pp. Langensalza 1891.

Verf., der in Kiel als Volksschullehrer thätig ist, hat während
der letzten fünf Jahre eine Anzahl von Abhandlungen in „Deutsche
Blätter für erziehenden Unterricht" veröffentlicht, welche er nun
durchgesehen und stellenweise ergänzt unter obigem Titel mit
einigen anderen Arbeiten vereinigt herausgegeben hat. Dieses Buch
will, wie es in der Vorrede heisst, den jüngeren Lehrern eine

Handreichung bieten, wenn auch der Stoff für einzelne Stufen etc.
nicht zugeschnitten ist; es wendet sich aber auch an alle Diejenigen,
die ihren eigenen Gang gehen. „Wer seinen Unterricht auf Beobachtungen gründen will, findet hier Angaben, wie beobachtet ist;
wer Spaziergänge zu machen gedenkt, dem bietet sich ein Begleiter
an." „Es ward der Versuch gemacht, eine todte, trockne Form
zu beleben, einige Fragen zu beantworten, und damit ein kleiner
Beitrag geliefert zur Reform des naturkundlichen Unterrichts."
Zu dieser stellt Verf. gleichsam als Einleitung die These auf: „Der
Lehrer lege kein Herbarium an, er führe ein naturgeschichtliches
Tagebuch." Verf. ist der Ansicht, dass trotz der grossen Vortheile, welche ein Herbarium in Bezug auf Befestigung, Ergänzung,
Beherrschung der Naturkenntniss und als Veranschaulichungsmittel
bietet, die Zeit, welche zur Anlage desselben erforderlich ist, in
keinem Verhältniss zu dem Nutzen steht und daher anderweitig im
Interesse der Schule durch Anlage eines naturgeschichtlichen Tage-
buches verwendet werden müsse, zumal im Herbarium das Lebens-
bild der einzelnen Pflanze, ihre Entwickelung, ihre charakteristischen
Eigenthümlichkeiten nicht zum Ausdruck gebracht werden könnten.
Wie der Ersatz zu schaffen sei, zeigt Verf. in den nun folgenden
„Blättern aus meinem naturgeschichtlichen Tagebuche", in welchen
20 Themata behandelt werden, nämlich: die Kastanie, der Hasel-
strauch, zwei Brüder: Kälberkropf und Giersch, zwei Nachbarn:
Erle und Weide, zwei Paar Gewappnete: Weiss- und Schlehdorn,
Rosen- und Brombeerstrauch, der erste und letzte Schmetterling:
der kleine Fuchs und der Frostspanner, Schnecken über und unter der
Erde, vier Arbeiter: Specht, Eule, Huhn und Reiher, die Abhängigkeit der Thiere, die Abhängigkeit der Menschen von den
Pflanzen, die Erde im naturgeschichtlichen Unterricht, ein Oster-
gang, ein Pfingstgang, ein Feriengang ein Herbstgang, ein Wintergang, noch ein Wintergang, ein Jahresgang, Notizen aus dem
Jahre 1887, Fragen. — In dem Rahmen dieser Aufsätze bringt
Verf. eine grosse Anzahl pädagogischer, morphologischer, physiologischer, biologischer, phänologischer Beobachtungen nebst Litteraturangaben. Besonders gut haben Ref. die „Notizen aus dem
Jahre 1887" gefallen, welche sehr hübsche phänologische Mittheilungen bringen, die allerdings bestimmte Angaben der Art
häufig vermissen lassen. Die erste Woche des Juni wird z. B.
folgendermaassen charakterisirt: Kirschen erbsengross, noch Blüten
am Apfel- und Birnbaume. 1. — Siebenstern, Knabenkraut blüht.
Kätzchen der Buche am Boden. Junge Buche mit zwei Samen-
und zwei Laubblättern. Hopfen 2½ m. Goldregen, Bauernrose,
Lilie blüht. Libelle fliegt. Vogelnest leer. Minirraupe. Esche
mit Blattläusen. Larven an der Gartenlilie. 4. — Ackersenf blüht,
sieht über den Hafer hinweg. Esche mit Früchten. 7. — Weiss-
dorn blüht, Bienen summen in den Himbeerblüten, nicht im Dorn.
Balgkapseln der Dotterblume springen. Ahorn hat ausgewachsene
Früchte. Kuckucksnelke, Klappertopf, Krummhals, Erdrauch,
Schneeballstrauch blüht. 8. —

Knuth (Kiel).

Müller und **Pilling,** D e u t s c h e S c h u l f l o r a z u m G e b r a u c h
für die Schule und zum Selbstunterrich t. Gera (Verlag
von Th. Hofmann) 1891.

Diese „deutsche Schulflora" wird 240 Tafeln farbiger Abbildungen einheimischer und einzelner ausländischer Pflanzen enthalten.
Die vorliegende erste Lieferung mit *Primula veris* L. (als Titel-
blatt), *Galanthus nivalis* L., *Hepatica triloba* Gil., *Pulmonaria officinalis* L., *Hypericum perforatum* L., *Anemone nemorosa* L., *Centaurea
Cyanus* L., *Orobus vernus* L., *Caltha palustris* L. zeigt, dass der
bekannte Zeichner, W a l t h e r M ü l l e r in Gera, hier wieder Vorzügliches leistet. Die noch fehlenden Tafeln werden Vertreter aller
phanerogamischen Pflanzenfamilien enthalten. Der Gedanke an ein
solches für Schüler bestimmtes Werk war dem Ref. schon im April
1888 gekommen. Ref. hatte mit der gleichfalls in Gera ansässigen
Firma F r. E u g e n K ö h l e r Verhandlungen angeknüpft, doch konnte
sich diese Verlagsbuchhandlung damals zu einem solchen Unternehmen nicht entschliessen. Höchst interessant ist es nun, dass
nach Verlauf von 3 Jahren aus derselben Stadt ein Werk erscheint,
welches nicht nur den vom Ref. vorgeschlagenen Titel, sondern
auch genau die Anzahl der vorgeschlagenen Abbildungen und auch
fast dieselben Arten enthält. Ref. hatte damals auch noch einige
wenige Kryptogamen vorgeschlagen; solche werden, „wenn sich
das Bedürfniss kundgiebt", in einem Anhange, der auch ausländische
Zier- und Kulturgewächse bringen wird, zur Darstellung kommen.

Wie die Ankündigung sagt, wird die Deutsche Schulflora in
4 Theilen zur Ausgabe gelangen, welche den 4 auf einander folgenden Stufen des botanischen Unterrichts entsprechen:

Der erste Theil enthält 48 Pflanzenbilder, und zwar von denjenigen Pflanzen, welche auf der ersten Stufe des botanischen
Unterrichts beschrieben und verglichen werden, um die Hauptformen
der Organe der Blütenpflanzen zur Anschauung bringen und zu-
sammenstellen zu können.

Der zweite Theil wird 64 Pflanzen behandeln, welche, zusammen
mit denen des I. Theiles, die Möglichkeit bieten, die Hauptfamilien
der Blatt- und Spitzkeimer aufzufinden und ihre Merkmale darzulegen.

Daran reiht sich, ergänzend und erweiternd, der dritte Theil,
welcher im Verein mit den beiden ersten Theilen, auf 64 Blättern
die wichtigsten Ordnungen der frei- und verwachsen-kronblättrigen
Dikotylen mit ihren Hauptfamilien und einigen Hauptgattungen und
Arten für die 3. Unterrichtsstufe zum Abschluss bringt.

Der vierte Theil endlich behandelt, ebenfalls auf 64 Tafeln,
die kronenlosen Blattkeimer, die Spitzkeimer (Monokotylen) und
einige Nadelhölzer. Vertreter dieser Classe werden schon in den vorhergehenden Theilen als Vorläufer beschrieben.

Jeder Theil bildet ein Ganzes für sich; doch ist durch entsprechende Numerirung dafür gesorgt, dass „sämmtliche Tafeln
schliesslich zu einem „Atlas der deutschen Schulflora" geordnet
werden können, welcher die übersichtliche Kenntniss der deutschen
Pflanzenwelt ermöglicht und die Grundlage weiterer botanischer

Studien zu bilden vermag. Ein Begleitwort, welches zugleich mit der Schlusslieferung ausgegeben wird und von dem Bau, Leben und der Pflege der Pflanzen handelt, soll in gleicher Weise dem Zwecke des Selbstunterrichts dienen."

„Auserdem hat Prof. Dr. Pilling speciell für den Lehrer zu dem I. Theile eine Schrift bearbeitet, welche unter dem Titel: Lehrgang des botanischen Unterrichts auf der untersten Stufe, unter methodischer Verwendung der 40 Pflanzenbilder des I. Theiles der „Deutschen Schulflora" zugleich mit der letzten Lieferung dieses Theiles zur Versendung kommt und dem Lehrer die fruchtbringende Verwendung der Pflanzenbilder im Unterricht wesentlich erleichtern und ihn zugleich in den Stand setzen wird, in den Schülern ein lebhaftes Interesse für die Pflanzenwelt zu erwecken."

„Ein zweites für den Lehrer bestimmtes Textheft, welches im Anschluss an den II. bis IV. Theil der „Deutschen Schulflora" erscheint, wird alsdann Material und Fingerzeige für den Unterricht auf den höheren Stufen geben und namentlich auch biologische Einzelheiten enthalten."

Knuth (Kiel).

———

Viala, Pierre, Le black rot en Amérique. (Annales de l'école nation. d'agriculture de Montpellier. Tome IV. p. 308—343.)

Black Rot kommt in allen Staaten von Nord-Amerika vor, mit Ausnahme von Californien, Neu-Mexico, Arizona, Colorado und Utah. Er beschränkt sich nicht nur auf die cultivirten Reben, sondern befällt auch die wilden Arten. Der Pilz ist in Amerika als einheimisch anzusehen und ist die Ursache der gefährlichsten aller Rebenkrankheiten in diesem Lande. Die europäischen Reben werden noch leichter vom Pilz angegriffen, als die amerikanischen. Am gefährlichsten tritt er in warmen und feuchten Gegenden auf, wie Verf. ausführlich, auf meteorologische Daten gestützt, nachweist. Die Synonymie des Pilzes wird ausführlich behandelt. Der richtige Name desselben ist *Laestadia Bidwellii* Viala et Ravaz mit folgenden Synonymen:

Physalospora Bidwellii Sacc., *Sphaeria Bidwellii* Ellis, *Phoma uvicola* Berk. et Curt., *Ph. uvicola β. Labruscae* Thüm., *Sphaeropsis uvarum* Berk. et Curt., *Phoma uvarum* Sacc., *Naemaspora ampelicida* Engelm., *Phyllosticta Labruscae* Thüm., *Ph. viticola* Berk. et Curt., *Ph. viticola* Thüm., *Ascochyta Ellisii* Thüm., *Sphaeria viticola* Curt., *Sacidium viticolum* Cooke, *Phoma ustulatum* Berk. et Curt., *Phyllosticta Ampelopsidis* Ell. et Mart., *Sphaeropsis Ampelopsidis* C. et Ell.?, *Phoma Ampelopsidis* Sacc.?

Verf. beweist dies durch eine eingehende Schilderung der Entwicklungsgeschichte des Pilzes. Am Schluss discutirt Verf. die verschiedenen Behandlungs-Methoden der Black Rot-Krankheit und hebt die Nothwendigkeit hervor, die Reben vor dem 15. Mai mit Eau céleste zu bespritzen, um eine Infection der Blätter zu verhindern.

v. Lagerheim (Quito).

Thaxter, R., Mildew of Lima beans (*Phytophtora Phaseoli*
Thaxter). (Annual Report of the Connecticut Agricultural
Experiment Station for 1889. Report of the Mycologist. Part
167—171. Taf. III. Fig. 29—37.) New Haven, Conn. 1890.
   Verf. beschreibt ausführlich eine neue *Phytophtora* (*P. Phaseoli*
Thaxt.) welche weisse, sich schnell verbreitende Rasen auf *Phaseolus
lunatus* bildet. Die Krankheit tritt sehr verheerend auf. Die Art
ähnelt am meisten *P. Cactorum* Cohn, unterscheidet sich aber wesentlich von dieser Art durch kleinere Conidien und durch ganz verschieden verzweigte Conidienträger. Oosporen wurden nicht gefunden.
Die Conidien keimen sowohl mit Zoosporen als mit Keimschlauch.
                                                  v. Lagerheim (Quito).

Thaxter, R., The potato „scab". (Fourteenth Annual Report
of the Connecticut Agricultural Experiment Station. 1890. p. 3—17
of reprint. With Plate I.)
   Verf. hat auf Kartoffelknollen, die durch vom Ref. als „tiefe" bezeichnete Form des Schorf befallen waren, einen sehr kleinen Faden-
pilz gefunden, welcher auf Nähragar üppig wächst und, auf wachsende
Knollen gesät, die Krankheit wieder erzeugt. Der Pilz besteht aus
einem dichten Geflecht von Fäden von 5—9 μ Durchmesser und
bildet in Reinculturen auf Fleisch-Pepton-Agar aufrechte Hyphen,
die an den Enden spiralig gewunden und dicht quergetheilt sind
und trennen sich dann zu vielen bakterienähnlichen Theilen. Aus
einem dieser Theile oder aus einem sehr kleinen Stück eines vegetativen Fadens entwickelt sich schnell ein neues Hyphengeflecht.
Ein sehr eigenthümlicher Erfolg des Wachsthums des Pilzes ist die
tiefbraune Färbung der Unterlage.
   Die systematische Stellung des Pilzes ist sehr zweifelhaft;
vielleicht ist er zu *Oospora* oder einer ähnlichen unbestimmten Gattung
zu stellen.
                                                  Humphrey (Amherst, Mass.).

Kraus, C., Das Schröpfen und Walzen der Getreide-
saaten als Mittel gegen Lagerung. Theil I. Die
Ursachen der Lagerung. (Forschungen auf dem Gebiete
der Agriculturphysik. Bd. XIII. H. 3/4. p. 252—293.)
   Der Darlegung der Mittel, welche gegen Lagerung anzuwenden wären, sowie der Erörterung der Art und Weise, in
welcher die Wirkung solcher Mittel zustande kommen möchte, musste
die Klarlegung der Ursachen der Lagerung vorausgehen. Bekanntlich wird die Lagerung zur Zeit ziemlich allgemein als Folge der
geringen Biegungsfestigkeit der Halme hingestellt, wie solche bei
der gegenseitigen Beschattung der in geschlossenem Stande befindlichen Pflanzen zur Entstehung kommt. Feuchte Jahrgänge, reichliche
Düngung u. s. w. sind nach dieser zuerst von Sachs aufgestellten
Ansicht nur indirect als fördernde Einflüsse betheiligt, indem die
Pflanzen unter diesen Verhältnissen üppiger wachsen und sich gegenseitig stärker beschatten.

Diese Ansicht hat sich aber bei den praktischen Landwirthen keine durchgreifende Anerkennung zu verschaffen vermocht, nachdem man thatsächlich beobachtet, dass viele Vorkommnisse nur ungenügend in dieser Weise erklärt werden können. Dies fällt sofort auf, wenn man sich die Mühe nimmt, das Verhalten verschieden dichter und verschieden üppiger Saaten bei verschiedenen Verhältnissen des Bodens, der Lage und des Witterungsverlaufs genauer zu vergleichen, es liegen auch diesbezüglich in der älteren landwirthschaftlichen Litteratur eine Anzahl von Mittheilungen scharfsichtiger Beobachter vor, welche späterhin mit Unrecht ausser Acht gelassen worden sind. Die im Laufe der Zeit namhaft gemachten Ursachen der Lagerung lassen sich folgendermaassen gruppiren:

1. Die Halmschwäche lagernden Getreides ist die Folge der besonderen anatomischen und physikalischen Beschaffenheit, welche die bei schwachem Lichte sich ausbildenden untersten Internodien annehmen. Ueppige Ernährung, enger Stand sind blos indirect am Lagern betheiligt, indem sie die Beschattung oder auch die aufrecht zu haltende Last erhöhen und äusseren Kräften mehr Gelegenheit zum Angriffe bieten.

2. Die Halmschwäche ist die Folge üppiger Vegetationsbedingungen, indem dieselben die Halme in geilen Zustand bringen, der eben durch geringere Biegungsfestigkeit charakterisirt ist.

3. Die Halmschwäche rührt davon, dass die unteren Internodien in dem geschlossenen Bestande dem Luftwechsel weniger ausgesetzt sind und deshalb weicher bleiben.

4. Die Halmschwäche kommt dadurch zustande, dass die Pflanzen bei gedrängterem Stande an sich schwächere Halme entwickeln, als bei weiterem Standraum.

5. Die Halmschwäche entsteht durch die Beeinträchtigung der Halmausbildung in Folge der beschleunigten Streckung, welche bei dichtem Stande und üppigen Vegetationsbedingungen eintritt.

In Wirklichkeit greifen diese Ursachen mehr oder weniger ineinander, erfahrungsgemäss ist die Lagerung am häufigsten, wenn dichter Stand, üppige Ernährung, beschleunigtes Schossen zusammenwirken.

Diese verschiedenen Aufstellungen werden nun der Reihe nach an der Hand neuerer physiologischer Untersuchungen kritisch erläutert, und wird nachgewiesen, dass sich alle diese Umstände mehr oder weniger rechtfertigen lassen, dass es aber ein Mangel war, dass bald dieser, bald jener Umstand einseitig betont und darüber ausser Acht gelassen wurde, dass der Verlauf des Wachsthums und der inneren Ausbildung der Halme das Ergebniss der gleichzeitigen Wirkung verschiedener Factoren ist. Soweit dieselben in gleicher Richtung wirken, kann das Ergebniss wesentlich anders werden, als wenn ein einzelner Factor in einem bestimmten Intensitätsgrade wirksam gewesen wäre. Auch Unterbleiben des Lagerns bei freiem Stande kann nicht allein auf die Retardirung des Längenwachsthums und die Förderung der Ausbildung der mechanischen Elemente durch das Licht zurückgeführt werden, unter Umständen lagern sogar freistehende Pflanzen, so dass der Satz, einzelne oder recht

weit stehende Getreidepflanzen lagern niemals, keineswegs allgemeine Gültigkeit hat.

„Das Lagern der Getreide ist nicht, wie zur Zeit meist ge-
glaubt wird, ein einfaches und ursächlich leicht zu durchschauendes
Phänomen, vielmehr wird dasselbe durch die Wechselwirkung der
verschiedenen, das Wachsthum beeinflussenden Umstände und die
mannigfachen Combinationen, in denen diese Umstände je nach
Boden, Lage, Witterung, Standraum der Pflanzen, Art- und Varietäts-
eigenthümlichkeiten thätig sind, in hohem Grade verwickelt. Wenn
auch unbestritten dass durch Beschattung bewirkte partielle Etiolement
der unteren Internodien in den meisten Fällen von ganz besonderer
Wichtigkeit ist, deshalb als äussere Hauptursache des Lagerns der
Lichtmangel bezeichnet werden kann, so ist doch die Theorie, welche
n u r den Factor der Beschattung gelten lassen will, gleichwohl
nicht genügend, um in allen Fällen über Eintritt oder Unterbleiben
des Lagerns befriedigend Rechenschaft geben zu können, es muss
auch auf die sonstigen, das Wachsthum und die innere Ausbildung
der Pflanzen beeinflussenden Factoren Rücksicht genommen werden.
Ohne die Nebenursachen würde das Lagern viel weniger häufig
eintreten, als thatsächlich der Fall ist.“

In einer folgenden Mittheilung sollen weitere Belege für diese
Auffassung der Sache beigebracht werden.

Kraus (Weihenstephan).

Bartet, E., De l'influence exercée par l'époque de l'aba-
tage sur la production et le développement des
rejets de souches dans le taillis. (Comptes rendus de
l'Académie des sciences de Paris. Tome CX. 1890. p. 1279
—1282.)

Die Laubhölzer haben die Fähigkeit, aus dem Stamm auszu-
schlagen, falls derselbe in Bodenhöhe abgeschnitten wird. Darauf
beruht die Buschholz-Wirthschaft, die in Frankreich auf Millionen
Hektaren Waldbodens stattfindet.

Bekanntlich unterscheiden die Forstmänner zwei Arten Sprosse:
1. die proventiven, welche sich aus normalen Knospen entwickeln
und bei dem Abschlagen des Stammes schon vorhanden sind,
2. die adventiven, welche aus Adventivknospen hervorgehen, die
nach dem Abschlagen erst aus der Cambialschicht der Pflanzen
erzeugt werden. Die proventiven Sprosse haben günstigere Lage
und sichern die Vermehrung der Individuen besser, als die adventiven.

Gewöhnlich schlägt man das Buschholz zwischen Ende Herbst
und dem 15. April, aber es geschieht zuweilen auch später, wenn
schon die volle Belaubung eingetreten ist. Um nun zu erfahren,
welchen Einfluss die Schlagzeit auf die Bildung und Entwicklung
der Stockausschläge habe, wurden verschiedene Versuchsreihen angestellt. In der ersten wurde die Schlagzeit auf die Mitte der
Monate März, April, Mai, Juni, Juli, August verlegt. Das Versuchsfeld lag in der Nähe von Nancy und bestand in einem Buschholz-
terrain, das auf einem Kalklager des oolithischen Plateaus von

Haye (380 m Seehöhe) ruht. Die Zahl der beobachteten Stöcke belief sich auf 628, und zwar gehörten 278 der Eiche (Stein- und Stieleiche), 240 der Hainbuche und 120 der Rothbuche an; die meisten waren 35jährig.

Die Untersuchungen, die bis 2 Jahre nach dem Fällen fortgesetzt wurden, bezogen sich auf die · Zeit des Erscheinens der Schosse, auf ihre Zahl und ihr Wesen (proventiv, adventiv), auf die Höhe des Hauptschösslings. Dabei ergab sich hauptsächlich Folgendes:

1. Wenn das Abschlagen Mitte März oder April erfolgt, so fangen von Ende Juni ab beinahe alle des Austreibens fähige Stocke von Eiche und Hainbuche an, auszutreiben; wird es aber bis Ende August hinausgeschoben, so erscheinen bei den genannten Arten die Schösslinge erst im nächsten Frühjahr.

2. Die Schlagzeit scheint wenig Einfluss auf das Zahlenverhältniss der Stöcke zu haben, welche keine Schösslinge treiben. Doch erwies sich das Schlagen von Mitte August ab für die 3 untersuchten Arten am nachtheiligsten.

3. Auf die mittlere Zahl der Schösslinge aus dem Stock der Eiche und Hainbuche scheint die Schlagzeit keinen bemerkenswerthen Einfluss auszuüben. Bei der Buche aber begünstigt das Schlagen im Juni offenbar die Bildung der Schosse, während die Stöcke nach dem Schlagen im August und März die geringste Fruchtbarkeit zeigen.

4. Für Eiche ist die Schlagzeit ohne Einfluss auf das Wesen der Schosse, mit seltenen Ausnahmen sind dieselben proventiv. Bei Hainbuche und Rothbuche jedoch, besonders bei der letzteren, vermehrt das Schlagen während der vollen Belaubung die mittlere Zahl der Adventivsprosse, und es nimmt die Zahl der Stöcke zu, die nur Adventivsprosse zeigen. Die grösste Zahl der letzteren findet sich an den Stöcken der Hainbuche, wenn das Schlagen im Juli und an der Rothbuche, wenn es im Juni erfolgt. Rothbuchenstöcke erzeugen im allgemeinen etwas mehr Adventiv-, als Proventivschosse, während bei der Hainbuche die proventiven etwa 8mal zahlreicher, als die adventiven sind.

5. Die Höhe der Schösslinge ist sehr ungleich, je nach der Schlagzeit. Für die untersuchten Baumarten fällt das Maximum der Höhe mit dem Aprilschlage, das Minimum mit dem Augustschlage zusammen.

6. Sieht man zweijährige Schosse von einem Aprilschlage als Norm an, so lässt sich constatiren, dass das Abschlagen des Buschwerks der Eiche ohne Nachtheil bis zum 15. Mai hinausgeschoben werden kann, während dies bei der Weissbuche schon 20 °/o Verlust ergeben würde. Für die Eiche ist der Schaden beträchtlicher, wenn die Schlagzeit bis in den Juni hinausgeschoben wird. Aus den gemachten Beobachtungen ergaben sich noch folgende Schlüsse: Bez. der Zeit vom 15. März bis 15. August erweist sich für Abschlagen des Buschwerks von Eiche, Roth- und Hainbuche Mitte August als ungünstigste Zeit, als vortheilhafteste dagegen Mitte April. Für die Eiche scheinen gleich günstig auch die Monate März und Mai, für Hainbuche März zu sein.

Sämmtliche Versuche fanden auf einem seichten und steinigen Boden statt. Möglicherweise kommt man bei tieferem Boden und im milderen Klima zu anderen Resultaten.

Zimmermann (Chemnitz).

Neue Litteratur.[*]

Nomenclatur, Pflanzennamen, Terminologie etc.:

Greene, Edward L., Against the usic of revertible generic names. (Pittonia. Vol. II. 1891. p. 186.)

— —, Some neglected priorities in generic nomenclature. (l. c. p. 173.)

Allgemeines, Lehr- und Handbücher, Atlanten:

Gilson, J., La petite botanique des écoles primaires, conforme au programme du 20 juillet 1880. 5e édition. 8°. 94 pp. Namur (Balon-Vincent) 1891.
M. 0.60.

Zacharias, O., Die Thier- und Pflanzenwelt des Süsswassers. Einführung in das Studium derselben. Unter Mitwirkung von **C. Apstein, F. Borcherding** etc. herausgegeben. Bd. II. 8°. X, 367 pp. 51 Abbild. Leipzig (J. J. Weber) 1891.
M. 12.—

Kryptogamen im Allgemeinen:

Hansgirg, Anton, Algologische und bakteriologische Mittheilungen. (Sep.-Abdr. aus Sitzungsberichte der Königl. böhm. Gesellschaft der Wissenschaften in Prag. 1891. p. 297—365.)

Algen:

Möbius, M., Ueber endophytische Algen. (Biologisches Centralblatt. Bd. XI. 1891. No. 18. p. 545—553.)

Pilze:

Atkinson, Geo. F., Sphaerella gossypina n. sp., the perfect stage of Cercospora gossypina Cooke. (Bulletin of the Torrey Botanical Club of New York. Vol. XVIII. 1891. p. 300. With pl.)

Bäumler, J. A., Fungi Schemnitzenses. Ein Beitrag zur ungarischen Pilzflora. III. (Sep.-Abdr. aus Verhandlungen der K. K. zoolog.-botan. Gesellschaft in Wien. 1891.) 8°. 18 pp. Wien 1891.

Bourquelot, Em., Sur la présence de l'amidon dans un champignon appartenant à la famille des Polyporées, le Boletus pachypus Fr. (Bulletin de la Société mycologique de France. T. VII. 1891. Fasc. 3.)

Boyer, Note sur la reproduction des Morilles. (l. c.)

Gaillard, A., Observation d'un retour à l'état végétatif des périthèces dans le genre Meliola. (l. c.)

Godfrin, J., Contributions à la flore mycologique des environs de Nancy. [Suite.] (l. c.)

Graziani, A., Deux champignons parasites des feuilles de Coca. (l. c.)

Hariot, P., Notes critiques sur quelques Urédinées du Muséum de Paris. (l. c.)

— —, Stemonitis dictyospora Rost. (Journal de Botanique. T. V. 1891. p. 356.)

— —, Trametes hispida Bagl. et T. Trogii Berg. (l. c.)

---

[*] Der ergebenst Unterzeichnete bittet dringend die Herren Autoren um gefällige Uebersendung von Separat-Abdrücken oder wenigstens um Angabe der Titel ihrer neuen Veröffentlichungen, damit in der „Neuen Litteratur" möglichste Vollständigkeit erreicht wird. Die Redactionen anderer Zeitschriften werden ersucht, den Inhalt jeder einzelnen Nummer gefälligst mittheilen zu wollen, damit derselbe ebenfalls schnell berücksichtigt werden kann.

Dr. Uhlworm,
Terrasse Nr. 7.

Kayser, E., Note sur les ferments de l'ananas. (Annales de l'Institut Pasteur. 1891. No. 7. p. 456—463.)

Patouillard, N. et **Lagerheim, G. de,** Champignons de l'Equateur. (Bulletin de la Société mycologique de France. T. VII. 1891. Fasc. 3.)

Southworth, Effie A., Notes on some curious fungi. (Bulletin of the Torrey Botanical Club of New York. Vol. XVIII. 1891. p. 303.)

Muscineen:

Bescherelle, Em., Selectio novorum Muscorum. [Fin.] (Journal de Botanique. T. V. 1891. p. 342.)

Gefässkryptogamen:

Poirault, Georges, Sur la structure du pétiole des Osmondacées. (Journal de Botanique. T. V. 1891. p. 355.)

Physiologie, Biologie, Anatomie und Morphologie:

Belzung, E., Remarques sur le verdissement. A propos de l'article de M. W. Palladin: „Ergrünen und Wachsthum der etiolirten Blätter". (Journal de Botanique. T. V. 1891. p. 350.)

Correns, C., Zur Kenntniss der inneren Structur der vegetabilischen Zellmembran. (Sep.-Abdr. aus Pringsheim's Jahrbücher für wissenschaftl. Botanik. Bd. XXIII. 1891. Heft 1,'2.) 8°. 2 Tafeln. Berlin 1891.

Scott, D. H. and **Brebner, George,** On internal phloëm in the root and stem of Dicotyledons. (Annals of Botany. Vol. V. 1891. p. 259—300. With 3 pl.)

Zacharias, E., Ueber das Wachsthum der Zellhaut bei Wurzelhaaren. (Flora. 1891. Heft 4. p. 466—491. 2 Tafeln.)

Systematik und Pflanzengeographie:

Caractères différentiels des arbres de Belgique; Tableau permettant de déterminer facilement, sans connaissances spéciales, les arbres croissant en Belgique, par un régisseur. 1 feuille in folio. Bruxelles (E. Boquet) 1891. Fr. 0.25.

Crépin, François, Mes excursions rhodologiques dans les Alpes en 1890. (Bulletin de la Société Royale de botanique de Belgique. Tome XXX. 1891. Fasc. 1. p. 97.)

Durand, Th. et **Pittier, H.,** Primitiae florae Costaricensis. (l. c. p. 7.)

Lazenby, W. R., Plants introduced at Sellsville, near Columbus, Oh. (Bulletin of the Torrey Botanical Club of New York. Vol. XVIII. 1891. p. 301.)

Porter, Thos. C., Lespedezea striata (Thunb.) Hook. & Arn. (Bulletin of the Torrey Botanical Club of New York. Vol. XVIII. 1891. p. 306.)

Shear, Cornelius L., A new Massachusetts station for Carex aestivalis M. A. Curtis. (l. c. p. 305.)

Shinn, Chas. H., The destruction of California wild flowers. (Garden and Forest. Vol. IV. 1891. p. 382.)

Sturtevant, E. Lewis, Concerning some names for Cucurbitae. (Bulletin of the Torrey Botanical Club of New York. Vol. XVIII. 1891. p. 295.)

Sulzberger, Rob., La rose. Histoire, botanique, culture. 8°. Avec 10 pl. et 20 cartes. Namur (Wesmael-Charlier) 1891. Fr. 5.—

Palaeontologie:

Cragin, F. W., On a leaf-bearing terrane in the Loup Fork. (The American Geologist. Vol. VIII. 1891. p. 29.)

Teratologie und Pflanzenkrankheiten:

Buckhout, Wm. A., Another economical maple. (Bulletin of the Torrey Botanical Club of New York. Vol. XVIII. 1891. p. 305.)

Halsted, Byron D., A new egg-plant disease. (l. c. p. 302.)

— —, A double-headed Rudbeckia. (l. c. p. 304.)

Nalepa, Alfred, Neue Gallmilben. (Nova Acta der Kaiserl. Leopoldin.-Carolin. Deutschen Akademie der Naturforscher. Band LV. 1891. No. 6. p. 363—395. Mit 4 Tafeln.)

Riley, C. V., Mexican jumping beans and the plant upon which they are produced. (The American Garden. Vol. XII. 1891. p. 552. Ill.)

Stabler, Louise Merrit, An economical maple. (Bulletin of the Torrey Botanical Club of New York. Vol. XVIII. 1891. p. 304.)

Viala, Pierre et **Boyer, G.,** Une nouvelle maladie des raisins. (Revue générale de Botanique. T. III. 1891. No. 44.)

— — et **Sauvageau, C.,** Sur quelques champignons parasites de la vigne. (Journal de Botanique. T. V. 1891. p. 337.)

Medicinisch-pharmaceutische Botanik:

Bernabei, C., Sul passaggio dei germi patogeni nella bile e nel contenuto enterico e sull' azione che ne risentono. (Atti della Reale Accademia med. di Roma 1890,91. Ser. II. Vol. V. p. 527—573.)

Frenkel, Sur un staphylocoque trouvé dans les vésicules d'un herpès. [Soc. d. scienc. méd.] (Lyon méd. 1891. No. 31. p. 464—465.)

Geppert, J., Die Wirkung des Sublimats auf Milzbrandsporen. (Deutsche med. Wochenschrift. 1891. No. 37. p. 1065—1069.)

— —, Nochmals zur Desinfectionsfrage. (l. c. No. 32. p. 979—980.)

Giard, A., Nouvelles recherches sur le champignon parasite du hanneton vulgaire (Isaria densa Link). (Comptes rendus de la Société de biologie. 1891. No. 26. p. 575—579.)

Guignard et **Charrin,** Action des toxines sur un microbe. (Comptes rendus de la Société de biologie. 1891. No. 26. p. 595—596.)

Klemperer, G. und **F.,** Versuche über Immunisirung und Heilung bei der Pneumokokkeninfection. (Berliner klinische Wochenschrift. 1891. No. 34, 35. p. 833—835, 869—875.)

Köttnitz, A., Zur Behandlung der Aktinomykose. (Deutsche medic. Wochenschr. 1891. No. 36. p. 1047—1048.)

Landi, D. L., Sur les substances toxiques produites par la bactéridie charbonneuse. (Comptes rendus de la Société de biologie. 1891. No. 27. p. 632.)

Lortet, Microbes pathogènes des vases de la Mer Morte. (Lyon méd. 1891. No. 33. p. 519—522.)

Martinez Vargas, A., Estudio quimico de la etiologia de las „diarreas de verano" infantiles; potencia patogénica de las albúminas micróbias. (Anal. d. obst., ginecopat. y pediatr. Madrid 1891. p. 65—70.)

Nissen, F., Ein Vergleich des sog. Sputumseptikämiecoccus mit dem A. Fränkelschen Pneumonie-Erreger. (Fortschritte der Medicin. 1891. No. 16. p. 661 —668.)

Nocard, E., Culture de la bactéridie charbonneuse dans la mamelle d'une chèvre vaccinée contre le charbon. (Comptes rendus de la Société de biologie. 1891. No. 26. p. 616.)

Reinsch, A., Zur bakteriologischen Untersuchung des Trinkwassers. (Centralblatt für Bakteriologie und Parasitenkunde. Bd. X. 1891. No. 13. p. 415.)

Rendu, Deux cas d'angine à pneumocoques. (Bulletin méd. 1891. p. 449.)

Rovighi, A., Sull' azione microbicida del sangue in diverse condizioni dell' organismo. (Atti della Reale Accademia medica di Roma 1890/91. Ser. II. Vol. V. p. 423—438.)

Scala, A. e **Sanfelice, F.,** Azione dell' acido carbonico, disciolto nelle acque potabili, su alcuni microrganismi patogeni. (Bullettino della Reale Accademia medica di Roma. 1891. No. 1. p. 74—86.)

Serafini, A., Analisi chimico-batteriologiche di alcune carni insaccate. [Contribuzione allo studio delle conserve alimentari.] (Atti della Reale Accademia medica di Roma 1890/91. Ser. II. Vol. V. p. 225—256.)

Sewall, H., Observations on tuberculosis and the diagnostic value of the tubercle bacillus. (Med. News. 1891. Vol. II. No. 4. p. 88—93.)

Stern, C., Ueber einige Injectionsversuche mit Stoffwechselproducten von Tuberkelbacillen. (Berliner klinische Wochenschrift. 1891. No. 31. p. 770—773.)

Uffelmann, J., Ueber den Nachweis des Typhusbacillus. (Berliner klinische Wochenschrift. 1891. No. 35. p. 857—859.)

Vaillard, Sur l'inoculation aux animaux du bacille tétanique dépourvu de toxine. (Comptes rendus de la Société de biologie. 1891. No. 27. p. 623—628.)

Vigo, G. B., L'aria degli ambienti degli ospedali dal lato chimico e batteriologico. (Giornale della Reale Società Italiana d'igiene. 1891. No. 5/6. p. 263 —281.)

Technische, Forst-, ökonomische und gärtnerische Botanik:
Bailey, L. H., The soulard crab and its kin. (The American Garden. Vol. XII.
1891. p. 469. Ill.)
Brassart, P., Guide pratique pour la culture du pommier et la fabrication du
cidre. 8e édit. entièr. refond. Bruxelles (E. Boquet) 1891. Fr. 2.50.
Carman, E. S., The papaw. (The American Garden. Vol. XII. 1891. p. 533.
Illustr.)
De Vuyst, Paul, Notas over de vooruaamste landbouvruchten met bijzondere
inachtneming op het verbeteien der zaden en het toepassen der kunstmesstoffen.
Nieuwe proefnemingen. 8°. XVIII, 163 pp. Brussel (Polleunis en Ceuterick)
1891. Fr. 2.85.
Graftiau, Firmůr, Les semences, leur choix et leur traitement. 8°. 80 pp.
Namur (Wesmael-Charlier) 1891. Fr. 1.—
Lebl, M., Gemüse- und Obstgärtnerei zum Erwerb und Hausbedarf. Practisches
Handbuch. Lief. 1. 8°. 48 pp. Berlin (P. Parey) 1891. M. 0.60.
Struve, E., Der Hopfenhandel. Production, Verkehr und Preise des Hopfens,
nebst Geschichte, Organisation und Technik des Hopfenhandels. 8°. V, 136 pp.
3 Tafeln. Berlin (P. Parey) 1891. M. 4.—
Theunen, August, Haudleiding voor rozenliefhebbers. 8°. 120 pp. Antwerpen
(Janssen & Zonen) 1891. Fr. 1.50.
Van Tubergen, C. G., Eliseua longipetala. (Gaiden. Vol. XI. 1891. p. 110.
Illustr.)

Personalnachrichten.

Dr. med. et phil. **Hermann Hoffmann**
Ordentl. Professor der Botanik in Giessen †.

Geboren den 22. April 1819 in Rödelheim bei Frankfurt a. M.,
studirte er in Giessen und Berlin Medicin, habilitirte sich 1842 in
Giessen für Medicin, wandte sich aber bald der Botanik zu und
wurde 1853 ordentlicher Professor der Botanik in Giessen. Dieses
Amt bekleidete er bis zu seinem Ende; vor vier Wochen zwangen
ihn seine schwindenden Kräfte, seine Pensionirung einzureichen,
deren Genehmigung durch die oberste Behörde der Tod zuvorkam.
Hoffmann war als Forscher und Lehrer unermüdlich, getreu
seinem Wahlspruch: Das Beste ist und bleibt die Arbeit. Sein
Forschungsgebiet war zuerst wesentlich die Pilzkunde, gleichzeitig
und später ausschliesslich beschäftigte er sich eingehend mit Pflanzen-
klimatologie und verschiedenen Theilen der Pflanzengeographie, sowie mit experimentellen Untersuchungen über Variation im Pflanzenreich. In neuester Zeit pflegte er besonders die Pflanzenphänologie;
dieser Zweig der Wissenschaft verdankt ihm zum grossen Theile
seine jetzige Gestaltung. Für eine bedeutende Zahl der Arbeiten
Hoffmann's ist es charakteristisch, dass sie sich auf ein höchst
umfangreiches Material gründen, das in dreissig- bis vierzigjähriger,
immer in demselben Sinne lückenlos durchgeführter Thätigkeit gewonnen wurde. Hoffmann's Pflanzenkenntniss, sich gleichmässig
über Phanerogamen und Kryptogamen ausdehnend, war von staunens-
werther Sicherheit. Seine Vorlesungen erstreckten sich ausser auf
specielle und allgemeine Botanik noch regelmässig auf forstliche
und pharmaceutische Botanik, Pilzkrankheiten und Klimatologie.
Die Ergebnisse seiner Studien legte er in zahlreichen Schriften und
Aufsätzen grösseren oder — und meistens — kleineren Umfanges

nieder. In jedem Jahrgang dieser Zeitschrift sind Referate über Arbeiten Hoffmann's enthalten. Der Oberhessischen Gesellschaft für Natur- und Heilkunde, deren oberste Leitung vielfach in seiner Hand lag, gehörte er als ein sehr eifriges Mitglied an; in allen Berichten, vom ersten, 1847, an bis zum letzterschienenen, 1890, findet man seinen Namen, sei es, dass er Beiträge lieferte, sei es, dass er in Vorträgen aus dem reichen Schatze seiner Kenntnisse mittheilte. Sein ausgedehntes, gründliches Wissen, die Klarheit und Lauterkeit seines Charakters, die geistvolle Freundlichkeit seines einfachen Wesens erwarben und sicherten ihm im hohem Masse die Achtung und Liebe seiner Collegen und seiner zahlreichen Schüler.

Friedberg (Hessen), 28. October 1891.

Dr. Egon Ihne.

Inhalt:

Ausgegeben: 4. November 1891.

Druck und Verlag von Gebr. Gotthelft in Cassel.

Band XLVIII. No. 6/7.   XII. Jahrgang.

Botanisches Centralblatt

REFERIRENDES ORGAN
für das Gesammtgebiet der Botanik des In- und Auslandes.

Herausgegeben

unter Mitwirkung zahlreicher Gelehrten

von

Dr. Oscar Uhlworm und Dr. F. G. Kohl
in Cassel.   in Marburg.

Zugleich Organ
des

**Botanischen Vereins in München, der Botaniska Sällskapet i Stockholm,
der botanischen Section des naturwissenschaftlichen Vereins zu Hamburg,
der botanischen Section der Schlesischen Gesellschaft für vaterländische
Cultur zu Breslau, der Botaniska Sektionen af Naturvetenskapliga Student-
sällskapet i Upsala, der k. k. zoologisch-botanischen Gesellschaft in
Wien, des Botanischen Vereins in Lund und der Societas pro Fauna et
Flora Fennica in Helsingfors.**

Nr. 45|46.	Abonnement für das halbe Jahr (2 Bände) mit 14 M. durch alle Buchhandlungen und Postanstalten.	1891.

Wissenschaftliche Original-Mittheilungen.

Die Einwirkung der Blütenfarben auf die photographische Platte.
(Vorläufige Mittheilung.)

Von

Dr. Paul Knuth.
(Mit 12 Figuren.)

Es ist eine auffallende Erscheinung, dass manche Blüten mit
scheinbar sehr geringen Anlockungsmitteln eifrig von Insekten auf-
gesucht werden. Ganz besonders trat mir diese Thatsache vor
Kurzem bei der Beobachtung von *Sicyos angulata* L. entgegen,
deren unscheinbare, grünlich-weisse Blüten von einer so grossen
Anzahl Hymenopteren- und besonders Dipteren-Arten umschwärmt
und besucht werden, wie ich kaum an einer der anderen Pflanzen, die
ich von Ende August bis Ende September im Botanischen Garten
zu Kiel in Bezug auf ihren Insektenbesuch beobachtete, wahrnehmen konnte. Bei ihrer geringen Grösse heben sich die Blüten
von *Sicyos* trotz ihrer etwas weisslichen Färbung, trotz ihrer zahl-
losen Drüsen, trotz der glänzenden Honigscheibe in ihrer Mitte

nur wenig von den grünen Laubblättern und Ranken ab, und man
ist versucht, den reichen Insektenbesuch auf Anlockungsmittel zurückzuführen, welche auf die menschlichen Sinne nicht einwirken,
wohl aber auf die der Insekten. Der Gedanke liegt nahe, dass
die Drüsen der Blüten (und auch der Stengel und Blätter) äthe-
rische Oele enthalten, welche der Mensch nur sehr schwach wahrnimmt, den Insekten jedoch sehr bemerklich sind, zumal die Dipteren die Hauptmasse der Besucher stellen.

Eine andere Möglichkeit ist, dass die Blüten von *Sicyos* Ein-
drücke auf die Augen der Insekten machen, welche dem menschlichen Auge nicht wahrnehmbar sind, also ultraroth oder ultra-
violett. Als ich einen männlichen Blütenstand von *Sicyos* zusammen
mit einem kleinen Laubblatte der Pflanze in zweifacher Vergrösserung photographirte, schien mir diese Möglichkeit nicht ganz
ausgeschlossen. Bei trüber Witterung exponirte ich Morgens
zwischen 11 und 12 Uhr im Freien 15 Secunden (Objectiv: Steinheil'scher Antiplanet, Platte „Meteor“ von Romain Talbot). Bei
der Entwickelung der belichteten Platte (mit Eikonogen-Hydrochinon) fiel es mir auf, dass die Blüte nach kurzer Zeit hervor-
trat, besonders die Spitzen der Blumenkronblätter sich bald
ganz scharf hervorhoben, während das grüne Laubblatt erst sehr
spät und selbst nach beendeter Entwickelung sehr schwach erschien. Hieraus ergiebt sich, dass die Blüten sehr viel mehr aktinische Strahlen aussenden, als die Blätter, dass also die dem
menschlichen Auge in ihrer Färbung nicht erheblich differenzirt
aussehenden Blätter und Blüten einen für aktinische Strahlen empfänglichen Sehorgane sehr verschieden erscheinen müssen. Hieraus folgt weiter, dass an ultrarothe Blütenfarbe bei *Sicyos* nicht
gedacht werden kann, denn diese enthalten überhaupt keine chemisch
wirksamen Strahlen.

Es handelte sich nunmehr darum, die Einwirkung der Blütenfarben auf die photographische Platte weiter zu studiren. Zu dem
Zwecke exponirte ich folgende Blüten: 1. Eine weisse Blüte von
Phlox sp., 2. eine gelbe Randblüte von *Chrysanthemum segetum* L.,
3. eine orange Randblüte von *Calendula officinalis* L., 4. eine
dunkelrothe Blüte von *Dahlia*, 5. eine dunkelblaue Blüte von
Centaurea Cyanus L., 6. eine grünliche ♂ Blüte von *Bryonia dioica*
L., 7. eine ♂ Blüte von *Sicyos angulata* L. Bei 1¹/₃ facher Ver-
grösserung der Blüten betrug die Expositionszeit 10, 5, 2 und
1 Secunden (Himmel bewölkt, Zeit: zwischen 11 und 12 Uhr,
Objectiv: Extra-Rapid von Joh. Sachs-Berlin, mittlere Blende,
Platte „Meteor“). Bei der Entwickelung der vier Platten trat zuerst, wie zu erwarten, die weisse Blüte von *Phlox* auf, nach kurzer
Pause folgten gleichzeitig die blaue Blüte der Kornblume und die
Ränder der Blüten von *Bryonia* und *Sicyos* und erst nach längerer
Entwickelungsdauer die gelbe, die orange und ganz zuletzt die
rothe Blüte. Auf den nur 2 und 1 Secunde exponirten Platten
ist die gelbe Blüte nur noch als ein Schatten zu erkennen, die
orange und rothe sind überhaupt nicht zu sehen, während weiss,
blau und grünlich deutlich auftreten.

Eine zweite Reihe von photographischen Aufnahmen wurde bei bedecktem Himmel und regnerischer Witterung Nachmittags zwischen 3 und 4 Uhr unter sonst gleichen Bedingungen herge-stellt. Als Objecte wurden benutzt: Blüte einer *Aster* (weiss), von *Calendula officinalis* L. (orange), von *Aster* (hellroth), *Chrysan-*

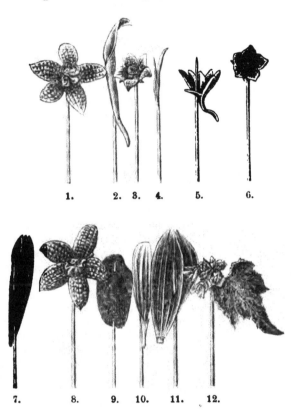

1. 2. 3. 4. 5. 6.

7. 8. 9. 10. 11. 12.

1. Grünliche männliche Blüte von *Bryonia dioica* L. 2. Weisse Blüte einer *Aster*. 3. Grünlich-weisse, männliche Blüte von *Sicyos angulata* L. 4. Hellviolette Randblüte von *Aster salicifolius* Scholler. 5. Blaue Blüte von *Centaurea Cyanus* L. 6. Männliche Blüte von *Sicyos*. 7. Orange Randblüte von *Calendula officinalis* L. 8. Männliche Blüte von *Bryonia*. 9. Gelbe Rand-blüte von *Chrysanthemum segetum* L. 10. Hellrothe Blüte einer *Aster*. 11. Dunkelrothe Blüte von *Dahlia variabilis* Desf. 12. Weisslich-grüner, weiblicher Blütenstand und grünes Laubblatt von *Sicyos angulata* L.
Expositionszeit: 10 Secunden bei blauem Himmel mit schwacher Bewölkung, 9 Uhr Vormittags, mittlere Blende. Vergrösserung: 1¹/₂fach. Objectiv: Extra-Rapide von Joh. Sachs in Berlin. Platte: „Meteor" von Romain Talbot. Entwickler: Eikonogen-Hydrochinon.

themum segetum L. (gelb), *Centaurea Cyanus* L. (blau), *Sicyos an-gulata* L. (♂, ♀ Blütenstand, Laubblatt), *Bryonia dioica* (♂). Das Ergebniss war dasselbe wie vorhin. Bei der ungünstigen Beleuchtung war auf der 2 Secunden exponirten Platte die weisse Blüte schwach

11*

sichtbar, die blaue Blüte von *Centaurea* und die Blüten von *Sicyos*
und *Bryonia* waren nur noch als Schatten erkennbar, von den
übrigen Blüten war keine Spur zu sehen. Noch schwächer war
das Bild auf der nur 1 Secunde exponirten Platte.

Eine dritte Serie von vier unter denselben Bedingungen hergestellten Aufnahmen wurde Morgens um 9 Uhr bei blauem,
schwach bewölktem Himmel, also unter sehr günstigen optischen
Umständen, angefertigt, Die Reihenfolge der Objecte war: 1. Grün-
liche männliche Blüte von *Bryonia dioica* L., 2. weisse Blüte von
Aster sp., 3. weisslich-grüne männliche Blüte von *Sicyos angulata*
L., 4. hellviolette Randblüte von *Aster salicifolius* Scholler, 5. blaue
Blüte von *Centaurea Cyanus* L., 6. männliche Blüte von *Sicyos*,
7. orange Randblüte von *Calendula officinalis* L., 8. männliche
Blüte von *Bryonia*, 9. gelbe Randblüte von *Chrysanthemum segetum*
L., 10. hellrothe Blüte von *Aster* sp., 11. dunkelrothe Blüte von
Dahlia variabilis Desf., 12. weisslich-grüner, weiblicher Blüten-
stand und grünes Laubblatt von *Sicyos angulata* L.

Es waren also möglichst viele Farben des Sonnenspectrums
gewählt. Bei der Entwickelung der Platte trat wiederum weiss
zuerst auf, kurz darauf gleichzeitig violett, blau und die Blüten
von *Sicyos* und *Bryonia*, später hellroth, gelb, orange, dunkelroth und
grün. Also traten die Blütenfarben auf allen 12 Platten in derjenigen
Reihenfolge, wie es nach der bekannten Curve der chemisch wirkenden Strahlen des Spectrums zu erwarten war, auf, nur dass die weisslich-
grünen von *Sicyos* und *Bryonia* früher und stärker hervortraten, als
man nach ihrer Färbung annehmen konnte. Es fragte sich nun,
ob das Weiss in diesen Blüten doch so stark vertreten sei, dass
dadurch diese Erscheinung eine genügende Erklärung fände. Auf
der Photographie erscheinen die hellbeleuchteten Stellen der
grünlichen Blüten ebenso stark, wie die weissen, violetten und
blauen Blüten*), und doch ist die Intensität der Blütenfarbe von
Bryonia und *Sicyos* vielleicht nur ein Drittel von der Intensität
der weissen Farbe. Diesen Nachweis führte Herr Prof. L. Weber,
dem ich an dieser Stelle für seine Rathschläge und die Ausführung
der optischen Versuche meinen Dank sage, mit Hülfe des von ihm
construirten Photometers. Zum Zwecke dieser Untersuchung wurde
eine grössere Anzahl von Blumenkronblättern sowohl von *Sicyos*
als auch von *Bryonia* abgeschnitten, und nun machten diese auf
einem Haufen zusammenliegenden Blütenblätter entschieden den
Eindruck eines hellen Grün auf das Auge. Sie wurden auf eine
weisse Pappscheibe geklebt und dann photometrisch mit weiss verglichen, wobei sich obiges Resultat (aus $\sin^2 20^\circ : \sin^2 32{,}4$ und
$\sin^2 22{,}^03 : \sin^2 38{,}^00$) als Mittel ergab. Da nun auf der Photographie die Blüten von *Sicyos* und *Bryonia* an den belichteten nicht im Schatten liegenden Stellen ebenso
stark hervortreten wie weisse Blüten, ihre Intensität aber nur ein Drittel derselben beträgt, so bleibt
zur Erklärung der eben so starken chemischen

---

*) Auf der beigefügten Zeichnung tritt dies nicht deutlich hervor.

Wirkung nur die Annahme ultravioletter Strahlen
übrig, und die grosse Zahl der die Blüten von *Sicyos**)
besuchenden Insekten würde durch die ultraviolette
Farbe der Blumenkrone erklärt werden. Es wäre
dies eine Analogie zu der von Landois für manche
Insekten angenommenen Fähigkeit, höhere Töne
hören zu können, als das menschliche Ohr wahrzunehmen vermag.

Ich gebe zu, dass die angeführten Beobachtungen keineswegs
ausreichen, um einen Beweis ultravioletter Blütenfarben zu erbringen. Doch schienen mir die mitgetheilten Thatsachen der
Veröffentlichung werth. Die Hauptfehlerquelle liegt in der Bestimmung der Intensität der Blüte, denn durch das Zusammen-
häufen der Blumenkronblätter wird der Eindruck, den sie auf das
menschliche Auge machen, ein erheblich dunklerer, als die Blüte
in Wirklichkeit ist. Die einzelnen an der Pflanze sitzenden
Blüten lassen nämlich das Licht durchscheinen, während dies bei
den auf einer Unterlage befestigten Blumenblättern natürlich nicht
möglich ist, erstere erscheinen also heller, aber auch blasser und deshalb weniger deutlich. Eine Reihe von Versuchen, welche ich mit
rotirenden Scheiben, die zur Herstellung einer den dritten Theil
von Weiss darstellenden Helligkeit zu ²/₃ mit schwarzem Papier
und ¹/₃ mit weissen Blüten beklebt waren, lieferten daher kein
befriedigendes Vergleichsergebniss.

Ueber diese Versuche werde ich später berichten, wie ich mir
auch weitere Beobachtungen über diesen Gegenstand vorbehalte.

K i e l , den 29. September 1891.

Neuester Beitrag zur Verbreitung der
Elodea Canadensis im Gouvernement St. Petersburg.

Von

F. v. Herder

An unsere Mittheilung in No. 36 des „Botan. Centralblattes"
von 1891 reihen sich weitere Mittheilungen, welche mir von Herrn
M a g . R o b . R e g e l über den gleichen Gegenstand gemacht wurden.
Demnach erstreckt sich die Verbreitung der *Elodea* einerseits in
alle die Flüsschen und Canäle, welche die Newa mit der Wolga

---

*) Die Blüten der bei Kiel in Folge des durch das schnelle Wachsen der
Stadt hervorgerufenen Verschwindens der Knicks immer seltener werdenden
und nur noch vereinzelt auftretenden *Bryonia dioica* L. habe ich nur von
wenigen Dipteren und Hymenopteren besucht gesehen. H e r m a n n M ü l l e r
zählt jedoch („Befruchtung der Blumen durch Insekten," p. 149) 13 Insekten-
arten als Besucher auf und bemerkt über eine derselben, *Andrena florea* F.,
dass diese ihren Bedarf an Blumennahrung ausschliesslich den Blüten dieser
Pflanze zu entnehmen scheine.

verbinden, insbesondere in die Flüsse Pascha und Sjass und in den Neu-Ladoga-Canal, andererseits in die am finnischen Meerbusen gelegenen Ortschaften Lachta und Oranienbaum, sowie nach Gatschina in die Ishora und alle Teiche und Canäle in den Parks von Gatschina und Oranienbaum, d. h. in alle die Gewässer, welche durch die Lastschiffe von St. Petersburg aus berührt wurden und erreicht werden können, so dass man als eigentlichen Verbreitungsvermittler dieser Pflanze die Schifffahrt betrachten kann.

St. Petersburg, 21. September 1891.

Humboldt über das elektrische Verhalten der *Mimosa pudica* und über Pflanzenathmung.

Von
Dr. phil. M. Kronfeld
in Wien.

(Mit 1 Abbildung).

In der „Beilage zur Allgemeinen Zeitung" (München) Nr. 209, vom 30. Juli dieses Jahres, habe ich Briefe Alexander v. Humboldts an Josef van der Schot und Josef von Jacquin, aus dem Jahre 1797—1798, nach den mir vorgelegenen Originalen mitgetheilt. Die Briefe stammen aus Salzburg, wo Humboldt mit Leopold von Buch einen arbeits- und studienreichen Winter verbrachte. Van der Schot war Wiener Universitätsgärtner, Josef von Jacquin der Sohn und Nachfolger Nicolaus von Jacquin's im akademischen Lehramte. Für botanische Kreise dürfte von Interesse sein, dass Humboldt mit Van der Schot eine Reise nach Amerika vorhatte. Zumal aber verdient seitens des Physiologen jener Passus aus Humboldts zweitem Briefe (de dato Salzburg. 31. Dezember 1797) an Van der Schot Beachtung, welcher vom elektrischen Verhalten der *Mimosa pudica* und von der Pflanzenathmung handelt. Ich gebe die betreffende Stelle im Wortlaute wieder, zugleich mit einem Facsimile jener — hier zuerst mitzutheilenden — raschen Federzeichnung, welche Humboldt seiner Erörterung über *Mimosa pudica* beigibt.

„ . . . Rafn in seiner dänisch geschriebenen Flora von Dänemark (deren erster Band Pflanzenphysiologie enthält) behauptet, bei *Mimosa pudica* unwidersprechliche Zeichen der Wirksamkeit des galvanischen oder Metallringes bemerkt zu haben. Ich . . begreife nicht, wie er den Verdacht mechanischer Erschütterung vermieden habe. Die zwei möglichen Arten scheinen mir die zu sein, entweder zu sehen, ob von zwei zusammengefalteten Blättern der *Mimosa pudica* das, an welches man den Metallring anlegte, früher als das unberührte erwache, oder ob man die Blätter durch Zuleitung galvanisiren könne, indem man leitendes feuchtes Muskelfleisch an den petiolus legte und seine Enden p und q mit Zink und Silber a und b verbände. So könnte a und b erschüttert werden, ohne dass die Erschütterung sich auf den petiolus fortpflanzte."

„Ich bin jetzt beschäftigt, eine Einleitung zu der Abhandlung von v. Ingenhouss über die Nahrung der Gewächse zu schreiben.*) Ich werde darin einige Ideen äussern, zu denen mich meine vielen genauen Versuche über Zerlegung der atmosphärischen Luft bewegen.**) Ohne nämlich den Einfluss der Pflanzenrespiration auf den Dunstkreis zu leugnen, glaube ich doch (besonders wenn ich die Luft berechne, die ich, bei meinen Versuchen unter Glocken, die Pflanzen wieder einfangen sehe), dass Zersetzung des atmosphärischen Wassers den grössten Antheil an dem Sauerstoffgehalt des Luftmeeres hat. Wolken verschwinden vor unseren Augen. Viele Tausende Kubikfuss Wasser steigen als Dämpfe in eine Luftschichte, die ich 20 Minuten darauf mit dem Hygrometer sehr trocken finde. Entsteht irdischer Nebel oder Regen aus Verbindung zweier Luftarten, so wird eine grosse Masse Oxygen gebunden. Umgekehrt ist Auflösung des Wassers in seine Bestandtheile eine reiche Quelle von Lebensluft. Die vegetationsarme Meerestläche hat die reinste Luft über sich. Mit Entblätterung der Bäume und Ankunft der Winternebel sehe ich die Menge des Sauerstoffs sich täglich mehren. Im kalten Winter, wo alle Vegetation ausser den *Pinus*wäldern bei uns aufhört, ist sie am grössten. Während des Schnees (der zu seiner Bildung Sauerstoff bindet) finde ich den Luftkreis um 6—7 Grad schlechter, als vor dem Fallen des Schnees. Bei seinem Aufthauen nimmt die Sauerstoffmenge um ebenso viele Grade plötzlich zu. Diese Beobachtungen sind für den Vegetationsprocess wichtig. Sie bestätigen (was Hassenfraz entdeckte), dass nicht bloss im Schnee und Wasser Oxygen chemisch gebunden ist, sondern auch dass auch die Luft, welche ihm mechanisch eingemengt ist, $^{40}/_{100}$ Sauerstoff hat, wenn man in der Atmosphäre nur $^{25}/_{100}$ antrifft. Daher wirkt Schnee und Schneewasser reizend auf die Pflanzen und Samen, wie der Reiz der oxygenirten Kochsalzsäure." --

Botanische Gärten und Institute.

Verslag omtrent den staat van 'sLands Plantentuin te Buitenzorg over het jaar 1890. 8°. 160 pp. Batavia (Landsdrukkerij) 1891.

*) Vergl. Humboldt, A. v. Ueber einige Gegenstände der Pflanzenphysiologie. (Einleitung zu J. Fischers Uebersetzung von Ingenhouss Schrift: „Ueber die Ernährung der Pflanzen und Fruchtbarkeit des Bodens.")
**) Vergl. Humboldt, A. v. Versuche über die chemische Zerlegung des Luftkreises und über einige andere Gegenstände der Naturlehre. Mit 2 Kupfern. Braunschweig 1799.

Instrumente, Präparations- und Conservations- Methoden.

Braatz, E., Ueber eine neue Vorrichtung zur Cultur von Anaëroben im hängenden Tropfen. (Centralblatt für Bakteriologie und Parasitenkunde. Bd. VIII. 1891. No. 17. p. 520—521.)

Während bei Nikiforow's Vorrichtung in den hohlen Object-träger nur ein Tropfen Buchner'scher Pyrogallollösung eingelassen wird, ermöglicht es Braatz' Apparat, eine grössere Menge genannter Lösung, und zwar 5 gr, zur Verfügung zu haben. Er zeichnet sich vor der Nikiforow'schen Vorrichtung vor Allem dadurch vor-theilhaft aus, dass eine grössere Sicherheit und schnellere O.-Ab-sorption erzielt wird; letzterer Umstand dürfte nach Verfs. Ansicht besonders bei facultativen Anaëroben von Bedeutung sein. Nach dem Vorschlag von Feils kann man den Hohlraum auch mit H füllen. Der Apparat ist zu beziehen von Desage zum Preise von 1,50 Mark.

Kohl (Marburg).

Stevenson, W. F. und Bruce, D., Eine neue Methode, Flüssig-keiten in die Bauchhöhle der Versuchsthiere einzu-spritzen. (Centralblatt für Bakteriologie und Parasitenkunde. Bd. IX. No. 21. p. 689—690).

Die von Stevenson und Bruce angewendete Nadel ist ge-krümmt und spitzig, aber nur in ihrer hinteren Hälfte hohl und hat in ihrer Mitte eine Oeffnung, durch welche die zu injicirende Flüssigkeit austreten kann. Die Art des Injectionsapparates selbst ist dabei ganz gleichgültig. Bei der Injection hebt man die Bauch-haut des durch einen Assistenten in passender Lage gehaltenen Versuchsthieres faltig in die Höhe, und sticht darauf die Nadel-spitze derartig ein, dass sich die centrale Oeffnung der Nadel im Mittelpunkt der emporgezogenen Gewebe befindet. Beim Nachlassen des Fingerdruckes breitet sich die Bauchwand über die Nadel aus, welche herausgezogen wird, sobald die Flüssigkeit in genügender Menge eingetreten ist.

Durch diese Methode erscheint die Gefahr, mit der Nadelspitze die Därme zu verwunden, auf das denkbar geringste Maass beseitigt.

Kohl (Marburg.)

Knauer, Friedrich, Eine bewährte Methode zur Reinigung gebrauchter Objectträger und Deckgläschen. (Central-blatt für Bakteriologie und Parasitenkunde. Bd. X. 1891. No. 1. p. 8—9.)

Zur Reinigung der für bakteriologische Untersuchungen be-nutzten Objectträger und Deckgläschen empfiehlt Verf., dieselben in einer 10%igen Lysollösung 20 bis 30 Minuten zu kochen, dann

mit einem kalten Wasserstrahle tüchtig abzubrausen, hierauf herauszu-
nehmen und mit einem weichen Tuche sorgfältig abzureiben. Um das
Zerbrechen der zarten Deckgläschen möglichst zu vermeiden, ist es
besser, dieselben vorher von den gelinde erwärmten Objectträgern
loszulösen und in einem besonderen Gefässe zu kochen. Diese
Methode hat den Vorzug, dass sie eine vollkommene Reinigung
erzielt und absolut sicher desinficirt, ohne dass doch ätzende Substanzen zur Verwendung gelangen.

Kohl (Marburg).

Graziani, A., Des réactifs utilisés pour l'étude microscopique des champignons.
(Bulletin de la Société mycologique de France. Tome VII. 1891. Fasc. 3.)
Heim, L., Die Neuerungen auf dem Gebiete der bakteriologischen Untersuchungsmethoden seit dem Jahre 1887. (Centralblatt für Bakteriologie und Parasitenkunde. Bd. X. 1891. No. 15. p. 499—505.)

Referate.

Lett, Henry William, Report on the Mosses, Hepatics
and Lichens of the Mourne Mountain District.
(Proceed. of the Royal Irish Academy. Ser. III. Vol. I. No. 3.
p. 265—325. 1890.)

Die Grafschaft Down in Ireland bildet den südlichsten Theil
der nordöstlichen Ecke der Insel, deren südlichsten Vorsprung das
unmittelbar in die Ireländische See zwischen der Dundrum-Bai und
der Carlingford-Bai hineinragende Mourne-Gebirge darstellt. Die
anorganische Unterlage liefert Granit, Basalt und Schiefer. Die
höchste Erhebung über dem Meere beträgt 2786 Fuss. Verf. hebt
hervor, dass dieses Gebirge in kryptogamischer Hinsicht sehr wenig
durchforscht wurde. In lichenologischer Hinsicht muss es allerdings sogar als gänzlich unbekannt angesehen werden, indem in
Leighton's „Lichen Flora of Great Britain and Ireland" nur
ein Fundort in demselben erwähnt wird, und die Flechtensammlung
von Jones in dem Science and Art Museum zu Dublin gar nichts
von dort enthält. Letzteres fällt dem Verf. um so mehr auf, als
Jones in beiden benachbarten Grafschaften und bei Donaghadee
in Down Flechten sammelte.

Das Verzeichniss enthält 275 Laubmoose, 64 Lebermoose und
84 Flechten (Arten und Varietäten). Verf. meint, dass die
Lichenologen, welche das Mourne-Gebirge besuchen dürften, ent-
täuscht in Betreff der Ausbeute sein werden. Manche Höhen sind
subalpin, und verschiedene Arten, welche erwartet werden durften
und gesucht wurden, zeichneten sich durch Abwesenheit aus,
während selbst die gemeinsten Gattungen, welche gewöhnlich an
solchen Stellen vorkommen, spärlich und dürftig sind. Immerhin
würde die Durchforschung eines so weiten Gebietes während 8
Wochen, wenn sie von einem Lichenologen lediglich zu licheno-

logischen Zwecken ausgeführt worden wäre, ein ganz anderes Ergebniss gehabt haben, als dieses kleine Verzeichniss, das kaum einen nennenswerthen Fund enthält. Glaubt Verf. doch selbst von seiner bryologischen Durchforschung nicht, dass er die Schätze alle gehoben habe, um wie viel mehr dürfte also seine Vermuthung, dass er manche Flechte übersehen habe, bestätigt werden.

Von den aufgezählten Moosen finden sich 28 nicht in S. A. Stewart's North East of Ireland Flora vor. 20 Moose sind vom Verf. zuerst für Ireland nachgewiesen worden, nämlich:

Sphagnum acutifolium Ehrh. v. *ascendens* Braithw., idem v. *luridum* Hübn., *Sph. intermedium* Hoffm. und v. *pulchrum* Lindb., *Sph. molle* v. *Mülleri* Sull., *Sph. rigidum* Schimp., *Andreaea petrophila* Ehrh. v. *acuminata* Schimp., eadam v. *gracilis* Schimp., *A. crassinervis* Bruch v. *Huntii*, *Mollia aeruginosa* Lindb. v. *ramosissima* H. S., *M. tortuosa* Schrank v. *angustifolia* Braithw., *Dicranella heteromalla* Sch., v. *sericea* Sch., *Dicranum scoparium* Hedw. v. *alpestre* Hüb., idem v. *turfosum* Milde, idem v. *spadiceum* Zett., *Campylopus flexuosus* Brid. v. *paludosus* Sch., *Grimmia canescens* C. Müll. v. *ericoides* C. Müll. *Weissia intermedia* Schimp., *Thuidium recognitum* Hedw., *Brachythecium salebrosum* Hoffmann.

Wie sich das Mourne-Gebiet in Bezug auf die Zahl der Arten und Varietäten zu den übrigen Theilen des in Betracht kommenden Reiches hinstellt, erfahren wir aus folgender Uebersicht:

	Laubmoose.	Lebermoose.
Die Britischen Inseln	711	233
Ireland	394	154
Nordöstliches Ireland	326	76
Das Mourne-Gebiet	275	6½

Die für die Moose angewendete Nomenclatur ist die von Braithwaite in British Moss Flora, so weit als sie erschienen, angenommene und für die übrigen diejenige Lindberg's in seinem Musci Scandinaviae.

Minks (Stettin).

Brun, Jacq., Diatomées, espèces nouvelles marines, fossiles ou pelagiques. 12 planches avec 120 dessines de l'auteur, 46 microphotographies de M. le Professeur Van Heurck et 80 de M. Otto Müller, microphotographe à Zurich. (Sep. Abdr. aus Memoires de la soc. de phys. et hist. natur. de Genève. Tome XXXI. Partie II. No. 1.) Genève et Bâle (H. Georg) 1891.

Prix 20 francs.

Die 120 Zeichnungen des Verfassers und die 126 Mikrophotographien sind als prachtvolle, höchst gelungene zu bezeichnen. Die Mikrophotographien wurden mit Apochromaten verfertigt, die Zeichnung nach der Methode des Verfassers des Atlas für Diatomeenkunde, A. Schmidt, mit der Camera lucida.

Beschrieben und abgebildet werden folgende neue Arten und Varietäten:

Achnanthes hexagona Cleve Brun.; *Actinocyclus ellipticus* Grun. var. *Sendaiana* J. Br.; *A. Moroniensis* J. Brun.; *A. peplum* J. Brun.; *A. Rotula* J. Br.; *Actinoptychus Flos Marina* J. Brun.; *A. heliopelta* Grun. var. *versicolor* J. Br.; *A.*

(*hispidus* Grun. var.) *mosaica* J. Br.; *A. trivalva* J. Br.; *Amphiprora pelagica* J. Br.; *A. pelagica* J. Br. var. *rostrata*; *Amphora lanceolata* Cleve var. *incurvata* J. Br.; *A. nodosa* J. Brun.; *A. pecten* J. Br.; *A. Sendaiana* J. Br.; *Asterolampra decorata* Grev. var. *Japonica* J. Br.; *A. Van Heurckii* J. Br.; *Auliscus luminosus* J. Br.; *A. transpennatus* J. Br.; *Biddulphia birostrum* J. Br.; *B. poly-acanthos* J. Br.; *B. primordialis* J. Br. (entschieden ein *Cerataulus*, welcher durch Referenten in Beiträge zur Kenntniss der fossilen Bacillarien Ungarns. Pars III. Tab. 16 Fig. 237 abgebildet und *Cerataulus Brunii* benannt wurde. Derselbe wurde in den marinen Depôts von Wembets auf Hokkaido gefunden Ref.); *B. pustulata* J. Br. (wurde vom Referenten als *B. elegantula* Grev. var. *polycystinica* in loc. cit. pars II. p. 85 beschrieben und dort auf Taf. 16 Fig. 278 abgebildet, die Bemerkung J. Bruns, dass die Abbildung von Kain et Schultze in on a fossil marine Diatiomaceous Deposit from Atlantic City N. J. Tab. 93 Fig. 2. *Biddulphia pustuluta* wäre, ist unrichtig, es ist dort die wirkliche *Terpsinoë intermedia* Grun. in Front u. Schalenseite abgebildet. Ref.); *B. tubulosa* J. Br.; *B. vitrea* J. Br.; *Campylodiscus (lepidus* Castr. var.) *albifrons* J. Br.;. *C. (ornatus* Grev. var.) *Altar* J. Br.; *C. (Rabenhorstii* Janisch var.) *Coronilla* J. Br.; *Chaetoceros pliocenum* J. Br.; *Clavicula arenosa* J. Br.; *Clavicula (polymorpha* Grun et Pant. var.) *robusta* J. Br.; *Cocconeis formosa* J. Br.; *C. fulgur* J. Br.; *C. gibbocalyx* J. Br.; *C. oculus catis* J. Br. (sicher *C. sigma* Pant. l. c. Pars I. p. 84. Tab. 8. Fig. 68 Ref.); *C. sparsipunctata* J. Br.; *C. verrucosa* J. B.; *C. versicolor* J. Br.; *C. vitrea* J. Br.; *Choreton cometa* J. Br ; *Ch. pelagicum* J. Br.; *Coscinodiscus crassus cum placenta* J. Br.; *C. enteleyon* Grun. var. *decorata* J. Br ; *C. fulguralis* J. Br.; *C. (subvelatus* Grun. var.) *Herculus* J. Br.; *C. (Cestodiscus) intersectus* J. Br.; *C. obscurus* A. Schm. var. *floralis* J. Br.; *Cotyledon* nov. genus *Cotyledon circularis* J. Br.; *C. clypeolus* J. Br.; *C. (Cyclotella?) coronalis* J. Br. (entschieden kein *Cotyledon* J. Br., sondern ein neues genus Ref.); *Cyclotella Castracani* J. Br. (entschieden eine *Melosira* Ref.); *Cymatopleura cochlea* J. Br.; *Denticula Van Heurcki* J. Br.; *Ditylum (Lithodesmium) segmentale* J. Br.; *Entogonia conspicua* Grev. var. *Trigemma* J. Br.; *E. (variegata* Grev. var.) *furcata* J. Br.;. *Euodia (Hemidiscus) capillaris* J. Br.; *E. inornata* Castr. var. *curvirotunda* Temp. Br. (ein *Hemidiscus!* Ref.); *Eupodiscus scaber* Grev. var. *Heliodiscus* J. Brun (ein neuer *Cerataulus!* Ref.); *Fenestrella convexa* J. Br.; *F. gloriosa* J. Br;. (eine *Cocconeis!* Ref.); *Fragillaria pliocena* J. Br.; *Gomphonema Cymbella* J. Br.;. *Goniothecium decoratum* J. Br.; *G. vitripons* J Br.; *Grammatophora Arcus* J. Br.;. *Gr. monilifera* Tpr. Br. var. *linearis* J. Br.; *Gr. Moroniensis* Grev. var. *Japonica* J. Br.; *Gr. tabellaris* J. Br.; *Hemiaulus applanatus* J. Br.; *H. caverna* J. Br.; *Hydrosilicon* nov. gen. *H. mitra* J. Br.; *Navicula (Alloëoneis) Amphora* J. Br.;. *N. (Diploneis) Basilica* J. Br.; *N. Brunii* Cleve; *N. cardinalis* Ehr. var. *Africana* J. Br.; *N. circumnodosa* J. Br.; *N. fluitans* J. Br.; *N. galea* J. Br.; *N. gloriosa* J. Br.; *N. luxuriosa* Grev. var. *cuneata* J. Br.; *N. (Alloëoneis) mediterranea* Cl. et Br.; *N. (Alloïoneis) Monodon* J. Brun. var.; *N. pedalis* J. Br.; *N. Peragallii* J. Br.;. *N. peripunctata* J. Br.; *N. polita* J. Br ; *N. polygona* J. Br.; *N. (Alloëoneis) scalarifer* J. Br.; *N. Schinzii* J. Br.; *N. Scopulorum* Brèb. var. *perlonga* J. Br.;. *N. Sigma* J. Br., *N. (Alloëoneis) simiaevultus* J. Br.; *N. spathula* J. Br.;. *N. supergradata* J. Br.; *N. Thorax* J. Br.; *N. (Alloëoneis) vitriscala* J. Br.;. *Pleurosigma Peragalli* J. Br.; *Radiopalma* nov. gen. *R. dichotoma* J. Br. (sicher ein verkümmerter, schlecht entwickelter *Coscinodiscus symbolophorus* Grun. Ref.);. *Rhabdonema musica* J. Br.; *Rhizosolenia cochlea* J. Br.; *Schizonema (Navicula) Japonicum* J. Br.; *Skeletonema (Melosira) mediterranea* Grun. var. *punctifera* J. Br.; *Sk. stylifera* J. Br.; *Sk. (Strangulonema) utriculosa* J. Br.;. *Stigmophora capitata* J. Br. (eigentlich *Navicula!* Ref.); *Surirella Balteum* J. Br.;. *S. Caspia* J. Br.; *S. (Japonica* A. Schm. var.) *triscalaris* J. Br.; *Synedra Van Heurckii* J. Br.; *Terpsinoë inflata* J. Br.; (eine *Hydrosera!* Ref.); *Tr. Neogradense.* Pant. var. *canalifer* J. Br.; *T. globulifer* J. Br. (Syn. *Entogonia Saratoviana* Pant loc. cit. pars II. pg. 97. Tab. 6. Fig. 105, sicher eine *Eutogonia* und kein *Triceratium* Ref.) — Es werden noch abgebildet *Navicula Maulerii* J. Br,. welche durch Ref. auch in ungarischen Brackwasserablagerungen nachgewiesen wurde, und ein Dünnschliff des Cementsteines von Sendaï.

Pantocsek (Tavarnok).

Mann, Gustav, Some observations on *Spirogyra*. (Transactions and Proceedings of the Botanical Society of Edinburgh. Vol. XVIII. p. 421—431. Taf. II. Edinburgh 1891.)

Verf. fand im Loch Duddingston bei Edinburgh bei 4 oder 5 Fuss Tiefe ausgedehnte Rasen schön gewachsener *Spirogyra nitida* und *Sp. jugalis*. Ein Kilogramm dieses Materials wurde der chemischen Analyse unterworfen, wobei sich 96,8 % Wasser, 2,72 brennbare Substanz und 0,48 Asche ergaben. Die Arbeit enthält ausserdem ausführliche Angaben über Cultur und Tinctionsmethoden, Beobachtungen über die durch Plasmolyse bedingte Verkürzung, über Nutation der Gipfeltheile, über die Plasmafäden, welche die Pyrenoide mit dem Kerne verbinden, über Stärkebildung, Structur der Chlorophyllbänder, Kalkoxalatkrystalle etc., die sämmtlich in der Hauptsache mit den Beobachtungen früherer Autoren übereinstimmen.

Schimper (Bonn).

Dietel, P., Notes on some *Uredineae* of the United States. (Journal of Mycology. Vol. VII. pag. 43 f.)

Diese Notizen beziehen sich auf *Uromyces hyalinus* Pk., *Uromyces Caricis* Pk. und *Puccinia Vernoniae* Schw. Es wird constatirt, dass *Uromyces hyalinus* Pk. mit *Uromyces Trifolii* (Hedw.) Lév. nicht identisch u. auch von *Uromyces Glycyrrhizae* (Rabh.) Magn. verschieden ist. Desgleichen wird dargethan, dass *Puccinia Vernoniae* Schw., die von den amerikanischen Mykologen theils zu *Puccinia Tanaceti* DC., theils zu *Puccinia Hieracii* (Schum.) Mart. gerechnet wird, von beiden verschieden ist. Auf *Vernonia fasciculata* bildet diese Art viel längere Stiele, als auf *Vernonia Baldwinii*, es werden daher beide Formen als var. *longipes* und var. *brevipes* unterschieden.

Dietel (Leipzig).

Hariot, P., Notes critiques de quelques Urédinées de l'Herbier du Muséum de Paris. (Bulletin de la Soc. Mycol. de France. 1891. p. 141—149.)

Die erneute Untersuchung der aus den Herbarien älterer Autoren stammenden Originalexemplare ist für die vollständigere Kenntniss vieler Arten und deren Synonymie gewöhnlich von besonderem Interesse, und so bildet auch die vorliegende Arbeit einen wichtigen Beitrag zur Kenntniss der *Uredineen*, insofern sie namentlich über viele Arten von Desmazières, Montagne, Léveillé und Castagne werthvolle Notizen enthält.

Nach dem Urtheile des Verf. sind aus der Liste der *Uredineen* folgende Namen zu streichen: *Melampsora Pistaciae* Cast., *Cronartium gramineum* Mont. Als synonym erklärt Verf. folgende Benennungen:

Uromyces acutatus Fuck. = *Urom. Ornithogali* (Schlecht.) Lév., *Urom. ambiguus* (DC.) Fuck. = *Puccinia Porri* (Sow.) Wint. Man vergleiche aber

hierzu Schröter's Bemerkung über das biologische Verhalten beider in der
Pilzflora von Schlesien. *Melampsora Petrucciana* Cast. = *Mel. Helioscopiae*
(Pers.) Wint., *Puccinia Crucianellae* Desm. = *Pucc. Galii* (Pers.) Schw., *Pucc.
Hieracii murorum* Cast. = *Pucc. Hieracii* (Schum.) Mart., *Pucc. Centaureae
asperae* Cast. auf *Centaurea aspera* = *Pucc. Hieracii*, die Exemplare auf *Picnomon
Acarna* = *Pucc. Tanaceti* DC., *Pucc. Apii graveolentis* Cast. = *Pucc. bullata*
(Pers.) Schröt. Nach Plowright (British Uredineae) ist aber die *Puccinia* auf
Apium als besondere Art beizubehalten, da sie eine Aecidiumgeneration besitzt,
die auf den anderen Nährpflanzen von *Pucc. bullata* fehlt. *Pucc. Cerasi* Cast.
hat die Priorität vor *Mycogone Cerasi* Béreng. *Pucc. Allii* Cast. = *Pucc. Allii*
(DC.) Rud., *Pucc. Kraussiana* Cke. = *Pucc. ferrugineae* Lév. *Pucc. Vossii* Koern.
wird auf *Stachys setifera* aus Luristan angegeben und zugleich ein mit den
Teleutosporenlagern gemeinschaftlich vorkommendes Aecidium beschrieben. Das
Vorkommen in Persien ist übrigens nicht, wie Verf. glaubt, neu, denn schon in
Stapf's „Botan. Ergeb. der Polakischen Exped. in Persien" wird *Puccinia Vossii*
auf *Stachys setifera* var. *glabrescens* aus Persien aufgezählt. *Pucc. Montagnei* de
Toni (*Pucc. Herniariae* Mont.) = *Pucc. Arenariae* (Schum.) Schröt. *Pucc. Cnici
oleracei* Desmaz. ist als ältere Bezeichnung an Stelle von *Pucc. Asteris* zu setzen.
Dazu synonym sind ferner *Pucc. Cirsiorum* Desmaz., *Pucc. Silphii* Schw. und
wahrscheinlich auch *Pucc. Xanthii* Schw. (wie übrigens Ref. bereits früher in
dieser Zeitschrift dargethan hat.) *Pucc. Leveilleana* de Toni = *Pucc. Leveillei*
Mont. *Pucc. Jurineae* Rabh. und wahrscheinlich auch *Pucc. Jurineae* Cke. = *Pucc.
pulvinata* Rabh. *Uredo Bacharidis* Speg. ist mit *Uredo Bacharidis* Lev. nicht
identisch, die Bezeichnung wird in *Uredo Balansae* Hariot abgeändert. Bezüglich
der anderen angeführten Uredoformen wolle man die Originalarbeit vergleichen.
Wir heben nur folgende hervor: *Uredo Camphorosmae* Cast. gehört zu *Uromyces
Salicorniae* (DC.) de Bary, *Uredo Holoschoeni* Cast. zu *Uromyces Junci* (Desm.)
Tul., *Uredo Poae Sudeticae* Westd. zu *Puccinia Poarum* Niels., ferner ist *Uredo
Ilicis* Cast. == *Ur. Quercus* Brond., *Uredo Scirpi* Cast. = *Uromyces lineolatus*
(Desm.) Schröt., *Uredo Kleiniae* Mont. = *Coleosporium Senecionis. Uredo
Berberidis* Cast. wird vom Verf. als *Caeoma* beschrieben wegen des Vorhandenseins
von Spermogonien. Die randständigen Sporen sind sehr verlängert und „spielen
sicherlich die Rolle von Paraphysen". Auch *Uredo cyclostoma* Lév. auf *Conyza*
spec. ist ein Caeoma. *Aecidium Foeniculi* Cast. = *Aecid. Ferulae* Rud. *Aecidium
Asphodeli* Cast., mit welchem *Aecidium Barbeyi* Roum. identisch ist, welch
letzteres nach Magnus zu *Puccinia Barbeyi* Magn. gehört, glaubt Verf. beibehalten zu sollen.

Als neu werden folgende Arten beschrieben:

Uromyces Cachrydis Har., Aecidien und Teleutosporen auf *Cachrys* spec. in
Andalusien und auf *Prangos uloptera* in Luristan; *Melampsora Passiflorae* Har.
(nur *Uredo*) auf *Passiflora lutea* im botanischen Garten zu Avignon gefunden;
Puccinia longicornis Pat. et Har. auf *Bambusa* spec. aus Japan, so genannt wegen
eines hornförmigen Fortsatzes der Teleutosporen; *Uredo Cornui* Har. auf *Euphorbia*
spec. von der Insel Wallis; *Aecidium Dichondrae* Har. auf *Dichondra* in Chile
gefunden; *Aecidium Vieillardi* Har., von Vieillard auf einer unbestimmten
Rubiacee in Neu Caledonien entdeckt.

Dietel (Leipzig).

Brisson de Lenharrée, T. P., Etude lichénographique au
point de vue des climats. — Lichens des environs
d'Amélie (Amélie-Palalda). (Révue mycologique. Année
XIII. 1891. No. 49. p. 33—40.)

Amélie-les-Bains liegt in den Ost-Pyrenäen am südlichen Fusse
des Canigou (2800 m), 38 km von Perpignan, nahe der Grenze von
Spanien. Die naheliegende Gebirgsmasse besteht aus Granit, rothem
Sandstein und Kalk. Verf. berichtet über die Botaniker, welche
die Ost-Pyrenäen besucht haben, da die grossen Reichthümer dieser
Flora seit jeher eine besondere Anziehungskraft ausgeübt haben.

Unter den vom Verf. genannten Botanikern kommen für die Lichenologie in Betracht De Candolle, Duby, Montagne, Schaerer, Nylander und Roumeguère. Amélie-les-Bains scheint dem Verf. in Folge seines trockenen Klimas, indem diese Gegend als unfruchtbar und an seltenen oder neuen Arten arm angesehen wurde, vom Besuche bisher abgeschreckt zu haben. Seinen Beobachtungen über den Pflanzenwuchs dieses Gebietes schliesst Verf. besondere über die Flechtenflora an. Das Klima von Amélie, dessen Luft trocken und rein, fast ohne Nebel und Feuchtigkeit ist, dehnt sich in das östliche Thal bis Céret (8—10 km) aus. In diesem Bereiche sind die Felsenbewohner häufig, die Rindenbewohner aber selten oder schlecht entwickelt, selbst die Arten von *Graphis, Opegrapha* und *Arthonia*. In dem westlichen Thal von Arles-sur-Tech dagegen ist alles anders. Die Luft ist kälter und feuchter, und die Rindenbewohner sind besser entwickelt und zahlreicher, sodass man sich in die Berge der Vogesen oder der Schweiz versetzt glaubt.

Verf. hebt die allbekannte Thatsache hervor, dass die Flechten ihre Nahrung aus der Luft nehmen, und dass dazu eine besondere Reinheit nöthig ist, wesshalb innerhalb grosser Städte die Flechten sehr selten auftreten. Er wiederholt ferner die ebenfalls bekannte Thatsache, dass die Flechten hervorspringende Stellen, wo eben der schnellste Luftwechsel herrscht, lieben. Sie wählen also in einer von ihnen überhaupt bewohnten Gegend die zusagendsten Stellen. Hiermit glaubt Verf. den Umstand begründen zu können, dass gewisse Arten bisweilen ihre Rindenunterlage verlassen, um sich an Felsen zu heften, weil sie vermeintlich sich einer zu trockenen, durch austrocknende Winde hervorgebrachten Luft und den brennenden Sonnenstrahlen entziehen wollen. Wenn Verf. endlich aus seinen Beobachtungen sogar den Schluss zu ziehen geneigt ist, dass die Flechten jener Gegend die Stille und Ruhe lieben, daher wenig zugängliche, wilde, unbewohnte Orte aufsuchen, so ist darauf hinzuweisen, dass diese vermeintliche Eigenthümlichkeit sich höchst einfach und zwanglos schon aus den obigen Thatsachen erklären lässt.

Die Excursionen des Verfs. haben eine Ausdehnung von nur wenigen Kilometern gehabt, indem sie ausschliesslich dem Abhange der Berge, welche das Thal des Tech beherrschen, galten und sich nur in einer Höhe zwischen 220 und 450 m bewegten. Dem Verzeichnisse der dort gefundenen 243 Nummern (Arten und Varietäten) geht eine Uebersicht der Gattungen voraus, um das starke Ueberwiegen der Felsenbewohner eingehender darzulegen. Darnach stehen 228 Felsenbewohnern nur 15 Rindenbewohner gegenüber. Unter den aufgeführten Arten und Varietäten sind 30 neue. Die neuen Arten sind meist nur mit den Namen angegeben, nur einige mit Bemerkungen ausgestattet. Allein *Lecidea glomerata* ist mit einer dürftigen Diagnose versehen. Diese ist (nach dem Original) ein kümmerlich entwickeltes *Acolium* (Epiphyt), aber nicht eine zur Gruppe der *Lecidea saxatilis* gehörige Flechte. Solche Fehler gibt es aber in dem Verzeichnisse nicht bloss unter den Neuheiten, sondern auch unter den bekannten Flechten nicht wenige, zu welchem Urtheile

Ref. nach der Erwerbung von 125 Nummern sich berechtigt hält.
Es fällt daher schwer, den Wunsch zu unterdrücken, dass Verf. in
Zukunft seine Bestimmungen zuvor wirklich fachmännischer Begut-
achtung unterbreiten möge.   Minks (Stettin).

Hue, A., Lichens de Canisy (Manche) et des environs.
(Extr. du Journal de Botanique. Numéros des 16 Janv., 1 et
16 März, 16 Avril, 1 Juin, 16 Juillet, 1 et 16 Août. 1890.)
48 pp.

Den Canton Canisy in der Normandie, welcher 11 Gemeinden
umfasst, erachtet Verf. als höchst geeignet für den Flechtenwuchs,
weil er sich eines gemässigten und feuchten Klimas erfreut, weder
heftigen Frost, noch starke Wärme kennend. Der Golfstrom, welcher
an den Küsten der Manche wenige Meilen entfernt endet, macht
seinen wärmenden Einfluss sehr deutlich wahrnehmbar. Der Canton
ist ferner nicht nur von mehreren Bächen, sondern auch noch von
zahlreichen kleinen Wasserläufen durchschnitten. Ausserdem ist
Regen dort häufig und reichlich. Die Folge ist eine beständige
Feuchtigkeit, welche die brennenden Sonnenstrahlen des Sommers
nicht verschwinden machen kann. Daher befinden sich dort die
Lichenen fast während des ganzen Jahres in lebhaftem Wachsthum,
und da andererseits die Luft dieses Landes sehr rein ist, wuchern
sie und entwickeln sich wunderbar.

Zur Verbreitung der Flechten trägt sogar die Art der Bebauung
des Landes bei. Man sieht weder grosse Ebenen, noch weite Wiesen.
In der That gibt es nur ziemlich beschränkte Hochebenen zwischen
den unzähligen kleinen Thälern, welche den ganzen Canton durch-
furchen und durch Hügel von 40—183 m Höhe getrennt sind.
Dieser Ecke der Normandie ist aber eigenthümlich, dass jede kleine
Hochebene, jede Hügellehne, jede Thalsohle sich aus Parzellen
zusammensetzt. Alle diese Wiesen-, Acker-, Garten-Parzellen haben
an ihren vier Seiten Abdachungen, die mit hochstämmigen Bäumen
und Hecken bildenden Schösslingen bepflanzt sind, und Zäune von
Eichenholz. Bei den klimatischen Verhältnissen des Landes bedeckt
sich dies alles, die Bäume, Hecken, Stümpfe, Abhänge, Zäune mit
Flechten. Namentlich ist die Ausbreitung von *Peltigera*-Arten eine
höchst üppige.

Nach den fehlenden Spuren zu schliessen, glaubt sich Verf.
zu der Meinung berechtigt, dass man in dieser Gegend überhaupt
noch nicht gesammelt habe. Das Herbarium von Malbranche,
das Verf. besitzt, ist reich an Zusendungen von Brébisson, Le
Jolis, Godey und Lenormand, von welchem viele durch
Delise mitgetheilte Lichenen herrühren, aber es enthält nichts aus
diesem kleinen Bezirke. Verf. bietet vergleichende Untersuchungen
mit den Exemplaren der genannten Autoren, aber auch mit den
den Arbeiten Malbranche's zu Grunde liegenden. Die Verbesserungen der Bestimmungen des Letzteren erscheinen aber zum
grossen Theil recht fragwürdig, weil Verf. als Jünger Nylander's
zu diesem Zwecke die chemischen Reactionen benutzt.

Das 117 Nummern umfassende Verzeichniss kann nur als erster Theil angesehen werden. Unter denselben befinden sich als für die Normandie neue Funde:

Trachylia tympanella Fr., *Cladonia carneo-pallida* (Flör.), *Parmelia Borreri* Turn. v. *ulophylla* (Ach.), *Pertusaria Westringii* (Ach.) st., *Phlyctis argena* (Flör.).

Ausserdem erscheinen als beachtenswerthe Funde:

Collema aggregutum Nyl., *Leptogium palmatum* Mont. st., *Parmelia perforata* Ach., *Pertusaria velata* Nyl., *P. scutellata* Hue. st., *P. globulifera* (Turn.), *Lecidea interserta* Nyl.

Verf. bezeichnet auch hier eine rindebewohnende Flechte als *Pertusaria Westringii* (Ach.). Vielleicht wird Verf. durch die Aehnlichkeit und die Uebereinstimmung in der chemischen Reaction irregeleitet, oder kennt noch nicht genügend die erst in neuester Zeit mehr klar gelegte *Pertusaria coronata* Ach. Unter *Pertusaria scutellata* Hue (früher *P. scutellaris* Hue) sind die sterilen Lager der von den alten Autoren unter *Variolaria communis* v. *orbiculata*, *alnea*, *pinea*, *leucaspis* Ach., *V. aspergilla* Ach., *V. discoidea* Pers. zusammengefasst, aber nur wenn sie keine Reaction zeigen. Ganz abgesehen davon, dass eine Vergleichung mit *Pertusaria globulifera* (Turn.) ausser Acht gelassen wird, überschreitet diese sonderbare Art von Naturforschung in diesem Falle alle zulässigen Grenzen.

Minks (Stettin).

Lickleder, M., Die Moosflora der Umgegend von Metten. Abth. II. (Beilage zum Jahresber. der Studien-Anstalt Metten. 1889/90. p. 63—128.)

Ueber die I. Abth. dieser Moosflora wurde bereits im Bot. Centralbl. Bd. XLVI, No. 1/2, p. 29—31 referirt. Die II. Abth. behandelt die

Orthotrichaceen, Encalyptaceen, Tetraphidaceen, Schistostegaceen, Splachnaceen, Funariaceen, Bryaceen, Polytrichaceen u. *Buxbaumiaceen* der *Acrocarpen.* Aus diesen Familien verdienen erwähnt zu werden: *Ulota Ludwigii* Brid. (selten), *U. crispula*, *U. Hutchinsiae* Ham., *Orthotrichum Sturmii* Hornsch., *O. obtusifolium* Schrad. (c. fr.), *O. fallax* Schpr., *O. rupestre* Schl., *O. patens* Br., *Encalypta streptocarpa* Hdw. (c. fr.), *Schistostega osmundacea* W. et M., *Splachnum ampullaceum* L., *Pyramidula tetragona* Brid. (nach einer handschriftl. Notiz Duval's i. d. „Irlbacher Flora"), *Funaria fascicularis* Schpr. (nach Duval), *F. calcarea* Schpr., *Webera elongata* Schwgr., *W. carnea* Schpr., *W. annotina* Schpr., *Bryum erythrocarpum* Schwgr., *Br. Klinggraeffii* Schpr. (neu für Niederbayern), *Br. Funckii* Schwgr., *Br. Duvalii* Voit., *Br. turbinatum* Schwgr., *Mnium serratum* Brid., *Mn. spinulosum* B. S., *Mn. spinosum* Schwgr., *Bartramia Halleriana* Hedw., *B. Oederi* Sw. (nach Duval), *Catharinea tenella* Röhl, *Oligotrichum Hercynicum* DC. (nach Sendtner); *Polytrichum strictum* Banks.

Aus den neu abgehandelten *Pleurocarpen* mögen hervorgehoben werden:

Fontinalis squamosa Dill. (Sendtner), *Neckera crispa* Hedw., *Pterygophyllum lucens* Brid., *Leskea nervosa* Myr., *Anomodon longifolius* Hartm., *A. attenuatus* Hartm., *Pseudoleskea atrovirens* B. S., *Heterocladium dimorphum* B. S., *H. heteropterum* B. S., *Thuidium delicatulum* B. S. in Wäldern an morschen Stöcken, am Fusse von Bäumen und auf humosen Felsen angegeben, ist wohl *Th. recognitum* (Hedw.) Lindb., *Pterigynandrum filiforme* Hedw. (c. fr.), *Lescuraea stricta* B. S., *Platygyrium repens* B. S., *Cylindrothecium concinnum* Schpr., *Thamnium alopecurum* B. S., *Rhynchostegium confertum* B. S., *Brachythecium glareosum* B. S., *Br. reflexum* B. S., *Br. rivulare* B. S., *Br. plumosum* B. S., mit var. *homomallum* B. S., *Plagiothecium Silesiacum* B. S., *Pl. pulchellum* B. S., *Pl. Schimperi* Jur. et Milde,

Pl. Mülleri Schpr. (für das ausseralpine Bayern neu), *Pl. Mühlenbeckii* Schpr. (für das Gebiet des bayr. Waldes neu), *Pl. silvaticum* B. S. v a r. *inundatum* Warnst., *Amblystegium fluviatile* Schpr., *Ambl. subtile* B. S., *Ambl. varium* (Hedw.) Lindb., *Hypnum Sommerfeldii* Myr., *H. hygrophilum* Jur., *H. elodes* Spruce, *H. polygamum* Schpr., *H. commutatum* Hedw., *H. rugosum* Ehrh., *H. lycopodioides* Schwgr., *H. scorpioides* L., *H. revolvens* Sw., *H. incurvatum* Schrd. (nach D u v a l), *H. pallescens* Schpr., *H. reptile* Mich., *H. fertile* Sendt., *H. arcuatum* Lindb., *H. pratense* Koch, *H. ochraceum* Wils., *H. turgescens* Schpr., *Hylocomium umbratum* B. S., *H. loreum* B. S. Unter den „*Musci anomali*" (*Andreaeaceen* u. *Sphagnaceen*) sind bemerkenswerth:

Andreaea petrophila Ehrh., *Sphagnum Girgensohnii* Russ. in verschiedenen Formen, *Sph. Russowii* Warnst., *Sph. fuscum* (Schpr.) v. Klinggr., *Sph. tenellum* (Schpr.) v. Klinggr., *Sph. Warnstorfii* Russ., *Sph. quinquefarium* (Braithw.) Warnst., *Sph. obtusum* Warnst., *Sph. teres* Ångstr., *Sph. rufescens* Bryol. germ., *Sph. contortum* Schulz (*Sph. laricinum* Spruce), *Sph. medium* Limpr. (c. fr.).

In einem Nachtrage wird noch des Vorkommens von *Phascum bryoides* D i c k s. u. *Fissidens decipiens* D e. N o t. Erwähnung gethan und sodann in einem Schlussworte bemerkt, dass das Verzeichniss im Ganzen 303 Arten Laubmoose, nämlich 179 gipfel- und 100 seitenfrüchtige, 1 *Andreaea* und 17 Torfmoose aufführt. Etwa 127 Arten fanden sich nur in dem Berg- und Hügellande am linken Donauufer, gehören also näher oder entfernter dem bayrischen Walde an, während etwa 34 Arten ausschliesslich in dem rechts von der Donau gelegenen Flachlande gesammelt wurden. Ein Register der Gattungsnamen beschliesst diese fleissige Arbeit.

W₄rnstorf (Neuruppin).

Bütschli, 0., U e b e r d i e S t r u c t u r d e s P r o t o p l a s m a s. (Sep.- Abdr. aus den Verhandlungen der Deutschen Zool. Gesellschaft. 1891. p. 14—29.)

Ueber die Ansicht, welche B ü t s c h l i über die Structur des Protoplasmas gewonnen hat, ist schon früher in dieser Zeitschrift*) referirt worden. Bei der Wichtigkeit der Sache möge aber hier auch auf den im Titel genannten Aufsatz hingewiesen werden, in dem Verf. vor allem seine Ansicht mit den abweichenden anderer Forscher vergleicht und die Vorzüge der seinigen hervorbebt. Hauptsächlich sind es folgende 4 Auffassungen, welche sich vor B ü t s c h l i Geltung zu verschaffen gesucht und sich theilweise ge- schafft haben: B r ü c k e (1.) betrachtete das Plasma als zusammen- gesetzt aus flüssigen und festen Theilen, von denen die letzteren ein netzförmiges Gerüste bilden. Die Netzstructur des Plasmas wurde dann besonders von F r o m m a n n vertheidigt, während F l e m m i n g (2.) u. a. nicht das Netz, sondern die Fibrille für das eigentliche Structurelement des Plasmas halten. B e r t h o l d (3.) be- trachtet dagegen das Plasma als structurlos und flüssig, als eine Emulsion, F r a n k S c h w a r z schliesst sich ihm im Wesentlichen an. Nach A l t m a n n (4.) besteht das Plasma aus einer gallertigen Grundmasse, der sog. Granula, die eigentlichen Träger des Lebens, eingelagert sind. B ü t s c h l i nun vertritt die Ansicht, dass das Plasma die Structur eines Schaumes besitze, also eine Emulsion

---

*) Bd. XLIII. p. 191.

sei, in der die Tröpfchen so dicht liegen, dass sie sich abplatten
und die Zwischenmasse die Gestalt ebener Scheidewände annimmt;
somit schliesst sie sich am nächsten der Berthold'schen an. Dadurch wird nun zunächst erklärt, woher das Bild eines netzförmigen
Aufbaues zu Stande kommt. Dass dieses nicht auf Täuschung
oder Kunstproducten beruht, zeigt die Beobachtung lebender Protozoën; die Anhänger der Lehre von der Structurlosigkeit des
Plasmas (Berthold u. s. w.) können diese Erscheinungen nicht
erklären. Was Altmann's Theorie betrifft, so sind seine Granula
theils die schärfer hervortretenden Knotenpunkte, wo Wabenwände
zusammenstossen, theils Einschlüsse ganz heterogener Art. Die
beobachteten Fibrillen (Flemming) erscheinen, wenn eine Anzahl
von Wabenwänden in einer Reihe liegt, sie entstehen also nur durch
einen optischen Effect. (Die Muskelfibrillen sind anders zu erklären.) Ob der Bau netzig oder wabig ist, lässt sich durch directe
Beobachtung kaum entscheiden, da die Waben nur 0,0005—0,001 mm
messen. Für die Waben- oder Schaumstructur spricht aber Folgendes: Das Vorhandensein eines Netzgerüstes lässt sich mit der
flüssigen Beschaffenheit des Plasmas nicht vereinigen, wohl aber
kann ein Schaum flüssig sein. Ferner lassen sich künstliche Schäume
erzeugen, welche hinsichtlich der Feinheit der Schaumstructur
echtem Plasma völlig gleichkommen. Auch das Auftreten und die
Veränderlichkeit von Vacuolen bietet in einem Schaum keine
Schwierigkeit, wohl aber in einem Netzgerüst. Wie ein solches
sich ausbilden soll, bleibt unverständlich, während die Entstehung
des Plasmaschaumes in der Erzeugung eines künstlichen ihr Analogon hat. Besonders zu betonen ist, dass der radiäre Bau der
äussersten Plasmalage an der Oberfläche wie an der Begrenzung
der Vacuolen und anderen Einschlüsse, bei schaumiger Beschaffenheit
eine physikalische Nothwendigkeit, sonst aber nicht leicht zu erklären ist. Auch die einfacheren Bewegungen des Plasmas sind
durch die Schaumtheorie (Bewegung künstlicher Schäume) zu erklären. Frommann's Einwände weist Verf. damit zurück, dass
dessen künstliche Schäume ungeeignet bereitet und nicht völlig
flüssig gewesen seien.

Zum Schluss finden wir noch die Bemerkung des Verf., dass
bei der im Wesentlichen sich in allen Organismen gleichbleibenden
Structur des Plasmas die Grundlagen für die grosse Mannigfaltigkeit der Organisation vorwiegend auf chemischem Gebiete zu suchen
sein dürften.

                                    Möbius (Heidelberg).

Schneider, Carl Camillo, Untersuchungen über die Zelle.
(Arbeiten des Zoolog. Institutes der Wiener Universität. Bd. IX.
1891. 46 pp. Mit 2 Doppeltafeln.)
    Beim Studium der Structurverhältnisse der Pflanzenzelle ist die
Kenntniss analoger Verhältnisse der thierischen Zelle nothwendig
und umgekehrt. In diesem Sinne ist das vorliegende Ref. an dieser
Stelle berechtigt.

Verf. untersuchte, angeregt durch A l t m a n n 's Untersuchungen über Zellstructuren, an sehr feinen Paraffin-Schnitten (ca. 2 μ dick, hergestellt mit dem S p e n g e l - B e c k e r 'schen Mikrotom) Eier von *Strongylocentrotus lividus*, *Ascaris megalocephala*, *Tiara pileata* und *Sphaerechinus brevispinosus*, Hodenzellen von *Astacus fluviatilis*, ferner Exemplare von *Trichoplax adhaerens* und *Vorticellen*. Das gesammte Material wurde mit Pikrinessigsäure, Eisessig und Alkohol absolut. behandelt, doch erwies sich letzteres Reagens nicht so allgemein gut anwendbar wie ersteres.

Die zumeist mit Borax-Carmin gefärbten Schnitte wurden schliesslich in Glycerin mit homog. Imm. Z e i s s ¹/₁₈ unter Benutzung der Oculare 2—5 beobachtet.

Von den vom Verf. auf Grund der thatsächlichen Beobachtung gewonnenen Ergebnissen seien die nachfolgenden, in kurzer Zusammenfassung, angeführt:

1. Die vom Verf. untersuchten Zellen besitzen ein aus Fasern gebildetes Gerüst.

2. Die Fasern sind gleichmässig dick, von der Grundmasse durch starken Glanz abgehoben und haben geschlängelten Verlauf; ihre Länge ist nicht zu bestimmen.

3. Die Fasern bilden ein verschieden dichtes Maschenwerk; an den Kreuzungsstellen sind sie durch nichts verbunden.

4. Die Fasern sind bewegungsfähig (Wimpern von *Trichoplax*); sie vermögen einen geraden Verlauf anzunehmen (Wimpern bei der Zelltheilung.)

5. Kern und Protoplasma besitzen gleiches Gerüst, dessen Zusammenhang durch die Kernmembran nicht gehindert wird.

6. Kern-, Vacuolen- und viele Zellmembranen entstehen durch Verklebung von Faserabschnitten, die gerade passend die Stelle, wo die Membran gebildet werden soll, durchziehen.

7. Chromatinklumpen und die vom Verf. beobachteten Nucleolen sind Anhäufungen von Chromatinkörnern, die in den Gerüstmaschen und um die Fasern herum verschmelzen (oder verkleben).

8. Ein Nucleolus wird durch die Anwesenheit einer aus Gerüst gebildeten Membran charakterisirt.

9. Die tingirbaren Körper sind jedenfalls bewegungsunfähig und werden durch Gerüstbewegung verlagert.

10. Die Chromatophoren entstehen durch Anheftung der Chromatinkörner an einem aus vielen Faserabschnitten verklebten Träger.

Für den Botaniker minder wichtig sind· die Beobachtungen über Attractionssphären und die „Polsonne", Ref. verweist daher diesbezüglich auf das Original.

Die für den Botaniker wichtigsten Ergebnisse der S c h n e i d e r'schen Arbeit resultiren aus seinen Beobachtungen über die Wandbildung, und denjenigen, welche die Frage betreffen: „Existirt ein Zellgerüst und wie ist es beschaffen?" Nicht ganz überflüssig für eine etwaige vergleichende Untersuchung erscheint es dem Ref., zu bemerken, dass Verf. als eines der schönsten Beispiele

für die Membranbildung die Entstehung der zwei parallelen Scheide-
membranen bei Zerfall des Körpers der Furchungszellen von
Strongylocentrotus empfiehlt.   Krasser (Wien).

Correns, C., Zur Kenntniss der inneren Structur der
vegetabilischen Zellmembranen. (Jahrbücher für wissenschaftliche Botanik. Bd. XXIII. 1891. Heft 1/2. p. 254—338.
Mit 2 Tafeln und 2 Holzschnitten.)

Die Untersuchungen wurden in München auf Naegeli's
Anregung hin begonnen und im Berliner Institute weiter fortgeführt.

Verfasser steckte sich als Hauptziel die Ergründung der Natur
der Streifung, soweit sie ohne chemische oder mechanische Eingriffe
sichtbar ist.

Diese ist entweder als durch ungleichmässige Verdickung oder
durch Differenzirung zu Stande gekommen zu denken. Die Streifung ist im Allgemeinen eine spiralige, mögen die Ringe nun eng
aufeinander folgen oder weit auseinander gezogen sein.

Durch die Wasserunterschiede der Membransubstanz wurde
in allen von Correns untersuchten Fällen weiterer Differenzirung
die Streifung sichtbar. Was aber die Ursache der Entstehung der
Streifung ist, vermag auch Verf. nicht zu erklären.

Auch die Schichtung mancher Bastzellen beruht nach Verf.
Untersuchungen auf der Existenz von Wassergehaltsdifferenzen,
doch beruht nicht alle Schichtung auf diesen, so dass nur die Annahme übrig bleibt, dass dann die Schichtung die Folge von Substanz-
differenzen ist. Zweifellos sind beide Extreme durch Uebergangsformen verbunden.

In Betreff des Wachsthums der Stärkekörner hält Verf. die
Frage nach der Entstehung der Schichten durch Spaltung im Sinne
Naegeli's oder durch Lamellenapposition und nachträgliche Diffe-
renzirung für noch ungelöst.

Der näheren Begründung und Ausführung wegen sei auf die
Arbeit selbst verwiesen.

                                        E. Roth (Halle a. S.).

Peters, Theodor, Untersuchungen über den Zellkern in
den Samen während ihrer Entwickelung, Ruhe und
Keimung. 8. 31 pp. Braunschweig 1891.

Verf. schloss sich in dieser seiner Doktor-Dissertation von
Rostock den Untersuchungen Koeppen's an, welcher 6 *Coniferen*,
21 *Mono*- und 46 *Dicotylen* untersuchte. (Vergl. Botanisches Centralblatt. Jahrgang X. Bd. XXXIX. 1889. Nr. 3/4. p. 86, 87.)

Verf. stellt nun Beobachtungen über den Zellkern im ruhenden Samen an bei *Picea vulgaris, Larix Europaea, Biota orientalis,
Phytolacca, Pisum sativum, Vicia Faba, Leucojum aestivum, Asphodelus albus, Paeonia*-Arten, *Corylus Avellana*. Die Untersuchungen
an sich entwickelnden Samen umfassten *Phytolacca, Sparganium,
Carex*-Species, während von keimenden Samen herangezogen wurden

die von *Pinus Larix, Salvia officinalis, Helianthus annuus, Ricinus communis, Cucurbita, Lupinus luteus, Cucumis sativus.*

Die Zusammenfassung der Ergebnisse ergiebt:

1. Das Vorhandensein von Nucleolen konnte nachgewiesen werden in einer ganzen Reihe von Fällen, für welche die Existenz von Nucleolen bisher in Abrede gestellt wurde, nämlich:

   a) für die Kerne der Endosporen- und Embryozellen r u h e n - d e r C o n i f e r e n s a m e n (*Picea vulgaris, Larix Europaea, Biota orientalis*),

   b) für die Kerne der Speicherzellen s t ä r k e h a l t i g e r S a m e n (*Pisum, Vicia Faba, Leucojum aestivum*),

   c) für die Kerne e i n i g e r s t ä r k e f r e i e r S a m e n, in welchen Nucleolen bis jetzt nicht beobachtet wurden (*Paeonia, Asphodelus albus, Corylus Avellana*).

   Vor der Bildung der Eiweisskrystalle und Stärke erfolgt bei *Sparganium* und *Carex* eine bedeutende V e r m e h r u n g d e r Z e l l - k e r n e u n d N u c l e o l e n.

3. Die Bildung der Eiweisskrystalle erfolgt bei *Sparganium* und *Carex* im I n n e r n e i n e r t r o p f e n a r t i g e n A n s a m m l u n g v o n P r o t e i n s u b s t a n z e n d u r c h e i n e n K r y s t a l l i s a t i o n s - p r o c e s s, wobei diese nach und nach zur Vergrösserung der Krystalloide verbraucht wird.

4. Bei *Ricinus* und *Cucurbita* zerfallen die Krystalloide während der Keimung in Trümmerstücke, die nach und nach von aussen gelöst worden.

5. Bei *Carex* geht die Stärkebildung von der u n m i t t e l - b a r e n U m g e b u n g d e r Z e l l k e r n e aus, welche schliesslich durch die sich anhäufenden Stärkemassen vollständig umschlossen werden.

6. In allen keimenden Samen wurde eine b e d e u t e n d e G r ö s s e n z u n a h m e d e r Z e l l k e r n e u n d n a m e n t l i c h d e r N u c l e o l e n beobachtet.

7. In den Kernen der keimenden Samen von *Lupinus* und *Cucumis* wurde eine mehr oder weniger grosse Anzahl t i n g i r - b a r e r K ö r p e r c h e n v o n k u g e l i g e r G e s t a l t, die als N e b e n - n u c l e o l e n bezeichnet sind, angetroffen.

E. Roth (Halle a. S.).

Wakker, J. H., E i n n e u e r I n h a l t s k ö r p e r d e r P f l a n z e n - z e l l e. (Pringsheim's Jahrbücher für wissenschaftliche Botanik. Bd. XXIII. Heft 1. u. 2.)

Der Verf. hat in den Oberhautzellen der Knollen und in allen Zellen der Blattscheiden von *Tecophilea cyanocrocus (Ammaryllideae)* einen eigenthümlichen Inhaltskörper aufgefunden, den er mit dem Namen Rhabdoid bezeichnet. Dasselbe hat die Gestalt eines äusserst dünnen Fadens oder beiderseits zugespitzten Stäbchens, das bald gerade, bald leise geschlängelt, auch hufeisenförmig, selbst kreis- förmig gekrümmt sein kann; öfter zeigt der Körper deutliche

Längsstreifung. In 10°/₀ Salpeterlösung, Kalilauge und Ammoniak
lösen sich die Körper nach vorhergegangener Quellung. Alkohol,
alkoh. Sublimatlösung und alkoh. Jodlösung machen den Körper
unlöslich, Jodjodkaliumlösung löst ihn. Nach Alkoholbehandlung
färben sich die Körper mit Jod gelb, deutlich roth in eosin-
haltiger 10°/₀ Salpeterlösung oder in reiner Eosinlösung und schön
blau in wässerigem Anilinblau. Millers Reagens, Xanthoproteïn
und Trommersche Reaction hatten ein negatives Resultat, nichts
desto weniger hält der Verf. an der Eiweissnatur der Körper fest.
Während des Wachsthums der Knollen werden die Körper an den
oberflächlichen Zellen abgelagert, bei der Entleerung der Knolle
schwinden sie. Als Reservestoff erklärt Verf. die Körper jedoch
nicht, da sie auch in Organen auftreten, wo von einer Ablagerung
der Reservestoffe nicht die Rede sein kann (Blattscheiden); eher
noch ist er der Ansicht geneigt, dass die Rhabdoide zum Schutze
gegen die Angriffe irgend welcher Thiere dienten.

Grosse Uebereinstimmung zeigen die Rhabdoide mit den von
Gardener in den Drüsenzellen der Tentakel von *Drosera dichotoma* aufgefundenen Inhaltskörpern.

Referent bemerkt, dass von Molisch in den Epidermiszellen
von *Epiphyllum*-Arten (Berichte den deutsch. bot. Gesellsch. 1885.
Heft 6), von Chmielewsky gleichfalls bei *Epiphyllum* (Bot.
Centralblatt. 1887. II) und von Referenten selbst in den Epidermiszellen von *Oncidium microchilum* (Berichte der deutsch. bot. Gesellschaft. 1890. Heft 1) Inhaltskörper von ähnlicher Gestalt, Bau,
chemischer Zusammensetzung und zweifelhafter Function aufgefunden
und beschrieben wurden. Diese Beobachtungen scheinen dem
Verf. entgangen zu sein.

C. Mikosch (Wien).

_____

Zimmermann, A., Beiträge zur Morphologie und Physiologie der Pflanzenzelle. Heft II. 104 pp. 2 Tfln.
Tübingen. (Laupp'sche Buchhandlung) 1891.

Das vorliegende Heft enthält 3 von einander unabhängige
Arbeiten, deren Inhalt der Reihe nach besprochen werden soll.

I. Ueber die Chromatophoren in panachirten Blättern
(p. 81—111).

Nachdem Ref. in der Einleitung namentlich die angewandte
Nomenclatur besprochen, stellt er im ersten Abschnitte die
Resultate seiner Untersuchungen zusammen. Nach diesen sind
scharf gegen das Cytoplasma abgegrenzte Chromatophoren in den
albicaten Theilen panachirter Blätter viel verbreiteter, als man
nach den zur Zeit in der Litteratur vorliegenden Angaben annehmen
musste. Sie scheinen überhaupt nur bei einigen wenigen Gewächsen mit ganz weiss gefärbten Blatttheilen gänzlich zu fehlen.

Dahingegen zeigen sie nun bei den anderen sehr verschieden
starke Abweichungen von den normalen grünen Chloroplasten.
Diese Abweichungen beziehen sich zunächst auf die Grösse und
Färbung, und es kommen hier alle Uebergänge vor bis zu

solchen, die ganz farblos sind und einen 4 mal geringeren Durchmesser besitzen, als die normalen Chloroplasten derselben Pflanze.
Diese Uebergänge findet man bei manchen Pflanzen innerhalb desselben Blattes, bei anderen grenzen dagegen Zellen mit normalen
und solche mit stark albicaten Chromatophoren unmittelbar aneinander. Ausserdem fand Ref. aber noch sehr häufig Chromatophoren,
die eine oder mehrere, zum Theil ziemlich grosse
Vacuolen enthielten, so dass sie zum Theil ein völlig
blasenförmiges Aussehen hatten. Dass wir es hier
nicht etwa mit Kunstproducten zu thun haben, hat Verf.
durch zahlreiche Beobachtungen nachgewiesen, von denen Ref. hier
nur erwähnen will, dass sie sowohl direkt am lebenden, als auch
am fixirten und tingirten Materiale ausgeführt wurden. Diese
blasenförmigen Chromatophoren, die sich namentlich in den weissen
Theilen panachirter Blätter befinden, sind meist farblos, zuweilen
aber auch noch schwach grün. Bei einigen Gewächsen waren sie
übrigens durch ganz allmähliche Uebergänge mit den normalen
Chloroplasten verbunden.

Von den physiologischen Untersuchungen haben bisher
nur die auf die Stärkebildung bezüglichen zu positiven Ergebnissen
geführt. Während nämlich schon von Saposchnikoff der Nachweis geliefert war, dass verschiedene panachirte Blätter, wenn man
sie nach der Böhm'schen Methode auf Zuckerlösung bringt,
auch in den albicaten Theilen Stärke zu bilden vermögen, konnte
Ref. nachweisen, dass die Stärkebildung auch hier stets an die
Anwesenheit von Chromatophoren gebunden ist und ausnahmslos
im Inneren oder an der Oberfläche derselben stattfindet. Uebrigens
sind nicht nur ganz farblose, sondern auch die blasenförmigen
Chromatophoren zur Stärkebildung befähigt.

Von dem zweiten, die angewandten Methoden behandelnden Abschnitte sei an dieser Stelle nur hervorgehoben, dass Ref., wenn er lebende Zellen untersuchen wollte,
die frischen Blätter vor dem Schneiden mit 5% Zuckerlösung
injicirte. Zur Fixirung benutzte er namentlich Sublimat, zur
Färbung Jodgrün und Ammoniak-Fuchsin.

Von den im dritten Abschnitte mitgetheilten Einzelbeob-
achtungen sei nur erwähnt, dass Ref. 36 Gattungen aus 23
Familien untersucht hat.

II. Ueber Proteïnkrystalloide. II. (p. 112—158).

Die vorliegende Mittheilung bildet eine Ergänzung zu einer
früheren Arbeit des Ref., die im I. Heft dieser Beiträge abge-
druckt ist*).

Der I. Abschnitt ist den im Zellkern enthalten en
Krystalloiden gewidmet, und zwar bespricht Ref. zunächst die
Eigenschaften und Nachweisung derselben. Diese Kry-
stalloide besitzen nun in vielen Fällen eine so regelmässige Gestalt,

---

*) cf. Botan. Centralbl. Bd. XLII. 1890. p. 117.

dass an ihrer Krystallnatur nicht gezweifelt werden kann. Häufig
weichen sie aber nur unerheblich oder überhaupt nicht von der
Kugelform ab. In diesen Fällen können nur die Tinctionsmethoden
über die Natur der traglichen Körper Aufschluss ertheilen. Ref.
benutzt zu diesem Zwecke namentlich die Färbung mit Säurefuchsin und eine Doppelfärbung mit Säurefuchsin und Haematoxylin.
Letztere gestattet namentlich eine völlig zuverlässige Unterscheidung
zwischen den Krystalloiden und den Nucleolen. Ref. will schliesslich aus diesem Abschnitte noch besonders hervorheben, dass durch
gleichzeitige Untersuchung des lebenden Materiales die Zuverlässigkeit der angewandten Methoden geprüft wurde.

Ref. bespricht sodann die Verbreitung der Zellkern-
krystalloide. Er will in dieser Beziehung nur erwähnen, dass
dieselben in 47 Arten, die 10 verschiedenen Familien angehören,
angetroffen wurden. In manchen Familien, wie namentlich bei
den *Oleaceen* und *Scrophulariaceen*, konnten sie fast bei allen untersuchten Arten beobachtet werden.

Uebrigens liessen sich aus der Verbreitung der Zellkern-
krystalloide auf die Function derselben keine Schlüsse ziehen, denn
sie sind auf der einen Seite weder auf bestimmte Organe oder
Gewebesysteme, noch auf irgend welche Entwicklungsstadien beschränkt und finden sich auf der anderen Seite auch bei den verschiedenartigsten Gewächsen, während sie bei anderen Pflanzen,
die unter den gleichen Bedingungen leben, fehlen. So giebt es
z. B. Schmarotzerpflanzen sowohl wie insektenfressende, die reich
sind an Krystalloiden, während dieselben bei anderen Vertretern dieser
Pflanzengruppen gänzlich fehlen.

Einiges Interesse dürfte sodann das Verhalten der Krystalloide
während der Karyokinese beanspruchen. Ref. konnte nämlich mit Hilfe der Säurefuchsin-Haematoxylin-Doppelfärbung nachweisen, dass die Krystalloide während der karyokinetischen Kerntheilung ins Cytoplasma ausgestossen werden, wo sie aber alsbald
wieder verschwinden, wahrscheinlich aufgelöst werden, während in
den Tochterkernen wieder von neuem Krystalloide auftreten. Ob
diese nun auf Kosten der im Cytoplasma verschwindenden entstehen, liess sich durch directe Beobachtung nicht entscheiden.

Im zweiten Abschnitte theilt sodann Verf. einige Beobachtungen über die in den Chromatophoren enthaltenen
Krystalloide mit. Die Nachweisung derselben gelang auch in
diesem Falle am besten mit Säurefuchsin, namentlich wenn die
Differenzirung durch eine Lösung von Kaliumbichromat bewirkt
wurde.

Ref. fand nun bei einer Anzahl von Gewächsen Krystalloide
innerhalb der Chloroplasten des Assimilationsgewebes; bei anderen
wurden sie auch innerhalb der Epidermis beobachtet. Eine etwas
eingehendere Untersuchung haben übrigens nur die *Orchideen*
erfahren, bei diesen ist, wie bisher ganz übersehen wurde, namentlich das Gefässbündelparenchym reich an Krystalloiden. Ausserdem finden sich bei den *Orchideen* aber auch rundliche Körper
innerhalb der Chromatophoren, die höchst wahrscheinlich mit den

Leukosomen von *Tradescantia* identisch sind und wohl auch in die gleiche Kategorie gehören wie die Krystalloide. Ueber die physiologische Bedeutung dieser Körper konnte bisher Nichts nachgewiesen werden. Im letzten Abschnitte bespricht Ref. die im Cytoplasma oder Zellsaft gelegenen Krystalloide. Er fand dieselben bei 5 verschiedenen Pflanzen, die 4 verschiedenen Familien angehören.

III. **Ueber die mechanischen Erklärungsversuche der Gestalt und Anordnung der Zellmembranen** (p. 159—181).

Ref. giebt in dieser Abhandlung namentlich eine eingehende Kritik der von Errera und Berthold aufgestellten mechanischen Erklärungsversuche der Anordnung der Zellmembranen in wachsenden Pflanzentheilen.

Es sind hier zwei verschiedene Processe zu unterscheiden: Die **Anlage der Zellmembranen und die während des Wachsthums eintretenden Verschiebungen.**

Bezüglich des ersteren Punktes kommt Verf. zu dem Resultate: „Die neugebildete Membran steht zwar dem Sachs'schen Princip der rechtwinkligen Schneidung entsprechend meist senkrecht auf den Membranen der Mutterzelle, sie ist ferner dem Berthold-Errera'schen Princip entsprechend noch häufiger eine Fläche minimae areae, aber es kommen zahlreiche Ausnahmefälle von beiden Principien vor. Auch das Princip der kleinsten Flächen ist zur Zeit einer mechanischen Begründung gänzlich unzugänglich und kann somit nur als eine aus den Erfahrungsthatsachen abgeleitete für die Mehrzahl der Fälle giltige Regel angesehen werden.

Bevor nun ferner für die während des **Wachsthums eintretenden Verschiebungen** eine Erklärung aufgestellt werden kann, muss natürlich die Mechanik des Flächenwachsthums der Membranen klargelegt sein; und es findet denn auch in diesem Abschnitte die vielfach erörterte Frage, ob das Flächenwachsthum der Membranen durch **Apposition** oder **Intussusception** stattfindet, eine eingehende Erörterung. In dieser Hinsicht zeigt nun Ref. zunächst, dass die von Wortmann ausgesprochene Ansicht, nach der das Flächenwachsthum der Membranen lediglich auf anscheinender Dehnung beruhen sollte, schon aus mechanischen Gründen völlig unhaltbar ist. Aber auch gegen die von Klebs, Noll u. a. vertretene Auffassung, nach der der Plasmakörper den Membranen nur eine grössere Dehnbarkeit verleihen und diese dann ohne Intussusception wachsen sollen, lassen sich schwerwiegende Bedenken anführen.

Dahingegen ist die Naegeli'sche Intussusceptionstheorie im Stande, eine viel bessere Erklärung für die Wachsthumserscheinungen der pflanzlichen Zellmembranen zu geben.

Nach den Ausführungen des Ref. ist es ferner sehr wahrscheinlich, dass die Intensität des Intussusceptions-Flächenwachsthums der Membranen in hohem Grade von dem Turgor abhängig

ist und dass der Turgor die während des Wachsthums eintretenden
Verschiebungen derartig beeinflusst, dass das Membrannetz, soweit
nicht andere Factoren dem entgegenwirken, sich immer mehr der
Gestalt der Plateau'schen Gleichgewichtsfiguren nähert.

Zimmermann (Tübingen).

_____

Frémont, Mlle A., Sur les tubes criblés extra-libériens
dans la racine des *Oenothérées.* (Journal de Botanique.
Année V. 1891. p. 194—196).

Die Verf. hat in den Wurzeln einer Anzahl *Oenotheraceen*
noch an anderen Stellen als in den Siebtheilen Siebröhren aufgefunden; bei *Oenothera Fraseri* und *Oe. riparia* befinden sich solche
an der Peripherie des Markcylinders, bei *Oe. parviflora, cruciata,
macrocarpa, Sellowii, Fraseri* im secundären Holze, bei *Epilobium
parviflorum* in dem erst in Folge des Dickenwachsthums entstehenden Markcylinder, den die Verf. seines späten Ursprunges
wegen „moelle ultérieure" nennt.

Schimper (Bonn).

_____

Sewell, Ph., Observations upon the germination and
growth of species of *Salvia* in the garden of
Th. Hanbury, Esq., F. L. S., at La Mortola, Venti-
miglia, Italy. (Transactions of the Botanical Society of Edinburgh. Vol. XVIII. 1891).

Die Untersuchungen des Verf. erstrecken sich über folgende
Punkte: Welche Arten von *Salvia* in La Mortola im Freien
cultivirt werden können; Procentsatz der keimenden Samen;
Structur der Nüsschen; Entwickelung und Bau der Kotyledonen,
der Plumula und der später auftretenden Blätter; Beziehungen der
letzteren zu den Kotyledonen; Uebergänge in Form, Textur u. s. w.;
allgemeiner Habitus; Eintheilung auf Grund früh auftretender
Merkmale; Bewegungen der Blätter in jungen Pflanzen; mögliche
Bedeutung von besonderen Merkmalen, angedeutet durch grössere
oder geringere Neigung zum Keimen.

Die Untersuchung bietet nichts von allgemeinem Interesse und
lässt sich nicht in Kürze wiedergeben. Zwar bringt Verf. manche
Hypothesen über Anpassung und dergl., die jedoch zu hypothetisch
und zu wenig originell sind, um hier eine Berücksichtigung zu
rechtfertigen.

Schimper (Bonn).

_____

Burgerstein, Alfred, Uebersicht der Untersuchungen
über die Wasseraufnahme der Pflanzen durch die
Oberfläche der Blätter. (Sonderdruck a. d. XXVII.
Jahresber. des Leopoldstädter Communal-, Real- und Ober-
gymnasium in Wien.) 47 pp. Wien 1891.

Verf. gliedert seine dankenswerthe, kritischer Bemerkungen und
eigener Beobachtungen nicht entbehrende Abhandlung in drei
Theile. Der erste Theil der Arbeit enthält eine kurz und

objectiv gehaltene Zusammenstellung jener Untersuchungen, welche
nach verschiedenen Methoden angestellt wurden, um zu ermitteln,
ob und unter welchen Bedingungen, dann in welcher Menge Wasser
durch die Blätter direct aufgenommen wird. Hierbei hat Verf.
die einzelnen Methoden nach demjenigen Autor benannt, der sie
zuerst angewandt hat. Wir ersehen, dass zur Lösung der oben
bezeichneten Frage die folgenden Methoden in Anwendung kamen:
a) Immersion ganzer Pflanzen (Methode von De-Candolle),
b) ein Spross wird ohne Trennung von der Mutterpflanze immergirt
(Methode von Baillon), c) von einem Gabelspross wird eine
Hälfte immergirt (Methode von Mariotte), d) abgeschnittene und
welk gewordene Sprosse werden mit Ausschluss der Schnittfläche
in mit Wasser imbibirte Tücher eingeschlossen (Methode von
Du-Hamel), e) abgeschnittene, welk gewordene Sprosse werden
mit Ausschluss der Schnittfläche immergirt (Methode von Duchartre),
f) die Absorption wird durch die Wasseransammlung in einem
Glasrohre gemessen, welches an der Schnittfläche eines mit dem
Gipfeltheil immergirten Sprosses befestigt ist (Methode von van
Marum), g) von einem Spross taucht ein Blatt oder einige Blätter
in Wasser, während die anderen Blätter sammt dem Stengeltheil
sich ausserhalb des Wassers befinden (Methode von Bonnet),
h) Immersion einzelner Blätter. Schluss auf die Wasseraufnahme in
Folge Erhaltung oder Wiedererlangung des Turgors (Methode von
Senebier), i) Immersion einzelner Blätter. Bestimmung der aufgenommenen Wassermenge durch Wägung (Methode von Burnett),
k) Vergleich der beiden Blattseiten bezüglich der Fähigkeit der
Wasserabsorption (Methode von Bonnet, Duchartre, Boussingault und Wiesner, von Letzterem die exaktesten Versuche*).
An dieser Stelle theilt Verf. eine längerere Versuchsreihe mit, in
welcher die Blätter der Pflanzen, bezüglich der Möglichkeit,
Wasser von aussen aufzunehmen, mehr den natürlichen Verhältnissen angepasst wurden. Burgerstein verklebte abgeschnittene
Zweige an der Schnittfläche mit Vaselin, liess sie welken und wog
hierauf. Dann wurde das Laub mit Wasser bespritzt und die
Objecte im dunstgesättigten Raum aufgestellt, um die Transpiration
auszuschliessen.

Es wurde Sorge getragen, dass das von den Blättern abtropfende Wasser nicht zur Stammbasis gelangen könne. Als nach
sechs bis sieben Stunden der Versuch unterbrochen wurde, war
das Laub nahezu trocken und stand in voller Frische. Die kleinen
Wassermengen, die noch hier und da zurückgeblieben waren, wurden
vor der Wägung mittelst Filtrirpapier entfernt. Dass thatsächlich Wasser aufgenommen wurde, ergab die Gewichtszunahme der
Zweige. — Im zweiten Theile erörtert Verf. die Stellen des
Wassereintrittes (Oberhautzellen, Spaltöffnungen, Haare), sowie die
Anpassungserscheinungen für die Wasseraufnahme und die biologische
Bedeutung der letzteren für die Pflanzen. Burgerstein kommt
zu dem Resultate, dass der Wasseraufnahme durch die Blätter bei

---

*) Wiesner beliess die Versuchsobjecte im absolut feuchten Raum.

der einheimischen Flora und der verwandter Florengebiete im
Naturzustande keine besondere physiologische Bedeutung zukommt.
Eine Ausnahme bilden die wurzellosen Epiphyten, und gewisse
xerophile Gewächse. Die Litteraturnachweise zum Text, wo häufig
zu den Originalabhandlungen Referate citirt werden, bilden den
dritten Theil. Das Litteraturverzeichniss weist 74 Arbeiten auf*).

Krasser (Wien).

Robertson, Charles, Flowers and insects. *Asclepiadaceae* to
Scrophulariaceae. (Transactions of the St. Louis Acad. of Science.
Vol. V. Nr. 3. p. 569—598.)

Diese Fortsetzung früherer Publicationen in denselben Berichten und in der Botanical Gazette enthält zunächst die Besucherlisten von *Asclepiadeen* und· Nachträge zu den früheren
Veröffentlichungen über die Bestäubungseinrichtungen der *Asclepiadeen*. Diese Listen zählen auf für:

Asclepias verticillata: *52 Hymenoptera, 43 Diptera, 16 Lepidoptera, 3 Coleoptera.*

Asclepias incarnata: *46 Hymenopt., 21 Lepidopt., 7 Diptera, 3 Coleoptera, 2 Hemipt.* und Colibris (*Trochilus colubris).*

Asclepias Cornuti: *Apis mellifica, 6 Diptera* und *3 Lepidoptera* wurden hier todt angetroffen und 32 weitere Insekten besuchen die Blüten gleichfalls mit grösserer oder geringerer Lebensgefahr, während weitere 27 Insekten ohne Schwierigkeit die Pollenmassen aus der Blüte heraus reissen und auf andere Blüten übertragen. Es sind dies: *Bombus separatus, B. Pensylvanicus, B. Americanorum, Melissodes obliqua, Odynerus arvensis, Cerceris bicornuta, Bembex nubillipennis, Pelopaeus cementarius, Sphex ichneumonea, Priononyx atrata, P. Thomae, Myzine sexcincta, Scolia bicincta,* 12 grössere Schmetterlinge, von *Diptera: Midas clavatus,* von *Coleoptera: Trichius piger.*

Asclepias Sullivantii. Nicht dem Bestäubungsgeschäft angepasst waren und wurden in der Klemmfalle festgehalten 16 Arten (darunter die Honigbiene und *Trichius piger*), bei weiteren 23 war der Erfolg unsicher, während 11 Arten der Blüteneinrichtung gut angepasst erschienen (*Bombus separatus, B. Pennsylvanicus, B. scutellaris, Bembex nubillipennis, Pelopaeus cementarius, Priononyx Thomae, Papilio asterias, Colias philodice, Danais archippus, Argynnis*

---

*) Aus den zahlreichen, von den verschiedenen Forschern angestellten Beobachtungen sind als feststehende Resultate zu betrachten:

1) Die Laubblätter sind im Stande, Wasser in liquider Form durch ihre Oberfläche von aussen aufzunehmen.

2) Es wurde Wasseraufnahme constatirt bei Blättern mit behaarter und haarloser, mit spaltöffnungsfreier und spaltöffnungsführender, dünn- und dickwandiger, schwach und stark cuticularisirter, benetzbarer und wachsbedeckter Epidermis. Ueberhaupt zeigen die Pflanzen, bei denen Wasseraufnahme durch die Blätter beobachtet wurde, bezüglich der Organisation, Lebensweise und systematischen Stellung grosse Mannigfaltigkeiten. Das Vermögen der directen Wasseraufnahme durch die Blätter kommt daher wahrscheinlich allen Pflanzen zu.

3) Die Grösse der Wasseraufnahme hängt von dem anatomischen Bau und dem relativen Wassergehalte der Blätter ab.

4) Das Wasser kann durch Epidermiszellen, durch Haare und durch die Spaltöffnungen in das Innere des Blattes eintreten.

5) Die untere Blattepidermis saugt stärker, als die obere. Es vereinigen sich eben in der Regel 3 Factoren, welche die Absorption der Blattunterseite begünstigen: a) Die schwächere Cuticularisirung der Aussenwände der Epidermiszellen, b) das reichlichere Auftreten von Haaren und c) die grössere Zahl der Spaltöffnungen.

cybele, Pyrameis atalanta. Auch Colibris besuchten die Blüte. *Podisus spinosus* geht den eingeklemmten Insektenleichen nach.

Asclepias tuberosa: *13 Lepidoptera, 9 Hymenopt., 1 Dipt.* und *Trochilus Colubris.*

Asclepias purpurascens: *18 Lepidoptera, 8 Hymenoptera, 1 Dipt., 1 Hemipt. Trochilus Colubris.* Angefressen werden die Blüten durch *Tetraopes tetraophthalmicus.*

Acerates tongifolia: *13 Hymenopt., 3 Lepidopt., 1 Coleopt. (Trichius piger).*

Es folgen sodann Besucherlisten und Bestäubungseinrichtung folgender Arten aus anderen Familien:

Gentianaceae: *Gentiana Andrewsii* (Hauptbestäuber *Bombus Americanorum*).

Polemoniaceae:

Phlox divaricata ist eine Schm-tterlingsblume (9 Tagschmetterlinge und 2 Sphingiden), wird aber auch des Oefteren durch langrüsselige Bienen: *Bombus Virginicus, B. vagans, B. americanorum, Synhalonia speciosa,* besucht.

Polemonium reptans mit proterandrischen Blüten (gleich *P. coeruleum*) und einigen purpurrothen Linien im Kroneneingang, welche als Saftmal dienen. H. Müller hat bei *P. coeruleum* die Arbeiter von 5 *Bombus*arten in den Alpen beobachtet. In Amerika keine Hummelarbeiter, sondern nur Hummelweibchen von *Bombus Americanorum, B. vagans, Synhalonia honesta;* von andern *Hymenoptera* fand derselbe *Apis mellifica, Alcidamea producta, Osmia albiventris, Nomada luteola, Augochlora pura, Andrena* sp., *A. Sayi, A. Polemonii, Halictus pilosus,* die *Syrphiden Mesographa marginata* Say und *Rhingia nasica,* 2 Schmetterlinge: *Colias philodice* und *Nisoniades brizo* und 1 Käfer *Megilla maculata.*

Hydrophyllaceae:

Hydrophyllum Virginicum: 6 *Hymenopt., 1 Dipt.*

H. appendiculatum: 22 *Hymenopt., 6 Dipt., 3 Lepidopt.*

Borraginaceae:

Mertensia Virginica: 14 *Hymenopt., 5 Lepidopt., 3 Dipt.*

Convolvulaceae:

Ipomoea pandurata Meyes: *Bombus separatus, B. Americanorum, Entechnia taurea, Emphor bombiformis, Xenoglossa Ipomoeae, X. pruinosa, Melissodes bimaculata.*

Convolvulus sepium. In Europa glaubte man die Verbreitung an die des *Sphinx Convolvuli* gebunden, doch fand H. Müller die Pflanze auch von anderen Taginsekten besucht. In Amerika fand Verf. Apiden, nämlich: *Bombus Americanum, Anthophora abrupta, Entechnia taurea, Melissodes bimaculata, Ceratina dupla.*

Solanaceae:

Solanum nigrum: In Amerika *Bombus Virginicus* ♂ u. ♀, *B. Americanorum* ♀.

Solanum Carolinense: Bombus americanorum ♀.

Datura Tatula: Deilephila lineata.

Scrophulariaceae:

Verbascum Thapsus: 8 *Hymenopt., 7 Dipt.*

Linaria vulgaris. Ausgeprägte Hummelblume *(Bombus Americanorum* besuchte in 5 Minuten 62 Blüten). 7 *Hymenoptera* und 4 Schmetterlinge, von denen jedoch nur die *Bombus*arten als regelrechte Bestäuber (die anderen als „intruders") betrachtet werden.

Linaria Canadensis ist durch die enge Blumenröhre mehr den Schmetterlingen angepasst. *Lepidopt.* 14, *Hymenopt.* 11, *Dipt.* 3.

Scrophularia nodosa. Die Blüte hat eine besondere Anpassung an Wespenbefruchtung, denn Müller fand 6 Wespen und 6 andere Insekten, Verf. in Amerika 14 *Apiden,* 11 *Vespiden* und *Eumeniden* und 8 Arten aus anderen Familien und Colibris.

Collinsia verna Nutt: 16 *Hymenopt., 3 Dipt., 3 Lepidopt.*

Penstemon laevigatus var. **Digitalis** Anpassung an langrüsselige Bienen. Beobachtete Insekten: *16 Hymenopt., 3 Lepidopt., 1 Käfer (Trichius piger).*

Penstemon pubescens: 9 *Hymenopt., 3 Lepidopt., 1 Dipt.*

Gratiola Virginica wird hauptsächlich durch *Halictus*arten bestäubt.

Veronica Virginica: 12 *Hymenopt*, 7 *Lepidopt.*, 4 *Dipt.*, 1 *Hymenopt.*
Seymeria macrophylla: Hummelblume. — Besucher 6 *Hymenopt.*, 2 *Lepidopt.*, 1 *Syrphide (Milesia ornata).*
·*Gerardia pedicularis:* Hauptbestäuber *Bombus Americanorum*, sonstige Be-
sucher 4 *Apiden* und 1 Colibri.
·*G. purpurea:* 4 *Apiden* 1 Schmetterling.
G. tenuifolia: 10 *Hymenopt.*, 3 *Lepidopt.*
G. auriculata: 5 *Hymenopt.*
Castilleia coccinea wird durch Colibris (*Trochilus colibris*) bestäubt.

Ludwig (Greiz).

Engler, Siphonogame Pflanzen, gesammelt auf Dr. Hans Meyer's Kilimandscharo-Expeditionen 1887 und 1889.

Bei der Bestimmung der nicht unbedeutenden Sammlungen wurde Verf. durch die Herren Dr. Schweinfurth, Dr. O. Hoffmann, Dr. Schumann, Dr. Taubert und Gürke unterstützt. Eine eingehende Besprechung der Beziehungen, welche die Flora des Kilimandscharo zur Flora Abessiniens und des Kaplandes zeigt, wird ebenso wie die Beschreibung der folgenden neuen Arten an anderer Stelle erfolgen:

Ceropegia Meyeri Joannis Engl., *Boswellia campestris* Engl., *Commiphora campestris* Engl., *C. Meyeri Joannis* Engl., *Crotalaria Kilimandscharica* Taub., *Tephrosia Meyeri .oannis* Taub., *Echinops Hoehneli* Schweinf., *Celsia brevipedicellata* Engl., *Trifolium Kilimandscharicum* Taub., *Begonia Meyeri Joannis* Engl., *Blaeria Meyeri Joannis* Engl., *Helichrysum Meyeri Joannis* Engl., *Orobanche Kilimandscharica* Engl., *Pupalia affinis* K. Schum , *Cluytia Kilimandscharica* Engl., *Helichrysum Guilelmi* Engl , *Nuxia glutinosa* Engl., *Myrica Meyeri Joannis* Engl., *Blaeria silvatica* Engl., *Bartsia Purtschelleri* Engl., *Albizzia Maranguensis* Taub., *Peponia Kilimandscharica* Engl , *Cineraria Kilimandscharica* Engl., *Tillaea obtusifolia* Engl., *Geranium Kilimandscharicum* Engl., *Erigeron Telekii* Schweinf., *Blaeria glutinosa* K. Schum., *Galium Kilimandscharicum* K. Schum., *Protea Kilimandscharica* Engl., *Anagallis Meyeri Joannis* K. Schum., *Swertia Kilimandscharica* Engl., *Thesium Kilimandscharicum* Engl., *Sedum Meyeri Joannis* Engl., *Ramphicarpa Meyeri Joannis* Engl., *Guidium Meyeri Joannis* Engl., *Jasminum Meyeri Joannis* Engl., *Dolichos Maranguensis* Taub., *Cycnium Meyeri Johannis* Engl.

Taubert (Berlin).

·**Costerus, J. C.,** Intercarpellaire prolificatie bij *Plantago major.* [Mit französischem Résumé.] (Botanisch Jaarboek. Bd. III. p. 124—134. Taf. VII.)

Masters bezeichnet als „intercarpellär" eine Art der Prolification, bei welcher die Achse, die sich sonst zwischen den Carpellen erhebt, kurz bleibt, so dass die verschiedenen Theile des Pistills nicht zur Differenzirung kommen. Bisher war diese Bildungsabweichung nur bei Pflanzen mit centraler Placenta, namentlich bei *Primulaceen*, beobachtet worden; Verf. hingegen konnte sie an *Plantago major* erkennen.

Die Resultate der Untersuchung werden vom Verf. in folgenden Sätzen zusammengestellt:

1. In den primären Blüten ist der Stempel allein abnorm ausgebildet; die übrigen Blütentheile sind normal.
2. Die secundären Blüten sind, wenn sie aus gut entwickelten Seitenachsen entspringen, mit einigen Ausnahmen noch normal.

3. Die obersten Blüten sind, wohl in Folge der Erschöpfung der Achse, weniger vollständig entwickelt.

4. Wo eine Achse zum zweiten Male eine Blüte durchwächst, trägt sie am Gipfel nur noch reducirte Blätter, mit oder ohne Axillarknospen.

5. Die in geschlossenen Stempeln verborgenen, oder, wo diese gespalten sind, etwas aus ihnen hervorragenden Blätter sind abnorm.

6. Die Stempel sämmtlicher Blüten sind abnorm, sie mögen geschlossen, oder in 3, 4, 5 Carpelle gespalten sein.

7. Samenanlagen fehlen vollständig.

8. Wo zwei freie Carpelle vorhanden sind, besitzen dieselben genau mediane Stellung.

Schimper (Bonn).

Magnus, P., Eine weisse *Neottia Nidus avis.* (Deutsche botanische Monatsschrift. Jahrg. VIII. 1890. No. 7, 8.)

Verf. macht eine Mittheilung über eine von H. Lindemuth bei Freienwalde a. O. gesammelte *Neottia Nidus avis* von schneeweisser Farbe, bei deren mikroskopischer Untersuchung sich herausstelle, dass zwar die Chromatophoren, nicht aber der Farbstoff entwickelt waren.

Migula (Karlsruhe).

Müller, Karl, Albinismus bei *Lathraea squammaria* L. (Deutsche botanische Monatsschrift. Jahrg. IX. 1891. No. 1.)

In No. 7/8 der Deutschen botanischen Monatsschrift wurde durch Magnus eine Mittheilung über das Auffinden einer weissen *Neottia Nidus avis* gemacht und hieran die Bitte um Angabe ähnlicher Beobachtungen geknüpft. Verf. erwähnt nun eines Fundes von *Lathraea squammaria* bei Grunewald (Glatz), welche in grosser Menge vorkam und vollständig weiss war. Verf. erwähnt auch noch das Vorkommen von rein weissblühenden *Orchis incarnata, O. militaris, Campanula glomerata, Erythraea Centaureum.*

Migula (Karlsruhe).

Portele, Karl, Ueber die Beschädigung von Fichtenwaldbeständen durch schweflige Säure. (Oesterreichisches landwirthschaftliches Centralblatt. Jahrg. I. 1891. p. 27—38.)

Die Arbeit behandelt die Resultate, welche anlässlich einer amtlichen Begutachtung über die Schädigung von Fichtenwaldbeständen im Ridnauner Thal durch schweflige Säure erhalten wurden. Der Rauch rührt her von der ärarischen Rostofenanlage in Aal, wo die vom Schneeberge herabbeförderte Zinkblende seit 5 Jahren abgeröstet wird.

Die Fichten in nächster Nähe der Erzöfen hatten nur noch ein-, höchstens zweijährige Nadeln, deren Spitzen gebräunt waren.

Weiter im Umkreise wurden immer ältere Blätter gefunden, die
Verfärbung der Spitzen war in noch weiteren Entfernungen immer
noch sichtbar und charakteristisch. Zu der Schädigung durch das
Gas kam noch der Borkenkäfer, der gerade in der Umgebung der Röstöfen sehr stark auftrat. Bekanntlich befällt der Borkenkäfer ja
mit Vorliebe kränkelnde und abgestorbene Bäume.

Die chemische Untersuchung, deren Resultat in einer Tabelle
aufgeführt ist, zeigt einen ausserordentlich hohen Procentsatz
Schwefelsäure in der Trockensubstanz der meistbeschädigten Nadeln.
So bildet die Schwefelsäure (SO_3) 1,65 % der Trockensubstanz
(21,24 % der Asche) 1 jähriger Blätter aus nächster Nähe (50 m)
der Röstöfen, wogegen der SO_3-Gehalt einer Controlprobe aus gesunden Lagen 0,19 % der Trockensubstanz (5,66 % der Asche) betrug. Nach dem Schwefelsäuregehalt theilt Verf. das Gebiet in
Zonen, deren innerste (sehr starke Schädigung) einen Gehalt der
Nadeln an SO_3 von über 1,48 % aufweist; die mittlere ist charakterisirt durch einen SO_3-Gehalt von 1,29 bis 1,45 %, die äussere
durch einen solchen von 0,95 bis 1,29 %. Ausserhalb dieser Zone,
in der noch 4 jährige Nadeln vorhanden sind, ist die Beschädigung
nur noch schwach. Wie natürlich, weisen die Nadeln den höchsten
Schwefelsäuregehalt in der herrschenden Windrichtung auf.

Eine Skizze veranschaulicht die Vertheilung der Rauchschäden
auf dem Terrain.

Behrens (Karlsruhe).

Lopriore, G., Ueber einen neuen Pilz, welcher die Weizensaaten verdirbt. (Landwirthschaftliche Presse. 1891.
p. 321.)

Verf. theilt in Kürze die bisher erhaltenen Resultate seiner
Untersuchungen mit über einen kleinen Pilz, der von den Wei-
zenkörnern auf die Weizensaaten übergeht und dieselben verdirbt.
Die mit dem Pilz behafteten Weizenkörner unterscheiden sich nur
dadurch von den gesunden Körnern, dass sie oberflächlich kleine,
schwarze Punkte und Streifen zeigen, die fast regelmässig um den
behaarten Scheitel des Kornes einen Kranz bilden. Die mikroskopische
Untersuchung der fleckigen Theile zeigte auf der Saamenschale
ein braunes Pseudoparenchym, auf dem gleichfalls braune, kurzgegliederte Mycelfäden und ein-, zwei- oder mehrzellige Sporen, ähnlich denen von *Cladosporium*, lagen. Ferner fanden sich unter den
Weizenhaaren noch braune, büschelförmige Conidienträger; doch
hingen die schon erwähnten braunen Sporen nicht an den Conidienträgern, sondern sie lagen unten auf dem Boden. Vielleicht findet
nach Verf. hier der Pilz unter dem Schutze der Haare günstigere
Entwicklungsbedingungen, als auf den nackten, übrigen Theilen des
Kornes.

Bei der Untersuchung von kleinen Stücken solcher fleckigen
Weizenschale, welche in Pflaumendecoct im hängenden Tropfen
ausgesät waren, fand Verf. schon am nächsten Tage die Sporen
gekeimt mit farblosen, dicken Mycelfäden, aus welchen durch

Sprossung hefeartige Zellen hervorgingen, die sich durch wiederholte Sprossung noch weiter und sehr rasch vermehrten. Der Pilz, welcher nunmehr als *Dematium pullulans* (de Bary) erkannt war, zeigte am vierten oder fünften Tage, nach fast vollständiger Eintrocknung der Nährlösung, braune, semmelförmige, zwei- oder mehrzellige Sporen, ähnlich den ursprünglichen, sowie dicke, ebenfalls kurzgegliederte Mycelfäden.

Bei Keimungsversuchen der mit dem Pilz behafteten Weizenkörner im Boden sah Verf. die Mycelfäden dünner und schlanker als diejenigen, welche sich im Pflaumendecoct entwickelt hatten; sie waren auf und durch die Samenschale gekrochen. Ferner zeigten die jungen Keimlinge, dass das Stengelchen von dem Mycelium angegriffen war, da sich nach einigen Tagen auf der Spitze der ersten Scheide röthliche Flecken zeigten. Die mikroskopische Untersuchung zeigte dann auch, dass die so fleckig gewordene Scheide reichlich mit Mycelfäden durchwuchert war.

Der Pilz übt eine parasitische Wirkung auf die jungen Weizenpflanzen aus, wie es Verf. auch thatsächlich durch künstliche Infection auf gesunden Weizenkeimlingen mit künstlich gewonnenen *Dematium*-Sporen nachweisen konnte, und es ist nunmehr der experimentelle Nachweis erbracht, dass *Dematium pullulans* a u c h a u f d e n k e i m e n d e n W e i z e n p f l a n z e n p a r a s i t i s c h u n d v e r d e r b e n d e r s c h e i n e n k a n n.

Da ähnliche Krankheitserscheinungen, wie die eben angeführten, auf jungen Getreidepflanzen schon manchmal gefunden worden sind, so ist es nach Verfasser nicht unwahrscheinlich, dass in solchen Fällen auch der hier beobachtete Pilz der Körner, der bis jetzt noch unbekannt war, die Ursache der Krankheit gewesen ist.

Verf. gedenkt seine Untersuchungen über diese interessante Krankheit der Weizenkörner im pflanzenphysiologischen Institute der Königl. Landwirthschaftlichen Hochschule zu Berlin noch weiter fortzusetzen.

Otto (Berlin).

———

Finkelnburg, U e b e r e i n e n B e f u n d v o n T y p h u s b a c i l l e n i m B r u n n e n w a s s e r, n e b s t B e m e r k u n g e n ü b e r d i e S e d i m e n t i r m e t h o d e d e r U n t e r s u c h u n g a u f p a t h o - g e n e B a k t e r i e n i n F l ü s s i g k e i t e n. (Centralblatt f. Bakteriologie und Parasitenkunde. Bd. IX. No. 9. p. 301—302.)

In einer Wasserprobe, die vorschriftsmässig einem durch die unmittelbare Nähe der Abtrittsgrube und mehrfache Erkrankungen der Hausbewohner verdächtigen Brunnen entnommen war, konnten bei der gewöhnlichen Untersuchungsmethode keine Typhuspilze wahrgenommen werden, bis Verf. noch eine weitere Reihe von Plattenculturen anlegte, zu denen er den Niederschlag des Probewassers mittels des von ihm construirten Sedimentirapparates unter vorheriger Sterilisirung durch absoluten Alkohol benutzte und nun auf diesen den E b e r t h'schen Bacillus unzweifelhaft nachwies. Da Verf. bereits 15 ähnliche Fälle zu verzeichnen hatte, so empfiehlt

er die Methode der Niederschlagsuntersuchung im Verein mit dem
bisher üblichen Verfahren namentlich bei der Untersuchung ver-
sandter Wasserproben zu allgemeiner Einführung.

Kohl (Marburg).

Okada, Ueber einen neuen pathogenen Bacillus aus
Fussbodenstaub. (Centralblatt f. Bakteriologie und Parasitenkunde. Bd. IX. No. 13. p. 442—444.)

Aus dem zwischen den Dielen des Fussbodens abgelagerten
Staube isolirte Okada ein neues Kurzstäbchen mit leicht abgerundeten Enden, das etwa doppelt so lang, als breit und mit Anilin
leicht färbbar ist. Sporenbildung und Eigenbewegung wurden an
demselben nicht wahrgenommen, wohl aber häufiger Fadenbildung.
Von den ihm in mancher Beziehung sehr ähnlichen Emmerich-
schen und Brieger'schen Bacillen unterscheidet es sich dadurch,
dass es bei Strichculturen nicht wie jene fadenförmige Ausbreitungen
in die Gelatine entsendet und auch nicht auf Kartoffelnährboden
gedeiht. Geringeres Wachsthum der Kolonien kennzeichnet das
neue Kurzstäbchen vor den Pfeiffer'schen Kapselbacillen, und
von *Bacillus murisepticus* unterscheidet es schon seine grössere
Dicke. In Strichculturen bildet sich ein dünner Faden mit ober-
flächlicher milchweiser Verbreiterung aus, die aber nie den Rand
des Glases erreichte. Verflüssigung der Nährgelatine trat nicht
ein. In Bacillenculturen ging das Wachsthum besonders energisch
vor sich. Der neue Bacillus zeigte äusserst giftige Wirkungen,
denn alle mit ihm geimpften Versuchsthiere wurden sehr rasch matt
und starben nach 20—24 Stunden.

Kohl (Marburg).

Zölffel, Georg, Ueber die Gerbstoffe der Algarobilla
und der Myriobalanen. (Mittheilungen aus. dem pharmaceutisch-chemischen Institut der Universität Marburg. — Archiv der
Pharmacie. Band CCXXIX. 1891. Heft 2. p. 123—160.)

Der Gerbstoff der Algarobilla genannten Früchte von
Caesalpinia brevifolia Benth. ist kein einheitlicher Körper, sondern
ein Gemisch zweier Gerbstoffe.

Der eine der beiden in der Algarobilla in einer Menge von
etwa 8—10% enthaltene Gerbstoff ist das Glukosid der Gallus-
gerbsäure und liefert bei der Hydrolyse Gallussäure und Zucker.

Der zweite in weitaus grösserer Menge in der Algarobilla enthaltene Gerbstoff ist eine zuckerfreie Gerbsäure der Formel
$C_{14} H_{10} O_{10}$, welche sich leicht in Ellagsäure und Wasser spaltet, und
welcher daher der Name Ellagengerbsäure zukommt. Dieselbe
Gerbsäure ist in unreiner Form bereits früher von Loewe aus den
Myrobalanen und Dividivifrüchten dargestellt worden.

Der als Spaltungsproduct des Gallusgerbsäureglukosides
auftretende Zucker ist Dextrose und liefert mit Phenylhydrazin
Glukosazon.

In dem Molekül der Ellagengerbsäure sind fünf durch den Essigsäurerest vertretbare Hydroxyle vorhanden, und kommt ihr in Berücksichtigung der Beziehungen zur Ellagsäure folgende Constitutionsformel zu:

$$C_6H_2 \begin{cases} COOH \\ OH \\ OH \\ O \end{cases}$$

$$O$$

$$C_6H_2 \begin{cases} CO \\ OH \\ OH \\ OH \end{cases}$$

Lufttrockene Essigsäure verliert bei 100^0 getrocknet $10,6\%$ Krystallwasser, entsprechend der Formel $C_{14}H_6O_8 + 2H_2O$. Die Zusammensetzung der bei 100^0 getrockneten Ellagsäure entspricht der Formel $C_{14}H_6O_8$, dieselbe erleidet bei höheren Temperaturen keinen weiteren Gewichtsverlust.

Die Ellagsäure liefert bei der Acetylirung statt des erwarteten Diacetylderivates ein Tetraacetylderivat, dessen Constitution ebenso wie diejenige der Ellagsäure selbst weiterer Aufklärung bedarf.

Der Gerbstoff der Myriobalanen ist ebenfalls ein Gemisch von Gallusgerbsäureglukosid zum kleineren und Ellagengerbsäure zum wesentlich grösseren Theile.

In den Algarobilla-Früchten, sowie in den Myriobalanen sind geringe Mengen von Gallussäure praeexistirend vorhanden; die ersteren enthalten ausserdem noch geringe Mengen von Oxalsäure.

E. Roth (Berlin).

Hassack, K., R a m i e, ein R o h s t o f f der T e x t i l i n d u s t r i e. (Sep. Abdr. aus dem Jahresbericht der Wiener Handels-Akademie. 1890. 46 p. 1. Taf.)

In einer geschichtlichen Einleitung erwähnt der Verfasser, dass die ersten Ballen Ramiefaser im Jahre 1810 aus Indien nach England geschickt wurden. Bis in die Mitte unseres Jahrhunderts behielt der Faserstoff indess nur wissenschaftliches Interesse, und erst die Londoner Industrie-Ausstellung 1851 lenkte von neuem die Aufmerksamkeit auf die Ramie, welche auch „Rhea" und „Chinagras" genannt wurde. Wenn auch der Ausspruch F r e m y 's: „Ramie wird eines Tages unsere französische Baumwolle werden", zu optimistisch sein dürfte, so ist es doch gewiss, dass die schöne und dauerhafte Faser eine bedeutende Rolle in der Textilindustrie spielen wird. — Die Stammpflanze der Ramie, *Boehmeria nivea* Hook et Arn., ähnelt sehr unserer heimischen Nessel, doch fehlen ihr die Brennhaare. Ausser dieser finden von den etwa 45 Arten noch *B. macrophylla* Don, *B. platyphylla* Don, *B. Malabarica*

Wedd., *B. caudata* Poir. u. a. m. technische Verwendung. Angebaut werden 2 Varietäten: Die in China wildwachsende, früher als
Boehmeria nivea speziell bezeichnete weisse Nessel und die auf
den Sundainseln heimische Form *B. nivea* var. *tenacissima*. Die
erstere ist zum Anbau in gemässigten Klimaten geeignet, während
die letztere ein warmes Klima verlangt. In den meisten Lehrbüchern werden Ramie und Chinagras als von 2 verschiedenen
Arten *Boehmeria* abstammend bezeichnet. Nach des Ref. Anschauungen sind dieselben indess identisch. Gegenwärtig wird die
Bezeichnung „Chinagras" wenig mehr angewandt, und hat sich das
malayische „Ramie" bis auf England und dessen Kolonien allgemein
eingebürgert. In den letzteren Ländern wird die Faser Rhea fibre
genannt.

Die Bastfasern stellen das Spinnmaterial dar. Der Verfasser
beschreibt im Weiteren eine grössere Anzahl von Mustern aus den
verschiedensten Productionsländern. Die Zellwandungen der Ramie
bestehen aus reiner unverholzter Cellulose. Vor allen andern pflanzlichen Fasern ist die Ramiefaser durch die ausserordentliche Länge
ihrer Zellen ausgezeichnet, welche im Durchschnitt 15—25 cm beträgt. Der Verfasser fand Faserzellen in einer „cotonisirten" Ramie
aus Mexiko von 58 cm Länge bei einer Breite von 48—60 mmm.
Demnach sind die Fasern etwa 8400 **mal so lang, als breit,**
während die Bastfaserzellen des Flachses 1200', des Hanfes 1000,
der Jute nur 90, und die Baumwollhaare 1000—2500 mal so lang,
als breit sind. Diese ausserordentliche Faserlänge bedingt, im
Verein mit dem prachtvoll seideartigen Glanz und grosser Festigkeit,
den hohen Werth der Ramie. Die Zerreissfestigkeit von Ramie
und russischem Hanf steht im Verhältniss 280:160.

Verf. bespricht dann weiter die Verbreitung, Cultur und den
Ertrag der Ramiepflanze Die Heimath derselben ist Südostasien,
und ist ihre Cultur und technische Verwerthung in China und auf den
Sundainseln eine uralte. China ist bis heute das Hauptculturland
der Ramie geblieben und werden bedeutende Mengen der rohen
Faser sowohl wie daraus erzeugter Gewebe, welche letztere unter
den Namen Grasscloth, Grasleinen, Nesseltuch bekannt sind, exportirt. Frankreich hat sich grosses Verdienst um die Ausbreitung
der werthvollen Nutzpflanze erworben. Seit 1815 wird dieselbe im
südlichen Frankreich bei Montpellier angebaut. Mit gutem Erfolge
haben Algier, Aegypten, Mexiko und Brasilien die Cultur der
„chinesischen Nessel" aufgenommen. In Europa sind ausser in
Frankreich auch in Italien und Ungarn Anbauversuche gemacht
worden. Ueber Culturen, welche 1889 in feuchten Niederungen
Badens begonnen wurden, sind die Resultate noch unbekannt. —
Die Ramiepflanze verlangt zu gutem Gedeihen einen leichten,
sandigen, humusreichen und feuchten Ackerboden und kommt am
besten fort in niedrig gelegenen Strichen, welche eine reichliche
Bewässerung gestatten. In Europa hat der Anbau wenig Aussicht
auf Erfolg, indem Fröste den überwinternden Wurzelstöcken sehr
schädlich sind. Die Ramiepflanzungen dauern 20—25 Jahre aus
bei 2—3facher jährlicher Ernte.

Die Ursache, dass die Cultur der so werthvollen Ramiepflanze und ihre Verwerthung so langsam fortschreiten, liegt in der Schwierigkeit der Entfaserung. Die Methoden der Bearbeitung der Faserpflanzen überhaupt, besonders aber von Hanf und Flachs, lassen noch viel zu wünschen übrig; sie sind zu umständlich für den Grossbetrieb und gewiss auch theilweise die Ursache, dass der Flachsbau abnimmt und der Hanfbau fast still steht.

Ueber die gebräuchlichen chemischen und mechanischen Methoden der Entfaserung, über die Verspinnung, das Bleichen und Färben, ebenso wie über die Verwendung der Ramiefaser muss auf das Original verwiesen werden.

Hebebrand (Marburg).

Weber, C., Kurzer Abriss für den ersten Unterricht in der landwirthschaftlichen Pflanzenkunde an Winterschulen und ländlichen Fortbildungsschulen. 8⁰. 20 p. Stuttgart 1891.

— —, Leitfaden für den Unterricht in der landwirthschaftlichen Pflanzenkunde an mittleren bezw. niederen landwirthschaftlichen Lehranstalten. 8⁰. 167 p. Stuttgart 1892.

Die erste dieser beiden Schriften soll als Wiederholungsheft den Schülern derjenigen landwirthschaftlichen Lehranstalten dienen, welche dem Unterrichte in der Botanik nur eine beschränkte Zeit widmen können. Es ist daher nur das Allernothwendigste dessen aufgenommen, was der Schüler braucht, um eine auf einfache Verhältnisse beschränkte Pflanzenproductionslehre zu verstehen. Dazu setzt der Verf., welcher als Lehrer der Naturwissenschaften an der landwirthschaftlichen Lehranstalt zu Hohenwestedt in Holstein thätig ist, voraus, dass die Schule mit einigen Anschauungsmitteln, (einem kleinen Herbarium, mit einigen Spirituspräparaten, einer kleinen Frucht- und Samensammlung, einigen Modellen und einigen guten Abbildungen) versehen ist. Im ersten Abschnitt wird die äussere Gestalt der Pflanze behandelt, und zwar immer unter Hinweis auf landwirthschaftliche Gegenstände und Vorkommnisse, wie schon aus den Ueberschriften der 18 Paragraphen dieses Abschnittes ersichtlich ist: der Same, die Entwicklung der Bohne, die Blätter, die Knospen, die erste Entwickelung des Roggens, besondere Sprossformen, die Entwickelung der Kartoffel, Besonderheiten der Wurzel, Alter und Veränderungen der Sprosse, die Blütenstände, die Blüte, das Staubgefäss, der Stempel, der Befruchtungsvorgang, die Bestäubungseinrichtung, die vermiedene Selbstbefruchtung, die Frucht, Vererbung und Züchtung. — Der zweite Abschnitt, für welchen Verf. voraussetzt, dass der Schüler inzwischen mit den landwirthschaftlich wichtigsten chemischen Stoffen und Vorgängen bekannt gemacht ist, behandelt inneren Bau und die wichtigsten Lebensbedingungen der Pflanze. Er zerfällt in 15 Paragraphen: der zellige Bau der Pflanze, die

Zelle, die Gewebe, die wichtigsten Lebensbedingungen, die Nähr-
stoffelemente, Trockensubstanz und Asche, die Pflanze als Erzeugerin
der organischen Substanz, die Aufnahme des Wassers, die Aufnahme
der Aschenbestandtheile und des Stickstoffes, die Aufnahme des
Kohlenstoffs und der Reservestoffe, die Athmung, die Wärme, das
Licht, die Schwerkraft, die Keimung der Samen. — Im dritten
Abschnitte werden noch die wichtigsten Pilzkrankheiten
der Culturgewächse behandelt: Die Schmarotzer, die Pilze
im Allgemeinen, das Mutterkorn, der Flugbrand, der Steinbrand,
der Kartoffelpilz, der Getreiderost, der Stroh- und der Kronenrost,
der Mehlthau.

Eine erweiterte und mit 120 Text-Abbildungen versehene Ausgabe des „Abrisses" ist der „Leitfaden". Derselbe ist „für einen
Unterricht bestimmt, der sich zum Ziel gesetzt hat, den Schüler
an der Hand eigener Beobachtung mit den wichtigsten Erscheinungen
des Pflanzenlebens bekannt zu machen und gleichzeitig die erziehenden Momente zur Geltung zu bringen, welche diesem Unterrichte
innewohnen, in der weiteren Absicht, dem verhängnissvollen Einflusse entgegenzuwirken, welche eine rein utilistische Betrachtung
der Natur unfehlbar auf die Charakterbildung ausübt". Beobachtung
und Zeichnung des Gesehenen sind Hauptmittel, für die Erkenntniss
der Naturkörper. Der Satz: „Regelmässige und planvolle, allmählig
auf einen weiteren Umkreis ausgedehnte Excursionen sind ein un-
umgängliches Erforderniss des botanischen Unterrichts" ist dem Ref.
aus der Seele gesprochen. „Die Excursionen werden zu einer Quelle
mannigfacher Anregung, wenn man dabei auch die Thierwelt, den
geologischen, pedologischen, meteorologischen etc. und nicht zum
wenigsten den rein landwirthschaftlichen Verhältnissen gebührende
Beachtung schenkt und ihre wechselseitigen Beziehungen erkennen
lehrt." Der erste Abschnitt behandelt in 15 Paragraphen
wiederum die Gestalt der Pflanze in ähnlicher, doch aus-
führlicherer Weise wie im „Abriss." Die beigefügten, vom Verf.
selbst gezeichneten Abbildungen sind sorgfältig ausgewählt und
ausgeführt. Fast jedem Paragraphen sind eine Anzahl Wiederholungsfragen, in denen das für die Landwirthschaft Wichtige besonders beachtet ist, beigefügt. — Der zweite Abschnitt
behandelt kurz den inneren Bau der Pflanze, der dritte
das Leben der Pflanze, gleichfalls wieder unter Hinzufügung
von Wiederholungsfragen. Die Pflanzenphysiologie ist auf experimenteller Grundlage behandelt, wodurch das kleine Buch nicht nur
für die Landwirthschaftsschulen brauchbar erscheint, sondern ein
allgemeines Interesse beansprucht. Die fast jedem Paragraphen
vorangestellten Versuche sind mit Geschick ausgewählt und werden
durch hübsche Abbildungen erläutert, die zum Theil aus den Werken
von J. v. Sachs entlehnt sind. Verf. bemerkt in der Vorrede sehr
richtig, dass sich einer solchen Behandlung der Physiologie in der
Schule grosse Schwierigkeiten entgegenstellten, doch seien die noth-
wendigsten Vorbedingungen nicht unerfüllbar: ein Versuchsgarten,
einige hohe Fenster mit inneren und äusseren Blumenbrettern und
einige Geräthe; viel schwerer falle der Umstand ins Gewicht, dass

die experimentelle Behandlung der Pflanzenkunde recht bedeutende
Opfer an Zeit und Arbeitskraft erfordere und dass sie eine viel
grössere Uebung, eine viel innigere Vertrautheit mit der Natur der
Versuchspflanzen voraussetze, als gemeiniglich angenommen werde.
— Im vierten und letzten Abschnitt wird ein Ueberblick
über das natürliche System der Pflanzen gegeben. Die
Eigenartigkeit wird am besten durch Mittheilung der Paragraphen
angedeutet: die Pilze, bemerkenswerthe Pilze, die Algen und Flechten,
die Moose, die Gefässsporenpflanzen, die Abtheilungen und Classen
des natürlichen Systems, die Nadelhölzer, die Einkeimblättrigen,
die freikronigen Zweikeimblättrigen, die verwachsenkronigen Zweikeimblättrigen, die wichtigsten landwirthschaftlichen Cultur- und
Nutzpflanzen, die natürlichen Pflanzenverbände, die künstlichen
Pflanzenverbände und die Unkräuter im Allgemeinen. Den einzelnen
Paragraphen sind Uebersichts- und einzelne Bestimmungstabellen,
sowie Wiederholungsfragen beigefügt.

Knuth (Kiel).

Hösel, L., Studien über die geographische Verbreitung
der Getreidearten Nord- und Mittelafrikas, deren
Anbau und Benutzung. (Mittheil. d. Vereins f. Erdkunde
zu Leipzig. 1889, herausgegeben 1890. p. 115 — 198. Mit
1 Karte.)

Die Arbeit, welche auf eingehenden Studien in der Reise-
litteratur über N.- und Mittel-Afrika beruht, gliedert sich in folgende
Haupt-Abschnitte: 1. Getreidearten, 2. Verbreitung der Arten,
3. Anbau des Getreides, 4. Preis des Getreides.

Aus dem 1. Abschnitt sei besonders auf die genauen Untersuchungen über die Volksnamen der betreffenden Pflanzen hingewiesen,
da die Aufzählung der Arten sich am besten der Kürze halber an die
Verbreitung anschliesst. Der wichtigste Abschnitt für den Botaniker
ist natürlich der zweite, auf diesen soll daher hier besonders eingegangen werden. Im Allgemeinem hebt Verf. hervor, dass die
genaue Umgrenzung der Bezirke der einzelnen Arten natürlich noch
lange nicht mit Sicherheit möglich ist. Nach den bisher bekannten,
einzelnen, vom Verf. aufgezählten Belegen, ergiebt sich folgende Verbreitung:

1. **Gerste:** Marokko, Algier, Tunis, Tripolis (Cyrenaica),
Aegypten, Nubien, Abessinien, Gebiet südl. von Abessinien (Limmu,
Gera, Djandjero. Afillo, Lagamara), Gebiet westl. von Abessinien
(Gumbabi, Lega-Gebiet), Oasen der Sahara (Dachel, Farafrah, Kufra,
Audschila, Lebba, Sokna, Sirrhen, Qatun, Ghat, Ederi, Ghadames,
Tafilet, Karsas, Aderer, Ssakiet), Kuka und Bamba.

2. **Weizen:** Marokko, Algier, Tunis, Tripolis (Cyrenaica),
Aegypten, Nubien und Senar, Abessinien, Somali, Legagebiet,
Kordofan, Dar For, Wadai, Kanem, Logone, Bagirmi, Bornu, Haussa-
Staaten, Nigergebiet (Bambara, Kabara, Timbuktu, Bamba), Oasen
(Dachel, tarafrah, Kufra, Audschila, Dschofra, Sirrhen, Mursuk,

Quatrun, Ghat, Berke, Ghadames, Kursas, Tafilet, Aderer, Ssakiet,
Agades, Tibesti, Borku).

Roggen, Hafer und Hirse werden in sehr geringem Maasse
gebaut; *Panicum*-Arten werden aus den Haussa-Staaten von Hartert
genannt, aus Algier wird wenig Hafer und noch weniger Roggen
ausgeführt, da die einheimische Bevölkerung selbst das wenige
Gebaute braucht. Auch in Marokko und Aegypten ist der Anbau
von Roggen von sehr geringem Belang. In Abessinien fand Steudner
vereinzelte Haferfelder.

Mais: Marokko (im W. sogar Nationalkost), Tunis (Gebiet
des Madjerdah), Cyrenaika, Aegypten, Nubien, Abessinien, Somali,
(Gebiet südl. und westl. von Abessinien, Aequatorialprovinzen, Bongo,
Mittu, Djur, Niam-Niam, Monbuttu (eigentlich nur als Gartengemüse).
Dar Banda, Dar Runga, Wadai, Bagirmi, Logone, Kanem und
Tsad, Bornu, Adamaua, Haussa, Niger und Senegambien, Oasen
(Borku, Mursuk (?), Ghadames, Dachel und Farafrah, Kufra [?]).

Sorghum: Aegypten, Nubien, Gebiet zwischen Nil und Massaua,
Abessinien, (Gebiet südlich von Abessinien, Somali-Länder, Gebiet
westlich von Abessinien, Aequatorialprovinz, Niam-Niam, Bongo,
Djur, Mittu, Fertit, Denka, Nuer, Schilluk, Baggara, Senar, Kordofan.
Dar For, Dar Rungu, Wadai, Kanem, Bagirmi, Logone, Bornu.
Adamaua, Sokoto, Gwando, Oberer Niger, Senegambien, Oasen
(Ghadames, Fessan, Sokna, Sirrhen, Mursuk, Qatrun, Kufra, Tibesti.
Borku, Ennedi, Farafrah, Dachel).

Duchu (*Penicillaria spicata*): Aegypten, Nubien, Gebiet
zwischen Nil und Massaua, Gebiet zwischen Nil und Abessinien,
Abessinien, Aequatorialprovinz, Dinka, Nuer, Senar, Baggara,
Kordofan, Dar For, Wadai, Dar Rungu, Kanem, Bagirmi, Logone,
Adamana, Bornu, Damerghu, Sokoto, Gwando, Gebiet des Niger,
Oasen (Asben, Tibesti, Borku, Karsas, Temsana, Sokna, Sirrhen,
Mursuk, Qatrun, Audschila, Kufra, Dachel, Farafrah.)

Eleusine Coracana und *Tokusso* (welche vielleicht specifisch
gar nicht zu trennen sind). Fertit, Kredj, Bongo, Djur, Niam-Niam,
Monbuttu (in äusserst geringer Menge), Aequatorialprovinz, Gebiet
südlich von Abessinien, mittleres und nördliches Abessinien. (Die
Art ist von Nachtigal in Bagirmi wild gefunden, daher vielleicht
auch in den davon östlich gelegenen Ländern, die noch wenig erforscht sind, zu vermuthen.)

Tef. (*Eragrostis Abyssinica*): Nur wild in einem westlichen
Bezirk mit seinem Mittelpunkt in Bagirmi mit Ausläufern nach allen
Richtungen; nur gebaut in Abessinien, wahrscheinlich daher auch
in den zwischenliegenden Ländern zu vermuthen. Nachgewiesen:
südlich von Abessinien, Abessinien, Bahr-el-Asrak, Kordofan,
Wadai, Ennedi, Borku, Tibesti, Manga, Schitati, Bagirmi, Logone,
Bornu, Niger.

Reis (*Oryza sativa* und *punctata*). Ersterer wird nur gebaut,
letzterer lebt nur wild. Mit Bezug auf beide lässt sich der Sudan
ungefähr in 3 gleiche Theile theilen, im westlichen findet man neben
dem wildem den angebauten, im mittleren nur den wilden, doch
werden die Körner fleissig gesammelt, im östlichen ist letzterer

auch zu finden, bleibt aber unbenutzt. Die Grenze zwischen dem ersten und zweiten Gebiet bildet eine Linie, die sich östlich von Katsina und Kano hinzieht und Adamaua in der Mitte schneidet. Das zweite Gebiet umfasst vor allem Bornu, Bagirmi und Wadai nebst den angrenzenden Ländern. Die Grenze zwischen dem zweiten und dritten Gebiet ist östlich von Bagirmi zu suchen, doch nicht genau festzustellen, da die dortigen Gebiete noch zu wenig bekannt sind; im N reicht das zweite Gebiet weiter ostwärts, denn auch Dar For, Kordofan und Baggara gehören dazu. Mindestens eine Art der Gattung findet sich in folgenden Gebieten: Guinea (Kru-Neger Togo), El Hodh, Baghena, Senegambien, Gebiet des ganzen Niger, Gwando, Sokoto, Adamaua, Mnsige, Bornu, Logone, Bagirmi, Wadai, Dar For, Kordofan, Baggara, Bongo, Niam-Niam, Senar, Abessinien, Nildelta, Fajum, Tunis (sehr wenig) Farafrah, Dachel, Dschofra.

Nicht angebaute Getreidearten (oft von grosser Bedeutung für die Ernährung der Bewohner): *Pennisetum distichum* (wahrscheinlich identisch mit *Cenchrus echinatus*), *Panicum turgidum* (Tibesti), *P. Petivieri*, *Arthratherum pungens*, *Tryachyrum Cordofanum*, *Vilfa spicata*, *Dactyloctenium Aegypticum* u. a. Das Hauptgebiet derselben reiht sich nordwärts an das des Duchubaues und ist ungefähr von 14—16⁰ n. B. So wird nach Barth im Sudan unter 17⁰ n. R. *Panicum colonum*, unter $16^{1}/_{2}$⁰ *Pennisetum distichum* benutzt. Nachtigal erwähnt in seiner Reise nach Bornu unter $15^{1}/_{2}$⁰ n. B. *Pennisetum dichotomum* (wohl identisch mit vorigem) u. *Cenchrus echinatus* (s. o.). Duveyrier erwähnt *Arthratherum pungens*, das sich überall, selbst in den unfruchtbarsten Gegenden findet und das bei den nördlichen Tuareg hie und da dieselbe Rolle spielen mag, wie der Askanit bei den südlichen. Durch verschiedene Reisende wird bestätigt, dass *Cenchrus echinatus* (Askanit) in Kordofan ungeheure Strecken bedeckt.

Hindernisse für die Verbreitung bilden ausser Klima und Boden noch besonders die Menschen, denn je nachdem diese eine Art lieben oder nicht, wird auch ihre Verbreitung begünstigt oder gehemmt. Dies zeigte sich schon bei den Angaben über den Reis. Ebenso hat nur der Einfluss der Araber dem Weizen so weite Gebiete in Mittelafrika erschlossen. Auch am Nil wurde er sammt der Gerste früher nicht soweit südlich gebaut. Dagegen findet er sich in Abessinien nicht so verbreitet wie man erwarten könnte, denn „die Abessinierinnen haben ein entschiedenes Vorurtheil gegen diese Cerealie, weil sie mit dem daraus zu bereitenden Mehle mehr Mühe als bei anderen Getreidearten haben". In Dundjero ist sogar der frühere Maisbau durch königliches Gebot unterdrückt, da der König nicht leiden konnte, „dass die Kolben besser bedeckt wären als er, da ihre Bärte den Menschenhaaren glichen." Während der Neger Sinn für Ackerbau hat, fehlt dieser meist dem Araber. Das Vordringen dieses Volkes ist vielfach daher Schuld an dem Fehlen von Getreidearten, ferner die vielfachen Räubereien.

Aus dem 3. Haupttheil des Werkes mag hervorgehoben werden, dass man nach der Zeit des Anbaues die nördliche Hälfte Afrikas in 3 Gebiete theilen kann:

1. Gebiet der Mittelmeerländer mit Wintersaat.
2. Oasen mit Sommer- und Wintersaat.
3. Mittelafrika, vorwiegend mit Sommersaat (in Abessinien und den Gallaländern nur Sommersaat.)

In den Oasen sät und erntet man das ganze Jahr hindurch, so dass wohl 5 Ernten in einem Jahr möglich, da man von Regen unabhängig und Wärme fast immer ausreichend ist, doch werden im Winter Weizen und Gerste, im Sommer Sorghum und Duchu gepflanzt. Im Mittelmeergebiet ist nur der feuchte Winter für den Getreidebau verwendbar. Im Mittelafrika beginnt dagegen mit der Zeit der Sommerregen der Anbau; am schnellsten reifen Mais und Duchu, am langsamsten eine grosse Varietät des Sorghum, die in Senar und Taka 5—6, weiter südlich 8 Monate zur Reife bedarf; Duchu wird dort manchmal 2 mal gesät; immer zum Winter pflanzt man (wo Wintersaaten vorkommen) in Mittelafrika: *Sorghum cernuum*, Weizen und Gerste.

In Aegypten sät man, wenn der Nil bis zu einem gewissen Grade gefallen ist, im November Sorghum, Weizen und Gerste und erntet diese im März und April, wenn der Fluss allmählich seinen höchsten Stand erreicht hat. Um diese Zeit beginnt man auf den Scharaki- (nicht vom Nil überschwemmten) Ländereien mit der Saat der Sommerdurra und Hirse (?), welche nach ungefähr 100 Tagen, also Ende Juni, geschnitten wird. Jetzt erleichtert der anschwellende Strom die Bewässerung, und schon im Juli und August schreitet man auf den Scharaki-Ländereien zur zweiten Saat, man pflanzt Mais, der in 2¹/₂—3 Monaten reift, und gelbe Herbst-Durra, die nach 3¹/₂—4 Monaten (Nov.) geerntet wird. Reis sät man im März und April, er reift mit dem Steigen des Nil (wie auch am Niger), wird aber erst nach dem Fallen desselben (Nov.) geerntet (am Niger dagegen beim höchsten Wasserstand, wenn die Aehren nur aus der Fluth ragen). In Abessinien und den Gallaländern werden Weizen und Gerste nur im Sommer gebaut, denn man pflanzt sie nur hoch im Gebirge. Auch auf Bewässerung, Düngung, Bestellung der Felder u. s. w. wird eingegangen, doch muss dafür auf das Original verwiesen werden.

Die Bewohner Afrikas backen nicht Brot in unserem Sinn, sondern Kuchen oder Fladen, wie Schweinfurth glaubt, da die afrikanischen Getreidearten nur „eine geringe Menge löslicher Stärke" enthalten. Zuweilen wird der Brei nur in Klumpen geformt und in Asche gebacken, oft einfach als Teig genossen. Der 4. Abschnitt über den Preis des Getreides ist für den Botaniker von zu geringem Werth, um hier referirt zu werden.

Auf der beigegebenen Karte sind die Gebiete der einzelnen Getreidearten durch besondere Farben umgrenzt. Verf. warnt vor allem davor, ein Gebiet mit nur einer Art ja nicht immer für wenig bebaut zu halten.

F. Höck (Luckenwalde).

Neue Litteratur.*)

Geschichte der Botanik:

Hoffmann, M., Berichtigung zu der Biographie von Eduard Petzold. (Gartenflora. 1891. Heft 19. p. 529.)

Allgemeines, Lehr- und Handbücher, Atlanten etc.:

Krist, G., Anfangsgründe der Naturlehre für die Unterklassen der Realschulen. 6. Aufl. gr. 8⁰. X, 264 p. m. 250 Holzschn. Wien (Wilh. Braumüller.)
geb. M. 2.20.

Algen:

Setchell, William Albert, Concerning the life-history of Saccorhiza dermatodea (De la Pyl.) J. Ag. With plate. [Contributions from the Cryptogamic laboratory of Harward University. XVII.] (Proceedings of the American Academy of arts. and sciences. Vol. XXVI. 1891. p. 177—217.)

Pilze:

Atkinson, Geo. F., On the structure and dimorphism of Hypocrea tuberiformis. (With plate.) (The Botanical Gazette. Vol. XVI. 1891. p. 282—285.)

Brefeld, O., Untersuchungen aus dem Gesamtgebiete der Mykologie. Fortsetzung der Schimmel- und Hefenpilze. Heft IX. u. X.

Inhalt: IX. Die Hemiasci u. die Ascomyceten. Untersuchungen a. d. königl. botan. Institute in Münster i. W., in Gemeinschaft ausgeführt. m. F. v. Tavel, in d. Untersuchungen über Ascoiden und Endomyces m. G. Lindau. (VIII. 156 p. m. 4 Tafeln.)

X. Ascomyceten II. (Fortsetzung des IX. Heftes.) Untersuchungen a. d. königl. botan. Institute in Münster i. W., in Gemeinschaft ausgeführt mit F. v. Tavel. (IV. u. p. 157—378 mit 10 Tafeln. gr. 4⁰. Münster i. W. [H. Schöningh.]) M. 42.—

Istvánffi, Gy. v., Ujábbvizsgálatok az üszök gombákról. [Neuere Untersuchungen über die Brandpilze.] (Természettud. Közlöny. Pótfuzet. 1891.)

— —, A woarölö gombák s az apáca hernyó. [Die insectentödtenden Pilze und die Nonne.] (Természettud. Közlöny. Heft. 266. 1891.)

Rabenhorst, L., Kryptogamenflora von Deutschland, Oesterreich u. der Schweiz. 2. Aufl. Bd. I. Lfrg. 45. Pilze. Abtheilung IV. Phycomycetes, bearb. von B. Fischer. p. 1—64 m. Abbildungen. Leipzig (Eduard Kummer) 1891. M. 2.40.

Gefässkryptogamen:

Potonié, H., Die Beziehung zwischen dem Spaltöffnungssystem und dem Skelettgewebe (Stereom) bei den Wedelstielen der Farnkräuter (Filicineen). (Naturwissenschaftl. Wochenschrift Bd. VI. 1891. No. 44. p. 441—444.)

Physiologie, Biologie, Anatomie und Morphologie:

Aveling, E., Die Darwin'sche Theorie. 2. Aufl. 8⁰. VI, 272 pp. Stuttgart (Dietz) 1891. M. 1.50, geb. bar M. 2.—

Errera, Léo., Sur la loi de la conservation de la vie. (Revue philosophique. Tome XXXII. 1891. p. 321—330.)

Gerock, I. E. und Bronnert, E., Beitrag zur Anatomie des Stammes von Strychnos Ignatii. Mit Abbildung. (Archiv der Pharmacie. Band CCXXIX. 1891. Heft 7. p. 565—568.)

Haussgirg, A., Beiträge zur Kenntniss der nyktitropischen, gamotropischen und karyotropischen Bewegungen der Knospen, Blüten und Fruchtstiele bezw.

---

*) Der ergebenst Unterzeichnete bittet dringend die Herren Autoren um gefällige Uebersendung von Separat-Abdrücken oder wenigstens um Angabe der Titel ihrer neuen Publicationen, damit in der „Neuen Litteratur" möglichste Vollständigkeit erreicht wird. Die Redactionen anderer Zeitschriften werden ersucht, den Inhalt jeder einzelnen Nummer gefälligst mittheilen zu wollen, damit derselbe ebenfalls schnell berücksichtigt werden kann.

Dr. Uhlworm,
Terrasse Nr. 7.

Stengel und meine Erwiderung an Klebs. (Biologisches Centralblatt. Bd. XI.
1891. No. 15 u. 16.)
Holm, Theod., A study of some anatomical characters of North American
Gramineae. III. Distichlis and Pleuropogon. (The Botanical Gazette. Vol. XVI.
1891. p. 275—281. With plates.)

Systematik und Pflanzengeographie:

Dieck, G., Ein dendrologischer Spaziergang nach dem Kaukasus und Pontus.
[Schluss.] (Gartenflora. 1891. Heft 19. p. 509.)
Floderus, B. G. O., Beiträge zur Kenntniss der Salix-Flora der Gebirgsgegenden
in SW. Jämtland. (Sep.-Abdr. a. Bihang til kgl. svenska Vet. Akad. Handlingar.
XVII. Afd. III. Nr. 1.) 8⁰. 52 pp. Stockholm 1891. [Schwedisch.]
Kolb, Max, Der Mammutbaum, Sequoia gigantea, Wellingtonia gigantea, einer
der Riesenbäume der Welt. (Illustr. Monatshefte für die Gesammt-Interessen
des Gartenbaues. 1891. Heft 10. p. 256—259.)
Kuntze, Otto, Revisio generum plantarum vascularium omnium atque cellularium
multarum secundum leges nomenclaturae internationales cum enumeratione
plantarum exoticarum in itinere mundi collectarum. Mit Erläuterungen.
Pars I. II. 8⁰. CLV, 1011 pp. Leipzig (Arthur Felix), London
(Dulau & Co.), Milano (U. Hoepli), New-York (G. E. Stechert), Paris (Charles
Klincksieck) 1891.
Mueller, Ferd. Baron v., Iconography of Australian salsolaceous plants.
Decade VII. 4⁰. pl. LXI—LXX. Melbourne (Robt. S. Brain) 1891.
Macoun, James M., Notes on the flora of Canada. (The Botanical Gazette.
Vol. XVI. 1891. p. 285—288.)
Majewsky, P., Die Gräser des mittleren Russland. Illustrirtes Handbuch zur
Bestimmung der mittelrussischen Gräser. 8⁰. 157 pp. Moskau 1891. [Russisch.]
Nathorst, A. G., Fortsatta anmärkninger om den grönländska vegetationens
historia. (Öfversigt af kgl. sv. Vet. Akad. Förhandl. 1891. Nr. 4.)
Skalosuboff, N. L., Materialien zur Kenntniss der auf den Feldern des Gouv.
Perm vorkommenden Unkräuter. I. Verzeichniss der Unkräuter der Kreise
Krassnoufimsk und Ossa. (Memoiren der Ural'schen Naturforscher-Gesellschaft.
Band XII. 2. und letzte Lieferung. Katharinenburg 1890/91. p. 81—88.)
[Russisch und französisch.]
Suseff, P., Florenskizze der Domäne Bilimbzi. (Memoiren der Ural'schen
Naturforscher-Gesellschaft. Band XII. 2. und letzte Lieferung. Katharinenburg
1890/91. p. 13—41.) [Russisch und französisch.]
Udinzeff, S. A., Vorläufige Florenskizze des Kreises Irbit im Gouv. Perm.
(Memoiren der Ural'schen Naturforscher-Gesellschaft. Band XII. Lieferung 1.
Katharinenburg 1889/90. p. 31—44.) [Russisch.]
Vasey, Geo., A neglected Spartina. (Botanical Gazette. XVI. p. 292.)
Warming, Eug., Grönlands Natur og Historie. Antikritiske Bemærkninger til
Prof. Nathorst. (Videnskabel. Meddel. fra d. naturhist. Foren. i Kjöbenhavn
for Aaret 1890.) Gedruckt 1891.
Wettstein, Richard v., Zwei für Niederösterreich neue Pflanzen. (Sep.-Abdr.
aus den Sitzungsberichten der k. k. zoologisch-botanischen Gesellschaft in
Wien. Bd. XLI. 1891.) 8⁰. 2 p. Wien 1891.
Wigand, A., Flora von Hessen und Nassau. Th. II. Fundorts-Verzeichniss der
in Hessen und Nassau beobachteten Samenpflanzen und Pteridophyten. (Schriften
der Gesellschaft zur Beförderung der gesammten Naturwissenschaften zu
Marburg. Bd. XII. Abhandlung 4. Hrsg. von F. Meigen.) gr. 8⁰. VIII.
565 p. mit Diagrammen und 1 Karte. Marburg (Elwert) 1891.   M. 7.—
Yatabe, Ryōkichi, Iconographia florae Japonicae; or descriptions with figures
of plants indigenous to Japan. Vol. I. Part I. 4⁰. 66 p. Tokyo (Z. P. Maruya
& Co.) 1891. [Englisch und Japanisch.]

Palaeontologie:

Wettstein, Richard, Ritter von, Der Bernstein und die Bernsteinbäume.
(Vorträge des Vereins zur Verbreitung naturwissensch. Kenntnisse in Wien.
Jahrg. XXXI. Heft 10.) 8⁰. 24 p. Wien (Ed. Hölzel) 1891.

Teratologie und Pflanzenkrankheiten:

Béla, Páter, A burgonyavész és az ellene való védekezés. [Die Kartoffel-krankheit und deren Bekämpfung.] (Külön lenyomat a „Gyakorlati Mezögazda". 1891. évi 43 számából.) 8°. 15 p. Kassa 1891.

Benecke, Franz, De bestrijding der onder den naam „Sereh" saamgevatte-ziekteverschijnselen van het suikerriet. (Mededeelingen van het Proefstation „Midden-Java" te Samarang.) gr. 8°. 11 pp. Met eene plaat. Semarang (van-Dorp & Co.) 1891.

Hofmann, Die Schlafsucht (Flacherie) der Nonne (Liparis Monacha), nebst einem Anh.: Vortrag über insektentötende Pilze. gr. 8°. 16 u. 15 pp. mit 20 Abbildungen. Frankfurt a. M. (P. Weber) 1891. M. 1.—

Koehler, H., Die Verluste von Pflanzen im Winter 1890/91. (Gartenflora. 1891. Heft 19. p. 518.)

Medicinisch-pharmaceutische Botanik:

Achalme, P., Examen bactériologique d'un cas de rhumatisme articulaire aigu mort de rhumatisme cérébral. (Comptes rendus de la Soc. de biologie. 1891. No. 27. p. 651—656.)

Arloing, S., De l'influence des produits de culture du staphylocoque doré, sur le système nerveux vaso-dilatateur et sur la formation du pus. (Comptes rend. des séances de l'Académie des sciences de Paris. Tome CXIII. 1891. No. 10. p. 362—365.)

Bakteriologisches vom VII. internationalen Congress für Hygiene und Demographie zu London, 10.—17. August 1891. (Centralblatt für Bakteriologie und Parasitenkunde. Bd. X. 1891. No. 15. p. 505—508.)

Ball, M. V., Essentials of Bacteriology being a concise and systematic introduction to the study of Micro-Organisms for the use of students and practitioners. 8°. 159 pp. With 77 illustrations, some in colours. Philadelphia (W. B. Saunders) 1891.

Bonome, A., Der Diplococcus pneumonicus und die Bakterie der hämorrhagischen Kaninchenseptikämie. (Fortschritte der Medicin. 1891. No. 18. p. 743—754.)

Buchanan, R. M., A case of tetanus in which the infection was traced to a chronic ulcer. (Glasgow Medical Journal. 1891. Aug. p. 127—130.)

Charrin, A. et Gley, E., A propos de l'action exercée par les produits solubles du bacille pyocyanique sur le système nerveux vasomoteur. (Comptes rend. de la Société de biologie. 1891. No. 27. p. 633—634.)

Charrin et Roger, Présence du bacille d'Éberth dans un épanchement pleural hémorrhagique. (Bulletin et Mémoires de la Société méd. d. hôpit. de Paris. 1891. p. 185—190.)

Evans, J. F., On the demonstration by staining of the pathogenic fungus of malaria, its artificial cultivation and the results of inoculation of the same. (Proceedings of the Royal Society of London. 1891. p. 199.)

Herrmann, G. et Canu, E., Sur un champignon parasite du talitre. (Comptes-rendus de la Société de biologie. 1891. No. 27. p. 646—651.)

Maljean, F. A., La fièvre typhoide et l'eau de boisson à Amiens. (Archives de méd. et de pharm. militair. 1891. No. 8. p. 113—122.)

Massart, J. et Bordet, Ch., Le chimiotaxisme des leucocytes et l'infection microbienne. (Annales de l'Institut Pasteur. 1891. No. 7. p. 417—444.)

Pasquale, A., Sul tifo a Massana; studio clinico ed osservazioni batteriologiche. (Giornale medico d. R. esercito e d. R. marina. 1891. No. 7. p. 865—927.)

Plugge, P. C., Andromedotoxinhaltige Ericaceen. (Archiv der Pharmacie. Bd. CCXXIX. 1891. Heft 7. p. 552—554.)

— —, Das Alkaloid von Sophora tomentosa L. [Vorläufige Mittheilung.] (Archiv der Pharmacie. Bd. CCXXIX. 1891. Heft 7. p. 561—565.)

— —, Giftiger Honig von Rhododendron ponticum. (Archiv der Pharmacie. Bd. CCXXIX. 1891. Heft 7. p. 554—558.)

Robb, H. and Ghriskey, A. A., Infection through the drainage tube, the result of the bacteriological examination of drainage tube fluids in sixteen consecutive cases of coeliotomy. (Johns Hopkins Hosp. Bulletin. Vol. II. 1891. No. 14. p. 93—95.)

Sanarelli, G., Come si distrugge il virus carbonchioso nel tessuto sottocutaneo degli animali non immuni. (Atti della Reale Accad. d. fisiocritici in Siena. Ser. IV. Vol. III. 1891. No. 5/6. p. 231—246.)

.Santori, F. S., Su di alcuni microorganismi somiglianti a quello del tifo abdominale riscontrati in alcune acque potabili di Roma. (Atti della R. Accad. medica di Roma. Vol. V. Ser. II. 1890/91. p. 97—110.)

Schütte, W., Beiträge zur Kenntniss der Solanaceenalkaloide. (Archiv der Pharmacie. Bd. CCXXIX. 1891. Heft 7. p. 492—531.)

:Siebert, Karl, Ueber das Lupanin, das Alkaloid der blauen Lupine. (Archiv der Pharmacie. Bd. CCXXIX. 1891. Heft 7. p. 531—546.)

Mc Weeney, E. J., Exhibit of micro-organisms with some remarks. (Transactions of the Royal Academy of Med. of Ireland. 1890. p. 372.)

Technische, Forst-, ökonomische und gärtnerische Botanik:

Kaufmann, A., Der Gartenbau im Mittelalter und während der Periode der Renaissance, dargestellt in 5 Vorträgen. gr. 8⁰. 80 pp. Berlin (B. Grundmann). 1891.　　　　　　　　　　　　　　　　　　　　　M. 1.50.

Kleemann, A., Der Obstbau in Böhmen. [Schluss.] (Gartenflora. 1891. Heft 21. p. 571—574.)

Kolb, Max, Primula rosea Royle syn. elegans Duby. (Himalaya 2950—3500 m.) Mit Tafel. (Illustrirte Monatshefte für die Gesamt-Interessen des Gartenbaues. 1891. Heft 10. p. 241.)

Kränzlin, F., Aerides suavissimum Lindl. var. blandum Kränzlin. (Gartenflora. 1891. Heft 21. p. 576—578.)

Kulomsin, Gebrüder, Das Phosphormehl als Düngungsmittel für Felder und Wiesen. 8⁰. 59 pp. St. Petersburg 1890. [Russisch.]

Lange, Th., Die Orchideencultur in kleineren Privatgärten. (Gartenflora. 1891. Heft 19. p. 523.)

Mendizabal, Alfonso, Gewinnung des Agavenweins „Pulque" aus der Agave in Mexiko. (Gartenflora. 1891. Heft 19. p. 525.)

Ponomareff, N. W., Landwirthschaftliches Anfangs-Studium. Ein Lesebuch für Volksschulen und landwirthschaftliche Primarschulen. gr. 8⁰. 236 pp. Mit 141 Textabbildungen. St. Petersburg 1890. [Russisch.]

Radetzki, A., Die Obstkultur im Hausgarten. 8⁰. 70 pp. Berlin (Gebr. Radetzki) 1891.　　　　　　　　　　　　　　　　　　　　　　　M. 1.—

Regel, E., Iris Korolkowi Rgl. var. venosa pulcherrima. Mit Tafel. (Gartenflora. 1891. Heft 21. p. 561—562.)

:Schwarz, Franz, Forstliche Botanik. 8⁰. 513 pp. Mit 456 Textabbildungen und 2 Lichtdruck-Tafeln. Berlin (Paul Paray) 1892.

:Sidersky, N. W., Der weisse Senf (Sinapis alba L.) Seine Cultur und Gewinnung. 8⁰. 68 p. St. Petersburg 1890.

Sprenger, C., Arisaema enneaphyllum Hochst. Mit Abbild. (Gartenflora. 1891. Heft 21. p. 578—580.)

Stutzer, A., Leitfaden der Düngerlehre für praktische Landwirthe, sowie zum Unterricht an landwirthschaftlichen Lehranstalten. 2. Aufl. 8⁰. VII, 111 pp. Leipzig (Hugo Voigt) [Paul Moeser] 1891.　　　M. 2.—, geb. M. 2.50.

Tairoff, Wassily, Bibliographischer Index aller vom Jahre 1755 bis 1890 incl. in Russland erschienenen Bücher, Broschüren und Zeitungsartikel, welche auf Weinbau und Weinbereitung Bezug haben. 1891. 8⁰. VIII, 196 pp. St. Petersburg 1891. [Russisch.]

Witte, H., Billbergia leodiensis H. L. B. und Billbergia intermedia H. L. B. Mit Abbild. (Gartenflora. 1891. Heft 21. p. 563—569.)

Wolf, E., Lonicera tangutica Max. Mit Abbildungen. (Gartenflora. 1891. Heft 21. p. 580—581.)

Personalnachrichten.

Die von mehreren Tagesblättern und Fachorganen gebrachte Nachricht, Reg.-Rath Prof. Dr. A. Weiss in Prag sei gestorben, beruht glücklicherweise auf einer Verwechselung, da derselbe sich des besten Wohlseins erfreut. (Oesterr. Bot. Zeitschrift.)

Dr. P. A. Dangeard ist zum Maître de Conférences de Botanique à la Faculté des Sciences in Poitiers ernannt worden.

Am 13. September verschied nach kurzem Krankenlager im Alter von 85 Jahren der Custos am botanischen Museum zu Berlin, **Friedrich Karl Dietrich.**

Am 26. October, früh 3 Uhr, entschlief zu Jena, nach längerem Leiden und dennoch völlig unerwartet, im Alter von 64 Jahren der auch um die Botanik hochverdiente Professor der Chemie und Pharmacie Dr. **E. Reichardt.**

Corrigendum.

Das Bulletin No. 39 der Massachusetts State Agricultural Station, referirt im Bot. Centralblatt Bd. XLVIII. p. 13 und 14, ist von Herrn J. E. Humphrey, Amherst, Mass., verfasst, nicht wie irrthümlich angeführt, von Herrn C. A. Gössmann.

Möbius.

An unsere verehrlichen Abonnenten.

In Folge des allgemeinen Buchdrucker-Ausstandes, der auch unsere Buchdruckerei stark betroffen, dürfte es leicht möglich sein, dass die nächsten Nummern des „Botanischen Centralblattes" etwas später als sonst erscheinen, und bitten wir für diesen Fall die verehrlichen Abonnenten im Voraus um freundliche Nachsicht. Wir hoffen bestimmt, dass wir in kurzer Zeit in der Lage sein werden, das Botanische Centralblatt wieder prompt wie bisher herausgeben zu können.

Cassel, 18. November 1891.

Gebr. Gotthelft,
Buchdruckerei und Verlagshandlung.

Inhalt:

Ausgegeben: 19. November 1891.

Druck und Verlag von Gebr. Gotthelft in Cassel.

Band XLVIII. No. 8.   XII. Jahrgang.

Botanisches Centralblatt

REFERIRENDES ORGAN

für das Gesammtgebiet der Botanik des In- und Auslandes.

Herausgegeben

unter Mitwirkung zahlreicher Gelehrten

von

Dr. Oscar Uhlworm und Dr. F. G. Kohl
in Cassel.   in Marburg.

Zugleich Organ

des

Botanischen Vereins in München, der Botaniska Sällskapet i Stockholm, der botanischen Section des naturwissenschaftlichen Vereins zu Hamburg, der botanischen Section der schlesischen Gesellschaft für vaterländische Cultur zu Breslau, der Botaniska Sektionen af Naturvetenskapliga Studentsällskapet i Upsala, der k. k. zoologisch-botanischen Gesellschaft in Wien, des Botanischen Vereins in Lund und der Societas pro Fauna et Flora Fennica in Helsingfors.

| Nr. 47. | Abonnement für das halbe Jahr (2 Bände) mit 14 M. durch alle Buchhandlungen und Postanstalten. | 1891. |

Wissenschaftliche Original-Mittheilungen.

Ueber den anatomischen Bau des Stammes der *Asclepiadeen*.

Von

Karl Treiber

aus Heidelberg.

Mit 2 Tafeln *).

Historische Einleitung.

Bei einer vergleichend-anatomischen Studie über den Bau des Stammes einer Anzahl kletternder Pflanzen wurden auch mehrere *Asclepiadeen* untersucht. Die interessanten Resultate, welche diese Formen ergaben, veranlassten mich, zumal eine zusammenhängende Arbeit über diesen Gegenstand meines Wissens bis jetzt noch nicht erschienen ist, speziell von dieser Pflanzenfamilie eine möglichst grosse Anzahl von Arten, sowohl kletternde als nicht

---

*) Die Tafeln werden einer späteren Nummer beigelegt.

kletternde, einer eingehenderen Prüfung zu unterwerfen und eine vergleichende Anatomie des Stammes dieser Familie zu geben, wobei zugleich auf eventuelle Unterschiede zwischen kletternden und aufrechten Formen einzugehen war, sowie auf etwa sich ergebende wichtige Merkmale für die Systematik.

Das Material zu vorliegender Untersuchung erhielt ich theils aus dem Heidelberger botanischen Garten und Herbarium, theils wurde mir dasselbe in zuvorkommendster Weise von der Direktion des Berliner botanischen Gartens zur Verfügung gestellt.

Manche Einzelnheiten, die schon ziemlich früh über die *Asclepiadeen* bekannt wurden, sind bereits in die älteren Lehrbücher der Botanik aufgenommen, während andererseits sowohl diese, als auch noch manche später gefundene, von dem normalen Typus der Dikotylen abweichende Verhältnisse bei den *Asclepiadeen* Gegenstand mehrerer eingehender Bearbeitungen wurden; es sind dies hauptsächlich folgende Momente: Das innere Phloem, die Milchröhren, die Bastfaserzellen und der Holzkörper.

Sowohl die Bastfaserzellen als die Milchsaftbehälter der *Asclepiadeen* waren schon Schultz und Mirbel[1]) bekannt, während Mohl uns dieselben später genauer kennen lehrte. Zugleich ist Mohl[2]) der Entdecker eines wichtigen anatomischen Merkmals der Familie der *Asclepiadeen*, indem er den inneren Weichbast derselben zuerst bemerkte.

Schleiden[3]) macht auf das Vorkommen von Steinzellen im Blattstiel und in der Rinde des Stengels bei einer *Asclepiadee* aufmerksam; er bespricht ferner die Spiralstreifung, der Bastfasern dieser Familie, welche Streifung er hervorgebracht wissen will durch die Uebereinanderlagerung zweier zarter Schichten, von denen die eine aus Windungen im entgegengesetzten Sinne wie die andere besteht. Auch die abwechselnden Auftreibungen und Einschnürungen dieser Bastfasern werden erwähnt und ihr Inhalt als ein echter Milchsaft bezeichnet[4]). Auf eine unregelmässige Ausbildung des secundären Holzkörpers mancher *Asclepiadeen* weist Schleiden ebenfalls kurz hin[5]).

Trécul[6]) hebt den Unterschied hervor zwischen dem Inhalt der Bastfasern und demjenigen der Milchsaftgefässe und betont die Verschiedenheit dieser beiden Gebilde, die sich sowohl aus ihrem Inhalt als aus ihrer Membranstruktur ergebe. Bei der Besprechung der Milchsaftgefässe ist Trécul im Zweifel, ob dieselben Zellfusionen sind, oder ob sie durch das Auswachsen einer einzigen

---

[1]) M. de Mirbel: „Remarques sur la nature et l'origine des couches corticales et du liber des arbres dicotylédonées." Ann. d. sc. nat. II. Série. Botanique III. 1835. p. 143 ff.

[2]) H. von Mohl: „Einige Andeutungen über den Bau des Bastes." Bot. Ztg. 1855. 13. Jahrg. p. 873 ff. Taf. XV.

[3]) Schleiden: „Grundzüge der wissenschaftlichen Botanik." IV. Aufl. p. 174.

[4]) Id. eod. p. 190—193.

[5]) Id. eod. p. 375.

[6]) A. Trécul: „Laticifères et liber des Apocynées et des *Asclepiadées.*" Ann. d. sc. nat. V. Série. Botanique V. p. 62 ff.

Zelle entstehen; er führt für beide Fälle Beispiele an und kommt zu dem Schlusse, dass wohl beide Modalitäten der Entstehung von Milchsaftgefässen vorkommen.

In ausführlicher Weise bespricht V e s q u e[1]) Bastfasern und Collenchym mehrerer Pflanzenfamilien, darunter auch der *Asclepiadeen*; er erwähnt merkwürdiger Krystalle, die er bei seinen Untersuchungen im Phloem mancher *Asclepiadeen* fand, und bestätigt bei seiner Besprechung der Milchröhren die Ansicht D a v i d 's[2]) welcher diese Gebilde bei den *Asclepiadeen* und einigen anderen Pflanzenfamilien als dem Grundparenchym angehörige Zellen betrachtet, die mit beträchtlichem eigenem Wachsthum begabt sind, und in die Intercellularräume zwischen die anderen Zellen hineinwachsen.

Eine Vermehrung des inneren Weichbastes beobachtete V e s q u e durch zwei verschiedene Vorgänge, und zwar sowohl durch die Anlage eines inneren Cambiums, als auch durch unregelmässige Theilungen in den Zellen des inneren Phloems.

P e t e r s e n[3]) giebt das Vorhandensein inneren Weichbastes für die *Asclepiadeen* als durchgehend an.

Nach S o l e r e d e r[4]), der hauptsächlich die Beschaffenheit der Elemente des Holzkörpers der *Asclepiadeen* untersucht, besitzen „der intraxyläre Weichbast, das Auftreten ungegliederter Milchröhren, die einfache Gefässperforation und das Hoftüpfelprosenchym" für diese Familie hohen systematischen Werth.

B o r š č o w[5]) stellte Untersuchungen an über die in der Rinde des Stengels einer *Asclepiadee* auftretenden Höckerchen auf dem Rande der Siebporenplatten, sowie über die Beschaffenheit der letzteren selbst und ihre Beziehungen zu den Milchröhren.

Die bisher berührten anatomischen Eigenthümlichkeiten der *Asclepiadeen* findet man bei d e B a r y[6]), der ausserdem noch manches Neue hinzufügte, an den die betreffenden Gewebe behandelnden Stellen erwähnt. Er bespricht Bastfasern, Steinzellen, Milchsaftgefässe, Siebröhren, inneres Phloem, Verlauf der Blattspuren, Anordnung der Elemente des Holzes und des Weichbastes.

---

[1]) M. J. V e s q u e: „Mémoire sur l'anatomie comparée de l'écorce." Ann. d. sc. nat. VI. Série. Botanique II. p. 82 ff.

[2]) G. D a v i d: „Ueber die Milchzellen der *Euphorbiaceen, Moreen, Apocyneen, Asclepiadeen*." Breslau 1872.

[3]) O. G. P e t e r s e n: „Ueber das Auftreten bicollateraler Gefässbündel in verschiedenen Pflanzenfamilien, und über den Werth derselben für die Systematik." Bot. Jahrb. III. p. 359 ff.

[4]) H. S o l e r e d e r: „Ueber den systematischen Werth der Holzstructur bei den Dicotylen." Inaug.-Diss. München 1885. p. 173 ff.

[5]) B o r š č o w: „Ueber gegitterte Parenchymzellen in der Rinde des Stengels von *Ceropegia aphylla* und deren Beziehung zu den Milchsaftgefässen." Jahrbücher für wissenschaftl. Botanik. Pringsheim. Bd. VII. p. 344—355. Taf. XXI.

[6]) d e B a r y: „Vergleichende Anatomie der Vegetationsorgane etc." Leipzig 1877.

14*

Wesentlich auf die Bastfasern bezieht sich die in neuerer Zeit erschienene Arbeit Krabbe's[1]). Im Gegensatz zu den Angaben Nägeli's behauptet Krabbe, dass bei den Bastzellen niemals eine Kreuzung zweier Streifensysteme in einer Ebene stattfindet. Die Dickenzunahme der Membranen wird besprochen für die Bastzellen, hauptsächlich der *Asclepiadeen* und *Apocyneen*; ebenso die lokalen Erweiterungen und die Einkapselungen des Protoplasmas. Die ersteren erklärt Krabbe durch die Annahme eines auf Intussusception beruhenden Flächenwachsthums. Hieran schliesst sich an die Besprechung der Spiralstreifung und Querlamellirung der Bastfasern.

Auf die einzelnen, jeweils in Betracht kommenden Angaben vorstehender Werke wird in der Ausführung noch näher hingewiesen werden; in dieser sollen zunächst die einzelnen Gewebe der Reihe nach besprochen werden.

Epidermis.

Die Epidermis der meisten untersuchten *Asclepiadeen* zeigt, von der Oberfläche gesehen, eine polygonale Gestalt ihrer Zellen; dieselben sind meist dünnwandig, oft mehr oder weniger in die Länge gestreckt, und häufig, besonders an jungen Stammtheilen, in deutliche Längsreihen angeordnet.

Im Querschnitt haben die Epidermiszellen eine annähernd quadratische Gestalt: selten sind sie stark in radialer Richtung gestreckt, also pallisadenförmig, was bei *Kanahia laniflora* R. Br. in besonders hohem Grade der Fall ist. Im Allgemeinen sind die Aussenwände der Epidermiszellen flach, in manchen Fällen sind sie sämmtlich mehr oder weniger stark convex, so dass sich die Zellen papillenartig nach aussen vorwölben; dies findet sich z. B. bei *Hoya longifolia* Wall. Wight. et Arn. Bei anderen Formen tritt dies nicht bei allen, sondern nur bei einzelnen Oberhautzellen auf, wie bei *Ceropegia Sandersoni* Dcne. und *C. stapeliiformis* Haw.

Die inneren sowohl wie die äusseren Membranen der Epidermiszellen sind meist dünnwandig, nur in einzelnen Fällen sind sie mehr oder minder stark collenchymatisch verdickt; (*Microloma lineare* R. Br., *Oxypetalum coeruleum* Dcne., *Asclepias Mexicana* Cav., *Tylophora asthmatica* Wight., *Daemia cordata* R. Br.). In der Regel haben die Epidermiszellen eine derbe Cuticula; dieselbe ist in den meisten Fällen glatt, selten gerieft (*Tacazzea venosa* Dcne., *Gomphocarpus arborescens* R. Br.). Eine sehr dicke, deutlich geschichtete Cuticula zeigt *Gonolobus Condurango* Triana.

Trichomgebilde fehlen selten ganz; sie sind stets unverzweigt und treten in einer Form, oder in mehreren Formen an derselben Pflanze zugleich auf. Was die Gestalt der Haare anbelangt, so

[1]) G. Krabbe: „Ein Beitrag zur Kenntniss der Structur und des Wachsthums vegetabilischer Zellhäute." Pringsheim's Jahrb. f. wissenschaftl. Botanik. Bd. XVIII. 1887. Heft III. p. 346 ff.

finden wir sowohl kurze und längere einzellige, als auch mehrzellige, dick- und dünnwandige, gerade und gekrümmte Haare.

Bei den *Periploceae*[1]) sind dieselben sowohl ein- als mehrzellig und erscheinen bei manchen Formen (*Tacazzea venosa* Dcne.) auf kleine Gewebepolster aufgesetzt.

Die Haare der *Cynancheae* sind fast immer mehrzellig, oft sehr lang, zugespitzt, manchmal hakenartig nach aufwärts gekrümmt (*Gomphocarpus arborescens* R. Br.), meist dünnwandig, seltener mit verdickter Membram versehen; die Oberfläche ihrer Membran ist theils glatt, theils buckelig und höckerig ausgebildet; es finden sich hier sowohl ein- als mehrzellige Haare manchmal an derselben Art vor; dies tritt uns z. B. bei *Daemia cordata* R. Br. entgegen. Ferner sind bei dieser letzteren Art Bildungen vorhanden, die als Emergenzen betrachtet werden müssen; dieselben werden wesentlich von Epidermiszellen gebildet, nur an ihrer Basis ist auch das dicht unter der Oberhaut liegende, collenchymatisch verdickte Rindenparenchym an ihrem Aufbau betheiligt.

Bei den *Marsdenieae* sind die Haare ebenfalls meist mehrzellig, seltener einzellig, manchmal auch nur klein, papillenartig entwickelt, und fehlen bei vielen der hierher gehörigen Formen ganz.

Bei den *Ceropegieae* endlich fehlen Haare, von kleinen, papillenartigen Vorwölbungen einzelner Epidermiszellen abgesehen, bei allen untersuchten Arten (*Leptadenia abyssinica* Dcne., *Ceropegia Sandersoni* Dcne., *C stapeliiformis* Haw., *C. Thwaitesii* Hook., *C. macrocarpa*[2]).

Spaltöffnungen sind an grünen Stämmen stets vorhanden; ihre Schliesszellen sind meist mehr oder weniger tief unter das Niveau der übrigen Epidermiszellen eingesenkt, und von einer Anzahl Nebenzellen umgeben.

Die Entwicklung der Spaltöffnungen wurde untersucht bei *Asclepias curassavica* L. Im jungen Zustand sind die Oberhautzellen in deutliche Längsreihen angeordnet. Indem sich nun eine Epidermiszelle durch eine Längswand in zwei ziemlich gleich grosse Tochterzellen theilt, wird die Mutterzelle der Schliesszellen und eine primäre Nebenzelle angelegt. Durch Vergrösserung der ersteren wird an der betreffenden Stelle die Reihenanordnung etwas gestört. Nachdem sich die Mutterzelle abgerundet hat, theilt sie sich durch eine Längswand und bildet die beiden Schliesszellen. Die zuerst entstandene Nebenzelle nimmt in der Regel eine nochmalige Längstheilung vor und bildet so zwei, den Schliesszellen parallele Nebenzellen. Indem in den angrenzenden Epidermiszellen weitere Theilungen auftreten, werden die anderen Nebenzellen gebildet, für welche eine bestimmte Anordnung nicht zu erkennen ist.

---

[1]) Eintheilung nach Bentham und Hooker's „Genera plantarum."

[2]) Diese Form erhielt ich von Haage und Schmidt aus Erfurt; einen Autor für dieselbe konnte ich nicht finden.

Kork.

Hinsichtlich des Entstehungsortes des primären Phellogens lassen sich zwei Modifikationen unterscheiden:

In der Mehrzahl der untersuchten Fälle wird dasselbe in der ersten Lage unterhalb der Epidermis, in der Endodermis entwickelt: *Periploca graeca* L.[1]), *Cryptostegia Madagascariensis* Loddig., *C. grandiflora* R. Br., *C. longiflora* hort. bot. Berol., *Tacazzea venosa* Dcne., und bei allen untersuchten *Marsdenieen: Marsdenia erecta* R. Br., *Stephanotis floribunda* Ad. Brongt., *Hoya carnosa* R. Br., *H. imperialis* Lindl., *H. longifolia* Wall. Wight. et Arn., *H. spes.* I. hort. bot. Berol., *H. Bidwillii* hort. bot. Berol., *Dischidia Bengalensis* Colebr. Nach Vesque wäre *Cynanchum monspeliacum* ebenfalls hierher zu rechnen.

Die zweite Modifikation, von welcher man mehrfach angegeben findet[2]), dass sie nur selten vorkomme, nämlich die Entstehung des Phellogens in den Epidermiszellen, tritt auch bei den *Asclepiadeen* weniger häufig als die zuerst erwähnte auf, doch fand ich dieselbe immerhin bei einer ganzen Reihe von Arten, z. B. bei *Cryptolepis longiflora* hort. bot. Berol., *Gomphocarpus angustifolius* Link., *Cynoctonum angustifolium* Dcne., *Gonolobus Condurango* Triana, *Ceropegia Sandersoni* Dcne., *Asclepias* spec. *Mönkemeyr* 85 hort. bot. Berol.

Bei keiner der untersuchten *Asclepiadeen* entsteht der Kork in einer tieferen Zellschicht als in der Endodermis, so dass wir obige zwei Modifikationen für die Familie wohl als durchgehend annehmen können.

Die Gestalt der Korkzellen, welche meist dünnwandig, selten stark verdickt sind (*Periploca graeca* L., *P. laevigata* Ait., *Cynanchum Schimperi* Hochst.), ist die gewöhnliche tafelförmige. Der Kork entsteht entweder am ganzen Stammumfang gleichmässig, was der häufigere Fall ist, oder er bildet sich zunächst an einzelnen Stellen, und es ist erst später ein geschlossener Korkcylinder vorhanden, was wir z. B. antreffen bei *Ceropegia Sandersoni* Dcne., *C. stapeliiformis* Haw., *Sarcostemma viminale* R. Br., *Gonolobus Condurango* Triana.

In den meisten Fällen wird nur Periderm gebildet, doch kommt es bei beiden Arten der Entstehung des Korkcambiums vor, dass ausser dem Periderm auch Phelloderm abgeschieden wird, z. B. bei *Cryptolepis longiflora* hort. bot. Berol. und *Cryptostegia longiflora* hort. bot. Berol., deren Phellodermzellen häufig Einzelkrystalle von oxalsaurem Kalk einschliessen, ferner bei *Periploca*

---

[1]) Vesque, l. c. p. 192 giebt für *Periploca graeca* als Bildungsort des Phellogens die Epidermis an; bei der von mir untersuchten Pflanze, welche dem Heidelberger botanischen Garten entnommen ist, war in allen Fällen mit Sicherheit die Endodermis als Entstehungsort zu constatiren. Es muss mithin Vesque entweder eine falsche Pflanze vorgelegen haben, oder es ist das Verhältniss bei verschiedenen Exemplaren von derselben Art wechselnd.

[2]) Sachs, Lehrb. d. Botanik, IV. Aufl. p. 108.
Prantl, Botanik, VI. Aufl. p. 78.
Wiesner, Botanik I., II. Aufl. p. 97.

graeca L., dessen Phellodermzellen sehr dickwandig sind, bei *Astephanus linearis* R. Br. und *Cynanchum Schimperi* Hochst., bei welcher Form sich sowohl Peridermzellen als Phellodermzellen in Steinzellen umwandeln können.

Bei *Sarcostemma viminale* R. Br. entsteht zuerst an einzelnen Stellen ein Phellogen in der Endodermis; an älteren Stämmen bildet sich ein neues Phellogen dicht vor dem Phloem aus und durch seine Thätigkeit wird die ganze Rinde nebst den Bastfasergruppen zum Absterben und Abfall gebracht. Ebenso wie das äussere entsteht auch dieses innere Korkcambium, das die Borkenbildung veranlasst, nicht gleichmässig am ganzen Stammumfang, sondern stellenweise; wir werden also eine Schuppenborke erhalten.

Eine Umbildung von Phellodermzellen in Steinzellen wurde beobachtet bei *Cynanchum Schimperi* Hochst. und einer *Asclepiadee* von der Insel Mauritius. Hier differenzirt sich dicht innerhalb des Phellogens ein 2—3 Zelllagen breiter Ring von Steinzellen.

Rinde.

Die Rinde, die nach innen von einer Schutzscheide begrenzt wird, besteht entweder aus gleichmässigen, dünnwandigen Parenchymzellen, oder es lassen sich an derselben bestimmte Gewebsschichten unterscheiden. So können z. B. die dicht unter der Epidermis liegenden Schichten eine mehr oder minder starke collenchymatische Verdickung zeigen, oder es kann ein solcher Ring von Collenchymzellen tiefer im Innern der Rinde liegen; oft ist ein bestimmter Theil des Rindenparenchyms besonders chlorophyllreich und bildet dann ein Assimilationsgewebe; ausserdem treten in der Rinde Steinzellen, Sklerenchymfasern und Milchröhren auf, und zwar die beiden ersteren in einigen Fällen, die letzteren regelmässig.

Wenn wir nun eingehen auf eine genauere Betrachtung des Baues der Rinde, so tritt uns da zunächst eine Reihe von Formen entgegen, bei denen collenchymatisch verdickte Zellen in derselben vollständig fehlen; es schliesst sich unmittelbar an die Epidermis das dünnwandige, chlorophyllhaltige Rindenparenchym an, das keine weiteren Differenzirungen in bestimmte Gewebsschichten erkennen lässt. Eine derartig einfach beschaffene Rinde zeigen folgende Arten: *Kanahia laniflora* R. Br., *Vincetoxicum officinale* Mönch., *Sarcostemma viminale* R. Br., *Tylophora asthmatica* Wight., *Dischidia Bengalensis* Colebr., *Ceropegia Sandersoni* Dcne., *C. stapeliiformis* Haw. und mehrere *Hoya*-Arten.

Bei den meisten untersuchten *Asclepiadeen* ist jedoch die Rinde nicht so einfach gebaut, wie bei obigen Formen; es ist in der grossen Mehrzahl der Fälle dicht unterhalb der Epidermis ein wenige Zelllagen breiter Ring vorhanden, dessen Zellen sich durch verschiedene Momente von dem Grundgewebe der Rinde abheben; dies geschieht zunächst dadurch, dass dieselben eine mehr oder minder starke collenchymatische Verdickung ihrer Membran zeigen; ist ein solcher Collenchymring vorhanden, so ist derselbe in der Regel nicht breiter als 2—3, selten 4 Zelllagen, und stets unterbrochen an den Stellen, wo Spaltöffnungen liegen. Es kann hierbei dieser Ring verdickter Zellen durch allmählige Abnahme der Verdickung nach innen hin in das Grundparenchym der Rinde übergehen, oder aber er kann scharf gegen das letztere abgesetzt sein. Es kann ferner ein Ring von Zellen aussen vorhanden sein, welche gar nicht oder doch nur äusserst schwach collenchymatisch verdickt sind, sich aber durch den Mangel des Chlorophyll vom inneren Rindengewebe abheben; ein wesentlicher Unterschied existirt zwischen beiden Formen nicht, sie sind vielmehr durch die mannigfaltigsten Uebergänge mit einander verbunden; es ist ferner das Alter des Stammes von Einfluss auf die Ausbildung der Verdickung der Zellen des Ringes. Solche, dicht unterhalb der Epidermis liegende, besonders differenzirte Zonen wurden gefunden bei folgenden Formen: *Cryptolepis longiflora* hort. bot. Berol., *Cryptostegia Madagascariensis* Loddig., *C. grandiflora* R. Br., *C longiflora* hort. bot. Berol., *Tacazzea venosa* Dcne., *Periploca graeca* L., *Secamone Alpini* R. et Schult., *Microloma lineare* R. Br., *Arauja albens* G. Don., *A. sericifera* Brot., *Oxypetalum coeruleum* Dcne., *Xysmalobium undulatum* R. Br., sämmtlichen untersuchten *Gomphocarpus*-Arten, *Calotropis procera* R. Br., *Asclepias Mexicana* Cav., *A. curassavica* L., *A. spec.* Mkm. 85 hort. bot. Berol., *Cynanchum Schimperi* Hochst., *C acutum* L., *Cynoctonum angustifolium* Dcne., *C. alatum* Dcne., *C. pilosum* Ed. Meyer, *Daemia cordata* R. Br., *Eustegia hastata* R. Br., *Gonolobus Condurango* Triana, *Marsdenia erecta* R. Br., *Stephanotis floribunda* Ad. Brongt., *Leptadenia abyssinica* Dcne., *Ceropegia macrocarpa*.

Das innerhalb dieses äusseren Ringes liegende Rindenparenchym kann ziemlich gleichmässig als Assimilationsgewebe entwickelt sein, so dass sein Chlorophyllgehalt gegen das Innere des Stammes zu stetig abnimmt, oder aber es kann eine ganz bestimmt abgegrenzte, chlorophyllführende Zone ausgebildet sein, die als Assimilationsgewebe fungirt. Ist letzteres in dieser Weise scharf begrenzt nach beiden Seiten, so sind seine Zellen nicht allein durch ihren Chlorophyllgehalt vor denjenigen des umliegenden chlorophyllfreien oder armen Gewebes ausgezeichnet, sondern sie sind auch meist kleiner als die Zellen des letzteren, stets dünnwandig und haben entweder rundliche Gestalt, bilden also ein deutliches Schwammparenchym, oder sind stark radial gestreckt und stellen ein Pallisadenparenchym dar.

Das erstere zeigen uns folgende Formen: *Periploca graeca* L., *Oxypetalum coeruleum* Dcne, *Secamone Alpini* R. et Schult., *Acerates viridiflora* Ell., *Cynoctonum alatum* Dcne., *C. crassifolium* Ed. Meyer, *Eustegia hastata* R. Br.

Ein im Querschnitt etwa 3 Zelllagen breites Pallisadenparenchzm ist vorhanden bei *Arauja albens* G. Don. und. *A. sericifera* Brot.[1]); bei diesen Formen sind zwischen die Zellen des Pallisadenparenchyms grosse, rundliche, drusenführende Zellen eingelagert,

---

[1]) Vergl. Vesque, l. c. p. 107.

während diese bei *Microloma lineare* R. Br. fehlen, dessen Assimilationsgewebe theils aus Pallisaden-, theils aus Schwammparenchymzellen besteht.

Zuweilen sind die innerhalb des Assimilationsgewebes liegenden Rindenzellen mehr oder weniger stark collenchymatisch verdickt, wie bei *Periploca graeca* L., *Arauja albens* G. Don., *A. sericifera* Brot., *Microloma lineare* R. Br.

Zwischen den Rindenparenchymzellen, welche häufig tangentiale Theilungen zeigen, befinden sich zahlreiche Intercellularen' die bei manchen Formen eine ziemlich bedeutende Grösse erreichen' Nach innen wird die Rinde begrenzt von einer einschichtigen Lage von Zellen, die wir als Schutzscheide bezeichnen wollen; dieselbe liegt immer dicht ausserhalb der äussersten Bastfaserbündel, und zeichnet sich vor den Zellen des umgebenden Gewebes dadurch aus, dass ihre Zellen seitlich fest aneinander hängen ohne Intercellularen zwischen sich zu lassen, meist kleiner als die Zellen des ersteren, und in tangentialer Richtung gestreckt sind; ihre Längswände sind nicht gewellt. Die Zellen der Schutzscheide sind nie dickwandig, fallen aber häufig durch Stärkereichthum auf; es kommen jedoch auch Fälle vor, wo ihnen Stärke vollkommen fehlt. Eine Form, welche sich wesentlich dadurch auszeichnet, dass die Zellen ihrer Schutzscheide viel weniger Stärke enthalten als diejenigen des umliegenden stärkereichen Gewebes, erhielt ich aus dem Berliner botanischen Garten als eine unbestimmte *Asclepiadee* von der Insel Mauritius.

Eine schön entwickelte Schutzscheide zeigen folgende Arten: *Cynoctonum angustifolium* Dene., *Arauja sericifera* Brot., *Sarcostemma viminale* R. Br., *Dischidia Bengalensis* Colebr., *Ceropegia Sandersoni* Dene., *Ceropegia macrocarpa*.

Ein nicht seltener Fall ist das Auftreten von Steinzellen in der Rinde; dieselben liegen entweder vereinzelt, unregelmässig zerstreut, oder in grösseren Gruppen, zu sog. Nestern vereinigt; so finden wir bei *Periploca graeca* L. in älteren Stämmen einzelne Steinzellen oder ganze Nester von solchen, und bei *Hoya imperialis* Lindl. und *Sarcostemma viminale* R. Br. grosse Rindenparthieen in Steinzellen umgewandelt.

Die Steinzellen können aber auch einen geschlossenen Cylinder bilden, der auf dem Querschnitt als Ring erscheint und verschiedene Lagen im Rindenparenchym einnehmen kann:

1) Tief im Innern der Rinde tritt ein geschlossener Steinzellring auf, so dass dessen innerste Zelllage direkt an die Schutzscheide angrenzt; die Steinzellen sind entstanden durch Verdickung von Rindenzellen. (*Hoya carnosa* R. Br., *H rotundifolia* hort. bot. Berol., *H. spec.* I. hort. bot. Berol.).

2) Ein zweiter Fall wurde bei *Hoya Bidwillii* hort. bot. Berol. beobachtet, wo ein solcher Steinzellring in den äusseren Rindenschichten, etwa 2 bis 3 Zelllagen innerhalb des Phellogens zur Ausbildung gelangt, der nicht aus Phelloderm, sondern aus der primären Rinde entsteht.

Es ist nicht ausgeschlossen, dass neben einem Ring von Steinzellen auch noch grössere oder kleinere Gruppen oder Nester von
solchen in der Rinde auftreten; dies finden wir bei *Hoya carnosa*
R. Br., *H. Bidwillii* hort. bot. Berol., *H. rotundifolia* hort. bot.
Berol. und *Cynanchum Schimperi* Hochst.

Die Form der Steinzellen ist diejenige, welche die Zellen
hatten, aus denen sie entstanden sind; die aus dem Phelloderm
entstandenen werden also eine mehr tafelförmige, die aus dem
Grundparenchym hervorgegangenen eine den Zellen dieses Gewebes
ähnliche Gestalt haben.

Sklerenchymfasern treten in der Rinde auf bei *Sarcostemma*
viminale R. Br., und zwar ist dies die einzige, mir bis jetzt bekannt gewordene *Asclepiadee*, bei der solche Zellen auch ausserhalb
der Schutzscheide vorhanden sind.

Dieselben verlaufen vereinzelt, durch die ganze Rinde unregelmässig zerstreut, meist annähernd senkrecht im Stamm, seltener
horizontal oder schief; sowohl in Gestalt und Structur, als auch in
ihrem chemischen Verhalten gleichen dieselben den Bastfasern,
welche später ihre Besprechung finden werden. Ueber die Entstehung dieser rindenständigen Sklerenchymfasern konnte nichts
ermittelt werden, da ganz junge Stämme nicht zur Verfügung
standen; ihrer Lage und ihrem Verlauf nach wäre eine Entstehung aus Milchröhren nicht ausgeschlossen, es konnten jedoch
keine Uebergänge zwischen beiden beobachtet werden.

(Fortsetzung folgt.)

Botanische Gärten und Institute.

Alexandroff, W. A., Ueber die Errichtung von Schulgärten an den landwirth-
schattlichen Volksschulen. 8⁰. 50 pp. St. Petersburg 1890. [Russisch.]

Halsted, Byron D., What the station botanists are doing. (The Botanical
Gazette. Vol. XVI. 1891 p. 288—291.)

Kolb, Max, Der Palmengarten in Frankfurt am Main. (Illustrirte Monatshefte
für die Gesamt-Interessen des Gartenbaues. 1891. Heft 10. p. 246—249.)

— —, Der Aufbau für die Alpengewächse. (Illustrirte Monatshefte für die
Gesamt-Interessen des Gartenbaues 1891. Heft 10. p. 249—256.)

Schupp, Fr., Der Pflanzen- und Blumenschmuck der städtischen Anlagen
Münchens. (Illustrirte Monatshefte für die Gesammtinteressen des Gartenbaues.
1891. Heft 10. p. 241—246.)

Instrumente, Präparations- und Conservations-Methoden etc.

Marpmann, Mittheilungen aus der Praxis. (Centralblatt für
Bakteriologie und Parasitenkunde. Bd. X. 1891. No. 4. p. 122
—124.)

1. Ersatz für Agar. An Stelle des opalisirenden Agars
empfiehlt Verf. einen gleichfalls aus dem Schleim der Algen her-

gestellten glashellen Nährboden mit denselben Eigenschaften. Er verwandte den *Sphaerococcus confervoides* des Mittelmeeres nach folgender Methode: 30 Theile desselben werden mit 2 Theilen Salzsäure und 1 l Wasser zwei Stunden macerirt, dann mit Wasser ausgewaschen, bis blaues Lakmuspapier nicht mehr geröthet wird. Nach dem Abgiessen des Rückstandes setzt man zu:

700 Theile Wasser,
40 „ Glycerin,
20 „ Pepton. liquid. Koch,
2 „ geschlagenes Eiweiss.

Die Mischung wird 20 Minuten im Dampfcylinder gekocht, dann neutralisirt und durch ein Syrupfilter filtrirt.

2. **Ersatz für Gelatine.** Hierzu benützt Verf. das Chondrin, welches man leicht durch ein bei zwei Atmosphären Druck im Papin'schen Topfe vorgenommenes Auskochen von fein zerkleinerten und vom Perichondrium befreiten Rippenknorpeln oder Ohrmuscheln erhält. Das Chondrin filtrirt heiss durch einen gewöhnlichen Papierfilter und wird nach dem Erkalten zu einer festen Gallerte, welche manche Vorzüge vor der gewöhnlichen Gelatine besitzt und durch peptonisirende Spaltpilze langsamer zum Zerfliessen gebracht wird, als diese.

Kohl (Marburg).

Poulsen, V. A., Botanisk Mikrokemi. En analytisk Vejledning ved fytohistologiske Undersögelser til Brug for Loger og Studerende. — 2det forbedrede og forögede Oplog med Tilföjelse af den bakteriologiske Farvningsteknik. 8°. 87 pp. Copenhagen (Salmonsen) 1891.

Referate.

Kronfeld, M., Haynald als Botaniker. (Sep.-Abdr. aus Pharmaceutische Post. 1891. No. 29 Juli.) 2 pp.

Eine wesentlich an Prof. Kanitz' Aufsatz in der „Ungarischen Revue" angelehnte Darstellung, aus Anlass des Hinscheidens Haynald's am 4. Juli 1891.

Kronfeld (Wien).

Viala, Pierre et Boyer, G., Sur un Basidiomycète inférieur, parasite des grains de raisin. (Comptes rendus de l'Académie des sciences de Paris. Tome CXII. 1891. p. 1148 ff.)

Ganz eigenthümliche und von den bisher bekannten Parasiten ganz unabhängige Krankheitserscheinungen wurden von 1882—1885 in der Bourgogne und im Jahre 1882 in den Weingärten von Thomery beobachtet. Die Krankheit entwickelte sich an Spalier-

reben und befiel hauptsächlich den Frankenthaler und Gutedel
(les Chasselas). Bedeutendere Verwüstungen richtete sie nur 1882
an, später erwies sie sich wenig schädlich. In feuchten Jahren
erscheint sie besonders in den Monaten September und Oktober.
Die Beeren bekommen an irgend einer Stelle einen kleinen dunkeln
Flecken, der sich vergrössert und fahl wird. Hierauf sinkt die
Schale ein und wird, soweit der Fleck reicht, doch höchstens bis
zum Drittel der Oberfläche der Beere, welk, welche letztere, bisher
weich und saftig, runzelt und zusammentrocknet. Der kranke
Beerentheil bedeckt sich noch vor der Runzelung mit kleinen
isolirten Pusteln von hellgoldgelber Färbung, welche in kleinen,
wenig beständigen, sammetartig erscheinenden Häufchen von 120 bis
200 μ Höhe beisammenstehen. Die kleinen hellgelben Häufchen
sind die Fructificationsorgane des Pilzes, der die Krankheit
erzeugt.

Das im Beerenfleisch reichlich vorhandene Mycel ist stark
verästelt, septirt und hat einen gleichartigen körnigen Inhalt.
Immer farblos im Bereich der Kerne, nimmt es gegen die Schale
hin eine hellgelbe Färbung an; im Durchmesser haben die Fäden
1,8 μ. Von diesem Mycel dringen zahlreiche Aeste in verschiedenen Richtungen nach aussen vor, zersprengen Epidermis
und Cuticula, welche die hellgelben Häufchen umrahmen, und
bilden ein fädiges Hymenium, an dem in verschiedener Höhe
zahlreiche Basidien entstehen, die ein wenig beständiges Ganze,
also kein dichtes zusammenhängendes Stroma bilden. Die Basidien
schliessen die Mycelfäden ab und stehen entweder zu je 2 oder 3
auf gleicher Höhe bei dichotomer Verzweigung oder auf verschiedenen Höhen bei alternirender. Behufs ihrer Bildung wird
vor der Hyphe ein Fadenstück durch eine Scheidewand abgeschlossen
und schwillt allmählich an. Infolgedessen erscheint die Basidie
am Ende abgerundet, selten abgeplattet, und an der Basis, wo sie
mit dem Mycelfaden zusammenhängt, zusammengezogen. Im Innern
enthält sie ein körnchen- und vacuolenreiches Protoplasma von
gelbbrauner Färbung. Der mittlere Durchmesser beträgt 5 μ, die
Höhe bis zur ersten Scheidewand von 16 μ ab. Auf der kuglig
abgerundeten Oberfläche der Basidien entstehen ziemlich kleine
ungefärbte Sterigmen, an deren Enden die Sporen als kleine
weisse Bläschen hervorsprossen. Die Zahl derselben beträgt ziemlich
beständig 6, manchmal auch 4 oder 2, selten 7, 5, 3. Die reifen
Sporen sind länglich, cylindrisch, an beiden Enden abgerundet.
Die Innenseite erscheint schwach krummlinig und die Anheftungs-
stelle wenig mehr abgerundet, als die Spitze. Die Sterigmen sind
ein wenig seitlich von der Basis der Spore inserirt. Die Sporen haben
eine Länge von 6,25 μ und einen Durchmesser von 1,5 μ, ihre
Membran ist glatt, ihr Inhalt gleichmässig, ihre Färbung ganz
blassgelb.

Infolge der besondern Eigenschaften des fädigen Hymeniums,
der Anordnung der Basidien, der Form und Färbung der Sporen
und der Variabilität ihrer Zahl hält sich Verf. für berechtigt, auf
den neuen pflanzlichen Parasiten ein besonderes Genus zu gründen

und ihm den Namen *Aureobasidium Vitis* beizulegen. Dasselbe würde der Familie der *Hypochneen* eingereiht werden müssen, da die Exobasidien wesentlich abweichen.

Zimmermann (Chemnitz).

Müller, J, Lichenologische Beiträge. XXXV. (Flora. 1891. p. 371—382.)

Diese Fortsetzung enthält unter dem Titel Lichenes Araratici eine Aufzählung von 9 Nummern Flechten, von Ern. Chantre am See Kip-Göl im Jahre 1890 gesammelt, unter denen zwei als neue beschrieben werden:

Lecidea Araratica nächstverwandt *L. silacea* Ach.,
Lecidea Chantriana verwandt mit *L. sabuletorum* Schreb.

Unter dem Titel Lichenes Columbiani werden ferner 10 Nummern, welche F. C. Lehmann bei Popayan in Columbien gesammelt hat, aufgezählt. Endlich wird ein Verzeichniss von 18 von Eggers auf den Antillen gesammelten Flechten geboten, unter denen zwei als neue beschrieben werden:

Lecidea (Biatora) pallentior nächstverwandt mit *L. pallens* Müll.,
Psoroglaena Cubensis.

Letztere Art wird zugleich als Vertreterin einer neuen Gattung hingestellt, deren Diagnose lautet:

„Thallus foliaceus (minute subcorallino-dissectus), subtus minutissime rhizinulosus aut subnudus; gonidia globosa, viridia; apothecia angiocarpica (globosa, colorata); paraphyses in muco nidulantes, irregulari-ramosae, intricatae; sporae hyalinae, parenchymaticae. — *Microglaenam* Körb. refert, excepto thallo; inter *Phyllopyrenias* Müll. Arg. inserenda est."

Den bei Weitem grössten Theil der Arbeit bildet die Beschreibung folgender neuer Flechten.

Halbinsel des Sinai (leg. L. Rütimeyer):

Omphalaria Arabica zwischen *O. pulvinatula* Nyl. und *O. quinquetubera* Müll. stehend und äusserlich das sehr verschiedene *Collema pulposulum* Nyl. darstellend.

China, Prov. Hupeh (leg. Aug. Henry — Herb. Kew):

Sticta Henryana neben *St. platyphylloides* Nyl. gestellt.

Ost-Indien (leg. G. Watt, Duthie, P. Thomson — Herb. Kew, herb. Kremph.):

Stereocaulon macrocephalum, St. strictum Nyl. pr. p non Th. Fr., neben *St. piluliferum* Th. Fr. und *St. strictum* ej. gestellt.

St. botryophorum st. im Habitus an *St. alpinum* Laur erinnernd, aber durch die gestielten und zuerst gleichfarbigen Cephalodien vielmehr mit *St. ramulosum* Ach. verwandt, aber durch die traubige Gestalt dieser Gebilde verschieden.

Cetraria (Platysma) hypotrachyna, von der nächststehenden *C. rhytidocarpa* Mont. durch die Unterfläche des Thallus verschieden.

Sticta (Ricasolia) adpressa, ähnlich *St. Schaereri* Mont. et v. d Bosch und *St. herbacea* Del.

Parmelia Wattiana neben die folgende gestellt,
P. Thomsoniana zwischen *P. hypotrypa* Nyl. und *P. hypotrypodes* ej. gestellt.

Sidney (leg. C. Moore):

Sticta podocarpa verwandt mit *St. Colensoi* Bab.

Afrika (leg. Kirk, Mac Owan, Baer — Herb. Kew, Herb. Maclay):

Theloschistes perrugosus neben *Th. villosus* Norm. gestellt.
Parmelia ecaperata st.
P. Maclayana neben *P. flavescens* Nyl. gestellt.

P. subquercina, verwandt mit *P. tiliacea* und *P. atrichoides.*
P. leptophylla, dem Habitus nach zwischen *P. rudecta* Ach. und *P. tiliacea* ej.,
der Kleinheit der Sporen nach neben *P. Cubensis* Nyl. stehend.

Oregon-Territorium (leg. Lyall — Herb. Kew):
Parmelia sphaerosporella.

Neu-Granada und Jamaica (leg. Wilson):
Sticta (Ricasolia) excisa neben *St. Casarettiana* (Nyl.), *St. cuprea* (Müll.
Arg.) und *St. patinifera* gestellt.

Rio de Janeiro (leg. Leyland — Herb. Kew):
Parmelia bicornuta, von den beiden ähnlichen *P. revoluta* Flör. und *P. Hookeri*
Tayl. durch die an beiden Spitzen langgehörnten Sporen verschieden.

Peru (leg. Lechler — Herb. Kew):
Parmelia flavobrunnea und *P. Lechleri.*

Montevideo (leg. Felippone — Herb. Kew):
Parmelia Montevidensis.

Die ausserdem zahlreichen neuen Varietäten und Formen entziehen sich der Wiedergabe in einem Berichte.

Unter den Verbesserungen und Ergänzungen nimmt die erste
Stelle die Gründung einer neuen Gattung *Nephromopsis* auf *Cetraria
Stracheyi* Bab. oder *Platysma nephromoides* Nyl. ein, deren Diagnose
lautet:

„Thallus cetrariaceo-foliaceus, subhorizontalis, centro affixus, rhizinis desti-
tutus (subtus pseudocyphellis ornatus); gonidia globosa, viridia; apothecia gymno-
carpica, in ultimo margine loborum resupinata, margine thallino (tenuissimo)
cincta; sporae hyalinae simplices. – Thallus, apothecia, sporae et gonidia ut in
Cetraria (incl. *Platysmate*), at situs apotheciorum ut in *Nephromate.*"

Verbesserungen erfahren die Diagnosen von:
Ramalina maciformis (Del.) nach dem Original im Hinblicke auf Nyl. Recog.
Ramalin. p. 56, *Platysma Thomsoni* Stirt., *Lecidea prasino-rubella* Nyl. und
Verrucaria ravida Krempb. *Parmelia submarginalis* Ach. ist nach dem Verf.
P. perlata v. *ciliata*, *P. Peruviana* Nyl. ist *P. laevigata* Ach., *P. Amazonica* Nyl.
ist *P. meizospora* Nyl. Von *Parmelia hypotropa* werden die bisher unbekannten
Apothecien beschrieben.

Minks (Stettin).

Jost, L., Ueber Dickenwachsthum und Jahresringbildung. (Botanische Zeitung. 1891. Nr. 30—38. Taf. VI
und VII.)

In dieser Arbeit handelt es sich um die inneren Ursachen,
denen die Ausbildung des Holzes und die Entstehung der Jahres-
ringe zuzuschreiben ist; das Dickenwachsthum der Rinde ist nicht
in Betracht gezogen. Zunächst ist daran zu denken, dass die Menge
der Nahrungszufuhr die Holzbildung bedinge, wie Hartig und
Wieler es nachzuweisen suchten. Verf. stellte Versuche an Keimlingen von *Phaseolus* und *Vicia Faba* u. a. an, die er theils im
Dunkeln, theils am Lichte zog und denen er theilweise die Plumula
excidirte. Bei *Phaseolus multiflorus* bewirkte das Entfernen der
Plumula, also die bessere Ernährung des Hypocotyls, ein Fleischig-
werden desselben ohne Neubildung von Gefässen, bei den andern
Pflanzen aber rief der vermehrte Nahrungszufluss zum Hypocotyl
keine verstärkte Thätigkeit des Cambiums hervor. Es ergiebt sich
also, dass der Art der Ernährung kein Einfluss auf das Dickenwachsthum zuzuschreiben ist, denn selbst das Verhalten von *Ph.*

multiflorus lässt sich aus andern biologischen Eigenthümlichkeiten erklären.

Wenn die „Ernährungstheorie" zur Erklärung nicht genügt, so ist anzunehmen, dass Beziehungen zwischen der Gefässbildung im Stamm und der Organbildung an demselben existiren. Diese Beziehungen werden im 2. Abschnitt besprochen, der mit einer historischen Einleitung beginnt und darin besonders die Angaben von Mohl, Hartig und de Vries einer kritischen Darstellung unterzieht. Aber keine der drei durch jene Forscher vertretenen Ansichten wird vom Verf. angenommen, da ihn seine Versuche zu anderen Schlussfolgerungen führen. Er experimentirt wieder mit Keimlingen von *Phaseolus multiflorus*, denen die im Dunkeln erwachsenen Primordialblätter des ersten epicotylen Knotens zum Theil entfernt wurden, eines oder beide, mit oder ohne Entfernung des Sprossendes oder der Achselsprosse. Es ergiebt sich, dass die Ausbildung des Blattspurstranges nicht erfolgt, wenn sich das zu ihm gehörige Blatt nicht entwickelt: es wird kein secundäres Holz gebildet und die Cambiumzellen gehen in den Zustand von Dauerzellen über. Dies kann nicht auf Ernährungsverhältnissen beruhen, sondern es muss von den sich entwickelnden Blättern aus eine Beeinflussung der Cambiumzellen vor sich gehen, wenn diese Gefässe bilden sollen, und zwar denkt sich Verf. die Beeinflussung als eine Bewegungsübertragung. So kommt Verf. zu dem Satz: „Physiologisch lässt sich die Blattspur vom Blatt nicht trennen, sie bildet vielmehr ihrem ganzen Verhalten nach einen Theil desselben." Es wird dann noch erörtert, dass die Transpiration nicht die Ursache der Gefässbildung sein kann, während andererseits die Blattgrösse in Correlation mit der Mächtigkeit des Dickenwachsthums steht. Ein geeignetes Versuchsobject sind Zweige von *Pinus* (*P. Laricio*) wegen der vorhandenen Kurztriebe. Werden die Langtriebknospen vor oder nach ihrer Entfaltung entfernt, so wird das Dickenwachsthum des unterstehenden Stammes gehemmt und es werden einige Kurztriebe zu Langtrieben umgebildet. Das Austreiben der Kurztriebe aber wiederum bewirkt, dass das Dickenwachsthum des Hauptastes nicht ganz erlischt und dass in dem betreffenden Kurztrieb selbst ein neuer Jahresring entsteht. Weitere Beobachtungen werden mitgetheilt, die an den weiblichen Kätzchen der Erle, den Zapfen der Kiefer und an immergrünen Pflanzen gemacht wurden, in solchen Fällen also, wo Blattorgane mehr als eine Vegetationsperiode an einem des Dickenwachsthums fähigen Stamme stehen. Auch sie zeigen, dass das Cambium, sofern es die zum Wachsthum nöthigen Stoffe erhält, doch nur dann thätig ist, wenn es beständig mit oberhalb stehenden, in Entwickelung begriffenen Organen zusammenhängt. Es müssen nun aber auch die Fälle angeführt werden, wo Holz gebildet wird ohne gleichzeitige Organentwickelung, z. B. Dickenwachsthum von Baumstümpfen, Ueberwallungen von Stümpfen und dergl. Folglich kann man nur sagen: „Organbildung ist zwar in vielen, aber nicht in allen Fällen eine nothwendige Bedingung für die Gefässbildung."

Die über die Jahresringbildung mitgetheilten Beobachtungen bezeichnet Verf. selbst als fragmentarisch. Er bespricht zunächst die Erscheinung, dass laubabwerfende Holzgewächse in einer Vegetationsperiode mehrmals treiben. Die hier gemachten Erfahrungen beweisen, dass unter günstigen Bedingungen jeder Trieb eines Baumes einen Ring erzeugt. Andererseits — bei manchen tropischen, resp. im Gewächshaus gehaltenen Holzpflanzen — entsteht bei continuirlicher oder doch nur kurz unterbrochener Blattbildung ein homogenes, jahresringloses Holz. So ergiebt es sich denn, dass Jahresringbildung dasselbe Problem ist wie Jahrestriebbildung und dass wir noch nicht von einer Erklärung der ersteren sprechen können, bevor die letztere erklärt ist.

Die beigefügten Tafeln erläutern zum Theil den Gefässbündelverlauf, zum Theil zeigen sie an Querschnitten den verschiedenen anatomischen Charakter des Dickenwachsthums, also die verschiedene Holzbildung an den Versuchspflanzen *Phaseolus* und *Pinus*, je nach deren Behandlung. Auf der zweiten Tafel sind photographische Aufnahmen der natürlichen Präparate meist bei schwacher Vergrösserung dargestellt, die ein sehr anschauliches Bild der Verhältnisse geben und als eine wirklich gelungene Reproduction zu bezeichnen sind.

Möbins (Heidelberg.)

Protits, Georg, Vergleichend-anatomische Untersuchungen über die Vegetationsorgane der *Kerrieen*, *Spiraeen* und *Potentilleen*. (Sitzungsber. der kais. Akademie der Wissenschaften in Wien. Math.-naturw. Classe. Bd. C. Abth. I. April 1891. p. 236—267. Mit 1 Taf.)

Verf. nahm bei seiner Untersuchung besondere Rücksicht auf jene Merkmale, die auf Grund der Litteratur als Basis für die Unterscheidung und Charakterisik der Gattungen verwendet werden können. Insbesondere wurden berücksichtigt: 1) Ort des Beginnes für die Peridermbildung, 2) Bau des Periderms, 3) Bestandtheile des Holzes und der Rinde, 4) Bau des Markes, 5) Breite der Markstrahlen, 6) Gefässbündelverlauf, 7) Bau des Blattes, 8) Trichome.

Die wichtigsten Resultate, zu welchen Verf. gelangte, sind, dass *Kerria Japonica* und *Neviusia Alabamensis* unter sich in allen wesentlichen anatomischen Merkmalen übereinstimmen, während *Rhodotypus kerrioides* sich anders, als die genannten Arten verhält. Während bei *Rhodotypus* die Peridermbildung in der ersten unterhalb der Epidermis gelegenen Zellreihe ihren Anfang nimmt, — worin Verf. einen Hinweis auf die Verwandtschaft mit den *Amygdaleen* erblickt —, beginnt sie bei *Kerria* und *Neviusia* innerhalb einer verkorkten Schutzscheide, mit der die primäre Rinde abschliesst. Auf Grund dieses anatomischen Unterschiedes und der morphologischen Eigenthümlichkeiten (gegenständige Stellung der Blätter, tetramerer Blütenbau und der sonderbare über den Carpellen zusammenschliessende Discus) schliesst Protits *Rhodotypus* aus der Gruppe der *Kerrieen* aus. Bezüglich der Mittelstellung der

Kerrieae zwischen *Spiraeae* und *Potentilleae* spricht sich Verf. dahin aus, dass dieselbe, wenn man *Rhodotypus* ausschliesst, im Allgemeinen gerechtfertigt sei, denn einerseits stimmen *Kerria* und *Neviusia* mit der Gattung *Spiraea* in Bezug auf die Initiale und den Bau des Periderms vollständig überein und andererseits besitzen sie denselben anatomischen Bau des Holzes wie die *Potentilleen*, da das Holz bei den *Kerrieen* wie bei den *Potentilleen* aus Gefässen, Tracheiden, Holzparenchym und Ersatzfasern besteht. Für die Gattung *Spiraea* ist bemerkenswerth, dass sie sich von den *Potentilleen* und *Kerrieen* im Bau des secundären Holzes auffällig dadurch unterscheidet, dass hier statt Holzparenchym ausschliesslich Ersatzfasern vorhanden sind, zudem noch sowohl ungefächertes als gefächertes Libriform. Durch die Breite der Markstrahlen nähert sich die Gattung *Spiraea* viel mehr den *Kerrieen*, wie den *Potentilleen*, welch letztere meist nur 1—2 reihige Markstrahlen besitzen. Das Mark der *Spiraeen* und *Potentilleen* ist reichlich gerbstoffführend und unterscheidet sich dadurch von dem der *Kerrieen*. Erwähnt sei noch, dass das Periderm bei den *Potentilleen* innerhalb des Hartbastes beginnt und auch Phelloidzellen führt.

Verf. hat untersucht:

Rhodotypus kerrioides Sieb. et Zucc., *Kerria Japonica* D. C., *Neviusia Alabamensis* A. Gr., *Spiraea crenata* L., *Sp. oblongifolia* W. K., *Sp. chamaedrifolia* L., *Sp. ulmifolia* Scop., *Sp. Japonica* L. f, *Sp. salicifolia* L., *Potentilla fruticosa* L., *P. Davurica* Poir.

Aus den anatomischen Verhältnissen der untersuchten *Spiraea*-Arten leitet Verf. Einiges bezüglich der Verwandtschaftsverhältnisse ab. So spricht für die nähere Zusammengehörigkeit der *Sp. crenata* und *Sp. oblongifolia* das Vorhandensein und die identische Vertheilungsweise der activen Zellen im Marke. *Sp. chamaedrifolia* zeigt die meiste Uebereinstimmung mit *Sp. ulmifolia*, *Sp. Japonica* nähert sich anatomisch am meisten *Sp. salicifolia* und *Sp. chamaedrifolia*.

Bezüglich der Blattanatomie und der Detailbeobachtungen sei auf das Original verwiesen.

Krasser (Wien).

Huth, Ernst, Monographie der Gattung *Caltha*. (Abhandlungen und Vorträge aus dem Gesammtgebiete der Naturwissenschaften, herausgeg. von Ernst Huth. Band IV. Heft I.) 8⁰. 32 pp. Tafel I. Berlin (Friedländer & Sohn) 1891.

Die Gattung, von der bisher keine Monographie bestand, ist in folgender Weise untertheilt:

I. *Psichrophyla* Gay (pr. genere): Folia radicalia appendiculata, appendices sursum inflexae; scapi uniflori; sepala plerumque persistentia.

a.) Folia margine haud ciliata, 8—40 mm longa: *C. sagittata* Cav. mit β. *latifolia* Huth, *C. appendiculata* Pers. mit β. *Chilensis* Huth, *C. Novae Zelandiae* Hook. mit β. *introloba* F. Müll.

b.) Folia setoso-ciliata, 3—4 mm longa et lata: *C. dionaeifolia* Hook.

II. *Populago* Tourn.: Folia cordata v. reniformia, rarius triangularia, appendices haud sursum inflexae.

a. Flores albi: *C. natans* Pall., *C. leptosepala* DC. mit β. *rotundifolia* Huth und γ. *Howellii* Huth, *C. alba* Camb.

b. Flores lutei: *C. scaposa* Hook. Thoms., *C. palustris* L.

Unter letztgenanntem Namen sind alle kritischen, gelbblühenden Formen mit beblättertem Stengel vereinigt, einschliesslich *C. poly-petala* Hochst. Von dieser letzteren wird jedoch im Nachtrage gesagt, dass sie vielleicht doch eine eigene Art sei. Die Tafel stellt Blatt- und Fruchtformen verschiedener Arten dar.

Freyn (Prag).

Huth, E., Revision der Arten von Trollius. (Sonder-Abdr. aus Helios. monatliche Mittheilungen aus dem Gesammtgebiete der Naturwissenschaft. Band IX. No. 1. 8°. 8 pp.)

Der Verfasser stellt die blumenblattlose einzige *Calathodes*-Art den mit nektarientragenden Blumenblättern versehenen echten *Trollius*-Arten gegenüber und gruppirt letztere in nachverzeichneter Weise:

A. Flos luteus rarius rufescens v. subviridis; ovarium glandulosum *(Eutrollius)*.
a. Sepala ultra decem (plerumque 15—20): *T. Europaeus* L. (mit vielen Varietäten), *T. Asiaticus* L. (mit 3 Varietäten), *T. Dschungaricus* Regel, *T. Altaicus* C. A. Mey.
b. Sepala 5—10, patula: *T. Ledebourii* Rchb. (mit 1 Varietät), *T. Chinensis* Bunge (mit 1 Varietät), *T. patulus* Salisb. (mit 4 Varietäten), *T. pumilus* Don (mit 1 Varietät), *T. Americanus* Mühl. Gaiss. (mit 2 Varietäten) und *T. acaulis* Lindl.
B. Flos lilacinus, ovaria haud glandulosa *(Hegemone)*: *T. lilacinus* Bunge.

Zwei Namen bleiben unaufgeklärt, ein Inhalt der Synonyme beschliesst die Abhandlung.

Freyn (Prag).

Willkomm, Maurice, Illustrationes florae Hispaniae insularumque Balearium. Figures de plantes nou-velles ou rares décrites dans le Prodromus florae Hispaniae ou récemment découvertes en Espagne et aux îles Baléares, accompagnées d'observations critiques et historiques. Livrais. XVIII. p 113—126. Tab. CLVI—CLXIV. Stuttgart (Schweizerbart) 1891.

Die vorliegende 18. Lieferung enthält den Text zu der Tafel CLV B., welche *Arrhenatherum erianthum* Boiss. Reut. vor-stellt und schon in der 17. Lieferung erschienen war, dann zu folgenden der neuen Lieferung angehörenden Tafeln;

Armeria Gaditana Boiss. (Tafel 159 a), *A. macrophylla* Boiss. Reut. (159 b), *Cynoglossum heterocarpum* Willk. (160), *C. Loreyi* Jord. (161 a), *Desmazeria Balearica* Willk. (157 a), *D. triticea* Willk. (157 b), *Geranium malvaeflorum* Boiss. Reut. (164), *Holcus grandiflorus* Boiss. Reut. (156), *Myosotis gracillima* Losc. Pard. (162 b), *M. minutiflora* Boiss. Reut. (162 a), *Omphalodes Kuzinskyanae* Willk. (161 b), *Ornithogalum Reverchoni* Lange (158) und *Rhamnus Baetica* Rev. et Willk.

Zufolge mündlicher Mittheilung des Verf. ist *Cynoglossum Loreyi* Jord. nach einer dem Ref. nachträglich bekannt geworde-nen Mittheilung Pau's mit *C. Valentinum* Cav. identisch. Im Uebrigen bezieht sich Ref. auf seine früheren Referate über dieses Lieferungswerk.

Freyn (Prag).

Zittel, Handbuch der Palaeontologie. II. Abtheilung. Palaeophytologie von **Ph. Schimper** und **A. Schenk.**

Gr. 8⁰. 958 pp. mit 429 Originalholzschnitten. München und Leipzig (R. Oldenbourg) 1890.*) M. 38.

Noch kurz vor seinem Tode war es dem greisen Forscher A. Schenk, vergönnt, das Werk, dessen Fortsetzung er nach dem Dahinscheiden Ph. Schimper's übernommen hatte, fertig gestellt zu sehen. Mit peinlichster Sorgfalt hat Verf. das gesammte Material und die umfangreiche Litteratur in den Kreis seiner Darstellung gezogen, sodass uns das vorliegende Werk ein getreues Abbild vom gegenwärtigen Stande unserer phytopalaeontologischen Kenntnisse darbietet. Im Anschluss an die mit den *Thallophyten* beginnende und den *Sympetalen* schliessende Bearbeitung behandelt Verf. die fossilen Hölzer im Zusammenhang. Der Standpunkt, den Verf. bei der Abfassung des Handbuches eingenommen hat, dürfte die meisten Palaeontologen wenig befriedigen, ist jedoch nach Ansicht des Ref. sehr gerechtfertigt. Verf. weist darauf hin, dass wir bei der Mehrzahl der Reste den Zusammenhang der Pflanzentheile nicht kennen, dass vielmehr Blätter, Blüten und Früchte isolirt vorkommen; erstere sind in keiner Weise zur Charakterisirung grösserer Gruppen zu verwerthen, letztere beiden gestatten jedoch beinahe in allen Fällen eine Untersuchung wie sie bei recenten Pflanzen möglich ist, durchaus nicht; es sind daher die meisten Deutungen fossiler Pflanzen fraglich, namentlich haben jene der jüngeren Formationen nur insofern Werth, als ihnen ein Name gegeben ist; ob sie ihn verdienen, ist eine andere Frage. In Bezug auf die aus den fossilen Funden gezogenen Folgerungen über Vorkommen, Verbreitung und Entwicklung vorweltlicher Pflanzen meint Verf. einmal, dass die Aufgabe der Palaeontologie nicht darin bestehe, unbeweisbare Behauptungen aufzustellen oder unbewiesene Aussprüche durch nicht beweiskräftige Beobachtungen zu stützen, sondern darin, auf Grund beobachteter und kritisch gesichteter Thatsachen die Entwickelung der Pflanzen- und Florengruppen zu ermitteln, gewiss eine Forderung, der jeder exacte Forscher beistimmen wird, und die namentlich die Botaniker freudig begrüssen werden, die nicht mit Unrecht den Resten untergegangener Vegetationsperioden bisher wenig Berücksichtigung zu Theil werden liessen, zumal da vielfach die botanischen Kenntnisse der Palaeontologen ungenügend waren und auch noch jetzt theilweise zu wünschen übrig lassen.

Druck und Ausstattung des Werkes sind tadellos; besondere Sorgfalt ist auf die Anfertigung der zahlreichen Holzschnitte verwandt worden. ———— **Taubert (Berlin).**

Ross, Vorläufige Mittheilung über einige Fälle von Mykosis im Menschen. (Centralblatt f. Bakteriologie und Parasitenkunde. Bd. IX. No. 15. p. 504—507.)

Aus dem Urin zweier an Nephromycosis aspergillina leidenden Patienten züchtete Ross auf Plattenkulturen typische *Aspergillusrasen*, wahrscheinlich *Aspergillus fumigatus*. Derselbe erwies sich

———————
*) Vergl. auch die Referate über die einzelnen Lieferungen dieses Werkes.

als sehr pathogen für Kaninchen und tödtete die inficirten Versuchsthiere innerhalb 48 Stunden. Ferner fand Verf. im Verein mit
Desmond auch bei Rindern, die an einer in Australien weit verbreiteten Art von Tuberculose gestorben waren, den *Aspergillus*
auf, während die Koch'schen Bacillen oder *Actinomyces* bisher
nicht wahrgenommen werden konnten. Es ist nicht unwahrscheinlich, dass diese Krankheiten auf Australien beschränkt sind, welches
ja so viele Eigenthümlichkeiten in Fauna und Flora aufzuweisen
hat. In dem Sputum einer an Pneumonomycosis vidica erkrankten
Patientin wurde ferner *Saccharomyces albicans* aufgefunden und auf
Plattenkulturen weitergezüchtet. Die mit Aufschwemmungen dieser
Culturen injicirten Kaninchen starben schon am 2. Tage. Verf.
hoffte bis zu dem im September d. J. in Sydney tagenden medicinischen Kongress in der Lage zu sein, Näheres über seine Untersuchungen und namentlich über die historischen Details zur allgemeinen Kenntnis zu bringen.

Kohl (Marburg).

Miczynski, K., Oczmarzaniu tkanek gruszy. [Ueber das
Erfrieren der Gewebe des Birnbaums.] (Separat-Ab-
druck aus den Verhandlungen und Sitzungsberichten der Krakauer
Akademie. Mathem.-naturw. Classe. Bd. XX. 8⁰. 26 pp. mit
Doppeltafel.) [Polnisch mit französischem Résumé.]

Nach dem ungewöhnlich kalten Winter 1887/88, während dessen
die Temperatur manchmal tagelang —30⁰ C betrug, erwiesen sich unter
vielen anderen namentlich die Birnbäume, und unter diesen besonders
jüngere Exemplare und edlere Sorten, stark beschädigt. Der
Knospenaustrieb der beschädigten Zweige war im folgenden
Frühling mehr oder weniger stark beeinträchtigt, und zwar entwickelten sich die Knospen um so kümmerlicher, je näher sie der
Spitze der Zweige sich befanden. Auf Veranlassung des Prof.
Janczewski unternahm Verf eine Untersuchung der Frostwirkungen
in anatomischer und physiologischer Hinsicht.

Am empfindlichsten erwies sich das Markgewebe, dann successive die Markstrahlen und das Holzparenchym, von innen nach
aussen fortschreitend. In diesen Geweben stirbt zunächst das
Protoplasma der Zellen ab. in Folge dessen die in denselben ge-
speicherte Stärke in der nächsten Vegetationsperiode unverändert
bleibt. Gegen den Frühling beginnt das abgestorbene Plasma sich
zu zersetzen und zu bräunen, so dass die abgestorbenen Gewebe-
partieen leicht als solche erkannt werden können. Ist nur das
Mark abgestorben, so erleidet die fernere Entwickelung des Zweiges
keine Störung; wenn hingegen das lebende Parenchym des gesammten Holzkörpers abgestorben ist, so ist weder Wachsthum der
Knospen, noch Cambiumthätigkeit mehr möglich; es findet überhaupt eine strenge Proportionalität statt zwischen der Menge der
abgestorbenen Gewebe und dem weiteren Wachsthum des Zweiges,
wie Verf. an zahlreichen Beispielen des Nähern ausführt. Die
Wachsthumshemmung ist, wie einige einfache Ueberlegungen er-

geben, die Folge nicht der Immobilisirung eines Teiles der Reservestärke, sondern der eingeschränkten oder aufgehobenen Wasserzu-
fuhr. Dies bildet einen Beweis zu Gunsten der Godlewski'schen
Wasserleitungstheorie, wonach die Motoren der Wasserleitung im
Protoplasma der lebenden Holzzellen zu suchen sind, denn durch
das Absterben der Holzparenchym- und Markstrahlzellen wird die
Wasserzufuhr unterbrochen, obgleich die Gefässe im Frühling und
Sommer noch ganz unverändert sind. — Erst gegen den Herbst
machen sich auch in den Gefässen der abgestorbenen Holzpartieen
Veränderungen bemerklich: die Lumina derselben werden zum
Teil ausgefüllt mit Tropfen einer lichtbrechenden, gelben oder
braunen, gegen Lösungsmittel sehr resistenten Substanz, die Lignin
enthält, ein Gemisch von Schleim mit anderweitigen Stoffen ist
und anscheinend mit der Substanz übereinstimmt, welche bei den
meisten Bäumen die Gefässe im Kernholz verstopft. Gleichzeitig
beginnt in den todten Zellen jeder Art, hauptsächlich an der Grenze
gegen das lebende Gewebe, ein schwarzvioletter Farbstoff aufzutreten, der die erwähnten Ausscheidungen in den Gefässen und die
Membranen dunkel färbt; er ist in Wasser unlöslich, in Alkohol,
Aether, Benzin leicht löslich und nimmt mit Kalilauge eine durch
Wasser ausziehbare grüne Farbe an, ohne gelöst zu werden.

Das Rindengewebe ist verhältnissmässig viel resistenter gegen
Frost, als das Mark- und Holzgewebe; am ehesten erfrieren und
bräunen sich noch die Parenchympartieen, welche die Sclerenchym-
stränge umgeben.

Die offenbar seltenen Fälle, in denen auch Theile des Cambiums
durch den Frost getödtet worden waren, gaben zu einer interessanten
Beobachtung Anlass. Ueber den abgestorbenen Cambiumstreifen
hatte sich nämlich im Frühjahr neues Cambium aus den innersten
Schichten des Bastes gebildet (was bisher noch nie beobachtet
worden), und dieses neue Cambium erzeugte zunächst ein markartiges
Gewebe mit kurzen, fast isodiametrischen Zellen und darauf erst
normales gefässführendes Holz. Die anfängliche Bildung des gross-
zelligen, parenchymatischen Gewebes erklärt Verf. durch den Mangel
jeglichen Gegendruckes seitens des abgestorbenen alten Cambiums,
welches durch das genannte Gewebe zu einer formlosen Masse zusammengepresst wird. Die Gruppen markähnlichen Gewebes zeigen
eine auffallende Uebereinstimmung mit den sogenannten Markflecken,
und dürfte die Entstehung dieser wohl überhaupt, bei dem Birn-
baum wenigstens, auf das Absterben von Cambiumpartieen in
Folge von Frost zurückzuführen sein (während sie bei verschiedenen
anderen Bäumen bekanntlich eine andere Ursache haben).

Aus dieser Arbeit ergiebt sich u. a. die interessante Folgerung,
dass die verschiedenen Gewebe desselben Zweiges ungleich resistent
sind und durch Frost bei ungleichen Temperaturen getödtet
werden, das Mark am leichtesten, die Rinde und das Cambium am
schwersten.

Rothert (Kazan).

Brandis, D., Der Wald in den Vereinigten Staaten von Nordamerika. (Verhandlungen des naturhistorischen Vereins der Rheinlande. 1890. p. 264—306.)

Der ausführlich mitgetheilte Vortrag stützt sich neben anderen neueren Publicationen wesentlich auf das Mayr'sche Werk über die Waldungen von Nordamerika. Verf. findet dabei Gelegenheit, einige in ihrer Allgemeinheit nicht ganz richtige Sätze Mayr's zu berichtigen, wobei er ganz besonders auf die Verhältnisse in Ostindien, bez. im tropischen Asien Bezug nimmt. Eine derartige Erörterung behandelt zunächst das Vorkommen periodisch belaubter Wälder in den Tropen; entgegen der Behauptung Mayr's, dass eine winterkahle Vegetation in der eigentlich tropischen Region fehle, erinnert Verf. besonders an das Vorkommen sommergrüner Waldungen von Teakbäumen u. a. in Burma und Vorderindien, sowie in Java, — anderer Beispiele nicht zu gedenken. Ebenso ist die Abnahme des Holzgewichts und der Nadellänge der Kiefern nach Norden hin, die Mayr in Amerika beobachtete, nicht allgemein; bei den Kiefern Ostindiens findet keine derartige Beziehung statt, weder wenn man alle 5 Arten zusammennimmt, noch wenn man die 3 zur Section *Taeda* gehörigen für sich betrachtet, was des Nähern ausgeführt wird. In Bezug auf die Bemerkung Mayr's, Früchte seien um so schmackhafter, je trockener und wärmer das Klima ist, bemerkt Verf., dass in Ostindien Orangen wenigstens ihre grösste Vollkommenheit sowohl in sehr heissem und trockenem Klima (Delhi, Nagpur), als auch in sehr feuchtem erreichen (Shalla mit 8 monatlicher Regenzeit und 500 cm Regenhöhe). Dass die Existenz der Prärieen in Nordamerika mit der Luftfeuchtigkeit und Vertheilung der Niederschläge zusammenhängt, ist eine berechtigte Ansicht; anders aber liegen die Verhältnisse in Ostindien, wo für die Existenz von Savannen oder Prärieen im Ueberschwemmungsgebiet des Irawaddi und in feuchten, theilweise selbst mit immergrünem Wald bedeckten Gebirgsregionen andere Gründe gesucht werden müssen. Die Schilderung, die Verf. dabei von der erstgenannten Vegetation macht, ist eine so lebendige, dass Ref. sie im Wortlaut anführen will: „In dem Ueberschwemmungsgebiet des Irawaddi sind weite Strecken mit hohem Grase bestockt, ein undurchdringliches Dickicht, 3—4 m hoch, bildend. In der Provinz Pegu nehmen diese Savannen (Kaindoh, Graswald genannt) gegen 500 000 ha ein und haben im Thale des Irawaddi-Flusses eine Breite unter 18° n. Br. von 50 km. Vom Juni bis August stehen diese Gegenden 1—2 m tief unter Wasser. Reisbau ist unmöglich, denn die niedrige Reispflanze kann unter einer solchen Wasserdecke nicht leben. Die Riesengräser aber (mehrere Arten von *Saccharum* und andere *Andropogoneen*), welche diese Savannen bilden, gedeihen vortrefflich. Einige Monate nach dem Ablauf des Wassers tritt die trockene Jahreszeit ein, und wenn im März und April das Gras dürr geworden ist, so fegen die Waldbrände durch das Land, und das Resultat ist eine unabsehbare Fläche, schwarz von verkohlten Stoppeln. Bald aber spriessen die jungen grünen Halme mächtig aus den schwarzen Stoppeln hervor, ein willkommenes Futter für die grossen Büffelheerden der Burmanen. Nur einige Baumarten gedeihen unter diesen exceptionellen Verhältnissen, und unter diesen ist *Bombax Malabaricum*, der Baumwollbaum, hervorzuheben, der laublos in der heissen Jahreszeit im Schmuck seiner grossen scharlachrothen Blüten an den quirlförmig gestellten Zweigen prangt."

Schliesslich kommt Verf. auch auf die Waldverwüstung in Nordamerika zu sprechen und drückt dabei die vielleicht etwas optimistische Hoffnung aus, dass es über kurz oder lang auch dort gelingen werde, der Zukunft ihr Recht zu verschaffen und eine geordnete Waldwirthschaft einzuführen.

Jännicke (Frankfurt a. M.).

May, W., Die Rohrzucker-Culturen auf Java und ihre Gefährdung durch die Sereh-Krankheit. (Botanische Zeitung. 1891. p. 10—15.)

Das Zuckerrohr (*Saccharum officinarum*) ist die ältere und noch bis heute eine sehr bedeutende Quelle für die Gewinnung des Zuckers. Es gedeiht nicht bloss in der tropischen und subtropischen Zone, sondern auch über diese hinaus in dem warmen Theile der gemässigten Zone, wenn nur die Gegend vor klimatischen Bedrohungen geschützt ist. Zur üppigen Entwickelung der Pflanze ist feuchter, jedoch nicht versumpfter Boden und feuchte Luft erforderlich; ist letztere durch Seebrisen gemildert, so ist dieses für die Pflanze noch vortheilhafter. Der Boden darf nur wenig Salze enthalten, doch ist ein gewisser Zusatz von Kalk unbedingt nothwendig zur Gewinnung von zuckerhaltigem Rohr.

Das Hauptproductionsgebiet für das asiatische Zuckerrohr ist Java. — Was die Bodenart betrifft, welche für die Zuckerrohrcultur Java's die beste ist, so wird bald dem Lehmboden, bald dem Sand- oder dem gemischten Boden der Vorzug gegeben. Am Ende der Regenzeit, dem sogenannten West-Monsun, im April und Mai eines jeden Jahres, wird in der Regel mit der Bodenbearbeitung für den Anbau begonnen und dann Ende Juni bis zum Beginn Juli das Auspflanzen vollzogen. Im November und December ist dann die Pflanze soweit entwickelt, um stärkeren Regengüssen und Winden Widerstand bieten zu können. Abnorme Witterungsverhältnisse, wie z. B. ein nasser Ost-, ein trockener West-Monsun oder das verspätete Eintreten der einen oder der anderen Saison, bleiben meist nicht ohne nachtheiligen Einfluss auf die Qualität des Rohres. Es wird in Java eine grosse Anzahl der verschiedensten Zuckerrohrarten angebaut, deren Varietäten jedoch noch nicht wissenschaftlich festgestellt sind. Am häufigsten findet sich das sogenannte „Tabu item", eine dunkelgefärbte Varietät, welche auch unter dem Namen „Cheribonisches Rohr" bekannt ist. Ferner eine hellere, manchmal gelblich-gelbe oder hellrothe und in anderen Farben vorkommende Art, das „Japarasche Rohr". Diese Sorten werden bisweilen 10 bis 15 Fuss hoch, und es wiegen die einzelnen Rohrstöcke 2—4 kg.

Die Erntezeit dauert vom Mai bis December, für die meisten
Fabriken jedoch nur vom Juni bis October. Das reife Rohr darf
zur Vermeidung des sonst schnell eintretenden Saftrückganges
nicht unnöthig auf den Feldern gelassen werden, wo dasselbe dann
sehr schnell austrocknen würde. Die richtige Bestimmung des
Höhepunktes der Reife, bezw. des Zeitpunktes, an welchem das
Rohr geschnitten werden muss, ist schwierig, trotzdem ist ein
gleichmässiger Reifezustand des Rohres von sehr grosser Wichtigkeit, da eine gleichzeitige Verarbeitung verschiedenartiger Säfte
Nachtheile in der Fabrication mit sich führt. — Man kann das
Rohr entweder mit der Wurzel ernten, oder man haut es oberhalb derselben ab.

Bekanntlich hat sich seit mehreren Jahren eine sehr bedenk-
liche Krankheit des Zuckerrohres auf den Plantagen in Java, die
sogenannte „Sereh“-Krankheit, eingestellt, welche, wenn sie in
dem gleichen Maasse wie bisher fortschreitet, die ganzen Culturen
zu vernichten droht. Diese Krankheit trat zuerst in den Jahren
1879 und 1880 auf und hat in den letzten fünf Jahren in besorg-
nisserregender Weise zugenommen. Vom Westen aus sich sehr
schnell bis zum äussersten Osten der Insel verbreitend und nur
hier und da einzelne Striche überspringend oder in einzelnen Bezirken milder auftretend, scheint sie gegenwärtig am verheerendsten
in Mittel-Java zu sein.

Die Krankheit giebt sich äusserlich in folgender Weise zu
erkennen: Die Zwischenglieder des Stockes bleiben kurz und die
Blätter erscheinen infolge dessen dicht aufeinander gedrängt. Es
entstehen zahlreiche Luftwurzeln und oberirdische Seitentriebe.
Das Rohr entwickelt sich also nicht, wie bei den gesunden Pflanzen,
zu einem hohen, aufrechtstrebenden Stengel, sondern es bleibt
klein und bildet durch seitliche Ausschüsse einen fächerförmigen
Blattbüschel. Im ärgsten Stadium der Krankheit wird überhaupt
kein Rohr, sondern nur Blätter erzeugt. In zweiter Linie wird
dann auch noch die Pflanze von zahlreichen thierischen und
pflanzlichen Schmarotzern befallen.

Als weitere Krankheitsanzeichen sind noch zu nennen, dass
gewisse Gewebepartien des Stockes stark geröthet werden.
Werden aus solchen Pflanzen geschnittene Stecklinge ausgepflanzt,
so zeigen auch diese eine vermehrte Röthung und gehen schliesslich in Verrottung über.

Die kranken Pflanzen haben einen niedrigen Zuckergehalt,
dessen Ausbeute sehr gering und überhaupt nicht mehr lohnend
ist. Ferner ist auch die Qualität des Saftes eine sehr schlechte,
und es lässt sich der im Saft vorhandene Zucker nicht so vollständig wie gewöhnlich gewinnen.

Zur Verhütung der weiteren Ausbreitung der „Sereh“ werden
jetzt fast überall in Java von den Fabriken eigene Felder angelegt
zur Erzeugung von Stecklingen, sogenannten „Bibit“, für die jährlichen Neuauspflanzungen, während früher der „Bibit“ immer den
Erntefeldern selbst entnommen wurde. Auch wird jetzt seitens
der dortigen Versuchsstationen das Augenmerk mehr als früher

auf die rationellste Düngung, Sammlung, Auspflanzung und Untersuchung von fremden Rohrsorten gerichtet.

Die Ursachen der Sereh-Krankheit sind noch nicht alle mit
Sicherheit erkannt, obwohl die abnormen Erscheinungen bei den
serehkranken Pflanzen einigermaassen festgestellt sind. Man hat
die Ursache theils in der Wirkung von Nematoden, theils in derjenigen von Bakterien gesucht, auch sollten die in den letzten
Jahren angewandten neuen Culturmethoden hier eine wichtige
Rolle mitgespielt haben; es sind dieses Alles vorläufig noch Hypothesen, deren Richtig- oder Nichtigkeit hoffentlich bald von der
Wissenschaft bewiesen wird.

Als das wirksamste Mittel zur Bekämpfung der Krankheit
gilt gegenwärtig die Benutzung von aus serehfreien Districten
eingeführtem Bibit, wenngleich sich auch jetzt schon mit der Ausbreitung der Krankheit nach Mittel- und Ost-Java die Beschaffung
von gesunden Stecklingen immer schwieriger gestaltet.

Otto (Berlin).

Müller-Thurgau, H., 1. Ueber die Veränderungen, welche
die Edelfäule an den Trauben verursacht und über
den Werth dieser Erscheinung für die Weinpro-
duktion. 2. Welches ist die geeignetste Temperatur
für die Weingährung? Zwei Vorträge bei Gelegenheit des X. deutschen Weinbau-Congresses in Freiburg in Breisgau am 10. und 11. Sept. 1887 gehalten.
8⁰. 33 pp. Mainz (Ph. v. Zabern) 1888.

Der Inhalt des ersten Vortrags, der ausführlicher in Thiels
Landwirthschaftlichen Jahrbüchern (1888. p. 83—160) mitgetheilt
wurde, ist bereits im Botanischen Centralblatt Bd. XXXV. p. 94.)
referirt worden. Aus dem zweiten sei Folgendes wiedergegeben: Be-
treffs des Einflusses verschiedener Temperaturen auf die Gährung des
Weines muss unterschieden werden zwischen der Einwirkung auf den
Verlauf der Gährung und derjenigen auf die Qualität des Productes. Die
Gährung des Mostes tritt um so früher ein und wird um so stürmischer,
je mehr sich ihre Temperatur 30⁰ C nähert. Es hört aber bei hoher
Temperatur (28—30⁰) die Gährung schon auf, bevor sich eine genügende
Menge Alkohol gebildet hat, und so können diese Grade gegen das
Ende nachtheilig einwirken. Bei 10⁰ dagegen geht Hefewachsthum
und Gährung sehr langsam vor sich. Die günstigen Temperaturen
liegen demnach zwischen 15 und 25⁰ C, doch lässt sich in der
Praxis die Gährung nicht bei constanter Temperatur durchführen.
Was den Einfluss der Wärme auf die Qualität des Weines betrifft,
so bleibt bei höherer Gährtemperatur ein grösserer Zuckerrest, als
bei niederer zurück; ferner steigern alle Umstände, welche das
Wachsthum und die Lebensvorgänge der Hefe lebhafter machen,
auch den Glyceringehalt des Weines; auf sein Bouquet üben selbst
Temperaturen von 28—30⁰ keinen ungünstigen Einfluss aus.

Die Verfahren, um im Moste die gewünschten Temperaturen
zu erzielen, sind nach äusseren Umständen, Witterung zur Lesezeit,

Beschaffenheit der Trauben u. s. w. einzurichten. Um in einem
kalten Herbst eine günstige Gährungstemperatur herzustellen, hält
es Verf. für vortheilhafter, das Gährlocal mässig zu heizen, als den
Most, bevor man ihn in den Keller bringt, zu erwärmen. Betreffs
der übrigen für die Praxis gegebenen Rathschläge sei auf das
Original verwiesen.

Möbius (Heidelberg).

Conn, H., W., Ueber einen bittere Milch erzeugenden
Micrococcus. (Centralbl. f. Bakteriologie und Parasitenkunde.
Bd. IX. No. 20. p. 653—655.)

Nachdem schon Krüger und Weigemann zwei Bacillen
beschrieben haben, welche durch ihre Einwirkung die Bildung
bitterer Milch hervorrufen, hat nunmehr Conn aus einer Probe
von bitter gewordenem Rahm einen dritten hierher gehörigen
Micrococcus isolirt. Derselbe ist von ziemlicher Grösse, unbeweg-
lich, aërobisch und wächst langsam unter energischer Verflüssigung
des Nährsubstrates, welches eine ausserordentlich schleimige und
zähe Beschaffenheit erhält. In Agar-Agarculturen zeigte sich eine
ausgesprochene Neigung zur Kettenbildung, in Gelatineculturen
dagegen nicht. In sterilisirter Milch ist das Wachsthum schnell
und die Milch wird.sehr bitter. Butter, welche aus dem inficirten
Rahm hergestellt wurde, zeigte einen ranzigen Geruch und brenz-
lichen Geschmack, eignete sich schlecht zur Aufbewahrung und
war überhaupt zur Verwendung untauglich.

Kohl (Marburg).

Wilhelm, G., Ein lästiges Unkraut. [Das Franzosenkraut.
Galinsoga parviflora Cav.] (Oesterreichisches Landwirthschaftliches Centralblatt. Jahrgang I. Heft I p. 1—7.)

Bringt Beiträge zur Kenntniss der Biologie und geographischen
Verbreitung des gefürchteten Unkrauts, denen wir als Beleg für
die rapide Vermehrung der Pflanze die Angabe entnehmen, dass
an einem Exemplare bis zu 36851 Früchte gezählt wurden. Die
Keimfähigkeit nur zu 43,75 % angenommen (Durchschnitt von 4
Keimproben), ergiebt das schon eine Pflanzenmenge von 16122.
Ein Theil der Samen keimt sehr langsam, erst nach Monaten,
die Keimkraft bleibt Jahre hindurch erhalten. Als Gegenmittel
gegen die Weiterverbreitung des Eindringlings wird Verhinderung
des Blühens und Samentragens durch frühzeitiges Jäten und Hacken
als einzig wirksam empfohlen.

Behrens (Karlsruhe).

Neue Litteratur.*)

Geschichte der Botanik:

Gedenkblatt zur Kerner-Feier am 12. November 1891. Ausgegeben vom Comité. — Adh. Verzeichniss der Kerner'schen Schriften. 8°. 24 pp. Wien (Franz Deudicke) 1891.

Allgemeines, Lehr- und Handbücher, Atlanten etc.:

Massee, G., The plant world: its past, present, and future: an introduction to the study of botany. 8°. 222 pp. With 56 illustrations. London (Whittaker) 1891. 3 s. 6 d.

Prantl, K., Lehrbuch der Botanik für mittlere und höhere Lehranstalten. Bearbeitet unter Zugrundelegung des Lehrbuches der Botanik von J. Sachs. 8. Aufl. gr. 8°. VIII, 355 pp. mit 326 Fig. Leipzig (Engelmann) 1891. M. 4.—

Kryptogamen im Allgemeinen:

Ravaud, l'Abbé, Guide du botaniste dans le Dauphiné. Excursions bryologiques et lichénologiques, etc. I. excursion, comprenant les environs de Grenoble. (Publication du journal „le Dauphiné", — Bibliothèque du touriste en Dauphiné.) 8°. 68 pp. Grenoble (Drevet) 1891.

Algen:

Istvánffy, G. de, Sur l'habitat de Cystoclonium purpuiasceus dans la Mer Adriatique. (Neptunia I. 1891. No. 7.) 8°. 2 pp.

Pilze:

Beyerinck, M. W., Die Lebensgeschichte einer Pigmentbakterie. Mit Tafeln. (Botanische Zeitung. 1891. No. 43. p. 705—712. No. 45. p. 741—752.No. 46. p. 757—770.)

Bourquelot, E., Sur la présence de l'amidon dans un champignon appartenant à la famille des Polyporées, le Boletus pachypus. (Journal de Pharmacie et de Chimie. T. XXIV. 1891. No. 5.)

Raciborski, M., Pythium dictyosporum, ein neuer Parasit von Spirogyra. (Anzeiger der Akademie der Wissensch. in Krakau. 1891. October. p. 283—287)..

Flechten:

Hue, l'Abbé, Lichens de Canisy (Manche) et des environs. [Suite.] (Journal de Botanique. V. 1891. No. 21. p. 366—372.)

Muscineen:

Bescherelle, E., Musci novi guadelupenses. [Syrrhopodon laevidorsus, Splachnobryum Mariei, S. julaceum, S. atrovirens, Districhophyllum Mariei.] (Revue bryologique. 1891. Nr. 5.)

Russow, E., Sur l'idée d'espèce dans les Sphaignes. (Revue bryologique. 1891 No. 5.)

Venturi, Les Sphaignes européennes d'après Warnstorf et Russow. [Suite.] (Revue bryologique. 1891. No. 5.)

Physiologie, Biologie, Anatomie und Morphologie:

Berckholz, Willy, Beiträge zur Kentniss der Morphologie und Anatomie von Gunnera manicata Lindm. 8°. V, 19 pp. Erlangen 1891.

Blass, J., Untersuchungen über die physiologische Bedeutung des Siebtheiles der Gefässbündel. [Inaug.-Diss.] Mit 2 Tafeln. 8°. 40 pp. Erlangen 1891.

---

*) Der ergebenst Unterzeichnete bittet dringend die Herren Autoren um gefällige Uebersendung von Separat-Abdrücken oder wenigstens um Angabe der Titel ihrer neuen Publicationen, damit in der „Neuen Litteratur" möglichste Vollständigkeit erreicht wird. Die Redactionen anderer Zeitschriften werden ersucht, den Inhalt jeder einzelnen Nummer gefälligst mittheilen zu wollen, damit derselbe ebenfalls schnell berücksichtigt werden kann.

Dr. Uhlworm,
Terrasse Nr. 7.

Bliesenick, Herm., Ueber die Obliteration der Siebröhren. [Inaug.-Diss.] Mit 1 Tafel. 8°. 63 pp. Erlangen 1891.

Claes, Paul et **Thyes, Émile,** Morphologie comparée des tests des Brassica oleracea, napus, rapa et nigra et des Sinapis alba et arvensis avec plauches hors texte. (Extrait du Bulletin de l'agriculture.) 8°. 16 pp. Bruxelles (P. Weissenbruch) 1891. Fr. 1.50.

Darwin, Charles, De la fécondation des Orchidées par les insectes et des bons résultats du croisement. Traduit de l'anglais par **J. Bérolle.** 2. édit. 8°. 356 pp. Avec 34 gravures dans le texte. Paris (Reinwald et Cie.) 1891.

Darwin, Francis, Le géotropisme et l'héliotropisme des plantes. (Revue Scientifique. Tome XLVIII. 1891. p. 461—484.)

Fauvelle, Le transformisme dans le règne végétal. (l. c. p. 513—519.)

Holfert, Johs., Die Nährschicht der Samenschalen. [Inaug.-Diss.] 8°. 35 pp. 2 Tafeln. Erlangen 1891.

Morara, Ugo., Composizione chimica delle foglie del Quercus Cerris. (Studi e ricerche instituite nel laboratorio di chimica agraria della reale università di Pisa. Fasc. IX.)

Müller, H. F., Ein Beitrag zur Lehre vom Verhalten der Kern- zur Zellsubstanz während der Mitose. (Sep.-Abdr.) 8°. 10 pp. mit 1 Tafel. Leipzig (Freytag) 1891. M. 0.80.

Sigmund, Ueber fettspaltende Fermente im Pflanzenreiche. II. (Sitzungsberichte der Kaiserl. Akademie der Wissenschaften zu Wien. Mathem.-naturw. Klasse. Abtheilung I. Band C. No. 5—7.)

Strasburger, E., Das Protoplasma und die Reizbarkeit. [Rede.] gr. 8°. 38 pp. Jena (Gust. Fischer) 1891. M. 1.—

Weismann, A., Amphimixis oder die Vermischung der Individuen. gr. 8°. VI, 176 pp. mit 12 Textfig. Jena (Gustav Fischer) 1891. M. 3.60.

Weiss, Entwicklungsgeschichte der Trichome im Corollenschlunde von Pinguicula vulgaris L. (Sitzungsberichte der Kaiserl. Akademie der Wissenschaften zu Wien. Mathem.-naturw. Klasse. Abtheilung I. Band C. No. 5—7.)

Zawada, Karol, Das anatomische Verhalten der Palmblätter zu dem System dieser Familie. [Inaug.-Diss.] 8°. 40 pp. Erlangen 1891.

Systematik und Pflanzengeographie:

Baillon, H., Histoire des plantes. T. XI.: Monographie des Ebénacées, Oléacées et Sapotacées. 8°. 221 p. Paris (Hachette et Cie.) 1891. Fr. 4.—

Boerlage, J. G., Handleiding tot de kennis der flora van Nederlandsch Indië. Beschrijving van de families en geslachten der nederl. indische Phanerogamen. Deel II. Dicotyledones Gamopetalae. Stuk 1. Inferae — Heteromerae. Fam. LXVII. Caprifoliaceae — Fam. LXXXII. Styracaceae. 8". 322 pp. Leiden (E. J. Brill) 1891.

Braucsik, C., Ket kirándulás a Sztrazsó-hegységbe Zliechó közelében. [Zwei Ausflüge auf den Berg Strazsó]. (Jahresber. d. naturw. Vereins in Treucsin. 1890/91. p. 1—9.)

Buchholz, P., Hülfsbücher zur Belebung des geographischen Unterrichts. 1. u. 2. Aufl. Pflanzen-Geographie. 8". XII, 106. pp. Leipzig (Hinrichs) 1891. M. 1.60.

Charrel, L., Enumeratio plantarum annis 1888, 1889, 1890 et 1891 in Macedonia australi collectarum. (Oesterr. botan. Zeitschr. XVi. 1891. No. 11. p. 374—375.)

Freyn, J., Plantae novae Orientales. II. (l. c. p. 361 365.)

Halácsy, E. v., Beiträge zur Flora der Balkanhalbinsel. VI. (l. c. p. 370—372.)

Majerszky, Ad. v., Pflanzengeographisches aus dem Trencsiner Comitate. (Jahresber. des naturw. Vereins in Treucsin 1890/91. p. 10—18.)

Oborny, A., Flora von Oesterreich-Ungarn, Mähren. (Oesterreichische botan. Zeitschrift. 1891. No. 11. p. 387—394.)

Parmentier, Paul, Contribution à l'étude du genre Pulmonaria. (Extrait des Mémoires de la Société d'émulation du Doubs, séance du 14 février 1881.) 8°. 24 pages. Besançou (imprim. Dodivers) 1891.

Rechinger, Karl, Ueber Hutchinsia alpina R. Br. und Hutchinsia brevicaulis Hoppe. Mit Tafel. (Oesterr. botan. Zeitschrift. XLI. 1891. No. 11. p. 372—373.)

Sabransky, H., Weitere Beiträge zur Brombeerenflora der Kleinen Karpathen. (l. c. p 375—379.)

Waisbecker, A., Köszeg és oidékének edényes növe nyei. 8°. 70 pp. Köszeg (Feigl Gyula) 1891.

Wettstein, Richard von, Untersuchungen über Pflanzen der österreichisch-ungarischen Monarchie. I. Die Arten der Gattung Gentiana aus der Section „Endotricha“ Fröl Mit 1 Tafel und 1 Karte. (Oesterr. botan. Zeitschrift. XLI. 1891. No. 11. p. 367—370.)

Palaeontologie:

Call, R. Ellsworth, The tertiary silicified woods of Eastern Arkansas. (The American Journal of Science. Vol. XLII. 1891. p. 394—401.)

Edwards, Arthur M., Report of the examination by means of the microscope of specimens of infusorial earths of the Pacific Coast of the United States. (l. c. p. 369—384.)

Sandberger, v., Bemerkungen über pflanzenführende Schichten des obersten Mitteldevons in Nassau und Westfalen. (Neues Jahrbuch für Mineralogie, Geologie und Paläontologie. 1891. II. No. 3.)

Schulz, Gustav, Der Bernstein. III. Der Bernsteinhandel. [Schluss.] (Prometheus. Illustr. Wochenschrift über die Fortschritte der angewandten Naturwissensch. Jahrg. III. 1891. Nr. 4.)

Teratologie und Pflanzenkrankheiten:

Hartig, Robert, Traité des maladies des arbres. Traduit sur la 2. édit. allemande par **J. Gerschel** et **E. Henry.** gr. 8°. XII, 316 pp. Avec 137 fig. dans le texte et une planche en couleurs Nancy (Berger-Levrault et Cie.) 1891.

Magnin, Ant., Observations sur le parasitisme et la castration chez les Anémones et les Euphorbes. Avec fig. (Extrait du Bulletin scientifique de la France et de la Belgique. T. XXIII.) 8°. 25 pp. Paris (Carré) 1891.

Massa, C., Nozioni elementari teorico-pratiche sulla fillossera e sui rimedî per combatterla. (Laboratorio di entomologia agraria e patologia vegetale dell' Agricoltore calabro-siculo.) 8°. 32 pp. Catania (tip. di L. Rizzo) 1891.

Mori, Antonio, In qual modo opera lo zolfo sullo oidio delle viti. (Studî e ricerche instituite nel laboratorio di chimica agraria della r. università di Pisa. Fasc. IX. 1891.)

Sadebeck, R., Kritische Untersuchung über die durch Taphrina-Arten hervorgebrachten Baumkrankheiten. [Aus: „Jahrbuch der Hamburger wissenschaftl. Anstalten.“] 8°. 37 pp. mit 5 Tafeln. Hamburg (Gräfe & Sillem) 1891. M. 4.—

Sestini, F., Avvertimenti a chi deve fare uso del solfato di rame contro la peronospora. (Studî e ricerche instituite nel laboratorio di chimica agraria della r. università di Pisa. Fasc. IX. 1891.)

Targioni Tozzetti, Adolfo, Sopra alcuni nuove emulsioni insetticide (Atti della r. accademia economico-agraria dei Georgofili di Firenze. Serie IV. Vol. XIV. 1891. Disp. 2—3.)

— —, Prove sperimentali intorno agli effetti di varie emulsioni insetticide sopra le viti. (l. c.)

Vannuccini, Vannucio, Esperienze per la distruzione delle orobanche delle fave. (l. c.)

Viala P. et **Sauvageau, C.,** Sur quelques champignons parasites de la Vigne. [Fin.] (Journal de Botanique. V. 1891. No. 21. p. 357—365.)

Medicinisch-pharmaceutische Botanik:

Ball, M. V., Essentials of Bacteriology: being a concise and systematic introduction to the study of Micro-Organisms for the use of students and practitioners. With 77 illustrations, some in colours. [Saunders' question compends, No. 20.] 8°. 159 pp. Philadelphia (W., B. Saunders) 1891.

Culbreth, D. M. R., To what extent should the study of botany be compulsory in Colleges of Pharmacy. And what are the best methods of giving instruction in that branch. So as to make it interesting to the student. (Bulletin of Pharmacy. 1891. p. 405—408.)

Hegewald, Die Citrone, die Pomeranze, die Zwiebel, deren grosse Heilkraft und weitgehende Verwendung. Nebst einer Zusammenstellung der wichtigsten Hausmittel, die auch bis zur Ankunft des Arztes gebraucht werden können. 2. Aufl. gr. 8°. 54 pp. München (Konrad Fischer) 1891. M. —.75.

Jammes, Ludowic, Manuel de l'étudiant en pharmacie. Aide-mémoire de botanique pharmaceutique pour la préparation du deuxième examen. 8°. 288 pp. Avec 173 fig. dans le texte. Paris (J. B. Baillière et fils) 1892.   Fr. 3.—
Jungfleisch, Sur la production de la santonine. (Journal de Pharmacie et de Chimie T. XXIV. 1891. No. 6.)
Macé, E., Traité pratique de bactériologie. 2e. édition, revue et augmentée, avec 201 figures dans le texte, noires et coloriées. Partie II. 8°. VII pp. et 481 à 744, titre et préface, fin. Paris (J. B. Baillière et fils.) 1892.
Maiden, J. H., Notes on Eucalyptus oils. (Bulletin of Pharmacy. 1891. p. 461 —464.)
Planchon, Louis, Les Aristoloches, étude de matière médicale. gr. 8°. 266 pp. Montpellier (Hamelin frères) 1891.
Repetitorium, Kurzes, der Bakteriologie (Methode, Verfahren und Technik, sowie Systematik der pathogenen Mikroorganismen) als Vademecum für Studirende und praktische Aerzte. Gearbeitet nach den Werken und Vorlesungen von Babes, Baumgarten, Eisenberg etc. 8°. VI, 52 p. Wien (Breitenstein) 1891.   M. 1.10.
Stockwell, G. Archie, Eucalyptus oil and eucalyptol. (Bulletin of Pharmacy. 1891. p. 447—453.)

Technische, Forst-, ökonomische und gärtnerische Botanik:

Ackermann, E., Analyses des vins blancs du canton de Genève et essais comparatifs sur les méthodes de dosage du résidu sec des vins. [Thèse.] 8°. 34 pp. Genève (H. Georg) 1890.   Fr. 1.—
Audibert, J. F., Ce qu'il faut connaître et employer pour faire le vin ou le cidre, l'améliorer, le clarifier, le conserver. 163e édit. 8°. 64 pp. Avec fig. Marseille (Achard et Cie.) 1891.   Fr. 1.50.
Briers, Frédéric et Schreiber, Constant, Tableaux et discussion de quelques analyses botaniques de prés à faucher. (Extrait du Bulletin de l'agriculture. 1891.) 8°. 36 pp. Bruxelles (P. Weissenbruch) 1891.   Fr. 1.50.
Coré, F., L'agriculture en France et en Algérie. 8°. 264 pp. Paris (Charaire et fils) 1891.
Entleutner, A., Die immergrünen Ziergehölze von Süd-Tirol. Mit 114 Abbild. auf 78 Tafeln nach Federskizzen des Verf. und 8 Lichtdruck-Bildern nach photographischen Aufnahmen. 8°. 173 pp. München (Konr. Fischer) 1891.   M. 15.—
Gentiluomo, A., Analisi chimica della Cynara Scolymus (Carciofo comune). (Studi e ricerche instituite nel laboratorio di chimica agraria della r. università di Pisa. Fasc. IX. 1891.)
Girling, R. N., Notes on the Orange and Lemon, and their cultivation in the Southern States. (Bulletin of Pharmacy. 1891. p. 408—409.)
Heckel, Edouard, Sur le bunya-bunya (Araucaria Bidwilli Hook). Son utilité et son acclimatation en Algérie et dans nos colonies françaises. (Extrait de la Revue des sciences naturelles appliquées. 1891. No. 16, 20.) 8°. 16 pp. Versailles (Cerf et fils) 1891.
Hehn, Vict., Cultivated plants and domestic animals on their migration from Asia to Europe. 8°. 530 pp. London (James Steven Stallybrass) 1891.
                                                                            10 sh. 6 d.
Holuby, Jos., Die Holzgewächse des Bosáczthales und deren Verwendung. (Jahresbericht des naturwissensch. Vereins in Trencsin. 1890/91. p. 89—115.)
Jouffroy, G., L'agriculture dans le département de l'Allier. (Extrait des „Departements français.") 8°. 76 pp. Moulins (Auclaire) 1891.
Jouzier, E., Greffage de la vigne en écusson et en fente herbacée. Avec fig. (Extrait des Annales de l'Institut national agronomique T. XII. 1887.) 8°. 16 pp. Nancy (Berger-Levrault et Cie.) 1891.
— —, La viticulture à Tokay (Hongrie). (Extrait des Annales de l'Institut national agronomique. T. XII. 1887.) 8°. 38 pp. Nancy (Berger-Levrault et Cie.) 1891.
Keim, Wilh., Studien über die chemischen Vorgänge bei der Entwickelung und Reife der Kirschfrucht, sowie über die Producte der Gährung des Kirschsaftes und Johannisbeersaftes mit Einschluss des Farbstoffes von Ribes nigrum und

Ribes rubrum. [Inaug.-Diss.] 8⁰. 38 pp. mit 1 Tafel. Wiesbaden (J. F. Bergmann) 1891. M. 1.—

Larbalétrier, Albert, Les engrais et la fertilisation du sol. [Bibliothèque de connaissances utiles.] 8⁰. VIII, 352 pp. Avec 74 fig. intercalées dans le texte. Paris (J. B. Baillière et fils) 1891.

— —, Le Tabac. Etudes historiques, chimiques, agronomiques, industielles, hygiéniques et fiscales sur le tabac à fumer, à priser et à mâcher. Manuel pratique à l'usage des consommateurs, amateurs, planteurs et dépitants. 8⁰. IV, 307 pp. Paris (Reinwald et Cie.) 1891. Fr. 3.—

Personalnachrichten.

Der bisherige Docent an der Technischen Hochschule in Darmstadt, Dr. **A. Hansen,** ist als Nachfolger des Geh. Raths **Hoffmann** zum ord. Professor der Botanik in Giessen ernannt worden.

Privatdocent Dr. **E. v. Esmarch** in Berlin ist als ausserordentlicher Professor für Hygiene nach Königsberg berufen.

An der Universität Krakau ist der bisherige ausserord. Professor an der Hochschule f. Bodenkultur in Wien, Dr. **L. Adametz,** zum ausserord. Prof. für Thierzuchtlehre mit Titel und Charakter als ordentl. Professor ernannt worden.

Prof. Dr. **G. Haberlandt** in Graz trat im Verlaufe des Monats October eine längere Studienreise nach Buitenzorg auf Java an.

Mit Prof. **Goebel** ist auch Dr. **C. Giesenhagen** nach München übergesiedelt.

Dr. **E. Palla** hat sich als Privatdocent für Botanik an der Universität in Graz habilitirt.

Am 8. October starb in Wien der in Botanikerkreisen wohlbekannte ehemalige Leibarzt des Schah Nasr-Edin von Persien, Dr. **J. E. Polak,** im Alter von 71 Jahren. Vom Jahre 1851 bis 1860 weilte er in Persien und leistete in dieser Zeit Ausserordentliches für die geographische und naturwissenschaftliche Erforschung des Landes. Nach Wien zurückgekehrt, widmete er sich der Bearbeitung der Ergebnisse seiner Studien und sorgte durch eine ganze Reihe von Expeditionen, die er auf eigene Kosten veranstaltete, für die weitere Durchforschung des Landes. Als die bedeutendsten derselben seien erwähnt eine von ihm selbst in Gemeinschaft mit **Th. Pichler** und Dr. **F. Wähner** im Jahre 1881 unternommene Reise, die Reise Dr. **O. Stapf's** im Jahre 1885, ferner Unternehmungen der Geologen Dr. **A. Rodler** und des Herrn **J. A. Knapp.** Auch für alle anderen naturwissenschaftlichen, speziell botanischen Unternehmungen bekundete der Verstorbene stets ein lebhaftes und förderndes Interesse. Nach ihm sind mehrere Arten benannt, auch ein Labiaten-Genus wurde von Dr. Stapf Polakia benannt. (Oesterr. Bot. Zeitschr.)

Corrigendum.

In dem Referate: **Hue, A.,** Lichens de Canisy in Nr. 45/46 des „Bot. Centralbl." ist zu lesen:

Seite 175:
Zeile 19 von oben: k ö n n e n statt kann;
Zeile 12 von unten: s c h l i e s s e n d statt zu schliessen.
Seite 176:
Zeile 18 von oben setze vor zusammengefasst: b e g r i f f e n e n.

Inhalt:

Ausgegeben: 27. November 1891.

Druck und Verlag von G e b r. G o t t h e l f t in Cassel.

Band XLVIII. No. 9.   XII. Jahrgang.

Botanisches Centralblatt.

REFERIRENDES ORGAN
für das Gesammtgebiet der Botanik des In- und Auslandes.

Herausgegeben

unter Mitwirkung zahlreicher Gelehrten

von

Dr. Oscar Uhlworm und Dr. F. G. Kohl
in Cassel.   in Marburg.

Zugleich Organ
des
**Botanischen Vereins in München, der Botaniska Sällskapet i Stockholm,
der botanischen Section des naturwissenschaftlichen Vereins zu Hamburg,
der botanischen Section der Schlesischen Gesellschaft für vaterländische
Cultur zu Breslau, der Botaniska Sektionen af Naturvetenskapliga Student-
sällskapet i Upsala, der k. k. zoologisch-botanischen Gesellschaft in
Wien, des Botanischen Vereins in Lund und der Societas pro Fauna et
Flora Fennica in Helsingfors.**

| Nr. 48. | Abonnement für das halbe Jahr (2 Bände) mit 14 M. durch alle Buchhandlungen und Postanstalten. | 1891. |

Wissenschaftliche Original-Mittheilungen.

Ueber den anatomischen Bau des Stammes der Asclepiadeen.

Von
Karl Treiber
aus Heidelberg.

Mit 2 Tafeln.

(Fortsetzung.)

Das Auftreten von Milchröhren in der Rinde ist für die *Asclepiadeen* constant; dieselben sollen später mit denjenigen des Marks zusammen besprochen werden.

Schliesslich sei noch einiger, von anderer Seite für eine *Asclepiadee* schon beschriebener, interessanter Gebilde Erwähnung gethan, die sich in der Rinde des Stammes vorfinden. Es sind dies die von Borščow[1]) für *Ceropegia aphylla* beschriebenen Höckerchen auf dem Rande der Porenplatten der Rindenparenchymzellen. Diese

---

● [1]) Borščow, l. c., p. 344 ff.

Höcker wurden im Laufe meiner Untersuchungen im Stamm mehrerer *Asclepiadeen* gefunden; besonders reichlich treten sie in der Rinde von *Cynoctonum angustifolium* Dcne. auf. Eine genauere Untersuchung dieser Gebilde wurde ausgeführt bei *Ceropegia Sandersoni* Dcne., derjenigen Form, bei welcher mir dieselben zum ersten Mal vorkamen.

Hier sind die Höckerchen, die dem Rand der Porenplatten aufsitzen, besonders in älteren Stämmen gross ausgebildet, während dieselben in jüngeren, wo die Intercellularen ziemlich klein sind, nur angedeutet sind, oder noch ganz fehlen. Am stärksten und zahlreichsten entwickelt fand ich dieselben stets da, wo schon Kork gebildet war. Sie sind nicht auf allen Porenplatten vorhanden, sondern es sind auch viele der letzteren gegen die Intercellularen hin ganz glatt begrenzt. Es finden sich jedoch nicht nur solche weissglänzende, stark lichtbrechende Höckerchen auf dem Rande der Porenplatten, sondern die Intercellularräume sind häufig von ganzen Stäbchen oder feinen Fäden durchsetzt, die von einer Porenplatte durch den Intercellularraum hindurch zu einer benachbarten hinlaufen. Die Höckerchen haben eine halbkugelige Gestalt, vergl. Fig. IV und V, Taf. II; die Stäbchen sind entweder spitze, stachelartige Gebilde, oder sie tragen am Ende einen kleinen runden Knopf, oder sie sind stiefelförmig etc. Es können 2 solcher Stäbchen in ihrem Verlauf zu einem einzigen verschmelzen, so dass sie einen, wenn auch nur kleinen doch deutlich sichtbaren freien Raum zwischen sich lassen.

Sowohl die Höckerchen als die Stäbchen und Fäden bestehen aus der gleichen Substanz und zeigen folgendes chemische Verhalten:

Sie verschwinden sofort bei einem Macerationsversuch mit dem Schulze'schen Gemisch (chlorsaures Kali und Salpetersäure); ebenso bei einem Macerationsversuch mit stark verdünnter Kalilösung. Ein Versuch, mit dieser letzteren bei niedrigerer Temperatur (30⁰—40⁰ C.) durch längere Einwirkung Maceration hervorzurufen, gelang nicht; die Schnitte blieben ca. 6 Tage unverändert; bei zunehmender Temperatur in derselben Flüssigkeiten belassen, verschwanden die Höckerchen und Stäbchen bei 60⁰—70⁰ C. Kalte concentrirte Kalilösung bewirkt bei gewöhnlicher Temperatur (15⁰ C.) keine Veränderung; Ammoniak ebenfalls nicht. Concentrirte Schwefelsäure dagegen wirkt sofort zerstörend auf diese Gebilde ein, noch bevor die Membranen der Parenchymzellen zerstört werden. Chlorzinkjod färbt die Membran der Rindenparenchymzellen gelb, die Porenplatten intensiv blau, wobei die Poren deutlich durch ihre Helle hervortreten; die Höcker und Stäbchen färben sich hierbei nicht.

Aller Wahrscheinlichkeit nach bestehen diese Gebilde aus einer gummi- oder schleimartigen Substanz, welche entweder von den Zellen ausgeschieden wird, oder schon zwischen denselben im jungen Zustand eingelagert ist, und beim Auseinanderweichen der Zellen ausgezogen wird in Stäbchen, die sich dann zwischen zwei Porenplatten ausspannen und bei noch weiterem Auseinanderweichen zerreissen und so dem Rand der Platte als Höcker aufgesetzt erscheinen. Dies wird noch wahrscheinlicher dadurch, dass bei zwei benachbarten Porenplatten die Höcker oder Stäbchen oft genau correspondirend stehen.

Es konnte nicht mit Sicherheit ermittelt werden, ob diese Gebilde mit einer feinen Membran überkleidet sind oder nicht; dagegen spricht der Umstand, dass sie so sehr rasch von Säuren angegriffen werden, dafür jedoch derjenige, dass dieselben bei verschiedenen Färbungen, z. B. mit Methylenblau, am Rande einen dunkleren Saum zeigen, der jedoch vielleicht auch auf eine Veränderung der äussersten, an die Intercellularen, also an Luft grenzenden Schichten der Substanz der Höckerchen zurückgeführt werden könnte.

Ihrer ganzen Beschaffenheit und ihrem chemischen Verhalten nach erinnern diese Gebilde lebhaft an die von Schenk[1]) beschriebenen Stäbchen in den Parenchym-Intercellularen der *Marattiaceen*, doch sind sie bei den *Asclepiadeen* viel kleiner und seltener als bei jenen.

_____

Es dürfte von Vortheil sein, vor der Besprechung der übrigen Gewebe kurz die Entwicklung des Gefässbündelsystems zu betrachten. Dieselbe wurde untersucht an mehreren Formen, meist *Asclepias*-Arten (*Asclepias Curassavica* L., *A. fascicularis* DC.), und es ergab sich im Wesentlichen Folgendes:

Zunächst ist zu bemerken, dass sich in keinem Zustand scharf getrennte Procambiumstränge[2]) unterscheiden lassen, sondern dass bereits ein Querschnitt dicht unterhalb des Vegetationspunktes einen Ring von kleinzelligem Gewebe zeigt, welcher sich durch die geringe Grösse seiner Zellen, ihre polygonale Gestalt und die helle Färbung ihres Inhalts von den rundlichen Zellen der Rinde und des Markes deutlich abhebt. Aus diesem kleinzelligen Gewebe, das als Procambiumring bezeichnet werden kann, differenziren sich nicht nur die Xylem- und Phloemelemente und das zwischen ihnen liegende Cambium, sondern auch die Bastfasergruppen.

Zuerst werden an der inneren und äusseren Grenze des Procambiumringes Gruppen sehr kleiner Zellen sichtbar, welche durch Theilungen von Procambiumzellen entstehen, und von denen die inneren die Anlage des primären endoxylären Phloems, die äusseren diejenige der Bastfaserbündel sind. Alsdann treten in dem Gewebe des Procambiumringes tangentiale Theilungen auf, welche sich gleichmässig auf den ganzen Ring erstrecken und wodurch derselbe sich verbreitet; hierdurch werden die an seiner Aussen- und Innengrenze liegenden Zellgruppen auseinandergeschoben. Hierauf tritt innerhalb der Bastfasergruppen ein neuer

_____

[1]) Schenk: „Ueber die Stäbchen in den Parenchym-Intercellularen der *Marattiaceen*.“ (Berichte der deutsch. bot. Gesellschaft. Jahrg. 1886. Bd. IV. Heft III.

[2]) de Bary (l. c. p. 471) erwähnt bereits das Zusammenfliessen der Blattspurstränge zu einem Ring bei den *Asclepiadeen*, ohne die Entwicklung genauer darzustellen.

Kreis von kleinzelligen Gewebeparthieen auf; das ist die Anlage der primären äusseren Phloemtheile. Während dessen sind die die Bastfaserbündel umgebenden Zellen des Procambiumringes stark gewachsen und haben sich abgerundet, so dass jetzt die hellen Bastfaserbündel noch deutlicher hervortreten. Nun werden ausserhalb der inneren Phloemgruppen die ersten primären Gefässe sichtbar; dieselben entstehen hauptsächlich an 4 Stellen, welche den Insertionen der decussirt stehenden Blätter entsprechen; zwischen diesen 4 Gruppen treten weitere vereinzelte Gefässe auf. Zwischen den primären Gefässen und den äusseren Phloemtheilen wird das Cambium angelegt, indem zuerst an den betreffenden 4 gefässreichen Stellen tangentiale Theilungen auftreten, welche sich jedoch nur in 4 schmalen Bogenstücken des Procambiumringes vollziehen; bald stellen sich diese Theilungen auch in dem dazwischenliegenden procambialen Gewebe ein, wodurch dann der Abschluss des Cambiumringes hergestellt wird.

Es differenziren sich mithin aus dem Procambiumring folgende Gewebe in nachstehender Reihenfolge: Zuerst entstehen die primären inneren Phloemgruppen und die Bastfaserbündel, dann folgen die äusseren primären Phloemtheile, kurz nach diesen die ersten primären Gefässe und schliesslich tritt der Cambiumring auf.

Bei dem im Allgemeinen sehr gleichmässigen anatomischen Bau der *Asclepiadeen* wird die Annahme in hohem Grade wahrscheinlich, dass alle Formen dieser Familie in ihrem Entwicklungsgang sich ziemlich gleich verhalten; die Untersuchungen darüber konnten sich nur auf wenige Formen erstrecken, weil geeignetes junges Material nur in beschränktem Maasse zur Verfügung stand.

Die einzelnen Gewebe, die aus diesem procambialen Ring entstanden sind, sollen im Folgenden gesondert betrachtet werden; auch das Mark wäre denselben noch anzuschliessen, sowie eine Betrachtung der Milchröhren und Krystalle.

Bastfasern.

Die an die Schutzscheide nach innen angrenzenden Gruppen von Bastfasern sind im ausgebildeten Stamme durch mehr oder minder breite Parenchymstreifen getrennt. Das Vorkommen der Bastfasergruppen kann wohl für die Familie der *Asclepiadeen* als ein constantes betrachtet werden, wenigstens fehlten dieselben bei keiner der ca. 60 von mir untersuchten Arten. Die Grösse der Gruppen ist eine sehr wechselnde; wir finden bald sehr grosse, nur durch 1—2 Lagen von Parenchymzellen getrennte, bald kleine, durch breite Parenchymstreifen geschiedene; es zeigt sich sogar auf demselben Querschnitt häufig eine bedeutende Verschiedenheit in der Grösse und Gestalt derselben. Es ist entweder nur ein Kreis solcher Bastfaserbündel vorhanden, oder es sind deren mehrere da; der erste Fall tritt am häufigsten auf, doch giebt es auch eine Anzahl von Formen, wo 2 oder 3 Kreise ausgebildet sind, die sich sämmtlich aus dem procambialen Ring differenzirt haben, z. B. bei *Stephanotis floribunda* Ad. Brongt., *Calotropis procera* R. Br., *Hoya carnosa* R. Br., *H. spec. I.* hort. bot. Berol., *H. imperialis*

Lindl., *H. Bidwillii* hort. bot. Berol., *Ceropegia macrocarpa*. Unter diesen letzteren begegnen wir Fällen, wo die Anordnung der Bündel in Kreise sehr undeutlich wird, so dass dieselben auf dem Querschnitt unregelmässig zerstreut erscheinen; in jedem Falle aber ist ein Kreis vorhanden, welcher dicht innerhalb der Schutzscheide liegt.

Die Bastfasern sind stets in geschlossene, rundliche oder radial gestreckte Gruppen vereinigt, es treten aber auch in vielen Fällen daneben noch vereinzelte Bastfasern im Parenchym auf, z. B. bei *Gomphocarpus arborescens* R. Br., *Asclepias spec.* Mkm. 85 hort. bot. Berol., *Asclepiadee* von der Insel Mauritius hort. bot. Berol., *Stephanotis floribunda* Ad. Brongt. etc. Die Bastfasergruppen schliessen zuweilen einzelne dünnwandige Parenchymzellen oder kleine Complexe von solchen vollständig ein.

Was die Gestalt der einzelnen Bastfaserzellen anbelangt, so sei hier nochmals erwähnt, dass dieselben, wie schon in der Einleitung hervorgehoben wurde, charakteristische Erweiterungen und starke Einschnürungen zeigen, so dass ihr Lumen theils sehr weit, theils klein, punktförmig erscheint. Die Länge verschiedener dieser Zellen wurde gemessen bei *Sarcostemma viminale* R. Br., und es ergab sich als Durchschnitt 1 Ctm. und darüber. Als wichtige Reaktion, die mir die Bastfasern aller *Asclepiadeen* gaben, sei erwähnt, dass dieselben mit Jod (in Jodkaliumlösung) eine hell ziegelrothe Färbung annehmen. Im übrigen sei hier nochmals auf die ausgedehnten Untersuchungen von Krabbe[1]) über die Bastfasern hingewiesen.

Zwischen den Bastfasern liegendes Gewebe.

Ebenso wie in dem Grundparenchym der Rinde können auch in dem innerhalb der Schutzscheide liegenden, dünnwandigen Parenchymgewebe, das sich aus dem Procambiumring differenzirt hat, Steinzellen auftreten, und zwar entweder in Gestalt eines geschlossenen Ringes, oder in Gestalt von Nestern, oder schliesslich beides zugleich.

Ist ein Steinzellenring entwickelt, so liegt derselbe stets dicht ausserhalb der primären Phloemgruppen, auf diese Weise das Phloem von dem Parenchym trennend. Dies zeigen uns: *Leptadenia Abyssinica* Dene., *Periploca laevigata* Ait. und *Sarcostemma viminale* R. Br.

Seltener finden wir einzelne, in das Parenchym eingebettete Gruppen von Steinzellen, z. B. bei *Hoya Bidwillii* hort. bot. Berol. und *Sarcostemma viminale* R. Br., während bei *Cynanchum Schimperi* Hochst. nur ganz vereinzelte Parenchymzellen sich zu Steinzellen umgestalten.

Wenn ein geschlossener Ring von Steinzellen sich differenzirt, so ist nicht in allen Fällen dessen Entstehung am ganzen Umfang eine gleichzeitige. Wie wir später bei der Besprechung des Holzkörpers und des Phloems sehen werden, sind bei deren Ausbildung

---

[1]) Krabbe, l. c., p. 354 ff.

häufig gewisse Seiten des Stammes vor anderen, zwischen diesen ersteren liegenden, bevorzugt. Eine derartige Bevorzugung kann sich bei solchen Stämmen auch in dem Auftreten der Steinzellen geltend machen, indem diese zunächst da entstehen, wo der Holzkörper stärker entwickelt ist. So erscheinen z. B. im Stamm von *Sarcostemma viminale* R. Br., im Querschnitt betrachtet, zuerst 2 durch Parenchymparthieen von einander getrennte Kreisviertel von Steinzellen, während sich erst später der Ring vollständig schliesst, was leicht durch successive Querschnitte verfolgt werden kann.

Phloem.

Bei den *Asclepiadeen* treten uns fast alle, nach ihrer Anordnung und Lage in Beziehung auf die übrigen Gewebe des Stammes denkbaren Arten von Phloem entgegen, die wir unterscheiden wollen als:

I. Normales äusseres oder exoxyläres Phloem.
II. Inneres oder endoxyläres Phloem.
III. Markständiges Phloem.
IV. Holzständiges oder paraxyläres Phloem.

Wie bereits bekannt [1]), treten bei den *Asclepiadeen* das exo- und endoxyläre Phloem durchgehends auf, wie ich es auch bei sämmtlichen untersuchten Formen fand; markständiges und paraxyläres Phloem dagegen kommen nur in einigen Fällen vor.

Die Bestandtheile des Phloems sind: Siebröhren, welche ziemlich eng, an den Siebplatten etwas erweitert sind, Cambiform, langgestreckte, dünnwandige Bastparenchymzellen, und in einigen Fällen Bastfaserzellen; die Geleitzellen sind englumig und langgestreckt.

I. Das exoxyläre Phloem.

Die kleinen primären Phloemgruppen, die sich aus dem procambialen Ring differenzirt haben, bleiben bei manchen Formen, bei denen die Thätigkeit des Cambiums nur geringe Mengen secundären Phloems produzirt, lange Zeit in ihrem ursprünglichen Zustand erhalten; bei anderen dagegen, wo grössere, secundäre Phloemmassen entwickelt werden, erscheinen dieselben frühzeitig zerdrückt und gequetscht, ihre Zellen zeigen stark verbogene Wände, sodass das Lumen derselben oft vollständig verschwindet.

Das secundäre exoxyläre Phloem wird von einem durchlaufenden Cambium als geschlossener Ring abgeschieden, in dem schmale secundäre Markstrahlen verlaufen; es zeigt in der Regel eine nicht sehr starke Entwicklung.

II. Das endoxyläre Phloem.

Die primären inneren Phloemgruppen verhalten sich, was ihre spätere Beschaffenheit anbelangt, im Wesentlichen wie die primären äusseren. Wenn auf dem Querschnitt eines Stammes das Mark eine runde oder doch annähernd rundliche Gestalt besitzt, so liegen

---

[1]) Vergl. Petersen, l. c., p. 384.

in der Regel die inneren Phloemgruppen ziemlich gleichmässig an der ganzen Peripherie desselben vertheilt; bei einer elliptischen Querschnittsgestalt des Markes verhält sich das nicht so; das innere Phloem ist hier hauptsächlich auf 4 Stellen concentrirt, welche den Endpunkten der beiden Axen der Markellipse entsprechen, wenn auch einzelne Phloemgruppen noch ziemlich unregelmässig zerstreut zwischen diesen 4 Punkten auftreten. (Vergl. Fig. I. Taf. I.)

Bei vielen Formen findet sich auf der dem Holz zugewandten Seite der inneren Phloemgruppen eine theilungsfähige Zellschicht, welche durch Abscheidung secundärer Phloemmassen nach innen die kleinen Gruppen bedeutend zu vergrössern im Stande ist. Vesque[1]) nennt diese theilungsfähige Schicht „un faux cambium". Da dieselbe nach aussen hin keinerlei Gewebe producirt, weil stets ihre peripherisch gelegenen Zellen die theilungsfähigen bleiben, sondern nur nach innen hin thätig ist zur Abscheidung von Phloem, so wollen wir sie als Phloemcambium bezeichnen.

Wo sich solche Phloemcambien bilden, entstehen dieselben dadurch, dass auf der dem Xylem zugewandten Seite der inneren Weichbastgruppen die aus dem procambialen Ring entstandenen Parenchymzellen sich tangential theilen. Liegen 2 innere Phloemgruppen, welche Phloemcambien bilden, ziemlich dicht bei einander, so können in den Zellen des zwischen ihnen liegenden parenchymatischen Gewebes ebenfalls tangentiale Theilungen eintreten, durch welche die Phloemcambien der beiden benachbarten Gruppen sich zu einem grösseren inneren Phloemcambiumbogen verbinden. Diesen Fall treffen wir jedoch nur da an, wo das trennende parenchymatische Gewebe eine gewisse Breite, etwa 3—4 Zelllagen, nicht übersteigt; andernfalls ist eine Vereinigung zweier Cambien nicht bobachtet worden. (Vergl. Fig. I., Taf. II.) Wir werden mithin in älteren Stämmen, wo sich die einzelnen Phloemcambien -fertig gebildet haben, dieselben in wenigen Fällen gleichmässig am ganzen Markumfang vertheilt finden, nämlich nur bei Stämmen mit rundem Mark, wo die inneren Phloemgruppen ziemlich regelmässig liegen. Wenn jedoch ein stark elliptisches Mark vorhanden ist, so gestaltet sich die Sache wesentlich anders; es werden sich die einzelnen Phloemcambien zu grösseren cambialen Bogen hauptsächlich da herausbilden, wo die inneren Phloemgruppen am zahlreichsten und am dichtesten liegen, also in der Gegend der 4 Endpunkte der Axen der Markellipse.

Was nun die Thätigkeit der Phloemcambien anbelangt, so kann diese eine sehr verschiedene sein. Wenn ein gleichmässiger, normaler Holzkörper entsteht, so ist auch ihre Thätigkeit an der ganzen Peripherie des Markes eine in der Regel ziemlich gleichmässige. Anders wird dieses Verhältnis, wenn bei der Ausgestaltung des Holzkörpers 2 oder 4 Stellen desselben vor den dazwischenliegenden stark bevorzugt werden; es sind dann fast immer auch

---

[1]) Vesque, l. c., p. 145.

2 bezw. 4 Stellen, welche, den bevorzugten des Holzkörpers entsprechend, eine lebhafte Thätigkeit der Phloemcambien zeigen.

Vesque [1]) constatirte einen bedeutenden Zuwachs des inneren Phloems durch „un faux cambium“ bei *Cynanchum Monspeliacum*. Wie diese Art zeigen nach meinen Untersuchungen eine beträchtliche Vermehrung des inneren Weichbastes durch die Thätigkeit von Phloemcambien folgende Formen: *Periploca Graeca* L., *Sarcostemma viminale* R. Br., *Gonolobus Condurango* Triana, *Hoya carnosa* R. Br., *H. rotundifolia* hort. bot. Berol., *Asclepiadee* von der Insel Mauritius hort. bot. Berol., *Ceropegia macrocarpa*. Entsprechend dem Bau des Holzkörpers obiger Arten waren es hier 2 Seiten des Stammes, die sich hauptsächlich durch die Produktion grosser innerer secundärer Phloemmassen auszeichneten; es treten in dieser Beziehung besonders 4 Stellen hervor bei *Arauja albens* G. Don., *A. sericifera* Brot., *Stephanotis floribunda* Ad. B r o n gt.

Ausser dieser Vermehrung des inneren Weichbastes durch Phloemcambien kann, wie V e s q u e [2]) ebenfalls angiebt, eine Vergrösserung der inneren Phloemgruppen dadurch herbeigeführt werden, dass ihre Zellen sich beliebig theilen. Dieser Fall wurde beobachtet bei *Oxypetalum coeruleum* Dcne., *Gomphocarpus arborescens* R. Br., *Hoya imperialis* Lindl. und *H. Bidwillii* hort. bot. Berol.

Es ist sehr wahrscheinlich, dass beide Modifikationen der Vermehrung des inneren Phloems an ein und derselben Form successive auftreten können; gerade die vier zuletzt genannten Formen geben uns ein Beispiel dafür. Nachdem sich bei ihnen die inneren Phloemgruppen eine Zeit lang durch beliebige Theilungen vergrössert hatten, wurde an ihrer äusseren Seite die deutliche Anlage von Phloemcambien sichtbar, deren Thätigkeit jedoch nicht weiter verfolgt werden konnte, da die zur Verfügung stehenden Stämme hierzu noch zu jung waren. Es mag dies wohl auch der Grund sein, der Vesque veranlasste, *Hoya carnosa* und *Stephanotis floribunda* zu denjenigen Formen zu stellen, welche durch unregelmässige Theilungen ihr inneres Phloem vermehren; in älteren Stämmen zeigen dieselben deutliche Phloemcambien. Es darf mithin wohl angenommen werden, dass bei den *Asclepiadeen* alle möglichen Uebergänge vorkommen zwischen der Vermehrung ihrer inneren Weichbastelemente durch unregelmässige Theilungen und durch die Bildung von Phloemcambien.

Bei einer ganzen Anzahl von Formen konnte eine Zunahme der Grösse der inneren Phloemgruppen überhaupt nicht constatirt werden; es fanden sich sogar Fälle, wo die letzteren so stark zerdrückt werden, dass ein Lumen ihrer Zellen selbst mit starken Vergrösserungen nicht mehr zu finden war; als ausgezeichnetes Beispiel hierfür sei *Ceropegia Sandersoni* Dcne. erwähnt. Eine Zerdrückung der inneren Phloemgruppen findet natürlich auch da statt, wo das Phloemcambium eine starke Thätigkeit entfaltet.

---

[1]) Vesque, l. c., p. 146.
[2]) Id. eod. p. 142.

Durch die neu producirten Phloemmassen kann auch das Mark verändert werden, indem letzteres in manchen jungen Stämmen von zahlreichen grossen Intercellularen durchsetzt ist, während es in älteren mehr compact erscheint: das ursprünglich lockere Mark wird durch die entstandenen secundären Phloemparthieen zusammengepresst, so dass die grossen Intercellularen nach und nach verschwinden.

Bisweilen findet man an der Grenze zwischen den inneren Phloemgruppen und dem Mark Bastfasern[1]), welche sich in jeder Beziehung wie die der äusseren Bastfaserbündel verhalten; dieselben verlaufen entweder einzeln, oder sie liegen in kleinen Gruppen zu 3—4 beisammen; sie wurden gefunden bei folgenden Formen: *Periploca Graeca* L., *Gomphocarpus arborescens* R. Br., *Calotropis procera* R. Br., *Asclepias* spec. Mkm. 85 hort. bot. Berol., *Sarcostemma viminale* R. Br., *Hoya longifolia* Wall. Wight. et. Arn., *H. Bidwillii* hort. bot. Berol. Das Auffallende in dem Auftreten dieser Bastfasern ist der Umstand, dass sie sich erst in ziemlich alten Stämmen vorfinden, während sie in jungen fehlen. Bei *Periploca Graeca* L. z. B., wo die äusseren Bastfasergruppen schon im ersten Jahr deutlich vorhanden sind, ist zur selben Zeit von den inneren noch nichts zu bemerken; dieselben finden sich erst in 4—5 Jahre alten Stämmen.

(Fortsetzung folgt.)

Originalberichte gelehrter Gesellschaften.

Sitzungsberichte des botanischen Vereins in München.

Generalversammlung und I. ordentliche Monatssitzung, Montag den 9. November 1891.

Nach Begrüssung der Versammlung durch den I. Vorsitzenden, Herrn Professor Dr. **Hartig,** wurde Rechenschaftsbericht abgelegt und der Vorstand für das Jahr 1891/92 gewählt. Die Wahl hatte folgendes Ergebniss:

I. Vorsitzender: Professor Dr. H a r t i g, II. Vorsitzender: Professor Dr. H a r z, I. Schriftführer: Privatdocent Dr. v. T u b e u f, II. Schriftführer: Privatdocent Dr. S o l e r e d e r, Kassirer: Hauptlehrer A l l e s c h e r.

Nach Eröffnung der ersten ordentlichen Sitzung berichtete Herr Professor Dr. **R. Hartig** über die Ergebnisse seiner Untersuchungen über

das E r k r a n k e n und A b s t e r b e n der F i c h t e

in den von der N o n n e kahlgefressenen Beständen, welche ausführlich in dem ersten Hefte der forstlich-naturwissenschaftlichen

---

[1]) Vergl. Wiesner, Botanik I., II. Aufl., p. 106.

Zeitschrift, herausgegeben von Dr. v. Tubeuf, veröffentlicht werden
sollen. Es mag deshalb genügen, hier darauf hinzuweisen, dass
Vortragender im Laufe des letzten Jahres über 80 Bäume untersuchte, und zwar in Bezug auf den Reservestoffgehalt der benadelten
und entnadelten Bäume, in Bezug auf den Zuwachs desselben im
Frassjahre und im darauf folgenden Jahre und dabei höchst
eigenartige Umwandlungen der jüngsten Siebhaut und Holzschicht
in parenchymatische Gewebe constatirt. Es wurde ferner der
Wassergehalt und die Temperatur der benadelten und entnadelten
Bäume in verschiedenen Baumhöhen im Schatten und in der Sonne
ermittelt, wobei sich ergab, dass in Folge der Entnadelung die
Wärme der Cambialregion und der äusseren Holzschichten bis auf
44° C emporstieg, während im benadelten Fichtenwalde die höchste
nachgewiesene Temperatur nur 28° C betrug.

Herr Privatdocent Dr. 0. Loew sprach über:

Die Wirkung des stickstoffwasserstoffsauren Natriums
auf Pflanzenzellen.

Die von Th. Curtius im vergangenen Jahre entdeckte
Stickstoffwasserstoffsäure N_3H ist eine sehr starke Säure, welche
wohl charakterisirte Salze liefert. Es schien von Interesse, festzustellen, ob aus den Salzen dieser Säure Pflanzenzellen den Stickstoff
assimiliren könnten. Die angestellten Versuche ergaben aber, dass
jene Salze intensive Gifte für die meisten Pflanzenzellen sind.[*]
Nur bei Algen und Sprosspilzen ist die Giftwirkung eine ziemlich
langsame. Gersten- und Lupinenkeimlinge starben nach wenigen
Tagen in einer Lösung ab, welche 0,2 p. m. Stickstoffnatrium N_3Na
enthielt; ebenso rasch gingen die Zellen der *Vallisneria*-Blätter
zu Grunde.

In mit weinsauren Salzen hergestellten Nährlösungen wirkten
schon 0,2 p. m. N_3Na antiseptisch; auch Schimmelpilze konnten
sich darin nicht entwickeln. Eine 1 p. m.-Lösung jenes Natrium-
salzes verhinderte die Entwickelung von Fäulnissbakterien auf
Fleisch. Bierhefe jedoch vertrug mehrere Tage lang eine Lösung
von 0,5 Procent, ohne die Gährkraft völlig einzubüssen.

Auffallend langsam wirkte das Salz auf verschiedene Algen;
so liess sich in einer Lösung von 1 p. m. N_3Na nach 18 Stunden
noch nicht die geringste schädliche Wirkung wahrnehmen bei
Zygnemaceen, Oscillarien, Desmidiaceen und *Diatomeen*. Erst am
3. Tage begann ein langsam fortschreitendes Absterben; nach
5 Tagen waren *Diatomeen, Desmidiaceen (Closterium, Cosmarium)*
und *Oscillarien* ganz abgestorben; bei den *Spirogyren* aber liessen
sich einige lebende Zellen selbst noch am 10. Tage beobachten.
Die abgestorbenen *Spirogyrenzellen* zeigten eine starke Granulation,
wie bei Ammoniak-Einwirkung. In der That lässt sich Ammoniak-
bildung aus jenem Salze auch beobachten, wenn man die wässerige

---

[*] Ausführlicheres über die Giftwirkung ist in den Berichten der Deutschen
Chem. Gesellschaft. Bd. 24. S. 2947 mitgetheilt.

Lösung mit Platinmohr erwärmt, wobei zugleich ein indifferentes Gas entweicht — wahrscheinlich Stickstoffoxydul. Im Protoplasma dürfte dieser Vorgang auch stattfinden. Es lag die Vermuthung deshalb nahe, dass die stickstoffwasserstoffsauren Salze bei sehr grosser Verdünnung einen ernährenden Effect haben müssten; denn alle die Stickstoffverbindungen sind hiezu günstig, welche in den Pflanzenzellen in Ammoniak umgewandelt werden können.[*] In der That blieben in einer Nährlösung mit 0,1 p. m. N_3Na und ebensoviel Magnesiumsulfat, Calciumsulfat und Monokaliumphosphat die erwähnten Algenarten lebend und gesund und *Vaucheria* trieb zahlreiche neue Schläuche.[**]

Herr Privatdocent Dr. **von Tubeuf** stellte eine

Sammlung von ca. 120 grösseren Photographien

aus, welche er im vorigen Sommer im oberbayerischen Frassgebiete der Nonne aufgenommen hatte. Dieselben illustriren die Calamität in ihrem ganzen Verlaufe, die Nonne in den verschiedenen Stadien ihrer Entwickelung, die gegen den Schädling vorgenommenen forstlichen Maassregeln sowie die Reproductions-Erscheinungen der befressenen Holzarten.

Abromeit, Bericht über die wissenschaftlichen Verhandlungen der 29. Jahres versammlung des preussischen botanischen Vereins zu Elbing am 7. October 1890, sowie über die Thätigkeit desselben für 1889/90. (Sep.-Abdr.) gr. 4°. 37 pp. Königsberg i. Pr. (Wilh. Koch) 1891.   M. 1,20.

Instrumente, Präparations- und Conservations-Methoden.

Favrat, A. und **Christmann, F.,** Ueber eine einfache Methode zur Gewinnung bacillenreichen Lepra-Materials zu Versuchszwecken. (Centralblatt für Bakteriologie und Parasitenkunde. Bd. X. 1891. No. 4. p. 119—122.)

Nachdem die Verff. vergeblich versucht hatten, sich durch Auflegen von Blasenpflastern auf lepröse Hautknoten und dann durch Injection von 0,3 Ol. tereb. rect. bacillenreiches Lepra material zu verschaffen, gewannen sie solches schliesslich durch folgendes Verfahren: Reinigung der Haut mit Seife, Sublimat $1^0/_{00}$, Alkohol, Aether; Cauterisation der Knoten; Collodiumüberzug; aseptischer Verband. Letzterer wird nach 3—4 Tagen entfernt.

---

[*] Vergl. O. Loew, Biol. Centralbl. X. 579.
[**] Wenn wir das Azoimid oder die Stickstoffwasserstoffsäure N_3H mit Hydroxylamin NH_2OH und Diamid N_2H_4 vergleichen, so finden wir also einen ernährenden Effect jener Verbindung bei einer Verdünnung, wo diese beiden Specifica für Aldehyde intensive Giftwirkung entfalten.

nochmals mit Alkohol abgespült, der Brandschorf mit einem ge-
glühten scharfen Löffel aufgehoben und die darunter befindliche
Eiterschicht abgekratzt oder direct auf die betreffenden Cultur-
medien verimpft. Freilich ist es fraglich, ob die Mehrzahl der so
gewonnenen Bacillen lebend ist, wofür ihre Massenhaftigkeit und
die leichte Aufnahme von Farbstoffen zu sprechen scheinen, während
andererseits die wenigen angestellten Culturversuche negativ ausfielen, und die Thierversuche noch nicht zum Abschluss gebracht
werden konnten.

                                        Kohl (Marburg).

Muencke, Robert, Ein neuer Apparat zum Sterilisiren
    mit strömendem Wasserdampf bei geringem Ueber-
    druck und anhaltender Temperatur von 101—102°
    im Innern des Arbeitsraumes, mit Vorrichtung zum
    Trocknen der sterilisirten Gegenstände. (Central-
    blatt für Bakteriologie und Parasitenkunde. Band VIII. No. 20.
    p. 615—616.)

    Der Apparat erhielt eine cylindrische, liegende Form, weil
diese eine viel sichere Dichtung ermöglicht, als die viereckige
Kastenform. Der mit Wasserstandsrohr und Einfüllungstubus
versehene Wasserkessel befindet sich unterhalb des eigentlichen
Sterilisationsraumes, sodass der Wasserdampf von oben nach unten
den doppelwandigen Cylinder und die zu sterilisirenden Gegenstände
durchstreicht. Der Dampf wird in einem Rohr nach aussen und
zwecks Absorption in ein mit Wasser gefülltes Gefäss geleitet. Ein
an diesem Rohr befindlicher Hahn regulirt die Spannung des
Dampfes im Cylinder. Einer der beiden aus dem Inneren des
Arbeitsraumes hervorragenden Tuben enthält das Thermometer,
während der andere mit einem verschraubbaren Sicherheitsventil
versehen ist. Bügelverschluss mit Centralschraube ermöglicht
absolute Dichtung und durch einmaliges Herumdrehen der Schraube
Entfernung des Bügels und Oeffnung der Thüre. Durch Umdrehung
eines Ventils kann der Dampf abgesperrt und gleichzeitig durch
ein anderes Rohr abgeleitet werden. Der untere Behälter wird zu
³/₄ mit Wasser gefüllt, worauf der Apparat mit den zu sterilisirenden
Objecten beschickt wird. Nach Verschluss der Thüre durch die
Centralschraube am Bügelverschluss lässt man durch Hochdrehen
des grossen mittleren Ventils den Dampf zuströmen, worauf man
zu heizen anfängt. Die Muencke'sche Patentgaslampe liefert in
15 Minuten den erforderlichen Wasserdampf. Soll eine Trocknung
vorgenommen werden, so muss umgeschaltet werden. Durch
Herabdrehen des grossen Ventils wird die Dampfzufuhr abgeschlossen
und durch Wegnahme des Thermometers eine Oeffnung für die zu
entweichende Feuchtigkeit hergestellt. Für die Luftaspiration
befindet sich am hinteren Theile eine besondere Vorrichtung.
Der noch im Mantel eingeschlossene Dampf dient jetzt nur noch
als Wärmequelle. Das grosse Rohr über dem Ventil soll den

lästigen Dampf ableiten. Diese Apparate werden aus reinem. Kupfer, das im Innenraum stark verzinnt ist, hergestellt.

Kohl (Marburg).

Unna, P. G., Die Färbung der Mikroorganismen im Horngewebe. gr. 8°. 38 pp. Hamburg und Leipzig (Leopold Voss) 1891.

Van Heurck, Henri, Le microscope, sa construction, son maniement, la technique microscopique en général; la photomicrographie; le passé et l'avenir du microscope. 4. édit., entièrement refondue et considérablement augmentée; avec 1 planche en phototypie et 227 fig. dans le texte. 8°. VIII, 316 pp., avec nombreuses fig. Anvers (édité au frais de l'auteur), Bruxelles (E. Ramlot) 1891. Fr. 7.50.

Sammlungen.

Das Moosherbar des verstorbenen Prof. S. O. Lindberg ist für das botanische Museum der Universität Helsingfors erworben worden. Ausser Doubletten und zahlreichen Exsiccaten enthält die Sammlung 5046 Species in 47858 Exemplaren; die Collection nordischer Lebermoose ist durch Vollständigkeit, Reichhaltigkeit und kritische Bearbeitung des Materiales besonders bemerkenswerth.

(Botanische Zeitung.)

Referate.

Schilling, Aug. Jakob, Die Süsswasser-Peridineen.¶ [Inaugural-Dissertation.] (Separat-Abdr. aus „Flora oder allg. bot. Zeitung". 1891. Heft 3. pag. 1—81. 3 Tafeln).

Vorliegende Arbeit will neben einer möglichst vollständigen. Beschreibung der Süsswasser-Peridineen gleichzeitig unsere Kenntnisse über die Fortpflanzungserscheinungen dieser Gruppe erweitern, so dass man einen, wo möglich vollen Einblick in dieses dunkle Forschungsgebiet erhält. Dass dennoch manches unaufgeklärt und lückenhaft bleibt, ist bei der Kleinheit dieser Organismen nicht anders zu erwarten. Nach einer geschichtlichen Einleitung nebst einer Angabe der betreffenden Litteratur spricht der Verf. über die. Organisation der Süsswasser-Peridineen. Das Hauptmerkmal der ganzen Familie besteht darin, dass der Körper eine Quer- und Längsfurche besitzt, welche zur Aufnahme der Bewegungsorgane dienen. Die Zelle ist entweder völlig nackt, wie bei der Gattung· *Gymnodinium*, oder sie besitzt eine äusserst dünne Membran, wie· bei *Hemidinium*, oder dieselbe ist glatt und von derberer Beschaffenheit, wie bei *Glenodinium*. Die Gattungen *Peridinium* und *Ceratium* haben Zellwände, deren Oberfläche polygonal getäfelt ist. Die Oberfläche dieser Tafeln ist bald glatt, bald mit einer feinen Areolirung versehen. Zwischen diesen Tafeln finden sich mehr oder weniger schmale Zwischenleisten, die selbst zu kleinen

Zwischentafeln werden können. Die Querfurche bildet einen Ring
von Zwischentafeln, während die Längsfurche eine einzige Zwischen-
tafel darstellt. Da, wo Quer- und Längsfurche zusammenstossen,
befindet sich eine kleine spaltenförmige Oeffnung, welche zum
Austritt der Geisseln dient. Verf. nimmt an, dass der Verband unter
·den Tafeln nicht als eine später eintretende Verschmelzung aufzufassen ist, sondern schon durch die einheitliche Beschaffenheit der
noch unverdickten Hülle von vornherein gegeben ist. Die Anordnung der einzelnen Tafeln ist innerhalb der einzelnen Gattungen
und Arten verschieden und wird für die Systematik verwerthet.
Ueber die chemische Beschaffenheit der Wand giebt der Verf. an,
·dass sie aus Cellulose besteht, welche durch eine anorganische
Substanz imprägnirt ist. Wie das Wachsthum der Zellhaut stattfindet, ist nicht klargelegt, da noch wenig Beobachtungen vorliegen. Ueber den Protoplasmakörper, besonders über Zellkern,
Vacuolen, Farbstoffe etc. werden vom Verf. keine ihm angehörenden
Mittheilungen gemacht, dagegen konnte Verf. an den von ihm gefundenen Formen *Gymnodinium hyalinum*, *G. carinatum* und *G. pusillum*, ferner innerhalb der Gattung von *Glenodinium*, mit Ausnahme
von *Gl. uliginosum* und *Gl. pulvisculus*, Augenflecken nachweisen.
Der Augenfleck hat die Form einer polygonalen oder hufeisenför-
·migen Scheibe und findet sich ohne Ausnahme in der Längsfurche
unmittelbar unter der Oberfläche des Körpers. Ueber das Verhalten
·dieser Gebilde bei der Fortpflanzung konnte V. so viel feststellen,
„dass ihre Vermehrung, ob sie nun durch Theilung oder durch
Neubildung geschehen mag, eine der ersten Erscheinungen ist, welche
diesen Vorgang begleiten". Von der Bewegung der Längsfurchen-
geissel sagt der Verf., dass sie sowohl das Ruder, als auch das Steuer
an einem Schiff versieht und von der Querfurchengeissel, die kein
einfacher Faden, sondern ein äusserst schmales Band ist und sich
mit Chlorzinkjod fixiren und färben lässt, wird eine wellenförmige
Bewegung angegeben.

Die Fortpflanzungserscheinungen bei den *Peridineen* hat Verf.
besonders in's Auge gefasst. Von allen bisher von den verschie-
·densten Forschern geschilderten Vermehrungsweisen ist nur eine
einzige, nämlich diejenige durch Theilung, mit Sicherheit aufgefunden worden. Bei den zwei Gattungen *Hemidinium* und *Ceratium*, bei
·der letzteren mit aller Sicherheit, konnte eine Theilung im beweglichen Zustande beobachtet werden, während eine Theilung im
ruhenden Zustande bei allen Gattungen aufgefunden wurde. Bei
·dieser letzteren Vermehrungsweise sind zwei Fälle zu unterscheiden:
1) Theilung im vorausgehenden Ruhezustand. Hier
vollzieht sich die Theilung innerhalb der ursprünglichen Zellwand,
welche hierauf auseinander fällt und die beweglichen mit neuen
Zellhüllen ausgestatteten Theilsprösslinge austreten lässt. Stein
und Klebs haben diesen Vorgang bei *Peridinium tabulatum* und
P. cinctum gefunden, Verf. ausser an der Gattung *Peridinium* auch
noch bei *Hemidinium* und *Glenodinium*. Mit Ausnahme von *Ceratium*
erstreckt sich diese Vermehrungsweise auf alle Süsswassergattungen,
deren Angehörige feste Zellwände besitzen.

2) Theilung im dauerden Ruhezustand. Die ursprüngliche Zellwand wird abgeworfen, der frei gewordene Körper umgiebt sich mit einer structurlosen Hülle und nun erfolgt die Theilung, die sich also nicht allein auf den Protoplasmakörper erstreckt, sondern zugleich auch auf die Cystenwand, welche dann zur Hülle der beiden Theilsprösslinge wird. Diese Vermehrungsweise ist die verbreitetste innerhalb sämmtlicher Süsswassergattungen, mit Ausnahme von *Hemidinium*. Der Encystirung muss nicht immer eine Theilung folgen und dies gilt, nach einzelnen Fällen zu schliessen, auch umgekehrt. Die Cystenbildung hängt zum grossen Theil von äusseren Einflüssen ab: kältere Jahreszeit, Sauerstoffmangel etc., und lässt sich auf künstlichem Wege hervorrufen. Der Vorgang wird eingeleitet durch Abwerfen der Bewegungsorgane. Die hüllenlosen Formen, also die Gattung *Gymnodinium*, scheiden unter gewöhnlichen Umständen eine sehr umfangreiche, aus Gallerte bestehende Hülle aus. Diese ist structurlos und durchsichtig, nimmt aber Methylviolett in grosser Menge auf; neben dieser Schleimhülle werden auch feste ausgeschieden (*G. palustre* und *G. aeruginosum*). Verf. schildert nun den Theilungsvorgang bei *Glenodinium cinctum* und bei der Gattung *Peridinium*, dann bei den beiden Süsswasser-*Ceratien* eingehender. Ueber die Bildung von gehörnten Cysten sind die vorliegenden Beobachtungen noch ungenügend, um entscheiden zu können, ob diese eigenthümliche Bildung auf einzelne Gattungen und Arten beschränkt bleibt oder über die ganze Familie verbreitet ist. An *Glenodinium cornifax* wird der ganze Vorgang genauer geschildert.

Verf. geht hierauf zur Beschreibung der Süsswasser-*Peridineen* über. Im Folgenden erwähnt Ref. die Gattungen und Arten ohne Beschreibung, nur da, wo Verf. neue Species gefunden, ist eine solche in Kürze beigegeben:

1. *Hemidinium: H. nasutum* Stein.
2. *Gymnodinium: G. fuscum* Stein, *G. aeruginosum* Stein, *G. Vorticella* Stein, *G. pulvisculus* Klebs;

Gymnodinium palustre (nova species). In den Sümpfen von Neudorf und Dornach bei Basel sehr verbreitet. Länge 44,17 μ, Breite 37,5 μ. Körperhälften ungleich. Querfurche schwach rechtsschraubig, Längsfurche zieht sich von dieser aus bis zum hinteren Körperende und bildet eine tiefe Rinne. Keine feste Umhüllung neigt zur Gallertbildung. Gelbe bis dunkelbraune Chromatophoren in dichten Massen unter der Haut. Augenfleck nicht vorhanden. Cysten mit schleimigen und festen Hüllen.

Gymnodinium carinatum (nova species). Vereinzelt in den Sümpfen von Neudorf. Länge 39,7 μ, Breite 34,5 μ. Körperhälften fast gleich, vordere breit abgerundet, hintere verschmälert. Querfurche schwach, in einer kaum ansteigenden Schraubenlinie; Längsfurche verläuft in der Längsachse. Keine Umhüllung. Helle bis dunkelbraune Chromatophoren, in der Mitte des Körpers angehäuft. Augenfleck nicht vorhanden. Ruhezustände nicht bekannt.

Gymnodinium paradoxum (nova species.) Vereinzelt in den Sümpfen von Neudorf. Länge 26,8 μ, Breite 34,5 μ. Gestalt

kugelig. Querfurche kaum bemerkbar, Längsfurche scheint zu
fehlen. Keine Umhüllung. Dunkelroth-braune Chromatophoren in
der Mitte des Körpers. Ein Augenfleck unterhalb des Geisselan-
satzes. Ruhezustände nicht bekannt.

Gymnodinium hyalinum (nova species). In den Teichen des
botanischen Gartens in Basel. Länge 33,6 μ, Breite 20,7 μ.
Ovaler Umriss. Asymmetrischer Bau. Querfurche rechtswindend
mit ungewöhnlich steilem Verlauf. Längsfurche schwach. Keine
Umhüllung. Keine Chromatophoren, dagegen Haufen von kleinen
Körnern (Stärke). Rothgefärbter Augenfleck in der Längsfurche.
Cystenbildung.

Gymnodinium pusillum (nova species.) In den Sümpfen von
Neudorf. Länge 23,0 μ, Breite 18,4 μ. Körperbau ähnlich der
vorigen Species. Keine Umhüllung. Wenig hellgelb gefärbte
Chromatophoren unter der Körperoberfläche. Runder hellroth gefärbter
Augenfleck in der Längsfurche. Cystenbildung.

3. *Amphidinium: A. lacustre* Stein.

4. *Glenodinium: G. cinctum* Ehrbrg., *G. oculatum* Stein.

Glenodinium uliginosum (nova species). Auf dem Jungholz
bei Brennet in Baden. Länge 38,25 μ, Breite 30,18 μ. Körperhälften ungleich, vordere grösser, kugelig abgerundet, hintere
kleiner, kurz abgestumpft. Bauch- und Rückenseite schwach abgeplattet. Querfurche in schwach rechtsläufiger Linie. Längsfurche
in der Längsachse bis zum Endpol. Aeusserst derbe Zellwand.
Kleine, zahlreiche schwarzbraune Chromatophoren unter der Oberfläche. Augenfleck nicht vorhanden. Cystenbildung.

Glenodinium neglectum (nova species.) In Gesellschaft mit der
vorigen. Länge 31,2 μ, Breite 28,94 μ. In Gestalt ähnlich der
vorigen. Hülle derb, widerstandsfähig. Chromatophoren hellgelb,
zahlreich, dicht unter der Körperoberfläche. Länglich runder, rothgefärbter Augenfleck in der Längsfurche. Encystirung in kugeligen
und in gehörnten Cysten.

Glenodinium cornifax (nova species.) In den Sümpfen von
Neudorf. Gestalt länglich. Länge 25 μ, Breite 20,7 μ. Körperhälften ungleich, vordere kugelig abgerundet, hintere zugespitzt.
Querfurche rechtsschraubig, Längsfurche bis zum Pol. Zellwand
äusserst fein. Roth bis schwarzbraune Chromatophorenplatten
unter der Oberfläche. Augenfleck in der Längsfurche. Gehörnte Cysten.

Glenodinium pulvisculus Stein.

5. *Peridinium: P. tabulatum* Clap. Lachm., *P. cinctum* Ehrbg.,
P. bipes Stein, *P. quadridens* Stein, *P. umbonatum* Stein.

Peridinium minimum (nova species). Sehr verbreitet. Länge
19,29 μ, Breite 16,88 μ. Gestalt eiförmig. Körperhälften etwas
ungleich. Tafeln ohne Sculptur. Querfurche rechtsschraubig.
Längsfurche, in der Vorderhälfte des Körpers beginnend, durch-
kreuzt die Querfurche und zieht in einer von der Längsachse nach
rechts abweichenden Linie bis zum Endpol. Chromatophoren
hellgelb. Augenfleck nicht vorhanden. Cystenbildung.

6. *Ceratium: C. cornutum* Claparède und Lachmann, *C. hirun-
della* O. Fr. Müller.   Bucherer (Basel).

Prillieux et Delacroix, Note sur le parasitisme du Botrytis cinerea et du Cladosporium herbarum. (Bulletin de la Société mycol. de France. Tome. VI. 1890. p. 134 ff.)

Anknüpfend an die von Kissling geschilderte *Botrytis*-Epidemie von *Gentiana lutea* im Jura theilen die Verff. hier einige weitere Fälle mit, in welchen sich dieser früher für harmlos gehaltene Pilz als Parasit zeigte. Hyacinthen- und Pfingstrosenblüten wurden mit Conidien von *Botrytis* inficirt, die von todten Salatblättern entnommen waren, Blüten und Blütenstiele wurden vom Mycel überzogen und getödtet, später erschienen auf den abgestorbenen Organen zahlreiche Conidienträger. *Listera ovata* wurde auf einer Excursion, in gleicher Weise von diesem Schimmel überzogen, angetroffen und endlich waren in einem Treibhause bei Roubaix, wo die Trauben-treiberei einen wichtigen Industriezweig bildet, lebende Trauben-blätter durch *Botrytis* deformirt und mit Conidienträgern bedeckt. Des Weiteren scheint es sehr wahrscheinlich, dass auch *Cladosporium herbarum*, besonders in der Form *Cladosporium fasciculare* die Blätter verschiedener wichtiger Culturpflanzen parasitisch angreift. Als wichtigster Fall wird eine Epidemie der Apfelbäume an vielen Orten im Westen und Centrum Frankreichs erwähnt, bei welcher das am Rande vertrocknende, mit zahlreichen *Cladosporium*-Büscheln besetzte Laub vorzeitig abfiel. Häufig sind auch Himbeerblätter in charakteristischer Weise erkrankt: lange vertrocknete Streifen ziehen vom Mediannerv zwischen den Secundärnerven und dieselben sind mit *Cladosporium*-Büscheln besetzt und im Innern von dem Mycelium durchzogen. Ob in diesen Fällen das „post hoc" das „propter hoc" war, ist übrigens, wie die Verff. auch selbst zugeben, durch Ex-perimente zu erweisen. Solche Experimente waren von den Verff. geplant, doch ist über den Erfolg derselben dem Ref. bis jetzt noch nichts bekannt geworden.

L. Klein (Freiburg i. B.).

Migula, W., Die Bakterien. 8°. 216 p. Leipzig (J. J. Weber's Naturw. Bibliothek. No. 2.) 1891.

In zwei Haupttheilen „Naturgeschichte der Bakterien" p. 33—164, und „Die Beziehungen der Bakterien zur belebten und unbe-lebten Natur" p. 165—216, denen als Einleitung gleichfalls zwei kurze Haupttheile: „Was sind Bakterien" und „Die Entwickelung der Lehre von den Mikroorganismen" vorangeschickt sind, will Verf. für Laienkreise das Wichtigste unserer gegenwärtigen Kennt-nisse von den Bakterien behandeln. Die Naturgeschichte der Bak-terien gliedert er in 3 Abschnitte, Morphologie und Entwickelungs-geschichte p. 33—69, die Untersuchungsmethoden, p. 70—91 und die Systematik der Bakterien, p. 92—164. In dem ersten dieser 2 Abschnitte finden wir neben Formen der Bakterien, Wachs-thum, Theilung, Sporenbildung, Sporenkeimung auch Lebenser-scheinungen und Lebensbedingungen der Bakterien und Vorkommen der Bakterien in der Natur. Diese beiden letzten Abschnitte sind hier nicht am Platze; sie gehören nothwendig mit dem letzten

Haupt-Theil „Die Beziehungen der Bakterien zur belebten und un-
belebten Natur", in welchem Fäulniss und Gährung „Die ansteckenden
Krankheiten und die Bakterien im Haushalte der Natur abgehandelt
werden zu einer Physiologie und Biologie der Bakterien vereint,
da man sonst durchaus zusammengehörige Dinge bald vorn, bald
hinten in dem Buche suchen muss und oft nicht weiss, ob vorn
oder ob hinten. Von diesem Fehler in der Disposition und von
einigen hier nicht weiter zu erwähnenden Ungenauigkeiten und Un-
gleichmässigkeiten, auf die im Centralbl. f. Bakteriologie näher hingewiesen wurde, abgesehen, ist das Buch als durchaus geeignet für seinen
Zweck zu bezeichnen; es ist klar und im Grossen und Ganzen correct
und übersichtlich geschrieben. Wenn aber der Verf. in der Einleitung
sagt: „Der Grund, weshalb so wenig von den Bakterien in weiteren
Kreisen bekannt ist, liegt grösstentheils darin, dass es n o c h k e i n e
L i t t e r a t u r giebt, welche das in hochgelehrten Werken nieder-
gelegte umfangreiche Wissen für Laien geniessbar macht", so hat
er sich diesen Satz wohl nicht hinreichend überlegt, oder sollte er
im Ernste d e B a r y s geradezu mustergültige Vorlesungen über
Bakterien wirklich für Laien nicht geniessbar halten?

L. Klein (Freiburg i. B).

Vaizey, J. R., O n t h e m o r p h o l o g y o f t h e s p o r o p h y t e o f
Splachnum luteum. (Annals of Botany. Vol. V. No. XVII.
November 1890. p. 1—10, plate I and II.)

Die früheren Untersuchungen des Verfassers hatten ihn überzeugt, dass es höchst wichtig sei, weitere Kenntnisse über den
höchsten Grad der Entwickelung, welche der Sporophyt der Moose
erreichen kann, zu erhalten. Als das geeignetste Material hierzu
erwies sich *Splachnum luteum, rubrum* und einige andere Arten.

Die Anatomie des Sporophyten wird eingehend geschildert.
Die Apophysis ist nach dem Verf. ein dem Blatte der Gefäss-
pflanzen homologes Gebilde. Die Schlussfolgerungen fehlen, da die
Arbeit im Nachlass des Verfassers gefunden wurde.

Zander (Berlin).

Vöchting, Hermann. U e b e r d i e A b h ä n g i g k e i t d e s L a u b-
b l a t t e s v o n s e i n e r A s s i m i l a t i o n s - T h ä t i g k e i t. (Botanische Zeitung. 1891. Nr. 8 u. 9.)

Zur Entscheidung der Frage nach der Abhängigkeit des Laubblattes von seiner Assimilationsthätigkeit ist schon eine Reihe von
Untersuchungen ausgeführt; da die Resultate derselben aber nicht
einwurfsfrei sind, so nimmt Verf. die Frage wieder auf und sucht
sie experimentell dadurch zu entscheiden, dass er einzelne Pflanzentheile bei Tageslicht längere Zeit hindurch am Assimiliren hindert,
indem er sie in kohlensäurefreier Luft cultivirt. Dieses geschieht nach
zwei verschiedenen Methoden: a) unter Lufterneuerung: Ein Zweig der
Versuchspflanze wird, ohne von der Mutterpflanze getrennt zu werden,
in einen grossen Glasballon eingeführt und darin, durch Kork und
Wachs gegen die Atmosphäre abgeschlossen, mehrere Tage er-

halten, während gleichzeitig kohlensäurefreie, feuchte Luft continuirlich durch den Ballon gesaugt wird. b) in stehender Luftschicht: Der in gleicher Weise mit einem Zweige der Versuchspflanze beschickte Glasrecipient wird durch Aetzkali kohlensäurefrei gehalten. In beiden Fällen bleibt der in das Versuchsgefäss eingeschlossene Zweig in Verbindung mit der Pflanze, die theils durch die Assimilation der nicht mit eingeschlossenen Zweige, theils durch seinen aufgestapelten Reservestoff ernährt wird. Als empfindlichste Versuchspflanze diente *Mimosa pudica*. Ferner wurde operirt mit normalen grünen und mit etiolirten Sprossen von *Solanum tuberosum*, mit Sprossen von *Tropaeolum Lobbianum, Dolichospermum Halicacabum, Mimulus Tillingi*, Zierkürbis.

Die Versuche ergaben ausnahmslos das Resultat, dass das Leben des ausgebildeten Laubblattes an seine Assimilationsthätigkeit gebunden ist. Wird dieselbe durch Entziehung der Kohlensäure gehemmt, so treten Störungen ein, welche früher oder später mit dem Tode endigen. An empfindlichen, besonders den periodisch beweglichen Blättern, äussern sich die Störungen rasch; sie zeigen sich in Aenderungen der normalen Bewegung, eigentümlichen Krümmungen, Verwandlungen der Farbe, Erlöschen der Empfindlichkeit bei reizbaren Organen, und schliesslich im Einschrumpfen oder Abfallen. Aber nicht nur das ausgewachsene, auch das sich entwickelnde Blatt ist von seiner Assimilationsthätigkeit abhängig, doch sind hier zwei Stadien zu unterscheiden. Das erste (Stadium der Anlage des Blattes) ist nicht an den Assimilationsprocess gebunden, das zweite (Stadium der Entfaltung, der Flächen- und Volumenzunahme) ist abhängig von der Assimilationsthätigkeit. Wird diese verhindert, so erlangt das Blatt seine normale Gestalt nicht, es treten Störungen ein, die unheilbar auch dann bleiben, wenn die Pflanze wieder unter normale Lebensbedingungen versetzt wird.

Schütt (Kiel).

Helmerl, *Nyctaginiaceae.* (Warming: Symbolae ad floram Brasiliae centralis conoscendam. — Videnskabelige Meddelelser fra den naturhist. Forening i Kjöbenhavn for Aaret 1890.)

Die folgenden neuen Arten und Varietäten der centralbrasilianischen Flora wurden vom Verfasser beschrieben.

1. *Bouginvillea glabra* Choisy α *obtusibracteata* Heim. Diagnose: Bracteis latissime subcordatis vel ellipticis apice obtusis v. subrotundatis. — id. β *acutibracteata* Heim. Diagnose: Bracteis apice brevius v. longius acuminatis acutisque.

2. *Pisonia Pernambucensis* Casaretto. α *cordata* Heim. Diagn.: foliis latissimis, basi subcordatis vel rotundatis, apice rotundatis, paulo longioribus q. latis, (*Pisonia cordifolia* Mart.). — id. β *elliptica* Heim. Diagn.: foliis evidenter longioribus q. latis, apice plerumque obtusatis rarius rotundatis, basi subrotundata subito in petiolum contractis.

3. *Pisonia areolata* nova spec. Heim. Diagn.: Ramis adultis glabris, ramis novellis, gemmis, foliis primum parce rufo-puberulis; foliis inter formam late ellipticam et elliptico-oblongam variantibus, basi in petiolum validum cito angustatis, apice breve vel longius acuminatis, ipsa in apice obtusiusculis, siccitate coriaceis, supra magis minusve lucentibus, infra subopacis (vel paulum nitentibus), nervo mediano valido, nervis lateralibus plurimis, arcuatis, multis venulis anastomosisque conjunctis, foliis itaque in primis in pagina inferiore prominente et subdense reticulatim venosis, glaberrimis, subintegris, margine paululum undulatis (pet.

17*

8—28 mm, fol. lat. 36—93 mm, fol. longt. 97—183 mm): inflorescentiis primum parce et brevissime ferruginoso-puberulis, demum subglabris, pedunculo firmiusculo varia longitudine (15—42 mm) suffultis, late pyramidatis vel corymbosis, pauci-vel multifloris, ramis primariis binis typice oppositis vel subalternantibus, oblique vel subhorizontale patentibus, iterum paulum ramificatis, ramulis ultimis flores complures saepius dense approximatos, subsessiles gerentibus, bracteis in basi ramorum primariorum longius persistentibus, lanceolatis-perianthiis ♂ cyathiformibus (4,5 mm longis) glabriusculis; staminibus plerumque 7 perianthia ad ¹/₂-plo longioribus; per ♀ subtubuloso-campanulatis (3 mm longis), limbo patulo; germine (ca. 4 mm. longo), stigmate exserto, penicillato. (Anthocarpia desunt.) — Arbor silvestris cortice glabro canescente, m. Sept.-Dec. fl.

4. *Pisonia platystemon* Heim. Eine neue Art oder Varietät ex affinitate *Pis. noxiae* Netto. Diagnose: Staminibus paucioribus [quam *Pis. noxia*] (6.), filamentis applanatis, basin versu sensim dilatatis ibique latiusculis, perianthiis minoribus (4—4,5 mm), inflorescentiis corymboso-umbellatis, parvis, foliis longius tenueque petiolatis, antice plerumque acuminatis, infra griseo-rufescentibus, vix reticulatis.

5. *Pisonia Olferiana* Link et al. α typica Heim. Foliis in apice vel brevius vel longius attenuatis acutisque, basilaribus ramorum solum apice obtusis. — id var. β *obtusata* Heim. Foliis plerisque in apice obtusatis vel rotundatis.

6. *Pisonia Warmingii* nov. subspec. Heim. ex affin. *Pis. nitidae* Mart, verisimile cum *Pis. pubescenti* Heimerl (uon Kunth) identica. — Diagnose: — statu evoluto glabra ramulis junioribus, inflorescentiis, petiolis, foliorum pagina inferiore magis minusve pubescenti-subhirsutis, foliis ceterum inflorescentiisque ab hac vix diversis. —

Die Hauptbehandlung der Nyctaginiaceae ist von Schmidt in „Flora Brasiliensis", Vol. XIV geleistet.

J. Christian Bay (Copenhagen.)

Wilson, J. H., The effects of cultivation on *Allium vineale* L. (Transactions and Proceedings of the Botanical Society of Edinburgh. Vol. XIX. 1891.)

Allium vineale zeigt sich in der Umgebung von St. Andrews ausschliesslich auf dem Gipfel der alten Abteimauer, da aber in solcher Menge, dass es der Ruine ein eigenartiges Gepräge verleiht. Der Standort ist trocken, im Sommer recht heiss, dem Winde ausgesetzt.

Wie die Pflanze ihren eigenartigen Standort erreicht hat, ist zur Zeit nicht mehr zu errathen; möglicherweise war sie früher in der Umgebung häufig und wurde durch die Cultur verdrängt. Gegen Wind und Trockenheit zeigt sie sich wohl geschützt, dank der schmalen Form ihrer Blätter, die dem Winde nur wenig Fläche bieten, der Zähigkeit ihrer Stengel, dem dichten Ueberzug ihrer Zwiebeln. Die Inflorescenz erzeugt ausschliesslich Bulbillen; es ist möglich, dass auch hierin eine Anpassung an Trockenheit zu erblicken ist.

In den Garten versetzt, wurden die Pflanzen in ihren sämmtlichen Theilen weit grösser; sie erzeugten aber ebenfalls nur Bulbillen, und zwar in viel grösserer Menge, als am natürlichen Standorte.

Schimper (Bonn.)

Čelakovský, Lad., Ueber die Verwandtschaft von *Typha* und *Sparganium*. (Oesterr. botan. Zeitschrift. 1891. p. 117—121, 154—160, 195—199, 224—228, 266—272.)

Der vorliegende Aufsatz, den Jeder, der sich für den Gegenstand näher interessirt, im Original lesen wird, beschäftigt sich zunächst mit der Auffassung der *Typha*-Inflorescenz. Bekanntlich stehen sich zwei Ansichten gegenüber: die von Dietz und Engler, wonach diese Inflorescenz als eine Aehre aufzufassen ist, und die von Schnizlein, Döll und A. Braun, welche Verf. im Jahrgang 1885 der „Flora" im Wesentlichen acceptirt und näher begründet hat. Verf. wendet sich zunächst gegen Dietz, dem gegenüber er die Existenz einer „congenitalen Verwachsung" vertheidigt. Engler gegenüber hebt Verf. hervor, dass das Auftreten der alternirenden Spathablätter, die Anlage derselben, sowie auch der Blüten, und endlich auch das regelmässige Vorhandensein einer Rinne gegenüber der Spatha im weiblichen Theile des Blütenstandes entschieden gegen eine Aehre sprechen. Mit *Aroideen*-Kolben, die niemals mehrere Spathablätter besitzen, dürfe die Inflorescenz von *Typha* nicht verglichen werden. Die Ansicht Engler's, dass die übrigen Deckblätter frühzeitig geschwunden seien und dafür die übrigbleibenden sich stark vergrössert hätten, weist Verf. als unbegreiflich und ohne Analogie dastehend zurück. Der Blütenstand von *Typha* könne somit aus einer Aehre nicht abgeleitet werden; alle Thatsachen sprechen dafür, dass „jedes interfoliare Stockwerk des Blütenstandes als Achselspross der darunter stehenden spathaförmigen Bractee" aufzufassen ist. Verfasser vergleicht hierauf die *Typha*-Inflorescenz mit der von *Sparganium;* dieses Capitel ist von einigen Abbildungen begleitet. Auch die Darstellung dieser Verhältnisse von Schur wird ausführlich besprochen.

Ein weiteres Capitel beschäftigt sich mit den Haaren an den Blütenstielen von *Typha*. Verf. vertheidigt in demselben seine Ansicht, dass dieselben gleich jenen von *Eriophorum* als reducirtes Perigon aufzufassen seien. Als Beweismittel für die Richtigkeit dieser Ansicht führt Verf. folgende an:

1. Behaarung fehlt bei *Typha* überhaupt;
2. auch die übrigen Blütentheile sind bei *Typha* reducirt;
3. die Haare kommen nur dort vor, wo ein Perigon stehen kann;
4. die Haare sind morphologisch Emergenzen;
5. auch die Hüllblätter der Hauptachse zerfallen im obersten Theile des männlichen Kolbens in trichomähnliche Theile;
6. auch die Deckblätter der Blüten von *Typha angustifolia* u. a. sind in ähnlicher Weise reducirt;
7. Vergrünungserscheinungen bei *Typha minima*.

Hierdurch fallen wohl die wesentlichsten Punkte, welche gegen die nahe Verwandtschaft von *Typha* mit *Sparganium* angeführt wurden. Man ist somit nicht berechtigt, die beiden Gattungen in zwei verschiedene Familien zu stellen, sondern kann sie höchstens als Repräsentanten zweier Unterfamilien auffassen.

Fritsch (Wien).

Colenso, W., A description of some newly-discovered
indigenous plants being a further contribution
towards the making known the botany of New Zealand. (Transactions and Proceedings of the New Zealand Institute. Vol. XXIII. 1891. p. 381—391.)

Die Arbeit enthält folgende neuaufgestellte Typen:

Ranunculus muricatulus verwandt mit *R. multiscapus* Hook., *Caltha marginata* zu *C. Novae Zealandiae* Hook. zu stellen; *Carmichaelia Suteri* aus der Nähe
von *C. uniflora* Krk.; *Acaena macrantha* eine seltene Art; *Drosera flagellifera*
zu *D. binata* Lab. aus Australien zu stellen; *Metrosideros aurata* zu *M. florida*
Sm. zu bringen; *Hydrocotyle nitens* eine sehr gefällige Erscheinung; *Pozoa*
(*Azorella*) *elegans* die Mitte zwischen *P. trifoliata* Hook. und *P. microdonta* Colenso haltend; *P. (A.) microdonta; Cotula venosa* verwandt mit *C. australis* Hook.,
Permettya nana; Corysanthes orbiculata; Hymenophyllum truncatum in gewisser
Hinsicht mit *H. multifidum* Sw. übereinstimmend.

E. Roth (Halle a. S.).

Focken, H., Les Hyménoptérocécidies du Saule. (Revue
Biologique du Nord de la France. T. IV. 1891. p. 35—40).

Diese Arbeit, die erste des Verf., welche Ref. genau einzusehen
Gelegenheit und Veranlassung hatte, kann kaum als eine Bereicherung
der Gallenlitteratur bezeichnet werden. Sie gibt nur eine allgemeine
Orientirung und ohne genaue Hinweise, so dass der in diesem Zweige
der Cecidiologie noch unbewanderte Leser auch nicht im Stande ist,
durch Aufsuchen der Originalarbeiten sich zuverlässig zu belehren,
sowie auch etwaige eingeschlichene Fehler zu eliminiren. Als einen
solchen nennt Ref., dass die Galle von *Cryptocampus pentandrae* Zadd.
nach dem Verf. am Blattstiele (pétiole) vorkommt, während sie sich
an den Zweigen findet. Die Angabe, dass *Cr. testaceipes* auf *Salix
gracilis* L. vorkomme, ist natürlich nur Schreib- oder Druckfehler
für *fragilis*. Allgemeine Bemerkungen über die Gleichartigkeit des
Aussehens und Baues der Blattwespengallen der Weide und Vergleichungen mit der Lebensweise nichtgallenbildender verwandter
Insekten bilden den Haupttheil der Abhandlung. Auf Seite 39 bespricht Verf. die Entwickelung der Galle von *Nematus gallicola*
Westw. ohne jeden Hinweis auf die in der Botan. Zeitung 1888
erschienene Arbeit von Beyerinck, dessen Name sich in der
Arbeit gar nicht findet. Irgend ein wichtiges neues Factum bringt
die Mittheilung überhaupt nicht, lässt aber den Leser an den meisten
Stellen im Zweifel darüber, ob das Gebrachte ein Resultat eigener
Beobachtung des Verf. ist oder nicht. Gelegentliche Hinweise auf
André und Kriechbaumer sind ohne Angabe des Ortes. Wer
die Objecte und die Litteratur kennt, findet natürlich heraus, woher
die eine und andere Angabe rührt. Was z. B. S. 37 über die
Galle von *Nematus gallicola* an *Salix Silesiaca* gesagt ist, entstammt den „Beiträgen" von Hieronymus, dessen Name aber
keinmal genannt ist. Von bestimmten Angaben kann Ref. nur finden:
dass noch keine *Cryptocampus*-Galle aus Frankreich bekannt sei
(Verf. sagt: „dans notre pays", was zwar ebensogut Gegend wie
Heimathland bedeutet, hier aber, weil im Gegensatz zu Deutschland
stehend, wohl ganz Frankreich bezeichnen soll) und dass die Gallen

des *Nematus gallicola* und *N. gallarum* in dortiger Gegend (also
bei Lille) häufig seien. Das sind sie aber in ganz Mitteleuropa;
und da der Verf. bei *Nematus vesicator* gar keine Angabe über
dessen Vorkommen macht, so ist daraus mit grosser Wahrscheinlichkeit zu schliessen, dass er seine Umgegend noch nicht ausreichend
sorgsam durchsucht hat.

Thomas (Ohrdruf).

Kieffer, J. J., Die Gallmücken des Hornklees. (Wiener
Entomolog. Zeitung. IX. 1890. Seite 29—32.)

Zu den bisher bekannten zwei Arten, welche die Blütenan-
schwellungen an *Lotus corniculatus* und *L. uliginosus* (*Diplosis Loti* DG.)
und die Triebspitzendeformation an letztgenanntem Substrate erzeugen
(*Cecidomyia loticola* Rübs.), kommen durch vorstehende Publication
zwei neue Gallenerzeuger: 1) *Diplosis Barbichi* Kieff., verursacht
die Triebspitzendeformation auf *Lotus corniculatus*, bei welcher die
aneinandergedrängten, sich deckenden, etwas knorpeligen Blätter
ein eiförmiges Gebilde darstellen. Verf. beobachtete vier Generationen
in einem Sommer. Die Verwandlung findet in der Erde statt.
2) *Asphondylia melanopus* Kieff. veranlasst Deformation der Hülsen,
welche an ihrer Basis, selten in der Mitte, bis erbsendick an-
schwellen und infolgedessen ihre normale Länge nicht erreichen und
sich einkrümmen. Die Verwandlung geschieht in der Galle. (Verfasser sagt hierbei nicht, auf welcher *Lotus*-Art er die deformirten
Hülsen gefunden. Da aber, wie er angibt, Luzerne „an derselben
Stelle" wuchs, so kann diese nicht sumpfig, also das Substrat nur
Lotus corniculatus gewesen sein. D. Ref.)

Thomas (Ohrdruf).

Cornevin, Ch., Action de poisons sur la germination des
graines des végétaux dont ils proviennent. (Comptes
rendus de l'Académie des sciences de Paris. Tome CXIII. 1891
p. 274 ff.)

Bei der Production von Giften durch Phanerogamen sind zwei
Fälle zu unterscheiden: 1. Das Gift findet sich im Samen und
geht aus demselben in die ganze Pflanze über, hier ist die Giftigkeit
der Pflanze nirgends unterbrochen. 2. Das Gift findet sich weder
im Samen, noch in der jungen Pflanze, sondern bildet sich erst
später, wenn gewisse Theile, die es hervorbringen, wie bei manchen
Pflanzen die Milchsaftgefässe, sich unter den für diese Production
geeigneten Bedingungen befinden, und es localisirt sich. Die Wirkung
der betreffenden Gifte auf die keimenden Samen der Pflanze, die
das Gift liefern, wurde in beiden Fällen untersucht: a. Die Wirkung
eines giftigen Auszugs aus den Samen auf die Keimung der Samen
von der Species, welche das Gift lieferte. Zur Untersuchung dieses
Punktes wurden Saponin, das sich in den Samen von *Agrostemma
Githago* findet, und Cytisin, das in den Samen von *Cytisus Laburnum*
auftritt, gewählt. Der Gang der Versuche war folgender: In
dem einen Falle tauchte man den Samen während einer Zeit, die

zwischen 6 und 48 Stunden variirte, in die giftige Lösung, während man im andern eine bestimmte Menge ausgeglühter und dann in eine Schale vertheilter Erde mit derselben Lösung imbibirte und die Samen darein säte. Zur Controle wurden auch Samen, die nicht mit dem Gifte behandelt waren, ausgesät. Ferner wurde, um dem Gifte den Eintritt in den Samen zu verschaffen, die Samenschale mit Hilfe eines feinen Scalpels eingeschnitten. Das Ergebniss dieser Versuche war sehr deutlich: Das Saponin verhinderte nicht die Keimung der Samen von *Agrostemma*, das *Cytisin* nicht die von *Cytisus*. b. Die Wirkung, welche ein Gift, das in einem andern Pflanzentheile, als im Samen localisirt ist, auf die Keimung der Samen der Pflanze ausübt, die das Gift liefert. Die beiden gemeinsten Vertreter dieser Kategorie sind Tabak und Mohn, welche das Nikotin und das Opium liefern. Beider Samen wurden in gleicher Weise behandelt, wie in der ersten Versuchsreihe. Die Tabaksamen, welche 38 Stunden in einer Nikotinlösung von 1 : 150 gehalten worden waren, keimten 48 Stunden später, als solche, die nicht so behandelt worden waren. Von denen, die in eine mit Nikotin imprägnirte Erde gesät worden waren, keimte eine kleine Zahl 10 Tage später, die Hälfte davon starb aber den dritten Tag ab; andere keimten 23 Tage später, aber die jetzt angestellte mikroskopische Untersuchung der Erde wies eine Menge Mikroorganismen nach, die zweifellos das Nikotin zerstört hatten. Der wässerige Auszug des Opium wurde theils zur Einweichung der Mohnsamen benützt, theils wurde mit ihm die Erde getränkt, in die sie gesät wurden. Hier beobachtete man, dass die Keimung in Opiumextract eingeweichter Samen 24 Stunden eher eintrat, als die der Controlsamen und dass das Keimverhältniss ein um ein Drittel höheres war. Da das Opium ein complexer Körper ist, handelte es sich darum, zu erfahren, ob die ihn bildenden Alkaloide in gleicher Weise wirken. Dabei fand sich, dass Nikotin, Codein und Narcein die Keimfähigkeit anregen; Morphein und Thebaïn schienen sie nicht zu beeinflussen, und Papaverin verzögerte sie um 24 Stunden. Bildet also eine phanerogame Pflanze in einem anderen Theile, als den Samen ein Gift und wird dieses während einer genügenden Zeit mit den erwähnten Samen in Berührung gebracht, so verhindert es bald die Keimung wie das Nikotin, bald begünstigt es dieselbe wie das Opium. Die mit der gleichen Substanz imprägnirte Erde ist, je nach der Art des Giftes, entweder geeignet für die Entwickelung des pflanzlichen Embryo, oder sie begünstigt dieselbe, gleich als ob dieselbe eine geeignete Düngung empfangen hätte.

Zimmermann (Chemnitz).

Jorissen, A., und **Hairs, Eug.,** Das Linamarin, ein neues Blausäure lieferndes Glucosid aus *Linum usitatissimum*. (Pharmaceut. Post. 1891. No. 34. p. 659—660. — Aus Journ. de Pharm. d'Anvers.)

Blausäure fanden die Verff. in den destillirten Wässern von *Arum maculatum*, *Ribes aureum*, *Aquilegia vulgaris*, *Foa aquatica* und in den Samenkeimen von *Linum usitatissimum*.

Aus den Keimlingen des Leins stellten Verff. einen neuen Körper dar, der dem Amygdalin und Laurocerasin insofern ähnlich ist, dass er unter gewissen Bedingungen Zucker und Blausäure liefert; im Uebrigen ist er von diesen Glycosiden verschieden. Der neue Stoff, L i n a m a r i n genannt, zeigte folgende Zusammensetzung; C 47.88$^0/_0$, H 6.68$^0/_0$, N 5.55$^0/_0$, O 39.89$^0/_0$. Er entwickelt bei Gegenwart von Leinsamenmehlemulsionen oder durch Einwirkung verdünnter, kochender Mineralsäuren B l a u s ä u r e, ist sehr leicht in kaltem Wasser löslich, schmilzt bei 134^0, wird durch conc. H 2 SO 4 nicht gefärbt, ist viel stickstoffreicher, als Amygdalin und gibt bei Zersetzung kein Benzaldehyd.

Hanausek (Wien).

Quirini, Alois, U e b e r *Gymnema silvestris* u n d G y m n e s i n s ä u r e. (Pharm. Post. 1891. No. 34. p. 660—661.)

Das Kauen der Blätter dieser Pflanze hat eine Geschmack abstumpfende Wirkung. Die Ursache ist die Gymnesinsäure, welche Verf. darstellte und näher beschreibt.

Hanausek (Wien).

Moeller, Joseph, D i e F a l t e n d e s C o c a b l a t t e s. (Pharm. Post. 1891. No. 35. p. 683—684.)

Die Cocablätter besitzen zu beiden Seiten des Mittelnervs Streifen, die ursprünglich als Blattrippen, dann aber als Falten bezeichnet worden sind, indem die noch in der Knospe befindlichen Blätter längst dieser Linien gefaltet sind. M o e l l e r hat gegen diese Auffassung Bedenken und weist nach, dass die sog. Falten S t r e i f e n oder L e i s t e n vorstellen. Auf der Unterseite und bei auffallendem Lichte treten die Streifen viel deutlicher hervor; ihr Verlauf ist nicht geradlinig, wie man bei einer Faltung erwarten dürfte, sondern bogenförmig; aber auch die Entwickelungsgeschichte der Blätter spricht dagegen. Die Blätter haben basales Wachsthum, nur die Blattspitze ist in der Knospe vorgebildet und gefaltet, der Blattgrund entwickelt sich erst später; die Streifen des Cocablattes laufen aber von der Spitze bis zum Blattgrunde. An frischem Materiale constatirte Verf., dass die der Knospenhülle entwachsenen Blätter keine Spur von Faltung wahrnehmen liessen; Querschnitte durch Knospen zeigten innerhalb zweirippiger Deckblätter das embryonale Laubblatt mit spiralig eingerollter Spreite. In der Knospenlage fehlt jede Andeutung der Streifen und an den jüngsten entfalteten Blättern waren die letzteren bereits vorhanden, ohne dass ein Zusammenhang mit der Knospenfaltung ersichtlich wäre. Auf Querschnitten erscheinen die Streifen als buckelartige Erhebungen des Schwammparenchyms, bedeckt von kleinzelliger Oberhaut, ein Collenchym ist das Gewebe der Streifen nicht. Die Oberhaut längs der Streifen ist aus parallelepipedischen Zellen aufgebaut, wie sie auch längs der Gefässbündel sich vorfinden.

Hanausek. (Wien).

Wender Neumann, Ueber Gaultheriaöl. (Zeitschr. des allg. öst-
Apotheker-Vereines. 1891. No. 20. p. 359—361.)

Gaultheria procumbens und *Betula lenta* liefern ein als Gaultheriaöl oder Wintergreenöl bekanntes ätherisches Oel, das sehr kost-
spielig ist und die künstliche Erzeugung rechtfertigt. Künstliches G. ist
reiner Salicylsäure-Methylester $C_6 H_4 < {}^{COOCH_3}_{OH}$ und entbehrt
eines Terpens, welches im echten G. enthalten ist und zu einer
Reaction verwendet werden kann, um echtes G. von künstlichem
zu unterscheiden. Löst man einen Tropfen echtes G. in 1 cm^3
Alkohol und gibt 1 cm^3 conc. H_2SO_4 und 2 Tropfen Furfurol-
wasser (0,5 : 100) hinzu, so nimmt die Mischung beim Erwärmen eine
tiefviolettbraune Färbung an. Dieselbe Reaction mit künstlichem
G. gibt eine schwach rosenrothe, nach 24 Stunden schwach rothviolette
Färbung.

Hanausek (Wien).

Aitchison, J. T. E., Notes to assist in a further knowledge of the products of Western Afghanistan and
of North Eastern Persia. (Transactions of the Botanical
Society of Edinburgh. Vol. XVIII. 1891.)

Die umfangreiche Arbeit bringt in alphabetischer Reihenfolge
eine Liste der organischen und anorganischen Naturproducte von
West-Afghanistan und Nord-Ost-Persien mit den einheimischen
Namen. Z. Th. sind die einzelnen Gegenstände mit Notizen über
Vorkommen, Verwendung etc. begleitet, die manches Neue und
Interessante bieten. Beispielsweise seien im Auszug folgende
Angaben hervorgehoben:

Agriophyllum latifolium und *Gundelia Tournefortii* sind „Wander-
pflanzen" (wanderers), die durch die Wüstenwinde auf grosse Entfernungen fortgepflanzt werden. *Gundelia*, die grössere der beiden
Arten, eine *Cynaree*, erschreckt häufig durch ihre Bewegungen
die Viehheerden; ihre zarten, krautigen Theile werden nach Art
der Cardonen als Gemüse gegessen.

Die jungen Triebe von *Cercis Siliquastrum* dienen zur Herstellung sehr feiner Körbe und sonstiger Flechtarbeiten.

Einheimische Condimente von grösserer Wichtigkeit sind die
Früchte von *Berberis vulgaris* und *Psammogeton setifolium;*
Manna von *Alhagi camelorum* und *Cotoneaster Nummularia; Sarcocolla* von *Astragalus Sarcocolla.* Dieselben werden auch sämmtlich
exportirt, namentlich nach Indien.

Der gelbe Farbstoff der Blüten von *Delphinium Zalil* ist zum
Färben von Seidenstoffen hochgeschätzt. Die getrockneten Blätter
werden theils wegen desselben, theils als Droge exportirt.

Die Stammpflanzen der officinellen Umbelliferen - Gummiharze
(*Ammoniacum, Asa Foetida, Galbanum*) werden nach Structur und
Vorkommen genauer geschildert, die Gewinnung der Droge ein-
gehend behandelt.

Die wichtigsten einheimischen essbaren Früchte und Samen werden geliefert von *Berberis vulgaris* (meist ohne Samen), *Zizyphus vulgaris*, *Pistacia vera*, *Pyrus* sp., *Elaeagnus hortensis*, *Celtis Caucasica*, *Ficus Carica*.

Salep wird von *Orchis latifolia* und *O. laxiflora* geliefert.

Zu Wohlgerüchen werden destillirt oder in anderer Weise verarbeitet die Blüten von *Rosa Damascena*, diejenigen einer Weide (*Salix Caprea?*), die Rhizome von *Iris*-Arten, *Ferula Sumbul*, *Ferula suaveolens*, *Valeriana Wallichiana*.

Zucker und Melasse werden meist importirt, jedoch auch aus Trauben gewonnen.

Unter den einheimischen Gemüsen seien als Curiosa *Orobanche*-Arten hervorgehoben.

Schimper (Bonn).

Tscherepachin, R. P., Bericht über das Versuchsfeld der Poltawischen Landwirthschaftlichen Gesellschaft in den Jahren 1885—1887. 4°. 154 pp. Poltawa 1888. [Russisch.]

Die letzten 4 Seiten dieses Werkes, welches uns, wie so viele in der Provinz erschienene Druckschriften, erst jetzt zu Gesicht kommt, enthält pflanzenphänologische Nachrichten, welche um so werthvoller sind, als aus diesem Gouvernement bisher noch sehr wenig derartiges bekannt geworden ist. Wir haben zwar am Ende unseres Referats über „Krassnoff's Materialien zu einer Flora des Gouv. Poltawa (im Botan. Centralblatt. 1891. p. 233—234), schon auf einen Anhang dazu von Tscherepachin hingewiesen, welcher eine Uebersicht der Blütezeiten der bei Poltawa wild wachsenden Pflanzen im Jahre 1889 enthält. Darunter befanden sich aber fast nur Stauden und keine einzige Pflanze, welche sich auf der Hoffmann-Ihne'schen Liste befindet.

In dem uns jetzt vorliegenden „Berichte" finden sich unter dem Titel: „Nachrichten aus dem Pflanzenreiche" phänologische Beobachtungen über Bäume und Sträucher, über Fruchtbäume und Fruchtsträucher und über wild wachsende krautartige Pflanzen aus den Jahren 1886 und 1887, und zwar befinden sich auch einige, welche sich auf der Hoffmann-Ihne'schen Liste befinden, wie:

Syringa vulgaris L.	Beg. d. Bl. 13. Mai 1886 und 16. Mai 1887.
Prunus Padus L.	„ „ „ 10. Juni* 1886 u. 4. Juni* 1887.
Rubus Idaeus L.	„ „ „ 7. Juni 1886 und 29. Mai 1887.
„ „ „	Fruchtreife 2. Juli 1886 und 14. Juli 1887.
Ribes rubrum L.	Beg. d. Bl. 3. Mai 1886 und 11. Mai 1887.
„ „ „	Fruchtreife 27. Juli 1886 und 25. Juni 1887.

v. Herder (St. Petersburg.)

---

* Soll wohl Mai heissen!

Neue Litteratur.[*)

Geschichte der Botanik:

Koltz, Notice biographique sur J. B. Reinhard. (Recueil de la Soc. Botanique du Grand-Duché de Luxembourg. 1891. No. XII.)

Yamamoto, Y., Biographical sketch of Japanese botanists. (The Botanical Magazine. Vol. V. Tokyo 1891. No. 53. p. 223—225.) [Japanisch.]

Nomenclatur, Pflanzennamen, Terminologie etc.:

Errera, Léo., De grâce, des noms latins. (Comptes-rendus des séances de la Société royale de botanique de Belgique. 1891. p. 164—166.)

Weber, Lezeburjesch - latein - franzesch - deitschen Dixionér fun de planzen. (Recueil de la Soc. Botanique du Grand-Duché de Luxembourg. 1891. No. XII.)

Algen.

Agardh, J. G., Species Sargassorum Australiae descriptae et dispositae. (Kongl. svenska Vetenskaps-akademiens Handlingar. Ny följd. Bandet XXIII. 1888 och 1889.) 4⁰. 133 pp. 31 pl. Stockholm (P. A. Nordstedt & Söner) (1888—91), Stockholm (Fritze) 1891.

Reinsch, P. F., Ueber das Protococcaceen-Genus Actidesmium. (Flora. 1891. Heft 4/5.)

Pilze:

Beyerinck, M. W., Die Lebensgeschichte einer Pigmentbakterie. Mit Tafel I. (Botanische Zeitung. 1891. No. 43. p. 705—712.)

Bucknall, C., Bristol Fungi. Part. XIII. (Proceedings of the Naturalist's Soc. of Bristol. Vol. VI. 1891. Part III.)

— —, Index to Bristol Fungi. (Proceedings of the Naturalist's Soc. of Bristol. Vol. VI. 1891. Part III.)

Chatin, Ad., Contribution à l'histoire botanique de la Truffe, Kammé des Damas, Terfezia Claveryi. (Comptes rendus hebdomadaires des séances de l'Académie des sciences de Paris. T. CXIII. 1891. No. 11.)

Fasching, Moriz, Ueber einen neuen Kapselbacillus (Bac. capsulatus mucosus). (Sep.-Abdr. aus Sitzungsber. d. kais. Akademie der Wissensch. in Wien. Mathem.-naturwissensch. Classe. Band C. Abtheilung III. 1891.) 8⁰. 15 pp. Wien (Tempsky) 1891.

Geisler, F. K., Ueber die Wirkung des Lichts auf Bakterien. (Wratsch. 1891. No. 36. p. 793—797.) [Russisch.]

Hatch, J. L., A study of the Bacillus subtilis. (Philad. hosp. Reports. 1890. p. 255—260.)

Leuba, F., Die essbaren Schwämme und die giftigen Arten, mit welchen dieselben verwechselt werden können. Lieferung 14. [Schluss.] gr. 4⁰. XLII. p. 101—119 mit 2 Tafeln. Basel (H. Georg) 1891.   M. 2.40.

Malerba, P., Untersuchungen über die Natur der von dem Gliscrobacterium gebildeten schleimigen Substanz. (Zeitschrift für physiol. Chemie. Bd. XV. 1891. Heft 6. p. 539—545.)

Rostrup, E., Bidrag til Kundskaben om Norges Soparter. II. Ascomyceter fra Dovre samlede af Axel Blytt, E. Rostrup m. fl. (Kristiania Videnkabs-Selskabs Forhandlinger. 1891. No. 9.) 8⁰. 14 pp. Kristiania (I. Commission hos Jac. Dybwad) 1891.

Schwalb, Karl, Das Buch der Pilze. Beschreibung der wichtigsten Basidien- und Schlauchpilze, mit besonderer Berücksichtigung der essbaren und giftigen

---

[*) Der ergebenst Unterzeichnete bittet dringend die Herren Autoren um gefällige Uebersendung von Separat-Abdrücken oder wenigstens um Angabe der Titel ihrer neuen Veröffentlichungen, damit in der „Neuen Litteratur" möglichste Vollständigkeit erreicht wird. Die Redactionen anderer Zeitschriften werden ersucht, den Inhalt jeder einzelnen Nummer gefälligst mittheilen zu wollen, damit derselbe ebenfalls schnell berücksichtigt werden kann.

Dr. Uhlworm,
Terrasse Nr. 7.

Arten. 8°. 214 pp. Mit 18 colorirten Tafeln und mehreren Holzschnitten. Wien (Pichler's Wittwe & Sohn) 1891. Fl. 3.—
Trabut, L., Les Champignons parasites du Criquet pélerin. (Revue générale de Botanique. 1891. 15. October.)
De Wildeman, É., Notes sur quelques organismes inférieurs (Comptes-rendus des séances de la Société royale de botanique de Belgique. Année 1891. p. 169—177.)

Flechten:

Gasilien, Lichens rares ou nouveaux de la flore d'Auvergne. (Journal de Botanique. V. 1891. p. 390.)

Muscineen:

Bastit, Eugène, Recherches anatomiques et physiologiques sur la tige et la feuille des Mousses. [Suite.] (Revue générale de Botanique. 1891. 15. Octobre.)
Baur, Wilh., Beiträge zur Laubmoosflora der Insel Malta. (Hedwigia. XXX. 1891. Heft 5.)
Bescherelle, E., Musci novi Guadelupenses. [Syrrhopodon laevidorsus, Splachnobryum Mariei, S. julaceum, S. atrovirens, Distichophyllum Mariei.] (Revue bryologique. 1891. No. 5.)
Dalmer, M., Ueber stärkereiche Chlorophyllkörper im Wassergewebe der Laubmoose. (Flora. 1891. Heft 4/5.)
Lindberg, S. O. und Arnell, H. W., Musci Asiae borealis. Theil I. Lebermoose. Theil II. Laubmoose. (Kongl. svenska Vetenskaps akademiens Handlingar. Ny följd. Bandet XXIII. 1888 och 1889.) 4°. 133 pp. 31 pl. Stockholm (P. A. Nordstedt & Söner) 1888—91, Stockholm (Fritze) 1891.
Russow, E., Sur l'idée d'espèce dans les Sphaignes. (Revue bryologique 1891. No. 5.)
Underwood, L. M. and Cook, O. F., List of Mosses collected by T. S. Brandegee in the Yakima region of Washington, 1882—83. (Zoe. Vol. II. 1891. No. 2. p. 107—108.)
Venturi, Les Sphaignes européennes d'après Warnsdorf et Russow. [Suite.] (Revue bryologique. 1891. No. 5.)

Gefässkryptogamen:

Parsons, Mary Elizabeth, The Ferns of Tamalpais. (Zoe. Vol. II. 1891. No. 2. p. 129—133.)

Physiologie, Biologie, Anatomie und Morphologie:

Chatin, Ad., Anatomie comparée des végétaux. (Comptes rendus hebdomadaires des séances de l'Académie des sciences de Paris. T. CXIII. 1891. No. 9.)
Cornevin, Ch., Action de poisons sur la germination des graines des végétaux dont ils proviennent. (l. c. No. 5.)
Correns, C., Zur Kenntniss der inneren Structur der Zellmembranen. (Pringsheim's Jahrbücher für wissenschaftliche Botanik. Bd. XXIII. 1891. Heft 1/2.)
Daniel, Lucien, Sur la greffe des parties souterraines des plantes. (Comptes rendus hebdomadaires des séances de l'Académie des sciences de Paris. T. CXIII. 1891. No. 12.)
Eastwood, Alice, The fertilization of Geraniums. (Zoe. Vol. II. 1891. No. 2. p. 112.)
Eisen, Gustav, The influence of pollen upon the quality of the fruits. (l. c. p. 101.)
Fauvelle, Le transformisme dans le règne végétal. (Revue Scientifique. XLVIII. 1891. No. 21. p. 638—655.)
Hori, S., Scents and colours of flowers. (The Botanical Magazine. Vol. V. No. 55. p. 296—298. Tokyo 1891.) [Japanisch.]
Ikeno, S., A recent problem in vegetable physiology. (l. c. No. 53. p. 225—231. Tokyo 1891.) [Japanisch.]
Jumelle, Henri, Revue des travaux de physiologie et de chimie végétales parus d'avril 1890 à juin 1891. [Suite.] (Revue générale de Botanique. 1891. 15. octobre.)
Lange, Th., Beiträge zur Kenntniss der Entwickelung der Gefässe und Tracheiden. (Flora. 1891. Heft 4/5.)
Lechartier, G., Variation de composition des Tobinambours aux diverses époques de leur végétation. Rôle des feuilles. (Comptes rendus hebdomadaires des séances de l'Académie des sciences de Paris. T. CXIII. 1891. No. 15.)

Lesage, Pierre, Sur la quantité d'amidon contenue dans les tubercules du Radis. (l. c. No. 10.)

Loew, E., Blütenbiologische Beiträge. II. (Pringsheim's Jahrbücher für wissenschaftliche Botanik. Bd. XXIII. 1891. Heft 1/2.)

Reiche, K., Ueber nachträgliche Verbindungen frei angelegter Pflanzenorgane. (Flora. 1891. Heft 4/5.)

Parish, S. B., Notes on California plants. I. Tuberiferous roots of Hydrocotyle Americana Kellogg. (Zoe. Vol. II. 1891. No. 2. p. 116—117.)

Richter, P., Die Bromeliaceen, vergleichend anatomisch betrachtet. Ein Beitrag zur Physiologie der Gewebe. gr. 8°. 24 pp. mit 1 farbigen Tafel. Lübben (F. Winkler) 1891.					M. 1.50.

Ronte, H., Beiträge zur Kenntniss der Blütengestaltung einiger Tropenpflanzen. (Flora. 1891. Heft 4/5.)

Roth, J. Karl, Die Flugorgane der Pflanzen. (Sonntagsbeilage No. 45 zur Vossischen Zeitung. 1891. No. 523.)

Strasburger, Ueber die Mechanik der Saftbewegung in den Pflanzen. (Verhandlungen des naturhistor. Vereins für die preuss. Rheinlande zu Bonn. Jahrgang XLVIII. 1891. 1. Hälfte. p. 87.)

Van Tieghem, Ph., Nouvelles remarques sur la disposition des canaux sécréteurs dans les Diptérocarpées, les Simarubacées et les Liquidambarées. (Journal de Botanique. T. V. 1891. p. 377.)

Voegler, Karl, Beiträge zur Kenntniss der Reizerscheinungen. [Schluss.] (Botanische Zeitung. 1891. No. 43. p. 712—717.)

De Wildeman, E., Sur les sphères attractives dans les cellules végétales. (Comptes rendus des séances de la Société royale de botanique de Belgique. Année 1891. p. 167—169.)

Zacharias, E., Ueber das Wachsthum der Zellhaut bei Wurzelhaaren. (Flora. 1891. Heft 4/5.)

Systematik und Pflanzengeographie:

Brandegee, Katharine, The flora of Yo Semite. (Zoe. Vol. II. 1891. No. 2. p. 155—167.)

Brandegee, T. S., The vegetation of „Burns". (l. c. p. 118—122.)

Dahlstedt, Hugo, Bidrag till sydöstra Sveriges (Smålands, Ostergötlands och Götlands) Hieraciumflora. I. Pilloselloiden. (Kongl. svenska Vetenskaps-akademiens Handlingar. Ny följd. Bandet XXIII. 1888 och 1889.) 4°. 135 pp. Stockholm (P. A. Nordstedt & Söner) 1888—91, Stockholm (C. E. Fritze) 1891.

Düesberg, Walter, Romneya Coulteri Harvey. Mit Abbildung. (Gartenflora. 1891. Heft 22. p. 593—594.)

Eastwood, Alice, The common shrubs of Southwest Colorado. (Zoe. Vol. II. 1891. No. 2. p. 102—104.)

Elliot Scott, G. F., New and little known Madagascar plants. (Journal of the Linnean Society. Botany. Vol. XXIX. 1891. No. 197.)

Leeds, B. Frank, Notes on introduced plants of Santa Clara. (Zoe. Vol. II. 1891. No. 2. p. 124—128.)

Malinvaud, Ernest, Une découverte intéressante dans la Haute-Loire. (Journal de Botanique. V. p. 388.)

Martius, C. F. Ph. de, Eichler, A. W. et Urban, J., Flora Brasiliensis. Enumeratio plantarum in Brasilia hactenus detectarum. Fasc. CX. Mit 12 Tafeln. Fol. 214 Sp. Leipzig (Friedr. Fleischer) 1891.					M. 18.—

Nomura, H., A history of „Soba". (The Botanical Magazine. Vol. V. No. 55. p. 298—301. Tokyo 1891.) [Japanisch.]

Palmer, Edward, Chia. (Zoe. Vol. II. 1891. No. 2. 140—142.)

Richter, O., Ueber Cyperus Naturschätze. (Verhandlungen des naturhistor. Vereins für die preussischen Rheinlande zu Bonn. Jahrgang XLVIII. 1891. 1. Hälfte. p. 43.)

Schütze, J., Laelia crispa Rchb. Mit Abbildung. (Gartenflora. 1891. Heft 22. p. 601.)

Watanabe, K. and Matsuda, S., Plants collected on Mr. Fuji. (The Botanical Magazine. Vol. V. No. 55. p. 289—295. Tokyo 1891.) [Japanisch.]

Yatabe, Ryōkichi, A new Japanese Wikstroemia, Wikstroemia albiflora, nov. sp. Nom. jap. Hiö. With plate. (The Botanical Magazine. Vol. V. 1891. No. 53. p. 217—218. Tokyo 1891.)

Yatabe, Ryōkichi, Yatabea japonica Maxim. and Berberis sikokiana. With plate. (The Botanical Magazine. Vol. V. No. 55. p. 281—284. Tokyo 1891.) [Englisch.]

Palaeontologie:

Saporta, G. de, Sur les plus anciennes Dicotylées européennes observées dans le gisement de Cercal, en Portugal. (Comptes rendus hebdomadaires des séances de l'Académie des sciences de Paris. T. CXIII. No. 5.)

Teratologie und Pflanzenkrankheiten:

Dendrophyle, Quelques cas de tératologie végétale observés dans le Grand-Duché. (Recueil d. Soc. Botan. du Grand-Duché de Luxembourg. 1891. No. XII.)

Smith, E. F., The black peach Aphis. A new species of the genus Aphis. (Entomol. Amer. 1890. No. 6, 11.)

Viala, P. et Sauvageau, C., Sur quelques champignons parasites de la vigne. [Fin.] (Journal de Botanique. V. 1891. p. 357.)

Vries, H. de, Monographie der Zwangsdrehungen. (Pringsheim's Jahrbücher für wissenschaftliche Botanik. Bd. XXIII. 1891. Heft 1/2.)

Medicinisch-pharmaceutische Botanik:

Bakteriologisches vom VII. internationalen Congress für Hygiene und Demographie zu London, 10.—17. August 1891. [Fortsetzung.] (Centralblatt für Bakteriologie und Parasitenkunde. Band X. 1891. No. 16. p. 535—539, No. 17. p. 580—585, No. 18. p. 616—620, No. 19. p. 647—652.)

Barbacci, O., Il bacterium coli commune e le peritoniti da perforazione. (Sperimentale. 1891. No. 15. p. 313—318.)

Bard, L. et Aubert, P., De l'influence de la fièvre sur les micro-organismes des matières fécales. 2. art. (Gaz. hebdom. de méd. et de chir. 1891. Nr. 35. p. 418—421.)

Baumgarten, Ueber Wandlungen in den pathologisch-anatomischen Anschauungen seit dem Erscheinen der Bakteriologie. (Deutsche medic. Wochenschr. 1891. No. 42. p. 1168—1172.)

Blachstein, A. G., Intravenous inoculation of rabbits with the Bacillus coli communis and the Bacillus typhi abdominalis. (Johns Hopkins Hosp. Bullet. 1891. Vol. II. No. 14. p. 96—103.)

Brown, E. J., Milk as a medium of contagion in typhoid fever. (Med. and Surg. Reporter. 1891. Vol. II. No. 6. p. 210—211.)

Ciamician, G. et Silber, P., Sur l'hydrocotoïne, un des principes de l'écorce de „Coto". (Archives Italiennes de Biologie. T. XV. 1891. Fasc. 3.)

Eichberg, J., Hepatic abscess and the amoeba coli. (Med. News. 1891. Vol. II. No. 8. p. 201—205.)

Goll, F., Ueber die Häufigkeit des Vorkommens von Gonokokken bei chronischer Urethritis. (Internat. Centralblatt f. d. Physiol. u. Pathol. d. Harn- u. Sexual-Org. Band III. 1891. No. 3. p. 129—135.)

Heim, L., Die Neuerungen auf dem Gebiete der bakteriologischen Untersuchungsmethoden seit dem Jahre 1887. [Schluss.] (Centralblatt für Bakteriologie und Parasitenkunde. Band X. 1891. No. 16. p. 529—535.)

Personalnachrichten.

Prof. **Schnetzler** in Lausanne hat aus Gesundheitsrücksichten seine Demission gegeben.

Dr. **Jean Dufour,** Dirigent der Weinbauversuchsstation in Lausanne, wurde an der dortigen Universität als ausserordentlicher Professor für allgemeine Botanik ernannt.

Dr. **W. Jännicke** ist zum Bibliothekar an der Senckenbergischen Bibliothek in Frankfurt a. M. ernannt und auch weiterhin mit den botan. Vorlesungen am Senckenbergischen Institute betraut worden.

Anzeigen.

Verlag von **Gustav Fischer** in **Jena.**

Soeben sind erschienen:

Schröder, H., Untersuchungen über silurische Cephalopoden. Mit 6 Tafeln und 1 Textfigur.   Preis: 10 Mark. (Palaeontologische Abhandlungen, herausgegeben von W. Dames und E. Kayser. Neue Folge. Band I. Heft 4.)

Strasburger, Ed., Das Protoplasma und die Reizbarkeit. Rede zum Antritt des Rektorates der Rhein. Friedr.-Wilh.-Universität am 18. October 1891.   Preis: 1 Mark.

Inhalt:

Der heutigen Nummer liegt ein Prospect der **M. Rieger**'schen kgl. Universitäts-Buchhandlung in München über eine vom Januar 1892 an erscheinende Forstlich-naturwissenschaftliche Zeitschrift bei.

Der heutigen Nummer liegt ein Prospekt der Verlagshandlung von **Paul Parey** in **Berlin** über ein soeben erschienenes Werk: „Forstliche Botanik" von Dr. Frank Schwarz, Professor an der Kgl. Forstakademie in Eberswalde, bei.

Ausgegeben: 3. December 1891.

Druck und Verlag von **Gebr. Gotthelft** in **Cassel.**

Band XLVIII. No. 10.   XII. Jahrgang.

Botanisches Centralblatt

REFERIRENDES ORGAN
für das Gesammtgebiet der Botanik des In- und Auslandes.

Herausgegeben

unter Mitwirkung zahlreicher Gelehrten

von

Dr. Oscar Uhlworm und Dr. F. G. Kohl
in Cassel. _____ in Marburg.

Zugleich Organ
des

**Botanischen Vereins in München, der Botaniska Sällskapet i Stockholm,
der botanischen Section des naturwissenschaftlichen Vereins zu Hamburg,
der botanischen Section der Schlesischen Gesellschaft für vaterländische
Cultur zu Breslau, der Botaniska Sektionen af Naturvetenskapliga Student-
sällskapet i Upsala, der k. k. zoologisch-botanischen Gesellschaft in
Wien, des Botanischen Vereins in Lund** und der Societas pro Fauna et
Flora Fennica in Helsingfors.

Nr. 49.	Abonnement für das halbe Jahr (2 Bände) mit 14 M. durch alle Buchhandlungen und Postanstalten.	**1891.**

Wissenschaftliche Original-Mittheilungen.

Ueber den anatomischen Bau des Stammes der *Asclepiadeen*.

Von

Karl Treiber

aus Heidelberg.

Mit 2 Tafeln*).

(Fortsetzung.)

III. Markständiges Phloem.

Das markständige Phloem unterscheidet sich von dem endoxylären dadurch, dass es sich nicht aus dem procambialen Ring
differenzirt, sondern die markständigen Phloembündel entstehen
erst ziemlich spät aus Markzellen, was leicht aus der Dicke der
Wände und der Grösse der Bündel ersichtlich ist, die meist gleich
derjenigen von 2 oder 3 Markzellen ist. Solche durch das ganze

---

*) Die Tafeln liegen der heutigen Nummer bei.

Mark unregelmässig zerstreute Phloemstränge finden sich bei folgenden Formen: *Kanahia laniflora* R. Br., *Stephanotis floribunda* Ad. Brongt. und *Ceropegia stapeliiformis* Haw.

IV. Paraxyläres Phloem.

Bei *Ceropegia macrocarpa* bilden sich zahlreiche Parthieen des dünnwandigen Holzparenchyms zu Phloemsträngen um, welche durch den ganzen dünnwandigen Holzkörper unregelmässig zerstreut liegen. (Vergl. Fig. IV, Taf. I.) Da es bei dieser Form häufig vorkommt, dass ganze Portionen dünnwandigen Holzparenchyms eingeschlosseu erscheinen von Gefässen und anderen dickwandigen Xylemelementen, so finden wir auch manche von dickwandigem Holz ganz umgebene Phloemstränge.

Dass diese paraxylären Weichbastgruppen sich erst nachträglich aus dem dünnwandigen Holzparenchym differenziren und nicht vom Cambium gleich als solche nach innen abgeschieden werden, ist deutlich ersichtlich; die Zellen des Holzparenchyms liegen genau in radiale Reihen angeordnet; an den Punkten, wo solche Phloemgruppen sich gebildet haben, wird die Reihenanordnung etwas gestört, ist aber immerhin noch zu erkennen, da eine ziemliche Verschiedenheit sich bemerklich macht zwischen der Dicke der Wände der Holzparenchymzellen und den viel dünneren, erst später auftretenden der Phloemelemente; ausserdem sind die ersteren Zellen viel grösser als die der letzteren, da ja diese durch Theilungen aus jenen hervorgehen. (Vergl. Taf. II, Fig. III.)

Meines Wissens waren die beiden letzteren Arten von Phloem, also das markständige und das paraxyläre, bei den *Asclepiadeen* bis jetzt noch nicht bekannt, wenigstens konnte ich nirgends Angaben hierüber finden.

Holzkörper.

A. Primäres Xylem.

Wie bei der Entwickelungsgeschichte[1]) des Gefässbündelsystems schon bemerkt wurde, sind die primären Gefässe meistens (vergl. Fig. I. Taf. I. u. Fig. III. Taf. II) in 4 Gruppen angeordnet, während einzelne zwischen diesen 4 Stellen unregelmässig zerstreut liegen. Die Anzahl der entstehenden primären Gefässe, die theils ringsförmige, theils spiralige Verdickung zeigen, ist in der Regel eine nicht sehr grosse.

B. Secundäres Xylem.

Das frühzeitig auftretende Cambium erzeugt einen geschlossenen, im Querschnitt gesehen ringförmigen, secundären Holzkörper, dessen innerster Theil sich häufig dadurch auszeichnet, dass er aus regelmässig abwechselnden radialen Reihen von Gefässen und Holzparenchymzellen besteht, welche so angeordnet sind, dass zwischen je 2 Gefässreihen 1—2 Reihen von Holzparenchymzellen liegen,

---

[1]) Vergl. p. 18.

während in den äusseren Theilen des secundären Holzkörpers die
Gefässe unregelmässig zerstreut sind, so dass die Reihenanordnung
häufig durch die Grösse derselben gestört ist. Dieser innerste
Holzring entspricht nicht dem ersten Jahresring, sondern nur einem
Theil desselben und findet sich im ganzen Umfang deutlich ausge-
bildet bei folgenden Formen: *Periploca graeca* L., *Secamone Alpini*
R. et Schult., *Microloma lineare* R. Br., *Arauja albens* G. Don., *A.
sericifera* Brot., *Oxypetalum coeruleum* Dcne., *Enslenia albida* Nutt.,
Cynanchum acutum L., *C. monspeliacum* L., *C. pubescens* Bunge,
Cynoctonum alatum Dcne., *C. pilosum* Ed. Meyer, *C. crassifolium*
Ed. Meyer, *Gonolobus Condurango Triana*, *G. hirsutus* Michx.,
und *Tylophora asthmatica* Wight. (Vergl. Taf. I, Fig. VI.)

Bei anderen Arten ist dieser innerste Ring nicht in seinem
ganzen Umfang so gleichmässig gebaut, wie bei obigen, sondern
es sind oft grössere Unterbrechungen desselben vorhanden, indem
an manchen Stellen keine Gefässe, sondern nur breite Streifen von
Holzparenchym liegen, welche die gefässreichen Theile des Ringes
von einander trennen. Es sind gewöhnlich 2 oder 4 solcher
Unterbrechungen vorhanden, welche dann an den 4 Stellen liegen,
die von den Axen des elliptischen Markes durchschnitten werden,
also entsprechend den 4 Gruppen, in denen sich hauptsächlich die
primären Bündel anordnen. Solche Verhältnisse zeigen z. B.
folgende Arten: *Tacazzea venosa* Dcne., *Acerates viridiflora* Ell.,
Cynanchum Schimperi Hochst., *Daemia cordata* R. Br., *Sarcostemma viminale* R· Br.

Bei einer grossen Anzahl von Formen fehlt ein solch innerer
Ring vollständig, so bei: *Cryptolepis longiflora* hort. bot. Berol.,
Cryptostegia longiflora hort. bot. Berol., *C. grandiflora* R. Br.,
Periploca laevigata Ait., *Gomphocarpus fruticosus* R. Br., *G. crispus*
R. Br., *G. arborescens* R. Br., *G. angustifolius* Link., *Asclepias
curassavica* L., *A. spec.* Mkm. 85 hort. bot. Berol., *Asclepiadee*
von der Insel Mauritius hort. bot. Berol., *Cynoctonum angustifolium*
Dcne., *Stephanotis floribunda* Ad. Brongt., *Hoya carnossa* R. Br.,
H. spec. I. hort. bot. Berol., *H. imperialis* Lindl., *H. longifolia*
Wall. Wight. et. Arn., *H. bella* Hook., *H. Bidwillii* hort. bot.
Berol., *H. rotundifolia* hort. bot. Berol., *Ceropegia Sandersoni*
Dcne., *C. stapeliiformis* Haw.

Was nun die Ausbildung des ganzen secundären Holzkörpers
der *Asclepiadeen* anbelangt, so ist dieselbe in den seltensten Fällen
eine ganz normale, so dass uns also der Querschnitt einen überall
gleichförmig dicken Holzring zeigt, in welchem die Gefässe gleichmässig vertheilt sind. Dies fand sich nur bei folgenden wenigen
Arten: *Cryptostegia Madagascariensis* Loddig., *C. grandiflora* R. Br.,
C. longiflora hort. bot. Berol., *Oxypetalum coeruleum* Dcne., *Gomphocarpus angustifolius* Link., *Asclepias Mexicana* Cav., *A. curassavica* L., *A. spec.* Mkm. 85 hort. bot. Berol. und *Hoya spec.* I.
hort. bot. Berol.

In der grossen Mehrzahl der Fälle zeigt der Holzkörper eine
von dem normalen Typus der dicotylen abweichende Gestalt;
dieselbe kann zunächst dadurch zu Stande kommen, dass auf einer

Seite des Stammes mehr Holz und zahlreichere Gefässe abgeschieden werden, als auf allen anderen Seiten; dadurch erhalten wir ein excentisches Mark und einen auf einer Seite bedeutend verbreiterten Holzkörper. Dieser Modus findet sich bei: *Periploca laevigata* Ait., *Kanahia laniflora* R. Br., *Cynoctonum angustifolium* Dcne., *Marsdenia erecta* R. Br. und *Leptadenia abyssinica* Dcne. Ob dieser Bau constant ist, oder ob wir es hier mit einer durch den Standort der Pflanze hervorgebrachten abweichenden Ausbildung des Stammes zu thun haben, konnte nicht ermittelt werden.

Ein weiterer Modus ergiebt sich, wenn 2 einander diametral gegenüberliegende Stellen in dieser Weise vor den übrigen bevorzugt werden; wenn dies der Fall ist, so sind die beiden bevorzugten Seiten immer diejenigen, welche von der kleinen Axe des elliptischen Markes durchschnitten werden; die äussere Grenze des Holzkörpers nimmt hierbei eine regelmässige elliptische Gestalt an. Es ist dies ein ziemlich häufiger Fall; er findet sich bei folgenden Formen: *Tacazzea venosa* Dcne., *Astephanus linearis* R. Br., *Gomphocarpus purpurascens* Rich., *Asclepiadee* von Mauritius hort. bot. Berol., *Enslenia albida* Nutt., *Cynanchum Schimperi* Hochst. *C. virens* Steud., *Daemia cordata* R. Br., *Eustegia hastata* R. Br., *Sarcostemma viminiale* R. Br., *Tylophora asthmatica* Wight., *Hoya carnosa* R. Br., *H. imperialis* Lindl., *H. rotundifolia* hort. bot. Berol., *H. Bidwillii* hort. bot. Berol., und *Ceropegia stapeliiformis* Haw.

Von obigem Typus unterscheidet sich der folgende dadurch, dass nicht nur mehr Holz an 2 gegenüberliegenden Stellen gebildet wird, sondern dass auch die Struktur des Holzes an diesen Stellen eine andere ist, als an den dazwischenliegenden; in diesem Falle erhalten wir nämlich auf dem Querschnitt einen geschlossenen schmalen inneren Holzring, welcher an 2 gegenüberliegenden Stellen mächtige Vorsprünge von secundärem Holz besitzt, in welchem zahlreiche grosse Gefässe liegen, während an den dazwischenliegenden Theilen gar keine oder nur vereinzelte, engere Gefässe zur Ausbildung gelangen. Wir haben also im Stamm einen ziemlich dünnen inneren Holzcylinder, ausserhalb dessen an 2 diametral gegenüberliegenden Stellen 2 starke, gefässreiche Holzbalken verlaufen. Dies findet sich bei *Secamone Alpini* R. et. Schult., *Arauja albens* G. Don., *A. sericifera* Brot., *Cynanchum acutum* L., *C. monspeliacum* L., *C. pubescens* Bunge, *Cynoctonum, pilosum* Ed. Meyer, *C. crasssifolium* Ed. Meyer, *Gonolobus Condurango Triana*, *Dischidia Bengalensis* Colebr., *Ceropegia Sandersoni* Dcne. und *Ceropegia macrocarpa.* Am ausgesprochensten findet sich dieser Bau bei den kletternden *Ceropegien*, besonders bei *Ceropegia Sandersoni* Dcne. und *C. macrocarpa.* (Vergl. Fig. I Taf. I und Fig. III Taf. II.)

Bei den meisten dieser Formen grenzt das Cambium unmittelbar an den dickwandigen Holzkörper an, seiner Form folgend; nur in wenigen Fällen hat das Cambium auch dünnwandiges Holzparenchym abgeschieden; letzteres ist in reichem Maasse vorhanden bei: *Ceropegia macrocarpa, Gonolobus Condurango Triana, Ceropegia Sandersoni* Dcne. Bei diesen Formen, deren dickwandiger Holzkörper sehr stark buchtig und lappig entwickelt ist, füllt es die

Buchten aus; das Cambium verläuft also hier nicht so unregelmässig, wie bei den erstgenannten Formen, sondern in einer Ellipse. Bei *Ceropegia macrocarpa* findet man nicht selten grössere Parthieen dünnwandigen Holzparenchyms vollständig eingeschlossen von Ge· fässen und anderen dickwandigen Xylemelementen.

Manchmal sind nicht 2, sondern 4 solcher bevorzugten Stellen vorhanden, sodass der Holzkörper 4 breitere gefässreiche Stellen aufweist, getrennt von 4 gefässarmen oder gefässlosen schmäleren. Einen solchen Bau zeigen: *Microloma lineare* R. Br., *Gomphocarpus fruticosus* R. Br., *G. crispus* R. Br., *G. arborescens* R. Br., *Acerates viridiflora* Ell., *Vincetoxicum officinale* Mönch., *Stephanotis floribunda* Ad. Brongt.

Hieran schliesst sich an ein Fall, der uns einen äusserst unregelmässig gebauten Holzkörper zeigt, und der sich findet bei *Calotropis procera* R. Br. Der Querschnitt des Stammes hat eine unregelmässige, vierlappige Gestalt; zwischen den 4 Lappen zeigt der Holzkörper 4 starke Einbuchtungen nach dem Mark zu; an diesen eingebuchteten Stellen fehlen Gefässe entweder vollständig, oder wenn solche vorhanden sind, ist ihre Zahl eine kleine und ihr Lumen ein sehr enges; an den 4 dazwischenliegenden stark nach aussen vorspringenden Theilen des Holzkörpers finden sich zahlreiche, weitlumige Gefässe. Dadurch entspricht der Umfang des Markes dem des ganzen Stammquerschnitts.

Es ist noch zu bemerken, dass oft ein wesentlicher Unterschied sich geltend macht in der Ausbildung der Haupt- und Seitensprosse. So zeigt uns z. B. der Querschnitt durch einen Hauptspross von *Cryptolepis longiflora* hort. bot. Berol. ein quadratisches Mark; dementsprechend ist auch der Holzkörper viereckig ausgebildet, und zwar nach allen Seiten hin ziemlich gleichmässig; an den Knoten giebt der Hauptspross 4 Seitenzweige ab, welche vor den 4 Seiten des Holzkörpers desselben stehen. Ein Querschnitt durch einen Seitenspross giebt uns ein wesentlich anderes Bild; das Mark hat etwa die Gestalt eines sphärischen Dreiecks, während der Holzkörper eine sehr ungleichmässige Entwicklung zeigt. Es wird auf einer Seite des Dreiecks nur sehr wenig Holz abgeschieden, auf den beiden anderen immer mehr und mehr, so dass das Maximum erreicht wird an der gegenüberliegenden Ecke. Diejenige Seite des Seitenzweiges, auf welcher am wenigsten Holz abgeschieden wird, ist stets dem Hauptspross zugekehrt. Treten an einem Knoten 2 Blätter auf, so stehen dieselben nicht genau opponirt, sondern sie sind etwas auf die äussere Seite des Sprosses gerückt, so dass sie über den 2 stärker ausgebildeten Dreiecksseiten des Holzkörpers liegen. Es kommt aber auch vor, dass an einem Knoten 3 Blätter auftreten; ist dies der Fall, so steht jedes Blatt über einer Seite des Dreiecks. Aehnliche Unterschiede finden sich bei anderen Formen, z. B. bei *Crypstotegia*-Arten.

Sind in einem Stamme 2 gegenüberliegende Stellen durch die Ausbildung starker Holzmassen ausgezeichnet, so werden diese beiden Stellen wie erwähnt stets von der kleinen Axe der Markellipse durchschnitten. Eine Ebene, die wir uns durch die Axe und die starken Holzparthieen gelegt denken, fällt stets zusammen mit der Ebene der beiden darunterstehenden Blätter. Da nun die Blattstellung eine decussirte ist, so wechselt in 2 aufeinanderfolgenden Internodien der Verlauf der opponirten grösseren Holzmassen so ab, dass die in beiden Internodien durch sie und die Axe gelegten Ebenen auf einander senkrecht stehen; der Verlauf ist also gleich im 1., 3., 5 - . . . ten, und 2., 4., 6 . . . ten Internodium. Es kommt dies dadurch zu Stande, dass sich im Knoten jeder der Holzstränge in 2, also A in a_1 und a_2, B in b_1 und b_2 gabelt; unterhalb des Knotens vereinigen sich dann a_1 und b_1, ebenso a_2 und b_2 zu je einem neuen Strang. Es ergiebt sich hieraus leicht, dass auch die Markellipse in jedem Internodium in ihrem Axenverhältniss umsetzen muss, da es immer die verlängerte kleine Axe ist, welche die starken Holztheile trifft.

Es seien hier angeschlossen einige im Holzkörper auftretende Unregelmässigkeiten.

Manchmal verdicken sich einzelne Zellen des Xylems oder kleine Zellkomplexe schon frühzeitig und vor den umliegenden Holzzellen sehr stark, so dass ihr Lumen fast ganz verschwindet, z. B. bei *Hoya carnosa* R. Br. und *Astephanus linearis* R. Br.

Ceropegia Sandersoni Dcne. zeigt, wie schon erwähnt, im Querschnitt einen inneren Holzring mit 2 stark entwickelten seitlichen Holzlappen; in älteren Stämmen bemerkt man nun häufig eine Unterbrechung dieses 3—4 Zellagen breiten Holzringes durch dünnwandige Parenchymzellen; (Vergl. Taf. I., Fig. I.) in jüngeren Stämmen, in welchenerst wenige secundäre Gefässe entwickelt sind, gelingt es nicht, solche Unterbrechungen aufzufinden.

Ganz ähnliche Verhältnisse zeigt uns *Gomphocarpus arborescens* R. Br.; auch hier wird an manchen Stellen der Holzkörper gesprengt, und zwar macht es ganz den Eindruck, als ob ein Keil von Markzellen von innen nach aussen in denselben hineingetrieben würde.

Was für einen Nutzen diese localen Veränderungen des Holzkörpers für die Pflanze haben, und wie dieselben zu Stande kommen, dürfte schwer zu entscheiden sein; soviel darf als sicher angenommen werden, dass mit denselben meist Hand in Hand geht eine starke Gestaltsveränderung des ganzen Markes, was uns namentlich *Ceropegia Sandersoni* Dcne. deutlich zeigt. Im jungen Zustand ist das Mark dieser Form nur schwach, im alten Stamm dagegen sehr stark elliptisch.

Körperlich haben wir uns diese Unterbrechungen des Holzkörpers vorzustellen als zahlreiche kleine rundliche oder ovale Zapfen von parenchymatischem Gewebe, welche unregelmässig über den ganzen Holzcylinder zerstreut sind, aber immer nur auf denjenigen beiden Seiten des Stammes liegen, auf welchen der Holzkörper schmal und gefässarm ist; es werden mithin auch diese Zapfen in jedem folgenden Internodium umsetzen.

Aehnliche Vorgänge müssen sich abspielen im jungen Holzkörper von *Microloma lineare* R. Br. und *Daemia cordata* R. Br., doch konnte bei diesen die Sache nicht so genau verfolgt werden, da nur Herbarmaterial zu Gebote stand. Bei *Daemia cordata* R. Br. scheint der innerste Holzring in jungem Zustand ebenfalls öfter gesprengt worden zu sein; hier wird, wie später noch deutlich zu erkennen ist, die Sprengung vollzogen durch Markstrahl- oder Parenchymzellen, die sich stark tangential strecken und nachträglich verholzen. Dadurch zeigt ein Querschnitt eines älteren Stammes oft sehr unregelmässige Bilder des Holzkörpers an dessen Innengrenze. Später gelangt dann ein gleichmässiger Holzkörper ohne Unterbrechungen zur Ausbildung.

Bei der Besprechung der Elemente des Holzkörpers sagt S o l e r e d e r:[1] „Das Prosenchym ist bei allen *Apocyneen* und *Asclepiadeen* hofgetüpfelt, wenn auch verschieden reichlich, und wenn auch mitunter der Hof etwas kleiner als der Spalt wird." Es wäre nach Obigem das Fehlen der Libriformfasern bei den *Asclepiadeen* als durchgehendes Merkmal für diese Familie zu betrachten. Im Gegensatz hierzu fand ich im Holzkörper von *Sarcostemma viminale* R. Br. zahlreiche Libriformzellen, welche deutliche, einfache, schlitzförmige Poren zeigen, ohne dass an denselben auch nur die Spur eines Hofes zu bemerken wäre. Es finden sich ferner im Holzkörper derselben Art ähnlich geformte Elemente, welche, im optischen Längsschnitt gesehen, deutliche Poren erkennen lassen, die in ihrem Verlauf nicht von ganz geraden Linien begrenzt sind; es biegen vielmehr die Begrenzungslinien in der Mitte schwach zusammen und zeigen uns so einen Uebergang vom einfachen Porus zum Hoftüpfel.

Die Wahrnehmung obiger Ergebnisse veranlasste mich, auch solche Formen bei der Untersuchung der Elemente des Holzkörpers in Betracht zu ziehen, die schon von S o l e r e d e r untersucht waren; es ergab hierbei die Untersuchung von *Daemia cordata* R. Br. dieselben Resultate wie *Sarcostemma viminale* R. Br.; auch bei dieser Form finden sich im Holzkörper zahlreiche, einfach getüpfelte Libriformfasern.

Die Gefässe der *Asclepiadeen* zeigen, wie auch S o l e r e d e r[2] angiebt, einfache Perforation. Die secundären Gefässe sind getüpfelt mit quer gestelltem behöftem Porus. Die Markstrahlen sind sehr schmal, 1—2·, höchstens 3 reihig, Die Markstrahlzellen sind aufrecht, mit verticalem grösstem Durchmesser.[3]

Mark.

Das Mark ist von dem Holzkörper getrennt durch einen geschlossenen Ring parenchymatischer Zellen, die sich aus dem procambialen Ring differenzirt haben, und mithin nicht als Markzellen betrachtet werden dürfen, und worin die endoxylären Phloemgruppen liegen. Dasselbe hat entweder eine rundliche, oder aber, was am häufigsten der Fall ist, eine stark elliptische Gestalt.

[1] Solereder, l. c., p. 175.
[2] Solereder, l. c., p. 175.
[3] de Bary, l. c., p. 501.

Wenn grosse innere secundäre Phloemgruppen vorhanden sind, so nimmt das innere Parenchymgewebe die Gestalt eines mehr oder minder vielstrahligen Sternes an, indem zwischen je 2 Phloemgruppen ein Fortsatz von parenchymatischem Gewebe eingreift. Das Mark besteht aus rundlichen Parenchymzellen, welche häufig isodiametrisch, manchmal stärker oder schwächer in die Länge gestreckt sind. Gewöhnlich ist dasselbe compakt, seltener treten grössere Intercellularen auf; dieselben können bei manchen Formen so gross werden, dass sie mehr Raum einnehmen als das übrig bleibende Gewebe des Markes. Folgende Arten zeigen besonders grosse Intercellularen: *Periploca graeca* L., (Vergl. Taf. II. Fig. VI.). *Arauja albens* G. Don., *A. sericifera* Brot., *Gomphocarpus arborescens* R. Br., *G. fruticosus* R. Br. Die Intercellularräume verschwinden oder verkleinern sich in älteren Stämmen häufig wieder, indem das Mark durch die Bildung secundärer Phloemmassen im Innern stark zusammengepresst wird.

Als nie fehlender Bestandtheil des Markes finden sich ungegliederte Milchröhren; ferner treten im Mark in manchen Fällen Steinzellen, seltener Sklerenchymfasern auf.

Grosse Gruppen oder Nester von Steinzellen finden sich im Mark von: *Astephanus linearis* R. Br., *Hoya carnosa* R. Br.,[1] *H. rotundifolia* hort. bot. Berol., *H. Bidwillii* hort. bot. Berol. und *H. spec.* I hort. bot. Rerol.

Sklerenchymfasern mit verholzten stark verdickten Wänden und zugespitzten Enden zeigt in ziemlich beträchtlicher Zahl das Mark von *Cryptolepis longiflora* hort. bot. Berol und *Cryptostegia longiflora* hort. bot. Berol.

Milchröhren.

Die Milchröhren der *Asclepiadeen* sind nach de Bary[2] stets ungegliedert; sie fehlen bei keiner der untersuchten Formen und sind in Mark und Rinde immer am reichlichsten vorhanden. Ihr Verlauf im Stamm ist meistens ein annähernd senkrechter, doch treten auch Queranastomosen von der Rinde durch Phloem und Holzkörper nach dem Mark und umgekehrt auf. Trécul[3] fand solche Queranastomosen durch den Holzkörper bei *Cryptostegia grandiflora*, deren Milchröhren sich im Holzkörper manchmal gabeln; im Laufe der vorliegenden Untersuchung war es möglich, für folgende Formen solche quere Verbindungen zu constatiren: *Cryptostegia Madagascariensis* Loddig., *Stephanotis floribunda* Ad. Brongt., *Sarcostemma viminale* R. Br., *Asclepiadee* von Mauritius hort. bot. Berol., *Hoya imperialis* Lindl., *H. spec.* I hort. bot. Berol., *Dischidia Bengalensis* Colebr. Es ist möglich, dass solche Queranastomosen der Milchröhren bei allen *Asclepiadeen* vorkommen, doch sind dieselben jedenfalls sehr verschieden reichlich entwickelt und

---

[1] Vergl. de Bary, l. c., p. 134.
[2] de Bary, l. c., p. 454.
[3] Trécul, l. c., p. 65.

in manchen Fällen so selten, dass es nicht gelingt, sie ohne grosse Mühe aufzufinden.

Ebenso wechselnd ist auch die Menge der auftretenden Milchröhren bei verschiedenen Arten; während sie bei den einen in enormer Zahl entwickelt sind, sind sie bei den anderen nur in sehr spärlichem Maase vorhanden. Als Formen mit relativ wenig Milchsaftgefässen seien angeführt: *Cryptolepis longiflora* hort. bot. Berol., *Gomphocarpus fruticosus* R. Br., *G. angustifolius* Link., *Asclepias curassavica* L , *Cynanchum virens* Steud., *Cynoctonum angustifolium* Dcne, *C. alatum* Dcne., *C. crassifolium* Ed. Meyer. Diesen stehen gegenüber Formen mit zahlreichen Milchröhren wie *Cryptostegia Madagascariensis* Loddig., *Periploca graeca* L., *Arauja albens* G. Don., *A. sericifera* Brot., *Cynanchum Schimperi* Hochst., *Cynoctonum crassifolium* Ed. Meyer etc. Ihre Membran ist meist dünn, doch finden sich auch Fälle, wo dieselbe eine mehr oder minder starke Verdickung aufweist. Meist ist die Wand gerade, bei wenigen Formen zeigt sie eine deutliche Wellung, wie z. B. bei *Gomphocarpus arborescens* R. Br., *Stephanotis floribunda* Ad. Brongt. u. a. m.

Auch bezügl. des Lumens herrschen ziemlich beträchtliche Differenzen; einige der weitesten Milchröhren wurden gemessen, und es ergaben sich hierbei folgende Zahlen in Micren:

Gomphocarpus arborescens R. Br. 46,59, μ
Periploca graeca L. 36,36, „
Sarcostemma viminale R. Br. 33,30, „
Ceropegia macrocarpa 23—26, „
Arauja albens G. Don. 23,31, „
Ceropegia Sandersoni Dcne. 16—20. „

(Schluss folgt.)

Originalberichte gelehrter Gesellschaften.

K. K. zoologisch-botanische Gesellschaft in Wien.

Botanischer Discussionsabend am 20. März 1891.

Herr Custos Dr. **Günther Beck Ritter v. Mannagetta** besprach und demonstrirte eine Anzahl von neuen und interessanten Pflanzen aus Niederösterreich und überreichte ein diesbezügliches Manuscript. (Siehe Abhandlungen, Seite 640.)

Herr Dr. **Franz Ostermeyer** legte einen kleinen Nachtrag zu seiner Abhandlung: „Beitrag zur Flora von Kreta" vor. (Siehe Sitzungsberichte, Seite 35.)

Botanischer Discussionsabend am 17. April 1891.

Herr Prof. **Hugo Zukal** sprach:
„Ueber Nostoc-Bildung."

Monats-Versammlung am 6. Mai 1891.

Herr Dr. **Moriz Kronfeld** machte Mittheilungen aus der Geschichte des Schönbrunner Gartens. Dieselben betrafen die Zeit N. J. Jacquin's.

Botanischer Discussionsabend am 22. Mai 1891.

Herr Dr. **Fr. Krasser** sprach unter Demonstration der entsprechenden Präparate über:

„Neue Methoden zur dauerhaften Präparation des Aleuron und seiner Einschlüsse".

Die Structurverhältnisse der Aleuronkörner bieten bekanntlich viel des Interessanten, doch ist die Erkennung der Details oft mit Schwierigkeiten verbunden, ein Umstand, der bei Untersuchungen des Aleuron den Wunsch nach geeigneten Methoden zur Herstellung von Dauerpräparaten rege macht, namentlich dann, wenn es sich darum handelt, scharfe Bilder der Einschlüsse zu erhalten und zur Demonstration bereit zu haben.

Pfeffer, Strasburger, A. Zimmermann u. J. H. Wakker empfahlen verschiedene Methoden zur Präparation des Aleuron. Die Methode des letzgenannten Autors kann leicht zur Anfertigung von Dauerpräparaten benützt werden. Um Grundsubstanz, Krystalloide und Globoide in differenter Färbung zu erhalten, kann der Vortragende folgende Methoden empfehlen:

I. **Pikrin-Eosin.** Fixirung der Schnitte mit Pikrinsäure, gelöst in absolutem Alkohol, hierauf Entfernung des Ueberschusses durch Abspülen mit absolutem oder wenigstens hochprocentigem Alkohol, Tinction mit Eosin, gelöst in absolutem Alkohol, Abtönung der Tinction mit absolutem Alkohol, Aufhellung durch Nelkenöl, Einschluss in Canadabalsam (gelöst in Chloroform). Den Verlauf der Tinction verfolgt man am besten unter dem Mikroskop, ebenso die Abtönung. Die Färbung ist in wenigen Minuten vollendet. Die gelungensten Stellen des Präparates zeigen die Grundsubstanz dunkelroth, das Krystalloid gelb und scharf contourirt, das Globoid nahezu farblos bis röthlich. An weniger gelungenen Präparaten zeigt sich das Krystalloid orange gefärbt.

Modification: Einlegen der Schnitte durch mehrere Stunden in eine concentrirte Lösung von Eosin in der oben erwähnten Pikrinsäurelösung in absolutem Alkohol. Weiterbehandlung wie oben.

II. **Pikrin-Nigrosin.** In einer gesättigten Lösung von Pikrinsäure in absolutem Alkohol löst man Nigrosin,[*] ungefähr bis zur Sättigung. In dieses alkoholische Pikrin-Nigrosin kommen die Schnitte hinein und müssen bis zur Vollendung der Tinction in kürzeren Zwischenräumen durch Beobachtung in absolutem Alkohol controllirt werden. Die Tinction wird abgebrochen, sobald die Grundsubstanz des Aleurons blau erscheint. Nach Waschung mit absolutem Alkohol Uebertragung in Nelkenöl behufs Aufhellung, sehr kurze Zeit, am besten am Objectträger auszuführen. Hierauf Einschluss in Canadabalsam nach Absaugung des Nelkenöls mit

---

[*] In der von E. Pfitzer in der Abhandlung „Ueber ein Härtung und Färbung vereinigendes Verfahren für die Untersuchung des plasmatischen Zellleibes" (Ber. der deutschen botan. Gesellsch. Bd. I. 1883. S. 44) angegebenen Darstellungsweise deshalb — in unserem Falle — nicht verwendbar, weil Zerstörung der Grundsubstanz und Quellung der Krystalloide eintritt.

Filterpapier. An gelungenen Präparaten erscheint die Grundsubstanz blau, das Globoid farblos, das Krystalloid gelbgrün und scharf abgegrenzt.

Handelt es sich allein darum, schöne Dauerpäparate von Krystalloiden zu gewinnen, so empfiehlt es sich, behufs Lösung der Grundsubstanz und Globoide die schon von Pfeffer angegebene verdünnte wässerige Lösung von Natriumphosphat anzuwenden, die Wirkung desselben unter dem Mikroskop zu verfolgen, mit absolutem Alkohol das Präparat zu waschen, dann etwa mit einer Lösung von Eosin in absulutem Alkohol zu tingiren (Tinction fast momentan), hierauf wieder mit absolutem Alkohol abzuspülen. Nun kann mit Nelkenöl aufgehellt und in Balsam eingeschlossen werden.

Die auf diese Art angefertigten Präparate sind sehr instructiv und dadurch ausgezeichnet, dass die Krystalloide nicht im mindesten gequollen, also die Winkel sehr scharf erscheinen.

Um die Einschlüsse von oxalsaurem Kalk isolirt zu demonstriren und in die Form eines Dauerpräparates zu bringen, bedarf es keineswegs immer einer so umständlichen Methode, als man nach verschiedenen Angaben glauben möchte. Bei *Vitis vinifera* genügt die Anwendung von phosphorsaurem Natron. Die weitere Behandlung des Präparates so, wie ich unmittelbar vorher für die Krystalloide angegeben habe. Tingirt erscheinen die Membranen der Endospermzellen und die Eiweisskerne der Kalkoxalatdrusen.

Schliesslich sei noch bemerkt, dass sich die von mir angegebenen Methoden hauptsächlich auf *Ricinus* beziehen, welches Object ich hiermit auch zur Einübung empfohlen haben möchte.

Hierauf zeigte Herr Dr. **Richard v. Wettstein** zwei für Niederösterreich neue Pflanzen vor: *Anchusa Barrelieri* (All.) DC. bei Wiener Neustadt und *Myosotis suaveolens* W. K. im Gurhofgraben bei Melk.

Monats-Versammlung am 3. Juni 1891.

Herr Prof. **E. Ráthay** hielt einen Vortrag:

„Ueber den Einfluss von Blitzschlägen auf die Weinrebe"

und sprach dann noch über die Black-Rot-Krankheit des Weinstockes.

Herr **Gustav Sennholz** legte hierauf

einige Orchideen-Bastarde aus Niederösterreich vor; darunter die neue *Orchis influenza* Sennh. (*maculata* $\times$ *sambucina*) und die seltene *Orchis Erdingeri* (Kern.) (*sambucina* $\times$ *viridis*), beide vom Semmering. *Orchis* und *Coeloglossum* hält Vortragender nicht für generell verschieden.

Botanischer Discussionsabend am 19. Juni 1891.

Herr **J. A. Knapp** überreichte ein eingehendes Referat über F. v. Herder's „Die Flora des europäischen Russland". (Siehe Sitzungsberichte, Seite 47.)

Herr Dr. F. Krasser besprach die erste Lieferung von
F. G. Kohl's „Die officinellen Pflanzen der Pharmacopoea germanica".

Monats-Versammlung am 1. Juli 1891.

Herr Dr. Fridolin Krasser hielt einen Vortrag:

„Ueber die Gattung Fagus."

Botanische Gärten und Institute.

Sabidussi, J., Taches nemoralis L. im botanischen Garten zu Klagenfurt.
(Naturhistor. Landesmuseum Carinthia zu Klagenfurt. 1891. No. 4. p. 97.)

Instrumente, Präparations- und Conservations-Methoden etc.

Hanausek, T. F., Zur histochemischen Caffeinreaction.
(Zeitschr. des Allg. Oesterr. Apotheker-Vereins. 1891. No. 31.
p. 606—608. Mit 2 Fig.)

Verf. bespricht den von H. Molisch entdeckten Caffein-
Nachweis in Pflanzengeweben mittelst Goldtrichlorid und Salzsäure
und findet diesen Nachweis zweifellos sicher und verlässlich. Er
konnte mit Hilfe dieser Reaction nachweisen, dass in keinem Ent-
wicklungsstadium des Coffea-Pericarps Kaffein auftrete, so dass
dessen Vorkommen nur auf den Coffea-Samen beschränkt bleibt.
Hervorzuheben ist, dass die bei der Reaction entstehenden Nadeln des
chlorwasserstoffsauren Caffein-Goldchlorids sehr fein-spitze Enden besitzen und büschelig ausstrahlen. Bei einigen Versuchen mit zweifellos kaffeinfreien Pflanzenobjecten sah Verf. Krystalle auftreten, die
sich auch unabhängig von den Pflanzenobjecten entwickelten und
sonach nur aus der Verbindung des Goldchlorids und der Salzsäure
entstehen mussten. Diese Krystalle könnten bei flüchtiger Beobachtung zu Verwechslungen mit Caffein-Goldchloridkrystallen Anlass
bieten. Ist nämlich die Goldtrichloridlösung etwas stärker, als drei-
procentig und lässt man einen Tropfen derselben zu conc. HCl
treten, so schiessen beim Verdunsten Krystalle aus, die aber niemals spitz endende und niemals büschelig ausstrahlende
Nadeln bilden, sondern aus theils sehr kurzen, zickzackartig angeordneten, theils auffallend langen, zarten gelben Stäb-

chenprismen und aus Tafeln mit rechtwinkeligen Vorsprüngen bestehen. Ihrer chemischen Zusammensetzung nach dürften sie Wasserstoff-Goldchlorid, $AuCl_3 HCl . 4 H_2O = AuCl_4 H . 4 H_2O$, darstellen, also einen Körper, der sich auch bei der Erzeugung des Goldchlorids, bezw. Lösung des Goldes in Königswasser und nachfolgender Verdampfung der Lösung ausscheidet. Verf. glaubt das Auftreten dieser Krystalle im Interesse der Molisch'schen Reaction mittheilen zu sollen.

Hanausek (Wien).

Waage, Th., Zur Frage der Coffeïnbestimmung. (Berichte der pharmaceutischen Gesellschaft. 1891. p. 61—66.)

Die Ungenauigkeiten der bis jetzt üblichen Methoden der Coffeïnbestimmung sind nach Verfasser zu suchen:

1) In der unvollkommenen Beraubung des Thees vom Coffeïn.

2) In der Wahl einer unzweckmässigen Extractionsflüssigkeit für den Thee sowohl, wie namentlich für den Auszug desselben.

3) In der Unreinheit des als Resultat gewogenen Coffeïnrückstandes, welche einerseits auf fettige und färbende Substanzen, andererseits auf mit extrahirte Korksubstanz, auf mechanisch durchgerissene Magnesia und noch andere Dinge zurückzuführen ist.

Zur Abwendung dieser Uebelstände hat nun Verfasser eine Anzahl von Versuchen angestellt, deren Resultate folgende sind:

1. Der Thee ist nur durch wiederholtes Auskochen mit Wasser — wenn man von einem Alkalizusatze absieht — vollkommen von seinem Coffeïngehalte zu befreien.

2. Alkohol, Aether, eine Mischung beider Körper unter sich, sowie eines jeden von beiden mit Chloroform nimmt wesentlich mehr Farbstoffe etc. auf, als Chloroform allein, welches daher am besten auch vollkommen weingeist- und wasserfrei zu verwenden ist.

3. Die Gewinnung eines möglichst reinen Coffeïnrückstandes wird befördert einmal durch Einschaltung einer Asbestpapierlage zwischen Filtrirpapierlagen zwecks Zurückhaltung der Magnesia in der Extractionshülse, sodann durch Verwendung eingeschliffener Extractionsgefässe zwecks möglichster Vermeidung der Korken. Eine letzte Reinigung durch Auflösen des Rückstandes in Wasser, Erhitzen zum Sieden, Filtriren und Eindampfen ist unerlässlich. Aus den Untersuchungen des Verfassers ergibt sich ferner, dass der wirkliche Coffeïngehalt der Theeblätter nicht höher ist, als man bisher glaubte, d. h. dass derselbe für volle, gute (indische) Sorten bei 2,5% liegt und für gewöhnlich 3% nicht viel übersteigt, dagegen meist weit geringer ist.

Otto (Berlin).

Carpenter, W. B., The microscope and its revelations. 7. edit. in which the first seven chapters have been entirely re-written and the text throughout re-constructed, enlarged, and revised by **W. H. Dallinger.** With 21 plates and 800 wood engravings. 8°. 1118 pp. London (Churchill) 1891. 26 sh.

Dufour, Léon, Revue des travaux relatifs aux méthodes de technique publiés en 1889, 1890 et jusqu'en avril 1891. (Revue générale de Botanique. 15. octobre 1891.)

Helm, L., Zwei Apparate für bakteriologische Arbeiten. Untersuchung des Auswurfs auf Tuberkelbacillen. (Sonderabdr.) gr. 8°. 5 pp. Würzburg (Stahel) 1891. M. 0.50.

Kaatzer, P., Das Sputum und die Technik seiner Untersuchung. 3. Aufl. 8°. VIII, 106 pp. mit 24 Fig. Wiesbaden (Bergmann) 1891. M. 2.—

Sammlungen.

Conwentz, Ueber ein Herbarium Prussicum des Georg
Andreas Helwing aus dem Jahre 1717. (Schriften der
naturforschenden Gesellschaft in Danzig. Neue Folge. Bd. VII.
Heft 2. p. 181—183.)

Das Herbarium besteht aus fünf dicken Lederbänden in Folio,
welche vom Propst Helwing dem Danziger Sekretär Jacob
Theodor Klein (1685—1759) geschenkt wurden und dann einen
Theil dessen Cabinets gebildet hatten, mit diesem Cabinet sodann
vom Markgrafen Friedrich der Universität Erlangen geschenkt
wurden und nun an das Danziger Provinzial-Museum gegen Pflanzen-
dubletten gelangt sind.

Das Herbarium enthält Phanerogamen, sowie Vertreter aus
allen Ordnungen der Kryptogamen, die nicht immer bestimmbar
sind. Gesammelt ist es wahrscheinlich um Angerburg. Bemerkenswerth ist, dass schon damals Senecio vernalis W. K. dort vorhanden war; derselbe ist also nicht erst in diesem Jahrhundert in
West-Preussen eingewandert. Mehrfach enthält das Herbar auch
Missbildungen.

Freyn (Prag.)

Referate.

Hieronymus, G., Ueber *Dicranochaete reniformis* Hieronym., eine
neue Protococcacee des Süsswassers. (Cohn's Beiträge
zur Biologie der Pflanzen. Bd. V. 1890. p. 351—372. 2 Tfln.)

Im Jahre 1887 hat Verf. bereits kurz über den in der Ueberschrift genannten Organismus berichtet (cf. das Ref. im Bot. Centralbl.
Bd. XXXV. 1888. p. 321); hier bietet er genauere Untersuchungen über
die Zellenbestandtheile desselben und die wesentlichen Punkte der
Entwickelungsgeschichte, welche den Vorbericht in manchen Beziehungen ergänzen und berichtigen. — Die eigenthümliche Borste
wird direct vom Plasma in der Weise gebildet, dass das vordere
Ende der zur Ruhe gekommenen Schwärmspore nach Verlust der
Geisseln zu einem protoplasmatischen Faden auswächst, der sich
einige Male dichotomisch verzweigt und sogleich beim Entstehen
eine Gallerthülle ausscheidet. Ist der Faden ausgewachsen, so tritt
das Protoplasma nach und nach wieder aus dem Röhrensystem in
die Zelle zurück, die Röhre füllt sich mit Gallertmasse und wird
massiv. In dieser Borste, die mitunter in der Mehrzahl vorkommt
und dann als eine einzige im status nascens getheilte Borste gedeutet
wird, glaubt Verf. ein Schutzorgan gegen niedere Thiere, insbesondere
Infusorien sehen zu dürfen, ein Schutzorgan, das allerdings weniger
den erwachsenen, ausserdem durch ihre Gallerthülle geschützten In-

dividuen zu gute kommt, als der nachfolgenden Generation, den schutzbedürftigen Schwärmsporen, die sich meist nur wenig vom Substrate entfernen, und den ganz jungen, der starken Gallerthülle noch entbehrenden Pflänzchen. Für diese Deutung scheint auch das häufig typische Fehlen der Borste bei den letzten Sommergenerationen zu sprechen, die sich zu einer Zeit bilden, in welcher die schädlichen Infusorien nur noch in geringer Zahl, wenn überhaupt, vorhanden sind. Einen eigenartigen Bau besitzt die Membran: Dieselbe besteht bei der erwachsenen Zelle aus einer häufig mit kleinen Stacheln gezierten, Congoroth stark speichernden Cellulose-Kappe auf dem Scheitel der Zelle, über den Rand dieser Kappe greift eine nach der Basis zu sich stark verdickende zweischichtige Hüllmembran aus Gallerte scheidenartig über; die äussere Schicht ist stark verquollen. In radialer Richtung ist diese Gallerte von feinen Stäbchen durchsetzt, welche gewisse Farbstoffe, die auch die Grundsubstanz zwischen den Strahlen stärker tingiren, stark aufnehmen und in hohem Grade gegen Entfärbungsmittel zurückhalten: Safranin, Fuchsin, Methylgrün, weniger stark Haematoxylin, ammoniakal. Carmin, Nigrosin, Alkanna. Congoroth färbt die Gallertscheide nur wenig, dagegen wird in derselben sogleich ein schöner blauer Farbstoff niedergeschlagen, wenn man etwas Salz- oder Essigsäure dem Präparate zufügt. Auch Turnbull's Blau lässt sich nach dem Verfahren von Klebs darin niederschlagen. Die Entwickelungsgeschichte lehrt, dass diese Gallerthülle eine Neubildung ist, welche an der Basis vom Plasmakörper abgesondert wird, die primäre Zellwand hier, wo sie am schwächsten ist, zerreisst, sich dann aus dem ringförmigen Riss hervordrängt und noch einen Theil der Cellulosekappe überwallt. Das späte Wachsthum der Zellhülle findet dann wohl nur in der Gallerthülle, und zwar vermuthlich nur in einer intercalaren Zone an ihrem Grunde statt. Besondere Sorgfalt ist den Inhaltskörpern der Zellen, den Pyrenoiden und Kernen und ihrem Verhalten gegen Tinctionsmittel zugewendet*). Die Pyrenoide bestehen überall aus Kern (Eiweisskrystalloid) und Hülle; ihrem Verhalten gegen Reagentien nach sind es höchst wahrscheinlich geformte Reservestoffe, die nach Bedarf aufgelöst oder neugebildet werden. Besonders intensiv färben sich nach Fixirung mit Alkohol die Krystalloide mit Fuchsin und Safranin, Farbstoffe, die auch Entfärbungsmitteln gegenüber bis zu gewissem Grade festgehalten werden; Safranin wird von der vermuthlich aus einem Nuclein bestehenden Hülle fast gar nicht aufgenommen, dagegen sehr intensiv Haematoxylin, so dass sich mit Safranin und Haematoxylin sehr schöne Doppelfärbungen erzielen lassen. (Ueberfärben mit Haematein-Ammoniak, Entfärben mit Alaunwasser, bis nur noch die Hülle gefärbt erscheint, nach sauberem Auswaschen des Präparats in destill. Wasser Färben mit Safranin durch 12—24stündiges Einlegen in mit Wasser stark verdünnte alkoholische Safraninlösung.) Haemateinammoniak zieht Verf. allen übrigen Haematoxylinlösungen vor; er bereitet ihn, indem er einen

---

*) Cf. das ausführl. Referat in der Zeitschr. f. wiss. Mikroskopie. 1891. pr. 247 ff.

am Objectträger hängenden Wassertopfen, dem ein Haematoxylin-
körnchen zugefügt ist, über einem Ammoniakfläschchen hin und her
bewegt. Färbt sich das direct aus Alkohol in diese Lösung ein-
gelegte Object nicht sogleich, so lässt man von neuem Ammoniak-
dampf auf den Tropfen einwirken, bis das Object gefärbt oder
besser überfärbt ist, und beseitigt den Ueberschuss mit Alaunwasser.
Um den in der Jugend chromatinreichen Zellkern von starkhülligen
Pyrenoiden zu unterscheiden, behandelt Verf. Alkoholmaterial vorsichtig mit Salzsäure (15—20 Min. mit concentrirter oder längere
Zeit mit verdünnter), um die Hüllen der Pyrenoide zu lösen, und
färbt nach gründlichem Auswaschen mit Haemateinammoniak. Aus
der zusammenhängenden Darstellung der Entwickelungsgeschichte
sei hier, in Rücksicht auf das citirte Referat, nur hervorgehoben,
dass Verf. die Kerntheilung im Zoosporangium für eine directe
hält, er fand wiederholt bisquitförmige Figuren, die sich kaum
anders als Theilungsfiguren deuten lassen, niemals aber karyokinetische
Figuren.   Die Specialgallerthüllen der Schwärmsporen verschmelzen
untereinander und mit der Gallerthülle der Mutterzelle zu einem
homogenen Schleim, der durch stärkere Wasseraufnahme allmählich
die Cellulosekappe aus der Schleimhülle herausschiebt; die Schleimhülle zerreisst dabei häufig mit einigen Längsrissen. Die Schwärmsporen
besitzen zwei lange, nur mit starken Immersionen erkennbare Cilien.
Ein Ruhezustand existirt wahrscheinlich in Form einer von starker
Gallertmembran umhüllter Aplanospore.   Den Schluss der Abhandlung bildet eine geradezu mustergiltig zu nennende ausführliche
lateinische Diagnose der Gattung und Species, welche auch die
Hauptdaten der Entwickelungsgeschichte enthält.

Dicranochaete gen. nov. Thallus unicellularis. Cellulae solitariae
cytoblasto, chlorophoro corpusculum pyrenoideum unicum vel pluria
saepeque granula amylacea gerente praeditae, semireniformes vel
subsemireniformes vel semiellipsoideae, rarius subsemiglobosae et inde
2—4 sinuato-lobatae. Membrana cellulosa hyalina, saepe supra
tuberculis minimis coronata, posterius velamento gelatinoso hyalino
basi cincta, sinu vel sinubus seta gelatinosa semel atque iterum,
ter, quaterve dichotoma, raro simplici exornata. Cellulae vegetativae
intumescentes omnes in 200-sporangia transmutantur. Zoosporae
agamicae ciliis 2 vibrantibus, cytoblasto, ocello rubro, polo antico
hyalino, chlorophoro unico instructae contenti divisione succedanea
repetita ortae, ca. 8—24 in quaque cellula, adhuc strato gelatinoso
velatae, rima seu fissura saepe basi subparallela erumpentes, postea
strato gelatinoso rupto et liquefacto liberatae, inter se discedentes
ciliis vibrantibus paulum motae, denique ciliis evanescentibus requies-
centes, in thallum transformantur. Generationes quotannis per tempus
vernum usque ad auctumnum complures enascuntur (circiter 25—30).
— *D. reniformis* Hier. Cellulae vegetativae semireniformes vel
semiellipsoideae, seta dichotoma unica praeditae. Diam. cell. veg.
35 μ, seta 80—160 μ longa. Varietas seu forma *pleiotricha* cellulis
vegetativis subsemiglobosis 2—4 lobulato sinuatis, setis 2—4
simplicibus vel semel dichotomis minoribus exornatis. — Habitat in
fontibus, paludibus, locis uliginosis montium Sudetorum epiphytica,

muscis frondosis (Sphagnaceis et Hypnaceis) et Hepaticis (calpyogeia
etc.) et liquis foliisque putrescentibus nec non lapidibus insidens.

L. Klein (Freiburg i. B.).

Dangeard, P. A., Recherches histologiques sur les
Champignons. (Le Botaniste. Sér. II. 1890. p. 63—149 avec
4 planches.)

Mittelst der Kerntinctionsverfahren untersuchte Verfasser Zahl,
Bau und Veränderung der Kerne in den vegetativen Organen sowie
in den verschiedenen Entwickelungsstufen der Sexualorgane und
Sporangien bei einer ganzen Reihe niederer Pilze, vorwiegend
Phykomyceten. Zur Untersuchung kamen *Spumaria alba, Synchytrium Taraxaci, Woroninia polycystis, Rozella septigena, Olpidiopsis
Saprolegniae* und *Aphanomyces, Rhizidium intestinum, Ancylistes Closterii, Resticularia* nov. gen., *Saprolegnia Thureti* und
monoica, Aphanomyces laevis und eine 2. Species, *Pythium
monospermum* und *proliferum, Cystopus candidus* und *cubicus, Phytophthora infestans, Bremia gangliformis, Plasmopara nivea* und
densa. Die Resultate, zu welchen Verf. dabei gelangte, lassen sich
etwa folgendermaassen kurz zusammenfassen:

Die Kerne sind zumeist durch eine achromatische, doppeltcon-
tourirte Membran begrenzt; im Centrum befindet sich ein sphärischer
Nucleolus, welcher sich stark mit Hämatoxylin färbt und fast ganz
aus Chromatin besteht. Das Hyaloplasma zwischen Nucleolus und
Membran enthält Granulationen, von welchen wenigstens einige aus
Chromatin bestehen (*Spumaria, Synchytrium, Saprolegniaceen*). Die
Grösse dieser Kerne unterliegt geringen Schwankungen, vom einfachen zum doppelten, höchstens zwischen 1 und 5 μ; nur bei
Synchytrium fanden sich Kerne von erheblichen Dimensionen, bis
zu einem Durchmesser von 14 μ mit einem Nucleolus von 9 μ,
doch sinken diese Kerne in Folge zahlreicher Zweitheilungen in den
Zoosporen bis zur normalen Grösse herab. Die Normalgestalt ist
kugelig, bisweilen elliptisch, nur in lebhaft wachsenden Fäden zeigten
sie auch strangförmige Gestalt. Die junge Zelle enthält nur einen
einzigen Kern (junge Sporangien und Cysten von *Synchytrium*,
Sporen, Zoosporen); später, besonders in den vegetativen Zellen,
kann die Zahl der Kerne oft mehrere Tausende betragen. Die
Structur der Kerne schwankt innerhalb beträchtlicher Grenzen; der
Nucleolus kann auf einen centralen, kaum wahrnehmbaren Punkt
reduzirt sein und das ihn umgebende Hyaloplasma ist frei von
Granulationen; auf der anderen Seite kann sein Durchmesser die
Hälfte des Kernes übertreffen und das Hyaloplasma ist theilweise
oder völlig mit Chromatinkörnern erfüllt; im letzteren Falle sind
Nucleolus und Kernhaut verdeckt. Endlich kann der Nucleolus
bisweilen gänzlich schwinden und der Kern ist auf eine einfache Blase
mit wässerigem Inhalte reducirt. Die Fälle, in welchen der
Chromatinreichthum des Hyaloplasmas Nucleolus und Kernhaut verdeckt, lassen sich schwer scharf von den nicht seltenen trennen, in
welchen die sehr kleinen Kerne sich nur als gleichmässig gefärbte,

membranlose, chromatische Flecke darstellen (*Olpidiaceen, Ancylisteen*);
dieses Stadium führt zu einem andern, dem Vorläufer der indirecten
Theilung, in welchem der Nucleolus verschwunden ist und das
Chromatin in Stäbchen und Schleifen angeordnet ist. Indirecte
Kerntheilung scheint indess nicht häufig zu sein, wenigstens sind die
charakteristichen Stadien selten zu finden und meist ist die Theilung
direct. Die Vermehrung der Kerne findet in den vegetativen Fäden
statt; in den Sporangien, Conidien und zweifelsohne auch in den
Oogonien findet keine Kerntheilung statt (W a g n e r will zwar eine
solche im Oogon von *Peronospora parasitica* bemerkt haben!).
Dagegen ist die Kerntheilung stets eine Vorläuferin oder Beglei-
terin der Keimung von Sporen, Zoosporen, Cysten und Oosporen.
— Die Vertheilung der Kerne wechselt je nach Species und Organ,
stets aber liegen sie im Plasma, dicht beisammen oder entfernt; ist
das Plasma auf ein weitmaschiges Netzwerk reducirt, dann liegen
sie in den Knoten der Maschen. Die Sporangien und Conidien enthalten eine bestimmte Zahl in regelmässigen Abständen; dieselbe
entspricht der Zahl der gebildeten Zoosporen. Auch die Sporen
können mehrere Kerne führen. Die Cysten sind bald einzellig
(*Synchytrium*) und dann liegt der Kern entweder im Centrum oder
unter der Wand, bald mehrzellig (*Olpidiopsis*) mit im Plasma vertheilten Kernen. Die Bildung der Eier lässt bis jetzt keine durchgreifende Generalisirung zu. Bei *Ancylistes* birgt die Eizelle in
allen Entwicklungsstadien mehrere Kerne und ebenso das Antheridium. Bei *Saprolegnia Thureti* enthalten die Oogonien anfangs eine
grosse Zahl zerstreuter Kerne, die sich später in der Wandschicht
localisiren; im Moment der Eiballung werden die Kerne undeutlich und ihr Chromatin scheint sich im Zellinhalt zerstreut zu
haben (? Ref.). Im Centrum der Eizelle zeigt sich von Anfang
an ein sphärisches, aus homogener Substanz gebildetes Körperchen,
das sich mit Haematoxylin wenig oder nicht färbt, es wächst
langsam heran, wird empfindlicher für Farbstoffe und erfüllt schliesslich einen breiten centralen Raum der Oospore; sein Verhalten
gegen längere Einwirkung von Chloroform und Alkohol erweist
seine ölartige Natur. In jungen Oosphaeren sind kaum Spuren von
Kernen nachzuweisen, mitunter findet man eine kleine Anhäufung
von Chromatin, von der es dahingestellt bleiben muss, ob sie als
Kern zu betrachten ist, oder ob die wirklichen Kerne maskirt sind.
In den älteren Oosporen dagegen findet man 3—7, im Plasma
zwischen Oelkugel und Membran liegende Kerne; man findet sie
auch bei der Keimung in der Wandschicht wieder, wenn die Oelkugel verschwunden ist. Möglicher Weise stammen diese Kerne
von einem einzigen reproductiven Kerne ab. Möglicherweise sind
auch Unterschiede in der Kernzahl zu constatiren, je nachdem die
Oospore zur sofortigen Keimung befähigt ist, oder solche erst nach
längerer Ruhezeit eintritt. Auf Zusatz von Jod zu den Oosporen
erscheinen im Innern derselben kleine bräunliche Tropfen, Glykogen,
das, wie Verf. meint, an dieser Stelle noch nicht beobachtet wurde;
in den Eizellen sowohl wie in den älteren Oosporen findet man ein
oder zwei dicke Tröpfchen oder eine grössere Anzahl. Errera's

Ansicht, dass das Glykogen zur Oelproduction verwendet werden könnte, hält Verf., wenigstens für *Saprolegnia Thureti*, für zweifelhaft, da Glykogentröpfchen und Oelkugel ungefähr gleichzeitig auftreten, das Oel sogar häufig zuerst und die Entwicklung der Oelkugel in keiner Weise ein Verschwinden des Glykogens veranlasst. — Bei *Saprolegnia monoica* gleicht die histologische Structur der eben beschriebenen sehr, es werden mehrere Kerne in den Antheridien und zahlreiche Chromatinflecke in den Oosphären und jungen Oosporen wahrgenommen. Die Differenzen mit den Angaben von Hartog, der die Bildung zusammengesetzter Kerne in den Oosporangien und die Verschmelzung der zusammengesetzten Kerne zu einem einzigen in jeder Oospore beschreibt, vermag Verf. nicht aufzuklären. Bei *Aphanomyces* sind Oogonien und Antheridien mehrkernig, die Zahl der Oogoniumkerne beträgt etwa 15, diejenige der Antheridien 3—6 im Mittel. Vom Antheridium soll ein communicirender Canal (Befruchtungsschlauch) zur Oosphäre gehen, durch welchen eine durch Haematoxylin färbbare Substanz, ohne Zweifel Chromatin, passirt. In diesem Stadium werden die Kerne der Oospore undeutlich und die Oelkugel entwickelt sich wie bei *Saprolegnia Thureti*. Bei den *Pythium*-Arten lassen sich die Kerne im Oogon bis zur Bildung der Oosphäre verfolgen, wo sie undeutlich werden; sie sind je nach Species und Moment der Untersuchung in der Zahl 5—15 vorhanden; die der Antheridien sind schwieriger zu sehen, bei *Pythium proliferum* wurden 3—4 gezählt. Die Oelkugel entwickelt sich wie gewöhnlich, die ersten Spuren davon finden sich schon im Oogon; die reife Oospore setzt dem Eindringen von färbenden Reagentien grossen Widerstand entgegen. Die Angaben von Fisch über die Verschmelzung der männlichen und weiblichen Kerne zu einem einzigen im Centrum der Oospore konnte Verf. nicht bestätigen. Von den *Peronosporeen* besitzt das Oogon bei *Cystopus* zahlreiche kleine Kerne, die anfänglich in den Maschen eines netzigen Plasmas eingebettet liegen, in Uebereinstimmung mit den Angaben von Fisch und im Gegensatz zu denen von Chmilewskij; der einzige, von letzterem Autor angegebene Kern ist die Oelkugel, die in der That während ihrer Entwickelung mehr und mehr für färbende Reagentien empfänglich wird. Ihre Oelnatur wurde auch hier durch die langsame, mehr oder weniger vollkommene Löslichkeit in Chloroform dargethan. Während dieses Lösungsprocesses bietet sie die mannigfachsten Bilder, die dazu verführt haben, den Process als Kernverschmelzung zu beschreiben. In der That sind aber von den zahlreichen Kernen eine Anzahl im Periplasma zurückgeblieben, wo sie zur Bildung des Exospors dienen; die, welche in der Oosphäre eingeschlossen sind, werden eine kurze Zeit lang undeutlich, man findet sie aber bald mit ihren gewöhnlichen Kennzeichen wieder im Protoplasma zwischen der Oelkugel und dem Endospor. Vielleicht theilen sie sich auch in der Oospore, da diese letztere im Momente der Keimung, der Zahl der zu producirenden Zoosporen entsprechend, bis zu 100 Kerne enthalten muss. Bei *Plasmopara densa* liegen die Verhältnisse ähnlich, von einigen leichten Differenzen abgesehen. Oogonien wie Antheridien sind

mehrkernig. Im Momente der Eiballung wandert der grösste Theil
der Kerne an die Peripherie und bildet mit dem Periplasma das
Exospor (im Original steht, zweifelsohne in Folge eines Druck-
fehlers, Oospore): 2 Kerne allein bleiben im Centrum der Oospore,
die etwas später 5 Kerne zeigte. Diese Darstellung ähnelt der von
W a g n e r für *P. parasitica* gegebenen, nur glaubt dieser Autor an
Verschmelzung zu einem einzigen Kern, zuerst der beiden Oogon-
kerne untereinander und dann mit einem aus dem Antheridium
stammenden Kern. Verf. hält auch hier Verwechslung mit der Oelkugel für wahrscheinlich. Zum Schlusse macht Verf. folgenden
Generalisirungsversuch: Oogonien und Antheridien sind mehrkernig,
diejenigen des Oogons sind in 2 Gruppen zu scheiden, die einen
bleiben im Periplasma und gehen in der Membranbildung auf, die
andern bleiben in der Oosphaere: im Momente der Befruchtung
werden sie alle undeutlich oder 2 von ihnen bleiben allein im
Centrum sichtbar, etwas später findet man wieder mehr Kerne im
Plasma zwischen der Oelkugel und der Membran; diese Kerne
liefern durch Theilung bei der Keimung die Kerne der Zoosporen
oder vegetativen Fäden. Aehnlich scheinen die Verhältnisse bei den
Antheriden zu liegen, indem die Mehrzahl der Kerne sich im Antheridium zersetzt und wahrscheinlich nur dazu dient, die Thätigkeit des letzteren zu verlängern. Möglicherweise kann ein Antheri-
diumkern in die Oospore durch den sog. Befruchtungscanal eindringen. Welche Rolle er aber dort spielt, ob er mit einem Oosporen-
kern von speciellen Eigenschaften verschmilzt, ob die zahlreichen,
zur Reifezeit der Oospore zwischen Oelkugel und Membran vorhandenen Kerne etwa von einem solchen Verschmelzungskerne abstammen, diese Fragen sind alle noch zu lösen.

L. Klein (Freiburg i. B.).

Bastit, Eugène, Influence de l'état hygrométrique de
l'air sur la position et les fonctions des feuilles
chez les Mousses. (Comptes rendus des séances de l'Académie des sciences de Paris. T. CXII. 1891. No. 5. p. 314—316.)

An Individuen derselben Art von *Polytrichum,* welche an verschiedenen Stellen, die einen an feuchten, die anderen an trockenen
Plätzen, wachsen, beobachtet man, dass bei den ersteren die Blätter
weit entfaltet sind und eine convexe und stark nach dem Stamme
geneigte Oberfläche zeigen, während bei letzteren sie seitlich
über sich selbst geschlossen sind und die Achse fast umfassen.
Diese beiden Stellungen werden durch den verschiedenen Gehalt
der Luft an Wasserdampf hervorgerufen.

Denn transversale und longitudinale Schnitte durch die Blätter
zeigen, dass die Structur auf beiden Seiten verschieden ist: die
Ober- oder Innenseite zeigt reine Cellulosegewebe, die Unter- oder
Aussenseite nur mechanisch verstärkte Gewebe; daraus erklären
sich leicht die erwähnten Bewegungen.

. Ausser diesen Längsbewegungen zeigt das Blatt auch Seiten-
bewegungen, welche in Gliederungs- und Beugungsbewegungen zer-

legbar sind. Erstere finden um drei Paar Achsen herum statt,
welche parallel der Symmetricebene des Blattes gehen: zu innerst an
der seitlichen Grenze des innern Hypoderms; die folgende an der
Grenze des äusseren Hypoderms; die seitlichste an der Grenze der
inneren Epidermis. Jeder Theil des Blattes, der zwischen zwei aufeinanderfolgenden Achsen liegt, führt gleichzeitig eine seitliche
Beugungsbewegung aus, welche die innere Fläche transversal concav
macht. Durch diese seitlichen Bewegungen soll die innere Concavität
des Blattes erhöht werden bis zur gegenseitigen Berührung der
beiden Blattränder.

Ueber den Einfluss, welchen ein solcher geschlossener Stamm
auf die Respiration und Chlorophyllfunction ausübt, hat Verfasser
Folgendes eruirt:

1. Respiration: In beiden Fällen geht der Gaswechsel in gleicher
Weise und mit gleicher Regelmässigkeit vor sich. Das Verhältniss
des Volumens der ausgeathmeten Kohlensäure zum absorbirten
Sauerstoff-Volumen ist stets constant und sehr nahe der Einheit,
ohne dieselbe zu überschreiten. Sonst ist das Verhältniss des in
der Atmosphäre enthaltenen Sauerstoffes am Ende des Aufenthalts
in der Dunkelheit niemals unter 16% gewesen. Dagegen ist das
Verhältniss der Intensität stets geringer als 1, woraus hervorgeht,
dass die Respiration der Stämme in geschlossenem Zustande stets
sehr herabgesetzt ist.

2. Chlorophyllfunction: Die Art und Weise des Gasaustausches,
sowie das Verhältniss der Volumina des Sauerstoffes und der zer-
legten Kohlensäure ist in beiden Fällen gleich. Aber die Kohlensäurezersetzung und Sauerstoffentbindung ist bei geschlossenem
Stamme bedeutend geringer, als wenn die Blätter entfaltet sind,
woraus man auch auf eine bedeutende Herabsetzung der Chlorophyllfunction in dem angeführten Falle schliessen darf.

Deshalb verarbeiten auch die Moose während des Winters die
meisten Nährstoffe, was wiederum die Bildung des Ovulums und
Sporogoniums während der kalten Jahreszeit erklärlich macht.

Zander (Berlin).

Laurent, E., Expériences sur la réduction des nitrates
par les végétaux. (Annales de l'Institut Pasteur. 1890.
p. 722—744.)

I. Keimende Samen. Dass solche die Fähigkeit haben,
Nitrate zu reduciren, ist zwar schon von Schönbein behauptet
worden, doch ist dieser Angabe keine Bedeutung zuzuschreiben, da
zu jener Zeit auf die sehr wahrscheinliche Anwesenheit von reducirenden Bakterien keine Rücksicht genommen wurde. Um diese
auszuschliessen, verfuhr Verf. folgendermaasen:

Samen wurden in grossen Reagensgläsern mit $1\%{oo}$ Sublimat
übergossen, nach $^{1}/_{4}$ Stunde mehrmals mit sterilisirtem Wasser ausgewaschen und hierauf keimen lassen; wenn die Keimung genügend
fortgeschritten war, wurden die Samen mit soviel sterilisirter
$1\%_{0}$ Nitratlösung übergossen, dass sie, bei aufrecht gehaltenem
Glase, von derselben ganz bedeckt wurden. Die so hergerichteten

Reagensröhren (natürlich von Anfang an mit Wattepfropf verschlossen) wurden nun ins Dunkle gestellt und nach einiger Zeit die Flüssig-keit mittels eines sehr empfindlichen Reagens (Naphthylaminchlorid bei Anwesenheit von verdünnter Salzsäure und Sulfanilinsäure) auf Nitrite geprüft. Es sei bemerkt, dass die mannigfachen möglichen Fehlerquellen vom Verf. gebührend berücksichtigt wurden; nament-lich führte er Controlculturen, die ganz ebenso eingerichtet waren, nur mit dem Unterschied, dass anstatt der Nitratlösung, destillirtes Wasser gegeben wurde; fand sich nun in den Versuchsculturen Nitrit, in den Controlculturen aber keines, so konnte geschlossen werden, dass es in ersteren in der That durch Reduction des zugesetzten Nitrates entstanden ist. Die Abwesenheit von Bakterien in den Culturen wurde durch das völlige Klarbleiben der Flüssigkeit an-gezeigt.

Nach dieser Methode hat Verf. mit 7 verschiedenen Samen experimentirt und erhielt stets positive Resultate. Eine mehr oder weniger starke Nitritreaction tritt nach verschiedenen Zeiten ein, bei Erbsen schon nach 1 Stunde, bei Mais erst nach 2 Tagen; an-fangs nimmt die Intensität der Reaction zu, nach längerer Zeit aber verschwindet sie wieder (letzteres ist, wie Verf. weiter zeigt, wahr-scheinlich eine Wirkung von aus den Pflänzchen hinaus diffundirenden organischen Säuren). Die reducirende Wirkung kommt ruhenden Samen nicht zu, beginnt aber mit den ersten Stadien der Keimung. Verf. führte nach verschiedenen Methoden eine annähernde Be-stimmung der relativen Nitritmenge aus, welche durch keimende Erbsen im Laufe von 4 Stunden gebildet wurde, und fand in 2 Fällen, dass die Flüssigkeit ca. 0,1% resp. 0,05% Kaliumnitrit enthielt.

Die Reduction der Nitrate ist eine Folge von Sauerstoffmangel. Wurden die Keimlinge, caeteris paribus, nicht in engen Röhren, sondern in flachen Gefässen gehalten, so trat kein Nitrit auf; hin-gegen wurde im Vacuum oder in Wasserstoff die Bildung desselben erheblich gesteigert. Es scheint also, dass die Pflanzen, wenn Mangel an freiem Sauerstoff entsteht, ihren Bedarf an Sauerstoff auch dadurch zu decken im Stande sind, dass sie denselben der Salpetersäure entziehen.

II. Saftige Theile erwachsener Pflanzen. Knollen, Zwiebeln, Blattstiele, Stengel und Früchte einer grösseren Reihe von Pflanzen wurden mit 1% Salpeterlösung übergossen und nach 3 Stunden auf Nitrite untersucht: in der grossen Mehrzahl der Fälle wurde eine mehr oder weniger starke Nitritreaction erhalten (mit Kartoffelscheiben schon nach einer Stunde). Bei mehreren dieser Pflanzentheile wurde constatirt, dass ihr Saft kein Nitrit ent-hält. Sterilisation dieser Objecte war natürlich ausgeschlossen, doch hält Verf. die Zeit von 3 Stunden für zu kurz, als dass Bakterien hätten eine merkliche Reduction hervorbringen können. Auch hier verschwand das gebildete Nitrit nach kürzerer oder längerer Zeit; ebenso wurde die Abhängigkeit der Reductionsthätigkeit vom Sauer-stoffmangel constatirt.

Bemerkenswerth ist, dass die fleischigen Organe erwachsener Pflanzen, wenigstens in der Regel, auch dann die Nitrate reduciren, wenn sie durch Alkohol, Aether, Chloroform und andere ähnlich wirkende Körper getödtet worden sind (was für keimende Samen nicht gilt). Es ist daraus zu schliessen, dass die Nitratreduction nicht eine Folge der Lebensthätigkeit dieser Organe ist, sondern dass in ihnen leicht oxydirbare Stoffe enthalten sind, welche normalerweise den Sauerstoff der Luft an sich ziehen, eventuell ihn aber auch der Salpetersäure entnehmen. In der That ergab sich, dass gewisse Pflanzensäfte, z. B. derjenige der Wurzeln von *Vicia Faba*, der weissen Kirschen, energisch und schnell Nitrate reduciren; andere Säfte thun dies in geringerem Grade, noch andere gar nicht — zum Theil wohl in Folge davon, dass die reducirenden Substanzen derselben schon während des Auspressens des Saftes oxydirt werden. Aus letzterem Grunde begegnete auch der Versuch, die fraglichen Substanzen behufs näherer Untersuchung zu isoliren, unüberwindlichen Schwierigkeiten.

III. **Niedere Pflanzen.** Die Fähigkeit, Nitrate zu reduciren, wurde für mehrere grüne Fadenalgen und für das fleischige Hutgewebe eines Theiles der darauf untersuchten *Hymenomyceten* constatirt; die Abwesenheit von Bakterien wurde hier durch mikroskopische Untersuchung festgestellt. Ueber dieselbe Fähigkeit bei einigen (aber nicht allen) Schimmelpilzen und den Sprosspilzen hat Verf. bereits früher berichtet. In Bezug auf die Bakterien fügt Verf. dem bereits Bekannten die Beobachtungen hinzu, dass die Nitritbildung auch hier nur bei Sauerstoffmangel eintritt und dass das gebildete Nitrit bei saurer Reaction der Flüssigkeit allmählich wieder zerstört wird.

Rothert (Leipzig).

Poulsen, V. A., Anatomische Untersuchungen über die vegetativen Organe der *Xyris*. [Sep.-Abdr. aus Videnskabelige Meddelelser fra d. naturhist. Forening i Kjöbenhavn for 1891.) Mit 3 Tafeln. Copenhagen 1891. [Dänisch].

Verf. macht in dieser Abhandlung darauf aufmerksam, dass man auf anatomischer Grundlage keine Meinung darüber sich bilden kann, ob man von einer Zusammengehörigkeit zwischen den *Xyrideen* und den *Eriocaulaceen* sprechen kann. Demnach geht er zu seinen anatomischen Untersuchungen über 1. *Xyris angustifolia**) und 2. *Xyris plantaginea* Kth., aus Brasilien herstammend, über. Das Herbariummaterial von *Xyrideen* lässt sich — im Gegensatz zu den *Eriocaulaceen* — sehr gut zum Aufweichen nach der Pfitzer'schen Alkohol-Ammoniak-Methode benutzen; die Untersuchung ist daher auch auf (Herbarienmaterial von) 3. *X. asperata* Kth., 4. *X. montivaga* Kth., 5. *X. teretifolia* nov. sp*)., 6. *X. schizachne* Mart., 7. *X. calocephala* nov. sp.*) und *X. alata* nov. sp.*) erstreckt worden.

---

*) nov. spec.: alle in dieser Abhandlung besprochenen neuen Arten werden in Warming's Symbolae ad floram Brasiliae centralis cognoscendam beschrieben.

Die Arten lassen sich leicht von einander durch anatomische Kennzeichen unterscheiden, doch fehlt noch für die Aufstellung einer anatomischen Clavis eine vollständige Bearbeitung aller bisher bekannten Arten.

1) Die Epidermiszellen sind verschieden ausgebildet:
    a. dickwandig bei Nr. 3, 5 und 7;
    b. die äusseren Wände sind an den Stellen, wo die Zellen durch die Endwände mit einander zusammenstossen, bucklig: Nr. 1, 3 u. 4;
    c. dünnwandig: Nr. 2, 6 und 8.

2) Die Spaltöffnungen sind überall von Nebenzellen begleitet; sie liegen bei Nr. 1, 3 und 4 etwas über dem Niveau der Epidermis.

3) Trichome sind allein an den dickwandigen und radial gestreckten Epidermiszellen auf den Kanten des Blattes und auf dem Kiele des Scapus gefunden worden. Die Trichome sind Auswüchse auf der Mitte der Zellen, sehr dick und bei Nr. 1 ganz niedrig, bei Nr. 3 und 6 von Mittelhöhe und bei 8 ziemlich hoch; bei 4 und 5 fehlen gänzlich Trichome.

4) Der Mestomstrang ist immer von einer Mestomscheide und von einer parenchymatischen Leitungsscheide umgeben; das mechanische Gewebe erreicht jedoch nimmer die Epidermis. Die Gefässbündel in der Blattlamina laufen meist zu 3 und 3 zusammen mit gemeinschaftlicher Stereom- und Plerom-Schicht. Die dünneren Gefässe sind den grossen gegenüber in einer bestimmten Art und Weise angeordnet.

5) Der Scapus enthält nicht diese Verbindung der Mestomstränge.

6) Queranastomosen finden sich nicht zwischen den Gefässbündeln des Xyris-Blattes. Die mechanische Schicht ist ein Stereom-Cylinder, an dessen innerer Seite ein Kreis von abwechselnd dünneren und dickeren Mestomsträngen (die letzten mit Protohadromlacune) sich stützt, mehr oder minder im mechanischen Gewebe eingelagert. Aus der Figur des Querschnittes des Stereomcylinders und aus der Anzahl der Fibrovasalstränge können Artmerkmale beigebracht werden.

7) Bei keiner Xyris-Art sind Krystalle vorgefunden.

8) Auf der Dorsalseite der Bracteen findet sich ein breiter oder schmaler, länglich-runder, glanzloser „Fleck". „Dieser ist ein gänzlich locales Assimilationsorgan, dessen Zellen chlorophyllhaltig und mit Intercellularräumen versehen sind; weiter sind sie von einer Epidermis mit zahlreichen, grossen Spaltöffnungen bedeckt." „Die assimilirende Gewebeschicht erstreckt sich nicht durch die ganze Bractee in der Tiefe hin, nimmt aber ungefähr die äusserste Hälfte derselben ein." Das Gewebe innerhalb derselben ist sclerotisirt, was auch für den ganzen Rest der Gewebe der Bractee mit Ausnahme einiger sehr dünner Gefässbündel gilt.

_____ J. Christian Bay (Kopenhagen).

Galloway, B. T., A new pine leaf rust (*Coleosporium Pini* n sp.). (Journal of Mycology. Vol. VII. No. 1. p. 44.)

Die verwandtschaftlichen Verhältnisse, die de Bary für *Chrysomyxa Abietis* und *Chrysomyxa Rhododendri* seinerzeit erörtert hat, haben nunmehr eine Parallele erhalten durch Auffindung des obengenannten *Coleosporiums.* Dasselbe kommt auf *Pinus inops* bei Washington vor. Es sind nur Teleutosporen gefunden worden, die zwei- bis vierzellig sind und wie bei allen *Coleosporium*arten sofort in der für diese Gattung charakteristischen Weise keimen. Da Verf. das *Coleosporium* fast immer gemeinsam mit *Peridermium cerebrum* Pk. angetroffen hat, so hält er die Zusammengehörigkeit beider Formen für möglich und stellt diesbezügliche Culturversuche in Aussicht.

Dietel (Leipzig).

Graziani, A., Deux Champignons parasites des feuilles de Coca. (Bullet. de la Soc. Mycol. de France. 1891. pag. 153 und 154. Mit Tafel.)

Zwei pilzliche Parasiten der Blätter des Rothholzbaumes (*Erythroxylon Coca*) werden als *Uredo Erythroxylonis* nov. spec. und *Phyllosticta Erythroxylonis* nov. spec. beschrieben, erstere in Bolivia und Peru anscheinend verbreitet, letztere nur auf Blättern aus Bolivia gefunden.

Dietel (Leipzig.)

Arustamoff, M., Ueber die Natur des Fischgiftes. (Centralblatt f. Bakteriologie und Parasitenkunde. Bd. X. No. 4. p. 113—119.)

Arustamoff hatte Gelegenheit, 11 Vergiftungsfälle mit z. Th. letalem Ausgang zu untersuchen, welche durch den Genuss von rohem, gesalzenem Fleisch vom Hausen, Stör, Ssewrjuga (eine Störart) und Lachs hervorgerufen worden waren. Die äussere Beschaffenheit der betreffenden Fische, sowie ihr Geschmack waren durchaus gut, und von irgend welchem Fäulnissprocess nichts zu bemerken. Dagegen fanden sich auf mikroskopischen Schnitten des Fischfleisches kolossale Mengen von Mikroben, die A. auch in Leber, Milz und Nieren der vergifteten Individuen antraf. Dieselben erwiesen sich nicht als identisch, sondern es scheint, als ob jeder Fisch seine eigene Art besässe. Die Reinkulturen, welche an diejenigen von Bacillen des Unterleibstyphus erinnerten, erschienen erst am 3. Tage auf der Oberfläche des Agars, um sich aber dann sehr rasch auszubreiten. Die Lachsmikroben verflüssigen die Nährgelatine, die anderen dagegen nicht. Fäulnissgeruch ist niemals bemerklich. Die Störbakterien sind ein wenig grösser, als diejenigen der Ssewrjuga, die Hausenbakterien dagegen fast zweimal dicker und länger, als die ersteren; die beweglichen Lachsmikroben sind 1 μ dick und 2—2$^1/_2$ μ lang. Die mit den Culturen geimpften Kaninchen gingen sämmtlich mehr oder minder rasch zu Grunde, während Hunde und Katzen zwar sehr schwer erkrankten, aber am Leben blieben. In den ersten Tagen der Cultur waren die Bakterien weniger giftig, als in den folgenden und verlor sich die Giftigkeit der Mikroben bei fortgesetzter Reincultur auch in den folgenden Generationen nicht. Wir haben es hier wohl nicht mit Fäulnissbakterien zu thun, sondern die betreffenden Mikroben sind wahrscheinlich die specifischen Erreger von Krankheiten, welchen die angeführten Fischgattungen unterworfen sind.

Kohl (Marburg.)

Buschan, G., Zur Geschichte des Weinbaus in Deutschland. (Ausland. 1890. p. 868—872.)

Verf. weist zunächst darauf hin, dass sowohl die neueren Ergebnisse der Paläontologie als die der Urgeschichte die Rebe als eine auch in Europa heimische Pflanze betrachten lassen. Clericis Studien in ersterer Wissenschaft haben ergeben, dass ein mit unserem Weinstock identisches Gewächs schon im oberen Pliocän in unserem Erdtheil wuchs, und ein neolithischer Fund aus dem Pfahlbau von˙Bovère im Scheldethal beweist sogar ihre frühe Existenz in Mitteleuropa. Als Culturpflanze scheint sie allerdings erst nach Beginn unserer Zeitrechnung bei uns eingeführt zu sein, und zwar schon in den ersten Jahrhunderten ins westrheinische Gebiet, dagegen erst zur Zeit der Merowinger östlich vom Rhein. Besondere Verdienste um ihre Verbreitung erwarb sich K a r l d e r G r o s s e. Aber erst nach dem Jahre 1000 drang die Rebe vielfach gleichzeitig mit der christlichen Religion in's nordöstliche Deutschland ein. Ihr Rückzug aus diesem Gebiet begann mit dem 30jährigen Kriege, in welchem viele Weinberge vernichtet wurden. Die übrigen Einzelheiten, welche theils aus Chroniken, theils aus älteren Funden geschöpft sind, müssen im Original eingesehen werden.

Höck (Luckenwalde).

Buschan, G., Zur Geschichte des Hopfens; seine Einführung und Verbreitung in Deutshland, speciell in Schlesien. (Separat-Abdruck aus „Ausland". 1891. No. 31.)

Wie über den Weinstock stellt Verf. hier über den Hopfen Untersuchungen bezüglich seines Culturalters in Deutschland an. Im Gegensatz zu jener Pflanze scheint diese von Osten her eingedrungen zu sein, und zwar aus den Ländern mit slavischer Bevölkerung. Unter diesen Völkern scheint er auch zuerst als Zusatz zum Bier benutzt. Die erste allenfalls auf den Hopfen zu deutende Kunde aus unserem Vaterlande stammt aus der Zeit P i p i n s , doch ist diese sehr zweifelhaft, da in dem bekannten Capitulare K a r l's d e s G r o s s e n über Culturpflanzen der Hopfen keine Erwähnung findet. Eine sichere Kunde über ihn stammt erst von der Aebtissin H i l d e g a r d v. B i n g e n († 1079), die seine Verwendung zum Bier erwähnt; wahrscheinlich ein Jahrhundert älter ist die Erwähnung des Hopfens durch den Abt I r m i n o von St. Germain-des-Prés. Frühzeitig wurde Böhmen ein weiterer Ausgangspunkt für Hopfenbau. Von da aus drang derselbe dann auch in Schlesien ein, auf welches Land Verf. näher eingeht. Schon 1241 wird auch Hopfenbau aus Brandenburg erwähnt. Ein halbes Jahrhundert später treffen wir ihn in Holstein an.

Höck (Luckenwalde).

Neue Litteratur.[*]

Geschichte der Botanik:

Henriques, J. A., Dr. H. M. Willkomm. (Boletim da Sociedade Broteriana di Coimbra. Tom. IX. 1891. p. 5—8.)

Lexica.

Baillon, H., Dictionnaire de botanique: Avec la collaboration de J. de Seynes, J. de Lanessan, E. Mussat, W. Nylander, E. Tison, E. Fournier, J. Poisson, L. Soubeiran, H. Bocquillon, G. Dutailly etc. Dessins d'A. Faguet. Tome IV. Fasc. 31 et 32. 4°. p. 65 à 224. Paris (Hachette & Co.) 1891. Fr. 5.—

Algen:

Klebs, Georg, Ueber die Bildung der Fortpflanzungszellen bei Hydrodictyon utriculatum Roth. Mit Tafel. (Botanische Zeitung. 1891. No. 48. p. 789—798.)

Reinke, J., Die braunen und rothen Algen von Helgoland. (Berichte der Deutschen botanischen Gesellschaft. Bd. IX. 1891. Heft 8. p. 271—273.)

Pilze:

Beyerinck, M. W., Die Lebensgeschichte einer Pigmentbakterie. Mit Tafel. [Schluss.] (Botanische Zeitung. 1891. No. 47. p. 773—781.)

Bresadola, J. l'abbé, Contributions à la flore mycologique de l'Ile de St. Thomé. (Boletim da Sociedade Broteriana di Coimbra. Tom. IX. 1891. p. 38.)

Gefässkryptogamen:

Palouzier, Emile, Essai d'une monographie des fougères françaises. (Thèse). 8°. 103 pp. Montpellier (imp. Boehm) 1891.

Physiologie, Biologie, Anatomie und Morphologie:

Bauer, R. W., Ueber eine aus Quittenschleim entstehende Zuckerart. (Die landwirthschaftlichen Versuchsstatonen. Herausgegeben von Nobbe. Bd. XXXIX. 1891. Heft 6.)

Belajeff, W. C., Zur Lehre von dem Pollenschlauche der Gymnospermen. Mit Tafel. (Berichte der Deutschen botanischen Gesellschaft. Bd. IX. 1891. Heft 8. p. 280—286.)

Clops, D., Individualité des faisceaux fibro-vasculaires des appendices des plantes. Avec planches. (Extrait des Mémoires de l'Académie des sciences, inscriptions et belles-lettres de Toulouse. Tome XI. 1889.) 8°. 20 pp. Toulouse (Imp. Douladoure-Privat) 1891.

Hegelmaier, Fr., Ueber partielle Abschnürung und Obliteration des Keimsacks. Mit Tafel. (Berichte der Deutschen botanischen Gesellschaft. Bd. IX. 1891. Heft 8. p. 257—266.)

Heinricher, E., Ueber massenhaftes Auftreten von Krystalloiden in Laubtrieben der Kartoffelpflanze. (l. c. p. 287—291.)

Hoffmeister, W., Die Cellulose und ihre Formen. (Die landwirthschaftlichen Versuchsstationen. Herausgegeben von Nobbe. Bd. XXXIX. 1891. Heft 6.)

Holm, Theo., On the vitality of some annual plants. (Amer. Journ. of Sciences. XLII. 1891. p. 304. 1 pl.)

Lindau, G., Zur Entwicklungsgeschichte einiger Samen. 1. Rhamnus cathartica L., 2. Coccoloba populifolia Wedd. Mit Tafel. (Berichte der Deutschen botan. Gesellschaft. Bd. IX. 1891. Heft 8. p. 274—279.)

Massee, G., The evolution of plant life. Lower forms. (University Extension Series.) 8°. 240. London (Methner) 1891. 2 s. 6 d.

---

[*] Der ergebenst Unterzeichnete bittet dringend die Herren Autoren um gefällige Uebersendung von Separat-Abdrücken oder wenigstens um Angabe der Titel ihrer neuen Publicationen, damit in der „Neuen Litteratur" möglichste Vollständigkeit erreicht wird. Die Redactionen anderer Zeitschriften werden ersucht, den Inhalt jeder einzelnen Nummer gefälligst mittheilen zu wollen, damit derselbe ebenfalls schnell berücksichtigt werden kann.

Dr. Uhlworm,
Terrasse Nr. 7.

Molisch, Hans, Bemerkung zu J. H. **Wakker's** Arbeit „Ein neuer Inhalts-körper der Pflanzenzelle." (l. c. p. 270.)

Nihoul, Édouard, Contribution a l'étude anatomique des Renonculacées. Ranunculus arvensis L. (Extrait des Mémoires couronnés et Mémoires des savants étrangers, publiés par l'Acad. roy. des sc., des lettres et des beaux arts de Belgique. 1891.) 4°. 41 p. Bruxelles (F. Hayez) 1891.

Potter, C., Observations on the protection of buds in the tropics. With 4 plates. (Extracted from the Linnean Society's Journal. Botany. Vol. XXVIII. Read 19. June, 1890) p. 343−352.)

Tollens, B., Untersuchungen über Kohlehydrate. (Die landwirthschaftlichen Versuchsstationen. Bd. XXXIX. 1891. Heft 6.)

Weiss, J. E., Selbstschutz der Pflanzen gegen äussere Einflüsse. (Illustrirte Monatshefte für die Gesammt-Interessen des Gartenbaues. 1891. Heft 11. p. 266—275.)

Systematik und Pflanzengeographie:

Henriques, J., Resumen de los datos estadísticos concernientes a la vegetación espontánea de la península Hispano-Lusitana é Islas Baleares. (Boletim da Sociedade Broteriana di Coimbra. 1891. Tom. IX. p. 9—25.)

Palaeontologie:

Meschinelli, L., Di un probabile agaricino miocenico. Con tavola. (Estratto dagli Atti della società veneto-trentina di scienze naturali. Vol. XII. Fasc. 2.) 8°. 5 pp. Padova (stab. tip. Prosperini) 1891.

Teratologie und Pflanzenkrankheiten:

Böttcher, E. F. N., Die Kartoffelkrankheit und ihre Bekämpfung. (Illustr. Monatshefte für die Gesammt-Interessen des Gartenbaues. 1891. Heft 11. p. 281 - 282.)

Clos, D., La tératologie végétale et ses principes. (Extrait des Mémoires de l'Académie des sciences, inscriptions et belles-lettres de Toulouse. Série IX. Tome III. 1891.) 8°. 48 pp. Toulouse (Imp. Douladoure-Privat) 1891.

Eriksson, Jacob, Wie soll ein internationales phytopathologisches Versuchs-wesen organisirt werden? Eine den Mitgliedern der internationalen phyto-pathologischen Commission zum Erwägen und Diskutiren vorgelegte Frage. 8°. 12 pp. Stockholm (Druck von Ålander) 1891.

Jännicke, W., Bildungsabweichungen an Weigelien. Mit Tafel. (Berichte der Deutschen botanischen Gesellschaft. Bd. IX. 1891. Heft 8. p. 266—270.)

Kessler, H. F., Die Ausbreitung der Reblauskrankheit in Deutschland und deren Bekämpfung, unter Benutzung von amtlichen Schriftstücken beleuchtet. 8°. III, 50 pp. Berlin (Friedländer & Sohn) 1891. M. −.80.

Ricchetti, E., Giudizî sugli apparecchi per applicare i rimedi liquidi per combattere la peronospora della vite. (Annali della r. scuola pratica d'agricol-tura Gaetano Cantoni in Grumello del Monte (provincia Bergamo). 1891. Vol. I.)

— —, La Tychea del frumento. (l. c.)

Tamaro, D., La lotta contro la peronospora nel triennio 1887−90. (l. c.)

— —, La peronospora delle patate. (l. c.)

— —, Le due crittogame che maggiormente danneggiano i pomidoro. (l. c.)

Viala, P. et Boyer, G., Une maladie des raisins produite par l'Aureobasidium vitis. Avec 1 planche. (Extrait des Annales de l'Ecole nationale d'agriculture de Montpellier.) 8°. 7 pp. Montpellier (Coulet), Paris (Masson) 1891.

Viala, P. et Sauvageau, C., Sur quelques champignons parasites de la vigue. Avec 2 planches. 8°. 20 pp. Montpellier (Coulet), Paris (Masson) 1891.

Medicinisch-pharmaceutische Botanik:

Abbott, A. C., The relation of the pseudo-diphtheritic bacillus to the diphtheritic bacillus. (Bullet. of the Johns Hopk. hosp. 1891. No. 15. p. 110−111.)

Akerman, J., Actinomycosis hominis. (Hygiea. Stockholm 1891. p. 595−607.)

Béchamp, A., Considérations physiologiques sur les globules et les microzymas laiteux de laits de vache anormaux. (Bullet. de l'acad. de méd. 1891. No. 34. p. 262—278.)

Bonardi, F. e Silvestrini, Osservazioni cliniche, anatomo-patologiche e batterio-logiche sulla febbre tifoide testè svoltasi epidemicamente in Pisa. (Riv. gener. ital. di clin. med. Pisa. 1891. p. 2, 36, 58.)

Bouchard, G., De la diphthérie; nature, causes, manifestations; différents traitements pendant ces dernières années. (Gaz. méd. d'Orient. 1890. No. 6, 7, 12—19, 21—23. p. 87—91, 105—107, 186—189, 204—206, 220—222, 231—233, 251—253, 265—267, 285—286, 299—300, 331—332, 846—348, 358—359. 1891. No. 1, 5, 8—11, 13. p. 12—14, 69—70, 119—122, 134 —138, 154—155, 170—173, 203—204.)

Breton, Dothiénenterie. Méningite suppurée consécutive due au bacille d'Eberth. (Rev. mens. d. malad. de l'enfance. 1891. Oct. p. 445—448.)

Capranica, S., Sul potere battericida del siero di sangue. Note prevent. (Gazz. d. ospit. 1891. No. 70. p. 670.)

de Christmas, J., Etude sur les substances microbicides du sérum et des organes d'animaux à sang chaud. (Annales de l'Institut Pasteur. 1891. No. 8. p. 487—505.)

Crookshank, Actinomycosis. (Veterin. Journ. 1891. Oct. p. 249—254.)

Dahmen, M., Neues Verfahren zur Auffindung der Tuberkelbacillen im Sputum. (Münchener medicin. Wochenschrift. 1891. No. 38. p. 667—668.)

Doyen, Des diverses espèces de suppurations examinées au point de vue bactériologique et clinique. (Congrès franç. de chir. 5. session. Paris 1891. p. 270—293.)

Fasano, A., La difterite; stato presente delle quistioni relative alla etiologia, patogenesi, postumi, profilassi e cura di questo morbo. (Arch. internaz. d. specialità med.-chir. 1891. No. 11/12. p. 241—246.)

Frenzel, J., Die Verdauung lebenden Gewebes und die Darmparasiten. (Arch. f. Physiol. 1891. No. 3/4. p. 293—314.)

Gärtner, F., Versuch der praktischen Verwerthung des Nachweises von Eiterkokken im Schweisse Septischer. (Centralblatt für Gynäkol. 1891. No 40. p. 804—808.)

Gérard-Marchant, Thyroïdite à pneumocoques. (Congrès franç. de chir. 5. session. Paris 1891. p. 268—270.)

de Giaxa et **Guarnieri, G.,** Contribution à la connaissance du pouvoir bactéricide du sang. (Annal. de microgr. No. 12. 1891. p. 545—560.)

Guyon, P. et **Albarran, J.,** Sur la gangrène urinaire d'origine microbienne. (Congrès franç. de chir. 5. session. Paris 1891. p. 511—517.)

Haushalter, P., Notes sur la diphtérie aviaire. Les rapports avec la diphtérie humaine. (Rev. méd. de l'est. 1891. p. 289—300.)

Jahresbericht über die Fortschritte in der Lehre von den pathogenen Mikroorganismen, umfassend Bakterien, Pilze und Protozoën. Unter Mitwirkung von Fachgenossen bearbeitet von P. Baumgarten. Namen- und Sachregister zum I.—V. Jahrgang. 1885—1889. gr. 8°. III. 98 pp. Braunschweig (Harald Bruhn) 1891. M. 2,60.

Johnston, W., Notes on the bacteriological study of diphtheria. (Montreal Med. Journ. 1891. Sept. p. 161—175.)

Kanthack, A. A. and **Barclay, A.,** Cultivation of the bacillus leprae. (Brit. Med. Journ. No. 1600. 1891. p. 476.)

Kanthack, A. A. und **Barklay, A.,** Ein Beitrag zur Kultur des Bacillus leprae. (Arch. f. pathol. Anat. u. Physiol. Bd. CXXV. 1891. No. 2. p. 398—404.)

Kondorski, M. K., Ein Fall von Anthraxinfection durch die unverletzte Haut. (Wratsch. 1891. No. 30. p. 714.) [Russisch.]

Kostjurin, S. und **Kraïnsky, N.,** Ueber Heilung des Milzbrandes durch Fäulnisstoxine (Extracte) bei Thieren. (Centralblatt für Bakteriologie und Parasitenkunde. Band X. 1891. No. 17. p. 553—557, No. 18. p. 599—605.)

de Lacerda, J. B., Natureza, causa, prophylaxia e tratamento do beri-beri. (Ann. de Acad. de med. do Rio de Janairo 1889/90. p. 279—319.)

Lafar, F., Bakteriologische Studien über Butter. (Arch. f. Hyg. Bd. XIII. 1891. No. 1. p. 1—39.)

Lange, J., Geschichte der prophylaktischen Maassregeln gegen Milzbrand und der beim Kasaner Veterinär-Institut errichteten bakteriologischen Abtheilung. (Uchen. Zapiski Kasan. Vet. Inst. 1890. p. 515—532.) [Russisch.]

Lannelongue, Des ostéomyélites à staphylocoques, à streptocoques et à pneumocoques, au point de vue expérimentel et clinique. (Congrès franç. de chir. 5. session. Paris 1891. p. 239—248.)

Lefort, P., Aide-mémoire de pathologie générale et de bactériologie. 18°.
Paris (J. B. Baillière & fils) 1891.   Fr. 3.—
Leloir, H. et Tavernier, A., Recherches nouvelles sur l'action combinée du
bacille de Koch etc. (Annal. de dermatol. et de syphiligr. 1891. No. 8/9.
p. 683—685.)
Maggiora, Arnaldo und Gradenigo, Giuseppe, Beitrag zur Aetiologie der
katarrhalischen Ohrentzündungen. (Centralblatt für Bakteriologie und Parasiten-
kunde. Band X. 1891. No. 19. p. 625—635.)
Malvoz, E., Une épidémie de fièvre typhoïde avec présence du microbe
pathogène dans l'eau de boisson. (Annal. de la soc. méd.-chir. de Liége.
1891. p. 201—204.)
Martinotti, Giovanni und Tedeschi, Alessandro, Untersuchungen über die
Wirkungen der Inokulation des Milzbrandes in die Nervencentra. (Centralblatt
für Bakteriologie und Parasitenkunde. Band X. 1891. No. 17. p. 545—553,
No. 18. p. 593—599, No. 19. p. 635—641.)
Metschnikoff, E. et Roux, E., Sur la propriété bactéricide du sang de rat.
(Annal. de l'Instit. Pasteur. 1891. No. 8. p. 478—486.)
Metschnikoff, E., et Roudenko, T., Recherches sur l'accoutumance aux produits
microbiens. (Annal. de l'Instit. Pasteur 1891. No. 9. p. 567—576.)
Netschajeff, P., Ueber die Bedeutung der Leukocyten bei Infection des Organismus
durch Bakterien. (Arch. f. pathol. Anat. u. Physiol. Bd. CXXV. 1891. Heft 3.
p. 415—452.)
Newcomb, J. E., One form of pharyngeal mycosis — Mycosis leptothrica. (Med.
Record. 1891. Vol. II. No. 9. p. 232—235.)
Nieden, A., Ueber Conjunctivitis blennorrhoica neonatorum bei einem in den
Eihäuten geborenen Kinde. (Klin. Monatsblatt für Augenheilkunde. 1891. Oct.
p. 353—357.)
Nocard, Une broncho-pneumonie infectieuse des boeufs américains, „The Corn-
Stalk disease". (Rec. de méd. vétérin. 1891. No. 16. p. 424—430.)
Petermann, Sur la substance bactéricide du sang décrite par le professeur
Ogata. (Annal. de l'Instit. Pasteur. 1891. No. 8. p. 506—514.)
Petrescu, Z., Actiunea microbicidá a eucaliptolului, a creosotului, gaiacolului,
esentei de terebentina si a iodoformului. (Spitatul, Bukarest. 1891. p. 114—121.)
Reclus, P., Une observation d'abcès à streptocoques. (Congrès franç. de chir.
5. session. Paris 1891. p. 248—249.)
Reichel, P., Ueber Immunität gegen das Virus von Eiterkokken. (Arch. f. klin.
Chir. Bd. XLII. 1891. No. 2. p. 237—281.)
Rendu, H. et Bouloche, P., Deux cas d'infection pneumococcique à localisation
particulière. (Bullet. et mémoir. de la soc. méd. d. hôpitaux de Paris. 1891.
p. 219—228.)
Rendu, H. et Boulloche, P., Deux cas d'infection pneumococcique à localisation
particulière (angine et méningite à pneumocoques). (Gaz. d. hôpit. 1891.
p. 593—596.)
Rodet, Paul, De l'action comparée de la Kola et de la caféine sur la nutrition.
8°. 14 pp. Clermont (Oise) (imprim. Daix frères), Paris (Antoine Dubois) 1891.
Roscoe, Sir H. E. and Lunt, J., Contributions to the chemical bacteriology
of sewage. (Proceed. of the Royal soc. of London. 1891. p. 455—457.)
Samada, K., Plants employed in medicine in the Japanese Pharmacopoea. (The
Botanical Magazine. Vol. V. 1891. No. 53. p. 218—222.) Tokyo 1891. [Japanisch.]
— —, Plants employed in medicine in the Japanese Pharmacopoea [Continued].
(l. c. No. 55. p. 284—289.) [Japanisch.]
Sanarelli, Giuseppe, Weitere Mittheilungen über Gifttheorie und Phagocytose.
(Centralblatt für Bakteriologie und Parasitenkunde. Band X. 1891. No. 16.
p. 513—517.)
Sanarelli, G., La saliva umana ed i microorganismi patogeni del cavo orale.
(Riv. clin. arch. ital. di clin. med. 1891. No. 3. p. 232—256.)
Schepetilnikoff, A., Untersuchungen über die Milzbrandepidemie im Krasno-
slobodskischen Distrikt, Gouv. Pensa. (Zemsk. wratsch, Tschernigoff. 1891.
p. 157—160.) [Russisch.]
Schilling, Experimenteller Beitrag zur Verwerthung des Mallein für die
Diagnose der Rotzkrankheit. (Berliner thierärztliche Wochenschrift. 1891.
No. 36. p. 324—325.)

Schnirer, M. T., Zweiter Tuberculose-Congress. [Fortsetzung.] (Centralblatt für Bakteriologie und Parasitenkunde. Band X. 1891. No. 17. p. 585—588.)

Serafini, A., Chemisch-bakteriologische Analyse einiger Wurstwaaren. (Arch. f. Hyg. Bd. XIII. 1891. Heft 2. p. 173—206.)

Sirena, S., Sulla resistenza vitale del bacillo virgola di Koch nelle acque. (Atti d. r. Accad. d. scienze med. in Palermo [1889] 1890. p. 36—53.)

Sirena, S. e **Misuraca, G.,** Azione della creolina di Pearson sul bacillo della tubercolosi. (Riforma med. 1891. p. 87—90.)

Thiéry, P. et **Beretta,** Métastase purulente de l'anthrax. (Congrès franç. de chir. 5. session. Paris 1891. p. 262—267.)

Thiriar, Un caso di actinomicosi. (Gazz. d. ospit. 1891. No. 65. p. 623—626.)

Tower, F. J., Milk infection. (Med. News. 1891. Vol. II. No. 6. p. 151—153.)

Vaughan, V. C., Aetiology of diphtheria. (Med. Age. 1891. No. 15. p. 449—452.)

Verneuil, A., Indications fournies au traitement des suppurations par les études bactériologiques. (Congrès franç. de chir. 5. session. Paris 1891. p. 293—313.)

Wachsmuth, G. F., Die Invasion der Diphtheritis-Bacillen. (Allg. medic. Central-Ztg. 1891. No. 72. p. 1605—1606.)

Wolff, M. und **Israel, S.,** Ueber Reinkultur des Actinomyces und seine Uebertragbarkeit auf Thiere. (Arch. f. pathol. Anat. u. Physiol. Bd. CXXVI. 1891. No. 1. p. 11—59.)

Wunkow, N. N., Zur Bakteriologie der Lepra. (Wratsch. 1891. No. 27. p. 635—636.) [Russisch.]

Technische, Forst-, ökonomische und gärtnerische Botanik:

Bellair, Georges, Traité d'horticulture pratique. Culture maraichère; arboriculture fruitière; floriculture; arboriculture d'ornement; multiplication des végétaux, maladies et animaux nuisibles. Avec 340 figures dans le texte. 8°. VIII, 742 pp. Evreux (imprim. Hérissey), Paris (lib. Doin) 1892. Fr. 6.—

Bouquet, E., L'Eucalyptus e la Wellingtonia nel rimboschimento. 8°. 36 pp. Mondovi (tip. Giovanni Issoglio) 1891.

Conder, J., The flowers of Japan and the art of Floral arrangement. 4. 42 pp. Tokio 1891.

Hiltner, L., Ueber die Beziehungen verschiedener Bakterien und Schimmelpilzarten zu Futtermitteln und Samen. (Die landwirthschaftlichen Versuchsstationen. Herausgegeben von Nobbe. Bd. XXXIX. 1891. Heft 6.)

Missaglia, Fr., Cenni sulla razionale coltura del salice e sulla industria dei vimini. [Estratto dal giornale L'Agricoltura vicentina.] 8°. 23 pp. Vicenza (stab. tip. G. Burato) 1891.

Reuthe, G., Die Gattung Crocus (Irideae). (Illustrirte Monatshefte für die Gesammt-Interessen des Gartenbaues. 1891. Heft 11. p. 275—281.)

Rossati, A. C., Relazione di ottanta varietà di patate ottennte da seme, immuni da malattie. 8°. 9 pp. Udine (tip. G. B. Doretti) 1891.

Siber, Fuchsia triphylla H. B. K. (= F. racemosa Lam.) Mit Tafel. (Illustr. Monatshefte für die Gesammt-Interessen des Gartenbaues. 1891. Heft 11. p. 265—266.)

Tamaro, D., Esperienze sulla conservazione delle frutte. (Annali della r. scuola pratica d'agricoltura Gaetano Cantoni in Grumello del Monte (provincia Bergamo.) Vol. I. 1891.)

— —, La concimazione delle piante da frutto. (l. c.)

— —, Le viti americane per la provincia di Bergamo. (l. c.)

— —, Sulla convenienza di tagliare gli alberi da frutto al momento dell' impianto. (l. c.)

Personalnachrichten.

Privatdocent Dr. **F. Oltmanns** ist zum ausserordentlichen Professor für Botanik an der Universität Rostock ernannt worden

Dr. W. A. Kellerman, Professor der Botanik an der Ohio State University in Columbus, ist als Professor der Botanik an das State Agricultural College zu Manhattan, Kansas, berufen worden. **Dr. W. T. Thiselton Dyer**, Director des botan. Gartens und Museums in Kew, erhielt als Auszeichnung für seine Verdienste von der kaiserlichen Leopoldin.-Carolinischen Akademie den Ehrentitel als Doctor der Philosophie. **Franz Maly**, k. k. Burggarteninspector in Wien, ist nach längerem Leiden im 68. Lebensjahre gestorben. Während seiner Thätigkeit als k. k. Hofgärtner im Belvedere hatte er sich besondere Verdienste um die Cultur und Frforschung der Flora austriaca erworben.

Inhalt:

Wissenschaftliche Original-Mittheilungen.

Treiber, Ueber den anatomischen Bau des Stammes der Asclepiadeen. (Fortsetzung), p. 273.

Originalberichte gelehrter Gesellschaften.

K. K. zoologisch-botanische Gesellschaft in Wien.

Krasser, Neue Methoden zur dauerhaften Präparation des Aleuron und seiner Einschlüsse, p. 282.
Sennholz, Einige Orchideenbastarde aus Niederösterreich, p. 283.

Botanische Gärten und Institute, p. 284.

Instrumente, Präparations- und Conservations-Methoden etc.

Hanausek, Zur histochemischen Kaffeinreaction, p. 284.
Waage, Zur Frage der Coffeïnbestimmung, p. 285.

Sammlungen.

Conwentz, Ueber ein Herbarium Prussicum des Georg Andreas Helwing aus dem Jahre 1717, p. 286.

Referate.

Arustamoff, Ueber die Natur des Fischgiftes p. 297.

Bastit, Influence de l'état hygrométrique de l'air sur la position et les fonctions des feuilles chez les Mousses, p. 292.
Buschan, Zur Geschichte des Weinbaus in Deutschland, p. 298.
— —, Zur Geschichte des Hopfens; seine Einführung und Verbreitung in Deutschland, speciell in Schlesien, p. 298.
Dangeard, Recherches histologiques sur les Champignons, p. 287.
Galloway, A new pine leaf rust, p. 296.
Grasini, Deux Champignons parasites des feuilles de Coca, p. 297.
Hieronymus, Ueber Dicranochaete reniformis Hieronym., eine neue Protococcacee des Süsswassers, p. 286.
Laurent, Expériences sur la réduction des nitrates par les végétaux, p. 293.
Poulsen, Anatomische Untersuchungen über die vegetativen Organe der Xyris, p. 296.

Neue Litteratur, p. 299.

Personalnachrichten:

Dyer, Dr. der Philosophie in Kew, p. 304.
Dr. Kellerman, zum Professor in Manhattan, Kansas, ernannt, p. 304.
Maly, (†), p. 304.
Dr. Oltmanns, ausserord. Professor für Botanik in Rostock, p. 303.

Der heutigen Nummer liegt ein Prospekt bei über das soeben im Selbstverlage des Verfassers, Herrn Dr. **Fr. Ortloff** in **Coburg,** erschienene Werk: „**Die Stammblätter von Sphagnum.**"

 Die nächste Nummer des **Botanischen Centralblattes** erscheint **voraussichtlich** als Doppelnummer.

Ausgegeben: 10. December 1891.

Druck und Verlag von **Gebr. Gotthelft** in Cassel.

Band XLVIII. No. 11/12. XII. Jahrgang.

Botanisches Centralblatt.

REFERIRENDES ORGAN

für das Gesammtgebiet der Botanik des In- und Auslandes.

Herausgegeben

unter Mitwirkung zahlreicher Gelehrten

von

Dr. Oscar Uhlworm und Dr. F. G. Kohl

in Cassel. in Marburg.

Zugleich Organ

des

Botanischen Vereins in München, der **Botaniska Sällskapet i Stockholm,** der **botanischen Section des naturwissenschaftlichen Vereins zu Hamburg,** der **botanischen Section der Schlesischen Gesellschaft für vaterländische Cultur zu Breslau,** der **Botaniska Sektionen af Naturvetenskapliga Student- sällskapet i Upsala,** der **k. k.** zoologisch-botanischen Gesellschaft in **Wien,** des **Botanischen Vereins in Lund** und der **Societas pro Fauna et Flora Fennica in Helsingfors.**

| Nr. 50|51. | Abonnement für das halbe Jahr (2 Bände) mit 14 M. durch alle Buchhandlungen und Postanstalten. | 1891. |

Wissenschaftliche Original-Mittheilungen.

Ueber den anatomischen Bau des Stammes der Asclepiadeen.

Von

Karl Treiber

aus Heidelberg.

Mit 2 Tafeln.

(Schluss.)

Krystalle.

Das Auftreten von Kalkoxalat-Krystallen ist in der Familie der *Asclepiadeen* ein sehr häufiges; dieselben finden sich meistens im Grundgewebe des Stammes, seltener im Phloem. Bei nur wenigen Formen fehlen Krystalle überhaupt, z. B. bei *Gomphocarpus arborescens* R. Br., *Ceropegia Sandersoni* Dcne., *C. stapelii- formis* Haw.

Oxalsaurer Kalk tritt im Parenchym sowohl in Form von Drusen, als Einzelkrystallen, Zwillingsbildungen und Wachsthumsformen auf. In Rinde und Mark von *Cryptolepis longiflora* hort. bot. Berol., *Periploca graeca* L., *Sarcostemma viminale* R. Br., *Cryptostegia longiflora* hort. bot. Berol., *Asclepiadee* von Mauritius hort. bot. Berol. und verschiedenen *Hoya*-Arten finden sich complicirte Krystallformen. Es erscheinen bei diesen Arten z. B. Krystalle, die, von der Fläche gesehen, eine rhombische Form zeigen und den Eindruck machen, als ob sie in der Mitte durchlöchert wären, oder einen Fremdkörper enthielten von viel schwächerem Lichtbrechungsvermögen, als die Substanz der Krystalle selbst. Es dürfte diese Erscheinung wohl gedeutet werden als eine Erhebung oder Einsenkung an der Oberfläche dieser Krystalle, die wir als Wachsthumsformen betrachten müssen, und nicht als der Ausdruck wahrer Löcher.

Seltener als im Parenchym finden sich Krystalle im Phloem vor. Vesque[1]) bemerkte im Weichbast von *Periploca graeca* L. eigenthümlich geformte Krystalle, welche in der Flächenansicht zusammengesetzt erscheinen aus einem mittleren Theil, bestehend aus 2 abgestumpften Pyramiden, die mit ihren Grundflächen zusammenhängen, und aus 2 äusseren abgestumpften Pyramiden, deren abgestumpfte Flächen mit denjenigen der mittleren zusammenhängen, während ihre Grundflächen nach aussen gekehrt sind. Aehnliche Krystalle fand ich bei mehreren Formen, und zwar bei: *Cryptolepis longiflora* hort. bot. Berol., *Cryptostegia Madagascariensis* Loddig., *C. longiflora* hort. bot. Berol., *C. grandiflora* R. Br., *Periploca graeca* L., *P. laevigata* Ait. und einer *Asclepiadee* von Mauritius hort. bot. Berol. Die Krystalle liegen in langen gefächerten Schläuchen und treten häufiger in dem äusseren als in dem inneren Phloem auf; sie erscheinen mit einem feinen Häutchen umgeben, das sich mit Jod (in Jodkaliumlösung) gelb färbt; nach Auflösung der Krystalle durch verdünnte Salpetersäure bleibt dasselbe in der Zelle zurück; aller Wahrscheinlichkeit nach ist jeder einzelne Krystall mit einer feinen Plasmahülle umkleidet. Wenn wir von der bei obiger Aufzählung zuletzt erwähnten Form, *Asclepiadee* von Mauritius hort. bot. Berol., absehen, so dürfte es von Interesse sein zu constatiren, dass alle Arten, bei denen diese eigenthümlichen Krystalle gefunden wurden, in die Unterabtheilung der *Periploceae* gehören, und dass es nicht gelang, dieselben in irgend einer anderen Unterabtheilung der *Asclepiadeen* aufzufinden. Dies macht die Annahme in hohem Grade wahrscheinlich, dass obige Form selbst bei den *Periploceae* einzureihen ist. Es dürfte kaum einem Zweifel unterliegen, dass diese eigenthümlichen Krystalle Zwillingsbildungen des oxalsauren Kalkes sind. Ausser diesen Gebilden treten in den im Phloem liegenden Krystallschläuchen der oben erwähnten Formen häufig noch andere, mehr oder minder unregelmässig ausgebildete Krystalle in ziemlich erheblicher Menge auf. Die häufigsten dieser Art sind lange, an beiden Enden verbreiterte, prismatische Stäbchen, deren grössere Elasticitätsaxe parallel ihrer Längsaxe gerichtet ist. Diese sowohl, als noch

---

[1]) Vesque, l. c., p. 121.

zahlreiche andere, viel unregelmässiger ausgebildete Krystalle dürften als Wachsthumsformen des oxalsauren Kalks betrachtet werden.

Das Vorhandensein von Kalkoxalat-Krystallen im Holzkörper beschränkt sich auf eine geringe Anzahl von Arten; so treten z. B. im dünnwandigen Holzparenchym von *Gonolobus Condurango Triana* und *Ceropegia macrocarpa* zahlreiche Drusen und Einzelkrystalle desselben auf.

Vereinzelte Drusen einer nicht näher bestimmten Substanz finden sich in einigen secundären Gefässen von *Astephanus linearis* R. Br.

Eine äusserst auffallende Erscheinung bietet *Cryptolepis longiflora* hort. bot. Berol.; es treten bei dieser Form in vereinzelten primären Gefässen Einzelkrystalle auf; so fand ich z. B. ein Spiralgefäss, welches auf eine Strecke von 0,166 mm. unterbrochen und durch 9 Querwände gefächert war; auf beiden Seiten lief das Spiralgefäss als solches weiter. In jeder der auf diese Weise gebildeten 8 kleinen Zellen, deren Längsdurchmesser etwas grösser war, als ihr Querdurchmesser, lag ein einzelner Krystall; die spiralige Wandverdickung wurde an dieser Stelle etwas undeutlich, war aber immerhin noch wahrzunehmen.

Krystalle, welche sowohl ihrer Lage als ihrem chemischen Verhalten nach noch besonderer Erwähnung bedürfen, fanden sich bei *Oxypetalum coeruleum* Dcne. In den secundären Gefässen dieser Art beobachtete ich Krystalle in verschiedenen Formen; es sind meist längliche Blättchen mit gerader Auslöschung, deren kleinere Elasticitätsaxe parallel ihrer Längsrichtung ist. Dieselben geben folgende Reaktionen: Sie sind unlöslich in Wasser, Kalilösung kalt und warm, Essigsäure, concentrirter Schwefelsäure, (Einwirkungszeit 24 Stunden) und concentrirter Salpetersäure (Einwirkungszeit 6 Stunden). Nach dem Glühen des Schnittes leuchten sie im polarisirten Licht noch auf. Es konnte nicht genau ermittelt werden, woraus diese interessanten Krystalle, die sich nur in den secundären Gefässen vorfinden, bestehen; ihr ganzes Verhalten deutet auf eine Siliciumverbindung hin (vielleicht Quarz).

Bei verschiedenen Formen scheiden sich durch das Liegen in Alkohol zahlreiche Sphärokrystalle aus.

Anatomische Ergebnisse.

In diesem Abschnitt soll alles dasjenige nochmals kurz zusammengefasst werden, was als in anatomischer Beziehung neu und beachtenswerth erscheint.

Entwicklungsgeschichtlich wurde festgestellt, dass im Stamm der *Asclepiadeen* niemals getrennte Procambiumstränge vorhanden sind, sondern dass sofort ein geschlossener Procambiumring auftritt, aus welchem sich sowohl die primären Bastfasergruppen, als auch die primären inneren und äusseren Phloemgruppen und Gefässe, sowie parenchymatisches Gewebe und das Cambium differenziren.

Was die Bastfasern betrifft, so sei ihre Färbung mit Jod hervorgehoben; mit Jod (in Jodkaliumlösung) nehmen die Bastfasern aller *Asclepiadeen* eine hell ziegelrothe Farbe an. Jm Mark kommen Bastfasern nur in einzelnen Fällen vor; dieselben verhalten sich analog den äusseren.

Ausser dem *exo-* und dem *endoxylären* kann Phloem auch noch in anderen Geweben des Stammes auftreten. So haben manche Arten (*Stephanotis floribunda* Ad. Brongt., *Kanahia laniflora* R. Br., *Ceropegia stapeliiformis* Haw.) markständige Phloembündel, welche sich von den endoxylären dadurch unterscheiden, dass sie zum Theil mitten im Mark liegen, und sich nicht wie diese aus dem procambialen Ring, sondern erst später aus Markzellen differenziren.

Ceropegia macrocarpa zeigt paraxyläres Phloem im dünnwandigen Holzparenchym, aus welchem es nachträglich entstanden ist.

Eine Vergrösserung der primären endoxylären Phloemgruppen wurde constatirt für eine ganze Anzahl von Formen; dieselbe erfolgt theils durch die Bildung eines Phloemcambiums, theils durch unregelmässige Theilungen; bei anderen Formen unterbleibt dieselbe ganz.

Die primären Gefässe sind hauptsächlich in 4 Gruppen angeordnet, entsprechend den Insertionen der decussirt stehenden Blätter; einzelne liegen zwischen diesen 4 Stellen unregelmässig zerstreut.

Der secundäre Holzkörper vieler *Asclepiadeen* zeigt Abweichungen von dem normalen Typus der Dicotylen, indem derselbe an 2 oder 4 Stellen besonders stark und gefässreich ausgebildet ist, während er an den dazwischenliegenden Parthieen schmäler und gefässarm erscheint. Ist der Holzkörper symmetrisch entwickelt, also auf zwei gegenüberliegenden Seiten besonders stark ausgebildet, so findet in 2 aufeinanderfolgenden Internodien immer eine Umsetzung der Axenverhältnisse desselben um 90^0 statt; ebenso setzen die Axen des Markes um, wenn dasselbe eine elliptische Gestalt hat.

Queranastomosen der Milchröhren, die in den Markstrahlen durch den Holzkörper verlaufen und nur für einzelne Formen constatirt waren, wurden bei 7 Arten beobachtet.

Krystalle treten bei den *Asclepiadeen* ziemlich häufig auf in Gestalt von Drusen, Einzelkrystallen, Zwillingsbildungen und Wachsthumsformen des oxalsauren Kalks. Bei manchen Formen (den *Periploceae*), sind die im Phloem in gefächerten Schläuchen liegenden Krystalle von feinen Plasma-Hüllen umkleidet; in nur wenigen Fällen wurden Krystalle in Gefässen gefunden, und zwar sowohl in gefächerten primären, als in secundären; die letzteren bestehen nicht aus Kalkoxalat, sondern aus einer Siliciumverbindung.

Bei mehreren *Asclepiadeen* finden sich in der Rinde des Stammes auf dem Rande der Porenplatten der Parenchymzellen Höckerchen und Stäbchen, aus einer weissglänzenden, stark lichtbrechenden Substanz bestehend; dieselben wurden einer eingehenden Untersuchung unterworfen, wonach sie aus einer Gummi- oder Schleimähnlichen Substanz bestehen.

Kletternde und aufrechte Asclepiadeen.

Es dürfte von Interesse sein, mit einigen Worten auf die Frage einzugehen: Unterscheiden sich die kletternden *Asclepiadeen* von den aufrechten Formen dieser Familie, und wodurch und in wie weit ist dies der Fall?

Der Stamm vieler typisch kletternden *Asclepiadeen* lässt sich von dem nicht kletternder oft schon makroskopisch unterscheiden durch die Gestalt seines Querschnittes, der bei den ersteren in den meisten Fällen mehr oder minder stark elliptisch, bei den letzteren ganz oder doch nahezu kreisrund ist. So zeigt uns z. B. die folgende Reihe von Formen, welche alle zu den typisch kletternden *Asclepiadeen* gehören, eine stark elliptische Querschnittsgestalt: *Arauja albens* G. Don., *A. sericifera* Brot., *Oxypetalum coeruleum* Dcne., *Enslenia albida* Nutt., *Cynanchum pubescens* Bunge, *Gonolobus Condurango* Triana, *Stephanotis floribunda* Ad. Brongt., *Dischidia Bengalensis* Colebr., *Ceropegia Sandersoni* Dcne., *C. stapeliiformis* Haw. und *C. macrocarpa.*

Zwischen der stark elliptischen Form des Querschnitts dieser kletternden Arten und der mehr rundlichen der aufrechten kommen jedoch alle möglichen Uebergänge vor; auch giebt es kletternde Arten, deren Querschnitt nahezu kreisrund ist, wie z. B. *Cryptostegia grandiflora* R. Br. und *C. longiflora* hort. bot. Berol., während andrerseits aufrechte eine elliptische Gestalt desselben zeigen, z. B. *Tacazzea venosa* Dcne.

Mikroskopisch betrachtet, springen diese Unterschiede weit mehr in die Augen. Alle typisch kletternden *Asclepiadeen* besitzen ein elliptisch gestaltetes Mark, dessen grosse Axe senkrecht steht auf der grossen Axe des elliptischen Stammquerschnitts. Die Gestalt des letzteren kommt dadurch zu Stande, dass auf 2 Seiten des Stammes grössere Mengen von Holzelementen abgeschieden werden, als an den dazwischenliegenden Parthieen. Es sei hier kurz zurückverwiesen auf die Besprechung der Ausbildung des secundären Holzkörpers; wir können uns dort überzeugen, dass fast alle kletternden Arten eingereiht sind unter diejenigen Typen, deren Holzkörper eine von dem normalen Bau der Dicotylen abweichende Gestalt erkennen lässt. Jedoch auch in dieser Beziehung begegnen wir allen möglichen Uebergängen und Abweichungen von dem einen Extrem, der stark symmetrischen Entwicklung des secundären Holzkörpers bei den typisch kletternden *Asclepiadeen*, zu dem anderen, der normalen Entwicklung bei den aufrechten Arten. Solche Uebergänge finden sich besonders schön ausgebildet bei nur sehr schwach kletternden Formen, wie z. B. bei *Sarcostemma viminale* R. Br.; hier zeigt der Holzkörper nur noch eine schwach symmetrische Entwicklung, dieselbe ist aber immerhin noch angedeutet, und spricht sich sowohl hier, als auch bei zahlreichen anderen Arten noch deutlich aus in der Vertheilung der secundären Holzgefässe. Es giebt schwach kletternde *Asclepiadeen*, die einen nahezu normalen Bau zeigen, und wo die Symmetrie nur noch in der Vertheilung der Gefässe zum Ausdruck gebracht

wird, während umgekehrt typisch aufrechte Formen auch mehr
oder minder stark symmetrisch entwickelt sein können (*Taccazzea
venosa* Dcne.).

Bei alledem darf nicht unerwähnt bleiben, dass bei obigen
Betrachtungen auch das Alter des Stammes in Rechnung gezogen
werden muss. So ist z. B. in jüngeren stark kletternden Stammtheilen von *Arauja albens* G. Don., *Periploca graeca* L. etc. der
secundäre Holzkörper stark symmetrisch entwickelt, während in
den älteren Stammtheilen nach und nach eine Ausgleichung erfolgt,
so dass hier der Holzkörper ziemlich gleichmässig ausgebildet
erscheint.

Während wir also im Allgemeinen sagen können, dass der
Holzkörper der aufrechten *Asclepiadeen* eine nach allen Seiten
ziemlich gleichmässige Ausbildung erkennen lässt, haben wir
uns den Xylemtheil stark kletternder Formen vorzustellen als
einen Cylinder, bei dem an 2 diametral gegenüberliegenden Seiten
2 gefässreiche, häufig stark gelappte, derbe Stränge von dickwandigen Holzelementen verlaufen, die in jedem folgenden Internodium
so umsetzen, dass ihre Medianebenen auf einander senkrecht stehen.
Es ist klar, dass durch einen derartigen Bau die Biegsamkeit dieser
Lianenstämme bedeutend erhöht wird.

Auch was die Dimensionen der Gefässe anbetrifft, ergeben sich
erhebliche Unterschiede zwischen kletternden und aufrechten *Asclepiadeen*; die Angabe einiger Maasse von Gefässweiten wird uns
dies vielleicht am besten vergegenwärtigen:

Kletternd:	Micren.	Aufrecht:	Micren.
Ceropegia macrocarpa	230.	*Gomphocarpus arborescens* R. Br.	70.
Periploca graeca L.	200.	*Asclepias spec.* Mkm. 85 hort.	
Arauja albens G. Don.	190.	bot. Berol.	65.
Enslenia albida Nutt.	150.	*A. curassavica* L.	50.
Cynanchum acutum L.	150.	*Gomphocarpus angustifolius* Link.	50.
Gonolobus hirsutus Michx.	135.	*G. fruticosus* R. Br.	50.
Cynanchum pubescens Bunge	135.	*Cryptolepis longiflora* hort. bot	
Ceropegia Sandersoni Dcne.	135.	Berol.	40.
Hoya imperalis Lindl.	125.		
Cynanchum monspeliacum L.	120.		
Arauja sericifera Brot.	110.		

Obige Verhältnisse zeigen uns, dass viele kletternde *Asclepiadeen* ein ziemlich beträchtliches Lumen ihrer Gefässe aufweisen,
während dasselbe bei den aufrechten verhältnismässig gering ist.

Es giebt jedoch immerhin auch eine Anzahl kletternder Formen, deren Gefässe ein ziemlich enges Lumen haben, wie die
untersuchten *Hoya*-Arten (ca. 50 μ) und *Cryptostegia*-Arten (bis
60 μ) etc. Andere Schlingpflanzen weisen noch bedeutend grössere
Gefässweiten auf, als die *Asclepiadeen* mit weitesten Gefässen; so
besitzt z. B. *Cobaea scandens* Cav. (*Polemoniaceae*) Gefässe mit
einem Durchmesser von 325 μ.

Auch in der Ausbildung des endoxylären Phloems lassen sich
Unterschiede zwischen kletternden und aufrechten Arten constatiren.
Wenn wir zunächst diejenigen Formen in's Auge fassen, bei denen
eine erhebliche Vergrösserung der inneren Phloemgruppen durch
die Thätigkeit von Phloemcambien bis jetzt constatirt wurde, so

sehen wir, dass dies ausnahmslos kletternde Arten sind; es sind hier auch stets die den breiten, gefässreichen Holzparthieen entsprechenden Stellen, an welchen die erheblichste Vermehrung des inneren Phloems sich zeigt, während bei den aufrechten Formen diese letztere am ganzen Markumfang eine ziemlich gleichmässige ist, wenn überhaupt eine Vermehrung stattfindet; doch giebt es auch hier Uebergänge und geringe Ausnahmen.

In der Vertheilung und Ausbildung der Bastfasergruppen ergeben sich keine merklichen Unterschiede zwischen kletternden und aufrechten Arten, wenn auch bei ersteren häufiger Bastfasern in Beziehung zum endoxylären Phloem auftreten, als dies bei letzteren der Fall ist.

Was die Ausbildung des Markes anbelangt, so zeigt dasselbe bei den kletternden Formen eine elliptische, bei den aufrechten eine kreisrunde Gestalt; diejenigen Formen, welche die grössten Intercellularen im Mark aufweisen, sind kletternd (*Periploca graeca* L., *Arauja albens* G. Don., *A. sericifera* Brot.).

Betreffs der übrigen Gewebe des Stammes ergaben sich keine wesentlichen Unterschiede zwischen kletternden und aufrechten *Asclepiadeen*.

Beziehungen der Anatomie zur Systematik.

Als letzter Punkt bliebe zu untersuchen, ob und in wie weit die im Vorstehenden gewonnenen Resultate sich bezüglich der Systematik der *Asclepiadeen* verwerthen lassen; wir wollen uns deshalb die beiden Fragen vorlegen:

1) Kann man *Asclepiadeen* anatomisch erkennen und wodurch?
2) Lassen sich für die einzelnen Tribus charakteristische Merkmale aufstellen und welche sind diese?

1.

Es mögen hier zunächst die für die grosse Gruppe der *Asclepiadeen* gemeinsamen und charakteristischen Merkmale kurz zusammengefasst werden:

Alle *Asclepiadeen* besitzen endoxyläres Phloem; ebenso ist das Auftreten primärer Bastfasergruppen, welche dicht innerhalb der Schutzscheide liegen, und deren einzelne Zellen sich mit Jod ziegelroth färben, durchgehend. Es lassen sich im Stamm niemals getrennte Gefässbündel unterscheiden, sondern es ist immer ein cylindrischer geschlossener Holzkörper vorhanden, in welchem 1—2, selten 3reihige Markstrahlen verlaufen, die nur da etwas verbreitert erscheinen, wo sie Milchröhren enthalten; die Markstrahlzellen sind aufrecht mit verticalem grösstem Durchmesser. Die Gefässperforation ist stets einfach; die Gefässe sind getüpfelt mit quergestelltem behöftem Porus. Auch das Vorkommen ungegliederter Milchröhren in Mark und Rinde muss als constant betrachtet werden. Die Trichomgebilde sind, wenn überhaupt solche vorhanden sind, stets unverzweigt. In der Ausbildung des Phellogens herrscht bei den einzelnen Formen eine grosse Uebereinstimmung, indem dasselbe entweder in der Epidermis oder in der Endodermis, nie dagegen gleich anfangs in tieferen Lagen entsteht.

Wie aus dieser Zusammenstellung ersichtlich, herrscht in dem anatomischen Bau des *Asclepiadeen*-Stammes bei den einzelnen Formen eine grosse Uebereinstimmung, es ist dieser Bau ein sehr charakteristischer, doch dürfte es immerhin schwer fallen, *Asclepiadeen* direct anatomisch daran zu erkennen, besonders wegen des sehr ähnlichen Baues des Stammes der nahe verwandten *Apocyneen*.

Es möge mir gestattet sein, hier mit einigen Worten noch einzugehen auf eine Arbeit von Leonhard[1], welche die Familie der *Apocynaceen* in derselben Weise behandelt, in welcher die *Asclepiadeen* von mir bearbeitet wurden. Ein angestellter Vergleich ergiebt eine bis in das Detail gehende Aehnlichkeit in dem anatomischen Bau des Stammes der beiden Familien, sodass eine ev. hierauf zu begründende Unterscheidung von Formen derselben wohl als undurchführbar betrachtet werden darf.

Die einzige Form, welche von dem gleichmässigen Bau beider Familien sehr starke Abweichungen zeigte, ist von Leonhard später selbst als eine nicht hierher gehörige Pflanze erkannt worden.[2]

2.

Da der Bau des Stammes, wie aus dem im vorhergehenden Abschnitt Gesagten zu entnehmen ist, bei allen untersuchten *Asclepiadeen* ein sehr gleichförmiger ist, so könnte eine hierauf gegründete Unterscheidung der einzelnen Tribus auf verhältnissmässig nur geringe Differenzen zurückgeführt werden. Bentham und Hooker[3] stellen für die *Asclepiadeen* folgende Tribus auf:

Periploceae.	Davon wurden untersucht		7	Arten.
Secamoneae.	„	„	„ 1	„
Cynancheae.	„	„	„ 32	„
Ceropegieae.	„	„	5	
Marsdenieae.	„	„	„ 12	„
Gonolobeae.	„	„	„ 2	„
Stapelieae.	„	„	„ —	„

Die auch schon in ihrem äusseren Habitus von allen anderen *Asclepiadeen* so abweichende Gruppe der *Stapelieae* wurde nicht mit in die Untersuchung hineingezogen, da diese Gruppe zur Zeit der Anfertigung dieser Arbeit von einem Herrn in Würzburg bereits in Bearbeitung genommen war.

Wenn wir obige Eintheilung rein vom Standpunkt des anatomischen Aufbaues des Stammes betrachten, so ergeben sich aus meiner Untersuchung keine zwingenden Gründe, die einzelnen Arten so in obige Tribus einzureihen, wie es Bentham und Hooker gethan haben; immerhin lassen sich für einzelne der genannten Tribus gewisse anatomische Eigenthümlichkeiten an-

---

[1] Leonhard: „Beiträge zur Anatomie der *Apocynaceen*". Botan. Centralblatt Bd. XLV. Jahrg. XII. Nr. 1 ff.
[2] Botan. Centralblatt, Bd. XLVII. Jahrg. XII. p. 94.
[3] Bentham und Hooker, l. c.

geben. So z. B. treten nur bei den *Periploceae* die in gefächerten Schläuchen im Phloem liegenden, mit einer feinen Hülle umgebenen Zwillingskrystalle von Kalkoxalat auf. Von den *Ceropegieae* zeigt keine der 5 untersuchten Arten Trichomgebilde, kleine papillenartige Vorwölbungen einzelner Epidermiszellen abgerechnet; doch falls sogar diese letztere Erscheinung für die ganze Gruppe der *Ceropegieae* durchgehend sein sollte, so wäre sie nicht als absolut sicheres Bestimmungsmoment zu verwerthen, da ja Trichomgebilde oft auch bei anderen Tribus fehlen. Dasselbe würde gelten, wenn wir hierbei dem Entstehungsort des Phellogens Rechnung tragen wollten, das z. B., wie wir gesehen haben, bei allen untersuchten *Marsdenieae* in der Endodermis zur Ausbildung gelangt.

Andrerseits muss jedoch bemerkt werden, dass ich noch weniger constante anatomische Charaktere auffinden konnte, welche eine andere Gruppirung als die von Bentham und Hooker dringend erheischten.

Vorliegende Arbeit wurde angefertigt in dem botanischen Institut zu Heidelberg unter der Leitung des Herrn Hofrath Pfitzer, dem ich für seine gütige Unterstützung an dieser Stelle nochmals meinen Dank mir auszusprechen erlaube.

Erklärung der Abbildungen.

Es sind durchgehends folgende Abkürzungen eingeführt: Rinde R, Bastfasergruppe F., Bastfaser Fz., äusseres Phloem a. P., äusseres Cambium a. Cb., parenchymatisches Gewebe P. G., secundärer Holzkörper X., dünnwandiges Holzparenchym Hp., primäres Bündel p. B., inneres Phloem i. P., Mark M, Krystall K., Druse D., Gefäss G., Phloemcambium Pcb., Milchsaftgefäss Mg., Parenchymzelle Pz., Siebporenplatte Sp., Pore P., Intercellularraum J.

Tafel I.

Fig. I. Querschnitt durch den windenden Stamm von *Ceropegia Sandersoni* Dcne.; die Breite der Rinde ist nicht berücksichtigt.
Fig. II. Querschnitt einer Bastfasergruppe aus dem windenden Stamm von *Ceropegia macrocarpa*.
Fig. III. Einige Bastfasern aus Fig. II, stark vergrössert.
Fig. IV. Querschnitt durch einen Theil des Holzkörpers von *Ceropegia macrocarpa*, um die im dünnwandigen Holzparenchym zerstreuten Phloeminseln zu zeigen.
Fig. V. Stammquerschnitt von *Gonolobus Condurango Triana* (schwach vergrössert).
Fig. VI. Die Hälfte des letzteren, stärker vergrössert.

Tafel II.

Fig. I. Querschnitt durch eine *endoxyläre* Phloemgruppe mit Phloemcambium von *Sarcostemma viminale* R. Br.
Fig. II. Längsschnitt durch die Rinde des Stammes von *Ceropegia Sandersoni* Dcne.; Milchsaftgefäss, Parenchymzellen, Porenplatte mit Höckerchen im Längsschnitt.
Fig. III. Stammquerschnitt von *Ceropegia macrocarpa*.
Fig IV. Siebporenplatte und Parenchymzellen aus der Rinde des Stammes von *Ceropegia Sandersoni* Dcne. im Querschnitt.
Fig. V. Dasselbe in jüngerem Stadium.
Fig. VI. Querschnitt durch das lockere Mark von *Periploca graeca* L.

Weitere Beobachtungen über die Anlockungsmittel der Blüten von *Sicyos angulata* L. und *Bryonia dioica* L.

Von

Dr. Paul Knuth.

In einer vorläufigen Mittheilung über die Einwirkung von Blütenfarben auf die photographische Platte (Botan. Centralbl. 1891. Bd. XLVIII. No. 6/7) habe ich das starke Hervortreten der grünlichen Blüten von *Sicyos angulata* L. und *Bryonia dioica* L. auf der Photographie durch die Annahme ultravioletter Blütenfarben zu erklären versucht. Ein direkter Beweis lässt sich nicht liefern, weil es keine Methode zum Nachweis ultravioletter mit anderen gemischter Strahlen giebt; es wurde deshalb versucht, auf indirectem Wege die Richtigkeit der Annahme zu erbringen. Die Beobachtungen über die Intensität der Blütenfarben von *Sicyos* und *Bryonia* mittelst des Weber'schen Photometers gab deshalb kein befriedigendes Ergebniss, weil die einem Hintergrunde angedrückten Blüten kein Licht durchliessen und deshalb dunkler erschienen, als sie in Wirklichkeit sind: sowohl die offenbar viel helleren Blüten von *Sicyos*, als auch die dunkler grünen von *Bryonia* zeigten hiernach denselben Grad der Helligkeit, nämlich ein Drittel von Weiss.

Es wurde deshalb nunmehr eine andere Art der Helligkeitsmessung dieser Blüten versucht. Ich befestigte eine der Blüten im Freien und entfernte mich von ihr soweit, dass ich sie gerade noch sehen konnte. Alsdann wurde an die Stelle derselben ein gleichgrosser Abschnitt einer weissen *Phlox* - Blüte gesetzt und gleichfalls die Entfernung bestimmt, in welcher dieser noch eben erblickt werden konnte. Die Intensitäten verhalten sich dann wie die Quadrate der Entfernungen.

Diese Messungen wiederholte ich öfters zu verschiedenen Tageszeiten und bei verschiedenen Beleuchtungen, auch in Begleitung anderer Beobachter, da ihre Ergebnisse die Grundlage für meine Annahmen bilden. In der That ist diese Art der Intensitätsbestimmung eine so genaue, dass ein einziger Schritt vorwärts oder rückwärts die Blüten, bezüglich die Blütentheile erscheinen oder verschwinden lässt.

Die Ergebnisse einer Anzahl von Messungen sind folgende, gut übereinstimmende Zahlen:

Sicyos		Weiss		*Bryonia*		Weiss	
38 Schritte,		53 Schritte,					
24	„	36	„	36 Schritte,		64 Schritte,	
48	„	67	„	53	„	75	„
40	„	60	„	35	„	60	„
20	„	29	„	23	„	45	„
18	„	26	„	61	„	84	„
50	„	70	„	54	„	81	„
51	„	73	„	55	„	84	„

Die Intensitäten sind also:

1444 : 2809

576 : 1296   1296 : 4096

2204 : 4489   2809 : 5528

1600 : 3600   1225 : 3600

400 : 841   529 : 1936

324 : 676   3721 : 7056

2500 : 4900   2916 : 6581

2601 : 5329   3025 : 7056

Mithin ist das Maass der Helligkeiten ziemlich genau:

1 : 2

1 : 2¹/₄   1 : 3

1 : 2   1 : 2

1 : 2¹/₄   1 : 3

1 : 2   1 : 3¹/₂

1 : 2   1 : 2

1 : 2   1 : 2¹/₄

1 : 2   1 : 2¹/₃.

Es besitzt hiernach die Blüte von *Sicyos angulata* L. etwa die Hälfte der Intensität von Weiss und die Blüte von *Bryonia dioica* L. etwa den dritten Theil. Die Uebereinstimmung dieser Beobachtungsergebnisse liess mich annehmen, dass diese Zahlen der Wirklichkeit nahe kommen. Zwar unterscheiden sich manche Resultate von einander nicht unwesentlich, besonders bei weiteren Entfernungen, aber immer blieb das Intensitätsverhältniss von. *Sicyos*: Weiss zwischen 1 : 2 bis 1 : 2¹/₂; das von *Bryonia*: Weiss schwankte allerdings zwischen 1 : 2 bis 1 : 3¹/₂.

Auf das Gesammtergebniss dieser Untersuchungen haben indessen die abweichenden Werthe keinen Einfluss, wie aus der folgenden Darstellung hervorgeht.

Es handelte sich nun darum, die Einwirkung der Blüten von *Sicyos* und *Bryonia* einerseits und diejenige einer nach dem Grade der gefundenen Helligkeit modificirten weissen Blüte auf einer photographischen Platte zu vergleichen: ist dann das Bild der Blüten der genannten *Cucurbitaceen* stärker hervortretend als die des durch die Mischung von weissen Blüten mit schwarz hervorgebrachten gleich hellen Grau, so kann der Grund hierfür nur von. dem Vorhandensein einer grösseren Anzahl chemisch wirksamer Strahlen herrühren, d. h. die Einwirkung muss einer ultravioletten. Blütenfärbung zugeschrieben werden.

Zur Entscheidung dieser Frage wurde eine etwa 7¹/₂ cm im Durchmesser betragende Pappscheibe zu einem Drittel mit den weissen Blüten der zur Vergleichung dienenden *Phlox*-Species und zu ²/₃ mit glanzlosem schwarzen Papier beklebt. Diese mittelst eines Rotationsapparates in kreisende Bewegung gesetzte Scheibe besitzt also eine Mischfarbe, deren Intensität gleich dem dritten. Theil der *Phlox*-Blüte ist, und das so erzeugte Grau hat mithin für das menschliche Auge eine Helligkeit, wie sie in den meisten Fällen. für die *Bryonia*-Blüte gefunden wurde. Nun wurde die rotirende Scheibe zusammen mit je einer Blüte von *Sicyos* und *Bryonia* etwas.

unter natürlicher Grösse photographirt. Bei der Entwickelung (mit
Eikonogen-Hydrochinon) der bei blauem, schwach bewölktem Himmel
unter Anwendung eines Steinheil'schen Antiplaneten und einer
mittleren Blende 10 Secunden exponirten Romain Talbot'schen
„Meteor"-Platte zeigte sich, dass trotz der gleichen Helligkeit der
rotirenden Scheibe und der *Bryonia*-Blüten letztere früher erschienen
als erstere. Es traten nämlich zuerst die beiden Blüten gleichzeitig klar hervor, viel später erschien der Kreis. Die Entwickelung
wurde so lange fortgesetzt, bis die Einzelheiten der Blüten auf
der entgegengesetzten Seite des sehr dicken (2,55 mm) Glases bei
auffallendem Lichte deutlich erkennbar waren; der Kreis erschien
dort überhaupt nicht.

Nunmehr wurde dieselbe Pappscheibe z u r H ä l f t e mit weissen
Phlox-Blüten und zur Hälfte mit mattschwarzem Papier beklebt
und der Versuch in derselben Weise wie oben wiederholt. Die
rotirende Scheibe hatte jetzt die für die *Sicyos*-Blüte (im Mittel)
gefundene Helligkeit, übertraf aber die *Bryonia*-Blüte bereits an
Intensität. Bei der Hervorrufung der Platte erschienen trotzdem
nicht nur die Blütenspitzen von *Sicyos*, sondern auch gleichzeitig
diejenigen von *Bryonia* früher als die Scheibe; mit dem Auftreten
der letzteren waren auch die Blüten bis in's Detail herausgekommen.
Sie blieben bis zu ihrem klaren Hervortreten auf der Unterseite
der Platte während der Entwicklung erheblich dunkler als der
Kreis, der überhaupt auf der anderen Seite nicht zu sehen war.

Die Scheibe wurde sodann auf z w e i Drittel der Helligkeit
von Weiss gebracht, indem sie $^1/_3$ mit Schwarz und $^2/_3$ mit weissen
Phlox-Blüten beklebt und, während sie rotirte, mit den Blüten der
genannten *Cucurbitaceen* zusammen photographirt wurde. Bei der
Entwickelung ergab sich dasselbe Resultat wie beim vorigen Versuche.

Endlich wurde die nur noch $^1/_4$ mit Schwarz und d r e i
V i e r t e l mit Weiss beklebte und in Rotation versetzte Scheibe
mit den Blüten photographirt. Auch hier traten bei der Entwicklung der photographischen Platte zuerst gleichzeitig die Spitzen
der beiden Blüten deutlich hervor, sodann erst der Kreis zusammen
mit den Details der Blüten. Diese waren immer noch deutlich
dunkler als der Kreis, der auch am Schlusse der Entwickelung
auf der entgegengesetztesten Seite der dicken Glasplatte nicht erschien, während hier auch jetzt wieder alle Einzelheiten der Blüten
klar erkennbar waren. Ein Versuch, die hierbei erhaltenen Photographien durch beizufügende Abbildungen wiederzugeben, misslang.
Weiter wurden die Versuche, welche mit demselben Erfolge
noch zweimal wiederholt wurden, nicht fortgesetzt, weil bei k e i n e r
Helligkeitsbestimmung der Blüten von *Sicyos* und *Bryonia* $^3/_4$ der
Intensität von Weiss erreicht wurde. Auch wenn dies der Fall
wäre, so übertreffen die genannten Blüten selbst diesen Grad der
Helligkeit einer weissen Blume noch erheblich in ihrer Wirkung
auf die photographische Platte, und diese Thatsache findet nur ihre
Erklärung in der Annahme chemisch stark wirkender, ultravioletter
Strahlen. Die Positive können diese Wirkung bei weitem nicht
so deutlich wiedergeben, wie sie sich bei der beschriebenen Ent-

wickelung des Bildes auf der photographischen Platte zu erkennen gab. Um auf der fertigen Photographie die Helligkeiten der Blüten und der Scheibe beurtheilen zu können, müssen nicht die in Folge der Wölbungen und Vertiefungen der Blüten beschatteten, dunklen, sondern die hellsten Partien derselben mit der überall gleichmässig und vortheilhaft beleuchteten Scheibe verglichen werden.

Kiel, den 5. October 1891.

Z u s a t z : Nachträglich habe ich noch eine Anzahl Intensitätsmessungen gemacht und zwar (wie auch bei den oben mitgetheilten) in Begleitung mehrerer Mitbeobachter, um ein möglichst objectives Urtheil zu erhalten. Bei diesen Messungen wurde immer darauf Bedacht genommen, dass die Blüten bezügl. Blütentheile sich von keinem anderen Hintergrund abhoben als vom Himmel, was der Wirklichkeit am besten entspricht, da sich die Blüten von *Bryonia* und *Sicyos* fast immer über ihre Umgebung erheben. Sodann stellte sich, wenn die Sonne dem Beobachter im Rücken stand und den Blüten die günstigste Beleuchtung zu Theil wurde, das Intensitätsverhältniss zwischen *Bryonia* und Weiss auf 1 : 4 bis 1 : 6 und dasjenige zwischen *Sicyos* und Weiss auf 1 : 3 bis 1 : 4, sodass hierdurch die Wahrscheinlichkeit für die Annahme ultravioletter Blüten noch erhöht wurde.

Es möge noch bemerkt werden, dass die theilweise Beklebung der Scheiben mit weissen Blüten nöthig ist und dafür nicht weisses Papier genommen werden darf, da durch mehrere Aufnahmen festgestellt wurde, dass die Einwirkung des letzteren auf die photographische Platte stärker ist, als diejenige weisser Blüten. Die auf der weissen Pappscheibe befestigten weissen *Phlox*-Blüten scheinen an ihren hellgelblichen Mittelpunkten allerdings ein wenig dunkler, doch ist dies so unerheblich, dass das menschliche Auge eine mit weissem Papier überzogene Scheibe und eine ebenso grosse mit weissen Blüten beklebte auf 100 Meter Entfernung sowohl in der günstigsten Mittagssonnenbeleuchtung als auch im Schatten durchaus gleich hell sieht. Auf der Photographie erscheinen die gelblichen Blütenmittelpunkte als etwas dunklere Kreise.

Die Versuche mit rotirenden Scheiben habe ich wiederholt bezügl. fortgesetzt und zwar wiederum mit „Meteor"-Platten, aber aus einer anderen Schachtel. Die Ergebnisse wichen ein wenig von den früheren ab, indem der Kreis verhältnissmässig früher erschien. Bei der Entwickelung der 10 Secunden bei Sonnenschein und blauem Himmel zwischen 12 und 1 Uhr unter Anwendung eines Steinheil'schen Antiplaneten und mittlerer Blende exponirten Platten ergab sich Folgendes:

1. Scheibe ganz mit weissen Blüten beklebt: Die Blüten erscheinen viel später als der Kreis, der auf der entgegengesetzten Seite sichtbar wurde.

2. Scheibe $^1/_8$ schwarz, $^7/_8$ weiss: Blüten erscheinen erheblich nach dem Kreise.

3. Scheibe $^1/_4$ schwarz, $^3/_4$ weiss: Blüten erscheinen noch deutlich nach dem Kreise. (Abweichung von den früheren Beobachtungen.)

4. Scheibe $^1/_3$ schwarz, $^2/_3$ weiss: Die Blüten erscheinen mit dem Kreise. (Gleichfalls Abweichung.)

5. Scheibe $^1/_2$ schwarz, $^1/_2$ weiss: Die Blüten erscheinen früher als der Kreis.

Alle Platten hatten diesmal merkwürdigerweise einen gleichartigen Schleier, wahrscheinlich durch falsches Licht, weshalb die Entwickelung nicht bis zum Durchscheinen der Blüten fortgesetzt werden konnte. Es ist mir unklar, wodurch dieser Fehler entstanden ist. Aus den letzten Resultaten folgt, dass die diesmal gebrauchten Platten, obwohl sie von derselben Sorte wie die früheren waren, eine andere Empfindlichkeit besassen, dass also verschiedene Emulsionen auch derselben Plattenarten sich der Einwirkung des Lichtes gegenüber verschieden verhalten. Es ist daher rathsam, bei Versuchsreihen immer die Platten aus einem Packet zu nehmen.

Aus Mangel an Blütenmaterial mussten weitere Beobachtungen unterbleiben; die mitgetheilten gestatten bei ihren wechselnden Ergebnissen noch keinen sicheren, endgültigen Schluss. Wenn daher die Versuche nicht zum Abschluss gebracht werden konnten, so ist doch durch die bisherigen Untersuchungen die Frage angeregt und das Vorkommen ultravioletter Blüten wahrscheinlich gemacht.

Eine andere zum Schluss zu erwähnende Möglichkeit, um die auffallend starke Einwirkung der *Sicyos*- und *Bryonia*-Blüten auf die photographische Platte zu erklären, ist, dass die vielen tausend kleinen Drüsen, welche die Blüten bedecken, als ebenso viele das Licht auffangende und zurückwerfende Spiegelchen oder Linsen wirken, deren Glanz sowohl auf die lichtempfindliche Bromsilbergelatine, als auch auf die Sehnerven der Insekten besonders stark einwirken. Jedenfalls scheint das festzustehen, dass die genannten Blüten Anlockungsmittel besitzen, für welche das menschliche Auge weniger empfindlich ist, als das Insektenauge.

Botanische Gärten und Institute.

Humphrey, J. E., Report of the Department of vegetable Physiology. (From the VIII. annual Report of the Massachusetts Agricultural Experiment Station. 1890. p. 200 — 226. Taf. I—II.)

Der Bericht enthält das Studium einiger Pflanzenkrankheiten, welche schwere Verluste verursachten und in den Vereinigten Staaten mehr oder weniger weit verbreitet sind.

Die als „schwarzer Krebs" oder „Warzen" an der Pflaume und auch der Kirsche, sowohl sämmtlichen cultivirten wie wilden Sorten, bekannten dunklen, rauhen, sich vergrössernden und vermehrenden Auswüchse werden bekanntlich durch einen Pilz, *Plowrightia morbosa* (Schw.) Sacc., veranlasst. Nach einer ausführlichen Geschichte der Erforschung der verbreiteten Krankheit in Nordamerika bespricht Verf. die Entwicklung des Pilzes zunächst auf dem Baume und sodann in künstlichen Culturen. In dem angeschwollenen Phloem bemerkt man radial angeordnete Bündel von verflochtenen Pilzfäden, die Anschwellung vergrössert sich im Frühjahr, und schliesslich bricht die grünbraune, feste, fleischige, oberseits unregelmässig zerborstene und körnige Gewebemasse aus der zersprengten Oberhaut hervor. Im Mai erscheinen auf derselben die Conidienträger des Pilzes als sammetartiger, dunkelbrauner Ueberzug und erzeugen dieselben an und nahe der Spitze verkehrt eiförmige, bräunliche Sommersporen. Mitte Sommers verschwinden diese Conidienträger, der Knoten wird hart, trocken und schwarz, ist inwendig gewöhnlich von Insektenlarven zerstört und an der Oberfläche rundlich gefeldert. Jedes Feld besitzt eine centrale Vertiefung und stellt die Anlage eines Peritheciums dar. Die Askosporen derselben bestehen aus zwei Zellen von ungleicher Grösse, welche Mitte Januar ihre Keimfähigkeit erreichen. In Nährgelatine mit Pflaumenabkochung entwickeln dieselben einen oder mehrere Keimschläuche aus einer oder beiden Zellen, aus welchen zunächst ein dichter, dunkelbrauner Filz entsteht, und auf diesem entwickeln sich sodann kugelige Pykniden, aus welchen durch eine obere Oeffnung die im Schleim gebetteten, kugeligen bis elliptischen, bräunlichen Pyknosporen in Ranken austreten. Diese Sporen wurden zuweilen auch in beschränkter Zahl bei Untersuchung der Perithecien gefunden, ohne dass indess ihre Herkunft daselbst festgestellt werden konnte. Die Pyknosporen keimen leicht in Wasser oder auf Gelatine, und es entstehen aus dem entwickelten Mycel neue Pykniden. Die vom Verf. beschriebenen Pykniden des Pilzes sind wesentlich verschieden von den durch **Farlow** bekannt gewordenen. Dieses zweite Pyknidenstadium mit oblongen oder dreiseitigen Höhlungen und mit farblosen, ovalen, nur halb so langen Sporen glaubt Verf. bei einigen Schnitten zwischen den Perithecien beobachtet zu haben. Dagegen konnte er das von **Farlow** beschriebene Stylosporenstadium, von **Saccardo** *Hendersonula morbosa* benannt, nicht auffinden, und glaubt daher Verf., sowohl wie **Farlow** selbst, dass dieses Stadium nicht zur *Plowrightia* gehört. Spermogonien wurden ebenfalls nicht gefunden. Spermogonien und Perithecien künstlich zu erziehen, gelang nicht. Aus den Sommersporen erwuchs in der Cultur Mycel, welches wiederum nur Conidien trug.

Von den beiden aus Amerika bekannten Mehlthaupilzen auf *Cucurbitaceen*, *Peronospora Cubensis* B. et C., auf *Cucurbita* aus Cuba, und *P. australis* Speg., aus Argentinien und Wisconsin, auf *Cucurbita* und *Sicyos*, ist erstere kürzlich auch aus Japan und mehreren Staaten Nordamerikas bekannt geworden und auf Gurken und Melonenkürbis sehr verderblich aufgetreten, indem sie die Blätter tödtet und das Wachsthum der Pflanze und Früchte hindert,

während letztere wohl in Zukunft auch auf cultivirten *Cucurbitaceen*
gefunden werden mag. Verf. bespricht daher die Unterschiede
beider Pilze, welche ausser in der Structur der Conidienträger auch
in der Anzahl der aus den Spaltöffnungen hervordringenden Conidienträger besteht, indem bei *P. Cubensis* selten mehr, als zwei
heraustreten und daher keinen Filz bilden, während sie bei *P.
australis* in dichten weissen Büscheln entwickelt werden. Die Conidien erzeugen bei der Keimung Zoosporen, und daher müssen
beide Arten zur Gattung *Plasmopara* gerechnet werden. Dauersporen konnten nicht beobachtet werden.

Die **Braunfäule des Steinobstes**, erzeugt durch *Monilia
fructigena* Pers., führt in den Vereinigten Staaten ziemlich grosse
Verluste besonders am Pfirsich, Pflaume und Kirsche herbei; auch
auf Apfel, Birne und andere Früchte geht der Pilz über, aber
seine zerstörende Wirkung scheint hauptsächlich auf die erstgenannten Obstsorten beschränkt zu sein. Zuweilen erkrankt der
grösste Theil der Früchte eines Obstgartens, besonders nach warmem
und feuchtem Wetter, daran, und ist daher anzunehmen, dass der
Pilz mit den Keimfäden seiner Conidien nicht nur in verletzte
Früchte, sondern auch durch die unverletzte Oberhaut derselben,
in die Gewebe der Blüten, Blätter oder jungen Zweige eindringen
kann. In dem vertrockneten Fruchtfleisch der getöteten und mumi-
ficirten Früchte finden sich zahlreiche Fäden, welche aus grossen,
dünnwandigen Zellen und aus einzelnen, dickwandigen, in der Form
abweichenden Zellen zusammengesetzt sind. Die letzteren sind
wahrscheinlich als Chlamydosporen oder Gemmae aufzufassen. Sie
überdauern vermuthlich die ungünstigen Bedingungen des Winters,
scheinen aber der Trockenheit weniger widerstehen zu können. In
der Feuchtigkeit und Wärme des Frühlings bekleidet sich die
Frucht mit dem aschfarbenen Sporenkleid. Diese Conidien, welche
bekanntlich in Ketten zusammenbleiben, bilden sich durch eine Art
Sprossung und ist die endständige Spore die jüngste. Dadurch
dass eine Zelle zwei Sprosse erzeugt, entsteht eine Verzweigung
der Kette. In der Cultur auf Nährgelatine mit Pflaumenabkochung
erreichen die Sporenketten eine grosse Länge und verzweigen sich
reichlicher. Andere Entwickelungsstadien des Pilzes in diesen Culturen zu erziehen, gelang nicht, es entwickelten sich stets nur
wiederum Conidien. Weil der Pilz durch Gemmen überwintern
kann, scheint er die früher mit ihm verbundenen anderen Formen
verloren zu haben, und ist derselbe daher ziemlich sicher als selbst-
ständiger Pilz zu betrachten. Allgemeine Entfernung der erkrankten
Früchte ist das bekannte Bekämpfungsmittel.

Feld-Experimente, unternommen zur Untersuchung und Bekämpfung des **Kartoffelgrindes**, welcher nach **Bolley** durch
ein parasitisches, auf den Kartoffelknollen lebendes Bacterium des
Bodens, nach **Thaxter** u. A. durch den Einfluss anderer parasitischer
oder halbparasitischer Organismen hervorgerufen werden soll, hatten
keinen wesentlichen Erfolg. Sie zeigten aber, dass auch die dick-
häutigen und rothhäutigen Kartoffelsorten keinen grösseren Widerstand besitzen, als die andern, und dass leichter, poröser, sandiger

resp. gründlich drainirter Boden die Entwickelung der Krankheit am meisten verhindert.

Ferner werden folgende im Gebiete von Massachusetts als mehr oder minder schädlich beobachtete Krankheiten besprochen: Umfallen von Gurkensämlingen durch *Pythium de Baryanum* Hesse, Mehlthau des Spinats, *Peronospora effusa* Grév., Mehlthau des Weines, *Plasmopara viticola* (B. et C.) Berl. et de T., ausser auf *Ampelopsis quinquefolia* auch auf der japanischen *A. Veitchii*, der Mehlthau der *Cruciferen, Peronospora parasitica* (P.) Tul. und der weisse Rost derselben, *Cystopus candidus* de By., gleichzeitig auf einer purpurspitzigen weissen Rübe, die Kartoffelfäule, durch *Phytophthora infestans* (Mont.) d. By., der Hollunderrost, *Aecidium Sambuci* Schw., auf *Sambucus Canadensis* und deren var. *aurea*, aber auch auf *S. nigra* var. *laciniata*, der Rost der Brombeeren und Himbeeren, *Caeoma nitens* Schw., sehr verbreitet, der Eibischrost, *Puccinia Malvacearum* Mont., und die in den östlichen und centralen Staaten Nordamerikas herrschende Bakterienkrankheit des Getreides.

Brick (Hamburg).

Sammlungen.

Flagey, C., Lichenes Algerienses exsiccati. (Révue mycologique. Année XIII. 1891. Nr. 50 p. 83—87, Nr. 51 p. 107—117.

Trotz seiner günstigen Lage dürfte Algerien, wie Verf. mit Recht meint, im Hinblicke auf das in neuester Zeit bedeutend gehobene Studium der Exoten zu den am wenigsten gekannten Ländern zu rechnen sein. Seit Montagne und Durieu de Maisonneuve haben nämlich nur Balansa und Norrlin die Kenntniss der Flechtenflora dieses Landes vermehrt. Nach Nylander's Prodromus lichenographiae Galliae et Algeriae (1857) betrug die Zahl der von Algerien bekannten Lichenen 189 und 2 spätere Arbeiten desselben vermehrten diese Zahl bis zu 237 Arten. Zur Zeit berechnet Verf. die Zahl der bekannten Arten der Provinzen Oran, Algier und Constantine auf 450—500 Arten.

Die Erwägung, dass es heutezutage äusserst schwierig ist, die von unseren Vorgängern gesammelten Typen kennen zu lernen, bestimmte Verf., seine gesammelten Vorräthe in wenigen Exemplaren als Exsiccaten zu vertheilen.

Verf. sah sich zur Schaffung einer Anzahl von neuen Arten und Varietäten genöthigt. Mehrere sind schon in „Stizenberger, Lichenaea Africana" beschrieben worden. Der Aufzählung der in Aussicht stehenden ersten Centurie schickt Verf. eine botanisch-geographische Beschreibung hauptsächlich der Provinz Constantine voraus.

Algerien sondert sich scharf in 2 Theile, das Tell - Gebiet im Norden und die Sahara im Süden. Ersteres theilt sich wieder in 2 der Küste parallele Zonen, das Sahel-Gebiet und die Hochebenen. Die Breite jeder Zone schwankt nach den Provinzen, aber sie reichen von Tunis bis Marokko.

Das Sahel - Gebiet dehnt sich von der Küste 80—100 km. aus. Dieses, ein unebenes Gebiet, nimmt mit der Entfernung vom Meere an Höhe zu. Die hauptsächlichen Gipfel von Constantine, die Verf. aufzählt, haben eine Höhe von 1000—1700 m. Hier findet man die Pomeranze, die Mandel, den Oelbaum und den Weinstock. Vom geologischen und auch lichenologischen Standpunkte aus betrachtet, setzt sich das Sahel-Gebiet aus 2 der Küste parallelen Streifen von sehr ungleicher Breite zusammen. Der Boden des ersteren ist überall kieselartig und wird im Allgemeinen von Nummulith-Sandstein gebildet, in einem Bereiche aber abwechselnd zur Hälfte wenigstens mit Gneiss und Glimmerschiefer. Der Strand ist sumpfiges Gelände, gebildet von röthlichem Thon und Rollkieseln. Einige Inselchen und Stellen der Küste sind plutonisch. Die Gebirgsketten sind gewöhnlich mit niedrigem Gesträuche bedeckt, hin und wieder findet man einige schöne Eichenwälder.

Mit Recht fiel dem Verf. auf, dass in den Wäldern sich weder *Usneen*, noch *Alectorien* finden, nur einige *Parmelien*, wenig *Peltigerae*, aber reichlich *Physcien*.

Der Boden des zweiten Streifens ist im Allgemeinen sumpfig. Die ebenso, wie im ersten, häufigen Gebirge gehören fast nur der unteren, mittleren und oberen Kreide an. Das Fehlen des Pflanzenwuchses zieht im Gebirge den Mangel an Rindenbewohnern nach sich, aber man findet hier die erwählte Heimath der Kalkbewohner, die hier selten einen Fleck unbewohnt lassen. Verf. hat hauptsächlich den mittleren, zwischen Constantine und Mila gelegenen Theil dieses Streifens durchforscht.

Im Mittelmeer-Becken laufen alle Wasseradern von Süden nach Norden und verlieren sich in kaum beträchtlichere Bäche, welche zum Meere gehen. Von der scharfen Wasserscheide aus wandelt sich die Richtung in die entgegengesetzte nach den Hochebenen zu um. Letztere sind ungeheure Kessel, die sich von Tunis bis Marokko ausdehnen; sie sind von verschiedener Breite und von kleinen und niedrigen Ketten durchschnitten. Da hier das Wasser keinen Abfluss hat, sammelt es sich an den tiefsten Stellen, wo es ausgedehnte Chotts oder Salzseeen bildet. Einer dieser Seeen ist 70 km. lang und 12—20 breit. Die kleinen Ketten gehören der unteren Kreide an, der ebene Bereich ist ausschliesslich sumpfig. Hier giebt es keine Pomeranzen, Weinstöcke mehr, selbst das Getreide gedeiht schlecht. Die unbebauten Flächen von weiter Ausdehnung werden von Schafheerden beweidet. Diese Gegend ist arm an Flechten: einige seltene Kieselbewohner auf den Rollkieseln, auf den Kalkvorsprüngen die im Sahel-Gebiete gefundenen Arten, aber weniger schön und reichlich.

Am Rande der Hochebenen findet man lange und schöne Gebirgszüge, welche in der Provinz Constantine die Aurès-Kette mit dem Chelia (2310 m.) als höchster Spitze bilden. Diese Kette gehört der oberen und mittleren Kreide an. Die steilen Nordabhänge sind sehr oft mit Wäldern von Zedern und Eichen bedeckt. Das Wasser derselben sammelt sich in Chotts zu den inneren Becken. Von den weniger steilen Südabhängen läuft das Wasser von Norden nach Süden in das Becken der Sahara, wo es in dem durchlässigen Sande verschwindet. Hier treten an den Zedern die *Usneen*, *Alectorien*, *Ramalinen*, *Peltigeren* zahlreich auf. Auf dem Lande finden sich neben *Lecanora esculenta Peltula*, *Heppia* etc. vertreten. Mit dem Verf. beklagt Ref. es, dass der Einleitung eines für die Lichenographie so bedeutungsvollen Unternehmens so wenig Raum gegönnt wurde, dass überall übergrosse Kürze herrschen musste. Zum Schlusse muss Verf. sich mit der nackten Aufzählung der von der Eisenbahn aus, und zwar von Philippeville an der Küste bis Biskra am Rande der Sahara, gewählten Ausflugspunkte nebst den Angaben der Höhe, der Unterlage u. dergl. m. begnügen.

Fast jeder Nummer in der Aufzählung der ersten Centurie sind diagnostische Bemerkungen ausser den Angaben des Fundortes, der Unterlage u. a. m. beigefügt. Da die den neuen Arten beigefügten Diagnosen den berechtigten Ansprüchen der Gegenwart kaum genügen dürften, zieht Ref. es vor, als Veröffentlichungsstelle die Exsiccaten selbst zu betrachten. Eine Wiedergabe des Verzeichnisses verschiebt Ret. bis zum Erscheinen dieses verdienstvollen Unternehmens selbst.

Minks (Stettin).

Referate.

Fischer, Ed., Beiträge zur Kenntniss exotischer Pilze. Theil II. *Pachyma Cocos* und ähnliche sklerotienartige Bildungen. (Hedwigia. 1891. Heft 2. p. 61—103. Mit 8 Tafeln*).

I. Unter *Pachyma Cocos* Fries versteht man grössere knollenförmige Körper mit dunkler, runzeliger, dünner Rinde und einer weissen oder gelblich weissen, dichten Innenmasse; sie werden an Baumwurzeln oder doch in Wäldern unterirdisch gefunden und sind am längsten aus China bekannt, wo die Knollen als Arzneimittel Anwendung finden. In Europa wurde diese Knollenbildung zuerst in der Schweiz bei Bern (1865) und dann in St. Palais-sur-mer in der Charente inferieure (1889) beobachtet.

Die weisse Innenmasse besteht aus dünnen Hyphen, aus grösseren lichtbrechenden unregelmässigen Klumpen mit Andeutung einer Streifung und aus stark lichtbrechenden gekröseartig gewundenen Körpern. Die einheitliche Pilznatur wurde von Pril-

---

*) Das Referat über den I. Theil siehe Bot. Centr.-Bl. Bd. XLV. 1891. p. 343.

21*

lieux nachgewiesen. Verf. zeigt zunächst die Pilznatur der lichtbrechenden, unregelmässig gestalteten Körper. Sie bilden den Hauptbestandtheil der weissen Innenmasse und bestehen aus einer farblosen homogenen Substanz. Das Verhalten gegen Reagentien ist folgendes: In Kahllösung tritt totale Lösung der Substanz ein, und zwar so, dass ausser einigen Inhaltsresten ein dünnes äusseres Häutchen übrig bleibt; die Oberflächenschicht des Körpers bleibt also unverändert, während die inneren Theile herausquellen. Bei Zusatz von Salz- oder Salpetersäure tritt in den dickeren der lichtbrechenden Körper eine eigenthümliche streifige Structur auf. In Chlorzinkjod tritt Verquellung, aber keine Violettfärbung ein. Jod färbt nicht, dagegen färben sie sich in Methylenblau, in Congoroth, was für die Hyphen nicht gilt; dann in Methylviolett, nicht dagegen in Methylgrün und Safranin. Diese unregelmässig gestalteten Körper entstehen aus Hyphen, und zwar in der Weise, dass an einzelnen Stellen, ganz lokal, unter der peripherischen Membranschicht eine Substanz auftritt, die in Kali löslich, in Methylenblau färbbar ist. Diese Masse nimmt immer mehr zu, erreicht aber auf den verschiedenen Punkten des Umfanges, sowie des Längsverlaufes der Hyphe sehr ungleiche Mächtigkeit, wodurch die Gesammtgestalt der so umgewandelten Hyphe eine höchst unregelmässige wird. Die ganze lichtbrechende Masse ist demnach als ein Umwandlungsproduct der Membran zu betrachten.

Die stark lichtbrechenden grösseren, mit einer Streifung versehenen Körper sind zwischen den obengeschilderten Elementen in grosser Zahl eingestreut, sind von diesen nicht principiell verschiedene Bildungen, daher auch als Umbildungsproducte von Hyphen zu betrachten. *Pachyma Cocos* ist also eine einheitliche, pilzliche Bildung und muss dem Bau nach als ein Sklerotium angesehen werden. Ueber die Beziehung des Pilzes konnte Verf. nachweisen, dass *Pachyma Cocos* ein holzzerstörender Parasit ist, welcher an der befallenen Wurzel zu einer sklerotienartigen, knollenförmigen Bildung heranwächst. Die Hyphen dringen in das Wurzelgewebe ein und verbreiten sich daselbst in Cambium, Bastkörper und Holz, dabei zu lichtbrechenden Körpern anschwellend. Zu was für einer Pilzgruppe *Pachyma* gehört und welches seine Fructification ist, konnte aus Mangel an genügendem Material nicht festgestellt werden.

II. Das Sklerotium von *Polyporus sacer Fr.*

Dieser *Polyporus* sitzt mit der Basis seines Stieles einem grossen Sklerotium auf, welches eine hellbraune Oberfläche hat und die Gestalt und Dimensionen einer mittelgrossen Birne zeigt. Das Sklerotium besteht aus einer dünnen braunen Rinde und einer inneren gelblichweissen Substanz, es wird von dickwandigen Hyphen gebildet, zwischen welchen glänzend lichtbrechende Körper gelagert sind, die an corrodirte Stärke erinnern. Diese Körper, welche oft deutliche concentrische Schichtung zeigen, verquellen in Kalilauge so, dass die äusserste Schicht als ein feines zartes Häutchen zurückbleibt, werden weder durch Jod, noch durch Jod und Schwefelsäure blau gefärbt, färben sich dagegen intensiv in Methyl-

grün und Safranin. Zwischen diesen lichtbrechenden Körpern finden
sich zerstreut kleinere, länglich runde Elemente, die bei Kalizusatz
aber unverändert bleiben. Nur in wenigen Fällen konnte Verf.
einen Zusammenhang dieser rundlichen Zellen und jener lichtbrechenden Körper mit den dazwischen verlaufenden Hyphen nachweisen, dagegen war es möglich, den Zusammenhang der Hyphen
des Sklerotiums mit dem *Polyporus* festzustellen. Der *Polyporus*
wäre demnach der Fruchtkörper des Sklerotiums. In Betreff der
lichtbrechenden Körper nimmt Verf. an, dass sie aufgespeicherten
Reservestoff darstellen. Diese Annahme stützt sich hauptsächlich
darauf, dass dieselben Corrosionen zeigen, welche durch die im
Sklerotium verlaufenden Hyphen hervorgebracht werden. Verf.
zieht noch einige Parallelen zwischen dem Sklerotium des *Polyporus*
und dem *Pachyma Cocos*, auf die hier nur hingewiesen sei.

III. Im Anschluss an diese Untersuchungen werden noch
andere Sklerotien oder sklerotienartige Bildungen besprochen, z. B.
Tuber regium, *Pachyma Woermanni*, *Mylitta*, *Sclerotium stipitatum*, *Pietra fungaja*. Auf diese Besprechung wird blos aufmerksam
gemacht, da sie eine Zusammenstellung der Untersuchungen anderer
Autoren ist.

Bucherer (Basel).

Patouillard, N., Le genre *Podaxon.* (Bulletin de la Soc.
mycologique de France. Tome VI. 1890. p. 159—167. Avec 1 pl.)

Form nnd Vertheilung der Basidien sind noch bei vielen
Gasteromyceten unbekannt: in den meisten Fällen sind die Basidien
nur an der jungen Pflanze zu sehen und mitunter sind sie schon
verschwunden, wenn der Pilz über der Erdoberfläche erscheint.
Diese Schwierigkeiten sind natürlich bei exotischen Formen besonders schwer zu überwinden; bei *Podaxon* dagegen persistiren glück-
licher Weise die sporentragenden Organe bis zur Reife der Pflanze
und sind auch bei nicht gar zu alten getrockneten Exemplaren zu
untersuchen. De Bary hatte zuerst für *Podaxon* Basidien mit
sitzenden Sporen angegeben und später Fischer die gleichen Organe
bei *Podaxon carcinomale* gefunden. Damit schien das Vorhandensein
von Basidien bei *Podaxon* ausser Zweifel, bis kürzlich Massée
behauptete, die von de Bary untersuchte Pflanze sei überhaupt kein
Podaxon gewesen und die Fischer'sche Figur stelle einen Ascus
(thèque) dar, auf dem zufällig Sporen aufgelagert seien. Um diese
Controversen zu schlichten, untersuchte Verf. von Defler kürzlich in Arabien, von Dybowski in Süd-Algerien gesammeltes
Material, sowie die Collection des Pariser Museums, und giebt hier
eine kurze Monographie der Gattung. Für die mikroskopische
Untersuchung der Reproductionsorgane wurde die Gleba nach dem
Lagerheim'schen Verfahren mit Milchsäure behandelt. Aus der
ziemlich eingehenden anatomischen Schilderung sei hier hervorgehoben, dass die Trama aus feinen, zarten, septirten, unter einander
zu langen, mehr oder weniger dicken Fäden verbundenen Hyphen
besteht; diese Fäden verästeln und anastomosiren sich verschiedentlich

und bilden in ihrer, Gesammtheit eine schwammige Masse, von
einer Unzahl mikroskopischer Hohlräume durchsetzt, gleich der
Gleba von *Lycoperdon*. Die Sporophore sind ovale, birnförmige
Zellen, den Hyphen der Trama durch Vermittelung eines sehr kurzzelligen Gewebes aufgesetzt, ähnlich der subhymenialen Schicht
der *Agaricineen*. Ihre Vertheilung scheint von einer Art zur
anderen und mitunter sogar bei der nämlichen Art wechseln zu
können. Am gewöhnlichsten sind sie in grosser Zahl an mehr oder
weniger von einander entfernten Punkten der Trama gruppirt und
bilden so grosse runde Büschel. In anderen Fällen bekleiden sie
die ganze Oberfläche der Glebalacunen ähnlich wie das Hymenium
der Hymenomyceten; in einigen Fällen endlich (*P. Arabicus*) sind
die Sporophore auf der Trama isolirt und zerstreut. Auf dem
oberen Theile vieler dieser Organe befindet sich ein Kranz von
4 Anfangs eiförmigen Sporen, die zuerst ungefärbt sind, später sich
intensiv färben und ihre definitiven Dimensionen annehmen. Die
Sporophore sind also ächte Basidien, an denen man, auch wenn die
Sporen abgefallen sind, die Insertionstellen wahrnehmen kann, vorzüglich bei den Arten mit gefärbten Basidien als 4 kreisrunde
weisse Flecke. Bei einigen Arten, so bei *P. Deflersii* und *Arabicus*,
sind die Sporen nicht sitzend, sondern mit einem äusserst kurzen
Sterigma versehen. Im Allgemeinen sind die *Podaxon*-Sporen in
einiger Entfernung vom Gipfel der Basidie inserirt, bei *P. axatum*
ungefähr im oberen Drittel. Bemerkenswerth ist schliesslich noch,
dass die Sporen, wie immer auch ihre Farbe in Massen oder im
Wasser sein möge, bei Behandlung mit heisser Milchsäure eine
rothgelbe (rousse) Farbe annehmen.

Den Schluss des Aufsatzes bildet eine Aufzählung und Charakterisirung von 11 Arten, mit Angaben der Basidien- und Sporengrösse,
sowie der geographischen Verbreitung. Die Anordnung geschieht
nach der Farbe von Sporen und Basidien. Zwei Arten sind neu,
nämlich *Podaxon Deflersii* von Arabien und *P. Schweinfurthii* von
Hodeida; diese sowie *P. Arabicus* Pat. sind auf der Tafel abgebildet.

Klein (Freiburg i. B.)

Jatta, A., Su di alcuni Licheni di Sicilia e di Pantellaria.
(Bullettino della Soc. Bot. ital. in N. Giorn. botanico italiano.
Vol. XXIII. 1891. Nr. 2. p. 353—355.)

Bei der Untersuchung der von Ross, Lanza, Guzzino
und Re auf den Inseln Sicilien und Pantellaria gesammelten
Flechten gibt Verf. ein Verzeichniss von mehreren Arten, unter
denen folgende für Italien neu sind: *Lecanora alphoplaca* Ach.,
Endopyrenium cinereum Pers., *Rinodina Guzzinii* n. sp., *Parmelia
Cucomela* Mich., *Pertusaria amarescens* Nyl.

Folgende Flechten sind für die obenerwähnten Inseln neu:
Parmelia caesia Ach., *Lecanora atra* Hdt. var. *gruinosa* Ach., *Lec. Floto-
wiana* Sprgl., *Callopisma vitellinellum* Mudd., *Acarospora vulcanica* Jatt., *Dirina
repanda* Ach., *Hymenelia hiascens* Mass., *Pertusaria sulphurea* Hffm., *Lecidea
psoroides* Anzi, *L. platycarpa* Ach., *L. contigua* Fr., *L. ochracea* Hep., *Sacrogyne
pruinosa* Sm., *Diplotomma calcareum* Weiss., *Endopyrenium rufescens* Pers., *Micro-
thelia pygmaea* Krb., *Collema tenax* Sw., *Ramalina Arabum* Nyl., *R. scopulorum*

Ach., *Roccella fusiformis* Ach., *Cladonia fimbriata* var. *scyphosa prolifera* Schaer., *Parmelia intricata* Schaer., *Physcia flavicans* D.C., *Lecanora gypsacea* Sm., *Rinodina atro-cinerea* Dckj., *Aspicilia cinerea* L. v. *trachitria* Mass., *L. goniophila* Flk., *Diplothomma atro-album* L.

De Toni (Venedig).

Dangeard, P. A., Mémoire sur la morphologie et l'anatomie des *Tmesipteris*. (Le Botaniste. Série II. 1891. p. 163—222. Avec 7 planches.)

Eine alle Theile der Pflanze umfassende gründliche anatomisch-morphologische Untersuchung von *Tmesipteris* ist entschieden ein dankbares Unternehmen, weil diese Pflanze als Vertreter einer kleinen, nur wenige lebende Formen umfassenden natürlichen Gruppe an und für sich ein erhöhtes Interesse beanspruchen darf und dann auch, weil im sehr selten Jemand in der Lage sein dürfte, wirklich genügendes und so vollständiges Untersuchungsmaterial zur Verfügung zu haben, wie es bei Verf. der Fall gewesen zu sein scheint.

1. Das Rhizom. *Tmesipteris* besitzt wie *Psilotum* keine Wurzeln, ihre Function übernimmt ein mit absorbirenden Haaren besetztes, mehr oder weniger reich verzweigtes Rhizom, welches in dem Wurzelfilz, der den Stamm der Baumfarne bedeckt, lebt, sich aber auch, wie es scheint, in feuchter Erde entwickeln kann; die Verzweigungen können in beblätterte Stämme auslaufen. Das Gefässbündelsystem besteht normaler Weise aus einem diarchen Bündel oder Centralcylinder (Stèle binaire franz. Terminol.); es verzweigt sich dichotom mit sympodialer Weiterentwicklung; mitunter ist das Gefässbündel auch triarch, was im eigentlichen Stamme stets der Fall ist. Die Zellen des Basttheiles unterscheiden sich von denen im Stamm durch grössere Dimensionen und dünnere Wände; zur Bildung von Bastfasern kommt es nicht. Die Wand der Rindenzellen besitzt die eigenthümliche Fähigkeit, zu verschleimen und oft die ganze Zelle mit einem schwärzlichen Schleim zu erfüllen, eine Erscheinung, die auf die Endodermis beschränkt bleiben oder in allen Zellen der Rinde auftreten kann. Die stark gefärbten, schwach in Richtung der Längsachse gestreckten Epidermiszellen besitzen eine sehr dünne Aussenmembran.

2. Der Stamm. Die Gefässbündel besitzen bei allen Arten der Hauptsache nach die gleiche Structur; es wechseln nur ihre Anordnung und Zahl, selbst bei der gleichen Species in verschiedener Höhe. Das Centrum des Bündels wird von einem aus Tracheen gebildeten Protoxylem eingenommen, — an dessen Stelle sich oft frühzeitig eine Höhlung findet — und ringsherum liegen Treppengefässe (oder Tracheiden, Ref.). Der Basttheil bildet nur auf der der Oberfläche zugewendeten Seite einen Bogen und die verschiedenen Basttheile vereinigen sich zu einem die Holzbündel umgebenden Kranze, in dem (nach den Figuren) nicht selten vereinzelte Bastfasern liegen. (Was Verf. mit dem Satze „les éléments grillagés" se transforment fréquemment en fibres" eigentlich meint, ist dem Ref., wie auch der Ausdruck grillagés [gegittert], völlig unver-

ständlich geblieben; Siebröhren [tubes criblés] sind doch wohl nicht
gemeint). Die Epidermiszellen besitzen eine dicke, geschichtete,
von Cuticula überzogene Aussenmembran. Der schwärzliche
Schleim des Rhizoms kommt auch im Stamme vor, er kann bis
zur Spitze aufsteigen und selbst die Blattspurbündel umgeben.
3. Das Blatt. Mit Ausnahme des unteren Stengeltheils, wo
sie zu Schuppen reducirt sind, sind die Blätter wohl entwickelt,
dem Stamme ohne erkennbare Ordnung (? Ref.) inserirt. Ihre
Fläche liegt in einer Verticalebene und gegen den Gipfel des
Stämmchens erscheinen sie oft regelmässig 2zeilig angeordnet; mit
Ausnahme der Sporophylle sind sie sitzend mit am Stamme herab-
laufendem Flügel. Die Sporophylle sind gestielt und werden als
zwei mit den Blattstiel verwachsene Blätter gedeutet, weil
2 ausgesprochene Flügel auf der Unterseite des Stiels herablaufen.
Die Anatomie des Blattes bietet nicht viel Besonderes: Die Aussenwand der Epidermiszellen ist auf der Innenseite ungleichmässig
verdickt, was den Membranen in der Flächenansicht ein getüpfeltes Aussehen verleiht. Das Blattbündel ist eine Vereinfachung
des Stammbündels und besitzt als Blattspur in der Stammrinde
noch den gleichen Bau: eine Gruppe von 5 oder 6 Gefässen, von
einem Basttheil umgeben. Weiter nach oben im Blatte reducirt
sich die Gefässgruppe auf ein einziges und endlich findet sich nur
ein Procambialstrang. Eine schlecht differenzirte Endodermis umgibt
das Bündel. Die Sporophylle können steril sein und dann vereinigen sich in ihrem Stiel die Gefässbündel der beiden Blätter zu
einem nur durch grössere Anzahl der Gewebeelemente von einem
gewöhnlichen Blattbündel unterschiedenen Strang; sind sie fertil,
so geht von dem Sporangium noch ein kleiner Strang ab, um sich
mit den beiden anderen zu vereinigen. Stomata finden sich im
allgemeinen auf der der Blattunterseite anderer Pflanzen entsprechenden Seite; sie können aber — und das ist besonders bei den
Sporophyllen der Fall — an beliebigen Stellen der anderen Seite auftreten, sobald an dieser Stelle ein anderes Blatt einen Schirm
gegen das Sonnenlicht bildet (? Ref.) Das zweifächerige Sporangium
(Göbel deutet es als 2 einfächerige, Ref.) steht am Ende des Blattstiels auf dessen Oberseite, dem Stamme zugewendet; es besitzt
einen kurzen Stiel, dessen Gefässbündel sich oben in einen rechten
und linken Arm theilt, die aber beide in die, die beiden Sporangien
trennende Querwand einlaufen. Ref. muss hier gestehen, dass ihm
die Deutung des Sporophylls als Verwachsungsproduct gar nicht
einleuchten will, obwohl Verf. diese Theorie in bequemer Weise
mit ein paar Superlativen begründet: „Interprétation la plus simple,
la plus conforme ou faits et celle qui se présente naturellement
à l'esprit . . .“; würde es sich um eine Verwachsung handeln, so
müssten doch die beiden Sporangien quergestellt erwartet werden
und das Gefässbündel des Stieles dürfte nicht völlig mit dem eines
vegetativen Blattes übereinstimmen. Ob endlich die Sporophylle
wirklich als solche aufzufassen oder ob die Göbel'sche Deutung
zutrifft (Bot. Ztg. 1881. p. 692), muss bei dem Mangel entwickelungs-
geschichtlicher Untersuchung seitens des Verf. dahin gestellt

bleiben; indess scheint die erstere Deutung bei der anatomischen
Uebereinstimmung derselben mit vegetativen Blättern und namentlich bei dem Vorkommen von sterilen Sporophyllen die wahr-
scheinlichere. Hinsichtlich der Systematik von *Tmesipteris* kam Verf.
zu dem Resultate, dass diese Gattung, nicht wie früher angenommen,
nur eine einzige Species umfasst, sondern fünf scharf charakterisirte Arten:

1. *Tmesipteris Vieillardi* sp. nov. Grosse, robuste, und
durch düstere Färbung charakterisirte Art; wohlentwickeltes
Rhizom, zahlreiche Schuppen am unteren Theil des Stammes,
zahlreiche, schmale, lineale, abgestumpfte, lederige,
einander genäherte, lang herablaufende Blätter mit ganz vertical
gestellter Fläche. — Anatomische Hauptmerkmale: Stamm
und Rhizomrinde sehr dick, stark collenchymatisch; Centralcylinder (Stèle) binaire im Rhizom, im Stamm (Mitte) aus zahlreichen, isolirten, um ein parenchymatisch-collenchymatisches
Mark herumliegenden und von einer continuirlichen Bastschicht
umgebenen Holzbündeln aufgebaut; Aussenwand der Epidermiszellen
ungleichmässig verdickt, so dass in der Oberflächenansicht ein
weitmaschiges Netzwerk sehr deutlich erscheint; Mesophyll
aus verästelten Zellen. Heimath: Neu Caledonien. Scheint auch
auf feuchter Erde zu leben.

2. *T. elongatum* sp. nov., feine, schlanke, biegsame,
längste Gattung mit wohl entwickeltem Rhizom; wenig Schuppen
unten am Stamm; abgestumpfte oder lanzettliche, schmale, in
der Mitte breitere, sehr lange, herablaufende Blätter in drei oder
vier Zeilen angeordnete Blätter; Sporophylle sehr lang gestielt;
Blattfläche vertical. Anatomische Hauptmerkmale: Wenig
dicke, wenig collenchymatische Rinde; Stèle binaire im Rhizom,
im Stengel ein Centralcylinder aus 3 oder 4 im Centrum mehr
oder weniger enge verbundenen Holzbündeln, Stammquerschnitt
anfangs 4eckig, weiter oben 3eckig; Verzierungen der Epidermiszellen in Form von Spalten oder Punkten auf den Blattrand oder
die Nervatur beschränkt. Mesophyll aus verästelten, ein loses
Gewebe bildenden Zellen. Heimath: Van Diemens Land, Neu-
Süd-Wales; lebt auf dem Stamm von Baumfarnen. Syn. *Psilotum
truncatum* Br.

3. *T. tannensis* Bernhardi. Starke und robuste Art;
Rhizom an den Herbarexemplaren unvollständig; wenig Schuppen
an der Stammbasis; Blätter abgestumpft, sehr breit, dick,
herablaufend, unregelmässig in drei oder vier Reihen gestellt,
Stiele der Sporophylle dick und im Allgemeinen ziemlich kurz. —
Anatomische Hauptmerkmale: Ziemlich dicke, collenchymatische Rinde; Centralcylinder (normalerweise?) im Rhizom aus 3
getrennten Holzgruppen, im Stamm aus wenigen, isolirten,
um ein parenchymatisches Mark liegenden Holzbündeln;
Blätter von breitem und dickem Querschnitt; Verzierungen der
Epidermis aus kleineren und zahlreicheren Punktirungen,
als bei *T. elongatum*; Mesophyll dick, Zellen verästelt, nach dem

Austrocknen leicht wieder ihre normale Gestalt annehmend; festes Gewebe; wohl entwickeltes Blattbündel. Heimath: Tasmanien, Victoria, Neu - Seeland etc. Stamm der Baumfarne. Syn. *T. Forsteri* Endl. u. wahrsch. *Psilotum oxyphyllum* Hook. fil.*, Lycopod. tannense* Syn.

4. *T. truncatum (truncata)* Desvaux. Habitus von *T. Vieillardi*, aber ohne die düstere Färbung und die starke Entwickelung, zahlreiche Schuppen an der Stammbasis; abgestumpfte, schmale, ziemlich lineale, herablaufende, zahlreiche Blätter: Blattfläche vertical, wenig lederig. — Anatomische Hauptmerkmale: Rinde im Stamm mitteldick, mit dicker Membran, wenig collenchymatisch; Centralcylinder im Rhizom aus (normalerweise?) zwei oder drei isolirten Holzgruppen, im Stamm 7 oder 8 Holzbündel, um ein aus Faserzellen bestehendes Mark in einen Ring vereinigt; Blätter mit lacunösem Mesophyll, vom Typus des *T. tannensis*, aber weniger dicht. Heimath: Neu Holland, Neu-Seeland etc. Auf dem Stamm von Baumfarnen. Syn. *Psilotum truncatum* R. Rr., *T. tannensis* Labill.; *T. Billiardieri* Endl.

5. *T. lanceolatum* sp. nov. Schlanke, aufrechte Art; wenige Schuppen an der Stammbasis; Blätter breit, alle lanzettlich, in stark vorspringendem Flügel herablaufend, ziemlich regelmässig nach rechts und links angeordnet. Anatomische Hauptmerkmale: Rindenzellen beim Eintrocknen stark eingesunken und schwierig in den normalen Stand zurückzuführen; Stèle binaire im Rhizom; im Stamm demjenigen von *T. truncatum* ähnlich; Holzbündel um ein aus Faserzellen bestehendes Mark; Mesophyllzellen lacunös, Gewebe schlaff, wie bei *T. elongatum.* Heimath: Montagnes-Bleues.

Auf Grund dieser Untersuchungen kommt Verf. zu dem Schlusse, dass die Anatomie für die Bestimmung dieser Arten die grösste Hülfe geleistet habe; um diesen Satz unterschreiben zu können, müsste man aber doch wenigstens etwas über Menge, Beschaffenheit, Conservirungsart etc. des vom Verf. benutzten Materials wissen, worüber sich nirgends auch nur die leiseste Andeutung findet. Verf. theilt die gefundenen anatomischen Unterschiede in solche der Art und solche des Niveaus; (ob individuelle und Standortsunterschiede dabei genügend berücksichtigt wurden, lässt sich aus dem oben angegebenen Grunde nicht ersehen). Nach dem Bau des Markes unterscheidet man 2 Gruppen:

I. Keine Markfasern.
1) Zahlreiche Holzbündel; Mark sehr weich, collenchymatisch; Verzierungen der Epidermiszellen des Blattrandes
ein Netz bildend. *T. Vieillardi.*
2) Minder zahlreiche Holzbündel, Mark weniger breit, Epider-
misverzierungen punktförmig. *T. tannensis.*
3) Drei oder 4, mehr oder weniger eng im Centrum vereinigte
Holzbündel. *T. elongatum.*
II. Markfasern.
1) Mesophyll lacunös, elastisch; Blattquerschnitt schmal und
gegen die Ränder zu verschmälert. *T. truncatum.*

2) Mesophyll lacunös, eingesunken; Blattquerschnitt breit, an den Rändern angeschwollen. *T. lanceolatum.* Im übrigen fasst Verf. die hauptsächlichsten anderen Resultate noch folgendermassen zusammen: Abgesehen von der verticalen Orientirung der Blattfläche besitzen die *Tmesipteris*-Arten die normale Orientirung der anderen Pflanzen und man darf bei ihnen keine Fasciationen, Cladodien oder Sympodien von Cladodien zu suchen.

Das Gefässbündel von *Tmesipteris* besteht, wie dasjenige der *Selaginellen*, aus Protoxylem (Blattspuren), an welches sich Metaxylem (Stammeigene Stränge) anlegen kann; aber das Metaxylem, anstatt sich nur auf der einen Seite anzulagern, entwickelt sich am ganzen Umfang. Das geschlossene Bündel der Phanerogamen soll dem Protoxylem der Kryptogamen, das offene dem Proto- und Metaxylem zu vergleichen sein und mit ihm die physiologische und mechanische Rolle theilen.

Nach der verschiedenen Anordnung des Gefässbündelsystems lassen sich die *Tmesipteris* in plantes monostéliques, à stèle binaire (2 Bündel) oder composées (mehr als 2 Bündel), mit Mark, oder ohne Mark eintheilen.

Die *Tmesipteris* sind ein ausgezeichnetes Object, um die Organisation phytonnaire (cf. Bot. Centralbl. Bd. XLIV. 1890. p. 190) einer Pflanze zu studiren; die Individualität der Phytons zeigt sich deutlich auf der Oberfläche wie im Innern des Stammes.

Mit einem Loblied auf die Gaudichaud-Dangeard'sche Phytontheorie schliesst die Abhandlung; Ref. ist leider auch dadurch nicht bekehrt worden (cf. Bot. Centralblatt. l. c.).

L. Klein (Freiburg i. B.).

Fernbach, A., Sur le dosage de la sucrase. 3. mémoire: Formation de la sucrase chez l'Aspergillus niger. (Annales de l'Institut Pasteur. 1890. pag. 1—24).

— — : Sur l'invertine ou sucrase de la levure (l. c., pag. 641—673.)

Der Verf. hat sich die Aufgabe gestellt, eine Methode zur quantitativen Bestimmung des Invertins („sucrase" nach der Terminologie von Duclaux) auszuarbeiten. Eine solche Methode kann natürlich nur eine indirecte und die Bestimmung nur eine relative sein; so erscheint denn als Resultat der Untersuchungen, die Verf. in zwei früher publicirten Aufsätzen mitgetheilt hat, die Aufstellung einer willkürlichen Einheit der Invertins; es ist dies dasjenige Invertinquantum, welches im Stande ist, bei einer bestimmten Temperatur (54—56⁰) und bei einer bestimmten optimalen Acidität der Flüssigkeit im Laufe einer Stunde 20 cgr Saccharose zu invertiren. In diesen Einheiten werden im Laufe der Arbeit die gefundenen Invertinmengen ausgedrückt. Da eine Darlegung der nun zu referirenden Untersuchungen sich nicht ausführen liesse, ohne specieller auf die complicirte chemische Methodik derselben einzugehen, so muss sich Referent darauf beschränken, nur die letzten, physiologisch wichtigen Resultate wiederzugeben, wegen deren näherer Begründung und aller Einzelheiten auf das Original verweisend.

Bei *Aspergillus niger* ergab sich die auffallende und ganz paradox erscheinende Thatsache, dass am Anfange der Cultur sich in der Nährflüssigkeit gar kein Invertin nachweisen lässt, während bereits der gössere Theil des Zuckers invertirt ist, und dass auch späterhin die Menge des Invertins relativ gering bleibt, so lange Inversion und Verbrauch von Zucker stattfindet und das Trocken-gewicht des Pilzes zunimmt; erst wenn bereits sämmtlicher Zucker aus der Nährlösung verschwunden und die Trockensubstanz des Pilzes im Abnehmen begriffen ist, nimmt die Menge des Invertins bedeutend zu und steigert sich im Laufe einiger Tage bis auf das Mehrfache des ursprünglichen Quantums. Dies erweckte in dem Verf. den Gedanken, dass die Inversion des Zuckers nicht, wie man gewöhnlich annimmt, ausserhalb der Zellen durch von diesen ausgeschiedenes Enzym bewirkt wird, sondern dass dieser Process im Innern der Zellen vor sich geht. Und in der That, als er junges, in lebhafter Ernährung befindliches Mycel mit Wasser und Sand zerrieb, fand er in dem gewonnenen Saft sehr erhebliche Mengen Invertin. Im Verlaufe der Cultur nimmt dieses intracellulare Invertin in noch stärkerem Maasse ab, als das extracellulare zunimmt, es findet somit ein allmählig immer stärker werdender Uebertritt des Enzyms aus den Zellen in die Nährlösung statt, und ausserdem eine langsame Zerstörung eines Theiles derselben (wahrscheinlich infolge Oxydation). Die Exosmose des Invertins aus den Zellen tritt, wie Verf. zeigt, erst dann ein, wenn der Verbrauch der in denselben angehäuften Reservestoffe, also die Erschöpfung der Zellen, beginnt.

In der zweiten Abhandlung wird zunächst gezeigt, dass zwischen dem Invertin des *Aspergillus* und demjenigen der Sprosspilze nicht unerhebliche Differenzen bestehen und dass auch die von ver-schiedenen Sprosspilz-Species oder ·Rassen producirten Invertine sich in freilich minder hohem Grade von einander unterscheiden. So ist das Optimum der Acidität der Nährlösung, d. i. derjenige Ge-halt derselben an Essigsäure, bei dem eine gegebene Menge des Enzyms caeteris paribus die grösste Menge Zucker inventirt, für das *Aspergillus*-Invertin 1%, für das Invertin gewisser Hefesorten 0,05%, für dasjenige anderer 0,02%.

Ein ferneres Resultat ist, dass die Ausgiebigkeit der Invertin-bildung seitens der nämlichen Hefe (auf gleiches Gewicht derselben bezogen) eine wesentlich verschiedene ist, wenn dieselbe in ver-schiedenen Nährlösungen cultivirt wird. Und zwar hängt dies nicht von der Natur des gebotenen Zuckers ab, sondern von der sonstigen Zusammensetzung der Nährlösung, hauptsächlich von der Natur der vorhandenen Stickstoffverbindungen. So wird, mit demselben Zucker, in Hefedecoct bei weitem mehr Invertin gebildet als in Decoct von Gerstencotyledonen; wird letzteres mit 2% Pepton versetzt, so steigert dies die Invertinbildung enorm; hingegen vermindert ein Zusatz von 1% Ammoniumphosphat zum Hefedecoct die absolute Menge des gebildeten Invertins, während das Gewicht der producirten Hefe dadurch vermehrt wird. — Dies gilt für eine bestimmte Hefe.

Mit anderen Hefesorten erwies sich das nämliche Hefedecoct als ein-
für die Invertinbildung weit weniger günstiges Nährmedium; es war-
zwar immerhin günstiger, als das Decoct von Gerstenkotyledonen,.
aber der Unterschied war lange nicht so bedeutend.

Rothert (Leipzig).

Ludwig, F., Die Aggregation als Artenbildendes Princip..
(Wissenschaftliche Rundschau der Münch. Neu. Nachrichten. 1891.
N. 330. p. 1 u. 2.)

In der Entwickelungsgeschichte der Lebensformen, welche gegen-
wärtig unseren Erdkörper bewohnen, ist neben der fortgesetzten-
Differenzirung niederer einfacher Organismen zu höheren com-
plicirteren Formen weitgehender Arbeitstheilung ein zweiter Ent-
wickelungsgang bemerkenswerth, bei welchem die höheren Formen-
durch Vereinigung einfacher Organismen zu einem-
Organismus höherer Ordnung zu Stande gekommen sind..
Dabei kann es sich handeln um das Zusammentreten gleichartiger-
Organismen oder um die Aggregation verschiedenartiger-
Organismen, es kann ferner die Ausbildung der aggregirten,
Formen bei der jeweiligen Bildung des neuen Individuum (höherer
Ordnung) gegenwärtig in jedem einzelnen Falle noch stattfinden,.
oder in einer früheren Entwickelungsperiode stattgefunden haben,.
so dass heutzutage auch aus dem einfachen Fortpflanzungskörper-
(Ei, Spore etc.) die zusammengesetzte Form noch entspringt. Um,
die Aggregation gleichartiger Organismen handelt oder-
handelte es sich z. B. bei den höheren Formen der *Basidiomyceten*-
und *Ascomyceten*. Die Gattungen von *Agaricus*, *Boletus*, *Hydnum*,.
Thelephora etc. sind als Aggregationsarten der einfachen Formen.
von *Tomentella* und Verwandter, die von *Peziza* etc. als Aggregationsarten der *Exoasceen* (*Endomyces*, *Taphrina* etc.) zu betrachten..
Auch heutzutage kann der Hutkörper eines *Agaricus* etc. noch.
durch das Zusammentreten der Hyphen entstehen, welche aus-
verschiedenen Sporen der gleichen Art ihren Ursprung genommen haben. Durch fortgesetzte Aggregation sind sodann die
zusammengesetzten Pyrenomyceten etc. (*Poronia*, *Nummularia*,
Melogramma, *Cordyceps* etc.) aus den einfachen entstanden zu
denken. Die *Gasteromyceten*-Gattung *Broomeia* (*B. aggregata* Berk.,.
B. Guadalupensis Lév.) wird als Aggregationsform zu *Geaster*,
die Rostgattungen *Ravenelia* und eine verwandte, von G. v. Lagerheim neuerdings in Ecuador entdeckte, noch unbeschriebene Gattung
sind durch Verwachsung einfacher *Puccinia*-artiger Fruchtkörper-
entstanden, wie ja auch *Melampsora*, *Thecaspora*, *Gymnosporangium*-
etc. Die Myxomyceten *Dictyostelium* und *Polysphondylium* entstehen.
in jedem einzelnen Falle durch Aggregation zahlreicher Einzel-
individuen (Amöben). Aggregationen, die unter gewissen Ernährungs-
bedingungen zu Stande kommen, sind die „*Coremium*-Bildungen"
(*Coremium vulgare* aus *Penicillium crustaceum*, *Isaria farinosa* aus-
Spicaria, *Stysanus Stemonitis* aus *Hormodendron* etc.).

Aggregationen von verschiedenen Organismen stellen die
verschiedenen Fälle von Symbiose dar, von Algen und Thieren bei

Hydra viridis, grünen Spongillen, Infusorien, Radiolarien etc., von Algen und Pilzen bei den Flechten, Pilzen und höheren Pflanzen, bei den Mycorrhizen, Wurzelknollen der *Leguminosen*, Erlen, etc. etc. Es dürfte zu untersuchen sein, in wie weit hier das Zusammentreten der verschiedenen Organismen zur Ausbildung neuer Arten geführt hat, d. h. in der Vorzeit zu Stande gekommen ist, ohne dass heute noch eine gleiche Synthese möglich wäre. Bei den Flechten ist in vielen Fällen die Synthese aus Pilz und Alge noch gelungen, während doch bestimmte Arten entstanden sind, die sich auch ohne erneute Synthese erhalten, indem Portionen von Pilzhyphen und Algengonidien zur Fortpflanzung der Art abgegliedert werden. Gleiches ist bei *Hydra viridis* von B e y e r i n c k u. A. constatirt worden. Mit der Theilung der Zellkerne geht hier eine Theilung der Algen, der Zoochlorellen vor sich, die Eier erhalten die letzteren vom Mutterkörper, so dass diese Aggregation von Alge und Thier sich erblich erhält. B e y e r i n c k hat hier die Algenzellen aus dem Thierkörper isolirt und in Gelatine gezüchtet und ihre Identität mit einer in Gräben und Teichen sehr verbreiteten Alge, die er *Chlorella vulgaris* nennt, erwiesen, doch scheint es, als ob heutzutage die Vereinigung farbloser *Hydren* mit der *Chlorella* nicht mehr oder nur unter besonderen Umständen möglich wäre. Ebenso wie die *Hydra viridis* ist die grüne durch *Chlorella* verursachte Form des Trompeterthierchens erblich konstant, während bei der grünen Form unseres Süsswasserschwammes die Eier noch keine Chlorellen enthalten, die Symbiose von *Chlorella infusionum* (*Zoochlorella parasitica*) mit der *Spongiella fluviatilis* noch nicht zur A r t - A g g r e g a t i o n fortgeschritten ist. Mit allen Uebergängen von der gelegentlichen Symbiose bis zur Ausbildung differenter Arten findet sich die Aggregation der *Chlorellen* und *Zoxanthellen* bei den Seeanemonen, Quallen, Radiolarien, Infusorien (hierher gehörig eine grüne Form des Leuchtthierchens, *Noctiluca miliaris* von der Küste der Insel Symbawa). Eine Aggregation von Bakterien mit Thieren liefern *Pholas dactylus* und *Pelagia*, deren Leuchtvermögen nach D u b o i s u. A. der Wirkung von symbiontischen Photobakterien zuzuschreiben ist.   Ludwig (Greiz).

―――――

Chauveaud, Gustave, R e c h e r c h e s   e m b r y o g è n i q u e s   s u r l'a p p a r e i l   l a c t i f è r e   d e s   E u p h o r b i a c é e s,   U r t i c a c é e s, A p o c y n é e s   e t   A s c l é p i a d é e s. (Annales des sciences nat. Botanique. Sér. VII. Tome XIV. 1891. p. 1—162. Avec 8 planches.)

Der erste Abschnitt dieser höchst bemerkenswerthen Abhandlung gibt eine kurze historische Uebersicht über die Untersuchungen, die früher über die Milchsaftgefässe angestellt wurden, über die verschiedenen Theorien, welche über den Zweck dieser Organe aufgestellt wurden und endlich über die letzten Arbeiten, welche sich mit der Bildung dieser Apparate befassten, die Arbeiten von S c h m a l h a u s e n und S c h u l l e r u s.

Darauf folgt eine genaue Beschreibung zweier ebenso einfacher wie practischer kleiner Apparate, der sog. „Mikroplyne", zur Behandlung der Schnitte mit Reagentien und der „Mikrozete" zum weiteren Verarbeiten der Schnitte. Der erstgenannte Apparat ist ein kleiner Glastrichter mit feinem, quer in die Röhre eingeschmolzenen Platinnetz, auf das Glaspulver, dann die Schnitte, dann nochmals Glaspulver gebracht wird, was es möglich macht, mit unverhältnissmässig geringem Zeitaufwand und ohne Verlust der kleinen, schwer sichtbaren Schnitte befürchten zu müssen, die Schnitte erst zu säubern und dann zu färben. Die Mikrozete ist ein Präparirtisch, zur Aufnahme von Uhrgläsern mit Präparaten bestimmt, welche von unten durch einen drehbaren, doppelten, schwarz und weissen Spiegel beleuchtet werden Diese Apparate konnten hier, wo eine grosse Anzahl kleinster Embryoschnitte zu verarbeiten waren, ihre Zweckmässigkeit glänzend bewähren.

Im dritten, grössten Capitel wird die Entwickelungsgeschichte des Milchsaftgefässsystems in der Familie der *Euphorbiaceen* mit besonderer Berücksichtigung der Gattung *Euphorbia* geschildert. Das vergleichende Studium der verschiedenen Arten dieser Familie lehrte, dass die Entwickelung des Milchsaftgefässsystems nicht, wie S c h m a l h a u s e n glaubte, überall nach dem gleichen Schema vor sich geht, sondern eine ganze Reihe Verschiedenheiten aufweist. Diese Verschiedenheiten lassen sich auf einige Typen zurückführen und sind im Uebrigen enge mit der Zahl der im Embryo vorhandenen Initialzellen verknüpft. Diese Zahl schwankt innerhalb recht erheblicher Grenzen; sie ist bei keiner der untersuchten Arten von den früheren Autoren genau angegeben worden. Im häufigsten Falle bilden die zahlreichen Initialen anfänglich eine geschlossene Schicht, die den Centralcylinder als vollständiger Ring umgiebt (*Euphorbia falcata, helioscopia, Portlandica* etc.) Der von den Initialen gebildete Kreis kann sich auf zwei ausgedehnte Bögen reduciren (*E. myrsinites*), auf vier kleinere Bögen (*E. segetalis*), endlich kann die Zahl der Initialen, welche diese vier kleineren Bögen bilden, auf zwei zurückgehen (*E. exigua, Peplis* etc.) und selbst auf eine einzige (*E. Engelmanni*). Die Schicht der Mutterzellen dieser Initialen liegt immer im gleichen Querschnitt, der als K n o t e n e b e n e (plan nodal) bezeichnet wird, weil er mit der Insertionsbasis der Kotyledonen zusammenfällt. Ausnahmsweise wurden zwei Initialkreise gefunden (*Croton pungens*), ein innerer, welcher mit der Aussenschicht des Centralcylinders correspondirt, und ein äusserer in der Mitte der Rinde. Auf diesen beiden concentrischen Kreisen nehmen die Initialen nicht den ganzen Raum ein, sondern sind von einander jeweils durch mehrere Parenchymzellen getrennt. Später verhalten sich die Initialen, je nachdem sie im Kreise oder in Bögen angeordnet waren, verschieden bei der Weiterentwickelung. Im ersteren Falle verlängern sie sich radial nach aussen, dringen zwischen die Zellen der Rinde ein und steigen später mehr oder weniger schief zur Wurzel herab. Im zweiten Falle bilden sie tangentiale Verlängerungen, die der Peripherie des Centralcylinders folgen und ebenso viele Bögen bilden, welche in ihrer Gesammtheit ein ringförmiges Geflecht darstellen. Von diesem Geflecht strahlen dann radiale Schläuche aus, die wie im vorhergehenden Falle mehr oder weniger schief durch

die Rinde zur Wurzel steigen. Zwischen den beiden extremen
Fällen, einem absolut vollständigen Initialenkreis und vier einzelligen
Bögen, gibt es, wie gesagt, Zwischenstufen; daraus folgt eine grosse
Verschiedenheit der Querschnittsbilder durch die Knotenebene der
verschiedenen Embryonen. Bemerkenswerth ist ferner die Regelmässigkeit, mit welcher die verschiedenen Verlängerungen der
Initialzellen in der embryonalen Achse auftreten. Da die Initialen
verschiedene Kategorien von Verlängerungen treiben, so werden
dieselben, je nach dem Ort ihres Auftretens, der bequemeren Beschreibung halber als kotyledonare, centrale, rindenständige und
markständige bezeichnet. Die centralen wie die rindenständigen
Schläuche weisen sehr oft in ihrer Zahl und vor allem in ihrer
Lagerung eine frappante Regelmässigkeit auf. Die Vertheilung der
Milchsaftschläuche gibt uns in den meisten Fällen Mittel an die
Hand, speciell genug, um die Embryonen zweier verwandter Species
mit grosser Sicherheit zu unterscheiden. — Anastomosen werden
niemals beobachtet, weder zwischen Milchsaftschläuchen allein, noch
zwischen solchen und benachbarten Zellen, eine Bestätigung der
von Schullerus geäusserten Ansicht, trotz seiner sehr ungenauen
Beschreibung der Milchsaftgefässe in den Kotyledonen von *E. Lathyris.*

Ein einheitliches System von Milchröhren, demjenigen der
Euphorbiaceen ähnlich, wurde im Embryo gewisser Pflanzen ge-
funden, die man bisher stets als ausschliesslich mit gegliederten
Milchsaftgefässen versehen betrachtet hatte (*Aleurites triloba,
Jatropha Curcas* etc.)

Die Untersuchung der *Asclepiadeen* und *Apocyneen* lieferte
einen neuen Typus für die embryonale Entwickelung des Milch-
röhrensystems. Bei einigen dieser Pflanzen besitzt der Embryo im
Stämmchen in der That keinerlei rindenständige Schläuche (*Apocynum venetum*). Bei allen treten die Initialen in der Knotenebene
auf und liegen im Kreise an der Peripherie des Centralcylinders,
durch eine oder mehrere Parenchymzellen von einander getrennt.
Eine Eigenthümlichkeit erscheint in der Familie der *Asclepiadeen*
allgemein zu sein, die Krümmung der centralen Schläuche in der
„Collet" Region (Vereinigungsstelle von Stamm und Wurzel);
hier verlassen die Milchsaftschläuche den Centralcylinder, um in
die Rinde einzudringen und fernerhin in derselben weiter zu
wachsen. Bei einzelnen *Apocyneen*, die im erwachsenen Zustande
Milchsaftgefässe führen (*Vinca major, minor, Amsonia latifolia,
Tabernaemontana Wallichiana*) wurden solche im Embryo vergeblich gesucht.

Bei den *Urticaceen* liegen die Initialen in Gruppen von je
fünf den beiden Kotyledonarausbogungen gegenüber, während bei
allen anderen Pflanzen, die keinen geschlossenen Initialring besitzen, diese beiden Regionen niemals solchen aufweisen. Der
ununterbrochene embryonale Milchgefässapparat ist bei den verschiedenen Familien, bei denen er auftritt, aus den verschiedenen
Theilen zusammengesetzt, die bei den *Euphorbiaceen* geschildert
wurden; dort scheint er die höchste Stufe seiner Entwickelung zu
erreichen.

Beim Verfolge der Entwickelungsgeschichte des Milchgefässsystems vom embryonalen Stadium an zeigt es sich zunächst, dass er in der postembryonalen Entwickelung im wesentlichen die gleiche Anordnung beibehält, wie im Embryo. Sind die rindenständigen Schläuche im Keimstämmchen subepidermal, so bleiben sie es auch in den verschiedenen Theilen des Stammes und seiner Aeste und ebenso sind sie in den Blättern der erwachsenen Pflanze in der gleichen Weise wie in den Kotyledonen angeordnet. Im Gegensatze dazu ist diese Anordnung in der Haupt- und den Seitenwurzeln verschieden; so wurden in den Seitenwurzeln (von *E. Lathyris, Peplis* etc.) niemals rindenständige Schläuche angetroffen, während die Hauptwurzel eine grosse Zahl solcher besitzt. Die centralen Milchsaftgefässe der Seitenwurzeln sind an Zahl den Bastbündeln gleich und deren Aussenseite in der Mitte angelagert. Bei den Pflanzen, welche secundäre Bildungen hervorbringen, stammen die Milchröhren, welche diese Bildungen durchziehen, von den nächstliegenden Aesten der Mutterzellschichten; diese Aeste gehören dem primären Milchsaftgefässapparat an, derart, dass das Auftreten neuer Milchzellen ausserhalb der ersten embryonalen Stadien niemals zur Beobachtung kam.

Ein besonderes Capitel ist der kritischen Prüfung der Rolle gewidmet, welche dem Milchröhrensystem in der Classification zugetheilt wurde. Musste hier auch die auf diesem Punkte basirende bisherige Classification durch den Autor selbst geändert werden, so hat das lediglich in der früher nicht genügend genauen Kenntniss des Milchgefässapparates seinen Grund. Die Merkmale, welche die Embryogenie hier liefert, bestätigen nicht nur die auf morphologische Merkmale begründeten Unterabtheilungen, sondern sie sind sogar geeignet, mehr Klarheit über die Verwandtschaftsgrade einiger Gattungen zu verbreiten. *Cannabineen, Moreen* und *Arthocarpeen* lassen sich nicht zu einer einzigen Gruppe zusammenfassen, deren gemeinsames Merkmal ähnliche Milchröhren sind, denn *Cannabis sativa* zeigt auch keine Spur von einem embryonalen Milchgefässsystem.

Endlich werden die verschiedenen Theorien über die wahre morphologische Natur der Milchröhren discutirt. Aus theoretischen Gründen setzt der Verf. der von P a x und S c o t t vertretenen d e B a r y'schen Hypothese eine entgegengesetzte entgegen, nach welcher die continuirliche Milchröhre den Urzustand repräsentiren soll; diese theoretischen Erwägungen werden durch positive Thatsachen in sofern gestützt, als gewisse Pflanzen (*Aleurites triloba* etc.) anfänglich im Embryo ein ungegliedertes Milchgefässsystem besitzen und erst später in der postembryonalen Entwickelungsperiode ein gegliedertes Milchgefässsystem erhalten. Diese Thatsachen zeigen ausserdem an, dass die beiden typischen Formen der Milchgefässe, die gegliederten und ungegliederten, sich keineswegs, wie man bisher annahm, bei einer und derselben Pflanze ausschliessen, obwohl sie in der Regel stets durch eine Reihe von Merkmalen getrennt, deutlich von einander verschieden sind.

Auf Grund der vorliegenden Untersuchungen fasst Verf. unser derzeitiges Wissen von den Milchröhren in folgende Sätze knapp zusammen, wobei seine eigenen Resultate gesperrt gedruckt sind: Der ununterbrochene primitive Milchgefässapparat ist durch Specialzellen (Initialen) gebildet, welche die ersten differenzirten Elemente im Embryo darstellen.

Diese Initialzellen, selten in der Zahl vier, bisweilen zu acht, oft viel zahlreicher, repräsentiren eine für jede Art constante Zahl.

Sie erscheinen immer in der gleichen Querschnittsebene (Knotenebene) und bilden sich in der Mehrzahl der Fälle ausschliesslich auf Kosten der pericyklischen Schicht.

Diese Initialen verlängern sich zu Schläuchen und verästeln sich stark, indem sie so im Embryo ein geschlossenes System bilden, das oft einen hohen Grad von Regelmässigkeit aufweist.

Dieses System wächst später heran, um zunächst das Milchsaftgefässsystem des Keimpflänzchens, später der erwachsenen Pflanze zu bilden. In den Fällen, in welchen die Pflanze secundäre Bildungen erzeugt, sind diese Bildungen von Milchgefässen durchzogen, welche von den benachbarten Aesten der generativen Schichten abstammen und dem primären Milchröhrensystem angehören; man beobachtet niemals das Auftreten neuer Initialen nach den ersten Stadien der embryonalen Entwickelung.

Diese Schläuche zeigen weder Anastomosen noch Querwände. Ihre Aeste können sich bei gewissen Arten ebenso gut im Mark wie in der Rinde verbreiten.

Ihre Bedingungen sind nicht auf ein spezielles Gewebe beschränkt; man findet sie in den Laubblättern, wie in den Kotyledonen, bald mitten im Parenchym, bald unter den Palissadenzellen und sogar ziemlich häufig im Contact mit der Epidermis.

Bei gewissen Pflanzen können ungegliederte Milchröhren dem Auftreten der gegliederten vorausgehen.

Gefunden werden sie nur bei folgenden Familien: *Euphorbiaceen, Urticaceen, Apocyneen* und *Asclepiadeen*, wo sie zur Charakterisirung gewisser Tribus dienen können.

L. Klein (Freiburg i. B.).

Tschirch, A., Physiologische Studien über die Samen, insbesondere die Saugorgane derselben. (Annales du Jardin Botanique de Buitenzorg. Vol. IX. p. 143—183. 6 Tafeln).

Die ersten 10 Seiten dieser höchst interessanten Abhandlung geben in gedrängter Kürze eine sehr klare Uebersicht über eine Reihe von Arbeiten, die im Laufe der letzten Jahre theils vom Verf., theils von einer Anzahl seiner Schüler angestellt wurden, Arbeiten, die unter einander in mehr oder weniger innigen Zusammenhaug stehen und die sämmtlich das Ziel verfolgen, über die physiologischen Vorgänge, besonders bei der Keimung der Samen, weiteren Aufschluss zu gewähren. Ueberall wurde versucht, die betreffenden Fragen an der Hand des Experimentes ihrer Lösung näher zu führen. Diese Untersuchungen betreffen das System von Festigungseinrichtungen der sog. Markschicht der Samenschalen, die Schleimepidermis, die nicht in erster Linie als Wasserspeicher, sondern als Anheftungsorgan dient, dann die dichte Schicht der Samenschale, die sog. Nährschicht, die im reifen Samen fast stets aus todten, zusammengefallenen Zellen besteht, welche den reifenden Samen mit Wasser und Nährstoffen versorgten. Als vierte, die Physiologie der Samenschale behandelnde Untersuchung kommen hier Studien über die pfropfartigen Verschlüsse bei monokotylen Samen hinzu. Kurz berührt werden ferner die Untersuchungen über Bau und Function der Aleuronkörner, die Bedeutung der Zellkerne in den Endospermzellen als Träger der Lebensthätigkeit der Samen, besonders bei der Entleerung der Reservestoffbehälterzelle, die Lösung der Kalkoxalatkrystalle bei der Keimung (die Verf., wie Kraus, als Reservestoffe betrachtet), das chemisch-physiologische Studium der Speichergewebe, des Endosperms und Perisperms überhaupt; die inneren Quellschichten: die sog. Schleimendosperme als Reservestoffe, die Frage nach den Leitungsbahnen der gelösten Reservestoffe und das Auftreten und Verschwinden des Chlorophylls in den Keimlingen.

Den Hauptgegenstand vorliegender Schrift bildet das experimentelle Studium der Physiologie und Biologie der Keimung einer Anzahl tropischer Monokotylensamen, ausgeführt im Laboratorium des Botanischen Gartens zu Buitenzorg auf Java. Die gleichfalls dort untersuchten Dikotylensamen sind in vorliegender Arbeit nicht berücksichtigt, ebenso die merkwürdige Thatsache nur kurz gestreift, dass Gerbstoffe einen sehr häufigen Bestandtheil des Samenkernes tropischer Samen bilden und in dem feucht-warmen Klima der Tropen sehr wesentlich zur Erhaltung der Samen bis zu erfolgter Keimung und zur Sicherung dieser in den ersten Stadien beitragen; darüber soll eine spätere Publication berichten.

Die hauptsächlichsten Resultate der Untersuchungen über die Saugorgane der monokotylen Samen fasst Verf. in folgende Sätze zusammen:

1. Alle Monocotylensamen mit Speicher- (Nähr-) Gewebe — Endosperm, Perisperm — besitzen ein Saugorgan, welches bei der Keimung im Samen stecken bleibt und das Nährgewebe aussaugt.

2. Das Saugorgan ist im ruhenden Samen bald scutellumartig (*Gramineentypus*: *Gramineen*, *Centrolepis*), bald keulenförmig, blattartig oder fädig (*Zingiberaceen*typus: *Zingiberaceen*, *Marantaceen*, *Cannaceen*, *Liliaceen*, *Irideen*, *Amaryllideen*, *Restiaceen*, *Aroideen*, *Juncaceen*, *Bromeliaceen* u. a.), bald der Form nach unbestimmt und kurz. Im letzteren Falle vergrössert es sich stark beim Keimen des Samens und dringt tief in das Endosperm ein (Palmentypus: *Palmen*, *Cyperaceen*, *Commelinaceen*, *Musa*). Die Epidermis des Saugorgans ist bald papillös, bald nicht.

3. Dem Saugorgan der Monokotylen entspricht ein solches bei den *Gnetaceen* und *Cycadeen*, ebenso ist der „Fuss" des Embryos bei den Gefässkryptogamen und der „Fuss" der Mooskapsel als Saugorgan zu betrachten.

4. Vergleichende Untersuchungen aller Monokotylen - Familien lehren, dass das bei den endospermfreien Familien (Abtheilung *Helobiae* und *Najadeen*) und Gattungen auftretende, die Plumula bescheidende, meist keulige Organ sicher der Kotyledon ist und dass andererseits bei dem *Zingiberaceen-* und *Palmen*typus der Samen mit Nährgewebe ein Zweifel darüber nicht bestehen kann, dass das S a u g o r g a n u n d d i e K e i m b l a t t s c h e i d e (Koleoptile, Kotyledonarscheide, Pileole) e i n e E i n h e i t , n ä m l i c h d e n K o t y l e d o n bilden, letzterer also aus einem scheidigen, die Plumula anfänglich umhüllenden (Koleoptile), aus einem im Samen steckenbleibenden (Saugorgan) und einem diese beiden verbindenden fädigen Theile (dem verlängerten „Halse" des Saugorgans) besteht.

5. Auch bei dem *Gramineen*typus und den Samen mit sog. „angeschwollenem Hypokotyl" ist die Koleoptile der Kotyledon; die morphologische Bedeutung des Scutellums und des sog. „angeschwollenen Hypokotyls" ist noch fraglich. Das Kotyledon allein stellen sie keinesfalls dar. Nach dem Vergleiche mit den Gramineen ist das letztere bei *Ruppia*, *Pothos* etc., das Keimknöllchen A. M e y e r s bei den *Orchideen*, das Protocorm der *Lycopodiaceen*, überall als „f u n c t i o n s l o s e s Saugorgan" zu betrachten, das als vorübergehender Speicher von Reservestoffen und Wasser, als „t r a n s i t o r i s c h e r R e s e r v e s t o f f b e h ä l t e r" fungirt. Dabei erscheint es von untergeordneter Bedeutung, ob diese Organe schon im Samen entwickelt sind, oder sich erst bei der Keimung mächtiger entwickeln.

6. Bei einigen Monokotylen - Familien ist der Same mit sog. Deckeln oder Pfröpfen ausgerüstet, die zur Erleichterung der Keimung und Sicherung der vollständigen Ausnutzung des Nährgewebes dienen.

L. Klein (Freiburg i. B.).

Brandza, Marcel, D é v e l o p p e m e n t d e s t é g u m e n t s d e l a g r a i n e. (Revue générale de Botanique. 1891. No. 28—29. Avec 10 planches.)

Wenn man den Geschichtsschreiber auf irgend einem Gebiete der Wissenschaft spielen will, dann ist eine einigermaassen umfassende Uebersicht über das zu behandelnde Material erste Bedingung. Nach Art der französischen Dissertationen beginnt auch diese Schrift mit einer historischen Einleitung, einer kurzen Charakterisirung der früheren Arbeiten über Bau und Entwickelung der Samenschale, bei der sich der Verf. der im Uebrigen durchaus tüchtigen Arbeit die Aufgabe herzlich leicht gemacht und gezeigt hat, dass er von der ziemlich umfangreichen, allerdings auch sehr zerstreuten Litteratur, die über diesen Gegenstand existirt, keine Ahnung hat. Besonders schlecht ist die deutsche Litteratur weg-

gekommen und, um wenigstens ein paar Namen zu nennen, nicht
einmal B a c h m a n n, „Samenschale der *Scrophularineen*", H a r z,
„Landwirthschaftliche Samenkunde", und die Arbeiten von T s c h i r c h
und seinen Schülern sind genannt. Dagegen hat Verf. trotzdem
Recht mit seiner Behauptung, dass in den früheren Arbeiten die
Entwicklungsgeschichte zumeist recht stiefmütterlich behandelt worden
und dass eine, eine grosse Anzahl Familien und Gattungen umfassende Arbeit über das Thema bislang fehlt.

Folgendes   sind   die   hauptsächlichsten   Resultate   der
Studie:

I. S a m e n   m i t   z w e i   T e g u m e n t e n. Dabei lassen sich
mehrere Fälle unterscheiden:

1) Bei vielen Dialypetalen mit offenem Fruchtknoten (*Resedaceen,
Capparideen, Violarieen, Cistineen, Malvaceen, Tiliaceen, Sterculia-
ceen, Passifloreen, Hypericineen*) sind die beiden Integemente der Samenknospe auch in der Samenschale noch vorhanden. Verf. hat stets
gefunden, dass die Samenschalen in diesen Familien einen gänzlich
verschiedenen Bau von demjenigen, den man bisher allgemein annahm, besassen. Es findet weder eine Resorption des inneren
Integuments der Samenknospe, noch eines Theiles der äusseren
statt und das letztere Integument bildet keineswegs die Samenschale
allein. Das äussere Integument ist vielmehr im reifen Samen auf
2 oder 3 Zellschichten reducirt und das innere Integument bildet
den Haupttheil der Samenschale; die äusserste Schicht des inneren
Integuments bildet die verholzte oder Schutzschicht, die Testa des
Samens. Das Gefässbündel liegt immer im äusseren Integument,
ausserhalb der verholzten Partieen.

2) In anderen verschiedenen Gruppen der den Angiospermen
angehörenden Familien (*Berberideen, Papaveraceen, Fumariaceen,
Portulacaceen, Cruciferen*, gewisse *Aroideen, Irideen*, gewisse *Liliaceen, Juncaceen*) bleibt das innere Integument erhalten, ohne eine
Schutzschicht zu bilden, alsdann aber sondert es sich in mehrere
distincte Schichten, die innerhalb des Gefässbündels liegen.

3) Wenn in der erwachsenen Samenschale zwei verholzte über-
einanderliegende Schichten vorhanden sind (*Geranieen, Oenothereen,
Lythrarieen, Ampelideen, Aristolochieen*), dann stammt allein die
äussere Schicht von dem äusseren Integument ab, die innere dagegen
von der äussersten Schicht des inneren Integumentes. Bei den
Oenothereen, Lythrarieen und *Aristolochieen* betheiligt sich sogar
der Knospenkern, wenigstens mit seinen äussersten Schichten an der
Bildung der innersten Schichten der Samenschale.

4) Bei den *Magnolieen* geht aus dem ganzen inneren, aus drei
übereinander liegenden Schichten bestehenden Integumente die
Schutzschicht hervor, unter welcher im Samen die Epidermis des
Knospenkernes liegt.

5) Bei einigen Familien endlich (*Ranunculaceen, Papilionaceen*, gewisse *Liliaceen, Amaryllideen*) finden sich der Knospenkern und
das innere Integument im erwachsenen Samen nicht mehr.

II. Samen mit einem einzigen Tegument.

1) Bei der Mehrzahl der Gamopetalen und Apetalen ist die Samenschale nur durch das einzige Integument der Samenknospe gebildet, ohne dass sich der Nucellus dabei betheiligt.

2) Bei einigen Familien (*Balsamineen*, *Polemoniaceen*, *Plantagineen*) stammt die Samenschale allein von den äussersten Schichten und der Innenepidermis des einzigen Integuments; die mittleren Parenchymschichten verschwinden.

3) Bei den *Lineen* stammen die Samenschalen zugleich von dem einzigen Integument und der äussersten und innersten Schicht des Knospenkerns, die mittleren Schichten des letzteren werden resorbirt. In diesem Falle bildet die Epidermis des Knospenkerns die verholzte Schicht.

Im Allgemeinen gestatten die Untersuchungen über die Structur des erwachsenen Kernes und über die Entwicklung von der Samenknospe bis zur Reife folgende allgemeine Schlussfolgerungen:

1) Bei den Pflanzen, deren Samenknospe zwei Integumente besitzt, ist die Zusammensetzung und Bildung der Samenschale eine andere, als man sie bisher beschrieben hat. In der Mehrzahl der Fälle ist das innere Integument nicht verbraucht; es bleibt erhalten und kann oft den verholzten Theil der Samenschale bilden. Mitunter betheiligt sich der Nucellus selbst an der Bildung der Samenschalen. Nur in einigen Familien wird die Samenschale durch den äusseren Theil des äusseren Integuments gebildet.

2) Bei den Pflanzen, deren Samenknospe nur ein einziges Integument besitzt, stammen die Samenschalen entweder von diesem einzigen Integument, oder zugleich von diesem Integument und dem Nucellus. Mitunter kann sogar die verholzte Partie der Schale ihren Ursprung von der Epidermis des Nucellus ableiten.

L. Klein (Freiburg i. B).

_____

Hanausek, T. F., Die Entwicklungsgeschichte der Frucht und des Samens von Coffea arabica L. Abtheilung II. Die Entwicklungsgeschichte des Perikarps (Fruchtschale). (Zeitschrift für Nahrungsmittel-Untersuchung und Hygiene. 1891. Nr. 9. p. 185—192 und Nr. 10. p. 218—219. Mit 11 Figuren.*)

Das Gynaeceum der Kaffeeblüte ist typisch zweifächrig; nicht selten schlägt ein Ovulum fehl und es entwickelt sich nur ein Same, Perlkaffee, Erbsenbohne oder männliche Bohne genannt. Verf. berichtet über die Anschauungen und Erfahrungen der Pflanzer, von denen einige meinen, die Erbsenbohnen seien unvollkommen entwickelte Bohnen, indem sie vorzugsweise an alten, der Erschöpfung sich nähernden Bäumen vorkommen. Dass der Perlkaffee besonders geschätzt ist, will Verfasser nicht mit Semler als Modethorheit ansehen, sondern, wenn nicht physiologische Gründe mitspielen (welche angedeutet werden), als eine Folge der höchst sorgfältigen Auslese.

_____

*) Vergl. das Ref. der 1. Abhandl. im Bot. Centralb. Bd. XLVIII. Nr. 3. p. 87—89.

Schon im Fruchtknotengewebe lassen sich die Gewebeformen der künftigen Frucht gut erkennen; die Aenderung der Zelldimensionen, die zunehmende Mächtigkeit der Zellmembranen, die Ausgestaltung der Zellformen in Folge des Wachsthums, der Verschiebungen und des gegenseitigen Druckes bedingen auffällige Veränderungen, die wohl am durchgreifendsten an den inneren Fruchtknotenschichten vor sich gehen. Im Wesentlichen besteht der Fruchtknoten aus einer Epidermis und aus einem Parenchym verhältnissmässig dickwandiger Zellen mit Intercellularräumen, das nach innen zu in ein 4—6reihiges, aus langgestreckten, schmalen Zellen gebildetes Gewebe übergeht. In den ersten 2 Monaten geht hauptsächlich Zellvermehrung und Zellvergrösserung vor sich. Vereinzelt treten Zellen auf, deren Wände tiefbraun gefärbt sind, ihren deutlichen Contour verlieren und auch in kochendem Aetzkali und in Schwefelsäure erhalten bleiben; sie befinden sich in einem Zustande der Metamorphose, über den nichts Näheres in Erfahrung zu bringen war; sie machten den Eindruck von Zellen, die in lysigener Umwandlung begriffen seien. Im 3. und. 4. Monate schreitet die Gewebe-Differenzirung weiter vor. Während vorher die Gewebe von Kalilauge bräunlichroth gefärbt wurden, so tritt jetzt bei Anwendung dieses Körpers eine canariengelbe Färbung auf. Die Gefässbündelelemente erhalten starke Lignineinlagerungen, die Krystallsandzellen sind zumeist nur zur Hälfte mit dem Oxalat erfüllt; die innersten Perikarpschichten weisen folgende Veränderungen auf: Einige (der Aussenseite zugewendete) Reihen haben durch zahlreiche Quertheilungen gewissermaassen radial gestellte Zellen gebildet, die innersten dagegen sind langgestreckt geblieben; so sieht das Gewebe im Querschnitt aus. Am radialen Längsschnitt zeigen sich die ersterwähnten ebenfalls längsgestreckt, die innersten dagegen erscheinen im Querschnitt; es sind also gewissermaassen 2 Schichten prosenchymatischer Elemente vorhanden, von welchen die erste radial laufende, die innere tangential laufende Zellen besitzt; diese typische Entwickelung ist allerdings nicht immer so regelmässig zu beobachten; Verholzung hat noch nicht stattgefunden. Erst im 5. Monate der Entwickelung beginnen sich diese Zellen zu verdicken, die ersten Verdickungsanlagen erscheinen an den (kurzen) Querwänden und es erfolgt auch die erste Lignin-Einlagerung.

Im 8. Monate lassen sich folgende Zustände fixiren: Die Epidermis ist fast vollkommen entwickelt. Die Spaltöffnungszellen überwölben eine kleine Athemhöhle, die Wände der Parenchymzellen erscheinen stellenweise collenchymatisch verdickt und sind porös, die Intercellularen erreichen oft beträchtliche Dimensionen, in den obersten Perikarpschichten unter dem Discus bilden die Intercellularen rundliche, oft perlschnurartig aneinandergereihte Räume, die den Contour der Zellen in barocker Weise herausmodelliren.

Die äusseren Parenchymreihen enthalten reichlich Chlorophyll; Stärke fehlt und tritt niemals im Perikarp auf.

Die innersten Gewebepartien haben sich nun in ein definitives Endocarp umgewandelt, das aus verdickten und verholzten

Fasern zusammengesetzt ist. Als Abgrenzung zur Perikarphöhle fungirt eine innere Epidermis, deren Zellen wohl auch prosenchymatisch gestreckt sind, aber nur Cellulosewände besitzen. In manchen Zellen des Perikarps sind schwarzbraune, opake, wie bestachelt aussehende Körper enthalten, die vielleicht ein parasitisches Gebilde (Pilzform) darstellen.

Die Gefässbündel bilden eine ungefähr in der Mitte des Perikarpquerschnittes gelegene Zone; sie enthalten wenige Spiroiden (mit mächtigem Spiralband), reichgetüpfelte Tracheiden, Bastfasern und besitzen eine von Collenchym gebildete Umhüllung. Reine conc. HCl färbt alle verholzten Elemente tiefviolett, beweist sonach das Vorhandensein von Phloroglucin.

Im 10. Monate tritt die Fruchtreife ein. Die Kaffeefrucht erscheint als eine Steinbeere (Drupa apocarpa) und zeigt die 3 typischen Schichten: Exocarp, durch die Aussenepidermis gebildet, Mesocarp, das Parenchym, und Endocarp, das Prosenchym. — Das Exocarp besitzt Spaltöffnungen, deren Zellen von 2 Nebenzellen umsäumt sind. Das Mesocarp zeigt zwei in ihrem Baue verschiedene Schichten. Die peripherische Abtheilung besteht aus ziemlich dickwandigen (oft collenchymatisch verdickten) rundlichen Zellen und trägt an ihrer Innenseite die Gefässbündelzone. Die innere Partie des Mesocarps setzt sich dagegen aus sehr dünnwandigen, reichlich mit Zucker und Kalkoxalatsand gefüllten Zellen zusammen, deren Wände so zart sind, dass beim Aufbrechen einer Frucht die peripherische Abtheilung des Mesocarps mit den Gefässbündeln sich von der inneren Zone abtrennt, während diese letztere als eine klebrig-saftige Pulpa an dem Endocarp haften bleibt. Das Endocarp besteht aus nun vollständig verdickten, stark porösen und verholzten Sklerenchymfasern, die eine compacte glatte Schale, das sog. Pergament, bilden und durch die ligninfreie Innenepidermis abgeschlossen werden.

Am Schlusse des Aufsatzes wird jener Angaben gedacht, welche dem Pericarp einen Kaffeïngehalt zugeschrieben haben. Mit Hilfe der Molisch'schen Reactionen konnte der Verf. nachweisen, dass in keinem Entwickelungsstadium des Pericarps das Kaffeïn ein Bestandtheil desselben sei. Endlich macht er noch Mittheilung über das Vorkommen von Phloroglucin, wobei die schönen Untersuchungen von Th. Waage (über das Vorkommen und die Rolle des Phloroglucins in der Pflanze. — Ber. d. deutsch. bot. Gesellsch. 1890. p. 250 ff.) entsprechende Berücksichtigung gefunden haben. In den noch im Wachsthum begriffenen Pericarpzellen der Kaffeefrucht lässt sich das Phloroglucin mit Vanillin-Salzsäure durch Rothfärbung leicht nachweisen, aber eine feinkörnige Fällung ist nicht wahrzunehmen, was auch Waage für meristematische Gewebe gefunden hat. Interessant ist, dass Waage auch in der Epidermis, im Rindenparenchym und im Blattmesophyll von *Coffea* Phloroglucin aufgefunden hat. Es scheinen somit die meisten Organe des Kaffeebaumes diesen als aromatischen Zucker bezeichneten Körper zu enthalten. Bekanntlich nimmt der genannte Autor an, dass die Genesis des Phloroglucins sich von der Stärke herleiten lasse, indem man sich vorstellen könne, dass an den Punkten einer Pflanze, wo die Lebenskraft und der Stoffwechsel am stärksten zum Ausdrucke kommt (Blätter, Blüten, Neubildungen), die Energie der Reaction weiter geht, aus dem Zuckermolekül nicht ein, sondern drei Moleküle Wasser abgespalten werden und aus dem primären Körper, der Stärke, durch den Zwischenstoff Zucker das Phloroglucin entstünde. Da im *Coffea*-Pericarp zu keiner Zeit Stärke enthalten ist, so ist in diesem Falle die Hypothese dahin zu modificiren, dass die Bildung des Phloroglucins direct aus dem Traubenzucker erfolgt, d. h. dass der Traubenzucker a priori das Bildungsmaterial abgibt.

Dagegen konnte der von W a a g e aufgestellte Satz, dass mit dem Phloroglucin auch immer Gerbstoffe vorhanden sein müssen, deshalb nicht bestätigt werden, weil Verf. mit conservirtem und nicht mit frischem (oder einfach getrocknetem) Materiale arbeitete, an dem die Gerbstoffreaction negativ ausfiel.*)

T. F. Hanausek (Wien).

Müller, Baron, Ferdinand von, I c o n o g r a p h y o f a u s t r a l i a n s a l s o l a c e o u s p l a n t s. Decade I.—VI. 4⁰. 60 Tfln. mit je 1 Blatt Erklärungen. Melbourne 1889—90.

Die Publication schliesst sich an die Arbeiten desselben Verf. über *Eucalyptus*, *Acacia* etc. an und zeichnet sich, wie die meisten Schriften M ü l l e r ' s, durch vorzügliche Ausführung der Tafeln aus. Abgebildet sind:

Atriplex fissivalve F. v. M., *A. crystallinum* J. Hook., *A. leptocarpum* F. v. M., *A. limbatum* Benth., *A. velutinellum* F. v. M., *A. lobativalve* F. v. M., *A. Muelleri* Benth., *A. semibaccatum* R. Brown, *A. humile* F. v. M., *A. prostratum* R. Brown, *A. angulatum* Benth., *A. Quinii* F. v. M., *A. stipitatum* Benth., *A. paludosum* R. Brown, *A. cinereum* Poiret, *A. nummularium* Lindley, *A. hymenothecum* Moquin, *A. vesicarium* Heward, *A. halimoides* Lindl., *A. spongiosum* F. v. M., — *Rhagodia Billardieri* R. Brown, *Rh. spinescens* R. Brown, *Rh. linifolia* R. Brown, *Rh. nutans* R. Brown, *Rh. hastata* R. Brown, — *Chenopodium triangulare* R. Brown, *Ch. microphyllum* F. v. M., *Ch. nitrariaceum* F. v. M., *Ch. auricomum* Lindley, *Ch. atriplicinum* F. v. M., *Ch. cristatum* F. v. M., *Ch. carinatum* R. Br., *Ch. rhadinostachyus* F. v. M. — *Dysphania simulans* F. v. M. et Tate, *D. plantaginella* F. v. M, *D. litoralis* R. Br. —, *Babbagia dipterocarpa* F. v. M., *B. scleroptera* F. v. M., *B. acroptera* F. v. M. et Tate, *B. pentaptera* F. v. M. et Tate, *Kochia dichoptera* F. v. M., *K. oppositifolia* F. v. M., *K. brevifolia* R. Brown, *K. fimbriolata* F. v. M., *K. lobiflora* F. v. M., *K. lanosa* Lindb., *K. presthecocharta* F. v. M., *K. melanocoma* F. v. M., *K. pyramidata* Benth., *K. triptera* Benth., *K. spongiocarpa* F. v. M., *K. microphylla* F. v. M., *K. villosa* Lindley, *K. sedifolia* F. v. M., *K. aphylla* R. Br., *K. humillima* F. v. M., *K. eriantha* F. v. M., *K. ciliata* F. v. M., *K. brachyptera* F. v. M., — *Didymanthus Roei* Endlicher.

E. Roth (Halle a. S.).

Kränzlin, B e i t r ä g e z u e i n e r M o n o g r a p h i e d e r G a t t u n g *Habenaria* W i l l d. [Inaug.-Diss.] Berlin 1891.

Nach kurzen einleitenden Bemerkungen über die Abgrenzung der Gattung *Habenaria*, wie sie von W i l l d e n o w, S w a r t z,

---

*) Die dritte Abhandlung über die Entwickelung des Samens ist noch nicht veröffentlicht worden.

L. C. Richard und Lindley vorgenommen wurde, behandelt Verf. die vegetativen Merkmale der *Habenaria*-Arten. Alle sind krautartige Gewächse nach Art unserer Wiesen-*Orchideen*, denen sie im Habitus oft ausserordentlich ähneln. Viele Arten haben rundliche oder eiförmige Knollen; dieselben entstehen an einem Seitensprosse, der aus der Achsel eines der Niederblätter entspringt und dieses durchbricht. Zahlreiche andere Arten haben dagegen dicke, fleischige Wurzelfasern, die oft mit zahlreichen Wurzelhaaren besetzt sind. Bezüglich des allgemeinen Habitus lassen sich drei Typen unterscheiden:

1. Der gewöhnliche *Orchis*-Typus. Der Stengel trägt unten einige Niederblätter, sodann eine wechselnde Anzahl von Laubblättern, die nach oben in Scheidenblätter und schliesslich in die Brakteen übergehen.

2. Der *Bifolia*-Typus. Zwei grosse, kreisrunde oder mehr oder weniger ovale bis elliptische Blätter stehen opponirt am Stengelgrunde unmittelbar über dem Erdboden, dem sie meist angeschmiegt sind; sie sind entweder einander gleich oder bisweilen merklich verschieden, von meist lederartiger Textur und augenscheinlich auf eine gewisse Resistenz gegen die Feuchtigkeit des Bodens sowohl wie gegen das Ausgetrocknetwerden durch die Sonnenstrahlen berechnet; ausserdem beschatten sie die unmittelbare Umgebung der Pflanze in höchst ausgiebiger Weise. Es sind ausnahmslos Pflanzen entweder afrikanischer Steppengegenden oder ähnlicher Gebiete des nordwestlichen Indiens.

3. Typus der unterdrückten Laubblatt-Bildung. Bei diesem lassen sich zwei Formen unterscheiden, solche, welche noch mit enorm entwickelten Scheiden, die wie Tüten in einander stecken, bekleidet sind (westafrikanische Arten und südamerikanische aus der Verwandtschaft der *H. Sartor* Rchb.) und solche, bei denen selbst diese Blattbildung unterbleibt, sodass der Stengel nur mit minimalen, krautartigen Schuppen bekleidet erscheint (z. B. *H. Leprieurii* Rchb.).

Da diese habituellen Merkmale, namentlich die sub 2 und 3 erwähnten, permanent sind und mit gewissen Blüteneigenthümlichkeiten zusammentreffen, so bilden sie ein brauchbares Merkmal für die systematische Eintheilung der Arten.

Die Blütenstände sind Trauben mit meist zahlreichen Blüten, die stets resupinirt sind.

Was den Blütenbau der *Habenaria*-Arten betrifft, so ist derselbe bis jetzt noch nicht Gegenstand entwicklungsgeschichtlicher Untersuchungen gewesen; auch Verf. war nicht in der Lage, die Blütenentwicklung dieser Pflanzen zu studiren, da ihm lebendiges Material fehlte. Wir wissen daher nichts über die successive Anlage der Blütentheile, nichts über die eigenthümliche Art der Theilung bei den Petalen und dem Labellum, über das Wachsthum des Spornes, das bei manchen Arten ein ziemlich rapides sein muss, etc.

Verf. geht nun zur Beschreibung der einzelnen Blütentheile über. Die Sepalen der Habenarien lassen zwei ziemlich scharf gesonderte Gruppen erkennen; in den häufigsten Fällen sind alle drei

Sepalen mehr oder minder gleich oder wenigstens sehr ähnlich und
sämmtlich mehr oder weniger zurückgebogen. Die zweite Gruppe
ist diejenige mit sehr kleinem dorsalen Sepalum und vielfach grösseren,
in der Form völlig verschiedenen seitlichen Sepalen. Theilung der
Sepalen wurde nur ein einziges Mal bei *H. anomala* Lindl. beobachtet.
Die Vereinigung des dorsalen Sepalum mit den Petalen ist stets
nur eine scheinbare; Verf. ist der Ansicht, dass diese oft sehr feste
Vereinigung nur eine Folge starken, rein mechanischen Anhaftens.
ist; jedenfalls zeigen aufgeweichte Blütentheile auch dann, wenn die
Vereinigung eine so innige war, dass die Vereinigungsstelle sich
nur als kaum sichtbare Linie abhob, beiderseitig Contactflächen von
absolut glatter Beschaffenheit.

Die seitlichen Petalen weisen bei *Habenaria* eine sehr starke
Tendenz zur Theilung auf, eine bei Monokotyledonen im Allgemeinen
und bei *Orchideen* im Besonderen sehr seltene Erscheinung. Absolut
ganzrandige, kurz gestielte Petalen fand Verf. bei *H. Arechavaletae*
Krzl., einfache, von den Sepalen ähnlicher Gestalt sind für mehrere
Gruppen constantes Merkmal. Bei weitem häufiger sind jedoch
Arten mit zweitheiligen Petalen, in seltenen Fällen mit Andeutung
eines dritten Abschnittes. Bei zweitheiligen Petalen sind entweder
beide Abschnitte gleich lang, oder der vordere ist stärker entwickelt, oder, was ungleich häufiger ist, der hintere ist der aus-
gebildetere; im zweiten Falle ist die partitio antica oft von ausserordentlicher Länge und hornähnlich zurückgebogen. Das Merkmal,
welches die Theilung der Petalen bietet, ist von hohem systematischen
Werth, und dies um so mehr, als Arten, die hinsichtlich dieser
Theile einander ausgesprochen nahe stehen, auch sonst in weitaus
den meisten Fällen starke Uebereinstimmung zeigen. Es ist bei
den zweitheiligen Petalen nicht selten, dass beide Abschnitte in der
Textur verschieden sind, ja sogar, dass ein und derselbe Abschnitt
(stets die partitio postica) zwei hierin verschiedene Hälften besitzt.
Es gelten hierbei im Allgemeinen folgende Regeln: Ist der hintere
Abschnitt der Petalen erheblich grösser, als der vordere, oder bei
gleicher Länge erheblich breiter, als dieser, so sind die Petalen
den Sepalen meist sehr ähnlich und in der Mehrzahl der Fälle
durchweg krautig. Ist der vordere Theil jedoch länger, als der
hintere, so ist letzterer oft dem sepalum dorsale ähnlich, der vordere
gleicht dagegen den Abschnitten des Labellums. Bezüglich der
Textur ist schliesslich zu erwähnen, dass der unter dem sepalum
dorsale liegende Theil der Petalen oder ihrer partitio postica oft
auffallend zartwandig ist.

Das Labellum ist bei der grösseren Anzahl der *Habenaria*-
Arten dreitheilig, und zwar geht die Theilung fast bis zur Insertions-
stelle. Einfache Labellen sind auf einzelne Gruppen meist süd-
amerikanischer Herkunft beschränkt; einfaches Labellum, aber mit
allen Uebergängen zum dreitheiligen, findet sich bei der kleinen
afrikanischen Gruppe der *Parvifoliae*. Es sind beim Labellum wie
bei den Petalen ausspringende Ecken und Zähne als „Theile" zu
deuten, was in der Diagnose als „lobi v. partes laterales in angulum
parvum rectum reducti" bezeichnet worden ist. Die Abschnitte

oder Theile sind meist schmal linealisch, oft fadenförmig und stimmen, sobald die Petalen zweitheilig sind, mit dem vorderen Abschnitte derselben so völlig überein, dass oft der Anschein eines fünftheiligen Labellums hervorgerufen wird. Einige andere Gruppen besitzen durchaus petaloide Labellen, welche an diejenigen anderer *Orchideen*, ja sogar in einigen Fällen an *Orchis* direct erinnern. Hierbei sind zwei Typen zu unterscheiden: Labellen mit einfachem lobus intermedius und getheilten, oft gekrümmten lobi laterales (sect. *Multipartitae*) oder Labellen mit mächtig entwickeltem, oft zweitheiligem lobus intermedius und mehr oder minder zurücktretenden lobi laterales. Das Labellum ist stets gespornt, und zwar ist der Sporn fast immer länger, als das Labellum, sehr oft übertrifft er auch das Ovarium an Länge; seine gewöhnliche Form ist die einer feinen fadenförmigen Röhre, die nach unten keulen- oder blasenförmig erweitert oder seitlich zusammengedrückt ist.

Die Anthere ist meist deutlich zweitheilig mit schwach entwickeltem Connectiv, nach vorn hin jedoch in eine in der Regel gespaltene Röhre verlängert, welche die Caudiculae der beiden getrennten Pollenmassen einschliesst; Antheren mit stark entwickeltem Connectiv sind nicht häufig. An der Bildung des Antherencanals betheiligt sich das Rostellum insofern, als seine Seiten mit einem der Länge nach sehr variablen Hautfortsatz sich bis nach den Antherenfächern ausbreiten; letztere können an Länge dem sepalum dorsale fast gleichkommen (*H. macrandra* Lindl.), und in solchen Fällen ist stets ein meist spitz endendes Connectiv vorhanden. Die Canäle der Caudiculae variiren an Länge ungemein. Der Winkel, den die Antherencanäle (und die Caudiculae) mit der Anthere machen, variirt von fast 180° bis 0°; der gewöhnliche Fall ist der, dass die Anthere mit dem Ovarium einen gestreckten Winkel bildet und ihre Canäle mässig stark aufwärts gebogen hervorragen. Die gegenseitigen Längenverhältnisse der Antherencanäle und der Narbenfortsätze sind von Art zu Art betrachtet sehr wichtige und constante Merkmale.

Die „Processus stigmatici", das wichtigste aller Merkmale der Gattung, zeigen drei im Allgemeinen gut zu unterscheidende Typen. Entweder sind es lang vorgestreckte, gerade Gebilde, die die typische Griffelform der meisten Phanerogamen in einer für *Orchideen* gänzlich ungewöhnlichen Weise zeigen; dieselben sind von cylindrischer oder schwach keulenförmiger Gestalt mit kopfförmigen Narben am Ende, oder sie haben (bei geringerer Länge und stets keulenförmiger Gestalt) eine löffelähnlich ausgehöhlte Receptionsfläche auf der Innenseite. Ferner ist die kurz-cylindrische Form zu unterscheiden, die jedoch so variabel ist, dass dazu eine Menge von Bildungen gehört, die sich von direct cylindrischer Gestalt bis zur Kugelgestalt verkürzen können; ebenso sind hierzu die ziemlich häufigen Hufeisenformen zu rechnen, wobei nicht selten die beiden Narbenfortsätze nach vorn zugespitzt und aufwärts gekrümmt sind; die Receptionsfläche ist bei diesen cylindrischen Narbenfortsätze über die ganze Oberfläche verbreitet. Von hohem Interesse ist es, dass die Neigung zur Zweitheilung, die sich bei den Petalen so ausgesprochen findet, in einigen Fällen auch bei den Processus stigmatici beobachtet ist. Da auch noch andere Abweichungen (Fehlen der Antherencanäle) dazu kommen, so sind diese Arten von Reichenbach mit vollem Recht von *Habenaria* abgetrennt und unter dem Namen *Roeperocharis* zu einer besonderen Gattung vereinigt worden. Das Rostellum zeigt bei *Habenaria* meist die Form einer grösseren oder kleineren Kapuze; bei weitem die häufigste Gestalt desselben ist die eines gleichschenkeligen, spitzeren oder stumpferen Dreiecks mit Schenkeln, die sich beiderseits an die Anthere anschliessen. Während der untere Theil eine mehr oder minder vertiefte Höhle bildet, ist der obere blattartig und rückenseitig nicht an das Connectiv der Anthere angewachsen, sondern frei; dieses letztere Moment wird mit besonderem Nachdruck vom Verf. hervorgehoben.

Die Staminodien fehlen bei *Habenaria* und den verwandten Gattungen sehr selten. Sie variiren von kleinen Protuberanzen, die sich kaum aus dem Massiv des Gynostemiums erheben, bis zu linearen oder von spatelförmigen Lamellen von 2 mm Länge. Ihre Stellung ist ausnahmslos seitlich, neben den Antherencanälen; ihre Oberfläche erscheint tuberculös, ist aber niemals klebrig.

Im Anschluss an diese allgemeinen Auseinandersetzungen bespricht Verf. noch Grösse, Farbe und Duft der Blüten, und stellt dann die Diagnose der Gattung auf. Der folgende Abschnitt behandelt Geschichtliches über *Habenaria*, sowie Discussion über verwandte Gattungen; ihm schliesst sich ein Capitel über geographische Verbreitung und Charakteristik der Sectionen an; bezüglich ersterer mag erwähnt werden, dass die Gattung *Habenaria* die tropischen Gebiete der Erde bewohnt und die Wendekreise nur da überschreitet, wo ein Uebergreifen tropischer Pflanzenformen in die wärmeren Theile der gemässigten Zonen stattfindet; sie fehlt in den Tropen nur da, wo der Charakter der Aequatorialflora nicht voll zum Ausdruck kommt, also z. B. in bedeutender Meereshöhe. Sie fehlt in beiden nördlichen Waldgebieten, berührt das Mediterrangebiet nur in den äussersten Punkten im Osten und Westen und tritt im ganzen Gebiet der Steppen und Wüsten der alten Welt nicht auf. Man kann sagen, dass dort keine *Habenarien* mehr zu erwarten sind, wo die epiphytischen Pflanzenformen ihr Ende erreichen.

Der Charakteristik der Sectionen ist folgender Bestimmungsschlüssel beigegeben:

I. Labellum tripartitum.
   A. Petala bipartita.
     a. Processus longi.
      α. Flores nudi.
       §. Rostellum maximum cucullatum.   1. *Bonatae.*
       §§. Rostellum mediocre aut complicatum aut elongatum aut lanceolatum.
         ⊙ Sepala reflexa.
          † Sepalum dorsale lateralibus subaequale. Neotropicae
                                 2. *Macroceratitae.*
          Palaeotropicae.   .   3. *Ceratopetalae.*
          †† Sepalum dorsale multo minus.   4. *Replicatae.*
        ⊙⊙ Sepala vix vel non reflexa.   5. *Salaccenses.*

ϑ. Flores plus minusve pilosi.
  §. Petala ciliata.   6. *Bilabrella.*
  §§. Flores omnino pilosi.   7. *Cultratae.*
b. Processus media longitudine v. breviores.
  α. Caulis vaginatus v. squamatus.
    §. Caulis vaginis amplis maximis (sese tegentibus) omnino vestitus.
                                     8. *Macrurae.*
    §§. Caulis squamis magnis herbaceis (sese non tegentibus) vestitus.
                                     9. *Sartores.*
    §§§. Caulis squamis brevissimis (saepius cartilagineis) vestitus.
                                 10. *Microdactylae.*
β. Caulis foliosus, praesertim basi, nempe folia basilaria multo majora.
  §. Labelli partitiones v. lobi ± ciliatae fissae.
                                11. *Plantagineae.*
  §§. Labelli partitiones integrae.
    1. Flores mediocres, plantae robustiores elatae (palaeotrop.).
                           12. *Dolichostachyae.*
    2. Flores minimi, plantae graciles (neotrop.).
                           13. *Micranthae.*
  §§§. Labelli et petalorum partitiones anticae inter se simillimae.
                           14. *Pentadactylae.*
  §§§§. Labelli partitiones et omnia perigonii foliola inter se plerumque similia.   15. *Pratenses.*
γ. Caulis omnino foliosus.
  1. Foliorum vaginae nigro-maculatae; plantae elatae.
                           16. *Maculosae.*
  2. Foliorum vaginae non maculatae; plantae humiles, sepalum dorsale saepius explanatum.   17. *Clypeatae.*
B. Petala simplicia.
  a. Processus longi.
    α. Caulis omnino foliosus.
      1. Sepalum dorsale minus, lateralia cuneata. Labellum v. basi integrum trilobum v. tripartitum.   18. *Commelynifoliae.*
      2. Sepala plerumque subaequalia, lateralia falcata. Labellum tridactylum.   19. *Tridactylae.*
    β. Caulis basi mono- vel plerumque diphyllus.   20. *Diphyllae.*
  b. Processus breves.
    α. Labelli partitiones laterales in dentes teretes reductae.
                           21. *Acuiferae.*
    β. Labelli partitiones laterales in laminam evolutae.
      1. Calcar ovario subaequale, rarissime longius. 22. *Chlorinae.*
      2. Calcar breve scrotiforme.   23. *Peristyloideae.*
      3. Calcar labello aequilongum.
        a. Petala insolita latitudine (longa = lata). 24. *Quadratae.*
        b. Petala angustiora.   25. *Microstylinae.*
II. Labellum trilobum (i. e. a basi medium usque integrum, deinde lobatum).
A. Petala basi integra, deinde biloba   26. *Ate.*
B. Petala simplicia.
  a. Labelli lobi laterales pectinati.   27. *Multipartitae.*
  b. Labelli lobi laterales cum intermedio cruciati. 28. *Stauroglossae.*
III. Labellum simplex (v. basi tautum dentatum).
A. Petala bipartita (sepal. dors. 3-partitum).   29. *Anomalae.*
B. Petala simplicia.   30. *Platycoryne.*
C. Labellum et sepala basi dentata.
  a. Processus brevissimi.
    α. Canales antherae longiores quam processus. 31. *Seticaudae.*
    β. Canales antherae breviores quam processus. 32. *Stenochilae.*
  b. Processus hippocrepici.   33. *Odontopetalae.*

Es wäre zu wünschen, dass Verf. diesem allgemeinen Theile der Monographie der Gattung *Habenaria* auch bald den speciellen folgen liesse.

                                      Taubert (Berlin).

Maximowicz, C. J., Flora Tangutica. Theil I. Heft 1. 4⁰.
110 pp. Mit Index und 31 Tafeln. St. Petersburg 1889.
[Lateinisch und Russisch.]
— —, Flora Mongolica. Theil II. Heft 1. 4⁰. 139 pp. Mit
Index und 14 Tafeln. St. Petersburg 1889. [Lateinisch und
Russisch.]

Diese beiden Hefte bilden den Anfang der wissenschaftlichen
Bearbeitung des von Przewalsky und Potanin auf ihren Reisen
nach Mittel-, Ost- und Südost-Asien gesammelten Pflanzenmaterials.
Die in den letzten 15 Jahren erschienenen Diagnoses plantarum
Asiaticarum von Maximowicz. Decas I—VII. enthielten zwar
zahlreiche neue oder kritische Arts-, Gattungs- und selbst Familien-
Beschreibungen und -Bearbeitungen, aber hier erst tritt uns der
Anfang einer systematischen Beschreibung des Ganzen entgegen.

Die Einleitung zur Flora Tangutica (p. I—XVIII) bringt zunächst eine ziemlich ausführliche Schilderung der geographischen
Verhältnisse der von Przewalsky*) und Potanin erforschten
Gegenden, welcher wir Folgendes entnehmen: Das von den Tanguten
bewohnte Land bildet den westlichen Theil der chinesischen Provinz
Kansu und den nordöstlichen Theil von Tibet. Tsaidam, von Mon-
golen und Tanguten bewohnt und ebenfalls dem Gouverneur von
Kansu unterthan, gehört eigentlich geographisch eher zu Tibet, so
dass seine arme Flora mit der Flora Tangutica zusammengefasst
werden musste, sowie auch die in der hochalpinen Zone von Keria
gesammelten Pflanzen, welche der nordwestlichen Tibet-Flora angehören. — Die Hochebene von Tibet, ausgenommen ihr südlicher
Theil, den wir hier übergehen und der von einer sesshaften Bevölkerung bewohnt wird, bildet ein ungleiches und schmales Viereck
zwischen dem 31. und 36. (und Tsaidam mitgerechnet) 38. Grad
n. Br. und dem 80. bis 104. Grad ö. L. Seine Grenzen sind: nach
Westen der Gebirgszug von Karakorum, nach Süden Tibet mit der
sesshaften Bevölkerung und der Himalaya, nach Norden die hohen
Gebirgszüge des Kuen-lün, Togus-daban, Altyn-tag und Nanschan;
die Grenze nach Osten ist nicht so genau zu bezeichnen und lässt
sich mehr aus der Höhe ü. d. M., dem Charakter der darauf vorkommenden Pflanzen und Thiere und nach der Bevölkerung (Tanguten)
genau feststellen. Die 10—12,000′ hohe Hochebene ist hier nur
an wenigen Stellen von tiefen und schmalen Flussthälern eingeschnitten: so von dem Thale des Yedsin, 8000′, des Sining-ho
und Hoang-ho, 7600′, und des Urun-wu und Tumur-kuan, 1000′
ü. d. M., wobei die Thäler meist südwärts gerichtet sind. Von
hier aus ostwärts zwischen dem 35. und 36. Grad n. Br. erstrecken
sich über die Provinz Shansi die ausgedehnten Lössablagerungen,
nach Süden aber, zwischen dem 35. und 32. Grad n. Br. und
z. Th. schon innerhalb der Provinz Sze-tshuan eine bergige Gegend,
bestehend aus hohen, schmalen Jochen und tiefen Thälern, deren

*) Referate vom Ref. über die dritte und vierte Reise Przewalsky's
finden sich im Botan. Centralbl. Bd. XV. 1883. No. 4. p. 111—112 und Bd. XXIX.
1887. No. 7. p. 204—207. v. H.

Gewässer dem Yang-tze kiang zufliessen und welche den Uebergang
zu dem Chinesischen Tieflande bildet. Der hohe Kuen-lün streift
in ostsüdöstlicher Richtung bis an die Grenzen von China und darüber hinaus, indem er von Tibet Tsaidam abschneidet, welches so
den Uebergang zu der Tarimo-Mongolischen Ebene bildet. Der
nördliche Theil von Tsaidam ist bergig und hügelig und erinnert
durch seine Trockenheit an die schlechtesten Theile der Wüste Gobi,
indem der lehmige und salzhaltige Boden nach Osten zu in Flugsand übergeht, am Fusse der Berge dagegen sumpfig wird. Das
südliche Tsaidam, welches früher ein grosser See gewesen zu sein
scheint, ist jetzt ein weites Salzfeld, unterbrochen von Sümpfen, an
deren Rändern sich das Salz daumendick absetzt. — Die Tibetische
Hochebene lässt sich durch eine Diagonale in zwei Theile theilen,
deren Enden sich südlich vom See Tengri bis nördlich in's Quell-
gebiet des Hoangho in der Wüste Odon-tala erstrecken. Man erhält auf diese Weise zwei Theile: einen westlichen und einen östlichen;
der westliche, fast gleich hoch, 14—15,000' ü. d. M., sendet dem
Meere keine Gewässer zu, sondern ist nur in seinem südlichen Theile
von Flüssen und Bächen durchzogen, welche sich alle in zahlreiche,
z. Th. grössere Salzseen ergiessen; der östliche Theil dagegen
sendet seine Gewässer alle dem Meere zu, er ist nicht gleich hoch,
sondern erhebt sich zu einer Alpenregion im mittleren Kuen-lün. —
Das Klima ist continental; die Durchschnitts-Temperatur ist — 14,1°C,
die niedrigste beobachtete Nachttemperatur im Januar war — 33,5°C;
im Juli die höchste + 30°C, ist aber während des Tages sehr
schwankend. Schneefälle, selbst im Juli, und Regengüsse sind nicht
selten; häufige Westwinde, die scharfe Luft und die Sommertemperatur
trocknen den Boden oft derart aus, dass die Ueberreste der Pflanzen
bei der Berührung in Staub zerfallen. Die Entwicklung der Vegetation erfolgt nach der Höhenlage vom April bis Juli; schon im
September machen jedoch die ersten Fröste dem Pflanzenleben ein
Ende. Tiefer gelegene Gegenden, wie Tsaidam, sind im Winter
etwas wärmer und weniger von Schneestürmen heimgesucht; im
Sommer aber auch um so trockener; oft wird hier auch noch jede
Vegetation durch das massenhafte Auftreten grosser Heuschrecken-
schwärme zerstört.

Was die Vegetations-Verhältnisse des östlichen Tibetschen Hochplateaus anbetrifft, so erinnert die Flora auf dem Nanschan, Altyn-
tag und bis zum Keria-Gebirge, sowie in den Löss-Gebieten am
Hoang-ho und zwischen den Flussthälern der Provinz Ando und
des Tsaidam-Gebietes an die der benachbarten Mongolei; die Flora
der Alpenregion zeigt aber, je trockener die Standorte sind, eine
um so grössere Aehnlichkeit mit der der Gebirge des nördlichen
Centralasiens. Eigentliche Wälder gibt es nicht und nur im Nanschan
treten hier und da kleine Haine auf. In den Thälern des Keria-
Gebirges gibt es nur wenige Sträucher, wie *Tamarix Pallasii*,
Myricaria Germanica, *Caragana pygmaea*, *Hedysarum*, *Nitraria*,
Lycium Turcomanicum. — Von dem nördlichen Abhange des Altyn-
tag herabsteigend, finden wir zwischen 9 und 7000':

Tamurix laxa, Populus diversifolia, Ephedra, Halostachy orgyalis, Zygophyllum, Reaumuria, Kalidium, Carolinia, Phragmites, Lasiagrostis und einige schon oben genannte Arten, am Fusse der Berge aber *Alhagi Camelorum*.

In den Ueberschwemmungen ausgesetzten Wüstenthälern zwischen den Bergen des Nanschan findet sich eine seltene und grau aussehende Flora, bestehend aus:

Salsola abrotanoides, Sympegma Regelii, Astragalus monophyllus, Stellera Chamaejasme, Potentilla fruticosa, Festuca.

Hiezu kommen noch auf besser bewässertem Boden:

Hedysarum multijagum, Tamarix elongata, Comarum Salessovii, Caryopteris Mongolica, Hippophaë, Calimeris alyssoides, Salix, Mulgedium Tataricum, Rheum spiriforme, Gentiana barbata, Adenophora, Potentilla u. n. a.

Die Alpenwiesen der Keria-Berge beherbergen eine artenarme Flora: einige Gräser, *Artemisia parvula, Allium, Iris, Statice, Saxifraga, Androsace* und andere in Nord-Tibet häufige Arten. Wenig besser ist der Anblick der Alpenwiesen des Nanschan, eine Zone von 11—13,000' bildend, welche häufig von Abgründen und Felsabstürzen unterbrochen wird; hier wachsen ungefähr 11—12 *Oxytropis*- und *Astragalus*-Arten, darunter *Ox. tragacanthoides, Sterigma sulphureum, Crepis Pallasii, Allium Szovitsianum, Potentilla multifida*; und höher hinauf an der Nordseite bis 13700' und an der Südseite bis 15,000' findet man zerstreut: *Saussurea sorocephala, Leontopodium alpinum, Thylacospermum, Sedum quadrifidum, Draba alpina, D. Himalaica* und *Werneria nana*. — Tsaidam, obwohl theilweise an die Wüste Gobi erinnernd, beherbergt in seinen Gebirgen, wenn auch keine sehr verschiedenartige, so doch üppigere Flora. In den Sümpfen am Fusse der Berge sehen wir: *Scirpus maritimus, Typha stenophylla, Hippuris vulgaris, Utricularia vulgaris* und am Rande derselben *Elymus Sibiricus*. Die Salzebene, weite Räume zwischen zahlreichen Sümpfen bildend, ist grösstentheils mit *Phragmites* bedeckt, während die Flüsse von Sträuchern, wie *Myricaria Germanica, Nitraria* und *Lycium Turcomanicum* eingerahmt werden. Auf den Salzplätzen findet man *Kalidium gracile, Salsola Kali, Halogeton, Kochia mollis*, an den trockenen Stellen:

Nitraria Schoberi, Eurotia ceratoides, Atraphaxis lanceolata, Reaumuria Songorica und *R. trigyna*.

Auf den Hügeln des Flugsandes:

Haloxylon Ammodendron, Hedysarum arbuscula, Psamma villosa, Apocynum venetum, Tamarix Pallasii, T. laxa und *Artemisia campestris*.

An den Bergseiten des Kuku-nor innerhalb Tsaidam findet man einen Wald von *Juniperus Pseudosabina*, längs der Flüsse Baïn und Nomochun, gegen die Grenzen Tibets zu, tritt *Tamarix Pallasii* baumartig auf, ausserdem findet sich hier noch *Callignum Mongolicum, Sphaerophysa* und *Cynomorium coccineum*. — Die Hochebene zwischen Kuku-nor und dem oberen Hoangh-ho ist salzig-sumpfig und mit wenigen Kräutern bewachsen, wie:

Nitraria, Kalidium, Polygonum Laxmanni, Orchis salina, Iris ensata, Pedicularis cheilanthifolia, Primula Sibirica, Lasiagrostis splendens, Stipa orientalis, Calimeris Altaica, Thalictrum petaloideum, Oxytropis aciphylla, Hypecoum leptocarpum, Hymenolaena u. a.

Alle höheren Holzgewächse ziehen sich vor den rauhen Winden in Bergthäler, Abgründe und feuchte Löss-Schluchten zurück, wie

Populus Przewalskyi, welcher 70′ hoch und 2′ dick wird, *Hippophaë*
40′, resp. 1′, eine *Abies* von 100′ Höhe und 3—4′ Dicke, baum-
artige *Juniperus Pseudosabina* und viele sibirische Sträucher, wie
Berberis, Sorbus. Cotoneaster, Lonicera, Rosa, Ribes u. a. Auf der
eigentlichen Tibetschen Hochebene kommen auch viele sibirische
und mongolische Pflanzen vor, besonders auf den Salzgründen.
    Die für die Tangutische Flora charakteristischen Pflanzen
wachsen in dem nordöstlichen Tibet und in den Alpenflussthälern
der Provinz Amdo am üppigsten. Die Wälder an den Tetungischen
Gebirgen in einer Höhe von 8000′ und in dem südlichen Kukunor-
Gebirge bei 11,500′ beginnend, sowie auch die Sträucher der Alpenregion bestehen aus ungefähr 60 Arten in den Wäldern:

> *Betula Baojpattra, B. alba, Pinus leucosperma, Abies Schrenkiana, Sorbus*
> *Aucuparia, S. microphylla, Prunus stipulacea,* 7 *Lonicera*-Arten, *Ribes stenocarpus,*
> *R. nigrum,* 2 neue *Berberis, Philadelphus coronarius, Hydrangea pubescens, Spiraea*
> *longigemmis, Eleutherococcus senticosus, Daphne Tangutica* u. a.; Alpensträucher:
> 4 neue *Rhododendron, Caragana julaba, Spiraea laevigata, Potentilla fruticosa,*
> *P. glabra* u. a.

    Im Schatten der Waldbäume und Sträucher treten zahlreiche
üppige und stattliche krautartige Gewächse, darunter mehrere neue,
auf: aus den Gattungen *Senecio, Saussurea, Salvia* u. a., *Podo-*
phyllum Emodi etc. — Charakteristische Formen bieten auch die
Alpenwiesen am Flusse Tetung zwischen 13,000 und 15,000′ ü. d. M.,
in zahlreichen Arten von *Corydalis, Gentiana. Pedicularis, Primula,*
Lagotis u. a., untermischt mit Himalaya-Formen, wie *Trollius pumilus,*
Crepis glomerata, Saussurea hieracifolia, Lancea Tibetica, Halenia
elliptica, Dracocephalum heterophyllum etc. — Auf der eigentlichen
Hochebene von Tibet fehlen Bäume und Sträucher gänzlich und
nur einige Spannen hohe Sträuchlein kommen am Ufer des Flusses
Yang-tze vor, wie *Lonicera hispida, L. rupicola, L. parvifolia,*
Spiraea, Hippophaë, Caragana, Berberis crataegina, Ribes, Salix, d. h.
eine Mischung von sibirischen und Himalaya-Formen. Die lehmigen
oder kiesigen Flächen scheinen auf den ersten Anblick alles Leben
zu entbehren, ernähren aber doch eine Anzahl 1—3 Daumen hoher
Kräuter, welche Rasen und Polster mit Zwischenräumen bilden,
darunter auch Zwergformen der *Incarvillea compacta, Mecenopsis*
integrifolia, M. punicea, Przewalskia, Anaphalis, Werneria, Creman-
thodium, Arenaria, Ranunculus tricuspis, R. pulchellus u. a. Dazu
kommt noch eine Menge neuer Formen, wie *Nasturtium Tibeticum, Parrya*
villosa, Androsace tapete und zahlreiche ganz niedrige *Astragalus-,*
Oxytropis- und *Saussurea*-Arten. — Selten gewahrt man am Laufe
der Flüsse, wie z. B. an der Shaga, Blumen-Wiesen, bestehend
aus *Stipa, Elymus, Comarum, Nitraria, Clematis orientalis, Allium,*
Iris, Astragalus, Statice, Rheum spiriforme u. a. — Die Sümpfe
am Rande der nördlichen Gebirge sind von Rasen der *Kobresia*
Tibetica bedeckt.

I. Flora Tangutica.

Phanerogamae. Dicotyledoneae. Thalamiflorae.

    I. *Ranunculaceae.* Jeder Familie und innerhalb derselben jeder Gattung,
die durch mehr als eine Art im Gebiet vertreten ist, ist ein dichotomer Schlüssel
zur Bestimmung der Gattungen und der Arten beigegeben. — Vertreten sind die

Gattungen: *Clematis* L. mit 5 Arten, darunter abgebildet auf tab. 1: *Cl nannophylla* Max. und *Cl. orientalis* L. mit zwei neuen var. *glauca* und *Tangutica* Max.; *Thalictrum* L. mit 7 Arten, wovon abgeb. auf tab. 2: *Th. Przewalskyi* Max.; *Anemone* L. mit 7 Arten, worunter *A. Japonica* Sieb. et Zucc. mit einer neuen var. *tomentosa* Max. und zwei neuen Arten aus der Sectio *Anemonanthea* DC.: *A. imbricata* und *A. exigua* Max., jene auf tab. 22, diese auf tab. 2 abgebildet; *Adonis* L. mit 2 Arten, wovon abgeb. auf tab. 1: *A. caerulea* Max.; *Callianthemum* C. A. Mey mit 1 Art; *Ranunculus* L. mit 9 Arten, worunter zwei neue: *R. tricuspis* Max. (Sect. *Hecatonia* DC.), abgeb. auf tab. IV Fl. Mongol. und *R. involucratus* Max. (Sect. *Oxygraphis*), abgeb. auf tab. 22; eine neue Form *δ. Tibeticus* Max. von *R. pulchellus* C. A. Mey. und 5 Formen von *R. affinis* R. Br.: *α. typicus*, *β. Tanguticus*, *γ. indivisus*, *δ. Stracheyanus* und *ε. Tibeticus* Max.; *Caltha* L. mit 1 Art (*C. palustris* L.) und 1 neuen var. *scaposa* Max. derselben; *Trollius* L. mit 1 Art; *Isopyrum* L. mit 4 Arten, worunter neu: *I. vaginatum* Max., abgeb. auf tab. 30; ausserdem finden sich noch abgeb. auf tab. 8 und 9: *I. anemonoides* Kar. et Kir. und *I. thalictroides* L.; *Aquilegia* L. mit 2 Arten, worunter 1 neu: *A. ecalcarata* Max. abgeb. auf tab. 8; *Delphinium* L. mit 6 Arten, darunter abgeb. auf tab. 8, 4 und 5: *D. Pylzowi* Max., *D. albocaeruleum* Max. und *D. sparsiflorum* Max., und eine neue var. *Tangutica* Max. des *D. crassifolium* Schrad., sowie eine neue var. *densa* Max. des *D. Brunonianum* Royle; *Aconitum* L. mit 5 Arten, worunter eine neue Form von *A. Anthora* L. *γ. gilvum* Max. und eine neue var. *Tangutica* Max. von *A. rotundifolium* Kar. et Kir.; abgeb. auf tab. 6 findet sich: *A. gymnandrum* Max.; *Actaea* L. mit 1 Art; *Cimicifuga* L. mit 1 Art und *Paeonia* L. mit 3 Arten, worunter 2 cultivirte: *P. albiflora* Pall. und *P. montana* Sims.

II. *Berberidaceae*. *Berberis* L. mit 7 Arten, worunter eine neue var. *stenophylla* Max. der *B. integerrima* Bnge.; abgeb. sind auf tab. 7, 8 und 23: *B. dasystachya* Max., *B. brachypoda* Max., *B. diaphana* Max. und *B. Kaschgarica* Rup.; *Podophyllum* L. mit 1 Art.

III. *Papaveraceae*. *Papaver* L. mit 1 Art; *Meconopsis* Vig. mit 4 Arten, worunter neu *M. Punicea* Max., abgeb. auf tab. 23; ausserdem finden sich noch abgeb. auf tab. 9 und 23: *M. integrifolia* Franch. und *M. racemosa* Max.; *Hypecoum* Tournef. mit 1 Art; *Corydalis* DC. mit 19 Arten, worunter neu: *C. scaberula* Max., *C. curviflora* Max., *C. straminea* Max., *C. cristagalli* Max., *C. Potanini* Max., *C. livida* Max.) *C. conspersa* Max. und *C. mucronifera* Max.*), abgeb. auf tab. 24, 20, 25, 24; ausserdem wurden einige neue Varietäten älterer Arten von *M.* aufgestellt, *C. pauciflora* Pers. var. *latiloba* Max., abgeb. auf tab. 24, *C. melanochlora* var. *pallescens* Max., abgeb. auf tab. 10, *C. capnoides* Pers. var. *Tibetica* Max., abgeb. auf tab. 24; abgeb. finden sich ausserdem noch *C. linarioides* Max. und *C. trachycarpa* Max. auf tab. 10, *C. dasyptera* Max. auf tab. 7 und 24, *C. rosea* Max. auf tab. 11, *C. adunca* Max. mit der var. nov. *humilis* Max. auf tab. 6, *C. Duthiei* Max. auf tab. 25, *C. streptocarpa* Max. auf tab. 11; *Dicentra* DC. mit einer cultivirten Art: *D. spectabilis* Miq.

V. *Cruciferae*. *Nasturtium* DC. mit 2 Arten, worunter eine neue: *N. Tibeticum* Max. (Sectio 1. *Cardaminum* DC.), abgeb. auf tab. 26; *Parrya* R. Br. mit 8 neuen Arten: *P. villosa* Max., *P. eurycarpa* Max. und *P. prolifera* Max., abgeb. auf tab. 27; *Cheiranthus* L. mit 1 neuen Art: *Ch. roseus* Max., abgeb. auf tab. 21; *Arabis* L. mit 2 Arten, von denen *A. Piasetzkyi* Max. abgeb. ist auf tab. 12 u. 26; *Cardamine* L. mit 1 Art; *Sisymbrium* L. mit 5 Arten, darunter *S. glandulosum* Max. (= *Arabis* g. Kar. et Kir.), „ob embryonis structuram infra expositam ex *Arabide* expellendum", mit einer neuen var. *linearifolium* Max. und einer neuen Art *S. mollipilum* Max. (Sect. *Arabidopsis* DC.), abgeb. auf tab. 21; *Erysimum* L. mit 1 neuen Art: *E. ? chamaephyton* Max., abgeb. auf tab. 28; *Malcolmia* R. Br. mit 1, *Eruca* Tourn. mit 1 und *Brassica* L. mit 1 Art; *Draba* L. mit 8 Arten, darunter eine neue var. *Tibetica* Max. der *D. lasiophylla* Royle; *Cochlearia* L. mit 1 Art; *Eutrema* R. Br. mit 2 Arten, worunter eine neue: *E. ? Przewalskyi* Max., abgeb. auf tab. 28; *Braya* Sternb. et Hoppe mit 2 Arten, von denen eine neu ist: *B. sinuata* Max., abgeb. auf tab. 28; *Dilophia* Thoms. mit 4 Arten, darunter eine *D. fontana* Max., abgeb. auf tab. 13, und 2 neue Arten: *D. sinuata*

---

*) *C. Potanini* Max. und *C. livida* Max. sind zwar neue Arten, aber nicht abgebildet; und *C. mucronifera* Max. ist auf tab. 24 fälschlich mit dem Namen *mucronata* bezeichnet.

Max. und *D. ebracteata* Max., beide abgeb. auf tab. 28; *Lepidium* L. mit 2 Arten, worunter eine neue Form von *L. ruderale* L.: γ. *auriculatum* Max.; *Hymenophysa* C. A. Mey mit 1 Art, *Coelonema* Max. mit 1 Art: *C. draboides* Max., abgeb. auf tab. 14; *Capsella* Vent. mit 3, *Thlaspi* L. mit 1, *Sterigma* DC. mit 1 und *Goldbachia* DC. mit 1 Art; *Megadenia* Max. (*Isatideae*), eine neue Gattung mit einer neuen Art: *M. pygmaea* Max. abgeb. auf tab. 12.

   VI. *Violarieae. Viola* L. mit 5 Arten, worunter *V. bulbosa* Max, abgeb. auf tab. 13.

   VII. *Polygalaceae. Polygala* L. mit 2 Arten.

   VIII. *Caryophyllaceae.* 1. *Sileneae. Dianthus* L., *Gypsophila* L. und *Saponaria* L. mit je 1 Art; *Silene* L. mit 4 Arten; *Lychnis* L. mit 2 Arten, unter denen eine neue, *L. glandulosa* Max. (Sect. *Physolychnis*), auf tab. 29 abgebildet ist. — 2. *Alsineae. Lepirodiclis* Fzl. mit 2 Arten, worunter eine neue: *L. quadridentata* Max., abgeb. auf tab. 13; *Krascheninikovia* Turcs. mit 1 Art; *Arenaria* L. mit 6 Arten, von welchen 2 neu sind: *A. Roborowskyi* Max. (Sect. *Eremogone*) und *A. saginoides* Max. (Sect. *Alsine* Benth. et Hook.) und auf tab. 29 und 31 abgeb. sind; ausserdem sind noch abgeb : *A. Kansuensis* Max. und *A. Przewalskyi* Max. auf tab. 14 und 15; *Thylacospermum* Fzl. mit 1 Art; *Stellaria* L. mit 6 Arten. darunter 3 neue Varietäten von *St. graminea* L.: var. *Chinensis, viridescens* und *pilosula* Max., und eine neue Art: *St. arenaria* Max. (Sect. *Adenonema* Bnge.), abgeb. auf tab. 29; *Cerastium* L. mit 3 Arten, von denen *C. melanandrum* Max. auf tab. 15 abgebildet ist; *Spergularia* Pers. mit 1 Art.

   IX *Tamariscineae. Tamarix* L. mit 2 Arten, darunter eine neue var. *viridis* Max. von *T. Pallasii* Desv.; *Myricaria* Desv. mit 3 Arten, von denen *M. prostrata* Benth. et Hook. abgeb. ist auf tab. 31; zu *M. Germanica* Desv. hat M. als Varietäten gezogen: *M. alopecuroides* Schrenk und *M. squamosa* Desv.; *Reaumuria* Hasselq. mit 2 Arten: *R. Songorica* Max. (bisher *Hololachnes.* Ehrenb.) und *R. Kaschgarica* Rupr. mit 3 Formen: α. *typica*, β. *Nanschanica* und γ. *Przewalskyi* Max., abgeb. auf tab. X der Enum. Mongolica.

   X. *Hypericaceae. Hypericum* L. mit 1 Art: *H. Przewalskyi* Max., abgeb. auf tab. 18.

   XI. *Malvaceae. Malva* L., *Hibiscus* L. und *Gossypium* L. mit je 1 Art.

   Disciflorae.

   XII. *Linaceae. Linum* L. mit 3 Arten, von denen *L. nutans* Max. abgeb. ist auf tab. 18.

   XIII. *Zygophylleae. Tribulus* L. und *Nitraria* L. mit 1 Art, *Zygophyllum* L. mit 2 Arten, von welchen *Z. mucronatum* Max. abgeb. ist auf tab. 17; *Peganum* L. mit 1 Art und einer neuen var. *multisecta* Max. von *P. Harmala* L.

   XIV. *Geraniaceae. Biebersteinia* Steph. mit 1 Art: *B. heterostemon* Max. abgeb. auf tab. 16; *Geranium* L. mit 5 Arten, worunter *G. Pylzowianum* Max. abgeb. auf tab. 17; *Erodium* L'Hér. mit 1 Art; *Impatiens* L. mit 1 Art.

   XV. *Rutaceae. Zanthoxylum* L.

   XVI. *Simarubeae. Ailanthus* Desf. mit 1 Art.

   XVII. *Celastrineae. Evonymus* L. mit 6 Arten, worunter *E. Przewalskyi* Max. abgeb. ist auf tab. 19.

   XVIII. *Rhamnaceae. Rhamnus* L. mit 1 Art.

II. Flora Mongolica.

Phanerogamae. Dicotyledoneae. Thalamiflorae.

   Obwohl die Einleitung zur Flora Tangutica auch in mancher Beziehung für diesen Theil gilt, so hat doch M. für die Flora Mongolica eine kleine Einleitung geschrieben, in welcher ausgeführt wird, auf welche Weise die Flora Mongolica zu Stande gekommen ist, Ihr Grund ward gelegt durch den in den „Primitiae florae Amurensis", 1859 von M. veröffentlichten Index. Derselbe enthält 489 Arten, welche von verschiedenen Reisenden in den Jahren 1830—1847 längs der alten Handelsstrasse, welche von Kiachta nach Kalgan führt, gesammelt wurden und einigen anderen, welche von Turczaninoff, als aus dem Daurien zunächst gelegenen

Mongolischen Grenzlande stammend, in der Flora Baicalensi-Dahurica veröffentlicht worden sind. Einen zweiten Beitrag hierzu lieferte Trautvetter durch seine im Jahre 1871 erschienene Bearbeitung der von Lomonossoff in der östlichen Mongolei 1870 gesammelten Pflanzen, welche 111 Arten enthält. — Das Pflanzenmaterial zur vorliegenden Arbeit wurde grösstentheils durch Przewalsky und Potanin auf ihren Reisen in den Jahren 1871—1886 zusammengebracht. Dazu kamen noch einige kleinere Sammlungen, welche in den zur Mongolei gehörigen Landstrichen von 1870—1888 von Pevtsoff, Kalning, Adrianoff, Artselaer, Fritsche, Harnack und A. Regel an M. gelangten, während alle in dem chinesischen Turkestan, sowie auch natürlich im russischen Turkestan, gesammelten Pflanzen von der Bearbeitung der Mongolischen Flora ausgeschlossen blieben.

I. *Ranunculaceae.* Die Gattung *Clematis* L. mit 8 Arten, worunter eine neue var. *lobata* Max. von *C. fruticosa* Turcz. und eine neue var. *macropetala* Max. von *C. alpina* Müll.; *Thalictrum* L. mit 5 Arten; *Anemone* L. mit 9 Arten, von welchen *A. Regeliana* Max. auf tab. 3 abgebildet ist; *Adonis* L. mit 1 Art; *Callianthemum* C. A. Mey mit 1 Art; *Ranunculus* L. mit 20 Arten; darunter neu: *R. Gobicus* Max. (Sect. *Ranunculastrum* DC.), abgeb. auf tab. IV; ausserdem finden sich abgeb.: *R. tricuspis* Max. auf tab. 4 und *R. cuneifolius* Max.; als neue Varietäten wurden aufgestellt: *R. Songoricus* Schr. var. *lasiopetala* Max., *R. affinis* R. Br., α. *typicus* und δ. *Glehnianus* Max.; *Ceratocephalus* Mch. mit 1 Art, *Caltha* L. mit 1 Art und *Trollius* L. mit 8 Arten; *Isopyrum* L. mit 4 Arten, *Aquilegia* L. mit 3 Arten, *Delphinium* L. mit 6 Arten, *Aconitum* L. mit 6 Arten, *Actaea* L. mit 1, *Cimicifuga* L. mit 1 und *Paeonia* L. mit 2 Arten. II. *Menispermaceae.* *Menispermum* L. mit 1 Art. III. *Berberideae.* *Berberis* L. mit 4 Arten und *Leontice* L. mit 1 Art. IV. *Nymphaeaceae* *Nymphaea* L. mit 2 Arten. V. *Papaveraceae.* *Papaver* L. mit 2 Arten, worunter eine cultivirte: *P. somniferum* L.; *Chelidonium* L. mit 1, *Glaucium* Tourn. mit 1 und *Hypecoum* L. mit 3 Arten; *Corydalis* DC. mit 8 Arten, darunter eine neue var. *Alaschanica* Max. von *C. pauciflora* Pers. und eine neue var. *humilis* Max. von *C. adunca* Max.; *Fumaria* Tourn. mit 1 Art. VI. *Cruciferae.* *Parrya* R. Br. mit 3 Arten; *Nasturtium* R. Br. und *Barbarea* R. Br. mit 1 Art, *Arabis* L. mit 6 Arten, worunter *A. ? Alaschanica* Max., abgeb. auf tab. 2; *Turritis* Dill., *Stevenia* Ad. et Fisch. und *Macropodium* R. Br. mit je 1 Art, *Cardamine* L. mit 4, *Alyssum* L. mit 3, *Psilotrichum* C. A. Mey mit 1 und *Meniocus* DC. mit 1 Art; *Berteroa* DC. mit 2 Arten, wovon eine *B. Potanini* Max. abgeb. ist auf tab. 2; *Draba* L. mit 8, *Taphrospermum* C. A. Mey mit 1, *Hesperis* L. mit 3 und *Malcolmia* R. Br. mit 2 Arten; *Dontostemon* Andrz. mit 6 Arten, von denen *D. sessilis* Max. auf tab. 1, *D. crassifolius* Bnge. auf tab. 7 und *D. elegans* Max. auf tab. 7 abgeb. sind; *Sisymbrium* L. mit 9 Arten, darunter eine neue Art: *S. Mongolicum* Max. (Subgen. *Malcolmiastrum* Tourn.), abgeb. auf tab. 8 und eine neue var. *Piazezkyi* Max. (früher in den Mél. biol. X als Art beschrieben) von *S. humile* C. A. Mey; *Eutrema* R. Br. mit 3 und *Smelowskya* C. A. Mey mit 2 Arten; *Erysimum* L. mit 7 Arten; *Syrenia* Andrz. mit 1, *Leptaleum* DC. mit 1, *Braya* Sternb. et Hoppe mit 1, *Brassica* L. mit 2, *Eruca* Tourn. mit 1, *Capsella* Vent. mit 2, *Lepidium* L. mit 8, *Physolepidium* Schrenk. mit 1, *Hymenophysa* C. A. Mey mit 1, *Megacarpaea* DC. mit 1, *Thlaspi* Dill. mit 3, *Pachypterygium* Bnge. mit 1, *Isatis* L. mit 1 und *Tauscheria* Fisch. mit 1 Art; *Pugionium* Gaertn. mit 2 Arten, welche beide (*P. cornutum* Gaertn. und *P. dolabratum* Max.) abgeb. auf tab. 5 und 8; *Euclidium* R. Br. mit 1, *Bunias* L. mit 1, *Goldbachia* DC. mit 1, *Chorispora* DC. mit 2 und *Sterigma* DC. mit 1 Art. VII. *Capparideae.* *Capparis* L. mit 1 Art. VIII. *Violarieae.* *Viola* L. mit 10 Arten, von denen *V. Thianschanica* Max. auf tab. 2 abgeb. ist; bei *V. uniflora* L. wurden von M. 3 Formen unterschieden: α. *typica*, β. *orientalis* und γ. *Kareliniana* Max. IX. *Polygalaceae.* *Polygala* L. mit 2 Arten.

X. *Caryophylleae.* 1. *Sileneae. Dianthus* L. mit 4 Arten; *Gypsophila* L. mit 7 Arten; *Saponaria* L. mit 1 Art; *Silene* L. mit 13 Arten, von denen *S. Mongolica* Max. auf tab. 18 abgeb. ist; bei *S. foliosa* Max. wurde eine neue var. *mongolica* Max. unterschieden; *Lychnis* L. mit 4 Arten, von denen *L. Alaschanica* Max. auf tab. 6 und *L. Mongolica* Max. (Sect. *Physolachnis*), eine neue Art, auf tab. 18 abgeb. ist; *Acanthophyllum* C. A. Mey mit 1 Art. — 2. *Alsineae. Möhringia* L. mit 1, *Lepyrodiclis* Fzl. mit 1 und *Alsine* Wahlenb. mit 2 Arten; *Arenaria* L. mit 5 Arten, von denen *A. pentandra* Max. auf tab. 6 abgeb. ist; *Stellaria* L. mit 7 Arten; *Holosteum* L. mit 1 Art; *Cerastium* L. mit 9 Arten; *Spergularia* Pers. mit 1 Art.

XI. *Portulacaceae. Claatonia* L. mit 1 Art.

XII. *Tamariscineae. Reaumuria* Hasselq. mit 2 Arten, von denen *R. trigyna* Max. auf tab. 10 abgeb. ist; *Tamarix* L. mit 6 Arten; *Myricaria* Desv. mit 5 Arten, von denen *M. platyphalla* Max. auf tab. 9 abgeb. ist.

XIII. *Hypericaceae. Hypericum* L. mit 4 Arten.

XIV. *Malvaceae. Althaea* L. mit 3 Arten, worunter eine cultivirte: *A. rosea* Cav.; *Lavatera* L. mit 1, *Malva* L. mit 2, *Abutilon* L. mit 1, *Hibiscus* L. mit 1 und *Gossypium* L. mit 1 Art.

XV. *Tiliaceae. Tilia* L. mit 1 Art: *T. Mongolica* Max., abgeb. auf tab. 11.

Disciflorae.

XVI. *Linaceae. Linum* L. mit 2 Arten.

XVII. *Zygophallaceae. Nitraria* L. mit 2 Arten, von denen *N. sphaerocarpa* Max. auf tab. 12 abgeb. ist; *Tribulus* L. mit 1 Art; *Zygophyllum* L. mit 10 Arten, von denen *Z. Gobicum* Max. auf tab. 14 und *Z. Potanini* Max. auf tab. 12 abgeb. sind; bei *Z. macropterum* C. A. Mey werden zwei neue var. *γ. brachapetalum* und *δ. longistamineum* Max. unterschieden; *Peganum* L. mit 2 Arten; am Schlusse dieser Familie wird von M. eine neue Gattung *Tetraena* aufgestellt: genus propositum nimis incomplete cognitum provisorie ad *Zygophyllaceas* relatum, quibus habitu consimile. Die eine dazu gehörige Art: *T. Mongolica* Max. findet sich abgeb. auf tab. 12.

XVIII. *Geraniaceae. Geranium* L. mit 9 Arten; *Erodium* L'Hér. mit 2 Arten; *Impatiens* L. mit 1 Art.

XIX. *Rutaceae. Haplophyllum* A. Juss. mit 2 Arten; bei *H. Davuricum* Ledeb. wurde eine neue Form: *β. uniflorum* Max., unterschieden; *Dictamnus* L. mit 1 Art.

XX. *Simarubaceae. Ailanthus* Desf. mit 1 Art.

XXI. *Celastrineae. Evonymus* L. mit 2 Arten.

XXII. *Rhamnaceae. Zizyphus* Juss. mit 1 Art; *Rhamnus* L. mit 2 Arten; bei *R. virgata* Roxb wurde eine neue var. *Mongolica* Max. aufgestellt.

XXIII. *Ampelideae. Vitis* R. Br. mit 3 Arten, worunter eine cultivirte: *V. vinifera* L.

XXIV. *Sapindaceae. Xanthoceras* Bnge. mit 1 Art und *Acer* L. mit 1 Art (*A. Tataricum* L. var. *Ginnala* Max.).

v. Herder (St. Petersburg).

Barber, C. A., On a change of flowers to tubers in *Nymphaea Lotus* var. monstrosa. (Annals of Botany. Vol. IV. Nr. XIII. p. 105—115. Pl. V.)

Verf. beschreibt und bildet ab die zu Knollen umgewandelten Blütenknospen, welche ein Exemplar von *Nymphaea Lotus* im Kew-Garden producirte. Es sind 4 Sepalen entwickelt, innerhalb derselben stehen grüne Blätter mit Achselknospen von reichlichen Haaren eingehüllt; an der Basis der Aussenseite der Blätter entspringen Wurzeln. Die äusseren Blattorgane gehen mit den Sepalen und Wurzeln zu Grunde, das Receptaculum schwillt an, trennt sich vom Stiel und kann nach der Ueberwinterung eine neue Pflanze produciren. Verf. vergleicht sodann diese Erscheinung mit anderen Blütenmissbildungen bei *Nymphaea*, die aber doch ziemlich verschieden von dieser sind. Ferner weist er auf die viviparen Pflanzen hin und erörtert die Gründe für die Monstrosität. In diesem Falle scheint die Ueberbringung der Pflanze aus ihrem Heimathland in das Glashaus Englands den Anstoss gegeben zu haben; die Knollenbildung an Stelle der Blüte hängt offenbar mit der Production von Knollen als vegetativen Vermehrungsorganen bei der *Nymphaea Lotus* zusammen.

Möbius (Heidelberg).

***

Arcangeli, G., Sopra i tubercoli radicali delle Leguminose. (Rendiconti della R. Accademia dei Lincei. Vol. VII. 1891. Sem. 1. Fasc. 6. p. 223—227.)

Enthält einige kritische und historische Bemerkungen über die Knollen der Leguminosen-Wurzeln, über die Entdeckung derselben, welche, wie schon früher Prof. Pirotta bemerkt hatte, nicht von Woronin (1867), sondern von Gasparrini (1851) gemacht worden ist.

Dann erwähnt Verf. die Untersuchungen von Berthelot, Hellriegel, Prażmowski, Schloesing, Laurent, Frank, Otto, Beyerinck über die wichtige Frage, ob der freie Stickstoff der Luft assimilirt werden könne.

De Toni (Venedig).

***

Thomas, Fr., Die Blattflohkrankheit der Lorbeerbäume. (Gartenflora. 1891. Heft 2. 8°. 4 pp.)

Die genannte Krankheit ist keine neue Erscheinung, wohl aber in der Litteratur bisher nirgends eingehender berücksichtigt worden. Sie äussert sich an mehr oder minder zahlreichen Blättern der jüngsten Triebe in Einrollung des Randes — die Blattoberseite bildet die Aussenseite der Rolle —, Verkrümmung und Verfärbung der Spreite. Die anatomische Untersuchung zeigt Verdickung des Blattes auf das Dreifache und Fehlen der Differenzirung in Pallisaden- und Schwammparenchym. An Stelle dieser Gewebeformen tritt ein lückenloses Parenchym aus isodiametrischen, chlorophyllarmen und dünnwandigen Zellen abnormer Grösse. Die Oberhaut zeigt ebenfalls vergrösserte Zellen; dabei sind die stärker modificirten unterseitigen Epidermiszellen reich an festem Inhalt und vorgewölbt. Normale Spaltöffnungen fehlen. Die Harzzellen zeigen keine Vergrösserung, wohl aber Verdickung der Wand. Der Hohlraum der Rolle birgt neben klebriger Flüssigkeit und weisser wachsartiger Wolle die Erzeuger beider Substanzen, die Larven einer *Psyllide*, *Trioza alacris* Flor. Dieselben sollen als ausgebildete Insekten überwintern, die im kommenden Frühjahr ihre Eier auf der Blattunterseite in der Nähe des Randes ablegen. Die Entartung des Blattes soll (nach Targioni-Tozzetti) Folge der Eiablage und vielleicht des Saugens der Mutterthiere sein. Uebrigens scheint das Thier mehr als eine Generation im Jahr zu haben. Von natürlichen Feinden des Lorbeerblattflohs lernte Verf. nur eine *Syrphiden*-Larve kennen, die aber dem Umsichgreifen der Krankheit in unserm Klima keine genügende Grenze zu setzen vermag. Die Krankheit ist bekannt von Mittel- und Südeuropa, kommt auch wohl in Nordafrika vor und wurde in Deutschland zuerst 1884 beobachtet. Als Gegenmittel wird das möglichst frühzeitige Wegschneiden und Verbrennen der deformirten Triebe empfohlen.

Ein Verzeichniss der Schriften, in denen der Krankheit Erwähnung gethan wird, beschliesst die kurze, aber — wie das Referat wohl gezeigt haben dürfte — gründliche Mittheilung.

Jännicke (Frankfurt a. M.).

Thomas, Fr., Zum Gitterrost der Birnbäume. (Gartenflora. 1891. Heft 3. 8. 2 pp.)

Verf. beobachtete das Auftreten des Gitterrosts an Birnbäumen eines Gartens, der u. a. auch zwei meterhohe Exemplare von *Juniperus Sabina* enthielt, die von *Gymnosporangium fuscum* befallen waren. Nach Entfernung dieser Stöcke zeigten sich die Birnbäume frei vom Rost, was darthut, dass eine ernste Erkrankung der Bäume eine in jedem Frühjahr sich wiederholende Masseninfection voraussetzt.

Jännicke (Frankfurt a. M.).

Neue Litteratur.*)

Bibliographie:

Famintzin, A., Iwauowsky, D., Kusnetzoff, N., Massalsky, W., Fürst und **Transchel, W.,** Ueberblick über die botanische Litteratur Russlands im Jahre 1890. gr. 8⁰. XXI, 157 pp. St. Petersburg 1891. [Russisch.]

Nomenclatur, Pflanzennamen, Terminologie etc.:

Rand, Edward L., Nomenclature from the practical standpoint. (The Botanical Gazette. Vol. XVI. 1891. No. 11. p. 318—319.)

Allgemeines, Lehr- und Handbücher, Atlanten etc.:

Legrand, Alfred, Fleurs et plantes. Lectures anglaises, accompagnées d'un vocabulaire donnant la prononciation figurée et la traduction française de tous les termes d'horticulture et de botanique. 8⁰. VIII, 376 pp. Paris (Mesnil-Dramard et Cie.) 1891.

Müller und **Pilling,** Deutsche Schulflora zum Gebrauch für die Schule und zum Selbstunterricht. Lieferung 4 und 5. à 8 farbige Tafeln. gr. 8⁰. Gera (Hofmann) 1891.   à —.70 = M. 1.40.

Algen.

Grenfell, J. G., On the occurrence of pseudopodia in the Diatomaceous genera Melosira and Cyclotella. (The Quaterly Journal of Microscopical Sciences. 1891. October.)

---

*) Der ergebenst Unterzeichnete bittet dringend die Herren Autoren um gefällige Uebersendung von Separat-Abdrücken oder wenigstens um Angabe der Titel ihrer neuen Veröffentlichungen, damit in der „Neuen Litteratur" möglichste Vollständigkeit erreicht wird. Die Redactionen anderer Zeitschriften werden ersucht, den Inhalt jeder einzelnen Nummer gefälligst mittheilen zu wollen, damit derselbe ebenfalls schnell berücksichtigt werden kann.

Dr. Uhlworm,
Terrasse Nr. 7.

Klebs, Georg, Ueber die Bildung der Fortpflanzungszellen bei Hydrodictyon utriculatum Roth. Mit Tafel. (Fortsetzung.) (Botanische Zeitung. 1891. No. 9. p. 805—818.)

Pilze:

Atkinson, Geo F., A new Ravenelia from Alabama. (The Botanical Gazette. Vol. XVI. 1891. No. 11. p. 313—314.)

Cocconi, Girolamo, Osservazioni e ricerche sullo sviluppo di tre piccoli funghi: nota letta alla r. accademia delle scienze dell' istituto di Bologna nella sessione del 22 marzo 1891. 4°. 12 pp. con 2 tavole. (Estratto dalle Memorie della r. accademia delle scienze dell' isttiuto di Bologna. Serie V. Tomo II.) Bologna (tip. Gamberini e Parmeggiani) 1891.

Hesse, Rudolph, Die Hypogaeen Deutschlands. Natur- und Entwickelungsgeschichte, sowie Anatomie und Morphologie der in Deutschland vorkommenden Trüffeln und der diesen verwandten Organismen nebst praktischen Anleitungen bezüglich deren Gewinnung und Verwendung. Eine Monographie. Lieferung 4—6. (Schluss des ersten Bandes.) 4°. p. 49—133. Mit Tafel VIII—XI. Halle a. S. (Ludwig Hofstetter) 1891. M. 14.40.

Liborius, P. F., Ueber phosphorescirende Bakterien. (Protok. zasaid. obsh. Morsk. vrach. v. Kronstadt. 1890 p. 161—167.) [Russisch.]

Rabenhorst, L., Kryptogamen-Flora von Deutschland, Oesterreich und der Schweiz. 2. Auflage. Bd. 1. Lieferung 46. (Inhalt: Pilze, IV. Abtheilung, Phycomycetes, bearbeitet von **A. Fischer,** p. 65—128, mit Abbildungen.) 8°. Leipzig (Kummer) 1891. M. 2.40.

Saccardo, P. A., Sylloge fungorum omnium hucusque cognitorum. Vol. IX. Supplementum universale, sistens genera et species nuperius edita, nec non ea in sylloges additamentis praecedentibus jam evulgata, nunc una systematice disposita. Pars I. (Agaricaceae—Laboulbeniaceae.) 8°. 1141 pp. Patavii (typ. Seminarii) 1891. L. 57.—

Physiologie, Biologie, Anatomie und Morphologie:

Haeckel, Ernst, Storia della creazione naturale: conferenze scientifico-popolari sulla teoria dell' evoluzione in generale e specialmente su quella di D a r w i n, G o e t h e e L a m a r c k. Prima traduzione italiana fatta sull' ottava edizione tedesca, col consenso dell' autore, a cura del **Daniele Rosa.** Disp. 9. 8°. p. 385—432, con tavola. Torino (Unione tipografico-editrice.) 1891. L. 1.—

Hill, E. J., The sling-fruit of Cryptotaenia Canadensis. (The Botanical-Gazette. Vol. XVI. 1891. No. 11. p. 300—302.)

Kearney, T. H., Cleistogamy in Polygonum acre. (The Botanical Gazette. Vol. XVI. 1891. No. 11. p. 314.)

Koningsberger, Jacob Christiaan, Bijdrage tot de Kennis der Zetmeelvorming bij de Angiospermen. 8°. 100 pp. 1 Tafel. [Proefschrift.] Utrecht (Beijers) 1891.

Kronfeld, M., Die wichtigsten Blütenformeln. Für Studirende erläutert und nach dem natürlichen System angeordnet. 8°. 28 pp. Berlin (Parey) 1891. M. 1.—

Mac Millan, Conway, Interesting anatomical and physiological researches. The leaves of aquatic monocotyledons. (The Botanical Gazette. Vol. XVI. 1891. No. 11. p. 305—311.)

Malfatti, H., Beiträge zur Kenntniss der Nucleine. (Zeitschrift für physiologische Chemie. Bd. XVI. 1892. Heft 1 und 2.)

Meehan, Thomas, Helianthus mollis. (The Botanical Gazette. Vol. XVI. 1891. No. 11. p. 312.)

Mussi, Ubaldo, Ricerche chimiche sul latice del Ficus carica (R. istituto di studi superiori di Firenze: laboratorio di materia medica). 8°. 8 pp. (Estr. dall' Orosi, giornale di chimica, farmacia, ecc., 1891. No. 8.) Firenze (tip. della pia casa di Patronato) 1891.

Schneck, Jacob, Further notes on the mutilation of flowers by insects. (The Botanical Gazette. Vol. XVI. 1891. No. 11. p. 312—313.)

— —, Mutilation of the flower of Tecoma radicans. (l. c. p. 314—315.)

Sigmund, W., Ueber fettspaltende Fermente im Pflanzenreiche. II. Mittheilung. (Sonderabdr.) Lex.-8°. 8 pp. Leipzig (Freytag in Comm.) 1891. M. —.30.

Wyplel, M., Ueber den Einfluss einiger Chloride, besonders des Natriumchlorids auf das Wachsthum der Pflanzen. (Gymnasial-Programm.) 8°. 45 pp. Waidhofen a. d. Thaya 1891.

Systematik und Pflanzengeographie:

Bailey, W. Whitman, A remarkable orange tree. (The Botanical Gazette. Vol. XVI. 1891. No. 11. p. 311—312.)

Borbás, Vincenz v., Die Cultur der Menthen auf Sandboden. (Természettu-dományi Közlöny. 1891. p. 499—500.)

Buchanan, John, The indigenous Grasses of New-Zealand. (Colonial-Museum of N.-Zealand. Fol. 64 Tafeln.)

Fiala, F., Floristicki prilozi. (Glasnik zemalje muzeja u Bosn. i Herc. 1891. 3 pp.)

— —, Primula Bosniaka. (l. c.)

Freyn, J., Plantae novae Orientales. II. [Fortsetzung.] (Oesterreichische botan. Zeitschrift. 1891. No. 12. p. 404—408.)

Halácsy, E. v., Beiträge zur Flora der Balkanhalbinsel. VII. (l. c. p. 408—409.)

Korschinsky, S., Phytographische Untersuchungen in den Gouv. Simbirsk, Samara, Uia, Perm und Wjatka (z. Th.). (Arbeiten der Naturforscher-Gesell-schaft an der Kaiserl. Universität Kasan. Bd. XXII. Heft 6.) 8°. 204 pp. Mit 1 Karte. Kasan 1891. [Russisch.]

Kränzlin, F., Appendicula Peyeriana n. sp. (The Gardeners Chronicle. Serie III. Vol. X. 1891. No. 258. p. 669.)

Lindberg, G. A., Rhipsalis (Lepismium ?) dissimilis (G. A. Lindberg) K. Schu-mann. Mit Abbildungen. (Gartenflora. 1891. Heft 23. p. 634.)

Medicus, W., Flora von Deutschland. Illustr. Pflanzenbuch. Anleitung zur Kenntniss der Pflanzen nebst Anweisung zur praktischen Anlage von Herbarien. Lieferung 2. gr. 8°. p. 33—64 mit 8 farb. Tafeln. Kaiserslautern (Gotthold) 1891.   M. 1.—

Montresor, W. Graf, Uebersicht der Pflanzen, welche zum Bestande der Flora des Kiew'schen Unterrichtsbezirkes gehören, d. h. den Gouvernements Kiew, Podolien, Wolhynien, Tschernigov und Pultava angehören. Heft 5. 8°. p. 419—508. (Schluss.) Kiew 1891. [Russisch.]

Mueller, Baron Ferdinand von, Descriptions of new Australian plants, with occasional other annotations. [Continued.] (Extra print from the Victorian Naturalist. 1891. November.)

Peperomia enervis.

Rather dwarf, erect or diffuse, flaccid, glabrous; branches upwards angular; leaves small, on short petioles, ternately or some quaternately verticillate, cuneate-obovate, the lateral venules almost obliterated; spikes extremely slender, mostly terminal, conspicuously but thinly pedunculate; flowers in close proximity; bracts very minute, orbicular; ovulary almost entirely emersed, bearing the stigma obliquely; fruitlet minute, almost globular.

On Mount Bartle Frere; Stephen Johnson.

From some few inches to nearly one foot high. Leaves $^1/_2$—$^3/_4$ inch long. Spikes solitary or occasionally two together, generally 1—$1^1/_2$ inches long. Flowers unknown. Fruitlets, when dry, slightly rough. Mons. Casimir de Candolle, who received specimens from me, to bring his unrivalled knowledge of Piperaceae to bear on this singularly local plant, places it near *P. obversa* among the 870 Peperomias, known to him since describing them monographically in 1869. It received the specific name under our joint authority. Lately also a representative of the order *(Piper Holtzei)* has been discovered in N. W. Australia.

Garcinia Warrenii.

Glabrous; branchlets robust, angular; leaves of firm texture, on short petioles, mostly lanceolar-ovate, their primary lateral venules numerous and somewhat prominent particularly beneath; flowers rather large, crowded into axillary clusters; outer sepals very short; petals four, largely pale; staminal mass of the male flowers divided almost to the base into four ovate lobes, about half as long as the petals; anthers extremely numerous, densely covering the inner side of the lobes to near the base, pale, partly on very short filaments, partly sessile, their cells divergent, widely dehiscent; rudimentary pistil rather thick, angular, with a convex stigma.

Near the Coen-River; Stephen Johnson.

A tree, to 40 feet high. Well developed leaves 3—5 inches long.
Flowers on short thick pedicels. Sepals almost semiorbicular, the inner
only about ¹/₈ inch long, though exceeding the outer. Petals obovate or
verging somewhat into an orbicular form, incurved, with broad base
sessile, seldom longer than ¹/₈ inch, in front slightly and irregularly
denticulated. Staminal mass somewhat adherent to the petals.
Anthers almost quadrivalvular. Rudimentary pistil about ¹/₈ inch long.
Female flowers and fruit not yet seen. The staminal arrangement is
much like that of *G. cornea* and *G. Merguensis*, but both are in several
other respects very distinct. The leaves are not unlike those of the
imperfectly known *G. neglecta* (Vieillard); the venulation of them is
much more prominent than in *G. subtilinervis*, of which the flowers are
unknown.

This in the flora of Australia very remarkable plant is dedicated to
Dr. Warren, the accomplished and learned Professor of Engineering in
the Sydney University.

Glossogyne orthochaeta.

Stem towards the base few-branched, somewhat woody; leaves much
crowded along the lower part of the branches and of the stem, mostly
pinnately divided, their segments distant, narrowlinear, much pointed;
upper leaves few, remote, undivided, linear; flower-headlets solitary
terminating elongated simple peduncleelike branches; involucral bracts
rather numerous, somewhat scarious towards the summit and thus far soon
reflexed; floral bracts bluntish; receptacle rather ample; fruits numerous,
about as long as the bracts, terminated into two much shorter quite erect
slightly retro-hispidulous setules.

Near the South Coen-River; Stephen Johnson.
Root not seen. Height to 2 feet. Leaves to 3 inches long, the lower
often reflexed and some of these undivided. Corollas and therefore also
stamens and stigmas not yet available. Fruiting headlets fully ¹/₂ inch
in diameter. Fruits ¹/₅ to ¹/₄ inch long, compressed, narrow, blackish,
streaked; the setules often only at the apex barbed.

So far as the vegetative and carpologic characters allow to judge
this plant cannot be excluded from the genus Glossogyne; but it is
possible that hereafter from floral notes another generic place may have
to be assigned to this species. The bracts almost conceal the fruits; this
already gives the plant an aspect different to that of G. tenuifolia; the
ramification is also less, the leaves are longer and their segments narrower,
furthermore the fruits are shorter and their setules not divergent; the
leaves are in form not unlike those of *Bidens lineariloba*, but seem never
doubly segmentose.

Rechinger, Karl, Beitrag zur Kenntniss der Gattung Rumex. (Oesterr. botan.
Zeitschrift. 1891. No. 12. p. 400—404.)

Rolfe, R. A., Epidendrum pusillum Rolfe n. sp. (The Gardeners Chronicle.
Serie III. Vol. X. 1891. No. 258. p. 669.)

Sabransky, H., Weitere Beiträge zur Brombeerenflora der kleinen Karpathen.
[Fortsetzung.] (Oesterr. botan. Zeitschrift. 1891. No. 12. p. 409—413.)

Velenovsky, J., Nachträge zur „Flora bulgarica". (l. c. p. 397—400.)

Watson, Sereno, Penstemon Haydeni n. sp. (The Botanical Gazette. Vol. XVI.
1891. No. 11. p. 311.)

Widmer, E., Die europäischen Arten der Gattung Primula. Mit einer Einleitung
von C. v. Nägeli. 8°. VII. 154 pp. München (Oldenbourg) 1891. M. 5.—

Teratologie und Pflanzenkrankheiten:

Danesi, L., Una visita ai vigneti fillosserati in Francia: relazione a. S. E. il
Ministro di agricoltura, industria e commercio. (Atti della r. stazione chimico-
agraria sperimentale di Palermo: rapporto dei lavori eseguite dall' aprile 1884
à giugno 1889.) Palermo (stab. tip. Virzi) 1891.

G., W. W., The Potato-disease question. (The Gardeners Chronicle. Serie III.
Vol. X. 1891. No. 258. p. 671—672.)

Hagemann, Axel, Vore norske Forstinsekter, eller de for Skovene skadelige og
nyttige Insekter, deres Optraeden og Udbredelse i Norge. En Haandbog for

Skovejere og Forstmaend. Med 35 in Texten indtrykte Figurer. 8°. VIII,
144 pp. Christiania og Kjøbenhavn (Cammermeyer) 1891.　　Kr. 2.—
Halsted, Byron D., Bacteria of the Melons. (The Botanical Gazette. Vol. XVI.
1891. No. 11. p. 303—305.)
Paulsen, F. e Guerrieri, F., Sopra alcune galle rinvenute sui tralci e sulle
foglie delle viti. (Atti della r. stazione chimico-agraria sperimentale di
Palermo: rapporto dei lavori eseguiti dall' aprile 1884 à giugno 1889.)
Palermo (stab. tip. Virzi) 1891.
Poggi, Tito, Come combatteremo la peronospora. 3° edizione riveduta dall'
autore e pubblicata per cura della associazione agraria del basso Veronese.
8°. 51 pp. Legnago (tip. di V. Bardellini) 1891.
Thomas, Der Fichtennestwickler in Thüringen. (Gartenflora. 1891. Heft 23.
p. 619—620.)
Wilson, G. F., Notes from Oakwood. (The Gardeners Chronicle. Serie III.
Vol. X. 1891. No. 258. p. 679—680.)

Medicinisch-pharmaceutische Botanik:

Bruhns, G. und Kossel, A., Ueber Adenin und Hypoxanthin. (Zeitschrift für
physiologische Chemie. Bd. XVI. 1892. Heft 1 u. 2.)
Eraud, J., Des raisons qui semblent militer en faveur de la nonspécificité
du gonocoque. (Bullet. de la soc. franç. de dermatol. et syphiligr. 1891.
p. 231—235.)
Fratini, F., Sul potere patogeno del suolo di Padova. (Giorn. d. r. soc. ital.
d'igiene. 1891. No. 7/8. p. 401—450.)
Frenkel, Sur la variabilité des propriétés pathogènes des microbes. (Soc. d.
scienc. méd. de Lyon.) (Lyon méd. 1891. No. 38. p. 94—96.)
De Giaxa, V. et Guarnieri, G., Contribution à la connaissance du pouvoir
bactéricide du sang. (Annal. de Microgr. 1891. No. 10/11. p. 474—488.)
Hugounenq et Eraud, Sur une toxalbumine sécrétée par un microbe du pus
blennorrhagique. (Compt. rend. de l'Acad. des sciences de Paris. T. CXIII.
1891. No. 3. p. 145—147.)
Kluge, B., Chemotaktische Wirkungen des Tuberculins auf Bakterien.
(Centralblatt für Bakteriologie und Parasitenkunde. Band X. 1891. No. 20.
p. 661—663.)
Krüger, M., Zur Kenntniss des Adenins. (Zeitschrift für physiologische Chemie.
Bd. XVI. 1892. Heft 1 u. 2.)
Kuskoff, N., Fälle von akuten Miliartuberkeln ohne Koch'sche Bacillen.
(Bolnitsch. gas. Botkina. 1891. p. 233, 265.) [Russisch.]
Lortet, L., Recherches sur les microbes pathogènes des vases de la mer Morte.
(Compt. rend. de l'Acad. des sciences de Paris. T. CXIII. 1891. No. 4. p. 221—223.)
Malvoz, E., Le bacterium coli commune. (Arch. de méd. expérim. 1891. No. 5.
p. 593—614.)
Pane, N., Sull' azione del siero di sangue del coniglio, del cane e del colombo
contro il bacillo del carbonchio. (Riv. clin. e terapeut. 1891. No. 9. p. 481
—483.)
Pasquale, A., Ricerche batteriologiche sul colera a Massaua e considerazioni
igieniche. (Giorn. med. d. r. esercito e d. r. marina. 1891. No. 8. p. 1009
—1031.)
Raymond, F., Sur les rapports de certaines affections du foie avec les
infections microbiennes, à propos de deux cas d'ictère terminés par la mort
(ictère calculeux, ictère de la grossesse). (Semaine méd. 1891. No. 38.
p. 305—308.)
Schantyr, J., Untersuchungen über die Mikroorganismen der Hundestaupe.
(Deutsche Zeitschrift für Thiermed. Bd. XVIII. 1891. No. 1. p. 1—20.)
Trombetta, Sergi, Die Fäulnissbakterien und die Organe und das Blut ganz
gesund getödteter Thiere. (Centralblatt für Bakteriologie und Parasitenkunde.
Band X. 1891. No. 20. p. 664—669.)
Williams, W. R., Remarks on the pathogeny of cancer, with special reference
to the microbe theory. (Lancet. 1891. Vol. II. No. 11. p. 606—607.)

Technische, Forst-, ökonomische und gärtnerische Botanik:

Booth, John, Die „nadellosen" Douglas-Fichten des Herrn Köhler und die
144 ha grossen Bestandesflächen dieser Fichte in den Königlich Preussischen
Staatsforsten. (Gartenflora. 1891. Heft 22. p. 595—598.)

Borggreve, B., Die Holzzucht. Ein Grundriss für Unterricht und Wirthschaft.
2. Auflage. Mit Textabbildungen und 15 Tafeln. 8⁰. XXIV, 363 pp. Berlin
(Parey) 1891.	M. 12.—
Boutroux, L., Sur la fermentation panaire. (Compt. rend. de l'Acad. des
sciences de Paris. T. CXIII. 1891. No. 4. p. 208—206.)
Danesi, L., Della vinificazione e della gessatura dei mosti e vini. (Atti della
r. stazione chimico-agraria sperimentale di Palermo: rapporto dei lavori
eseguiti dall' aprile 1884 à giugno 1889.) Palermo (stab. tip. Virzi) 1891.
Danesi, L. e **Boschi, C.,** Richerche sugli agrumi. (l. c. 1891.)
Danesi, L. e **Mancuso-Lima, G.,** Analisi dei vini siciliani. (l. c. 1891.)
Dieck, G., Dendrologische Plaudereien. V. Der zweite Band des „Dippel".
(Gartenflora. 1891. Heft 23. p. 625—681.)
Eismann, Gustav, Renanthera Lowii Rchb. fil. syn. Vanda Lowii Lindl. in
Blüte. (l. c. p. 598—600.)
— —, Amherstia nobilis und was dieselbe alles ertragen kann. (l. c. p. 601.
—603.)
Fritz, Die Perioden der Weinerträge. (Vierteljahrsschrift der Naturforscher-
Gesellschaft in Zürich. XXXV. und XXXVI. Heft 1.)
Hammer, A., Die Gemüsetreiberei. Eine praktische Anleitung zur Erziehung
und Cultur der vorzüglichsten Gemüse in den Wintermonaten. 8⁰. 47 pp.
Wien (Hartleben) 1891.	Fl —.90.
Koltz, Le balai de sorcier sur le Pin Weymouth. (Recueil d. Soc. Botanique
du Grand-Duché d. Luxembourg. No. XII. 1891.)
Krafft, G., Lehrbuch der Landwirthschaft auf wissenschaftlicher und praktischer
Grundlage. 5. Auflage. Bd. IV. Die Betriebslehre. Mit 11 Holzschnitten.
8⁰. VIII, 266 pp. Berlin (Paul Parey) 1891.	geb. M. 5.—
Kramer, E., Die Bakteriologie in ihren Beziehungen zur Landwirthschaft und
den landw.-technischen Gewerben. [Schluss.] Theil II. Die Bakterien in
ihrem Verhältnisse zu den landw.-technischen Gewerben. 8⁰. VI, 178 pp. mit
79 Abbildungen. Wien (Gerold's Sohn) 1891.	M. 4.—
Krause, Ernst H. L., Die Ursachen des säcularen Baumwechsels in den
Wäldern Mitteleuropas. (Naturwissenschaftliche Wochenschrift. Bd. VI. 1891.
No. 49. p. 493—495.)
Pohl, J., Elemente der landwirthschaftlichen Pflanzenphysiologie. 8⁰. VI,
142 pp. mit 42 Abbildungen. Wien (Pichlers Wittwe & Sohn) 1891. M. 2.40.
Römer, B., Grundriss der landwirthschaftlichen Pflanzenbaulehre. Ein Leit-
faden für den Unterricht an landwirthschaftlichen Lehranstalten und zum
Selbstunterricht. 4. Aufl. von **G. Böhme.** (Deutsche landwirthschaftliche
Taschenbibliothek. Heft 24.) 8⁰. XII, 172 pp. Leipzig (Karl Scholtze) 1891.
geb. M. 1.80.
Sänger, Obstbautafeln für Schule und Haus. 2 Tafeln in Holzschn. 72×84 cm.
Mit Begleitwort. gr. 8⁰. 3 pp. In Mappe. Stuttgart (Eugen Ulmer) 1891.
M. 1.60.
Schaffer, De l'action du Mycoderma vini sur la composition du vin. (Annales
de Micrographie. 1891. September.)
Lasserre, Gontran, Règles élémentaires de la fabrication et de l'emploi des
engrais chimiques sans dépense, et de la culture de blé. 2 édition, revue,
corrigée et augmentée. 8⁰. 66 pp. Paris (Belin frères) 1891.
Martelli, Domenico, Su i metodi per la determinazione della cellulosa nei
foraggi studio. (Studi e ricerche istituite nel laboratorio di chimica agraria
della r. università di Pisa. Fasc. IX.)
Müller, Ferdinand, Baron von, Select extra-tropical plants, readily eligible
for industrial culture or naturalisation, with indications of their native countries
and some of their uses. 8 edition, revised and enlarged. 8⁰. 594 pp.
Melbourne (Chas. Troedel & Co.) 1891.
Papasogli, Giorgio, Del cotone, del prodotto che fornisce, e dei metodi per
riconoscere la mescolanza con l'olio d'oliva. (Saggi di esperienze agrarie.
1891. Fasc. IX.) Firenze 1891.
— —, La colorazione artificiale nei vini e modo di riconoscerla: nota. 8⁰. 14 pp.
Firenze 1891.
Picoré, J. J., Culture et taille de la vigne du vignoble lorrain. 4⁰. 55 pp.
Nancy (Munier impr.) 1891.

Sadebeck, R., Die tropischen Nutzpflanzen Ostafrikas, ihre Anzucht und ihr
ev. Plantagenbetrieb. Eine orientir. Mittheilung über einige Aufgaben und
Arbeiten des Hamburger botan. Museums und Laboratoriums für Waarenkunde.
(Aus: „Jahrbuch der Hamburger wissensch. Anstalten" 1891.) 8°. 26 pp.
Hamburg (L. Gräfe und Sillem in Komm.) 1891.   M. 1.—
Sauvaigo, Les plantes exotiques introduits sur le littoral méditerranéen. Une
visite à la villa Hutner, à San-Remo (30 mars 1891). (Extrait de la Revue
des sciences naturelles appliquées. 1891. No. 17, 5 septbr.) 8°. 12 pp.
Versailles et Paris (Cerf et fils) 1891.
Schmidt, M. v., Anleitung zur Ausführung agricultur-chemischer Analysen.
Zum Gebrauche für landwirthschaftliche Unterrichtsanstalten. 8°. VI, 69 pp.
Wien (Franz Deuticke) 1891.   M. 1.80.
Sérieux, L., Petit traité pratique pour la culture des haies, des arbres fruitiers
et d'agrément et des bois taillis. 8°. 50 pp. Avec 12 planches et 31 fig.
Genève (H. Georg) 1891.   Fr. 1.—
Tschanz, W., Die Weinbereitung aus Beerenobst, nebst einem Anhange über
Kultur der Johannisbeere. 8°. 20 pp. Thun (E. Stämpfli) 1891.   Fr. —.30.
Van Scherpenzeel Thim, L., Rapport sur l'exposition des produits de l'Asie
centrale à Moscou (juin 1891). (Extrait du Recueil consulaire.) 8°. 10 pp.
Bruxelles (P. Weissenbruch) 1891.   Fr. —.50.
Viaud, S., Notice sur le bananier et ses rapports avec l'agriculture, l'industrie
et la médecine. (Bulletin de la Société des études Indo-Chinoises de Saigon.
1891. 1. septbr.)
Zoebl, Anton, Bericht an das hohe k. k. Ackerbau-Ministerium über das
landwirthschaftliche Versuchswesen und seine Beziehungen zur Pflanzen-
veredelung in Deutschland, Dänemark, Schweden und Norwegen. 8°. 74 pp.
Brünn (Rud. M. Rohrer) 1891.
Weigmann, H., Zur Beseitigung von Butterfehlern durch Anwendung von
Bakterien-Reinkulturen bei der Rahmsäuerung. (Landwirthschaftl. Thierzucht.
1891. No. 37. p. 527—528.)

Personalnachrichten.

Dr. **O. Warburg** hat sich an der Universität zu Berlin für
Botanik habilitirt.

Prof. Dr. **A. Reyer** in Graz, bekannt als eifriger Bryologe,
ist am 8. November d. J. gestorben.

Am 7. October d. J. starb in Ealing der englische Botaniker
P. W. F. **Myles.**

Die Herren **J. Bornmüller** und **Sintenis** sind von ihrer Reise
zurückgekehrt. Sie haben im Laufe des Sommers die Insel Thasos
botanisch durchforscht und den Athos, sowie den thessalischen
Olymp besucht.

Dr. **Ed. Formánek** unternahm in den diesjährigen Ferien eine
6wöchentliche Reise nach Serbien und Macedonien, botanisirte bei
Paracin in Serbien, Ueskûb, Veneziani-Gradsko, Demirkapu und
Bitolia-Monastir in Macedonien, bestieg die Baba- und Inor plania
in Serbien, den Peristerie und die Bratucina planina in Macedonien.
(Oesterr. botan. Zeitschrift.)

G. **Schweinfurth** und Professor **O. Penzig** sind von ihrer
abyssinischen Reise zurückgekehrt.

Prof. E. **Warming** hat eine Forschungsreise nach Westindien
und Venezuela angetreten.

Aufruf!

Am 31. März 1892 vollendet

Fritz Müller

in Blumenau (Brasilien) sein 70. Lebensjahr.

Sein Name hat bei Allen, welche der Biologie ihr Interesse widmen, den besten Klang. Jeder von uns ist dem unermüdlichen Forscher zu Dank verpflichtet, sei es, dass er durch dessen scharfsichtige Beobachtungen neue Anregung empfing, oder dass er auch bei eigenen Arbeiten in uneigennütziger Weise von ihm unterstützt wurde.

Wie durch zuverlässige Nachrichten bekannt geworden, hat die brasilianische Regierung den greisen Gelehrten kürzlich seiner Stellung als Naturalista viajante enthoben, weil derselbe aus zwingenden Gründen abgelehnt hatte, den Ort seiner bisherigen erfolgreichen Thätigkeit zu verlassen und nach Rio de Janeiro überzusiedeln. Gerade jetzt, wo sein Adoptiv-Vaterland ihn mit unverdienter Härte behandelt, wird es ihm doppelt wohlthuend sein, wenn das Geburtsland, das ihm geistig stets die Heimath geblieben ist, seiner Verdienste um die Wissenschaft gedenkt.

Diejenigen, welche mit uns der Theilnahme und dem Danke für den verdienten Mann Ausdruck zu geben wünschen, bitten wir, ihre Photographie in Cabinet- oder Visitenkarten-Format, mit eigenhändigem Namenszuge versehen, nebst einem Beitrage von 5 Mark an Herrn Professor Dr. Magnus in Berlin W., Blumeshof 15, bis spätestens Mitte Januar 1892 einsenden zu wollen. Die eingegangenen Portraits sollen, zu einem Album vereinigt, Herrn Dr. Fritz Müller als Ehrengabe übersendet werden.

Berlin, den 21. November 1891.

P. Ascherson-Berlin; I. Boehm-Wien; F. Buchenau-Bremen; F. Cohn-Breslau; A. Engler-Berlin; B. Frank-Berlin; F. Hildebrand-Freiburg i. B.; A. Kerner von Marilaun-Wien; L. Kny-Berlin; Henry Lange-Berlin; F. Ludwig-Greiz; P. Magnus-Berlin; K. Müller-Halle; W. Pfeffer-Leipzig; E. Pfitzer-Heidelberg; N. Pringsheim-Berlin; L. Radlkofer-München; W. Schönlank-Berlin; S. Schwendener-Berlin; H. Graf Solms-Laubach-Strassburg i. E.; E. Stahl-Jena; E. Strasburger-Bonn; I. Urban-Berlin; W. Wetekamp-Breslau; R. von Wettstein-Wien; J. Wiesner-Wien; L. Wittmack-Berlin.

Anzeige.

An die verehrl. Mitarbeiter!

Den Originalarbeiten beizugebende Abbildungen, welche im Texte zur Verwendung kommen sollen, sind in der Zeichnung so anzufertigen, dass sie durch Zinkätzung wiedergegeben werden können. Dieselben müssen als Federzeichnungen mit schwarzer Tusche auf glattem Carton gezeichnet sein. Ist diese Form der Darstellung für die Zeichnung unthunlich und lässt sich dieselbe nur mit Bleistif!* oder in sog. Halbton-Vorlage herstellen, so muss sie jedenfalls so klar und deutlich gezeichnet sein, dass sie im Autotypie-Verfahren (Patent Meisenbach) vervielfältigt werden kann. Holzschnitte können nur in Ausnahmefällen zugestanden werden, und die Redaction wie die Verlagshandlung behalten sich hierüber von Fall zu Fall die Entscheidung vor. Die Aufnahme von Tafeln hängt von der Beschaffenheit der Originale und von dem Umfange des begleitenden Textes ab. Die Bedingungen, unter denen dieselben beigegeben werden, können daher erst bei Einlieferung der Arbeiten festgestellt werden.*

Inhalt:

Ausgegeben: 18. December 1891.

Druck und Verlag von **Gebr. Gotthelft** in Cassel.

Band XLVIII. No. 13.　　　　　　　　　XII. Jahrgang.

Botanisches Centralblatt ᎔ ʳ ᶜ

REFERIRENDES ORGAN
für das Gesammtgebiet der Botanik des In- und Auslandes.

Herausgegeben

unter Mitwirkung zahlreicher Gelehrten

von

Dr. Oscar Uhlworm und Dr. F. G. Kohl
in Cassel.　　　　　　　　　in Marburg.

Zugleich Organ
des

Botanischen Vereins in München, der **Botaniska Sällskapet i Stockholm**, der **botanischen Section des naturwissenschaftlichen Vereins zu Hamburg**, der **botanischen Section der Schlesischen Gesellschaft für vaterländische Cultur zu Breslau**, der **Botaniska Sektionen af NaturvetenskaplIga Student-sällskapet i Upsala**, der **k. k. zoologisch-botanischen Gesellschaft in Wien**, des **Botanischen Vereins in Lund** und der **Societas pro Fauna et Flora Fennica in Helsingfors**.

Nr. 52.	Abonnement für das halbe Jahr (2 Bände) mit 14 M. durch alle Buchhandlungen und Postanstalten.	1891.

Originalberichte gelehrter Gesellschaften.

Sitzungsbericht des botanischen Vereins in München.

II. ordentliche Monatssitzung,
Montag, den 14. December 1891.

Herr Professor Dr. **Goebel** hielt einen Vortrag über

die Vegetation der venezolanischen Paramos

und illustrirte denselben durch zahlreiche Zeichnungen und Photographien, welche er bei seiner Reise aufnahm und die grösstentheils in des Vortragenden kürzlich erschienenen „Pflanzenbiologischen Schilderungen. II" reproducirt sind.

Herr Professor Dr. **Holzner** aus Freising-Weihenstephan berichtete über

einige von Dr. Lermer und ihm angestellte Untersuchungen über die Entwickelung der weiblichen Hopfenrebe und im Besonderen über die Entwickelung und die Bildungsabweichungen des Hopfenzapfens.

In der Einleitung bemerkte derselbe, dass die sogenannten
Klimmhaare auf den unteren Stengelgliedern verhältnissmässig hohe
Polster haben, weshalb sie sich auf einer Stütze nicht festhaken
können; dagegen sind sie zum Schutze gegen Schnecken sehr
gut geeignet. Weiter bemerkte er, dass im Allgemeinen die
Drehungsrichtung der Stengelglieder dieselbe ist, wie die Richtung
der Windungen, also West-Nord-Ost. Häufig aber ist die Richtung
der Drehung einzelner Internodien die entgegengesetzte, und manchmal wechselt die Richtung an dem nämlichen Stengelgliede. —
Die Verzweigung wiederholt sich immer in gleicher Weise   Jeder
Zweig der Blütenregion endet regelmässig mit einem Zapfen. Dieser
entsteht durch eine monopodiale Sprossverkettung. Unterhalb der
Spitze des Kegels erscheint ein Zellenhügel, welcher sich alsbald in
ein Caulom und Phyllom theilt. Das Phyllom bildet drei Theile,
von denen der kleinere, mittlere die Anlage des Tragblattes ist,
welche sich in der Regel nicht weiter entwickelt. Aus den beiden
Seitentheilen entstehen die Deckblätter für das Aehrchen. Das
Caulom oder das noch ungegliederte Aehrchen theilt sich ebenfalls
in drei Lappen, von denen der kleinere, mittlere die regelmässig
nicht weiter entwickelte Primanachse des Aehrchens ist. Die seitlichen Lappen spalten sich in je zwei (selten drei) Blütenachsen.
Am Grunde einer jeden dieser letzteren, und zwar dem Deckblatte
zugekehrt, entsteht das Vorblatt der Blüte. Etwas oberhalb und
wieder nach der Aussenseite liegend wird das Perigon angelegt.
Zwei seitliche Hervorragungen an der Spitze der Blütenachse machen
den Anfang des Stempels mit zwei Narben. Die Samenknospe ist
achsenbürtig. Die beiden Blüten eines Aehrchenastes sind antidrom.
Durch Aenderungen der Stellung der Aehrchen und infolge der
Entwicklung solcher Theile, welche in der Regel unentwickelt bleiben,
entstehen verschiedene Bildungsabweichungen. I. Stellung der
Aehrchen: 1) „Brausche Zapfen“ entstehen dadurch, dass sich
die einzelnen Stengelglieder stärker als gewöhnlich verlängern. 2)
Bei manchen Zapfen haben bald nur wenige, bald die meisten
Aehrchen eine gekreuzte Stellung. 3) Zwei Aehrchen stehen auf
gleicher Höhe um 90^0 von einander entfernt, wodurch scheinbar
acht-, sieben- oder sechsblütige Aehrchen entstehen. 4) Die einzelnen
Blüten können in einer wenig aufwärts steigenden Spirale stehen.
Wenn dann der Divergenzwinkel der aufeinander folgenden Aehrchen
90^0 beträgt, so entsteht scheinbar eine Art Spiralstellung einer
grösseren Anzahl von Blüten. II. Durch Ausbildung des
Primanzweiges des Aehrchens können erzeugt werden: 1)
kleine Knospen an der Spitze der im Uebrigen nicht verlängerten
Achse. 2) Ein spreublattartiges, verlängertes Blättchen. 3) Zusammengesetzte Zapfen. a) Nur der Primanzweig des Aehrchens
I. Ordnung bildet eine Seitenspindel, welche ein oder mehrere Aehrchen
II. Ordnung trägt. b) Die Primanachse des Aehrchens I. Ordnung
wächst zu einer Seitenspindel II. Ordnung aus, welche ein Aehrchen
II. Ordnung hervorbringt. Die Primanachse des letzteren Aehrchens
wächst abermals zu einer Seitenspindel (Ast III. Ordnung) aus,
welche wieder ein Aehrchen hervorbringt u. s. w. III. Die

mittleren von drei Blütenachsen eines Aerchenastes trägt
statt einer Blüte ein rundliches Blättchen. Hierher gehören auch
die Blättchen, welche bisweilen an der Seite einer vollkommenen
Blütenachse erscheinen. IV. Durch Entwickelung anderer
Theile des Zapfens, welche regelmässig unentwickelt bleiben,
oder ganz verkümmert sind, entstehen schon oft beschriebene Bildungsabweichungen. 1) Durchwachsungen. 2) Vergrünungen. 3)
Drei Deckblätter. 4) Lappen an einem der beiden Deckblätter.
5) Durch Verhinderung des Wachsthums an bestimmten
Stellen von Deck- und Vorblättern können mehr oder minder tief
greifende Spaltungen derselben verursacht werden.

Herr Privatdocent Dr. O. Löw sprach

„Ueber den Einfluss der Phosphorsäure auf die
Chlorophyllbildung.“

Bei Versuchen mit Algen, welche ich in phosphathaltiger und
phosphatfreier Nährlösung 2 Monate lang züchtete, hatte ich beobachtet, dass trotz des Eisengehaltes der Nährlösung die Algen
dann eine gelbliche Färbung annahmen, wenn Phosphate mangelten,
während bei Anwesenheit von Phosphaten sie schön dunkelgrün erschienen. *) Die Folgerung, dass zur vollständigen Ausbildung des
Chlorophyllkörpers auch Phosphorsäure nöthig sei, lag nahe und ist
um so mehr gerechtfertigt, als Hoppe-Seyler i. J. 1879 einen
Phosphorgehalt von 1,38% im krystallisirten Chlorophyllfarbstoff
nachgewiesen hatte.**) Zwei Jahre später fand er, dass der Chlorophyllfarbstoff beim Kochen mit alkoholischer Kalilösung in Cholin,
Glycerinphosphorsäure und Chlorophyllansäure gespalten wird. Da
eine Beimengung von Lecithin nicht wohl angenommen werden
konnte, schloss Hoppe-Seyler, dass der Chlorophyllfarbstoff selbst
wahrscheinlich eine Art von Lecithin ist, in welchem die Chlorophyllansäure die Rolle von Fettsäuren spiele.***)
Um nun weitere physiologische Anhaltspunkte für den Einfluss
der Phosphorsäure bei der Chlorophyllbildung zu sammeln, wurden
Fäden von Spirogyra majuscula zunächst in eine mit destillirtem
Wasser (2 L.) hergestellte Nährlösung gebracht, welche nichts weiter
enthielt als:

0,2 p. mille Calciumnitrat und
0,02 p. mille Ammoniumsulfat.

In die sehr geräumige, mit Glasstöpsel verschlossene Flasche
wurde hier und da etwas Kohlensäure geleitet. Nach 6 Wochen
Stehen im zerstreuten Tageslicht bei 14—16° waren trotz der Un-
vollständigkeit der Nährlösung nur wenige Zellen abgestorben.
Die Zellen enthielten viel gespeichertes actives Eiweiss, †) mässige

---

*) O. Löw, „Ueber die physiologischen Functionen der Phosphorsäure“.
(Biolog. Centralbl. XI. 269.)
**) Zeitschr. f. physiolog. Chem. III. 348.
***) Zeitschr. f. physiol. Chem. V. 75. Die Chlorophyllansäure ist von
schön grüner Farbe und ähnelt noch in optischen Eigenschaften dem ursprüng-
lichen Chlorophyllfarbstoff.
†) Siehe Löw und Bokorny, Biolog. Centralbl. XI. 9.

Stärkemengen und noch Spuren von Gerbstoff. Sie waren von 255 μ im Maximum, bis auf 380, manche bis auf 712 μ gewachsen, aber die Zunahme der Gesammtmasse erschien dabei so unwesentlich, dass man auf das Unterbleiben der Zelltheilung in Folge des Phosphatmangels schliessen konnte.*) Manche Zellen zeigten eine bauchige Auftreibung und schlauchartige Auswüchse, wie wenn sie sich zur Copulation anschicken wollten — aber nirgends waren wirklich copulirende Zellen zu bemerken. Das Chlorophyllband hatte eine fahle gelbliche Farbe angenommen, functionirte aber trotzdem noch, wenn auch weit weniger energisch, als im gesunden Zustand bei dunkelgrüner Färbung.**) Nun wurde zur Nährlösung noch 0,02 p. mille Eisenvitriol zugesetzt und die Lösung mit den Fäden in zwei möglichst gleiche Portionen getheilt und zur einen Hälfte noch 0,08 p. mille Dinatrium-phosphat gesetzt. Schon nach 5 Tagen ergab sich ein höchst auffälliger Unterschied: Die Phosphat-Algen hatten eine intensive dunkelgrüne Farbe angenommen, die Control-Algen aber hatten ihre gelbe Nuance behalten — trotz des Zusatzes eines Eisensalzes. Das Chlorophyllband war dort in jeder Beziehung normal, hier aber schien ausser dem Farbstoff auch die protoplasmatische Grundlage gelitten zu haben, die Bänder schienen sehr dünn zu sein. Bei den Phosphatalgen liess sich ferner die wieder eintretende Zelltheilung wahrnehmen, die übergrossen Zellen waren bereits in zwei getheilt und der Process der Zelltheilung selbst war in vielen Zellen zu sehen.*) Ein krankhafter Zustand in Folge des Mangels an Kalium- und Magnesiumsalzen war auch nach einiger Zeit noch nicht zu erkennen, würde sich aber wohl bei weiterer Züchtung eingestellt haben.

Dass nicht nur Eisensalze, sondern auch Phosphate zur Bildung eines normalen Chlorophyllfarbstoffs nöthig sind, wie die chemischen Studien bereits ergaben, dürfte durch diese physiologische Beobachtung wohl eine weitere Stütze erhalten.

Instrumente, Präparations- und Conservations-Methoden etc.

Petruschky, Johannes, Ein plattes Kölbchen (modifizirte Feldflasche) zur Anlegung von Flächenkulturen. (Centralblatt für Bakteriologie und Parasitenkunde. Bd. VIII. Nr. 20. p. 609—614.)

---

*) Unter anderen Verhältnissen bleibt bei Phosphatmangel auch das Wachsthum der Zellen zurück. (Siehe Biolog. Centralbl. XI. 278.)

**) Es war bei der lange dauernden Züchtung in jener einseitigen Nährlösung wohl zu vermuthen, dass etwaige Spuren gespeicherter Eisensalze und Phosphate Verwendung gefunden hatten.

***) Diese rege Zelltheilungsarbeit hängt mit dem Vorrathe an activem Eiweiss zusammen. (Vergl. Biol. Centralbl. XI. 281.)

Verf. trat der Frage der Plattenculturgefässe näher, um eine Form zu finden, welche die Nachtheile der bisher gebräuchlichen Gefässe beseitigen und bei leichter Transportirbarkeit wenig Raum einnehmen sollte. P. wurde bei genauer Erwägung auf die von Schill bereits empfohlene Feldflasche geführt. Bei den käuflichen Feldflaschen zeigte sich der Uebelstand, dass die Gelatine sich im Inneren an einer Ecke sammelte, anstatt sich auf der ganzen Flachseite auszubreiten, und dies in Folge der zu sehr von der Ebene abweichenden Breitseite der Flasche. Auch war die ungleichmässige und erhebliche Dicke des Glases selbst für schwache Vergrösserungen fast undurchdringlich, ferner kann die behufs Abimpfung in die Flasche einzulassende Platinnadel in Folge des sehr engen Flaschenhalses nicht alle Stellen der Gelatine erreichen. Bei weitem Hals fliesst beim Umlegen der Flasche die Gelatine in den Hal- und an den Wattepfropf. P. liess, um diese Uebelstände zu bes seitigen, zwei Muster eines Flachkölbchens anfertigen. Das erste ist aus vorzüglichem, dünnem, durchsichtigem Jenenser Normalglas durch Lampenarbeit hergestellt, 10—11 cm hoch, $5\frac{1}{2}$—6 cm breit und etwa $1\frac{1}{2}$ cm tief, mit am Halse ringförmiger Kerbung, während das zweite Muster durch Form hergestellt und dickwandiger ist; die Höhe beträgt 12,5 cm, die Breite 6 cm, die Tiefe 2 cm. Die Halskerbung befindet sich an den Breitseiten. Selbstredend eignet sich das erste Muster für die feineren Arbeiten. Was die Gestalt der Kölbchen anlangt, so verjüngt sie sich nach dem Halse hin, damit man alle Stellen des Inneren mit der Nadel erreichen kann. Bei grosser Oeffnung des Halses zeigt derselbe nur geringe Länge, um der Nadel möglichst bequeme Excursionen zu gestatten. Eine Einkerbung am Halse verhindert beim Umlegen der Flasche das Ausfliessen der Gelatine. P. zählt die Vorzüge auf, welche seine Kölbchen vor den Esmarch'schen, Petri'schen und Kowalski'schen besitzen, giebt an, wie man sich derselben zu bedienen habe und für welche bakteriologischen Zwecke sie besonders geeignet seien (Wasseruntersuchungen und Plattenculturen anaërober Bakterien in der Wasserstoffatmosphäre). Diese Kölbchen sind zu beziehen von Chr. Dackert, Königsberg i. Pr., Drummstrasse No. 9.

Kohl (Marburg).

Referate.

Andersen, Anton, Danmarks Bregner (*Filices Daniae*), en populaer Monografi. 8⁰. 36 pp. Odense (Hempel) 1890.

Es geht aus dieser schön ausgestatteten und sorgfältig behandelten Monographie hervor, dass bisher 40 Arten und Varietäten der Familie der Farrenkräuter in der dänischen Flora gefunden sind; sie sind auf 13 Genera vertheilt. Zwei dieser Arten sind jedoch für die Flora zweifelhaft, nämlich: *Scolopendrium officinarum* und *Cystopteris montana*.

Es muss überraschen, dass bisher nur 7 Arten häufig gefunden sind (auf 4 genera vertheilt): *Pteridium aquilinum, Polypodium vulgare, Lastraea Filix mas*, id. var. *crenata, L. spinulosa, L. Thelypteris, Athyrium Filix femina.* Diese repräsentiren 17,5% der ganzen Anzahl.

Mehr oder minder selten sind die folgenden:

Polypodium Phegopteris, P. Dryopteris, Asplenium Trichomanes, A. Ruta, muraria, A. septentrionale, A. Adianthum nigrum (nur auf Bornholm gefunden)*, Aspidium aculeatum, Lastraea Filix mas*, var. *incisa*, id. var. *palacea, Lastraespinulosa* var. *elevata, L. dilatata*, id. var. *pumila*, id. var. *pumila*, id. var. *Chasteriae*, id. var. *recurva*, id. var. *davallioides*, id. var. *lepidota; L. cristata*, id. var. *uliginosa, L. Oreopteris; Athyrium Filix femina,* var. *dentatum,* id' var. *fissidens,* id. var. *pallidum,* id. var. *multidentatum,* id var. *laxum; Cystopteris fragilis, Blechnum Spicant, Struthiopteris Germanica, Ophioglossum vulgatum, Botrychium Lunaria, B. matricariaefolium, B. ternatum* und *Osmunda regalis.*

Diese ausgezeichnete Arbeit sei bestens empfohlen!

J. Christian Bay (Kopenhagen).

Ettingshausen, Baron von. Contributions to the knowledge of the fossil flora of New Zealand. (Transactions and Proceedings of the New Zealand Institute. Volume XXIII. 1890. New Series. Volume VI. p. 237—310. With 9 Plates.)

Die Hauptergebnisse der Arbeit lassen sich in folgende Thesen zusammenfassen:

1. In Neu-Seeland führt eine genetische Verbindung vom Tertiär zu der heute lebenden Flora.

2. Die Tertiärflora von Neu-Seeland umfasst die Elemente verschiedener Floren.

3. Die Tertiärflora von Neu - Seeland bildet einen Theil der gesammten Original-Flora, von welcher alle lebenden Pflanzen der Erde abstammen.

4) In Neu-Seeland ist nur der eine Theil dieser Tertiär-Flora auf die Jetztzeit lebend überkommen, während der andere nur im versteinerten Zustande vorliegt.

Eine Liste führt uns den Vergleich der Tertiärflora in Neu-Seeland, Europa, Nordamerika, Australien wie mit der lebenden Flora vor. Kurz zusammengefasst erhalten wir:

	Neu-Seeland.	Europa.	Nordamerika.	Australien.	Lebende Flora.
Kryptogamen	3	2	—	—	3
Gymnospermen	11	6	3	4	9
Monokotylen	2	2	1	—	1
Apetalen	22	17	12	13	16
Gamopetalen	3	3	—	1	—
Dialypetalen	10	7	5	5	5

Die Kreidepflanzen ergeben:

	Neu-Seeland.	Europa.	Arkt. Zone.	Nordam.	Tertiär u. leb. Flora.
Kryptogamen	4	—	3	—	4
Gymnospermen	8	—	1	—	8
Monokotylen	4	1	—	—	1
Apetalen	13	6	6	5	11
Dialypetalen	8	3	3	1	4

Alsdann finden wir aufgestellt und abgebildet von der Tertiärflora Neu-Seelands:

*Lomariopsis Dunstanensis, Aspidium Otagoicum, Asp. tertiario-zeelandicum,
Zamites spec., Taxodium distichum eocenicum, Sequoia novo-Zeelandiae, Pinus
spec. (?), Araucaria Haastii, Ar. Danai, Dammara Oweni, D. uninervis, Podocarpus
Parkeri, P. Hochstetteri, Dacrydium praecupressinum, Caulinites Otagoicus, Sea-
forthia Zeelandica, Casuarina deleta, Myrica subintegrifolia, M. proxima, M. prae-
quercifolia, Alnus novo-Zeelandiae, Quercus Parkeri, Qu. deleta, Qu. celastrifolia,
Qu. lonchitoides, Dryophyllum dubium, Fagus ulmifolia (F. Ninnisiana* Unger),
*F. Lendenfeldi, Ulmus Hectori, Planera australis, Ficus sublanceolata, Hedycarya
praecedens, Cinnamomum intermedium, Laurophyllum tenuinerve, Daphnophyllum
austriae, Santalum subacheronticum, Dryandra comptoniaefolia, Apocynophyllum
elegans, Ap. affine, Diospyros novae Zeelandiae, Aralia Tasmani, Loranthus Otagoicus, Acer subtrilobatum, Sapindus subfalcifolius, Elaeodendron rigidum, Cisso-
phyllum malvernicum, Eucalyptus dubia, Dalbergia australis, Cassia pseudophaseo-
lites, C. pseudomemnonia.*

Plantae incertae sedis:
Carpolithes Otagoicus.

Die Kalkflora liefert an neuen Arten:

*Blechnum priscum, Aspidium cretaceo-zeelandicum, Dicksonia pterioides,
Gleichenia (Martensia) obscura, Dammara Mantelli, Taxo-Torreya trinervia, Podo-
carpium Ungeri, P. cupressinum, P. tenuifolium, P. praedacrydioides, Dacrydium
cupressinum, Gingkocladus novae - Zeelandiae, Poacites Nelsonicus, Bambusites
australis, Haastia speciosa, F. lubellaria sublongirhachis, Casuarinites cretaceus,
Quercus pachyphylla, Qu. Nelsonica, Qu. calliprinoides, DryophyllumNelsonicum, Fagus
Nelsonica, Fagus producta, Ulmophylon latifolium, Ul. planeraefolium, Ficus similis,
Cinnamomum Haastii, Knightiophyllum primaevum, Dryandroides Pakawauica, Cera-
topetalum rivulare, Greviopsis Pakawauica, Sapindophyllum coriaceum, Companites
novae-Zeelandiae, Celastrophyllum australe, Dalbergiophyllum rivulare, D. Nelso-
nicum, Palaeocassia phaseolithioides.*

E. Roth (Berlin).

_____

Siedler, P. und Waage, Th., Ueber Togotorinde. (Berichte der
pharmaceutischen Gesellschaft. 1891. p. 77—79.)

Nach den Untersuchungen der Verfasser ist von zwei Rinden,
deren Stammpflanzen noch unbekannt sind, die aber beide als
Gerbstoffmaterial neuerdings in den Handel kommen und von denen
die eine den Namen „Tohotorinde" führen sollte, während
die andere noch ohne Namen ist, die eine identisch mit der im
Handel bereits vorkommenden brasilianischen Togotorinde gefunden.

Die Hauptmenge der gerbstoffartigen Körper und des Phloroglucins befindet sich bei dieser Rinde im Grundgewebe, und zwar
wechseln meist gerbstofffreie, mehrreihige Zellbänder mit davon
erfüllten ab; in letzteren liegen zumeist die Secretbehälter, welche
jedoch selbst frei von den genannten Stoffen sind. (Bezüglich der
weiteren Einzelheiten, insbesondere des anatomischen Baues dieser
Rinde, sei auf das Original verwiesen. Ref.)

Die zweite noch unbekannte Rinde kommt in starken gerollten
Röhren, an denen die primäre Rinde fehlt, in den Handel. Aussen-
und Innenfläche sind schmutzig-braunroth, erstere ist rauh, letztere
glatt. Der Bruch ist wenig faserig. Der Querschnitt anthokyanroth
und zeigt ein etwas marmorirtes Gefüge. Auf Querschnitten
der Rinde traten drei Zellgattungen hauptsächlich hervor: 1.
Das eigentliche Grundgewebe mit partiell verdickten Wandungen.

2. Zartwandige, ein- bis dreireihige Rindenstrahlen. 3. Aussergewöhnlich grosse Sclereïden, deren Lumina nach abgeschlossener Ausbildung vollkommen geschwunden sind. Die Verdickungen sind sehr dicht und deutlich geschichtet, Poren selten sichtbar. Eine Phloroglucinreaction zeigt diese Rinde nicht. Das Vorkommen der gerbstoffartigen Körper ist ziemlich gleichmässig auf die Elemente des Rindenparenchyms vertheilt, dessen Membranen durchweg Phlobaphenfärbung zeigen.

Otto (Berlin).

Siedler P., und **Waage, Th.** Ueber den Aschengehalt der Kamala. (Berichte der pharmaceutischen Gesellschaft. 1891. p. 80—87.)

Die Verfasser haben verschiedene Proben der Kamala, welche sowohl in der Technik, unter Anderem zum Färben von Seide, benutzt wird als auch in der Pharmacie mehrfach Verwendung findet, auf ihren Aschengehalt geprüft und denselben, wie folgt, gefunden: 5,06 — 5,20 — 6,00 — 6,20 — 6,74 — 6,78 — 7,50 — 7,76 — 8,02 — 8,37 — 8,53 — 8,76 — 9,20 — 9,84 — 10,05 — 10,18 — 12,29 — 12,40 — 13,15 — 13,35 — 15,50 u. s. w. bis 35,90 — 36,68 — 46,37 — 71,92 — 7690 und 83,21 %. Hiervon entsprechen die ersten drei Muster den Anforderungen des neuen Arzneibuches, doch sind nach den Verfassern auch die nächsten 11 noch als pharmaceutisch verwendbar zu bezeichnen.

Betreffs der Bestandtheile der Kamaladrüsen fanden die Verfasser im Vergleich zu der Analyse von Anderson (Harz = 78,19 %; Eiweissstoffe = 7,34; Cellulose = 7,14; Wasser = 3,49; Asche = 3,84; Flüchtiges Oel (Spuren) in zwei Mustern:

I.		II.	
Feuchtigkeit	2,42 %	Feuchtigkeit	3,92 %
Asche	5,40 „	Asche	8,76 „
Alkohol. Extract		Aeth. Extract	
(Harz)	73,44 „	(Harz)	62,91 ;
Asche der Extractes	0,48 „	Asche d. Extract.	0,45 „
Asche des		Asche des	
Rückstandes	4,92 „	Rückstandes	8,34 „
Der Rückstand war von		Der Rückstand war von	
schmutzig-grauer Farbe.		gelblicher Farbe.	

Otto (Berlin).

Tangl, F., Zur Frage der Scharlachdiphtheritis. (Centralblatt f. Bakteriologie und Parasitenkunde. Bd. X. No. 1. p. 3—8.)

Denjenigen Forschern, welche die Aetiologie der Scharlachdiphtheritis und der genuinen Diphtherie nicht für identisch halten, schliesst sich auch Tangl an. Da der Klebs-Loeffler'sche Diphtheriebacillus jetzt fast allgemein als Erreger der letztgenannten Krankheit anerkannt wird, so handelt es sich darum, ob er auch bei typischen Fällen der Scharlachdiphtheritis sich nachweisen lässt

oder nicht. Von denjenigen Forschern, welche sich bisher mit
dieser Frage beschäftigt haben, fanden die Einen den Diphtheriebacillus niemals bei Scharlachdiphtheritis, Andere ihn in einzelnen
Fällen, die dann aber stets nicht typischer Natur waren, wie Verf.
mit besonderem Nachdruck hervorhebt. T a n g l selbst untersuchte
nach bewährter Methode 7 Fälle, ohne den gesuchten Bacillus zu
finden. In zweien dieser Fälle war das Material ganz frischen
Belägen an den Tonsillen entnommen, wodurch der wohl berechtigte Einwand B a u m g a r t e n 's widerlegt wird, dass ja anfangs
die Bacillen vorhanden sein könnten und dann erst secundär von
anderen Mikroben überwuchert würden. Die auf Glycerinagar angelegten Culturen zeigten dagegen stets zahlreiche Colonien von
Streptokokken, welche T a n g l für identisch mit Erysipelcoccus hält.
Ueber die Bedeutung dieser Streptokokken für die Krankheit selbst
lässt sich jetzt kaum etwas sagen; doch scheinen sie bei der Ent-
zündung des Rachens eine Rolle zu spielen. Wenn also auch wohl
die genuine Diphtherie und die Scharlachdiphtheritis ätiologisch verschieden sind, so ist doch andererseits nicht ausgeschlossen, sondern
vielmehr aus mehrfachen Gründen sehr wahrscheinlich, dass bei
nicht typischen Fällen der letzteren die erstere als secundäre Com-
plikation hinzutreten kann.

Kohl (Marburg).

Ritzema Bos, J., Z w e i n e u e N e m a t o d e n k r a n k h e i t e n d e r
E r d b e e r p f l a n z e. V o r l ä u f i g e M i t t h e i l u n g. (Zeitschrift
für Pflanzenkrankheiten. I. 1891. p. 1—16. Mit 1 Taf.)

Aphelenchus Fragariae n. sp., ein sehr beweglicher, 0,57—0,85
mm langer Nematode, welcher sich vor den verwandten Arten u. a.
dadurch auszeichnet, dass sein Körper sich beim Beginne des
Schwanzes plötzlich etwas verschmälert, veranlasst bei der Erdbeere
eine Erkrankung, welche vom Verf. als „B l u m e n k o h l k r a n k h e i t"
bezeichnet wird. Bei den befallenen Pflanzen findet Aufhören des
Längenwachsthums, starke Verästelung der Gefässbündel, Hyper-
trophie der parenchymatischen Gewebe, wodurch eine starke Verdickung und Verästelung aller Stengeltheile, welche theilweise mit
einander verwachsen sind, zu Stande kommt, und ferner Ausbildung
einer grossen Anzahl neuer Knospen statt. Hierdurch können dem
Habitus nach sehr verschiedene Missbildungen entstehen, je nach dem
Grade der Heimsuchung. Die häufigste Erscheinung ist die einer
verdickten Verbänderung, seltener ist eine einfache, bandförmige
Verbreiterung des Stengels. Der Gipfel dieser Fasciation kann
wiederum Aeste mit normalen Blüten und Blättern tragen, zumeist
aber ist der Kamm mit mehr oder weniger verbreiterten, kurz gebliebenen Aesten, mit kleinen, normalen, dreizähligen oder auch
nur aus einem Stücke bestehenden, gefalteten Blättern und mit
Blüten mit schuppenförmigen Blättchen besetzt, so dass das ganze
einem Stücke Blumenkohl am ehesten vergleichbar erscheint. In
den abnorm entwickelten Theilen der Erdbeerpflanze finden sich die
Nematoden in grosser Zahl, und zwar im Mai und Juni im Larven-

zustande. Die Fortpflanzung scheint erst in der zweiten Hälfte des
Sommers stattzufinden. Die weiteren Lebenseigenthümlichkeiten der
neuen *Aphelenchus*-Art, z. B. die Zahl der Generationen in einem
Jahre, Fortpflanzungsvermögen, Zustand der Ueberwinterung, Ver-
breitungsweise im Boden und in den Pflanzen, das Ueberdauern
von Austrocknung, Kälte u. s. w., sind vorläufig noch nicht studirt.
Die andere vom Verf. erwähnte Krankheit der Erdbeere ist
der vorigen ganz ähnlich. Auch hier sind die Stengeltheile dick
und angeschwollen, weiss oder hellgrün bis hellgelblich, die Wurzel-
bildung ist spärlich und die Ausläuferbildung ist auf früher Stufe
stehen geblieben. Als Veranlasser derselben fand sich hier indess
eine andere *Aphelenchus*-Art, *A. Ormerodis* n. sp., vor, welche 0,55—
0,65 mm lang, aber doppelt so breit, als *A. Fragariae* ist, deren
Körper sich nicht plötzlich verschmälert, sondern nach beiden Enden
hin allmählich dünner wird und am Schwanze in eine sehr feine
Spitze endigt. Neben diesem Parasiten fanden sich häufig auch
Arten von *Cephalobus* vor, welche aber erst nachträglich hineinge-
kommen sind.

Beide Krankheiten stammen aus der Grafschaft Kent in England,
wo sie seit dem Jahre 1890 vereinzelt beobachtet worden sind.

Brick (Hamburg).

Smith, E. F., The Peach Rosette. (Journal of Mycology. VI.
1891. p. 143—148 und Taf. VIII—XIII.)

In den Obstgärten Georgiens und wahrscheinlich auch in denjenigen von Kansas tritt seit einer Reihe von Jahren eine Krankheit an den Pfirsichbäumen äusserst verderblich auf, welche von
dem Verf. als „Rosettenkrankheit des Pfirsich" bezeichnet wird.
Dieselbe äussert sich darin, dass im Frühjahr Knospen und schla-
fende Augen in zahlreiche, kranke Sprosse austreiben, deren Achse
sich aber nicht verlängert, trotzdem aber eine grosse Zahl von
Seitenzweigen entwickelt, sodass jeder Spross einen dichten Busch,
eine grüne oder gelbliche Blattrosette, darstellt, wodurch der er-
griffene Baum ein sehr sonderbares Aussehen erhält. Die unteren
Blätter dieser Rosette rollen und drehen sich, werden gelb, vertrocknen an den Rändern und fallen schon in der Mitte des Sommers
ab. Die Winterknospen entfalten sich zumeist schon im Sommer
und selbst noch im Spätherbst zu unreifen, schwachen Trieben.
Die erkrankten Bäume tragen natürlich selten Früchte. Die Krankheit kann nur einen Theil des Baumes ergreifen, während der
übrige normal bleibt, und kann gesunden Bäumen mitgetheilt werden,
wenn kranke Knospen übertragen werden, meistens aber wird der
Baum schnell gänzlich ergriffen und oft schon im ersten Jahre,
spätestens aber im zweiten Jahre getödtet. Sowohl cultivirte wie
wilde Arten, z. B. *Prunus Chicasa*, werden von der Krankheit ergriffen, und ist dieselbe im Freien noch verbreiteter, als im Obst-
garten. Sie wird nicht durch die Bodenarten beeinflusst und ist
unabhängig von der Culturmethode. Ob die in den oben genannten
Staaten ebenfalls unter den Pfirsichbäumen herrschende Gelbsucht
mit der Rosettenkrankheit identisch ist, ist noch nicht sicher.

Die Rosettenkrankheit ist irrthümlicherweise den Angriffen eines Käfers, *Scolytus rugulosus*, zugeschrieben worden, welcher sich in den erkrankten Bäumen zuweilen findet, aber meist nur in geringer Menge. Die ansteckende Natur˙ der sich schnell verbreitenden Krankheit ist ausser Zweifel. Als Gegenmaassregel ist das baldige Verbrennen der ausgegrabenen Bäume anzuwenden.

Brick (Hamburg).

Le Moult, Le parasite du hanneton. (Comptes rendus de l'Académie des sciences de Paris. Tome CXIII. 1891 p. 272 ff.)·

V e r f. macht darauf aufmerksam, dass das Jahr 1892 fast in ganz Frankreich ein sogenanntes Maikäferjahr sein werde. Da möge mann ich vereinigen, um vor der Eiablage soviel als möglich voll kommene Insekten zu vertilgen. Aber es bleibe erfahrungsgemäss nach solchen Maassnahmen immer noch eine sehr grosse Zahl von Schädlingen übrig. Hier könne nun der von ihm an den Engerlingen aufgefundene, der *Botrytis Bassiana* ähnliche Parasit behufs weiterer Vertilgung mithelfen, wenn man ihn nach der Ernte 1891 oder während der Frühjahrsbestellung 1892 in den Boden einführe. Trotz des schützenden Chitinpanzers werde der Maikäfer ergriffen werden, solange er sich noch in der Erde aufhalte. Zum Beweise habe er an Prillieux und Delacroix bereits vor einiger Zeit einen vom Parasiten ergriffenen vollkommenen Maikäfer geschickt. Die Untersuchungen, die Verf. mit dem Parasit anstellte, liessen beobachten, dass derselbe zweierlei Sporen hervorbringe.

Ein angesteckter Engerling, wenige Tage nach dem Hervortreten des Pilzes untersucht, zeigt nur ein Mycelium, aber keine Sporen. Tritt der Tod in einer früheren Zeit ein, so beobachtet man in den zahlreicheren und längeren Filamenten des Mycels sehr feinen Staub, welcher sich aus unzähligen, gleichgrossen, eiförmigen Sporen zusammensetzt. Dieselben sind so klein, dass sie bei einer Vergr. von 1800/1 noch lange nicht die Grösse eines Stecknadelkopfes erreichen, und ein einziger Engerling davon wohl eine Milliarde zu erzeugen vermag. Schneidet man die Larve entzwei und bringt ein wenig von der inneren Masse unter das Mikroskop, so findet man darin ein Gewebe von Mycelfäden, in denen in regelmässiger Anordnung sich andere kleinere runde Sporen befinden. Bald darnach lösen sich die äusseren Fäden von der Larve ab, welche mumificirt. Jetzt haben die inneren Sporen alles Protoplasma aufgezehrt, und beim Zerbrechen der Larve, das ohne jede Zerreissung vor sich geht, findet sich eine Masse weissen Staubes, der neben dem Kopfe und einigen Hautfragmenten die ganzen Ueberbleibsel des Engerlings ausmacht. Dieser Sporenstaub besteht aus unzähligen eiförmigen Sporen, die völlig mit denen der äusseren Filamente übereinstimmen. Letztere können kaum etwas anderes sein, als die weiter entwickelten runden Sporen. Demnach hat der Pilz zweierlei Fortpflanzungsapparate, welche aber schliesslich identische Sporen hervorbringen.

In einem Culturmittel entwickelt sich der Pilz ähnlich wie im Engerling. Die Cultur nimmt schon in den ersten Tagen eine rosenrothe Färbung an, wie man sie auch bei den befallenen Engerlingen beobachtet. Bald darauf sieht man zahlreiche Mycelfäden hervortreten, die dem blossen Auge als zarter, die Cultur bedeckender Flaum erscheinen. Darauf verschwindet der Flaum und an seiner Stelle beobachtet man eine mehlige Masse, die nur allein aus den Sporen des Parasiten zusammengesetzt ist. Wie beim Engerling verschwindet jetzt auch bei der Cultur die besondere Färbung und macht der ursprünglichen wieder Platz. Die *Botrytis Bassiana* unterscheidet sich von dem Parasiten des Engerlings sehr scharf durch grosse runde Sporen.

Zimmermann (Chemnitz.)

Giard, Alfred, Sur l'Isaria densa, parasite du Ver blanc. (Comptes rendus de l'Académie des sciences de Paris. Tome CXIII. 1891. p. 269 ff.)

Verf. resumirt das, was er über die Muskardine des Engerlings in den Mittheilungen der Société de Biologie und den Comptes rendus der Académie bisher veröffentlicht hat:

1. Der Pilz des Maikäfers, auf den le Moult vor Kurzem die Aufmerksamkeit der Landwirthe richtete, wurde 1866 im Zustande der Epidemie zuerst von Reisset in der Normandie, später 1869 in Deutschland von Bail und de Bary beobachtet und ist seit dem letzten Jahre mehr oder weniger häufig im ganzen nördlichen Frankreich gefunden worden.

2. Beschrieben wurde der Pilz 1809 zuerst von Ditmar, dann 1820 von H. F. Link als *Sporotrichum densum*. 1832 erkannte Fries seine Zugehörigkeit zu *Isaria*. Nach dem Gesetz der Priorität ist der Name, den ihm Saccardo gegeben und der von Prillieux adoptirt wurde, durch *Isaria densa* (Link) zu ersetzen.

3. Die *Isaria densa* wird gewöhnlich von Engerling auf Engerling übertragen; man kann sie aber auch durch Impfung oder Besprengung (nach Vertheilung in Wasser) auf Insekten anderer Ordnung verpflanzen. Aber die betreffenden Insekten bringen nur die Sporen hervor, wenn sie unter der Erde oder an feuchten Orten leben. Im anderen Falle lassen sich Hyphen und Sporen hervorrufen, wenn man mumificirte Insekten in eine feuchte Kammer einschliesst.

4. *Isaria densa* lässt sich nicht bloss auf Fleisch, sondern auch in den verschiedensten künstlichen Mitteln, festen wie flüssigen, zu jeder Jahreszeit leicht cultiviren. Die trockenen Sporen bewahren ein Jahr lang ihre Keimfähigkeit.

5. Die *Isaria densa* lässt sich auch auf die Seidenraupen übertragen, ist aber für dieselben nicht gefährlich, weil dieselben nur mumificiren und dann nicht anstecken.

6. Bonafous, Turpin, Audouin, Montagne und viele Andere haben gezeigt, dass sich die Muskardine auf verschiedene Insekten im Larven- oder im vollkommenen Zustande übertragen lässt. Aber es

ist absolut ungenau, wenn Prillieux und Delacroix behaupten, dass der Körper der betr. Insekten ungefärbt bleibe, wenn die *Botrytis Bassiana* darin vegetire. Schon Audouin bezeichnet 1837 in seiner classischen Arbeit über Muscardine die befallenen Larven ganz oder theilweise als rothviolett oder bleichweinroth. Dabei bemerkt er noch, dass die weinrothe Färbung an den Insekten verschiedenster Ordnung, falls sie mit Muscardine inficirt sind, auftritt. Aber auch in den Culturen anderer parasitischer Kryptogamen tritt sie auf, so nach Schulz und Mégnin bei Culturen des *Epidermophyton gallinae* (dem weissen Hühnergrind). Andererseits kommt es vor (die Ursache dieser Erscheinung ist Verf. noch dunkel geblieben), dass Culturen von *Isaria densa* auf Agar sehr bleich und vollständig farblos bleiben. In diesem Falle ist der Pilz weniger virulent oder gar nicht infectionsfähig. Es scheint hier ähnlich zu sein, wie bei den auf *Amphipoden* und *Isopoden* lebenden pathogenen Photobakterien, die mit dem Leuchtvermögen ihre pathogenen Eigenschaften verlieren.

7. Mit flüssigen, beträchtlich verdünnten Culturen oder mit einer Mischung der Sporen mit trockener Erde kann man dem Engerlinge leicht zu Leibe gehen und ihn vernichten, besonders dann, wenn er an die Oberfläche des Bodens kommt. Es sind dieselben Methoden, die auch andere Forscher bei anderen schädlichen Insekten empfohlen haben und die sich leicht ausführen lassen.

Zimmermann (Chemnitz).

Wollny, E., Untersuchung über das Verhalten der atmosphärischen Niederschläge zur Pflanze und zum Boden. Dritte Mittheilung[*]): Das Eindringen des Regens in den Boden. (Forschungen auf dem Gebiete der Agriculturphysik. Bd. XIII. Heft 3/4. p. 316—356.)

Abgesehen von der Verdunstung sind für die Durchfeuchtung des Erdreichs seitens des Niederschlagswassers hauptsächlich drei Umstände von Belang: Die oberirdische Abfuhr an geneigten Flächen; die Hindernisse, welche sich den auffallenden Wässern entgegenstellen (Bodenbedeckung); die physikalischen Eigenschaften des Bodens.

Die oberirdische Abfuhr machte sich nach den Versuchen in der Weise geltend, dass sie um so stärker war, je stärker die Flächenneigung; bei verschiedener Lage der Hänge gegen die Himmelsrichtung liefern die Nordseiten die grössten Abflussmengen, dann folgen in absteigendem Grade die westlich, hierauf die östlich, schliesslich die südlich exponirten Abdachungen; die oberirdische Abfuhr ist um so beträchtlicher, je bündiger und feinkörniger der Boden ist. Von nackten Bodenflächen läuft unter sonst gleichen Verhältnissen mehr Wasser ab, als von bewachsenen. Letzteres rührt daher, dass der Widerstand der Pflanzen die Geschwindigkeit des oberflächlich strömenden Wassers vermindert und die Einsickerung

---

[*]) Botan. Centralbl. Bd. XXXII. No. 3. p. 80; Bd. XLIV. No. 6. p. 210.

desselben begünstigt. Bei schwachen Niederschlägen macht sich
auch der von der Pflanzendecke selbst zurückgehaltene Theil des
Niederschlagswassers sehr bemerklich. Besteht die Decke aus
Waldbäumen, so erleidet das Regenwasser in den Kronen einen
besonders grossen Widerstand, das langsamer abtropfende Wasser
kann auch in die Streudecke leichter versickern, als in einem mehr
oder weniger festgelagerten Grasboden.

Die Wirkung der Bedeckung mit lebenden Pflanzen und
Streu wurde noch besonders verfolgt. Auf den Versuchsflächen
wurden verschiedene Gewächse bei verschieden dichtem Stande
angebaut und nach guter Entwickelung der Pflanzen in der Mitte
jeder Parzelle ein kleiner Regenmesser bis zur Auffangfläche ver-
senkt. Die angesammelten Regenmengen waren zu vergleichen mit
jenen in einem ebensolchen auf einer unbebauten Parzelle ange-
brachten Instrumente. Die Zahlen lassen ersehen, dass dem Boden
zwischen den Pflanzen bei dichtem Stande ca. 31 % weniger von
der gefallenen Regenmenge zugeführt wurden als dem nicht bedeckten Boden; die Differenz ist um so grösser, je enger die
Pflanzen stehen. In Wirklichkeit kommt dem bepflanzten Boden
allerdings mehr Wasser zu gegenüber dem nackten Boden, da an
den Stengeln ein Theil des Regens abläuft, der natürlich nicht in
die Regenmesser gelangt. Bei krautartigen Gewächsen lassen sich
diese Wassermengen nicht wohl ermitteln, sie sind jedenfalls nach
der Beschaffenheit der Pflanzen verschieden, ebenso nach Ent-
wickelungszustand, Standdichte und Vegetationsdauer, auch die Ausgiebigkeit der Niederschläge ist von Einfluss. Ueber die Bedeutung
der Streudecken sind die anderweitig referirten Forschungen des
Verf.'s zu vergleichen.

Die Frage, in welcher Abhängigkeit die Tiefe, bis zu welcher
das Wasser bei verschiedener Niederschlagshöhe in den Boden einzudringen vermag, von der physikalischen Beschaffenheit
des letzteren steht, wurde an Quarzsand und Lehm studirt. Das
Wasser dringt um so schneller ein, je grösser die Bodentheilchen
sind; bei krümeliger Beschaffenheit des Bodens rascher, als bei
pulveriger; um so tiefer, je grösser die Regenmenge, aber letzterer
nicht proportional, sondern bei dem feinkörnigen Material in einem
schwächeren, bei dem grobkörnigen Boden in einem stärkeren Verhältniss. Wenn aber auch die Grösse der Bodentheilchen und die
Structur des Bodens, abgesehen vom grobkörnigen Sand, in der
angegebenen Richtung maassgebend sind für die Geschwindigkeit
der Wasserbewegung, so ist dieser Einfluss doch verhältnissmässig
gering. Die Vertheilung des Wassers im Boden ist je nach der
physikalischen Beschaffenheit desselben sehr verschieden. In feinkörnigen, thon- und humusreichen Bodenarten sind während des
Niederschlags die oberen Schichten feuchter, als die tieferen, wenn
sich dieselben im Zustande der Einzelkornstructur befinden. Nach
Aufhören der Zufuhr sinkt das Wasser langsam ein, sobald die
Wasserbewegung sistirt ist, sind die tieferen Schichten stärker
durchfeuchtet, als die oberen, aber mit relativ geringem Unterschiede.
Aehnlich verhält sich der feinporige Boden im krümeligen Zustande,

nur dass das Wasser schneller eindringt. Der grobkörnige Boden
dagegen nimmt in den oberen Schichten nur wenig auf und sättigt
sich nur in den untersten Schichten. — Verwendet man zu den
Versuchen statt eines trockenen - einen feuchten Boden, so zeigt
sich, dass letzterer von dem oben aufgeführten Wasser bis in
grössere Tiefen durchfeuchtet wird, als der trockene. Dies wird
dadurch erklärlich, dass bei trockenem Boden ein Theil des Wassers
zur Benetzung der Bodentheilchen, Imbibition der Colloidsubstanz
und Erfüllung der feinsten Capillaren in den obersten Bodenschichten verwendet wird, deshalb ein geringerer Ueberschuss zur
Durchfeuchtung der tieferen Schichten bleibt. Der Vorgang des
Eindringens des Wassers in feuchten Boden ist je nach dessen
physikalischer Beschaffenheit und Sättigungsgrad verschieden. Feinkörnige, an Thon und Humus reiche Böden sind im pulverförmigen
und feuchten Zustande für Wasser schwer durchdringbar.

Kraus (Weihenstephan).

Ebermayer, E., Untersuchungen über die Sickerwasser-
mengen in verschiedenen Bodenarten. (Wollny's
Forschungen auf dem Gebiete der Agriculturphysik. Bd. XIII.
Heft 1/2. p. 1—14.)

Es war behauptet worden, dass das Wasser in der Erde nicht
vom Regen herrühre, sondern das Condensationsproduct der mit der
atmosphärischen Luft in den Boden eindringenden Wasserdämpfe
sei. Die atmosphärischen Niederschläge sollen nur die oberen
Schichten der Bodenkrume durchfeuchten, aber nicht bis zum Grundwasser vordringen, also könne die Quellenbildung auch nicht nach
der fast allgemein angenommenen Theorie geschehen.

Behufs näherer Untersuchung wurden während einer Reihe von
Jahren die Sickerwassermengen ermittelt, welche durch eine Erd-
schicht von 1 m Tiefe (grob- und feinkörnigen Quarzsand, löss-
artigen Lehm, Kalksand, Moorerde) hindurchdringen. Es stellte
sich heraus, dass thatsächlich erhebliche Wassermengen aus den
Niederschlägen durchsickerten, am meisten durch feinkörnigen
Quarzsand, am wenigsten durch Moorerde. Absolut waren die
Sickerwassermengen am grössten im Sommer, am geringsten im
Winter, relativ, d. h. im Verhältniss zur Niederschlagshöhe, waren
sie am grössten im Winter. Im vierjährigen Durchschnitt sickerten
von den Niederschlägen: durch Moorboden 39, Lehmboden 43,
grobkörnigen Quarzsand 86, feinkörnigen Quarzsand 84 %. Während
beim Lehm- und Moorboden der Wasserabfluss stets beträchtlich
geringer war als die Niederschlagshöhe, sickerte bei den feinkörnigen
Bodenarten insbesondere im Winter mehr Wasser ab, als durch
Niederschläge zugeführt wurde. So lieferte feinkörniger Quarzsand im Winter um 29, im Sommer und Herbst um 4, im Jahres-
durchschnitt um 7 % mehr Sickerwasser als er von oben erhielt.
Beim feinkörnigen Kalksand kam die Erscheinung nur im Winter
vor, beim grobkörnigen Quarzsand nur in 2 Jahrgängen im Winter.

Der Wasserüberschuss wird durch Condensation von atmosphärischem Wasserdampf im Boden entstanden sein. Dass dieser Vorgang gerade bei dem feinkörnigen Sande in solchem Betrage stattfand, erklärt sich daraus, dass die Voraussetzung eines lebhaften Luftwechsels am ersten für stark durchlüftete Böden zutrifft. Verf. schreibt dieser Eigenschaft der feinkörnigen Sandböden eine grosse Bedeutung für die Vegetation zu, besonders da bei dieser Condensation auch Nitrate im Boden niedergeschlagen werden dürften.

Die Eingangs erwähnte Behauptung, kein Wasser in der Erde rühre vom Regen her, ist jedenfalls unrichtig, im Gegentheil werden die unterirdischen Wasserreservoire grösstentheils durch die oberirdischen Niederschläge gespeist. Je grösser aber der Humusgehalt des Bodens wird, um so geringer wird der Abfluss in die Tiefe. Wäre die Erde überall mit einem humusreichen Boden bedeckt, so wären die unterirdischen Wasseransammlungen so gering, dass die Quellen nur kümmerlich fliessen und ständig fliessende Quellen ganz fehlen würden.

Kraus (Weihenstephan).

Anzeigen.

Inhalt:

Wegen Erkrankung des Herausgebers Herrn Dr. Uhlworm wird das **Register** zu diesem Bande mit Nr. 1 des nächsten Bandes ausgegeben.

Ausgegeben: 31. December 1891.

Druck und Verlag von Gebr. Gotthelft in Cassel.